智能系统与技术丛书

统计机器学习
原理与实践

Statistical Machine Learning: A Unified Framework

[美] 理查德·M. 戈尔登（Richard M. Golden） 著
刘凯 汪兴海 潘耀宗 袁建 译

图书在版编目（CIP）数据

统计机器学习 ：原理与实践 /（美）理查德 · M. 戈尔登（Richard M. Golden）著 ；刘凯等译. -- 北京 ：机械工业出版社，2025. 1. --（智能系统与技术丛书）.
ISBN 978-7-111-77225-5

Ⅰ. TP181

中国国家版本馆 CIP 数据核字第 2024C7Q461 号

机械工业出版社（北京市百万庄大街 22 号　邮政编码 100037）

策划编辑：刘　锋　　责任编辑：刘　锋　张秀华

责任校对：李　霞　杨　霞　景　飞　　责任印制：郜　敏

三河市国英印务有限公司印刷

2025 年 3 月第 1 版第 1 次印刷

186mm×240mm · 23.5 印张 · 598 千字

标准书号：ISBN 978-7-111-77225-5

定价：139.00 元

电话服务

客服电话：010-88361066
010-88379833
010-68326294

封底无防伪标均为盗版

网络服务

机　工　官　网：www.cmpbook.com
机　工　官　博：weibo.com/cmp1952
金　　书　　网：www.golden-book.com
机工教育服务网：www.cmpedu.com

SYMBOLS

符　　号

线性代数和矩阵符号

$f: D \rightarrow R$	定义域为 D、值域为 R 的函数 f
a 或 A	标量变量
$\boldsymbol{a}$	列向量
$\boldsymbol{a}^{\mathrm{T}}$	列向量 $\boldsymbol{a}$ 的转置
$\boldsymbol{A}$	矩阵
$\ddot{\boldsymbol{a}}$	$\ddot{\boldsymbol{a}}: D \rightarrow R$ 为 $\boldsymbol{a}: D \rightarrow R$ 的近似
$\mathrm{d}\boldsymbol{f}(\boldsymbol{x}_0)/\mathrm{d}\boldsymbol{x}$	函数 $\boldsymbol{f}$ 在 $\boldsymbol{x}_0$ 处的雅可比矩阵
$\exp(x)$	指数函数在 x 处的值
$\mathbf{exp}(\boldsymbol{x})$	第 i 个元素为 $\exp(x_i)$ 的向量
$\log(x)$	自然对数函数在 x 处的值
$\mathbf{log}(\boldsymbol{x})$	第 i 个元素为 $\log(x_i)$ 的向量
$\lvert \boldsymbol{x} \rvert$	标量 $\boldsymbol{x}^{\mathrm{T}}\boldsymbol{x}$ 的平方根
$\boldsymbol{I}_d$	d 维单位矩阵
$\det(\boldsymbol{M})$	矩阵 $\boldsymbol{M}$ 的行列式
$\mathrm{tr}(\boldsymbol{M})$	矩阵 $\boldsymbol{M}$ 的秩
$\mathbf{1}_d$	d 维 1 值列向量
$\mathbf{0}_d$	d 维 0 值列向量
$A \times B$	集合 A 与 B 的笛卡儿积
$\mathcal{R}^d$	d 维实数列向量集
$\mathcal{R}^{m \times n}$	$m \times n$ 的实数矩阵集
$\boldsymbol{A} \odot \boldsymbol{B}$	阿达马积(矩阵逐元素乘法)
$\boldsymbol{A} \otimes \boldsymbol{B}$	Kronecker 张量积

随机变量

$\widetilde{a}$	标量随机变量
$\widetilde{\boldsymbol{a}}$	随机列向量
$\widetilde{\mathbf{A}}$	随机矩阵
$\hat{a}$	随机标量值函数
$\hat{\boldsymbol{a}}$	随机向量值函数
$\hat{\mathbf{A}}$	随机矩阵值函数
$\mathcal{B}^d$	$\mathcal{R}^d$ 中开集得出的 Borel σ 域

概率论和信息论

$p_x(\boldsymbol{x})$或 $p(\boldsymbol{x})$	$\widetilde{\boldsymbol{x}}$ 的概率密度
$p(\boldsymbol{x};\boldsymbol{\theta})$	$\widetilde{\boldsymbol{x}}$ 关于参数向量 $\boldsymbol{\theta}$ 的概率密度
$p(\boldsymbol{x}\mid\boldsymbol{\theta})$	给定参数 $\boldsymbol{\theta}$ 的 $\widetilde{\boldsymbol{x}}$ 条件概率密度
$E\{f(\widetilde{\boldsymbol{x}})\}$	$f(\boldsymbol{x})$关于 $\widetilde{\boldsymbol{x}}$ 密度的期望值
$\mathcal{M}$	概率模型
$\mathcal{H}(\widetilde{\boldsymbol{x}})$或 $\mathcal{H}(p)$	随机向量 $\widetilde{\boldsymbol{x}}$ 关于概率密度 p 的熵
$\mathcal{H}(p_e,p)$	密度 p 关于概率密度 p_e 的交叉熵
$D(p_e\Vert p)$	概率密度 p 与概率密度 p_e 的 KL 散度

特殊函数和符号

$\mathcal{S}(x)$	逻辑 sigmoid 函数 $\mathcal{S}(x)=1/(1+\exp(-x))$
$\mathcal{J}(x)$	softplus sigmoid 函数 $\mathcal{J}(x)=\log(1+\exp(x))$
$\boldsymbol{\theta}$	学习机参数
$\mathcal{D}_n$	n 个模式向量的采样数据
$\hat{\ell}_n$	$\mathcal{D}_n$ 的经验风险函数
ℓ	$\hat{\ell}_n$ 的风险函数估计
p_e	环境(数据生成过程)概率密度

THE TRANSLATOR'S WORDS

译 者 序

机器学习是人工智能领域中最能体现智能的一个分支，也是该领域发展最快的一个分支，这就迫切需要研究能够对机器学习进行分析、设计、评估以及理解的技术方法。本书旨在为各种机器学习算法提供一种统一、简明、严谨的算法分析、设计以及评估方法，从而帮助读者深入了解算法实质、合理应用算法以及正确评估算法的使用效果。

本书所提出的统计机器学习框架由一组核心定理支撑，可用于分析常见机器学习算法对DGP(Data Generating Process，数据生成过程)的渐近性，而且本书通过大量机器学习相关案例充分解释了框架中的核心定理，以及实际应用。本书共分为四部分，第一部分介绍机器学习算法概念，第二部分讨论确定性学习机的渐近性，第三部分分析随机学习机的渐近性，第四部分重点关注机器学习算法泛化性能的表征，特别是模型误判情况下的算法性能分析。

为了便于学习，作者在文中加入了大量算法演示与应用步骤讲解，并结合 MATLAB 对关键技术进行了分析。通过书中提供的案例，读者可以快速熟悉并掌握机器学习领域的相关知识。本书既适合想要从事机器学习及相关领域研发的初学者阅读，又适合致力于机器学习研究的资深从业者阅读。对于初次接触本书的人员，建议在阅读本书前预先学习线性代数与概率论相关知识。

本书由海军航空大学刘凯副教授、汪兴海副教授、潘耀宗博士，以及山东理工大学袁建副教授历时一年多翻译完成。为了能够准确地完成本书的翻译，译者查阅了大量有关机器学习、数理统计以及数值优化等方面的中外文图书资料。但因水平有限，译文中难免存在疏漏，恳请读者批评指正。

感谢机械工业出版社的编辑们，是他们的严格要求，使本书得以高质量出版。

译 者

PREFACE

前　　言

目标

统计机器学习是一个多学科领域，涵盖了机器学习、数理统计和数值优化理论。它涉及统计不确定性环境中机器推理能力的提升与评估问题。近来，随着机器学习架构在新颖性、多样性和复杂度方面的快速发展，人们迫切需要研究和创新能够对机器学习进行分析、设计、评估以及理解的技术方法。本书的主要目的是为学生、工程师和科学家提供一套针对基于数理统计和非线性优化理论的机器学习算法的实用精准工具，以对各种各样、不断发展的机器学习算法进行分析和设计。

需要强调的是，本书旨在从数理分析角度向读者提供简明扼要、严密的统计机器学习介绍。对于那些偏向工程应用而不是数理分析的读者，可选择其他资料。例如，市面上有许多面向软件实践的机器学习书籍，能够帮助读者实现各种机器学习架构的快速开发和评估(Géron，2019；James et al.，2013；Muller & Guido，2017；Raschka & Mirjalili，2019)。读者可以使用这类软件工具快速开发和评估各种各样的机器学习架构。在初步使用这类工具以后，读者往往会希望对这些机器学习系统有更深入的了解，以便合理应用和正确评估这些模型。针对这一问题，现在有很多优秀的书籍(Duda et al.，2001；Hastie et al.，2001；Bishop，2006；Murphy，2012；Goodfellow et al.，2016)对各类重要机器学习算法进行了全面的、精辟的分析和介绍。鉴于硕士研究生可从其他书籍学习和掌握优化理论及数理统计方面的相关知识，这些书籍往往会省略某些特定技术和数理分析细节。

然而，当面对新型的非线性机器学习架构时，如果要对其进行理解、分析、设计和评估，就必须掌握这些被忽略的数理分析及技术细节。因此，明确地将这些细节纳入系统、简明的机器学习应用分析中很有意义。这些技术细节和数理分析有助于对机器学习算法进行更好的规范、验证、归类和理解。此外，这些方法还可以为机器学习算法的快速开发和部署提供重要支持，以及启发开发者对可重用模块化软件设计架构有所创新。

内容概览

本书的核心是统计机器学习框架，该框架以基于机器学习算法获得真实数据生成过程(DGP)概率分布的最佳近似为前提。统计机器学习框架由一组核心定理支撑，能够用来分析许多常见机器学习算法对 DGP 的渐近性。本书通过相关机器学习案例帮助学生理解框架中的核心定理，全书共分为四部分。

第一部分包含第 1～3 章，通过实例介绍机器学习算法概念和描述算法的数学工具。第 1 章举例说明多数监督学习、无监督学习和强化学习算法都可以看作经验风险函数优化算法。第 3 章形式化分析如何从语义上将最小化风险函数的优化算法解释为理性决策机。

第二部分包含第 4～7 章，讨论确定性学习机的渐近性。第 6 章给出表征离散和连续时不变动态系统渐近性的充分条件，第 7 章给出一大类确定性批量学习算法收敛于供学习的目标函数临界点集的充分条件。

第三部分包含第 8～12 章，讨论随机推理机和随机学习机的渐近性。第 11 章探讨有限状态空间的蒙特卡罗马尔可夫链(Monte Carlo Markov Chain，MCMC)算法渐近收敛理论。第 12 章给出被动式和反应式学习环境中适应性学习算法的相关渐近收敛分析。列举的实例包括：吉布斯采样、Metropolis-Hastings 算法、小批量随机梯度下降、随机逼近期望最大化和策略梯度强化适应性学习(基于策略梯度的强化学习)。

第四部分包含第 13～16 章，关注机器学习算法的泛化性能表征问题，包括机器学习环境概率模型仅大体正确的情况。第 13 章讨论语义可解释目标函数的分析与设计。第 14～16 章描述如何使用 bootstrap 方法(第 14 章)与渐近公式(第 15 章、第 16 章)表征所述机器学习算法的泛化性能。

此外，本书还全面介绍了机器学习相关的高等矩阵微积分知识(第 5 章)，以及实分析(第 2 章)、线性代数(第 4 章)、测度论(第 8 章)和随机序列(第 9 章)，为第 7 章和第 10～16 章核心内容提供必备的数学知识。

目标读者

本书内容适合统计学、计算机科学、电气工程或应用数学等领域的一、二年级研究生或高年级本科生自主阅读。

此外，专业工程师和科研人员在验证确定性和随机机器学习优化算法的收敛性，以及表征算法的采样误差和泛化性能时，也可参考本书。

本书对读者的数学理论基础要求较低。因此，本书也适合专业工程师和跨学科的非理学科研人员阅读。读者唯一需具备的基础知识是概率论课程相关的线性代数和微积分知识。对于仅满足最低数学知识要求的学生，本书具有一定难度，但仍可理解。

关于符号

标量一般使用非粗体小写斜体字母表示(例如，a 表示标量变量)。在科学文献和相关教材中，通常使用大写加粗斜体字母表示矩阵(例如，$\boldsymbol{A}$ 表示矩阵)，使用小写加粗斜体字母表示向量(例如向量 $\boldsymbol{a}$)。符号 $\widetilde{\boldsymbol{A}}$ 表示由随机变量组成的矩阵。符号 $\hat{\mathbf{A}}$ 通常表示由随机函数组成的矩阵。因此，$\boldsymbol{A}$ 可以是 $\hat{\mathbf{A}}$ 或 $\widetilde{A}$ 的实值。这种符号的优势是可以清楚地区分随机标量变量、随机向量和随机矩阵及其实值。

但是，后一种符号并不是数理统计中的标准符号，在数理统计中，大写字母通常表示随机变量，小写字母表示其实值。与此同时，数理统计符号无法明确区分向量和矩阵。由于本书所涉及的工程问题比较复杂，因此需要一种能够区分矩阵、向量和标量的符号，数理统计标准化符号是有缺陷的。鉴于工程和优化理论中的符号无法明确区分随机向量及其实值，所以也不能直接套用工程和优化理论中的标准符号。计量经济学家(Abadir & Magnus，2002)和统计学家(Harville，2018)发现并提出了这些符号缺失的问题。

本书所使用的符号系统为克服这个问题提供了一种解决方案。特别地，本书使用的符号是对工程和优化理论中典型矩阵向量符号的增强，明确区分了随机变量及其实值。

教学策略

教学过程的第一个阶段为机器学习数学理论学习阶段，内容包括第1～5章、第8～10章，其中第3章是该部分的简要概述。第一阶段内容是第二阶段的必要基础条件。第二阶段为统计机器学习阶段，内容包括第6章、第7章、第11～16章，其中第6章是该部分的简要概述。前两个阶段的学习应当略过相关定理的证明，重点关注如下问题：(1)为什么这些定理很重要；(2)如何将定理与实际机器学习分析和设计问题相关联。图0.1给出了一些章节学习和教学建议。

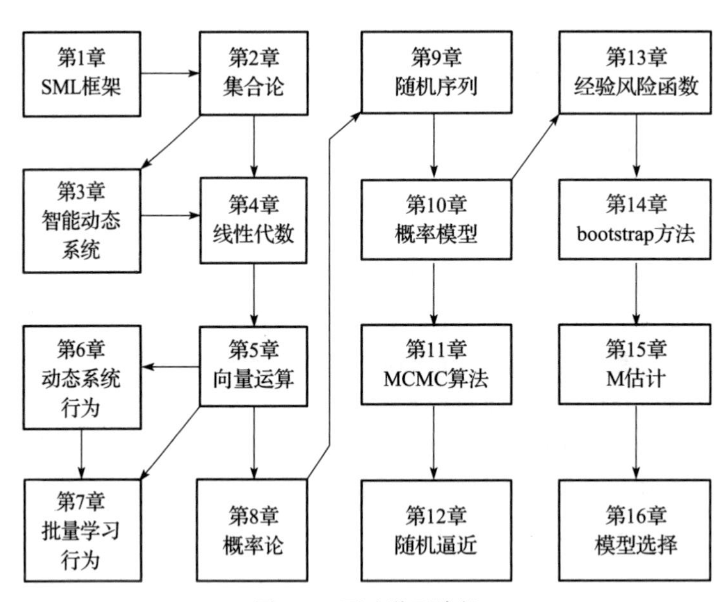

图0.1　可选学习路径

本书也可用于“高级统计机器学习数学”这类高年级研究生研讨课程，该课程涵盖本书定理的证明。该课程的课前必备基础是完成上述两阶段的学习。只有当学生理解了定理的重要性，并掌握了如何在实践中应用定理以后，才需要学习相关定理的证明细节。在学习过程中，建议首先了解每个定理证明的基本思路，然后再详细地了解定理证明的每个步骤。

在每一章的末尾，都有一个“扩展阅读”小节，可以帮助学生更加深入地理解该章内容。课后大部分练习的设计都是为了帮助学生掌握关键定理，使他们能够将其应用于各类机器学习算法的分析和设计中。此外，课后还包括了算法设计问题，以帮助学生理解所学理论的实际意义。

致谢

感谢我的博士生 Athul Sudheesh 提出的超立方体封面概念。

感谢我的博士生 James Ryland 对学习算法和矩阵微积分的相关研究。感谢他们的师兄 Shaurabh Nandy 对经验风险框架、MCMC 采样和适应性学习等模型收敛性及模型选择问题的研究。与 James 和 Shaurabh 的讨论帮助我确定了本书的具体框架及进一步的阐述和分析。

非常感谢我的妻子 Karen 在我多年的著书过程和整个学术生涯中对我的充分理解与支持。

我也将本书献给我的父母 Sandy 和 Ralph，感谢他们对我无条件的鼓励和支持。

最后，感谢在过去十年中与我就本书内容和观点进行探讨的学生，他们提出的简单问题或表现出的疑惑，都极大地帮助了本书的完成！

对学生的建议和鼓励

学习策略

每一章的开头都会列出具体的学习目标。请仔细阅读这些学习目标，并按照这些学习目标确定学习策略。此外，多数章节提供了秘诀框，目的是给出书中关键定理的应用秘诀。例如，秘诀框 0.1 给出了一些学习策略建议。

秘诀框 0.1　阅读本书的建议

- **步骤 1**　第 1 章通读一遍。
  如果对本章具体细节有疑问，无须担心。在阅读第 3 章至第 16 章时，可随时重温本章。
- **步骤 2**　第 2 章通读一遍。
  无须记住具体定义。仔细学习所有的定义与示例。在阅读第 3 章至第 16 章时，可随时重温本章。
- **步骤 3**　第 3 章第一遍通读。
  理解本章定理与本章学习目标的关系。无须理解定理的假设条件。略读所带示例，了解它们的重要性。略过定理的证明，重点关注本章的秘诀框。
- **步骤 4**　第 3 章第二遍通读。
  重点关注定理的描述。仔细研究每个定理的假设与结论。认真学习本章的所有示例，略过定理证明。尝试求解课后练习。
- **步骤 5**　阅读剩余内容。
  对本书的其余章节重复步骤 3 和步骤 4。

- **步骤6** 学习定理证明的基本思路。
  在做好相关准备后，研究定理证明的基本思路，但是必须以理解定理及其与工程应用的关联关系为基础。熟悉证明过程，进一步掌握定理，也会提升你在实践中正确运用定理的能力。最后，可进一步验证所有证明的技术细节。

激励和指导

下面再次给准备阅读本书的同学一些有用的建议。多年来，我个人认为这些建议对我的工作很有价值。

- 天才是1%的灵感和99%的汗水(托马斯·阿尔瓦·爱迪生，20世纪美国发明家)。
- 从一而知万物(宫本武藏，16—17世纪日本著名剑术家)。
- 致虚极，守静笃。万物并作，吾以观其复(老子，中国古代思想家、哲学家、文学家和史学家)。

最后，还有下面两个重要观点：

- 美丽就在细节之中(古斯塔夫·福楼拜，19世纪法国小说家)。
- 细节决定成败(尼采，19世纪德国哲学家、诗人)。

CONTENTS

目　录

第四部分 泛化性能

P A R T 1

第一部分

推理机与学习机

CHAPTER1

第 1 章

统计机器学习框架

学习目标：

- 解释经验风险最小化框架的优势。
- 设计监督学习的梯度下降算法。
- 设计无监督学习的梯度下降算法。
- 设计强化学习的梯度下降算法。

1.1 统计机器学习：概述

目前，机器学习算法已经广泛应用于全社会，应用示例包括：天气预报、手写字识别、语音翻译、文档检索和聚类、缺失数据分析、股市预测、金融反欺诈、语音识别、垃圾邮件识别、计算机病毒检测、在线图库人员身份和地点识别、医学疾病识别、DNA序列分析、复杂排序与调度任务、客户购买偏好预测、信号检测和分类、智能辅助决策系统、制造业与汽车行业中的机器人控制，以及人工植入物仿生研究辅助。

统计机器学习算法本质上是一种基于样本学习的归纳学习机。归纳学习机与演绎推理机存在本质上的不同。有限状态自动机、产生式系统、关系型数据库、布尔逻辑和图灵机等均为演绎推理机的实例。演绎推理机利用基于规则集的知识库，针对输入模式，输出逻辑推理。与此相反，归纳学习机使用置信度集合作为知识库，针对输入模式，输出概率推理。一般条件下，当出现必然事件这种特殊情况时，概率归纳逻辑才与布尔逻辑推理一致(Cox，1946)。

统计机器学习建立在概率归纳逻辑框架上。该框架假设，训练数据来源于对所处环境的采样，并符合环境概率分布。得到训练数据的过程称为数据生成过程(DGP)。统计学习机的知识库是一组概率分布，被称为学习机概率模型。另外，对于概率模型中概率分布与近似环境分布的相关似然度，学习机也有对应的置信度。

在统计机器学习框架中，学习过程的目标不是记住训练数据，而是通过在学习机的概率模型中搜索最接近环境分布的概率分布来学习数据生成过程。这种高似然度的概率分布使得学习机能够得出特定环境事件的概率。换句话说，学习机可以使用该最佳近似分布来进行概率归纳推理(见图 1.1)。10.1 节将详细讨论这一内容。

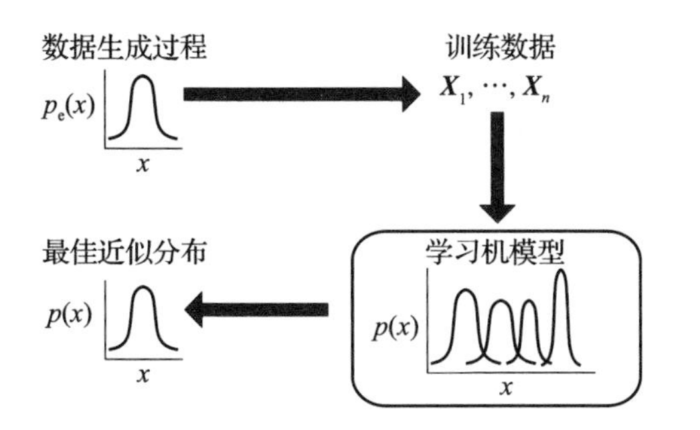

图 1.1　统计机器学习框架。数据生成过程从不可观察的环境概率分布 p_e 中生成可观察的训练数据。学习机依据训练数据对环境概率分布的置信度，构建对环境概率分布 p_e 的最佳近似分布 p。该最佳近似分布将决定学习机在当前不确定性特征环境下对未知数据进行决策和判断的准确率

1.2　机器学习环境

1.2.1　特征向量

1.2.1.1　特征向量表示

鉴于学习机的经验会影响其行为，在讨论具体学习机类型之前，非常有必要对学习机所处环境进行分析。环境事件相当于学习机环境在特定时间段特定位置的快照，例如，照片上的图案、人声产生的气压振动、一个假想情况、月球舱登月时感官与躯体的反馈、文档及相关的搜索条目、消费者在购物网站上的选择决策，以及股票市场中的操作行为等。

特征映射是一个将环境事件映射为实数元素特征向量的函数。需要注意的是，映射所得的特征向量会对环境事件所包含的信息产生不同程度的增强或抑制，如图 1.2 所示。在机器学习应用中，特征映射种类很多，分别对应于不同的编码方案。选择恰当的编码方案是非常重要的。如果编码方案选择不当，即便一个简单的机器学习问题也会无法计算。反之，如果编码方案选择恰当，则即便困难的机器学习问题也可变得易于解决。

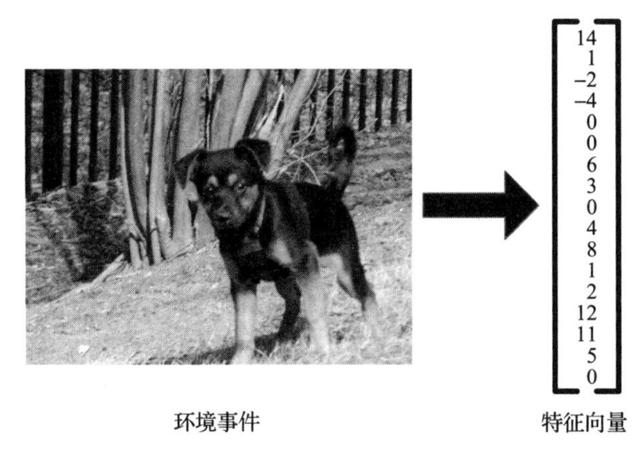

图 1.2　环境事件表征为特征向量的示例。学习机的环境事件可表征为实数元素的特征向量。为了合理表征事件，恰当的特征向量应当抑制无关信息，增强相关信息

数字编码方案通常用于对一个或一组传感器输出进行建模。例如，光学图像可表示为像

素阵列，其中每个像素用代表其灰度级的数字表示；特定时间的麦克风电压输出值或者特定日期的证券收盘价等。

二进制编码方案可用于表征某一特征是否存在，或作为表征特征是否可见的属性。二进制编码主要有两种方案，一是“存在-不存在”的编码方案，若某环境事件存在，则编码值为1，否则为0；二是“可见-不可见”的编码方案，若某环境事件可见，则编码值为1，否则为0。在图像处理中，可使用二进制编码方案对图像某一特定区域中是否包含边缘进行表征。一个基于知识系统的二进制编码的例子为，当某一命题为真时，编码为1，否则编码为0。包含 d 个二值特征的二进制特征向量，其值的数量为 2^d。

分类编码方案用于表征有 M 个值的分类变量，要求其类别取值在语义上应当两两不同。以交通灯颜色的分类编码为例，其分类变量的值应包含红、绿、黄三种颜色。以单词变量为例，其取值范围对应于包含 M 个词的字典。以机器人中某一动作变量为例，其值对应于前进、后退、拾取或者停滞等特定动作。

机器学习文献中常用的分类编码方案有两种。第一种编码方案称为独热编码，该分类变量可取 M 个值，其中第 k 个值对应于元素 k 为1且其他元素值为0的 M 维向量。第二种编码方案称为基准单元编码(reference cell coding)。在该方案中，一个取值数量为 M 的分类变量由 $M-1$ 维向量表示，其中的 $M-1$ 个值对应于 $M-1$ 维单位矩阵的相应列向量，其余的值为零向量。

较大的特征映射通常由较小的特征映射组构成。例如，假定学习机的目标是将图像与标签信息进行关联，即对图像分类。设定图像有200个备选标签，300×500的图像像素数组表示为300×500的特征映射矩阵，其中每个特征映射使用数字编码方案，由对应像素的灰度值表示。那么，150 000像素特征映射的输出就是一个150 000维特征向量。学习机的期望响应为标签信息，如果使用分类编码方案，标签将变为一个单一的分类特征映射。该分类特征映射是一个200维向量，该向量的第 k 个元素数值为1，其他元素数值为0，表示将第 k 个标签分配给该图像。因此，在本例中，学习机环境向学习机提供了一个由150 000＋200＝150 200个元素组成的大特征向量，其中前150 000个元素代表图像信息，作为学习机的输入；剩余200个元素代表学习机的期望响应。学习机用已标识的图像实例进行训练，然后使用一组新的未标识图像进行最终分类性能的评估。

在本例中，需要注意的是150 200维的特征向量自然地被分为两个子向量。第一个子向量称为输入模式向量，维数为150 000；第二个子向量称为期望响应模式向量或者强化反馈向量。学习机处理输入模式向量，然后生成一个与期望响应模式向量编码方案相同的200维输出模式向量。

1.2.1.2　特征向量维数灾难

乍看上去，一般人或许会认为，增加特征向量中的特征数量会降低学习机特征的使用难度，使学习机的学习过程变得更简单。然而，增加特征数量会导致Bellman(1961)所说的“维数灾难”。随着特征向量中特征数量的增加，输入到输出的可能映射数量将以指数级速度增加。为了说明这一问题，假设学习机中的每个输入特征可以取 M 个值，同时学习机的输出是一个二值响应，取值为0或1。那么，学习机存在的输入模式特征数量为 M^d，响应数量为2，输入到输出存在的映射数量为 $2M^d$。由此可见，随着特征向量维数 d 的线性增加，输入到输出的映射数量将以指数级速度增长。

对于能够表征大量输入到输出映射的学习机，其优势在于，原则上它可以表征更多的函数，通过在其环境中优化性能，从而更好地近似其输入到输出映射。然而，随之而来的缺陷是，学习机的训练变得非常困难。当学习机的输入到输出映射数量非常大时，要找到一个合适的输入到输出映射将会更加困难。

为了减少特征向量维数，应当在所有可能的输入特征中选择一个能提高分类机或回归模型性能的子集。在所有可能输入特征中选择一个有效子集，可以极大地提升学习机或回归模型的性能。在统计文献中，我们称这类最佳特征子集的选择问题为“最佳子集回归”(Beale et al.，1967；Miller，2002)。解决最佳子集回归问题的一种方法是穷举，即尝试输入特征的所有可能子集。如果输入特征的数量小于20，同时数据集不太大，那么超级计算机可以通过充分测试 d 个输入特征的 2^d 个子集来解决最佳子集回归问题，这种方法就是“穷举搜索”。但是，如果数据集较大或者输入特征数量超过20，则由于巨大的计算量，穷举搜索方法是不可行的。

1.2.1.3 特征向量工程方法

关于如何选择能够合理表征问题的特征空间，可追溯至早期机器学习研究(例如，Rosenblatt，1962；Nilsson，1965；Minsky & Papert，1969；Andrews，1972；Duda & Hart，1973)，同时这项工作在机器学习工程实践中一直发挥着关键作用。Dong 和 Liu(2018)从现代理论的角度对机器学习中各种特征工程方法进行了回顾与总结。一种选择特征的策略是设计自动学习有效特征向量表示的方法。Rosenblatt(1962)最早在感知机(一种学习随机采样特征向量重编码变换的线性分类机)文献中对这种方式进行了研究，同时这也是“深度学习”方法的核心组成部分，参见文献(Goodfellow et al.，2016)中的综述。

1.2.2 平稳统计环境

“平稳的”统计环境表示环境统计特性不会随着时间的推移而变化。平稳统计环境的重要特性是可以通过指定一个特征变换来将现实世界中的事件序列映射成特征向量序列(见第9章)。为了保证学习机学习的有效性，需要对统计环境特性提出一些假设。

我们通常假设统计环境是平稳的。以学习机训练为例，平稳性假设表示学习机对某一数据集的训练是与时间无关的。平稳性假设还表示存在于训练数据中的统计性规律在新的测试数据中也是有效的。

可以设想一下，非平稳统计环境存在很多潜在不利因素。例如，假设对学习机进行分类训练，即训练它将给定的输入向量标识为某种类别的模式，训练后的分类结果是正确的，但如果统计环境的特性改变了，那么，对于之前用于训练的输入模式，学习机的分类结果就会有误，其原因在于，之前训练的对应输出不再正确。在许多实际应用中，平稳性假设并不总是成立的。例如，在天气预报应用中，夏季采集的数据可能无法用于预测冬季情况；在股市预测应用中，经济通货膨胀时采集的数据可能无法用于预测非通货膨胀时期的情况。对于这些问题，通常的办法是，改进统计环境的采样或编码方法，保证学习机所处的统计环境近似平稳。

在许多机器学习应用中，通常将机器学习环境假设为一个平稳环境、一个缓慢变化的统计环境，或者一个收敛于平稳环境的环境序列(例如，Konidaris & Barto，2006；Pan & Yang，2010)。另一种假设是将机器学习环境看作由平稳环境集合组成，且观察该平稳环境序列的概率分布也是平稳的。

1.2.3 机器学习算法的训练策略

在适应性学习问题中，学习机对事件序列进行处理并根据当前事件自适应地修正知识状态。对于批量学习(也称为离线学习)，学习机的输入是事件集合，在序列的最后阶段更新知识状态。对于小批量学习，学习机每次学习的是事件子集，并根据每次的事件子集对当前知识状态进行修改。当所有训练数据均可用时，通常首选批量学习方法，原因是它通常比小批量学习的适应性学习方法更有效。然而，在很多现实情况中，小批量学习的适应性学习方法是唯一选择，原因在于，要么处理整批训练数据的计算量过大，要么数据集只能随时间的推移而逐步获得。

另一类重要的学习问题是反应式环境强化学习问题。对于这一类问题，机器学习算法会在学习过程中与环境进行交互，使得学习机的行动对环境造成影响。例如，假设学习过程的目标是教会机器学习算法降落一架直升机。在统计环境中完成一次飞行流程后，学习机会更新参数。参数的更新会使学习机的行动策略产生变化，导致根据输入产生不同的动作。动作的不同反过来又影响后续过程中的经验学习，也就是说，一个没有任何经验的机器学习算法在练习直升机降落时会不断地让直升机坠毁，同时永远也没有机会实现一次完美的直升机降落。但是，如果以人工环境特殊训练的方式向缺乏经验的机器学习算法提供一些初始化指令，或以架构约束的方式给出先验知识，那么机器学习算法可能会得到足够的知识，使得直升机可以在空中保持长时间飞行，从而获得相关的学习经验。这表明，反应式环境中学习经验的方法不仅由环境决定，还取决于学习机如何与环境交互。

现在考虑一个更加困难的问题，即使机器学习算法掌握控制狂风中直升机降落的方法。将学习机直接放置在这类复杂环境中获得相关统计性规律是不现实的。但是，可以先让学习机练习在无风的情况下控制直升机的降落，在学习机掌握了这一技能后，再将之置之强风环境下，从而模拟统计环境更加真实的情况。在第一种统计环境中估计的参数能够启示对第二种更加真实的统计环境中的参数的估计。这种利用不同统计环境序列训练学习机的策略非常重要，为非线性学习机学习复杂问题提供了一种实用方法。一个重要的研究课题就是如何巧妙构建一组平稳环境序列来帮助训练学习机(Konidaris & Barto，2006；Bengio et al.，2009；Taylor & Stone，2009；Pan & Yang，2010)。

1.2.4 先验知识

虽然机器学习问题的特点是数据集大，但数据集大并不一定意味着数据集包含了足够的信息来实现可靠有效的推理。例如，通过某人的年龄对他的姓名进行预测就不会随数据库的增加而变得准确。因此，在很多情形下，可以通过加入提示和先验知识极大地提高学习机的性能。

一方面，在学习机结构中适当地加入先验知识约束往往可以改善其学习效率和泛化性能。另一方面，加入错误的知识约束将降低泛化性能。第10章和第13章将讨论概率模型的概念与将先验知识纳入模型的方法。此外，为评估先验知识的质量与影响，本书还将讨论模拟方法(见第12章、第14章)和分析方法(第15章、第16章)。

1.2.4.1 特征映射明确相关统计性规律

将现实中的事件表示为特征向量是先验知识的一个极其重要的来源。不好的特征向量表示方法会让简单的机器学习问题变得难以解决，而精心设计的特征向量表示方法会将无法解决的机器学习问题变得易于解决。例如，假设某医学工作者需要研究一种能够生成“健康指数”$\ddot{y}$ 的简单机器学习算法，指数越高表示健康等级越高，反之，指数越低则说明身体欠佳。通常情况下，以人的体温为环境事件，测量工具为体温计，体温计产生一个数字 s，其中 $s=98.6$ 表示正常体温——单位为华氏度(相当于 37 摄氏度)。对于这种测量尺度的任意性，需要定义预处理变换 f，将体温 s 映射为健康指数 $f(s)$。健康指数 $f(s)$是由环境事件(即患者体温)生成的一维特征向量。该医学工作者提出的简单机器学习算法是 $\ddot{y}=f(s-\beta)$，其中 β 是学习机从健康和不健康患者体温测量实例中估计出的自由参数。预处理变换 f 的选择非常重要。如果设定 $f(s)=s-\beta$，那么无论 β 设定为何值，患者体温过高或者过低均会得到一个较大的健康指数。但是，如果定义 $f(s)=\exp(-(s-\beta)^2)$，设定 $\beta=98.6$，则学习机会更容易判断出体温异常的情况。

1.2.4.2　相似输入生成相似响应

当学习机处理新输入时，重要的先验知识是假设相似的输入应当生成相似的响应。也就是说，该先验知识对所估计的条件概率分布进行约束，假定相似的输入模式具有相似的响应概率。例如，给定 d 个二值输入变量，可以表示 2^d 个可能的 d 维二进制输入模式向量。假设学习目标是，给出一个 d 维二进制输入模式向量，得到二值响应变量取值为 1 的概率值。如果给定了 2^d 个自由参数，则能够根据 2^d 种输入模式列出所有响应变量取值为 1 的概率。这种概率模型称为“二维列联表模型”。二维列联表模型没有加入先验知识约束(即相似输入应产生相似响应)。

但是，在逻辑回归模型中，二值响应变量取值为 1 的概率是 d 个二值输入变量加权和的单调递增函数。因此，概率模型中自由参数个数通常为 d 而非 2^d。自由参数指数级减少的优点包括提高学习效率以及学习机结合相似输入的先验知识对新输入产生输出的能力。然而，如果相似输入产生相似响应这一假设无效，那么在训练过程中将无法进行逻辑回归模型的学习。这是因为逻辑回归模型无法充分表示广泛的概率分布，但二维列联表模型可以表示所有的概率分布。

1.2.4.3　仅有少量模型参数是相关的

为了确保学习机学习各种概念的灵活性，通常在学习机中加入许多额外的自由参数。例如，可使用正则化项(见 1.3.3 节)在学习过程对模型中冗余和不相关的自由参数进行惩罚，即加入了学习机中许多自由参数是冗余且不相关的这一先验知识。在该假设成立的前提下，可以通过减少过拟合来提高学习机的泛化性能。

1.2.4.4　不同特征检测器共享参数

另一个能够充分体现这一先验知识的例子是卷积神经网络(Convolutional Neural Network，CNN)和循环神经网络(Recurrent Neural Network，RNN)。在科学和工程领域，这两种神经网络(Goodfellow et al.，2016；Schmidhuber，2015)在很多非常困难的问题上取得了巨大成功。

虽然卷积神经网络和循环神经网络通常被描述为对其统计环境的结构做最小假设的学习机，但它们包含了大量关于统计环境的先验知识。特别是，卷积神经网络的一个关键特性是，如果特征检测器在图像的一个区域学习到了统计规律，那么卷积神经网络也会自动学习到图像其他区域的统计规律。也就是说，空间特征在图像中不是特定于位置的。这种约束可以通过约束 CNN 中的特征检测器组来实现，这样同一组特征检测器将共享相同的参数值。同样，循环神经网络广泛使用参数共享来学习时不变的统计规律。

练习

1.2-1. 说明如何用特征向量来表示下列环境事件：(1) 由数千个彩色像素组成的数字图像；(2) 麦克风输出，即随时间变化的电压；(3) 金融证券行为，即随时间变化的收盘价集；(4) 基于特定时空位置投放网站广告的消费者购买决策；(5) 一名人类飞行员通过与直升机控制面板交互进行直升机降落的事件序列。

1.2-2. 在学习过程中，为学习机提供一个人脸数字图像集合。学习过程结束后，让学习机观察人脸的数字图像，并输出数字 0 或 1 来表示该数字图像中的人脸是否为熟悉的人脸。给出三种将人脸数字图像表示为特征向量的方法。给出两个例子，其中一个用于训练该系统的特征向量是由平稳统计环境产生的，另一个用于训练该系统的特征向量是由非平稳统计环境产生的。分析学习机包含哪种先验知识能够加速学习过程。

1.2-3. 某医生希望使用机器学习算法来得出患者是否患有癌症的医学诊断。医学诊断的依据包含患者特征(性别、血压、心率)数据和患者症状(发热、肌肉酸痛、喉咙痛、前额是否有皮下出血点)。据此，医生在诊所采集患者的数据，并训练学习机，以根据患者的特征和症状预测患者是否患有相应疾病。给出三种将该事件表示为特征向量的方法，该特征向量由“输入模式”和“响应模式”两部分组成。给出两个例子，其中一个用于训练该系统的特征向量由平稳统计环境产生，另一个用于训练该系统的特征向量由非平稳统计环境产生。分析学习机包含哪种先验知识能够加速学习过程。

1.2-4. 某机器学习公司开发了一款自动驾驶汽车，其当前状态包括在时间 t 从汽车的图像、音频、雷达和声呐传感器获得的信息。自动驾驶汽车的每一次测试都会产生一个状态序列，在状态序列结束时，汽车会因驾驶不良而受到惩罚(强化信号为－10)或者因驾驶优秀而受到奖励(强化信号为＋10)。给出三种将观测的某次试驾事件表示为特征向量(含强化信号)的方法。给出两个例子，其中一个用于训练该系统的特征向量由平稳统计环境产生，另一个用于训练该系统的特征向量由非平稳统计环境产生。分析学习机包含哪种先验知识能够加速学习过程。

1.2-5. 考虑一种情况：通过给机器学习算法播放人类驾驶汽车的视频片段，训练机器学习算法驾驶汽车。思考另一种情况：让机器学习算法在物理环境中实际控制汽车的行为，并从这些体验中学习。哪种情况符合反应式学习环境下的学习？

1.2-6. 假设研究者尝试用路边停车的例子来训练学习机路边停放一辆自动驾驶汽车，但学习机无法解决这个问题。说明如何设计一个由一系列不同平稳环境 $E_1, E_2, \cdots$ 组成的非平稳环境 E 来帮助学习机解决路边停车问题。更具体地说，假设学习机学习平稳环境 E_1，得出参数估计值 $\hat{\boldsymbol{\theta}}_1$，然后将参数估计值 $\hat{\boldsymbol{\theta}}_1$ 作为平稳环境 E_2 的路边停车解的初始因子，得出参数估计值 $\hat{\boldsymbol{\theta}}_2$，以此类推。

1.3　经验风险最小化框架

1.3.1　ANN 图形符号

当分析某些类别的机器学习算法结构时，可使用一些特定的图形符号，这些符号最早出现在人工神经网络(Artificial Neural Network，ANN)文献中(例如，Rosenblatt，1962；Rumelhart et al.，1986)，现在也被应用于深度学习的相关文献(例如，Goodfellow et al.，2016)。ANN 图形符号将机器学习算法作为节点或单元的集合，其中每个节点都有一个状态(称为激活水平)。通常情况下，节点的激活水平是一个实数。输出单元的状态或激活水平由输入节点的状态产生，按照连接输入单元和输出单元的箭头方向传递信息。每个输出单元均有一组特定参数，它们被称为该单元的连接权重，表示输入单元状态对输出单元状态的影响程度。从技术上讲，这种状态更新和动态学习相当于机器学习算法所对应的动态系统。第 3 章会给出将机器学习算法描述为动态系统的标准体系化方法。

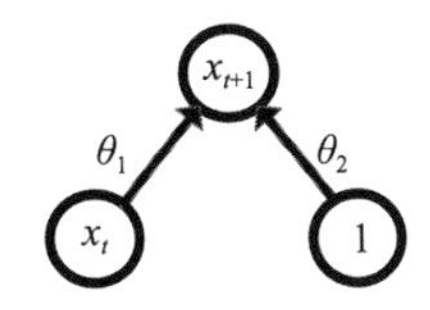

图 1.3　股市线性回归预测模型的 ANN 图形符号节点示意。线性回归预测模型的人工神经网络节点含义为，给定今天的收盘价 x_t，用式 $\hat{x}_{t+1}=\theta_1 x_t+\theta_2$ 预测明天的收盘价 x_{t+1}

图 1.3 为使用 ANN 图形符号节点表示的预测模型示例。输入模式由两个节点组成，其相关状态分别为 x_t 和 1。输出节点是对状态 x_{t+1} 的预测，由 $\hat{x}_{t+1}(\boldsymbol{\theta})$ 表示，其计算方法是计算两个输入模式节点的状态加权和，即 $\hat{x}_{t+1}(\boldsymbol{\theta})=\theta_1 x_t+\theta_2$。

1.3.2　风险函数

大多数的机器学习算法可看作经验风险最小化(Empirical Risk Minimization，ERM)学习算法(见第 13 章)。在 ERM 学习中，假设学习机的统计环境生成了 n 个事件，这些事件被学习机检测为 n 个 d 维特征向量或“训练向量”的集合。n 个训练向量 $\boldsymbol{x}_1,\cdots,\boldsymbol{x}_n$ 的集合称为训练数据集 $\mathcal{D}_n$。此外，参数向量 $\boldsymbol{\theta}$ 确定了学习机的知识状态。学习机学习过程的目标是选择学习机知识状态 $\boldsymbol{\theta}$ 的值。

学习机的行动和决策完全由学习机的参数向量 $\boldsymbol{\theta}$ 决定。设 $\boldsymbol{x}\in\mathcal{D}_n$ 表示一个训练向量，对应于学习机观察到的某一环境事件。当学习机基于当前参数向量 $\boldsymbol{\theta}$ 采集到 $\boldsymbol{x}$ 时，学习机的行动与决策的质量由损失函数 c 来衡量，该函数将 $\boldsymbol{x}$ 和 $\boldsymbol{\theta}$ 映射成数字 $c(\boldsymbol{x},\boldsymbol{\theta})$。数字 $c(\boldsymbol{x},\boldsymbol{\theta})$ 在语义上可看作学习机处于知识状态参数向量 $\boldsymbol{\theta}$ 时，在其环境中经历事件向量 $\boldsymbol{x}$ 所受的惩罚。为了使受到的平均惩罚最小，学习机寻找最小化经验风险函数的参数向量 $\boldsymbol{\theta}$。

$$\hat{\ell}_n(\boldsymbol{\theta})=(1/n)\sum_{i=1}^{n}c(\boldsymbol{x}_i,\boldsymbol{\theta}) \tag{1.1}$$

其中，$\mathcal{D}_n\equiv[\boldsymbol{x}_1,\cdots,\boldsymbol{x}_n]$ 是训练数据集。如果样本量 n 比较大，那么学习机就能相对准确地找到一个最小化“真实风险”的参数向量 $\boldsymbol{\theta}$。当样本量足够大时，分配给参数向量的真实风险与经验风险 $\hat{\ell}_n$ 近似相等。最小化真实风险以及经验风险是学习机的一个重要目标，能使学习机在新的测试数据和训练数据上均表现出良好的泛化性能。这些问题将在 13.1 节中进行更详细的讨论。

例 1.3.1(股市预测模型)　设计一个预测模型，假设输入模式 x_t 代表某股票在第 t 天的收盘价，该模型根据输入模式和参数向量 $\boldsymbol{\theta}=[\theta_1,\theta_2]$ 预测 x_{t+1}，即该股票在第 $t+1$ 天的收盘价(见图 1.3)。具体来说，模型所预测的第 $t+1$ 天的股票收盘价如下：

$$\hat{x}_{t+1}(\boldsymbol{\theta})=\theta_1 x_t+\theta_2$$

现在假设该股票过去 n 天的收盘价历史记录为 $x_1,x_2,\cdots,x_n$。那么，衡量预测模型性能标准的经验风险函数为

$$\hat{\ell}_n(\boldsymbol{\theta})=(1/(n-1))\sum_{t=1}^{n-1}(x_{t+1}-\hat{x}_{t+1}(\boldsymbol{\theta}))^2$$

需要注意的是，当$\hat{\ell}_n(\boldsymbol{\theta})$值较小时，预测模型的预测更加准确。因此，学习过程的目标就是找到一个最小化目标函数$\hat{\ell}_n(\boldsymbol{\theta})$的参数向量$\hat{\boldsymbol{\theta}}_n$。 △

例 1.3.2(非线性最小二乘回归风险函数)　对于样本量为n的训练数据集，设$\boldsymbol{x}_i=[\boldsymbol{s}_i,y_i]$为其中第$i$个训练事件，$y_i$是$d$维输入模式向量$\boldsymbol{s}_i$输入至学习机的期望响应，$i=1,\cdots,n$。将学习机的预测定义为一个平滑的非线性函数$\ddot{y}$，给定输入模式$\boldsymbol{s}_i$和$q$维参数向量$\boldsymbol{\theta}$时学习机响应为$\ddot{y}(\boldsymbol{s}_i,\boldsymbol{\theta})$。学习机学习过程的目标是寻找一个最小化学习机预测结果与期望响应的均方误差的参数向量$\hat{\boldsymbol{\theta}}_n$。

$$\hat{\ell}_n(\boldsymbol{\theta})=(1/n)\sum_{i=1}^{n}(y_i-\ddot{y}(\boldsymbol{s}_i,\boldsymbol{\theta}))^2 \tag{1.2}$$

△

例 1.3.3(经验风险函数最小化学习)　设$\Theta\subseteq\mathcal{R}^q$是参数空间。损失函数$c:\mathcal{R}^d\times\Theta\to\mathcal{R}$表示学习机在事件为$\boldsymbol{x}$且参数向量为$\boldsymbol{\theta}$时的误差$c(\boldsymbol{x},\boldsymbol{\theta})$。设$\boldsymbol{x}_1,\cdots,\boldsymbol{x}_n$为数据集，该数据集包含了$n$个随机事件的观察值，即$n$个数据记录$\tilde{\boldsymbol{x}}_1,\cdots,\tilde{\boldsymbol{x}}_n$。对于所有$\boldsymbol{\theta}\in\Theta$，将经验风险函数$\hat{\ell}_n:\Theta\to\mathcal{R}$定义为

$$\hat{\ell}_n(\boldsymbol{\theta})=(1/n)\sum_{i=1}^{n}c(\tilde{\boldsymbol{x}}_i,\boldsymbol{\theta})$$

机器学习算法的目标是最小化风险函数$\ell(\boldsymbol{\theta})$，风险函数定义为$\hat{\ell}_n(\boldsymbol{\theta})$的期望值。因此，经验风险函数$\hat{\ell}_n$是基于可观测数据对真实风险函数$\ell$的“估计”，而真实风险函数是基于不可观测数据生成过程而言的。 △

例 1.3.4(分类误差最小化概率)　对于有两个响应类别的二元分类任务，给定输入模式$\boldsymbol{s}$，设$p(y=1|\boldsymbol{s})$表示学习机判定响应类别$y=1$的概率。因此，学习机正确判定响应y的置信度为

$$p(y|\boldsymbol{s})=yp(y=1|\boldsymbol{s})+(1-y)(1-p(y=1|\boldsymbol{s}))$$

证明选择y使得误差概率$1-p(y|\boldsymbol{s})$最小等价于，当$p(y=1|\boldsymbol{s})>0.5$时，判定响应类别$y=1$，当$p(y=1|\boldsymbol{s})<0.5$时，判定响应类别$y=0$。

解　最小化决策误差概率的原则是，当$p(y=1|\boldsymbol{s})>p(y=0|\boldsymbol{s})$时，选择$y=1$；否则，选择$y=0$。同理，最小化决策误差概率规则可以写成

$$p(y=1|\boldsymbol{s})>1-p(y=1|\boldsymbol{s})$$

进而可改写为$p(y=1|\boldsymbol{s})>0.5$。 △

第10章和第13～16章将给出明确表征学习机泛化性能的模拟方法与分析算式。

1.3.3　正则化项

像深度神经网络、无监督学习机和强化学习等高维学习机，其状态大多需要使用正则化项。正则化项$k_n(\boldsymbol{\theta})$是对参数向量$\boldsymbol{\theta}$选择的额外惩罚。可以通过修改式(1.1)来构造包含正则化项的经验风险函数，则受惩罚的经验风险函数如下：

$$\hat{\ell}_n(\boldsymbol{\theta})=(1/n)\sum_{i=1}^{n}c(\boldsymbol{x}_i,\boldsymbol{\theta})+k_n(\boldsymbol{\theta}) \tag{1.3}$$

为使$\boldsymbol{\theta}$中多数元素为零，即相当于“稀疏解”，通常设置正则化项$k_n(\boldsymbol{\theta})$为较小值。该设置可以避免对训练数据的过拟合，原因在于正则化项会惩罚非稀疏解，而非稀疏解会学习到仅存在于训练集而测试集中不存在的统计性规律，从而发生过拟合。通常，这种仅存在于训

练集的规律是不可取的。

设λ为正数，$\boldsymbol{\theta}=[\theta_1,\cdots,\theta_q]^{\mathrm{T}}$。正则化项$k_n(\boldsymbol{\theta})=\lambda|\boldsymbol{\theta}|^2\left(|\boldsymbol{\theta}|^2=\sum_{j=1}^{q}\theta_j^2\right)$被称为$L_2$或脊回归因子。正则化项$k_n(\boldsymbol{\theta})=\lambda|\boldsymbol{\theta}|_1\left(|\boldsymbol{\theta}|_1=\sum_{j=1}^{q}|\theta_j|\right)$被称为$L_1$或套索回归因子。若正则化项同时包含了$L_1$和$L_2$正则化，例如：

$$k_n(\boldsymbol{\theta})=\lambda|\boldsymbol{\theta}|^2+(1-\lambda)|\boldsymbol{\theta}|_1,\quad 0\leqslant\lambda\leqslant 1$$

则将其称为弹性网络正则化因子。

如果目标函数是可微的，则机器学习算法的设计和评估往往更便于实施。但可惜的是，L_1正则化项$|\boldsymbol{\theta}|_1$是不可微的。这个问题可以通过简单“平滑”绝对值函数解决，使$\boldsymbol{\theta}$的第j个元素θ_j绝对值近似于下式：

$$|\theta_j|\approx((\theta_j)^2+\epsilon^2)^{1/2}$$

其中，ϵ是一个小正数，使得当$|\theta_j|\ll\epsilon$时，等价于θ_k在数值上为零的情况。另外，也可以用下面的可微公式来逼近L_1正则化项$|\theta_j|$：

$$|\theta_j|\approx\tau\mathcal{J}(\theta_j/\tau)+\tau\mathcal{J}(-\theta_j/\tau)$$

其中，$\mathcal{J}(\phi)\equiv\log(1+\exp(\phi))$，$\tau$是一个极小的正数。

1.3.4 优化方法

1.3.4.1 梯度下降批量学习

第5章、第6章和第7章将讨论各种批量学习方法，寻找最小化经验风险函数$\hat{\ell}_n$的最优参数$\hat{\boldsymbol{\theta}}_n$。这些方法的基本思想是，从初始设定的学习机参数(表示为$\boldsymbol{\theta}(0)$)开始。然后，在$t=0,1,2,\cdots$时刻，更新初始设定的值，使更新后的经验风险$\hat{\ell}_n(\boldsymbol{\theta}(t+1))$小于原参数对应的经验风险$\hat{\ell}_n(\boldsymbol{\theta}(t))$。随后多次重复该过程，直到获得一组参数值，使得经验风险函数值最小。

多数批量学习算法均可以看作一种重要迭代算法的变体，该迭代算法便是“梯度下降法”。符号

$$\frac{\mathrm{d}\hat{\ell}_n(\boldsymbol{\theta}(t))}{\mathrm{d}\boldsymbol{\theta}}$$

表示$\hat{\ell}_n$在$\boldsymbol{\theta}(t)$处的向量导数。梯度下降法的基本思想是：从一个经验风险函数$\hat{\ell}_n$开始，找到最小化函数$\hat{\ell}_n$的参数值向量$\hat{\boldsymbol{\theta}}_n$。为了达到该目标，设$\hat{\boldsymbol{\theta}}_n$初始值为$\boldsymbol{\theta}(0)$。当$t=1$时，按照下式由$\boldsymbol{\theta}(0)$计算$\boldsymbol{\theta}(1)$：

$$\boldsymbol{\theta}(t+1)=\boldsymbol{\theta}(t)-\gamma_t\frac{\mathrm{d}\hat{\ell}_n(\boldsymbol{\theta}(t))}{\mathrm{d}\boldsymbol{\theta}}\tag{1.4}$$

其中，步长或者学习率γ_t通常为极小的正值(参见第5章和第7章)。对$\boldsymbol{\theta}(1)$应用式(1.4)，可得到修正后的估计值$\boldsymbol{\theta}(2)$。一直按照这种方式生成参数估计序列$\boldsymbol{\theta}(0),\boldsymbol{\theta}(1),\cdots$，后续可证明该参数估计序列会收敛到使$\hat{\ell}_n$最小的点集。像Levenberg-Marquardt和L-BFGS等梯度下降优化方法在某些情况下收敛速度会更快(进一步讨论见第7章)。

评估算法收敛性的一种方法是检测$\boldsymbol{\theta}(t+1)\approx\boldsymbol{\theta}(t)$是否成立。但是，更好的标准是检查$\hat{\ell}_n$的导数是否足够小，该标准侧重于判断目标函数$\hat{\ell}_n$的形状，而不依赖于学习算法的动态性。何时停止迭代是很重要的问题，相关讨论见第5～7章、第11章和第12章。

第6章和第7章还将给出保证应用梯度下降批量学习算法生成收敛序列的条件。

例 1.3.5(股市预测梯度下降批量学习算法设计) 思考例 1.3.1 的股市预测问题。梯度下降算法的目的是在随机选择二维向量 $\boldsymbol{\theta}(0)$ 的基础上估计最小化 $\hat{\ell}_n$ 的 $\hat{\boldsymbol{\theta}}_n$。设计学习率为 γ_k 的学习算法，应用梯度下降学习公式最小化 $\hat{\ell}_n$，得到

$$\boldsymbol{\theta}(k+1)=\boldsymbol{\theta}(k)-\gamma_k \frac{\mathrm{d}\hat{\ell}_n(\boldsymbol{\theta}(k))}{\mathrm{d}\boldsymbol{\theta}}$$

解 设 $c([x_t+1,x_t],\boldsymbol{\theta})=(x_{t+1}-\theta_1 x_t-\theta_2)^2$，使得

$$\hat{\ell}_n(\boldsymbol{\theta})=\frac{1}{n-1}\sum_{t=1}^{n-1} c([x_{t+1},x_t],\boldsymbol{\theta})$$

按照 $c([x_{t+1},x_t],\boldsymbol{\theta})=(x_{t+1}-\theta_1 x_t-\theta_2)^2$ 计算参数导数：

$$\mathrm{d}c/\mathrm{d}\theta_1=-2(x_{t+1}-\theta_1 x_t-\theta_2)x_t$$

$$\mathrm{d}c/\mathrm{d}\theta_2=-2(x_{t+1}-\theta_1 x_t-\theta_2)$$

将其代入梯度下降学习公式(1.4)中，得到

$$\theta_1(k+1)=\theta_1(k)+\frac{2\gamma_k}{n-1}\sum_{t=1}^{n-1}(x_{t+1}-\theta_1 x_t-\theta_2)x_t \tag{1.5}$$

$$\theta_2(k+1)=\theta_2(k)+\frac{2\gamma_k}{n-1}\sum_{t=1}^{n-1}(x_{t+1}-\theta_1 x_t-\theta_2) \tag{1.6}$$

△

其中，正数序列 $\gamma_1,\gamma_2,\cdots$ 为参数学习率。

例 1.3.6(非线性最小二乘回归的批量学习规则设计) 考虑例 1.3.2 的非线性最小二乘回归模型。设计应用梯度下降批量学习公式估计模型参数的学习规则。

解 定义经验风险函数 $\hat{\ell}_n$ 为

$$\hat{\ell}_n(\boldsymbol{\theta})=\frac{1}{2n}\sum_{i=1}^{n}(y_i-\ddot{y}(\boldsymbol{s}_i,\boldsymbol{\theta}))^2$$

学习过程的目标是最小化 $\hat{\ell}_n$。为了最小化 $\hat{\ell}_n$，提出一种由梯度下降学习公式(1.4)界定的算法。利用第 5 章给出的向量链式法则，可得 $\hat{\ell}_n$ 对 $\boldsymbol{\theta}$ 的导数：

$$\frac{\mathrm{d}\hat{\ell}_n}{\mathrm{d}\boldsymbol{\theta}}=-(1/n)\sum_{i=1}^{n}(y_i-\ddot{y}(\boldsymbol{s}_i,\boldsymbol{\theta}))\frac{\mathrm{d}\ddot{y}(\boldsymbol{s}_i,\boldsymbol{\theta}(k))}{\mathrm{d}\boldsymbol{\theta}} \tag{1.7}$$

因此，最小化 $\hat{\ell}_n$ 的梯度下降学习规则如下：

$$\boldsymbol{\theta}(k+1)=\boldsymbol{\theta}(k)+\gamma_k(1/n)\sum_{i=1}^{n}(y_i-\ddot{y}(\boldsymbol{s}_i,\boldsymbol{\theta}(k)))\frac{\mathrm{d}\ddot{y}(\boldsymbol{s}_i,\boldsymbol{\theta}(k))}{\mathrm{d}\boldsymbol{\theta}} \tag{1.8}$$

其中，正数 γ_k 为参数学习率。 △

1.3.4.2 自适应梯度下降学习

假设应用式(1.4)指定的梯度下降批量学习算法最小化如下经验风险函数：

$$\hat{\ell}_n(\boldsymbol{\theta})=(1/n)\sum_{i=1}^{n}c(\boldsymbol{x}_i,\boldsymbol{\theta}) \tag{1.9}$$

需要注意的是，当训练事件数量 n 极大时，经验风险函数 $\hat{\ell}_n$ 是学习机的损失期望估计量。

批量学习通常在每次迭代时更新当前参数估计值，但如果训练样本数量很大，其计算成本可能会很高。此外，在许多情况下，对于在学习过程中只能逐步获取相对较少训练数据的统计环境，非常有必要设计一种适用于该环境的适应性学习算法。基于式(1.9)的损失函数

$c(\boldsymbol{x},\boldsymbol{\theta})$，依据以下更新规则给出最小化式(1.9)经验风险函数近似值的自适应梯度下降算法实现：

$$\boldsymbol{\theta}(t+1)=\boldsymbol{\theta}(t)-\gamma_t \frac{\mathrm{d}c(\boldsymbol{x}(t),\boldsymbol{\theta}(t))}{\mathrm{d}\boldsymbol{\theta}} \tag{1.10}$$

其中，$\boldsymbol{x}(t)$是 t 时刻学习机获得的特征向量，γ_t 为 t 时刻的正常量步长。第 12 章将给出确保式(1.10)中的学习规则可最小化式(1.9)经验风险函数期望值的充分条件。

练习

1.3-1. 修改例 1.2.5 中的经验风险函数，使证券明天收盘价预测值为某常数与今天收盘价、过去 5 天证券收盘价平均值和过去 30 天证券收盘价平均值的加权和。然后，推导该学习机更新 4 维参数向量的梯度下降算法。

1.3-2. 修改练习 1.3-1 的经验风险函数，加入一个可微正则化项，使学习过程倾向于寻求稀疏解。然后，推导用于该新经验风险函数 4 维参数向量的梯度下降算法。

1.3-3. 假设学习机输入为患者个体特征，输出为预测的患者患脑癌的概率。假设患者个体特征是：血压、心率、白细胞数、年龄和性别。说明如何构建可代表该患者特征的输入模式向量 $\boldsymbol{s}$。设 p_s 为一个介于 0 和 1 之间的数字，表示患者患脑癌的概率。要真正确定患者是否患有脑癌，需要对患者的大脑进行昂贵且危险的活检手术。保险公司决定，在初始筛查阶段，如果学习机根据初始筛查误判患者患有脑癌，保险公司将支付 30 000 美元；如果学习机误判患者无脑癌，保险公司将支付 100 万美元。

基于脑癌估计概率 p_s，推导保险公司成本最低的决策规则。例如，考虑下述决策规则，若 p_s 大于某阈值常数 ψ，则判断存在癌症，说明如何计算 ψ。

1.4　基于理论的系统分析和设计

本节的一个主要目的是给出一种基于模块化理论的系统分析设计方法，以实现机器学习算法的数理分析与设计。按照明确的定义和数学理论的形式，给出表征机器学习算法收敛性与性能的详细条件。然后，通过各种常见的机器学习算法示例来证明该理论。该统一理论框架包括：(1) 现有机器学习算法间的关系；(2) 机器学习算法的设计和评估方法；(3) 依据任务改进机器学习算法。本节是对该统一理论框架在实际工程中具体应用的概述和讨论。

1.4.1　第一阶段：系统规范

对推理机或学习机进行理论分析的前提条件是，标准化推理机或学习机的表示。在该框架内，将推理和学习算法定义为一个动态系统，其目标是最小化目标函数。学习与推理这两个阶段通常不会耦合在一起，学习动态系统对参数的估计是其与统计环境交互的结果；推理动态系统使用参数估计值进行推理。

学习和推理系统的完整数学规范应以文字形式形成完整文档。该规范应当包括对学习与推理机所处环境的结构特征分析。第 3 章和第 13 章将系统地介绍该分析方法，本章只是对该规范进行简要论述。系统规范应包含两部分：(1) 机器学习优化算法规范；(2) 优化算法最小化标量值目标函数的规范。虽然一些重要的机器学习算法不能看作优化算法，但这里提出的理论框架主要是基于优化方法来分析和设计统计学习机。对于最小化目标函数的推理学习机，第 1 章、第 3 章和第 13 章将讨论如何对其动态系统表示进行研究和设计。

1.4.2 第二阶段：理论分析

第一阶段将学习机表示为一个动态系统。此外，第一阶段还明确了学习机在学习过程中需要最小化的目标函数。

设计过程的第二阶段包括对收敛条件的理论研究，以确保学习机动态系统产生的参数更新序列会收敛到理想知识状态。第7章将论述批量学习算法的收敛性，第12章将论述适应性学习算法的收敛性。

随后，学习机可通过得到的知识状态参数向量完成对统计环境的推理。虽然参数向量估计值仅取决于输入学习机的训练数据，但是也可以从理论上分析学习机对新样本的性能表现，即完成学习机泛化性能的理论研究。为了表征学习机泛化性能，第14章将介绍bootstrap模拟方法，第13、15、16章将介绍表征泛化性能的非模拟方法。

1.4.3 第三阶段：具体实施

在完成学习机性能的理论分析后，便进入系统的具体实施阶段。具体实施结果通常是软件实现，也可以是硬件实现。第一阶段开发的系统规范为学习与推理机的软件或硬件实现提供了具体指导说明。第二阶段的理论分析给出了学习机状态收敛性判断的理论依据。依据算法类别和第二阶段明确的评估标准，选择所需要实施的软件模块。所选择的软件模块不仅应当可用于已知学习机的开发和评估，而且还需要具有通用性，从而可用于新学习机架构的设计与改进。

1.4.4 第四阶段：系统行为评估

对比第三阶段开发的实体系统性能与第二阶段的理论预测值。如果所实现的实际系统不能按照预测的那样运行，那么应当首先检查第三阶段的软件实现，以保证其能够正确实现第一阶段的系统规范。此外，还应当重新检验第二阶段定理的假设与理论预测，以判断是否违背了第一阶段的系统规范。

在实践中，这种对比不仅能够帮助确定必需的实证型研究，而且还可帮助给出实证结果的语义解释。实证结果往往可以为理论分析提供补充解释，并对第一阶段制定的原始数理系统规范给出极具价值的建议。随后，重新回到第一阶段，完善和修改原始设计。在实践中，这样的设计周期往往需要重复多次。

秘诀框 1.1 机器学习算法开发

- **步骤 1** 明确学习机的统计环境。
  学习机的环境中有哪些事件？事件应该如何用特征向量来表示？学习机的统计环境是否平稳？
- **步骤 2** 明确机器学习架构。
  在这一步中，选择一个特定的机器学习架构。这可能涉及为架构选择一种合适的参数形式，以便表征其概率环境的结构特征。可以从能够解决目标问题的最简单架构开始，分析其优势和局限性，再设计更复杂的架构。适当地引入正则化约束。
- **步骤 3** 设定经验风险损失函数。
  在这一步中，应当结合机器学习推理的先验知识，选择可微的经验风险损失函数。损失函数的一个重要组成部分是步骤2所设定的机器学习架构。

- **步骤4** 设计推理和学习算法。
  使用损失函数的导数设计推理和学习算法(见第6、7、11和12章)。
- **步骤5** 设计学习机性能分析的评估方法。
  使用损失函数的导数设计学习机的性能评估方法(见第13～16章)。
- **步骤6** 实现算法与评估方法。
  用软件实现学习算法和评估方法。验证软件实现是否与算法(步骤2和步骤3)和评估方法(步骤5)一致。
- **步骤7** 评估算法的学习行为。
  使用所实现的软件来评估学习机的学习行为。
- **步骤8** 步骤重复。
  重复步骤1～7，直到学习机达到满意性能。

例1.4.1(无法学习的优化学习机) 理论学者已验证，在平稳环境中，对于某一特定的学习机，只要训练样本数量足够多，通过最小化一个可微的目标函数可产生收敛到最佳知识状态的参数更新序列。工程师通过软件实现了该学习机，却发现算法并没有收敛，而是表现出强烈的振荡。试着讨论该问题，分析导致学习算法不收敛的可能原因。

解 学习算法不收敛的原因可能有以下几个。

第一，有可能是软件实现存在问题，对应的是第三阶段(具体实施)。可检查第三阶段的软件模块是否正确实现了第一阶段的系统规范。

第二，有可能是第一阶段平稳环境的设定不正确。解决方法是在第四阶段重新构建不同时刻的同源数据集并检验学习机提取的统计性规律在这些数据集中是否类似。如果环境是非平稳的，则可能需要在第一阶段中使用另一种特征向量对环境统计特征进行重新编码。另一种解决非平稳环境问题的方法是改进(第一阶段)算法，研究环境数据采样的其他策略。然后重复第二阶段，对理论推导进行修正。

第三，有可能第一阶段指定的目标函数是不可微的，从而使得理论推导无效。此时应从理论上对目标函数进行检验，判断其是否可微，必要时可以在第一阶段修改目标函数定义，然后在第二阶段得到新的理论预测。

第四，鉴于第四阶段分析的结果，有可能是需要额外训练数据。如果数据集足够大，学习机性能应随着数据集的增加而保持大致不变。

第五，即使算法和目标函数都是正确设计和实现的，但可能会因为算法模型选择错误而使得学习机性能很差。解决方法是在第一阶段重新设计一个新算法并在第二阶段得出新的理论预测。

第六，第二阶段的理论推导可能有误。解决方法是，仔细检查理论推导假设是否与第一阶段的系统规范一致，所使用的数学推导是否正确。 △

练习

1.4-1. 理论学者已验证，在平稳环境中，只要训练样本数量足够多，学习机将趋于收敛，使可微目标函数达到严格局部极小值，并对新的测试数据作出错误率为1%的预测。工程师通过软件实现了该学习机，却发现对于训练数据集，学习机的预测错误率为5%，在新的测试数据集上，其错误率为20%。分析该实验结果与理论预测之间存在差异的原因，对以下各类别的原因至少列举一个例子：(1) 系统规范有误；(2) 理论分析有误；(3) 具体实施有误；(4) 评估有误。分析基于理论的系统分析和设计策略为什么有助于提高学习机的性能。

1.4-2. 用自己的话定义风险经验最小化框架，列出它的优势和不足。

1.5　监督学习机

监督学习机的目标是对于给定的输入模式向量产生一个合适的输出模式向量(又称“响应模式向量”)。监督学习机的训练数据集通常为一组无序的输入模式向量和输出模式向量对。例如，给定一个图像的输入模式向量，引导学习机生成期望响应或者标签。此外，监督学习机的泛化性能取决于其学习经验。也就是说，如果向监督学习机输入一个未出现过的新向量，那么学习机将依据以往的训练数据产生合适的期望响应(见图 1.4)。

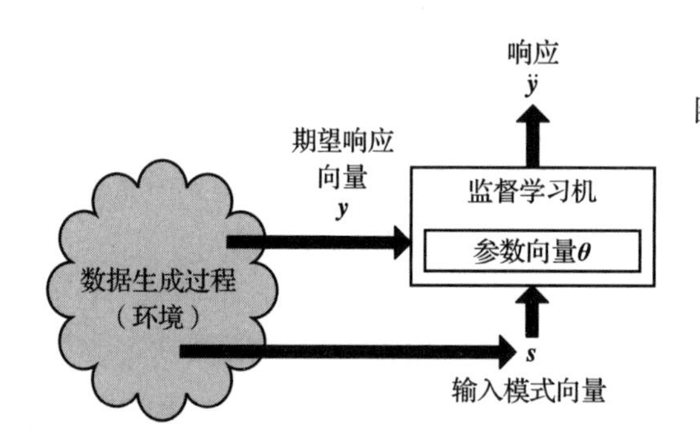

图 1.4　监督学习机的基本原理。监督学习机将数据生成过程产生的事件作为特征向量。该特征向量包含两部分，分别为输入模式向量 $\boldsymbol{s}$ 和期望响应向量 $\boldsymbol{y}$。学习机基于输入模式向量与参数向量 $\boldsymbol{\theta}$ 表示的内部知识状态，输出响应 $\ddot{\boldsymbol{y}}$。学习机基于输出的响应 $\ddot{\boldsymbol{y}}$ 和期望响应 $\boldsymbol{y}$ 间的差异对学习机的内部知识状态 $\boldsymbol{\theta}$ 进行更新

1.5.1　差异函数

在监督学习范式中，训练向量 $\boldsymbol{x}=[\boldsymbol{s},\boldsymbol{y}]$ 由输入模式向量 $\boldsymbol{s}$ 和期望响应向量 $\boldsymbol{y}$ 组成，即为学习机提供输入模式向量 $\boldsymbol{s}$ 时它应当产生向量 $\boldsymbol{y}$。通常，式(1.1)中的经验风险损失函数 c 的参数形式如下所示：

$$c(\boldsymbol{x},\boldsymbol{\theta})=D(\boldsymbol{y},\ddot{\boldsymbol{y}}(\boldsymbol{s},\boldsymbol{\theta})) \tag{1.11}$$

其中，D 为差异函数(discrepancy function)，它比较输入模式 $\boldsymbol{s}$ 下期望响应 $\boldsymbol{y}$ 与基于参数向量(即“知识状态”)$\boldsymbol{\theta}$ 的预测响应 $\ddot{\boldsymbol{y}}(\boldsymbol{s},\boldsymbol{\theta})$。

算法 1.5.1　通用自适应梯度下降监督学习算法　设 $\boldsymbol{y}$ 为监督学习机对于给定的输入模式 $\boldsymbol{s}$ 的期望响应，$\ddot{\boldsymbol{y}}(\boldsymbol{s},\boldsymbol{\theta})$ 为监督学习机对于给定的 $\boldsymbol{s}$ 与参数向量 $\boldsymbol{\theta}$ 的预测响应。c 的定义见式(1.11)。γ_t 控制算法第 t 次迭代的学习率，为正极小值

1: **procedure** SUPERVISED-LEARNING-GRADIENT-DESCENT($\boldsymbol{\theta}(0)$)
2: 　$t \Leftarrow 0$
3: 　**repeat**
4: 　　选择下一个输入模式向量 $\boldsymbol{s}(t)$
5: 　　观察 $\boldsymbol{s}(t)$ 下的期望响应 $\boldsymbol{y}(t)$
6: 　　$\boldsymbol{g}([\boldsymbol{y}(t),\boldsymbol{s}(t)],\boldsymbol{\theta}(t)) \Leftarrow \mathrm{d}c([\boldsymbol{y}(t),\boldsymbol{s}(t)];\boldsymbol{\theta}(t))/\mathrm{d}\boldsymbol{\theta}$
7: 　　$\boldsymbol{\theta}(t+1) \Leftarrow \boldsymbol{\theta}(t)-\gamma_t \boldsymbol{g}([\boldsymbol{y}(t),\boldsymbol{s}(t)],\boldsymbol{\theta}(t))$

8:　　　$t \Leftarrow t+1$.
9:　　**until** $\boldsymbol{\theta}(t) \approx \boldsymbol{\theta}(t-1)$
10:　　**return** $\{\boldsymbol{\theta}(t)\}$
11: **end procedure**

例 1.5.1(数值目标的最小二乘法差异测度)　当推理机的期望响应 y 是一个连续数值(例如，$-\infty<y<\infty$)时，通常选择线性回归或最小二乘法差异测度。当推理机输入模式 $\boldsymbol{s}$ 时，

$$\ddot{y}(\boldsymbol{s},\boldsymbol{\theta})=\boldsymbol{\theta}^{\mathrm{T}}[\boldsymbol{s}^{\mathrm{T}} \quad 1]^{\mathrm{T}}$$

表示给定的输入模式 $\boldsymbol{s}$ 与参数向量 $\boldsymbol{\theta}$ 的预测响应。差异函数 D 为

$$D(y,\ddot{y}(\boldsymbol{s},\boldsymbol{\theta}))=(y-\ddot{y}(\boldsymbol{s},\boldsymbol{\theta}))^2$$

对于训练集 $\mathcal{D}_n=\{(y_1,\boldsymbol{s}_1),\cdots,(y_n,\boldsymbol{s}_n)\}$，经验风险函数 $\hat{\ell}_n$ 为

$$\hat{\ell}_n(\boldsymbol{\theta})=(1/n)\sum_{i=1}^{n}(y_i-\ddot{y}(\boldsymbol{s}_i,\boldsymbol{\theta}))^2 \tag{1.12}$$

可通过算法 1.5.1 估计式(1.12)中最小化 $\hat{\ell}_n$ 所对应的线性回归模型参数，损失函数为

$$c([y,\boldsymbol{s}],\boldsymbol{\theta})=(y-\ddot{y}(\boldsymbol{s},\boldsymbol{\theta}))^2$$

△

例 1.5.2(二值目标的逻辑回归差异测度)　当推理机的期望响应 y 取两个值(如 $y\in\{0,1\}$)时，通常选择逻辑回归差异测度。具体来说，基于参数向量 $\boldsymbol{\theta}$ 的推理机对给定的输入模式 $\boldsymbol{s}$ 输出响应 $y=1$ 的概率为

$$\ddot{p}(\boldsymbol{s},\boldsymbol{\theta})=[1+\exp(-\ddot{y}(\boldsymbol{s},\boldsymbol{\theta}))]^{-1}$$

其中

$$\ddot{y}(\boldsymbol{s},\boldsymbol{\theta})=\boldsymbol{\theta}^{\mathrm{T}}[\boldsymbol{s}^{\mathrm{T}} \quad 1]^{\mathrm{T}}$$

差异函数 D 为

$$D(\boldsymbol{y},\ddot{\boldsymbol{y}})=-[y\log(\ddot{p}(\boldsymbol{s},\boldsymbol{\theta}))+(1-y)\log(1-\ddot{p}(\boldsymbol{s},\boldsymbol{\theta}))]$$

若选择该差异函数 D，则对训练数据集 $\mathcal{D}_n=\{(y_1,\boldsymbol{s}_1),\cdots,(y_n,\boldsymbol{s}_n)\}$，可定义如下经验风险函数 $\hat{\ell}_n$：

$$\hat{\ell}_n(\boldsymbol{\theta})=-(1/n)\sum_{i=1}^{n}[y_i\log(\ddot{p}(\boldsymbol{s}_i,\boldsymbol{\theta}))+(1-y_i)\log(1-\ddot{p}(\boldsymbol{s}_i,\boldsymbol{\theta}))] \tag{1.13}$$

然后利用算法 1.5.1 估计式(1.13)中最小化 $\hat{\ell}_n$ 所对应的逻辑回归模型参数，损失函数为

$$c([y,\boldsymbol{s}],\boldsymbol{\theta})=-y\log\ddot{p}(\boldsymbol{s},\boldsymbol{\theta})-(1-y)\log(1-\ddot{p}(\boldsymbol{s},\boldsymbol{\theta}))$$

△

例 1.5.3(多项分类目标的多项式逻辑差异测度)　当学习机的期望响应是一个分类变量时，通常选择多项式逻辑回归或 softmax 输出网络架构。softmax 输出网络架构可以看作对例 1.5.2 中逻辑回归差异函数的一般化。

设 m 维单位矩阵的第 k 列 $\boldsymbol{y}^k$ 代表学习机输入一个 d 维输入模式向量 $\boldsymbol{s}$ 时，学习机第 k 个类别的期望响应，其中 $k=1,\cdots,m$。设学习机的参数向量 $\boldsymbol{\theta}$ 是行数为 m、列数为 d 的参数矩阵 $\boldsymbol{W}$ 的列，其中 $\boldsymbol{W}$ 的前 $m-1$ 行是自由参数，最后一行全为零。参数向量 $\boldsymbol{\theta}$ 用于指定 $\boldsymbol{W}$ 的非零元素。设 $\mathbf{1}_m$ 为 m 维的全 1 列向量。$\mathbf{exp}$ 是向量值函数，$\mathbf{exp}(\boldsymbol{u})$的第 k 个元素等于 $\exp(u_k)$，其中 u_k 是 $\boldsymbol{u}$ 的第 k 个元素($k=1,\cdots,m$)。

设 $\psi(\boldsymbol{s};\boldsymbol{W})=\boldsymbol{W}\boldsymbol{s}$，$\psi_k(\boldsymbol{s},\boldsymbol{W})$表示 $\psi(\boldsymbol{s};\boldsymbol{W})$的第 k 个元素，$k=1,\cdots,m$，则输入模式向量 $\boldsymbol{s}$ 输出类别 k 的概率由 m 维概率向量 $\boldsymbol{p}_i(\boldsymbol{\theta})$的第 k 个元素

$$p(\boldsymbol{y}_i^k|\boldsymbol{s}_i;\boldsymbol{W})=\frac{\exp(\psi_k(\boldsymbol{s}_i;\boldsymbol{W}))}{\mathbf{1}_m^{\mathrm{T}}\exp(\psi(\boldsymbol{s}_i;\boldsymbol{W}))}$$

指定。softmax 经验风险函数定义为

$$\hat{\ell}_n(\boldsymbol{\theta})=(1/n)\sum_{i=1}^{n}D(\boldsymbol{y}_i,\log(\boldsymbol{p}_i(\boldsymbol{\theta})))$$

其中 softmax 差异测度为

$$D(\boldsymbol{y}_i,\log(\boldsymbol{p}_i(\boldsymbol{\theta})))=-\boldsymbol{y}_i^{\mathrm{T}}\log(\boldsymbol{p}_i(\boldsymbol{\theta}))$$

△

1.5.2　基函数与隐单元

为便于计算，通常假设预测响应函数 $\ddot{y}(\boldsymbol{s},\boldsymbol{\theta})$是 $\boldsymbol{s}$ 元素的加权和，使得 $\ddot{y}(\boldsymbol{s},\boldsymbol{\theta})=\boldsymbol{\theta}^{\mathrm{T}}[\boldsymbol{s}^{\mathrm{T}},1]^{\mathrm{T}}$。然而，当预测响应 $\ddot{y}(\boldsymbol{s},\boldsymbol{\theta})$是 $\boldsymbol{s}$ 和 $\boldsymbol{\theta}$ 的非线性函数时，该假设是不合适的。此外，由于非线性形式众多，选择 $\ddot{y}(\boldsymbol{s},\boldsymbol{\theta})$的参数公式可能会更加复杂。

图 1.5 说明了解决这些问题的常规策略。对于给定的输入模式 $\boldsymbol{s}$，预测响应 $\ddot{y}(\boldsymbol{s},\boldsymbol{\theta})$如下式所示：

$$\ddot{y}(\boldsymbol{s},\boldsymbol{\theta})=\sum_{j=1}^{J}w_j h_j(\boldsymbol{s},\boldsymbol{v}_j) \tag{1.14}$$

其中，参数向量 $\boldsymbol{\theta}\equiv[w_1,w_2,\cdots,w_J,\boldsymbol{v}_1^{\mathrm{T}},\boldsymbol{v}_2^{\mathrm{T}},\cdots,\boldsymbol{v}_J^{\mathrm{T}}]^{\mathrm{T}}$。基于$\boldsymbol{v}_1,\cdots,\boldsymbol{v}_J$，基函数或隐单元 h_1，$h_2,\cdots,h_j$ 定义了 $\boldsymbol{s}$ 的变换，于是产生以下特征向量：

$$\boldsymbol{h}^{\mathrm{T}}\equiv[h_1(\boldsymbol{s},\boldsymbol{v}_1),\cdots,h_J(\boldsymbol{s},\boldsymbol{v}_J)]$$

式(1.14)中的预测响应 $\ddot{y}(\boldsymbol{s},\boldsymbol{\theta})$可表示为 $\boldsymbol{h}$ 元素的加权和。如图 1.5 所示，d 维输入模式向量 $\boldsymbol{s}$ 是 d 个实数，代表了 d 个输入单元的状态。特征向量 $\boldsymbol{h}$ 是 J 个实数，代表了 J 个隐单元的状态。输出单元的状态是一个实数，代表标量预测响应 $\ddot{y}(\boldsymbol{s},\boldsymbol{\theta})$。

图 1.5 的网络由一层隐单元组成，被称为多层感知机或浅层神经网络。当然，还可引入更多层的隐单元。如果第 k 层隐单元的输入仅依赖于第 $k-1$ 层隐单元的输出，那么这样的网络称为前馈神经网络或前馈网络。具有两层或两层以上隐单元的网络通常称为深度学习网络。最近机器学习研究中的大部分重要进展(例如，Goodfellow et al.，2016)都使用了具有多层隐单元的多层感知机。

图 1.5 多层感知机中隐单元的数量 J 对感知机的性能起着至关重要的作用。如果隐单元的数量 J 过大，那么每个隐单元都能学习到不同的输入模式，这样的网络基本上只能机械记忆训练数据集。虽然在这种情况下，学习机在训练数据集上可取得优异性能，但在测试数据集上的性能往往较差，这是因为学习机只是“记忆”了训练数据，而没有从中提取重要的统计性规律。然而，如果隐单元数量过少，会导致多层感知机无法充分学习环境中所有重要的结构统计性规律。从概念上讲，隐单元层设定了一个信息瓶颈，使得系统能够学习环境中最重要、最稳定的统计性规律，防止系统从训练数据中学习到“统计偶然”特性。在实践中，可以尝试在隐单元层中使用不同数量的隐单元，或者使用正则化方式激励系统抑制不相关和冗余的隐单元。

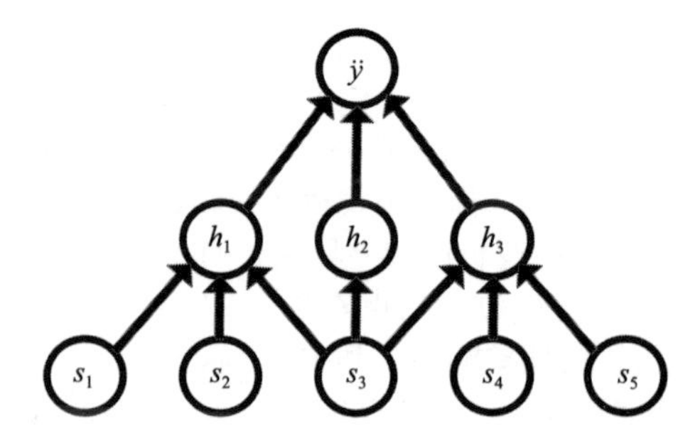

图 1.5　多层感知机表示的基函数逼近策略。多层感知机网络的响应 $\ddot{y}$ 是隐单元 h_1、h_2、h_3 的加权和。每个隐单元 h_k 都是由基函数参数和输入模式向量元素计算出的基函数值

输入模式向量的重编码变换是一种非线性变换，它将指定环境事件产生的输入单元状态所对应的状态向量映射到隐单元状态向量模式。重编码变换是可学习的，因此重编码变换学习的过程实际上就是设计重编码变换来提高学习机的预测性能。

由输入单元激活模式产生的隐单元状态激活模式称为嵌入特征表示。从输入模式到嵌入特征表示的这种可学习的非线性变换称为嵌入层。

可以看出，当隐单元 $h_1,\cdots,h_J$ 为连续有界函数且隐单元的数量 J 足够大时，式(1.14)的预测响应 $\ddot{y}(\boldsymbol{s},\boldsymbol{\theta})$ 可逼近任意连续函数(Hornik，1991；Pinkus，1999)。因此，当隐单元的数量足够大时，式(1.14)实现了一个通用函数逼近器。此外，最新的理论进展表明，具有两层隐单元的多层感知机能够逼近具有有限数量隐单元的任意连续函数(Guliyev & Ismailov，2018)。

最小化多层感知机经验风险函数采用的梯度下降算法以及参数值的初始化，都对学习算法的最终性能具有相当重要的影响。通常情况下，隐单元的参数值应初始设置为均值为零的小随机数。由于目标函数的非凸性，可能会存在多个局部极小值、极大值和鞍点，因此，对于具有隐单元的网络的响应预测误差优化方法——梯度下降算法，其性能由参数值的初始设定值决定(进一步讨论见 5.3 节)。通过选择一组具有较小随机值的初始参数值，使不同隐单元偏重于学习检测不同类别模式。关于深度学习网络的参数初始化策略及其影响的综述可参阅(Sutsekevar et al.，2013)。

例 1.5.4(多层感知机)　设 $\boldsymbol{y}$ 为学习机对给定输入模式向量 $\boldsymbol{s}$ 的期望响应。$\ddot{\boldsymbol{y}}(\boldsymbol{s},\boldsymbol{\theta})$ 表示学习机在给定输入模式向量 $\boldsymbol{s}$ 和参数向量 $\boldsymbol{\theta}$ 下的预测响应。假设学习过程的目标是找到一个参数向量 $\boldsymbol{\theta}$，使学习机对输入模式向量 $\boldsymbol{s}$ 的预测响应接近期望响应。在向量值函数 $\boldsymbol{h}\equiv[h_1,\cdots,h_M]$ 中，$h_j(\boldsymbol{s},\boldsymbol{\theta})$ 表示第 j 个基函数或者隐单元 h_j 对给定向量 $\boldsymbol{s}$ 子集和参数向量 $\boldsymbol{\theta}$ 的映射值。预测响应 $\ddot{\boldsymbol{y}}(\boldsymbol{s},\boldsymbol{\theta})$ 计算如下：

$$\ddot{\boldsymbol{y}}(\boldsymbol{s},\boldsymbol{\theta})=\boldsymbol{V}\boldsymbol{h}(\boldsymbol{s},\boldsymbol{W})$$

其中，矩阵 $\boldsymbol{V}$ 和 $\boldsymbol{W}$ 为学习机可调参数。参数向量 $\boldsymbol{\theta}$ 的定义与 $\boldsymbol{W}$ 和 $\boldsymbol{V}$ 所有元素相关联。

通过最小化经验风险函数，可以利用梯度下降算法(见算法 1.5.1)估计参数 $\hat{\theta}_n$：

$$\hat{\ell}_n(\boldsymbol{\theta})=(1/n)\sum_{i=1}^{n}|\boldsymbol{y}_i-\ddot{\boldsymbol{y}}(\boldsymbol{s},\boldsymbol{\theta})|^2 \tag{1.15}$$

其中

$$\ddot{\boldsymbol{y}}(\boldsymbol{s},\boldsymbol{\theta})=\boldsymbol{V}\boldsymbol{h}(\boldsymbol{s},\boldsymbol{\theta})$$

△

目前经常使用的一种基函数是径向基函数(Radial Basis Function，RBF)，其隐单元定义为

$$h_j(\boldsymbol{s},\boldsymbol{\theta})=G(\boldsymbol{s}-\boldsymbol{\theta}_j) \tag{1.16}$$

其中

$$G(\boldsymbol{x})=\exp(-|\boldsymbol{x}|^2/2\sigma^2)$$

称为中心为 θ_j、半径(或“宽度”)为 σ 的高斯径向函数。径向基函数 h_j 的值在均值为 θ_j、半径为 $|\sigma|$ 的范围内取值概率较大，其他取值概率较小。因此，如图 1.6 所示，径向基函数模型类似于“响应脉冲”。

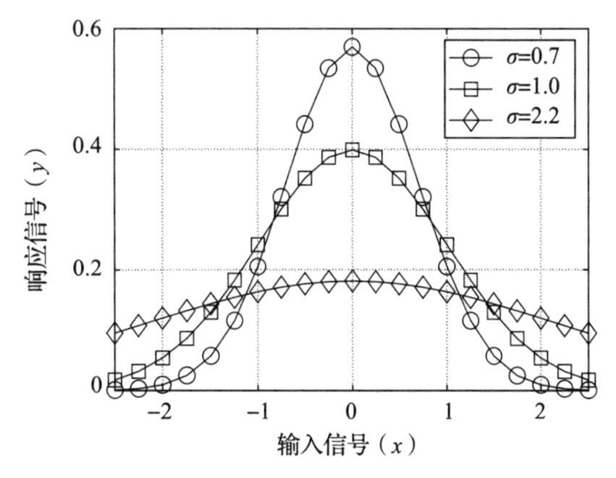

图 1.6　径向基函数的响应特性。径向基函数的响应曲线是对称的，看起来像一条以均值 0 为中心，宽度约为 σ 的“脉冲”，响应信号 y 的计算公式为 $y(x)=(\sigma\sqrt{2\pi})^{-1}\exp(-x^2/(2\sigma^2))$

如图 1.7 所示，通过选择 M 和系数 $v_1, \cdots, v_M$ 以及 RBF 中心 $\boldsymbol{\theta}_1, \cdots, \boldsymbol{\theta}_M$，可以以任意精度近似任意平滑函数 $\boldsymbol{f}$。

sigmoid 基函数(也记为 sigmoid 隐单元)通常定义为

$$h_j(\boldsymbol{s}, \boldsymbol{\theta}) = \mathcal{S}(\boldsymbol{\theta}_j^{\mathrm{T}} \boldsymbol{s} / \mathcal{T})$$

其中逻辑 sigmoid 函数为

$$\mathcal{S}(\phi) = 1/(1+\exp(-\phi)) \tag{1.17}$$

同时 $\mathcal{T}$ 为正数(见图 1.8)。

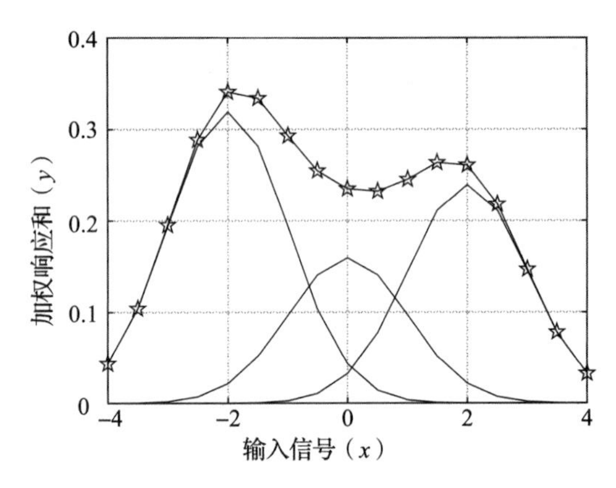

图 1.7　径向基函数的加权和可以近似任意一个平滑函数。实线表示单个径向基函数的响应，星形实线表示三个独立单峰径向基函数响应的加权和。该加权和有双峰而非单峰。更具体地说，设 $K=(2\pi)^{-1/2}$，基函数 $h_1(x)=K\exp(-0.5(x+2)^2)$、$h_2(x)=K\exp(-0.5x^2)$ 与 $h_3(x)=K\exp(-0.5(x-2)^2)$ 的加权和 $y(x)=0.8h_1(x)+0.4h_2(x)+0.6h_3(x)$

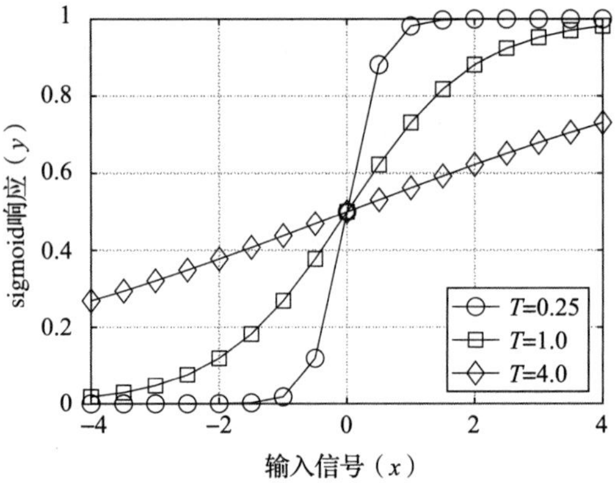

图 1.8　sigmoid 基函数的响应特性。sigmoid 函数是具有上下界的单调递增函数。选择不同正参数 T，绘制 sigmoid 函数 $y(x)=\mathcal{S}(x/T)$，其中 $\mathcal{S}(x)=1/(1+\exp(-x))$。当 T 接近零(例如，$T=0.25$)时，sigmoid 响应函数近似于阶跃函数。当 T 较大(例如，$T=4$)时，若 x 接近零，则 sigmoid 响应函数近似于线性函数

sigmoid 函数很重要，因为与 RBF 传递函数一样，sigmoid 函数能够对任意宽度和任意位置的“脉冲”建模，以达到函数逼近的目的。特别地，定义 $\mathcal{S}(\phi)=1/(1+\exp(-\phi))$，加权和 $\mathcal{S}(\phi)-\mathcal{S}(\phi-b)$ 可建模宽度为 b 的“脉冲”。所以，sigmoid 的加权和函数，就像径向基传递函数一样，也可以用来模拟“脉冲”。因此，可通过“脉冲”的加权和来实现非线性函数的逼近(见图 1.7)。多层感知机中的 sigmoid 隐单元也可以解释为不同逻辑回归模型的实现，因此多层感知机的响应可以解释为逻辑回归模型的混合形式。

式(1.17)中逻辑 sigmoid 函数在 0 和 1 处有渐近线。另一个常用的 sigmoid 传递函数是双曲正切 sigmoid 函数，由式 $2\mathcal{S}(2\phi)-1$ 定义，其中 $\mathcal{S}(\phi)=1/(1+\exp(-\phi))$。双曲正切 sigmoid 函数的渐近线为 $+1$ 和 -1。

逻辑 sigmoid 函数和双曲正切 sigmoid 函数在机器学习中均广泛作为构建函数逼近的基函数，但逻辑 sigmoid 函数还有一个有趣的特性，即可被看作参数化逻辑门。也就是说，以适当的方式选择逻辑 sigmoid 基函数的参数，可以将其转化为与门、或门及非门(见例 1.5.5)。由

此可见，一个由与门、或门、非门组成的网络可以实现任意的逻辑函数。现代数字计算机中的这一关键性突破是由神经科学家、物理学家 Warren McCulloch 和天才数学家 Walter Pitts 在 *Bulletin of Mathematical Physics* 上首次发表的，题为“A logical calculus of the ideas immanent in nervous activity”（McCulloch & Pitts，1943）。

例 1.5.5(用逻辑 sigmoid 基函数逼近逻辑门)　逻辑与函数 $f:\{0,1\}\times\{0,1\}\rightarrow\{0,1\}$定义为 $f(0,0)=0, f(0,1)=0, f(1,0)=0$ 与 $f(1,1)=1$。逻辑或函数 $r:\{0,1\}\times\{0,1\}\rightarrow\{0,1\}$定义为 $r(0,0)=0$，$r(0,1)=1$，$r(1,0)=1$ 与 $r(1,1)=1$。逻辑非函数 $n:\{0,1\}\rightarrow\{0,1\}$定义为 $n(0)=1$ 与 $n(1)=0$。

(i) 如何设定 sigmoid 基函数 $q:\{0,1\}\times\{0,1\}\rightarrow(0,1)$的参数 w_0、w_1、w_2，使得

$$q(x_1,x_2)=\mathcal{S}(w_1x_1+w_2x_2+w_0) \tag{1.18}$$

其中，$\mathcal{S}(\phi)=(1+\exp(-\phi))-1$，从而使得 $q(x_1,\ x_2)$逼近逻辑与函数 $f(x_1,\ x_2)$。

(ii) 说明如何设置式(1.18)中 sigmoid 基函数 q 的参数 w_0、w_1、w_2，使 $q(x_1,x_2)$逼近逻辑或函数 $r(x_1,x_2)$。

(iii) 说明如何设置式(1.18)中 sigmoid 基函数 q 的参数 w_0、w_1、w_2，使 $q(x,0)$逼近逻辑非函数 $n(x)$。　△

softplus 基函数也是一种有效的平滑函数逼近方法，近年来越来越多的证据表明，在具有多层隐单元的深度学习神经网络中，softplus 基函数比 sigmoid 基函数更具有优势，因此越来越受欢迎。softplus 函数 $\mathcal{J}$的定义如下：

$$\mathcal{J}(\phi)=\log(1+\exp(\phi)) \tag{1.19}$$

需要注意的是，公式 $\mathcal{J}(\phi)-\mathcal{J}(\phi-b)$近似于一个“脉冲”，这些“脉冲”的加权组合可用于近似各种非线性函数，如图 1.7 所示。

设 $\phi_j\equiv\boldsymbol{\theta}_j^{\mathrm{T}}\boldsymbol{s}$，其中 $\boldsymbol{\theta}_j$ 是第 j 个 softplus 基函数的参数向量，$\boldsymbol{s}$ 是输入模式向量。softplus 基函数的定义如下：

$$h_j(\boldsymbol{s},\boldsymbol{\theta})=\tau\mathcal{J}(\phi_j/\tau)$$

其中，τ 是一个小正数。当 τ 接近零时，softplus 基函数收敛为直线基函数，若 $\tau>0$，则返回 ϕ_j，否则返回零(见图 1.9)。

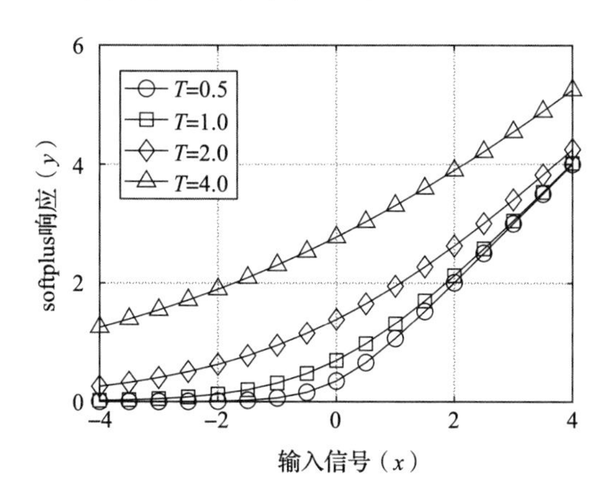

图 1.9　softplus 基函数的响应特性。softplus 函数是一种逼近平滑直线单元的方法，使得当输入为正时，输出等于输入，否则输出为零。特别地，图中所示为 softplus 响应函数 $y(x)=T\mathcal{J}(x/T)$，其中 $\mathcal{J}(\phi)=\log(1+\exp(\phi))$。当正常数 T 足够小(例如，$T=0.5$)时，对于较大的正 x，softplus 响应函数为正值；对于较大的负 x，函数值为零。当正常数 T 足够大时，softplus 响应函数近似于线性

例 1.5.6(层间跳跃连接的残差网络多层感知机)　设 $\boldsymbol{y}$ 为学习机对给定输入模式 $\boldsymbol{s}$ 的期望

响应。$\ddot{\mathbf{y}}(\mathbf{s},\boldsymbol{\theta})$为学习机基于特定参数向量$\boldsymbol{\theta}$与输入模式$\mathbf{s}$的预测响应。假设学习过程的目标是寻找一个参数向量$\boldsymbol{\theta}$，使得预测响应接近于期望响应。定义向量值函数$\boldsymbol{h}\equiv[h_1,\cdots,h_M]$，使得通过第$j$个基函数或隐单元$h_j$将$\mathbf{s}$元素的子集和参数向量$\boldsymbol{\theta}$映射成数值$h_j(\mathbf{s},\boldsymbol{\theta})$。对于层间跳跃连接(对应参数$\boldsymbol{Q}$)的残差网络前馈感知机，其预测响应$\ddot{\mathbf{y}}(\mathbf{s},\boldsymbol{\theta})$如下：

$$\ddot{\mathbf{y}}(\mathbf{s},\boldsymbol{\theta})=\boldsymbol{V}\boldsymbol{h}(\mathbf{s},\boldsymbol{W})+\boldsymbol{Q}\mathbf{s}$$

其中，连接矩阵$\boldsymbol{V}$表示从隐单元到输出单元连接值，连接矩阵$\boldsymbol{W}$表示从输入单元到隐单元的参数。另外，连接矩阵$\boldsymbol{Q}$表示将输入单元直接连接到输出单元的形式。也就是说，这些连接“跳过”了隐单元层。参数向量$\boldsymbol{\theta}$表示学习机的所有自由参数，由$\boldsymbol{W}$、$\boldsymbol{V}$和$\boldsymbol{Q}$元素组成。

残差网络的基本思想是可以快速学习线性映射参数$\boldsymbol{Q}$，从而得到线性解。在线性解不充分的情况下，参数$\boldsymbol{W}$和$\boldsymbol{V}$就能发挥更重要的作用，可以让学习机使用非线性方式来补偿由$\boldsymbol{Q}$表示的线性变换的不充分性。因此，非线性变换的学习过程只需要实现残差网络线性分量无法学习的遗留非线性映射。网络的层间跳跃连接可看作一种在目标函数上引入平滑度约束的正则化(Orhan & Pitkow，2018)。　△

1.5.3　循环神经网络

在许多情况下，学习机不仅需要提取空间规律，也必须提取时间的统计性规律。时间学习机通过不同长度序列的训练后，可用于预测某一序列中的一项，或者用于对给定初始状态的整个序列进行预测。对这种情况建模的一种方法是假设统计环境会产生独立同分布的“回合”(episode)序列。将第i个长度为T_i的回合x_i建模为状态向量序列$(\mathbf{s}_i(1),\mathbf{y}_i(1)),\cdots,(\mathbf{s}_i(T_i),\mathbf{y}(T_i))$，其中$i=1,2,\cdots$。需要注意的是，$(\mathbf{s}_i(1),\mathbf{y}_i(1)),\cdots,(\mathbf{s}_i(T_i),\mathbf{y}(T_i))$中$T_i$个元素不是独立的，而是高度相关的。

从语义上讲，$\mathbf{s}_i(t)$对应于学习机在第i个回合中观察到的第t个模式，$\mathbf{y}_i(t)$表示学习机响应，它取决于当前观测到的输入模式$\mathbf{s}_i(t)$和当前回合的观测历史$(\mathbf{s}_i(1),\mathbf{y}_i(1)),\cdots,(\mathbf{s}_i(t-1),\mathbf{y}(t-1))$。在典型的RNN中，期望响应向量$\mathbf{y}_i(t)$对应于$t$时刻第$i$个回合所表明的$m$类中第$k$类，即$m$维单位矩阵的第$k$列。

RNN的四个重要应用是“序列预测”“序列分类”“序列生成”和“序列翻译”。

在序列预测应用中，RNN输入的第i个回合由输入模式$\mathbf{s}_i(1),\mathbf{s}_i(2),\cdots,\mathbf{s}_i(T_i-1)$的时间顺序序列组成，对应于事件的时序，其目的是预测所输入序列中的下一个事件。也就是说，向学习机输入T_i-1时刻的输入模式序列，通过使时刻T_i的期望响应$\mathbf{y}_i(T)$等于序列中的下一个输入模式，从而引导学习机预测下一个输出模式。该类型的预测问题等价于通过RNN使用先前给定的序列来预测序列的下一个状态。

在序列分类应用中，RNN输入的第i个回合为具有时序的输入模式和该序列末端的期望响应。也就是说，RNN输入的是T_i个输入模式$(\mathbf{s}_i(1),\mathbf{s}_i(2),\cdots,\mathbf{s}_i(T_i))$序列，其期望响应为$\mathbf{y}_i(T_i)$。需要注意的是，期望响应向量$\mathbf{y}_i(t)$在序列最后才能输出。例如，只有输入一整段音符，RNN才能识别出歌曲。

在序列生成应用中，给定第i个回合的输入模式$\mathbf{s}_i(1)$，RNN将生成一个时序响应序列$\mathbf{y}_i(1),\cdots,\mathbf{y}_i(T_i)$。当RNN用于序列生成时，输入模式序列$\mathbf{s}_i(1),\cdots,\mathbf{s}_i(T_i)$是一个指定了“固定上下文”(即对于$t=1,\cdots,T_i$，$\mathbf{s}_i(t)=\mathbf{c}_i$，其中$\mathbf{c}_i$是第$i$个回合的上下文向量)的相同向量序列。例如，训练RNN为输入歌曲名生成音符序列。

在序列翻译应用中，给定输入模式$\mathbf{s}_i(t)$生成响应$\mathbf{y}_i(t)$，同时还需要考虑到生成输入模

式 $\boldsymbol{s}_i(t)$的时间上下文。$\boldsymbol{s}_i(t)$的时间上下文通常由历史输入模式 $\boldsymbol{s}_i(t-1)$,$\boldsymbol{s}_i(t-2)$,…和期望响应 $\ddot{\boldsymbol{y}}_i(t-1)$,$\ddot{\boldsymbol{y}}_i(t-2)$,…组成。例如，可以训练 RNN 将一个词的发音转化为词的语义，RNN 不仅需要使用单词的发音来预测单词的语义，而且需要使用时间上下文约束对该预测进行完善。

例 1.5.7(朴素循环神经网络)　现代 RNN 的早期版本被称为朴素循环 Elman 神经网络(Elman-SRN)(Elman，1990，1991)，通过它们最易理解 RNN 的核心思想。考虑一个序列翻译应用，需要将一个 d 维输入模式向量序列 $\boldsymbol{s}_i(1)$,…,$\boldsymbol{s}_i(T_i)$映射成一个 m 维期望响应模式向量序列 $\boldsymbol{y}_i(1)$,…,$\boldsymbol{y}_i(T_i)$。

当 $\boldsymbol{y}_i(t)$等于 m 维单位矩阵的第 k 列时，期望响应模式向量 $\boldsymbol{y}_i(t)$就指定了 m 类中的第 k 类。

在序列翻译应用中使用 Elman-SRN，其预测响应由 softmax 响应函数定义：

$$\ddot{\boldsymbol{y}}_i(t)=\frac{\exp[\boldsymbol{\psi}_i(t)]}{\mathbf{1}_m^{\mathrm{T}}\exp[\boldsymbol{\psi}_i(t)]},\quad \boldsymbol{\psi}_i(t)\equiv\boldsymbol{W}\boldsymbol{h}_i(t) \tag{1.20}$$

其中，$\mathbf{1}_m$ 是 m 维的全 1 向量，$\ddot{\boldsymbol{y}}_i(t)$的第 k 个元素是输入模式向量 $\boldsymbol{s}_i(t)$标记为第 k 类的预测概率。向量 $\boldsymbol{\psi}_i(t)$的第 k 个元素作为输入模式向量 $\boldsymbol{s}_i(t)$标记为第 k 类的概率。

向量 $\boldsymbol{h}_i(t)$是由输入模式 $\boldsymbol{s}_i(t)$和先前隐单元激活模式 $\boldsymbol{h}_i(t-1)$生成的隐单元激活模式：

$$\boldsymbol{h}_i(t)=\mathcal{S}(\mathbf{V}[\boldsymbol{h}_i(t-1)^{\mathrm{T}},\boldsymbol{s}_i(t)^{\mathrm{T}}]^{\mathrm{T}}) \tag{1.21}$$

其中，$\mathcal{S}$ 是一个向量值函数，$\mathcal{S}$ 的第 j 个元素等于 $\mathcal{S}(\phi)=1/(1+\exp(-\phi))$。假设 $\boldsymbol{h}_i(0)$是零向量。

学习机的风险经验函数为

$$\hat{\ell}_n(\boldsymbol{\theta})=-(1/n)\sum_{i=1}^{n}\sum_{t=1}^{T_i}y_i(t)^{\mathrm{T}}\mathbf{log}(\ddot{\boldsymbol{y}}_i(t)) \tag{1.22}$$

其中，$\mathbf{log}$ 是向量值 log 函数，$\mathbf{log}(\boldsymbol{u})$的第 k 个元素是向量 $\boldsymbol{u}$ 第 k 个元素的自然对数值。

式(1.21)表明，对于第 i 回合，t 时刻的隐单元状态由 $t-1$ 时刻的隐单元状态和当前输入模式 $\boldsymbol{s}_i(t)$得出。可以看出，通过这种递归运算，t 时刻的隐单元状态不仅可以表示回合 i 从时刻 l 到时刻 $t-1$ 的时序压缩信息，同时这个表示中的时序压缩信息还将最小化 Elman-SRN 序列集的预测误差。图 1.10 为 Elman-SRN 的示意图。

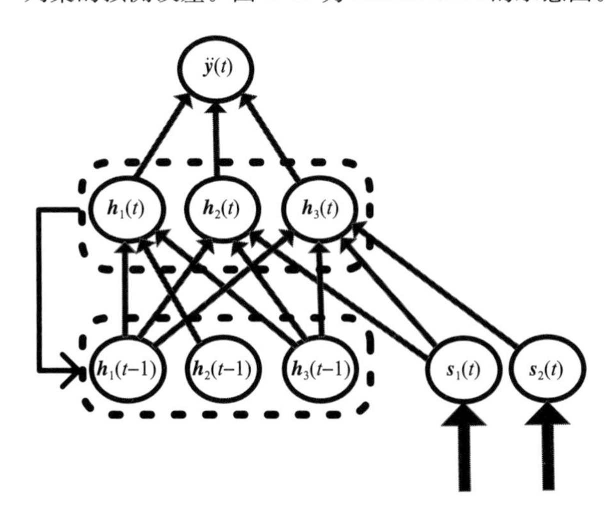

图 1.10　应用于学习序列的循环神经网络。例 1.5.7 中描述的用于学习序列的 Elman-SRN 通过结合隐单元上一时刻响应和当前输入模式向量更新当前隐单元响应。当前隐单元响应用来生成预测结果，该预测结果依赖于历史输入模式序列。现代 RNN 的原理类似，但增加了额外的自由参数，可根据时间上下文调整隐单元行为(见例 1.5.8)

△

例 1.5.8(门控循环单元 RNN) 虽然 Elman-SRN 的关键思想构成了现代 RNN 的基础，但大多数 RNN 的实际应用都使用了额外的时间上下文依赖学习机制，该机制决定了应当何时开启或关闭隐单元。RNN 的一个现代版本称为门控循环单元(Gated Recurrent Unit，GRU) RNN——GRNN(Cho et al.，2014)。由于本书论述内容有限，这里仅定义一个通用的 GRNN，其他内容可查阅相关文献(Schmidhuber，2015；Goodfellow et al.，2016)。

GRNN 与例 1.5.7 中的 Elman-SRN 本质上非常相似。事实上，GRNN 的预测响应由式(1.20)定义，GRNN 的经验风险函数由式(1.22)定义。两个模型间最大的关键性区别在于，输入模式向量 $\boldsymbol{s}_i(t)$ 如何与之前的隐单元状态 $\boldsymbol{h}_i(t-1)$ 结合从而生成当前时刻隐单元模式向量 $\boldsymbol{h}_i(t)$，所以使用门控循环单元公式代替了式(1.21)。

设运算符⊙代表元素与元素间的矩阵乘法，例如：

$$[a_1,a_2,a_3]\odot[b_1,b_2,b_3]=[a_1b_1,a_2b_2,a_3b_3]$$

设

$$\boldsymbol{h}_i(t)=(1-\boldsymbol{z}_i(t))\odot\boldsymbol{h}_i(t-1)+\boldsymbol{z}_i(t)\odot\ddot{\boldsymbol{h}}_i(t) \tag{1.23}$$

其中

$$\ddot{\boldsymbol{h}}_i(t)=\mathcal{S}(\boldsymbol{V}_h[\boldsymbol{r}_i(t)^{\mathrm{T}}\odot\boldsymbol{h}_i(t-1)^{\mathrm{T}},\boldsymbol{s}_i(t)^{\mathrm{T}}]^{\mathrm{T}}) \tag{1.24}$$

更新门函数如下：

$$\boldsymbol{z}_i(t)=\mathcal{S}(\boldsymbol{V}_z[\boldsymbol{h}_i(t-1)^{\mathrm{T}},\boldsymbol{s}_i(t)^{\mathrm{T}}]^{\mathrm{T}}) \tag{1.25}$$

复位门函数如下：

$$\boldsymbol{r}_i(t)=\mathcal{S}(\boldsymbol{V}_r[\boldsymbol{h}_i(t-1)^{\mathrm{T}},\boldsymbol{s}_i(t)^{\mathrm{T}}]^{\mathrm{T}}) \tag{1.26}$$

向量值函数 $\boldsymbol{z}_i(t)$ 的元素取值范围在 0 和 1 之间。当 $\boldsymbol{z}_i(t)$ 中所有元素都接近零时，式(1.23)中 $\boldsymbol{h}_i(t)\approx\boldsymbol{h}_i(t-1)$。也就是说，当 $\boldsymbol{z}_i(t)$ 的元素都接近零时，上下文不会变化。另外，当 $\boldsymbol{z}_i(k)$ 中所有元素接近 1 时，需要融合隐单元上一状态 $\boldsymbol{h}_i(t-1)$ 与当前输入模式向量 $\boldsymbol{s}_i(t)$ 来更新隐单元状态向量。因此，$\boldsymbol{z}_i(t)$ 中的更新门会从以往的经验中学习何时改变给定输入模式的上下文。

式(1.24)中向量值函数 $\boldsymbol{r}_i(t)$ 的元素取值范围在 0 和 1 之间。当 $\boldsymbol{r}_i(k)$ 中所有元素都接近零时，$\boldsymbol{h}_i(t)$ 大约为零向量，当前隐单元状态向量只依赖于当前输入模式向量 $\boldsymbol{s}_i(t)$。当 $\boldsymbol{r}_i(t)$ 中所有元素都接近 1 时，$\boldsymbol{h}_i(t)$ 的更新就会正常进行。因此，$\boldsymbol{r}_i(t)$ 的复位门会从以往经验中学习何时遗忘之前的上下文，并创建新上下文。

综上所述，GRNN 的参数为矩阵 $\boldsymbol{V}_h$、$\boldsymbol{V}_z$、$\boldsymbol{V}_r$ 和隐单元到输出映射参数矩阵 $\boldsymbol{W}$，$\boldsymbol{W}$ 的定义见式(1.20)。 △

练习

1.5-1. 假设学习机的经验风险函数 $\hat{\ell}_n(\boldsymbol{\theta})$ 由下式给出：

$$\hat{\ell}_n(\boldsymbol{\theta})=(1/n)\sum_{i=1}^{n}(y_i-\ddot{y}(\boldsymbol{s}_i,\boldsymbol{\theta}))^2$$

运行一个计算机程序，在训练数据集和测试数据集上评估线性回归模型的分类性能，回归模型定义如下：

$$\ddot{y}(\boldsymbol{s}_i,\boldsymbol{\theta})=\boldsymbol{\theta}^{\mathrm{T}}\boldsymbol{s}_i$$

现在使用同样的经验风险函数，并使用径向基函数定义的非线性回归模型，使得

$$\ddot{y}(\boldsymbol{s}_i,\boldsymbol{\theta})=\sum_{k=1}^{m}v_k\exp(-|\boldsymbol{s}_i-\boldsymbol{w}_k|^2/\tau)$$

式中，$\boldsymbol{\theta} \equiv [v_1, \cdots, v_m, \boldsymbol{w}_1, \cdots, \boldsymbol{w}_m^{\mathrm{T}}]^{\mathrm{T}}$，$\tau$ 是一个正常数。评估非线性回归模型在训练数据集和测试数据集上的分类性能，并与线性回归模型进行比较。设 n 是训练向量个数，测试隐单元个数 n。接下来，尝试使用 K 个隐单元，其中 $K \equiv \log_2(n)$为二进制位数，即将 n 个不同的模式向量重编码为 n 个二进制 K 维向量所需的位数。

1.6 无监督学习机

无监督学习机的目标是从环境生成的特征向量中学习其所有成分间的统计性规律。如图1.11所示，数据生成过程生成的训练数据由一组输入模式向量组成。然后，用输入模式向量 $\boldsymbol{x}_1, \cdots, \boldsymbol{x}_n$ 调整无监督学习机的参数，最终得到参数估计值 $\hat{\boldsymbol{\theta}}_n$。训练完成后，给定输入模式向量 $\boldsymbol{x}$ 及当前参数向量 $\hat{\boldsymbol{\theta}}_n$，无监督学习机生成响应 $\ddot{\boldsymbol{y}}$。例如，无监督学习机可以在电子邮件信息集上进行学习，识别不符合所观察的典型统计性规律模式的异常电子邮件信息。这种学习机可用于识别可疑的电子邮件。无监督学习机能够在没有反馈的情况下学习垃圾邮件和非垃圾邮件的区分方法。

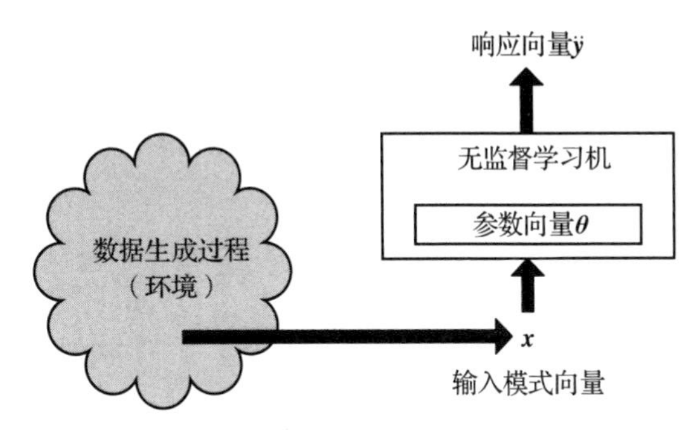

图1.11 无监督学习机。虽然无监督学习机的训练数据仅由输入模式向量组成，但无监督学习机经过学习仍可对给定输入模式生成恰当的响应

无监督学习机也可用于各种推理任务。这些任务可以大致分为：(1) 过滤任务；(2) 重构任务；(3) 信息压缩任务；(4) 聚类任务。过滤任务的一个例子是向无监督学习机输入已被噪声污染的图像或声学信号，尝试从信号中去除噪声。重构任务的一个例子是向无监督学习机输入有缺失成分的模式向量，无监督学习机必须利用其环境经验来重构缺失成分。例如，在概率性知识系统中，这类任务旨在基于不同假设组合(例如，症状和患者特征)确定哪些概率性结论(例如，医疗诊断)成立。在信息压缩任务中，高维模式向量被转换为低维压缩表示，从而保留原始高维模式向量中的重要特征并抑制不相关特征，例如，压缩音频、图像或视频文件同时保证内容质量没有明显下降。此外，这还提供了一种生成高维模式向量的压缩表示的机制，有助于识别和使用在原始高维空间中很难甚至无法识别的相似性关系。在聚类任务中，无监督学习机使用内部相似性度量将输入模式归入不同类别。如前所述，处理电子邮件的无监督学习机能在无监督的情况下识别哪些电子邮件是垃圾邮件，哪些电子邮件不是垃圾邮件。

在许多实际应用中，一些已标记样本也可用来支持学习机的学习，在这种情况下，将这些信息纳入学习机设计是有利的。例如，无监督学习机可利用被明确标记为垃圾邮件的邮件信息来提升其学习未标记垃圾邮件统计性规律的性能。如果无监督学习机的训练数据集除了未标记的样本，还包括了部分已标记样本，那么学习这种数据集统计性规律的学习机称为半监督学习机。一种特殊的半监督学习机是主动学习机。

主动学习机通常学习的是一个由未标记样本组成的数据集，但具有询问其他实体(通常指人)如何标记训练数据集中特定输入模式向量的功能。主动学习机可设计成只对学习机而言有最大信息量的输入模式向量发出询问请求，以减少询问请求的次数。

在无监督学习范式中，训练数据是特征向量 $\boldsymbol{x}_1, \cdots, \boldsymbol{x}_n$ 的集合，学习过程的目标是发现能够表征特征向量内部统计结构的统计性规律。如同监督学习，无监督学习机也是基于特定损失函数 c 最小化式(1.1)所示的经验风险函数。通常情况下，学习机在选择参数向量 $\boldsymbol{\theta}$ 时的损失由 $c(\boldsymbol{x},\boldsymbol{\theta})$ 给出。损失函数 c 应包含训练数据相关统计性规律的先验知识，以及式(1.1)中经验风险函数优化问题解类型偏好的先验知识。算法 1.6.1 给出了自适应梯度下降无监督学习算法的简单例子。

算法 1.6.1　一种通用的自适应梯度下降无监督学习算法。当学习机的参数设置为 $\boldsymbol{\theta}$ 时，学习机因观察到事件 $\boldsymbol{x}$ 而受 $c(\boldsymbol{x};\boldsymbol{\theta})$ 惩罚。学习过程的目标是找到一组最小化预期惩罚的参数值 $\boldsymbol{\theta}$。小正数 γ_t 为第 t 次迭代的学习率

```
1: procedure UNSUPERVISED-LEARNING-GRADIENT-DESCENT(θ(0))
2:     t⇐0
3:     repeat
4:         观察环境事件 x(t)
5:         g(x(t),θ(t))⇐dc(x(t);θ(t))/dθ
6:         θ(t+1)⇐θ(t)−γ_t g(x(t),θ(t))
7:         t⇐t+1
8:     until θ(t)≈θ(t−1)
9:     return {θ(t)}
10: end procedure
```

例 1.6.1(使用潜在语义索引进行文档检索)　基于关键词匹配的简单文档检索模型可看作无监督学习算法。设训练数据集

$$\mathcal{D}_n=\{d_1,\cdots,d_n\}$$

为 n 个文档的集合。例如，第 i 个文档 d_i 可为 n 个网站中的第 i 个网站，也可能是 n 本书籍中的第 i 本书。

设 $T=\{t_1,\cdots,t_m\}$ 为 $\mathcal{D}_n$ 中文档内 m 个关键词或词汇的集合。例如，可设 T 为由 $\mathcal{D}_n$ 中所有文档词汇组成的词典。

设 $\boldsymbol{w}\in\{0,1\}^{m\times d}$ 为文档词汇矩阵，如果词汇 t_i 在文档 d_j 中至少出现一次，则 $\boldsymbol{W}$ 的第 ij 个元素 $w_{ij}=1$。如果词汇 t_i 在文档 d_j 中没有出现，则 $w_{ij}=0$。需要注意的是，矩阵 $\boldsymbol{W}$ 的列向量可看作 m 维词汇空间中的点。$\boldsymbol{W}$ 的列向量称为文档列向量，维数为 m，如图 1.12 所示。

	文档 1	文档 2	文档 3	文档 4
“the”	20	8	5	14
“dog”	3	2	0	0
“cat”	0	4	0	0
“animal”	0	1	0	0
“ball”	0	0	8	0
“paper”	0	0	0	6

图 1.12　文档词汇矩阵示例。第 j 个词汇在文档 k 出现的次数为文档词汇矩阵第 k 列第 j 行的数值。需要注意的是，文档 1 和文档 2 被认为是相似的，因为它们有更多的共同词汇。由于“dog”和“paper”共有的文档较少，因此被认为相似度很低

设 T 的查询子集 Q 用于查找包含子集词汇的文档。$\boldsymbol{q}$ 是一个由 0 和 1 组成的 m 维查询列向量，如果词汇 $t_i \in Q$，则 $\boldsymbol{q}$ 的第 i 个元素等于 1。然后，通过计算表达式 $\boldsymbol{y}^{\mathrm{T}}=\boldsymbol{q}^{\mathrm{T}}\boldsymbol{W}$ 实现关键词匹配算法，其中 $\boldsymbol{y}$ 是一个 d 维列向量，它的第 j 个元素为度量词汇 t_i 在文档 d_j 中出现次数的指标。如果 $\boldsymbol{y}^{\mathrm{T}}$ 的第 j 个元素数值较大，则说明文档 j 包含了查询 Q 中较多的查询词汇。这实质上是一种关键词匹配算法。

对于很多文档检索应用来说，关键词匹配算法并不是很有效，主要原因有两个。首先，语义相关的文档或许并不共享词汇。例如，主题分别为“汽车”“自行车”“飞机”“火车”和“游轮”的五个不同文档的关键词查询词汇可能并不都有“运输”。其次，语义无关的文档可能会有许多相同的词汇。例如，涉及术语“巴西”和“运输”的查询可能会检索到与“汽车”“自行车”“飞机”“火车”“游轮”“咖啡”及“南美”等主题相关的文档。

潜在语义索引(Latent Semantic Indexing，LSI)可以解决这些问题(Landauer et al.，2014)。首先，实现 LSI 分析的程序像以前一样形成文档词汇矩阵 $\boldsymbol{W}$，但 $\boldsymbol{W}$ 的第 ij 个元素(即 w_{ij})度量词汇 t_i 在文档 d_j 中出现的次数 n_{ij}。w_{ij} 通常为 TF-IDF(term frequency inverse document frequency)，定义如下：

$$w_{ij}=(\log(1+n_{ij}))\log(1+(d/M_i))$$

其中，d 为总文档数，M_i 为包含词汇 t_i 的文档数。

其次，滤除矩阵 $\boldsymbol{W}$ 中的“噪声”，可得到 $\boldsymbol{W}$ 的近似矩阵，将之表示为 $\ddot{\boldsymbol{W}}$。选择近似矩阵 $\ddot{\boldsymbol{W}}$，使得它包含 $\boldsymbol{W}$ 原始词汇中的稳定显著统计性规律，同时去除不稳定的弱统计性规律。$\ddot{\boldsymbol{W}}$ 隐含了“潜在语义结构”，因为矩阵 $\boldsymbol{W}$ 中等于零的元素在近似矩阵 $\ddot{\boldsymbol{W}}$ 中可能是非零的。这种近似矩阵构造通常使用矩阵运算“奇异值分解”完成(见第 4 章)。

最后，在学习过程中文档数量不增加、词汇数量不增加的假设下，构造近似矩阵 $\ddot{\boldsymbol{W}}$ 的问题可以解释为最小化经验风险函数的问题(见定理 4.3.1)。　△

例 1.6.2(非线性去噪自动编码器)　去噪自动编码器(Vincent et al.，2008)是目前较为流行的一种非线性无监督学习机，它使用噪声源 $\tilde{\boldsymbol{n}}$ 污染输入模式 $\boldsymbol{s}$，然后训练学习机重建原始输入模式 $\boldsymbol{s}$。去噪自动编码器的期望响应是噪声污染前的输入模式 $\boldsymbol{s}$。噪声源可能会随机选择输入模式区域，然后将区域中的输入模式向量的元素值设为零，以便使去噪自动编码器“重建”输入模式。另外，噪声源可能会将零均值噪声添加到输入模式 $\boldsymbol{s}$ 的所有元素中，以便使去噪自动编码器从输入模式“过滤噪声”。

例如，设去噪自动编码器的参数向量为 q 维列向量 $\boldsymbol{\theta}$。定义响应函数：

$$\ddot{\mathbf{s}}(\boldsymbol{s}\odot\tilde{\boldsymbol{n}},\boldsymbol{\theta}))=\sum_{j=1}^{m} w_{k,j}\mathcal{J}(\boldsymbol{\theta}_j^{\mathrm{T}}(\boldsymbol{s}\odot\tilde{\boldsymbol{n}})) \tag{1.27}$$

其中，$\tilde{\boldsymbol{n}}$ 是一个噪声掩码，其元素是随机选择的 0 和 1，$\mathcal{J}(\phi)\equiv\log(1+\exp(\phi))$ 为 softplus 基函数。符号 $\boldsymbol{s}\odot\tilde{\boldsymbol{n}}$ 表示向量逐元素相乘，因此 $\boldsymbol{s}\odot\tilde{\boldsymbol{n}}$ 的第 i 个元素是 $\boldsymbol{s}$ 的第 i 个元素乘以 $\tilde{\boldsymbol{n}}$ 的第 i 个元素。在本例中，式(1.27)只考虑了一层隐单元，但在实际应用中，深度学习普遍使用多层隐单元。图 1.13 展示了一个具有一层隐单元的非线性去噪自动编码器的网络图。

定义差异函数：

$$D(\boldsymbol{s},\ddot{\mathbf{s}}(\boldsymbol{s}\odot\tilde{\boldsymbol{n}},\boldsymbol{\theta}))=|\boldsymbol{s}-\ddot{\mathbf{s}}(\boldsymbol{s}\odot\tilde{\boldsymbol{n}},\boldsymbol{\theta})|^2$$

它将比较非线性去噪自动编码器的预测响应 $\ddot{\mathbf{s}}(\boldsymbol{s}\odot\tilde{\boldsymbol{n}},\boldsymbol{\theta})$ 与无噪声模式向量 $\boldsymbol{s}$。利用损失函数

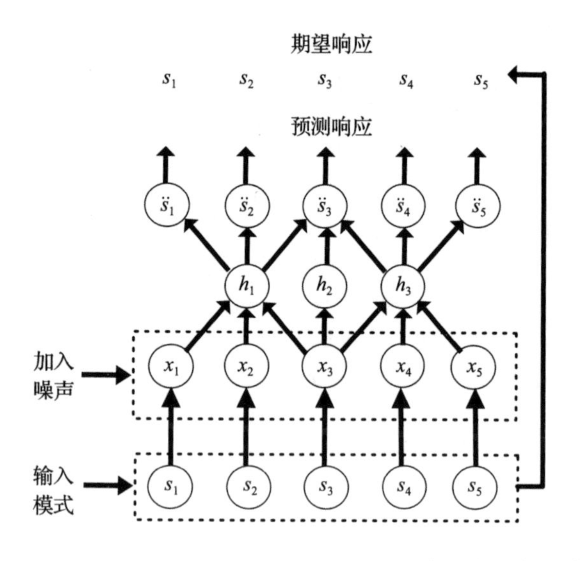

图 1.13 单层隐单元的去噪自动编码器。将输入模式向量的元素 s_1,s_2,s_3,s_4,s_5 输入去噪自动编码器，加入噪声，得到噪声污染模式 x_1,x_2,x_3,x_4,x_5。接下来，使用相对较少的隐单元将噪声污染后的输入模式映射成隐单元状态模式$[h_1,h_2,h_3]$然后，由隐单元状态$[h_1,h_2,h_3]$计算出自动编码器的预测响应 $\ddot{s}_1,\ddot{s}_2,\ddot{s}_3,\ddot{s}_4,\ddot{s}_5$。自动编码器的期望响应是噪声污染前的原始输入模式。因此，去噪自动编码器学习的是如何过滤噪声。隐单元数量少，自动编码器无法记忆输入模式，只能利用统计环境中显著统计性规律来表示被污染的输入模式

$$c(\boldsymbol{s},\boldsymbol{\theta})=D(\boldsymbol{s},\ddot{\boldsymbol{s}}(\boldsymbol{s}\odot\tilde{\boldsymbol{n}},\boldsymbol{\theta})) \tag{1.28}$$

以及弹性网络正则化项($0\leqslant\lambda$，$\eta\leqslant1$)

$$k_n(\boldsymbol{\theta})=\eta(1-\lambda)\sum_{j=1}^{q}(\theta_j^2+\epsilon^2)^{1/2}+\eta\lambda\sum_{j=1}^{q}\theta_j^2 \tag{1.29}$$

来构造一个惩罚经验风险函数 $\hat{\ell}_n$，可得：

$$\hat{\ell}_n(\boldsymbol{\theta})=k_n(\boldsymbol{\theta})+(1/n)\sum_{i=1}^{n}c(\boldsymbol{s}_i,\boldsymbol{\theta}) \tag{1.30}$$

△

例 1.6.3(图像纹理生成问题) 图像纹理建模(Cross & Jain，1983)关注的是如何建立一小块图像的合成模型。真实的图像纹理模型在图像处理的图像分类、图像分割和图像压缩等领域都很有用。该问题描述了图像纹理的概率模型。概率模型的工作原理是根据当前目标图像像素邻域的灰度值来预测目标像素的灰度值。无监督学习算法可用于学习图像纹理模型，因为它无须监督就能从图像纹理样本中提取相关统计性规律。

设 $S\equiv\{0, G-1\}$是 G 个表示灰度的数字，其中 0 最亮，G 最暗。G 的典型值是 256。设 $\tilde{\boldsymbol{X}}\in\mathcal{S}^{d\times d}$为随机矩阵，其中第 i 行第 j 列的像素 ij 值 $\tilde{x}_{i,j}$ 的取值范围为 $0\sim G-1$。如果 $0<(i-m)^2+(j-n)^2\leqslant2$，则图像中第 mn 个像素称为图像中第 ij 个像素的“邻域”。

假设图像中第 ij 个像素 $\tilde{x}_{i,j}$ 的条件概率取决于该点邻域的像素值。图像 $\boldsymbol{X}$ 中第 ij 个像素的邻域集表示为 $\mathcal{N}_{i,j}(\boldsymbol{X})$。

特别地，设二项式条件概率质量函数为

$$p(\tilde{x}_{i,j}=K\,|\,\mathcal{N}_{i,j}(\boldsymbol{X});\boldsymbol{\theta})=\left(\frac{G!}{K!\,(G-K)!}\right)\eta_{i,j}^{K}(1-\eta_{i,j})^{(G-K)}$$

其中

$$\eta_{i,j}=\mathcal{S}(\boldsymbol{\theta}^{\mathrm{T}}\boldsymbol{\phi}_{i,j}(\boldsymbol{X})),\quad \mathcal{S}(\boldsymbol{\theta}^{\mathrm{T}}\boldsymbol{\phi}_{i,j}(\boldsymbol{X}))\equiv(1+\exp(-\boldsymbol{\theta}^{\mathrm{T}}\boldsymbol{\phi}_{i,j}(\boldsymbol{X})))^{-1}$$

$$\boldsymbol{\phi}_{i,j}(\boldsymbol{X})\equiv[x_{i-1,j-1},x_{i-1,j},x_{i,j+1},x_{i-1,j+1},\cdots,x_{i,j-1},x_{i,j+1},x_{i+1,j-1},x_{i+1,j},x_{i+1,j+1},1]$$

假设学习过程的目标是寻找概率模型参数，使得第 ij 个像素取值 $x_{i,j}$ 的概率由 $p(x_{i,j}\,|\,\mathcal{N}_{i,j}(\boldsymbol{X});\boldsymbol{\theta})$得出，那么该无监督学习的目标可以重写为最小化经验风险函数：

$$\hat{\ell}_n(\hat{\boldsymbol{\theta}}_n)=-(1/n)\sum_{i=1}^{n}\sum_{j=1}^{n}\log p(x_{i,j}\mid\mathcal{N}_{i,j}(\boldsymbol{X});\boldsymbol{\theta})$$ △

例 1.6.4(聚类：最小化簇内相异性)　聚类算法会将一组输入数据自动分成若干簇。具有不同结构特征和不同参数值的聚类算法将以不同方式执行聚类任务。我们可以将聚类算法理解为一个无监督学习问题，向学习机提供一个没有标签的输入模式集合，让学习机通过比较输入模式之间的相似性和差异性来为每个输入模式分配一个合理标签。

设 $\boldsymbol{x}_1,\cdots,\boldsymbol{x}_n$ 是 n 维特征向量集合。d 维向量 $\boldsymbol{x}_i$ 代表 n 个事件的数据库中第 i 个对象，$i=1,\cdots,n$。例如，$\boldsymbol{x}_i$ 的第一个元素可能是电子邮件信息中感叹号的数量，第二个元素可能是电子邮件信息中字符的数量，第三个元素可能是电子邮件信息中动词的数量。这样编码的邮件可能会自然分入不同的簇，其中垃圾邮件可能被关联到更多感叹号的簇。

簇 C_k 是 $\{1,\cdots,n\}$ 的子集，$j\in C_k$ 表示 $\boldsymbol{x}_j$ 属于簇 C_k。聚类的目标是将 n 个特征向量的每一个按照 K 个特征向量簇进行分类，所述 K 个特征向量簇每个至少包含一个特征向量。为了解决这个问题，需要衡量两个特征向量之间相似度的方法，以度量两个特征向量相似或差异程度。

设 x_j 表示特征向量 $\boldsymbol{x}$ 的第 j 个元素，y_j 表示特征向量 $\boldsymbol{y}$ 的第 j 个元素。定义相异性函数(dissimilarity function)D，使得当两个特征向量 $\boldsymbol{x}$ 和 $\boldsymbol{y}$ 差异越明显时，$D(\boldsymbol{x},\boldsymbol{y})$ 值越大且 $D(\boldsymbol{x},\boldsymbol{y})=D(\boldsymbol{y},\boldsymbol{x})$。相异性函数示例如下：

- 球簇相异性：$D(\boldsymbol{x},\boldsymbol{y})=|\boldsymbol{x}-\boldsymbol{y}|^2$。
- 椭球簇相异性：$D(\boldsymbol{x},\boldsymbol{y})=|\boldsymbol{M}(\boldsymbol{x}-\boldsymbol{y})|^2$，其中 $\boldsymbol{M}$ 为对角矩阵。
- 方向相异性：$D(\boldsymbol{x},\boldsymbol{y})=-\cos\psi(\boldsymbol{x},\boldsymbol{y})$，其中 ψ 是 $\boldsymbol{x}$ 和 $\boldsymbol{y}$ 间角度。

选择矩阵 $\boldsymbol{S}$ 具有 n 列(对应 n 个待分类的特征向量)和 K 行(对应 K 个可能的簇 $C_1,\cdots,C_k$)。选择矩阵的每一列都是 K 维单位矩阵的一列。如果 $\boldsymbol{S}$ 的第 i 列第 k 个元素等于 1，则表示特征向量 $\boldsymbol{x}_i\in C_k$。

设 $\rho(\boldsymbol{x}_i,C_k)$ 表示将特征向量 $\boldsymbol{x}_i$ 认定为由 n_k 个特征向量组成的第 k 个簇 C_k 产生的分类惩罚。设分类惩罚 $\rho(\boldsymbol{x}_i,C_k)$ 为

$$\rho(\boldsymbol{x}_i,C_k)=(1/n_k)\sum_{j\in C_k}D(\boldsymbol{x}_i,\boldsymbol{x}_j) \tag{1.31}$$

表示 $\boldsymbol{x}_i$ 与 C_k 中每个元素的平均相异性。

$\boldsymbol{x}_1,\cdots,\boldsymbol{x}_n$ 的平均分类性能由函数 V_w 定义，该函数为选择矩阵 $\boldsymbol{S}$ 设置一个数值。定义聚类性能度量 V_w 为

$$V_w(\boldsymbol{S})=(1/K)\sum_{k=1}^{K}\sum_{i\in C_k}\rho(\boldsymbol{x}_i,C_k) \tag{1.32}$$

聚类算法的目标是找到一个选择矩阵 $\boldsymbol{S}$，最小化目标函数 $V_w(\boldsymbol{S})$，约束条件是每个簇至少包含一个特征向量。练习 6.3-7 分析了这类算法的设计方法。式(1.32)中的簇内相异性函数 V_w 在语义上的解释是，度量特定簇内特征向量的平均相异性。

广泛使用的 K 均值聚类算法采用的是球簇相异性函数 $D(\boldsymbol{x},\boldsymbol{y})=|\boldsymbol{x}-\boldsymbol{y}|^2$，如下式所示：

$$V_w(\boldsymbol{S})=(1/K)\sum_{k=1}^{K}\sum_{i\in C_k}(1/n_k)\sum_{j\in C_k}|\boldsymbol{x}_i-\boldsymbol{x}_j|^2 \tag{1.33}$$

因此，当特征向量簇对应于非重叠超球的特征向量时，K 均值聚类是有效的。如果特征向量簇具有椭球形状，那么可以考虑采用椭球簇相异性函数。

在理想情况下，聚类算法应该最小化同一簇内特征向量的相异性，同时最大化不同簇间特征向量的相异性。式(1.32)中的函数 V_w 衡量的是簇内相异性。定义簇间相异性函数 V_b：

$$V_b(\boldsymbol{S})=(1/K)\sum_{k=1}^{K}\sum_{i\notin C_k}\rho(\boldsymbol{x}_i,C_k) \tag{1.34}$$

注意，应最大化式(1.34)中的簇间相异性。

为了研究簇内相异性 V_w 和簇间相异性 V_b 之间的关系，设

$$\overline{D}_n=\frac{1}{n^2}\sum_{i=1}^{n}\sum_{j=1}^{n}D(\boldsymbol{x}_i,\boldsymbol{x}_j)=\frac{1}{n}\sum_{i=1}^{n}\frac{1}{K}\sum_{k=1}^{K}\rho(\boldsymbol{x}_i,C_k)$$

是 n 个特征向量两两之间的平均相异性。平均相异性 $\overline{D}_n$ 不取决于簇 $C_1,\cdots,C_K$，但取决于参与聚类过程的 n 个特征向量 $\boldsymbol{x}_1,\cdots,\boldsymbol{x}_n$。

给定特征向量平均相异性 $\overline{D}_n$ 的定义，由此可知：

$$V_w(\boldsymbol{S})+V_b(\boldsymbol{S})=\frac{1}{K}\sum_{k=1}^{K}\left(\sum_{i\in C_k}\rho(\boldsymbol{x}_i,C_k)+\sum_{i\notin C_k}\rho(\boldsymbol{x}_i,C_k)\right)=n\overline{D}_n \tag{1.35}$$

这表示最小化簇内相异性 $V_w(\boldsymbol{S})=n\overline{D}_n-V_b(\boldsymbol{S})$ 相当于最大化簇间相异性 V_b。因此，最小化式(1.32)中簇内相异性 V_w 的同时还会最大化簇间相异性！

需要注意的是，最小化簇内相异性和最大化簇间相异性的同步性取决于相异性函数 $D(\boldsymbol{x},\boldsymbol{y})$ 的选择。在经验风险函数框架下，学习过程可以采用参数化的相异性函数 $D(\boldsymbol{x},\boldsymbol{y};\boldsymbol{\theta})$，即通过选择参数向量 $\boldsymbol{\theta}$ 得到不同的相异性函数 $D(\boldsymbol{x},\boldsymbol{y};\boldsymbol{\theta})$。例如，假设输入向量簇为椭球体，则必须对椭球体的主轴长度进行估计。在这种情况下，可以选择 $D(\boldsymbol{x},\boldsymbol{y};\boldsymbol{\theta})=|\boldsymbol{M}(\boldsymbol{x}-\boldsymbol{y})|^2$，其中参数向量 $\boldsymbol{\theta}$ 确定了对角矩阵 $\boldsymbol{M}$ 的对角线元素。设 $\boldsymbol{X}_i$ 表示 n 个特征向量的第 i 个集合，那么，可以使用损失函数 $c(\boldsymbol{X}_i,\boldsymbol{\theta})$ 构造经验风险函数，其中 $c(\boldsymbol{X},\boldsymbol{\theta})$ 为 $\boldsymbol{X}$ 和 $\boldsymbol{\theta}$ 的簇内性能函数 $V_w(\boldsymbol{S})$。△

例 1.6.5(随机邻域嵌入)　图 1.14a 表示，假设簇是球形，可以通过最小化簇内相异性度量来识别簇，如 K 均值聚类(见例 1.6.4)。图 1.14b 假定簇是椭球形，图 1.14c 表示与某一类别相关的点簇不具有椭球形的情况。

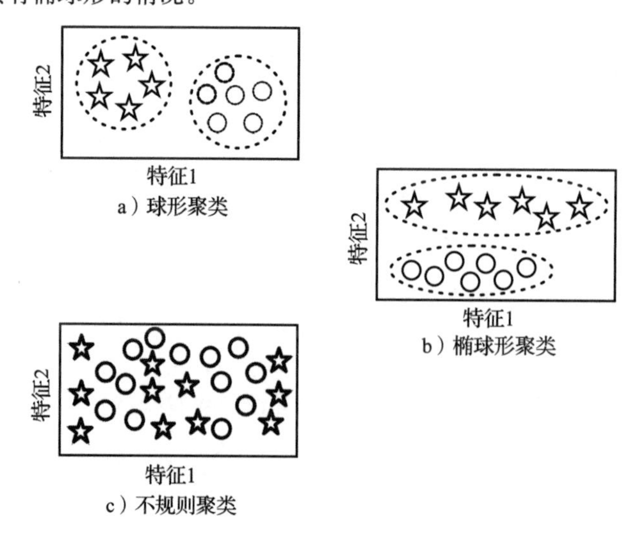

图 1.14　聚类问题示例

随机邻域嵌入(Stochastic Neighborhood Embedding，SNE)(Hinton & Roweis，2002；van der Maaten & Hinton，2008)聚类可有效地处理簇不是紧凑椭球形和原始特征空间中一个点同属多个簇的情况。假设原高维特征空间由 n 个 d 维特征向量 $\boldsymbol{x}_1,\cdots,\boldsymbol{x}_n$ 组成。嵌入特征空间由 n 个 m 维特征向量 $\boldsymbol{y}_1,\cdots,\boldsymbol{y}_n$ 组成，其中嵌入特征空间的维数 m 远小于原特征空间的维数 d。假设原 n 个待聚类对象在原特征空间中用特征向量 $\boldsymbol{x}_1,\cdots,\boldsymbol{x}_n$ 表示。此外，为原始 d 维特征空间提供一个相异性函数 D_x，该函数将对象 i 和对象 j 之间的相异性定义为 $D_x(\boldsymbol{x}_i,\boldsymbol{x}_j)$，为 m 维嵌入特征空间提供一个相异性函数 D_y，该函数将对象 i 和对象 j 之间的相异性定义为 $D_y(\boldsymbol{y}_i,\boldsymbol{y}_j)$。SNE 的目标是估计 $y_1,\cdots,y_n$，使 m 维嵌入特征空间中的对象 i 和对象 j 之间的相异性与原始 d 维特征空间中对象 i 和对象 j 之间的相异性尽可能地相似。

相异性函数 D_x 和 D_y 明确了两个向量 $\boldsymbol{a}$ 和 $\boldsymbol{b}$ 相似和不同的时机。D_x 和 D_y 的不同选择将产生不同的 SNE 聚类策略，因为 D_x 和 D_y 选择的不同会直接改变嵌入特征空间中各点之间的相似性关系。D_x 和 D_y 有多种可能的选择。通常情况下，相异性函数 D 选择欧氏距离函数，即 $D(\boldsymbol{a},\boldsymbol{b})=|\boldsymbol{a}-\boldsymbol{b}|^2$，但也可以有其他选择(见例 1.6.4)。

定义了相异性函数之后，按照以下步骤明确原始特征空间和嵌入特征空间的条件概率分布(第 10 章将进一步讨论如何构建这种相当于马尔可夫随机场的条件分布)。条件概率

$$p_x(\boldsymbol{x}_i|\boldsymbol{x}_j)=\frac{\exp(-D_x(\boldsymbol{x}_i,\boldsymbol{x}_j))}{\sum_{u=1}^{n}\exp(-D_x(\boldsymbol{x}_u,\boldsymbol{x}_j))}$$

为 $\boldsymbol{x}_i$ 属于 $\boldsymbol{x}_j$ 所在簇的概率。

随后在 k 维嵌入特征空间上定义一个类似的条件概率 p_y，使得

$$p_y(\boldsymbol{y}_i|\boldsymbol{y}_j)=\frac{\exp(-D_y(\boldsymbol{y}_i,\boldsymbol{y}_j))}{\sum_{u=1}^{n}\exp(-D_y(\boldsymbol{y}_u,\boldsymbol{y}_j))}$$

为 $\boldsymbol{y}_i$ 属于 $\boldsymbol{y}_j$ 所在簇的概率。

SNE 的目的是估计 m 维嵌入特征向量 $\boldsymbol{y}_1,\cdots,\boldsymbol{y}_n$，使 $p_y(\boldsymbol{y}_i|\boldsymbol{y}_j)\approx p_x(\boldsymbol{x}_i|\boldsymbol{x}_j)$尽可能地完全成立。这是通过定义交叉熵目标函数 $V(\boldsymbol{y}_1,\cdots,\boldsymbol{y}_n)$来实现的(详见第 13 章)：

$$V(\boldsymbol{y}_1,\cdots,\boldsymbol{y}_n)=-\sum_{i=1}^{n}\sum_{j\neq i}p_x(\boldsymbol{x}_i|\boldsymbol{x}_j)\log p_y(\boldsymbol{y}_i|\boldsymbol{y}_j)$$

它度量 $p_y(\boldsymbol{y}_i|\boldsymbol{y}_j)$和 $p_x(\boldsymbol{x}_i|\boldsymbol{x}_j)$的相异性。

然后使用梯度下降算法最小化目标函数 $V(\boldsymbol{y}_1,\cdots,\boldsymbol{y}_n)$：

$$\boldsymbol{y}_k(t+1)=\boldsymbol{y}_k(t)-\gamma_t\frac{\mathrm{d}V(\boldsymbol{y}_1(t),\cdots,\boldsymbol{y}_n(t))}{\mathrm{d}\boldsymbol{y}_k}$$

其中，$k=1,\cdots,n$，γ_t 为正步长。

需要注意的是，可假设相异性函数 D_x 和 D_y 为参数化相异性函数。也就是说，$D_x(\boldsymbol{x}_i,\boldsymbol{x}_j;\boldsymbol{\theta})$代表给定不同的参数向量 $\boldsymbol{\theta}$ 得到不同的相异性函数，$D_y(\boldsymbol{y}_i,\boldsymbol{y}_j;\psi)$代表给定不同参数向量 $\boldsymbol{\psi}$ 得到不同的相异性函数。$(\boldsymbol{X},\boldsymbol{Y})$表示 n 个特征向量的集合 $\boldsymbol{X}=[\boldsymbol{x}_1,\cdots,\boldsymbol{x}_n]$和 n 个特征向量的集合 $\boldsymbol{Y}=[\boldsymbol{y}_1,\cdots,\boldsymbol{y}_n]$(作为 $\boldsymbol{x}_1,\cdots,\boldsymbol{x}_n$ 的重编码)。设 $c([\boldsymbol{X},\boldsymbol{Y}],[\boldsymbol{\theta},\psi])$是学习机在将 $\boldsymbol{X}$ 重编码为 $\boldsymbol{Y}$ 时基于参数向量$[\boldsymbol{\theta},\psi]$的损失函数。通过损失函数 $c([\boldsymbol{X},\boldsymbol{Y}],[\boldsymbol{\theta},\psi])$，可以构造一个经验风险函数，以便从训练数据$[\boldsymbol{X},\boldsymbol{Y}]$中学习参数向量$[\boldsymbol{\theta},\psi]$。 △

例 1.6.6(马尔可夫逻辑网络)　命题逻辑是用逻辑公式组成并进行逻辑表达计算的逻辑系

统。像“John placed the bat in a box”这样的英文陈述不是一种逻辑公式，因为其含义是模棱两可的。“John placed the bat in a box”可能是指John将棒球器材放在一个盒子里，也可能是指John将一个蝙蝠放在一个盒子里。此外，“John placed the baseball bat in a box”和“The baseball bat was placed in a box by John”这两个不同的语句其语义相同，但具体表达方式不同（Domingos & Lowd，2009）。

为了明确陈述世界命题，需要单独定义一种语义语言，为每种符号分配一个特定语义解释。在此，使用诸如PLACE(AGENT：JOHN，OBJECT：BASEBALL-BAT，TO：BOX)或PLACE(AGENT：JOHN，OBJECT：ANIMAL-BAT，TO：BOX)符号代表已经分配的一个特定语义解释。这种符号的简写版本是PLACE(JOHN，BASEBALL-BAT，BOX)和PLACE(JOHN，ANIMAL-BAT，BOX)。

此外，还可给特定世界命题的语义赋予一个TRUE(“真”)或FALSE(“假”)真值。通常，使用数字1表示TRUE，数字0表示FALSE。例如，不能向语义语句JOHN赋真值，但可以向语义语句EXISTS(JOHN)赋真值。如果命题可以赋值为1或赋值为0，则称其为原子命题。

逻辑连结词¬（表示“非”）、∧(表示“与”)、∨(表示“或”)和⇒(表示“蕴含”)可以用来通过原子命题生成关于世界的“复合命题”。例如，语义语句PLACE(JOHN，BASEBALL-BAT，BOX)∧PLACE(JOHN，ANIMAL-BAT，BOX)可以表达为“John把一根棒球棍放在盒子里，此外，John还把一只会飞的小蝙蝠放在了盒子里”。从形式上看，复合命题的定义是递归的，可以包含原子命题、复合命题的否定，或者两个复合命题的连结。该定义应具有通用性，可以将原子命题与任何逻辑连结词¬、∧、∨和⇒结合起来。

设二进制向量$\boldsymbol{x} \equiv [x_1, \cdots, x_d]$表示$d$个复合命题的集合，其中$x_i=1$表示第$i$个复合命题为TRUE，$x_i=0$表示第$i$个复合命题为FALSE。可能世界$\boldsymbol{x} \in \{0,1\}^d$对应于所有$d$个命题的真值。因此，真值有$2^d$种可能世界。

规则库是q个函数$\phi_1, \cdots, \phi_q$的集合，第k个函数ϕ_k将可能世界$\boldsymbol{x}$映射成0或1。规则库对应的是一个可能世界$\boldsymbol{x}$逻辑的集合。需要注意的是，这些逻辑中的一些事实对应于可能世界$\boldsymbol{x}$的某些逻辑，这些逻辑总是等于0或1。推理的一个重要目标是识别与给定规则库一致的可能世界集合。该问题可重构为非线性优化问题，其目标是找到一个可能世界$\boldsymbol{x}$，使目标函数$\mathrm{V}(\boldsymbol{x}) = -\sum_{k=1}^{q} \phi_k(\boldsymbol{x})$最小。

然而，在实际应用中，识别出与给定规则库一致的可能世界是相当困难的。首先，在许多情况下，知识库中可能没有足够数量的规则来确定特定世界是真还是假。这意味着其解不是一个唯一的可能世界，而是一个可能世界的集合。其次，知识库中逻辑公式可能存在矛盾。最后，通常将物理世界建模为逻辑规则集合的难度较大。例如，鸟类都会飞，除非它们是鸵鸟。

马尔可夫逻辑网通过将逻辑约束嵌入概率框架来解决这些问题。马尔可夫逻辑网的基本思路是首先对不同的逻辑约束条件赋予不同的重要度，然后结合逻辑约束条件的相对重要度来生成规范的推论。

假设第k个逻辑约束条件ϕ_k的权重系数等于θ_k，其中θ_k值越大，第k个逻辑约束条件ϕ_k的重要度权重越大，以解决概率冲突。例如，对于参数空间$\Theta \subseteq \mathcal{R}^q$中的每个$q$维实参向量$\boldsymbol{\theta}$，定义

$$p(\boldsymbol{x};\boldsymbol{\theta})=\frac{\exp(-V(\boldsymbol{x};\boldsymbol{\theta}))}{Z(\boldsymbol{\theta})} \tag{1.36}$$

其中

$$V(\boldsymbol{x};\boldsymbol{\theta})=-\sum_{k=1}^{q}\theta_k\phi_k(\boldsymbol{x}) \tag{1.37}$$

$$Z(\boldsymbol{\theta})=\sum_{\boldsymbol{y}\in\{0,1\}^d}\exp(-V(\boldsymbol{y};\boldsymbol{\theta}))$$

选择不同的 $\boldsymbol{\theta}$ 值会重新调整分配给每个可能世界的概率。需要注意的是，由于 $p(\boldsymbol{x};\boldsymbol{\theta})$是$V(\boldsymbol{x};\boldsymbol{\theta})$关于固定常数 $\boldsymbol{\theta}$ 的递减函数，这就表示，马尔可夫逻辑网推理算法在式(1.37)中寻找最小化 $V(\boldsymbol{x};\boldsymbol{\theta})$的可能世界 $\boldsymbol{x}$，等价于在式(1.36)中寻找最大化 $p(\boldsymbol{x};\boldsymbol{\theta})$的可能世界 $\boldsymbol{x}$。

此外，利用梯度下降法，可以通过观察 n 个可能世界 $\boldsymbol{x}_1,\cdots,\boldsymbol{x}_n$ 的集合来估计参数向量 $\boldsymbol{\theta}$，并利用最大似然估计方法找到 $\boldsymbol{\theta}$ 值，以“最符合”观察到的环境中可能世界的概率分布(见第10章)。特别地，可以设计一种马尔可夫逻辑网学习算法，使用标准的梯度下降方法最小化如下经验风险函数：

$$\ell_n(\boldsymbol{\theta})=-(1/n)\sum_{i=1}^{n}\log p(\boldsymbol{x}_i;\boldsymbol{\theta})$$ △

练习

1.6-1. (确定性迭代 K 均值聚类)K 均值聚类算法的目标函数使用欧氏距离函数最小化簇内相似性，其工作原理如下。首先，将每个模式向量任意分配到 K 个簇 $C_1,\cdots,C_K$ 中的一个，这些簇为 d 维向量空间的不相交子集。设$\bar{\boldsymbol{x}}_k$ 为当前分配给簇 C_k 的点的平均值，$k=1,\cdots,K$。其次，利用下式计算聚类分配的性能：

$$V(\boldsymbol{s}_1,\cdots,\boldsymbol{s}_K)=\sum_{k=1}^{K}\sum_{j\in C_k}|\boldsymbol{x}_j-\bar{\boldsymbol{x}}_k|^2$$

其中，如果 $\boldsymbol{x}_j$ 类别为C_k，则 $\boldsymbol{s}_k$ 的第j 个元素等于1，否则 $\boldsymbol{s}_k$ 的第j 个元素等于0。然后，当一个点 $\boldsymbol{x}_i$ 从一个簇移动至另一个簇时，如果 $V(\boldsymbol{s}_1,\cdots,\boldsymbol{s}_K)$减少，则允许该移动。需要注意的是，为了确定 $V(\boldsymbol{s}_1,\cdots,\boldsymbol{s}_K)$是否减少，只需要重新计算 $V(\boldsymbol{s}_1,\cdots,\boldsymbol{s}_K)$中涉及 $\boldsymbol{x}_i$ 的项。重复进行该过程，直至$V(\boldsymbol{s}_1,\cdots,\boldsymbol{s}_K)$不再减少。针对 $d=2$ 和 $K=2$ 的情况，用软件实现该算法，并分析在不同起始条件下该算法的性能。

1.6-2. 高斯邻域的随机邻域嵌入。以高斯邻域为例应用 SNE。定义 SNE 的目标函数 $V(\boldsymbol{y}_1,\cdots,\boldsymbol{y}_M)$，其中距离函数 $D_x(\boldsymbol{x}_i,\boldsymbol{x}_j)=|\boldsymbol{x}_i-\boldsymbol{x}_j|^2$ 度量的是原高维状态空间中的距离，距离函数 $D_y(\boldsymbol{y}_i,\boldsymbol{y}_j)=|\boldsymbol{y}_i-\boldsymbol{y}_j|^2$ 度量的是新低维状态空间中的距离。

1.6-3. (线性自关联编码器)设 $\boldsymbol{s}_1,\cdots,\boldsymbol{s}_n$ 是n 个d 维模式列向量，其中 $n<d$。学习机形式为线性(自关联)自动编码器，它尝试最小化以下目标函数：

$$\hat{\ell}_n(\boldsymbol{\theta})=(1/n)\sum_{i=1}^{n}|\boldsymbol{s}_i-\boldsymbol{W}\boldsymbol{s}_i|^2 \tag{1.38}$$

其中，$\boldsymbol{\theta}$ 为矩阵$\boldsymbol{W}$的元素。由以下迭代学习规则给出最小化该目标函数的梯度下降算法：

$$\boldsymbol{W}(k+1)=\boldsymbol{W}(k)+\gamma(2/n)\sum_{i=1}^{n}(\boldsymbol{s}_i-\boldsymbol{W}(k)\boldsymbol{s}_i)\boldsymbol{s}_i^{\mathrm{T}}$$

将$\boldsymbol{W}(0)$初始化为零向量，然后使用该学习规则估计$\boldsymbol{W}(1)$。随后，使用$\boldsymbol{W}(1)$和学习规

则估计 $\boldsymbol{W}(2)$。设 $\hat{\boldsymbol{W}}_n$ 对应 $\hat{\ell}_n$ 最小值。对于输入模式 $\boldsymbol{s}$，线性自关联编码器的响应定义为 $\ddot{y}=\boldsymbol{W}\boldsymbol{s}$。解释目标函数 $\hat{\ell}_n$ 的含义为构造线性自动编码器矩阵 $\boldsymbol{W}$，使得 $\boldsymbol{s}_i$ 是 $\boldsymbol{W}$ 特征值为 1 的特征向量。利用这一观察结果可得出结论：线性自动编码器实际上是一个线性子空间学习机，它学习的是一个最能代表训练样本的线性子空间。

1.6-4. (潜在语义索引文档检索性能研究)运行文档集合潜在语义分析的程序，然后评估该程序在度量文档间和词汇间相似性方面的性能。

1.7　强化学习机

强化学习机的目标是在给定输入模式的情况下，只根据期望响应的特性的隐性提示生成响应模式。“强化学习”通常假设机器学习的问题中存在时间成分。也就是说，整个特征向量是由学习机在不同时刻的状态特征所组成的，而特征向量的其他元素则以隐性方式向学习机提供非显式反馈，以提示整个阶段内学习机行为是否成功。

例如，假设机器人正在学习一个复杂的动作序列，以实现某个目标，比如捡起一个可乐罐。由于许多不同的动作序列都是有效的，因此选择动作序列的具体细节往往不重要，重要的是机器人在动作序列结束时能够成功捡起可乐罐这一目标。

假设机器人训练程序让机器人尝试捡起一罐可乐，然后告诉机器人是否成功实现这一目标。从环境中得到的反馈不是具体的，即无法向机器人执行器提供明确指令，如应该做什么以及怎么依次执行。此外，反馈信息是在动作序列执行完毕后提供给机器人的，因此机器人必须解决“时态信用分配问题”，以确定之前执行的动作序列中哪些动作需要修改，从而提高性能。

学习登陆月球的原理与上述机器人学习捡可乐罐在本质上是一致的。学习机的目标是在驾驶月球着陆器的过程中通过产生一连串信号控制月球着陆器位置和速度，最终使着陆器安全着陆月球。学习机无法从环境中接收到明确信息(例如，人类飞行教练)以掌握如何选择合适控制法则。相反，学习机只能得到一些类似“当前的下降速度太快应当控制”和“当前降落不安全”的反馈提示，并且必须利用环境提供的这些信息，结合时间统计性规律来学习一个可接受的控制法则。对于一些在复杂环境中运行的学习机来说，这种提示定义了一个“环境内部模型”，其预测值可以与实际环境的观测值进行比较(见图 1.15)。

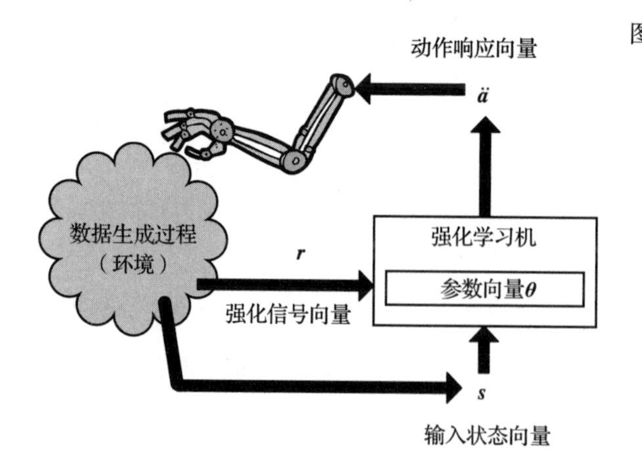

图 1.15　反应式学习环境下的强化学习。在基于回合的自适应反应式强化学习环境中，统计环境会产生一个回合初始状态 $\boldsymbol{s}$。然后，学习机使用当前参数向量 $\boldsymbol{\theta}$ 生成一个动作 $\ddot{\boldsymbol{a}}$，该动作会改变学习机环境的统计特性。改变后的统计环境会产生回合的下一个状态，也可能向强化机反馈一个由强化信号向量 $\boldsymbol{r}$ 表示的惩罚信号。学习机和环境的这种交互作用一直持续到回合结束。学习机的参数值会在回合结束时更新。假设当学习机参数值固定时，每个回合是独立同分布的

需要强调的是，强化学习的学习过程有两种。第一种学习过程会假设一个“被动式强化学习环境”。在被动式强化学习环境中，学习机的行为不会改变学习机的统计环境。通常情况下，监督学习机的学习方法可以直接应用于被动式强化学习环境。例如，学生可通过学习非常具体的直升机起飞和降落流程来学习驾驶直升机，并仔细模仿教练的行为。只有学生完美地掌握了直升机起飞和降落的具体流程，才能获准进行真实驾驶。被动式强化学习环境的反馈是持续不断地提供给学生的，并且反馈内容非常详细。

第二种学习过程会假设一个“反应式学习环境”。在反应式学习环境中，学习机的行为可影响其统计环境。反应式学习环境下的学习实质上是一个更具挑战性的学习难题。例如，在模拟环境中训练一台没有经验的学习机成功降落直升机。在训练过程中，很有可能会发生这种情况：不管试验多少次，学习机都难以成功降落直升机，这是因为其行动不可能创造出能够确保成功降落的统计性规律。

帮助学习机在反应式学习环境中学习的一个有效策略是，为学习机提供有效先验知识。例如，可以使用被动式强化学习范式对学习机进行训练，以初始化学习机参数。这样的预训练可以大大提高学习过程的效率。

1.7.1　强化学习概述

假设强化学习包括向学习机输入回合 $\boldsymbol{x}_1,\boldsymbol{x}_2,\cdots$。第 i 个回合 $\boldsymbol{x}_i$ 定义为 $\boldsymbol{x}_i\equiv[\boldsymbol{x}_{i,1},\cdots,\boldsymbol{x}_{i,T_i},T_i]$，其中 $\boldsymbol{x}_{i,k}$ 是状态动作序列 i 的第 k 个特征向量，T_i 称为回合 $\boldsymbol{x}_i$ 的长度。特征向量 $\boldsymbol{x}_{i,k}$ 表示为环境状态向量 $\boldsymbol{s}_{i,k}$ 和学习机动作向量 $\boldsymbol{a}_{i,k}$ 的串联，即 $\boldsymbol{x}_{i,k}\equiv[\boldsymbol{s}_{i,k},\boldsymbol{a}_{i,k}]$。

需要注意的是，$\boldsymbol{x}_{i,k}$ 的某些分量不一定是能完全观察到的。如果 $\boldsymbol{x}_{i,k}$ 的第 j 个分量并不总是可观察的，则向 $\boldsymbol{x}_{i,k}$ 加一个额外的二值变量掩码，该变量在 $\boldsymbol{x}_{i,k,j}$ 可观察的情况下取值为 1，否则为 0。

假设对于回合 i，初始环境状态 $\boldsymbol{s}_{i,1}$ 完全由统计环境产生，学习机根据某种动作选择策略在状态 $\boldsymbol{s}_{i,1}$ 下执行动作 $\boldsymbol{a}_{i,1}$。统计环境会因为学习机的动作而发生变化，所以观察到序列中下一个状态 $\boldsymbol{s}_{i,2}$ 的概率既取决于之前的环境状态 $\boldsymbol{s}_{i,1}$，也取决于学习机之前的动作 $\boldsymbol{a}_{i,1}$。也就是说，学习机选择动作 $\boldsymbol{a}_{i,2}$ 的概率取决于环境状态 $\boldsymbol{s}_{i,2}$ 和学习机的参数向量。

学习机在给定环境状态 $\boldsymbol{s}_{i,t}$ 的情况下产生动作 $\boldsymbol{a}_{i,t}$ 的动作选择策略称为学习机策略。学习机策略本质上是一个参数化的控制法则，可以为确定性的，也可以为概率性的。具体来说，策略是一个概率模型 $p(\boldsymbol{a}_{i,t}|\boldsymbol{s}_{i,t},\boldsymbol{\psi})$，其中控制法则参数向量 $\boldsymbol{\psi}$ 定义动作选择策略。需要注意的是，当 $p(\boldsymbol{a}_{i,t}|\boldsymbol{s}_{i,t},\boldsymbol{\psi})=1$（对于某函数 f，有 $\boldsymbol{a}_{i,t}=\boldsymbol{f}(\boldsymbol{s}_{i,t},\boldsymbol{\psi})$ 时），概率策略模型变成了确定性模型。

在当前情况下，长度为 T_i 的回合 i 的特征向量如下：

$$\boldsymbol{x}_i=[\boldsymbol{s}_{i,1},\boldsymbol{a}_{i,1},\boldsymbol{s}_{i,2},\boldsymbol{a}_{i,2},\cdots,\boldsymbol{s}_{i,T_i},T_i] \tag{1.39}$$

需要注意的是，$\boldsymbol{x}_i$ 的概率分布不仅依赖于统计环境产生的初始环境状态 $\boldsymbol{s}_{i,1}$，同时取决于学习机的知识状态，而知识状态由参数向量 $\boldsymbol{\theta}$ 表示。设 $p(\boldsymbol{x}_i|\boldsymbol{\theta})$ 表示基于学习机参数向量 $\boldsymbol{\theta}$ 的第 i 回合 $\boldsymbol{x}_i$ 的条件概率。作为学习结果，适应性学习机的参数将改变。在学习过程中，随学习机参数的改变，学习机的行为也会发生变化。学习机行为的变化又会影响学习机的环境。因此，对于反应式学习环境，学习机的统计环境是由学习机与其环境的动作交互产生的，从而形成了一个随着学习过程变化的统计环境。

当学习机的知识状态为参数向量 $\boldsymbol{\theta}$ 时，用 $c(\boldsymbol{x},\boldsymbol{\theta})$ 表示学习机经历回合 $\boldsymbol{x}$ 受到的惩罚强化

值，同时假设观察到的回合 $\boldsymbol{x}_1, \boldsymbol{x}_2, \cdots, \boldsymbol{x}_n$ 是一个独立同分布的随机向量序列实例。ERM 强化学习问题的目标是最小化 $c(\tilde{\boldsymbol{x}}, \boldsymbol{\theta})$ 期望，其中 $\tilde{\boldsymbol{x}}$ 表示从环境中随机选择一个回合的过程。为简化符号，假设 $\tilde{\boldsymbol{x}}$ 是一个离散随机向量数值，那么，被动式统计环境的强化学习问题的目标是最小化下列目标函数：

$$\ell(\boldsymbol{\theta}) = \sum_{\boldsymbol{x}} c(\boldsymbol{x}, \boldsymbol{\theta}) p_e(\boldsymbol{x})$$

其中，p_e 是统计环境产生回合 $\boldsymbol{x}$ 的概率。

对于反应式统计环境，观察到回合 $\boldsymbol{x}$ 的概率取决于学习机当前的知识状态 $\boldsymbol{\theta}$，因此目标函数如下：

$$\ell(\boldsymbol{\theta}) = \sum_{\boldsymbol{x}} c(\boldsymbol{x}, \boldsymbol{\theta}) p(\boldsymbol{x} | \boldsymbol{\theta})$$

其中，学习机经历回合 $\boldsymbol{x}$ 的概率 $p(\boldsymbol{x}, \boldsymbol{\theta})$ 不仅取决于统计环境，而且取决于学习机当前知识状态 $\boldsymbol{\theta}$。例如，假设学习机在给定环境状态 $\boldsymbol{s}_{i,t}$ 的情况下生成一个动作 $\boldsymbol{a}_{i,t}$，且假定经过特定动作 $\boldsymbol{a}_{i,t}$，环境状态从 $\boldsymbol{s}_{i,t}$ 过渡到新的状态 $\boldsymbol{s}_{i,t+1}$，可得

$$p(\boldsymbol{x}_i | \boldsymbol{\theta}) = p_e(\boldsymbol{s}_{i,1}) \prod_{t=1}^{T_i - 1} p(\boldsymbol{a}_{i,t} | \boldsymbol{s}_{i,t}; \boldsymbol{\theta}) p_e(\boldsymbol{s}_{i,t+1} | \boldsymbol{a}_{i,t}, \boldsymbol{s}_{i,t})$$

例 1.7.1(简化月球着陆问题)　在本例中，为了研究强化学习问题，我们将讨论月球着陆问题的简化一维模型。

图 1.16 描述了一个月球着陆器，其在时刻 t 的状态由状态向量 $\boldsymbol{s}_i(t) = [h_i(t), v_i(t), f_i(t), E_i(t), C_i(t)]$ 表征，对于动作序列 i 中的某一特定时刻 t，$h_i(t)$ 是着陆器到月球表面的距离，单位为 m；$v_i(t)$ 是着陆器的下行速度，单位为 m/s；$f_i(t)$ 是着陆器气罐中的燃料质量，单位为 kg；$E_i(t)$ 是一个二元指示值，当动作序列因着陆或着陆器偏离航道而终止时，该值等于 1；$C_i(t)$ 也是一个二元指示值，如果着陆器坠毁，则该值等于 1，否则，等于 0。这些状态变量和相关常数列于表 1.1。

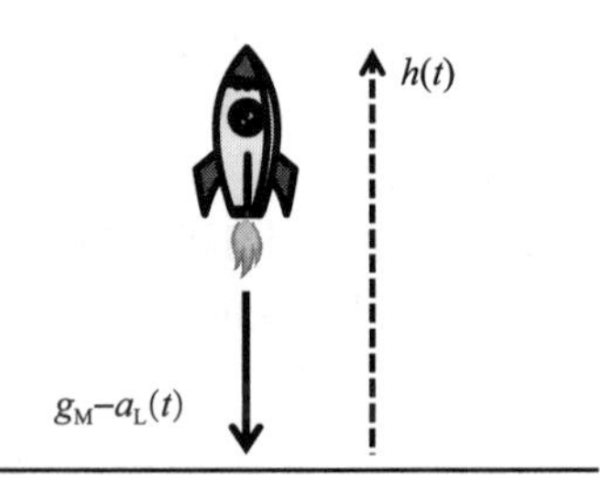

图 1.16　简化的一维月球着陆器问题。月球着陆器在某个固定高度以向下的速度开始下降。两者间的引力加速力使月球着陆器向下的速度逐渐加快。在着陆过程中，月球着陆器可以选择产生或不产生固定推力来抵消引力加速度。是否施加推力的决定由月球着陆器的物理状态和当前参数值的函数产生。这些参数值在整个月球着陆器下降过程中都要进行调整

表 1.1　月球着陆器例子的状态变量和常数

变量	描述	单位	变量	描述	单位
$h(t)$	时刻 t 的着陆器高度	m	δ_T	模拟时间片时长($\delta_T = 1$)	s
$v(t)$	时刻 t 的下行速度	m/s	M_L	去除燃料的着陆器质量($M_L = 4000$)	kg
$f(t)$	时刻 t 的燃料质量	kg	U_L	着陆器最大向上推力($U_L = 25\,000$)	N
g_M	月球重力加速度($g_M = 1.63$)	m/s^2	e_L	着陆器发动机效率($e_L = 2300$)	m/s

环境和着陆器动力学。月球着陆器的初始高度 $h(0)$ 是随机选择的，其均值为 15 000km，标准误差为 20km。月球着陆器的初始速度 $v(0)$ 也是随机选择的，其均值为 100km/s，标准误

差为 40km/s。初始燃料量 $f(0)$ 选择为 3500kg。在给定时刻 t，着陆器的高度 $h(t+1)$、速度 $v(t+1)$ 和燃料质量 $f(t+1)$ 可由之前的状态 $h(t)$、$v(t)$ 和 $f(t)$ 以及着陆器驾驶员需要的火箭推力计算出来。

着陆器在月球环境中的动作更新如下：

$$h_i(t+1)=\mathcal{J}_0(h_i(t)-\delta_{\mathrm{T}}v_i(t)) \tag{1.40}$$

其中，如果 $\phi>0$，$\mathcal{J}_0(\phi)=\phi$，否则 $\mathcal{J}_0(\phi)=0$。此外，

$$v_i(t+1)=v_i(t)+\delta_{\mathrm{T}}(g_{\mathrm{M}}-a_{\mathrm{L}}(i,t)) \tag{1.41}$$

其中，着陆器火箭推进器在时刻 t 的加速度 $a_{\mathrm{L}}(t)$ 如下：

$$a_{\mathrm{L}}(i,t)=\frac{u_i(t)U_{\mathrm{L}}}{M_{\mathrm{L}}+f_i(t)}$$

二元推力指示变量 $u_i(t)$ 定义为，如果月球着陆器的驾驶员在时刻 t 使用推力，则 $u_i(t)=1$；如果月球着陆器的驾驶员在时刻 t 不使用推力，则 $u_i(t)=0$。

月球着陆器在时刻 t 的燃料质量如下：

$$f_i(t+1)=\mathcal{J}_0(f_i(t)-\delta_{\mathrm{T}}\nabla f_i(t)) \tag{1.42}$$

其中，时刻 t 燃料相对于月球着陆器的喷射速度 $\nabla f_i(t)$ 如下：

$$\nabla f_i(t)=(U_{\mathrm{L}}/e_{\mathrm{L}})u_i(t)$$

驾驶惩罚 $\Delta_i(t)$ 由下式给出：

$$\Delta_i(t)=\sqrt{(h_i(t)-h_i(t+1))^2+(v_i(t)-v_i(t+1))^2}$$

在动作序列 i 的时刻 t，当月球着陆器到达月球表面或月球着陆器运动方向错误时，$E_i(t)=1$；否则，$E_i(t)=0$。

在动作序列 i 的时刻 t，当月球着陆器到达月球表面并以大于允许着陆速度的速度撞击月球表面时，$C_i(t)=1$；如果月球着陆器没有在月球表面着陆或以小于允许着陆速度的速度着陆，则 $C_i(t)=0$。

回合 $(\boldsymbol{s}_i(t),\boldsymbol{a}_i(t),\boldsymbol{s}_i(t+1))$ 的强化信号如下：

$$r_i(t)=\lambda_{\Delta}\Delta_i(t)+L_i(t+1)\lambda_v\sqrt{(v_i(t))^2+(v_i(t+1))^2}+\lambda_c C_i(t+1) \tag{1.43}$$

其中，λ_{Δ}、λ_v 和 λ_c 是正常数。式(1.43)右侧第一项对应于驾驶惩罚，如果着陆器的高度或速度变化过快，则对该回合进行惩罚。如果着陆器尚未着陆，则式(1.43)右侧的第二项等于零，当着陆器着陆时，该项与撞击月球表面时的速度大小成正比。因此，式(1.43)右侧的第二项对着陆回合进行惩罚，其数值与撞击速度大致成正比。式(1.43)右侧的第三项也涉及惩罚着陆回合，如果着陆速度大于某个阈值，则产生固定惩罚值；如果着陆速度小于该阈值，则不惩罚。

需要注意的是，这里提出的计算假设环境是确定性的，但该假设可以放宽。只有初始状态 $\boldsymbol{s}_i(t)$ 是由环境随机产生的。 △

1.7.2 值函数被动式强化学习

假设对于回合 i，学习机在被动式环境的学习方式是观察其他智能体的行为演示，学习如何使用策略 ρ 解决强化学习问题，其中处于环境状态 $\boldsymbol{s}_{i,t}$ 下的智能体执行一个动作 $\boldsymbol{a}_{i,t}$，然后环境状态发生变化，变为 $\boldsymbol{s}_{i,t+1}$。当智能体从状态 $\boldsymbol{s}_{i,t}$ 转换到状态 $\boldsymbol{s}_{i,t+1}$ 时，环境会产生一个由智能体接受的惩罚强化信号 $r_{i,t}$。需要注意的是，学习机可以通过观察专家智能体得到新手智能体得到训练，因为它可从专家智能体那里学到好策略，从新手智能体那里学到差策略。事

实上，大多数关于值函数强化学习的处理方法都假设智能体通过观察当前策略 ρ 如何影响该环境所收到的强化信号来优化策略。

学习机的目标是观察智能体，以便学习参数向量 $\boldsymbol{\theta}$。该参数向量定义值函数 V，估计了当智能体处于状态 $\boldsymbol{s}_{i,t}$ 时，智能体在回合 i 获得的预计将来总惩罚强化值 $\ddot{V}(\boldsymbol{s}_{i,t},\rho;\boldsymbol{\theta})$。由于学习机观察到某个回合的概率并不依赖于学习机的动作，因此这是一个被动式学习环境。

假设学习机观察到智能体将来受到的总惩罚强化值为 $V(\boldsymbol{s}_{i,1};\rho)=\sum_{t=1}^{\infty} r_{i,t}$，那么智能体在状态 $\boldsymbol{s}_{i,1}$ 下执行动作 $\boldsymbol{a}_{i,1}$ 所收到的惩罚强化信号 $r_{i,1}$ 如下：

$$r_{i,1}=V(\boldsymbol{s}_{i,1};\rho)-V(\boldsymbol{s}_{i,2};\rho) \tag{1.44}$$

将来所受累积惩罚强化值的一个常见替代模型是 $V(\boldsymbol{s}_{i,1};\rho)=\sum_{t=1}^{\infty}\mu^{t-1}r_{i,t}$，其中折扣因子 μ 取值范围为 0～1。这种替代模型假设智能体预期将来所受惩罚会有所损耗。通过这种折扣因子，智能体在状态 $\boldsymbol{s}_{i,1}$ 下执行动作 $\boldsymbol{a}_{i,1}$ 所收到的惩罚强化信号如下：

$$r_{i,1}=V(\boldsymbol{s}_{i,1};\rho)-\mu V(\boldsymbol{s}_{i,2};\rho) \tag{1.45}$$

当 $\mu=1$ 时，式(1.45)即为式(1.44)。

设学习机对智能体在状态 $\boldsymbol{s}_{i,1}$ 时遵循策略 ρ 所受累积惩罚强化值的期望值为 $\ddot{V}(\boldsymbol{s}_{i,1};\rho,\boldsymbol{\theta})$，其中 $\boldsymbol{\theta}$ 是学习机的可变参数向量，可根据学习机经验函数进行调整。

给定 n 个回合 $\boldsymbol{x}_1,\cdots,\boldsymbol{x}_n$ 的集合，构建一个经验风险函数 $\hat{\ell}_n(\boldsymbol{\theta})$来估计参数向量 $\boldsymbol{\theta}$，如下所示：

$$\hat{\ell}_n(\boldsymbol{\theta})=(1/n)\sum_{i=1}^{n}c([\boldsymbol{s}_{i,1},\boldsymbol{s}_{i,2},r_{i,1}];\boldsymbol{\theta}) \tag{1.46}$$

其中

$$c([\boldsymbol{s}_{i,1},s_{i,2},r_{i,1}];\boldsymbol{\theta})=(r_{i,1}-\ddot{r}_{i,1}(\boldsymbol{s}_{i,1},\boldsymbol{s}_{i,2};\boldsymbol{\theta}))^2 \tag{1.47}$$

$$\ddot{r}_{i,1}(\boldsymbol{s}_{i,1},\boldsymbol{s}_{i,2};\boldsymbol{\theta})=\ddot{V}(\boldsymbol{s}_{i,1},\rho,\boldsymbol{\theta})-\mu\ddot{V}(\boldsymbol{s}_{i,2},\rho,\boldsymbol{\theta}) \tag{1.48}$$

例 1.7.2(线性值函数强化学习算法)　考虑例 1.7.1 中讨论的月球着陆强化学习问题。设 $a_i(t)=1$ 表示在回合 i 时刻 t 施加推力作用，$a_i(t)=0$ 表示在回合 i 时刻 t 不施加推力作用。该例中假设推力在时刻 t 是以某种固定概率 P 施加的，学习机正在观察专家驾驶员或新手驾驶员降落着陆器。

假设当学习机处于环境状态 $\boldsymbol{s}$ 并遵循策略 ρ 时，学习机用于预测将来所受累积惩罚强化值的值函数为

$$\ddot{V}(\boldsymbol{s};\rho,\boldsymbol{\theta})=\boldsymbol{s}^{\mathrm{T}}\boldsymbol{\theta} \tag{1.49}$$

其中，$\boldsymbol{s}$ 是当前状态，$\boldsymbol{\theta}$ 是用于指定特定值函数选择的参数向量。定义以下经验风险函数：

$$\hat{\ell}_n(\boldsymbol{\theta})=(1/n)\sum_{i=1}^{n}c_i(\boldsymbol{\theta}) \tag{1.50}$$

其中，回合 i 的损失函数可通过将式(1.49)代入式(1.46)、式(1.47)和式(1.48)得到：

$$c_i(\boldsymbol{\theta})=|r(\boldsymbol{s}_i(1),\boldsymbol{s}_i(2))-\boldsymbol{s}_i(1)^{\mathrm{T}}\boldsymbol{\theta}+\mu\boldsymbol{s}_i(2)^{\mathrm{T}}\boldsymbol{\theta}|^2 \tag{1.51}$$

其中，$r(\boldsymbol{s}_i(1),\boldsymbol{s}_i(2))$是在回合 i 开始时观察到的强化信号。然后，我们可以使用梯度下降算法来最小化式(1.50)中的经验风险函数。这是算法 1.7.1 的具体实现。

设 $\hat{\boldsymbol{\theta}}_n$ 表示学习机学习到的参数向量，它可以最小化式(1.50)中的经验风险函数。在学习过程完成后，估计的函数 $\ddot{V}(\boldsymbol{s};\rho,\hat{\boldsymbol{\theta}}_n)$可以用来指导学习机的行为，使学习机选择一个特定的

动作，进入最小化 $\ddot{V}(\boldsymbol{s};\rho,\hat{\boldsymbol{\theta}}_n)$ 的状态 $\boldsymbol{s}$。　△

算法 1.7.1　通用值函数强化学习算法

1: **procedure** VALUE-FUNCTION-REINFORCEMENT-LEARNING($\boldsymbol{\theta}_1$)
2: $i \Leftarrow 1$
3: **repeat**
4: 从 $p_e(\boldsymbol{s}_{i,1})$ 随机选择环境样本 $\boldsymbol{s}_{i,1}$
5: 学习机以概率 $p(\boldsymbol{a}_{i,1}|\boldsymbol{s}_{i,1},\rho)$ 观察到智能体动作 $\boldsymbol{a}_{i,1}$
6: 从 $p_e(\boldsymbol{s}_{i,2}|\boldsymbol{a}_{i,1},\boldsymbol{s}_{i,1})$ 随机选择环境样本 $\boldsymbol{s}_{i,2}$
7: $c([\boldsymbol{s}_{i,1},\boldsymbol{s}_{i,2}];\boldsymbol{\theta}_i) \Leftarrow (r_{i,1}-(\ddot{V}(\boldsymbol{s}_{i,1};\rho,\boldsymbol{\theta}_i)-\mu\ddot{V}(\boldsymbol{s}_{i,2};\rho,\ \boldsymbol{\theta}_i)))^2$，对于策略 ρ
8: $\boldsymbol{g}([\boldsymbol{s}_{i,1},\boldsymbol{s}_{i,2}],\boldsymbol{\theta}_i) \Leftarrow \mathrm{d}c([\boldsymbol{s}_{i,1},\boldsymbol{s}_{i,2}];\boldsymbol{\theta}_i)/\mathrm{d}\boldsymbol{\theta}$
9: $\boldsymbol{\theta}_{i+1} \Leftarrow \boldsymbol{\theta}_i - \gamma_i \boldsymbol{g}([\boldsymbol{s}_{i,1},\boldsymbol{s}_{i,2}],\boldsymbol{\theta}_i)$
10: $i \Leftarrow i+1.$
11: **until** $\boldsymbol{\theta}_i \approx \boldsymbol{\theta}_{i-1}$
12: **return** $\{\boldsymbol{\theta}_i\}$
13: **end procedure**

1.7.3 策略梯度反应式强化学习

策略梯度强化方法假设学习机的行为会影响反应式学习环境中的学习过程。来自环境的强化信号由函数 R 表示，该函数将学习机经历的回合 $\boldsymbol{x}$ 映射成强化惩罚——用 $R(\boldsymbol{x};\boldsymbol{\theta})$ 表示，其中参数向量 $\boldsymbol{\theta}$ 是学习机当前的知识状态。由于强化惩罚依赖学习机参数，因此学习机有一个潜在强化惩罚(即经历回合 $\boldsymbol{x}$ 所产生的惩罚)模型，它会随学习机参数向量 $\boldsymbol{\theta}$ 的变化而变化。

定义损失函数 c，使得 $c(\boldsymbol{s}_{i,1};\boldsymbol{\theta})$ 表示学习机在初始状态 $\boldsymbol{s}_{i,1}$ 下基于回合 $\boldsymbol{x}_i$ 的损失。设 $\boldsymbol{h}_i$ 表示除了 $\boldsymbol{s}_{i,1}$ 的 $\boldsymbol{x}_i$ 所有组成部分。那么，学习机基于第 i 回合 $\boldsymbol{x}_i \equiv [\boldsymbol{s}_{i,1},\boldsymbol{h}_i]$ 的初始状态 $\boldsymbol{s}_{i,1}$ 的预期损失为

$$c(\boldsymbol{s}_{i,1};\boldsymbol{\theta}) = \sum_{\boldsymbol{h}_i} R(\boldsymbol{x}_i;\boldsymbol{\theta})\, p(\boldsymbol{h}_i|\boldsymbol{s}_{i,1},\boldsymbol{\theta})$$

因此，回合 $\boldsymbol{x}_i \equiv [\boldsymbol{s}_{i,1},\boldsymbol{h}_i]$ 的概率 $p(\boldsymbol{x}_i|\boldsymbol{\theta})$ 取决于三个因素：第一，环境发生回合初始状态 $\boldsymbol{s}_{i,1}$ 的概率 $p_e(\boldsymbol{s}_{i,1})$；第二，当学习机处于知识状态 $\boldsymbol{\theta}$ 和环境状态 $\boldsymbol{s}_{i,t}$ 时，学习机产生动作 $\boldsymbol{a}_{i,t}$ 的概率；第三，当学习机在环境状态 $\boldsymbol{s}_{i,t}$ 产生动作 $\boldsymbol{a}_{i,t}$ 时，环境处于状态 $\boldsymbol{s}_{i,t+1}$ 的概率。

直观地讲，$c(\boldsymbol{s}_{i,1};\boldsymbol{\theta})$ 考虑了所有可能的动作和状态序列——这些动作和状态可能来源于回合 $\boldsymbol{x}_i$ 的初始状态向量 $\boldsymbol{s}_{i,1}$，并计算出所有可能的预期强化惩罚。那么，相对于初始状态 $\boldsymbol{s}_{i,1},\cdots,\boldsymbol{s}_{n,1}$，学习 n 个回合的经验风险函数如下：

$$\hat{\ell}_n(\boldsymbol{\theta}) = (1/n)\sum_{i=1}^{n} c(\boldsymbol{s}_{i,1};\boldsymbol{\theta}) \tag{1.52}$$

使用第 5 章的向量微积分方法，可得

$$\frac{\mathrm{d}c(\boldsymbol{s}_{i,1};\boldsymbol{\theta})}{\mathrm{d}\boldsymbol{\theta}} = \sum_{\boldsymbol{h}_i}\left(\frac{\mathrm{d}R([\boldsymbol{s}_{i,1},\boldsymbol{h}_i];\boldsymbol{\theta})}{\mathrm{d}\boldsymbol{\theta}} + R([\boldsymbol{s}_{i,1},\boldsymbol{h}_i];\boldsymbol{\theta})\frac{\mathrm{d}\log p(\boldsymbol{h}_i|\boldsymbol{s}_{i,1};\boldsymbol{\theta})}{\mathrm{d}\boldsymbol{\theta}}\right) p(\boldsymbol{h}_i|\boldsymbol{s}_{i,1},\boldsymbol{\theta}) \tag{1.53}$$

使用第12章介绍的随机逼近期望最大化理论方法，通过梯度下降参数更新规则，设计一种自适应梯度下降算法，以最小化式(1.52)中经验风险函数的期望值。更新规则如下：

$$\boldsymbol{\theta}_{i+1}=\boldsymbol{\theta}_i-\gamma_i \frac{\mathrm{d}\ddot{c}(\boldsymbol{x}_i;\boldsymbol{\theta})}{\mathrm{d}\boldsymbol{\theta}} \tag{1.54}$$

其中

$$\frac{\mathrm{d}\ddot{c}(\boldsymbol{x}_i;\boldsymbol{\theta})}{\mathrm{d}\boldsymbol{\theta}}=\frac{\mathrm{d}R(\boldsymbol{x}_i;\boldsymbol{\theta})}{\mathrm{d}\boldsymbol{\theta}}+R(\boldsymbol{x}_i;\boldsymbol{\theta})\frac{\mathrm{d}\log p(\boldsymbol{h}_i|\boldsymbol{s}_{i,1};\boldsymbol{\theta})}{\mathrm{d}\boldsymbol{\theta}} \tag{1.55}$$

$\boldsymbol{x}_i\equiv[\boldsymbol{s}_{i,1},\boldsymbol{h}_i]$，$\boldsymbol{s}_{i,1}$是环境产生的回合$i$的初始状态，且序列$\boldsymbol{h}_i\equiv[\boldsymbol{a}_{i,1},\boldsymbol{s}_{i,2},\boldsymbol{a}_{i,3},\cdots,\boldsymbol{s}_{i,T_i}]$是回合$\boldsymbol{x}_i$的一部分，对应于$\boldsymbol{s}_{i,1}$的后验概率为$p(\boldsymbol{h}_i|\boldsymbol{s}_{i,1},\boldsymbol{\theta}_i)$。步长$\gamma_i$是一个正数，随算法当前迭代$i$变化。

通过对给定环境状态$\boldsymbol{s}$和$\boldsymbol{\theta}$的控制法则或策略的概率密度$p(\boldsymbol{a}|\boldsymbol{s},\boldsymbol{\theta})$进行采样，学习机可以生成动作$\boldsymbol{a}$。例如，假设学习机是多层网络架构，其响应是给定输入模式$\boldsymbol{s}$和参数向量$\boldsymbol{\theta}$的动作$\boldsymbol{a}$，因此，$\boldsymbol{a}$是均值为$\boldsymbol{f}(\boldsymbol{s},\boldsymbol{\theta})$、协方差矩阵为$\boldsymbol{C}$的高斯随机向量的实例。

学习机的统计环境由两个环境概率密度函数表征。初始环境状态密度通过从$p_{\mathrm{e}}(\boldsymbol{s}_{i,1})$中采样生成第$i$回合的初始环境状态$\boldsymbol{s}_{i,1}$。环境过渡状态密度通过从$p_{\mathrm{e}}(\boldsymbol{s}_{i,k+1}|\boldsymbol{s}_{i,k},\boldsymbol{a}_{i,k})$中采样生成状态序列的下一个状态$\boldsymbol{s}_{i,k+1}$。因此，第$i$回合$\boldsymbol{x}_i$的概率如下：

$$p(\boldsymbol{x}_i|\boldsymbol{\theta})=p_{\mathrm{e}}(\boldsymbol{s}_{i,1})\left[\prod_{k=1}^{T_{i-1}}p_{\mathrm{e}}(\boldsymbol{s}_{i,k+1}|\boldsymbol{s}_{i,k},\boldsymbol{a}_{i,k})p(\boldsymbol{a}_{i,k}|\boldsymbol{s}_{i,k},\boldsymbol{\theta})\right]$$

利用这些定义与式(1.53)和式(1.54)就可以得到算法1.7.2给出的通用策略梯度强化学习算法。

算法 1.7.2　一种通用的策略梯度强化学习算法

1: **procedure** POLICY-GRADIENT-REINFORCEMENT-LEARNING($\boldsymbol{\theta}_1$)
2: 　$i\Leftarrow 1$
3: 　**repeat**
4: 　　$k\Leftarrow 1$
5: 　　观察从$p_{\mathrm{e}}(\boldsymbol{s}_{i,1})$采样的第$i$回合的初始状态$\boldsymbol{s}_{i,1}$
6: 　　**repeat**
7: 　　　从$p(\boldsymbol{a}_{i,k}|\boldsymbol{s}_{i,k},\boldsymbol{\theta}_i)$采样动作$\boldsymbol{a}_{i,k}$
8: 　　　从$p_{\mathrm{e}}(\boldsymbol{s}_{i,k+1}|\boldsymbol{a}_{i,k},\boldsymbol{s}_{i,k})$采集环境样本$\boldsymbol{s}_{i,k+1}$
9: 　　　从$[\boldsymbol{s}_{i,1},\boldsymbol{a}_{i,1},\cdots,\boldsymbol{s}_{i,k+1}]$计算$T_i$
10: 　　　$k\Leftarrow k+1$;
11: 　　**until** 回合i结束(即$k+1=T_i$)
12: 　　回合$\boldsymbol{x}_i\Leftarrow[\boldsymbol{s}_{i,1},\boldsymbol{a}_{i,2},\boldsymbol{s}_i,\cdots,\boldsymbol{s}_{i,T_i}]$
13: 　　$\boldsymbol{g}(\boldsymbol{x}_i,\boldsymbol{\theta}_i)\Leftarrow\mathrm{d}\ddot{c}(\boldsymbol{x}_i;\boldsymbol{\theta}_i)/\mathrm{d}\boldsymbol{\theta}$，$\mathrm{d}\ddot{c}/\mathrm{d}\boldsymbol{\theta}$的定义见式(1.55)
14: 　　$\boldsymbol{\theta}_{i+1}\Leftarrow\boldsymbol{\theta}_i-\gamma_i\boldsymbol{g}(\boldsymbol{x}_i,\boldsymbol{\theta}_i)$
15: 　　$i\Leftarrow i+1$.
16: 　**until** $\boldsymbol{\theta}_i\approx\boldsymbol{\theta}_{i-1}$
17: 　**return** $\{\boldsymbol{\theta}_i\}$
18: **end procedure**

例 1.7.3(基于模型的策略梯度强化学习)　基于模型的策略梯度强化学习机不仅学习如何在其统计环境中产生动作，而且学习其统计环境的行为。在实际执行这些动作之前，从内部模拟这些动作在环境中执行的结果可以极大增强学习机学习控制环境的能力。例如，在学习驾驶新车时，驾驶员可以快速了解汽车对方向盘转动或制动踏板压力的反应。然后，驾驶员可用这些信息提高驾驶水平。这就是一个不仅学习生成动作，还能预测动作结果的强化学习机实例。也就是说，强化学习机具有在实际执行动作之前从内部评估动作结果的能力。

更具体地说，设 $\ddot{\boldsymbol{s}}_{i,t+1}(\boldsymbol{\theta})$是学习机对在第 i 回合时刻 $t+1$ 观察的环境状态 $\boldsymbol{s}_{i,t+1}$ 的预测。$\ddot{\boldsymbol{s}}_{i,t+1}(\boldsymbol{\theta})$用 $\ddot{\boldsymbol{s}}_{i,t+1}(\boldsymbol{\theta})=\boldsymbol{f}(\boldsymbol{a}_{i,t},\boldsymbol{s}_{i,t};\boldsymbol{\theta})$计算。函数 $\boldsymbol{f}$ 表示学习机的内部模型，描述当学习机的参数向量为 $\boldsymbol{\theta}$，在状态 $\boldsymbol{s}_{i,t}$ 下执行动作 $\boldsymbol{a}_{i,t}$ 时，环境如何变化。

因此，在学习过程中，参数向量 $\boldsymbol{\theta}$ 不仅确定了学习机选择特定动作的策略，而且明确了学习机在特定情况下执行特定动作时其统计环境的改变规律。

现在定义一个差异函数 D，用于表示未来环境状态 $\boldsymbol{s}_{i,t+1}$ 的观测值与学习机对未来环境状态的预测值 $\ddot{\boldsymbol{s}}_{i,t+1}(\boldsymbol{\theta})$的差异：

$$D(\boldsymbol{s}_{i,t+1},\ddot{\boldsymbol{s}}_{i,t+1}(\boldsymbol{\theta}))$$

最后，定义回合惩罚强化值 $R(\boldsymbol{x}_i;\boldsymbol{\theta})$：

$$R(\boldsymbol{x}_i;\boldsymbol{\theta})=\sum_{t=1}^{T_i-1}D(\boldsymbol{s}_{i,t+1},\ddot{\boldsymbol{s}}_{i,t+1}(\boldsymbol{\theta}))+\sum_{t=1}^{T_i-1}r_{i,t} \tag{1.56}$$

其中，$r_{i,t}$ 是当学习机从状态 $\boldsymbol{s}_{i,t}$ 过渡到 $\boldsymbol{s}_{i,t+1}$ 时从环境中反馈给学习机的增量惩罚强化值。学习机在特定回合 $\boldsymbol{x}_i$ 所受总惩罚不仅取决于环境惩罚，还取决于学习机对环境行为的预测准确度。

将式(1.56)中 $R(\boldsymbol{x}_i,\boldsymbol{\theta})$的定义代入策略梯度强化学习算法 1.7.2 中，便可得到基于模型的策略梯度强化学习算法。

证明如何将上述框架扩展到学习机概率型内部模型的情况，使得学习机内部模型给出在参数向量 $\boldsymbol{\theta}$ 和状态 $\boldsymbol{s}_{i,t}$ 下执行动作 $\boldsymbol{a}_{i,t}$ 时产生特定环境状态 $\boldsymbol{s}_{i,t+1}$ 的概率。　△

例 1.7.4(月球着陆器问题：策略梯度强化)　在本例中，为月球着陆器实例(见例 1.7.1)制定了策略梯度控制法则。与学习动作生成策略和预测模型的例子(见例 1.7.3)不同，在本例中，强化学习机只学习控制法则策略。

月球着陆器参数化控制法则　概率 $p_{a,i,t}(\boldsymbol{\theta})$表示在第 i 回合给定环境状态 $\boldsymbol{s}_i(t)$下应用推力($a_i(t)=1$)的概率，被形式化定义为

$$p_{a,i,t}(\boldsymbol{\theta})=\mathcal{S}(f(\boldsymbol{s}_i(t),\boldsymbol{\theta})) \tag{1.57}$$

其中，动作函数 $f(\boldsymbol{s}_i(t),\boldsymbol{\theta})$的数值越大，选择动作 $a_i(t)=1$ 的概率就越大。动作函数 f 的一个示例为

$$f(\boldsymbol{s}_i(t),\boldsymbol{\theta})=\boldsymbol{\theta}^{\mathrm{T}}\boldsymbol{\psi}(\boldsymbol{s}_i(t))$$

其中，$\boldsymbol{\psi}$ 是一个常量预处理转换，向量 $\boldsymbol{\theta}$ 称为控制法则参数向量，不同的 $\boldsymbol{\theta}$ 对应不同的“控制法则”。动作函数 f 的另一种选择为

$$f(\boldsymbol{s}_i(t),\boldsymbol{\theta})=\boldsymbol{\beta}^{\mathrm{T}}\boldsymbol{\psi}(\boldsymbol{s}_i(t),\boldsymbol{\eta})$$

其中，$\boldsymbol{\psi}$ 是参数为 $\boldsymbol{\eta}$ 的预处理转换且 $\boldsymbol{\theta}^{\mathrm{T}}\equiv[\boldsymbol{\beta}^{\mathrm{T}},\boldsymbol{\eta}^{\mathrm{T}}]$。

月球着陆器经验风险函数　为月球着陆器的时间强化问题定义一个经验风险函数。首先，随机选择一个初始状态 $\boldsymbol{s}(1)$。其次，学习机使用其当前参数向量 $\boldsymbol{\theta}$ 来产生动作 $a(1)$。然后，

环境对动作 $a(1)$ 与 $\boldsymbol{s}(1)$ 进行处理，生成新的环境状态 $\boldsymbol{s}(2)$。此外，环境会产生一个强化信号，将之反馈至学习机。序列 $\boldsymbol{x}_i(t) \equiv [\boldsymbol{s}_i(1), a_i(1), \boldsymbol{s}_i(2), a_i(2), \boldsymbol{s}_i(3)]$ 对应于月球着陆较长轨迹中的一小段，所以被称为第 i 个"轨迹段"或"回合段"。对于给定 $\boldsymbol{\theta}$，假设轨迹段是独立同分布的。在学习机与环境交互产生每一个轨迹段后，学习机的参数向量 $\boldsymbol{\theta}$ 都会被更新。随学习机知识状态 $\boldsymbol{\theta}$ 的变化，学习机将表现出不同行为。这些不同的行为又会为学习机产生不同的统计环境。

定义在轨迹段 i 时刻 t 选择动作 $a_i(t)$ 的概率 $p(a_i(t) \mid \boldsymbol{s}_i(t); \boldsymbol{\theta})$，如下所示：

$$p(a_i(t) \mid \boldsymbol{s}_i(t); \boldsymbol{\theta}) \equiv a_i(t) p_{a,i,t}(\boldsymbol{\theta}) + (1 - a_i(t))(1 - p_{a,i,t}(\boldsymbol{\theta}))$$

其中，$p_{a,i,t}(\boldsymbol{\theta})$ 的定义见式(1.57)。

式(1.52)对应的经验风险函数如下：

$$\ell_n(\boldsymbol{\theta}) = (1/n) \sum_{i=1}^{n} c(\boldsymbol{x}_i; \boldsymbol{\theta}) \tag{1.58}$$

其中

$$c(\boldsymbol{x}_i; \boldsymbol{\theta}) = (1/2)\lambda_\theta |\boldsymbol{\theta}|^2 + r(\boldsymbol{x}_i) p(\boldsymbol{h}_i \mid \boldsymbol{s}_{i,1}, \boldsymbol{\theta}) \tag{1.59}$$

$$p(\boldsymbol{h}_i \mid \boldsymbol{s}_{i,1}, \boldsymbol{\theta}) = p(\boldsymbol{a}_i(1) \mid \boldsymbol{s}_i(1); \boldsymbol{\theta}) p(\boldsymbol{s}_i(2) \mid \boldsymbol{s}_i(1), \boldsymbol{a}_i(1)) p(\boldsymbol{a}_i(2) \mid \boldsymbol{s}_i(2); \boldsymbol{\theta})$$

λ_θ 为正数。

需要注意的是，对于轨迹段 i，接受的 $r(\boldsymbol{x}_i)$ 是不依赖于 $\boldsymbol{\theta}$ 的。此外，$\boldsymbol{s}_i(t+1)$ 是 $\boldsymbol{s}_i(t)$ 和 $\boldsymbol{a}_i(t)$ 的确定性函数，因此 $p(\boldsymbol{s}_i(2) \mid \boldsymbol{s}_i(1), \boldsymbol{a}_i(1)) = 1$。

月球着陆器梯度下降算法　利用式(1.54)和式(1.55)推导梯度下降算法，通过计算以下梯度最小化式(1.58)中经验风险函数。

$$\boldsymbol{g}(\boldsymbol{x}_i; \boldsymbol{\theta}) = \lambda_\theta \boldsymbol{\theta} + r(\boldsymbol{x}_i) \left[\frac{\mathrm{d}\log p(\boldsymbol{a}_i(1) \mid \boldsymbol{s}_i(1); \boldsymbol{\theta})}{\mathrm{d}\boldsymbol{\theta}} + \frac{\mathrm{d}\log p(\boldsymbol{a}_i(2) \mid \boldsymbol{s}_i(2); \boldsymbol{\theta})}{\mathrm{d}\boldsymbol{\theta}} \right]^{\mathrm{T}} \tag{1.60}$$

随后用式(1.60)的梯度来明确最小化式(1.58)中经验风险函数的梯度下降算法。首先，生成下一回合：

$$\boldsymbol{x}_i = [\boldsymbol{s}_i(1), \boldsymbol{a}_i(1), \boldsymbol{s}_i(2), \boldsymbol{a}_i(2), \boldsymbol{s}_i(3)]$$

生成方法如下：(1) 从 $p_e(\boldsymbol{s}_i(1))$ 采样 $\boldsymbol{s}_i(1)$；(2) 从 $p(\boldsymbol{a}_i(1) \mid \boldsymbol{s}_i(1), \boldsymbol{\theta})$ 采样 $\boldsymbol{a}_i(1)$；(3) 从 $p(\boldsymbol{s}_i(2) \mid \boldsymbol{s}_i(1), \boldsymbol{a}_i(1))$ 采样 $\boldsymbol{s}_i(2)$；(4)从 $p(\boldsymbol{a}_i(2) \mid \boldsymbol{s}_i(2); \boldsymbol{\theta})$ 采样 $\boldsymbol{a}_i(2)$，从 $p(\boldsymbol{s}_i(3) \mid \boldsymbol{s}_i(2), \boldsymbol{a}_i(2))$ 采样 $\boldsymbol{s}_i(3)$。利用得到的回合 $\boldsymbol{x}_i$，通过确定性公式 $r(\boldsymbol{x}_i)$ 计算该回合的强化惩罚，该公式提供了关于月球着陆质量的反馈。随后，使用更新规则：

$$\boldsymbol{\theta}_{i+1} = \boldsymbol{\theta}_i - \gamma_i \boldsymbol{g}(\boldsymbol{x}_i; \boldsymbol{\theta}) \tag{1.61}$$

在学习过程中，每个观测回合后更新月球着陆器控制法则参数。重复该过程，得到下一个不重叠的回合。　△

练习

1.7-1. (非平稳统计环境实验)使用适应性学习机学习一个统计环境，然后逐渐改变统计环境特性，并评估学习机对变化的统计环境的跟随程度。

1.7-2. (基于监督学习的值函数强化学习)说明如何将值函数强化学习算法解释为监督学习算法。

1.7-3. (策略梯度强化学习月球着陆器实验)实现月球着陆器强化学习算法，研究系统性能如何随初始条件的变化而变化。

1.8 扩展阅读

机器学习环境

特征工程

关于特征工程方法的讨论可参见(Dong & Liu，2018；Zheng & Casari，2018)。其他有用的参考书包括(Géron，2019；Muller & Guido，2017；Raschka & Mirjalili，2019)。

非平稳环境

非平稳统计环境的一般分析需要用到更高等的数学工具，但只要掌握了本书所涉内容，读者就做好了在该领域进行更深入研究的准备。计量经济学文献中经常出现涉及复杂现象模型的非平稳统计环境，这为机器学习算法分析和设计提供了丰富的工具。White(1994)的开创性著作 *Estimation，Inference，and Specification Analysis* 专门论述了在所提出的概率模型可能存在不完善的情况下的估计和推理问题。另一个有用的高阶资源是 Davidson(2002)的书 *Stochastic Limit Theory*。

误导先验知识的后果

在工程应用中，引入先验知识约束是必不可少的，但是引入先验知识约束可能会导致学习机的环境概率模型错误。本书第 10 章介绍的经验风险最小化框架的独特之处在于，对泛化性能的分析明确地考虑了概率模型不完备的可能性。第 13～16 章将提供相关重要工具，可以使用(White，1982，1994；Golden，1995，2003；Golden et al.，2013，2016)等方法来检测模型误判存在与否，并在存在模型误判的情况下进行可靠性评估和推理。

经验风险最小化框架

在机器学习问题的背景下，关于经验风险最小化框架的早期讨论可以在文献(Nilsson，1965)的第 3 章和(Amari，1967)中找到。经验风险最小化也是 Vapnik 的统计学习理论(Vapnik，2000)的基础，该理论在机器学习理论中起着核心作用。

本书中提出的统一框架扩展了 Golden(1988a，1988b，1988c，1996a，1996b，1996c)和 White(1989a，1989b)论述的经验风险最小化框架，以支持机器学习算法的分析和设计。该框架与泛化性能分析相关的数学基础起源于 Huber(1967)。Huber(1967)描述了经验风险最小化参数估计量的渐近性，在数理统计文献(Serfling，1980)中，这种估计量称为 M 估计量。

第 13～16 章中设计的经验风险最小化框架的一个关键假设是，参数估计值收敛于预期经验风险函数的严格局部极小值。这种情况称为“局部唯一性假设”。正则化是确保局部唯一性条件成立的重要方法。早期文献(Hoerl & Kennard，1970)分析了 L_2 正则化与回归建模的相关性。文献(Tibshirani，1996)引入了 L_1 正则化来识别具有稀疏结构的模型。文献(Zou & Hastie，2005)讨论了一种组合 L_1 和 L_2 正则化的方法，以便取两种方法的优点。文献(Ramirez et al.，2014；Schmidt et al.，2007；Bagul，2017)讨论了 L_1 正则化的各种不同版本。文献(Watanabe，2010)开发了一个经验风险最小化框架版本，该框架为解决“局部唯一性假设”提供了更直接的方法。

基于理论的系统分析与设计

本书关于基于理论的系统分析与设计扩展了 Golden(1988a，1988b，1988c，1996a，

1996b，1996c)的论述，以及 Simon(1969)和 Marr(1982)的早期分析。

人工神经网络：1950～1980 年

自适应神经网络学习机在 20 世纪 60 年代开始流行(Widrow & Hoff，1960；Rosenblatt，1962；Amari，1967)。Rosenblatt(1962)分析了由理论分析和经验结果支持的多种多层感知机架构。Werbos(1974，1994)描述了如何使用梯度下降法训练由简单计算单元构成的多层学习机和递归学习机。此外，他强调了多层学习机学习算法与控制理论的重要联系(Bellman，1961)。Anderson 和 Rosenfeld(2000)在一系列访谈中采访了许多早期的机器学习先驱。

人工神经网络和机器学习：1980～2000 年

20 世纪 80 年代中期，David B. Parker(1985)、Yann LeCun(1985)和 Rumelhart 等人(1986)独立地探索了使用 sigmoid 隐单元基函数训练多层“深度学习”神经网络的方法。现代卷积神经网络的许多基本原理也是在此时出现的(Fukushima，1980；Fukushima & Miyake，1982)。20 世纪 90 年代初期，Rumelhart 等人(1996)对深度学习的基本理论进行了回顾。在书籍(Anderson & Rosenfeld，1998a，1998b)中可以找到关于人工神经网络建模和机器学习领域的重要论文，涵盖了从 19 世纪末到 20 世纪 80 年代的研究。

深度学习和机器学习：2000～2020 年

关于无监督机器学习算法和监督机器学习算法的综述可参阅(Duda et al.，2001；Bishop，2006；Murphy，2012；Hastie et al.，2001)。Goodfellow 等人(2016)对现代深度学习文献进行了概述，而 Schmidhuber(2015)则对近期相关技术进行了综述。监督学习在数理统计文献中称为非线性回归模型(Bates & Watts，2007)。

函数逼近方法

任意非线性函数都可看作简单基函数的加权和。例如，Fourier(1822)引入了傅里叶分析，将复杂的时变信号表示为余弦函数和正弦函数的加权和。McCulloch 和 Pitts(1943)为现代数字计算机的发展奠定了基础，表明可以将简单的类似神经元的计算单元(即“与”门、“或”门和“非”门)连接在一起实现任意逻辑功能。20 世纪 90 年代的多层感知机文献提出了一系列重要的基函数逼近定理(Cybenko，1989；Hornik et al.，1989；Hornik，1991；Leshno et al.，1993；Pinkus，1999)，证明了即使只有单层隐单元，如果隐单元的数量足够大，也可以逼近任意平滑非线性函数。

近期，文献(Guliyev & Ismailov，2018)表明，具有两层隐单元和有限数量参数的多层感知机网络能够逼近任意平滑多元函数。此外，该文献还讨论了仅具有单层隐单元的多层感知机无法实现这种函数逼近的情况。文献(Imaizumi & Fukumizu，2019)提出了关于具有单层、两层或多层隐单元的非平滑感知机的函数逼近能力的定理。

无监督学习机

文献(Bishop，2006；Murphy，2012；Hastie et al.，2001；Duda et al.，2001；Goodfellow et al.，2016)提供了关于无监督学习机的讨论。文献(Duda et al.，2001；Hastie et al.，2001)介绍了例 1.6.4 中讨论的簇内相异性分析方法。关于聚类算法的早期讨论可参阅文献

(Hartigan，1975)。文献(Duda & Hart，1973)描述了例 1.6.4 中讨论的通用聚类算法。关于潜在语义索引的论述可参阅文献(Landauer et al.，2014)。文献(Domingos & Lowd，2009；Getoor & Taskar，2007)介绍了马尔可夫逻辑网。

强化学习机

对强化学习感兴趣的学生可进一步阅读文献(Bertsekas & Tsitsiklis，1996；Sugiyama，2015；Sutton & Barto，2018；Wiering & van Otterlo，2012)。这里介绍的通用强化学习框架是文献(Baird & Moore，1999)中通用 VAP(Value And Policy，价值与策略)搜索框架的改进。文献(Williams，1992)最早将策略梯度法引入了机器学习。许多强化学习问题也出现在下述框架：确定性控制理论(Bellman，1961；Lewis et al.，2012)、最优控制理论(Bertsekas & Shreve，2004；Sutton & Barto，2018)和马尔可夫决策过程(Bellman，1961；Sutton & Barto，2018)。

CHAPTER2

第 2 章

概念建模的集合论

学习目标：

- 使用集合论表示概念和逻辑公式。
- 将有向图和无向图定义为集合。
- 将函数定义为集合间关系。
- 使用度量空间(metric space)来表示集合之间的概念相似性。

推理学习机应当能够表征其真实环境。所表征的数学模型应是对复杂现实的抽象。例如，考虑设计一个能够区分猫狗照片的学习机。为了实现这个目标，狗和猫的概念必须以某种方式在学习机中表示出来，但是狗和猫各物种内部的差别与两个物种之间的差别悬殊(见图 2.1)。当设计处理听觉输入信号的学习机时，也面临类似的挑战(见图 2.2)。

图 2.1 现实世界中猫和狗的不同图像示例。设计一个能够区分猫狗图像的学习机是一项相当困难的任务。这项任务看似简单，但事实上，这是一个极具挑战性的难题，因为确定一组必要且充分、有辨识度的可观察特征几乎是不可能的

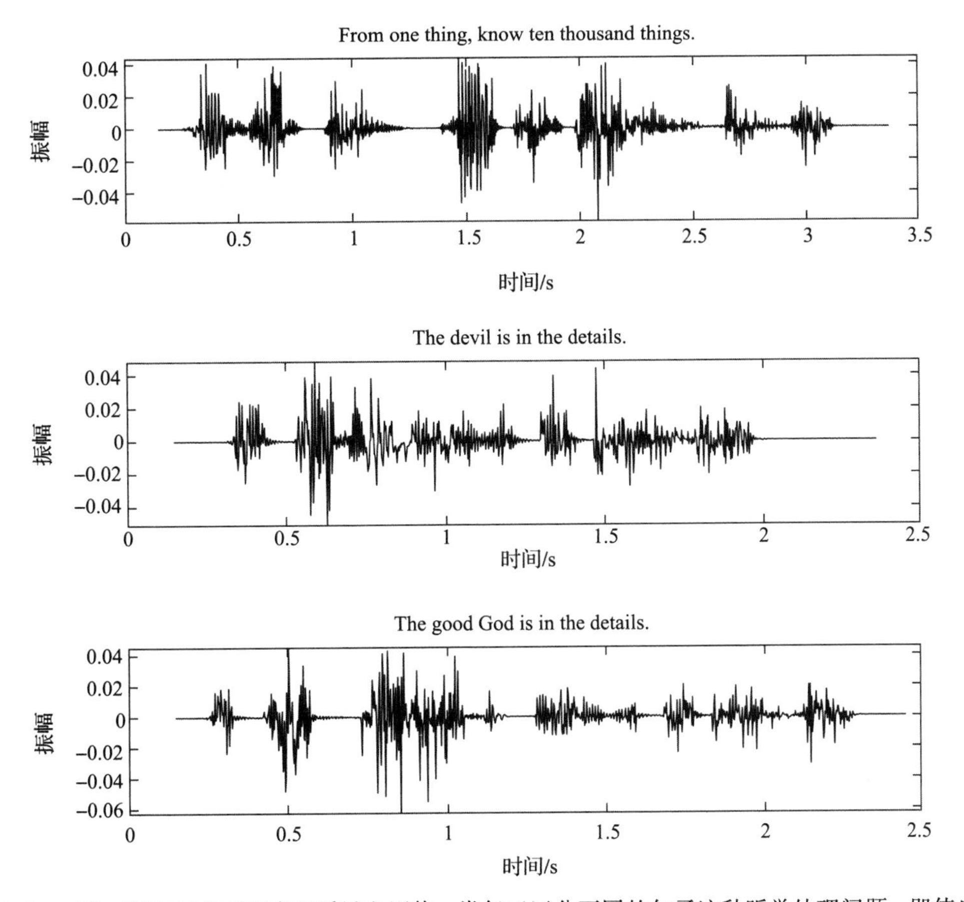

图 2.2 三种口语句子的时变声压诱导电压值。类似于区分不同的句子这种听觉处理问题，即使口语清晰，也是一项具有挑战性的任务。对于识别单个口语单词或句子，几乎不可能确定一组必要且充分的可观察特征。在这个例子中，三个英文句子是对着麦克风说的。麦克风是一种能将声压波转化为随时间变化的电压的转换器。即使这些句子是在低噪声环境中清晰地说出来的，也很难找出能够检测出特定单词和词序的一致统计性规律

定义一个 d 维的特征空间 Ω，使特征空间中的每个点都对应于一个图像信息的特征向量。设以猫狗概念分别构建 Ω 的两个不同子集 Ω_{dog} 和 Ω_{cat}。两幅图像之间的相似度被建模为 Ω 中两点间的距离。设 $\boldsymbol{x}$ 为特征空间中的一个点，如果 $\boldsymbol{x}\in\Omega_{\text{dog}}$，则 $\boldsymbol{x}$ 是分类为狗的实例；如果 $\boldsymbol{x}\in\Omega_{\text{cat}}$，那么 $\boldsymbol{x}$ 是分类为猫的实例。

因此，抽象概念的建模可使用集合论。基于集合论框架，可将概念 C 定义为 C 的一组实例的集合，集合组合与变换的方法对应不同的信息处理策略。在机器学习应用中，这种概念构造策略经常用于实值特征向量的构造。特征向量的元素可以是物理上可测量的量(例如，特定像素处的光强度)，也可以是抽象的量(例如，表示线段是否存在)，还可以是更抽象的表达(例如，开心或不开心的面部表情)。尽管如此，特征向量代表从时空上一组事件到有限维向量空间中一个点的映射。因此，在机器学习应用的特征数学模型发展过程中，集合论起着重要作用。

此外，集合论是所有数学的基础。数学定义也是集合等价论述。数学定理是指从特定假设中得出某一结论的断言。数学证明对应一系列的逻辑论证。定义、定理和证明都是基于逻辑论断的。逻辑论断又可以重新表述为集合论论述。

2.1 集合论与逻辑学

标准集合论的运算符可以用来对概念间的关系作出论断，也可以用来定义新的概念。设 A 和 B 为对象集，是概念世界 U 的子集，符号 $A\subseteq U$ 表示 A 是 U 的子集。符号 $A\subset U$ 表示 $A\subseteq U$ 且 $A\neq U$。如果 $A\subset U$，那么称 A 为 U 的真子集。补集运算符 \ 的含义如下：$A\setminus B$ 等价于 $A\cap\neg B$。

设 U 是概念世界，其元素是所有对象的集合。设 D 为所有狗的集合，C 为所有猫的集合，A 为所有动物的集合。那么，$D\cup C$ 表示定义了所有狗猫集合的新概念，$A\cap\neg D$ 表示不是狗的动物的集合，等价于 $A\setminus D$。

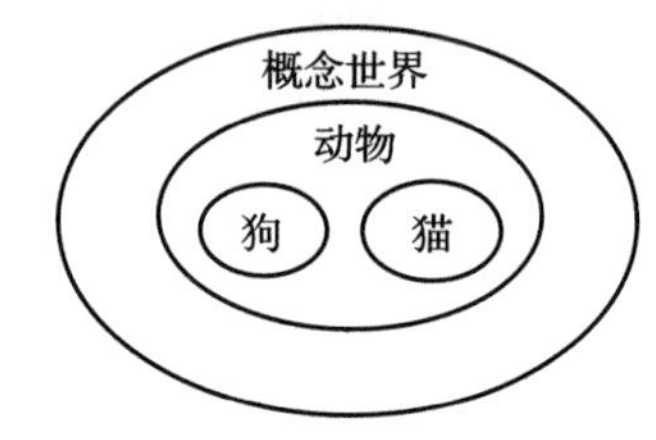

图 2.3 基于集合论表示逻辑论断

此外，集合论表达式可以直接解释为逻辑公式或命题(见图 2.3)。论断 $x\in D$(表示 x 是狗)可赋值为 TRUE 或 FALSE。论断 $x\in D$ OR $x\in C$(表示 x 是狗或猫)或等价的 $x\in D\cup C$ 也可赋值为 TRUE 或 FALSE。条件论断 IF $x\in D$ THEN $x\in A$ 或等价的 $D\subseteq A$ 也可赋值为 TRUE 或 FALSE。

需要注意的是，本书中“A 或 B 成立”包含以下三种情况：(1) A 成立；(2) B 成立；(3) A 和 B 都成立。

定义 2.1.1(自然数) $\mathbb{N}\equiv\{0,1,2,\cdots\}$表示自然数或非负整数，$\mathbb{N}^+\equiv\{1,2,3,\cdots\}$表示正整数集合。 □

定义 2.1.2(实数) $\mathcal{R}\equiv(-\infty,\infty)$表示实数集。 □

(a,b)表示大于 a 且小于 b 的实数子集。$(a,b]$表示大于 a 且小于或等于 b 的实数子集。

在许多情况下，加入两个分别表示接近 $-\infty$ 和 $+\infty$ 的实数序列极限符号可有效扩大实数范围。

定义 2.1.3(扩展实数) 扩展实数$[-\infty,+\infty]$定义为集合 $\mathcal{R}\cup\{-\infty\}\cup\{+\infty\}$。 □

对于 $-\infty$ 和 $+\infty$ 等符号的加法和乘法等运算，设定 $\alpha+\infty=\infty$，$\alpha-\infty=\infty$，其中 $\alpha\in\mathcal{R}$。通常也设定 ∞ 乘以零等于零。

定义 2.1.4(一一对应) 设 X 和 Y 为集合，如果 X 的每一个元素都能与 Y 的一个元素唯一匹配，且集合 Y 中不存在未配对的元素，则 X 和 Y 之间存在一一对应关系。 □

定义 2.1.5(有限集) 当集合 E 为下列集合之一时，称集合 E 为有限集。(i) E 是空集；(ii) 对于一些有限正整数 k，E 与$\{1,2,\cdots,k\}$之间存在一一对应关系。 □

定义 2.1.6(可数无限集) 如果 E 与 $\mathbb{N}$ 之间存在一一对应关系，则称 E 为可数无限集。 □

定义 2.1.7(不可数无限集) 如果 E 不是一个可数无限集，则称 E 为不可数无限集。 □

定义 2.1.8(可数集) 如果 E 是有限集或可数无限集，则称 E 为可数集。 □

定义 2.1.9(幂集) E 的幂集是 E 的所有子集的集合。 □

定义 2.1.10(不相交集) 如果 $E\cap F=\emptyset$，则称集合 E 和 F 是不相交的。如果$\{E_1, E_2,\cdots\}$的两两元素都是不相交的，则称该集合为不相交集。 □

定义 2.1.11(划分) 设 S 为集合。S 的划分(partition)是 S 的非空互不相交子集的集合

G，且 G 中所有元素的并集等于 S。如果 G 的元素个数是正整数，那么称 G 为 S 的有限划分。 □

定义 2.1.12(笛卡儿积)　设 E 与 F 是集合，集合 $\{(x,y):x\in E,y\in F\}$ 称为 E 和 F 的笛卡儿积，用 $E\times F$ 表示。 □

$\mathcal{R}^d\equiv\times_{i=1}^{d}\mathcal{R}$ 表示 d 维实向量集，其中 d 是有限正整数。$\{0,1\}^d$ 表示所有可能的 2^d 个 d 维二进制向量集，向量元素为 0 或 1。注意，$\{0,1\}^d\subset\mathcal{R}^d$。

练习

2.1-1. 设 C 为猫的集合，D 为狗的集合，A 为动物的集合，B 是比高尔夫球大的物体的集合。用集合论符号来表达如下逻辑论断：

如果 X 是猫或狗，那么 X 就是比高尔夫球大的动物。

2.1-2. 证明一个带区号的电话号码——如(214)909-1234——可以表示为集合 $S\times N^3\times S\times N^3\times S\times N^4$ 中的一个元素，其中 $S\equiv\{(,),-\}$，$N\equiv\{0,1,2,\cdots,9\}$。

2.1-3. 定义 $A=\{1,2,3\}$，$B=\{4,5\}$。A 和 B 是否为有限集，A 和 B 是否为可数无限集，A 和 B 是否为可数集，A 和 B 是否为不相交集，$\{A,B\}$ 是否为 $A\cup B$ 的有限划分？

2.1-4. 集合 $\{0,1\}^d$ 是否为可数集？集合 $(0,1)$ 是否为可数集？

2.1-5. $\mathcal{R}$ 是否为可数集？

2.2 关系

一种广泛使用的知识表示方法是“语义网络”(见图 2.4)。语义网络由一个节点集合和连接节点的弧线集合组成。从第 j 个节点到第 i 个节点的连接弧线代表节点 j 与节点 i 的语义关系 R。不同的语义关系对应不同的语义网络。本节给出了表示这类知识结构的数学形式。

2.2.1 关系类型

定义 2.2.1(关系)　设 X 和 Y 是集合。关系 R 是 $X\times Y$ 的一个子集。如果 R 是 $X\times X$ 的子集，则称 R 为 X 的关系。 □

定义 2.2.2(自反关系)　集合 S 的自反关系 R 具有如下属性：对于所有的 $x\in S$，$(x,x)\in R$。 □

设 $S\equiv\{1,2,3\}$。S 的关系 $R=\{(1,2),(2,3),(1,1)\}$ 不是自反关系，但 S 的关系 $R=\{(1,2),(2,3),(1,1),(2,2),(3,3)\}$ 是自反关系。

定义 2.2.3(对称关系)　集合 S 的对称关系 R 具有如下属性：对于所有的 $(x,y)\in\mathcal{R}$，当且仅当 $(y,x)\in R$ 时，$(x,y)\in R$。 □

设 $S\equiv\{1,2,3\}$。S 的关系 $R=\{(1,2),(2,3),(1,1)\}$ 不是对称关系，但 S 的关系 $R=\{(1,2),(2,3),(1,1),(3,2),(2,1)\}$ 是对称关系。

定义 2.2.4(传递关系)　集合 S 的传递关系 R 具有如下属性：对于所有 $(x,y)\in\mathcal{R}$，如果 $(x,y)\in R$ 且 $(y,z)\in R$，则 $(x,z)\in R$。 □

设 $S\equiv\{1,2,3\}$。S 的关系 $R=\{(1,2),(2,3)\}$ 不是传递关系，但 S 的关系 $R=\{(1,2),(2,3),(1,3)\}$ 是传递关系。

定义 2.2.5(等价关系)　集合 S 的自反、对称和传递关系 R 称为 S 的等价关系，如果 R 是一个等价关系，那么集合 $\{y:(x,y)\in R\}$ 称为 x 相对于等价关系 R 的等价类。 □

符号≡表示等价关系。式 $A \equiv B$ 通常在如下情况使用：等式左边的 A 没有定义，而等式右边的 B 已有定义。换句话说，式 $A \equiv B$ 表示 A 由 B 等价定义。在形式化定义的表述中，可使用该命题的其他版本，即称 A 为 B 或 A 是 B。

定义 2.2.6(完备关系)　集合 S 的完备关系 R 具有如下属性：对于所有 $x,y \in S$，有 $(x,y) \in R$；$(y,x) \in R$；$(x,y) \in R$ 且 $(y,x) \in R$。 □

注意，每一个完备关系都是自反关系，即如果 R 是 S 的完备关系，那么当两个元素 $x, y \in S$ 相同(即 $x=y$)时，$(x,x) \in R$。

还需要注意的是，设 $S \equiv \{1,2,3\}$ 和关系 $R \equiv \{(1,2),(2,3),(1,1),(2,2),(3,3)\}$，那么 R 不是 S 的完备关系，因为(1,3)或(3,1)不是 R 的元素，而 $Q \equiv \{(1,2),(3,1),(2,3),(1,1),(2,2),(3,3)\}$ 是 $\{1,2,3\}$ 的完备关系。

“小于或等于”运算符≤是实数的完备关系，因为对于给定任意两个实数 $x,y \in \mathcal{R}$，有 $x \leqslant y$、$y \leqslant x$ 或 $x=y$，而“小于”运算符<不是实数的完备关系。为了证明这一点，将<定义为关系 $R \equiv \{(x,y) \in \mathcal{R}^2 : x<y\}$，集合 R 不是完备关系，因为当 $x=y$ 时，它不包含有序对 (x,y)。

定义 2.2.7(反对称关系)　集合 S 的反对称关系 R 具有如下属性：对于所有 $(x,y) \in R$，如果 $(x,y) \in R$ 且 $x \neq y$，则 $(y,x) \notin R$。 □

例如，如果 $S \equiv \{1,2,3\}$，那么 $R \equiv \{(1,2),(2,3),(1,1)\}$ 是反对称关系，但 $R \equiv \{(1,2),(2,1),(2,3),(1,1)\}$ 不是 $\{1,2,3\}$ 的反对称关系。

定义 2.2.8(偏序关系)　如果 S 的关系 R 是自反、传递和反对称关系，则称 R 为 S 的偏序关系。 □

2.2.2　有向图

定义 2.2.9(有向图)　设 $\mathcal{V}$ 是一个有限对象集，$\mathcal{E}$ 是 $\mathcal{V}$ 的一个关系，有向图 $\mathcal{G}$ 为有序对 $(\mathcal{V},\mathcal{E})$，其中 $\mathcal{V}$ 中元素称为顶点，$\mathcal{E}$ 中元素称为有向边。 □

术语“节点”(node)也经常用来代表有向图中的顶点(vertex)。关系 R 中的有向边 (A,B) 可以通过一个箭头来表示，这个箭头启自顶点 A，指向顶点 B。图 2.4 展示了不同类型的有向图。

需要注意的是，S 的每一个关系 R 都可以表示为一个有向图 $\mathcal{G} \equiv (S,R)$。每个完备关系均对应相应的有向图 $\mathcal{G}$，其中 $\mathcal{G}$ 上的任何一对节点间都存在一条有向边。

最后，设 $\mathcal{G} \equiv (\mathcal{V},\mathcal{E})$ 为有向图，$v_1, v_2, \cdots$ 为 $\mathcal{V}$ 的有序元素。如果 $(v_{k-1}, v_k) \in \mathcal{E}(k=2,3,4,\cdots)$，则称 $v_1, v_2, \cdots$ 为图 $\mathcal{G}$ 的路径。换句话说，遍历图时必须遵循图中有向边所指定的方向。

定义 2.2.10(父节点)　设 $\mathcal{G} \equiv (\mathcal{V},\mathcal{E})$ 是一个有向图，如果边 $(v_j, v_k) \in \mathcal{E}$，则称 v_j 为 v_k 的父节点，v_k 为 v_j 的子节点。 □

定义 2.2.11(自环)　设 $\mathcal{G} \equiv (\mathcal{V},\mathcal{E})$ 是一个有向图，则 $\mathcal{G}$ 的边 $(v,v) \in \mathcal{E}$ 是自环，其中 $v \in \mathcal{V}$。 □

因此，自环是图上将节点与其自身连接起来的一条边。

定义 2.2.12(有向无环图)　设 $\mathcal{V} \equiv [v_1, v_2, \cdots, v_d]$ 是对象的有序集合，$\mathcal{G} \equiv (\mathcal{V},\mathcal{E})$ 是一个有向图。假设存在一个有序的整数序列 $m_1, \cdots, m_d$，对于所有 $j,k \in \{1,\cdots,d\}$，如果 $(v_{m_j}, v_{m_k}) \in \mathcal{E}$，那么 $m_j < m_k$，图 $\mathcal{G}$ 称为有向无环图(Directed Acyclic Graph，DAG)。如果对于所

有 $j,k=1,\cdots,d$，当且仅当 $j<k$ 时 $(v_j,v_k)\in\mathcal{E}$，则图 $\mathcal{G}$ 称为拓扑有序 DAG。□

假设存在一条通过 DAG$(\mathcal{V},\mathcal{E})$ 的路径，它有如下属性：在顶点 $v\in\mathcal{V}$ 处开始的路径最终返回到 v，且只允许按照图的箭头方向进行遍历。这样的路径称为 DAG 的有向循环。自环是有向循环的一种特殊情况。如果没有有向循环，则有向图就是一个有向无环图。

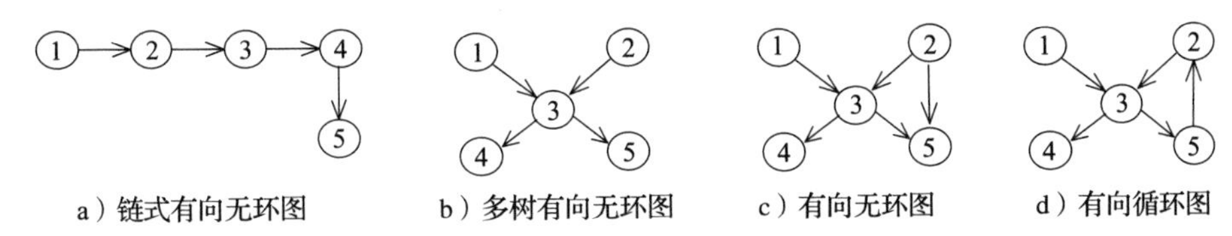

图 2.4　有向图的不同类型示例。图中唯一不同于有向无环图的是位于右下方的有向循环图

2.2.3　无向图

定义 2.2.13（无向图）　设 $\mathcal{G}\equiv(\mathcal{V},\mathcal{E})$ 是一个有向图，且 $\mathcal{G}$ 不包含自环，$\mathcal{E}$ 是一个对称关系，$\bar{\mathcal{E}}$ 是无序对集合，对于 $\mathcal{E}$ 中的每一个 (u,v)，有 $\{u,v\}\in\bar{\mathcal{E}}$，则称 $(\mathcal{V},\bar{\mathcal{E}})$ 是一个无向图，其中 $\mathcal{V}$ 是顶点集合，$\bar{\mathcal{E}}$ 是无向边集合。□

定义 2.2.14（近邻顶点）　设 $\mathcal{V}\equiv\{v_1,\cdots,v_d\}$ 为对象集，$\mathcal{G}\equiv(\mathcal{V},\mathcal{E})$ 是一个无向图。对于每条边 $(v_j,v_k)\in\mathcal{E}$，顶点 v_j 是顶点 v_k 的近邻顶点，顶点 v_k 是顶点 v_j 的近邻顶点。□

定义 2.2.15（团）　如果 $\mathcal{V}$ 的子集 $\mathcal{C}$ 只包含 $\mathcal{V}$ 的一个元素，或者对于每一个 $x\in\mathcal{C}$，$\mathcal{C}$ 中所有剩余的元素都是 x 的近邻节点，则称 $\mathcal{C}$ 为无向图 $\mathcal{G}\equiv(\mathcal{V},\mathcal{E})$ 的一个团(clique)。若 $\mathcal{G}$ 的一个团不是 $\mathcal{G}$ 的其他团的子集，则称其为最大团。□

需要注意的是，团的每一个非空子集也是一个团。因此，最大团的所有非空子集都是团。

对于一组节点，当且仅当 $\{A,B\}$ 是图的一条无向边，用无箭头的线连接节点 A 和节点 B，最终形成的即为无向图。图 2.5 展示了如何绘制无向图及其团。

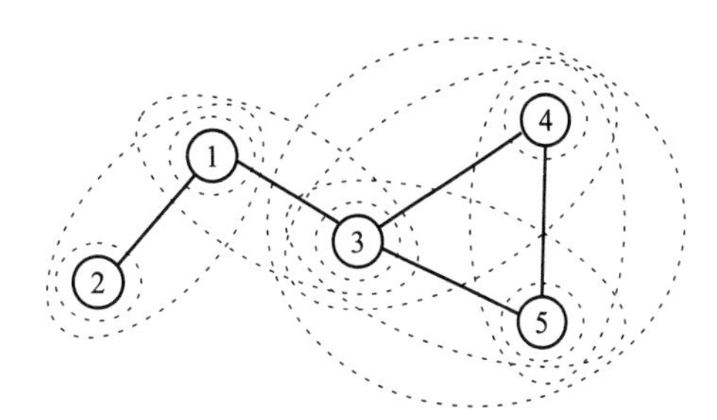

图 2.5　无向图示例。该图显示的是一个无向图 $(\mathcal{V},\mathcal{E})$，其中 $\mathcal{V}\equiv\{1,2,3,4,5\}$，$\mathcal{E}\equiv\{\{1,2\},\{1,3\},\{3,4\},\{3,5\},\{4,5\}\}$。此外，图中的 11 个团由虚线圈出，标识了特定节点组。此图有三个最大团 $\{1,2\}$、$\{1,3\}$ 和 $\{3,4,5\}$

定义 2.2.16（全连通图）　设 $\mathcal{G}=(\mathcal{V},\mathcal{E})$ 为一个无向图，其中 $\mathcal{E}$ 包含了所有可能的无向边，那么，称 $\mathcal{G}$ 为全连通图。□

练习

2.2-1. 设 $S\equiv\{1,2,3,4,5\}$，$R\equiv\{(1,2),(2,4),(3,5)\}$。请判断 R 是否为 S 的自反、对称、传递、等价、反对称、偏序关系，绘制关系 R 的有向图。

2.2-2. 设 $S\equiv\{A,B,C\}$，$R\equiv\{(A,B),(B,A),(C,A)\}$。请判断 R 是否为 S 的对称、自反、完备、传递、等价、反对称、偏序关系，绘制关系 R 的有向图。

2.2-3. 设 $\mathcal{V}\equiv\{1,2,3,4\}$，$\mathcal{E}\equiv\{(1,2),(2,3),(3,4),(3,5)\}$。令 $\mathcal{G}\equiv(\mathcal{V},\mathcal{E})$，证明 $\mathcal{G}$ 是一个有向无环图并绘制 $\mathcal{G}$。

2.2-4. 设 $\mathcal{V}\equiv\{1,2,3,4\}$，$\mathcal{E}\equiv\{(1,2),(2,3),(2,1),(3,2)\}$。令 $\mathcal{G}\equiv(\mathcal{V},\mathcal{E})$，证明 $\mathcal{G}$ 是无向图的有向图形式。请绘制该无向图并找出 $\mathcal{G}$ 的所有团和所有最大团。

2.2-5. 设 v_1、v_2、v_3 和 v_4 为论断集合。例如，v_1 表示"每只狗都是动物"的论断，v_2 表示"每个动物都有一个神经系统"的论断，v_3 表示"每个整数都是实数"的论断，v_4 表示"每只狗都有神经系统"的论断。$\mathcal{V}\equiv\{v_1,v_2,v_3,v_4\}$ 的一个蕴含语义关系说明，v_1 与 v_2 成立说明 v_4 成立。将蕴含语义关系定义为一个集合，然后将其绘制为有向图。

2.3　函数

推理学习机的计算可作为将输入模式转换为输出模式的"函数"。本节将正式讨论"函数"这一基本概念。

定义 2.3.1(函数)　设 X 和 Y 为集合，对于任意 $x\in X$，函数 $f:X\to Y$ 指定了 Y 中的唯一元素——由 $f(x)$ 表示。集合 X 称为 f 的定义域，集合 Y 称为 f 的值域。 □

在很多情况下，分析函数的集合更有效。符号

$$\{(f_t:D\to R)\mid t=1,2,3,\cdots,k\}\text{或}\{(f_t:D\to R):t=1,2,3,\cdots,k\}$$

指定了 k 个具有相同定义域 D 和值域 R 的不同函数 $f_1,\cdots,f_k$。

函数还可以用于指定集合上的约束。例如，符号 $\{x\in G:f(x)=0\}$ 或 $\{x\in G\mid f(x)=0\}$ 表示由 G 的元素组成的集合，并且对于集合 G 中的每个元素 x，都有 $f(x)=0$。

定义 2.3.2(原象)　设 $f:X\to Y$，S_Y 为 Y 的子集。集合

$$S_X\equiv\{x\in X:f(x)\in Y\}$$

称为 f 下 S_Y 对应的原象。 □

例 2.3.1(原象计算示例)　设 $\mathcal{S}:\mathcal{R}\to\mathcal{R}$ 的定义如下：对于所有 $x\in\mathcal{R}$，若 $x>1$，则 $\mathcal{S}(x)=1$；若 $|x|\leqslant 1$，则 $\mathcal{S}(x)=x$；若 $x<-1$，则 $\mathcal{S}(x)=-1$。那么 $\mathcal{S}$ 下 $\{y\in\mathcal{R}:y=-1\}$ 的原象为集合 $\{x:x\leqslant -1\}$。 △

图 2.6 展示了某一函数下集合的原象。

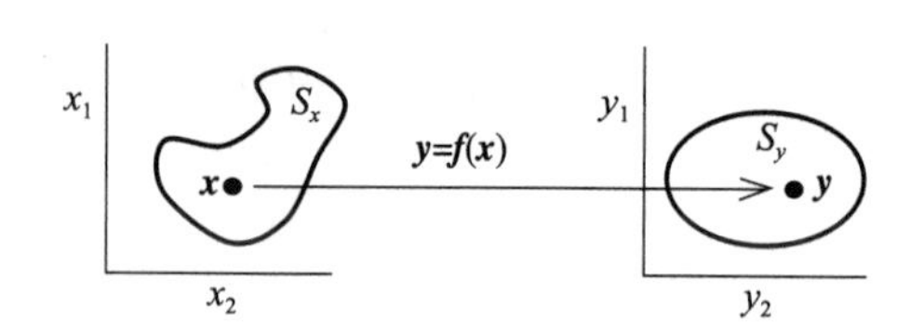

图 2.6　函数 $\boldsymbol{f}$ 下集合 S_y 的原象。在本例中，向量值函数 $\boldsymbol{f}$ 确定了从 $\boldsymbol{f}$ 定义域的点 $\boldsymbol{x}=[x_1,x_2]$ 到 $\boldsymbol{f}$ 值域的点 $\boldsymbol{y}=[y_1,y_2]$ 的映射。设 S_x 是 $\boldsymbol{f}$ 定义域的某子集，S_y 是 $\boldsymbol{f}$ 值域点的集合，对所有 $\boldsymbol{x}\in S_x$，有 $\boldsymbol{f}(\boldsymbol{x})\in S_y$，称 S_x 为 S_y 在 $\boldsymbol{f}$ 下的原象

定义 2.3.3(函数的限制和扩张)　设 $f:D\to R$，定义一个新函数 $f_d:d\to R$，使得对所有 $x\in d$，有 $f_d(x)=f(x)$，则称函数 f_d 为定义域 d 受限(d 是 f 定义域 D 的子集)的函数，称函数 f 为 f_d 从定义域 d 到 d 的超集 D 的扩张函数。 □

定义 2.3.4(明确隶属度函数)　设 Ω 为对象集，$S\subseteq\Omega$。如果当 $x\in S$ 时，$\phi_S(x)=1$，当 $x\notin S$ 时，$\phi_S(x)=0$，则称函数 $\phi_S:\Omega\to\{0,1\}$ 为明确隶属度函数。 □

由于明确隶属度函数的概念被广泛使用，因此定义 2.3.4 中明确隶属度函数的常用术语是"隶属度函数"。术语"明确集"仅表示由隶属度函数指定集合的标准定义。

定义 2.3.5(模糊隶属度函数) 设 Ω 为对象集，模糊集为有序对(S,ϕ_S)，其中 $S\subseteq\Omega$，称 $\phi_S:\Omega\to[0,1]$为 S 的模糊隶属度函数。如果对 $\boldsymbol{x}\in\Omega$，$\phi_S(\boldsymbol{x})=1$，则 $\boldsymbol{x}$ 完全包含于 S；如果对 $\boldsymbol{x}\in\Omega$，$\phi_S(\boldsymbol{x})=0$，则 $\boldsymbol{x}$ 不包含于 S；如果对 $\boldsymbol{x}\in\Omega$，$0<\phi_S(\boldsymbol{x})<1$，则 $\boldsymbol{x}$ 部分包含于 S，隶属度为 $\phi_S(\boldsymbol{x})$。 □

需要注意的是，明确隶属度函数只是表示了该对象是否为集合元素。在模糊集理论中，允许模糊隶属度函数取值在 0 和 1 之间，以说明元素隶属程度的不同。

定义 2.3.6(有界函数) 设 $\Omega\subseteq\mathcal{R}^d$，如果存在一个有理实数 K，使得对于任意 $\boldsymbol{x}\in\Omega$，都有$|f(\boldsymbol{x})|\leqslant K$，则称函数 $f:\Omega\to\mathcal{R}$ 在 Ω 上有界。 □

如果向量值函数 $\boldsymbol{f}:\mathcal{R}^d\to\mathcal{R}^c$ 在 Ω 上是有界的，则要求 $\boldsymbol{f}$ 的所有元素均为有界函数，其中 $\Omega\subseteq\mathcal{R}^d$。

定义 2.3.7(函数下界) 设 $\Omega\subseteq\mathcal{R}^d$，$f:\Omega\to\mathcal{R}$，假设存在一个实数 K，使得对所有 $\boldsymbol{x}\in\Omega$，均有 $f(\boldsymbol{x})\geqslant K$，则称实数 K 是 f 在 Ω 上的下界。 □

定义 2.3.8(非负函数) 对于函数 $f:\Omega\to\mathcal{R}$，如果对于所有 $\boldsymbol{x}\in\Omega$，都有 $f(\boldsymbol{x})\geqslant 0$ 则称该函数为非负函数。 □

定义 2.3.9(严格正函数) 对于函数 $f:\Omega\to\mathcal{R}$，如果对于所有 $\boldsymbol{x}\in\Omega$，都有 $f(\boldsymbol{x})>0$，则称该函数为严格正函数。 □

练习

2.3-1. 设函数 f 有两个参数，第一个参数是由 0 和 1 组成的 d 维二进制向量，第二个参数是 d 维实向量。假设函数 f 返回的值是 1 和 −1。它的符号表示如下：

$$f:A\times B\to C$$

请标明 A、B 和 C。

2.3-2. 设 $f:\mathcal{R}\times\mathcal{R}\to\mathcal{R}$。定义 $g:\mathcal{R}\to\mathcal{R}$，使得对于所有 $x,y\in\mathcal{R}$，有 $g(y)=f(x,y)$。现在，如果对于 $y\in\mathcal{R}$ 和部分 $x\in\mathcal{R}$，f 的形式为 $f(x,y)=10x+\exp(y)$，那么请标明 g 形式。

2.3-3. 定义 $V:\mathcal{R}^q\to\mathcal{R}$，使得对于所有 $\theta\in\mathcal{R}^q$，有 $V(\boldsymbol{\theta})=(y-\boldsymbol{\theta}^{\mathrm{T}}\boldsymbol{s})^2$，其中常数 $y\in\mathcal{R}$，常数向量 $\boldsymbol{s}\in\mathcal{R}^q$，请说明 V 是否为$\{\boldsymbol{\theta}:|\boldsymbol{\theta}|^2<1000\}$上的有界函数，在 $\mathcal{R}^q$ 及上的有界函数，V 是否是$\{\boldsymbol{\theta}:|\boldsymbol{\theta}|^2<1000\}$上是否有下界，是否为非负函数。

2.3-4. 写出指数函数 exp 下$\{y:y<1\}$的原象。

2.4 度量空间

设定一个模式集合，每个模式对应一个 d 维数字向量，则称该模式集合为“向量空间”。例如，在图像处理应用中，一幅图像可能由 1000 行和 1000 列像素组成，其中像素的灰度值为实数。数字图像可以表示为 d 维实向量空间中的一个点，其中 $d=1000^2=1\,000\,000$。在这样的 d 维实向量空间中，附近点的子集相当于与当前图像相似的图像集。

如前所述，信息模式和知识模式可表示为数字列表或“向量”，而向量又通常是根据向量空间来定义的。向量空间不仅包括向量的集合，而且还包括用于度量向量空间中两点间距离的距离测度。向量空间是更一般概念——度量空间(metric space)的特殊形式。

定义 2.4.1(度量空间) 设有集合 E 和 $\rho:E\times E\to[0,\infty)$，集合 E 中的每个元素都是

一个点。假定对于 $x,y,z\in E$：(i) 当且仅当 $x=y$，$\rho(x,y)=0$；(ii) $\rho(x,y)=\rho(y,x)$；(iii) $\rho(x,z)\leqslant\rho(x,y)+\rho(y,z)$，则称 ρ 为度量空间 (E,ρ) 的距离函数。□

当不存在歧义时，符合上述条件的距离函数用 ρ 表示，符号 E 表示度量空间 (E,ρ)。此外，术语“度量空间的子集”指 E 的子集，其中 (E,ρ) 为某个度量空间。

一种重要的度量空间为欧氏向量度量空间 $(\mathcal{R}^d,\rho)$，其中欧氏向量距离函数为 $\rho:\mathcal{R}^d\times\mathcal{R}^d\rightarrow[0,\infty)$，使得：

$$\rho(\boldsymbol{x},\boldsymbol{y})=|\boldsymbol{x}-\boldsymbol{y}|=\left(\sum_{i=1}^{d}(x_i-y_i)^2\right)^{1/2}$$

其中，$\boldsymbol{x},\boldsymbol{y}\in\mathcal{R}^d$。鉴于度量空间 $(\mathcal{R}^d,\rho)$ 的距离函数 ρ 没有明确定义，通常假设 ρ 为欧氏向量距离函数，因此 $(\mathcal{R}^d,\rho)$ 为欧氏向量度量空间（简称“欧氏度量空间”）。

另一个重要的度量空间是汉明空间 $(\{0,1\}^d,\rho)$，其中汉明距离函数为 $\rho:\{0,1\}^d\times\{0,1\}^d\rightarrow\{0,\cdots,d\}$，使得对于 $\boldsymbol{x}=[x_1,\cdots,x_d]\in\{0,1\}^d$，$\boldsymbol{y}=[y_1,\cdots,y_d]\in\{0,1\}^d$，有：

$$\rho(\boldsymbol{x},\boldsymbol{y})=\sum_{i=1}^{d}|x_i-y_i|$$

也就是说，汉明距离函数统计了向量 $\boldsymbol{x}$ 和 $\boldsymbol{y}$ 中的非共有二进制元素的数量。

为推理学习机构建合适的度量空间是机器学习领域最重要的课题之一。假设学习机观察到一个环境事件 $\boldsymbol{x}\in\Omega$，其中 Ω 是一个 d 维欧氏度量空间。设 $\boldsymbol{\phi}:\Omega\rightarrow\Gamma$，其中 $\Gamma\subseteq\mathcal{R}^m$，使用函数 $\boldsymbol{\phi}$ 可构造一个新的 m 维欧氏度量空间 Γ，使得 Γ 中的每个特征向量 $\boldsymbol{y}=\boldsymbol{\phi}(\boldsymbol{x})$ 都是通过特征向量 $\boldsymbol{x}\in\Omega$ 的重编码得到的。

函数 $\boldsymbol{\phi}$ 可称为预处理变换、特征映射或重编码变换。

定义 2.4.2（球）　设 (E,ρ) 是一个度量空间，$x_0\in E$，r 为有限正实数，则称集合 $\{x\in E:\rho(x_0,x)<r\}$ 为以 x_0 为中心、r 为半径的开球，集合 $\{x\in E:\rho(x_0,x)\leqslant r\}$ 为以 x_0 为中心、r 为半径的闭球。□

需要注意的是，在欧氏度量空间中，以零为中心、δ 为半径的开球定义方式为 $\{x:-\delta<x<+\delta\}$。

然而，在欧氏度量空间 $[0,1]$ 中，以零为中心、δ 为半径的开球定义方式为 $\{x:0\leqslant x<+\delta\}$。

在度量空间中，以某点 $\boldsymbol{x}$ 为中心、r 为半径的开球称为点 $\boldsymbol{x}$ 的邻域，邻域的大小用半径 r 表示。

定义 2.4.3（开集）　对于任一 $\boldsymbol{x}\in\Omega$，Ω 均包含了若干以 $\boldsymbol{x}$ 为中心的开球，则称度量空间的子集 Ω 是开集。□

例如，集合 $(0,1)$ 是 $\mathcal{R}$ 的一个开集，$\mathcal{R}^d$ 是 $\mathcal{R}^d$ 的一个开集。然而，集合 $[0,1)$ 不是 $\mathcal{R}$ 的开集，因为不能构造一个以 0 为中心且仅包含 $[0,1)$ 元素的开球。空集也是 $\mathcal{R}$ 的一个开集。

同理，集合 $[0,1]$ 也不是 $\mathcal{R}$ 的一个开集，因为以 0 或 1 为中心的开球所包含的元素有些虽然在 $[0,1]$ 中，但也有些在 $\mathcal{R}$ 和 $[0,1]$ 的补集的交集中。但是，集合 $[0,1]$ 是度量空间 $[0,1]$ 的一个开集！需要注意的是，对于 $[0,1]$ 中的每一个 x_0，集合 $\{x\in[0,1]:|x-x_0|<\delta\}$ 是 $[0,1]$ 的子集，其中 δ 为正数。

定义 2.4.4（闭集）　如果 E 中不属于 Ω 的点所组成的集合是一个开集，那么度量空间 (E,ρ) 的子集 Ω 是一个闭集。□

集合 $[0,1]$ 是 $\mathcal{R}$ 的一个闭集。同时，$\mathcal{R}^d$ 是 $\mathcal{R}^d$ 的闭集。需要注意的是，有些集合既不是开集，也不是闭集，例如集合 $[0,1)$ 不是 $\mathcal{R}$ 的开集，也不是 $\mathcal{R}$ 的闭集。类似地，也有很多集合既是闭集也是开集，例如 $\mathcal{R}^d$。此外，$\mathcal{R}^d$ 的每一个有限点集都是一个闭集。闭球是闭集，但开球不是闭集。

定义 2.4.5(集合闭包)　设 Ω 是度量空间 (E,ρ) 的子集，那么 Ω 的闭包 $\overline{\Omega}$ 是 E 中包含 Ω 的唯一最小闭集。 □

另外，当且仅当 $\Omega=\overline{\Omega}$ 时，Ω 是 E 的闭集。因此，如果 $\Omega=[0,1)$，那么 Ω 在 $\mathcal{R}$ 中的闭包 $\overline{\Omega}=[0,1]$。

定义 2.4.6(集合边界)　设 Ω 是度量空间的子集，那么 Ω 的边界是 Ω 的闭包和 Ω 补集的闭包的交集。 □

因此，集合 $[0,3)$ 的边界是 $\{0,3\}$。从几何意义上讲，$\mathcal{R}^d$ 中的闭集是一个包含其边界的集合。

定义 2.4.7(集合内)　设 $\Omega\subseteq\mathcal{R}^d$，$\boldsymbol{x}\in\Omega$。如果存在以 $\boldsymbol{x}$ 为中心的开球 B，使得 $B\subset\Omega$，则 $\boldsymbol{x}$ 在 Ω 内。 □

定义符号 int，使得 $\mathrm{int}\,\Omega$ 表示 Ω 内点集。

定义 2.4.8(有界集)　如果度量空间中的一个集合 Ω 包含在一个开球或闭球中，那么 Ω 是一个有界集。 □

集合 $\{x:|x|<1\}$ 是有界集合，实数集不是有界集合，闭球是有界的，开球也是有界的。

定义 2.4.9(连通集)　如果度量空间中集合 Ω 可表示为两个非空不相交集合 Ω_1 和 Ω_2（满足 $\overline{\Omega}_1\cap\Omega_2=\varnothing$ 且 $\Omega_1\cap\overline{\Omega}_2=\varnothing$）的并集，则 Ω 称为不连通集。如果集合 Ω 并非不连通集，则为连通集。 □

设 $A\equiv[0,1]$，$B\equiv(1,2]$，$C=[100]$，那么集合 A、B、C 均为连通集。集合 $A\cup B$、$A\cup C$、$B\cup C$ 均为不连通集。集合 $\mathbb{N}$ 是不连通集。集合 $\mathcal{R}^d$ 是连通集。

定义 2.4.10(超矩形)　我们称集合 $\{\boldsymbol{x}=[x_1,\cdots,x_d]\in\mathcal{R}^d:-\infty<v_i<x_i<m_i<\infty,\ i=1,\cdots,d\}$ 为开超矩形。开超矩形的闭包称为闭超矩形。开超矩形或闭超矩形的体积都是 $\prod_{i=1}^{d}(m_i-v_i)$。 □

定义 2.4.11(下界和上界)　设 $\Omega\subseteq\mathcal{R}$，若存在一个有限实数 K，使得对于所有 $x\in\Omega$，有 $x\geqslant K(x\leqslant K)$，则称实数 K 是集合 Ω 的下(上)界。 □

符号 $a=\inf S$ 表示 a 是集合 S 的最大下界。例如，若 S 有一个最小的元素，那么 $a=\inf S$ 是其最小元素。如果 $S\equiv\{1,1/2,1/4,1/8,1/16,\cdots\}$，则 $\inf S=0$，但很明显，0 不是 S 的元素。

符号 $a=\sup S$ 表示 a 是集合 S 的最小上界。例如，如果 S 有一个最大元素，那么 $a=\sup S$ 是 S 的最大元素。

定义 2.4.12(集合距离)　设 (E,ρ) 是度量空间，$\boldsymbol{x}\in E$，Q 为 E 的幂集，Γ 为 E 的非空子集。定义点 $\boldsymbol{x}\in E$ 到集合 Γ 的距离 $d:E\times Q\rightarrow[0,\infty)$，使得

$$d(\boldsymbol{x},\Gamma)=\inf\{\rho(\boldsymbol{x},\boldsymbol{y})\in[0,\infty):\boldsymbol{y}\in\Gamma\} \tag{2.1}$$

□

简写符号后，得到

$$d(\boldsymbol{x},\Gamma)\equiv\inf_{y\in\Gamma}\rho(\boldsymbol{x},\boldsymbol{y})$$

通俗地说，在度量空间中，点 $\boldsymbol{x}$ 到集合 Γ 的距离是由度量空间距离函数计算的 $\boldsymbol{x}$ 到 Γ 中最近

点的距离。

定义 2.4.13(集合邻域)　设(E,ρ)是度量空间，Γ 为 E 的非空子集，定义集合 Γ 的邻域 $\mathcal{N}_\Gamma$，使得：

$$\mathcal{N}_\Gamma \equiv \{\boldsymbol{x} \in E : d(\boldsymbol{x}, \Gamma) < \delta\}$$

其中，$d(\boldsymbol{x},\Gamma) \equiv \inf\{\rho(\boldsymbol{x},\boldsymbol{y}) \in [0,\infty) : \boldsymbol{y} \in \Gamma\}$，正实值 δ 为邻域大小。如果 $\Gamma=\{\boldsymbol{x}^*\}$，则 $\mathcal{N}_\Gamma$ 称为 $\boldsymbol{x}^*$ 的领域 $\mathcal{N}_{\boldsymbol{x}}$。 □

图 2.7 为欧氏向量空间集合 δ 邻域概念的几何示意。需要注意的是，当 Γ 包含一个点 $\boldsymbol{y}$ 时，欧氏向量空间中 $\{\boldsymbol{y}\}$的开邻域是一个中心为 $\boldsymbol{y}$、半径为 δ 的开球。

定义 2.4.14(凸集)　设 $\Omega \subseteq \mathcal{R}^d$，如果对于每个 $\boldsymbol{x}$，$\boldsymbol{y} \in \Omega$ 和每个 $\alpha \in [0,1]$，有 $\boldsymbol{x}\alpha+(1-\alpha)\boldsymbol{y} \in \Omega$，则 Ω 为凸集。 □

简单地讲，凸区域 Ω 为 $\mathcal{R}^d$ 的子集，连接 Ω 内任何两点的线段总是完全在Ω 内。因此，$\mathcal{R}^d$ 中的开球总是一个凸集。

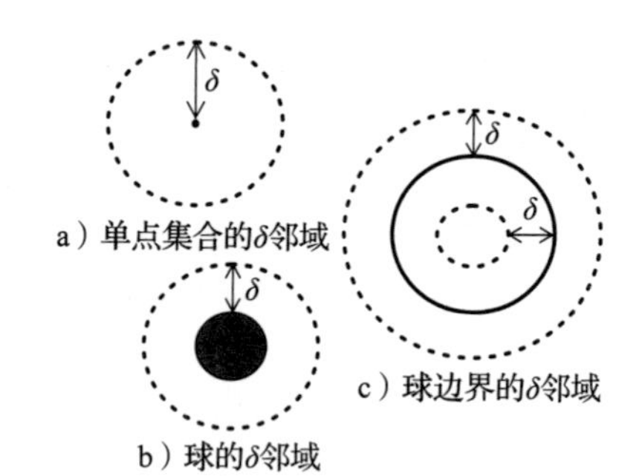

图 2.7　欧氏向量空间中集合 δ 邻域图示

练习

2.4-1. 对于 $\mathcal{R}^d$ 中的下列每一个集合，指出它是否为开集、闭集、有界集，以及凸集。

(a) $[0,1]^d$；

(b) $(0,1)^d$；

(c) $\{0,1\}^d$；

(d) $\mathcal{R}^d$；

(e) $\{\}$；

(f) 有限半径的闭球；

(g) 开超矩形。

2.4-2. 在纸上画一个啤酒杯，然后为啤酒杯画一个开 δ 邻域。

2.4-3. 用表达式表示集合 S 的开 δ 邻域中的点集。

$$S \equiv \{\boldsymbol{\theta} \equiv [\theta_1, \cdots, \theta_q] \in \mathcal{R}^q : 0 \leqslant \theta_j \leqslant 1, j=1,\cdots,q\}$$

2.4-4. 证明$(\mathcal{R}^d,\rho)$是度量空间，其中 $\rho:\mathcal{R}^d \times \mathcal{R}^d \to [0,\infty)$的定义为 $\rho(\boldsymbol{x},\boldsymbol{y})=|\boldsymbol{x}-\boldsymbol{y}|$。

2.4-5. 证明$(\mathcal{R}^d,\rho)$是度量空间，其中 $\rho:\mathcal{R}^d \times \mathcal{R}^d \to [0,\infty)$的定义为 $\rho(\boldsymbol{x},\boldsymbol{y})=|\boldsymbol{x}-\boldsymbol{y}|^4$。

2.4-6. 证明$(\{0,1\}^d,\rho)$是度量空间，其中 $\rho:\{0,1\}^d \times \{0,1\}^d \to [0,\infty)$，对于所有 $\boldsymbol{x} \equiv [x_1,\cdots,x_d] \in \{0,1\}^d$ 和 $\boldsymbol{y} \equiv [y_1,\cdots,y_d] \in \{0,1\}^d$，有 $\rho(\boldsymbol{x},\boldsymbol{y})=\sum_{i=1}^{d}|x_i-y_i|$。

2.4-7. 在由 d 个元素组成的有限样本空间，概率质量函数可表示为集合 S 中的一个点。

$$S \equiv \left\{\boldsymbol{p} \equiv [p_1,\cdots,p_d] \in (0,1)^d : \sum_{k=1}^{d} p_k = 1\right\}$$

定义 KL 散度 $D(\cdot \| \cdot):S \times S \to \mathcal{R}$，使得：

$$D(\boldsymbol{p} \| \boldsymbol{q}) = -\sum_{i=1}^{d} p_i \log(q_i/p_i)$$

证明(S, D)不是度量空间。

2.4-8. 使用回归模型解决监督学习问题，并在训练数据集和测试数据集上评估模型的性能。现在，重编码模型的某些预测值，并检查模型的性能在训练数据和测试数据上如何发生变化。讨论两种情况下学习所需时间的差异。

2.4-9. 从 UCI 机器学习数据库(http://archive.ics.uci.edu/ml/)下载数据集。评估线性回归模型或其他机器学习算法在两种不同方式重编码的数据集上的性能。

2.4-10. 使用例 1.6.4 中定义的聚类算法进行实验，使用椭球簇相异性函数 $D(\boldsymbol{x}, \boldsymbol{y}) = (\boldsymbol{x}-\boldsymbol{y})^{\mathrm{T}}\boldsymbol{M}(\boldsymbol{x}-\boldsymbol{y})$定义相似性距离函数 D，其中 $\boldsymbol{M}$ 为正定矩阵。使用不同的数据集和不同的参数向量 $\boldsymbol{\theta}$(包括 K 均值方法，其中 $\boldsymbol{\theta}$ 是包含 K 个 1 的向量)进行实验。

2.5 扩展阅读

实分析

本章涵盖了初级实分析的部分内容，这些内容将在后面的章节中使用。Goldberg(1964)、Rosenlicht(1968)、Kolmogorov 和 Fomin(1970)以及 Wade(1995)对本章所讨论的实分析内容均进行了系统性介绍。Rosenlicht(1968)的介绍尤其清晰、简洁。关于扩展实数系统的分析和讨论可查阅文献(Bartle，1966；Wade，1995)。

图论

与机器学习相关的图论研究可查阅文献(Koller et al.，2009；Lauritzen，1996)。

模糊逻辑与模糊关系

对模糊逻辑、模糊集理论和模糊关系有兴趣的读者可以查阅文献(Klir & Yuan，1995；Klir & Folger，1988)。文献(McNeill & Freiburger，1994)给出了白话性的历史介绍。

CHAPTER3

第 3 章

形式化机器学习算法

学习目标：

- 建模机器学习环境。
- 建模学习机为动态系统。
- 建模学习机为智能理性决策者。

对机器学习算法进行数学分析的先决条件是将机器学习算法表示为形式化结构，即在分析机器学习算法之前，必须对其进行形式化定义。第 1 章对机器学习算法示例进行了非形式化讨论，没有给出此类算法的形式化定义。本章的目标是给出一个形式化框架，以明确定义机器学习算法。

能够在数字计算机上模拟的计算都可以通过图灵机进行模拟。图灵机是一种能在离散时间内更新离散状态空间中状态的特殊计算机。本章的目标是为一大类机器学习算法提供形式化定义，其中也包括图灵机这一个重要特例。这类计算机可以在连续状态空间中运行，也能在连续时间下运行。在机器学习相关研究中，不能精确表示为图灵机的例子很常见。例如，图灵机(如数字计算机)假设状态空间是有限的，但梯度下降算法是在不可数的无限状态空间中生成学习机参数值的更新量。

本章将首先讨论如何对机器学习算法的离散时间和连续时间学习环境进行形式化建模，接着将引入动态系统理论工具对一大类机器学习算法(包括只能在数字计算机上近似模拟的算法)的动态行为进行建模。从推理学习机的偏好出发，定义机器学习算法的计算目标。最后，建立机器学习算法行为与其偏好间的联系，以将机器学习算法解释为依据其内在偏好做出理性决策的机器。

3.1 环境模型

3.1.1 时间环境

定义 3.1.1(时间索引) 时间索引集是实数的子集。若 $T\equiv\mathbb{N}$，则 T 是离散时间环境的时间索引集。如果 $T\equiv[0,\infty)$，那么 T 是连续时间环境的时间索引集。 □

当 T 是非负整数集时，对应环境建模为离散时间环境。例如，下棋或玩井字游戏的学习机所处环境，在这一情况下，每一个时间片都对应于游戏的一个特定步骤。再例如，向学习机输入数字图像序列，让其判断输入数字图像中是否包含某一特定物体或人脸，此时学习机所处环境也是离散时间环境。

当 T 为非负实数集时，对应环境建模为连续时间环境。例如，用于控制卫星的学习机所处环境，在这一情况下，学习机必须不断地处理和更新实时信息。再例如，根据病人的实时身体测量来增减病人的药物剂量的控制系统的环境。处理原始声学信号的语音识别机的环境通常也是连续时间环境。

离散时间系统和连续时间系统在系统建模问题上都有其优劣势。有些系统可直接建模为离散时间或连续时间系统。例如，飞机控制系统或语音处理系统可明确建模为连续时间动态系统，而概率推理系统可明确建模为离散时间动态系统。

不过，建模方法是否合理取决于与建模任务相关的现实抽象。例如，离散时间动态系统模型更适合量子力学的建模问题，而连续时间动态系统模型更适合用于视觉和语言信息处理或运动控制的感知模型开发。这种表征方式的选择非常重要，因为在一般情况下，对同一现实抽象的离散时间表征和连续时间表征在行为属性上是不同的。

对某一类型的动态系统进行数学分析的难易程度也可能影响选择离散时间还是连续时间的表征方法。当模拟同一现实抽象时，需要衡量离散时间动态系统和连续时间动态系统。在某些情况下，离散时间版的模型动态行为比连续时间版的模型更容易进行数学分析。在其他情况下，连续时间版的模型动态行为比离散时间版的模型更容易分析。此外，如前所述，行为模式的差异表明了离散时间动态系统行为的理论结果并不普遍适用于连续时间动态系统模拟的行为(反之亦然)。

定义 3.1.2(时间区间)　设 T 是时间索引集，$t_0 \in T$，$t_F \in T$。T 的时间区间 $[t_0, t_F)$ 定义为集合 $\{t \in T : t_0 \leqslant t < t_F\}$。□

对于离散时间环境，时间区间代表第一个时间索引是 t_0，最后一个时间索引是 $t_F - 1$ 的时间点序列。对于连续时间环境，时间区间是实数轴的一个区间 $[t_0, t_F)$，从时间索引 t_0 开始，在时间索引 t_F 之前结束。

3.1.2　事件环境

事件时间轴函数可以看作一种从开始时刻延伸到无限未来的世界时间轴，它明确了学习机所经历的外部环境事件顺序。

定义 3.1.3(事件时间轴函数)　设 T 为时间索引集，$\Omega_E \subseteq \mathcal{R}^e$ 为事件集，则函数 $\boldsymbol{\xi}: T \to \Omega_E$ 称为 T 和 Ω_E 产生的事件时间轴函数。□

e 维实向量 $\boldsymbol{\xi}(t)$ 是 Ω_E 中在时间索引 t 时发生的事件。对于一台正在进行井字游戏的学习机，$\boldsymbol{\xi}(k)$ 表示游戏中第 k 步棋的棋盘状态。例如，在井字游戏中，第 k 步棋的棋盘状态可以表示为一个 9 维向量 $\boldsymbol{\xi}(k)$，其中若在棋盘位置 j 上存在一个 X，则 $\boldsymbol{\xi}(k)$ 的第 j 个元素设为 1，若棋盘位置 j 为空，则设 $\boldsymbol{\xi}(k)$ 的第 j 个元素为 0，若在棋盘位置 j 上存在一个 O，则设为 -1，$j = 1, \cdots, 9$。在该离散时间下，事件时间轴函数 $\boldsymbol{\xi}$ 是一个对应于井字游戏棋盘状态序列的 9 维向量序列。函数 $\boldsymbol{\xi}$ 的形式化定义为

$$\boldsymbol{\xi}: \mathbb{N} \to \{-1, 0, +1\}^9$$

其等价为 $\boldsymbol{\xi}(0)$，$\boldsymbol{\xi}(1), \cdots, \boldsymbol{\xi}(t) \in \{-1, 0, +1\}^9$。

另外，对于一台正在处理听觉语音信号的学习机，符号 $\boldsymbol{\xi}(t)$表示一个实值电信号，其 t 时刻的电流大小代表 t 时刻的声学事件。在这种情况下，$\boldsymbol{\xi}:[0,\infty)\rightarrow\mathcal{R}$ 可作为事件时间轴函数的表示。

符号 $\boldsymbol{\xi}_{t_a,t_b}$ 定义为受限事件时间轴函数 $\boldsymbol{\xi}:T\rightarrow\Omega_{\mathrm{E}}$，当 $T=[0,\infty)$时，定义域为$[t_a,t_b)$。当 $T=\mathbb{N}$ 时，符号 $\boldsymbol{\xi}_{t_a,t_b}$ 表示受限事件时间轴函数 $\boldsymbol{\xi}$，定义域为$\{t_a,t_a+1,t_a+2,\cdots,t_b-1\}$。

定义 3.1.4(事件环境)　设 $T\equiv\mathbb{N}$ 或 $T\equiv[0,\infty)$，E 为事件时间轴函数的非空集，E 有定义域 T 和值域 Ω_{E}。若 $T\equiv\mathbb{N}$，则称 E 为离散时间事件环境；若 $T\equiv[0,\infty)$，则称 E 为连续时间事件环境。 □

练习

3.1-1. 证明如果 T 是离散时间环境的时间索引集，那么 T 中的时间区间$[1,5)$可以表示为有序集$\{1,2,3,4\}$。

3.1-2. 假设赌徒抛硬币 1000 次，每次抛出的不是“正面”就是“反面”。设时间索引 t 对应于第 t 次抛币，事件时间轴函数为 $\boldsymbol{\xi}:\{0,\cdots,1000\}\rightarrow\{1,0\}$，其中 $\boldsymbol{\xi}(t)=1$ 表示硬币为正面，$\boldsymbol{\xi}(t)=0$ 表示硬币为反面，构建一个事件环境，对观察结果建模。

3.1-3. 赛车手需要持续观察赛车的速度和转速。假设赛车的速度范围为 0～180mile/h ⊖，赛车的转速范围为 0～20 000r/min。构建一个事件环境，对观察结果建模。

3.2　学习机模型

3.2.1　动态系统

与任何一个给定系统相关的关键概念是“系统状态”。通常情况下，系统状态是一个称为“状态变量”的实值变量集合。有些状态变量集合可用来表示 1.2.1 节讨论的特征向量，有些状态变量集合可用来表示推理结果，有些可用来限制特定系统输出，还有些可用来表示从未直接观察到的系统状态。学习机也包括代表学习机参数的状态变量，这些变量在学习过程中是需要调整的。

定义 3.2.1(动态系统)　设 $T\equiv\mathbb{N}$ 或 $T\equiv[0,\infty)$，系统状态空间 $\Omega\subseteq\mathcal{R}^d$，$E$ 为由时间索引 T 和事件 Ω_{E} 生成的事件环境，有

$$\boldsymbol{\Psi}:\Omega\times T\times T\times E\rightarrow\Omega$$

属性 1：边界条件。对于所有 $\boldsymbol{x}\in\Omega$，$t_0\in T$，$\boldsymbol{\xi}\in E$，有

$$\boldsymbol{\Psi}(\boldsymbol{x},t_0,t_0,\boldsymbol{\xi})=\boldsymbol{x}$$

属性 2：一致性组成。对于 $t_a,t_b,t_c\in T$，当 $t_a<t_b<t_c$ 时，对于所有 $\boldsymbol{x}_a\in\Omega$ 与 $\boldsymbol{\xi}\in E$，有

$$\boldsymbol{\Psi}(\boldsymbol{x}_a,t_a,t_c,\boldsymbol{\xi})=\boldsymbol{\Psi}(\boldsymbol{\Psi}(\boldsymbol{x}_a,t_a,t_b,\boldsymbol{\xi}),t_b,t_c,\boldsymbol{\xi})$$

属性 3：因果分离。如果 $\boldsymbol{\xi}$，$\boldsymbol{\zeta}\in E$ 使 $\boldsymbol{\xi}_{t_a,t_b}=\boldsymbol{\zeta}_{t_a,t_b}$，则：

$$\boldsymbol{\Psi}(\boldsymbol{x}_a,t_a,t_b,\boldsymbol{\xi})=\boldsymbol{\Psi}(\boldsymbol{x}_a,t_a,t_b,\boldsymbol{\zeta})$$

我们称函数 $\boldsymbol{\Psi}$ 为动态系统，其最终状态

$$\boldsymbol{x}_{\mathrm{F}}\equiv\boldsymbol{\Psi}(\boldsymbol{x}_0,t_0,t_{\mathrm{F}},\boldsymbol{\xi})$$

即在最终时刻 t_{F} 观察到的状态，它取决于初始时刻 t_0 的初始状态 $\boldsymbol{x}_0$ 与事件时间轴函数 $\boldsymbol{\xi}\in E$。 □

⊖ 1mile/h=1609.344m。——编辑注

动态系统的基本思想如图3.1所示。动态系统是一个将初始系统状态向量$\boldsymbol{x}_0$、初始时间索引t_0、最终时间索引t_F与事件时间轴函数$\boldsymbol{\xi}$进行映射，并返回一个最终状态$\boldsymbol{x}_F$的函数。动态系统定义中的属性要求旨在使动态系统在物理上是可实现的。

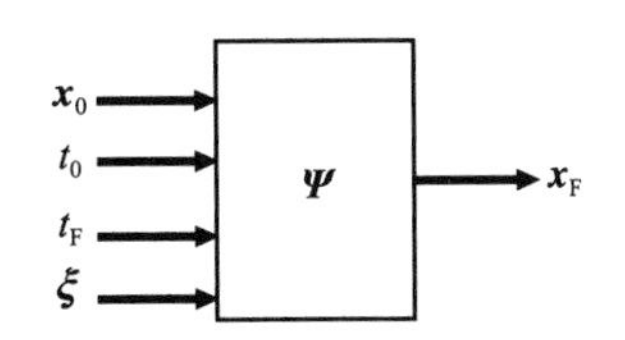

图3.1　动态系统概念。给定初始状态$\boldsymbol{x}_0$、初始时刻t_0、最终时刻t_F及事件时间轴函数$\boldsymbol{\xi}$四个输入，动态系统生成最终状态$\boldsymbol{x}_F$，事件时间轴函数代表学习机经历的事件

属性1指出，如果t_F是指系统在时刻t_F的状态，t_0为系统在时刻t_0的状态，则逻辑一致性要求动态系统函数具有如下属性：当$t_0=t_F$时，系统的初始状态和最终状态是相同的。

属性2指出，如果动态系统学习机在时刻t_a到时刻t_b的时间段内启动，然后将所产生的最终状态作为从时刻t_b到时刻t_c的初始状态，那么其最终状态将与动态系统从时刻t_a一直运行到时刻t_c所获得的最终状态完全相同。这个属性体现了动态系统的未来行为受当前系统状态影响而不受过去系统状态的影响。

属性3指出，动态系统在一个时间区间内的行为只受该时间区间上的事件时间轴函数值的影响。时间区间之外的事件时间轴函数值不会影响动态系统的行为。换句话说，在初始状态之前发生的事件与动态系统是不相关的，在系统行为的最终状态之后发生的环境事件与动态系统也是不相关的。

定义3.2.2(离散时间动态系统和连续时间动态系统)　设T是时间索引集，$\Omega\subseteq\mathcal{R}^d$为系统状态的集合，$E$是由时间索引$T$和事件$\Omega_E$生成的事件环境，当$T\equiv\mathbb{N}$时，称动态系统

$$\boldsymbol{\Psi}:\Omega\times T\times T\times E\to\Omega$$

为离散时间动态系统；当$T\equiv[0,\infty)$时，称动态系统$\boldsymbol{\Psi}$为连续时间动态系统。　□

3.2.2　迭代映射

在实际应用中，上述动态系统的定义是很烦琐的。在很多情况下，更为便捷的定义形式为差分方程组。

定义3.2.3(时变迭代映射)　设$T\equiv\mathbb{N}$是时间索引集，$\Omega\subseteq\mathcal{R}^d$是系统状态的集合，$E$是由$T$和$\Omega_E$生成的事件环境，$\boldsymbol{\Psi}:\Omega\times T\times T\times E\to\Omega$是一个动态系统，对于每一个$\boldsymbol{\xi}\in E$，初始状态$\boldsymbol{x}_0\in\Omega$，初始时刻$t_0\in T$，定义轨道$\boldsymbol{x}(\cdot):T\to\Omega$

$$\boldsymbol{x}(t)\equiv\boldsymbol{\Psi}(\boldsymbol{x}_0,t_0,t,\boldsymbol{\xi})$$

使得对于所有$t\in T$，有$t\geqslant t_0$。

对于所有$\boldsymbol{\xi}\in E$和$\boldsymbol{t}\in T$，假设函数$\boldsymbol{f}:\Omega\times T\times\Omega_E\to\Omega$存在：

$$\boldsymbol{x}(t+1)=\boldsymbol{f}(\boldsymbol{x}(t),t,\boldsymbol{\xi}(t))\tag{3.1}$$

则称函数$\boldsymbol{f}$为$\boldsymbol{\Psi}$的时变迭代映射。　□

需要注意的是，式(3.1)说明，对于给定动态系统时刻t的当前状态$\boldsymbol{x}(t)$，依据当前时刻t和当前环境事件(如传入信息、训练模式或干扰)$\boldsymbol{\xi}(t)$，就可以唯一地计算出下一个系统状态$\boldsymbol{x}(t+1)$。

同时需要注意的是，时变迭代映射的时变特性具有两个不同来源：式(3.1)中定义的$\boldsymbol{f}$的第二个参数是代表学习机内部机制随时间变化的时间索引t；$\boldsymbol{f}$的第三个参数代表可能影响系统的动态性的外部时变激励$\boldsymbol{\xi}(t)$。因此，此处提出的时变迭代映射的定义中明确表示了内部

和外部时变来源。

例 3.2.1(梯度下降批量学习迭代映射) 设 $\boldsymbol{x}_i \equiv (\boldsymbol{s}_i, y_i)(i=1,\cdots,n)$，$\mathcal{D}_n \equiv \{\boldsymbol{x}_1,\cdots,\boldsymbol{x}_n\} \in \mathcal{R}^{d\times n}$ 是一个数据集，$\hat{\ell}_n: \mathcal{R}^q \to \mathcal{R}$ 是一个关于 $\mathcal{D}_n$ 的经验风险函数。假设学习机在迭代 t 时使用 $\mathcal{D}_n$ 更新其参数向量 $\boldsymbol{\theta}(t)$：

$$\boldsymbol{\theta}(t+1)=\boldsymbol{\theta}(t)-\gamma(t)\frac{\mathrm{d}\hat{\ell}_n(\boldsymbol{\theta}(t))}{\mathrm{d}\boldsymbol{\theta}} \tag{3.2}$$

其中，$\mathrm{d}\hat{\ell}_n(\boldsymbol{\theta})/\mathrm{d}\boldsymbol{\theta}$ 表示经验风险函数 $\hat{\ell}_n(\boldsymbol{\theta})$ 关于 $\boldsymbol{\theta}$ 的导数在 $\boldsymbol{\theta}(t)$ 处的值。假设在学习过程中，学习机使用数据集 $\mathcal{D}_n$，因此事件时间轴函数为

$$\boldsymbol{\xi}(t)=\mathcal{D}_n$$

其中，$t\in\mathbb{N}$。该学习算法的学习动态可表示为一个离散时间动态系统，其时变迭代映射如下：

$$\boldsymbol{f}: \mathcal{R}^q \times \mathbb{N} \times E \to \mathcal{R}^q$$

对于所有 $t\in\mathbb{N}$，有

$$\boldsymbol{f}(\boldsymbol{\theta},t,\boldsymbol{\xi}(t))=\boldsymbol{\theta}-\gamma(t)\frac{\mathrm{d}\hat{\ell}_n}{\mathrm{d}\boldsymbol{\theta}}$$

△

例 3.2.2(自适应梯度下降迭代映射) 设 $p_e(\boldsymbol{s},y)$ 表示环境产生输入模式 $\boldsymbol{s}$ 和期望响应 y 的概率，设 $c((\boldsymbol{s},y),\boldsymbol{\theta})$ 表示学习机知识状态为 $\boldsymbol{\theta}$ 时，输入 $(\boldsymbol{s},y)$ 得到的学习机误差，学习机的期望误差(风险)如下：

$$\ell(\boldsymbol{\theta})=\sum_{(\boldsymbol{s},y)} c([\boldsymbol{s},y],\boldsymbol{\theta})\,p_e(\boldsymbol{s},y)$$

假设在学习过程中，学习机经历的环境事件序列由事件时间轴函数

$$\xi(t)=[\boldsymbol{s}(t),y(t)]$$

指定，$t\in\mathbb{N}$。假设适应性学习机在迭代 t 时，如果时刻 t 输入一个 d 维输入模式向量 $\boldsymbol{s}(t)$ 和期望响应 $y(t)$，更新 q 维参数向量 $\boldsymbol{\theta}(t)$ 的公式如下：

$$\boldsymbol{\theta}(t+1)=\boldsymbol{\theta}(t)-\gamma(t)\frac{\mathrm{d}(c([\boldsymbol{s}(t),y(t)],\boldsymbol{\theta}(t)))}{\mathrm{d}\boldsymbol{\theta}}$$

其中，符号 $\mathrm{d}c([\boldsymbol{s},y],\boldsymbol{\theta})/\mathrm{d}\boldsymbol{\theta}$ 表示训练模式 $[\boldsymbol{s},y]$ 的预测误差 $c([\boldsymbol{s},y],\boldsymbol{\theta})$ 关于 $\boldsymbol{\theta}$ 的导数在 $\boldsymbol{\theta}(t)$ 的值。

该适应性学习算法的动态性可用离散时间迭代映射 $\boldsymbol{f}: \mathcal{R}^q \times \mathbb{N} \times E \to \mathcal{R}^q$ 表示，对于所有 $t\in N$，有：

$$\boldsymbol{f}(\boldsymbol{\theta},t,\xi(t))=\boldsymbol{\theta}-\gamma(t)\frac{\mathrm{d}c(\xi(t),\boldsymbol{\theta})}{\mathrm{d}\boldsymbol{\theta}}$$

△

当离散时间动态系统只有状态依赖性时，可简单定义为如下特殊迭代映射。

定义 3.2.4(时不变迭代映射) 设 $T\equiv\mathbb{N}$ 是时间索引集，$\Omega\subseteq\mathcal{R}^d$ 为系统状态的集合，$\boldsymbol{\Psi}: \Omega\times T\to\Omega$ 是一个动态系统。对于每个初始状态 $\boldsymbol{x}_0\in\Omega$，定义轨道 $\boldsymbol{x}(\cdot): T\to\Omega$，使对于所有 $t\in T$，都有 $\boldsymbol{x}(t)\equiv\boldsymbol{\Psi}(\boldsymbol{x}_0,t)$。

假设存在 $\boldsymbol{f}:\Omega\to\Omega$，使得对于所有 $t\in T$，有

$$\boldsymbol{x}(t+1)=\boldsymbol{f}(\boldsymbol{x}(t)) \tag{3.3}$$

则称函数 $\boldsymbol{f}$ 为 $\boldsymbol{\Psi}$ 的时不变迭代映射。 □

例 3.2.3(图灵机) 图灵机是真实数字计算机的简化模型，主要用于研究与真实数字计算机相关的计算问题。原则上，每一个能够用真实数字计算机完成的计算任务，也可以由图灵机完成。图灵机设备具有有限内部状态集 Q，并通过“探头”读取一个由符号序列定义的无

限长“磁带”，其中在时刻 t 磁带 k 位置的符号用 $\xi(k,t)$ 表示，k 是整数，t 是非负整数。

图灵机的探头最初位于“磁带”上的某一位置 k。图灵机读取位于磁带 k 位置的符号，使用该符号与当前内部状态，在“磁带”上的 k 位置输出一个新符号并把它的探头重新定位于当前位置的左边或右边(分别对应于位置 $k-1$ 或 $k+1$)。当图灵机达到停止状态时，计算结束。需要注意的是，有些计算可能永远无法完成，因为永远不会达到停止状态。

从形式上讲，可将图灵机看作离散状态空间中的迭代映射。特别地，设 Q 是内部状态的有限集，T 是磁带符号的有限集，$\mathcal{L}$ 是所有可能的探头位置对应的整数集，$\Omega \equiv Q\times\mathcal{L}\times\Gamma$，则可将图灵机表示为由迭代映射 $\boldsymbol{f}:\Omega\to\Omega$ 构成的离散时间动态系统，使得新内部状态 $s(t+1)$、探头新位置 $L(t+1)$ 与新位置符号 $\xi(t+1)$ 由先前内部状态 $s(t)$、探头位置 $L(t)$ 以及原始符号 $\xi(t)$ 得到

$$\boldsymbol{x}(t+1)=\boldsymbol{f}(\boldsymbol{x}(t))$$ △

其中，$\boldsymbol{x}(t)\equiv[s(t),L(t),\xi(t)]\in\Omega$。

3.2.3　向量场

上一节介绍了离散时间动态系统的符号。本节将介绍连续时间动态系统的符号。

设 $\mathrm{d}\boldsymbol{x}/\mathrm{d}t$ 表示向量值函数 $\boldsymbol{x}:T\to\mathcal{R}^d$ 的时间导数，其第 k 个元素为 $\mathrm{d}x_k/\mathrm{d}t$，其中 $\boldsymbol{x}$ 的第 k 个元素是函数 $x_k:T\to\mathcal{R}$，$k=1,\cdots,d$。

定义 3.2.5(时变向量场)　设 $T\equiv[0,\infty)$ 是时间索引集，$\Omega\subseteq\mathcal{R}^d$ 为系统状态的集合，E 是由 T 和 Ω_{E} 生成的事件环境，$\boldsymbol{\Psi}:\Omega\times T\times T\times E\to\Omega$ 是一个动态系统。对于每一个 $\boldsymbol{\xi}\in E$、每一个初始状态 $\boldsymbol{x}_0\in\Omega$、每一个初始时刻 $t_0\in T$，定义轨迹 $\boldsymbol{x}:T\to\Omega$，使得对于所有 $t\in T$，有 $t\geqslant t_0$，且

$$\boldsymbol{x}(t)\equiv\boldsymbol{\Psi}(\boldsymbol{x}_0,t_0,t,\boldsymbol{\xi})$$

假设存在函数 $\boldsymbol{f}:\Omega\times T\times\Omega_{\mathrm{E}}\to\Omega$，使得对于所有 $\boldsymbol{\xi}\in E$ 和 $t\in T$，有

$$\frac{\mathrm{d}\boldsymbol{x}}{\mathrm{d}t}=\boldsymbol{f}(\boldsymbol{x}(t),t,\boldsymbol{\xi}(t)) \tag{3.4}$$

则称函数 $\boldsymbol{f}$ 为 $\boldsymbol{\Psi}$ 的时变向量场。 □

需要注意的是，式(3.4)说明，对于给定动态系统时刻 t 的当前状态 $\boldsymbol{x}(t)$，根据当前时刻 t 和当前环境事件(如传入信息、训练模式或干扰) $\boldsymbol{\xi}(t)$ 就可以唯一地计算出系统状态在时刻 t 的瞬时变化。

例 3.2.4(梯度下降批量学习时变向量场)　定义数据集

$$\mathcal{D}_n\equiv\{\boldsymbol{x}_1,\cdots,\boldsymbol{x}_n\}\in\mathcal{R}^{d\times n}$$

其中，第 i 个训练样例 $\boldsymbol{x}_i\equiv(\boldsymbol{s}_i,y_i)$，$i=1,\cdots,n$。设 $\hat{\ell}_n(\boldsymbol{\theta})$ 是关于 $\mathcal{D}_n$ 的经验风险函数。假设连续时间监督学习机在时刻 t 使用 $\mathcal{D}_n$ 更新其参数向量 $\boldsymbol{\theta}(t)$：

$$\mathrm{d}\boldsymbol{\theta}/\mathrm{d}t=-\gamma(t)\frac{\mathrm{d}\hat{\ell}_n}{\mathrm{d}\boldsymbol{\theta}} \tag{3.5}$$

其中，$\mathrm{d}\hat{\ell}_n/\mathrm{d}\boldsymbol{\theta}$ 表示经验风险函数 $\hat{\ell}_n(\boldsymbol{\theta})$ 关于 $\boldsymbol{\theta}$ 的导数在 $\boldsymbol{\theta}(t)$ 处的值。假设在学习过程中，学习机使用数据集 $\mathcal{D}_n$ 进行训练，使得对于所有 $t\in[0,\infty)$，事件时间轴函数为

$$\boldsymbol{\xi}(t)=\mathcal{D}_n$$

该监督学习算法的动态性可以表示为一个连续时间动态系统，其时变向量场 $\boldsymbol{f}:\Theta\times[0,\infty)\to\Theta$ 定义为：

$$f(\boldsymbol{\theta},t)=-\gamma(t)\frac{\mathrm{d}\hat{\ell}_n}{\mathrm{d}\boldsymbol{\theta}}$$ △

当离散时间动态系统只有状态依赖性时，可简单定义如下特殊迭代映射。

定义 3.2.6(时不变向量场)　设 $T\equiv[0,\infty)$是时间索引集，$\Omega\subseteq\mathcal{R}^d$ 是系统状态的集合，$\boldsymbol{\Psi}:\Omega\times T\to\Omega$ 是一个动态系统。对于每一个初始状态 $\boldsymbol{x}_0\in\Omega$，定义轨迹 $\boldsymbol{x}:T\to\Omega$，使得对于所有 $t\in T$，有

$$\boldsymbol{x}(t)\equiv\boldsymbol{\Psi}(\boldsymbol{x}(0),t)$$

假设存在函数 $\boldsymbol{f}:\Omega\to\Omega$，使得

$$\frac{\mathrm{d}\boldsymbol{x}}{\mathrm{d}t}=\boldsymbol{f}(\boldsymbol{x}) \tag{3.6}$$

则称函数 $\boldsymbol{f}$ 为 $\boldsymbol{\Psi}$ 的时不变向量场。□

例 3.2.5(梯度下降批量学习时不变向量场)　需要注意的是，如果 $\gamma(t)=\gamma_0$，对所有 $t\in[0,\infty)$，γ_0 都是一个正实数，那么所产生的动态系统定义为梯度下降批量学习时不变向量场 $\boldsymbol{f}:\Theta\to\Theta$，对于所有 $\boldsymbol{\theta}\in\Theta$，有

$$\boldsymbol{f}(\boldsymbol{\theta})=-\gamma_0\frac{\mathrm{d}\hat{\ell}_n}{\mathrm{d}\boldsymbol{\theta}}$$ △

练习

3.2-1. 设 β_0 和 β_1 为实数，说明下列差分方程体现的时不变迭代映射。

$$x(t+1)=1/[1+\exp(-(\beta_1x(t)+\beta_0))]$$

3.2-2. 设 β_0 和 β_1 为实数，说明下列差分方程体现的时变迭代映射。

$$x(t+1)=1/[1+\exp(-(\beta_1x(t)+\beta_0))]+\xi(t)$$

其中，$\xi(t)$是一个来自环境的实值干扰(可能是随机干扰)。说明动态系统的事件环境。

3.2-3. 验证初始状态 $x(0)\equiv x_0$ 的微分方程 $\mathrm{d}x/\mathrm{d}t=-x$ 其解由 $x(t)=x_0\exp(-(t-t_0))$给出。指定一个动态系统 $\boldsymbol{\Psi}$，它根据初始状态 x_0、初始时刻 t_0 和最终时刻 t 产生状态 $x(t)$。给出 $\boldsymbol{\Psi}$ 的时不变向量场。

3.2-4. 请具体说明式(1.5)和式(1.6)中股市预测机的时变迭代映射。

3.2-5. 请具体说明式(1.8)非线性回归梯度下降学习规则的时变迭代映射。

3.2-6. 设 $\gamma(t)$是一个正数，称为迭代 t 的步长，且 $0<\delta<1$。考虑一种适应性学习算法，该算法在迭代 t 观察到输入模式向量 $\boldsymbol{s}(t)$和期望响应 $y(t)$，然后根据下式更新由参数向量 $\boldsymbol{\theta}(t)$表示的当前参数估计：

$$\boldsymbol{\theta}(t+1)=\boldsymbol{\theta}(t)(1-\delta)+\gamma(t)(y(t)-\boldsymbol{\theta}(t)^{\mathrm{T}}\boldsymbol{s}(t))\boldsymbol{s}(t)$$

为此学习规则指定一个时变迭代映射。

3.3　智能机模型

本节提出了确保动态系统学习机模型可实现为理性决策系统的必要条件，从而可选择适当的输出响应。此外，这些条件也有助于确保动态系统学习机模型依据理性决策规则更新模型参数向量。

偏好概念可以用一种特殊类型的关系(即“偏好关系”)来形式化。

定义 3.3.1(偏好关系)　设 $\mathcal{F}$是一个集合，$\preceq\subseteq\mathcal{F}\times\mathcal{F}$称为 $\mathcal{F}$上的偏好关系$\preceq$，对于所有

$(x,y)\in\preceq:x\preceq y$，其语义解释为“$y$ 至少和 x 偏好一致”。 □

符号 $x\sim y$ 代表 $x\preceq y$ 且 $y\preceq x$(即 x 和 y 在偏好关系上是等价的)。

许多常用的学习机可解释为最小化标量值的“风险”函数。以下定义表明在数学上最小化风险函数等同于在风险函数定义域中寻找一个“最优偏好”元素，其中“偏好”概念由偏好关系形式化定义。这样的话，优化概念和决策概念之间就可用偏好关系建立起形式上的联系。

定义 3.3.2(效用函数偏好关系) 设 $\preceq$ 是 $\mathcal{F}$ 上的一个偏好关系，假设 $\mathcal{U}:\mathcal{F}\to\mathcal{R}$ 具有如下属性：对于所有 $x\in\mathcal{F}$ 和所有 $y\in\mathcal{F}$，若当且仅当 $x\leqslant y$ 时，$\mathcal{U}(x)\leqslant\mathcal{U}(y)$，那么 $\mathcal{U}$ 称为 $\preceq$ 的效用函数。另外，$-\mathcal{U}$ 称为 $\preceq$ 的风险函数。 □

一个常用的理性假设是，$\mathcal{F}$ 上的偏好关系 $\preceq$ 是完备的，这表明，所有可能的元素之间的配对比较都是明确的。如果问一个理性学习机是否更喜欢啤酒而不是葡萄酒，那么它需要有一个答案，这个答案可以为“是”“不是”或者“都一样”。这个假设意味着偏好关系也是自反关系，因为可以问理性学习机是否更喜欢啤酒而不是啤酒。

另一个常用的理性假设是，偏好关系是可传递的，这表明，如果理性学习机偏好啤酒而不是面包，而且理性学习机偏好面包而不是蔬菜，那么理性机一定偏好啤酒而不是蔬菜。

定义 3.3.3(理性偏好关系) 完备的、可传递的偏好关系称为理性偏好关系。 □

例 3.3.1(与非理性朋友共进晚餐) 假设你决定邀请你的非理性朋友共进晚餐。

你：服务员刚给你端来一杯咖啡，喜欢吗?

非理性朋友：不，我喜欢他给你的那杯咖啡。

你：你想点什么?

非理性朋友：让我想想，我喜欢千层饼胜过比萨，喜欢比萨胜过虾，但我绝对喜欢虾胜过千层饼。

你：你好像花了很长时间才决定喝什么酒啊。

非理性朋友：我不确定我是否更喜欢咖啡而不是茶，而且我绝对不认为咖啡和茶是同等可取的。

对于上述三种非理性行为，请指出该非理性行为是否违反自反性、完备性或者可传递性。 △

接下来的定理表明，每个效用函数偏好关系都是理性偏好关系。

定理 3.3.1(理性优化) 如果函数 $\mathcal{U}:\mathcal{F}\to\mathcal{R}$ 是偏好关系 $\preceq$ 的效用函数，那么偏好关系 $\preceq$ 是理性偏好关系。

证明 对于每一对元素 $x\in\mathcal{F}$ 和 $y\in\mathcal{F}$，根据效用函数的定义，有 $\mathcal{U}(x)<\mathcal{U}(y)$，$\mathcal{U}(y)<\mathcal{U}(x)$ 或 $\mathcal{U}(x)=\mathcal{U}(y)$。因此，关系 $\preceq$ 是完备的。假设 $\preceq$ 不是传递关系，那么，这表明存在 $x\in\mathcal{F}$，$y\in\mathcal{F}$，$z\in\mathcal{F}$，使得 $x\preceq y$，$y\preceq z$，$z\prec x$。根据效用函数的定义，这表明 $\mathcal{U}(x)\leqslant\mathcal{U}(y)$、$\mathcal{U}(y)\leqslant\mathcal{U}(z)$ 且 $\mathcal{U}(z)<\mathcal{U}(x)$，矛盾。 ■

利用理性优化定理(定理 3.3.1)通过风险函数 $-\mathcal{U}$ 构建的理性偏好关系称为 $-\mathcal{U}$ 的理性偏好关系。

设 $\mathcal{V}:\mathcal{F}\to\mathcal{R}$，其中 $\mathcal{F}$ 是一个状态集合。理性优化定理相当重要，因为它表明，如果学习(或推理)机的目标是找到一个状态 $\boldsymbol{x}^*$，使得对于 V 定义域中的所有 $\boldsymbol{x}$，都有 $V(\boldsymbol{x}^*)\leqslant V(\boldsymbol{x})$，那么学习(或推理)机的目标可以等价地解释为在 V 定义域中搜索一个状态，该状态对应于理性偏好关系。这一点很重要，因为设计目标是构建人工智能系统，而理性优化定理表明，实现这一目标的方法之一就是设计数值优化算法。

例 3.3.2(学习等价于选择最优参数)　例 1.3.3 将学习一组训练数据 $\boldsymbol{x}_1,\cdots,\boldsymbol{x}_n$ 的目标描述为寻找经验风险函数 $\hat{\ell}_n(\boldsymbol{\theta})$ 的最小值 $\hat{\boldsymbol{\theta}}_n$。说明如何构建 $\hat{\ell}_n$ 的理性偏好关系，并将学习机的学习解释为选择最优参数值。　△

例 3.3.3(分类等价于选择最优类别)　例 1.3.4 假设学习机必须将输入模式 $\boldsymbol{s}$ 分类为两个类别之一：$y=1$ 或 $y=0$。学习机认为特定的输入模式 $\boldsymbol{s}$ 是类别 $y=1$ 的概率为 $p(y|\boldsymbol{s})$。学习机的目标是寻找使 $p(y|\boldsymbol{s})$ 最大的 y。说明如何为给定的 $\boldsymbol{s}$ 构建 $p(y|\boldsymbol{s})$ 的理性偏好关系 R，将学习机的分类行为解释为针对给定 $\boldsymbol{s}$ 选择最优类别，并为理性偏好关系 R 构建一个风险函数。　△

机器学习文献中的许多常用算法都可以解释为优化实值目标函数的学习机。理性优化定理(定理 3.3.1)给出了一种有效解释，即将优化目标函数的学习机看作理性决策者。这些观察结果激发了如下定义。

定义 3.3.4(ω 智能机)　设 $\Omega\subseteq\mathcal{R}^d$，$V:\Omega\to\mathcal{R}$ 是理性偏好关系 $\omega\subseteq\Omega\times\Omega$ 的风险函数，E 是由时间索引集 T 和事件 Ω_{E} 生成的事件环境。设

$$\boldsymbol{\Psi}:\Omega\times T\times T\times E\to\Omega$$

是动态系统。此外，假设存在环境定位 $S\subseteq\Omega$，使得对于每个初始状态 $\boldsymbol{x}_0\in S$、每个初始时刻 $t_0\in T$、每个最终状态 $t_{\mathrm{F}}\in T$(其中 $t_{\mathrm{F}}\geqslant t_0$)和每个事件时间轴函数 $\boldsymbol{\xi}\in E$，有

$$V(\boldsymbol{\Psi}(\boldsymbol{x}_0,t_0,t_{\mathrm{F}},\boldsymbol{\xi}))\leqslant V(\boldsymbol{x}_0)$$

因此，称$(\boldsymbol{\Psi},\omega,S,E)$为关于环境定位 S 和环境 E 的 ω 智能机。　□

定义 3.3.5(推理学习机)　设 E 是一个由时间索引集 T 和事件 Ω_{E} 定义的事件环境。$(\boldsymbol{\Psi},\omega,S,E)$是关于环境定位 S 和 E 的 ω 智能机，$\Omega_{\mathrm{E}}\equiv\Omega_{\mathrm{I}}\times\Omega_{\mathrm{F}}$，其中 Ω_{I} 是输入模式向量集合，Ω_{F} 是反馈模式向量的可能集合。$\Omega\equiv\Omega_{\mathrm{o}}\times\Omega_{\mathrm{H}}\times\Theta$，其中$\Omega_{\mathrm{o}}\subseteq\mathcal{R}^{o}$ 是输出模式向量集合，$\Omega_{\mathrm{H}}\subseteq\mathcal{R}^{H}$ 是隐模式向量的可能集合，Θ 是参数空间。如果 $\Theta=\varnothing$，则$(\boldsymbol{\Psi},\omega,S,E)$是一个推理机。如果 $\Theta\neq\varnothing$，则$(\boldsymbol{\Psi},\omega,S,E)$是一个推理学习机。　□

当学习机的事件环境使用的反馈模式总是输入模式所需的输出响应时，则该学习机称为监督学习机。当学习机的事件环境不包括反馈模式向量时，则该学习机称为无监督学习机。不属于监督学习机而又不属于无监督学习机的学习机称为强化学习机。强化学习机的一个例子是不会总收到关于给定输入模式向量对应的期望响应反馈的监督学习机。强化学习机的另一个例子是必须为给定输入模式生成复杂响应，但环境并不给出关于期望响应反馈的学习机。在后一种情况下，环境只给出代表复杂响应质量的标量反馈。

当学习机的事件环境针对单一事件集时，该事件集的单个元素称为训练数据集，学习机称为批量学习机。不属于批量学习机的学习机称为适应性学习机。

当环境中的每个事件时间轴函数 $\boldsymbol{\xi}$ 不依赖于推理学习机的状态时，该环境称为被动式学习环境。不是被动式学习环境的学习环境称为反应式学习环境。在反应式学习环境中，学习机的行为可能会改变学习环境的统计特性(更多讨论见第 12 章)。

练习

3.3-1. 说明式(1.5)和式(1.6)中动态系统的时变迭代映射。说明如何构造一个理性偏好关系，使该学习机目标为计算该理性偏好关系的最优参数。

3.3-2. 说明式(1.8)中梯度下降学习规则的时变迭代映射。说明如何构造一个理性偏好关系，使该学习机目标为计算该理性偏好关系的最优参数。

3.3-3. 说明恒定学习率梯度下降批量学习算法的迭代映射，最小化经验风险函数 $\hat{\ell}_n:\mathcal{R}^q\to\mathcal{R}$。说明如何构造一个理性偏好关系，使该学习机目标为计算该理性偏好关系的最优参数。

3.3-4. 说明恒定学习率自适应梯度下降算法的向量场，在连续时间空间下最小化经验风险函数 $\ell:\mathcal{R}^q\to\mathcal{R}$。说明如何构造一个理性偏好关系，使该学习机目标为计算该理性偏好关系的最优参数。

3.3-5. 说明例1.6.4中的无监督聚类算法为下降算法。说明如何构造一个理性偏好关系，使该聚类算法目标为计算与该理性偏好关系有关的最优聚类策略。

3.4　扩展阅读

学习机的动态系统模型

将环境和学习机建模为动态系统的方法参见文献(Kalman，1963；Kalman et al.，1969)。迭代映射和向量场是动态系统理论中的标准概念。推荐将文献(Luenberger，1979；Vidyasagar，1993；Hirsch et al.，2004)作为动态系统建模的补充介绍。

偏好的数学模型

Von Neumann 和 Morgenstern[(1947)1953]证明，一个智能体基于相应的理性决策公理选择动作，以最小化经验风险函数。Grandmont(1972)将 Von Neumann 和 Morgenstern 的研究扩展到了由离散和连续随机变量组成的更一般的统计环境中。Cox(1946)论证了概率论相关理论是与布尔代数推导逻辑一致的唯一归纳逻辑。Savage[(1954)1972]给出了一个从一组理性决策公理中推导预期误差决策规则的统一框架。

理性优化定理给出了一个将最小化标量值函数看作在状态空间中选择最佳状态的简化结论。文献(Jaffray，1975；Mehta，1985；Bearden，1997)分析了理性优化定理的各种逆变化。

复杂信息处理系统

Marr(1982)认为，复杂信息处理系统应从多个层面描述。Marr(1982)提出计算层面的描述是对智能体计算目标的说明，算法层面的描述是对试图实现该目标的算法的说明，而实现层面的描述是实现算法的细节(另见 Simon，1969)。Golden(1988b，1988c，1996a，1996b，1996c)继 Marr(1982)之后提出可以将一大类机器学习算法看作智能优化算法的观点。

图灵机、超图灵机和超算

Hopcraft 等人(2001)和 Petzold(2008)对1936年经典图灵机计算模型进行了回顾。尽管图灵机是在有限状态空间中运行的离散时间动态系统，但连续时间和连续状态的动态系统也可以在图灵机上以任意精度进行模拟。因此，从这个角度来看，可以在经典图灵机框架内研究连续时间和连续状态的动态系统的计算极限。然而，一些研究者(Maclennan，2003；Cabessa & Siegelmann，2012)提出了另一种计算理论，对经典图灵机计算模型进行了扩展，以深入研究模拟计算机(例如，连续状态数值优化算法和连续状态连续时间生物计算机)的计算极限。但是，这种扩展计算理论是存有争议的(Davis，2006)。*Applied Mathematics and Computation* 杂志的超算专刊对这些问题进行了回顾(Doria & Costa，2006)。

P A R T 2

第二部分

确定性学习机

CHAPTER 4

第 4 章

机器学习的线性代数

学习目标：

- 使用高级矩阵符号和运算符。
- 使用 SVD 设计线性隐单元基函数。
- 使用 SVD 设计线性学习机。

许多重要且广泛使用的机器学习算法都可以看作线性学习机。此外，很多重要且广泛使用的非线性机器学习算法分析也是基于线性学习机分析的。线性学习机的有效分析通常依赖于恰当的矩阵表示方法和关键的线性代数概念。此外，机器学习的基本对象是“模式”。信息的模式由机器学习算法进行处理和使用。因此，表示信息模式的一种常用的简便形式就是数字列表或“向量”。

4.1 矩阵符号与运算符

设 $\mathcal{R}^{m\times n}$ 表示 $m\times n$ 实数矩阵(即 m 行 n 列的矩阵)集。$m\times n$ 的矩阵用大写粗斜体字母(如 $\boldsymbol{A}$)表示。小写粗斜体字母(例如 $\boldsymbol{a}$)表示 d 维列向量，该列向量也是 $d\times 1$ 的矩阵。d 维列向量集用 $\mathcal{R}^d$ 表示。

符号 $\mathbf{0}_d$ 表示由零组成的 d 维列向量。符号 $\mathbf{0}_{d\times d}$ 表示 d 维零矩阵。符号 $\mathbf{1}_d$ 表示 d 维 1 值列向量。矩阵 $\boldsymbol{I}_d$ 是 d 维单位矩阵，其主对角线元素为 1，其他元素为 0。

设 $\boldsymbol{x}\in\mathcal{R}^d$ 为列向量。符号 $\mathbf{log}(\boldsymbol{x})$ 表示 $\mathbf{exp}(\boldsymbol{x})$ 的逆运算，因此 $\mathbf{log}(\mathbf{exp}(\boldsymbol{x}))=\boldsymbol{x}$。此外，将 $\mathbf{exp}:\mathcal{R}^d\rightarrow(0,\infty)$ 定义为列向量 $\mathbf{exp}(\boldsymbol{x})$，它的第 i 个元素为 $\exp(x_i)$，$i=1,\cdots,d$。将 $\mathbf{log}:(0,\infty)\rightarrow\mathcal{R}^d$ 定义为列向量，对于所有 $\boldsymbol{x}\in\mathcal{R}^d$，$\mathbf{log}(\mathbf{exp}(\boldsymbol{x}))=\boldsymbol{x}$。

定义 4.1.1(向量转置) 符号 $\boldsymbol{a}^{\mathrm{T}}\in\mathcal{R}^{1\times d}$ 表示列向量 $\boldsymbol{a}\in\mathcal{R}^d$ 的转置。 □

定义 4.1.2(vec 函数) 设 $\boldsymbol{W}\in\mathcal{R}^{m\times n}$ 为矩阵，$\boldsymbol{W}=[\boldsymbol{w}_1,\cdots,\boldsymbol{w}_n]$，列向量 $\boldsymbol{w}_i\in\mathcal{R}^m\ (i=1,\cdots,n)$，则 $\mathbf{vec}:\mathcal{R}^{m\times n}\rightarrow\mathcal{R}^{mn}$ 函数定义为 $\mathbf{vec}(\boldsymbol{W})=[\boldsymbol{w}_1^{\mathrm{T}},\cdots,\boldsymbol{w}_n^{\mathrm{T}}]^{\mathrm{T}}$。 □

vec 函数将 m 行 n 列的矩阵 $\boldsymbol{W}$ 进行列叠加，形成一个维数为 mn 的列向量。

定义 4.1.3($\mathbf{vec}_m^{-1}$ 函数) 定义函数 $\mathbf{vec}_m^{-1}:\mathcal{R}^{mn}\rightarrow\mathcal{R}^{m\times n}$，使得对于所有 $\boldsymbol{W}\in\mathcal{R}^{m\times n}$，$\mathbf{vec}_m^{-1}$

$(\mathbf{vec}(\boldsymbol{W}))=\boldsymbol{W}$。 □

定义 4.1.4(欧氏范数)　设$\boldsymbol{v}\equiv[v_1,\cdots,v_d]^{\mathrm{T}}\in\mathcal{R}^d$，定义$\boldsymbol{v}$的欧氏范数$|\boldsymbol{v}|$：

$$|\boldsymbol{v}|=\sqrt{\sum_{i=1}^{d}(v_i)^2}$$ □

矩阵$\boldsymbol{M}\in\mathcal{R}^{m\times n}$的欧氏范数$|\boldsymbol{M}|$定义为$|\boldsymbol{M}|=|\mathbf{vec}(\boldsymbol{M})|$。欧氏范数也称为$L_2$范数。

定义 4.1.5(L_1范数)　设$\boldsymbol{v}\equiv[v_1,\cdots,v_d]^{\mathrm{T}}\in\mathcal{R}^d$，定义$\boldsymbol{v}$的$L_1$范数$|\boldsymbol{v}|_1$：

$$|\boldsymbol{v}|_1=\sum_{i=1}^{d}|v_i|$$ □

矩阵$\boldsymbol{M}\in\mathcal{R}^{m\times n}$的$L_1$范数$|\boldsymbol{M}|_1$定义为$|\boldsymbol{M}|_1=|\mathbf{vec}(\boldsymbol{M})|_1$。

定义 4.1.6(无穷范数)　设$\boldsymbol{v}\equiv[v_1,\cdots,v_d]^{\mathrm{T}}\in\mathcal{R}^d$，定义$\boldsymbol{v}$的无穷范数$|\boldsymbol{v}|_\infty$：

$$|\boldsymbol{v}|_\infty=\max\{|v_1|,\cdots,|v_d|\}$$ □

矩阵$\boldsymbol{M}\in\mathcal{R}^{m\times n}$的无穷范数$|\boldsymbol{M}|_\infty$定义为$|\boldsymbol{M}|_\infty=|\mathbf{vec}(\boldsymbol{M})|_\infty$。

定义 4.1.7(点积)　设$\boldsymbol{a}=[a_1,\cdots,a_d]^{\mathrm{T}}\in\mathcal{R}^d$，$\boldsymbol{b}=[b_1,\cdots,b_d]^{\mathrm{T}}\in\mathcal{R}^d$，两个列向量$\boldsymbol{a}$，$\boldsymbol{b}\in\mathcal{R}^d$的点积或内积定义如下：

$$\boldsymbol{a}^{\mathrm{T}}\boldsymbol{b}=\sum_{i=1}^{d}a_ib_i$$ □

需要注意的是，线性基函数是由参数向量$\boldsymbol{\theta}$和输入模式向量$\boldsymbol{s}$的点积定义的，此外，sigmoid 基函数和 softplus 基函数都是参数向量和输入模式向量点积的单调递增函数。如果$\boldsymbol{x}$，$\boldsymbol{y}\in\{0,1\}^d$，则$\boldsymbol{x}^{\mathrm{T}}\boldsymbol{y}$计算的是$\boldsymbol{x}$和$\boldsymbol{y}$共有元素 1 的个数。

定义 4.1.8(向量间的夹角)　设$\boldsymbol{x}$和$\boldsymbol{y}$为d维实数列向量，归一化向量$\ddot{\boldsymbol{x}}\equiv\boldsymbol{x}/|\boldsymbol{x}|$，$\ddot{\boldsymbol{y}}\equiv\boldsymbol{y}/|\boldsymbol{y}|$，$\arccos:\mathcal{R}\rightarrow[0,360)$是余弦函数的反函数，余弦函数的定义域单位为度(°)。列向量$\boldsymbol{x}$和列向量$\boldsymbol{y}$之间的夹角ψ的定义如下：

$$\psi=\arccos(\ddot{\boldsymbol{x}}^{\mathrm{T}}\ddot{\boldsymbol{y}})$$ □

两向量间的夹角可看作一种相似性度量，可用于指示两个向量的信息模式是否相似。例如，向量$\boldsymbol{x}\equiv[1,0,1,0,1,0,1,0]$与$\boldsymbol{y}\equiv[101,0,101,0,101,0,101,0]$的欧氏距离为 200，这表示$\boldsymbol{x}$和$\boldsymbol{y}$是不同的，然而$\boldsymbol{x}$和$\boldsymbol{y}$的夹角为 0，这表示$\boldsymbol{x}$和$\boldsymbol{y}$指向相同的方向。

例 4.1.1(线性基函数的响应)　设$\boldsymbol{\theta}\in\mathcal{R}^d$是一个列参数向量，假设选择的$\boldsymbol{\theta}$满足$|\boldsymbol{\theta}|=1$。设$\boldsymbol{s}\in\mathcal{R}^d$是一个列输入模式向量，响应$y=\boldsymbol{\theta}^{\mathrm{T}}\boldsymbol{s}$定义为线性基函数单元对给定输入模式向量$\boldsymbol{s}$的输出。对于哪些输入模式，线性基函数的响应最大？对于哪些输入模式，线性基函数的响应为零？

解　设ψ代表$\boldsymbol{\theta}$与$\boldsymbol{s}$的夹角。根据向量夹角的定义，有

$$y=\boldsymbol{\theta}^{\mathrm{T}}\boldsymbol{s}=\cos(\psi)|\boldsymbol{\theta}||\boldsymbol{s}| \tag{4.1}$$

其中，$\cos(\psi)$代表角度ψ的余弦值。当输入模式向量$\boldsymbol{s}$指向与参数向量$\boldsymbol{\theta}$相同的方向时，$\cos(\psi)$等于 1，此时得到最大响应$y=|\boldsymbol{\theta}||\boldsymbol{s}|$。当$\boldsymbol{s}$在元素与$d$维参数向量$\boldsymbol{\theta}$正交的$d-1$维子空间中时，参数向量$\boldsymbol{\theta}$和输入模式向量$\boldsymbol{s}$之间的夹角等于 90°，因此响应$y=0$。 △

定义 4.1.9(矩阵乘法)　设$\boldsymbol{A}\in\mathcal{R}^{m\times q}$，$\boldsymbol{B}\in\mathcal{R}^{q\times r}$，则矩阵$\boldsymbol{A}$乘以矩阵$\boldsymbol{B}$称为矩阵积$\boldsymbol{AB}$，它为$m$行$r$列的矩阵，其第$ij$个元素由$\boldsymbol{A}$的第$i$行与$\boldsymbol{B}$的第$j$列的点积得出，$i=1,\cdots,m$，$j=1,\cdots,r$。 □

定义 4.1.10(矩阵乘法可乘性)　设$\boldsymbol{A}\in\mathcal{R}^{m\times n}$，$\boldsymbol{B}\in\mathcal{R}^{q\times r}$，当且仅当$n=q$时，就矩阵乘法$\boldsymbol{AB}$来说，矩阵$\boldsymbol{A}$和$\boldsymbol{B}$是可乘的。 □

矩阵乘法不具有交换性。例如，假设 $\boldsymbol{A}$ 是一个两行三列的矩阵，$\boldsymbol{B}$ 是一个三行四列的矩阵，矩阵 $\boldsymbol{A}$ 和 $\boldsymbol{B}$ 就矩阵乘法 $\boldsymbol{AB}$ 而言是可乘的，就 $\boldsymbol{BA}$ 而言是不可乘的。

此外，即使 $\boldsymbol{A}$ 和 $\boldsymbol{B}$ 对矩阵乘法 $\boldsymbol{AB}$ 和 $\boldsymbol{BA}$ 而言均可乘，$\boldsymbol{AB}=\boldsymbol{BA}$ 也未必成立。例如，设 $\boldsymbol{x}$ 为列向量 $[3,4,0]^{\mathrm{T}}$，那么 $\boldsymbol{xx}^{\mathrm{T}}$ 是一个 3×3 的矩阵，其第一行是 $[9,12,0]$，第二行是 $[12,16,0]$，第三行是零行向量。但是，$\boldsymbol{x}^{\mathrm{T}}\boldsymbol{x}$ 为 25。

例 4.1.2（线性模式关联）　考虑一个推理机，当输入 d 维列模式向量 $\boldsymbol{s}_i$，$(i=1,\cdots,n)$ 时，生成 m 维响应向量 $\boldsymbol{y}_i$。进一步假设，当推理机的参数向量为 $\boldsymbol{\theta}\equiv\mathbf{vec}(\boldsymbol{W}^{\mathrm{T}})$ 时，列向量 $\boldsymbol{y}_i=\boldsymbol{Ws}_i$ $(i=1,\cdots,n)$。为了更紧凑，关系 $\boldsymbol{y}_i=\boldsymbol{Ws}_i$ 可以改为 $\boldsymbol{Y}=\boldsymbol{WS}$，其中 $\boldsymbol{Y}\equiv[\boldsymbol{y}_1,\cdots,\boldsymbol{y}_n]$，$\boldsymbol{S}\equiv[\boldsymbol{s}_1,\cdots,\boldsymbol{s}_n]$。　△

例 4.1.3（单层线性学习机和多层线性学习机的等效性）　设 $\boldsymbol{S}\equiv[\boldsymbol{s}_1,\cdots,\boldsymbol{s}_n]$ 是列为 n 个输入模式向量的矩阵，$\boldsymbol{H}$ 是一个 $m\times n$ 的矩阵，其列是对应 $\boldsymbol{S}$ 中 n 个输入模式向量的 n 个响应，因此 $\boldsymbol{H}=\boldsymbol{VS}$。设 $\boldsymbol{Y}$ 是 $q\times n$ 的矩阵，其列是对应 $\boldsymbol{H}$ 的 n 列的 n 个响应，因此 $\boldsymbol{Y}=\boldsymbol{WH}$。这样就实现了图 4.1 所示的多层网络结构。证明这种多层线性网络可以用等效的单层线性网络代替。

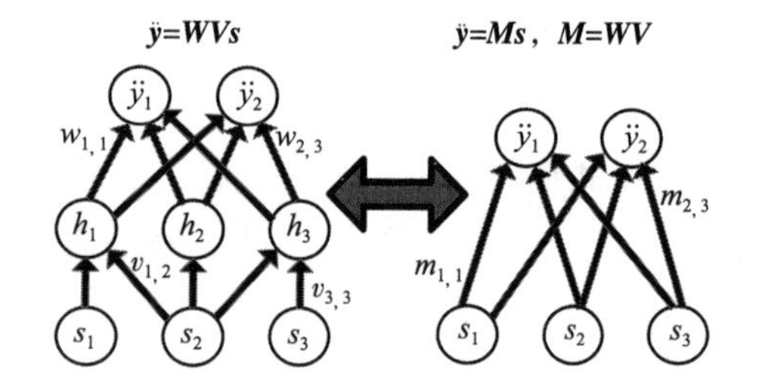

图 4.1　多层线性前馈神经网络等价于单层线性前馈神经网络。左侧网络描述了一个使用 $\ddot{\boldsymbol{y}}=\boldsymbol{Wh}$ 和 $\boldsymbol{h}=\boldsymbol{Vs}$ 生成给定输入模式 $\boldsymbol{s}$ 的响应模式 $\ddot{\boldsymbol{y}}$ 的线性响应函数，右侧网络描述了一个使用 $\ddot{\boldsymbol{y}}=\boldsymbol{Ms}$ 生成给定输入模式 $\boldsymbol{s}$ 的响应模式 $\ddot{\boldsymbol{y}}$ 的线性响应函数。令 $\boldsymbol{M}=\boldsymbol{WV}$，两个网络实现了相同的线性响应函数

解　将 $\boldsymbol{H}=\boldsymbol{VS}$ 代入 $\boldsymbol{Y}=\boldsymbol{WH}$，得到 $\boldsymbol{Y}=\boldsymbol{WVS}$。然后，定义 $\boldsymbol{M}=\boldsymbol{WV}$，得到 $\boldsymbol{Y}=\boldsymbol{MS}$。　△

定义 4.1.11（交换矩阵）　定义交换矩阵 $\boldsymbol{K}_{ur}\in\mathcal{R}^{ur\times ur}$，使得对于所有 $\boldsymbol{C}\in\mathcal{R}^{u\times r}$，有

$$\boldsymbol{K}_{ur}\mathbf{vec}(\boldsymbol{C})=\mathbf{vec}(\boldsymbol{C}^{\mathrm{T}})$$

□

设 $\boldsymbol{A}$ 是一个 2×3 矩阵，其第一行是 $[1,2,3]$，第二行是 $[4,5,6]$，那么 $\mathbf{vec}(\boldsymbol{A}^{\mathrm{T}})=[1,2,3,4,5,6]^{\mathrm{T}}$，$\mathbf{vec}(\boldsymbol{A})=[1,4,2,5,3,6]^{\mathrm{T}}$。此外，总存在一个交换矩阵 $\boldsymbol{K}_{2,3}$，使得 $\boldsymbol{K}_{2,3}\mathbf{vec}(\boldsymbol{A})=\mathbf{vec}(\boldsymbol{A}^{\mathrm{T}})$。如果要将 $\mathbf{vec}(\boldsymbol{A})$ 的第 j 个元素放在 $\mathbf{vec}(\boldsymbol{A}^{\mathrm{T}})$ 的第 k 个元素中，那么选择交换矩阵 $\boldsymbol{K}_{2,3}$ 的第 k 行作为 6 维单位矩阵的第 j 行。

定义 4.1.12（**DIAG** 矩阵算子）　定义对角化矩阵算子 **DIAG**：$\mathcal{R}^d\to\mathcal{R}^{d\times d}$，使得对于所有 $\boldsymbol{x}\in\mathcal{R}^d$，$\mathbf{DIAG}(\boldsymbol{x})$ 都是一个 d 维对角方阵，其中第 i 个对角线元素为 $\boldsymbol{x}$ 的第 i 个元素，$i=1,\cdots,d$。　□

例如 $\mathbf{DIAG}(\mathbf{1}_q)=\boldsymbol{I}_q$。

定义 4.1.13（矩阵的逆）　设 $\boldsymbol{M}$ 是 d 维方阵，假设存在 d 维满秩方阵 $\boldsymbol{M}^{-1}$，使得

$$\boldsymbol{MM}^{-1}=\boldsymbol{M}^{-1}\boldsymbol{M}=\boldsymbol{I}_d$$

则称矩阵 $\boldsymbol{M}^{-1}$ 为 $\boldsymbol{M}$ 的逆。　□

当方阵 $\boldsymbol{M}$ 的逆存在时，称 $\boldsymbol{M}$ 为可逆矩阵。

定义 4.1.14（矩阵迹算子）　设 $\boldsymbol{W}\in\mathcal{R}^{d\times d}$，定义矩阵迹算子 $\mathrm{tr}:\mathcal{R}^{d\times d}\to\mathcal{R}$，使得 $\mathrm{tr}(\boldsymbol{W})$ 为 $\boldsymbol{W}$ 对角线元素的和。　□

定理 4.1.1（迹的循环性）　设 $\boldsymbol{A}$，$\boldsymbol{B}$，$\boldsymbol{C}\in\mathcal{R}^{d\times d}$，则

$$\mathrm{tr}(\boldsymbol{AB})=\mathrm{tr}(\boldsymbol{BA})\tag{4.2}$$

$$\mathrm{tr}(\boldsymbol{ABC})=\mathrm{tr}(\boldsymbol{CAB}) \tag{4.3}$$

证明　设 a_{ij}、b_{ij} 与 c_{ij} 分别表示 $\boldsymbol{A}$、$\boldsymbol{B}$ 与 $\boldsymbol{C}$ 的第 ij 个元素，那么

$$\mathrm{tr}(\boldsymbol{AB})=\sum_{i=1}^{d}\sum_{j=1}^{d}a_{ij}b_{ji}=\sum_{j=1}^{d}\sum_{i=1}^{d}b_{ji}a_{ij}=\mathrm{tr}(\boldsymbol{BA}) \tag{4.4}$$

可证式(4.2)成立。设 $\boldsymbol{R}=\boldsymbol{AB}$，通过式(4.4)的关系可得 $\mathrm{tr}(\boldsymbol{RC})=tr(\boldsymbol{CR})$，将 $\boldsymbol{R}$ 代入后一个表达式即可得到式(4.3)。■

定义 4.1.15(阿达马积)　设 $\boldsymbol{A}\in\mathcal{R}^{r\times s}$，$\boldsymbol{B}\in\mathcal{R}^{r\times s}$，则 $\boldsymbol{A}\odot\boldsymbol{B}$ 称为阿达马积，为一个 $r\times s$ 的矩阵，其第 ij 个元素等于 $\boldsymbol{A}$ 的第 ij 个元素乘以 $\boldsymbol{B}$ 的第 ij 个元素，$i=1,\cdots,r$，$j=1,\cdots,s$。□

设 $\boldsymbol{a}=[1,2,3]$，$\boldsymbol{b}=[1,0,-1]$，则 $\boldsymbol{c}\equiv\boldsymbol{a}\odot\boldsymbol{b}=[1,0,-3]$。需要注意的是，$\boldsymbol{ab}^{\mathrm{T}}=\boldsymbol{1}_3^{\mathrm{T}}[\boldsymbol{a}\odot\boldsymbol{b}]^{\mathrm{T}}=-2$。

定义 4.1.16(对称矩阵)　设 $\boldsymbol{W}$ 为方阵，如果 $\boldsymbol{W}=\boldsymbol{W}^{\mathrm{T}}$，则称 $\boldsymbol{W}$ 为对称矩阵。□

定义 4.1.17(vech 函数)　设 $\boldsymbol{W}\in\mathcal{R}^{m\times m}$ 是一个对称矩阵，其第 ij 个元素用 w_{ij} 表示，$i,j\in\{1,\cdots,m\}$。设 $k\equiv m(m+1)/2$，定义函数 $\mathbf{vech}:\mathcal{R}^{m\times m}\to\mathcal{R}^{k}$，使得

$$\mathbf{vech}(\boldsymbol{W})=[w_{1,1},\cdots,w_{1,m},w_{2,2},\cdots,w_{2,m},w_{3,3},\cdots,w_{3,m},\cdots,w_{m,m}]^{\mathrm{T}}$$

□

定义 4.1.18($\mathbf{vech}_m^{-1}$ 函数)　定义函数 $\mathbf{vech}_m^{-1}:\mathcal{R}^{m(m+1)/2}\to\mathcal{R}^{m\times m}$，使得对于所有对称矩阵 $\boldsymbol{W}\in\mathcal{R}^{m\times m}$，都有 $\mathbf{vech}_m^{-1}(\mathbf{vech}(\boldsymbol{W}))=\boldsymbol{W}$。□

定义 4.1.19(复制矩阵)　定义复制矩阵 $\boldsymbol{D}\in\mathcal{R}^{m^2\times m(m+1)/2}$，使得对于所有对称矩阵 $\boldsymbol{W}\in\mathcal{R}^{m\times m}$，有

$$\mathbf{vec}(\boldsymbol{W})=\boldsymbol{D}\mathbf{vech}(\boldsymbol{W})$$

□

设 $\boldsymbol{A}$ 是 2×2 的矩阵，其第一行为[1,2]，第二行为[2,3]，则 $\mathbf{vec}(\boldsymbol{A})=[1,2,2,3]^{\mathrm{T}}$，$\mathbf{vech}(\boldsymbol{A})=[1,2,3]^{\mathrm{T}}$。如果

$$\boldsymbol{D}\equiv\begin{bmatrix}1&0&0\\0&1&0\\0&1&0\\0&0&1\end{bmatrix}$$

则称 $\boldsymbol{D}$ 为复制矩阵，因为 $\mathbf{vec}(\boldsymbol{A})=\boldsymbol{D}\mathbf{vech}(\boldsymbol{A})$。

定义 4.1.20(实对称矩阵的平方根)　实对称矩阵 $\boldsymbol{M}$ 的平方根 $\boldsymbol{M}^{1/2}$ 定义为 $\boldsymbol{M}^{1/2}\boldsymbol{M}^{1/2}=\boldsymbol{M}$。□

定义 4.1.21(Kronecker 积)　如果 $\boldsymbol{A}\in\mathcal{R}^{r\times s}$，$\boldsymbol{B}\in\mathcal{R}^{t\times u}$，则 Kronecker 积 $\boldsymbol{A}\otimes\boldsymbol{B}\in\mathcal{R}^{rt\times su}$ 是一个由 r 行 t 列子矩阵组成的矩阵，其中第 i 行第 j 列的子矩阵是 $a_{ij}\boldsymbol{B}$，a_{ij} 是 $\boldsymbol{A}$ 的第 ij 个元素。□

设 $\boldsymbol{a}$ 是行向量[1,2,5]，$\boldsymbol{B}$ 是 5 行 4 列的矩阵，那么 $\boldsymbol{a}\otimes\boldsymbol{B}=[\boldsymbol{B},2\boldsymbol{B},5\boldsymbol{B}]$ 是 5 行 12 列的矩阵。一般来说，$\boldsymbol{A}\otimes\boldsymbol{B}\neq\boldsymbol{B}\otimes\boldsymbol{A}$。

定理 4.1.2(Kronecker 矩阵积恒等式)　设 $r,s,t,u,v,p,w,z\in\mathbb{N}^+$，$\boldsymbol{A}\in\mathcal{R}^{r\times s}$，$\boldsymbol{B}\in\mathcal{R}^{t\times u}$，$\boldsymbol{C}\in\mathcal{R}^{v\times p}$，$\boldsymbol{D}\in\mathcal{R}^{w\times z}$，$\boldsymbol{b}\in\mathcal{R}^{t}$，$\boldsymbol{d}\in\mathcal{R}^{z}$，$\rho\in\mathcal{R}$，$\boldsymbol{K}_{ur}\in\mathcal{R}^{ur\times ur}$ 是交换矩阵。设 $\boldsymbol{I}_z$ 是 z 维单位矩阵。

1. $(\boldsymbol{A}\otimes\boldsymbol{B})\rho=\rho\boldsymbol{A}\otimes\boldsymbol{B}=\boldsymbol{A}\otimes\rho\boldsymbol{B}$。
2. $\boldsymbol{A}\otimes(\boldsymbol{B}\otimes\boldsymbol{C})=(\boldsymbol{A}\otimes\boldsymbol{B})\otimes\boldsymbol{C}$。
3. $(\boldsymbol{A}\otimes\boldsymbol{B})^{\mathrm{T}}=\boldsymbol{A}^{\mathrm{T}}\otimes\boldsymbol{B}^{\mathrm{T}}$。
4. $\mathbf{vec}(\boldsymbol{A}\otimes\boldsymbol{B})=(\boldsymbol{I}_s\otimes\boldsymbol{K}_{ur}\otimes\boldsymbol{I}_t)(\mathbf{vec}(\boldsymbol{A})\otimes\mathbf{vec}(\boldsymbol{B}))$。

5. 如果$\boldsymbol{A}$、$\boldsymbol{B}$、$\boldsymbol{C}$满足$\boldsymbol{AB}$与$\boldsymbol{BC}$，则$\mathbf{vec}(\boldsymbol{ABC})=(\boldsymbol{C}^{\mathrm{T}}\otimes\boldsymbol{A})\mathbf{vec}(\boldsymbol{B})$。
6. 如果$\boldsymbol{A}$、$\boldsymbol{B}$、$\boldsymbol{C}$和$\boldsymbol{D}$满足$\boldsymbol{AC}$与$\boldsymbol{BD}$，则$(\boldsymbol{A}\otimes\boldsymbol{B})(\boldsymbol{C}\otimes\boldsymbol{D})=\boldsymbol{AC}\otimes\boldsymbol{BD}$。
7. 如果$\boldsymbol{A}$与$\boldsymbol{C}$满足$\boldsymbol{AC}$，则$(\boldsymbol{A}\otimes\boldsymbol{b})\boldsymbol{C}=\boldsymbol{AC}\otimes\boldsymbol{b}$。
8. 如果$\boldsymbol{A}$与$\boldsymbol{C}$满足$\boldsymbol{AC}$，则$\boldsymbol{A}(\boldsymbol{C}\otimes\boldsymbol{d}^{\mathrm{T}})=\boldsymbol{AC}\otimes\boldsymbol{d}^{\mathrm{T}}$。
9. 如果$\boldsymbol{A}$与$\boldsymbol{C}$满足$\boldsymbol{AC}$，则$(\boldsymbol{A}\otimes\boldsymbol{I}_z)(\boldsymbol{C}\otimes\boldsymbol{I}_z)=\boldsymbol{AC}\otimes\boldsymbol{I}_z$。
10. $\rho\otimes\boldsymbol{I}_z=\rho\boldsymbol{I}_z$。

证明 关于属性1、2、3和10的证明，参见练习4.1-11。关于性质4和5的证明，分别参见(Magnus & Neudecker，2001)的定理10和定理2。关于性质6的证明，参见(Schott，2005)。性质7、8和9可直接从性质6得出。 ■

从计算角度来看，Kronecker积运算要求较高。例如，假设$\boldsymbol{A}$和$\boldsymbol{B}$是500维方阵，那么，Kronecker积$\boldsymbol{C}=\boldsymbol{A}\otimes\boldsymbol{B}$是250 000维方阵。如果$\boldsymbol{A}$或$\boldsymbol{B}$是稀疏矩阵，那么利用稀疏矩阵结构优势，可只使用矩阵的非零元素进行存储和计算。例如，MATLAB就具备支持稀疏矩阵构造和操作的功能。

幸运的是，Kronecker积可以通过包含K个并行处理器的并行处理算法计算，其中K等于矩阵$\boldsymbol{A}$中非零元素的数量，K个并行处理器可同时计算每个非零a_{ij}的$a_{ij}\boldsymbol{B}$，a_{ij}是$\boldsymbol{A}$的第ij个元素。这样的话，就无须存储一个250 000维稀疏方阵，可仅存储K个500维稀疏方阵$a_{1,1\boldsymbol{B}}$、$a_{1,2\boldsymbol{B}}$等。MATLAB支持并行处理和多维索引，能够实现这样的计算。

练习

4.1-1. 设$\boldsymbol{x}_1=[1 \quad 3 \quad 4]^{\mathrm{T}}$，$\boldsymbol{x}_2=[-4 \quad 3 \quad 5]^{\mathrm{T}}$，$\boldsymbol{x}_3=[11 \quad 3 \quad 7]^{\mathrm{T}}$，行向量$\boldsymbol{x}=[\boldsymbol{x}_1^{\mathrm{T}} \quad \boldsymbol{x}_2^{\mathrm{T}} \quad \boldsymbol{x}_3^{T}]$，矩阵$\boldsymbol{W}=[\boldsymbol{x}_1 \quad \boldsymbol{x}_2 \quad \boldsymbol{x}_3]$，矩阵$\boldsymbol{Q}=\boldsymbol{x}_1(\boldsymbol{x}_1)^{\mathrm{T}}+\boldsymbol{x}_3(\boldsymbol{x}_3)^{\mathrm{T}}$。依次计算$\mathbf{vec}(\boldsymbol{W})$、$\mathbf{vec}(\boldsymbol{Q})$、$|\mathbf{vec}(\boldsymbol{W})|_\infty$、$\boldsymbol{x}_1\odot\boldsymbol{x}_2$、$\boldsymbol{x}_1\odot\boldsymbol{W}$、$\boldsymbol{W}\odot\boldsymbol{x}_1$及$\boldsymbol{QQ}$。

4.1-2. 设$\boldsymbol{x}_1=[1 \quad 2]$，$\boldsymbol{x}_2=[0 \quad 3]$，矩阵$\boldsymbol{A}=(\boldsymbol{x}_1)^{\mathrm{T}}\boldsymbol{x}_1$，行向量$\boldsymbol{b}=[\boldsymbol{x}_1,\boldsymbol{x}_2]$。计算$\mathbf{vec}(\boldsymbol{A}\otimes\boldsymbol{b})$。设$\boldsymbol{I}_2$为2维单位矩阵，$\boldsymbol{K}_{2,4}$为交换矩阵，证明$\mathbf{vec}(\boldsymbol{A}\otimes\boldsymbol{b})=(\boldsymbol{I}_2\otimes\boldsymbol{K}_{2,4})(\mathbf{vec}(\boldsymbol{A})\otimes\mathbf{vec}(\boldsymbol{B}))$。

4.1-3. 设$\boldsymbol{x}_1=[2,2]^{\mathrm{T}}$，$\boldsymbol{x}_2=[1,0]$，$\boldsymbol{x}_3=[1,2,3]$，$\boldsymbol{A}=\boldsymbol{x}_1\boldsymbol{x}_1^{\mathrm{T}}$，$\boldsymbol{B}=\boldsymbol{x}_2\boldsymbol{x}_3^{\mathrm{T}}$，$\boldsymbol{C}=\boldsymbol{x}_1\boldsymbol{x}_2^{\mathrm{T}}$。计算$\mathbf{vec}(\boldsymbol{ACB})$和$(\boldsymbol{B}^{\mathrm{T}}\otimes\boldsymbol{A})\mathbf{vec}(\overline{\boldsymbol{C}})$，两个结果应当相同！

4.1-4. 设$\boldsymbol{E}$为m行d列矩阵，其列向量为$\boldsymbol{e}_1,\cdots,\boldsymbol{e}_d$，$\boldsymbol{F}$为$m$行$d$列矩阵，其列向量为$\boldsymbol{f}_1,\cdots,\boldsymbol{f}_d$，$\boldsymbol{D}$为$d$维对角矩阵，其第$i$个对角线元素为$\lambda_i$，$i=1,\cdots,d$。令$\boldsymbol{W}=\boldsymbol{EDF}^{\mathrm{T}}$，证明：

$$\boldsymbol{W}=\sum_{i=1}^{d}\lambda_i\boldsymbol{e}_i\boldsymbol{f}_i^{\mathrm{T}}$$

提示：先研究$d=1$的情况下是如何计算的，再推算出$d=2$的情况，这可能会更有效。

4.1-5. 向量$[0,1,2]$与$[0,1000,2000]$是否线性无关？

4.1-6. 设$\boldsymbol{x}_1=[1 \quad 2]$，$\boldsymbol{x}_2=[0 \quad 3]$。令$\boldsymbol{R}=\boldsymbol{x}_1^{\mathrm{T}}\boldsymbol{x}_1$，计算$\boldsymbol{R}$的秩。

4.1-7. 设$\boldsymbol{v}=[1,2,3]$，$\boldsymbol{w}=[1,-1,2,1]$。令$\boldsymbol{V}=\boldsymbol{v}\boldsymbol{w}^{\mathrm{T}}$，构建交换矩阵$\boldsymbol{K}$，使得$\boldsymbol{K}\mathbf{vec}(\boldsymbol{V})=\mathbf{vec}(\boldsymbol{V}^{\mathrm{T}})$。通过定义$\boldsymbol{K}$求解，其中$\boldsymbol{K}$的每一行都是一个单位矩阵的行向量。

4.1-8. 定义经验风险函数$\hat{\ell}_n:\Theta\to\mathcal{R}$，使得对于所有$\boldsymbol{\theta}\in\Theta\subseteq\mathcal{R}^q$，有

$$\hat{\ell}_n(\boldsymbol{\theta})=(1/n)\sum_{i=1}^{n}(y_i-\boldsymbol{\theta}^{\mathrm{T}}\boldsymbol{s}_i)^2$$

其中，y_i 为给定 q 维输入模式 $\boldsymbol{s}_i$ 时学习机的期望响应，$i=1,\cdots,n$。证明 $\hat{\ell}_n$ 可重写为以下矩阵形式：

$$\hat{\ell}_n(\boldsymbol{\theta})=(1/n)[(\boldsymbol{y}^{\mathrm{T}}-\boldsymbol{\theta}^{\mathrm{T}}\boldsymbol{S})\odot(\boldsymbol{y}^{\mathrm{T}}-\boldsymbol{\theta}^{\mathrm{T}}\boldsymbol{S})]\mathbf{1}_n$$

其中，$\boldsymbol{S}\equiv[\boldsymbol{s}_1,\cdots,\boldsymbol{s}_n]$，$\boldsymbol{y}\equiv[y_1,\cdots,y_n]^{\mathrm{T}}$。

4.1-9. 设 $V:\mathcal{R}^d\to\mathcal{R}$，$\boldsymbol{a}^{\mathrm{T}}=[a_1,\cdots,a_d]$，$\boldsymbol{B}$ 为 d 维方阵，其第 ij 个元素为 $b_{i,j}$。令 $\boldsymbol{x}^{\mathrm{T}}=[x_1,\cdots,x_d]^{\mathrm{T}}$，证明：如果

$$V(\boldsymbol{x})\equiv\sum_{i=1}^{d}a_ix_i+\sum_{i=1}^{d}\sum_{j=1}^{d}b_{i,j}x_ix_j$$

则 $V(\boldsymbol{x})=\boldsymbol{a}^{\mathrm{T}}\boldsymbol{x}+\boldsymbol{x}^{\mathrm{T}}\boldsymbol{B}\boldsymbol{x}$。

4.1-10. 设 $V:\mathcal{R}^d\to\mathcal{R}$，$\boldsymbol{a}^{\mathrm{T}}=[a_1,\cdots,a_d]$。令 $\boldsymbol{B}$ 为 d 维方阵，其第 ij 个元素为 $b_{i,j}$，$\boldsymbol{C}\in\mathcal{R}^{d\times d^2}$ 为矩阵，其元素为 $c_{i,j,k}=\boldsymbol{u}_i^{\mathrm{T}}\boldsymbol{C}(\boldsymbol{u}_j\otimes\boldsymbol{u}_k)$，$\boldsymbol{u}_i$、$\boldsymbol{u}_j$ 与 $\boldsymbol{u}_k$ 为 d 维单位矩阵的第 i、j、k 列，$i,j,k=1,\cdots,d$。证明：展开式

$$V(\boldsymbol{x})=\sum_{i=1}^{d}a_ix_i+\sum_{i=1}^{d}\sum_{j=1}^{d}b_{i,j}x_ix_j+\sum_{i=1}^{d}\sum_{j=1}^{d}\sum_{k=1}^{d}c_{i,j,k}x_ix_jx_k$$

可重写为

$$V(\boldsymbol{x})=\boldsymbol{a}^{\mathrm{T}}\boldsymbol{x}+\boldsymbol{x}^{\mathrm{T}}\boldsymbol{B}\boldsymbol{x}+\boldsymbol{x}^{\mathrm{T}}\boldsymbol{C}(\boldsymbol{x}\otimes\boldsymbol{x})$$

4.1-11. 证明 Kronecker 矩阵积恒等式定理(定理 4.1.2)的性质 1、2、3、10。使用性质 6 证明性质 7、8 和 9。

4.2　线性子空间投影定理

设 $\boldsymbol{s}$ 代表 d 维输入模式，满足 $\boldsymbol{s}\in\mathcal{R}^d$。定义线性隐单元基函数 $h:\mathcal{R}^d\times\mathcal{R}^d\to\mathcal{R}$，使得 $h(\boldsymbol{s},\boldsymbol{w}_k)\equiv\boldsymbol{w}_k^{\mathrm{T}}\boldsymbol{s}$，$k=1,\cdots,m$。同理，可定义一个线性变换 $\boldsymbol{h}=\boldsymbol{W}\boldsymbol{s}$，其中 $\boldsymbol{W}\in\mathcal{R}^{m\times d}$ 的第 k 行定义为行向量 $\boldsymbol{w}_k^{\mathrm{T}}$，$k=1,\cdots,m$。因此，$d$ 维输入模式 $\boldsymbol{s}$ 可转换为 m 维模式 $\boldsymbol{h}$。本节将讨论分析这种线性变换的方法。

定义 4.2.1(线性无关)　对于向量集 $\boldsymbol{x}_1,\cdots,\boldsymbol{x}_k$，若存在实数 $c_1,\cdots,c_k$，使得

$$\sum_{i=1}^{k}c_i\boldsymbol{x}_i=\mathbf{0}$$

且 $c_1,\cdots,c_k$ 中至少有一个元素不为 0，则称向量集线性无关。非线性相关的向量集称为线性无关向量集。□

简而言之，如果集合中没有向量可以重写为集合中其他向量的(非平凡解)线性组合，那么向量集是线性无关的。需要注意的是，$\{\mathbf{0}_d\}$是线性相关集，而$\{\mathbf{1}_d\}$是线性无关集。

定义 4.2.2(矩阵的秩)　设 $\mathbf{A}\in\mathcal{R}^{m\times n}$，矩阵 $\mathbf{A}$ 的线性无关行向量的个数称为 $\mathbf{A}$ 的行秩，如果 $\mathbf{A}$ 的行秩等于 m，则 $\mathbf{A}$ 为行满秩矩阵；矩阵 $\mathbf{A}$ 的线性无关列向量的个数称为 $\mathbf{A}$ 的列秩，如果 $\mathbf{A}$ 的列秩等于 n，则 $\mathbf{A}$ 为列满秩矩阵。□

定理 4.2.1(行秩和列秩的等价性)　设 $\mathbf{A}\in\mathcal{R}^{m\times n}$，$\mathbf{A}$ 的行秩等于 $\mathbf{A}$ 的列秩。

证明　见文献(Noble & Daniel，1977)的定理 4.8 和推论 4.1。■

定义 4.2.3(矩阵的子空间)　设 n 维行向量 $\boldsymbol{a}_1,\cdots,\boldsymbol{a}_m$ 代表矩阵 $\mathbf{A}\in\mathcal{R}^{m\times n}$ 的 m 行，矩阵 $\mathbf{A}$ 的行子空间为以下集合：

$$S\equiv\left\{\boldsymbol{x}\in\mathcal{R}^n:\boldsymbol{x}\equiv\sum_{j=1}^{m}c_j\boldsymbol{a}_j,c_j\in\mathcal{R},j=1,\cdots,m\right\}$$

矩阵 $\boldsymbol{A}$ 的列子空间是 $\boldsymbol{A}^{\mathrm{T}}$ 的行子空间，行子空间和列子空间的维数定义为 $\boldsymbol{A}$ 的秩。矩阵 $\boldsymbol{A}\in\mathcal{R}^{m\times n}$ 的零空间(null space)为

$$S=\{\boldsymbol{x}\in\mathcal{R}^{n}:\boldsymbol{A}\boldsymbol{x}=\boldsymbol{0}_{m}\}$$
□

简而言之，矩阵 $\boldsymbol{A}$ 的行子空间是由所有可能的 $\boldsymbol{A}$ 行加权和构成的向量的集合。

定义 4.2.4(正定矩阵和半正定矩阵)　设 $\Omega\subseteq\mathcal{R}^{d}$，$\boldsymbol{W}\in\mathcal{R}^{d\times d}$。对于所有 $\boldsymbol{x}\in\Omega$，如果 $\boldsymbol{x}^{\mathrm{T}}\boldsymbol{W}\boldsymbol{x}\geqslant 0$，则 $\boldsymbol{W}$ 是半正定矩阵。对于所有 $\boldsymbol{x}\in\Omega$，如果 $\boldsymbol{x}^{\mathrm{T}}\boldsymbol{W}\boldsymbol{x}>0$，则 $\boldsymbol{W}$ 是正定矩阵。　□

定义 4.2.5(特征向量和特征值)　设 $\boldsymbol{W}\in\mathcal{R}^{d\times d}$，如果存在一个复数 λ 和 d(可能为复数)维非零列向量 $\boldsymbol{e}$，使得

$$\boldsymbol{W}\boldsymbol{e}=\lambda\boldsymbol{e}$$

则 $\boldsymbol{e}$ 是 $\boldsymbol{W}$ 的特征向量，对应的 λ 为特征值。如果同时满足 $|\boldsymbol{e}|=1$，则 $\boldsymbol{e}$ 是归一化特征向量。　□

需要注意的是，如果列向量集 $\boldsymbol{e}_{1},\cdots,\boldsymbol{e}_{n}$ 是正交的，则表示：(i) $|\boldsymbol{e}_{k}|=1$，$k=1,\cdots,n$；(ii) 对于所有 j，$k=1,\cdots,n$，$j\neq k$，$\boldsymbol{e}_{j}^{\mathrm{T}}\boldsymbol{e}_{k}=0$。

定理 4.2.2(特征分解)　如果 $\boldsymbol{W}\in\mathcal{R}^{d\times d}$ 是实对称矩阵，则 $\boldsymbol{W}$ 可重写为

$$\boldsymbol{W}=\sum_{i=1}^{d}\lambda_{i}\boldsymbol{e}_{i}\boldsymbol{e}_{i}^{\mathrm{T}}$$

其中，$\boldsymbol{e}_{1},\cdots,\boldsymbol{e}_{d}$ 是对应各实特征值 $\lambda_{1},\cdots,\lambda_{d}$ 的 d 个正交实特征向量。

证明　参见文献(Magnus & Neudecker，2001)中定理 13 的证明。　■

定理 4.2.2 的结论可写为：设 $\boldsymbol{D}$ 是一个 d 维对角矩阵，其第 i 个对角线元素是实对称矩阵 $\boldsymbol{W}$ 的第 i 个特征值。此外，设 d 维矩阵 $\boldsymbol{E}\equiv[\boldsymbol{e}_{1},\cdots,\boldsymbol{e}_{d}]$ 的第 i 列是第 i 个特征向量 $\boldsymbol{e}_{i}$，特征值对应于 $\boldsymbol{D}$ 的第 i 个对角线元素。定理 4.2.2 意味着

$$\boldsymbol{W}=\sum_{i=1}^{d}\lambda_{i}\boldsymbol{e}_{i}\boldsymbol{e}_{i}^{\mathrm{T}}=\boldsymbol{E}\boldsymbol{D}\boldsymbol{E}^{\mathrm{T}}$$

例 4.2.1(正定矩阵的正交特征谱定义)　设 $\boldsymbol{W}$ 是实对称矩阵，则

$$\boldsymbol{x}^{\mathrm{T}}\boldsymbol{W}\boldsymbol{x}=\boldsymbol{x}^{\mathrm{T}}\left[\sum_{i=1}^{d}\lambda_{i}\boldsymbol{e}_{i}\boldsymbol{e}_{i}^{\mathrm{T}}\right]\boldsymbol{x}=\sum_{i=1}^{d}\lambda_{i}(\boldsymbol{e}_{i}^{\mathrm{T}}\boldsymbol{x})^{2}$$

因此，当 $\boldsymbol{W}$ 的特征值为非负时，$\boldsymbol{W}$ 是半正定的。更进一步，当 $\boldsymbol{W}$ 的特征值为正时，$\boldsymbol{W}$ 是正定的。　△

例 4.2.2(线性推理机响应)　之前的特征谱分析定理(定理 4.2.2)可用于分析线性推理机，假设推理机依据给定的 d 维输入模式向量 $\boldsymbol{s}$ 生成 d 维响应向量 $\boldsymbol{y}$，其中 $\boldsymbol{y}=\boldsymbol{W}\boldsymbol{s}$。假设 d 维 $\boldsymbol{W}$ 是满秩的对称矩阵。

$$\boldsymbol{y}=\boldsymbol{W}\boldsymbol{s}$$

$$\boldsymbol{y}=\left[\sum_{i=1}^{d}\lambda_{i}\boldsymbol{e}_{i}\boldsymbol{e}_{i}^{\mathrm{T}}\right]\boldsymbol{s}$$

$$\boldsymbol{y}=\sum_{i=1}^{d}\lambda_{i}(\boldsymbol{e}_{i}^{\mathrm{T}}\boldsymbol{s})\boldsymbol{e}_{i}$$

证明了线性响应可用 $\boldsymbol{s}$ 与 $\boldsymbol{W}$ 较大特征值对应特征向量的相似度表示。因此，$\boldsymbol{W}$ 的特征向量可作为 $\boldsymbol{W}$ 的抽象特征。若其响应 $\boldsymbol{y}$ 代表原始输入模式向量 $\boldsymbol{s}$ 映射到由 $\boldsymbol{W}$ 最大特征值对应特征向量所张开的线性子空间的投影，则这是一个线性子空间机的示例。此线性子空间的维数是 $\boldsymbol{W}$ 的秩 r，秩 r 等于与非零特征值关联的特征向量的个数。　△

在实际应用中，非对称满秩方阵的特征向量分析在某些时候很必要。

定理 4.2.3(特征值分析)　设 $\boldsymbol{W}$ 是 d 维方阵，矩阵 $\boldsymbol{W}$ 有 d 个特征向量组成的线性无关集，

当且仅当存在可逆的 d 维方阵 $\boldsymbol{E}$ 和 d 维对角矩阵 $\boldsymbol{D}$，使得 $\boldsymbol{W}=\boldsymbol{E}\boldsymbol{D}\boldsymbol{E}^{-1}$，其中 $\boldsymbol{E}$ 的第 i 个列向量是与第 i 个特征值 λ_i 相关联的特征向量，特征值 λ_i 处于矩阵 $\boldsymbol{D}$ 的第 i 个对角线元素位置。

证明 参见文献(Noble & Daniel，1977)中定理 8.3 的证明。 ■

需要注意的是，d 维实方阵的特征值可以是复数。用方阵特征值来表示其行列式的非标准行列式定义在很多应用场合是非常有用的。

定义 4.2.6(方阵的行列式) 设 $\boldsymbol{M}$ 是一个特征值为 $\lambda_1,\cdots,\lambda_d$ 的 d 维方阵，它的行列式 $\det(\boldsymbol{M})$ 定义为 $\det(\boldsymbol{M})=\prod_{i=1}^{d}\lambda_i$。 □

半正定矩阵的行列式可代表该矩阵大小的量度，因为所有的特征值都是非负的。

定理 4.2.4(行列式积) 设 $\boldsymbol{A}$ 与 $\boldsymbol{B}$ 为方阵，则 $\det(\boldsymbol{AB})=\det(\boldsymbol{A})\det(\boldsymbol{B})$。

证明 参见文献(Noble & Daniel，1977)中定理 6.6 的证明。 ■

定理 4.2.5(矩阵迹为特征值之和) 方阵 $\boldsymbol{W}$ 的迹等于 $\boldsymbol{W}$ 的特征值之和。

证明 参见文献(Schott，2005)中定理 3.5 的证明。 ■

定义 4.2.7(条件数) 正定对称矩阵 $\boldsymbol{M}$ 的条件数等于 $\boldsymbol{M}$ 的最大特征值除以 $\boldsymbol{M}$ 的最小特征值。 □

在机器学习应用中，对于实对称矩阵 $\boldsymbol{M}^*$ 和其秩，可通过一个有正特征值的实对称矩阵 $\hat{\boldsymbol{M}}$ 估计。可以通过如下方法判断 $\boldsymbol{M}^*$ 不是满秩的：(1) 检验 $\boldsymbol{M}^*$ 的近似矩阵 $\hat{\boldsymbol{M}}$ 的最大特征值是否大于某个小正数；(2) 检验 $\boldsymbol{M}^*$ 近似矩阵 $\hat{\boldsymbol{M}}$ 的条件数是否极大。

例如，假设 $\hat{\boldsymbol{M}}$ 是一个可逆矩阵，其最大的特征值是 0.0001，最小的特征值是 10^{-15}。$\hat{\boldsymbol{M}}$ 的所有特征值都是正值，条件数很大，为 10^{14}。但从实际情况来看，$\hat{\boldsymbol{M}}_n$ 在数值上是不可逆的。

再举一个例子，假设 $\hat{\boldsymbol{M}}$ 是一个可逆矩阵，$\hat{\boldsymbol{M}}$ 的最大特征值是 10^{-15}，最小特征值是 10^{-16}。在这种情况下，虽然 $\hat{\boldsymbol{M}}$ 所有的特征值都严格是正值，且条件数仅为 10，但从实用角度来看，$\hat{\boldsymbol{M}}$ 在数值上是不可逆矩阵。

更普遍的矩阵分解可使用 SVD(奇异值分解)完成，它将特征向量和特征值的概念推广到一般矩阵情形。

定理 4.2.6(奇异值分解) 设 $\boldsymbol{W}\in\mathcal{R}^{n\times m}$ 的秩为正数 k，$\boldsymbol{W}\boldsymbol{W}^{\mathrm{T}}$ 的 k 个正交特征向量 $\boldsymbol{u}_1,\cdots,\boldsymbol{u}_k$ 在 $n\times k$ 的矩阵 $\boldsymbol{U}=[\boldsymbol{u}_1,\cdots,\boldsymbol{u}_k]$ 中排列成 n 维列向量，$\boldsymbol{W}^{\mathrm{T}}\boldsymbol{W}$ 的 k 个正交特征向量 $\boldsymbol{v}_1,\cdots,\boldsymbol{v}_k$ 在矩阵 $\boldsymbol{V}=[\boldsymbol{v}_1,\cdots,\boldsymbol{v}_k]$ 中排列成 m 维列向量。设 $\boldsymbol{D}\in\mathcal{R}^{k\times k}$ 是一个对角矩阵，$d_{jj}=\boldsymbol{u}_j^{\mathrm{T}}\boldsymbol{W}\boldsymbol{v}_j$，$j=1,\cdots,k$，那么 $\boldsymbol{W}=\boldsymbol{U}\boldsymbol{D}\boldsymbol{V}^{\mathrm{T}}$。此外，$\boldsymbol{D}$ 对角线上的元素严格为正数。

证明 参见文献(Noble & Daniel，1977)中定理 9.7 的证明。 ■

需要注意的是，奇异值分解定理中矩阵 $\boldsymbol{U}$ 的列称为 $\boldsymbol{W}$ 的左特征向量，矩阵 $\boldsymbol{V}$ 的列称为 $\boldsymbol{W}$ 的右特征向量，对角矩阵 $\boldsymbol{D}$ 的第 i 个对角线元素称为与第 i 个左特征向量 $\boldsymbol{u}_i$ 和第 i 个右特征向量 $\boldsymbol{v}_i$ 相关的奇异值，$i=1,\cdots,k$。还需要注意的是，奇异值分解可以等价地表示为

$$\boldsymbol{W}=\boldsymbol{U}\boldsymbol{D}\boldsymbol{V}^{\mathrm{T}}=\sum_{j=1}^{k}d_{j,j}\boldsymbol{u}_j\boldsymbol{v}_j^{\mathrm{T}}$$

在实际应用中，$\boldsymbol{U}$、$\boldsymbol{V}$ 和 $\boldsymbol{D}$ 矩阵可以使用现有的计算机软件(例如，使用 MATLAB 中的函数 SVD)从 $\boldsymbol{W}$ 计算出来。

例 4.2.3(利用 SVD 进行图像压缩) 奇异值分解对解决图像压缩问题非常有用。图像 $\boldsymbol{W}\in\mathcal{R}^{n\times m}$ 定义为一个整数矩阵，其中每个整数可以取 d 个可能的值，典型的 m、n 和 d 值分

别是 3×10^4、5×10^4 和 256。存储这样一个图像所需的总位数如下：

$$-\log_2((1/d)^{mn})=mn\log_2(d)$$

现在对 $\boldsymbol{W}$ 进行奇异值分解，使 $\boldsymbol{W}=\boldsymbol{UDV}^{\mathrm{T}}$，其中 $\boldsymbol{D}$ 的非零对角线元素数等于 k。这表示矩阵 $\boldsymbol{W}$ 只需用与非零奇异值相关的 k 个左特征向量和 k 个右特征向量准确表示。因此，只需要 $k(m+n+1)$ 个数就可以准确地表示 $\boldsymbol{W}$，或者只需要

$$-\log_2((1/d)^{k(m+n+1)})=k(m+n+1)\log_2(d)$$

个信息存储位。另外，如果 $\boldsymbol{D}$ 的非零对角线元素 u 相对于其他非零对角线元素来说为很小的正数，那么可设 u 等于零，用 $\ddot{\boldsymbol{D}}$ 近似表示 $\boldsymbol{D}$。请证明只需要 $(k-u)(m+n+1)$ 个数就可以近似表示 $\boldsymbol{W}$。　△

例 4.2.4（利用 LSI 减少计算量）　在潜在语义索引（LSI）中，只使用正奇异值中对应于最主要的有效统计规则的子集来重构文档词汇矩阵。类似于图像压缩示例（参见例 4.2.3），文档词汇矩阵的近似重构可采用同样的方法。当文档词汇矩阵非常大时，可避免过多的存储和计算要求。

假设对于一个由 10^5 个词汇和 10^7 个文档组成的文档词汇矩阵 $\boldsymbol{W}$，SVD 为 $\boldsymbol{W}=\boldsymbol{UDV}^{\mathrm{T}}$，其中 $\boldsymbol{D}$ 是一个对角矩阵，$\boldsymbol{D}$ 的 10 个对角线元素严格大于 0.01，其余对角线元素小于 10^{-6}。证明 $\boldsymbol{W}$ 的近似重构由公式 $\ddot{\boldsymbol{W}}=\boldsymbol{U}\ddot{\boldsymbol{D}}\boldsymbol{V}^{\mathrm{T}}$ 生成，如果 $\boldsymbol{D}$ 的第 j 个对角线元素 $d_{ii}>0.01$，则对角矩阵 $\ddot{\boldsymbol{D}}$ 的第 j 个对角线元素等于 d_{ii}，否则为 0。

证明只需要 10 100 010 个数就可以表示由 10^{12} 个数组成的 $\ddot{\boldsymbol{W}}$。设 $\boldsymbol{q}$ 是例 1.6.1 中定义的查询向量。为了计算 $\boldsymbol{q}$ 与存储在 $\ddot{\boldsymbol{W}}$ 中文档的相似度，通常会估算 $\boldsymbol{q}^{\mathrm{T}}\ddot{\boldsymbol{W}}$，因为 $\boldsymbol{q}^{\mathrm{T}}\ddot{\boldsymbol{W}}$ 的第 k 个元素等于 $\boldsymbol{q}$ 与文档词汇矩阵 $\ddot{\boldsymbol{W}}$ 的第 k 个文档向量的点积。证明计算 $\boldsymbol{q}^{\mathrm{T}}\ddot{\boldsymbol{W}}$ 无须显式表征大矩阵 $\ddot{\boldsymbol{W}}$，且只使用 $\ddot{\boldsymbol{W}}$ 的 10 个奇异值、10 个左特征向量和 10 个右特征向量即可。　△

练习

4.2-1. 设 $\boldsymbol{M}$ 是 d 维实对称矩阵，$\lambda_{\min}$ 和 $\lambda_{\max}$ 分别对应 $\boldsymbol{M}$ 的最小特征值和最大特征值。证明：对于所有 $\boldsymbol{x}\in\mathcal{R}^d$，有

$$\lambda_{\min}|\boldsymbol{x}|^2\leqslant\boldsymbol{x}^{\mathrm{T}}\boldsymbol{M}\boldsymbol{x}\leqslant\lambda_{\max}|\boldsymbol{x}|^2$$

提示：设 $\boldsymbol{M}=\boldsymbol{EDE}^{\mathrm{T}}$，其中 $\boldsymbol{D}$ 是主对角线上有非负元素的对角矩阵，$\boldsymbol{E}$ 的列向量是 $\boldsymbol{M}$ 的特征向量。设 $\boldsymbol{y}(\boldsymbol{x})=\boldsymbol{E}^{\mathrm{T}}\boldsymbol{x}$，然后证明对于所有的 $\boldsymbol{x}$，有 $\boldsymbol{y}(\boldsymbol{x})^{\mathrm{T}}\boldsymbol{D}\boldsymbol{y}(\boldsymbol{x})=\sum_{i=1}^{d}\lambda_i y_i(\boldsymbol{x})^2$，其中 $\lambda_{\min}\leqslant\lambda_i\leqslant\lambda_{\max}$。

4.2-2. 利用定理 4.2.2 证明实对称矩阵 $\boldsymbol{W}$ 的特征向量分解与 $\boldsymbol{W}$ 的奇异值分解间的关系。

4.2-3. 定义 $V(\boldsymbol{x})=-\boldsymbol{x}^{\mathrm{T}}\boldsymbol{W}\boldsymbol{x}$，其中 $\boldsymbol{W}$ 是半正定实对称矩阵。证明 $V(\boldsymbol{x})$ 可重写为

$$V(\boldsymbol{x})=-\sum_{i=1}^{d}\lambda_i(\boldsymbol{e}_i^{\mathrm{T}}\boldsymbol{x})^2$$

其中，λ_i 是 $\boldsymbol{W}$ 的第 i 个特征值，且 $\boldsymbol{e}_i$ 是 $\boldsymbol{W}$ 的第 i 个特征向量。将 V 看作衡量 $\boldsymbol{x}$ 与 $\boldsymbol{W}$ 最大特征值对应特征向量所张开的子空间的相似度。

4.2-4. 线性推理机响应（矩阵）　考虑一个线性推理机，它对给定的 d 维输入模式 $\boldsymbol{s}$ 产生一个 m 维的响应向量 $\boldsymbol{y}$，其中 $\boldsymbol{y}=\boldsymbol{Ws}$，$\boldsymbol{W}\in\mathcal{R}^{m\times d}$ 是一个矩阵。用计算机程序对 $\boldsymbol{W}$ 进行 SVD，得到 $\boldsymbol{W}=\boldsymbol{UDV}^{\mathrm{T}}$，其中 $\boldsymbol{U}\equiv[\boldsymbol{u}_1,\cdots,\boldsymbol{u}_r]$ 的列是 $\boldsymbol{WW}^{\mathrm{T}}$ 的正交特征向量，$\boldsymbol{V}\equiv$

$[\boldsymbol{v}_1,\cdots,\boldsymbol{v}_r]$的列是$\boldsymbol{W}^{\mathrm{T}}\boldsymbol{W}$的正交特征向量，$\boldsymbol{D}$是一个对角矩阵，它有$r$个非零的对角线元素$d_1,\cdots,d_r$。使用奇异值分解(SVD)证明：

$$\boldsymbol{W}=\sum_{i=1}^{r} d_i \boldsymbol{u}_i \boldsymbol{v}_i^{\mathrm{T}}$$

$$\boldsymbol{y}=\sum_{i=1}^{r} d_i \beta_i \boldsymbol{v}_i$$

其中，$\beta_i=(\boldsymbol{v}_i^{\mathrm{T}}\boldsymbol{s})$是输入模式$\boldsymbol{s}$和第$i$个右特征向量$\boldsymbol{v}_i$的点积相似性度量。因此，响应是右特征向量的加权和，其中每个右特征向量的权重由两部分决定：一是由d_i表示的矩阵$\boldsymbol{W}$的特征向量是否存在；二是右特征向量与输入模式向量的相似度。假设d_r的值相比于$d_1,\cdots,d_{r-1}$非常小。请解释一下为什么设置$d_r=0$会：(i) 减少存储量；(ii) 减少计算量；(iii) 提高泛化性能。

4.3　线性方程组解定理

设$\boldsymbol{A}$为n维可逆方阵，$\boldsymbol{b}$为n维向量。假设我们的目标是求解满足线性方程组$\boldsymbol{Ax}=\boldsymbol{b}$的未知$n$维列向量$\boldsymbol{x}$。当存在$\boldsymbol{x}$的准确解时，得$\boldsymbol{x}=\boldsymbol{A}^{-1}\boldsymbol{b}$。

一般来说，$\boldsymbol{A}$可能是不可逆的。例如，$\boldsymbol{A}$可能不是满秩的或者$\boldsymbol{A}$并非方阵，但是在这种情况下，可引入“矩阵伪逆”概念，从更一般情况出发，通过类似线性方程组求解的方式得出矩阵伪逆。

设$\boldsymbol{A}\in\mathcal{R}^{m\times n}$是列秩为$n$(列满秩)的矩阵且$\boldsymbol{b}$是一个$m$维向量，方程$\boldsymbol{Ax}=\boldsymbol{b}$定义了$m$个线性方程，其中$n$维向量$\boldsymbol{x}$是未知变量。

定义

$$\boldsymbol{A}^{\dagger}\equiv(\boldsymbol{A}^{\mathrm{T}}\boldsymbol{A})^{-1}\boldsymbol{A}^{\mathrm{T}}$$

$$\boldsymbol{Ax}=\boldsymbol{b} \tag{4.5}$$

两边均左乘$\boldsymbol{A}^{\dagger}$，得到

$$\boldsymbol{A}^{\dagger}\boldsymbol{Ax}=\boldsymbol{A}^{\dagger}\boldsymbol{b}$$

替换$\boldsymbol{A}^{\dagger}$，得出

$$(\boldsymbol{A}^{\mathrm{T}}\boldsymbol{A})^{-1}\boldsymbol{A}^{\mathrm{T}}\boldsymbol{Ax}=\boldsymbol{A}^{\dagger}\boldsymbol{b} \tag{4.6}$$

由此可见，

$$\boldsymbol{x}=\boldsymbol{A}^{\dagger}\boldsymbol{b}$$

因为$\boldsymbol{A}^{\mathrm{T}}\boldsymbol{A}$是$n$维可逆方阵。鉴于$\boldsymbol{A}^{\dagger}\boldsymbol{A}=\boldsymbol{I}_n$，因此可将$\boldsymbol{A}^{\dagger}$看作矩阵逆的更一般概念，称为“左伪逆”。需要注意的是，当$\boldsymbol{A}$列满秩时，$\boldsymbol{AA}^{\dagger}$不一定等于单位矩阵$\boldsymbol{I}_m$。

现在假设有第二种情况，即$\boldsymbol{A}\in\mathcal{R}^{m\times n}$是一个行秩为$m$(行满秩)的矩阵，且我们的目标是求解满足线性方程组$\boldsymbol{x}^{\mathrm{T}}\boldsymbol{A}=\boldsymbol{b}^{\mathrm{T}}$的未知$m$维向量$\boldsymbol{x}$，其中$\boldsymbol{A}$和$\boldsymbol{b}\in\mathcal{R}^n$是已知的。

定义“右伪逆”：

$$\boldsymbol{A}^{\dagger}=\boldsymbol{A}^{\mathrm{T}}(\boldsymbol{AA}^{\mathrm{T}})^{-1}$$

对$\boldsymbol{x}^{\mathrm{T}}\boldsymbol{A}=\boldsymbol{b}^{\mathrm{T}}$右乘$\boldsymbol{A}^{\dagger}$，得出

$$\boldsymbol{x}^{\mathrm{T}}\boldsymbol{AA}^{\dagger}=\boldsymbol{b}^{\mathrm{T}}\boldsymbol{A}^{\dagger}$$

因为$\boldsymbol{AA}^{\dagger}=\boldsymbol{I}_m$，所以$\boldsymbol{x}^{\mathrm{T}}=\boldsymbol{b}^{\mathrm{T}}\boldsymbol{A}^{\dagger}$。需要注意的是，当$\boldsymbol{A}$行满秩时，$\boldsymbol{A}^{\dagger}\boldsymbol{A}$不一定等于单位矩阵$\boldsymbol{I}_n$。此外，当矩阵$\boldsymbol{A}$为行满秩、列满秩的可逆方阵时，伪逆$\boldsymbol{A}^{\dagger}=\boldsymbol{A}^{-1}$。

定义 4.3.1(左右伪逆)　如果$\boldsymbol{A}\in\mathcal{R}^{m\times n}$列满秩，则$\boldsymbol{A}^{\dagger}\equiv(\boldsymbol{A}^{\mathrm{T}}\boldsymbol{A})^{-1}\boldsymbol{A}^{\mathrm{T}}$称为左伪逆。如果

$\boldsymbol{A}\in\mathcal{R}^{m\times n}$ 行满秩，则 $\boldsymbol{A}^{\dagger}\equiv\boldsymbol{A}^{\mathrm{T}}(\boldsymbol{A}\boldsymbol{A}^{\mathrm{T}})^{-1}$ 称为右伪逆。□

在更一般的情况(如矩阵非行满秩或列满秩)下，可用下面的奇异值分解定理定义一个更一般的伪逆矩阵。

定义 4.3.2(Moore-Penrose 伪逆)　设矩阵 $\boldsymbol{A}\in\mathcal{R}^{n\times m}$ 有正秩 k，$\boldsymbol{A}$ 的奇异值分解为 $\boldsymbol{A}=\boldsymbol{U}\boldsymbol{D}\boldsymbol{V}^{\mathrm{T}}$，其中 $\boldsymbol{U}\in\mathcal{R}^{n\times k}$，$\boldsymbol{D}\in\mathcal{R}^{k\times k}$ 是对角线元素为正的对角矩阵，且 $\boldsymbol{V}\in\mathcal{R}^{m\times k}$。$\boldsymbol{A}$ 的 Moore-Penrose 伪逆定义为 $\boldsymbol{A}^{\dagger}=\boldsymbol{V}\boldsymbol{D}^{-1}\boldsymbol{U}^{\mathrm{T}}$。□

需要注意的是，定义 4.3.2 中的 $\boldsymbol{D}^{-1}$ 是对角矩阵，其第 i 个对角线元素是 $\boldsymbol{D}$ 对应位置元素的倒数。

例 4.3.1(验证 Moore-Penrose 伪逆的伪逆性)　设矩阵 $\boldsymbol{A}\in\mathcal{R}^{n\times m}$ 的秩为 k，$0<k\leqslant\min\{m,n\}$。设 $\boldsymbol{A}^{\dagger}$ 表示 $\boldsymbol{A}$ 的 Moore-Penrose 伪逆，证明：

$$\boldsymbol{A}\boldsymbol{A}^{\dagger}\boldsymbol{A}=\boldsymbol{A} \tag{4.7}$$

证明　用奇异值分解重写 $\boldsymbol{A}$，使 $\boldsymbol{A}=\boldsymbol{U}\boldsymbol{D}\boldsymbol{V}^{\mathrm{T}}$，其中 $\boldsymbol{U}$ 的 k 列为左特征向量，$\boldsymbol{V}$ 的 k 列为右特征向量，$\boldsymbol{D}$ 为 k 维对角矩阵。那么，$\boldsymbol{A}^{\dagger}=\boldsymbol{V}\boldsymbol{D}^{-1}\boldsymbol{U}^{\mathrm{T}}$。将 $\boldsymbol{A}$ 和 $\boldsymbol{A}^{\dagger}$ 的分解式代入式(4.7)中，鉴于 $\boldsymbol{U}^{\mathrm{T}}\boldsymbol{U}=\boldsymbol{I}_k$，$\boldsymbol{D}^{-1}\boldsymbol{D}=\boldsymbol{I}_k$，$\boldsymbol{V}^{\mathrm{T}}\boldsymbol{V}=\boldsymbol{I}_k$，因此可得

$$\boldsymbol{A}\boldsymbol{A}^{\dagger}\boldsymbol{A}=\boldsymbol{U}\boldsymbol{D}\boldsymbol{V}^{\mathrm{T}}\boldsymbol{V}\boldsymbol{D}^{-1}\boldsymbol{U}^{\mathrm{T}}\boldsymbol{U}\boldsymbol{D}\boldsymbol{V}^{\mathrm{T}}=\boldsymbol{A}$$

△

另外需要注意的是，在 MATLAB 中可利用函数 PINV 计算伪逆，利用函数 SVD 计算奇异值分解。

定理 4.3.1(应用伪逆进行最小二乘最小化)　设 $\boldsymbol{A}\in\mathcal{R}^{m\times d}$ 且 $\boldsymbol{B}\in\mathcal{R}^{m\times n}$，对于所有 $\boldsymbol{X}\in\mathcal{R}^{d\times n}$，定义 $\ell:\mathcal{R}^{d\times n}\to\mathcal{R}$ 如下：

$$\ell(\boldsymbol{X})=|\boldsymbol{A}\boldsymbol{X}-\boldsymbol{B}|^{2}$$

则 $\boldsymbol{X}^{*}=\boldsymbol{A}^{\dagger}\boldsymbol{B}$ 在 ℓ 的全局极小值点集 G 中。如果 G 中有多个全局极小元，则对于 $\boldsymbol{Y}\in G$，$\boldsymbol{X}^{*}$ 是 G 中的全局极小值，即 $|\boldsymbol{X}^{*}|\leqslant|\boldsymbol{Y}|$。

证明　设 $\boldsymbol{x}_i$ 与 $\boldsymbol{b}_i$ 是 $\boldsymbol{X}$ 和 $\boldsymbol{B}$ 的第 i 列，$i=1,\cdots,n$。将 ℓ 重写为

$$\ell(\boldsymbol{X})=\sum_{i=1}^{n}|\boldsymbol{A}\boldsymbol{x}_i-\boldsymbol{b}_i|^{2} \tag{4.8}$$

依据文献(Noble & Daniel，1977)的推论 9.1，选择 $\boldsymbol{x}_i=\boldsymbol{A}^{\dagger}\boldsymbol{b}_i$，以最小化式(4.8)中的第 i 项。■

例 4.3.2(应用 SVD 进行线性回归参数估计)　设训练数据 $\mathcal{D}_n$ 是有序对集合，其定义如下：

$$\mathcal{D}_n\equiv\{(\boldsymbol{s}_1,\boldsymbol{y}_1),\cdots,(\boldsymbol{s}_n,\boldsymbol{y}_n)\}$$

其中，$\boldsymbol{y}_i\in\mathcal{R}^{m}$ 且 $\boldsymbol{s}_i\in\mathcal{R}^{d}$，$i=1,\cdots,n$。设 $\boldsymbol{Y}_n\equiv[\boldsymbol{y}_1,\cdots,\boldsymbol{y}_n]$，$\boldsymbol{S}_n\equiv[\boldsymbol{s}_1,\cdots,\boldsymbol{s}_n]$。该分析的目的是最小化如下定义的目标函数 $\ell_n:\mathcal{R}^{m\times d}\to\mathcal{R}$：

$$\ell_n(\boldsymbol{W}_n)=|\boldsymbol{Y}_n-\boldsymbol{W}_n\boldsymbol{S}_n|^{2} \tag{4.9}$$

因此，输入模式 $\boldsymbol{s}_i$ 的预测响应 $\ddot{\boldsymbol{y}}_i\equiv\boldsymbol{W}_n\boldsymbol{s}_i$ 在最小二乘意义上会尽可能接近期望响应 $\boldsymbol{y}_i$。

需要注意的是，在“完美学习”的理想化情况下，应获得使 $\ell(\boldsymbol{W}_n^{*})=0$ 的矩阵 $\boldsymbol{W}_n^{*}$，这样对于给定的输入向量 $\boldsymbol{s}_k$，其期望响应 $\boldsymbol{y}_k$ 可由式 $\boldsymbol{y}_k=\boldsymbol{W}_n^{*}\boldsymbol{s}_k$ 得出。当这个准确解不存在时，则获得基于整个训练数据集的最小均方误差解。

解　应用定理 4.3.1 得到

$$\boldsymbol{W}_n^{*}=\boldsymbol{Y}_n[\boldsymbol{S}_n]^{\dagger} \tag{4.10}$$

△

定理 4.3.2(Sherman-Morrison 定理)　设 $\boldsymbol{W}$ 是一个可逆的 d 维方阵，$\boldsymbol{u}$ 和 $\boldsymbol{v}$ 为 d 维列向

量。假设$\boldsymbol{W}+\boldsymbol{u}\boldsymbol{v}^{\mathrm{T}}$是可逆的，那么

$$(\boldsymbol{W}+\boldsymbol{u}\boldsymbol{v}^{\mathrm{T}})^{-1}=\boldsymbol{W}^{-1}-\frac{\boldsymbol{W}^{-1}\boldsymbol{u}\boldsymbol{v}^{\mathrm{T}}\boldsymbol{W}^{-1}}{1+\boldsymbol{v}^{\mathrm{T}}\boldsymbol{W}^{-1}\boldsymbol{u}}$$

证明　参见文献(Bartlett，1951)。■

例 4.3.3(使用适应性学习求矩阵逆)　考虑例 4.3.2 中的一系列学习问题。设$\boldsymbol{S}_n\equiv[\boldsymbol{s}_1,\cdots,\boldsymbol{s}_n]$，$\boldsymbol{Y}_n\equiv[\boldsymbol{y}_1,\cdots,\boldsymbol{y}_n]$，$\mathcal{D}_n\equiv\{(\boldsymbol{s}_1,\boldsymbol{y}_1),\cdots,(\boldsymbol{s}_n,\boldsymbol{y}_n)\}$，其中$\boldsymbol{y}_k$是输入模式$\boldsymbol{s}_k$的期望响应$\ddot{\boldsymbol{y}}(\boldsymbol{s}_k,\boldsymbol{W})\equiv\boldsymbol{W}\boldsymbol{s}_k$。给定数据集$\mathcal{D}_n$，学习的目标是估计参数矩阵$\hat{\boldsymbol{W}}_n$，进而得出下式的全局极小值：

$$\ell_n(\boldsymbol{W}_n)=|\boldsymbol{Y}_n-\boldsymbol{W}_n\boldsymbol{S}_n|^2 \tag{4.11}$$

利用例 4.3.2 中式(4.10)的解，通过选择$\hat{\boldsymbol{W}}_n\equiv\boldsymbol{Y}_n[\boldsymbol{S}_n]^{\dagger}$可以最小化$\ell_n$。基于定义 4.3.1 中的右伪逆公式，得到如下公式：

$$[\boldsymbol{S}_n]^{\dagger}=\boldsymbol{S}_n^{\mathrm{T}}\boldsymbol{R}_n^{-1}$$

其中，$\boldsymbol{R}_n\equiv\boldsymbol{S}_n\boldsymbol{S}_n^{\mathrm{T}}$是可逆的。

每次更新$\boldsymbol{S}_n$时都对$\boldsymbol{R}_n$求逆的计算成本是很高的，因此需要一种基于$\boldsymbol{s}_{n+1}$和$\boldsymbol{R}_n^{-1}$的求$\boldsymbol{R}_{n+1}$逆的方法。

也就是说，学习的目标是分别计算数据集序列$\mathcal{D}_n,\mathcal{D}_{n+1},\cdots$对应的解序列$\hat{\boldsymbol{W}}_n,\hat{\boldsymbol{W}}_{n+1},\cdots$，其中$\mathcal{D}_{n+1}\equiv[\mathcal{D}_n,(\boldsymbol{s}_{n+1},\boldsymbol{y}_{n+1})]$，$n=1,2,\cdots$。

解　使用 Sherman-Morrison 定理得到以下关系：

$$\boldsymbol{R}_{n+1}^{-1}=\boldsymbol{R}_n^{-1}-\frac{\boldsymbol{R}_n^{-1}\boldsymbol{s}_{n+1}\boldsymbol{s}_{n+1}^{\mathrm{T}}\boldsymbol{R}_n^{-1}}{1+\boldsymbol{s}_{n+1}^{\mathrm{T}}\boldsymbol{R}_n^{-1}\boldsymbol{s}_{n+1}}$$

矩阵$\boldsymbol{R}_{n+1}^{-1}$可用于计算$\boldsymbol{W}_{n+1}=\boldsymbol{Y}_{n+1}[\boldsymbol{S}_{n+1}]^{\dagger}$，其中，$[\boldsymbol{S}_{n+1}]^{\dagger}=\boldsymbol{S}_{n+1}^{\mathrm{T}}\boldsymbol{R}_{n+1}^{-1}$。

因此，可用例 4.3.3 的方法提高“更新”输入模式相关矩阵$\boldsymbol{R}_n^{-1}$的计算效率，以避免计入额外数据点$(\boldsymbol{s}_{n+1},\boldsymbol{y}_{n+1})$时对$\boldsymbol{R}_n$、$\boldsymbol{R}_{n+1}$等进行完整矩阵求逆计算。△

练习

4.3-1. (使用 SVD 寻找线性预处理变换方法)设$\boldsymbol{s}_1,\cdots,\boldsymbol{s}_n$是$d$维特征向量。假设$\boldsymbol{s}_i$由线性变换$\boldsymbol{W}\in\mathcal{R}^{m\times d}$重编码，使得$\boldsymbol{h}_i=\boldsymbol{W}\boldsymbol{s}_i$，其中正整数$m$小于$d$。模式向量$\boldsymbol{h}_i$是$\boldsymbol{s}_i(i=1,\cdots,n)$的线性重编码，使用奇异值分解寻找一个$\boldsymbol{W}$，使经验风险函数

$$\ell(\boldsymbol{W})=(1/n)\sum_{i=1}^{n}|\boldsymbol{s}_i-\boldsymbol{W}^{\mathrm{T}}\boldsymbol{h}_i|^2=(1/n)\sum_{i=1}^{n}|\boldsymbol{s}_i-\boldsymbol{W}^{\mathrm{T}}\boldsymbol{W}\boldsymbol{s}_i|^2$$

最小。

4.3-2. (线性自动编码器)说明如何将最小化练习 4.3-1 的梯度下降算法解释为例 1.6.2 自动编码器学习机的线性版本。

4.3-3. (训练具有标量响应的线性学习机)设训练数据$\mathcal{D}_n$是一个有序对集合：

$$\mathcal{D}_n\equiv\{(y_1,\boldsymbol{s}_1),\cdots,(y_n,\boldsymbol{s}_n)\}$$

其中，$y_i\in\mathcal{R}$，$\boldsymbol{s}_i\in\mathcal{R}^d$。假设$\boldsymbol{S}\equiv[\boldsymbol{s}_1,\cdots,\boldsymbol{s}_n]$行满秩，学习的目标是构建一个列向量$\boldsymbol{w}^*$，以最小化

$$\ell(\boldsymbol{w})\equiv\sum_{i=1}^{n}|y_i-\boldsymbol{w}^{\mathrm{T}}-\boldsymbol{s}_i|^2$$

使用奇异值分解说明如何推导计算$\boldsymbol{w}^*$的简单公式。

4.3-4. (SVD的多层线性网络解释)设 $\mathbf{y}_i$ 为输入模式列向量 $\mathbf{s}_i$ 的期望响应列向量，$i=1,\cdots,n$。设 $\ddot{\mathbf{y}}_i(\mathbf{W},\mathbf{V})\equiv\mathbf{W}\mathbf{h}_i(\mathbf{V})$，$\mathbf{h}_i(\mathbf{V})\equiv\mathbf{V}\mathbf{s}_i$，列向量 $\ddot{\mathbf{y}}_i(\mathbf{W},\mathbf{V})$表示多层线性前馈网络输出单元的状态，由隐单元状态 $\mathbf{h}_i(\mathbf{V})$生成，同时隐单元状态又由输入模式 $\mathbf{s}_i$ 生成。学习机学习的目标是最小化如下目标函数 ℓ：

$$\ell(\mathbf{W},\mathbf{V})=(1/n)\sum_{i=1}^{n}|\mathbf{y}_i-\ddot{\mathbf{y}}_i(\mathbf{W},\mathbf{V})|^2$$

利用奇异值分解得出 ℓ 的全局最小值公式。此外，讨论这个解与最小化 ℓ 的梯度下降算法所得出的解在本质上为何相同。

4.3-5. (自适应自然梯度下降)在某些情况下，可以使用“自然梯度下降”的方法来提高标准梯度下降算法的收敛速度。自适应自然梯度下降算法可定义如下。设 $c(\mathbf{x},\boldsymbol{\theta})$表示学习机在观察 d 维事件 $\mathbf{x}$ 且参数设置为 q 维参数向量 $\boldsymbol{\theta}$ 值时的误差。设 $\mathbf{g}(\mathbf{x},\boldsymbol{\theta})$是一个列向量，定义为 $c(\mathbf{x},\boldsymbol{\theta})$的导数转置。$\mathbf{x}(0),\mathbf{x}(1),\cdots$是自适应梯度下降学习机观察的一个 d 维向量序列，学习机由时变迭代映射

$$\mathbf{f}(\boldsymbol{\theta},t,\mathbf{x}(t))=\boldsymbol{\theta}-\gamma_t\mathbf{G}_t^{-1}\mathbf{g}(\mathbf{x}(t),\boldsymbol{\theta})$$

定义，其中 $\gamma_1,\gamma_2,\cdots$是一个严格为正的步长序列，$\mathbf{G}_0=\mathbf{I}_q$，对于所有 $t\in\mathcal{N}^+$，有

$$\mathbf{G}_t\equiv(1/T)\sum_{s=0}^{T-1}\mathbf{g}(\mathbf{x}(t-s),\boldsymbol{\theta})[\mathbf{g}(\mathbf{x}(t-s),\boldsymbol{\theta})]^{\mathrm{T}}$$

证明当 $\mathbf{G}_t^{-1}$ 存在时，如何使用 Sherman-Morrison 定理借助 $\mathbf{G}_t^{-1}$ 和 $\mathbf{x}(t+1)$计算 $\mathbf{G}_{t+1}^{-1}$。利用新时变迭代映射表示该解。

4.4　扩展阅读

线性代数

本章涵盖了线性代数中与机器学习高度相关的部分概念和内容。对于有兴趣进一步研究这些内容的学生，建议进一步阅读文献(Franklin，1968；Noble & Daniel，1977；Schott，2005；Banerjee et al.，2014；Strang，2016；Harville，2018)。

高级矩阵运算

文献(Magnus & Neudecker，2001；Schott，2005；Marlow，2012)讨论了一些更为复杂的矩阵运算，如阿达马积和 Kronecker 张量积。

CHAPTER 5

第 5 章

机器学习的矩阵微积分

学习目标：

- 应用向量与矩阵链式法则。
- 构造泰勒级数函数逼近。
- 设计梯度下降算法。
- 确定下降算法停止标准。
- 解决约束优化问题。

出于多种原因，向量微积分是进行机器学习算法分析和设计的重要工具。第一，正如在第 1 章中讨论的那样，许多常用的高维机器学习算法可作为最小化平滑或近似平滑目标函数的梯度下降算法，这种算法设计需要计算目标函数的导数。第二，向量微积分方法可通过多维泰勒级数展开式对目标函数进行局部逼近，以进一步研究目标函数形状。关于目标函数形状的信息可为梯度下降算法提供重要启发，这些算法使用目标函数形状来指导搜索。此外，当使用有限而不是无限数量的训练数据来估计目标函数的近似误差（参见第 15 章和第 16 章）时，也可以使用多维泰勒级数展开式。后一种近似误差在研究表征学习机泛化性能的方法中起着至关重要的作用。第三，在许多机器学习应用中，多为最小化非线性约束条件的目标函数。多维向量空间的拉格朗日乘数法可用于推导新目标函数，对于要求最小化原始目标函数且受特定非线性约束的问题，可使用梯度下降方法将新目标函数最小化。

5.1 收敛性和连续性

5.1.1 确定性收敛

定义 5.1.1（点序列） 度量空间(E,ρ)中的点序列是一个函数 $\boldsymbol{x}:\mathbb{N}\to E$。 □

$\mathcal{R}^d$ 中的点序列可以表示为$\boldsymbol{x}(0),\boldsymbol{x}(1),\boldsymbol{x}(2),\cdots$或$\{\boldsymbol{x}(t)\}_{t=0}^{\infty}$或$\{\boldsymbol{x}(t)\}$。

定义 5.1.2（点收敛） 设$\boldsymbol{x}(1),\boldsymbol{x}(2),\cdots$是度量空间$(E,\rho)$中的点序列。令$\boldsymbol{x}^*\in E$，假设对于每个正实数$\epsilon$，都存在一个正整数$T(\epsilon)$，使得当$t>T(\epsilon)$时$\rho(\boldsymbol{x}(t),\boldsymbol{x}^*)<\epsilon$，则可称序列

$\boldsymbol{x}(1),\boldsymbol{x}(2),\cdots$收敛或接近于极限点$\boldsymbol{x}^*$。极限点的集合称为极限集，序列$\boldsymbol{x}(1),\boldsymbol{x}(2),\cdots$是收敛于$\boldsymbol{x}^*$的收敛序列。 □

术语“当$t\to\infty$时，$\boldsymbol{x}(t)\to\boldsymbol{x}^*$”表示$\boldsymbol{x}(1),\boldsymbol{x}(2),\cdots$是极限为$\boldsymbol{x}^*$的收敛序列。如果未明确界定度量空间的距离函数$\rho$，则默认假定$\rho$为欧氏向量距离函数，度量空间是欧氏向量度量空间。

例如，若序列$x(1),x(2),\cdots$定义为$x(t)=(-1)^t$，则该序列不是收敛序列。但是，若定义为$x(t)=[1-(0.5)^t]$，则该序列是收敛于1的收敛序列。

收敛序列无须满足$d_1\geqslant d_2\geqslant d_3\geqslant\cdots$。例如，$x(t)=(1/2)^t$定义的序列的值逐渐变小并收敛于零。但是，$x(t)=(-1=2)^t$定义的序列(即序列$-1/2,1/4,-1/8,1/16,-1/32,\cdots$)也收敛于零。

定义 5.1.3(lim inf 与 lim sup)　设$x_1,x_2,\cdots$为$\mathcal{R}$中的点序列，$S_t\equiv\inf\{x_t,x_{t+1},\cdots\}$，$R_t\equiv\sup\{x_t,x_{t+1},\cdots\}$。定义 lim inf 和 lim sup 为序列$S_1,S_2,\cdots$和$R_1,R_2,\cdots$的极限。 □

例如，考虑$x(1),x(2),\cdots$序列S，当$t=1,2,3,4$时，$x(t)=-1$，当$t=5,6,7,\cdots$时，$x(t)=(1/2)^{t-5}$。需要注意的是，$\inf S$等于-1，但$\liminf S=0$。定义$x(1),x(2),\cdots$序列R，$x(t)=(-1)^t(t=1,2,\cdots)$，则$\liminf R=-1$，$\limsup R=1$。

定义 5.1.4(收敛到无穷大)　如果对于每个正实数K，存在一个正整数N_K，使得对于所有$n>N_K$，存在$x_n>K$，则称序列$x_1,x_2,\cdots$收敛到$+\infty$。 □

需要注意的是，如果$-x_n\to+\infty$，则称$x_1,x_2,\cdots$收敛到$-\infty$。

定义 5.1.5(有界序列)　如果存在有限数K，使得当$t=1,2,\cdots$时，$|\boldsymbol{x}(t)|\leqslant K$，则称$\mathcal{R}^d$中的点序列$\boldsymbol{x}(1),\boldsymbol{x}(2),\cdots$为有界序列。 □

注意，有界序列定义的关键在于，常数K不依赖于时间索引t。换句话说，由式$x(t)=2^{t-1}$定义的点序列$1,2,4,8,16,\cdots$是无界序列，但是序列中的每个点都是有限数。

需要注意的是，无界序列不一定会收敛到无穷大(例如$0,1,0,2,0,4,0,8,0,16,0,32,\cdots$)。但是，如果序列收敛到无穷大，则一定是无界序列。

例 5.1.1(有界向量序列包含在球中)　假设d维向量序列$\boldsymbol{x}(1),\boldsymbol{x}(2),\cdots$是有界的，即$|\boldsymbol{x}(t)|\leqslant K$，$T=1,2,\cdots$,则对于所有$t\in\mathbb{N}^+$，$\boldsymbol{x}(t)$隶属于中心为原点且半径为$K$的闭球。 △

例 5.1.2(向量的收敛序列为有界序列)　设d维实向量序列$\boldsymbol{x}(1),\boldsymbol{x}(2),\cdots$收敛于$\boldsymbol{x}^*$。也就是说，对于每个正数$\epsilon$，均存在一个$T_\epsilon$，使得对于所有$t>T_\epsilon$，有$|\boldsymbol{x}(t)-\boldsymbol{x}^*|<\epsilon$。令$R_\epsilon\equiv\max\{|\boldsymbol{x}(1)|,\cdots,|\boldsymbol{x}(T_\epsilon)|\}$则序列$\boldsymbol{x}(1),\boldsymbol{x}(2),\cdots$包含在半径为$\max\{R_\epsilon,|\boldsymbol{x}^*|+\epsilon\}$的球中。 △

接下来介绍子序列概念。

定义 5.1.6(子序列)　如果是$a_1,a_2,a_3,\cdots$可数的无穷对象序列且$n_1,n_2,n_3,\cdots$是可数的无限正整数序列，$n_1<n_2<n_3<\cdots$，则可数无限序列$a_{n_1},a_{n_2},a_{n_3},\cdots$称为子序列。 □

例如，给定向量序列$\boldsymbol{x}_1,\boldsymbol{x}_2,\boldsymbol{x}_3,\cdots$，则序列$\boldsymbol{x}_2,\boldsymbol{x}_3,\boldsymbol{x}_{45},\boldsymbol{x}_{99},\boldsymbol{x}_{100},\cdots$是$\boldsymbol{x}_1,\boldsymbol{x}_2,\boldsymbol{x}_3,\cdots$的一个子序列。

定理 5.1.1(收敛序列与发散序列的属性)

(i) 如果S是度量空间中有限极限点为$\boldsymbol{x}^*$的收敛点序列，则S的每个子序列都是有限极限点为$\boldsymbol{x}^*$的收敛序列。

(ii) 设Ω为度量空间的子集。当且仅当Ω中每一个收敛序列的极限点均属于Ω时，称集合Ω闭合。

(iii) $\mathcal{R}^d$中的收敛点序列均为有界点序列。

(iv) 如果点序列$\boldsymbol{x}_1,\boldsymbol{x}_2,\cdots$未收敛到$\mathcal{R}^d$中的点$\boldsymbol{x}^*$，则存在至少一个$\boldsymbol{x}_1,\boldsymbol{x}_2,\cdots$的子序列不会收敛到$\boldsymbol{x}^*$。

(v) 假设当 $T\to\infty$ 时，$\sum_{t=1}^{T} a_t \to K$，K 为有限数，则当 $T\to\infty$ 时，$a_T\to 0$。

(vi) 如果 $\boldsymbol{x}_1,\boldsymbol{x}_2,\cdots$ 不是有界序列，则存在 $\boldsymbol{x}_1,\boldsymbol{x}_2,\cdots$ 的子序列 $\boldsymbol{x}_{t_1},\boldsymbol{x}_{t_2},\cdots$，使得当 $k\to\infty$ 时，$|\boldsymbol{x}_{t_k}|\to\infty$。

(vii) 假设数字序列 $x_1,x_2,\cdots$ 是非递增的，对于所有整数 k，$x_k\geqslant x_{k+1}$。另外，如果 $x_1,x_2,\cdots$ 有下界，则数字序列 $x_1,x_2,\cdots$ 收敛到某数字 x^*。

证明　(i) 参见文献(Rosenlicht，1968)。

(ii) 参见文献(Rosenlicht，1968)。

(iii) 参见例 5.1.2。

(iv) 参见练习 5.1-1。

(v) 由于随着 $T\to\infty$，$S_T=\sum_{t=1}^{T} a_t\to K$，因此当 $T\to\infty$ 时，$a_T=S_T-S_{T-1}\to 0$。

(vi) 构造一个序列，使得不仅当 $k\to\infty$ 时 $|\boldsymbol{x}_{t_k}|$ 增加，而且对于给定的有限常数 $X_{\max}$，还存在一个取决于 $X_{\max}$ 的正整数 K，使得对于所有 $k\geqslant K$，有 $|\boldsymbol{x}_{t_k}|>X_{\max}$。

(vii) 参见文献(Rosenlicht，1968)。■

以下定理对于确定实数和是否收敛至有限数或收敛至无穷大非常有用。$\sum_{t=1}^{\infty}\eta_t=\infty$ 表示当 $n\to\infty$ 时，$\sum_{t=1}^{n}\eta_t\to\infty$；$\sum_{t=1}^{\infty}\eta_t<\infty$ 表示当 $n\to\infty$ 时，$\sum_{t=1}^{n}\eta_t\to K$，其中 K 为有限数。

定理 5.1.2(适应性学习的收敛和发散级数)

$$\sum_{t=1}^{\infty}\frac{1}{t}=\infty \tag{5.1}$$

$$\sum_{t=1}^{\infty}\frac{1}{t^2}<K<\infty \tag{5.2}$$

证明　参见(Wade，1995)[146,154]。■

下面的极限比较判别定理对于分析和设计适应性学习算法的步长序列选择十分有效。这样的适应性学习算法将在第 12 章中讨论。

定理 5.1.3(适应性学习的极限比较判别)　设 $\gamma_1,\gamma_2,\cdots$ 和 $\eta_1,\eta_2,\cdots$ 为两个严格正数序列。假设当 $t\to\infty$ 时，$\gamma_t/\eta_t\to K$，K 为有限正数。(i) 当且仅当 $\sum_{t=1}^{\infty}\gamma_t=\infty$ 时，$\sum_{t=1}^{\infty}\eta_t=\infty$。(ii) 当且仅当 $\sum_{t=1}^{\infty}\gamma_t^2<\infty$ 时，$\sum_{t=1}^{\infty}\eta_t^2=\infty$。

证明　参见(Wade，1995)[155] 的定理 4.7。■

例 5.1.3(适应性学习的学习率调整)　第 12 章将介绍一个随机收敛定理，该定理可用于描述离散时间适应性学习机的渐近性。基于该定理，学习机的学习率 γ_t 逐渐降低，得到学习率序列 $\gamma_1,\gamma_2,\cdots$。学习率序列的下降速度必须足够快，使得当 $T\to\infty$ 时，

$$\sum_{t=1}^{T}\gamma_t^2\to K<\infty \tag{5.3}$$

此外，学习率序列的下降速度也应当受到限制，以满足当 $T\to\infty$ 时，

$$\sum_{t=1}^{T}\gamma_t\to\infty \tag{5.4}$$

证明 $\gamma_t=1/(1+t)$可满足式(5.3)和式(5.4)的条件。

证明　基于定理5.1.2，如果 $\eta_t\equiv(1/t)$，则$\sum_{t=1}^{\infty}\eta_t=\infty$，$\sum_{t=1}^{\infty}(\eta_t)^2<\infty$。由于当 $t\to\infty$时，$\gamma_t=\eta_t=t/(t+1)\to1$，极限比较判别定理(即定理5.1.3)表明，$\sum\gamma_t=\infty$，因为$\sum\eta_t=\infty$。当 $t\to\infty$时，$\gamma_t/\eta_t\to1$，根据定理5.1.2$\left(\sum\eta_t^2<\infty\right)$和极限比较判别定理，$\sum\gamma_t^2<\infty$。　△

定义5.1.7(函数的一致收敛)　对于$n=1,2,\cdots$，设 $f_n:\mathcal{R}^d\to\mathcal{R}$为函数序列。设 $f:\mathcal{R}^d\to\mathcal{R}$ 且 $\Omega\subseteq\mathcal{R}^d$，如果对于每个 $\boldsymbol{x}\in\Omega$，有 $f_n(\boldsymbol{x})\to f(\boldsymbol{x})$，则函数序列 $f_1,f_2,\cdots$逐点收敛于Ω上的 f。对于所有 $\boldsymbol{x}\in\Omega$，如果对于每个正 ϵ 都存在一个 N_ϵ，使得对于所有 $n>N_\epsilon$，有 $|f_n(\boldsymbol{x})-f(\boldsymbol{x})|<\epsilon$，则称序列 $f_1,f_2,\cdots$一致收敛于Ω上的 f。□

例如，设 $f_n(x)=1/(1+\exp(-x=n))$，当 $x>0$ 时，$f(x)=1$，当 $x<0$ 时，$f(x)=0$，且 $f(0)=1/2$。序列 $f_1,f_2,\cdots$在$\mathcal{R}$上逐点收敛。序列 $f_1,f_2,\cdots$在$\{a\leqslant x\leqslant b\}$上一致收敛(同时逐点收敛)于 f，其中 $0<a<b$。但是序列 $f_1,f_2,\cdots$在$\mathcal{R}$上不是一致收敛的。这是因为，对于每个正数ϵ和 N_ϵ，不存在足够小的正数 δ_ϵ，使得对于所有$|x|<\delta_\epsilon$，有$|f_n(x)-f(0)|<\epsilon$。

定义5.1.8(收敛至集合)　设Γ是E的非空子集。$\boldsymbol{x}(1),\boldsymbol{x}(2),\cdots$为度量空间$(E,\rho)$中的点序列，当 $t\to\infty$时，

$$\inf_{\boldsymbol{y}\in\Gamma}\rho(\boldsymbol{x}(t),\boldsymbol{y})\to0$$

则序列 $\boldsymbol{x}(1),\boldsymbol{x}(2),\cdots$收敛至集合$\Gamma$。□

符号 $\boldsymbol{x}(t)\to\Gamma$ 表示序列 $\boldsymbol{x}(1),\boldsymbol{x}(2),\cdots$收敛至集合$\Gamma$。

通俗地说，$\boldsymbol{x}(t)\to\Gamma$ 表示，当 $t\to\infty$时，在迭代 t 处 $\boldsymbol{x}(t)$到$\mathcal{H}$中“最近”点的距离接近于零。

在 $\boldsymbol{x}(t)\to\Gamma$ 和Γ仅由单个元素组成(即 $\Gamma=\{\boldsymbol{x}^*\}$)的特殊情况下，序列收敛到$E$上子集$\Gamma$与收敛于点的定义是一致的。

以下示例证明了收敛至集合这一概念。设 $\Gamma_1=\{-1,1,14\}$，$\Gamma_2=\{1,14\}$。若当 $t\to\infty$时，$x(t)\to14$，则当 $t\to\infty$时，$x(t)\to\Gamma_1$ 且 $x(t)\to\Gamma_2$。如果 $x(t)=[1-(0.5)^t](-1)^t(t=0,1,2,\cdots)$，则当 $t\to\infty$时，$x(t)\to\Gamma_1$，但 $x(1),x(2),\cdots$不收敛至Γ_2。

定义5.1.9(大O记号)　设 $f:\mathcal{R}^d\to\mathcal{R}$，$g:\mathcal{R}^d\to\mathcal{R}$。当 $\boldsymbol{x}\to\boldsymbol{x}^*$时，$f(\boldsymbol{x})=O(g(\boldsymbol{x}))$表示存在正数$K$和正数$M$，使得对于所有 $\boldsymbol{x}$，当$|\boldsymbol{x}-\boldsymbol{x}^*|<K$ 时，有

$$|f(\boldsymbol{x})|\leqslant M|g(\boldsymbol{x})|$$
□

通俗地说，当 $\boldsymbol{x}\to\boldsymbol{x}^*$时，$f(\boldsymbol{x})\to f(\boldsymbol{x}^*)$至少与 $g(\boldsymbol{x})\to g(\boldsymbol{x}^*)$的收敛速度一致。

定义5.1.10(小o记号)　设 $f:\mathcal{R}^d\to\mathcal{R}$，$g:\mathcal{R}^d\to\mathcal{R}$。当 $\boldsymbol{x}\to\boldsymbol{x}^*$时，$f(\boldsymbol{x})=o(g(\boldsymbol{x}))$表示$|f(\boldsymbol{x})|/|g(\boldsymbol{x})|\to0$。□

通俗地说，当 $\boldsymbol{x}\to\boldsymbol{x}^*$时，$f(\boldsymbol{x})\to f(\boldsymbol{x}^*)$收敛速度高于 $g(\boldsymbol{x})\to g(\boldsymbol{x}^*)$。

例5.1.4(大O和小o计算示例)　设$\boldsymbol{M}$为d维正定对称矩阵，定义 $f:\mathcal{R}^d\to\mathcal{R}$，使得对于所有 $\boldsymbol{x}\in\mathcal{R}^d$，有

$$f(\boldsymbol{x})=(\boldsymbol{x}-\boldsymbol{x}^*)^{\mathrm{T}}\boldsymbol{M}(\boldsymbol{x}-\boldsymbol{x}^*)\tag{5.5}$$

需要注意的是，鉴于$\boldsymbol{M}$可对角化，不等式

$$(\boldsymbol{x}-\boldsymbol{x}^*)^{\mathrm{T}}\boldsymbol{M}(\boldsymbol{x}-\boldsymbol{x}^*)\leqslant\lambda_{\max}|\boldsymbol{x}-\boldsymbol{x}^*|^2$$

成立，其中$\lambda_{\max}$为$\boldsymbol{M}$的最大特征值。

当 $\boldsymbol{x}\to\boldsymbol{x}^*$时，根据式(5.5)中 f 的定义，有：

$$f(\boldsymbol{x})=O(1), f(\boldsymbol{x})=O(|\boldsymbol{x}-\boldsymbol{x}^*|), f(\boldsymbol{x})=O(|\boldsymbol{x}-\boldsymbol{x}^*|^2), f(\boldsymbol{x})\neq O(|\boldsymbol{x}-\boldsymbol{x}^*|^3)$$
$$f(\boldsymbol{x})=o(1), f(\boldsymbol{x})=o(|\boldsymbol{x}-\boldsymbol{x}^*|), f(\boldsymbol{x})\neq o(|\boldsymbol{x}-\boldsymbol{x}^*|^2), f(\boldsymbol{x})\neq o(|\boldsymbol{x}-\boldsymbol{x}^*|^3)$$

需要注意的是，$f(\boldsymbol{x})=o(|\boldsymbol{x}-\boldsymbol{x}^*|^2)$可导出 $f(\boldsymbol{x})=O(|\boldsymbol{x}-\boldsymbol{x}^*|^2)$，但反之并不一定成立。△

下述收敛率的定义可用于表征下降算法在收敛过程最后阶段的收敛速度。Luenberger (1984)对该定义特征进行了补充分析。

定义 5.1.11(收敛率阶数)　假设算法 A 生成 d 维向量序列 $\boldsymbol{x}(0),\boldsymbol{x}(1),\boldsymbol{x}(2),\cdots$，且该序列收敛至 $\mathcal{R}^d$ 中点 $\boldsymbol{x}^*$，则定义$\{\boldsymbol{x}(t)\}$的收敛率阶数为

$$\rho^*=\sup\left\{\rho\geqslant 0:\lim_{t\to\infty}\sup\frac{|\boldsymbol{x}(t+1)-\boldsymbol{x}^*|}{|\boldsymbol{x}(t)-\boldsymbol{x}^*|\rho}\leqslant\beta<\infty\right\}$$ □

术语“收敛阶数”也常用于指代收敛率阶数。

通俗地说，算法收敛率阶数定义表示，如果算法生成的序列 $\boldsymbol{x}(0),\boldsymbol{x}(1),\cdots$的收敛阶数为 ρ，那么，对于足够大的 t 和有限正数 β，不等式

$$|\boldsymbol{x}(t+1)-\boldsymbol{x}^*|\leqslant\beta|\boldsymbol{x}(t)-\boldsymbol{x}^*|^\rho$$

基本成立。

在机器学习中，收敛率阶数为 1 的算法非常普遍。下面给出其中一个重要子类。

定义 5.1.12(线性收敛率)　假设算法 A 生成的 d 维向量序列 $\boldsymbol{x}(0),\boldsymbol{x}(1),\boldsymbol{x}(2),\cdots$收敛于 $\mathcal{R}^d$ 中的点 $\boldsymbol{x}^*$，且

$$\lim_{t\to\infty}\frac{|\boldsymbol{x}(t+1)-\boldsymbol{x}^*|}{|\boldsymbol{x}(t)-\boldsymbol{x}^*|}=\beta$$

其中，$\beta<1$，则 $\boldsymbol{x}(0),\boldsymbol{x}(1),\cdots$以渐近几何收敛率线性收敛至 $\boldsymbol{x}^*$，其收敛度为 β。如果 $\beta=0$，则 $\boldsymbol{x}(0),\boldsymbol{x}(1),\cdots$超线性收敛至 $\boldsymbol{x}^*$。□

需要注意的是，收敛率为一阶的算法不一定具有线性收敛率，因为收敛度可以大于或等于 1。此外，收敛率大于一阶的算法均以超线性收敛率收敛。

定义 5.1.11 仅描述了当系统状态 $\boldsymbol{x}(t)$接近其渐近目标 $\boldsymbol{x}^*$时，最后收敛阶段的收敛速度。该收敛率定义通常无法解决以下问题：(1)进入某最小值附近所需时间；(2)完成算法迭代计算所需时间；(3)到达目标 $\boldsymbol{x}^*$所需时间。

5.1.2　连续函数

定义 5.1.13(连续函数)　设度量空间 Ω 和 Γ 的距离函数分别为 ρ_Ω 和 ρ_Γ，$f:\Omega\to\Gamma$，如果对于每个正数ϵ均存在一个正数 δ_x，使得对于所有满足 $\rho_\Omega(\boldsymbol{x},\boldsymbol{y})<\delta_x$ 的 $\boldsymbol{y}$，均有 $\rho_\Gamma(f(\boldsymbol{x}),f(\boldsymbol{y}))<\epsilon$，则称函数 f 在 $\boldsymbol{x}\in\Omega$ 处连续。如果 f 在 Ω 中的每个点上都连续，则称 f 在 Ω 上连续。□

例 5.1.5(单点定义域的函数连续性)　令 $\boldsymbol{x}^*$ 为欧氏度量空间中的一个点，$f:\{\boldsymbol{x}^*\}\to\mathcal{R}$。因为对于每个正数$\epsilon$和所有 $\boldsymbol{y}\in\{\boldsymbol{x}^*\}$，都有$|f(\boldsymbol{x}^*)-f(\boldsymbol{y})|<\epsilon$，此外对于所有正 δ 和所有 $\boldsymbol{y}\in\{\boldsymbol{x}^*\}$，都有$|\boldsymbol{x}^*-\boldsymbol{y}|=0<\delta$，所以函数 f 基于欧氏距离测度在 $\boldsymbol{x}^*$ 处连续。△

例 5.1.6(有界不连续函数)　定义 $h:\mathcal{R}\to\{0,1\}$函数，$x>0$，$h(x)=1$；$x\leqslant 0$，$h(x)=0$。函数 h 在区间$(-\infty,0)$和$(0,+\infty)$连续，但在 $x=0$ 处不连续。因为对于每个正 δ，均存在一个正数 x，在区间$|x|<\delta$，有

$$|h(x)-h(0)|=|h(x)|=1>\epsilon$$ △

例 5.1.7(无界不连续函数)　定义 $f:\mathcal{R}\to\mathcal{R}$ 函数，$x\neq 0$，$f(x)=1/x$；$x=0$，$f(x)=+\infty$。需要注意的是，函数 $f(x)=1/x$ 在区间$(-\infty,0)$和$(0,+\infty)$上是连续函数，但在 0 处

不是连续函数，因为 $f(0)=+\infty$ 且 $x\neq 0$ 时 $f(x)$ 是有限的，即 $|f(x)-f(0)|=\infty>\epsilon$。△

例 5.1.8(不可微连续函数)　定义 $\mathcal{S}:\mathcal{R}\to[-1,1]$ 函数，$|x|\leqslant 1$，$\mathcal{S}(x)=x$；$x>1$，$\mathcal{S}(x)=1$；$x<-1$，$\mathcal{S}(x)=-1$。函数 $\mathcal{S}$ 在 $\mathcal{R}$ 上是连续的，但在点 $x=-1$ 和 $x=+1$ 处是不可微的。△

连续函数有两个重要的可替代定义，此处将作为定理给出。

第一个定理给出了连续函数概念与收敛概念的关联性。

定理 5.1.4(连续函数收敛性)　设有度量空间 Ω 和 Γ，$V:\Omega\to\Gamma$，$\boldsymbol{x}^*\in\Omega$。当且仅当对于 Ω 上任意收敛到 $\boldsymbol{x}^*$ 的点序列 $\boldsymbol{x}_1,\boldsymbol{x}_2,\cdots$，有 $V(\boldsymbol{x}_t)\to V(\boldsymbol{x}^*)$ 时，函数 V 在 $\boldsymbol{x}^*$ 处连续。

证明　参见(Rosenlicht，1968)[74]。■

连续函数收敛性是分析算法收敛性的重要工具。如果学习机生成的 q 维参数向量序列 $\theta_1,\theta_2,\cdots$ 收敛到 θ^* 且 $V:\mathcal{R}^d\to\mathcal{R}$ 是连续的，则 $V(\boldsymbol{\theta}_t)\to V(\boldsymbol{\theta}^*)$。

定理 5.1.5(水平集收敛)　令 $\Omega\subseteq\mathcal{R}^d$ 为闭集，$V:\Omega\to\mathcal{R}$ 是一个连续函数，且当 $t\to\infty$ 时，$V(\boldsymbol{x}_t)\to V^*$。当 $t\to\infty$ 时，$\boldsymbol{x}_t\to\Gamma\equiv\{\boldsymbol{x}\in\Omega:V(\boldsymbol{x})=V^*\}$。

证明　假设 $\boldsymbol{x}_1,\boldsymbol{x}_2,\cdots$ 为点序列，当 $t\to\infty$ 时，$V(\boldsymbol{x}_t)\to V^*$。也就是说，$\{V(\boldsymbol{x}_t)\}$ 的每个子序列都收敛至 V^*。假设在 Ω 中存在一个子序列 $\{\boldsymbol{x}_{t_k}\}$，当 $k\to\infty$ 时，该子序列不收敛到 Γ。由于 V 在 Ω 上是连续的，因此当 $k\to\infty$ 时，子序列 $\{V(\boldsymbol{x}_{t_k})\}$ 不会收敛到 V^*，但这与 $\{V(\boldsymbol{x}_t)\}$ 的每个子序列都收敛到 V^* 的说法矛盾。■

连续函数的另一种定义也可以用与机器学习应用相关的第二种方式给出。

定理 5.1.6(连续函数集映射属性)　设 Ω 和 Γ 为度量空间，函数 $f:\Omega\to\Gamma$。(i) 当且仅当在函数 f 映射下 Γ 中每个开子集的原象也是 Ω 的开子集时，函数 f 是连续函数；(ii) 当且仅当在函数 f 映射下 Γ 的每个闭子集的原象也是 Ω 的闭子集，函数 f 是连续函数。

证明　关于第(i)部分的证明，请参见(Rosenlicht，1968)[70]。第(ii)部分的证明如下：由于(i)成立，根据定义 2.4.4 可得出开集原象的补集是开集的补集。■

定义 5.1.14(一致连续函数)　设度量空间 Ω 和 Γ 的距离函数为 ρ_Ω 和 ρ_Γ，$f:\Omega\to\Gamma$。如果对于每个正数 ϵ，都存在一个正数 δ，使得对于所有满足 $\rho_\Omega(\boldsymbol{x},\boldsymbol{y})<\delta$ 的 $\boldsymbol{x},\boldsymbol{y}\in\Omega$，都有 $\rho_\Gamma(f(\boldsymbol{x}),f(\boldsymbol{y}))<\epsilon$，则函数 f 在 Ω 上一致连续。□

例 5.1.9(非一致连续的连续函数)　定义函数 $h:\mathcal{R}\to(0,1)$，当 $x>0$ 时，$h(x)=1/x$。函数 h 对于所有正 x 都是连续的，但对于所有正 x 并不是一致连续的。需要注意的是，对于给定的正 ϵ 和 x，可以选择足够临近 x 的 y，使得

$$|h(x)-h(y)|<\epsilon$$

但是，当 x 接近零时，对于每个正 ϵ，使 $|h(0)-h(\delta)|<\epsilon$ 的正 δ 不存在。△

定义 5.1.15(分段连续函数)　设 $\{\Omega_1,\cdots,\Omega_M\}$ 是 $\Omega\subseteq\mathcal{R}^d$ 的有限划分，$\overline{\Omega}_k$ 为 Ω_k 的闭包。假设对于 $k=1,\cdots,M$，$f_k:\overline{\Omega}_k\to\overline{\Omega}_k$ 是连续的。定义 $\phi_k:\Omega\to\{0,1\}$，当且仅当 $x\in\Omega_k(k=1,\cdots,M)$ 时，$\phi_k(\boldsymbol{x})=1$。定义 $f:\Omega\to\mathcal{R}$，使得对于所有 $\boldsymbol{x}\in\Omega$，有

$$f(\boldsymbol{x})=\sum_{k=1}^{M}f_k(\boldsymbol{x})\phi_k(\boldsymbol{x})$$

则 f 是 Ω 上的分段连续函数。□

令 $D\subseteq\mathcal{R}^d$，如果 f 是 D 上的连续函数，则 f 可表示为有限划分 $\Omega\equiv\{D,\neg D\}$ 上的分段连续函数。每个连续函数均为分段连续函数。

例 5.1.10(分段连续重编码策略)　在许多机器学习情况下，需要对输入模式向量重编码，

从而提高学习机泛化性能。例如，假设某个单输入线性预测模型的响应变量 $y=\theta S+\theta_0$ 由模型参数 $\{\theta,\theta_0\}$ 和一维输入变量 S 决定。实际上，如果 S 与 y 为线性关系，则不需要重编码 S。例如，随着 S 增加，要求 y 也必须增加或减小。但是，若 y 与 S 之间为非线性关系，则当 $S\in\Omega$ 时，y 为某特定值，当 $S\notin\Omega$ 时，y 取另一个值，其中 Ω 是 $\mathcal{R}$ 的有界闭子集。定义函数 $\phi:\mathcal{R}\to\mathcal{R}$，当 $x\in\Omega$ 时，$\phi(x)=1$；$x\notin\Omega$ 时，$\phi(x)=0$。如果对原始输入模式 S 重编码，则可以在非线性情况下使用线性预测模型：

$$y=\theta\phi(S)+\theta_0$$

这可称为分段连续重编码策略。需要注意的是，函数 ϕ 不是连续的，而是分段连续的，原因为：(i) Ω 和 $\neg\Omega$ 是不相交集合；(ii) ϕ 是 Ω 上的连续函数，其值始终等于 1；(iii) ϕ 是闭包 $\neg\Omega$ 上的连续函数，其值始终等于 0。 △

向量值函数(例如 $\boldsymbol{f}:\mathcal{R}^d\to\mathcal{R}^c$)或矩阵值函数(例如 $\boldsymbol{F}:\mathcal{R}^d\to\mathcal{R}^{d\times d}$)的分量在子集 $\Omega\subseteq\mathcal{R}^d$ 上是分段连续的(这些函数的分量是实值)，则函数在 Ω 上是分段连续的。

多项式函数 $\boldsymbol{f}:\mathcal{R}\to\mathcal{R}$ 可表示为

$$f(x)=\sum_{j=1}^{k}\beta_j x^j$$

其中，$x\in\mathcal{R}$，k 为 ∞ 或非负整数；$\beta_1,\beta_2,\cdots$ 为实数。

定理 5.1.7(连续函数组成)

(i) 多项式函数是连续函数。

(ii) 指数函数是连续函数。

(iii) 对数函数在正实数上是连续函数。

(iv) 连续函数的加权和是连续函数。

(v) 连续函数的乘积是连续函数。

(vi) 连续函数的连续函数是连续函数。

(vii) 如果 $a:\mathcal{R}\to\mathcal{R}$ 和 $b:\mathcal{R}\to\mathcal{R}$ 是连续函数，则当 $b\neq 0$ 时，a/b 在 (a,b) 处是连续的。

证明 (i) 参见(Rosenlicht，1968)[75]；(ii) 参见(Rosenlicht，1968)[129]；(iii) 参见(Rosenlicht，1968)[128]；(iv) 参见(Rosenlicht，1968)[75]；(v) 参见(Rosenlicht，1968)[75]；(vi) 参见(Rosenlicht，1968)[71]；(vii)参见(Rosenlicht，1968)[75]。 ■

例 5.1.11(判断经验风险函数是否连续) 设 $(\boldsymbol{s}_1,\boldsymbol{y}_1),\cdots,(\boldsymbol{s}_n,\boldsymbol{y}_n)$ 是一组已知的训练向量，其中 $\boldsymbol{y}_i\in\mathcal{R}^m$ 是输入模式 $\boldsymbol{s}_i\in\mathcal{R}^d$ 的多层前馈感知机期望响应，其中 $i=1,\cdots,n$。$\ddot{\boldsymbol{y}}(\boldsymbol{s};\boldsymbol{\theta})$ 表示感知机对输入模式 $\boldsymbol{S}$ 和参数向量 $\boldsymbol{\theta}$ 的预测响应。参数向量 $\boldsymbol{\theta}$ 由式 $\boldsymbol{\theta}^{\mathrm{T}}=[\mathrm{vec}(\boldsymbol{W}^{\mathrm{T}}),\mathrm{vec}(\boldsymbol{V}^{\mathrm{T}})]^{\mathrm{T}}$ 定义，其中 $\boldsymbol{w}_k^{\mathrm{T}}$ 是 $\boldsymbol{W}$ 的第 k 行，$\boldsymbol{v}_r^{\mathrm{T}}$ 是 $\boldsymbol{V}$ 的第 r 行。假设 $\ddot{\boldsymbol{y}}(\boldsymbol{s};\boldsymbol{\theta})$ 的第 k 个元素 $\ddot{\boldsymbol{y}}_k(\boldsymbol{s};\boldsymbol{\theta})$ 定义为

$$\ddot{y}_k(\boldsymbol{s};\boldsymbol{\theta})=\boldsymbol{w}_k^{\mathrm{T}}\ddot{\boldsymbol{h}}(\boldsymbol{s};\boldsymbol{V})$$

且 $\ddot{\boldsymbol{h}}(\boldsymbol{s};\boldsymbol{V})$ 的第 r 个元素 $\ddot{h}_r(\boldsymbol{s};\boldsymbol{V})$ 由下式得出：

$$\ddot{h}_r(\boldsymbol{s};\boldsymbol{V})=\phi(\boldsymbol{v}_r^{\mathrm{T}}\boldsymbol{s})$$

如果 $\psi>0$，$\phi(\psi)=\psi+1$；如果 $\psi\leqslant 0$，$\phi(\psi)=0$。可表示多层前馈感知机的经验风险函数 $\hat{\ell}_n$：$\mathcal{R}^q\to\mathcal{R}$ 定义为

$$\hat{\ell}_n(\boldsymbol{\theta})=(1/n)\sum_{i=1}^{n}|\boldsymbol{y}-\ddot{\boldsymbol{y}}(\boldsymbol{s};\boldsymbol{\theta})|^2$$

解释为何该目标函数不连续，并修改该目标函数使其连续。

解　由于ϕ不连续，因此目标函数$\hat{\ell}_n$不连续。修改方法是对ϕ进行平滑处理，例如定义函数$\ddot{\phi}$为

$$\ddot{\phi}(\psi)=\tau\log(1+\exp((\psi+1)/\tau))$$

其中，τ是正数。　△

定理 5.1.8(有界分段连续函数)　设$\Omega\subseteq\mathcal{R}^d$，如果$f:\mathcal{R}^d\to\mathcal{R}$是一个在非空有界闭集$\Omega$上的分段连续函数，那么$f$在$\Omega$上有界。

证明　如果f是有限划分$\Omega\equiv\{\Omega_1,\cdots,\Omega_M\}$上的分段连续函数，即对于$k=1,\cdots,M$，$f$在$\Omega_k$上的受限函数$f_k$在$\bar{\Omega}_k$上是连续的。因此由标准实分析定理“有界闭集上的连续函数是有界的(Rosenlicht，1968)[78]”可得出，f_k在$\bar{\Omega}_k$上有界，$k=1,\cdots,M$。由于$f=\sum_{k=1}^{M}f_k\phi_k$是有界函数，其中$\phi_k:\Omega\to\{0,1\}$且$f_k$是有界函数，$k=1,\cdots,M$，因此$f$是一个有界函数。　■

定理 5.1.9(特征值为矩阵元素的连续函数)　方阵$\boldsymbol{M}$的特征值是$\boldsymbol{M}$元素的连续函数。

证明　参见文献(Franklin，1968)[191]。　■

练习

5.1-1. 使用定理5.1.1(i)证明定理5.1.1(iv)。

5.1-2. 假定向量序列$\boldsymbol{x}(1),\boldsymbol{x}(2),\cdots$收敛到某个向量，但该向量未知。另外，假设已知$\boldsymbol{x}(1),\boldsymbol{x}(2),\cdots$的可数无限子序列收敛到$\boldsymbol{x}^*$。使用定理5.1.1的结论证明当$t\to\infty$时，$\boldsymbol{x}(t)\to\boldsymbol{x}^*$。

5.1-3. 证明序列$\eta_1,\eta_2,\cdots$满足条件$\sum_{t=1}^{\infty}\eta_t=\infty$和$\sum_{t=1}^{\infty}\eta_t^2<\infty$，

$$\begin{cases}\eta_t=\dfrac{\eta_0(1+(t/\tau))}{1+(t/\tau)+(\eta_t/\tau)^2} & t>100\\ \eta_t=1.0 & t\leqslant 100\end{cases}$$

绘制$\eta_0=1$和$\tau=40$时η_t与t的关系图。

5.1-4. 设$\Gamma\equiv\{\boldsymbol{q},\boldsymbol{r},\boldsymbol{s}\}$在$d$维向量空间中。假设当$t\to\infty$时，$\boldsymbol{x}(t)\to\Gamma$。可否证明$\boldsymbol{x}(t)$收敛到$\boldsymbol{q}$？能否证明$\boldsymbol{x}(t)$可定期到达$\Gamma$中的每个点？对于$t>T$(其中$T$是某个有限正整数)，可否证明$\boldsymbol{x}(t)$最终等于$\boldsymbol{r}$？

5.1-5. 设

$$\eta_t=\frac{(t+1)^2}{1+\beta t^2+\gamma t^3}$$

其中，β和γ为正数，证明$\sum\eta_t=\infty$和$\sum\eta_t^2<\infty$。$\eta_t=O(1/t)$或$\eta_t=o(1/t)$是否成立？

5.1-6. 考虑下列五个函数：$V(x)=1/x$，$V(x)=x^2$，$V(x)=\log(x)$，$V(x)=\exp(x)$，$V(x)=x$。哪些在$\mathcal{R}$上是连续的？哪些在区间[1,10]上是连续的？哪些是$\mathcal{R}$上的有界连续函数？哪些是[1,10]上的有界连续函数？

5.1-7. 设$\boldsymbol{s}\in\mathcal{R}^d$为实常数列向量。定义逻辑sigmoid函数$\mathcal{S}(\phi)=(1+\exp(-\phi))^{-1}$。使用定理5.1.7证明，对于每个$\boldsymbol{\theta}\in\Theta\subseteq\mathcal{R}^d$，函数$\ddot{y}(\boldsymbol{\theta})=\mathcal{S}(\boldsymbol{\theta}^{\mathrm{T}}\boldsymbol{s})$是连续函数。

5.1-8. 设$\ddot{y}:\mathcal{R}^d\to\mathcal{R}$，定义逻辑sigmoid函数$\mathcal{S}(\phi)=(1+\exp(-\phi))^{-1}$，证明函数$\ddot{y}(\boldsymbol{\theta})=\mathcal{S}(\theta^{\mathrm{T}}\boldsymbol{s})$是否为$\mathcal{R}^d$上的有界连续函数。

5.1-9. 设 $\ddot{y}:\mathcal{R}^d\to\mathcal{R}$，证明函数 $\ddot{y}(\boldsymbol{\theta})=\boldsymbol{\theta}^{\mathrm{T}}$ 是否为 $\mathcal{R}^d$ 上的有界连续函数。

5.1-10. 设 Ω 为 $\mathcal{R}^d$ 上的有界闭子集，$\ddot{y}:\Omega\to\mathcal{R}$，证明函数 $\ddot{y}(\boldsymbol{\theta})=\boldsymbol{\theta}^{\mathrm{T}}\boldsymbol{s}$ 是否为 Ω 上的有界连续函数。

5.2 向量导数

5.2.1 向量导数的定义

定义 5.2.1(向量导数)　设 $\Omega\subseteq\mathcal{R}^n$ 为开集，$\boldsymbol{x}\in\Omega$，$\boldsymbol{f}:\Omega\to\mathcal{R}^m$。如果存在唯一的矩阵值函数 $\boldsymbol{D}:\Omega\to\mathcal{R}^{m\times n}$，使得当 $\boldsymbol{h}\to\boldsymbol{0}_n$ 时，有

$$\frac{\boldsymbol{f}(\boldsymbol{x}+\boldsymbol{h})-\boldsymbol{f}(\boldsymbol{x})-\boldsymbol{D}(\boldsymbol{x})\boldsymbol{h}}{|\boldsymbol{h}|}\to\boldsymbol{0}_m$$

则称 $\boldsymbol{D}(\boldsymbol{x})$ 为 $\boldsymbol{f}$ 在 $\boldsymbol{x}$ 处的导数，函数 $\boldsymbol{D}$ 称为 $\boldsymbol{f}$ 在 Ω 上的导数。□

函数 $\boldsymbol{f}:\Omega\to\mathcal{R}^m$ 的导数用符号 $\mathrm{d}\boldsymbol{f}/\mathrm{d}\boldsymbol{x}$ 表示，其中 $\boldsymbol{x}$ 是在 Ω 上的变量。设 $\boldsymbol{g}$ 为一个函数，符号 $\mathrm{d}\boldsymbol{f}/\mathrm{d}\boldsymbol{g}$ 表示定义域为函数 $\boldsymbol{g}$ 的值域的 $\boldsymbol{f}$ 导数。

若 $\boldsymbol{f}$ 由 $\boldsymbol{x}$ 与其他变量和函数决定，为提高可读性，可将 $\mathrm{d}\boldsymbol{f}/\mathrm{d}\boldsymbol{x}$ 写为函数 $\boldsymbol{f}$ 对 $\boldsymbol{x}$ 中所有变量或函数的偏导数组合，即 $\mathrm{d}\boldsymbol{f}/\mathrm{d}\boldsymbol{x}\equiv\partial\boldsymbol{f}/\partial\boldsymbol{x}$。

以下定理可用于确定 $\boldsymbol{f}$ 在 Ω 上导数的存在性。

定理 5.2.1(可微的充分条件)　设开集 $\Omega\subseteq\mathcal{R}^n$，函数 $\boldsymbol{f}:\Omega\to\mathcal{R}^m$ 在 Ω 上连续。如果 $\boldsymbol{f}$ 中每个元素的所有偏导数都存在且在 Ω 上处处连续，则 $\boldsymbol{f}$ 的导数在 Ω 上存在。

证明　参见文献(Rosenlicht，1968)[193]。■

定理 5.2.1 引出了以下重要定义。

定义 5.2.2(连续可微)　设开集 $\Omega\subseteq\mathcal{R}^n$，函数 $\boldsymbol{f}:\Omega\to\mathcal{R}^m$ 在 Ω 上连续。如果 $\boldsymbol{f}$ 中每个元素的所有偏导数都存在且在 Ω 上处处连续，则可称 $\boldsymbol{f}$ 在 Ω 上是连续可微的。□

向量值函数 $\boldsymbol{f}$ 对定义域中向量的偏导数如果以矩阵形式排列的，则称为“雅可比矩阵”。

定义 5.2.3(雅可比矩阵)　设开集 $\Omega\subseteq\mathcal{R}^n$，其元素为列向量。向量值函数 $\boldsymbol{f}:\Omega\to\mathcal{R}^m$ 的雅可比矩阵为矩阵值函数 $\mathrm{d}\boldsymbol{f}/\mathrm{d}\boldsymbol{x}:\Omega\to\mathcal{R}^{m\times n}$，其中第 i 行第 j 列的元素是函数 $\boldsymbol{f}$ 第 i 个元素对 n 维向量 $\boldsymbol{x}$ 中第 j 个元素的偏导数。□

假设所有 $f_k:\mathcal{R}^n\to\mathcal{R}$ 的偏导数都存在且连续，其中 $k=1,\cdots,m$。式(5.6)给出了向量值函数 $\boldsymbol{f}\equiv[f_1,\cdots,f_m]^{\mathrm{T}}$ 元素偏导数的雅可比矩阵排列方式。

$$\frac{\mathrm{d}\boldsymbol{f}}{\mathrm{d}\boldsymbol{x}}=\begin{bmatrix}\partial f_1/\partial x_1 & \cdots & \partial f_1/\partial x_j & \cdots & \partial f_1/\partial x_n\\ \vdots & & \vdots & & \vdots\\ \partial f_i/\partial x_1 & \cdots & \partial f_i/\partial x_j & \cdots & \partial f_i/\partial x_n\\ \vdots & & \vdots & & \vdots\\ \partial f_m/\partial x_1 & \cdots & \partial f_m/\partial x_j & \cdots & \partial f_m/\partial x_n\end{bmatrix}\tag{5.6}$$

如果雅可比矩阵在 $\mathcal{R}^n$ 的开子集 Ω 上是连续的，则 f 在 Ω 上是连续可微的，其导数为 $\mathrm{d}\boldsymbol{f}/\mathrm{d}\boldsymbol{x}$。

需要注意的是，标量值函数对列向量的导数 $\mathrm{d}f/\mathrm{d}\boldsymbol{x}$ 为行向量。$\mathrm{d}f/\mathrm{d}\boldsymbol{x}$ 的转置称为 f 对 $\boldsymbol{x}$ 的梯度。符号 ∇f 或 $\nabla_{\boldsymbol{x}}f$ 也可表示 f 的梯度。

还要注意的是，f 梯度(即列向量 ∇f)的导数为对称方阵，标为二阶导数 $\mathrm{d}^2f/\mathrm{d}\boldsymbol{x}^2$。$f$ 对 $\boldsymbol{x}$ 的二阶矩阵导数称为 f 的黑塞矩阵，也使用记号 $\nabla^2 f$ 或 $\nabla_{\boldsymbol{x}}^2 f$ 表示。

符号 $\mathrm{d}\boldsymbol{f}(\boldsymbol{x}_0)/\mathrm{d}\boldsymbol{x}$ 表示导数 $\mathrm{d}\boldsymbol{f}/\mathrm{d}\boldsymbol{x}$ 在点 $\boldsymbol{x}_0$ 处的值。

下列定义说明了如何计算矩阵值函数对矩阵的导数。

定义 5.2.4(矩阵导数)　设开集 $\Omega \subseteq \mathcal{R}^{d\times q}$ 的元素为 $d\times q$ 的矩阵，开集 $\Gamma \subseteq \mathcal{R}^{m\times n}$ 的元素为 $m\times n$ 的矩阵。设函数 $\boldsymbol{F}:\Omega \to \Gamma$，则(如果存在)$\boldsymbol{F}$ 在 Ω 上的导数表示为：

$$\frac{\mathrm{d}\boldsymbol{F}}{\mathrm{d}\boldsymbol{X}}=\frac{\mathrm{dvec}(\boldsymbol{F}^{\mathrm{T}})}{\mathrm{dvec}(\boldsymbol{X}^{\mathrm{T}})}$$ □

需要重点注意的是，在相关文献中有矩阵导数的多种定义，并且不同矩阵导数定义其求导表达式也会有所差异。不同于某些矩阵导数定义，本书所使用的定义与(Magnus & Neudecker，2001；Marlow，2012)推荐的一致，且最适合用于多数机器学习分析。

5.2.2　矩阵导数计算定理

定理 5.2.2(向量链式法则)　设 $U\subseteq\mathcal{R}^n$ 和 $V\subseteq\mathcal{R}^m$ 为列向量的开集。假设 $\boldsymbol{g}:U\to V$ 在 U 上是连续可微的，$\boldsymbol{f}:V\to\mathcal{R}^q$ 在 V 上是连续可微的，则

$$\frac{\mathrm{d}\boldsymbol{f}(\boldsymbol{g})}{\mathrm{d}\boldsymbol{x}}=\left[\frac{\mathrm{d}\boldsymbol{f}}{\mathrm{d}\boldsymbol{g}}\right]\left[\frac{\mathrm{d}\boldsymbol{g}}{\mathrm{d}\boldsymbol{x}}\right]$$

为在 U 上连续可微的 q 行 n 列矩阵值函数。

证明　参见文献(Marlow，2012)[202~204]。 ■

向量链式法则定理为两个连续可微的向量值函数组合是否可微提供了明确条件。因此，如果 $\boldsymbol{f}$ 和 $\boldsymbol{g}$ 是在开集上定义的连续可微向量值函数，则根据向量链式法则，可以得出 $\boldsymbol{f}(\boldsymbol{g})$ 是连续可微的。该结论无须进行任何导数计算。此外，向量链式法则定理还给出了基于 $\boldsymbol{f}$ 和 $\boldsymbol{g}$ 的导数计算 $\boldsymbol{f}(\boldsymbol{g})$ 导数的算式。

定理 5.2.3(矩阵链式法则)　设 U 为 $\mathcal{R}^{m\times p}$ 的一个开子集，V 为 $\mathcal{R}^{q\times r}$ 的一个开子集。令 $\boldsymbol{A}:U\to V$ 和 $\boldsymbol{B}:V\to\mathcal{R}^{u\times z}$ 为连续可微函数，则

$$\frac{\mathrm{d}\boldsymbol{B}(\boldsymbol{A})}{\mathrm{d}\boldsymbol{X}}=\left(\frac{\mathrm{d}\boldsymbol{B}}{\mathrm{d}\boldsymbol{A}}\right)\frac{\mathrm{d}\boldsymbol{A}}{\mathrm{d}\boldsymbol{X}} \tag{5.7}$$

是 U 上的连续可微函数。

证明　令 $\boldsymbol{Q}\equiv\boldsymbol{B}(\boldsymbol{A})$，

$$\frac{\mathrm{d}\boldsymbol{Q}}{\mathrm{d}\boldsymbol{X}}=\frac{\mathrm{dvec}(\boldsymbol{Q}^{\mathrm{T}})}{\mathrm{dvec}(\boldsymbol{X}^{\mathrm{T}})}=\left(\frac{\mathrm{dvec}(\boldsymbol{B}^{\mathrm{T}})}{\mathrm{dvec}(\boldsymbol{A}^{\mathrm{T}})}\right)\frac{\mathrm{dvec}(\boldsymbol{A}^{\mathrm{T}})}{\mathrm{dvec}(\boldsymbol{X}^{\mathrm{T}})}=\left(\frac{\mathrm{d}\boldsymbol{B}}{\mathrm{d}\boldsymbol{A}}\right)\frac{\mathrm{d}\boldsymbol{A}}{\mathrm{d}\boldsymbol{X}}$$ ■

式(5.7)称为矩阵链式法则。

秘诀框 5.1　使用链式法则进行函数分解

(定理 5.2.3)使用链式法则计算复杂函数导数的步骤通常如下。

- **步骤 1**　将复杂函数重写为一组嵌套函数。

  设函数 $f:\mathcal{R}^d\to\mathcal{R}$ 且 $\mathrm{d}f/\mathrm{d}\boldsymbol{x}$ 很难计算。然而，若可定义四个新函数 $\boldsymbol{f}_1$、$\boldsymbol{f}_2$、$\boldsymbol{f}_3$ 和 $\boldsymbol{f}_4$，使得：

  $$f(\boldsymbol{x})=\boldsymbol{f}_1(\boldsymbol{f}_2(\boldsymbol{f}_3(\boldsymbol{f}_4(\boldsymbol{x}))))$$

  其中，雅可比矩阵 $\mathrm{d}\boldsymbol{f}_1/\mathrm{d}\boldsymbol{f}_2$、$\mathrm{d}\boldsymbol{f}_2/\mathrm{d}\boldsymbol{f}_3$、$\mathrm{d}\boldsymbol{f}_3/\mathrm{d}\boldsymbol{f}_4$ 和 $\mathrm{d}\boldsymbol{f}_4/\mathrm{d}\boldsymbol{x}$ 易于计算。

- **步骤 2**　应用向量链式法则。

  随后，基于向量链式法则可以立即得出以下结论：

  $$\frac{\mathrm{d}f}{\mathrm{d}\boldsymbol{x}}=\frac{\mathrm{d}\boldsymbol{f}_1}{\mathrm{d}\boldsymbol{f}_2}\frac{\mathrm{d}\boldsymbol{f}_2}{\mathrm{d}\boldsymbol{f}_3}\frac{\mathrm{d}\boldsymbol{f}_3}{\mathrm{d}\boldsymbol{f}_4}\frac{\mathrm{d}\boldsymbol{f}_4}{\mathrm{d}\boldsymbol{x}}$$

定理 5.2.4(矩阵积求导法则)　假设 $\boldsymbol{A}:\mathcal{R}^d\to\mathcal{R}^{m\times n}$ 和 $\boldsymbol{B}:\mathcal{R}^d\to\mathcal{R}^{n\times q}$ 是 $\mathcal{R}^d$ 上的连续可微函数，则有

$$\frac{\mathrm{d}}{\mathrm{d}\boldsymbol{x}}(\boldsymbol{AB})=(\boldsymbol{A}\otimes\boldsymbol{I}_q)\frac{\mathrm{d}\boldsymbol{B}}{\mathrm{d}\boldsymbol{x}}+(\boldsymbol{I}_m\otimes\boldsymbol{B}^{\mathrm{T}})\frac{\mathrm{d}\boldsymbol{A}}{\mathrm{d}\boldsymbol{x}}\tag{5.8}$$

此外，令 $\boldsymbol{C}:\mathcal{R}^d\to\mathcal{R}^{q\times v}$ 是 $\mathcal{R}^d$ 上的一个连续可微函数，则有

$$\frac{\mathrm{d}}{\mathrm{d}\boldsymbol{x}}(\boldsymbol{ABC})=(\boldsymbol{AB}\otimes\boldsymbol{I}_v)\frac{\mathrm{d}\boldsymbol{C}}{\mathrm{d}\boldsymbol{x}}+(\boldsymbol{A}\otimes\boldsymbol{C}^{\mathrm{T}})\frac{\mathrm{d}\boldsymbol{B}}{\mathrm{d}\boldsymbol{x}}+(\boldsymbol{I}_m\otimes\boldsymbol{C}^{\mathrm{T}}\boldsymbol{B}^{\mathrm{T}})\frac{\mathrm{d}\boldsymbol{A}}{\mathrm{d}\boldsymbol{x}}\tag{5.9}$$

证明　关于式(5.8)的证明，请参见文献(Marlow，2012)[212-213,216]。将式(5.8)应用于矩阵积 $\boldsymbol{AE}$(其中 $\boldsymbol{E}=\boldsymbol{BC}$)，随后第二次应用式(5.8)计算 $\mathrm{d}\boldsymbol{E}/\mathrm{d}\boldsymbol{x}=\mathrm{d}(\boldsymbol{BC})/\mathrm{d}\boldsymbol{x}$，即可得出式(5.9)中的矩阵积求导法则。然后使用定理 4.1.2 的属性 6 得到式(5.9)的最终表达式。■

定理 5.2.5(向量矩阵积求导法则)　假设 $\boldsymbol{a}:\mathcal{R}^d\to\mathcal{R}^n$ 和 $\boldsymbol{B}:\mathcal{R}^d\to\mathcal{R}^{n\times q}$ 均为 $\mathcal{R}^d$ 上的连续可微函数。令 n 维向量 $\boldsymbol{b}_k$ 为 $\boldsymbol{B}$ 的第 k 列，其中 $k=1,\cdots,q$，则有

$$\frac{\mathrm{d}}{\mathrm{d}\boldsymbol{x}}(\boldsymbol{a}^{\mathrm{T}}\boldsymbol{B})=(\boldsymbol{a}^{\mathrm{T}}\otimes\boldsymbol{I}_q)\frac{\mathrm{d}\boldsymbol{B}}{\mathrm{d}\boldsymbol{x}}+\boldsymbol{B}^{\mathrm{T}}\frac{\mathrm{d}\boldsymbol{a}}{\mathrm{d}\boldsymbol{x}}\tag{5.10}$$

或者

$$\frac{\mathrm{d}}{\mathrm{d}\boldsymbol{x}}(\boldsymbol{a}^{\mathrm{T}}\boldsymbol{B})=\left[\left(\frac{\mathrm{d}\boldsymbol{b}_1^{\mathrm{T}}}{\mathrm{d}\boldsymbol{x}}\boldsymbol{a}+\frac{\mathrm{d}\boldsymbol{a}^{\mathrm{T}}}{\mathrm{d}\boldsymbol{x}}\boldsymbol{b}_1\right),\cdots,\left(\frac{\mathrm{d}\boldsymbol{b}_q^{\mathrm{T}}}{\mathrm{d}\boldsymbol{x}}\boldsymbol{a}+\frac{\mathrm{d}\boldsymbol{a}^{\mathrm{T}}}{\mathrm{d}\boldsymbol{x}}\boldsymbol{b}_q\right)\right]^{\mathrm{T}}\tag{5.11}$$

证明　直接应用矩阵积求导法则(见定理 5.2.4)，得出式(5.10)。对于式(5.11)的推理，使用 $\boldsymbol{a}^{\mathrm{T}}[\boldsymbol{b}_1,\cdots,\boldsymbol{b}_q]$重写 $\boldsymbol{a}^{\mathrm{T}}\boldsymbol{B}$，得到

$$\frac{\mathrm{d}}{\mathrm{d}\boldsymbol{x}}(\boldsymbol{a}^{\mathrm{T}}\boldsymbol{B})=\frac{\mathrm{d}}{\mathrm{d}\boldsymbol{x}}(\boldsymbol{a}^{\mathrm{T}}[\boldsymbol{b}_1,\cdots,\boldsymbol{b}_q])=\frac{\mathrm{d}}{\mathrm{d}\boldsymbol{x}}([\boldsymbol{a}^{\mathrm{T}}\boldsymbol{b}_1,\cdots,\boldsymbol{a}^{\mathrm{T}}\boldsymbol{b}_q])\tag{5.12}$$

然后使用“点积求导法则”得到式(5.12)右侧第 k 个元素的计算公式：

$$\frac{\mathrm{d}}{\mathrm{d}\boldsymbol{x}}(\boldsymbol{a}^{\mathrm{T}}\boldsymbol{b}_k)=\boldsymbol{a}^{\mathrm{T}}\frac{\mathrm{d}\boldsymbol{b}_k}{\mathrm{d}\boldsymbol{x}}+\boldsymbol{b}_k^{\mathrm{T}}\frac{\mathrm{d}\boldsymbol{a}}{\mathrm{d}\boldsymbol{x}}\tag{5.13}$$

其中，$k=1,\cdots,q$。■

定理 5.2.6(标量向量积求导法则)　假设标量值函数 $\psi:\mathcal{R}^d\to\mathcal{R}$ 和列向量值函数 $\boldsymbol{b}:\mathcal{R}^d\to\mathcal{R}^m$ 在 $\mathcal{R}^d$ 上连续可微，则有

$$\frac{\mathrm{d}(\boldsymbol{b}\psi)}{\mathrm{d}\boldsymbol{x}}=\frac{\mathrm{d}\boldsymbol{b}}{\mathrm{d}\boldsymbol{x}}\psi+\boldsymbol{b}\frac{\mathrm{d}\psi}{\mathrm{d}\boldsymbol{x}}$$

证明　参见练习 5.2-7。■

定理 5.2.7(点积求导法则)　假设 $\boldsymbol{a}:\mathcal{R}^d\to\mathcal{R}^m$ 和 $\boldsymbol{b}:\mathcal{R}^d\to\mathcal{R}^m$ 是 $\mathcal{R}^d$ 上的连续可微列向量值函数，则有

$$\frac{\mathrm{d}(\boldsymbol{a}^{\mathrm{T}}\boldsymbol{b})}{\mathrm{d}\boldsymbol{x}}=\boldsymbol{a}^{\mathrm{T}}\frac{\mathrm{d}\boldsymbol{b}}{\mathrm{d}\boldsymbol{x}}+\boldsymbol{b}^{\mathrm{T}}\frac{\mathrm{d}\boldsymbol{a}}{\mathrm{d}\boldsymbol{x}}$$

证明　设 $\boldsymbol{a}=[a_1,\cdots,a_m]^{\mathrm{T}}$，$\boldsymbol{b}=[b_1,\cdots,b_m]^{\mathrm{T}}$，$\boldsymbol{x}=[x_1,\cdots,x_d]^{\mathrm{T}}$，则行向量值函数的第 k 个元素

$$\frac{\mathrm{d}(\boldsymbol{a}^{\mathrm{T}}\boldsymbol{b})}{\mathrm{d}\boldsymbol{x}}$$

由下式给出：

$$\frac{\partial(\boldsymbol{a}^{\mathrm{T}}\boldsymbol{b})}{\partial x_k}=\frac{\partial\left[\sum_{i=1}^{m}(a_ib_i)\right]}{\partial x_k}=\sum_{i=1}^{m}\left[a_i\frac{\partial b_i}{\partial x_k}+\frac{\partial a_i}{\partial x_k}b_i\right]=\sum_{i=1}^{m}\left[a_i\frac{\partial b_i}{\partial x_k}\right]+\sum_{i=1}^{m}\left[b_i\frac{\partial a_i}{\partial x_k}\right]$$ ■

定理 5.2.8(外积求导法则)　假设 $\boldsymbol{a}:\mathcal{R}^d \to \mathcal{R}^m$ 和 $\boldsymbol{b}:\mathcal{R}^d \to \mathcal{R}^q$ 是 $\mathcal{R}^d$ 上的连续可微列向量值函数，则有

$$\frac{\mathrm{d}(\boldsymbol{a}\boldsymbol{b}^{\mathrm{T}})}{\mathrm{d}\boldsymbol{x}}=(\boldsymbol{a}\otimes\boldsymbol{I}_q)\frac{\mathrm{d}\boldsymbol{b}}{\mathrm{d}\boldsymbol{x}}+(\boldsymbol{I}_m\otimes\boldsymbol{b})\frac{\mathrm{d}\boldsymbol{a}}{\mathrm{d}\boldsymbol{x}}$$

证明　参见练习 5.2-8。 ■

5.2.3　深度学习的有效导数计算

例 5.2.1(逻辑 sigmoid 函数的一阶导数和二阶导数)　设 $\mathcal{S}(\phi)=(1+\exp(-\phi))^{-1}$，则有

$$\frac{\mathrm{d}\mathcal{S}}{\mathrm{d}\phi}=\mathcal{S}(\phi)[1-\mathcal{S}(\phi)]$$

$$\frac{\mathrm{d}^2\mathcal{S}}{\mathrm{d}\phi^2}=[1-2\mathcal{S}(\phi)]\mathcal{S}(\phi)[1-\mathcal{S}(\phi)]$$

△

例 5.2.2(双曲正切 sigmoid 函数导数)　令 $\mathcal{S}(\phi)=(1+\exp(-\phi))^{-1}$，$\Psi(\phi)=2\mathcal{S}(2\phi)-1$，则有 $\mathrm{d}\Psi/\mathrm{d}\phi=4\mathcal{S}(2\phi)[1-\mathcal{S}(2\phi)]$。 △

例 5.2.3(softplus 函数的导数)　令 $\mathcal{J}(\psi)=\log(1+\exp(\phi))$，则有

$$\mathrm{d}\mathcal{J}/\mathrm{d}\phi=\exp(\phi)/(1+\exp(\phi))=\mathcal{S}(\phi)$$

其中，$\mathcal{S}(\phi)=(1+\exp(-\phi))^{-1}$。 △

例 5.2.4(径向基函数导数)　令 $\Psi(\phi)=\exp(-\phi^2)$，则有 $\mathrm{d}\Psi/\mathrm{d}\phi=-2\phi\Psi(\phi)$。 △

例 5.2.5(权重向量与常数向量点积的导数)　令 $\Psi(\boldsymbol{\theta})=\boldsymbol{\theta}^{\mathrm{T}}\boldsymbol{s}$，其中 $\boldsymbol{\theta}$ 是一个 q 维参数列向量，$\boldsymbol{s}$ 是一个 q 维常数列向量，则有 $\mathrm{d}\Psi/\mathrm{d}\boldsymbol{\theta}=\boldsymbol{s}^{\mathrm{T}}$。 △

例 5.2.6(交叉熵误差函数导数：标量情况)　设 $y\in\{0,1\}$，$\mathcal{S}(\theta)\equiv(1+\exp(-\theta))^{-1}$，$p(\theta)\equiv\mathcal{S}(\theta)$，证明 $\mathrm{d}p/\mathrm{d}\theta=p(\theta)(1-p(\theta))$。

令

$$\ell(\theta)=-y\log(p(\theta))-(1-y)\log(1-p(\theta))$$

$$\frac{\mathrm{d}\ell}{\mathrm{d}\theta}=\left(\frac{-y}{p(\theta)}+\frac{(1-y)}{1-p(\theta)}\right)\frac{\mathrm{d}p}{\mathrm{d}\theta}$$

由于 $\mathrm{d}p/\mathrm{d}\theta=p(\theta)(1-p(\theta))$，因此得出

$$\frac{\mathrm{d}\ell}{\mathrm{d}\theta}=\left(\frac{-y}{p(\theta)}+\frac{(1-y)}{1-p(\theta)}\right)p(\theta)(1-p(\theta))=-(y-p(\theta))$$

△

例 5.2.7(向量值指数函数导数)

$$\frac{\mathrm{d}\mathbf{exp}(\boldsymbol{x})}{\mathrm{d}\boldsymbol{x}}=\mathbf{DIAG}(\exp(\boldsymbol{x}))$$

△

例 5.2.8(向量值 sigmoid 函数导数)　定义向量值函数 $\mathcal{S}:\mathcal{R}^d\to(0,1)^d$，使得 $\mathcal{S}([x_1,\cdots,x_d])=[\mathcal{S}(x_1),\cdots,\mathcal{S}(x_d)]$，其中 $\mathcal{S}(x_i)=1/(1+\exp(-x_i))$，$i=1,\cdots,d$，则有

$$\frac{\mathrm{d}\mathcal{S}(\boldsymbol{x})}{\mathrm{d}\boldsymbol{x}}=\mathbf{DIAG}(\mathcal{S}(\boldsymbol{x})\odot(\mathbf{1}_d-\mathcal{S}(\boldsymbol{x}))$$

△

例 5.2.9(向量值 softplus 函数导数)　定义函数 $\mathcal{J}:\mathcal{R}^d\to(0,1)^d$，使得 d 维列向量 $\mathcal{J}(\boldsymbol{x})$ 的第 i 个元素等于 $\log(1+\exp(x_i))$，其中 x_i 是 $\boldsymbol{x}$ 的第 i 个元素，则有

$$\frac{\mathrm{d}\mathcal{J}(\boldsymbol{x})}{\mathrm{d}\boldsymbol{x}}=\mathbf{DIAG}(\mathcal{S}(\boldsymbol{x}))$$

其中，$\mathcal{S}$是例 5.2.8 中定义的向量值 sigmoid 函数。 △

例 5.2.10(交叉熵误差函数向量导数)　设 $y\in\{0,1\}$，$\mathcal{S}(\phi)\equiv(1+\exp(-\phi))^{-1}$，$p(\boldsymbol{\theta})\equiv\mathcal{S}(\boldsymbol{\theta}^{\mathrm{T}}\boldsymbol{s})$，其中 $\boldsymbol{\theta}\in\mathcal{R}^d$。令

$$\ell(\boldsymbol{\theta})=-y\log(p(\boldsymbol{\theta}^{\mathrm{T}}\boldsymbol{s}))-(1-y)\log(1-p(\boldsymbol{\theta}^{\mathrm{T}}\boldsymbol{s}))$$

则有：

$$\frac{\mathrm{d}\ell}{\mathrm{d}\boldsymbol{\theta}}=\left(\frac{-y}{p(\boldsymbol{\theta}^{\mathrm{T}}\boldsymbol{s})}+\frac{(1-y)}{1-p(\boldsymbol{\theta}^{\mathrm{T}}\boldsymbol{s})}\right)\frac{\mathrm{d}p}{\mathrm{d}\boldsymbol{\theta}}$$

$$\frac{\mathrm{d}\ell}{\mathrm{d}\boldsymbol{\theta}}=\left[\left(\frac{-y}{p(\boldsymbol{\theta}^{\mathrm{T}}\boldsymbol{s})}+\frac{(1-y)}{1-p(\boldsymbol{\theta}^{\mathrm{T}}\boldsymbol{s})}\right)p(\boldsymbol{\theta}^{\mathrm{T}}\boldsymbol{s})(1-p(\boldsymbol{\theta}^{\mathrm{T}}\boldsymbol{s}))\right]\frac{\mathrm{d}(\boldsymbol{\theta}^{\mathrm{T}}\boldsymbol{s})}{\mathrm{d}\boldsymbol{\theta}}=-(y-p(\boldsymbol{\theta}^{\mathrm{T}}\boldsymbol{s}))\boldsymbol{s}^{\mathrm{T}}$$ △

例 5.2.11(最小二乘回归误差函数导数)　定义函数 $\ddot{y}$，使得 $\ddot{y}(\boldsymbol{\theta})=\boldsymbol{\theta}^{\mathrm{T}}\boldsymbol{s}$。函数 ℓ 定义为 $\ell(\boldsymbol{\theta})=|y-\ddot{y}(\boldsymbol{\theta})|^2$，则有

$$\frac{\mathrm{d}\ell}{\mathrm{d}\boldsymbol{\theta}}=-2(y-\ddot{y}(\boldsymbol{\theta}))(\mathrm{d}\ddot{y}/\mathrm{d}\boldsymbol{\theta})=-2(y-\ddot{y}(\boldsymbol{\theta}))\boldsymbol{s}^{\mathrm{T}}$$ △

例 5.2.12(向量值线性函数导数)　设 $\boldsymbol{A}\in\mathcal{R}^{m\times n}$，$\boldsymbol{x}\in\mathcal{R}^n$，计算导数 $\mathrm{d}(\boldsymbol{Ax})/\mathrm{d}\boldsymbol{x}$。

解　计算导数 $\mathrm{d}(\boldsymbol{Ax})/\mathrm{d}\boldsymbol{x}$ 有两种不同的方法。第一种是直接求导法：

$$\frac{\mathrm{d}(\boldsymbol{Ax})}{\mathrm{d}\boldsymbol{x}}=\boldsymbol{A}\frac{\mathrm{d}(\boldsymbol{x})}{\mathrm{d}\boldsymbol{x}}=\boldsymbol{AI}=\boldsymbol{A}\tag{5.14}$$

第二种是使用矩阵积求导法则(定理 5.2.4)计算导数 $\mathrm{d}(\boldsymbol{Ax})/\mathrm{d}\boldsymbol{x}$。使用矩阵积求导法则可得

$$\frac{\mathrm{d}(\boldsymbol{Ax})}{\mathrm{d}\boldsymbol{x}}=(\boldsymbol{A}\otimes\boldsymbol{I}_1)\frac{\mathrm{d}\boldsymbol{x}}{\mathrm{d}\boldsymbol{x}}+(\boldsymbol{I}_m\otimes\boldsymbol{x}^{\mathrm{T}})\frac{\mathrm{d}\boldsymbol{A}}{\mathrm{d}\boldsymbol{x}}$$

由于 $\boldsymbol{A}$ 是一个常数矩阵，因此 $\mathrm{d}\boldsymbol{A}/\mathrm{d}\boldsymbol{x}$ 为零矩阵。此外，$\mathrm{d}\boldsymbol{x}/\mathrm{d}\boldsymbol{x}$ 是 n 维单位矩阵，且 $\boldsymbol{I}_1=1$，因此可以得出式(5.14)的结果。 △

例 5.2.13(计算 $\mathrm{d}\boldsymbol{A}/\mathrm{d}(\boldsymbol{A}^{\mathrm{T}})$)　在涉及矩阵值求导的应用中，有时需要计算诸如

$$\frac{\mathrm{d}\boldsymbol{A}}{\mathrm{d}(\boldsymbol{A}^{\mathrm{T}})}$$

的导数。

这可以通过第 4 章的交换矩阵 $\boldsymbol{K}$ 来实现：

$$\frac{\mathrm{d}\boldsymbol{A}}{\mathrm{d}\boldsymbol{A}^{\mathrm{T}}}=\frac{\mathrm{d}(\mathbf{vec}(\boldsymbol{A}^{\mathrm{T}}))}{\mathrm{d}\mathbf{vec}(\boldsymbol{A})}=\frac{\mathrm{d}(\boldsymbol{K}\mathbf{vec}(\boldsymbol{A}))}{\mathrm{d}\mathbf{vec}(\boldsymbol{A})}=\boldsymbol{K}\frac{\mathrm{d}\mathbf{vec}(\boldsymbol{A})}{\mathrm{d}\mathbf{vec}(\boldsymbol{A})}=\boldsymbol{KI}=\boldsymbol{K}$$ △

例 5.2.14(指数族一阶导数)　定义 $p:\mathcal{R}^d\times\mathcal{R}^d\to\mathcal{R}$：

$$p(\boldsymbol{x};\boldsymbol{\theta})=\frac{\exp(-\boldsymbol{x}^{\mathrm{T}}\boldsymbol{\theta})}{\sum_{\boldsymbol{y}}\exp(-\boldsymbol{y}^{\mathrm{T}}\boldsymbol{\theta})}$$

则有：

$$\log p(\boldsymbol{x};\boldsymbol{\theta})=-\boldsymbol{x}^{\mathrm{T}}\boldsymbol{\theta}-\log\left(\sum_{\boldsymbol{y}}\exp(-\boldsymbol{y}^{\mathrm{T}}\boldsymbol{\theta})\right)$$

因此

$$\frac{\mathrm{d}\log p(\boldsymbol{x};\boldsymbol{\theta})}{\mathrm{d}\boldsymbol{\theta}}=-\boldsymbol{\theta}^{\mathrm{T}}-\frac{\sum_{\boldsymbol{y}}\exp(-\boldsymbol{y}^{\mathrm{T}}\boldsymbol{\theta})(-\boldsymbol{y}^{\mathrm{T}})}{\sum_{\boldsymbol{v}}\exp(-\boldsymbol{v}^{\mathrm{T}}\boldsymbol{\theta})}=-\boldsymbol{\theta}^{\mathrm{T}}+\sum_{\boldsymbol{y}}\boldsymbol{y}^{\mathrm{T}}p(\boldsymbol{y};\boldsymbol{\theta})$$ △

例 5.2.15(多项式逻辑 softmax 导数)　令 $c_k\equiv-y_k^{\mathrm{T}}\log(\boldsymbol{p})$，其中 $\boldsymbol{y}_k$ 是 m 维单位矩阵的第

k 列，且 m 维向量 $\boldsymbol{p}$ 的第 k 个元素 p_k 为

$$p_k=\frac{\exp(\phi_k)}{\sum_{j=1}^{m}\exp(\phi_j)}$$

因此

$$c_k=-\phi_k+\log\sum_{j=1}^{m}\exp(\phi_j)$$

如果 $u=k$，则有

$$\mathrm{d}c_k/\mathrm{d}\phi_u=-1+\frac{\exp(\phi_u)}{\sum_{j=1}^{m}\exp(\phi_j)}=-1+p_u \tag{5.15}$$

如果 $u\neq k$，则有

$$\mathrm{d}c_k/\mathrm{d}\phi_u=\frac{\exp(\phi_u)}{\sum_{j=1}^{m}\exp(\phi_j)}=p_u \tag{5.16}$$

设 $\boldsymbol{\phi}\equiv[1,\cdots,\phi_m]^{\mathrm{T}}$，结合式(5.15)和式(5.16)，可得

$$\frac{\mathrm{d}c_k}{\mathrm{d}\boldsymbol{\phi}}=-(\boldsymbol{y}_k-\boldsymbol{p})^{\mathrm{T}}$$

△

例 5.2.16(逻辑回归目标函数导数)　假设有训练数据集 $\mathcal{D}_n\equiv\{(\boldsymbol{s}_1,y_1),\cdots,(\boldsymbol{s}_n,y_n)\}$，其中逻辑回归学习机对于给定输入模式 $\boldsymbol{s}_i\in\mathcal{R}^d$ 的期望响应为 $y_i=\{0,1\}$，$i=1,\cdots,n$。

逻辑回归模型的标量响应定义为

$$\ddot{y}(\boldsymbol{s},\boldsymbol{\theta})=\mathcal{S}(\boldsymbol{\theta}^{\mathrm{T}}[\boldsymbol{s}^{\mathrm{T}},1]^{\mathrm{T}})$$

其中，$\ddot{y}(\boldsymbol{s},\boldsymbol{\theta})$是在给定输入模式向量 $\boldsymbol{s}$ 和参数向量 $\boldsymbol{\theta}$ 下 $y=1$ 的预测概率。给定 $\boldsymbol{s}$ 和 $\boldsymbol{\theta}$ 下 $y=0$ 的预测概率为 $1-\ddot{y}(\boldsymbol{s},\boldsymbol{\theta})$。

假设经验风险函数为 $\hat{\ell}_n:\mathcal{R}^q\to\mathcal{R}$，对于所有 $\boldsymbol{\theta}\in\mathcal{R}^d$，有

$$\hat{\ell}_n(\boldsymbol{\theta})=-(1/n)\sum_{i=1}^{n}(y_i\log\ddot{y}(\boldsymbol{s}_i,\boldsymbol{\theta})+(1-y_i)\log(1-\ddot{y}(\boldsymbol{s}_i,\boldsymbol{\theta})))$$

计算 $\hat{\ell}_n$ 的梯度和黑塞矩阵。

解　首先定义一组简单函数，以形成所需的经验风险函数。

令

$$\hat{\ell}_n(\boldsymbol{\theta})=(1/n)\sum_{i=1}^{n}c_i(\ddot{y})$$

$$c_i(\ddot{y})=-[y_i\log\ddot{y}_i+(1-y_i)\log(1-\ddot{y}_i)]$$

设 $\ddot{y}_i(\psi_i)=\mathcal{S}(\psi_i)$，$\psi_i(\boldsymbol{\theta})\equiv\boldsymbol{\theta}^{\mathrm{T}}[\boldsymbol{s}_i^{\mathrm{T}},1]^{\mathrm{T}}$，则有：

$$\frac{\mathrm{d}\hat{\ell}_n(\boldsymbol{\theta})}{\mathrm{d}\boldsymbol{\theta}}=(1/n)\sum_{i=1}^{n}\frac{\mathrm{d}c_i}{\mathrm{d}\boldsymbol{\theta}}$$

$$\frac{\mathrm{d}c_i}{\mathrm{d}\boldsymbol{\theta}}=\left(\frac{\mathrm{d}c_i}{\mathrm{d}\ddot{y}_i}\right)\left(\frac{\mathrm{d}\ddot{y}_i}{\mathrm{d}\psi_i}\right)\left(\frac{\mathrm{d}\psi_i}{\mathrm{d}\boldsymbol{\theta}}\right) \tag{5.17}$$

$$\frac{\mathrm{d}c_i}{\mathrm{d}\ddot{y}_i}=-(y_i-\ddot{y}_i)/(\ddot{y}_i(1-\ddot{y}_i)) \tag{5.18}$$

$$\frac{\mathrm{d}\ddot{y}_i}{\mathrm{d}\psi_i}=\ddot{y}_i(1-\ddot{y}_i) \tag{5.19}$$

$$\frac{\mathrm{d}\psi_i}{\mathrm{d}\boldsymbol{\theta}}=[\boldsymbol{s}_i^{\mathrm{T}},1] \tag{5.20}$$

将式(5.18)、式(5.19)和式(5.20)代入式(5.17)，得到

$$\frac{\mathrm{d}c_i}{\mathrm{d}\boldsymbol{\theta}}=-(y_i-\ddot{y}_i)[\boldsymbol{s}_i^{\mathrm{T}},1]$$

设 $\boldsymbol{g}_i=-(y_i-\ddot{y}_i)[\boldsymbol{s}_i^{\mathrm{T}},1]^{\mathrm{T}}$。对于 $\hat{\ell}_n$ 的黑塞矩阵，需要注意的是：

$$\nabla^2\hat{\ell}_n(\boldsymbol{\theta})=(1/n)\sum_{i=1}^{n}\frac{\mathrm{d}\boldsymbol{g}_i}{\mathrm{d}\boldsymbol{\theta}}$$

然后，使用链式法则得到：

$$\frac{\mathrm{d}\boldsymbol{g}_i}{\mathrm{d}\boldsymbol{\theta}}=[\boldsymbol{s}_i^{\mathrm{T}},1]^{\mathrm{T}}\frac{\mathrm{d}\ddot{y}_i}{\mathrm{d}\boldsymbol{\theta}}$$

由于

$$\frac{\mathrm{d}\ddot{y}_i}{\mathrm{d}\boldsymbol{\theta}}=\left(\frac{\mathrm{d}\ddot{y}_i}{\mathrm{d}\psi_i}\right)\left(\frac{\mathrm{d}\psi_i}{\mathrm{d}\boldsymbol{\theta}}\right)=\ddot{y}_i(1-\ddot{y}_i)[\boldsymbol{s}_i^{\mathrm{T}},1]$$

因此

$$\frac{\mathrm{d}\boldsymbol{g}_i}{\mathrm{d}\boldsymbol{\theta}}=\ddot{y}_i(\mathbf{1}-\ddot{y}_i)[\boldsymbol{s}_i^{\mathrm{T}},\mathbf{1}]^{\mathrm{T}}[\boldsymbol{s}_i^{\mathrm{T}},\mathbf{1}]$$ △

例 5.2.17(感知机目标函数梯度) 定义列向量值函数 $\mathcal{J}:\mathcal{R}^d\to(0,1)^d$，使得 d 维列向量 $\mathcal{J}(\boldsymbol{x})$的第 i 个元素等于 $\log(1+\exp(x_i))$，其中 x_i 是 $\boldsymbol{x}$ 的第 i 个元素。定义 $\mathcal{S}:\mathcal{R}\to(0,1)$，使得 $\mathcal{S}(\phi)=1/(1+\exp(-\phi))$。

假设有训练数据集 $\mathcal{D}_n\equiv\{(\boldsymbol{s}_1,y_1),\cdots,(\boldsymbol{s}_n,y_n)\}$，给定输入模式 $\boldsymbol{s}_k\in\mathcal{R}^d$，感知机的期望响应为 $y_k\in(0,1)$，$k=1,\cdots,n$。

设 $\boldsymbol{\theta}\equiv(\boldsymbol{v}^{\mathrm{T}},\mathbf{vec}(\boldsymbol{W}^{\mathrm{T}})^{\mathrm{T}})^{\mathrm{T}}$，$\boldsymbol{v}\in\mathcal{R}^{h+1}$，$\boldsymbol{W}\in\mathcal{R}^{h\times d}$，对于由 softplus 隐单元和 sigmoid 输出单元组成的平滑多层感知机，其标量响应 $\ddot{y}(\boldsymbol{s},\boldsymbol{\theta})$定义为给定 $\boldsymbol{s}$ 和 $\boldsymbol{\theta}$ 时 $y=1$ 的概率：

$$\ddot{y}(\boldsymbol{s},\boldsymbol{\theta})=\mathcal{S}(\boldsymbol{v}^{\mathrm{T}}[(\mathcal{J}(\boldsymbol{W}\boldsymbol{s}))^{\mathrm{T}},1]^{\mathrm{T}})$$

感知机中自由参数的数量等于 $q\equiv(h+1)+hd$。假设经验风险函数为 $\hat{\ell}_n:\mathcal{R}^q\to\mathcal{R}$，对于所有 $\boldsymbol{\theta}\in\mathcal{R}^q$，有

$$\hat{\ell}_n(\boldsymbol{\theta})=-(1/n)\sum_{i=1}^{n}[y_i\log\ddot{y}(\boldsymbol{s}_i,\boldsymbol{\theta})+(1-y_i)\log(1-\ddot{y}(\boldsymbol{s}_i,\boldsymbol{\theta}))]$$

计算 $\hat{\ell}_n$ 的梯度。

解 如前所述，多层感知机中求导的主要方法是定义更简单的函数，以便通过简单函数组成复杂函数。

令 $\ddot{y}_i(\boldsymbol{\theta})\equiv\ddot{y}(\boldsymbol{s}_i,\boldsymbol{\theta})$，向量值函数 $\boldsymbol{\phi}_i(\boldsymbol{\theta})\equiv\boldsymbol{W}\boldsymbol{s}_i$。定义向量值函数

$$\boldsymbol{h}_i(\boldsymbol{\theta})=[(\mathcal{J}(\boldsymbol{\phi}_i(\boldsymbol{\theta}))^{\mathrm{T}}),1]^{\mathrm{T}}$$

此外，定义标量值函数

$$c_i(\ddot{y}_i)\equiv-y_i\log\ddot{y}-(1-y_i)\log(1-\ddot{y})$$

设标量值函数 $\psi_i(\boldsymbol{\theta})\equiv\boldsymbol{v}^{\mathrm{T}}\boldsymbol{h}_i(\boldsymbol{\theta})$，则有：

$$\frac{\mathrm{d}c_i}{\mathrm{d}\boldsymbol{v}}=\left[\frac{\mathrm{d}c_i}{\mathrm{d}\psi_i}\right]\left[\frac{\mathrm{d}\psi_i}{\mathrm{d}\boldsymbol{v}}\right]$$

需要注意的是：

$$\frac{\mathrm{d}c_i}{\mathrm{d}\psi_i}=-(y_i-\ddot{y}_i)$$

$$\frac{\mathrm{d}\psi_i}{\mathrm{d}\boldsymbol{v}}=\boldsymbol{h}_i^{\mathrm{T}}$$

这样就得出了经验风险函数对$\boldsymbol{v}$的导数公式。

令$\boldsymbol{w}_k$表示$\boldsymbol{W}$的第k行，v_k表示$\boldsymbol{v}$的第k个元素，$\phi_{i,k}=\boldsymbol{w}_k^{\mathrm{T}}\boldsymbol{s}_i$，$\boldsymbol{h}_i$的第$k$个元素定义为$h_{i,k}=\mathcal{J}(\phi_{i,k})$。

现在计算损失函数对$\boldsymbol{w}_k$的导数。需要注意的是：

$$\frac{\mathrm{d}c_i}{\mathrm{d}\boldsymbol{w}_k}=\left[\frac{\mathrm{d}c_i}{\mathrm{d}\psi_i}\right]\left[\frac{\mathrm{d}\psi_i}{\mathrm{d}h_{i,k}}\right]\left[\frac{\mathrm{d}h_{i,k}}{\mathrm{d}\phi_{i,k}}\right]\left[\frac{\mathrm{d}\phi_{i,k}}{\mathrm{d}\boldsymbol{w}_k}\right]$$

由于$\mathrm{d}\psi_i/\mathrm{d}h_{i,k}=v_k$，$\mathrm{d}h_{i,k}/\mathrm{d}\phi_{i,k}=\mathcal{S}(\phi_{i,k})$，并且$\mathrm{d}\phi_{i,k}/\mathrm{d}\boldsymbol{w}_k=\boldsymbol{s}_i^{\mathrm{T}}$，因此，

$$\frac{\mathrm{d}c_i}{\mathrm{d}\boldsymbol{w}_k}=-(y_i-\ddot{y}_i)v_k\mathcal{S}(\phi_{i,k})\boldsymbol{s}_i^{\mathrm{T}}$$

△

5.2.4 深度学习的梯度反向传播

本节将介绍一种用于在前馈深度学习网络架构中高效计算梯度的方法，该方法也适用于循环神经网络的计算。

令$\ddot{\boldsymbol{y}}(\boldsymbol{s},\boldsymbol{\theta})$代表前馈深度学习网络架构的$r$维预测响应，该网络输入模式$\boldsymbol{s}$为$d$维，隐单元层数为$m$，参数向量$\boldsymbol{\theta}=[\boldsymbol{\theta}_1^{\mathrm{T}},\cdots,\boldsymbol{\theta}_m^{\mathrm{T}}]^{\mathrm{T}}$为$q$维。假设预测响应由函数$\ddot{\boldsymbol{y}}:\mathcal{R}^d\times\mathcal{R}^q\to\mathcal{R}^r$得出。对于一层隐单元系统(即$m=2$)：

$$\ddot{\boldsymbol{y}}(\boldsymbol{s},\boldsymbol{\theta})=\ddot{\boldsymbol{h}}_2(\ddot{\boldsymbol{h}}_1(\boldsymbol{s},\boldsymbol{\theta}_1),\boldsymbol{\theta}_2)$$

对于两层隐单元系统(即$m=3$)，

$$\ddot{\boldsymbol{y}}(\boldsymbol{s},\boldsymbol{\theta})=\ddot{\boldsymbol{h}}_3(\ddot{\boldsymbol{h}}_2(\ddot{\boldsymbol{h}}_1(\boldsymbol{s},\boldsymbol{\theta}_1),\boldsymbol{\theta}_2),\boldsymbol{\theta}_3)$$

对于$m=4,5,\cdots$，预测响应函数$\ddot{y}$可以通过相似的方式定义。差异函数$D:\mathcal{R}^r\times\mathcal{R}^r\to\mathcal{R}$表示给定输入模式$\boldsymbol{S}$和参数向量$\boldsymbol{\theta}$前馈网络期望响应$\boldsymbol{y}$与预测响应$\ddot{\boldsymbol{y}}(\boldsymbol{s},\boldsymbol{\theta})$间的预测误差$D(\boldsymbol{y},\ddot{\boldsymbol{y}}(\boldsymbol{s},\boldsymbol{\theta}))$。该网络最小化的经验风险损失函数为$c:\mathcal{R}^{d+r}\times\mathcal{R}^q\to\mathcal{R}$，模式$[\boldsymbol{s},\boldsymbol{y}]$的实际误差为$c([\boldsymbol{s},\boldsymbol{y}],\boldsymbol{\theta})=D(\boldsymbol{y},\ddot{\boldsymbol{y}}(\boldsymbol{s},\boldsymbol{\theta}))$。

算法5.2.1给出了一种用于计算$m-1$层隐单元的前馈深度神经网络梯度的通用方法。

算法5.2.1 m层前馈深度神经网络梯度反向传播

1：**procedure** GRADBACKPROP(D, $\mathrm{d}D=\mathrm{d}\ddot{\boldsymbol{y}}$, $(\boldsymbol{s},\boldsymbol{y})$, $\ddot{\boldsymbol{h}}_k$, $\mathrm{d}\ddot{\boldsymbol{h}}_k/\mathrm{d}\ddot{\boldsymbol{h}}_{k-1}$)
2： $\boldsymbol{h}_0\Leftarrow\boldsymbol{s}$ ▷正向传播计算
3： **for** $k=1$ to m **do**
4： $\boldsymbol{h}_k\Leftarrow\ddot{\boldsymbol{h}}_k(\boldsymbol{h}_{k-1},\boldsymbol{\theta}_k)$ ▷计算第k层的激活水平
5： **end for**
6： $\ddot{\boldsymbol{y}}\Leftarrow\boldsymbol{h}_m$ ▷输出预测响应

7: ▷反向传播计算

8: $\boldsymbol{e}_m^{\mathrm{T}}=\mathrm{d}D(\boldsymbol{y},\ddot{\boldsymbol{y}})/\mathrm{d}\ddot{\boldsymbol{y}}$ ▷计算第 m 层的误差

9: **for** $k=m$ to 2 **do**

10: $\boldsymbol{e}_{k-1}^{\mathrm{T}}\Leftarrow\boldsymbol{e}_k^{\mathrm{T}}(\mathrm{d}\ddot{\boldsymbol{h}}_k(\boldsymbol{h}_{k-1},\ \boldsymbol{\theta}_k)/\mathrm{d}\ddot{\boldsymbol{h}}_{k-1}$ ▷计算第 $k-1$ 层的误差

11: **end for**

12: ▷梯度计算

13: **for** $k=1$ to m **do**

14: $\mathrm{d}c/\boldsymbol{\theta}_k^{\mathrm{T}}\Leftarrow\boldsymbol{e}_k^{\mathrm{T}}(\mathrm{d}\ddot{\boldsymbol{h}}_k(\boldsymbol{h}_{k-1},\boldsymbol{\theta}_k)/\mathrm{d}\boldsymbol{\theta}_k)$

15: **end for**

16: **return**$\{\ddot{\boldsymbol{y}},\mathrm{d}c/\mathrm{d}\theta_1,\cdots,\mathrm{d}c/\mathrm{d}\boldsymbol{\theta}_m\}$ ▷返回预测响应 $\ddot{\boldsymbol{y}}$ 和梯度 $\mathrm{d}c/\mathrm{d}\boldsymbol{\theta}$

17: **end procedure**

例 5.2.18(平滑多层感知机的梯度下降学习) 设 $\mathcal{D}_n\equiv\{(\boldsymbol{s}_1,\boldsymbol{y}_1),\cdots,(\boldsymbol{s}_n,\boldsymbol{y}_n)\}$是 n 个训练向量的集合，其中 $\boldsymbol{y}_i$ 为感知机对输入模式 $\boldsymbol{s}_i$ 的期望响应，$i=1,2,\cdots,n$。

令 $\ddot{\boldsymbol{y}}(\boldsymbol{s},\boldsymbol{\theta})$表示感知机对于给定参数向量 $\boldsymbol{\theta}$ 和输入模式 $\boldsymbol{s}$ 的预测响应：

$$\ddot{\boldsymbol{y}}(\boldsymbol{s},\boldsymbol{\theta})=\ddot{\boldsymbol{h}}_4(\ddot{\boldsymbol{h}}_3(\ddot{\boldsymbol{h}}_2(\ddot{\boldsymbol{h}}_1(\boldsymbol{s},\boldsymbol{\theta}_1),\boldsymbol{\theta}_2),\boldsymbol{\theta}_3),\boldsymbol{\theta}_4)$$

第 k 层隐单元的状态由第 $k-1$ 层隐单元状态计算得到

$$\ddot{\boldsymbol{h}}_k(\ddot{\boldsymbol{h}}_{k-1},\boldsymbol{\theta}_k)=\mathcal{S}(\boldsymbol{W}_k\ddot{\boldsymbol{h}}_{k-1}+\boldsymbol{b}_k)$$

其中，$\mathcal{S}$是例 5.2.8 定义的向量值 sigmoid 函数。

推导一个梯度下降学习算法，以最小化经验风险函数，其损失函数 c 定义如下：

$$c([\boldsymbol{s},\boldsymbol{y}],\boldsymbol{\theta})=D(\boldsymbol{y},\ddot{\boldsymbol{y}}(\boldsymbol{s},\boldsymbol{\theta}))=|\boldsymbol{y}-\ddot{\boldsymbol{y}}(\boldsymbol{s},\boldsymbol{\theta})|^2$$

解 梯度下降算法由迭代学习规则：

$$\boldsymbol{\theta}(t+1)=\boldsymbol{\theta}(t)-\gamma_t\mathrm{d}\ell(\boldsymbol{\theta}(t))/\mathrm{d}\boldsymbol{\theta}$$

表征，其中，

$$\mathrm{d}\ell/\mathrm{d}\boldsymbol{\theta}=(1/n)\sum_{i=1}^{n}\mathrm{d}c([\boldsymbol{s}_i,\boldsymbol{y}_i],\boldsymbol{\theta})/\mathrm{d}\boldsymbol{\theta}$$

需要注意的是：

$$\frac{\mathrm{d}D(\boldsymbol{y},\ddot{\boldsymbol{h}}_4(\boldsymbol{s},\boldsymbol{\theta}))}{\mathrm{d}\ddot{\boldsymbol{y}}}=-2(\boldsymbol{y}-\ddot{\boldsymbol{h}}_4) \tag{5.21}$$

对于 $k=2,3,4$，

$$\mathrm{d}\ddot{\boldsymbol{h}}_k/\mathrm{d}\ddot{\boldsymbol{h}}_{k-1}=\mathbf{DIAG}(\ddot{\boldsymbol{h}}_k\odot(\mathbf{1}_{d_k}-\ddot{\boldsymbol{h}}_k))\boldsymbol{W}_k^{\mathrm{T}} \tag{5.22}$$

其中，d_k 是第 k 层中隐单元数量。此外，

$$\mathrm{d}\ddot{\boldsymbol{h}}_k/\mathrm{d}\boldsymbol{b}_k=\mathbf{DIAG}(\ddot{\boldsymbol{h}}_k\odot(\mathbf{1}_{d_k}-\ddot{\boldsymbol{h}}_k)) \tag{5.23}$$

设 $\boldsymbol{w}_{k,j}^{\mathrm{T}}$ 表示$\boldsymbol{W}_k$ 的第j 行，$\ddot{h}_{k,j}$ 表示$\ddot{\boldsymbol{h}}_k$ 的第j 个元素。$\boldsymbol{u}_{d_j}$ 为d_j 维单位矩阵$\boldsymbol{I}_{d_j}$ 的第j 列，则有

$$\mathrm{d}\ddot{\boldsymbol{h}}_k/\mathrm{d}\boldsymbol{w}_{k,j}=(\mathbf{DIAG}(\ddot{\boldsymbol{h}}_k\odot(\mathbf{1}_{d_k}-\ddot{\boldsymbol{h}}_k)))\boldsymbol{u}_{d_j}\ddot{\boldsymbol{h}}_{k-1}^{\mathrm{T}} \tag{5.24}$$

将式(5.21)、式(5.22)、式(5.23)和式(5.24)代入算法 5.2.1 的步骤 8、10 和 14 中，即可得到 4 层前馈深度学习梯度反向传播算法。 △

练习

5.2-1. 通过对 $\boldsymbol{x}^{\mathrm{T}}\boldsymbol{B}\boldsymbol{x}=\sum_{i}\sum_{j}b_{ij}x_ix_j$ 微分证明：$\mathrm{d}(\boldsymbol{x}^{\mathrm{T}}\boldsymbol{B}\boldsymbol{x})/\mathrm{d}\boldsymbol{x}=\boldsymbol{x}^{\mathrm{T}}[\boldsymbol{B}+\boldsymbol{B}^{\mathrm{T}}]$。

5.2-2. 证明：当 $\boldsymbol{B}$ 是对称矩阵时，$\mathrm{d}(\boldsymbol{x}^{\mathrm{T}}\boldsymbol{B}\boldsymbol{x})/\mathrm{d}\boldsymbol{x}=2\boldsymbol{x}^{\mathrm{T}}\boldsymbol{B}$。

5.2-3. 证明：$\mathrm{d}(\boldsymbol{x}^{\mathrm{T}}\boldsymbol{B}\boldsymbol{x})/\mathrm{d}\boldsymbol{B}=\mathbf{vec}(\boldsymbol{x}\boldsymbol{x}^{\mathrm{T}})^{\mathrm{T}}$。

5.2-4. 设 $r_k(\boldsymbol{w}_k,\boldsymbol{u})=\mathcal{S}(\boldsymbol{w}_k^{\mathrm{T}}\boldsymbol{u})$，其中 $\mathcal{S}(\phi)=1/(1+\exp(-\phi))$，$\boldsymbol{r}=[r_1,\cdots,r_M]$是 M 个函数 $r_1,\cdots,r_M$ 的列向量。证明：

$$\mathrm{d}\boldsymbol{r}/\mathrm{d}\boldsymbol{u}=\mathbf{DIAG}(\boldsymbol{r}\odot[\mathbf{1}_d-\boldsymbol{r}])\boldsymbol{W}$$

其中，$\boldsymbol{W}$ 的第 k 行是行向量 $\boldsymbol{w}_k$。

5.2-5. 设 $r_k(\boldsymbol{w}_k,\boldsymbol{u})=\mathcal{S}(\boldsymbol{w}_k^{\mathrm{T}}\boldsymbol{u})$，其中 $\mathcal{S}(\phi)=1/(1+\exp(-\phi))$，$\boldsymbol{r}=[r_1,\cdots,r_M]$是 M 个函数 $r_1,\cdots,r_M$ 的列向量。证明：

$$\mathrm{d}r_k/\mathrm{d}\boldsymbol{w}_k=r_k(1-r_k)\boldsymbol{u}^{\mathrm{T}}$$

并且当 $k\neq j$ 时，$\mathrm{d}r_k/\mathrm{d}\boldsymbol{w}_j$ 为零行向量。证明：

$$\mathrm{d}r_k/\mathrm{d}\boldsymbol{W}=\boldsymbol{e}_k^{\mathrm{T}}\otimes\mathrm{d}r_k/\mathrm{d}\boldsymbol{w}_k$$

其中，$\boldsymbol{e}_k$ 是 M 维单位矩阵的第 k 列。

5.2-6. 计算例 1.5.3 的 softmax 回归模型的经验风险函数的梯度和黑塞矩阵。

5.2-7. 通过计算向量$[\psi(\boldsymbol{\theta})b_1(\boldsymbol{\theta}),\cdots,\psi(\boldsymbol{\theta})b_m(\boldsymbol{\theta})]$的第 j 个元素 $\psi(\boldsymbol{\theta})b_j(\boldsymbol{\theta})$对 $\boldsymbol{\theta}$ 的导数来证明定理 5.2.6。

5.2-8. 使用矩阵积求导法则(定理 5.2.4)证明外积求导法则(定理 5.2.8)。

5.2-9. (对比散度特性)在第 12 章中讨论对比散度学习算法导数时，以下特性非常有用(参见 12.3.3 节)。设 $V:\mathcal{R}^d\times\mathcal{R}^q\to\mathcal{R}$，令

$$Z(\boldsymbol{\theta})=\sum_{j=1}^{M}\exp(-V(\boldsymbol{x}_j,\boldsymbol{\theta}))$$

证明 $\log Z$ 对 $\boldsymbol{\theta}$ 的导数为：

$$\frac{\mathrm{d}\log Z}{\mathrm{d}\boldsymbol{\theta}}=-\sum_{j=1}^{M}p_j(\boldsymbol{\theta})\frac{\mathrm{d}V(\boldsymbol{x}_j,\boldsymbol{\theta})}{\mathrm{d}\boldsymbol{\theta}}$$

其中

$$p_j(\boldsymbol{\theta})=\frac{\exp(-V(\boldsymbol{x}_j,\boldsymbol{\theta}))}{\sum_{k=1}^{M}\exp(-V(\boldsymbol{x}_k,\boldsymbol{\theta}))}$$

5.2-10. (多层感知机梯度)计算单层隐单元的多层感知机的经验风险函数梯度，其中经验风险函数的定义如例 1.5.4 中式(1.15)所示。计算隐单元分别为径向基函数单元、sigmoid 隐单元和 softplus 隐单元时的梯度。

5.2-11. (非线性去噪自动编码器梯度)计算例 1.6.2 中定义的非线性去噪自动编码器损失函数梯度。

5.2-12. (线性值函数强化学习梯度)通过计算例 1.7.2 中定义的经验风险函数的损失函数导数，推导出用于线性值函数强化学习算法的梯度算式。

5.2-13. (朴素循环神经网络梯度)计算例 1.5.7 中定义的朴素循环神经网络的经验风险函数梯度。

5.2-14. (基于感知机的值函数强化梯度)当学习机初始状态为 s^0 且遵循某特定恒定策略 ρ 时，定义函数 $\ddot{V}$，使得 $\ddot{V}(\boldsymbol{s}^0;\boldsymbol{\theta})$表示未来得到的预期总负强化值。此外，假定 $\ddot{V}$ 可看作单层隐单元的前馈网络的输出。定义 $\mathcal{S}:\mathcal{R}^m\to\mathcal{R}^m$，$\mathcal{S}(\boldsymbol{\psi})$中第 k 个元素等于 $1/(1+\exp(-\psi_k))$，其中 ψ_k 是 $\boldsymbol{\psi}$ 的第 k 个元素。假设

$$\ddot{V}(\boldsymbol{s};\boldsymbol{\theta})=\boldsymbol{a}^{\mathrm{T}}\mathcal{S}(\boldsymbol{W}\boldsymbol{s}+\boldsymbol{b})$$

其中，$\boldsymbol{\theta}=[\boldsymbol{a}^{\mathrm{T}},\mathbf{vec}(\boldsymbol{W}^{\mathrm{T}}),\boldsymbol{b}^{\mathrm{T}}]^{\mathrm{T}}$。思考以下经验风险函数：

$$\hat{\ell}_n(\boldsymbol{\theta})=(1/n)\sum_{i=1}^{n}c([\boldsymbol{s}_i^0,\boldsymbol{s}_i^{\mathrm{F}},r_i];\boldsymbol{\theta})$$

其中，r_i 是环境状态从 $\boldsymbol{s}_i^0$ 变为 $\boldsymbol{s}_i^{\mathrm{F}}$ 时，学习机所受增量负强化惩罚。可将损失函数

$$c([\boldsymbol{s}_i^0,\boldsymbol{s}_i^{\mathrm{F}},r_i];\boldsymbol{\theta})=(r_i-\ddot{V}(\boldsymbol{s}_i^0;\boldsymbol{\theta})+\mu\ddot{V}(\boldsymbol{s}_i^{\mathrm{F}};\boldsymbol{\theta}))^2$$

作为值函数强化目标函数，其中 $0<\mu<1$。计算 c 对 $\boldsymbol{\theta}$ 的梯度，并说明如何推导出一种应用于梯度下降值函数强化学习算法的迭代学习方法。

5.2-15. (随机邻域嵌入梯度下降)考虑例 1.6.5 中讨论的随机邻域嵌入(SNE)，$\boldsymbol{x}_j$ 在原始特征空间中为 $\boldsymbol{x}_i$ 邻域成员的概率如下：

$$p(\boldsymbol{x}_j|\boldsymbol{x}_i)=\frac{\exp(-D_x(\boldsymbol{x}_i,\boldsymbol{x}_j))}{\sum_{k\neq i}\exp(-D_x(\boldsymbol{x}_i,\boldsymbol{x}_k))}$$

其中，$D_x(\boldsymbol{x}_i,\boldsymbol{x}_k)=|\boldsymbol{x}_i-\boldsymbol{x}_k|^2$。此外，假设降维特征向量 $\boldsymbol{y}_j$ 在 $\boldsymbol{y}_i$ 邻域的概率为

$$q(\boldsymbol{y}_j|\boldsymbol{y}_i)=\frac{\exp(-D_y(\boldsymbol{y}_i,\boldsymbol{y}_j))}{\sum_{k\neq i}\exp(-D_y(\boldsymbol{y}_i,\boldsymbol{x}_k))}$$

其中，$D_y(\boldsymbol{y}_i,\boldsymbol{y}_j)=|\boldsymbol{y}_i-\boldsymbol{y}_j|^2$。设

$$V(\boldsymbol{y}_1,\cdots,\boldsymbol{y}_M)=-\sum_{i=1}^{M}\sum_{j=1}^{M}p(\boldsymbol{x}_j|\boldsymbol{x}_i)\log q(\boldsymbol{y}_j|\boldsymbol{y}_i)$$

并计算 V 对 $\boldsymbol{y}_k$ 的导数，得出最小化 V 的梯度下降算法。

5.2-16. 将 sigmoid 隐单元替换为 softplus 隐单元，再次实践练习 5.2-14。

5.2-17. 将 sigmoid 隐单元替换为径向基函数隐单元，再次实践练习 5.2-14。

5.2-18. 增加一个 L_2 正则化常数，再次实践练习 5.2-14。

5.2-19. (信息缺失性黑塞矩阵)通过对式(13.51)求导，得到式(13.52)和式(13.53)中缺失数据对数似然函数的信息缺失性黑塞矩阵。

5.3 目标函数分析

5.3.1 泰勒级数展开

泰勒级数展开是工程数学以及本书使用的一个重要工具，因为高度非线性且平滑的目标函数可以通过线性或二次目标函数进行局部近似。

定理 5.3.1(向量泰勒级数展开)　设 $U\subseteq\mathcal{R}^d$ 为开凸集，$\boldsymbol{x},\boldsymbol{x}^*\in U$。假设函数 $V:U\to\mathcal{R}$ 的梯度 $\boldsymbol{g}:U\to\mathcal{R}^d$ 存在且在 U 上连续，则存在一个实数 $\theta\in[0,1]$，使得对于所有 $\boldsymbol{x}\in U$，有

$$V(\boldsymbol{x})=V(\boldsymbol{x}^*)+R_1 \tag{5.25}$$

其中，$R_1=\boldsymbol{g}(\boldsymbol{c}_\theta)^{\mathrm{T}}[\boldsymbol{x}-\boldsymbol{x}^*]$，$\boldsymbol{c}_\theta=\boldsymbol{x}^*+\theta(\boldsymbol{x}-\boldsymbol{x}^*)$。

此外，假设 V 的黑塞矩阵 $\boldsymbol{H}:U\to R^{d\times d}$ 存在且在 U 上连续，则存在一个实数 $\theta\in[0,1]$，

使得对于所有 $\boldsymbol{x}\in U$，有

$$V(\boldsymbol{x})=V(\boldsymbol{x}^*)+\boldsymbol{g}(\boldsymbol{x}^*)^{\mathrm{T}}[\boldsymbol{x}-\boldsymbol{x}^*]+R_2 \tag{5.26}$$

其中 $R_2=(1/2)[\boldsymbol{x}-\boldsymbol{x}^*]^{\mathrm{T}}\boldsymbol{H}(\boldsymbol{c}_\theta)[\boldsymbol{x}-\boldsymbol{x}^*]$，$\boldsymbol{c}_\theta=\boldsymbol{x}^*+\theta(\boldsymbol{x}-\boldsymbol{x}^*)$。

此外，假设 $\boldsymbol{H}$ 的导数 $\mathrm{d}\boldsymbol{H}/\mathrm{d}\boldsymbol{x}$ 存在且在 U 上连续，则存在一个实数 $\theta\in[0,1]$，使得对于所有 $\boldsymbol{x}\in U$，有

$$V(\boldsymbol{x})=V(\boldsymbol{x}^*)+\boldsymbol{g}(\boldsymbol{x}^*)^{\mathrm{T}}[\boldsymbol{x}-\boldsymbol{x}^*]+(1/2)[\boldsymbol{x}-\boldsymbol{x}^*]^{\mathrm{T}}\boldsymbol{H}(\boldsymbol{x}^*)[\boldsymbol{x}-\boldsymbol{x}^*]+R_3 \tag{5.27}$$

其中 $R_3=(1/6)[(\boldsymbol{x}-\boldsymbol{x}^*)^{\mathrm{T}}\otimes(\boldsymbol{x}-\boldsymbol{x}^*)^{\mathrm{T}}]\left[\frac{\mathrm{d}\boldsymbol{H}}{\mathrm{d}\boldsymbol{x}}(\boldsymbol{c}_\theta)\right](\boldsymbol{x}-\boldsymbol{x}^*)$，$\boldsymbol{c}_\theta=\boldsymbol{x}^*+\theta(\boldsymbol{x}-\boldsymbol{x}^*)$。

证明　参见文献(Marlow，2012)[224-225]。 ■

式(5.25)称为 V 的零阶泰勒展开式，余项为 R_1。式(5.25)也称为中值定理。式(5.26)称为 V 的一阶泰勒展开式，余项为 R_2。式(5.27)称为 V 的二阶泰勒展开式，余项为 R_3。

对于某些实数 $\theta\in[0,1]$，$\boldsymbol{c}_\theta=\boldsymbol{x}^*+\theta(\boldsymbol{x}-\boldsymbol{x}^*)$ 的几何含义为，存在位于点 $\boldsymbol{x}$ 和点 $\boldsymbol{x}^*$ 间连线上的点 $\boldsymbol{c}_\theta$。U 为凸集的假设可保证对于 U 中每个 $\boldsymbol{x}$ 和 $\boldsymbol{x}^*$ 元素，存在一条位于 U 中的连接 $\boldsymbol{x}$ 和 $\boldsymbol{x}^*$ 的线段。

尽管可以通过类似的方式构造更高阶的泰勒展开式，但一阶和二阶展开式足以满足本书要求。

5.3.2　梯度下降型算法

多数用于推理和学习的重要算法均可看作最小化目标函数 V 的梯度下降算法。下列定理讨论了差分方程组条件：

$$\boldsymbol{x}(t+1)=\boldsymbol{x}(t)+\gamma_t\boldsymbol{d}(\boldsymbol{x}(t))$$

如果在 $\boldsymbol{x}(t)$ 处求得的 V 梯度不消失，有 $V(\boldsymbol{x}(t+1))<V(\boldsymbol{x}(t))$。

定理 5.3.2(下降方向定理)　设 $V:\mathcal{R}^d\to\mathcal{R}$ 为二次连续可微函数。令

$$\Gamma\equiv\left\{\boldsymbol{x}\in\mathcal{R}^d:\frac{\mathrm{d}V(\boldsymbol{x})}{\mathrm{d}\boldsymbol{x}}=\boldsymbol{0}_d^{\mathrm{T}}\right\}$$

假设存在一个连续的列向量值函数 $\boldsymbol{d}:\mathcal{R}^d\to\mathcal{R}^d$，对于所有 $\boldsymbol{x}\notin\Gamma$：

$$[\mathrm{d}V/\mathrm{d}\boldsymbol{x}]\boldsymbol{d}(\boldsymbol{x})<0 \tag{5.28}$$

设 $\boldsymbol{x}(0)\in\mathcal{R}^d$ 并定义序列 $\boldsymbol{x}(1),\boldsymbol{x}(2),\cdots$，使得

$$\boldsymbol{x}(t+1)=\boldsymbol{x}(t)+\gamma_t\boldsymbol{d}(\boldsymbol{x}(t))$$

其中，$\gamma_1,\gamma_2,\cdots$ 为正数序列，则对于每个 $t\in\mathbb{N}$，存在一个 γ_t，使得当 $\boldsymbol{x}(t)\notin\Gamma$ 时，$V(\boldsymbol{x}(t+1))<V(\boldsymbol{x}(t))$。

证明　设 $\boldsymbol{d}_t\equiv\boldsymbol{d}(\boldsymbol{x}(t))$，$\gamma:\mathbb{N}\to[0,\infty)$ 为有界函数。将 V 展开成关于 $\boldsymbol{x}(t)$ 的一阶泰勒展开式，对于给定 $\boldsymbol{x}(t)$，它在 $\boldsymbol{x}(t)+\gamma_t\boldsymbol{d}_t$ 处的值为

$$V(\boldsymbol{x}(t)+\gamma_t\boldsymbol{d}_t)=V(\boldsymbol{x}(t))+\gamma_t[\mathrm{d}V(\boldsymbol{x}(t))/\mathrm{d}\boldsymbol{x}]\boldsymbol{d}_t+R_t(\gamma_t^2) \tag{5.29}$$

其余项为

$$R_t(\gamma_t)\equiv[\gamma_t\boldsymbol{d}_t]^{\mathrm{T}}\boldsymbol{H}(\boldsymbol{c}_t)[\gamma_t\boldsymbol{d}_t]$$

其中，$\boldsymbol{H}\equiv\nabla^2V$，$\boldsymbol{c}_t$ 为连接 $\boldsymbol{x}(t)$ 和 $\boldsymbol{x}(t)+\gamma_t\boldsymbol{d}_t$ 的弦上的一点。由于 $\boldsymbol{H}$ 和 $\boldsymbol{d}$ 是弦的闭包(有界集)上的连续函数，因此 $\boldsymbol{H}$ 和 $\boldsymbol{d}$ 是弦上的有界函数。

鉴于 $\boldsymbol{x}(t)\notin\Gamma$ 以及式(5.28)的下坡条件(downhill condition)，式(5.29)右侧的第二项为严格负数。此外，式(5.29)右侧第二项为 $O(\gamma_t)$，第三项是 $O(\gamma_t^2)$，这意味着当 γ_t 足够小时，

第二项可使第三项忽略不计。因此，总可选择足够小的γ_t，使得：

$$V(\boldsymbol{x}(t)+\gamma_t\boldsymbol{d}_t)<V(\boldsymbol{x}(t)) \tag{5.30}$$

■

下降方向定理(即定理5.3.2)指出，存在一个正步长序列$\gamma_0,\gamma_1,\gamma_2,\cdots$使得目标函数$V$在轨迹$\boldsymbol{x}(0),\boldsymbol{x}(1),\boldsymbol{x}(2),\cdots$上非递增(即对于$m=1,2,\cdots,V(\boldsymbol{x}(t+m))<V(\boldsymbol{x}(t))$)，前提是能找到可选搜索方向序列$\boldsymbol{d}_0,\boldsymbol{d}_1,\cdots$。

需要注意的是，如果$\boldsymbol{M}$是d维正定矩阵，则选择下降方向d时应使

$$\boldsymbol{d}=-\boldsymbol{M}[\mathrm{d}V/\mathrm{d}\boldsymbol{x}]^{\mathrm{T}}$$

满足式(5.28)中的下坡条件，因为

$$[\mathrm{d}V/\mathrm{d}\boldsymbol{x}]\boldsymbol{d}=[\mathrm{d}V/\mathrm{d}\boldsymbol{x}]\boldsymbol{M}[\mathrm{d}V/\mathrm{d}\boldsymbol{x}]^{\mathrm{T}}>0$$

如果$\boldsymbol{M}$是单位矩阵，则搜索方向

$$\boldsymbol{d}\equiv-\boldsymbol{M}[\mathrm{d}V/\mathrm{d}\boldsymbol{x}]^{\mathrm{T}}=-[\mathrm{d}V/\mathrm{d}\boldsymbol{x}]^{\mathrm{T}}$$

称为梯度下降搜索方向。

下降方向定理在实践中用处不大，主要用在理论演示中。设Γ为$\mathcal{R}^d$的子集，其元素为最小化V的参数向量。下降方向定理给出了保证V减小的条件，但没有确定当$t\to\infty$时$\boldsymbol{x}(t)\to\Gamma$的条件。第6章和第7章讨论了当$t\to\infty$时$\boldsymbol{x}(t)\to\Gamma$的条件。

例5.3.1(无监督批处理相关学习)　设训练数据为n个d维训练向量的集合$\{\boldsymbol{x}_1,\cdots,\boldsymbol{x}_n\}$，它们用于训练无监督学习机。该学习机的输入为$d$维向量$\boldsymbol{x}$，它将计算$d$维响应向量$\boldsymbol{r}=\boldsymbol{W}\boldsymbol{x}$。$\boldsymbol{r}$的大小用于度量推理机对$\boldsymbol{x}$的熟悉度。因此，如果$\boldsymbol{x}$在$\boldsymbol{W}$的零空间中，则推理机无法识别$\boldsymbol{x}$，因为$\boldsymbol{r}=\boldsymbol{W}\boldsymbol{x}=\boldsymbol{0}_d$。

定义函数$\ell:\mathcal{R}^{d\times d}\to\mathcal{R}$，使得对于所有$\boldsymbol{W}\in\mathcal{R}^{d\times d}$，有

$$\ell(W)=(\delta/2)\,|\mathbf{vec}(\boldsymbol{W})|^2-(1/n)\sum_{i=1}^{n}\boldsymbol{x}_i^{\mathrm{T}}\boldsymbol{W}\boldsymbol{x}_i$$

其中，δ是一个小正数。推导最小化ℓ的梯度下降学习算法。

解　首先证明

$$\frac{\mathrm{d}\ell(\boldsymbol{W})}{\mathrm{d}\boldsymbol{W}}=\left[\delta\mathbf{vec}(\boldsymbol{W}^{\mathrm{T}})-(1/n)\sum_{i=1}^{n}\mathbf{vec}(\boldsymbol{x}_i\boldsymbol{x}_i^{\mathrm{T}})\right]^{\mathrm{T}} \tag{5.31}$$

梯度下降算法公式为

$$\mathbf{vec}(\boldsymbol{W}_{t+1}^{\mathrm{T}})=\mathbf{vec}(\boldsymbol{W}_t^{\mathrm{T}})-\gamma_t\left[\frac{\mathrm{d}\ell(\boldsymbol{W}_t)}{\mathrm{d}\boldsymbol{W}}\right]^{\mathrm{T}} \tag{5.32}$$

正数$\gamma_1,\gamma_2,\cdots$是以适当方式选择的步长序列。结合式(5.31)和式(5.32)可得

$$\boldsymbol{W}_{t+1}=(1-\delta\gamma_t)\boldsymbol{W}_t+(\gamma_t/n)\sum_{i=1}^{n}\boldsymbol{x}_i\boldsymbol{x}_i^{\mathrm{T}} \tag{5.33}$$

△

例5.3.2(监督批量线性回归学习的梯度下降)　设训练数据为n个$d+1$维训练向量：

$$\{(y_1,\boldsymbol{s}_1),\cdots,(y_n,\boldsymbol{s}_n)\}$$

其中，$y\in\mathcal{R}$是学习机对d维输入列模式向量$\boldsymbol{s}$的期望响应。给定当前参数向量$\boldsymbol{\theta}$，令$\ddot{y}(\boldsymbol{s},\boldsymbol{\theta})\equiv\boldsymbol{\theta}^{\mathrm{T}}[\boldsymbol{s}^{\mathrm{T}}\quad 1]^{\mathrm{T}}$代表学习机对输入模式$\boldsymbol{s}$的预测响应。定义函数$\ell:\mathcal{R}^{d+1}\to\mathcal{R}$，使得对于所有$\theta\in\mathcal{R}^{d+1}$，有

$$\ell(\boldsymbol{\theta})=(1/2)(1/n)\sum_{i=1}^{n}|y_i-\ddot{y}(\boldsymbol{s}_i,\boldsymbol{\theta})|^2$$

推导最小化 ℓ 的梯度下降学习算法。

解　ℓ 的导数如下：

$$\frac{\mathrm{d}\ell}{\mathrm{d}\boldsymbol{\theta}}=-(1/n)\sum_{i=1}^{n}(y_i-\ddot{y}(\boldsymbol{s}_i,\boldsymbol{\theta}))\boldsymbol{s}_i^{\mathrm{T}} \tag{5.34}$$

梯度下降公式如下：

$$\boldsymbol{\theta}_{t+1}=\boldsymbol{\theta}_t-\gamma_t\frac{\mathrm{d}\ell(\boldsymbol{\theta}_t)}{\mathrm{d}\boldsymbol{\theta}} \tag{5.35}$$

正数 $\gamma_1,\gamma_2,\cdots$是以适当方式选择的步长序列。将式(5.34)中 ℓ 的导数代入式(5.35)中的梯度下降公式，得出

$$\boldsymbol{\theta}_{t+1}=\boldsymbol{\theta}_t+(\gamma_t/n)\sum_{i=1}^{n}(y_i-\ddot{y}(\boldsymbol{s}_i,\boldsymbol{\theta}_t))\boldsymbol{s}_i^{\mathrm{T}} \tag{5.36}$$

△

5.3.3　临界点分类

目标函数的临界点对应的参数估计值使目标函数导数在该点消失为0。第6、7和12章中讨论了生成参数估计序列的算法的设计方法，这些参数可收敛至目标函数的临界点。因此，需要研究将临界点划分为极小值点、极大值点和鞍点(参见图5.1)的分类方法。

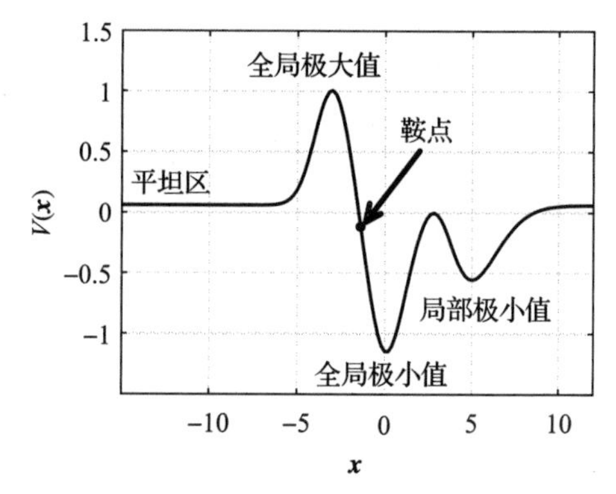

图5.1　一维参数空间的目标函数临界点示例。图示目标函数 $V:\mathcal{R}\rightarrow\mathcal{R}$ 包含了鞍点、局部极小值、局部极大值和平坦区域

5.3.3.1　识别临界点

定义 5.3.1(临界点)　设 $\Omega\subseteq\mathcal{R}^d$ 为开集，函数 $V:\Omega\rightarrow\mathcal{R}$ 在 Ω 上连续可微。如果 $\boldsymbol{x}^*\in\Omega$ 且 $\mathrm{d}V(\boldsymbol{x}^*)/\mathrm{d}\boldsymbol{x}=\boldsymbol{0}_d^{\mathrm{T}}$，则 $\boldsymbol{x}^*$ 是 V 的临界点。　□

对动态系统渐近性的分析通常可确定系统状态 $\boldsymbol{x}(t)$在 $t\rightarrow\infty$时会收敛到临界点 $\boldsymbol{x}^*$。这表明当 $t\rightarrow\infty$时，$|\boldsymbol{x}(t+1)-\boldsymbol{x}(t)|$收敛至零。然而，这些定理无法证明轨迹 $\boldsymbol{x}(1),\boldsymbol{x}(2),\boldsymbol{x}(3),\cdots$将到达 $\boldsymbol{x}^*$(即当 t 足够大时 $\boldsymbol{x}(t)=\boldsymbol{x}^*$)。这表明即使 t 足够大，$|\boldsymbol{x}(t+1)-\boldsymbol{x}(t)|$也可能严格为正值。

这说明通过检查$|\boldsymbol{x}(t+1)-\boldsymbol{x}(t)|$是否足够小来评估学习算法的收敛性是存在问题的。实际上，由于学习算法是由 $\boldsymbol{x}(t)$生成 $\boldsymbol{x}(t+1)$，因此$|\boldsymbol{x}(t+1)-\boldsymbol{x}(t)|$的值取决于学习算法特性。

确定 $\boldsymbol{x}(t)$何时足够接近 $\boldsymbol{x}^*$ 的更好方法是计算 V 的梯度。如果在点 $\boldsymbol{x}(t)$处梯度的无穷范数足够小，则可以得出结论：$\boldsymbol{x}(t)$足够接近 $\boldsymbol{x}^*$。这为评估 $\boldsymbol{x}(t)$是否足够接近临界点提供了一种独立于算法的便捷标准。

例 5.3.3(临界点的数值健壮性检查)　假设在学习过程中 $\hat{\ell}_n:\mathcal{R}^q\rightarrow\mathcal{R}$ 是经验风险函数，为风险函数 $\ell:\mathcal{R}^q\rightarrow\mathcal{R}$ 的近似值。设 $\hat{\boldsymbol{\theta}}_n$ 为使 $\hat{\ell}_n$ 取得近似极小值的参数。此外，假设当 $n\rightarrow\infty$时，该近似值的似然程度得以提升。提供一种数值健壮的方法来检验 $\hat{\boldsymbol{\theta}}_n$ 是否为 $\hat{\ell}_n$ 的临界点。

实际上，在参数估计值 $\hat{\boldsymbol{\theta}}_n$ 处计算的经验风险函数 $\hat{\ell}_n$ 梯度不应与零向量进行比较，因为 $\hat{\boldsymbol{\theta}}_n$ 收敛于临界点，不是临界点。因此，需要得到一个用于检查学习算法是否收敛到经验风险函数 $\hat{\ell}_n$ 临界点的数值健壮性终止准则。

解　设 ϵ 为一个小正数。如果

$$\left|\frac{\mathrm{d}\hat{\ell}_n(\hat{\boldsymbol{\theta}}_n)}{\mathrm{d}\boldsymbol{\theta}}\right|_\infty < \epsilon$$

则可确定 $\hat{\boldsymbol{\theta}}_n$ 为临界点。对 $n/8$、$n/4$、$n/2$ 重复此过程，归纳判断经验风险函数的梯度是否随 n 的增加而收敛至零。　△

5.3.3.2　识别平坦区

定义 5.3.2(平坦区)　设 $V:\mathcal{R}^d \to \mathcal{R}$，$\Omega \subseteq \mathcal{R}^d$ 是一个包含至少两个点的连通集。如果存在一个 $K \in \mathcal{R}$，使得对于所有 $\boldsymbol{x} \in \Omega$，$V(\boldsymbol{x}) = K$，则称 Ω 为平坦区。　□

需要注意的是，在平坦区 Ω 上，$\mathrm{d}V/\mathrm{d}\boldsymbol{x} = \boldsymbol{0}_d^{\mathrm{T}}$，因此平坦区 Ω 中的每个点均为临界点。许多机器学习应用中经常出现平坦区。

例 5.3.4(线性回归中的平坦区)　设 $\mathcal{D}_n \equiv \{(\boldsymbol{s}_1, y_1), \cdots, (\boldsymbol{s}_n, y_n)\}$是一个训练数据集，其中对于给定的 d 维输入模式向量 $\boldsymbol{s}_i$，y_i 是监督线性回归学习机的期望响应，$i=1,\cdots,n$。假设构造例 1.5.1 中定义的线性回归学习机，通过最小化经验风险函数 $\hat{\ell}_n:\mathcal{R}^q \to \mathcal{R}$[式(1.12)]学习数据集 $\mathcal{D}_n$，其中 $q \equiv d+1$。该风险函数是否包含平坦区？存在平坦区的条件是什么？

解　$\hat{\ell}_n$ 的梯度 $\boldsymbol{g}_n$ 由下式给出：

$$\boldsymbol{g}_n(\boldsymbol{\theta})^{\mathrm{T}} = -(2/n)\sum_{i=1}^{n}(y_i - \boldsymbol{\theta}^{\mathrm{T}}[\boldsymbol{s}_i^{\mathrm{T}}, 1]^{\mathrm{T}})[\boldsymbol{s}_i^{\mathrm{T}}, 1] \tag{5.37}$$

如果方程组 $\boldsymbol{g}_n(\boldsymbol{\theta}) = \boldsymbol{0}_q$ 有多个解，则存在一个平坦区。该方程组可以重写为

$$\boldsymbol{g}_n(\boldsymbol{\theta})^{\mathrm{T}} = -\boldsymbol{b}^{\mathrm{T}} + \boldsymbol{\theta}^{\mathrm{T}}\boldsymbol{C} \tag{5.38}$$

其中，$\boldsymbol{b}^{\mathrm{T}} \equiv (2/n)\sum_{i=1}^{n} y_i[\boldsymbol{s}_i^{\mathrm{T}}, 1]$，$\boldsymbol{C} \equiv (2/n)\sum_{i=1}^{n}[\boldsymbol{s}_i^{\mathrm{T}}, 1]^{\mathrm{T}}[\boldsymbol{s}_i^{\mathrm{T}}, 1]$。

如果方程组 $\boldsymbol{g}_n(\boldsymbol{\theta}) = \boldsymbol{0}_q$ 为包含至少两个点的连通集，则该集

$$\{\boldsymbol{\theta}:\boldsymbol{g}_n(\boldsymbol{\theta}) = \boldsymbol{0}_q\} \tag{5.39}$$

为平坦区。　△

例 5.3.5(多层感知机经验风险函数的平坦区)　定义具有单层隐单元的多层感知机的经验风险函数 $\hat{\ell}_n:\mathcal{R}^q \to \mathcal{R}$，使得对于所有 $\boldsymbol{\theta} = [w_1, \cdots, w_M, \boldsymbol{v}_1^{\mathrm{T}}, \cdots, \boldsymbol{v}_M^{\mathrm{T}}]^{\mathrm{T}}$，有

$$\hat{\ell}_n(\boldsymbol{\theta}) = (1/n)\sum_{i=1}^{n} c(\boldsymbol{x}_i, \boldsymbol{\theta})$$

其中，损失函数为

$$c(\boldsymbol{x}_i, \boldsymbol{\theta}) = (y_i - \ddot{y}(\boldsymbol{s}_i;\boldsymbol{\theta}))^2$$

d 维输入模式 $\boldsymbol{s}_i$ 的预测响应 $\ddot{y}(\boldsymbol{s}_i;\boldsymbol{\theta})$定义为

$$\ddot{y}(\boldsymbol{s}_i;\boldsymbol{\theta}) = \sum_{k=1}^{M} w_k \mathcal{J}(\boldsymbol{v}_k^{\mathrm{T}}\boldsymbol{s}_i)$$

其中，softplus 隐单元响应 $\mathcal{J}(\boldsymbol{v}_k^{\mathrm{T}}\boldsymbol{s}_i) \equiv \log(1 + \exp(\boldsymbol{v}_k^{\mathrm{T}}\boldsymbol{s}_I))$。证明如果 $\boldsymbol{\theta}^*$ 是使 $w_k^* = 0$ 的临界点，则 $\boldsymbol{\theta}^*$ 为 $\hat{\ell}_n$ 平坦区元素。请明确定义该平坦区。

解　如果第 k 个隐单元的输出权重 $w_k^* = 0$，则第 k 个隐单元 $\boldsymbol{v}_k^*$ 的输入权重选择对 $\hat{\ell}_n$ 的值没有影响，因为 $w_k^* = 0$ 等价于将第 k 个隐单元与网络断开。因此，定义临界点所在的平坦区为点集 $\Omega_k \subseteq \mathcal{R}^q$，使得

$$\Omega_k = \{[w_1^*, \cdots, w_{k-1}^*, 0, w_{k+1}^*, \cdots, w_M, \boldsymbol{v}^{k-1}, (\boldsymbol{v}_k)^{\mathrm{T}}, \boldsymbol{v}^{k+1}]:\boldsymbol{v}_k \in \mathcal{R}^d\}$$

其中，$\boldsymbol{v}^{k-1} \equiv [(\boldsymbol{v}_1^*)^{\mathrm{T}}, \cdots, (\boldsymbol{v}_{k-1}^*)^{\mathrm{T}}]$，$\boldsymbol{v}^{k+1} \equiv [(\boldsymbol{v}_{k+1}^*)^{\mathrm{T}}, \cdots, (\boldsymbol{v}_M^*)^{\mathrm{T}}]$。

类似的分析表明，对于一层或多层隐单元的前馈网络，平坦区普遍存在。但是，对于定义了 L_2 正则化项的经验风险函数

$$\hat{\ell}_n(\boldsymbol{\theta})=\lambda|\boldsymbol{\theta}|^2+(1/n)\sum_{i=1}^{n}c(\boldsymbol{x}_i,\boldsymbol{\theta})$$

若正数 λ 足够大，上述分析并不适用。 △

5.3.3.3 识别局部极小值点

定义 5.3.3(局部极小值点) 设 Ω 为 $\mathcal{R}^d$ 的子集，$\boldsymbol{x}^*$ 为 Ω 的内点。令 V 为函数 $V:\Omega\to\mathcal{R}$。如果存在 $\boldsymbol{x}^*$ 的 δ 邻域 $\mathcal{N}_{\boldsymbol{x}^*}$，使得对于所有 $\boldsymbol{y}\in\mathcal{N}_{\boldsymbol{x}^*}$，有 $V(\boldsymbol{y})\geqslant V(\boldsymbol{x}^*)$，则称 $\boldsymbol{x}^*$ 为局部极小值点。此外，如果对于所有 $\boldsymbol{y}\in\mathcal{N}_{\boldsymbol{x}^*}$ 且 $\boldsymbol{y}\neq\boldsymbol{x}^*$，有 $V(\boldsymbol{y})>V(\boldsymbol{x}^*)$，则称 $\boldsymbol{x}^*$ 是严格局部极小值点。 □

下列定理给出了判别点为严格局部极小值点的充分条件。

定理 5.3.3(严格局部极小值点判别) 设 Ω 为 $\mathcal{R}^d$ 的子集，$\boldsymbol{x}^*$ 为 Ω 的内点。令 $V:\Omega\to\mathcal{R}$ 在 Ω 上二次连续可微。如果 $\boldsymbol{x}^*\in\mathcal{R}^d$ 是 V 的临界点，且 V 在 $\boldsymbol{x}^*$ 处的黑塞矩阵是正定矩阵，则 d 维实向量 $\boldsymbol{x}^*$ 是严格局部极小值点。

证明 设 $\boldsymbol{g}(\boldsymbol{x}^*)$ 是 V 在 $\boldsymbol{x}^*$ 处的梯度。假设 $\boldsymbol{g}(\boldsymbol{x}^*)=\boldsymbol{0}_d$，令 $\boldsymbol{H}(\boldsymbol{x}^*)$ 为 V 在 $\boldsymbol{x}^*$ 处的黑塞矩阵。对 V 进行关于 $\boldsymbol{x}^*$ 的泰勒展开，从而得到 $\boldsymbol{x}$ 足够逼近 $\boldsymbol{x}^*$ 时 V 的值：

$$V(\boldsymbol{x})=V(\boldsymbol{x}^*)+\boldsymbol{g}(\boldsymbol{x}^*)^{\mathrm{T}}(\boldsymbol{x}-\boldsymbol{x}^*)+(1/2)(\boldsymbol{x}-\boldsymbol{x}^*)^{\mathrm{T}}\boldsymbol{H}(\boldsymbol{c})(\boldsymbol{x}-\boldsymbol{x}^*) \tag{5.40}$$

其中，$\boldsymbol{c}$ 在连接 $\boldsymbol{x}$ 与 $\boldsymbol{x}^*$ 的弦上。

由于 $\boldsymbol{x}^*$ 是 Ω 内的临界点，因此 $\boldsymbol{g}(\boldsymbol{x}^*)=\boldsymbol{0}_d$。由于 V 的黑塞矩阵在 $\boldsymbol{x}^*$ 处是正定的，同时 V 的黑塞矩阵在其定义域上是连续的，因此存在一个 $\boldsymbol{x}^*$ 的邻域，使得 V 的黑塞矩阵在该邻域上是正定的。式(5.40)结果表明，$\boldsymbol{x}^*$ 是严格局部极小值点。 ■

需要注意的是，该定理反过来则不成立。以函数 $V(x)\equiv x^4$ 为例，V 的梯度为 $4x^3$，在 $x=0$ 处消失。V 的黑塞矩阵为 $12x^2$，在 $x=0$ 处也会消失。然而，$x=0$ 是 V 的严格局部极小值点。

一旦达到临界点 $\boldsymbol{x}^*$，就可以通过计算 V 在临界点 $\boldsymbol{x}^*$ 的黑塞矩阵，依据严格局部极小值点判别定理来判断 $\boldsymbol{x}^*$ 是否为严格局部极小值点。

例 5.3.6(严格局部最小值点判别数值终止准则) 例 5.3.3 提出了一种判断当前参数估计值是否收敛到临界点的数值健壮性步骤。尝试导出一个判断当前参数估计值 $\hat{\boldsymbol{\theta}}_n$ 是否随着 n 增加而收敛到目标函数 $\hat{\ell}_n$ 严格局部极小值点的数值健壮性步骤。

解 设 ϵ 为一个小正数。令 $R_{\max}$ 为一个大正数。首先，通过检验是否满足以下条件来判断 $\hat{\boldsymbol{\theta}}_n$ 是否为临界点：

$$\left|\frac{\mathrm{d}\hat{\ell}_n(\hat{\boldsymbol{\theta}}_n)}{\mathrm{d}\boldsymbol{\theta}}\right|_\infty<\epsilon$$

其次，如果确定 $\hat{\boldsymbol{\theta}}_n$ 是临界点，则计算

$$\boldsymbol{H}_n\equiv\frac{\mathrm{d}\hat{\ell}_n^2(\hat{\boldsymbol{\theta}}_n)}{\mathrm{d}\boldsymbol{\theta}^2}$$

令 $\lambda_{\max}$ 和 $\lambda_{\min}$ 为 $\boldsymbol{H}_n$ 的最大、最小特征值。如果 $\lambda_{\max}>\epsilon$，$\lambda_{\min}>\epsilon$，且 $(\lambda_{\max}/\lambda_{\min})<R_{\max}$，则确定 $\hat{\boldsymbol{\theta}}_n$ 是严格局部极小值点。对 $n/8$、$n/4$、$n/2$ 重复此过程，归纳判断经验风险函数在临界点邻域处的黑塞矩阵是否随 n 的增加而收敛于正定矩阵。 △

定义 5.3.4(局部极大值点) 设 $\Omega\subseteq\mathcal{R}^d$，令 $V:\Omega\to\mathcal{R}$。如果 $\boldsymbol{x}^*$ 是 Ω 上 V 的(严格)局部极

小值点，则 $\boldsymbol{x}^*$ 是 Ω 上 $-V$ 的(严格)局部极大值点。 □

5.3.3.4 识别鞍点

定义 5.3.5(函数鞍点) 设 Ω 为 $\mathcal{R}^d$ 的开子集，$V:\Omega\to\mathcal{R}$ 是一个连续可微函数，$\boldsymbol{x}^*$ 为 V 的临界点。如果 $\boldsymbol{x}^*$ 既不是局部极小值点，也不是局部极大值点，则称 $\boldsymbol{x}^*$ 为鞍点。 □

定义 5.3.6(二次可微函数的鞍点) 设 $\Omega\subseteq\mathcal{R}^d$ 为开凸集，$V:\Omega\to\mathcal{R}$ 是 Ω 上的二次连续可微函数。假设 $\boldsymbol{x}^*$ 是 Ω 内 V 的临界点，$\boldsymbol{H}^*$ 表示 V 在 $\boldsymbol{x}^*$ 处的黑塞矩阵，$\boldsymbol{H}^*$ 的负特征值的数量为 $\boldsymbol{x}^*$ 负鞍点个数，$\boldsymbol{H}^*$ 的正特征值数量为 $\boldsymbol{x}^*$ 正鞍点个数。当 $\boldsymbol{H}^*$ 可逆时，$\boldsymbol{H}^*$ 的负鞍点数量称为鞍点个数(saddlepoint index)。 □

在高维状态空间中，鞍点的特点非常有趣且很重要(参见图 5.2)。鞍点个数表明了目标函数表面在给定临界点 $\boldsymbol{x}^*\in\mathcal{R}^d$ 处曲率的定性特征。如果 $\boldsymbol{x}^*$ 处的正鞍点个数为 d，则 $\boldsymbol{x}^*$ 是严格局部极小值点。如果 $\boldsymbol{x}^*$ 处的正鞍点个数为零，则 $\boldsymbol{x}^*$ 是严格局部极大值点。如果 $\boldsymbol{x}^*$ 处的正鞍点个数为小于 d 的正整数 k，同时 $\boldsymbol{x}^*$ 处的负鞍点个数是正整数 $d-k$，则 $\boldsymbol{x}^*$ 对应于一个局部曲率在 k 维上“向上”指且在 $d-k$ 维上“向下”指的一个鞍点。

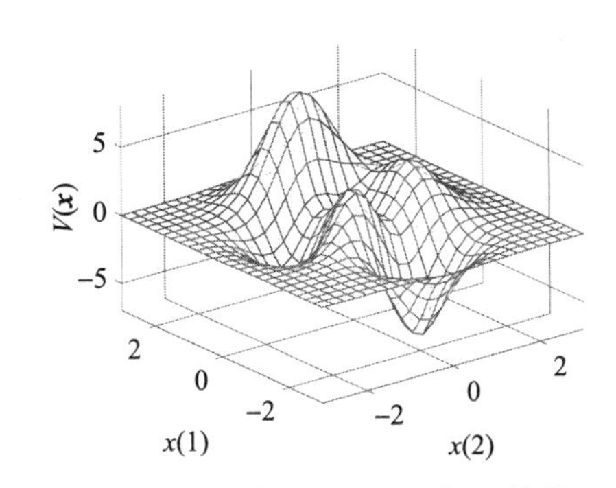

图 5.2 二维参数空间上目标函数的鞍点示例。图中描绘的目标函数 $V:\mathcal{R}^2\to\mathcal{R}$ 展示了鞍点以及局部极小值点局部极大值点和平坦区

因此，可能的鞍点数量在 d 维按照 2^d-2 呈指数增长。需要注意的是，d 维临界点中每个坐标非常小的变化都可能会减小或增大目标函数的值。

5.3.3.5 识别全局极小值点

定义 5.3.7(全局极小值点) 设 $\Omega\subseteq\mathcal{R}^d$，$V:\Omega\to\mathcal{R}$。如果对于所有 $\boldsymbol{x}\in\Omega$，有 $V(\boldsymbol{x}^*)\leqslant V(\boldsymbol{x})$，则 $\boldsymbol{x}^*$ 是 Ω 上的全局极小值点。如果对于所有 $\boldsymbol{x}\in\Omega$，$\boldsymbol{x}\neq\boldsymbol{x}^*$，有 $V(\boldsymbol{x}^*)<V(\boldsymbol{x})$，则 $\boldsymbol{x}^*$ 是 Ω 上的严格全局极小值点。 □

定义 5.3.8(凸函数) 设 Ω 为 $\mathcal{R}^d$ 的凸区，如果对于所有 $\alpha\in[0,1]$和所有 $\boldsymbol{x}_1,\boldsymbol{x}_2\in\Omega$，都有：

$$V(\alpha\boldsymbol{x}_1+(1-\alpha)\boldsymbol{x}_2)\leqslant\alpha V(\boldsymbol{x}_1)+(1-\alpha)V(\boldsymbol{x}_2)$$

则函数 $V:\Omega\to\mathcal{R}$ 在 Ω 上是凸的。如果对于每个 $\alpha\in[0,1]$和所有 $\boldsymbol{x}_1,\boldsymbol{x}_2\in\Omega$，都有：

$$V(\alpha\boldsymbol{x}_1+(1-\alpha)\boldsymbol{x}_2)<\alpha V(\boldsymbol{x}_1)+(1-\alpha)V(\boldsymbol{x}_2)$$

则函数 V 是严格凸的。 □

图 5.3 说明了凸函数概念，“碗形”函数为凸函数。

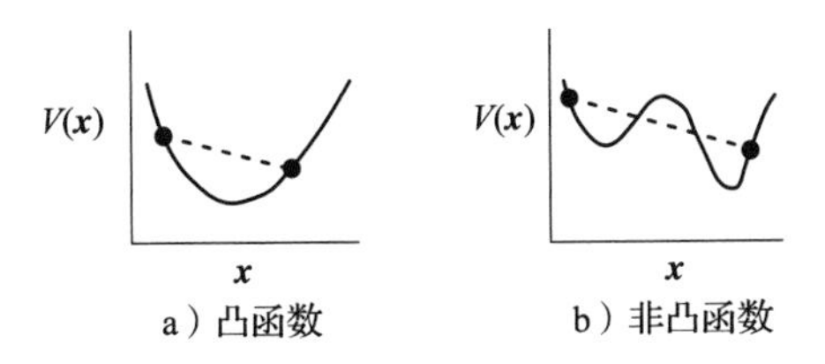

图 5.3 凸函数定义的几何形式。定义凸函数 V，使得 V 的值小于或等于 V 的“线性”值，这个“线性”值为函数定义域中连接两点的任何线段(图中的虚线)上的值

定理 5.3.4(通过凸函数构造凸集) 设 $\Omega\subseteq\mathcal{R}^d$，假设 $V:\mathcal{R}^d\to\mathcal{R}$ 是 $\mathcal{R}^d$ 的凸子集 Γ 上的凸

函数，则

$$\Omega \equiv \{\boldsymbol{x} \in \Gamma : V(\boldsymbol{x}) \leqslant K\}$$

为凸集。

证明　由于V在Γ上是凸的，因此对于所有$x, y \in \Gamma$和$\alpha \in [0,1]$，有

$$V(\boldsymbol{z}_\alpha) \leqslant \alpha V(\boldsymbol{x}) + (1-\alpha)V(\boldsymbol{y}) \tag{5.41}$$

其中，$\boldsymbol{z}_\alpha = \alpha \boldsymbol{x} + (1-\alpha)\boldsymbol{y}$。

如果$V(\boldsymbol{x}) \leqslant K$，$V(\boldsymbol{y}) \leqslant K$，则$\boldsymbol{x}, \boldsymbol{y} \in \Omega$。如果$\boldsymbol{x}, \boldsymbol{y} \in \Omega$，则$\boldsymbol{z}_\alpha \in \Omega$。根据式(5.41)有

$$V(\boldsymbol{z}_\alpha) \leqslant \alpha V(\boldsymbol{x}) + (1-\alpha)V(\boldsymbol{y}) \leqslant \alpha K + (1-\alpha)K \leqslant K$$

因此，Ω是凸集。■

定理 5.3.5(平滑凸函数)　设Ω为$\mathcal{R}^d$的凸子集，其内部非空。令$V:\Omega \to \mathcal{R}$为二次连续可微函数。当且仅当V的黑塞矩阵在Ω上处处都是半正定的，函数V才在Ω上是凸的。

证明　有关证明，请参见文献(Luenberger，1984)的命题5。■

当然，也有可能函数V是严格凸的，但V的墨塞矩阵在定义域并非处处正定。例如，定义严格凸函数$V(x)=x^4$，则V的一阶导数$\nabla V(x)=4x^3$消失，而V的二阶导数$\nabla^2 V(x)=12x^2$处处半正定。这说明V是凸的。但是，对于$x=0$，$\nabla^2 V(x)=12x^2=0$，说明尽管$V(x)=x^4$是在$x=0$处具有唯一全局极小值的严格凸函数，但V的二阶导数并非处处正定。

定理 5.3.6(凸函数组合)

(i) 如果$f_1, \cdots, f_M$是凸集$\Omega \subseteq \mathcal{R}^d$上的凸函数，$w_1, \cdots, w_M$是非负实数，则$\sum_{i=1}^{M} w_i f_i$是$\Omega$上的凸函数。

(ii) 设$\Gamma \subseteq \mathcal{R}$，$f:\Omega \to \Gamma$是$\Omega \subseteq \mathcal{R}^d$上的凸函数。如果$h:\Gamma \to \mathcal{R}$是$\Gamma$上的非递减凸函数，则$h(f)$在$\Omega$上是凸的。

证明　(i)证明见练习5.3-10。(ii)有关证明，请参见文献(Marlow，2012)[244]。■

例 5.3.7(凸函数的递增凸函数)　使用凸函数组合定理证明$V(x)=\exp(x^2)+2x^4$是凸函数。

解　令$V(x)=h(f(x))+g(x)$，其中$h(f)=\exp(f)$，$f(x)=x^2$，$g(x)=2x^4$。由于$\mathrm{d}f/\mathrm{d}h=2h>0$，因此函数$h$是递增函数。由于$\mathrm{d}^2 f/\mathrm{d}x^2=2 \geqslant 0$和$\mathrm{d}^2 g/\mathrm{d}x^2=24x^2 \geqslant 0$，因此函数$f$和$g$是平滑凸函数定理(定理5.3.5)中的凸函数。凸函数组合定理(定理5.3.6)的论断(ii)表明$h(f(x))$是$(0,\infty)$上的凸函数，论断(i)表明$V(x)=h(f(x))+g(x)$是凸函数，因为$h(f(x))$和$g(x)$是凸函数。△

凸函数判别是很重要的，因为凸函数的任何临界点都是该函数的全局极小值点。因此，如果可以证明算法收敛到凸函数的临界点，那么就可以表明算法将收敛到该函数的全局极小值点。

定理 5.3.7(全局极小值点判别)　设$\Omega \subseteq \mathcal{R}^d$为凸集，$V:\Omega \to \mathcal{R}$为$\Omega$上的凸函数。如果$\boldsymbol{x}^*$是$V$的局部极小值点，则$\boldsymbol{x}^*$是$\Omega$上的全局极小值点。如果$\boldsymbol{x}^*$是$V$的严格局部极小值点，则$\boldsymbol{x}^*$是$\Omega$上唯一的严格全局极小值点。

证明　因为对于每个$\alpha \in (0,1)$，V都是凸的：

$$V(\alpha \boldsymbol{y} + (1-\alpha)\boldsymbol{x}^*) \leqslant \alpha V(\boldsymbol{y}) + (1-\alpha)V(\boldsymbol{x}^*)$$

这表明：

$$V(\boldsymbol{x}^* + \alpha(\boldsymbol{y} - \boldsymbol{x}^*)) \leqslant \alpha V(\boldsymbol{y}) + (1-\alpha)V(\boldsymbol{x}^*) \tag{5.42}$$

假设 $\boldsymbol{x}^*$ 是 V 的局部极小值点，不是全局极小值点，因为存在 $\boldsymbol{y}\in\Omega$ 使得 $V(\boldsymbol{y})<V(\boldsymbol{x}^*)$。后一个假设表明式(5.42)的右侧严格小于 $\alpha V(\boldsymbol{x}^*)+(1-\alpha)V(\boldsymbol{x}^*)=V(\boldsymbol{x}^*)$，这与 $\boldsymbol{x}^*$ 是局部极小值点的假设相互矛盾，原因在于，对于某些足够小的正值 α，有 $V(\boldsymbol{x}^*+\alpha(\boldsymbol{y}-\boldsymbol{x}^*))<V(\boldsymbol{x}^*)$。

类似地，假设 $\boldsymbol{x}^*$ 是 V 的严格局部极小值点，并且 $\boldsymbol{x}^*$ 不是 V 的唯一全局极小值点，因为存在 $\boldsymbol{y}\in\Omega$ 使得 $V(\boldsymbol{y})\leqslant V(\boldsymbol{x}^*)$。后一个假设意味着式(5.42)的右侧满足，对于所有 $\alpha\in[0,1]$，$V(\boldsymbol{x}^*+\alpha(\boldsymbol{y}-\boldsymbol{x}^*))\leqslant V(\boldsymbol{x}^*)$。这与 $\boldsymbol{x}^*$ 为严格局部极小值点的假设相互矛盾，原因在于，对于某些足够小的 α 值，$V(\boldsymbol{x}^*+\alpha(y-\boldsymbol{x}^*))\leqslant V(\boldsymbol{x}^*)$。■

例 5.3.8(线性回归的最小二乘解)　设 $\boldsymbol{A}\in\mathcal{R}^{m\times n}$ 列满秩，因此矩阵 $\boldsymbol{A}$ 的秩为 n，其中 $n\leqslant m$。令 $\boldsymbol{b}\in\mathcal{R}^m$，定义 $V:\mathcal{R}^n\to[0,\infty)$，使得对于所有 $\boldsymbol{x}\in\mathcal{R}^n$，有

$$V(\boldsymbol{x})=|\boldsymbol{A}\boldsymbol{x}-\boldsymbol{b}|^2$$

证明：

$$\boldsymbol{x}^*=(\boldsymbol{A}^{\mathrm{T}}\boldsymbol{A})^{-1}\boldsymbol{A}^{\mathrm{T}}\boldsymbol{b}$$

为 V 的唯一严格全局极小值点。

解　令 $\boldsymbol{r}=\boldsymbol{A}\boldsymbol{x}-\boldsymbol{b}$。需要注意的是，$\mathrm{d}\boldsymbol{r}/\mathrm{d}\boldsymbol{x}=\boldsymbol{A}$。$V$ 的导数由下式给出：

$$\mathrm{d}V/\mathrm{d}\boldsymbol{x}=(\mathrm{d}V/\mathrm{d}\boldsymbol{r})(\mathrm{d}\boldsymbol{r}/\mathrm{d}\boldsymbol{x})=(2(\boldsymbol{A}\boldsymbol{x}-\boldsymbol{b})^{\mathrm{T}})\boldsymbol{A}$$

将 $\mathrm{d}V(\boldsymbol{x}^*)/\mathrm{d}\boldsymbol{x}$ 置为零并求解 $\boldsymbol{x}^*$ 可得出唯一的临界点：

$$\boldsymbol{x}^*=(\boldsymbol{A}^{\mathrm{T}}\boldsymbol{A})^{-1}\boldsymbol{A}^{\mathrm{T}}\boldsymbol{b}$$

因为 $\boldsymbol{A}$ 列满秩，所以$(\boldsymbol{A}^{\mathrm{T}}\boldsymbol{A})^{-1}$ 是正定的，其中 $n\leqslant m$。

V 对 $\boldsymbol{x}$ 的二阶导数由下式给出：

$$\mathrm{d}^2V/\mathrm{d}\boldsymbol{x}^2=2\boldsymbol{A}^{\mathrm{T}}\boldsymbol{A}$$

鉴于 $\boldsymbol{A}$ 列满秩，因此 $\mathrm{d}^2V/\mathrm{d}\boldsymbol{x}^2=2\boldsymbol{A}^{\mathrm{T}}\boldsymbol{A}$ 是正定的，依据严格局部极小值点判别定理，$\boldsymbol{x}^*$ 为严格局部极小值点。

另外，对于每个列向量 $\boldsymbol{y}$，都有

$$\boldsymbol{y}^{\mathrm{T}}(\mathrm{d}^2V/\mathrm{d}\boldsymbol{x}^2)\boldsymbol{y}=\boldsymbol{y}^{\mathrm{T}}2\boldsymbol{A}^{\mathrm{T}}\boldsymbol{A}\boldsymbol{y}=2|\boldsymbol{A}\boldsymbol{y}|^2\geqslant 0$$

根据定理 5.3.7，证明 V 为凸函数。因此，$\boldsymbol{x}^*$ 是唯一严格全局极小值点。△

例 5.3.9(线性回归全局极小值点判别)　设

$$\ddot{y}(\boldsymbol{s},\boldsymbol{\theta})\equiv\boldsymbol{\theta}^{\mathrm{T}}[\boldsymbol{s}^{\mathrm{T}}\quad 1]^{\mathrm{T}}$$

是内部参数状态为 $\boldsymbol{\theta}$ 时，学习机对输入模式向量 $\boldsymbol{s}$ 的预测响应，如例 5.3.2 中所述。梯度下降算法将最小化目标函数

$$\ell(\boldsymbol{\theta})=\frac{1}{2n}\sum_{i=1}^{n}|y_i-\ddot{y}(\boldsymbol{s}_i,\boldsymbol{\theta})|^2$$

如例 5.3.2 中所述。假设梯度下降算法收敛到点 $\boldsymbol{\theta}^*$。验证 $\boldsymbol{\theta}^*$ 处的梯度是否为零，以及 ℓ 在 $\boldsymbol{\theta}^*$ 处的黑塞矩阵是否正定。验证 $\boldsymbol{\theta}^*$ 是否为唯一全局极小值点。

解　为了验证 $\boldsymbol{\theta}^*$ 是否为严格局部极小值点，需验证 ℓ 在 $\boldsymbol{\theta}^*$ 处的梯度是否为零向量，并且 ℓ 在 $\boldsymbol{\theta}^*$ 处的黑塞矩阵是否正定，随后验证 $\boldsymbol{\theta}^*$ 是否为严格局部极小值点(定理 5.3.3)。设 $\boldsymbol{u}_i\equiv[\boldsymbol{s}_i,1]^{\mathrm{T}}$，$\ell$ 的梯度为

$$\mathrm{d}\ell/\mathrm{d}\boldsymbol{\theta}=-(1/n)\sum_{i=1}^{n}(y_i-\ddot{y}(\boldsymbol{s}_i,\boldsymbol{\theta}))\boldsymbol{u}_i^{\mathrm{T}}$$

这表明 $\boldsymbol{\theta}^*$ 必须满足以下关系：

$$\boldsymbol{0}^{\mathrm{T}}=-(1/n)\sum_{i=1}^{n}(y_i-\ddot{y}(\boldsymbol{s},\boldsymbol{\theta}^*)^{\mathrm{T}})\boldsymbol{u}_i^{\mathrm{T}}$$

才能得出ℓ在$\boldsymbol{\theta}^*$处的梯度为零向量。

ℓ的黑塞矩阵$\boldsymbol{H}$为

$$\boldsymbol{H}=(1/n)\sum_{i=1}^{n}\boldsymbol{u}_i\boldsymbol{u}_i^{\mathrm{T}}$$

因此，可以通过$\boldsymbol{\theta}^*$处的黑塞矩阵$\boldsymbol{H}$来验证ℓ在$\boldsymbol{\theta}^*$处的黑塞矩阵是否正定。由于$\boldsymbol{H}$是实对称矩阵，因此如果其所有特征值均严格为正，则$\boldsymbol{H}$正定。所以，这是验证$\boldsymbol{H}$是否正定的一种方法。但需要注意的是，如果对于所有$\boldsymbol{q}$，有：

$$\boldsymbol{q}^{\mathrm{T}}\boldsymbol{H}\boldsymbol{q}=\boldsymbol{q}^{\mathrm{T}}\left[(1/n)\sum_{i=1}^{n}\boldsymbol{u}_i\boldsymbol{u}_i^{\mathrm{T}}\right]\boldsymbol{q}=(1/n)\sum_{i=1}^{n}(\boldsymbol{q}^{\mathrm{T}}\boldsymbol{u}_i)^2\geqslant 0$$

说明$\boldsymbol{H}$不仅在$\boldsymbol{\theta}^*$处是半正定的，而且对于所有可能的$\boldsymbol{\theta}$值，均为半正定的。这表明，如果$\boldsymbol{H}$在$\boldsymbol{\theta}^*$处正定且梯度在$\boldsymbol{\theta}^*$处消失，则$\boldsymbol{\theta}^*$一定是ℓ的唯一全局极小值点(定理5.3.7)。 △

5.3.4　拉格朗日乘数

设$\Omega\subseteq\mathcal{R}^d$，$V:\Omega\to\mathcal{R}$为目标函数。将$\phi:\Omega\to\mathcal{R}^m$称为约束函数，它定义以下超曲面：

$$C\equiv\{\boldsymbol{x}\in\Omega:\phi(\boldsymbol{x})=\boldsymbol{0}_m\}$$

在本节中，我们将讨论如何在约束超曲面C上找到V的局部极小值点。也就是说，当V的定义域约束在超曲面C下时最小化函数V(参见图5.4)。

对于约束超曲面C下V的局部极小值点$\boldsymbol{x}^*$，下列定理给出了它必须满足的必要不充分条件。

定理5.3.8(拉格朗日乘数定理)　设Ω为$\mathcal{R}^d$的开凸子集，函数$\phi:\Omega\to\mathcal{R}^m$在$\Omega$上连续可微，其中$m<d$。令$V:\Omega\to\mathcal{R}$是一个连续可微函数，假设$\boldsymbol{x}^*$是约束$C$下$V$的局部极小值点，其中

$$C\equiv\{\boldsymbol{x}\in\Omega:\phi(\boldsymbol{x})=\boldsymbol{0}_m\}$$

假设$\mathrm{d}\phi(\boldsymbol{x}^*)/\mathrm{d}\boldsymbol{x}$行满秩且秩为$m$，则存在一个唯一的列向量$\boldsymbol{\lambda}\in\mathcal{R}^m$，使得

$$\frac{\mathrm{d}V(\boldsymbol{x}^*)}{\mathrm{d}\boldsymbol{x}}+\boldsymbol{\lambda}^{\mathrm{T}}\frac{\mathrm{d}\phi(\boldsymbol{x}^*)}{\mathrm{d}\boldsymbol{x}}=\boldsymbol{0}_d^{\mathrm{T}}$$

证明　参见文献(Marlow，2012)[258]。 ■

秘诀框5.2　梯度下降算法设计

- **步骤1**　设计平滑目标函数。在参数空间$\Theta\subseteq\mathcal{R}^q$上构造二次连续可微函数$\ell:\Theta\to\mathcal{R}$，且当且仅当$\ell(\boldsymbol{\theta})\leqslant\ell(\boldsymbol{\psi})$时，参数向量$\boldsymbol{\theta}$优于参数向量$\boldsymbol{\psi}$。令$\boldsymbol{g}$表示$\ell$的梯度，$\boldsymbol{H}$表示$\ell$的黑塞矩阵。
- **步骤2**　推导梯度下降算法。令$\boldsymbol{\theta}(0)$为初始参数，则设计梯度下降算法在学习过程中根据

$$\boldsymbol{\theta}(t+1)=\boldsymbol{\theta}(t)-\gamma_t\boldsymbol{g}(\boldsymbol{\theta}(t))$$

　　生成参数估计值序列$\boldsymbol{\theta}(0),\boldsymbol{\theta}(1),\boldsymbol{\theta}(2),\cdots$。选择步长序列$\gamma_1,\gamma_2,\cdots$，使得对于所有$t\in\mathbb{N}$，有$\ell(\boldsymbol{\theta}(t+1))<\ell(\boldsymbol{\theta}(t))$。
- **步骤3**　给出梯度下降算法的终止准则。令ϵ为一个小正数(例如$\epsilon=10^{-6}$)，如果$|\boldsymbol{g}(\boldsymbol{\theta}(t))|_\infty<\epsilon$，则停止迭代并将$\boldsymbol{\theta}(t)$作为$\ell$的临界点。

- **步骤 4** 推导严格局部极小值点的判别公式。令ϵ为一个小正数(例如$\epsilon=10^{-6}$)。设$\boldsymbol{\theta}(t)$满足终止准则$|\boldsymbol{g}(\boldsymbol{\theta}(t))|_{\infty}<\epsilon$，令$\lambda_{\min}(t)$和$\lambda_{\max}(t)$分别为$\boldsymbol{H}(\boldsymbol{\theta}(t))$的最小、最大特征值，$r(t)\equiv\lambda_{\max}(t)/\lambda_{\min}(t)$。如果$\lambda_{\min}(t)$和$\lambda_{\max}(t)$都大于$\epsilon$，且$r(t)<(1/\epsilon)$，则判定$\boldsymbol{\theta}(t)$为严格局部极小值点。
- **步骤 5** 验证该解是否为唯一全局极小值点。设临界点$\boldsymbol{\theta}(t)$被判定为ℓ在参数空间Θ中的严格局部极小值点。此外，如果Θ是凸的，且ℓ的黑塞矩阵在每个$\boldsymbol{\theta}\in\Theta$处都是半正定的，则$\boldsymbol{\theta}(t)$为$\Theta$上$\ell$的唯一全局极小值点。

拉格朗日乘数定理通常用于将约束优化问题转换为通过梯度下降算法解决的无约束优化问题。例如，假设目标是在平滑非线性超曲面$\{\boldsymbol{x}\in\mathcal{R}^d:\boldsymbol{\phi}(\boldsymbol{x})=\boldsymbol{0}_m\}$约束下最小化连续可微函数$V:\Omega\to\mathcal{R}^d$。如果$\boldsymbol{\phi}$是连续可微的，并且在$\boldsymbol{x}^*$处$\boldsymbol{\phi}$的雅可比矩阵行满秩，则可以使用拉格朗日乘数定理将该问题转换为无约束的非线性优化问题。

为了解决这个问题，定义拉格朗日函数$\mathcal{L}:\Omega\times\mathcal{R}^m\to\mathcal{R}^d$，使得对于所有$x\in\Omega$和$\boldsymbol{\lambda}\in\mathcal{R}^m$，有

$$\mathcal{L}(\boldsymbol{x},\boldsymbol{\lambda})=V(\boldsymbol{x})+\boldsymbol{\lambda}^{\mathrm{T}}\boldsymbol{\phi}(\boldsymbol{x}) \tag{5.43}$$

向量$\boldsymbol{\lambda}$称为拉格朗日乘数。拉格朗日乘数定理指出，如果$\mathrm{d}\boldsymbol{\phi}(\boldsymbol{x}^*)/\mathrm{d}\boldsymbol{x}$行满秩(秩为$m$)，则超曲面$\{\boldsymbol{x}:\boldsymbol{\phi}(\boldsymbol{x})=\boldsymbol{0}_m\}$约束下$V$的局部极小值点$\boldsymbol{x}^*$，是式(5.43)的拉格朗日函数的临界点(无须为极小值点)。

验证$\mathrm{d}\boldsymbol{\phi}(\boldsymbol{x}^*)/\mathrm{d}\boldsymbol{x}$行满秩(秩为$m$)的一种简便方法是判断$m$维实对称矩阵$\boldsymbol{M}^*\equiv[\mathrm{d}\boldsymbol{\phi}(\boldsymbol{x}^*)/\mathrm{d}\boldsymbol{x}][\mathrm{d}\boldsymbol{\phi}(\boldsymbol{x}^*)/\mathrm{d}\boldsymbol{x}]^{\mathrm{T}}$的最大特征值是否大于正数$\epsilon$，并且$\boldsymbol{M}^*$的条件数小于某个常数$K$(例如$\epsilon=10^{-7}$且$K=10^{15}$)。

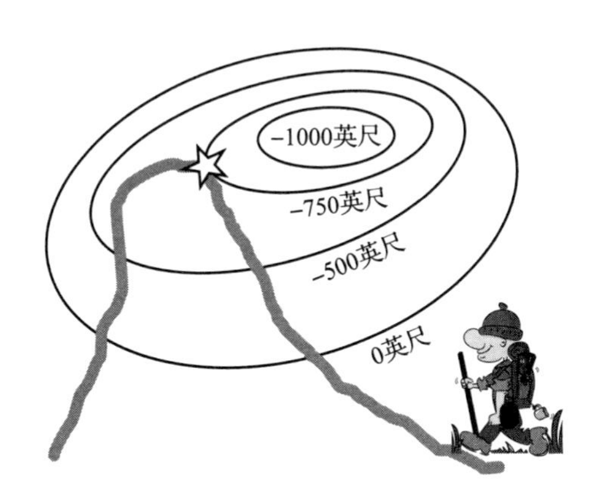

图 5.4 以峡谷路径远足为例说明非线性约束优化问题。该图为一个峡谷的等高线图，该峡谷的深度为海平面(海拔 0 英尺)以下 1000 英尺[⊖]。旅行者沿着一条旅行路径行走，该路径不到达峡谷底部，而是到达最大深度 750 英尺处，之后将旅行者带出峡谷。在典型的约束优化机器学习问题中，旅行者在路径上的位置对应于参数空间中一个符合特定约束的点。也就是说，如果旅行者离开路径，就会违反约束。旅行者所在位置的峡谷深度对应于目标函数在旅行者所处位置的值

例 5.3.10(交叉熵最小化) 设$S\equiv\{\boldsymbol{x}_1,\cdots,\boldsymbol{x}_m\}$是$m$个$d$维实向量的集合，$p:S\to(0,1]$是一个概率质量函数，该函数为$S$中每个元素赋一个概率，使得$\sum_{j=1}^{m}p(\boldsymbol{x}_j)=1$。设$q:S\to(0,1]$

⊖ 1 英尺=0.3048 米。——编辑注

也是一个概率质量函数，它为 S 的每个元素赋一个概率，使得 $\sum_{j=1}^{m} q(\boldsymbol{x}_j)=1$。定义概率向量 $\boldsymbol{p}=[p_1,\cdots,p_m]^{\mathrm{T}}$ 和 $\boldsymbol{q}=[q_1,\cdots,q_m]^{\mathrm{T}}$，使得 $p_k=p(\boldsymbol{x}_k)$，$q_k=q(\boldsymbol{x}_k)$。

证明在约束面

$$\Omega \equiv \left\{ \boldsymbol{q} \in (0,1)^m : \sum_{k=1}^{m} q_k = 1 \right\}$$

下交叉熵函数

$$\ell(\boldsymbol{q}) = -\sum_{j=1}^{m} p_j \log(q_j)$$

的临界点必须满足约束 $\boldsymbol{q}=\boldsymbol{p}$。

解 因为 ℓ 在开凸集 $(0,\infty)^m$ 上是连续可微的，所以满足拉格朗日乘数定理(定理 5.3.8)的条件，并且 $\left(\sum_{j=1}^{m} q_j - 1\right)$ 的雅可比矩阵是行满秩的行向量 $\mathbf{1}_m^{\mathrm{T}}$。定义拉格朗日函数为

$$\mathcal{L}(\boldsymbol{q},\lambda) = \ell(\boldsymbol{q}) + \lambda\left(\sum_{j=1}^{m} q_j - 1\right)$$

将 $\mathcal{L}$ 对 q_k 的偏导数设为零，得出

$$\mathrm{d}\mathcal{L}/\mathrm{d}q_k = -(p_k/q_k) + \lambda = 0$$

这表明 $p_k = \lambda q_k$。由于 $\boldsymbol{q} \in \Omega$ 且 $\sum_{k=1}^{m} p_k = 1$，因此 $\lambda = 1$，$\boldsymbol{p}=\boldsymbol{q}$ 是唯一的临界点。 △

例 5.3.11(主成分分析：无监督学习) 主成分分析(Principal Component Analysis，PCA)是一种重要且广泛使用的无监督学习方法。假设 $\boldsymbol{X} \equiv [\boldsymbol{x}_1,\cdots,\boldsymbol{x}_n]$ 是由 n 个 d 维特征向量组成的数据集，$\boldsymbol{X}$ 的列秩为 r。

设均值 $\boldsymbol{m} \equiv (1/n)\boldsymbol{X}\mathbf{1}_n$。与数据集 $\boldsymbol{X}$ 相关的样本协方差矩阵由以下实对称矩阵定义：

$$\boldsymbol{C}_x \equiv (1/(n-1))(\boldsymbol{X} - \boldsymbol{m}\mathbf{1}_n^{\mathrm{T}})(\boldsymbol{X} - \boldsymbol{m}\mathbf{1}_n^{\mathrm{T}})^{\mathrm{T}} \tag{5.44}$$

设 $\boldsymbol{P} \in \mathcal{R}^{r \times d}$，$\boldsymbol{p}_k^{\mathrm{T}}$ 为 $\boldsymbol{P}$ 的第 k 行，当 $|\boldsymbol{p}_k|>0$ 时 $|\boldsymbol{p}_k|^2=1$，$k=1,\cdots,r$。

定义新的数据集 $\boldsymbol{Y} \equiv [\boldsymbol{y}_1,\cdots,\boldsymbol{y}_n]$，使得 $\boldsymbol{y}_i = \boldsymbol{P}(\boldsymbol{x}_i - \boldsymbol{m})$。新数据集 $\boldsymbol{Y}$ 是原始数据集 $[\boldsymbol{x}_1,\cdots,\boldsymbol{x}_n]$ 在 r 维线性子空间的投影。$\boldsymbol{P}$ 称为投影矩阵。需要注意的是，$\boldsymbol{Y}=[\boldsymbol{P}(\boldsymbol{x}_1-\boldsymbol{m}),\cdots,\boldsymbol{P}(\boldsymbol{x}_n-\boldsymbol{m})]$，与投影数据集 $\boldsymbol{Y}$ 关联的样本协方差矩阵 $\boldsymbol{C}_y$ 由下式定义：

$$\boldsymbol{C}_y = (1/(n-1))\boldsymbol{Y}\boldsymbol{Y}^{\mathrm{T}} = \boldsymbol{P}\boldsymbol{C}_x\boldsymbol{P}^{\mathrm{T}}$$

主成分分析的目标是寻找一个投影矩阵，使得原始数据集的投影协方差矩阵 $\boldsymbol{C}_y$ 的负大小(negative magnitude)最小。直观上，这表明投影数据集中的点 $\boldsymbol{y}_1,\cdots,\boldsymbol{y}_n$ 会最大限度地分离，且分离程度取决于到秩为 r 的线性子空间的投影约束。定义协方差矩阵 $\boldsymbol{C}_y$ 的大小定义为 $\boldsymbol{C}_y$ 对角线上方差元素的总和或 $\boldsymbol{C}_y$ 的迹，可写作：

$$\mathrm{tr}(\boldsymbol{C}_y) = \mathrm{tr}(\boldsymbol{P}\boldsymbol{C}_x\boldsymbol{P}^{\mathrm{T}}) = \sum_{k=1}^{r} \boldsymbol{p}_k^{\mathrm{T}}\boldsymbol{C}_x\boldsymbol{p}_k$$

因此，形式化的说法是，算法的目标是最小化 $-\sum_{k=1}^{r} \boldsymbol{p}_k^{\mathrm{T}}\boldsymbol{C}_x\boldsymbol{p}_k$，同时 $\boldsymbol{P}=[\boldsymbol{p}_1,\cdots,\boldsymbol{p}_r]^{\mathrm{T}}$ 的每一行为归一化向量。使用拉格朗日乘数法解决此类约束优化问题。

解 设 $\phi(\boldsymbol{P}) = [|\boldsymbol{p}_1|^2,\cdots,|\boldsymbol{p}_r|^2]^{\mathrm{T}} - \mathbf{1}_r$。令

$$\mathcal{L}(\boldsymbol{P},\boldsymbol{\lambda})=\boldsymbol{\lambda}^{\mathrm{T}}\phi(\boldsymbol{P})-\sum_{k=1}^{r}\boldsymbol{p}_k^{\mathrm{T}}\boldsymbol{C}_x\boldsymbol{p}_k$$

计算 $\mathcal{L}$ 相对于 $\boldsymbol{p}_j(j=1,\cdots,r)$ 的导数：

$$\frac{\mathrm{d}\mathcal{L}}{\mathrm{d}\boldsymbol{p}_j}=-2\boldsymbol{p}_j^{\mathrm{T}}\boldsymbol{C}_x+2\lambda_j\boldsymbol{p}_j^{\mathrm{T}} \tag{5.45}$$

将式(5.45)中 $\mathcal{L}$ 的梯度设置为零，有

$$\boldsymbol{p}_j^{\mathrm{T}}\boldsymbol{C}_x=\lambda_j\boldsymbol{p}_j^{\mathrm{T}}$$

因此，$\mathcal{L}$ 的临界点 $\boldsymbol{p}_j$ 是 $\boldsymbol{C}$ 的特征向量。　△

例 5.3.12(设计线性重编码变换)　设 $\boldsymbol{x}_1,\cdots,\boldsymbol{x}_n$ 是由 d 个特征检测器生成的 n 个 d 维特征向量，其中 d 为较大的数(例如 $d=10^5$)。假设 n 个特征向量张成相对较小的 r 维线性子空间(例如 $r=100$)。

设某些特征检测器获取的是冗余信息或其他特征检测器输出的线性组合。设计一个线性重编码变换 $\boldsymbol{P}$，构造 n 个 r 维重编码特征向量 $\boldsymbol{y}_1,\cdots,\boldsymbol{y}_n$，使得对于 $i=1,\cdots,n$，有 $\boldsymbol{y}_i=\boldsymbol{P}\boldsymbol{x}_i$。此外，$\boldsymbol{P}$ 的 r 行应为正交向量。

解　该问题可以使用例 5.3.11 中的主成分分析方法解决。使用式(5.44)构造秩为 r 的实对称协方差矩阵 $\boldsymbol{C}_x$。设 $\boldsymbol{e}_1,\cdots,\boldsymbol{e}_r$ 为 $\boldsymbol{C}_x$ 的正交特征向量，$\boldsymbol{P}$ 的第 j 行等于 $\boldsymbol{e}_j^{\mathrm{T}},j=1,\cdots,r$。

以这种方式构造 $\boldsymbol{P}$，将特征向量 $\boldsymbol{y}_1,\cdots,\boldsymbol{y}_n$ 的集合张成一个由投影矩阵 $\boldsymbol{P}$ 中 r 行加权和形成的 r 维线性子空间。

此外，如果仅使用与 $\boldsymbol{C}_x$ 中 m 个最大特征值相关的 m 个特征向量($m<r$)，则 $m\times d$ 的投影矩阵会将原始 d 维特征向量投影到最小化 $\boldsymbol{C}_y$ 迹的 m 维线性子空间。　△

例 5.3.13(表示一个不等式约束的松弛变量)　设 $\phi:\mathcal{R}^d\to\mathcal{R}$ 为连续可微函数。假设 $\boldsymbol{x}^*$ 是连续可微函数 $V:\mathcal{R}^d\to\mathcal{R}$ 的严格局部极小值点，其约束为 $\phi(\boldsymbol{x})\leqslant 0$。假设 $\mathrm{d}\phi/\mathrm{d}\boldsymbol{x}$ 在 $\boldsymbol{x}^*$ 处满行秩。使用拉格朗日乘数定理将不等式约束的约束非线性优化问题转换为无约束非线性优化问题。

解　将不等式约束 $\phi(\boldsymbol{x})\leqslant 0$ 替换为等式约束 $\phi(\boldsymbol{x})+\eta^2=0$，其中 η 是一个附加的自由参数——称为松弛变量。现在将拉格朗日函数定义为

$$\mathcal{L}(\boldsymbol{x},\eta,\lambda)=V(\boldsymbol{x})+\lambda(\phi(\boldsymbol{x})+\eta^2)$$

然后将导数

$$\mathrm{d}\mathcal{L}/\mathrm{d}\boldsymbol{x}=\mathrm{d}V/\mathrm{d}\boldsymbol{x}+\lambda\,\mathrm{d}\phi/\mathrm{d}\boldsymbol{x} \tag{5.46}$$

$$\mathrm{d}\mathcal{L}/\mathrm{d}\eta=2\lambda\eta \tag{5.47}$$

$$\mathrm{d}\mathcal{L}/\mathrm{d}\lambda=\phi(\boldsymbol{x})+\eta^2 \tag{5.48}$$

设置为 0 来得到 $\mathcal{L}$ 的临界点集。

需要注意的是，导数 $\mathrm{d}\mathcal{L}/\mathrm{d}\eta=2\lambda\eta=0$ 意味着 $\lambda=0$ 或 $\eta=0$。如果 $\eta=0$，则该问题在数学上等效于拉格朗日乘数定理中描述的具有等式约束的约束优化问题。在这种情况下，约束 $\phi(\boldsymbol{x})=0$ 是有效的。如果 $\eta\neq 0$，则当且仅当 $\lambda=0$ 时 $\mathrm{d}\mathcal{L}/\mathrm{d}\eta=2\lambda\eta=0$，此为一个无约束优化问题[参见公式(5.46)，约束 $\phi(\boldsymbol{x})=0$ 无效(因为它乘以 λ)]。

从几何意义上讲，在涉及不等式约束的约束优化问题中，不等式约束定义了一个满足约束的区域。如果临界点位于该区域内，则所有约束都处于非活动状态，可将问题简单地看作无约束优化问题！如果临界点落在该区域边界上，那么涉及不等式约束的约束优化问题就等

价于涉及等式约束的约束优化问题，因此可直接应用拉格朗日乘数定理(定理5.3.8)。　△

例5.3.14(支持向量机推导：软边距)　设有训练数据集 $\mathcal{D}_n \equiv \{(\boldsymbol{s}_1, y_1), \cdots, (\boldsymbol{s}_n, y_n)\}$，其中 $y_i \in \{-1, +1\}$ 是给定 d 维输入模式向量 $\boldsymbol{s}_i$ 的期望响应，$i=1,\cdots,n$。增广输入模式向量为 $\boldsymbol{u}_i^{\mathrm{T}} = [\boldsymbol{s}_i^{\mathrm{T}}, 1], i=1,\cdots,n$。定义支持向量机分类器的预测响应 $\ddot{y}_i$，使得对于 $i=1,\cdots,n$，有

$$\begin{cases} \ddot{y}_i = 1 & \boldsymbol{w}^{\mathrm{T}} \boldsymbol{u}_i \geqslant \beta \\ \ddot{y}_i = -1 & \boldsymbol{w}^{\mathrm{T}} \boldsymbol{u}_i \leqslant -\beta \end{cases} \tag{5.49}$$

其中，非负数 β 为分类阈值。

应当对 $\boldsymbol{w}$ 进行选择，从而使得训练数据集的成员均正确分类。基于式(5.49)选择 $\boldsymbol{w}$，使得对于 $i=1,\cdots,n$，有

$$y_i \boldsymbol{w}^{\mathrm{T}} \boldsymbol{u}_i \geqslant \beta \tag{5.50}$$

式(5.50)假设存在满足式(5.50)的解 $\boldsymbol{w}$(即训练数据是“线性可分离的”)。由于此假设并不总是成立的，因此可一般化式(5.50)以解决存在错误分类的情况。修改后的目标是选择一个 $\boldsymbol{w}$，使得对于 $i=1,\cdots,n$，有

$$y_i \boldsymbol{w}^{\mathrm{T}} \boldsymbol{u}_i \geqslant \beta - \eta_i \tag{5.51}$$

其中，需要使非负数 η_i 尽可能小。当 $\eta_i = 0 (i=1,\cdots,n)$ 时，式(5.51)可简化为式(5.50)，在这种情况下，训练数据集实际上是线性可分离的。当 η_i 严格为正数时，相当于不满足式(5.50)，对训练样本 $(\boldsymbol{s}_i, y_i)$ 的分类可能错误。

式(5.50)中决策区域的边界对应于两个共享法向量 $\boldsymbol{w}$ 的平行超平面。设 $\boldsymbol{u}_0$ 是超平面 $\{\boldsymbol{u}: \boldsymbol{w}^{\mathrm{T}} \boldsymbol{u} = -\beta\}$ 上的一个点，则基于一些数值 α，位于超平面 $\{\boldsymbol{u}: \boldsymbol{w}^{\mathrm{T}} \boldsymbol{u} = \beta\}$、最接近 $\boldsymbol{u}_0$ 的点 $\boldsymbol{u}_0^*$ 必须满足下式：

$$\boldsymbol{w}^{\mathrm{T}} \boldsymbol{u}_0^* = \boldsymbol{w}^{\mathrm{T}} (\boldsymbol{u}_0 + \alpha \boldsymbol{w}) = \beta \tag{5.52}$$

可以使用 $\boldsymbol{w}^{\mathrm{T}} \boldsymbol{u}_0 = -\beta$ 求解式(5.52)的 α，得到 $\alpha = 2\beta / |\boldsymbol{w}|^2$。因此，两个平行超平面间的距离为

$$|\boldsymbol{u}_0 - \boldsymbol{u}_0^*| = |\alpha \boldsymbol{w}| = 2\beta / |\boldsymbol{w}|$$

支持向量机的学习目标通常是最大化两个分类超平面间的距离，同时通过最小化 $\eta_1, \cdots, \eta_n$ 将各个数据点划分在正确的类别区域中。

考虑该约束优化问题，其目标是最小化

$$(1/2) |\boldsymbol{w}|^2 + (K/n) \sum_{i=1}^{n} \eta_i \tag{5.53}$$

以获取某个正常数 K，其约束为式(5.51)中的约束和 $\eta_i \geqslant 0$，$i=1,\cdots,n$。最小化式(5.53)中的第一项相当于最大化分类超平面间的距离。

现在，使用松弛变量 $\gamma_1, \cdots, \gamma_n$ 和 $\delta_1, \cdots, \delta_n$ 定义拉格朗日函数为

$$\mathcal{L}(\boldsymbol{w}, \{\eta_i\}, \{\lambda_i\}, \{\gamma_i\}, \{\delta_i\}, \{\mu_i\}) = \frac{|\boldsymbol{w}|^2}{2} + \frac{K}{n} \sum_{i=1}^{n} \eta_i + \frac{1}{n} \sum_{i=1}^{n} \mu_i (\eta_i - \delta_i^2) + \frac{1}{n} \sum_{i=1}^{n} \lambda_i (y_i \boldsymbol{w}^{\mathrm{T}} \boldsymbol{u}_i - \beta + \eta_i - \gamma_i^2)$$

拉格朗日函数 $\mathcal{L}$ 的临界点可以使用梯度下降法、梯度上升法，通过将梯度(或梯度分量)设置为零并求解所得方程得到。例如，计算 $\mathcal{L}$ 对 $\boldsymbol{w}$ 的导数并将其设置为零，可得：

$$\boldsymbol{w} = (1/n) \sum_{i=1}^{n} \lambda_i y_i \boldsymbol{u}_i \tag{5.54}$$

这表示两个平行分类超平面的法向量是增广输入模式向量 $\boldsymbol{u}_1,\cdots,\boldsymbol{u}_n$ 的加权平均值。

拉格朗日函数对 γ_i 的导数等于零的约束意味着式(5.51)中的约束在 $\lambda_i=0$ 时无效。使约束有效的向量 $\boldsymbol{u}_i$ 称为支持向量。因此，式(5.54)表明，如果向量 $\boldsymbol{u}_i$ 不是支持向量(即 $\lambda_i=0$)，则训练样本$(\boldsymbol{s}_i,y_i)$在支持向量机明确类别边界时无效。此外，对式(5.54)的验证表明，与较大 λ_i 相关的训练样本$(\boldsymbol{s}_i,y_i)$在支持向量机明确类别边界时起的作用更大。

总而言之，支持向量机基于启发式算法，即选择分类器的类别边界以最大限度地分离两个训练样本类别。支持向量机还可以识别出训练数据中哪些训练样本与超平面类别边界最相关，因此也有助于根据训练样本解释支持向量机机理。　△

例 5.3.15(使用拉格朗日函数的多层感知机梯度下降)　对于单层 M 个径向基函数隐单元的前馈网络，给定输入模式 $\boldsymbol{S}$，其期望响应表示为 r。设参数向量 $\boldsymbol{v}$ 为隐单元层到单输出单元的连接权重，参数向量 $\boldsymbol{w}_k$ 代表从 d 个输入单元到第 k 个隐单元的连接权重，$k=1,\cdots,M$。该网络的参数向量表示为 $\boldsymbol{\theta}\equiv[\boldsymbol{v}^{\mathrm{T}},\mathbf{vec}(\boldsymbol{W}^{\mathrm{T}})^{\mathrm{T}}]$。给定输入模式 $\boldsymbol{s}$，使用公式 $r=\ddot{y}(\boldsymbol{s},\boldsymbol{\theta})$ 计算网络输出的预测响应，其中

$$\ddot{y}(\boldsymbol{s},\boldsymbol{\theta})=\boldsymbol{v}^{\mathrm{T}}\boldsymbol{h} \tag{5.55}$$

式(5.55)中的隐单元响应向量 $\boldsymbol{h}$ 由 $\boldsymbol{h}=\ddot{\boldsymbol{h}}(\boldsymbol{s},\boldsymbol{W})$计算，其中 $\ddot{\boldsymbol{h}}(\boldsymbol{s},\boldsymbol{W})=[h_1(\boldsymbol{s},\boldsymbol{w}_1),\cdots,h_M(\boldsymbol{s},\boldsymbol{w}_M)]^{\mathrm{T}}$，$\boldsymbol{w}_j^{\mathrm{T}}$ 是 $\boldsymbol{W}$ 的第 j 行，并且

$$h_j(\boldsymbol{s},\boldsymbol{w}_j)=\exp(-|\boldsymbol{s}-\boldsymbol{w}_j|^2) \tag{5.56}$$

学习机的目标是在给定 y 和输入模式 $\boldsymbol{s}$ 的情况下最小化$(y-\ddot{r}(\boldsymbol{s},\boldsymbol{\theta}))^2$，定义经验风险函数如下：

$$\ell(\boldsymbol{\theta})=(y-\boldsymbol{v}^{\mathrm{T}}\boldsymbol{h})^2$$

则可通过计算 ℓ 的梯度来推导梯度下降学习算法。

但是，与其直接计算 ℓ 的梯度，不如将学习目标重新定义为约束非线性优化问题。

为了研究该方法，设定学习目标为在式(5.55)和式(5.56)给出的 r 的非线性结构约束下最小化函数

$$D(r)=(y-r)^2$$

现在，定义拉格朗日函数 $\mathcal{L}$：

$$\mathcal{L}([\boldsymbol{v},\boldsymbol{W},\lambda_r,\boldsymbol{\lambda}_h,r,\boldsymbol{h}])=(y-r)^2+\lambda_r[r-\boldsymbol{v}^{\mathrm{T}}\boldsymbol{h}]+\boldsymbol{\lambda}_h^{\mathrm{T}}[\boldsymbol{h}-\ddot{\boldsymbol{h}}(\boldsymbol{s},\boldsymbol{W})]$$

对于单层隐单元的前馈网络，将此拉格朗日函数与拉格朗日乘数定理结合，推导出梯度下降反向传播算法(参阅算法 5.2.1)。

解　为了推导寻找目标函数临界点的梯度下降反向传播算法，使用λ_r、$\boldsymbol{\lambda}_n$、r 和$\boldsymbol{h}$ 的偏导数并将这些偏导数设置为零。使用标准梯度下降算法更新包含 $\boldsymbol{v}$ 和 $\boldsymbol{W}$ 行的参数向量 $\boldsymbol{\theta}$。下面是详细推导。

第一，约束 $\mathcal{L}$ 对 λ_r 的导数等于 0 对应于式(5.55)的约束。类似地，约束 $\mathcal{L}$ 对 $\boldsymbol{\lambda}_h$ 的导数等于 0 对应于式(5.56)的约束。

第二，计算 $\mathcal{L}$ 对 r 的导数：

$$\mathrm{d}\mathcal{L}/\mathrm{d}r=-2(y-r)+\lambda_r \tag{5.57}$$

将式(5.57)设置为 0，得到：

$$\lambda_r=2(y-r) \tag{5.58}$$

式(5.58)作为网络输出单元的误差信号 λ_r。

第三，计算 $\mathcal{L}$ 对 $\boldsymbol{h}$ 的导数：

$$d\mathcal{L}/d\boldsymbol{h} = -\lambda_r \boldsymbol{v}^{\mathrm{T}} + \boldsymbol{\lambda}_h \tag{5.59}$$

将式(5.59)设置为0，得到：

$$\boldsymbol{\lambda}_h = \lambda_r \boldsymbol{v}^{\mathrm{T}} \tag{5.60}$$

式(5.60)可看作输出误差信号λ_r通过隐单元层“反向传播”后的误差信号$\boldsymbol{\lambda}_h$。

第四，计算$\mathcal{L}$对$\boldsymbol{v}$的导数：

$$d\mathcal{L}/d\boldsymbol{v} = -\lambda_r \boldsymbol{h}^{\mathrm{T}} \tag{5.61}$$

第五，计算$\mathcal{L}$对$\boldsymbol{W}$的导数：

$$d\mathcal{L}/d\boldsymbol{w}_k = -\boldsymbol{\lambda}_h^{\mathrm{T}} \frac{d\boldsymbol{h}(\boldsymbol{s},\boldsymbol{W})}{d\boldsymbol{w}_k} \tag{5.62}$$

其中

$$\frac{d\boldsymbol{h}(\boldsymbol{s},\boldsymbol{W})}{d\boldsymbol{w}_k} = (2h_k(\boldsymbol{s},\boldsymbol{W})\boldsymbol{u}_k)(\boldsymbol{s}-\boldsymbol{w}_k)^{\mathrm{T}}$$

$\boldsymbol{u}_k$是M维单位矩阵的第k列。

结合该结果，可得出以下算法，它可作为算法5.2.1的特例。

步骤1　使用式(5.56)计算隐单元的响应。

步骤2　使用式(5.55)计算输出单元的响应。

步骤3　使用式(5.58)计算输出单元的误差信号。

步骤4　使用式(5.60)计算隐单元的误差信号。

步骤5　使用式(5.61)和式(5.62)更新参数$\boldsymbol{\theta}(t+1) = \boldsymbol{\theta}(t) - \gamma_t d\mathcal{L}(\boldsymbol{\theta}(t))/d\boldsymbol{\theta}$，其中$\gamma_t$为正步长。　△

例5.3.16(使用拉格朗日函数的朴素循环神经网络梯度下降)　考虑一个时序学习问题，其中训练数据表示为n个状态动作序列的集合，其中第k个状态动作序列由T_k个有序对组成：

$$\boldsymbol{x}^k \equiv [(\boldsymbol{s}^k(1), \boldsymbol{y}^k(1)), \cdots, (\boldsymbol{s}^k(T_k), \boldsymbol{y}^k(T_k))]$$

给定历史时序记录$\boldsymbol{s}^k(1), \cdots, \boldsymbol{s}^k(t)$，二值标量$\boldsymbol{y}^k(t) \in \{0,1\}$为期望响应。

定义一个朴素循环神经网络，差异函数D用于比较观测输出$\boldsymbol{y}^k(t)$与预测输出$\overline{\boldsymbol{y}}^k(t)$，可选择：

$$D(\boldsymbol{y}^k(t), \ddot{\boldsymbol{y}}^k(t)) = |\boldsymbol{y}^k(t) - \ddot{\boldsymbol{y}}^k(t)|^2$$

此外，使用函数$\boldsymbol{\Phi}: \mathcal{R}^m \times \Theta \rightarrow \mathcal{R}^r$，由当前$m$维隐单元状态向量$\boldsymbol{h}^k(t)$和$q$维参数向量$\boldsymbol{\theta}$计算$r$维预测响应$\boldsymbol{y}^k(T_k) = \boldsymbol{\Phi}(\boldsymbol{h}^k(T_k), \boldsymbol{\theta})$。最后，定义函数$\boldsymbol{\Psi}: \mathcal{R}^d \times \mathcal{R}^m \times \Theta \rightarrow \mathcal{R}^m$，说明如何将当前$d$维输入向量$\boldsymbol{s}^k(t)$、先前$m$维隐单元状态向量$\boldsymbol{h}^k(t-1)$与$q$维参数向量$\boldsymbol{\theta}$结合，以生成当前$m$维隐单元状态向量$\boldsymbol{h}^k(t)$。

定义学习机的目标函数$\ell_n: \mathcal{R}^q \rightarrow \mathcal{R}$，使得对于所有$\boldsymbol{\theta} \in \mathcal{R}^q$：

$$\ell_n(\boldsymbol{\theta}) = (1/n)\sum_{k=1}^{n} c(\boldsymbol{x}^k, \boldsymbol{\theta}) \tag{5.63}$$

损失函数c的定义如下：

$$c(\boldsymbol{x}^k, \boldsymbol{\theta}) = \sum_{t=1}^{T_k} |\boldsymbol{y}^k(t) - \ddot{\boldsymbol{y}}^k(t)|^2$$

使用拉格朗日函数(参见示例5.3.15)推导该朴素循环神经网络梯度下降反向传播算法。

解　增广目标函数$\mathcal{L}^k$定义为

$$\mathcal{L}^k=\sum_{t=1}^{T_k}|\boldsymbol{y}^k(t)-\ddot{\boldsymbol{y}}^k(t)|^2+\sum_{t=1}^{T_k}\boldsymbol{\mu}^k(t)^{\mathrm{T}}[\ddot{\boldsymbol{y}}^k(t)-\boldsymbol{\Phi}(\boldsymbol{h}^k(t),\boldsymbol{\theta})]+$$
$$\sum_{t=1}^{T_k}\boldsymbol{\lambda}^k(t)^{\mathrm{T}}[\ddot{\boldsymbol{h}}^k(t)-\boldsymbol{\Psi}(\boldsymbol{s}^k(t),\ddot{\boldsymbol{h}}^k(t-1),\boldsymbol{\theta})]$$

求 $\mathcal{L}^k$ 对 $\ddot{\boldsymbol{y}}^k(t)$ 的导数：

$$\frac{\mathrm{d}\mathcal{L}^k}{\mathrm{d}\ddot{\boldsymbol{y}}^k(t)}=-2(\boldsymbol{y}^k(t)-\ddot{\boldsymbol{y}}^k(t))+\boldsymbol{\mu}^k(t)\tag{5.64}$$

将式(5.64)设置为 0 并整理，得出输出单元误差信号 $\boldsymbol{\mu}^k(t)$：

$$\boldsymbol{\mu}^k(t)=2(\boldsymbol{y}^k(t)-\ddot{\boldsymbol{y}}^k(t))\tag{5.65}$$

求 $\mathcal{L}^k$ 对 $\ddot{\boldsymbol{h}}^k(t)$ 的导数：

$$\frac{\mathrm{d}\mathcal{L}^k}{\mathrm{d}\ddot{\boldsymbol{h}}^k(t)}=-\boldsymbol{\mu}^k(t)^{\mathrm{T}}\left[\frac{\mathrm{d}\boldsymbol{\Phi}(\boldsymbol{s}^k(t),\ddot{\boldsymbol{h}}^k(t),\boldsymbol{\theta})}{\mathrm{d}\ddot{\boldsymbol{h}}^k(t)}\right]+\boldsymbol{\lambda}^k(t)^{\mathrm{T}}-$$
$$\boldsymbol{\lambda}^k(t+1)^{\mathrm{T}}\left[\frac{\mathrm{d}\boldsymbol{\Psi}(\boldsymbol{s}^k(t+1),\ddot{\boldsymbol{h}}^k(t),\boldsymbol{\theta})}{\mathrm{d}\ddot{\boldsymbol{h}}^k(t)}\right]\tag{5.66}$$

将式(5.66)设置为 0 并整理，得出更新公式：

$$\boldsymbol{\lambda}^k(t)^{\mathrm{T}}=\boldsymbol{\mu}^k(t)^{\mathrm{T}}\left[\frac{\mathrm{d}\boldsymbol{\Phi}(\boldsymbol{s}^k(t),\ddot{\boldsymbol{h}}^k(t),\boldsymbol{\theta})}{\mathrm{d}\ddot{\boldsymbol{h}}^k(t)}\right]+\boldsymbol{\lambda}^k(t+1)^{\mathrm{T}}\left[\frac{\mathrm{d}\boldsymbol{\Psi}(\boldsymbol{s}^k(t+1),\ddot{\boldsymbol{h}}^k(t),\boldsymbol{\theta})}{\mathrm{d}\ddot{\boldsymbol{h}}^k(t)}\right]\tag{5.67}$$

该式表明了如何通过 $t+1$ 时刻隐单元误差信号(即 $\boldsymbol{\lambda}^k(t+1)$)和 t 时刻输出单元误差信号(即 $\boldsymbol{\mu}^k(t)$)计算隐单元在 t 时刻的误差信号(即 $\boldsymbol{\lambda}^k(t)$)。

求 $\mathcal{L}^k$ 对 $\boldsymbol{\theta}$ 的导数：

$$\frac{\mathrm{d}\mathcal{L}^k}{\mathrm{d}\boldsymbol{\theta}}=-\sum_{t=1}^{T_k}\boldsymbol{\mu}^k(t)^{\mathrm{T}}\left[\frac{\mathrm{d}\boldsymbol{\Phi}(\boldsymbol{s}^k(t),\ddot{\boldsymbol{h}}^k(t),\boldsymbol{\theta})}{\mathrm{d}\boldsymbol{\theta}}\right]-\sum_{t=1}^{T_k}\boldsymbol{\lambda}^k(t)^{\mathrm{T}}\left[\frac{\mathrm{d}\boldsymbol{\Psi}(\boldsymbol{s}^k(t),\bar{\boldsymbol{h}}^k(t-1))}{\mathrm{d}\boldsymbol{\theta}}\right]\tag{5.68}$$

将之用于梯度下降更新规则：

$$\boldsymbol{\theta}(k+1)=\boldsymbol{\theta}(k)-\gamma_k\mathrm{d}\mathcal{L}^k/\mathrm{d}\boldsymbol{\theta}$$

其中，$\mathrm{d}\mathcal{L}^k/\mathrm{d}\boldsymbol{\theta}$ 取$(\boldsymbol{x}^k,\boldsymbol{\theta}(k))$处的值。

然后，使用约束条件和式(5.65)、式(5.67)和式(5.68)的结果表示朴素循环神经网络梯度下降反向传播算法(参阅算法 5.3.1)。　△

算法 5.3.1　朴素循环神经网络梯度下降反向传播。该循环神经网络梯度传播算法由拉格朗日函数导出，用于学习第 k 个状态动作序列(请参见示例 5.3.16)

1：**procedure** RECURRENTNETGRAD($\{\boldsymbol{\Phi},\boldsymbol{\Psi}\}$)
2：　$\ddot{\boldsymbol{h}}^k(0)\Leftarrow\boldsymbol{0}$　　▷正向传播
3：　**for** $t=1$ to T_k **do**
4：　　$\ddot{\boldsymbol{h}}^k(t)\Leftarrow\boldsymbol{\Phi}(\boldsymbol{s}^k(t),\ddot{\boldsymbol{h}}^k(t-1),\boldsymbol{\theta})$
5：　　$\ddot{\boldsymbol{y}}^k(t)\Leftarrow\boldsymbol{\Psi}(\ddot{\boldsymbol{h}}^k(t),\boldsymbol{\theta})$
6：　**end for**
7：　　▷反向传播
8：　$\boldsymbol{\lambda}^k(T_k+1)\Leftarrow\boldsymbol{0}$
9：　**for** $t=T_k$ to 1 **do**

10：　　$\boldsymbol{\mu}^k(t)^{\mathrm{T}} \Leftarrow 2(\boldsymbol{y}^k(t)-\ddot{\boldsymbol{y}}^k(t))$

11：　　$\boldsymbol{\lambda}^k(t)^{\mathrm{T}} \Leftarrow \boldsymbol{\mu}^k(t)^{\mathrm{T}}\left[\frac{\mathrm{d}\boldsymbol{\Phi}(\boldsymbol{s}^k(t),\ddot{\boldsymbol{h}}^k(t),\boldsymbol{\theta})}{\mathrm{d}\ddot{\boldsymbol{h}}^k(t)}\right]+\boldsymbol{\lambda}^k(t+1)^{\mathrm{T}}\left[\frac{\mathrm{d}\boldsymbol{\Psi}(\boldsymbol{s}^k(t+1),\ddot{\boldsymbol{h}}^k(t),\boldsymbol{\theta})}{\mathrm{d}\ddot{\boldsymbol{h}}^k(t)}\right]$

12：　**end for**

13：　　　　▷梯度计算

14：　$\frac{\mathrm{d}\mathcal{L}^k}{\mathrm{d}\boldsymbol{\theta}} \Leftarrow \mathbf{0}^{\mathrm{T}}$

15：　**for** $t=1$ **to** T_k **do**

16：　　$\frac{\mathrm{d}\mathcal{L}^k}{\mathrm{d}\boldsymbol{\theta}} \Leftarrow \boldsymbol{\mu}^k(t)^{\mathrm{T}}\left[\frac{\mathrm{d}\boldsymbol{\Phi}(\boldsymbol{s}^k(t),\ddot{\boldsymbol{h}}^k(t),\boldsymbol{\theta})}{\mathrm{d}\boldsymbol{\theta}}\right]-\boldsymbol{\lambda}^k(t)^{\mathrm{T}}\left[\frac{\mathrm{d}\boldsymbol{\Psi}(\boldsymbol{s}^k(t),\bar{\boldsymbol{h}}^k(t-1))}{\mathrm{d}\boldsymbol{\theta}}\right]$

17：　**end for**

18：　**return** $\left\{\frac{\mathrm{d}\mathcal{L}^k}{\mathrm{d}\boldsymbol{\theta}}\right\}$　　　　▷返回损失函数的梯度

19：**end procedure**

练习

5.3-1. （逻辑回归梯度下降）设训练数据定义为 n 个 $d+1$ 维训练向量：

$$\{(y_1,\boldsymbol{s}_1),\cdots,(y_n,\boldsymbol{s}_n)\}$$

其中，$y\in\{0,1\}$是线性推理学习机对 d 维输入模式列向量 $\boldsymbol{s}$ 的期望响应。令 $\mathcal{S}(\phi)\equiv 1/(1+\exp(-\phi))$，$\ddot{p}(\boldsymbol{s},\boldsymbol{\theta})\equiv\mathcal{S}(\boldsymbol{\theta}^{\mathrm{T}}[\boldsymbol{s}^{\mathrm{T}}\quad 1]^{\mathrm{T}})$表示学习机在给定输入模式 $\boldsymbol{s}$ 和当前参数向量 $\boldsymbol{\theta}$ 下对 $y=1$ 的预测概率。定义函数 $\ell:\mathcal{R}^{d+1}\rightarrow\mathcal{R}$，使得对于所有 $\boldsymbol{\theta}\in\mathcal{R}^{d+1}$，有：

$$\ell(\boldsymbol{\theta})=-(1/n)\sum_{i=1}^{n}[y_i\log(\ddot{p}(\boldsymbol{s}_i,\boldsymbol{\theta}))+(1-y_i)\log(1-\ddot{p}(\boldsymbol{s}_i,\boldsymbol{\theta}))]+\lambda|\boldsymbol{\theta}|^2 \quad (5.69)$$

其中，λ 是已知正数(例如 $\lambda=0.001$)。推导最小化 ℓ 的梯度下降学习算法。

5.3-2. （逻辑回归风险函数的泰勒展开）推导式(5.69)的经验风险函数 ℓ 的二阶泰勒级数展开式。

5.3-3. （多项式逻辑回归梯度下降）设训练数据为 n 个 $d+m$ 维训练向量：

$$\{(\boldsymbol{s}_1,\boldsymbol{y}_1),\cdots,(\boldsymbol{s}_n,\boldsymbol{y}_n)\}$$

其中，$\boldsymbol{y}_i$ 是学习机对 d 维输入模式向量 $\boldsymbol{s}_i$ 的期望响应，$i=1,\cdots,n$。假定 m 维期望响应向量 $\boldsymbol{y}_i$ 是 m 维单位矩阵 $\boldsymbol{I}_m$ 的一列，当期望响应为 m 个可能类别的类别编号 k 时，$\boldsymbol{y}_i$ 等于 $\boldsymbol{I}_m$ 的第 k 列。

学习机的状态由参数值矩阵

$$\boldsymbol{W}\equiv[\boldsymbol{w}_1,\cdots,\boldsymbol{w}_{m-1}]^{\mathrm{T}}\in\mathcal{R}^{(m-1)\times d}$$

指定，其中 $\boldsymbol{w}_k\in\mathcal{R}^d,k=1,\cdots,m-1$。

对于给定的 $\boldsymbol{W}$ 与输入向量 $\boldsymbol{s}$，学习机的响应向量是 m 维概率列向量

$$\boldsymbol{p}(\boldsymbol{s},\boldsymbol{W})\equiv[p_1(\boldsymbol{s}_k,\boldsymbol{W}),\cdots,p_m(\boldsymbol{s}_k,\boldsymbol{W})]^{\mathrm{T}}$$

其定义为

$$\boldsymbol{p}(\boldsymbol{s},\boldsymbol{W})=\frac{\exp([\boldsymbol{W}^{\mathrm{T}},\mathbf{0}_d]^{\mathrm{T}}\boldsymbol{s})}{\mathbf{1}_m^{\mathrm{T}}\exp([\boldsymbol{W}^{\mathrm{T}},\mathbf{0}_d]^{\mathrm{T}}\boldsymbol{s})}$$

定义函数 $\ell:\mathcal{R}^{(m-1)\times d}\to\mathcal{R}$，使得对于所有 $\boldsymbol{W}\in\mathcal{R}^{(m-1)\times d}$，有

$$\ell(\boldsymbol{W})=-(1/n)\sum_{i=1}^{n}\boldsymbol{y}_i^{\mathrm{T}}\log(\boldsymbol{p}(\boldsymbol{s}_i,\boldsymbol{W}))$$

证明 $\mathrm{d}\ell/\mathrm{d}\boldsymbol{w}_k$ 为

$$\mathrm{d}\ell/\mathrm{d}\boldsymbol{w}_k=-(1/n)\sum_{i=1}^{n}(\boldsymbol{y}_i-\boldsymbol{p}(\boldsymbol{s}_i,\boldsymbol{W}))^{\mathrm{T}}\boldsymbol{u}_k\boldsymbol{s}_i^{\mathrm{T}}$$

其中，$k=1,\cdots,m-1$。说明如何使用 $\mathrm{d}\ell/\mathrm{d}\boldsymbol{w}_k$ 推导最小化 ℓ 的梯度下降算法。

5.3-4. (sigmoid 响应的线性回归)设 $\mathcal{S}(\phi)=1/(1+\exp(-\phi))$。另

$$\mathrm{d}\mathcal{S}/\mathrm{d}\phi=\mathcal{S}(\phi)(1-\mathcal{S}(\phi))$$

定义给定输入模式 $\boldsymbol{s}$ 和参数向量 $\boldsymbol{\theta}$ 时，$\ddot{y}(\boldsymbol{s},\boldsymbol{\theta})=\mathcal{S}(\boldsymbol{\theta}^{\mathrm{T}}\boldsymbol{s})$是响应类别为 1 的概率。设训练数据集 $\mathcal{D}_n\equiv\{(\boldsymbol{s}_1,y_1),\cdots,(\boldsymbol{s}_n,y_n)\}$，其中 $\boldsymbol{s}_i$ 是 d 维向量，$y_i\in(0,1)$。假设学习机的经验风险函数 $\hat{\ell}_n(\boldsymbol{\theta})$如下：

$$\hat{\ell}_n(\boldsymbol{\theta})=(1/n)\sum_{i=1}^{n}(y_i-\ddot{y}(\boldsymbol{s}_i,\boldsymbol{\theta}))^2$$

可得 $\hat{\ell}_n$ 的导数为：

$$\mathrm{d}\hat{\ell}_n/\mathrm{d}\boldsymbol{\theta}=-(2/n)\sum_{i=1}^{n}(y_i-\mathcal{S}(\boldsymbol{\theta}^{\mathrm{T}}\boldsymbol{s}_i))\mathcal{S}(\boldsymbol{\theta}^{\mathrm{T}}\boldsymbol{s}_i)[1-\mathcal{S}(\boldsymbol{\theta}^{\mathrm{T}}\boldsymbol{s}_i)]\boldsymbol{s}_i^{\mathrm{T}}$$

设计一个监督学习机，使该学习机通过梯度下降法来“学习”并更新其参数向量 $\boldsymbol{\theta}$，以预测给定 $\boldsymbol{s}_i$ 的 y_i，$i=1,\cdots,n$。

5.3-5. (径向基函数网络梯度下降链式法则推导)在监督学习示例中，假设目标是让单层隐单元(有 h 个隐单元)的平滑多层感知机学习在给定输入模式 $\boldsymbol{s}\in\mathcal{R}^d$ 时生成响应 $y\in\mathcal{R}$。因此，训练数据可以表示为有序对$(\boldsymbol{s},y)$。

定义 $\ddot{y}:\mathcal{R}^h\times\mathcal{R}^h\to\mathcal{R}$，使得 $\ddot{y}(\boldsymbol{h},\boldsymbol{v})=\boldsymbol{v}^{\mathrm{T}}\boldsymbol{h}$，其中$\boldsymbol{v}\in\mathcal{R}^h$，$\boldsymbol{h}:\mathcal{R}^d\times\mathcal{R}^{d\times h}\to\mathcal{R}^h$，$\boldsymbol{h}$ 的第 j 个元素为：

$$h_j(\boldsymbol{s},\boldsymbol{w}_j)=\exp(-|\boldsymbol{s}-\boldsymbol{w}_j|^2)$$

其中，$\boldsymbol{w}_j^{\mathrm{T}}$ 是 $\boldsymbol{W}$ 的第 j 行，$j=1,\cdots,h$。

定义平滑多层感知机的目标函数 $\ell:\mathcal{R}^h\times\mathcal{R}^{d\times h}\to\mathcal{R}$，使得：

$$\ell([\boldsymbol{v},\boldsymbol{W}])=(y-\ddot{y}(\boldsymbol{h}(\boldsymbol{s},\boldsymbol{W}),\boldsymbol{v}))^2$$

定义差异函数 $D(y,\ddot{y}(\boldsymbol{h}(\boldsymbol{s},\boldsymbol{W}),\boldsymbol{v}))=\ell([\boldsymbol{v},\boldsymbol{W}])$。

应用向量链式法则，得到 ℓ 的梯度：

$$\frac{\mathrm{d}\ell}{\mathrm{d}\boldsymbol{v}}=\left[\frac{\mathrm{d}D}{\mathrm{d}\ddot{y}}\right]\left[\frac{\mathrm{d}\ddot{y}}{\mathrm{d}\boldsymbol{v}}\right]$$

$$\frac{\mathrm{d}\ell}{\mathrm{d}\boldsymbol{w}_j}=\left[\frac{\mathrm{d}D}{\mathrm{d}\ddot{y}}\right]\left[\frac{\mathrm{d}\ddot{y}}{\mathrm{d}\boldsymbol{h}}\right]\left[\frac{\mathrm{d}\boldsymbol{h}}{\mathrm{d}\boldsymbol{w}_j}\right]$$

5.3-6. (线性值函数强化学习)设 $V:\mathcal{R}^d\times\mathcal{R}^q\to\mathcal{R}$。学习过程的目标是找到一个 q 维参数向量 $\boldsymbol{\theta}$，使得对于每个状态 $\boldsymbol{s}\in\mathcal{R}^d$，$V(\boldsymbol{s};\boldsymbol{\theta})$表示给定当前状态 $\boldsymbol{s}$ 下学习机期望接收的总累积强化值。特别地，假设 $V(\boldsymbol{s};\boldsymbol{\theta})=\boldsymbol{\theta}^{\mathrm{T}}[\boldsymbol{s}^{\mathrm{T}},1]^{\mathrm{T}}$，为了估计 $\boldsymbol{\theta}$，设训练数据为 $\mathcal{D}_n\equiv\{(\boldsymbol{s}_{1,1},\boldsymbol{s}_{1,2},r_1),\cdots,(\boldsymbol{s}_{n,1},\boldsymbol{s}_{n,2},r_n)\}$，其中 r_i 是环境状态从第 i 个回合的第 1 个 d 维状态 $\boldsymbol{s}_{i,1}$ 变为第二个 d 维状态 $\boldsymbol{s}_{i,2}$ 时学习机接收的增量强化值。设经验风险函数

$$\hat{\ell}_n(\boldsymbol{\theta})=(1/n)\sum_{i=1}^{n}c(\boldsymbol{x}_i,\boldsymbol{\theta})$$

的损失函数如下：

$$c(\boldsymbol{x}_i,\boldsymbol{\theta})=(\ddot{r}(\boldsymbol{s}_o(i),\boldsymbol{s}_f(i))-r(i))^2$$

其中，$\ddot{r}(\boldsymbol{s}_{i,1},\boldsymbol{s}_{i,2})=V(\boldsymbol{s}_{i,2};\boldsymbol{\theta})-\lambda V(\boldsymbol{s}_{i,1};\boldsymbol{\theta})$是学习机接收的期望递增强化值的估计量，$\lambda\in[0,1]$是折扣因子(参阅 1.7.2 节)。

推导最小化该经验风险函数的梯度下降算法。

5.3-7. 定义 $V:\mathcal{R}^d\to\mathcal{R}$，使得 $V(\boldsymbol{x})=-\boldsymbol{x}^{\mathrm{T}}\boldsymbol{W}\boldsymbol{x}$，其中 $\boldsymbol{W}$ 是秩为 k 的实对称矩阵。V 的梯度是 $-2\boldsymbol{W}\boldsymbol{x}$。指出哪些 k 值可确保 V 的平坦区存在。

5.3-8. (逻辑回归全局极小值点收敛判别)推导公式，以判断练习 5.3-1 的逻辑回归学习机的给定参数向量是否为严格全局极小值点。

5.3-9. (多项式逻辑回归局部极小值点收敛判别)推导公式，以判断练习 5.3-3 的逻辑回归学习机的给定参数向量是否为严格全局极小值点。

5.3-10. (凸函数线性组合性)设 $\Omega\subseteq\mathcal{R}^d$ 为开凸集，$f:\Omega\to\mathcal{R}$ 和 $g:\Omega\to\mathcal{R}$ 是 Ω 上的凸函数。令 $h\equiv\alpha_1 f+\alpha_2 g,\alpha_1\geqslant 0,\alpha_2\geqslant 0$。使用凸函数定义证明 h 在 Ω 上也是凸的。

5.3-11. (平滑凸函数组合定理)设 $\Omega\subseteq\mathcal{R}^d$ 和 $\Gamma\subseteq\mathcal{R}$ 为开凸集，$f:\Omega\to\Gamma$ 是 Ω 上的二次连续可微凸函数，$g:\Gamma\to\mathcal{R}$ 是 Γ 上的二次连续可微非递减凸函数。使用平滑凸函数组合定理证明 $h=g(f)$在 Ω 上也是凸的。

5.3-12. (堆叠去噪自动编码器)去噪自动编码器可堆叠。模型可一次完成训练，也可逐层训练。定义堆叠去噪自动编码器与其经验风险函数。然后，使用前馈 M 层深度网络梯度反向传播算法推导堆叠去噪自动编码器的梯度下降学习算法。

5.4　扩展阅读

本章所涵盖的主题包括了基本实分析中的大类内容(Rosenlicht，1968)、高等矩阵求导(Neudecker，1969；Marlow，2012；Magnus & Neudecker，2001；Magnus，2010)以及数值优化理论(Luenberger，1984；Nocedal & Wright，1999)。

矩阵求导

需要强调的是，在经典非线性优化理论和矩阵求导文献中，向量空间中向量值函数的导数(即“雅可比矩阵”)定义是公认标准的。

另外，向量空间或矩阵空间上的矩阵值函数的标准导数定义尚未建立。文献(Magnus & Neudecker，2001；Magnus，2010)讨论了向量空间上矩阵导数的几种不同定义。所有这些定义均与矩阵导数的“广义定义”一致，因为它们对应于相关偏导数的不同排列矩阵(Magnus，2010)。

但是，有些矩阵导数定义归类在矩阵导数广义定义的话存在严重问题，原因在于定义有时是相互矛盾的，有时要求矩阵链式法则的不同版本。因此，出于矩阵求导推导的目的，文献(Magnus & Neudecker，2001；Magnus，2010)主张应该使用矩阵导数的“狭义定义”。较差的矩阵导数表示法可能导致矩阵导数表达式的错误推导，并影响学术交流。

本章介绍的关于矩阵空间的矩阵导数定义与文献(Magnus，2010；Magnus & Neudecker，2001)所提倡的矩阵导数狭义定义是一致的。但是，关于 $\mathrm{d}\boldsymbol{A}/\mathrm{d}\boldsymbol{X}$ 的狭义定义，本书使用的是文献(Marlow，2012)中的，而不是文献(Magnus，2010)中的。Marlow(2012)的方法在深度学习和机器学习应用中更为有效和广泛，因为这种方法倾向于将偏导数排列成矩阵，在雅可比矩阵中将单个计算单元关联的偏导数排在一起，而不是将它们分散在整个矩阵中。

遗憾的是，在许多机器学习文献中，人们提出了许多不同的矩阵导数定义，这些定义在(Magnus，2010；Magnus & Neudecker，2001)中被分类为“较差”。读者应当避免使用此类较差表示法的矩阵导数公式和矩阵链式规则进行计算。此外，需要强调的是，使用相互不兼容的矩阵导数定义可能会导致矩阵微分公式推导出错。

深度学习应用中导数的反向传播

文献(Werbos，1974，1994；Rumelhart et al.，1986；Le Cun，1985；Parker，1985)推导了前馈网络和循环网络的梯度信息反向传播方法。也可以使用信号流图的方法导出(Osowski，1994；Campolucci et al.，2000)符号化的梯度传播方法。文献(Hoffman，2016；Baydin et al.，2017)概述了自动微分方法。

非线性优化理论

本章仅简要介绍了非线性优化理论。研究者可在相关非线性优化书籍中找到有关梯度下降、BFGS(Broyden-Fletcher-Goldfarb-Shanno)和牛顿法等非线性优化理论的分析(Luenberger，1984；Nocedal & Wright，1999；Bertsekas，1996)。约束梯度投影方法是线性约束目标函数进行梯度下降的重要技术(Luenberger，1984；Bertsekas，1996；Nocedal & Wright，1999)。

本章介绍的收敛率定义主要基于Luenberger(1984)的论述，被称为Q收敛(即“熵”收敛)率定义。Nocedal和Wright(1999)给出了一个不同但相关的Q收敛定义。

本章给出的拉格朗日乘数定理本质上是Karush-Kuhn-Tucker(也称为Kuhn-Tucker)定理，该定理可在不借助松弛变量的条件下更直接地处理不等式约束。关于Karush-Kuhn-Tucker定理的讨论可以在文献(Luenberger，1984；Bertsekas，1996；Magnus & Neudecker，2001；Marlow，2012)中找到。Hiriart-Urruty和Lemarechal(1996)讨论了解决非平滑凸函数非线性优化问题的次梯度方法(也称为次微分方法)。

支持向量机

支持向量机的论述可以查阅文献(Bishop，2006；Hastie et al.，2001)。本章中提供的示例旨在介绍一些关键思想。其他重要的原理——例如核方法(通常与支持向量机结合使用)，也可查阅这些文献。如果想对支持向量机进行更深入的研究，可阅读文献(Mohri et al.，2012)的第4章以及文献(Cristianini & Shawe-Taylor，2000；Scholkopf & Smola，2002)。

CHAPTER 6

第 6 章

时不变动态系统收敛性

学习目标：

- 确定系统平衡点。
- 设计收敛的离散时间学习机和连续时间学习机。
- 设计收敛聚类算法。
- 设计收敛模型搜索算法。

大部分推理学习算法可以表示为非线性方程组，其中参数或状态变量在离散的时间更新。令 $\boldsymbol{x}(t)$表示 t 时刻推理学习机的一组状态变量。例如，$\boldsymbol{x}(t)$的第 i 个元素对应于学习过程中学习机的某个可调参数，或表征某假设是否有效的状态变量。

更具体地说，新的系统状态 $\boldsymbol{x}(t+1)$可能为先前系统状态 $\boldsymbol{x}(t)$的某种非线性函数 $\boldsymbol{f}$。这种关系表示为

$$\boldsymbol{x}(t+1)=\boldsymbol{f}(\boldsymbol{x}(t)) \tag{6.1}$$

如 3.1.1 节所述，某些机器学习算法处理从传感器接收的连续信息或连续生成控制信号。在这些情况下，需要将机器学习算法的行为明确为一种使用式(6.1)连续时间版来处理连续时间信息的机器，由如下非线性微分方程组表示：

$$\frac{\mathrm{d}\boldsymbol{x}}{\mathrm{d}t}=\boldsymbol{f}(\boldsymbol{x}(t)) \tag{6.2}$$

此外，研究特定离散时间动态系统的连续时间对应项可以简化理论分析，并且可以从新的视角研究原始离散时间动态系统。

本章对式(6.1)和式(6.2)形式的非线性方程组所描述的系统行为展开了研究和讨论。具体而言，对于离散时间动态系统或连续时间动态系统生成的系统状态序列 $\boldsymbol{x}(0),\boldsymbol{x}(1),\cdots$，给出了确保这些序列最终将收敛到状态空间的特定区域的充分条件。

6.1 动态系统存在性定理

回顾一下 3.2 节，时不变动态系统将初始系统状态 $\boldsymbol{x}_0$ 和标量时间索引 t 映射为系统状态

$\boldsymbol{x}(t)$。对于特定的动态系统 $\boldsymbol{\Psi}$，并不是总能构造一个时不变迭代映射或时不变向量场。为了确保这种构造的可行性，定理 6.1.1 给出了充分条件。

定理 6.1.1(EUC 离散时间系统)　设 $T\equiv\mathbb{N}$，$\Omega\subseteq\mathcal{R}^d$，$\boldsymbol{f}:\Omega\to\Omega$ 为一个函数。(i) 存在一个函数 $\boldsymbol{\Psi}:\Omega\times T\to\Omega$，对于所有 $t\in\mathbb{N}$，$\boldsymbol{x}(t)=\boldsymbol{\Psi}(\boldsymbol{x}_0,t)(\boldsymbol{x}_0\in\Omega)$是差分方程 $\boldsymbol{x}(t+1)=\boldsymbol{f}(\boldsymbol{x}(t))$ 的唯一解，且满足 $\boldsymbol{x}(0)=\boldsymbol{x}_0$。(ii) 如果 $f:\Omega\to\Omega$ 是连续的，则对于所有 $t\in T$，$\boldsymbol{\Psi}(\cdot,t)$在 Ω 上都是连续的。

证明　该定理通过构造解 $\boldsymbol{\Psi}$ 证明。

(i) 定义一个函数 $\boldsymbol{\Psi}:\Omega\times T\to\Omega$，使得：

$$\boldsymbol{\Psi}(\boldsymbol{x}_0,1)=\boldsymbol{f}(\boldsymbol{x}_0)$$
$$\boldsymbol{\Psi}(\boldsymbol{x}_0,2)=\boldsymbol{f}(\boldsymbol{f}(\boldsymbol{x}_0))$$
$$\boldsymbol{\Psi}(\boldsymbol{x}_0,3)=\boldsymbol{f}(\boldsymbol{f}(\boldsymbol{f}(x_0)))$$
$$\vdots$$

函数 $\boldsymbol{\Psi}$ 由 $\boldsymbol{f}$ 唯一确定。

(ii) 由于 $\boldsymbol{f}$ 是连续的，且连续函数的连续函数仍连续(参见定理 5.1.7)，因此对于所有 $t\in T$，$\boldsymbol{\Psi}(\cdot,t)$在 Ω 上都是连续的。■

EUC 离散时间系统定理给出了迭代映射 $\boldsymbol{f}:\Omega\to\Omega$ 可表示离散时间动态系统的条件。此外，该定理给出了离散时间动态系统 $\boldsymbol{\Psi}:\Omega\times\mathbb{N}\to\Omega$ 的迭代映射 $\boldsymbol{f}$ 确保 $\boldsymbol{\Psi}(\cdot,t_f)(t=0,1,2,\cdots)$ 在 Ω 上连续的条件。当前系统状态是初始系统状态的连续函数(即 $\boldsymbol{\Psi}$ 关于第 1 个参数是连续的)可极大简化离散时间动态系统的渐近性分析。

定理 6.1.2 给出了向量场 $\boldsymbol{f}:\mathcal{R}^d\to\mathcal{R}^d$ 可表征连续时间动态系统的充分非必要条件，该系统的属性为“系统轨迹是其各自初始条件的连续函数”。

定理 6.1.2(EUC 连续时间系统)　设 $T\equiv[0,\infty)$，$\boldsymbol{f}:\mathcal{R}^d\to\mathcal{R}^d$ 为连续可微函数。对于某个 $T_{\max}\in(0,\infty)$，存在一个函数 $\boldsymbol{\Psi}:\mathcal{R}^d\times[0,T_{\max})\to\mathcal{R}^d$，它关于第一个参数是连续的，$\boldsymbol{x}(\cdot)=\boldsymbol{\Psi}(\boldsymbol{x}_0,\cdot)$为微分方程

$$\frac{\mathrm{d}\boldsymbol{x}}{\mathrm{d}t}=\boldsymbol{f}(\boldsymbol{x}(t))$$

的唯一解，且满足 $\boldsymbol{x}(0)=\boldsymbol{x}_0$。

证明　参见文献(Hirsch et al.，2004)的第 17 章。■

练习

6.1-1. 定义 $f:\mathcal{R}\to\mathcal{R}$，使得对于所有 $x\in\mathcal{R}$，$f(x)=ax$，其中 a 是实数。针对动态系统 $\boldsymbol{\Psi}:\mathcal{R}\times\mathbb{N}\to\mathcal{R}$ 给出一个由时不变迭代映射 f 确定的算式，证明该系统的解是其初始条件的连续函数；对于由时不变向量场 f 确定的 $\boldsymbol{\Psi}$，同样证明该问题，证明对于所有 $t\in(0,\infty)$，解 $\boldsymbol{\Psi}(\cdot,t)$是 $\boldsymbol{x}(0)$的连续函数。

6.1-2. 定义 $\mathcal{S}:\mathcal{R}\to\mathcal{R}$，使得：$\phi>1$ 时，$\mathcal{S}(\phi)=1$；$-1\leqslant\phi\leqslant1$ 时，$\mathcal{S}(\phi)=\phi$；$\phi<-1$ 时，$\mathcal{S}(\phi)=-1$。定义 $f:\mathcal{R}\to\mathcal{R}$，使得对于所有 $x\in\mathcal{R}$，$f(x)=\mathcal{S}(ax)$，其中 a 是实数。当 f 是迭代映射时，离散时间系统 EUC 定理的假设是否成立？当 f 是向量场时，连续时间系统 EUC 定理的假设是否成立？

6.1-3. (EUC 与连续时间梯度下降)考虑 EUC 连续时间参数更新方法，定义向量场 $\boldsymbol{f}:\mathcal{R}^d\to\mathcal{R}^d$，使得

$$f(\boldsymbol{\theta})=-\gamma(\boldsymbol{\theta})(\mathrm{d}\ell/\mathrm{d}\boldsymbol{\theta})^{\mathrm{T}}$$

其中，$\gamma:\mathcal{R}^d\to(0,\infty)$是正值函数。说明此向量场可对应于连续状态空间中连续时间梯度下降算法的原因。给出 ℓ 和 γ 满足 EUC 条件的充分条件。

6.1-4. (EUC 与离散时间梯度下降)考虑 EUC 离散时间参数更新方法，定义迭代映射 $f:\mathcal{R}^d\to\mathcal{R}^d$，使得：

$$f(\boldsymbol{\theta})=-\gamma(\boldsymbol{\theta})(\mathrm{d}\ell/\mathrm{d}\boldsymbol{\theta})^{\mathrm{T}}$$

其中，$\gamma:\mathcal{R}^d\to(0,\infty)$是正值函数。说明此迭代映射可对应于连续状态空间中的离散时间梯度下降算法的原因。给出 ℓ 和 γ 满足 EUC 条件的充分条件。

6.1-5. (多层感知机多重学习率梯度下降)对于单层隐单元的前馈网络，给定输入模式向量 $\boldsymbol{s}$，用函数 $\ddot{y}$ 来指定其预测响应：

$$\ddot{y}(\boldsymbol{s},\boldsymbol{\theta})=\sum_{k=1}^{m}v_k\mathcal{J}(\boldsymbol{w}_k^{\mathrm{T}}\boldsymbol{s})$$

其中，$\boldsymbol{\theta}\equiv[v_1,\cdots,v_m,\boldsymbol{w}_1^{\mathrm{T}},\cdots,\boldsymbol{w}_m^{\mathrm{T}}]^{\mathrm{T}}$。假设标量 $y_i(i=1,\cdots,n)$是输入模式向量 $\boldsymbol{s}_i$ 的期望响应。经验风险函数 $\ell:\mathcal{R}^q\to\mathcal{R}$ 由以下公式定义：

$$\ell(\boldsymbol{\theta})=(1/n)\sum_{i=1}^{n}(y_i-\ddot{y}(\boldsymbol{s}_i,\boldsymbol{\theta}))^2$$

定义向量场 $f:\mathcal{R}^q\to\mathcal{R}^q$，使得对于所有 $\boldsymbol{\theta}\in\mathcal{R}^q$，

$$f(\boldsymbol{\theta})=-\boldsymbol{M}(\mathrm{d}\ell/\mathrm{d}\boldsymbol{\theta})^{\mathrm{T}}$$

其中，$\boldsymbol{M}$ 是对角线元素为正数的对角矩阵(正定对角矩阵)。说明可以将 f 指定的向量场看作梯度下降更新公式。若定义 $\mathcal{J}$为修正线性变换，使得对于所有 $x\in\mathcal{R}$，当 $x\geqslant0$ 时，$\mathcal{J}(x)=x$，否则 $\mathcal{J}(x)=0$，证明 f 不满足 f 所表示的连续时间动态系统 EUC 条件。若定义 $\mathcal{J}$为 softplus 变换，使得对于所有 $x\in\mathcal{R}$，$\mathcal{J}(x)=\log(1+\exp(x))$，证明 f 满足 f 所表示的连续时间动态系统 EUC 条件。

6.2　不变集

分析非线性动态系统行为的一种重要方法是，识别动态系统表现出不同特性的状态空间区域。图 6.1 展示了一个动态系统的状态空间，其中从点 A 和 B 处起始的动态系统的轨迹收敛到状态空间的特定区域。从点 C 处起始的动态系统的轨迹收敛到一个特定的平衡点。

为此，本节现在介绍不变集的重要概念。不变集是特定动态系统状态空间的一个集合，从其中起始的任何轨迹永远保留在该集合中。

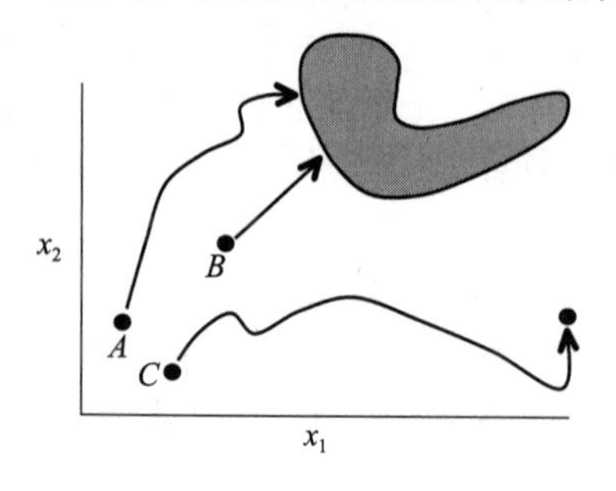

图 6.1　轨迹收敛到不同类型不变集的示例。图中在二维状态空间中标记了非线性动态系统的三条轨迹，它们分别从 A、B 和 C 三个不同初始条件下起始。初始条件为 A 和 B 的轨迹收敛到由多个平衡点组成的状态空间区域。初始条件为 C 的轨迹收敛到一个特定平衡点

定义 6.2.1(不变集)　设 $T\equiv\mathbb{N}$ 或 $T\equiv[0,\infty)$，$\Omega\subseteq\mathcal{R}^d$，$\boldsymbol{\Psi}:\Omega\times T\to\Omega$ 为时不变动态系统。设 Γ 为 Ω 的子集，对于所有 $t\in T$，如果对于每个 $\boldsymbol{x}_0\in\Gamma$，$\boldsymbol{\Psi}(\boldsymbol{x}_0,t)\in\Gamma$，则 Γ 是关于 $\boldsymbol{\Psi}$

的不变集。□

需要注意的是，动态系统的整个状态空间都是不变集，通过不变集的概念可以证明动态系统状态空间的某一子集也是不变集。

现在讨论用于非线性系统分析的几种重要的不变集。

定义 6.2.2(平衡点)　设 Γ 为关于时不变动态系统 $\boldsymbol{\Psi}:\Omega\times T\to\Omega$ 的不变集。假设 Γ 只包含一个点 $\boldsymbol{x}^*\in\Omega$。如果 $\boldsymbol{\Psi}$ 是连续时间动态系统，则称 $\boldsymbol{x}^*$ 为平衡点。如果 $\boldsymbol{\Psi}$ 是离散时间动态系统，则称 $\boldsymbol{x}^*$ 为不动点。□

如果动态系统的轨迹是从平衡点起始的，则系统状态不会随时间而变化。对于形式为 $\boldsymbol{x}(t+1)=\boldsymbol{f}(\boldsymbol{x}(t))$ 的离散时间动态系统($\boldsymbol{f}:\mathcal{R}^d\to\mathcal{R}^d$ 是迭代映射)，不动点 $\boldsymbol{x}^*$ 有时也被称为平衡点。同样还要注意，平衡点的集合也是不变集。

需要注意的是，时不变迭代映射 $\boldsymbol{f}$ 的不动点 $\boldsymbol{x}^*$ 具有以下属性：

$$\boldsymbol{x}^*=\boldsymbol{f}(\boldsymbol{x}^*) \tag{6.3}$$

因此，可求解式(6.3)中的方程组，以找到与迭代映射 $\boldsymbol{f}$ 相关的平衡点。

现在考虑由向量场 $\boldsymbol{f}:\mathcal{R}^d\to\mathcal{R}^d$ 指定的连续时间动态系统。该动态系统的平衡点 $\boldsymbol{x}^*$ 具有以下属性：

$$\mathrm{d}\boldsymbol{x}^*/\mathrm{d}t=\boldsymbol{0}_d$$

其中，$\mathrm{d}\boldsymbol{x}^*/\mathrm{d}t$ 表示点 $\boldsymbol{x}^*$ 处的 $\mathrm{d}\boldsymbol{x}/\mathrm{d}t$，$\boldsymbol{0}_d$ 是 d 维零向量。求解方程组：

$$\mathrm{d}\boldsymbol{x}^*/\mathrm{d}t=\boldsymbol{f}(\boldsymbol{x}^*)=\boldsymbol{0}_d$$

可找到关于向量场 $\boldsymbol{f}$ 的时不变连续时间动态系统的平衡点。

定义 6.2.3(周期不变集)　设 $T\equiv\mathbb{N}$ 或 $T\equiv[0,\infty)$, $\Omega\subseteq\mathcal{R}^d$, $\boldsymbol{\Psi}:\Omega\times T\to\Omega$ 为动态系统，$\Gamma\subseteq\Omega$ 是关于 $\boldsymbol{\Psi}$ 的非空不变集。如果存在一个有限正数 $\tau\in T$，使得对于所有 $\boldsymbol{x}_0\in\Gamma$：

$$\boldsymbol{\Psi}(\boldsymbol{x}_0,\tau)=\boldsymbol{x}_0 \tag{6.4}$$

则 Γ 是周期不变集。满足式(6.4)的最小数 $\tau\in T$ 称为周期不变集的周期。□

当系统状态从周期不变集内起始时，系统状态随时间周期性变化，但始终保持在周期不变集中。极限环是一种特殊类型的周期不变集。根据定义 6.2.3，平衡点不变集与周期不变集的并集也是周期不变集。但是，在实际中，“周期不变集”不用于代表仅包含平衡点的不变集。

现在考虑一个非平衡点不变集与周期不变集并集的不变集。另外，假设该不变集具有以下属性：从集合中起始的每个轨迹都具有高度不可预测的渐近性，该不变集有时称为混沌不变集。有关进一步的讨论，请参阅(Wiggins，2003；Hirsch et al.，2004)。

练习

6.2-1. 定义 $\boldsymbol{x}:\mathcal{R}\to(0,1)^d$，使得 $\boldsymbol{x}(t)=[x_1(t),\cdots,x_d(t)]$满足以下微分方程组：

$$\mathrm{d}x_i/\mathrm{d}t=x_i(1-x_i)$$

其中，$i=1,\cdots,d$。设状态空间为 $\Omega\equiv(0,1)^d$，定义该动态系统的向量场 $\boldsymbol{f}:\Omega\to\Omega$ 为

$$\boldsymbol{f}(\boldsymbol{x})=[x_1(1-x_1),\cdots,x_d(1-x_d)]^{\mathrm{T}}$$

寻找该动态系统的 2^d 个平衡点。证明这 2^d 个平衡点都不在 Ω 中，而是在 Ω 的闭包中。

6.2-2. (线性系统平衡点)定义 $\boldsymbol{f}:\mathcal{R}^d\to\mathcal{R}^d$，使得对于所有 $\boldsymbol{x}\in\mathcal{R}^d$，有 $\boldsymbol{f}(\boldsymbol{x})=\boldsymbol{W}\boldsymbol{x}$，其中 $\boldsymbol{W}$ 是实对称矩阵。寻找由迭代映射 $\boldsymbol{f}$ 表示的时不变离散时间系统的平衡点集。寻找由向量场 $\boldsymbol{f}$ 表示的时不变连续时间系统的平衡点集。讨论这两组平衡点之间的异同。

6.2-3. (梯度下降平衡点)定义连续可微函数 $\boldsymbol{f}:\mathcal{R}^d\to\mathcal{R}^d$，使得对于所有 $\boldsymbol{\theta}\in\mathcal{R}^d$，

$$\boldsymbol{f}(\boldsymbol{\theta})=-\gamma(\mathrm{d}\ell/\mathrm{d}\boldsymbol{\theta})^{\mathrm{T}}$$

证明当且仅当 $\boldsymbol{\theta}^*$ 是由向量场 $\boldsymbol{f}$ 表示的连续时间动态系统的平衡点，$\boldsymbol{\theta}^*$ 是 ℓ 的临界点。证明对于由迭代映射 $\boldsymbol{f}$ 表示的离散时间动态系统，这个结论不成立。分析迭代映射 $\boldsymbol{f}$ 表示的离散时间动态系统的平衡点与 ℓ 的临界点间关系。

6.2-4. (正则化和梯度下降平衡点)定义连续可微函数 $\boldsymbol{f}:\mathcal{R}^d\to\mathcal{R}^d$，使得对于所有 $\boldsymbol{\theta}\in\mathcal{R}^d$，

$$\boldsymbol{f}(\boldsymbol{\theta})=-\gamma\delta\boldsymbol{\theta}-\gamma(\mathrm{d}\ell/\mathrm{d}\boldsymbol{\theta})^{\mathrm{T}}$$

其中，$0<\delta<1,\gamma>0$。分析由向量场 $\boldsymbol{f}$ 表示的连续时间动态系统的平衡点与 ℓ 的临界点间的关系。分析由迭代映射 $\boldsymbol{f}$ 表示的离散时间动态系统的平衡点与 ℓ 的临界点有何关系。

6.3 李雅普诺夫收敛定理

6.3.1 李雅普诺夫函数

如果可以将动态系统表示为最小化目标函数的算法，则可从理论上有效分析动态系统的渐近性。该目标函数称为李雅普诺夫函数，通常具有两个重要的属性。首先，李雅普诺夫函数 $V:\mathcal{R}^d\to\mathcal{R}$ 将动态系统状态映射为数值。其次，李雅普诺夫函数值在动态系统的轨迹上非递增。基于这些属性，从点 $\boldsymbol{x}_0$ 处起始的动态系统轨迹始终保持在不变集 $\{\boldsymbol{x}\in\mathcal{R}^d:V(x)\leqslant V(\boldsymbol{x}_0)\}$ 中。

定义 6.3.1(离散时间李雅普诺夫函数) 设 $T=\mathbb{N}$，Ω 为 $\mathcal{R}^d$ 的非空子集，$\bar{\Omega}$ 为 Ω 的闭包，$\boldsymbol{f}:\Omega\to\Omega$ 为动态系统 $\boldsymbol{\Psi}:\Omega\times T\to\Omega$ 的列值迭代映射，$V:\bar{\Omega}\to\mathcal{R}$。定义函数 $\dot{V}:\bar{\Omega}\to\mathcal{R}$，使得对于所有 $\boldsymbol{x}\in\bar{\Omega}$，有

$$\dot{V}(\boldsymbol{x})=V(\boldsymbol{f}(\boldsymbol{x}))-V(\boldsymbol{x})$$

假设对于所有 $\boldsymbol{x}\in\bar{\Omega}$，有 $\dot{V}(\boldsymbol{x})\leqslant 0$；如果 $\bar{\Omega}$ 不是有限集，且假定 $\dot{V}$ 在 Ω 上是连续的，则 V 是 $\bar{\Omega}$ 上关于 $\boldsymbol{\Psi}$ 的离散时间李雅普诺夫函数。 □

需要注意的是，对于由迭代映射 $\boldsymbol{f}$ 表示的离散时间动态系统，若对于所有 $\boldsymbol{x}\in\bar{\Omega}$，假设 $\dot{V}(\boldsymbol{x})\leqslant 0$，则迭代映射生成的轨迹 $\boldsymbol{x}(0),\boldsymbol{x}(1),\cdots$ 具有如下属性：$V(\boldsymbol{x}(t+1))\leqslant V(\boldsymbol{x}(t)),t=0,1,2,\cdots$。

例 6.3.1(离散时间线性系统的渐近性) 考虑一个迭代映射为 $\boldsymbol{f}(\boldsymbol{x})=\boldsymbol{W}\boldsymbol{x}$ 的离散时间动态系统，其中 $\boldsymbol{W}\in\mathcal{R}^{d\times d}$ 满秩，表征动态系统的差分方程如下：

$$\boldsymbol{x}(t+1)=\boldsymbol{W}\boldsymbol{x}(t)$$

证明 $V(\boldsymbol{x})=|\boldsymbol{x}|^2$ 是迭代映射的李雅普诺夫函数。

解 注意：

$$\dot{V}(\boldsymbol{x})=|\boldsymbol{W}\boldsymbol{x}|^2-|\boldsymbol{x}|^2=\boldsymbol{x}^{\mathrm{T}}[\boldsymbol{W}^{\mathrm{T}}\boldsymbol{W}-\boldsymbol{I}_d]\boldsymbol{x}$$

首先，V 和 $\dot{V}$ 是连续函数。现在将证明 $\dot{V}\leqslant 0$。令 $\lambda_1,\cdots,\lambda_d$ 是对称矩阵 $\boldsymbol{W}^{\mathrm{T}}\boldsymbol{W}$ 对应正交特征向量 $\boldsymbol{e}_1,\cdots,\boldsymbol{e}_d$ 的实特征值，则

$$\dot{V}(\boldsymbol{x})=\boldsymbol{x}^{\mathrm{T}}[\boldsymbol{W}^{\mathrm{T}}\boldsymbol{W}-\boldsymbol{I}_d]\boldsymbol{x}=\boldsymbol{x}^{\mathrm{T}}\left[\sum_{i=1}^{d}(\lambda_i-1)\boldsymbol{e}_i\boldsymbol{e}_i^{\mathrm{T}}\right]\boldsymbol{x}=\sum_{i=1}^{d}(\lambda_i-1)(\boldsymbol{e}_i^{\mathrm{T}}\boldsymbol{x})^2 \tag{6.5}$$

根据式(6.5)，如果 $\boldsymbol{W}^{\mathrm{T}}\boldsymbol{W}$ 的所有特征值均小于或等于 1，则 $\dot{V}\leqslant 0$。 △

定义 6.3.2(连续时间李雅普诺夫函数) 设 $T=[0,\infty)$，Ω 为 $\mathcal{R}^d$ 的非空子集，且 $\bar{\Omega}$ 为 Ω 的闭包，$V:\bar{\Omega}\to\mathcal{R}$ 是 $\bar{\Omega}$ 上的连续可微函数，连续函数 $\boldsymbol{f}:\Omega\to\Omega$ 为动态系统 $\boldsymbol{\Psi}:\Omega\times T\to\Omega$ 的列值向量场。定义函数 $\dot{V}:\bar{\Omega}\to\mathcal{R}$，使得对于所有 $\boldsymbol{x}\in\bar{\Omega}$，有

$$\dot{V}(\boldsymbol{x})=[\mathrm{d}V/\mathrm{d}\boldsymbol{x}]\boldsymbol{f}(\boldsymbol{x}) \tag{6.6}$$

如果对于所有 $\boldsymbol{x}\in\bar{\Omega}$，$\dot{V}(\boldsymbol{x})\leqslant 0$，则 V 是 $\bar{\Omega}$ 上关于 $\boldsymbol{\Psi}$ 的连续时间李雅普诺夫函数。 □

通过定义函数 $v:\mathcal{R}\to\mathcal{R}$，使得对于所有 $t\in T$，有 $v(t)=V(\boldsymbol{x}(t))$，可得出连续时间情况下 $\dot{V}$ 的有效解释。然后，将关系 $\mathrm{d}\boldsymbol{x}/\mathrm{d}t=\boldsymbol{f}$ 代入式(6.6)，得出

$$\dot{V}=[\mathrm{d}V/\mathrm{d}\boldsymbol{x}]\boldsymbol{f}(\boldsymbol{x})=[\mathrm{d}V/\mathrm{d}\boldsymbol{x}][\mathrm{d}\boldsymbol{x}/\mathrm{d}t]=\mathrm{d}v/\mathrm{d}t$$

这表示条件 $\dot{V}\leqslant 0$ 等价于条件 $\mathrm{d}v/\mathrm{d}t\leqslant 0$。也就是说，当 $\dot{V}\leqslant 0$ 时，V 在连续时间动态系统的轨迹上是非递增的。

例 6.3.2(连续时间梯度下降) 设 $\boldsymbol{f}:\mathcal{R}^d\to\mathcal{R}^d$ 是连续时间梯度下降算法的时不变向量场，该算法最小化二次连续可微函数 $\ell:\mathcal{R}^d\to\mathcal{R}$，对于所有 $\boldsymbol{\theta}\in\mathcal{R}^d$，有

$$\boldsymbol{f}(\boldsymbol{\theta})=-\gamma\mathrm{d}\ell/\mathrm{d}\boldsymbol{\theta}$$

证明 ℓ 是此连续时间梯度下降算法的李雅普诺夫函数。

解 设 $\dot{\ell}\equiv(\mathrm{d}\ell/\mathrm{d}\boldsymbol{\theta})\boldsymbol{f}$。函数 ℓ 是李雅普诺夫函数，因为 ℓ 和 $\dot{\ell}$ 都是连续的，此外，

$$\dot{\ell}(\boldsymbol{\theta})=-\gamma|\mathrm{d}\ell/\mathrm{d}\boldsymbol{\theta}|^2\leqslant 0$$ △

6.3.2 不变集定理

6.3.2.1 有限状态空间收敛性分析

对于定义在有限状态空间的离散时间动态系统，当李雅普诺夫函数存在时，可极大简化其收敛性分析。定理 6.3.1 对应于该特殊情况。

定理 6.3.1(有限状态空间不变集定理) 设 $T\equiv\mathbb{N}$，Ω 为 $\mathcal{R}^d$ 的非空有限子集，$\boldsymbol{f}:\Omega\to\Omega$ 为时不变动态系统 $\boldsymbol{\Psi}:\Omega\times T\to\Omega$ 的时不变迭代映射。设 $V:\Omega\to\mathcal{R}$，对于所有 $\boldsymbol{x}\in\Omega$，令 $\dot{V}(\boldsymbol{x})\equiv V(\boldsymbol{f}(\boldsymbol{x}))-V(\boldsymbol{x})$。设 $\Gamma\equiv\{\boldsymbol{x}\in\Omega:\dot{V}(\boldsymbol{x})=0\}$。假设对于所有 $\boldsymbol{x}\in\Omega$，有 $\dot{V}(\boldsymbol{x})\leqslant 0$，且当且仅当 $\boldsymbol{x}\notin\Gamma$ 时 $\dot{V}(\boldsymbol{x})<0$，则 Γ 是非空的，并且对于每个 $\boldsymbol{x}_0\in\Omega$，都存在某正整数 T^*，使得对于所有 $t>T^*$，有 $\boldsymbol{\Psi}(\boldsymbol{x}_0,t)\in\Gamma$。

证明 动态系统生成状态序列 $\boldsymbol{x}(1),\boldsymbol{x}(2),\cdots$。对于所有 $\boldsymbol{x}\notin\Gamma$，当每次到达 Γ 之外的状态 $\boldsymbol{x}$ 时，系统在不违反条件 $\dot{V}(\boldsymbol{x})<0$ 的情况下均不能返回该状态。鉴于 Ω 中的状态总数是有限的，这表明一定存在一个非空集 Γ，且所有轨迹都会在有限迭代次数内到达 Γ。 ■

给定动态系统 $\boldsymbol{\Psi}$ 的李雅普诺夫函数 V，依据有限状态空间不变集定理，动态系统的所有轨迹将在有限次数的迭代最终到达最大不变集 Γ(其中 $\dot{V}=0$)。虽然定理的结论较弱，但在许多重要应用中通常可用来表征不变集 Γ 的性质。如果可行的话，不变集定理可有效用于确定性动态系统的分析和设计。

例如，对于优化理论中的许多重要应用，可选择 V，使得对于 $\dot{V}=0$ 的点集等于 V 的平衡点集或者只包含 V 的唯一全局极小值点。

例 6.3.3(搜索模型的迭代条件模式算法) 在实践中经常出现的机器学习问题是，寻找定义域为有限状态空间的函数 V 的最小值。将给定的模式向量 $\boldsymbol{m}(0)$ 转换为更恰当的模式向量

$\boldsymbol{m}(t)$，其中系统对状态向量 $\boldsymbol{m}$ 的偏好为 $V(\boldsymbol{m})$。

例如，思考这样一个学习问题，其中 d 维输入模式向量由 d 个输入特征的集合表示。为了避免第 1 章中讨论的维数灾难，研究人员需要比较那些包含或排除不同输入特征的模型。令 $\boldsymbol{m}\in\{0,1\}^d$ 为指示某一模型是否包含 d 个输入特征的索引，如果模型包含第 k 个输入特征，则设置 $\boldsymbol{m}$ 的第 k 个元素 m_k 为 1；如果模型排除第 k 个输入特征，则设置 $m_k=0$。当 d 较大(例如 $d=1000$)时，估计 2^d 个可能的模型并比较其预测误差，计算量极大。令 $V(\boldsymbol{m})$ 表示由模型索引向量 $\boldsymbol{m}$ 指定的模型对训练数据的预测误差。这种类型的问题称为模型搜索问题。现在证明下述迭代条件模式(Iterated Conditional Mode，ICM)算法会收敛到 V 的局部极小值点集。

首先指定概率质量函数 $p:\{0,1\}^d\rightarrow[0,1]$，该函数将为每个 $\boldsymbol{m}\in\{0,1\}^d$ 分配一个概率：

$$p(\boldsymbol{m})=\frac{\exp(-V(\boldsymbol{m}))}{\sum_{k=1}^{2^d}\exp(-V(\boldsymbol{m}_k))}$$

设 $\boldsymbol{m}^i(k)\equiv[m_1,\cdots,m_{i-1},m_i=k,m_{i+1},\cdots,m_d]$。然后计算离散二值随机变量 $\tilde{m}_i=1$ 的条件概率：

$$p(m_i=1\mid m_1,\cdots,m_{i-1},m_{i+1})=\frac{p(\boldsymbol{m}^i(1))}{p(\boldsymbol{m}^i(0))+p(\boldsymbol{m}^i(1))} \tag{6.7}$$

该式可改写为

$$p(m_i=1\mid m_1,\cdots,m_{i-1},m_{i+1},\cdots,m_d)=\mathcal{S}(V(\boldsymbol{m}^i(0))-V(\boldsymbol{m}^i(1))) \tag{6.8}$$

其中，$\mathcal{S}(\phi)=1/(1+\exp(-\phi))$。需要注意的是，式(6.8)很容易计算。

现在考虑下述 ICM 算法(Besag，1986；Winkler，2012)。令 $\boldsymbol{m}(0)$表示对 V 的局部极小值点的初始估计，$\mathcal{N}_i(\boldsymbol{m})\equiv[m_1,\cdots,m_{i-1},m_{i+1},\cdots,m_d]$。接下来，对于 $i=1,\cdots,d$，在迭代 t 时选择并更新 $\boldsymbol{m}(t)$的第 i 个元素 $m_i(t)$。设

$$m_i(t+1)=\begin{cases}1 & p(m_i(t)=1\mid\mathcal{N}_i(\boldsymbol{m}(t)))>1/2\\ 0 & p(m_i(t)=1\mid\mathcal{N}_i(\boldsymbol{m}(t)))<1/2\\ m_i(t) & p(m_i(t)=1\mid\mathcal{N}_i(\boldsymbol{m}(t)))=1/2\end{cases}$$

前 d 次迭代完成后，称为完成一次扫描(sweep)。之后，进行另一次更新扫描，实现第二次扫描。继续扫描，直到 $\boldsymbol{m}(t)$收敛为止。使用有限状态空间不变集定理分析该算法的渐近行为。

解　首先，如果 $\boldsymbol{m}(t+1)=\boldsymbol{m}(t)$(即扫描后状态不变)，则系统状态已到达平衡点。其次，当且仅当 $V(\boldsymbol{m}(t+1))<V(\boldsymbol{m}(t))$时，$p(\boldsymbol{m}(t+1))>p(\boldsymbol{m}(t))$。因此，如果可以证明当 $\boldsymbol{m}(t+1)\neq\boldsymbol{m}(t)$时，$p(\boldsymbol{m}(t+1))>p(\boldsymbol{m}(t))$，则根据有限状态空间不变集定理，所有轨迹都收敛到系统平衡点集，系统平衡点是 V 的局部极小值点，因为 V 和 p 的定义域是有限的。

更新规则表明，在第 t 次扫描时，如果系统未收敛到平衡点，事件

$$p(m_i(t+1)\mid\mathcal{N}_i(\boldsymbol{m}(t)))>p(m_i(t)\mid\mathcal{N}_i(\boldsymbol{m}(t))) \tag{6.9}$$

至少发生一次。此外，ICM 算法具有以下属性：当第 t 次扫描时仅更新 $\boldsymbol{m}(t)$的第 i 个坐标时，$\mathcal{N}_i(\boldsymbol{m}(t+1))=\mathcal{N}_i(\boldsymbol{m}(t))$。式(6.9)和关系 $\mathcal{N}_i(\boldsymbol{m}(t+1))=\mathcal{N}_i(\boldsymbol{m}(t))$意味着当 $\boldsymbol{m}(t+1)\neq\boldsymbol{m}(t)$时：

$$p(m_i(t+1)\mid\mathcal{N}_i(\boldsymbol{m}_i(t+1)))p(\mathcal{N}_i(\boldsymbol{m}(t+1)))>p(m_i(t)\mid\mathcal{N}_i(\boldsymbol{m}(t)))p(\mathcal{N}_i(\boldsymbol{m}(t))) \tag{6.10}$$

理想结论 $p(\boldsymbol{m}(t+1))>p(\boldsymbol{m}(t))$是通过实现式(6.10)左侧为 $p(\boldsymbol{m}(t+1))$、右侧

为 $p(\boldsymbol{m}(t))$获得的。 △

6.3.2.2　连续状态空间收敛性分析

在机器学习的许多重要应用中，状态空间不是有限的。例如，大多数机器学习算法可自然地表示为离散时间动态系统，该系统更新 q 维参数状态向量 $\boldsymbol{\theta}(t)$，该向量是 $\mathcal{R}^q$ 的元素，$q\in\mathbb{N}$。为了应对这些更复杂的情况，引入了以下定理。

定理 6.3.2(不变集定理)　设 $T\equiv\mathbb{N}$ 或 $T\equiv[0,\infty)$，$\bar{\Omega}$ 为 $\mathcal{R}^d$ 的有界非空闭子集，$\boldsymbol{\Psi}:\bar{\Omega}\times T\to\bar{\Omega}$ 是一个动态系统，对于所有 $t\in T$，$\boldsymbol{\Psi}(\cdot,t)$在 $\bar{\Omega}$ 上都是连续的。设 $V:\bar{\Omega}\to\mathcal{R}$，当 $T=\mathbb{N}$ 时，V 是 $\bar{\Omega}$ 上关于 $\boldsymbol{\Psi}$ 的离散时间李雅普诺夫函数；当 $T\equiv[0,\infty)$时，V 为 $\bar{\Omega}$ 上关于 $\boldsymbol{\Psi}$ 的连续时间李雅普诺夫函数。令 S 表示 $\bar{\Omega}$ 的子集：

$$S=\{\boldsymbol{x}\in\bar{\Omega}:\dot{V}(\boldsymbol{x})=0\}$$

Γ 表示包含在 S 中关于 $\boldsymbol{\Psi}$ 的最大不变集，那么 Γ 是非空的，并且对于每一个 $\boldsymbol{x}_0\in\bar{\Omega}$，当 $t\to\infty$ 时，$\boldsymbol{\Psi}(\boldsymbol{x}_0,t)\to\Gamma$。

证明　证明过程分为四个部分。参考文献(LaSalle，1960，1976)的分析。对于离散时间情形，名词“轨迹”应理解为“轨道”。

第 1 部分　极限点集非空且为不变集。由于 $\boldsymbol{\Psi}$ 的值域是 $\bar{\Omega}$，是有界集合，所有 $\boldsymbol{x}_0\in\Omega$ 的每个轨迹 $\boldsymbol{x}(\cdot)\equiv\boldsymbol{\Psi}(\boldsymbol{x}_0,\cdot)$是有界的。因此，根据 Bolzano-Weierstrass 定理(Knopp，1956)[15] 中每个有界无限集都包含至少一个极限点的结论，有界轨迹 $\boldsymbol{x}(\cdot)$的极限集是非空的。

令 L 为极限点的非空集合。如果 $\boldsymbol{x}^*\in L$，则意味着存在 $\boldsymbol{x}_0$ 和递增正整数序列 $t_1<t_2<t_3<\cdots$，使得当 $n\to\infty$时，

$$\boldsymbol{\Psi}(\boldsymbol{x}_0,t_n)\to\boldsymbol{x}^* \tag{6.11}$$

由于 $\boldsymbol{\Psi}$ 在第一个参数中是连续的，对于所有 $s\in T$，当 $n\to\infty$时，

$$\boldsymbol{\Psi}(\boldsymbol{\Psi}(\boldsymbol{x}_0,t_n),s)\to\boldsymbol{\Psi}(\boldsymbol{x}^*,s) \tag{6.12}$$

根据定义 3.2.1 中给出的动态系统定义中的“一致性组成”属性，对于所有 $s\in T$，当 $n\to\infty$时，

$$\boldsymbol{\Psi}(\boldsymbol{x}_0,s+t_n)\to\boldsymbol{\Psi}(\boldsymbol{x}^*,s) \tag{6.13}$$

这又表明 $\boldsymbol{\Psi}(\boldsymbol{x}^*,s)$也是 L 的元素。因为 $\boldsymbol{x}^*$ 是 L 的元素，而且对于所有 $s\in T$，$\boldsymbol{\Psi}(\boldsymbol{x}^*,s)$也是 L 的元素，所以 L 是不变集。

第 2 部分　李雅普诺夫函数的值收敛到一个常数。由于 V 是一个在有界闭集 $\bar{\Omega}$ 上的连续函数，因此 V 在 $\bar{\Omega}$ 上具有一个有限下界。由于李雅普诺夫函数 V 在动态系统 $\boldsymbol{\Psi}$ 的轨迹上非递增，因此当 $t\to\infty$时，$V(\boldsymbol{x}(t))\to V^*$，其中 V^* 是一个有限常数，因为 V 有一个有限下界。如果 $V(\boldsymbol{x})=V^*$，则表明 $\dot{V}(\boldsymbol{x})=0$。

第 3 部分　所有轨迹收敛到一个李雅普诺夫函数值为常数的集合，此时根据第 2 部分，$V(\boldsymbol{x}(t))\to V^*$ 且 V 是连续的，所以从定理 5.1.1(vii)可得出当 $t\to\infty$时，$\boldsymbol{x}(t)\to S$。

第 4 部分　所有轨迹都收敛到一个李雅普诺夫函数值为常数的最大不变集。根据第 1 部分，所有极限点的集合 L 都非空且为不变集。根据第 3 部分，当 $t\to\infty$时，$\boldsymbol{x}(t)\to S$，其中 S 包含极限点集 L。这表明 $\boldsymbol{x}(t)\to\Gamma$，其中 Γ 是 S 的最大不变集。 ■

假设系统状态是初始状态的连续函数，轨迹有界且李雅普诺夫函数在系统状态上连续，此为证明不变集定理(定理 6.3.2)的关键并由此确定，李雅普诺夫函数的收敛性代表系统状态

的收敛性。

需要注意的是，通过选择 $\bar{\Omega}$，可以依据不变集定理研究全局收敛性问题(例如，证明所有轨迹收敛到一个不变集)以及局部收敛性问题(例如，给出不变集 Γ 附近的所有点收敛到 Γ 的充分条件)。

应用不变集定理时通常会构造一个有界闭不变集 $\bar{\Omega}$ 以及 $\bar{\Omega}$ 上的李雅普诺夫函数 V。通常以两种截然不同的方法来满足 $\bar{\Omega}$ 是有界闭不变集的假设。第一种方法是，设系统状态空间是有界闭不变集(例如，每个状态变量都有一个最大值和一个最小值)。因此，根据定义，$\bar{\Omega}$ 是一个有界闭不变集。下面给出用于构造有界闭不变集 $\bar{\Omega}$ 的第二种方法。

对于所有 $t\in\mathbb{N}$，如果存在一个有限数 K，使得 $|\boldsymbol{x}(t)|\leqslant K$，则称轨道 $\boldsymbol{x}(0),x(1),\cdots$ 为有界轨道。更一般地，对于所有 $t\in\mathbb{N}$，如果存在某个有限数 K，使 $|\boldsymbol{x}(t)|\leqslant K$，则称轨迹 $\boldsymbol{x}:T\to\mathcal{R}^d$ 为有界轨迹。

定理 6.3.3(有界轨迹引理) 设 $T=[0,\infty)$ 或 $T=\mathbb{N}$，$\boldsymbol{x}:T\to\mathcal{R}^d$。

- 令 $V:\mathcal{R}^d\to\mathcal{R}$ 为连续函数。
- 令 $\Omega_0\equiv\{\boldsymbol{x}\in\mathcal{R}^d:V(\boldsymbol{x})\leqslant V_0\}$，其中 $V_0\equiv V(\boldsymbol{x}(0))$。
- 对于所有 $t_k,t_{k+1}\in T$，使得当 $t_{k+1}>t_k$ 时，$V(\boldsymbol{x}(t_{k+1}))\leqslant V(\boldsymbol{x}(t_k))$。
- 假设 $|\boldsymbol{x}|\to+\infty$ 表示 $V(\boldsymbol{x})\to+\infty$。

证明对于所有 $t\in T,\boldsymbol{x}(t)\in\Omega_0$，其中 Ω_0 是一个有界闭集。

证明

(i) 构造 Ω_0，并假设 $V(\boldsymbol{x}(t_{k+1}))\leqslant V(\boldsymbol{x}(t_k))$，则对于所有 $t\in T$ 均有 $\boldsymbol{x}(t)\in\Omega_0$。

(ii) 根据定理 5.1.6，假设 V 是连续的，所以 Ω_0 是闭集。

(iii) 为了证明 Ω_0 是有界的，先假定 Ω_0 不是有界集。若 Ω_0 不是有界集，则存在子序列 $\boldsymbol{x}(t_1),\boldsymbol{x}(t_2),\cdots$，使得当 $k\to\infty$ 时，$|\boldsymbol{x}(t_k)|\to\infty$[参见定理 5.1.1(vi)]。假设当 $|\boldsymbol{x}(t_k)|\to\infty$ 时，$V(\boldsymbol{x}(t_k))\to+\infty$，则当 t 足够大时，$V(\boldsymbol{x}(t))>V(\boldsymbol{x}(0))$。也就是说，当 t 足够大时，$\boldsymbol{x}(t)\notin\Omega_0$。因此，这个反证表明，$\Omega_0$ 是有界集。 ■

例 6.3.4(应用有界轨迹引理) 定义 $V:\mathcal{R}\to\mathcal{R}$，使得对于所有 $x\in\mathcal{R}$，有 $V(x)=x$。假设 V 是某动态系统 $\boldsymbol{\Psi}:\mathcal{R}\times T\to\mathcal{R}$ 的李雅普诺夫函数。现在构造一个集合 Ω_s，使得

$$\Omega_s=\{x\in\mathcal{R}:V(x)\leqslant s\}=\{x\in\mathcal{R}:x\leqslant s\}$$

因为当 $|x|\to\infty$ 时，$V(x)\to+\infty$ 或 $V(x)\to-\infty$，所以不适合使用有界轨迹引理。检验 Ω_s 表明 Ω_s 是一个闭集(因为 V 是连续的)和不变集(因为 V 是李雅普诺夫函数)，但不是有界集。 △

例 6.3.5(保证有界轨迹的正则化项) 为了研究学习机动态性，一种常见的分析策略是将学习机看作动态系统，并尝试证明学习机的经验风险函数 $\hat{\ell}_n$ 是学习动态系统的李雅普诺夫函数。有时可以通过正则化项将学习动态系统的轨迹约束在有界闭不变集中。

设 $\hat{\ell}_n:\mathcal{R}^q\to\mathcal{R}$ 为连续函数，学习机可以表示为离散时间动态系统，它满足对所有 $t\in\mathbb{N}$，$\hat{\ell}_n(\boldsymbol{\theta}(t+1))\leqslant\hat{\ell}_n(\boldsymbol{\theta}(t))$。

为表明闭集所有轨迹

$$\{\boldsymbol{\theta}:\hat{\ell}_n(\boldsymbol{\theta})\leqslant\hat{\ell}(\boldsymbol{\theta}(0))\}$$

有界，可证明当 $|\boldsymbol{\theta}|\to+\infty$ 时，$\hat{\ell}_n(\boldsymbol{\theta})\to+\infty$(见定理 6.3.3)。在许多情况下，选择正则化项可保证该条件成立。

情况 1：损失函数具有下界。考虑经验风险函数：

$$\hat{\ell}_n(\boldsymbol{\theta})=\lambda|\boldsymbol{\theta}|^2+(1/n)\sum_{i=1}^{n}c(\boldsymbol{x}_i,\boldsymbol{\theta}) \tag{6.14}$$

其中，$\lambda>0$且c具有有限下界，即$c\geqslant K$，K是一个有限数。由于$\hat{\ell}_n>\lambda|\boldsymbol{\theta}|^2+K$，因此当$|\boldsymbol{\theta}|\to+\infty$时，$\hat{\ell}_n\to+\infty$。

情况2：正则化项最终控制损失函数。现在假设式(6.14)的损失函数为$c(\boldsymbol{x}_i,\boldsymbol{\theta})=-\boldsymbol{\theta}^{\mathrm{T}}\boldsymbol{x}_i$。在这种情况下，$c$无下界。

秘诀框6.1　时不变动态系统的收敛性分析(定理6.3.2)

- **步骤1**　动态系统转化为规范形式。将动态系统按照离散时间动态系统$\boldsymbol{x}(t+1)=\boldsymbol{f}(\boldsymbol{x}(t))$的形式表示，其中$T\equiv\mathbb{N}$；或按照连续时间动态系统$\mathrm{d}\boldsymbol{x}/\mathrm{d}t=\boldsymbol{f}(\boldsymbol{x})$的形式表示，其中$T\equiv[0,\infty)$。
- **步骤2**　检验相关EUC定理的条件。令$\Omega\subseteq\mathcal{R}^d$。如果动态系统是形式为$\mathrm{d}\boldsymbol{x}/\mathrm{d}t=\boldsymbol{f}(\boldsymbol{x})$的连续时间动态系统，则检验$\boldsymbol{f}:\Omega\to\Omega$是否在$\Omega$上连续可微。如果动态系统是形式为$\boldsymbol{x}(t+1)=\boldsymbol{f}(\boldsymbol{x}(t))$的离散时间动态系统，则检验$\boldsymbol{f}:\Omega\to\Omega$是否在$\Omega$上连续。
- **步骤3**　构造李雅普诺夫函数。设$\overline{\Omega}$为Ω的闭包。候选李雅普诺夫函数$V:\overline{\Omega}\to\mathcal{R}$必须在$\overline{\Omega}$上连续。此外，函数$V$必须具有以下属性。如果动态系统是离散时间动态系统，则对于所有$\boldsymbol{x}\in\overline{\Omega}$，有
$$\dot{V}(\boldsymbol{x})=V(f(\boldsymbol{x}))-V(\boldsymbol{x})\leqslant 0$$
如果动态系统是连续时间动态系统，则对于所有$\boldsymbol{x}\in\overline{\Omega}$，有
$$\dot{V}(\boldsymbol{x})=(\mathrm{d}V/\mathrm{d}\boldsymbol{x})\boldsymbol{f}(\boldsymbol{x})\leqslant 0$$
另外，函数$\dot{V}$必须在$\overline{\Omega}$上连续。
- **步骤4**　构造一个有界闭不变集。这可通过两种典型方法实现。一种方法涉及构造有界闭集Ω，使得对于所有$t\in T$，有$\boldsymbol{x}(t)\in\Omega$。例如，如果动态系统中的每个状态都有一个最小值和最大值，则可以确保状态空间是有界闭集。对于李雅普诺夫函数V，如果当$|\boldsymbol{x}|\to+\infty$时，$V(\boldsymbol{x})\to+\infty$，则可以应用第二种方法。如果是这样，则所有轨迹都约束在有界闭不变集$\Omega=\{\boldsymbol{x}\in\mathcal{R}^d:V(\boldsymbol{x})\leqslant V(\boldsymbol{x}(0))\}$中。
- **步骤5**　在$\dot{V}=0$的情况下，得出所有轨迹收敛到集合S的结论。令
$$S=\{\boldsymbol{x}\in\overline{\Omega}:\dot{V}(\boldsymbol{x})=0\}$$
如果满足不变集定理条件，则从Ω中起始的所有轨迹都将收敛到最大不变集Γ，其中$\Gamma\subseteq S$。
- **步骤6**　研究Γ的内容。例如，给定向量场
$$\boldsymbol{f}(\boldsymbol{x})=-[\mathrm{d}V/\mathrm{d}\boldsymbol{x}]^{\mathrm{T}}$$
那么S中最大的不变集Γ是系统平衡点集，与S上函数V的临界点集相同。

假设$\{\boldsymbol{x}_1,\cdots,\boldsymbol{x}_n\}$是有限向量的有限集，因此存在一个数$K$，使得$|\boldsymbol{x}_i|\leqslant K(i=1,\cdots,n)$。由于$|\boldsymbol{\theta}^{\mathrm{T}}\boldsymbol{x}_i|\leqslant|\boldsymbol{x}_i||\boldsymbol{\theta}|\leqslant K|\boldsymbol{\theta}|$，可得

$$\hat{\ell}_n(\boldsymbol{\theta})\geqslant\lambda|\boldsymbol{\theta}|^2-(1/n)\sum_{i=1}^{n}|\boldsymbol{\theta}||\boldsymbol{x}_i|\geqslant|\boldsymbol{\theta}|(\lambda|\boldsymbol{\theta}|-K)$$

因此，即使c没有下界，当$|\boldsymbol{\theta}|\to+\infty$时，也有$\hat{\ell}_n\to+\infty$。　△

例 6.3.6(离散时间线性系统的渐近性)　考虑一个迭代映射为 $\boldsymbol{f}(\boldsymbol{x})=\boldsymbol{W}\boldsymbol{x}$ 的离散时间动态系统，其中 $\boldsymbol{W}\in\mathcal{R}^{d\times d}$。动态系统由以下差分方程确定：

$$\boldsymbol{x}(t+1)=\boldsymbol{W}\boldsymbol{x}(t)$$

令 $\Omega\equiv\{\boldsymbol{x}:|\boldsymbol{x}|^2\leqslant K\}$，$K$ 是某有限正数。证明如果 $\boldsymbol{W}^{\mathrm{T}}\boldsymbol{W}$ 的所有特征值的大小均严格小于 1，则从 Ω 中起始的所有轨迹在 $t\rightarrow\infty$ 时要么收敛到点 $\mathbf{0}_d$，要么收敛到 $\boldsymbol{W}^{\mathrm{T}}\boldsymbol{W}=\boldsymbol{I}_d$ 的零空间。

解　首先，定义迭代映射 $\boldsymbol{f}$，使得 $\boldsymbol{f}(\boldsymbol{x})=\boldsymbol{W}\boldsymbol{x}$，并且 $\boldsymbol{f}$ 是连续的，因此满足 EUC 条件。然后，由例 6.3.1 得出 $\dot{V}\leqslant 0$，令 $V(\boldsymbol{x})=|\boldsymbol{x}|^2$ 为候选李雅普诺夫函数。另需要注意，由于 $\dot{V}\leqslant 0$ 且当 $|\boldsymbol{x}|\rightarrow\infty$ 时，$\dot{V}(\boldsymbol{x})\rightarrow\infty$，因此不变集定理成立，所有轨迹收敛到最大不变集 S，其中 $\dot{V}=0$。

$$S\equiv\{\boldsymbol{x}:\dot{V}(\boldsymbol{x})=|\boldsymbol{W}\boldsymbol{x}|^2-|\boldsymbol{x}|^2=0\}$$

是 $\boldsymbol{W}^{\mathrm{T}}\boldsymbol{W}-\boldsymbol{I}_d$ 的零空间中向量集和 $\mathbf{0}_d$ 的并集。　△

练习

6.3-1. (收敛到超立方体顶点)构造动态系统的向量场，该动态系统行为通过以下微分方程表征：

$$\mathrm{d}x_i/\mathrm{d}t=x_i(1-x_i) \tag{6.15}$$

其中 $i=1,\cdots,d$。使用不变集定理证明所有轨迹都收敛于超立方体顶点。此外，使用不变集定理证明，如果轨迹从足够接近超立方体顶点的位置起始，那么该轨迹将收敛到该顶点。提示：通过对式(6.15)右侧积分找出李雅普诺夫函数。

6.3-2. (具有多个学习率和权重衰减的连续时间梯度下降)在此问题中，分析具有权重衰减和多种学习率的连续时间梯度下降算法。令 $\ell:\mathcal{R}^d\rightarrow\mathcal{R}$ 是一个有下界的二次连续可微经验风险函数。为了最小化 ℓ，定义一个连续时间梯度下降算法，使得

$$\frac{\mathrm{d}\boldsymbol{\theta}}{\mathrm{d}t}=-\lambda\mathbf{DIAG}(\boldsymbol{\gamma})\boldsymbol{\theta}(t)-\mathbf{DIAG}(\boldsymbol{\gamma})\frac{\mathrm{d}\ell(\boldsymbol{\theta}(t))}{\mathrm{d}\boldsymbol{\theta}}$$

其中，正数 $\lambda\in(0,\infty)$ 称为权重衰减参数，而 $\boldsymbol{\gamma}\in(0,\infty)^d$ 是正数向量，表示学习机中每个单独参数的学习率。

使用不变集定理证明所有轨迹都收敛到 Γ 集。表征 Γ 的内容。

6.3-3. (收敛到周期不变集)定义连续时间动态系统的向量场，该连续时间动态系统由以下微分方程表征：

$$\mathrm{d}x/\mathrm{d}t=y+x(1-x^2-y^2)$$
$$\mathrm{d}y/\mathrm{d}t=-x+y(1-x^2-y^2)$$

证明所有轨迹都收敛到一个不变集，该集包括原点(0,0)和集合 $Q\equiv\{(x,y):x^2+y^2=1\}$。证明点(0,0)是一个平衡点，$Q$ 是一个周期不变集。提示：需要注意的是，如果动态系统的初始条件 $\mathrm{d}x/\mathrm{d}t=y$ 和 $\mathrm{d}y/\mathrm{d}t=-x$ 是满足 $x(0)^2+y(0)^2=1$ 的点 $(x(0),y(0))$，那么生成的轨迹将是一个对所有非负 t 都满足 $x(t)^2+y(t)^2=1$ 的函数 $(x(t),y(t))$。

6.3-4. (解决有限状态空间中的约束满足问题)人工智能领域的另一个重要问题是约束满足问题。设 $V:\{0,1\}^d\rightarrow\mathcal{R}$ 为一个函数，代表如何有效满足 d 个约束。另外，假设每个约束的状态可为“满足”或“不满足”。特别地，定义 $\boldsymbol{x}\in\{0,1\}^d$，使得当满足第 k 个约束时，$\boldsymbol{x}$ 的第 k 个元素 x_k 等于 1，当不满足第 k 个约束时，$x_k=0$。说明如何使用有限状态空间不变集定理设计最小化 V 的算法。

6.3-5. (BSB 优化算法)BSB(Brain-State-in-a-Box)算法(Anderson et al.，1977；Golden，1986，1993)可作为时不变离散时间动态系统，将初始状态向量 $\boldsymbol{x}(0)$变换为更优状态向量 $\boldsymbol{x}(t)$。具体来讲，当 $\boldsymbol{x}$ 更优时，函数 $V(\boldsymbol{x})=-\boldsymbol{x}^{\mathrm{T}}\boldsymbol{W}\boldsymbol{x}$ 值更小。选择一个半正定对称矩阵 $\boldsymbol{W}$，使得在以大特征值对应的特征向量为基的子空间中的向量最优。所有状态轨迹都约束在以原点为中心的 d 维超立方体$[-1,1]^d$。

特别地，定义 $\mathcal{S}:\mathcal{R}^d\to[-1,+1]^d$，使得

$$[q_1,\cdots,q_d]^{\mathrm{T}}=\mathcal{S}([y_1,\cdots,y_d])$$

如果 $y_k>1$，则 $q_k=1$；如果 $y_k<-1$，则 $q_k=-1$；否则，$q_k=y_k$。定义 BSB 算法为如下差分等式代表的离散时间动态系统：

$$\boldsymbol{x}(t+1)=\mathcal{S}(\boldsymbol{\Psi}(t))$$
$$\boldsymbol{\Psi}(t)=\boldsymbol{x}(t)+\gamma\boldsymbol{W}\boldsymbol{x}(t)$$

利用不变集定理证明对于每个正步长 γ，BSB 动态系统的每个轨迹都收敛到系统平衡点集。接下来，证明如果 $\boldsymbol{x}^*$ 是 $\boldsymbol{W}$ 的正特征值对应的特征向量，且 $\boldsymbol{x}^*$ 是超立方体顶点(即 $\boldsymbol{x}^*\in\{-1,+1\}^d$)，则 $\boldsymbol{x}^*$ 同时是平衡点和 V 的局部极小值点。

提示：可以将 BSB 算法重写为

$$\boldsymbol{x}(t+1)=\boldsymbol{x}(t)+\gamma[\boldsymbol{\alpha}(\boldsymbol{x}(t),\boldsymbol{\Psi}(t))]\odot\boldsymbol{W}\boldsymbol{x}(t)$$

其中，$\boldsymbol{\alpha}$ 是 $\boldsymbol{x}(t)$和 $\boldsymbol{\Psi}(t)$的连续非负向量值函数。

6.3-6. (AdaGrad 连续时间动态系统)设 $\boldsymbol{g}:\mathcal{R}^q\to\mathcal{R}^q$ 是列向量值函数，对应于二次连续可微经验风险函数 $\ell:\mathcal{R}^q\to\mathcal{R}$ 的一阶导数。考虑由以下微分方程表征的连续时间梯度下降学习算法：

$$\frac{\mathrm{d}\boldsymbol{\theta}}{\mathrm{d}t}=\frac{-\gamma\boldsymbol{g}(\boldsymbol{\theta})}{\sqrt{|\boldsymbol{g}(\boldsymbol{\theta})|^2+\epsilon}}$$

其中，γ 是学习率，ϵ 是一个小正数。令

$$\Omega\equiv\{\boldsymbol{\theta}:\ell(\boldsymbol{\theta})\leqslant\ell(\boldsymbol{\theta}(0))\}$$

其中，$\boldsymbol{\theta}(0)$是连续时间动态系统的初始状态。证明所有轨迹都收敛到临界点 ℓ 集。需要注意的是，若当前参数值位于目标函数表面的低曲率区域时，这种对梯度进行归一化的方法可“加速”学习。该算法可以看作 AdaGrad 算法的一种变体(Duchi et al.，2011)。

6.3-7. (一类通用聚类算法的收敛性分析)请考虑例 1.6.4 中讨论的最小化簇内相异性的常规聚类算法。假设聚类算法的工作方式是在每次迭代中将一个特征向量移动到另一个簇中，使得目标函数 $V(\boldsymbol{S})$值在每次移动中减小。使用有限状态空间不变集定理证明，该聚类算法最终将收敛到 V 的极小值点集。注意，当选择分类惩罚 $\rho(\boldsymbol{x},C_k)$，使得 C_k 的每个元素与 $\boldsymbol{x}$ 的平均距离最小时，K 均值聚类算法就变成了这种聚类算法的特例，其中 $\boldsymbol{x}$ 和 $\boldsymbol{y}\in C_k$ 间的距离用相异性距离函数 $D(\boldsymbol{x},\boldsymbol{y})=|\boldsymbol{x}-\boldsymbol{y}|^2$ 定义。

6.3-8. (Hopfield 神经网络是一种 ICM 算法)Hopfield(1982)神经网络由 d 个计算单元的集合组成，在算法的第 t 次迭代它们各自的状态为 $\boldsymbol{x}(t)=[x_1(t),\cdots,x_d(t)]^{\mathrm{T}}$。选择第 1 个计算单元，并且计算第 1 个单元的参数向量 $\boldsymbol{w}_1$ 与当前状态 $\boldsymbol{x}(t)$的点积。如果此点积大于零，则将该单元的状态设置为 1。如果点积小于零，则将该单元状态设置为 0。如果点积等于 0，则该单元状态不变。然后，选择第 2 个计算单元，并重复该过程。接下来，选择第 3 个计算单元，重复该过程，直到 d 个单元都已更新。随后，以该方

式重复更新 d 个单元状态。依据流程，形式化定义该系统，并分析其渐近性。
Hopfield(1982)神经网络的目标是将初始二进制状态向量 $\boldsymbol{x}(0)$ 转换为新的二进制状态向量 $\boldsymbol{x}(t)$，使得 $\boldsymbol{x}(t)$ 比 $\boldsymbol{x}(0)$ 更优。定义 $\boldsymbol{x}$ 的偏好如下：

$$V(\boldsymbol{x})=-\boldsymbol{x}^{\mathrm{T}}\boldsymbol{W}\boldsymbol{x} \tag{6.16}$$

矩阵 $\boldsymbol{W}$ 是 d 维半正定对称矩阵，其第 k 行是 d 维行向量 $\boldsymbol{w}_k^{\mathrm{T}}$。
定义时不变迭代映射 $\boldsymbol{f}:\{0,1\}^d\to\{0,1\}^d$，使得 $\boldsymbol{f}(\boldsymbol{x})$ 的第一个元素等于 $\psi_1=\mathcal{S}(\boldsymbol{w}_1^{\mathrm{T}}\boldsymbol{x})$，$\boldsymbol{f}(\boldsymbol{x})$ 的第二个元素等于 $\psi_2=\mathcal{S}(\boldsymbol{w}_2^{\mathrm{T}}[\psi_1,x_2,\cdots,x_d]^{\mathrm{T}})$，并且 $\boldsymbol{f}(\boldsymbol{x})$ 的第 j 个元素等于

$$\psi_j=\mathcal{S}(\boldsymbol{w}_j^{\mathrm{T}}\boldsymbol{y}_j)$$

其中，$\boldsymbol{y}_j=[\psi_1,\cdots,\psi_{j-1},x_j,\cdots,x_d]$，$j=1,\cdots,d$。如果 $\phi>0$，则 $\mathcal{S}(\phi)=1$；如果 $\phi=0$，则 $\mathcal{S}(\phi)=\phi$；如果 $\phi<0$，则 $\mathcal{S}(\phi)=0$。证明由迭代方程

$$\boldsymbol{x}(t+1)=\boldsymbol{f}(\boldsymbol{x}(t))$$

指定的动态系统依据有限状态空间不变集定理和式(6.16)中的李雅普诺夫函数 V 收敛至动态系统的平衡点集。证明此算法是例 6.3.3 中 ICM 算法的特例。

6.3-9. (有分类变量的 ICM 算法)例 6.3.3 讨论了 ICM 算法的一种特例，即假设一个概率质量函数给出了 d 维向量 $\boldsymbol{x}=[x_1,\cdots,x_d]$ 的概率，使其限制 $\boldsymbol{x}$ 的第 k 个元素 x_k 为 0 或 1。按照例 6.3.3 的方法证明 ICM 算法的一般版本，其中有限状态空间上的概率质量函数给出 d 维向量 $\boldsymbol{x}=[x_1,\cdots,x_d]$ 的概率，使其限制 $\boldsymbol{x}$ 的第 k 个元素 x_k 可取 M_k 个可能的值($k=1,\cdots,d$)。因此，此例中的 ICM 算法可用于在任意高维有限状态空间中的最大概率状态搜索。

6.4　扩展阅读

非线性动态系统理论

Hirsch 等人(2004)讨论的离散时间动态系统和连续时间动态系统理论技术细节与本书基本一致，他们还分析了离散时间和连续时间系统解的存在性和唯一性，以及混沌动态系统相关内容。对混沌动态系统及其应用的进一步分析可参阅文献(Wiggins，2003；Bahi & Guyeux，2013)。

不变集定理

本章的一项主要内容是不变集定理(定理 6.3.2)，它为一大类常用的机器学习算法的分析和设计提供了理论基础。定理 6.3.2 的描述和证明基于 LaSalle(1960)的不变集定理。

关于离散时间情形和连续时间情形的详细分析可参阅文献(LaSalle，1976)。Luenberger(1979)针对离散时间和连续时间情形分析了不变集定理。Vidyasagar(1992)详细介绍了连续时间情形的不变集定理。

迭代条件模式

ICM(迭代条件模式)算法相关分析可参阅文献(Besag，1986；Winkler，2003；Varin et al.，2011)。

CHAPTER7

第 7 章

批量学习算法收敛性

学习目标：

- 设计批量学习的学习率自调整算法。
- 设计收敛的批量学习算法。
- 设计经典的梯度下降型优化算法。

如前所述，许多机器学习算法可以看作梯度下降型学习算法。此外，虽然第1章、第5章和第6章讨论了梯度下降的概念，但尚未正式给出保证离散时间确定性梯度下降型算法将收敛到期望解集的充分条件。本章将给出保证离散时间确定性梯度下降型算法收敛的充分和实用条件。

本章将重点分析一类由以下时变迭代映射所表示的离散时间确定性动态系统的渐近性：

$$\boldsymbol{x}(t+1)=\boldsymbol{x}(t)+\gamma(t)\boldsymbol{d}(t) \tag{7.1}$$

称严格正数 $\gamma(t)$ 为步长，d 维列向量 $\boldsymbol{d}(t)$ 为搜索方向。如第 1 章和第 5 章所述，机器学习领域中的无监督学习算法、监督学习算法和强化学习算法通常使用式(7.1)形式的时变迭代映射表示。

本章将引入 Zoutendijk-Wolfe 收敛定理，给出 $\boldsymbol{x}(t)$ 收敛到二次连续可微函数 $V:\mathcal{R}^d\to\mathcal{R}$ 的临界点集的充分条件。这些充分条件包括对步长 $\gamma(t)$ 和搜索方向 $\boldsymbol{d}(t)$ 的可变约束，以保证 V 在式(7.1)的搜索轨迹上非递增。

利用 Zoutendijk-Wolfe 收敛定理，可以对一些常用的无约束非线性优化算法进行收敛性分析。特别的是，本章的后半部分将应用 Zoutendijk-Wolfe 收敛定理保证下述梯度下降算法的收敛性：梯度下降、动量梯度下降、Newton-Raphson、Levenberg-Marquardt、有限记忆 BFGS (Limited-memory BFGS，L-BFGS)和共轭梯度算法。

7.1 搜索方向和步长选择

7.1.1 搜索方向选择

考虑一个迭代算法，该算法使用时变迭代映射：

$$\boldsymbol{x}(t+1)=\boldsymbol{x}(t)+\gamma(t)\boldsymbol{d}(t)$$

生成 d 维状态向量序列 $\boldsymbol{x}(0),\boldsymbol{x}(1),\cdots$，其中 $\gamma(0),\gamma(1),\cdots$是正步长序列且 $\boldsymbol{d}(0),\boldsymbol{d}(1),\cdots$为搜索方向序列。此外，设 $\boldsymbol{g}(t)$表示二次连续可微目标函数 $V:\mathcal{R}^d\to\mathcal{R}$ 的梯度。

使用类似于离散时间下降方向定理(定理 5.3.2)的论据，选择搜索方向 $\boldsymbol{d}(t)$，使得 $\boldsymbol{d}(t)$和$-\boldsymbol{g}(t)$之间的夹角 ψ_t 小于 90°。也就是说，选择 $\boldsymbol{d}(t)$，使得

$$\cos(\psi_t)\equiv\frac{-\boldsymbol{g}(t)^{\mathrm{T}}\boldsymbol{d}(t)}{|\boldsymbol{g}(t)||\boldsymbol{d}(t)|}\geqslant\delta>0 \tag{7.2}$$

以保证 $V(\boldsymbol{x}(t+1))<V(\boldsymbol{x}(t))$。以这种方式选择搜索方向称为满足下坡条件(见图 7.1)。

当处于特殊情况(如 $\boldsymbol{d}(t)=-\boldsymbol{g}(t)$)时，称搜索方向为梯度下降方向且 $\boldsymbol{d}(t)$与$-\boldsymbol{g}(t)$之间的夹角为零度。式(7.2)中的常数 δ 选择为正数，是为了避免搜索方向向量序列收敛到与梯度下降方向$-\boldsymbol{g}(t)$正交的搜索方向 $\boldsymbol{d}(t)$。

图 7.1　确定性非线性优化理论中下坡条件的几何解释。下坡条件搜索要求下降算法的搜索方向 $\boldsymbol{d}_t$ 与目标函数的负梯度$-\boldsymbol{g}_t$ 之间的夹角 ψ_t 小于 90°

例 7.1.1(比例梯度下降)　在某些情况下，梯度的线性比例变换可以显著提高梯度下降算法的收敛速度。设 $\boldsymbol{g}:\mathcal{R}^d\to\mathcal{R}^d$ 为目标函数 $\ell:\mathcal{R}^d\to\mathcal{R}$ 的梯度。考虑式(7.1)形式的下降算法，其中下降方向 $\boldsymbol{d}(t)=-\boldsymbol{M}\boldsymbol{g}(\boldsymbol{x}(t))$，步长 $\gamma(t)$是一个正数，$\boldsymbol{M}$ 是一个正定矩阵——代表线性比例变换。证明该算法生成的搜索方向 $\boldsymbol{d}(t)$满足式(7.2)中的下坡条件。提示：使用单位矩阵

$$\lambda_{\min}|\boldsymbol{g}|^2\leqslant\boldsymbol{g}^{\mathrm{T}}\boldsymbol{M}\boldsymbol{g}\leqslant\lambda_{\max}|\boldsymbol{g}|^2$$

解　设 $\lambda_{\min}$ 和 $\lambda_{\max}$ 表示 $\boldsymbol{M}$ 的最小和最大特征值。由于 $\boldsymbol{M}$ 是正定的，因此 $\lambda_{\max}\geqslant\lambda_{\min}>0$。设 $\boldsymbol{g}_t\equiv\boldsymbol{g}(\boldsymbol{x}(t))$，$\boldsymbol{d}_t\equiv\boldsymbol{d}(t)$。假设$|\boldsymbol{g}_t|>0$，$|\boldsymbol{d}_t|>0$，则它满足下坡条件，因为

$$\frac{\boldsymbol{d}_t^{\mathrm{T}}\boldsymbol{g}_t}{|\boldsymbol{d}_t||\boldsymbol{g}_t|}=\frac{(-\boldsymbol{M}\boldsymbol{g}_t)^{\mathrm{T}}\boldsymbol{g}_t}{|\boldsymbol{M}\boldsymbol{g}_t||\boldsymbol{g}_t|}=\frac{-\boldsymbol{g}_t^{\mathrm{T}}\boldsymbol{M}\boldsymbol{g}_t}{|\boldsymbol{g}_t|\sqrt{|\boldsymbol{M}\boldsymbol{g}_t|^2}}=\frac{-\boldsymbol{g}_t^{\mathrm{T}}\boldsymbol{M}\boldsymbol{g}_t}{|\boldsymbol{g}_t|\sqrt{\boldsymbol{g}_t\boldsymbol{M}^2\boldsymbol{g}_t}}\leqslant-\lambda_{\min}/\lambda_{\max}$$

△

例 7.1.2(动量自调节的梯度下降法)　在许多深度学习应用中，动量梯度下降是一种流行的非线性优化策略(Polyak，1964；Rumelhart et al.，1986；Sutskever et al.，2013)。该方法基于启发式原则，即假设当前迭代计算的搜索方向更倾向于与上次迭代的搜索方向相同的方向。动量法还有一个优点，那就是它的计算需求不高。考虑下述下降算法：

$$\boldsymbol{x}(t+1)=\boldsymbol{x}(t)+\gamma_t\boldsymbol{d}_t$$

其中，γ_t 为步长且$\boldsymbol{d}_t$ 为搜索方向。

自适应动量法选择如下搜索方向 $\boldsymbol{d}_t$：

$$\boldsymbol{d}_t=-\boldsymbol{g}_t+\mu_t\boldsymbol{d}_{t-1} \tag{7.3}$$

其中，$\boldsymbol{d}_t$ 为第 t 次迭代的搜索方向且 $\boldsymbol{g}_t$ 为第 t 次迭代目标函数梯度。设 $D_{\max}$ 与 μ 为正数，式(7.3)中 μ_t 选择非负值，使得当 $\boldsymbol{d}_{t-1}^{\mathrm{T}}\boldsymbol{g}_t>0$ 且$|\boldsymbol{d}_t|\leqslant D_{\max}|\boldsymbol{g}_t|$时，

$$\mu_t=-\mu|\boldsymbol{g}_t|^2/(\boldsymbol{d}_{t-1}^{\mathrm{T}}\boldsymbol{g}_t) \tag{7.4}$$

否则，$\mu_t=0$。

证明该自适应动量学习算法的搜索方向符合式(7.2)中的下坡条件。

解　将式(7.4)代入式(7.3)，然后计算式(7.2)中的下坡条件，得出

$$\frac{\boldsymbol{d}_t^{\mathrm{T}}\boldsymbol{g}_t}{|\boldsymbol{d}_t||\boldsymbol{g}_t|}=\frac{-|\boldsymbol{g}_t|^2-\mu|\boldsymbol{g}_t|^2}{|\boldsymbol{d}_t||\boldsymbol{g}_t|}=\frac{-(1+\mu)|\boldsymbol{g}_t|^2}{|\boldsymbol{d}_t||\boldsymbol{g}_t|}\leqslant\frac{-(1+\mu)|\boldsymbol{g}_t|^2}{|\boldsymbol{g}_t||\boldsymbol{g}_t|D_{\max}}\leqslant-(1+\mu)/D_{\max} \quad \triangle$$

7.1.2 步长选择

给定当前状态 $\boldsymbol{x}(t)$和搜索方向 $\boldsymbol{d}(t)$，选择任一步长 $\gamma\in[0,\infty]$都会使得离散时间下降动态系统产生新状态 $\boldsymbol{x}(t+1)=\boldsymbol{x}(t)+\gamma\boldsymbol{d}(t)$。在新状态 $\boldsymbol{x}(t+1)$下的目标函数 V 的值为 $V(\boldsymbol{x}(t+1))=V(\boldsymbol{x}(t)+\gamma\boldsymbol{d}(t))$。步长选择问题是在给定系统状态 $\boldsymbol{x}(t)$和搜索方向 $\boldsymbol{d}(t)$下对 γ 的选择。

由于下降算法的目标是最小化目标函数 V，因此可基于减少目标函数值 V 来定义步长。

定义 7.1.1(下坡步长)　设 $V:\mathcal{R}^d\to\mathcal{R}$ 为目标函数，$\boldsymbol{x}\in\mathcal{R}^d$ 为系统状态，$\boldsymbol{d}\in\mathcal{R}^d$ 为搜索方向，如果

$$V(\boldsymbol{x}+\gamma\boldsymbol{d})\leqslant V(\boldsymbol{x}) \tag{7.5}$$

则称正实数 γ 为下坡步长。如果

$$V(\boldsymbol{x}+\gamma\boldsymbol{d})<V(\boldsymbol{x}) \tag{7.6}$$

则称 γ 为严格下坡步长。 □

可定义目标函数投影 $V_{\boldsymbol{x},\boldsymbol{d}}:[0,\infty)\to\mathcal{R}$，它为 V 在搜索方向 $\boldsymbol{d}$ 的投影。具体来说，定义函数 $V_{\boldsymbol{x},\boldsymbol{d}}$，使得对于所有 $\gamma\in[0,\infty)$，有

$$V_{\boldsymbol{x},\boldsymbol{d}}(\gamma)=V(\boldsymbol{x}+\gamma\boldsymbol{d}) \tag{7.7}$$

则 $V_{\boldsymbol{x},\boldsymbol{d}}(0)=V(\boldsymbol{x})$。

使用该标号，式(7.5)中下坡步长的定义可表示为

$$V_{\boldsymbol{x},\boldsymbol{d}}(\gamma)\leqslant V_{\boldsymbol{x},\boldsymbol{d}}(0)$$

定义 7.1.2(最优步长)　设 $V_{\boldsymbol{x},\boldsymbol{d}}:[0,\infty)\to\mathcal{R}$ 为目标函数 $V:\mathcal{R}^d\to\mathcal{R}$ 在搜索方向 $\boldsymbol{d}\in\mathcal{R}^d$ 上的投影，$\gamma_{\max}$ 为正数，$V_{\boldsymbol{x},\boldsymbol{d}}$ 在区间$[0,\gamma_{\max}]$上的全局极小值点为$[0,\gamma_{\max}]$上的最优步长。 □

图 7.2 说明了最优步长概念。最优步长 γ^* 是关于某一当前状态 $\boldsymbol{x}$ 和搜索方向 $\boldsymbol{d}$ 的 $V_{\boldsymbol{x},\boldsymbol{d}}$ 的全局极小值点。系统状态 $\boldsymbol{x}+\gamma^*\boldsymbol{d}$ 对应的最优步长 γ^* 不一定是 V 的全局极小值点(甚至是临界点)。此外，如图 7.2 所示，对于一个给定的 $V_{\boldsymbol{x},\boldsymbol{d}}$，可能存在多个局部极小值点。

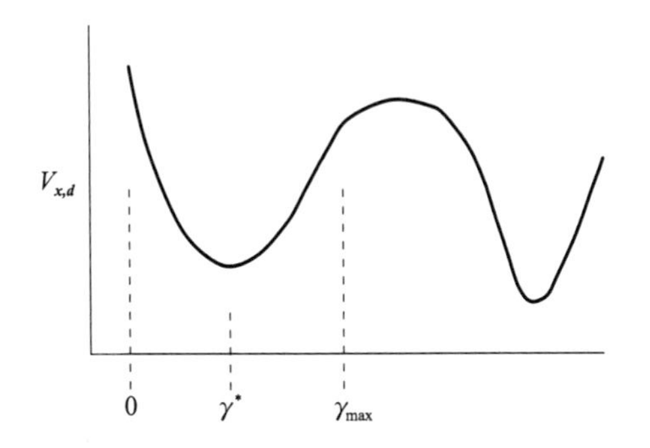

图 7.2　最优步长的几何示意。设 $V:\mathcal{R}^d\to\mathcal{R}$ 是一个目标函数，$\boldsymbol{x}$ 是搜索算法在状态空间中的当前状态，搜索方向为 $\boldsymbol{d}\in\mathcal{R}^d$。定义 $V_{\boldsymbol{x},\boldsymbol{d}}:[0,\infty)\to\mathcal{R}$，使得 $V_{\boldsymbol{x},\boldsymbol{d}}(\gamma)=V(\boldsymbol{x}+\gamma\boldsymbol{d})$。最优步长 γ^* 在闭区间$[0,\gamma_{\max}]$内使目标函数 $V_{\boldsymbol{x},\boldsymbol{d}}$ 下降最多。若 $\gamma_{\max}$ 变化，最优步长 γ^* 可能也会随之变化

在许多情况下，最优步长是一个理想的计算目标。在实际迭代过程中，下降算法每次迭代计算精确的最优步长往往非常消耗计算资源。例如，目标函数的每次估值可能需要对所有训练数据进行计算。当在高维状态空间(如 $d>10$ 或 $d>100$)而不是只有几个变量的状态空间(如 $d<5$)中进行搜索时，那就更难以实现精确的最优步长计算了。

此外，需要注意的是，如果在某次迭代 t 选择恒定步长 $\gamma(t)$，那么系统状态可能会在 V 的局部极小值点附近振荡，如图 7.3 所示。另外，如果序列 $\gamma(1),\gamma(2),\cdots$下降太快，那么算

法收敛可能需要很长时间，甚至可能无法收敛到函数 V 的临界点，如图 7.4 所示。例如，设定 $\gamma(t)=1/t^{100}$。在这种情况下，递减序列 $\{\gamma(t)\}$ 很可能会在下降算法产生的状态序列收敛到临界点之前就已经收敛到零了。因此，训练的一个关键之处在于每次迭代时，适当选择下降算法的步长，并使选择的步长随动态系统下降算法状态函数曲率的变化而变化。

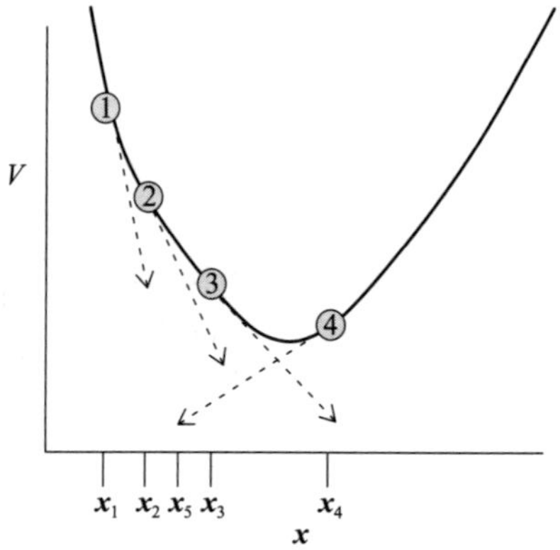

图 7.3　下降算法以恒定步长无法收敛的示例。如果下降算法的步长是恒定的，那么下降算法产生的状态序列将倾向于“跳过”期望解，导致下降算法无法收敛

下列粗略步长(称为“Wolfe 步长”)是为了保证每次迭代时下降但不会下降太快，从而确保可以收敛到目标函数的临界点。这种步长选择的灵活性降低了每次迭代最优步长的计算量。

设 $\boldsymbol{g}$ 为 V 的梯度，$V_{\boldsymbol{x},\boldsymbol{d}}$ 为式(7.7)定义的目标函数投影。使用链式法则，可得

$$\mathrm{d}V_{\boldsymbol{x},\boldsymbol{d}}/\mathrm{d}\gamma=\boldsymbol{g}(\boldsymbol{x}+\gamma\boldsymbol{d}(\boldsymbol{x}))^{\mathrm{T}}\boldsymbol{d}(\boldsymbol{x})$$

$\mathrm{d}V_{\boldsymbol{x},\boldsymbol{d}}(\gamma_0)/\mathrm{d}\gamma$ 表示 $\mathrm{d}V_{\boldsymbol{x},\boldsymbol{d}}/\mathrm{d}\gamma$ 在 γ_0 处的值。

定义 7.1.3(Wolfe 步长)　设 $\boldsymbol{x}$ 与 $\boldsymbol{d}$ 为 d 维实常数列向量，$V:\mathcal{R}^d\to\mathcal{R}$ 为有下界的连续可微函数，像式(7.7)那样定义关于 V、$\boldsymbol{x}$ 与 $\boldsymbol{d}$ 的函数 $V_{\boldsymbol{x},\boldsymbol{d}}:[0,\infty)\to\mathcal{R}$。设 $\mathrm{d}V_{\boldsymbol{x},\boldsymbol{d}}(0)/\mathrm{d}\gamma<0$，如果正数 γ 满足 Wolfe 条件

$$V_{\boldsymbol{x},\boldsymbol{d}}(\gamma)\leqslant V_{\boldsymbol{x},\boldsymbol{d}}(0)+\alpha\gamma\mathrm{d}V_{\boldsymbol{x},\boldsymbol{d}}(0)/\mathrm{d}\gamma \tag{7.8}$$

$$\frac{\mathrm{d}V_{\boldsymbol{x},\boldsymbol{d}}(\gamma)}{\mathrm{d}\gamma}\geqslant\beta\frac{\mathrm{d}V_{\boldsymbol{x},\boldsymbol{d}}(0)}{\mathrm{d}\gamma} \tag{7.9}$$

则称为 Wolfe 步长，其中 $0<\alpha<\beta<1$。假设式(7.8)成立，并假设式(7.9)变换为

$$\left|\frac{\mathrm{d}V_{\boldsymbol{x},\boldsymbol{d}}(\gamma)}{\mathrm{d}\gamma}\right|\leqslant\beta\left|\frac{\mathrm{d}V_{\boldsymbol{x},\boldsymbol{d}}(0)}{\mathrm{d}\gamma}\right| \tag{7.10}$$

则称步长 γ 满足强 Wolfe 条件。　□

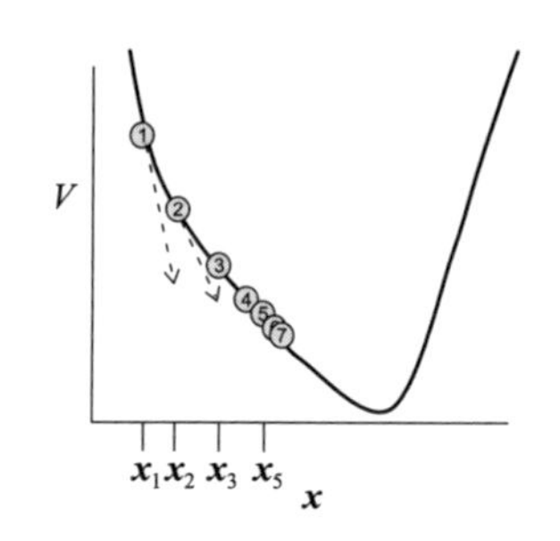

图 7.4　不随步长减少而收敛的下降算法示例。如果下降算法的步长减少得太快，那么下降算法可能会在达到期望点之前停止

式(7.8)表示的第一个条件要求步长满足：

$$V_{\boldsymbol{x},\boldsymbol{d}}(\gamma)-V_{\boldsymbol{x},\boldsymbol{d}}(0)\leqslant-\alpha\gamma\,|\mathrm{d}V_{\boldsymbol{x},\boldsymbol{d}}(0)/\mathrm{d}\gamma| \tag{7.11}$$

因为 $\mathrm{d}V_{\boldsymbol{x},\boldsymbol{d}}(0)/\mathrm{d}\gamma\leqslant0$。因此式(7.8)表示的第一个条件要求 $V_{\boldsymbol{x},\boldsymbol{d}}$ 下降值至少等于 $\alpha\gamma|\mathrm{d}V_{\boldsymbol{x},\boldsymbol{d}}(0)/\mathrm{d}\gamma|$。称式(7.11)中的常数 α 为充分衰减常数。

式(7.9)称为曲率条件，以保证 $V_{\boldsymbol{x},\boldsymbol{d}}(\gamma)$ 的导数要么为负且值比 $V_{\boldsymbol{x},\boldsymbol{d}}(0)$ 处导数大，要么为正且比 $V_{\boldsymbol{x},\boldsymbol{d}}(0)$ 处导数大。当式(7.10)满足式(7.9)时，相当于强 Wolfe 条件情况。在实际操作时，可使用式(7.10)的强 Wolfe 条件代替式(7.9)。式(7.10)的条件要求选择步长 γ，使得选择后的斜率 $\mathrm{d}V_{\boldsymbol{x},\boldsymbol{d}}/\mathrm{d}\gamma$ 值的大小小于选择前的斜率 $\mathrm{d}V_{\boldsymbol{x},\boldsymbol{d}}/\mathrm{d}\gamma$ 的大小。最优步长将最小化 $V_{\boldsymbol{x},\boldsymbol{d}}$，因此要求选择最优步长后 $V_{\boldsymbol{x},\boldsymbol{d}}$ 导数必须为零。强 Wolfe 条件[式(7.10)]并不要求步长 γ 使 $V_{\boldsymbol{x},\boldsymbol{d}}$ 导数等于零，只是要求 $\mathrm{d}V_{\boldsymbol{x},\boldsymbol{d}}/\mathrm{d}\gamma$ 下降的数值足够大。式(7.10)中的常数 β 称为曲率常数。

图 7.4 演示了在步长自动选择算法的每次迭代中，目标函数值均会减少，但 $V_{\boldsymbol{x},\boldsymbol{d}}$ 的导数值大小在每次迭代时下降得并不足够多。

在大多数机器学习应用中，目标是寻找复杂目标函数(有多个极小值点、极大值点和鞍

点)的局部极小值点，并且需要更新高维参数向量。在这种情况下，即使是高维搜索方向上的一个小扰动也可能会在每次迭代中对目标函数值与目标函数曲率产生极大影响。因此，保险的做法是对步长设置尽可能少的约束。这要求在满足收敛定理的条件前提下，选择更接近 1 的 β 和更接近 0 的 α。对于许多机器学习应用，设置 $\beta=0.9$，$\alpha=10^{-4}$ 较合理。然而，对于更经典的凸优化问题，选择较小的 β(如 $\beta=0.1$)也可能是有效的(Nocedal & Wright，1999)[38-39]。

定理 7.1.1 给出了元素为 Wolfe 步长的实开区间存在的充分条件。

定理 7.1.1(Wolfe 步长存在性)　设 $\boldsymbol{x}$ 与 $\boldsymbol{d}$ 为 d 维实常数列向量，$V:\mathcal{R}^d\to\mathcal{R}$ 为有下界的连续可微函数，像式(7.7)那样定义关于 V、$\boldsymbol{x}$ 与 $\boldsymbol{d}$ 的函数 $V_{\boldsymbol{x},\boldsymbol{d}}:[0,\infty)\to\mathcal{R}$，那么在 $\mathcal{R}$ 上存在一个开区间，使得在此开区间中的每个步长都满足由式(7.8)和式(7.10)定义的强 Wolfe 条件。

证明　下面的证明基于文献(Nocedal & Wright，1999)[40] 中关于引理 3.1 的讨论。

因为 $\alpha \mathrm{d}V_{\boldsymbol{x},\boldsymbol{d}}(0)/\mathrm{d}\gamma<0$ 且 V 有下界，所以存在一个 γ'，使得

$$V_{\boldsymbol{x},\boldsymbol{d}}(\gamma')=V_{\boldsymbol{x},\boldsymbol{d}}(0)+\alpha\gamma'\mathrm{d}V_{\boldsymbol{x},\boldsymbol{d}}(0)/\mathrm{d}\gamma \tag{7.12}$$

因为 $\alpha \mathrm{d}V_{\boldsymbol{x},\boldsymbol{d}}(0)/\mathrm{d}\gamma<0$，所以对于所有 $\gamma\in[0,\gamma']$，式(7.8)中的充分递减条件成立。

应用中值定理计算 γ' 处的 $V_{\boldsymbol{x},\boldsymbol{d}}$，得出

$$V_{\boldsymbol{x},\boldsymbol{d}}(\gamma')=V_{\boldsymbol{x},\boldsymbol{d}}(0)+\gamma'[\mathrm{d}V_{\boldsymbol{x},\boldsymbol{d}}(\gamma'')/\mathrm{d}\gamma] \tag{7.13}$$

其中，$\gamma''\in[0,\gamma']$。

使式(7.12)右侧等于式(7.13)右侧，得出

$$V_{\boldsymbol{x},\boldsymbol{d}}(0)+\alpha\gamma'[\mathrm{d}V_{\boldsymbol{x},\boldsymbol{d}}(0)/\mathrm{d}\gamma]=V_{\boldsymbol{x},\boldsymbol{d}}(0)+\gamma'[\mathrm{d}V_{\boldsymbol{x},\boldsymbol{d}}(\gamma'')/\mathrm{d}\gamma]$$

这表明

$$\alpha \mathrm{d}V_{\boldsymbol{x},\boldsymbol{d}}(0)/\mathrm{d}\gamma=\mathrm{d}V_{\boldsymbol{x},\boldsymbol{d}}(\gamma'')/\mathrm{d}\gamma \tag{7.14}$$

由于 $\beta>\alpha$ 且 $\mathrm{d}V_{\boldsymbol{x},\boldsymbol{d}}(0)/\mathrm{d}\gamma<0$，因此式(7.14)表明：

$$\beta \mathrm{d}V_{\boldsymbol{x},\boldsymbol{d}}(0)/\mathrm{d}\gamma<\mathrm{d}V_{\boldsymbol{x},\boldsymbol{d}}(\gamma'')/\mathrm{d}\gamma \tag{7.15}$$

对于某些 $\gamma^*\in[0,\gamma'']$，式(7.15)同时满足式(7.8)和式(7.9)。此外，式(7.8)和式(7.10)的强 Wolfe 条件也满足，因为式(7.14)表示式(7.15)的右侧为负。

由于 $V_{\boldsymbol{x},\boldsymbol{d}}$ 和 $\mathrm{d}V_{\boldsymbol{x},\boldsymbol{d}}/\mathrm{d}\gamma$ 是连续函数，因此存在一个包含 γ^* 的开区间满足强 Wolfe 条件[式(7.8)和式(7.10)](见定理 5.2.3)。 ■

算法 7.1.1　回溯 Wolfe 步长选择

1: **procedure** BACKTRACKSTEPSIZE($\boldsymbol{x},\boldsymbol{d},\boldsymbol{g},V,\alpha,\beta,\rho,\gamma_{\max},K_{\max}$)
2: 　　$\gamma\Leftarrow\gamma_{\max}$
3: 　　$\gamma_{\text{downhill}}\Leftarrow 0$
4: 　　**for** $k=0$ to $K_{\max}$ **do**
5: 　　　　**if** $V_{\boldsymbol{x},\boldsymbol{d}}(\gamma)\leqslant V_{\boldsymbol{x},\boldsymbol{d}}(0)+\alpha\gamma \mathrm{d}V_{\boldsymbol{x},\boldsymbol{d}}(0)/\mathrm{d}\gamma$ **then**
6: 　　　　　　**if** $\gamma_{\text{downhill}}=0$ **then** $\gamma_{\text{downhill}}\Leftarrow\gamma$
7: 　　　　　　**end if**
8: 　　　　　　**if** $|\mathrm{d}V_{\boldsymbol{x},\boldsymbol{d}}(\gamma)/\mathrm{d}\gamma|\leqslant\beta|\mathrm{d}V_{\boldsymbol{x},\boldsymbol{d}}(0)/\mathrm{d}\gamma|$ **then return** $\{\gamma\}$
9: 　　　　　　**end if**
10: 　　　　**end if**
11: 　　　　$\gamma\Leftarrow\rho\gamma$;　　　　▷因为 $0<\rho<1$，这一步使当前步长减小
12: 　　**end for**

13: **return**$\{\gamma_{\text{downhill}}\}$ ▷搜索失败，返回最大下坡步长
14: **end procedure**

回溯 Wolfe 步长选择算法是一个演示强 Wolfe 步长选择的简单实用算法。在实践中，寻找步长的次数必须保持非常少，因为函数值计算是相当耗时的。控制步长选择次数的变量 $K_{\max}$ 可以小至 $K_{\max}=2$，大到 $K_{\max}=100$。最大步长 $\gamma_{\max}$ 通常设定为 1。ρ 通常选择为 $0.1\leqslant\rho\leqslant0.9$。

练习 7.1-5 和练习 7.1-6 说明了计算“近似最优步长”的方法。这些方法可以用来提高回溯 Wolfe 步长选择算法的性能。

练习

7.1-1. (多学习率)设 $\boldsymbol{g}:\mathcal{R}^q\to\mathcal{R}^q$ 表示目标函数 $\hat{\ell}_n(\boldsymbol{\theta})$ 的梯度。$\boldsymbol{\eta}$ 为 q 维正数向量，定义具有正步长 $\gamma(t)$ 的下降算法，其迭代映射为

$$\boldsymbol{\theta}(t+1)=\boldsymbol{\theta}(t)-\gamma(t)\boldsymbol{\eta}\odot\boldsymbol{g}(\boldsymbol{\theta}(t)) \tag{7.16}$$

证明该迭代映射可作为最小化 $\hat{\ell}_n(\boldsymbol{\theta})$ 的下降算法，使学习机的每一个参数有唯一学习率。定义该下降算法的搜索方向 $\boldsymbol{d}(t)$，证明该下降算法的搜索方向对于所有 $t\in\mathbb{N}$，都满足下坡条件。

7.1-2. (坐标梯度下降)设 $\boldsymbol{g}:\mathcal{R}^q\to\mathcal{R}^q$ 表示目标函数 $\hat{\ell}_n(\boldsymbol{\theta})$ 的梯度，δ 为正数，$\boldsymbol{u}(t)$ 表示 q 维单位矩阵的随机选择列，其中 $t\in\mathbb{N}$。定义具有正步长 $\gamma(t)$ 的下降算法，其迭代映射为

$$\boldsymbol{\theta}(t+1)=\boldsymbol{\theta}(t)+\gamma(t)\boldsymbol{d}(t) \tag{7.17}$$

如果 $|\boldsymbol{u}(t)^{\mathrm{T}}\boldsymbol{g}(\boldsymbol{\theta}(t))|>\delta|\boldsymbol{g}(\boldsymbol{\theta}(t))|$，则搜索方向 $\boldsymbol{d}(t)=-\boldsymbol{u}(t)\odot\boldsymbol{g}(\boldsymbol{\theta}(t))$；否则，$\boldsymbol{d}(t)=-\boldsymbol{g}(\boldsymbol{\theta}(t))$。设计该下降算法，使其在梯度值不小的情况下每次迭代只更新一个参数。证明该搜索方向对于所有 $t\in\mathbb{N}$，都满足下坡条件。

7.1-3. (Wolfe 步长为最优步长)设 $V_{\boldsymbol{x},\boldsymbol{d}}:[0,\infty)\to\mathcal{R}$ 为连续可微目标函数投影。如果存在最优步长 γ^*，则 $V_{\boldsymbol{x},\boldsymbol{d}}(\gamma^*)<V_{\boldsymbol{x},\boldsymbol{d}}(0)$ 且在 γ 处的 $V_{\boldsymbol{x},\boldsymbol{d}}$ 导数为零。证明满足这两个条件的 γ^* 也是 Wolfe 步长。

7.1-4. (穷举回溯步长搜索)修改回溯算法，使算法采用初始步长 $\gamma_{\max}$ 生成 K 个步长 γ_1，$\gamma_2,\cdots,\gamma_K$，其中 $\gamma_k=\gamma_{\max}/K$。首先验证 γ_K，然后验证 γ_{K-1}，以此类推，直至在 K 个步长的集合中找到满足两个 Wolfe 条件的最大步长。

7.1-5. (步长搜索的二阶加速收敛率)修改回溯算法，如果选择的初始步长 $\gamma_{\max}$ 不满足两个 Wolfe 条件，则通过 $V_{\boldsymbol{x},\boldsymbol{d}}(0)$、$\mathrm{d}V_{\boldsymbol{x},\boldsymbol{d}}(0)/\mathrm{d}\gamma$ 与 $\mathrm{d}V_{\boldsymbol{x},\boldsymbol{d}}(\gamma_{\max})/\mathrm{d}\gamma$ 计算下一个 γ 选择：

$$V_{\boldsymbol{x},\boldsymbol{d}}(\gamma)\approx V_{\boldsymbol{x},\boldsymbol{d}}(0)+\gamma\mathrm{d}V_{\boldsymbol{x},\boldsymbol{d}}(\gamma)/\mathrm{d}\gamma+(1/2)\gamma^2Q$$

其中，Q 由 $V_{\boldsymbol{x},\boldsymbol{d}}(0)$、$\mathrm{d}V_{\boldsymbol{x},\boldsymbol{d}}(0)/\mathrm{d}\gamma$ 及 $\mathrm{d}V_{\boldsymbol{x},\boldsymbol{d}}(\gamma_{\max})/\mathrm{d}\gamma$ 确定。以类似于回溯算法的描述方式写出新算法。

7.1-6. (三阶加速步长搜索)在复杂搜索空间的高维参数搜索问题中，目标函数通常非凸且经常出现鞍点。相应地，扩展练习 7.1-5 中设计的二阶泰勒级数算法，用三阶泰勒级数局部逼近 $V_{\boldsymbol{x},\boldsymbol{d}}$。这种三次近似通常能解决实践中遇到的大多数问题。

7.1-7. (回溯算法的仿真实验)在计算机上实现回溯算法和梯度下降算法。梯度下降算法的目标函数为 $V([x_1,x_2])=\mu_1(x-1)^2+\mu_2(x-2)^2$，检验 $\gamma_{\max}=1,K_{\max}=20$(其中 $\mu_1=\mu_2=1$)时不同 ρ、α、β 下回溯算法的性能。随后，验证 $\mu_1=10^3$ 与 $\mu_2=10^{-3}$ 时的性能。

7.2　下降算法收敛性分析

在给定 Wolfe 步长和下坡搜索方向的情况下，可通过 Zoutendijk-Wolfe 收敛定理研究保证系统状态序列收敛到目标函数临界点集的条件。

定理 7.2.1(Zoutendijk-Wolfe 收敛定理)　设 $T \equiv \mathbb{N}$，$V:\mathcal{R}^d \to \mathcal{R}$ 是一个在 $\mathcal{R}^d$ 上具有下界的二次连续可微函数，$\boldsymbol{g}:\mathcal{R}^d \to \mathcal{R}^d$ 为 V 的梯度，$\boldsymbol{H}:\mathcal{R}^d \to \mathcal{R}^d$ 是 V 的黑塞矩阵。假设 $\boldsymbol{H}$ 为连续的，$\boldsymbol{d}:T \to \mathcal{R}^d$，$\boldsymbol{d}_t \equiv \boldsymbol{d}(t)$。对于所有 $t \in T$，设

$$\boldsymbol{x}(t+1)=\boldsymbol{x}(t)+\gamma(t)\boldsymbol{d}_t \tag{7.18}$$

其中，$\gamma(t)$为定义 7.1.3 那样定义的 Wolfe 步长。设 $\boldsymbol{g}_t \equiv \boldsymbol{g}(\boldsymbol{x}(t))$，$\delta$ 为正数，假设对于所有 $t \in \mathbb{N}$，有

$$\frac{\boldsymbol{g}_t^{\mathrm{T}}\boldsymbol{d}_t}{|\boldsymbol{g}_t|\,|\boldsymbol{d}_t|} \leqslant -\delta \tag{7.19}$$

当且仅当$|\boldsymbol{g}_t|=0$，

$$|\boldsymbol{d}_t|=0 \tag{7.20}$$

假设 Ω 为 $\mathcal{R}^d$ 的有界闭子集，存在正整数 T，使得对于所有 $t>T$ 有 $\boldsymbol{x}(t) \in \Omega$，则 $\boldsymbol{x}(1)$，$\boldsymbol{x}(2)$，…收敛至 Ω 中的临界点集。

证明　下述分析基于文献(Nocedal & Wright，1999)的 Zoutendijk 引理。

通过中值定理和式(7.18)，基于 $\boldsymbol{x}(t)$展开 $\boldsymbol{g}$ 并求其在 $\boldsymbol{x}(t+1)$处的值，得出

$$\boldsymbol{g}_{t+1}-\boldsymbol{g}_t=\gamma(t)\boldsymbol{H}(\boldsymbol{u}_t)\boldsymbol{d}_t \tag{7.21}$$

其中，$\boldsymbol{H}$ 为 V 的黑塞矩阵，$\boldsymbol{u}_t$ 的第 k 个元素是连接 $\boldsymbol{x}(t)$与 $\boldsymbol{x}(t+1)$的弦上的点。式(7.21)左边乘以 $\boldsymbol{d}_t^{\mathrm{T}}$ 得到

$$\boldsymbol{d}_t^{\mathrm{T}}(\boldsymbol{g}_{t+1}-\boldsymbol{g}_t)=\gamma(t)\boldsymbol{d}_t^{\mathrm{T}}\boldsymbol{H}(\boldsymbol{u}_t)\boldsymbol{d}_t \tag{7.22}$$

因为 $\boldsymbol{H}$ 是有界闭子集 Ω 上的连续函数，所以存在正数 $H_{\max}$，使得

$$\boldsymbol{d}_t^{\mathrm{T}}\boldsymbol{H}(\boldsymbol{u}_t)\boldsymbol{d}_t \leqslant H_{\max}|\boldsymbol{d}_t|^2 \tag{7.23}$$

将式(7.23)代入式(7.22)右侧，得到

$$\boldsymbol{d}_t^{\mathrm{T}}(\boldsymbol{g}_{t+1}-\boldsymbol{g}_t) \leqslant \gamma(t)H_{\max}|\boldsymbol{d}_t|^2 \tag{7.24}$$

式(7.9)表示的第二个 Wolfe 条件可以重写为

$$\beta\boldsymbol{g}_t^{\mathrm{T}}\boldsymbol{d}_t \leqslant \boldsymbol{g}_{t+1}^{\mathrm{T}}\boldsymbol{d}_t \tag{7.25}$$

从式(7.25)的两侧减去 $\boldsymbol{g}_t^{\mathrm{T}}\boldsymbol{d}_t$，得到

$$(\beta-1)\boldsymbol{g}_t^{\mathrm{T}}\boldsymbol{d}_t \leqslant [\boldsymbol{g}_{t+1}-\boldsymbol{g}_t]^{\mathrm{T}}\boldsymbol{d}_t \tag{7.26}$$

将式(7.24)代入式(7.26)右侧，得到

$$(\beta-1)\boldsymbol{g}_t^{\mathrm{T}}\boldsymbol{d}_t \leqslant \gamma(t)H_{\max}|\boldsymbol{d}_t|^2$$

将其重写为

$$\gamma(t) \geqslant \frac{(\beta-1)\boldsymbol{g}_t^{\mathrm{T}}\boldsymbol{d}_t}{H_{\max}|\boldsymbol{d}_t|^2} \tag{7.27}$$

其中，$|\boldsymbol{d}_t|>0$。

如果$|\boldsymbol{d}_t|=0$，则式(7.20)表示$|\boldsymbol{g}_t|=0$，这意味着 $\boldsymbol{x}(t)$为临界点。

将式(7.27)代入式(7.8)表示的第一个 Wolfe 条件：

$$V(\boldsymbol{x}(t+1))-V(\boldsymbol{x}(t)) \leqslant [\alpha(\beta-1)\boldsymbol{g}_t^{\mathrm{T}}\boldsymbol{d}_t/(H_{\max}|\boldsymbol{d}_t|^2)]\boldsymbol{g}_t^{\mathrm{T}}\boldsymbol{d}_t \tag{7.28}$$

重排式(7.28)各项，得出

$$V(\boldsymbol{x}(t+1))-V(\boldsymbol{x}(t))\leqslant(\alpha/H_{\max})(\beta-1)|\boldsymbol{g}_t|^2(\cos(\psi_t))^2 \tag{7.29}$$

其中

$$\cos(\psi_t)=\frac{-\boldsymbol{g}_t^{\mathrm{T}}\boldsymbol{d}_t}{|\boldsymbol{g}_t||\boldsymbol{d}_t|}$$

根据式(7.29)与关系 $\cos(\psi_t)\geqslant\delta$ 和 $(\alpha/H_{\max})(\beta-1)\leqslant 0$，有

$$V(\boldsymbol{x}(t+1))-V(\boldsymbol{x}(t))\leqslant(\alpha/H_{\max})(\beta-1)\delta^2|\boldsymbol{g}_t|^2 \tag{7.30}$$

对 $t=0,1,2,\cdots,M$ 的 $V(\boldsymbol{x}(t+1))-V(\boldsymbol{x}(t))$ 求和，得出

$$V(\boldsymbol{x}(M))-V(\boldsymbol{x}(0))=\sum_{t=0}^{M-1}[V(\boldsymbol{x}(t+1))-V(\boldsymbol{x}(t))] \tag{7.31}$$

将式(7.30)代入式(7.31)，得到

$$V(\boldsymbol{x}(M))-V(\boldsymbol{x}(0))\leqslant(\alpha/H_{\max})(\beta-1)\delta^2\sum_{t=0}^{M-1}|\boldsymbol{g}_t|^2$$

由于 $(\alpha/H_{\max})(\beta-1)\leqslant 0$，因此：

$$|V(\boldsymbol{x}(M))-V(\boldsymbol{x}(0))|\geqslant|(\alpha/H_{\max})(\beta-1)\delta^2|\sum_{t=0}^{M-1}|\boldsymbol{g}_t|^2 \tag{7.32}$$

因为 V 在 Ω 上有下界，这表示当 $M\to\infty$ 时，$|V(\boldsymbol{x}(M))-V(\boldsymbol{x}(0))|$ 为有限数。此外，鉴于 $|(\alpha/H_{\max})(\beta-1)\delta^2|$ 有界，因此式(7.32)表明：

$$\sum_{t=0}^{\infty}|\boldsymbol{g}_t|^2<\infty$$

这表示当 $t\to\infty$ 时，有

$$|\boldsymbol{g}(\boldsymbol{x}(t))|^2\to 0 \tag{7.33}$$

设 S 是 Ω 中的临界点集，使用反证法证明当 $t\to\infty$ 时，有 $\boldsymbol{x}(t)\to S$。假设存在 $\boldsymbol{x}(0)$，$\boldsymbol{x}(1),\cdots$ 的子序列 $\boldsymbol{x}(t_1),\boldsymbol{x}(t_2),\cdots$，使得当 $k\to\infty$ 时，$\boldsymbol{x}(t_k)\not\to S$。因为 $|\boldsymbol{g}|^2$ 在 Ω 上连续，所以当 $k\to\infty$ 时，子序列 $|\boldsymbol{g}(\boldsymbol{x}(t_1))|^2,|\boldsymbol{g}(\boldsymbol{x}(t_2))|^2,\cdots$ 不收敛到 0。但这与式(7.33)中每个子序列 $|\boldsymbol{g}(\boldsymbol{x}(0))|^2,|\boldsymbol{g}(\boldsymbol{x}(1))|^2,\cdots$ 收敛到 0 的结论矛盾，因此当 $t\to\infty$ 时，$\boldsymbol{x}(t)\to S$。 ■

例 7.2.1(凸函数或非凸函数的临界点收敛性) Zoutendijk-Wolfe 收敛定理的结论表明，满足 Zoutendijk-Wolfe 收敛定理条件的下降算法会收敛到状态空间 Ω 中的临界点集，其前提是该下降算法的轨迹最终在有界闭集 Ω 中。在许多应用中，可以通过适当方式构造 Ω 来实现该约束。

设 $\Omega\equiv\{\boldsymbol{x}:V(\boldsymbol{x})\leqslant V(\boldsymbol{x}(0))\}$，其中 $\boldsymbol{x}(0)$ 为下降算法的初始状态。根据连续函数集映射属性定理(定理 5.1.6)，当 V 连续时，集合 Ω 是闭集。此外，鉴于 Wolfe 步长条件必须成立，V 在轨迹 $\boldsymbol{x}(0),\boldsymbol{x}(1),\cdots$ 上均非递增，所以从 Ω 中起始的任何轨迹始终保持在 Ω 中。根据有界轨迹引理(定理 6.3.3)的论证，如果 V 具有以下属性：

$$|\boldsymbol{x}|\to\infty,V(\boldsymbol{x})\to+\infty \tag{7.34}$$

则 Ω 是有界集。为了说明该点，假设 Ω 不是有界集，这表明存在子序列 $\boldsymbol{x}(t_1),\boldsymbol{x}(t_2),\cdots$，使得当 $k\to\infty$ 时，$|\boldsymbol{x}_{t_k}|\to+\infty$，因此 $V(\boldsymbol{x}_{t_k})\to+\infty$，而这与对于所有 $t_1,t_2,\cdots$，$V(\boldsymbol{x}_{t_k})\leqslant V(\boldsymbol{x}(0))$ 的假设相矛盾。如果 V 不具有式(7.34)的属性，则可引入正则化项来修改 V(见例 6.3.5 和例 7.2.3)。

若无法证明所有轨迹均会渐近地限制在状态空间的有界闭区域内，可以将 Zoutendijk-Wolfe 收敛定理的结论简单修改为：如果某个特定轨迹没有渐近地限制在状态空间的特定有界闭区域内，就会收敛至区域中的一组临界点。

Zoutendijk-Wolfe 收敛定理也可用于研究状态空间中某一特定点的收敛性。当构造的 Ω 正好包含一个临界点时，即可进行这种研究。

图 7.5 显示了如何选择不同 Ω 集划分非凸函数定义域。受限于 Ω_1 的函数 V 是严格凸函数，仅有一个临界点且为 Ω_1 中唯一全局极小值点。另外，Ω_2 包含一个临界点(对应于 Ω_2 上的全局极大值点)和临界点连通集形成的平坦区。区域 Ω_3 包含局部极大值点和局部极小值点。△

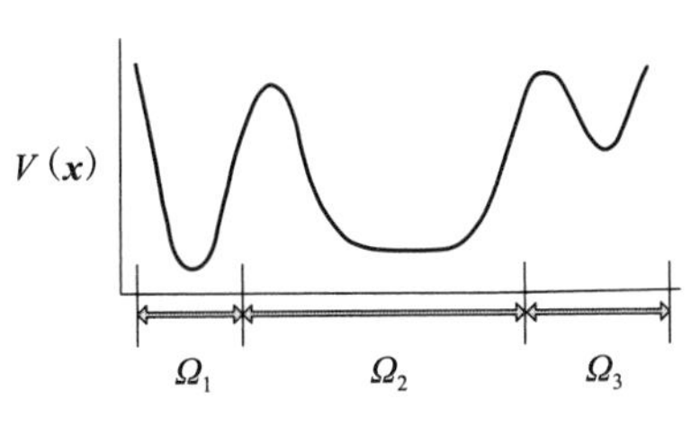

图 7.5　非凸函数定义域的划分示例

例 7.2.2(梯度下降批量学习的收敛性)　考虑可表示为最小化二次连续可微经验风险函数 $\hat{\ell}_n:\mathcal{R}^q\rightarrow[0,\infty)$的梯度下降算法的机器学习算法。定义梯度下降批量学习算法的学习规则：

$$\boldsymbol{\theta}(t+1)=\boldsymbol{\theta}(t)-\gamma_t\boldsymbol{g}_t \tag{7.35}$$

其中 $\boldsymbol{\theta}(t)$处的梯度为

$$\boldsymbol{g}_t\equiv\frac{\mathrm{d}\hat{\ell}_n(\boldsymbol{\theta}(t))}{\mathrm{d}\boldsymbol{\theta}}$$

且 γ_t 为 Wolfe 步长。分析该批量学习算法的渐近性。

解　按照秘诀框 7.1 中的步骤分析其渐近性。

步骤 1　根据式(7.35)给出标准下降算法的学习规则。

步骤 2　验证目标函数 $\hat{\ell}_n$ 是二次连续可微的，且存在下界。集合 Ω 选择为任意有界闭凸集。

步骤 3　使用搜索方向 $\boldsymbol{d}_t=-\boldsymbol{g}_t$ 检验下坡条件，计算

$$\frac{\boldsymbol{g}_t^{\mathrm{T}}\boldsymbol{d}_t}{|\boldsymbol{g}_t|\,|\boldsymbol{d}_t|}=-1<0$$

满足下坡条件。

步骤 4　依据假设，满足 Wolfe 条件。

步骤 5　推导结论：要么由学习算法生成的参数向量序列 $\boldsymbol{\theta}(1),\boldsymbol{\theta}(2),\cdots$收敛至 Ω 中的临界点集；要么轨迹 $\boldsymbol{\theta}(1),\boldsymbol{\theta}(2),\cdots$非渐近地限制于 Ω(即不存在正整数 T，使得对于所有 $t>T$，都有 $\boldsymbol{\theta}(t)\in\Omega$)。△

秘诀框 7.1　批量学习收敛性分析(定理 7.2.1)

- **步骤 1**　按照下降算法形式表示算法。假设下降算法的初始状态为 $\boldsymbol{\theta}(0)\in\mathcal{R}^q$，对于 $t=0,1,2,\cdots$，下降算法形式为

$$\boldsymbol{\theta}(t+1)=\boldsymbol{\theta}(t)+\gamma(t)\boldsymbol{d}_t$$

其中，步长 $\gamma(t)\in[0,\infty)$，下降方向为 $\boldsymbol{d}:\mathbb{N}\rightarrow\mathcal{R}^q$。

- **步骤 2**　定义搜索区域并验证目标函数。设 Θ 为有界闭集，验证目标函数 ℓ 是否为 $\mathcal{R}^q$ 上的二次连续可微函数。验证 ℓ 是否在 $\mathcal{R}^q$ 上有下界。
- **步骤 3**　验证下降方向是否为下坡方向。设 $\boldsymbol{g}_t$ 为 ℓ 在 $\boldsymbol{\theta}(t)$处的梯度，验证对于某正数 δ，当$|\boldsymbol{g}_t|>0$ 与$|\boldsymbol{d}_t|>0$ 时，有

$$\frac{\boldsymbol{g}_t^{\mathrm{T}}\boldsymbol{d}_t}{|\boldsymbol{g}_t|\,|\boldsymbol{d}_t|}\leqslant-\delta$$

此外，验证当且仅当$|\boldsymbol{g}_t|=0$ 时$|\boldsymbol{d}_t|=0$。

- **步骤 4**　验证步长是否满足 Wolfe 条件。保证所有步长都满足式(7.8)和式(7.10)所定义的 Wolfe 条件。
- **步骤 5**　推导轨迹是收敛至临界点还是轨迹无界。设 S 是 ℓ 在有界闭集 Θ 中的临界点集。推导结论：对于所有 $t \in \mathbb{N}$，如果轨迹 $\boldsymbol{\theta}(t) \in \Theta$，则当 $t \to \infty$ 时，$\boldsymbol{\theta}(t) \to S$。

例 7.2.3(正则化梯度下降批量学习的收敛性)　考虑一种可表示为最小化二次连续可微经验风险函数 $\hat{\ell}_n : \mathcal{R}^q \to [0,\infty)$ 的梯度下降算法的机器学习算法：

$$\hat{\ell}_n(\boldsymbol{\theta}) = \ddot{\ell}_n(\boldsymbol{\theta}) + \lambda |\boldsymbol{\theta}|^2$$

其中，$\ddot{\ell}_n : \mathcal{R}^q \to [0,\infty)$ 是一个有下界的二次连续可微函数，λ 是一个正数。梯度下降批量学习算法的学习规则为

$$\boldsymbol{\theta}(t+1) = \boldsymbol{\theta}(t) - \gamma_t \boldsymbol{g}_t \tag{7.36}$$

其中 $\boldsymbol{\theta}(t)$ 处的梯度为

$$\boldsymbol{g}_t \equiv \frac{\mathrm{d}\hat{\ell}_n(\boldsymbol{\theta}(t))}{\mathrm{d}\boldsymbol{\theta}}$$

且 γ_t 为 Wolfe 步长。分析该批量学习算法的渐近性。

解　渐近性分析与例 7.2.2 相同。因此，可以得出以下结论：要么由学习算法产生的参数向量序列 $\boldsymbol{\theta}(1), \boldsymbol{\theta}(2), \cdots$ 收敛至参数空间(即 Ω_0)区域的临界点集；轨迹 $\boldsymbol{\theta}(1), \boldsymbol{\theta}(2), \cdots$ 非渐近地限制于 Ω_0。但是，在该例中，$\hat{\ell}_n$ 有一个额外的已知属性，即当 $|\boldsymbol{\theta}| \to \infty$ 时，$\hat{\ell}_n(\boldsymbol{\theta}) \to +\infty$。现在定义 $\Omega_0 \equiv \{\boldsymbol{\theta} : \hat{\ell}_n(\boldsymbol{\theta}) \leqslant \hat{\ell}_n(\boldsymbol{\theta}(0))\}$，$\boldsymbol{\theta}(0) \in \mathcal{R}^q$。依据有界轨迹引理(定理 6.3.3)，$\boldsymbol{\theta}(1), \boldsymbol{\theta}(2), \cdots$ 及其极限点必须渐近地限制于 Ω_0。因此，可得出有效结论：当 $t \to \infty$ 时，$\boldsymbol{\theta}(t)$ 收敛至 Ω_0 中 $\hat{\ell}_n$ 的临界点集。对于具有多个极小值点、极大值点、平坦区和鞍点的复杂平滑非凸目标函数，该结论也是成立的。　△

例 7.2.4(修正梯度下降批量学习的收敛性)　设 $\boldsymbol{g} : \mathcal{R}^q \to \mathcal{R}^q$ 表示目标函数 $\hat{\ell}_n : \mathcal{R}^q \to \mathcal{R}$ 的梯度，$\boldsymbol{M}_1, \boldsymbol{M}_2, \cdots$ 为对称正定矩阵序列，对于所有 $k \in \mathbb{N}$ 和所有 $\boldsymbol{\theta} \in \mathcal{R}^q$，存在两个正数 $\lambda_{\min}$ 和 $\lambda_{\max}$，使得

$$\lambda_{\min} |\boldsymbol{\theta}|^2 \leqslant \boldsymbol{\theta}^{\mathrm{T}} \boldsymbol{M}_k \boldsymbol{\theta} \leqslant \lambda_{\max} |\boldsymbol{\theta}|^2$$

定义修正梯度下降批量学习规则：

$$\boldsymbol{\theta}(t+1) = \boldsymbol{\theta}(t) - \gamma(t) \boldsymbol{M}_t \boldsymbol{g}(\boldsymbol{\theta}(t))$$

由当前参数向量 $\boldsymbol{\theta}(t)$ 和 Wolfe 步长 $\gamma(t)$ 得出新的参数向量 $\boldsymbol{\theta}(t+1)$。分析该批量学习算法的渐近行为。

解　按照秘诀框 7.1 中的步骤分析其渐近性。除步骤 3 外，所有步骤均与例 7.2.2 的相同。设 $\boldsymbol{g}_t \equiv \boldsymbol{g}(\boldsymbol{\theta}(t))$，$\boldsymbol{d}_t = -\boldsymbol{M}_t \boldsymbol{g}_t$。若要验证关于步骤 3 的条件，需要注意下坡条件：

$$\frac{\boldsymbol{g}_t^{\mathrm{T}} \boldsymbol{d}_t}{|\boldsymbol{g}_t| |\boldsymbol{d}_t|} = \frac{-\boldsymbol{g}_t^{\mathrm{T}} \boldsymbol{M}_t \boldsymbol{g}_t}{|\boldsymbol{g}_t| |\boldsymbol{M} \boldsymbol{g}_t|} \leqslant \frac{-\lambda_{\min} |\boldsymbol{g}_t|^2}{|\boldsymbol{g}_t| \sqrt{\boldsymbol{g}_t^{\mathrm{T}} \boldsymbol{M}_t^2 \boldsymbol{g}_t}} \leqslant \frac{-\lambda_{\min} |\boldsymbol{g}_t|^2}{|\boldsymbol{g}_t| \sqrt{\lambda_{\max}^2 |\boldsymbol{g}_t|^2}} = \frac{-\lambda_{\min}}{\lambda_{\max}} < 0$$

△

例 7.2.5(线性回归梯度下降批量学习的收敛性)　定义数据集 $\mathcal{D}_n$：

$$\mathcal{D}_n = \{(\boldsymbol{s}_1, y_1), \cdots, (\boldsymbol{s}_n, y_n)\}$$

其中，y_i 为 d 维输入模式向量 $\boldsymbol{s}_i$ 对应的学习机期望响应，其中 $i = 1, \cdots, n$。对于给定输入模式 $\boldsymbol{s}_i$ 和参数向量 $\boldsymbol{\theta}$，学习机的预测响应是 $\ddot{y}(\boldsymbol{s}_i, \boldsymbol{\theta}) = \boldsymbol{\theta}^{\mathrm{T}} \boldsymbol{s}_i$。学习过程的目标是寻找一个参数向量 $\hat{\boldsymbol{\theta}}_n$，使经验风险函数

$$\hat{\ell}_n(\boldsymbol{\theta})=(1/n)\sum_{i=1}^{n}(y_i-\ddot{y}(\boldsymbol{s}_i,\boldsymbol{\theta}))^2$$

最小。设计一种梯度下降学习算法，使其收敛于该经验风险函数的全局极小值点集。

解　按照秘诀框 7.1 中的步骤进行分析。

步骤 1　设

$$\boldsymbol{\theta}(t+1)=\boldsymbol{\theta}(t)-\gamma_t\boldsymbol{g}_t$$

其中，γ_t 为 Wolfe 步长且

$$\boldsymbol{g}_t=-(2/n)\sum_{i=1}^{n}(y_i-\ddot{y}(\boldsymbol{s}_i,\boldsymbol{\theta}(t))\boldsymbol{s}_i$$

步骤 2　设 $\Omega\equiv\{\boldsymbol{\theta}:\hat{\ell}_n(\boldsymbol{\theta})\leqslant\hat{\ell}_n(\boldsymbol{\theta}(0))\}$。由于 $\hat{\ell}_n$ 是连续的，所以 Ω 是一个闭集。另外，由于 γ_t 是 Wolfe 步长，$\hat{\ell}_n$ 在轨迹上是非递增的，因此所有轨迹都包含在 Ω 中。需要注意的是，当 $|\boldsymbol{\theta}|\to\infty$ 时，$\hat{\ell}_n(\boldsymbol{\theta})\to+\infty$，根据定理 6.3.3，包含所有轨迹的集合 Ω 也是一个有界集。此外，$\hat{\ell}_n$ 下界为 0。

步骤 3　由于搜索方向是梯度下降方向，因此搜索方向是下坡方向，所以对于某正数 δ，$\boldsymbol{g}_t^{\mathrm{T}}\boldsymbol{d}_t<\delta|\boldsymbol{g}_t||\boldsymbol{d}_t|$，其中 $\boldsymbol{d}_t=-\boldsymbol{g}_t$。

步骤 4　依据假设，满足 Wolfe 条件。

步骤 5　目标函数在 $\boldsymbol{\theta}(t)$ 处的黑塞矩阵为：

$$\boldsymbol{H}_t=(2/n)\sum_{i=1}^{n}\boldsymbol{s}_i\boldsymbol{s}_i^{\mathrm{T}}$$

集合 Ω 也是凸集。由于 $\boldsymbol{H}_t$ 是半正定矩阵，因此目标函数是凸集 Ω 上的凸函数，目标函数的每个临界点均为全局极小值点。因此，从 Ω 中起始的所有轨迹都将收敛到 Ω 中的全局极小值点集。此外，如果 $\boldsymbol{H}_t$ 在 Ω 上是正定的，并且在 Ω 内存在一个临界点，那么所有的轨迹都将收敛到该临界点，即 V 在 Ω 上的唯一全局极小值点集。　△

练习

7.2-1. (具有多参数学习率的梯度下降算法的收敛性)练习 7.1-1 给出了一种梯度下降算法，其中每个参数均有单独的学习率。通过 Zoutendijk-Wolfe 收敛定理，给出保证所有轨迹都将收敛至目标函数的临界点集的条件。

7.2-2. (坐标梯度下降算法的收敛性)给出练习 7.1-2 所提坐标梯度下降算法收敛至包含目标函数临界点集的集合 S 的充分条件。

7.3　下降策略

7.3.1　梯度和最速下降

算法 7.3.1 给出了一个实际梯度下降算法示例，其包括了判断梯度无穷范数是否小于某个正数 ϵ 和限制最大迭代次数 $T_{\max}$ 的终止准则。

算法 7.3.1　梯度下降批量学习算法

1：**procedure** BATCHGRADIENTDESCENT($\boldsymbol{x}(0),\epsilon,T_{\max}$)

2：　　$t\Leftarrow0$

```
3：    repeat
4：        g_t ⇐ ∇V(x(t))
5：        根据 x(t) 和 -g_t 计算 Wolfe 步长 γ_t
6：        x(t+1) ⇐ x(t) - γ_t g_t
7：        t ⇐ t+1
8：    until |g_t|_∞ < ϵ or t = T_max
9：    return {x(t), |g_t|_∞}
10：end procedure
```

在实践中，ϵ 是一个小数(例如 $\epsilon=10^{-15}$ 或 $\epsilon=10^{-5}$)。最大迭代次数 $T_{\max}$ 应该选得非常大，这样算法就可以在梯度的无穷范数小于 ϵ 时终止。

当始终选择最优步长时，称梯度下降算法为最速下降算法。可以证明，采用最优步长的最速下降算法在 V 的极小值点 $\boldsymbol{x}^*$ 附近具有线性收敛率，其收敛度的上限随着 $\boldsymbol{x}^*$ 处黑塞矩阵的条件数的增加而变大(Luenberger，1984)。

例 7.3.1(非线性回归的梯度下降批量学习)　定义训练数据集 $\mathcal{D}_n\equiv\{(\boldsymbol{s}_1,y_1),\cdots,(\boldsymbol{s}_n,y_n)\}$，使得对于给定的输入模式 $\boldsymbol{s}_k$，期望响应为 y_k。$\boldsymbol{\mathcal{S}}$ 是一个向量值函数，$\boldsymbol{\mathcal{S}}(\boldsymbol{\phi})$ 的第 k 个元素为 $(1+\exp(-\phi_k))^{-1}$，其中 ϕ_k 是 $\boldsymbol{\phi}$ 的第 k 个元素。思考一个非线性回归建模问题，对于每个输入模式 $\boldsymbol{s}$ 和参数向量 $\boldsymbol{\theta}^{\mathrm{T}}\equiv[\boldsymbol{w}^{\mathrm{T}},\mathbf{vec}(\boldsymbol{V}^{\mathrm{T}})^{\mathrm{T}}]$，定义期望响应 $\ddot{y}$：

$$\ddot{y}(\boldsymbol{s},\boldsymbol{\theta})=\mathcal{S}(\boldsymbol{w}^{\mathrm{T}}\boldsymbol{\mathcal{S}}(\boldsymbol{V}\boldsymbol{s}))$$

其中，$\mathcal{S}(\phi)=(1+\exp(-\phi))^{-1}$。学习机过程的目标是最小化目标函数

$$\hat{\ell}_n(\boldsymbol{\theta})=(1/n)\sum_{i=1}^{n}(y_i-\ddot{y}(\boldsymbol{s}_i;\boldsymbol{\theta}))^2+\lambda|\boldsymbol{\theta}|^2$$

其中，λ 为正数。

研究者提出一种梯度下降批量学习算法，用于最小化 $\hat{\ell}_n$，定义为

$$\boldsymbol{\theta}(t+1)=\boldsymbol{\theta}(t)-\gamma_t\boldsymbol{g}_n(\boldsymbol{\theta}(t))$$

其中，γ_t 为 Wolfe 步长，$\boldsymbol{g}_n$ 为 $\hat{\ell}_n$ 的梯度。证明所有轨迹都收敛于 $\hat{\ell}_n$ 的临界点集。

解　定义集合

$$\Omega\equiv\{\boldsymbol{\theta}\in\mathcal{R}^q:\hat{\ell}_n(\boldsymbol{\theta})\leqslant\hat{\ell}_n(\boldsymbol{\theta}(0))\}$$

由于 γ_t 是 Wolfe 步长，$\hat{\ell}_n(\boldsymbol{\theta}(t+1))\leqslant\hat{\ell}_n(\boldsymbol{\theta}(t))$，这表明对于所有 $t\geqslant0$，$\boldsymbol{\theta}(t)\in\Omega$。此外，$\Omega$ 是一个闭集，因为根据定理 5.1.6，$\hat{\ell}_n$ 是一个连续函数。此外，由于当 $|\boldsymbol{\theta}|\to\infty$ 时，$\hat{\ell}_n(\boldsymbol{\theta})\to+\infty$，因此 Ω 是一个有界集(参见有界轨迹引理)。由于 $\hat{\ell}_n$ 是有下界的二次连续可微函数，鉴于当 $|\boldsymbol{g}_n|>0$ 时，对于 $\delta=1$，$-\boldsymbol{g}_n^{\mathrm{T}}\boldsymbol{g}_n\leqslant\delta|\boldsymbol{g}_n|^2$，因此梯度下降方向 $-\boldsymbol{g}_n$ 为下坡方向，而且由于步长是 Wolfe 步长，Zoutendijk-Wolfe 收敛定理的条件成立。所有的轨迹都会收敛到 Ω 中临界点集。　△

7.3.2　牛顿式下降

7.3.2.1　Newton-Raphson 算法

Newton-Raphson 算法(也称牛顿算法)的原理是选择一个搜索方向，使得下一个系统状态为目标函数 V 的局部二次近似临界点。令 $\boldsymbol{g}:\mathcal{R}^d\to\mathcal{R}^d$ 和 $\boldsymbol{H}:\mathcal{R}^d\to\mathcal{R}^{d\times d}$ 分别表示目标函数 V 的

梯度和黑塞矩阵。通过一阶泰勒展开式基于当前状态 $\boldsymbol{x}(t)$ 展开 $\boldsymbol{g}$，并在下一状态 $\boldsymbol{x}(t+1)=\boldsymbol{x}(t)+\gamma(t)\boldsymbol{d}(t)$ 进行计算，得出以下关系：

$$\boldsymbol{g}(\boldsymbol{x}(t+1))=\boldsymbol{g}(\boldsymbol{x}(t))+\boldsymbol{H}(\boldsymbol{x}(t))(\boldsymbol{x}(t+1)-\boldsymbol{x}(t))+O(\gamma(t)^2)\boldsymbol{1}_d$$

使用关系 $\gamma(t)\boldsymbol{d}(t)=\boldsymbol{x}(t+1)-\boldsymbol{x}(t)$，得出

$$\boldsymbol{g}(\boldsymbol{x}(t+1))=\boldsymbol{g}(\boldsymbol{x}(t))+\gamma(t)\boldsymbol{H}(\boldsymbol{x}(t))\boldsymbol{d}(t)+O(\gamma(t)^2)\boldsymbol{1}_d \tag{7.37}$$

由于最小化 V 的必要条件是 V 梯度消失，因此需要选择一个合适的搜索方向 $\boldsymbol{d}(t)$，使得 $\boldsymbol{g}(\boldsymbol{x}(t+1))=\boldsymbol{0}_d$。

将 $\boldsymbol{g}(\boldsymbol{x}(t+1))=\boldsymbol{0}_d$ 代入式(7.37)，得出

$$\boldsymbol{0}_d=\boldsymbol{g}(\boldsymbol{x}(t))+\gamma(t)\boldsymbol{H}(\boldsymbol{x}(t))\boldsymbol{d}(t)+O(\gamma(t)^2)\boldsymbol{1}_d$$

解出 $\gamma(t)\boldsymbol{d}(t)$ 即可得到牛顿搜索方向：

$$\gamma(t)\boldsymbol{d}(t)=-[\boldsymbol{H}(\boldsymbol{x}(t))]^{-1}\boldsymbol{g}(\boldsymbol{x}(t))+O(\gamma(t)^2)\boldsymbol{1}_d$$

需要注意的是，矩阵逆 $[\boldsymbol{H}(\boldsymbol{x}(t))]^{-1}$ 在 V 的严格局部极小值点的极小邻域中存在。此外，考虑到 $\boldsymbol{x}(t)$ 足够接近局部极小值点 $\boldsymbol{x}^*$，$[\boldsymbol{H}(\boldsymbol{x}(t))]^{-1}$ 的所有特征值 $H_{\min}(t)$ 均为有限正数。因此，可以依据 Zoutendijk-Wolfe 收敛定理(见例 7.2.4)证明，当 $\boldsymbol{x}(t)$ 充分接近严格局部极小值点 $\boldsymbol{x}^*$ 时，$\boldsymbol{x}(t)$ 收敛于 $\boldsymbol{x}^*$。

可以证明，Newton-Raphson 算法具有二次收敛率(Luenberger，1984)，这比最速下降算法的线性收敛速度快得多。这种快收敛速度是该算法非常有吸引力的特点。然而，在每次迭代时，Newton-Raphson 算法的计算量比最速下降算法更多，这是因为 Newton-Raphson 算法在每次迭代时都需要对 d 维矩阵进行存储和求逆。此外，如果目标函数 V 有局部极大值，则 Newton-Raphson 算法可能会使用上坡搜索方向，而不是下坡搜索方向！此外，当 $\boldsymbol{x}(t)$ 不在严格局部极小值点附近时，矩阵逆 $[\boldsymbol{H}(\boldsymbol{x}(t))]^{-1}$ 可能不存在。需要强调的是，这种收敛率分析只适用于下降算法的轨迹在严格局部极小值点附近，当轨迹不在严格局部极小值点附近时，将出现偏差。

7.3.2.2　Levenberg-Marquardt 算法

Levenberg-Marquardt 算法是经典牛顿算法和最速下降算法的折中方案。设 $\boldsymbol{g}_t$ 和 $\boldsymbol{H}_t$ 分别为 V 在 $\boldsymbol{x}(t)$ 处的梯度和黑塞矩阵。Levenberg-Marquardt 算法的形式如下：

$$\boldsymbol{x}(t+1)=\boldsymbol{x}(t)+\gamma_t\boldsymbol{d}_t$$

其中

$$\boldsymbol{d}_t=-(\mu_t\boldsymbol{I}_d+\boldsymbol{H}_t)^{-1}\boldsymbol{g}_t$$

需要注意的是，如果 $\mu_t=0$，则 $\boldsymbol{d}_t=-(\boldsymbol{H}_t)^{-1}\boldsymbol{g}_t$ 对应于 Newton-Raphson 的搜索方向。另外，如果 μ_t 是一个较大的正数，那么梯度下降的搜索方向为 $\boldsymbol{d}_t\approx-(1/\mu_t)\boldsymbol{g}_t$。

例 7.2.4 的方法可以用于分析 Levenberg-Marquardt 算法的渐近性。

算法 7.3.2　Levenberg-Marquardt 算法

1：**procedure** LEVENBERGMARQUARDTBATCHLEARNING($\boldsymbol{x}(0),\delta,\epsilon,D_{\max},T_{\max}$)
2：　$t\Leftarrow 0$
3：　**repeat**
4：　　$\boldsymbol{g}_t\Leftarrow\nabla V(\boldsymbol{x}(t))$
5：　　$\boldsymbol{H}_t\Leftarrow\nabla^2 V(\boldsymbol{x}(t))$

6: 设 $\lambda_{\min}(t)$ 为 $\boldsymbol{H}_t$ 的最小特征值
7: **if** $\lambda_{\min}(t)<\delta$ **then**
8: $\boldsymbol{d}_t \Leftarrow -[(\delta-\lambda_{\min}(t))\boldsymbol{I}+\boldsymbol{H}_t]^{-1}\boldsymbol{g}_t$
9: **else**
10: $\boldsymbol{d}_t \Leftarrow -[\boldsymbol{H}_t]^{-1}\boldsymbol{g}_t$
11: **end if**
12: **if** $|\boldsymbol{d}_t|>D_{\max}$ **then**
13: $\boldsymbol{d}_t \Leftarrow -\boldsymbol{g}_t$
14: **end if**
15: 依据 $\boldsymbol{x}(t)$ 和 $\boldsymbol{d}_t$ 计算 Wolfe 步长 γ_t
16: $\boldsymbol{x}(t+1)\Leftarrow\boldsymbol{x}(t)+\gamma_t\boldsymbol{d}_t$
17: $t\Leftarrow t+1$
18: **until** $|\boldsymbol{g}_t|_\infty<\epsilon$ or $t=T_{\max}$
19: **return** $\{\boldsymbol{x}(t),|\boldsymbol{g}_t|_\infty\}$
20: **end procedure**

对于复杂的非线性目标函数，当距离严格局部极小值点较远时，应设置较大的 μ_t，当在严格局部极小值点附近时，应设置较小的 μ_t。因此，就像 Newton-Raphson 算法一样，Levenberg-Marquardt 算法具有二次收敛率。

与 Newton-Raphson 算法相比，Levenberg-Marquardt 算法的一个突出优点是，不会对具有最小值和最大值的非线性目标函数产生“上坡”搜索方向。Levenberg-Marquardt 优于 Newton-Raphson 算法的第二个优点为，矩阵的逆始终存在。

Levenberg-Marquardt 算法的具体实现（见算法 7.3.2）等同于梯度下降算法的具体实现（见算法 7.3.1）。常数 μ 均为一个小正数（例如 $\mu=10^{-5}$）。

对于与凸目标函数有关的线性回归和逻辑回归的机器学习问题，可选择 Newton-Raphson 算法。但是，当目标函数非凸、存在多个局部极小值点或鞍点时，使用 Newton-Raphson 算法可能不具有收敛性。

例 7.3.2（逻辑回归参数估计） 设 $y_i\in\{0,1\}$ 是输入模式向量 $\boldsymbol{s}_i\in\mathcal{R}^d$ 的期望响应，$i=1,\cdots,n$。对于给定的输入模式向量 $\boldsymbol{s}_i$，令 $\boldsymbol{u}_i^{\mathrm{T}}=[\boldsymbol{s}_i^{\mathrm{T}}\quad 1]$，$i=1,\cdots,n$，预测响应为

$$\ddot{y}(\boldsymbol{s},\boldsymbol{\theta})=\mathcal{S}(\boldsymbol{\theta}^{\mathrm{T}}\boldsymbol{u}_i)$$

其中，$\mathcal{S}(\phi)=(1+\exp(-\phi))^{-1}$。

学习过程的目标是最小化经验风险目标函数

$$\hat{\ell}_n(\theta)=-(1/n)\sum_{i=1}^{n}[y_i\log\ddot{y}(\boldsymbol{s}_i;\boldsymbol{\theta})+(1-y_i)\log(1-\ddot{y}(\boldsymbol{s}_i;\boldsymbol{\theta}))]$$

$\hat{\ell}_n$ 的梯度 $\boldsymbol{g}_n$ 如下：

$$\boldsymbol{g}_n(\boldsymbol{\theta})=-(1/n)\sum_{i=1}^{n}[y_i-\ddot{y}(\boldsymbol{s}_i;\boldsymbol{\theta})]\boldsymbol{u}_i^{\mathrm{T}}$$

$\hat{\ell}_n$ 的黑塞矩阵 $\boldsymbol{H}_n$ 如下：

$$\boldsymbol{H}_n(\boldsymbol{\theta})=(1/n)\sum_{i=1}^{n}\ddot{y}(\boldsymbol{s}_i;\boldsymbol{\theta})(1-\ddot{y}(\boldsymbol{s}_i;\boldsymbol{\theta}))\boldsymbol{u}_i\boldsymbol{u}_i^{\mathrm{T}}$$

将梯度和黑塞矩阵算式代入算法7.3.2，得出逻辑回归模型参数估计的方法。需要注意的是，对于每一个 $\boldsymbol{\theta}\in\mathcal{R}^{d+1}$，有

$$\boldsymbol{\theta}^{\mathrm{T}}\boldsymbol{H}_n(\boldsymbol{\theta})\boldsymbol{\theta}\geqslant 0$$

根据定理5.3.5，目标函数在参数空间上是凸的。 △

7.3.3 L-BFGS与共轭梯度下降法

本节介绍的L-BFGS算法具备多个理想特征。首先，与Newton-Raphson和Levenberg-Marquardt算法不同的是，L-BFGS算法没有黑塞矩阵存储或求逆的内存和计算要求。其次，对于非线性目标函数，L-BFGS的下降方向总是为下坡方向。最后，L-BFGS在严格局部极小值点附近具有超线性收敛率(Luenberger，1984；Nocedal & Wright，1999)。

直观地说，L-BFGS的工作原理是计算梯度下降搜索方向、前一个搜索方向和前一个梯度下降搜索方向的特定加权和。L-BFGS的基本原理类似于例7.1.2中讨论的动量法搜索方向，但计算要求却与梯度下降算法相似。经过 M 次迭代后，L-BFGS进行梯度下降的步骤，然后在接下来的 M 次迭代中，再次计算当前梯度下降方向与之前下降方向的加权和。可以证明，在 M 次迭代的内循环完成后，L-BFGS算法得到的搜索方向近似于Newton-Raphson算法的搜索方向。内循环的迭代次数 M 一般选择为小于或等于系统状态 $\boldsymbol{x}(t)$ 的维数。

算法7.3.3 L-BFGS算法

1: **procedure** L-BFGS($\boldsymbol{x}(0),\delta,\epsilon,T_{\max},M$)
2: $t\Leftarrow 0$
3: **repeat**
4: **if** $\mathrm{MOD}(t,m)=0$ **then** ▷ $\mathrm{MOD}(t,m)$ 是 $t\div M$ 的余数
5: $\boldsymbol{g}_t\Leftarrow\nabla V(\boldsymbol{x}(t))$
6: $\boldsymbol{d}_t\Leftarrow-\boldsymbol{g}_t$ ▷梯度下降方向
7: **else**
8: $\boldsymbol{g}_{t-1}\Leftarrow\boldsymbol{g}_t$
9: $\boldsymbol{g}_t\Leftarrow\nabla V(\boldsymbol{x}(t))$
10: $\boldsymbol{d}_{t-1}\Leftarrow\boldsymbol{d}_t$
11: $\gamma_{t-1}\Leftarrow\gamma_t$
12: $\boldsymbol{u}_t\Leftarrow\boldsymbol{g}_t-\boldsymbol{g}_{t-1}$
13: $a_t\Leftarrow\dfrac{\boldsymbol{d}_{t-1}^{\mathrm{T}}\boldsymbol{g}_t}{\boldsymbol{d}_{t-1}^{\mathrm{T}}\boldsymbol{u}_t}$
14: $b_t\Leftarrow\dfrac{\boldsymbol{u}_t^{\mathrm{T}}\boldsymbol{g}_t}{\boldsymbol{d}_{t-1}^{\mathrm{T}}\boldsymbol{u}_t}$
15: $c_t\Leftarrow\gamma_{t-1}+\dfrac{|\boldsymbol{u}_t|^2}{\boldsymbol{d}_{t-1}^{\mathrm{T}}\boldsymbol{u}_t}$
16: $\boldsymbol{d}_t\Leftarrow-\boldsymbol{g}_t+a_t\boldsymbol{u}_t+(b_t-a_tc_t)\boldsymbol{d}_{t-1}$ ▷L-BFGS下降方向
17: **end if**
18: **if** $\boldsymbol{g}_t^{\mathrm{T}}\boldsymbol{d}_t>-\delta|\boldsymbol{g}_t||\boldsymbol{d}_t|$ **then** ▷如果搜索方向非下坡方向，则重置
19: $\boldsymbol{d}_t\Leftarrow-\boldsymbol{g}_t$

20：　　　**end if**
21：　　　依据 $\boldsymbol{x}(t)$和 $\boldsymbol{d}_t$ 计算 Wolfe 步长 γ_t
22：　　　$\boldsymbol{x}(t+1) \Leftarrow \boldsymbol{x}(t)+\gamma_t \boldsymbol{d}_t$
23：　　　$t \Leftarrow t+1$
24：　**until** $|\boldsymbol{g}_t|_\infty < \epsilon$ or $t=T_{\max}$
25：　**return** $\{\boldsymbol{x}(t), |\boldsymbol{g}_t|_\infty\}$
26：**end procedure**

练习 7.3-6 说明了如何使用 Zoutendijk-Wolfe 收敛定理分析 L-BFGS 算法(算法 7.3.3)。

根据定义，最优步长是唯一的全局极小值点，因此也是一个临界点，所以最优步长必须满足 $\mathrm{d}V_{\boldsymbol{x}_{t-1},\boldsymbol{d}_{t-1}}/\mathrm{d}\gamma=0$。鉴于 $\mathrm{d}V_{\boldsymbol{x}_{t-1},\boldsymbol{d}_{t-1}}/\mathrm{d}\gamma=\boldsymbol{g}_t^{\mathrm{T}}\boldsymbol{d}_{t-1}=0$，所以 $a_t=0$。将 $a_t=0$ 代入 L-BFGS 算法(算法 7.3.3)即可得到共轭梯度下降算法，其下降方向为

$$\boldsymbol{d}_t=-\boldsymbol{g}_t+b_t\boldsymbol{d}_{t-1}$$

由于该共轭梯度下降法推导采用了最优步长而不是 Wolfe 步长，这说明 L-BFGS 方法在实际应用中比共轭梯度下降法更加稳健。

练习

7.3-1. (块坐标梯度下降)在某些情况下，一组参数值的微小变化会极大影响其他参数值。在其他情况下，目标函数在整个参数向量上是非凸的，仅在参数的某个子集上是凸的。对于这种情况，一种有助于学习的有效策略是，每次仅更新学习机的一个参数子集。例如，在多层前馈感知机网络中，一种学习策略是每次只更新网络的一层连接。这类优化方法在非线性优化文献中称为“块坐标下降法”。使用 Zoutendijk-Wolfe 收敛定理说明并论证使用块坐标下降法的渐近性。

7.3-2. (自然梯度下降批量学习算法)设 $c:\mathcal{R}^d\times\mathcal{R}^q\to\mathcal{R}$ 为损失函数，训练数据为 n 个 d 维训练向量 $\boldsymbol{x}_1,\cdots,\boldsymbol{x}_n$，令 $\ell_n(\boldsymbol{\theta})=(1/n)\sum_{i=1}^{n}c(\boldsymbol{x}_i,\theta)$，$\boldsymbol{g}_i(\boldsymbol{\theta})=(\mathrm{d}c(\boldsymbol{x}_i,\theta)/\mathrm{d}\boldsymbol{\theta})^{\mathrm{T}}$，$\bar{\boldsymbol{g}}_n(\boldsymbol{\theta})=[\mathrm{d}\ell_n/\mathrm{d}\boldsymbol{\theta}]^{\mathrm{T}}$。设

$$\boldsymbol{B}_n(\boldsymbol{\theta})=(1/n)\sum_{i=1}^{n}\boldsymbol{g}_i(\boldsymbol{\theta})\boldsymbol{g}_i(\boldsymbol{\theta})^{\mathrm{T}}$$

一个旨在最小化目标函数 $\hat{\ell}_n$ 的自然梯度下降批量学习算法(Amari，1998；Le Roux et al.，2008)定义如下：

$$\boldsymbol{\theta}(k+1)=\boldsymbol{\theta}(k)-\gamma_k(\epsilon\boldsymbol{I}_q+\boldsymbol{B}_n(\boldsymbol{\theta}(k)))^{-1}\bar{\boldsymbol{g}}_n(\boldsymbol{\theta}(k))$$

其中，γ_k 是一个正步长，ϵ 是一个小正数，且存在一个有限数 $B_{\max}$，使得对于所有 $k\in\mathbb{N}$，有 $|\boldsymbol{B}_n(\boldsymbol{\theta}(k))|<B_{\max}$。参考例 7.2.4，利用 Zoutendijk-Wolfe 收敛定理分析自然梯度下降批量学习算法的渐近性。

7.3-3. (RMSPROP 算法的渐近性)本练习旨在研究某种 RMSPROP 算法的(Goodfellow et al.，2016)收敛性。设 $c:\mathcal{R}^d\times\mathcal{R}^q\to R$ 为损失函数，训练数据是 n 个 d 维训练向量 $\boldsymbol{x}_1,\cdots,\boldsymbol{x}_n$。设

$$\ell_n(\boldsymbol{\theta})=(1/n)\sum_{i=1}^{n}c(\boldsymbol{x}_i,\boldsymbol{\theta})$$

令 $\boldsymbol{g}_i(\boldsymbol{\theta})=(\mathrm{d}c(\boldsymbol{x}_i,\boldsymbol{\theta})/\mathrm{d}\boldsymbol{\theta})^{\mathrm{T}}$，$\bar{\boldsymbol{g}}_n(\boldsymbol{\theta})=[\mathrm{d}\ell_n/\mathrm{d}\boldsymbol{\theta}]^{\mathrm{T}}$，$\boldsymbol{r}(0)=\boldsymbol{0}_q$，$0\leqslant\rho\leqslant 1$，$[x_1,\cdots,x_q]^{-1/2}\equiv[(x_1)^{-1/2},\cdots,(x_q)^{-1/2}]$，则对于 $k=1,2,\cdots$，有

$$\boldsymbol{\theta}(k+1)=\boldsymbol{\theta}(k)-\gamma_k(\epsilon\,\boldsymbol{1}_q+\boldsymbol{r}(k))^{-1/2}\odot\bar{\boldsymbol{g}}_n(\boldsymbol{\theta}(k))$$

其中，γ_k 为正步长且

$$\boldsymbol{r}(k)=\rho\boldsymbol{r}(k-1)+(1-\rho)[\bar{\boldsymbol{g}}_n(\boldsymbol{\theta}(k))\odot\bar{\boldsymbol{g}}_n(\boldsymbol{\theta}(k))]$$

参考例 7.2.4，使用 Zoutendijk-Wolfe 收敛定理分析 RMSPROP 算法的渐近性。此外，说明 RMSPROP 算法与练习 7.3-2 自然梯度下降批量学习算法中约束非对角线元素为 0 的特例有何关系。

7.3-4. (Levenberg-Marquardt 算法收敛性)论述并证明：当 $\delta=10^{-5}$，$\epsilon=\infty$，$T_{\max}=\infty$ 时，Levenberg-Marquardt 算法(算法 7.3.2)收敛。使用本章的 Zoutendijk-Wolfe 收敛定理论述并证明该定理。

7.3-5. (搜索方向选择的仿真实验)通过计算机编程实现回溯算法和 L-BFGS 算法或 Levenberg-Marquardt 算法。选择一种梯度下降算法实现第 5 章的无监督学习、监督学习或时间强化批量学习算法，评价应用共轭梯度、L-BFGS 或 Levenberg-Marquardt 与回溯算法代替梯度下降算法时的学习性能。

7.3-6. (L-BFGS 算法的收敛性)论述并证明定理：当 $\epsilon=0$，$T_{\max}=\infty$ 时，L-BFGS 算法收敛。使用本章 Zoutendijk-Wolfe 收敛定理按照以下过程论述并证明该定理。

首先证明当 $\boldsymbol{d}_{t-1}^{\mathrm{T}}\boldsymbol{u}_t>0$ 时，算法 7.3.3 中 L-BFGS 算法的搜索方向 $\boldsymbol{d}_t$ 可重写为 $\boldsymbol{d}_t=-\boldsymbol{H}_t^{\dagger}\boldsymbol{g}_t$，其中：

$$\boldsymbol{H}_t^{\dagger}=\boldsymbol{W}_t^{\mathrm{T}}\boldsymbol{W}_t+\eta_t\boldsymbol{d}_{t-1}\boldsymbol{d}_{t-1}^{\mathrm{T}} \tag{7.38}$$

$$\boldsymbol{W}_t=\boldsymbol{I}-\frac{\boldsymbol{u}_t\boldsymbol{d}_{t-1}^{\mathrm{T}}}{\boldsymbol{d}_{t-1}^{\mathrm{T}}\boldsymbol{u}_t} \tag{7.39}$$

$$\eta_t=\frac{\gamma_{t-1}}{\boldsymbol{d}_{t-1}^{\mathrm{T}}\boldsymbol{u}_t} \tag{7.40}$$

其次，证明矩阵 $\boldsymbol{H}_t^{\dagger}$ 是一个半正定对称矩阵，且当 Wolfe 步长 γ_t 的曲率条件成立，则 $\boldsymbol{g}_t^{\mathrm{T}}\boldsymbol{H}_t^{\dagger}\boldsymbol{g}_t>0$。

关于 L-BFGS 算法的进一步讨论可参见文献(Luenberger，1984)[280] 或文献(Nocedal & Jonathan，1999)[224,228]。

7.4 扩展阅读

本章介绍的 Zoutendijk-Wolfe 收敛定理是著名 Zoutendijk 引理(Zoutendijk，1970)和 Wolfe(1969，1971)收敛定理的扩展。关于 Zoutendijk 引理的讨论可以查阅文献(Dennis & Schanbel，1996；Nocedal & Wright，1999；Bertsekas，1996)。文献(Wolfe，1969，1971；Luenberger，1984；Bertsekas，1996；Nocedal & Wright，1999；Dennis & Schnabel，1996)都讨论了 Wolfe 条件。其中，文献(Luenberger，1984；Bertsekas，1996；Nocedal & Wright，1999；Dennis & Schnabel，1996)也对最速下降、Newton-Raphson 和 BFGS 方法相关的收敛率问题进行了更详尽的分析，但限于篇幅，本章没有对此进行探讨。

P A R T 3

第三部分

随机学习机

CHAPTER 8

第 8 章

随机向量与随机函数

学习目标：

- 定义混合随机向量为可测函数。
- 应用混合随机向量 Radon-Nikodým 概率密度。
- 计算随机函数的期望。
- 计算浓度不等式误差范围。

在不确定性环境中学习是所有机器学习算法的基本特征。概率论和统计学为统计环境的数学模型建模提供了重要工具。此外，这种环境通常可表征为随机变量的大向量。

例 8.0.1(概率质量函数) 离散随机变量的一个例子是伯努利随机变量 $\tilde{y}$，其取值为 1 的概率为 p，取值为 0 的概率为 $1-p$，其中 $p\in[0,1]$。定义 $\tilde{y}$ 的概率质量函数 $P:\{0,1\}\rightarrow[0,1]$，使得 $P(1)=p$，$P(0)=1-p$。

现在考虑这样一种情况：假设在每次试验中，都对学习机的统计环境建模，且统计环境从集合 $S\equiv\{\boldsymbol{x}^1,\cdots,\boldsymbol{x}^M\}$ 中有放回地随机采样。这种情况可以看作学习机在每次学习试验中观测离散随机向量 $\tilde{\boldsymbol{x}}$ 的不同值，概率质量函数 $P:S\rightarrow[0,1]$，对于所有 $k=1,\cdots,M$，$P(\boldsymbol{x}^k)=(1/M)$。 △

例 8.0.2(概率密度函数：绝对连续变量) 绝对连续随机变量的一个例子是高斯随机变量 $\tilde{x}$，其均值为 μ，方差为 σ^2。$\tilde{x}$ 的概率是 $\mathcal{R}$ 子集 Ω 中的一个值，计算方式如下：

$$P(\tilde{x}\in\Omega)=\int_{x\in\Omega}p(x)\mathrm{d}x$$

其中，$\tilde{x}$ 的高斯概率密度函数为 $p:\mathcal{R}\rightarrow[0,\infty)$，对于所有 $x\in\mathcal{R}$，

$$p(x)=(\sigma\sqrt{2\pi})^{-1}\exp\left(\frac{-(x-m)^2}{2\sigma^2}\right)$$ △

在许多重要的机器学习应用中，随机向量的概率分布是将离散随机变量与绝对连续随机变量结合形成的。这样的随机向量称为“混合随机向量”。

例如，考虑一个需要对连续时间信号区间进行标记的语音处理问题。连续时间信号可以看作一组绝对连续高斯随机变量，而标记的连续时间信号可看作具有有限数量值的单个离散

随机变量。这样一个既包含离散随机变量又包含绝对连续随机变量的向量即为混合随机向量实例。

另一个常见的混合随机向量实例存在于线性和非线性回归建模中。考虑具有两个预测变量 s_1 和 s_2 的线性学习机。预测变量 s_1 取值为 0 或 1，表示患者性别。预测变量 s_2 表示患者体温。使用线性回归模型计算患者的健康评分 $y=\theta_1 s_1+\theta_2 s_2$，其中 $\boldsymbol{\theta}\equiv[\theta_1,\theta_2]$是学习机的参数向量。生成 s_1 值的数据生成过程建模为伯努利离散随机变量。生成 s_2 值的数据生成过程建模为高斯连续随机变量，则健康评分 y 既不是离散的也不是绝对连续的，它是由混合随机变量实现的。

然而，混合随机向量不能表示为例 8.0.1 中讨论的概率质量函数，也不能表示成例 8.0.2 中讨论的概率密度函数。

为了描述和证明关于离散向量、绝对连续向量和混合随机向量的理论，需要一种更通用的概率密度函数——称为“Radon-Nikodým 密度”。本章将介绍一些基本的数学知识，以作为讨论 Radon-Nikodým 密度概念的基础。然后，使用 Radon-Nikodým 密度概念定义在工程实践中经常遇到的一大类随机向量和随机函数。

8.1　概率空间

8.1.1　σ 域

定义 8.1.1（σ 域）　设 Ω 为对象集合，$\mathcal{F}$是 Ω 子集的集合。如果满足以下条件：

1. $\Omega\in\mathcal{F}$。
2. 对于所有 $F\in\mathcal{F}$，有 $\neg F\in\mathcal{F}$。
3. 对于 $\mathcal{F}$中的任一序列 $F_1,F_2,\cdots$，有 $\bigcup_{i=1}^{\infty}F_i\in\mathcal{F}$。

则称 $\mathcal{F}$为 Ω 上的 σ 域。设 $\mathcal{A}$为 Ω 子集的非空集合，则包含 $\mathcal{A}$的最小 σ 域称为由 $\mathcal{A}$生成的 σ 域。　□

例如，设 $\Omega=\{2,19\}$，集合 $\mathcal{F}_1=\{\{\},\Omega\}$是一个 σ 域。但是，集合 $\mathcal{F}_2\equiv\{\{\},\{2\},\{19\}\}$不是 σ 域，因为它与 σ 域每个元素的补集也必须是该 σ 域元素的条件矛盾。由 $\mathcal{F}_1$ 生成的 σ 域是集合 $\mathcal{F}_1$，由 $\mathcal{F}_2$ 生成的 σ 域为集合 $\mathcal{F}_2\cup\{\Omega\}$。

$\Omega\equiv\{0,1\}^d$ 定义为由所有二进制特征向量组成的有限集。设 $\mathcal{F}$为 Ω 的幂集，则 $\mathcal{F}$包括空集和 Ω。由于 $\mathcal{F}$的并运算是封闭的，因此 Ω 是一个 σ 域。

请注意，在交($\cap$)、并($\cup$)和补($\neg$)运算下，σ 域是封闭的。因此，由 σ 域的元素形成的任何集合论表达式也是该 σ 域的元素。如果 A 和 B 是 σ 域的元素，则 $A\cup B$、$A\cap B$、$\neg A\cup B$、$A\cap\neg B$ 及 $\neg A\cup\neg B$ 等也是 σ 域元素。另外，结合第 2 章，σ 域中的每个集合也可理解为逻辑论断。

例 8.1.1（应用 σ 域概念模型）　设 Ω 为所有犬的集合，L 为拉布拉多犬集合，则集合 L 是 Ω 的真子集。此外，L 所有单元素的真子集对应拉布拉多犬的不同实例。拉布拉多犬 Fido 实例表示为单元素集$\{d\}$，其中$\{d\}\subset L\subset\Omega$。

类似地，可以用这种方式定义其他纯种犬。例如，松狮犬集合 C、猎兔犬集合 B 和梗犬集合 T 均为 Q 的子集。此外，集合 $C\cup B\cup T$ 是所有纯种犬集合的子集。混种犬集合 M 为纯种犬集合的补集。小于 1 岁的幼犬集合 P 也为 Ω 的子集。小于 1 岁的拉布拉多幼犬集合为 $P\cap L$。因此，可以通过对其他概念的并、交和补运算定义新概念，从而形成概念的层次结构。

更一般地，假设Ω的每个元素都对应某个特定物理位置和特定时间的世界状态模型，则可以将世界中某个时空区域内发生的“事件”建模为Ω的子集。此外，可以对事件集进行并、交和补运算，从而对连续时空中的各种事件进行建模。因此，此示例中σ域的元素可以理解为概念。 △

在许多机器学习应用中，世界的不同状态表示为代表$\mathcal{R}^d$元素的特征向量。因此，一般将σ域元素设为$\mathcal{R}^d$的子集。

定义 8.1.2(Borel σ 域)　由$\mathcal{R}^d$开子集的集合生成的σ域称为Borel σ域。由$[-\infty,+\infty]^d$开子集集合生成的σ域称为扩展Borel σ域。 □

$\mathcal{B}^d$表示由$\mathcal{R}^d$开子集集合生成的Borel σ域。因此，$\mathcal{B}^d$包括$\mathcal{R}^d$中每个可能开集和闭集的并集与交集。基于工程实践性考虑，Borel σ域包含了工程实践中会遇到的$\mathcal{R}^d$的每个子集。$\mathcal{R}^d$幂集的某些元素是无法赋予概率的，否则会引起Banach-Tarski(巴纳赫-塔斯基)悖论(Wapner，2005)。对于这一困难，可通过使用Borel σ域表示工程实践相关的$\mathcal{R}^d$子集来解决。

定义 8.1.3(可测空间)　令$\mathcal{F}$为Ω上的一个σ域，则有序对$(\Omega,\mathcal{F})$称为可测空间。

可测空间$(\mathcal{R}^d,\mathcal{B}^d)$称为Borel可测空间。 □

8.1.2　测度

定义 8.1.4(可数可加测度)　令$(\Omega,\mathcal{F})$为可测空间。如果非负函数$\nu:\mathcal{F}\to[0,\infty]$满足如下条件：

1. $\nu(\{\})=0$。
2. 对于所有$F\in\mathcal{F}$，有$\nu(F)\geqslant 0$。
3. 对于$\mathcal{F}$中任何不相交序列$F_1,F_2,\cdots$，都有$\nu\left(\bigcup_{i=1}^{\infty}F_i\right)=\sum_{i=1}^{\infty}\nu(F_i)$。

则该函数是$(\Omega,\mathcal{F})$上的一个可数可加测度。测度空间表示为三元组$(\Omega,\mathcal{F},\nu)$。 □

由于可数可加测度在积分和概率论应用中广泛使用，因此术语“测度”通常用作“可数可加测度”的简称。

例 8.1.2(概念置信度数学模型)　定义d维二进制特征向量$\boldsymbol{x}$，使得如果命题k为真，则特征向量$\boldsymbol{x}$的第k个元素x_k等于1；当命题k为假时，$x_k=0$。假设特征向量$\boldsymbol{x}$具有世界可能状态数学模型的语义。所有可能的世界状态的集合为$\Omega\equiv\{0,1\}^d$，它包含2^d个二进制向量。令$\mathcal{F}$表示Ω的幂集，由2^{2^d}个集合组成。集合$F\in\mathcal{F}$可以理解为一个概念，它的所有元素都是概念F的实例，而$\mathcal{F}$是所有可能概念的集合。可测空间$(\Omega,\mathcal{F})$上的可数可加测度$\nu:\mathcal{F}\to[0,1]$在语义上可解释为将智能体赋给概念$F\in\mathcal{F}$的置信度。 △

定义 8.1.5(概率测度)　可测空间$(\Omega,\mathcal{F})$上的概率测度P为可数可加测度$P:\mathcal{F}\to[0,1]$，其中$P(\Omega)=1$。 □

定义 8.1.6(概率空间)　概率空间是一个定义为$(\Omega,\mathcal{F},P)$的测度空间，$P:\mathcal{F}\to[0,1]$为概率测度。Ω中的元素称为样本点，$\mathcal{F}$中的元素称为事件。 □

抛硬币实验的结果要么是正面要么是反面。令$\Omega\equiv\{$正面,反面$\}$。Ω的幂集为$\mathcal{F}=\{\{\},\{$正面$\},\{$反面$\},\{$正面,反面$\}\}$。假设所抛硬币是公平的，提出一种概率测度来模拟抛硬币实验各结果的概率。为此，定义概率测度$P:\mathcal{F}\to[0,1]$，使得$P(\{\})=0,P(\{$正面$\})=1/2$，$P(\{$反面})=1/2，且 $P(\{正面,反面\})=1$。本例中的函数 P 是可测空间$(\Omega,\mathcal{F})$上的概率测度。三元组$(\Omega,\mathcal{F},P)$是一个概率空间。

概率空间的一个重要范例是$(\mathcal{R}^d,\mathcal{B}^d,P)$，其使用 P 为 $\mathcal{B}^d$ 中 $\mathcal{R}^d$ 的子集赋概率。

例 8.1.3(构建概率测度) 令 $\Omega\equiv\{\boldsymbol{x}_1,\cdots,\boldsymbol{x}_M\}$，其中 $\boldsymbol{x}_k\in\mathcal{R}^d$，$k=1,\cdots,M$。定义概率质量函数 $P:\Omega\to(0,1]$，使得 $P(\boldsymbol{x}_k)=p_k$，$k=1,\cdots,M$。令 $\mathcal{F}$ 为 Ω 的幂集。

(i) 说明如何在可测空间$(\Omega,\mathcal{F})$上构造概率测度 μ，使得 μ 表示概率质量函数 P。

(ii) 说明如何在 Borel 可测空间$(\mathcal{R}^d,\mathcal{B}^d)$上构造概率测度 ν，使得 ν 表示概率质量函数 P。

解

(i) 令 $\mathcal{F}$ 为 Ω 的幂集。定义 $\mu:\mathcal{F}\to[0,1]$，使得对于每个 $F\in\mathcal{F}$，有

$$\mu(F)=\sum_{x\in F}P(\boldsymbol{x})$$

(ii) 定义 $\nu:\mathcal{B}^d\to[0,1]$，使得对于每个 $B\in\mathcal{B}^d$，有

$$\nu(B)=\sum_{x\in B\cap\Omega}P(\boldsymbol{x})$$

△

定义 8.1.7(勒贝格测度) 勒贝格测度 $\nu:\mathcal{B}^d\to[0,\infty]$是一个定义在 Borel 可测空间$(\mathcal{R},\mathcal{B})$上的可数可加测度，对于任意$[a,b]\in\mathcal{B}$，有 $\nu([a,b])=b-a$。 □

如果 $S_1=\{x\in\mathcal{R}:1<x<4\}$，则 S_1 的勒贝格测度等于 3。如果 $S_2=\{2\}$，则 S_2 的勒贝格测度等于 0。如果 $S_3=\{2,42\}$，则 S_3 的勒贝格测度等于 0。如果 $S_4=\{x\in\mathcal{R}:x>5\}$，则 S_4 的勒贝格测度等于$+\infty$。

定义 8.1.8(计数测度) 计数测度 $\nu:\mathcal{F}\to[0,\infty]$是在可测空间$(\Omega,\mathcal{F})$上定义的可数可加测度，对于任一 $F\in\mathcal{F}$：(1)当 F 是有限集时，$\nu(F)$表示 F 中元素的数量；(2)当 F 不是有限集时，$\nu(F)=+\infty$。 □

如果 $S_1=\{x\in\mathcal{R}:1<x<4\}$，则 S_1 的计数测度等于$+\infty$。如果 $S_2=\{2\}$，则 S_2 的计数测度等于 1。如果 $S_3=\{2,42\}$，则 S_3 的计数测度等于 2。

在许多情况下，需要假定测度空间具有完备测度空间的特殊属性。通俗地说，定义完备测度空间，使得若子集 S 在原始测度空间中测度为零，那么 S 的所有子集测度也为零。

定义 8.1.9(完备测度空间) 令$(\Omega,\mathcal{F},\nu)$为测度空间，$\mathcal{G}_F$ 由满足 $\nu(F)=0$ 的 $F\in\mathcal{F}$的所有子集组成，$\overline{\mathcal{F}}$ 为 $\mathcal{F}$和 $\mathcal{G}_F$ 的并集生成的σ 域。定义 $\bar{\nu}:\overline{\mathcal{F}}\to[0,\infty]$，使得对于所有 $F\in\mathcal{F}$和所有 $G\in\mathcal{G}_F$，有 $\bar{\nu}(G)=0$，$\bar{\nu}(F)=\nu(F)$，则测度空间$(\Omega,\overline{\mathcal{F}},\bar{\nu})$为完备测度空间。此外，$(\Omega,\overline{\mathcal{F}},\bar{\nu})$被称为$(\Omega,\mathcal{F},\nu)$的完备空间。 □

例 8.1.4(构造完备测度空间) 设 $\Omega=\{1,2,3,4,5,6\}$，σ 域 $\mathcal{F}\equiv\{\{\},\Omega,\{1,2\},\{3,4,5,6\}\}$。定义 $\nu:\mathcal{F}\to[0,\infty]$，使得 $\nu(\{\})=0$，$\nu(\Omega)=1$，$\nu(\{3,4,5,6\})=0.5$，$\nu(\{1,2\})=0$。测度空间$(\Omega,\mathcal{F},\nu)$并不完备，因为$\{1\}$和$\{2\}$不是 $\mathcal{F}$的元素。$(\Omega,\mathcal{F},\nu)$的完备空间$(\Omega,\overline{\mathcal{F}},\bar{\nu})$通过如下方式得到：对于所有 $F\in\mathcal{F}$，选择 $\overline{\mathcal{F}}\equiv\mathcal{F}\cup\{1\}\cup\{2\}$，使得 $\bar{\nu}(F)=\nu(F)$，并且对于所有 $G\in\{\{1\},\{2\}\}$，$\bar{\nu}(G)=0$。 △

定义 8.1.10(σ 有限测度) 设$(\Omega,\mathcal{F},\nu)$是一个测度空间。假设在 $\mathcal{F}$中存在一个集合序列 $F_1,F_2,\cdots$，使得 $\bigcup_{k=1}^{\infty}F_k=\Omega$，其中对于所有 $k\in\mathbb{N}^+$有 $\nu(F_k)<\infty$，则 $\nu:\mathcal{F}\to[0,\infty]$称为$\sigma$ 有限测度。 □

例如，如果Ω存在这样的划分，即由$\mathcal{F}$元素的可数集组成，且ν为划分的每个元素赋一个有限数，那么这说明ν是一个σ有限测度。概率测度和勒贝格测度都是$(\Omega,\mathcal{F})$上的σ有限测度，因为对于任一测度，都存在一种将Ω划分为一组集合的方法，使得每个集合的测度是一个有限数。

当Ω为可数集时，在可测空间$(\Omega,\mathcal{F})$上定义的计数测度ν也是σ有限测度，因为可选择具有可数元素数的划分，使得每个元素为恰好包含Ω的一个元素的集合。然而，在Borel σ域$(\mathcal{R},\mathcal{B})$上定义的可数测度$\nu$不是$\sigma$有限测度，因为对于$\mathcal{B}$中满足$\bigcup_{i=1}^{\infty} B_i=\mathcal{R}$的任何序列$B_1$，$B_2,\cdots$，总会存在一个元素$B_i$具有无限数量的元素。

然而，假设μ是$(\Omega,\mathcal{F})$上的计数测度，其中Ω是可数集，$\mathcal{F}$是$\mathcal{F}$的幂集。我们可以在$(\mathcal{R},\mathcal{B})$上构造一个$\sigma$有限测度$\nu$，使得对于每个$B\in\mathcal{B}$，有$\nu(B)=\mu(B\cap\Omega)$。因此，$\nu$统计$\mathcal{R}$给定子集$B$中的点数，其中点为$\Omega$的元素，$B\in\mathcal{B}$。

练习

8.1-1. 以下哪个集合是可测空间？

(a) $(\{1,2\},\{\{\},\{1\},\{1,2\}\})$。

(b) $(\{1,2\},\{\{\},\{1\},\{2\},\{1,2\}\})$。

(c) $(\{1,2\},\{\{1\},\{2\}\})$。

8.1-2. 取值是0和1的二值随机变量$\tilde{x}$的σ域是什么？

8.1-3. 设$S\equiv\{x:2\leqslant x\leqslant 7\}$。如果$\nu$是可测空间$(\mathcal{R},\mathcal{B})$上的勒贝格测度，$\nu(S)$是多少？

8.1-4. 设$S\equiv\{x:2\leqslant x\leqslant 7\}$。如果$\nu$是可测空间$(\mathcal{R},\mathcal{B})$上的计数测度，$\nu(S)$是多少？

8.1-5. 设$S\equiv\{1,2,3\}$，$G\equiv\{\{\},S,\{1\},\{2,3\}\}$。以下哪个是由可测空间$(S,G)$构造的测度空间？

(a) (S,G,ν)，其中对于所有$\boldsymbol{x}\in S$，$\nu(\{x\})=1$。

(b) (S,G,ν)，其中$\nu(\{\})=0$，$\nu(\{1\})=6$，$\nu(\{2,3))=1$，$\nu(S)=7$。

(c) (S,G,ν)，其中$\nu(\{\})=0$，$\nu(\{1\})=6$，$\nu(\{2,3\})=1$，$\nu(S)=8$。

8.1-6. 设Ω是一个有限集。说明为什么可测空间$(\Omega,\mathcal{F})$上的计数测度是σ有限测度，为什么Borel可测空间$(\mathcal{R},\mathcal{B})$上的计数测度不是$\sigma$有限测度。举例说明。

8.1-7. 设(S,G)是一个可测空间，其中$S\equiv\{1,2,3\}$，$G\equiv\{\{\},S,\{1\},\{2,3\}\}$。定义$\nu:G\to[0,\infty]$为$(S,G)$上的测度，使得$\nu(\{2,3\})=0$。构造$(S,G,\nu)$的完备测度空间。

8.2　随机向量

8.2.1　可测函数

定义8.2.1（$(\mathcal{F}_X,\mathcal{F}_Y)$可测函数）　设$(\Omega_X,\mathcal{F}_X)$和$(\Omega_Y,\mathcal{F}_Y)$是两个可测空间。如果对任一$E\in\mathcal{F}_Y$，都有$\{x\in\Omega_X:f(x)\in E\}\in\mathcal{F}_X$，则称函数$f:\Omega_X\to\Omega_Y$为$(\mathcal{F}_X,\mathcal{F}_Y)$可测函数。　□

如果f是一个$(\mathcal{F}_X,\mathcal{F}_Y)$可测函数，有时可使用简写的“可测函数”来表示$f$。

下面是可测函数定义的等效形式。设$(\Omega_X,\mathcal{F}_X)$和$(\Omega_Y,\mathcal{F}_Y)$是两个可测空间。对于函数$f:\Omega_X\to\Omega_Y$，如果$\mathcal{F}_Y$中任一元素在f下的原像（参见定义2.3.2）也是$\mathcal{F}_X$元素（参见图2.6），则

称 f 为可测函数。

定义 8.2.2(Borel 可测函数)　设$(\Omega_X,\mathcal{F}_X)$是一个可测空间，$(\mathcal{R}^d,\mathcal{B}^d)$是一个 Borel 可测空间。$(\mathcal{F}_X,\mathcal{B}^d)$可测函数 $\boldsymbol{f}:\Omega_X\to\mathcal{R}^d$ 称为 $\mathcal{F}_X$ 可测函数。此外，如果 $\Omega_X\equiv\mathcal{R}^k$，$\mathcal{F}_X\equiv\mathcal{B}^k$，则称 $\boldsymbol{f}$ 为 Borel 可测函数或 $\mathcal{B}^k$ 可测函数。□

从工程应用角度来看，Borel 可测函数 $\boldsymbol{f}:\mathcal{R}^k\to\mathcal{R}^d$ 是一种将 k 维向量表示的物理世界状态映射到 d 维可测向量的测量设备。然而，该函数也可以等效为如下映射，即将可测空间$(\mathcal{R}^k,\mathcal{B}^k)$中的事件映射为可测空间$(\mathcal{R}^d,\mathcal{B}^d)$的事件。需要注意的是，依据 Borel 可测函数的定义，如果两个函数 $\boldsymbol{f}:\mathcal{R}^k\to\mathcal{R}^d$、$\boldsymbol{g}:\mathcal{R}^d\to\mathcal{R}^m$ 是 Borel 可测函数,则 $\boldsymbol{g}(\boldsymbol{f})$也是 Borel 可测函数。在工程实践中，可根据下述定理判断函数是否为 Borel 可测函数。

定理 8.2.1(Borel 可测函数属性)

(i) 如果 f 和 q 是标量值 Borel 可测函数，则 $f+q$、fq、$|f|$ 是 Borel 可测函数。

(ii) 如果 Borel 可测函数序列 $h_1,h_2,\cdots$收敛至 h，则 h 是 Borel 可测函数。

(iii) 如果 $h_1,h_2,\cdots$是 Borel 可测函数序列，则 $\inf\{h_1,h_2,\cdots\}$和 $\lim\inf\{h_1,h_2,\cdots\}$为 Borel 可测函数。

(iv) 如果 $\boldsymbol{f}:\mathcal{R}^d\to\mathcal{R}^k$ 和 $\boldsymbol{q}:\mathcal{R}^k\to\mathcal{R}^m$ 是 Borel 可测函数,那么 $\boldsymbol{q}(\boldsymbol{f})$是 Borel 可测函数。

证明　(i) 参见文献(Bartle，1966)[12] 的引理 2.6。(ii) 参见文献(Bartle，1966)[12] 的推论 2.10。(iii) 参见文献(Bartle，1966)[12] 的引理 2.9。(iv) 参见练习 8.2-2。■

工程实践中经常遇到的分段连续函数均为 Borel 可测函数。

定理 8.2.2(分段连续函数是 Borel 可测函数)

(i) 连续函数 $f:\mathcal{R}^d\to\mathcal{R}$ 是 Borel 可测函数。

(ii) 分段连续函数 $f:\mathcal{R}^d\to\mathcal{R}$ 是 Borel 可测函数。

证明　依据连续函数集映射属性(定理 5.1.6)和 Borel 可测函数的定义(定义 8.2.2)可直接推导出结论(i)。

依据结论(i)、有限划分的分段连续函数的定义(定义 5.1.15)和 Borel 可测函数复合函数定理(定理 8.2.1)可直接推导出结论(ii)。■

例如，假设 S 是温度测量值。设计一个学习机，使其不直接处理 S，而是处理 S 的非线性变换值——由 $\phi(S)$表示，其中 $S\geqslant100$ 时 $\phi(S)=1$，$S<100$ 时 $\phi(S)=0$，函数 ϕ 不连续，但它是一个 Borel 可测函数。

定义 8.2.3(随机向量)　设$(\Omega,\mathcal{F},P)$是一个概率空间。如果函数 $\tilde{\boldsymbol{x}}:\Omega\to\mathcal{R}^d$ 是 $\mathcal{F}$ 可测函数，则称其为随机向量。对于某 $\omega\in\Omega$，向量 $\boldsymbol{x}\equiv\tilde{\boldsymbol{x}}(\omega)$称为 $\tilde{\boldsymbol{x}}$ 的实现。□

符号 $\tilde{\boldsymbol{x}}$ 或 $\hat{\boldsymbol{x}}$ 用于表示随机向量，而 $\tilde{\boldsymbol{x}}$ 或 $\hat{\boldsymbol{x}}$ 的实现由 $\boldsymbol{x}$ 表示。

例如，设$(\Omega,\mathcal{F},P)$是一个概率空间。定义函数 $\tilde{x}:\Omega\to\{0,1\}$，使得对于某 $F\in\mathcal{F}$，当 $\omega\in F$ 时，$\tilde{x}(\omega)=1$，当 $\omega\notin F$ 时，$\tilde{x}(\omega)=0$，则函数 $\tilde{x}$ 是一个随机变量。对于 $\omega\in\Omega$，ω 处的 $\tilde{x}(\omega)$为 $\tilde{x}$ 的实现，表示为 x。

在实践中，随机向量通常定义在潜在概率空间$(\Omega,\mathcal{F},\mathbb{F})$上，其中概率测度为 $\mathbb{F}$，$\mathbb{F}(F)$是事件 $F\in\mathcal{F}$在环境中发生的观测频率或预期频率。

图 1.2 说明了随机向量概念，它表示将环境中一个样本点映射到特征测量空间中样本点的函数。环境中的不同事件以不同预期频率发生，随机向量只是将环境中的特定事件映射到特征空间中的事件。因此，随机向量是一种确定性测量设备，环境空间中的随机性本质上通过该确定性设备传播，从而在特征空间中引入随机性。

定义 8.2.4(随机向量的概率测度)　设$(\Omega,\mathcal{F},P)$是一个概率空间，$\tilde{\boldsymbol{x}}:\Omega\rightarrow\mathcal{R}^d$ 是一个随机向量。定义 $P_x:\mathcal{B}^d\rightarrow[0,1]$，使得对于所有 $B\in\mathcal{B}^d$，有

$$P_x(B)=P(\{\omega\in\mathcal{F}:\tilde{\boldsymbol{x}}(\omega)\in B\})$$

称函数 P_x 为随机向量 $\tilde{\boldsymbol{x}}$ 的概率测度。 □

在实践中，可基于 $\mathcal{R}^d$ 的超矩形生成 Borel σ 域。

定义 8.2.5(随机向量的累积分布函数)　设 $P_x:\mathcal{B}^d\rightarrow[0,1]$是随机向量 $\tilde{\boldsymbol{x}}$ 的概率测度。定义 $F_{\boldsymbol{x}}:\mathcal{R}^d\rightarrow[0,1]$，使得对于所有 $\boldsymbol{y}\equiv[y_1,\cdots,y_d]\in\mathcal{R}^d$，有

$$F_{\boldsymbol{x}}(\boldsymbol{y})=P_x(\{\tilde{x}_1<y_1,\cdots,\tilde{x}_d<y_d\})$$

称函数 $F_{\boldsymbol{x}}$ 为 $\tilde{\boldsymbol{x}}$ 的累积分布函数或概率分布。 □

定义 8.2.6(随机向量或概率测度的支集)　设 $P:\mathcal{B}^d\rightarrow[0,1]$是随机向量 $\tilde{\boldsymbol{x}}$ 的概率测度，$\tilde{\boldsymbol{x}}$ 的支集为最小闭集 $S\in\mathcal{B}^d$，$P(\neg S)=0$。$\tilde{\boldsymbol{x}}$ 的支集与概率测度 P 的支集相同。 □

等效地，概率测度为 P 的随机向量 $\tilde{\boldsymbol{x}}$ 的支集 S 为最小闭集，$P(S)=1$。通俗地说，随机向量的支集指定了该随机向量的可能实现集。

如果 $\tilde{\boldsymbol{x}}$ 是概率质量函数为 P 的离散随机向量，则 $\tilde{\boldsymbol{x}}$ 的支集是集合$\{\boldsymbol{x}:P(\boldsymbol{x}>0\}$。也就是说，离散随机变量 $\tilde{\boldsymbol{x}}$ 的支集是 $\tilde{\boldsymbol{x}}$ 的所有可能值，$\tilde{\boldsymbol{x}}$ 每个实现的概率均严格为正值。对于取值为 0 或 1 且概率严格为正的二值随机变量，支集为$\{0,1\}$。取值为 1 的二值随机变量概率为 1 且概率为零的零值的支集为$\{1\}$。

如果 $\tilde{\boldsymbol{x}}$ 是概率密度函数为 p 的连续随机向量，则 $\tilde{\boldsymbol{x}}$ 的支集为集合$\{\boldsymbol{x}:p(\boldsymbol{x})>0\}$。支集为 $\mathcal{R}$ 的概率密度函数为 $\mathcal{R}$ 中每个开区间赋严格正概率。

对于所有 $x\in\Omega$，当且仅当 $\phi(x)=1$ 时，命题 $\phi:\Omega\rightarrow\{0,1\}$为真。下述定义为该描述的简化版。

定义 8.2.7(基于 ν 几乎处处)　设$(\Omega,\mathcal{F},\nu)$是一个完备测度空间，$\phi:\Omega\rightarrow\{0,1\}$为一个命题，$F\in\mathcal{F}$具有属性 $\nu(F)=0$。假设对于所有 $x\in\neg F\cap\Omega$，有 $\phi(x)=1$，那么命题 ϕ 基于 ν 几乎处处为真。 □

例 8.2.1(两个几乎处处的确定性函数)　当命题 ϕ 几乎处处为真，但测度空间$(\Omega,\mathcal{F},\nu)$没有明确定义时，通常假设$(\Omega,\mathcal{F},\nu)$是一个完备勒贝格测度空间。定义 $f:\mathcal{R}\rightarrow\mathcal{R}$，使得对于所有 $x\in\mathcal{R}$，$f(x)=x^2$。定义 $g:\mathcal{R}\rightarrow\mathcal{R}$，使得对于所有 $x\in\mathcal{R}$，且 $x\notin\{1,2,3\}$，有 $g(x)=x^2$，此外 $g(1)=g(2)=g(3)=42$。那么，$f=g$ 基于 ν 几乎处处成立。 △

例 8.2.2(极不可能事件)　考虑集合 Ω 中的一个样本点，它对应于无限次抛公平硬币的结果。令 S 表示 Ω 中对应于公平硬币抛掷结果序列的元素，其中大约一半的结果是“正面”，大约一半的结果是“反面”。令 $\neg S$ 表示极不可能的异常值序列，其中公平硬币抛掷结果正反面并非各占 50%。例如，$\neg S$ 包含无限次均为正面的硬币抛掷结果。假设第一次抛硬币正面朝上，第二次抛硬币正面朝上，第三次抛硬币反面朝上，第四次抛硬币正面朝上，第五次抛硬币正面朝上，第六次抛硬币反面朝上，以此类推，对于这样的无限硬币抛掷结果序列，也属于集合 $\neg S$，因此其正面朝上的百分比等于 66%而不是 50%。在现实世界中，$\neg S$ 中的硬币抛掷序列结果可能会发生，但又几乎是不可能的。

设 $\mathcal{F}$是由 S 的子集生成的 σ 域。定义可测空间$(\Omega,\mathcal{F})$上的概率测度 $P:\mathcal{F}\rightarrow[0,1]$，使得 $P(S)=1$，$P(\neg S)=0$。那么，对于测度空间$(\Omega,\mathcal{F},P)$，基于 P 无限硬币抛掷序列中正面朝上的百分比大约是 50%几乎处处成立。 △

标号 ν-a. e. 表示“基于 ν 几乎处处”。当 ν 是概率测度时，经常用 ν 概率为 1 或概率为 1 表示“基于 ν 几乎处处”。

定义 8.2.8(有界随机向量)　设 P 是随机向量 $\tilde{\boldsymbol{x}}:\Omega\to\mathcal{R}^d$ 的概率测度，它的一个属性是，存在有限正数 K，使得

$$P(\{\omega:|\tilde{\boldsymbol{x}}(\omega)|\leqslant K\})=1$$

称 $\tilde{\boldsymbol{x}}$ 为有界随机向量。 □

如果 $\tilde{\boldsymbol{x}}$ 为有界随机向量，则 $|\tilde{\boldsymbol{x}}|\leqslant K$ 几乎处处成立。例如，若任一随机向量的大小永远不会超过某有限数 K，则为有界随机向量。支集为有限向量集的所有离散随机向量均为有界随机向量，但高斯随机变量不是有界随机变量。另外，在实践中，有时会用有限数量的有界随机变量的平均值近似高斯随机变量。这样的近似高斯随机变量就是有界的。一般来说，随机向量有界这一实际合理的假设极大地简化了许多重要的渐近统计理论分析。

8.2.2　离散随机向量、连续随机向量与混合随机向量

8.2.2.1　示例

定义 8.2.9(离散随机向量)　设 $S\in\mathcal{B}^d$ 是可数集，$P:\mathcal{B}^d\to[0,1]$是支集为 S 的随机向量 $\tilde{\boldsymbol{x}}$ 的概率测度。当这个概率测度存在时，定义离散随机向量 $\tilde{\boldsymbol{x}}$ 的概率质量函数 $p:\mathcal{R}^d\to(0,1)$，使得对于所有 $B\in\mathcal{B}^d$，有

$$P(B)=\sum_{\boldsymbol{x}\in B\cap S}p(\boldsymbol{x}) \tag{8.1}$$

□

例 8.2.3(有限集上离散随机向量的支集)　定义 p_k，使得 $0<p_k<1$，其中 $k=1,\cdots,M$。另外，假设 $\sum_{k=1}^{M}p_k=1$。假设随机向量 $\tilde{\boldsymbol{x}}$ 等于 d 维列向量 $\boldsymbol{x}^k$ 的概率为 p_k。$\tilde{\boldsymbol{x}}$ 的概率质量函数为 $p:\Omega\to[0,1]$，其中 $\Omega\equiv\{\boldsymbol{x}^1,\cdots,\boldsymbol{x}^M\}$。$\tilde{\boldsymbol{x}}$ 的支集为 Ω。 △

定义 8.2.10(绝对连续随机向量)　设 $P:\mathcal{B}^d\to[0,1]$是支集为 $\Omega\subseteq\mathcal{R}^d$ 的随机向量 $\tilde{\boldsymbol{x}}$ 的概率测度。当它存在时，定义绝对连续随机向量 $\tilde{\boldsymbol{x}}$ 的概率密度函数 $p:\Omega\to[0,\infty)$，使得对于所有 $B\in\mathcal{B}^d$，有：

$$P(B)=\int_{\boldsymbol{x}\in B}p(\boldsymbol{x})\mathrm{d}\boldsymbol{x} \tag{8.2}$$

□

例 8.2.4(均匀分布的随机向量的支集)　设 B 是 $\mathcal{R}^d$ 中已知半径为 R 的闭球。定义 $\tilde{\boldsymbol{x}}$ 的概率密度函数 $p:\mathcal{R}^d\to[0,\infty)$，使得对于 B 中所有 $\boldsymbol{x}$，有 $p(\boldsymbol{x})=K$ 且 $\int_B p(\boldsymbol{x})\mathrm{d}\boldsymbol{x}=1$。$\tilde{\boldsymbol{x}}$ 的支集为 B。说明如何根据半径 R 计算 K。

例 8.2.5(绝对连续高斯随机向量的支集)　定义 $\tilde{\boldsymbol{x}}\equiv[\tilde{x}_1,\cdots,\tilde{x}_d]$的概率密度函数 $p:\mathcal{R}^d\to[0,\infty)$，使得

$$p(\boldsymbol{x})=\prod_{i=1}^{d}p_i(x_i)$$

其中，$p_i:\mathcal{R}\to[0,\infty)$的定义如下：

$$p_i(x_i)=(\sqrt{2\pi})^{-1}\exp(-(1/2)(x_i)^2)$$

$i=1,\cdots,d$。$\tilde{\boldsymbol{x}}$ 的支集为 $\mathcal{R}^d$。 △

如前所述，机器学习中的概率模型通常涉及随机向量，其元素包括离散随机变量和绝对连续随机变量。这类随机向量通常称为“混合随机向量”。

定义 8.2.11（混合随机向量）　设 $\tilde{\boldsymbol{x}}$ 是一个由 d 个随机变量 $\tilde{x}_1,\cdots,\tilde{x}_d$ 组成的 d 维随机向量，如果 $\tilde{\boldsymbol{x}}$ 中至少有一个元素是离散随机变量，且至少有一个元素是绝对连续随机变量，则称 $\tilde{\boldsymbol{x}}$ 为混合随机向量。□

例 8.2.6（混合随机向量的支集）　设 $\tilde{\boldsymbol{y}}$ 是支集为 Ω_y 的 m 维离散随机向量，由 $\tilde{\boldsymbol{x}}$ 中 m 个离散随机变量组成；$\tilde{\boldsymbol{z}}$ 是支集为 Ω_z 的 $d-m$ 维绝对连续随机向量，由 $\tilde{\boldsymbol{x}}$ 中 $d-m$ 个绝对连续随机变量组成。假设 $\tilde{\boldsymbol{x}}\equiv[\tilde{\boldsymbol{y}},\tilde{\boldsymbol{z}}]$是一个 d 维混合随机向量，概率测度为 $P:\mathcal{B}^d\to[0,1]$，支集为 $S\equiv\Omega_y\times\Omega_z$。定义函数 $p_{y,z}:\mathcal{R}^m\times\mathcal{R}^{d-m}\to[0,\infty)$，使得对于所有 $B\in\mathcal{B}^d$，有

$$P(B)=\sum_{\boldsymbol{y}\in\Omega_y}\int_{z\in\Omega_z}p_{y,z}(\boldsymbol{y},\boldsymbol{z})\phi_B(\boldsymbol{y},\boldsymbol{z})\mathrm{d}\boldsymbol{z} \tag{8.3}$$

其中，$(\boldsymbol{y},\boldsymbol{z})\in B$ 时 $\phi_B(\boldsymbol{y},\boldsymbol{z})=1$，$(\boldsymbol{y},\boldsymbol{z})\notin B$ 时 $\phi_B(\boldsymbol{y},\boldsymbol{z})=0$。通过该方式选择的函数 $p_{y,z}$，可确定混合随机向量 $\tilde{\boldsymbol{x}}\equiv[\tilde{\boldsymbol{y}},\tilde{\boldsymbol{z}}]$的概率测度 P。△

定义 8.2.12（混合随机向量）　混合随机变量 $\tilde{x}$ 是既非离散随机变量也非绝对连续随机变量的随机变量。混合随机向量也可定义为包含至少一个混合随机变量的随机向量。□

例 8.2.7（混合随机变量示例）　机器学习中有关混合随机变量 $\tilde{x}$ 的一个示例为，智能手机模拟音量控制设置值。假设音量控制调节从零级到最大 M 级的连续音量值。我们期望其变量信息可以构建能够学习声级区间概率分布的学习机。

使用离散随机变量表达这种信息是不充分的，因为有无限多个可能的声级且可能的声级集合是不可数的。也就是说，特定声级 x 的概率等于 0。使用绝对连续随机变量表达这种信息也是不充分的，因为音量调整到最大级 M 的概率将趋于某个正概率，这在绝对连续随机变量中是不允许的。

混合随机变量的另一个示例是由离散随机变量和绝对连续随机变量的和与积构成的随机变量。同样，这种情况通常存在于统计机器学习中，其中来自离散随机变量和绝对连续随机变量的信息经常是组合在一起的。

例如，设离散随机变量 $\tilde{x}_1$ 是支集为$\{0,1\}$的二值随机变量，连续随机变量 $\tilde{x}_2$ 是支集为 $\mathcal{R}$ 的绝对连续随机变量，$\tilde{x}_3=\tilde{x}_1+\tilde{x}_2$。随机变量 $\tilde{x}_3$ 不是离散随机变量，因为其支集不是可数集。另外，随机变量 $\tilde{x}_3$ 不是连续随机变量，因为 $\tilde{x}_3$ 在离散随机变量 $\tilde{x}_1$ 的支集内取值的概率严格为正。因此，随机变量 $\tilde{x}_3$ 是混合随机变量。混合随机变量的概率分布可由 Radon-Nikodým 密度函数给出。△

8.2.2.2　确定概率分布的 Radon-Nikodým 密度函数

式(8.3)中用于计算概率的符号不便于使用。可使用随机向量概率分布的简化符号，从而大大改善包含离散随机向量、连续随机向量和混合随机向量的定理描述与证明。这种表示法的关键是需要某种方法来确定随机向量的支集。例如，如果支集为有限点集，则随机向量是离散随机向量。另外，绝对连续随机向量的支集不是可数集。

定义 8.2.13（绝对连续）　设 $\tilde{\boldsymbol{x}}$ 是一个具有$(\mathcal{R}^d,\mathcal{B}^d)$上概率测度 P 的 d 维随机向量，ν 是可测空间$(\mathcal{R}^d,\mathcal{B}^d)$上的 σ 有限测度。假设对于每个 $B\in\mathcal{B}^d$，$\nu(B)=0\Rightarrow P(B)=0$。可以说概率测度 P 关于 σ 有限测度 ν 绝对连续，我们称 σ 有限测度 ν 是 P 或 $\tilde{\boldsymbol{x}}$ 的支集规范测度。□

例如，为 $\tilde{\boldsymbol{x}}$ 定义一个 σ 有限测度ν，它为集合$\{x\in\mathcal{R}:x\notin\{0,1\}\}$赋零值。现在定义随机变

量 $\tilde{x}$，它取值为 1 的概率为 P，取值为 0 的概率为 $1-P$，其中 $0\leqslant p\leqslant 1$。那么，P 关于 ν 绝对连续。

设 ν 和 P 分别代表可测空间$(\mathcal{R}^d, \mathcal{B}^d)$上的 σ 有限测度和概率测度，P 关于 ν 绝对连续。σ 有限测度 ν 确定了概率测度 P 的支集，当 $\nu(B)=0$ 时，事件 $B\in\mathcal{B}^d$ 的概率必须为零(即 $P(B)=0$)。这就是本节将 σ 有限测度 ν 称为“支集规范测度”的原因。

Radon-Nikodým 符号

$$P(B)=\int_B p(\boldsymbol{x})\mathrm{d}\nu(\boldsymbol{x}) \tag{8.4}$$

用于表示计算 $P(B)$的操作，该操作已在式(8.1)、式(8.2)、式(8.3)中明确说明。式(8.4)中的函数 p 用于表示更一般类型的概率密度函数，以确定可能包括离散随机变量和绝对连续随机变量的随机向量的概率分布。式(8.4)中更一般的密度 p 称为“Radon-Nikodým 密度”，而式(8.4)中的积分称为“勒贝格积分”。

如果 $\tilde{\boldsymbol{x}}$ 是关于支集规范测度 ν 的离散随机向量，那么支集规范测度 ν 明确 P 的支集为一个可数集，因此式(8.4)中的积分可以表示为

$$P(B)=\sum_{\boldsymbol{x}\in B} p(\boldsymbol{x})$$

如果 $\tilde{\boldsymbol{x}}$ 是绝对连续随机向量，则支集规范测度 ν 表示 P 的支集，式(8.4)中的积分可表示为黎曼积分：

$$P(B)=\int_{\boldsymbol{x}\in B} p(\boldsymbol{x})\mathrm{d}\boldsymbol{x}$$

如果 $\tilde{\boldsymbol{x}}$ 包含 m 个离散随机变量和 $d-m$ 个绝对连续随机变量，则式(8.4)中的积分可看作式(8.3)中 m 个离散随机变量支集 Ω_y 上的和与 $d-m$ 个绝对连续随机变量支集 Ω_z 上的黎曼积分。在这种情况下，ν 将 P 的支集指定为 $S\equiv\Omega_y\times\Omega_z$。

例如，式(8.4)中的表示也用于确定特定区域的积分与求和。设

$$\tilde{\boldsymbol{x}}=[\tilde{x}_1, \tilde{x}_2, \tilde{x}_3, \tilde{x}_4]$$

是一个四维混合随机向量，由两个离散随机变量 $\tilde{x}_1$ 和 $\tilde{x}_2$ 以及两个绝对连续随机变量 $\tilde{x}_3$ 和 $\tilde{x}_4$ 组成。设 $p:\mathcal{R}^d\to[0,\infty)$为 $\tilde{\boldsymbol{x}}$ 的 Radon-Nikodým 密度。密度 $p(x_2, x_3)$的计算如下：

$$p(x_2, x_3)=\sum_{x_1}\int_{x_4} p(x_1, x_2, x_3, x_4)\mathrm{d}x_4$$

使用式(8.4)中的 Radon-Nikodým 符号可表示为

$$p(x_2, x_3)=\int p(x_1, x_2, x_3, x_4)\mathrm{d}\nu(x_1, x_4)$$

其中，支集规范测度 ν 指定对于 x_1 应进行求和运算，对于 x_4 应进行积分运算。

练习

8.2-1. 下列哪个函数是 $\mathcal{R}^d$ 上的 Borel 可测函数?

(a) 函数 f，对于所有 $\boldsymbol{x}\in\mathcal{R}^d$，$f(\boldsymbol{x})=|\boldsymbol{x}|^2$。

(b) 函数 f，对于所有 $\boldsymbol{x}\in\mathcal{R}^d$，$f(\boldsymbol{x})=|\boldsymbol{x}|$。

(c) 函数 f，当$|\boldsymbol{x}|>5$ 时，$f(\boldsymbol{x})=|\boldsymbol{x}|^2$，当$|\boldsymbol{x}|<5$ 时，$f(\boldsymbol{x})=\exp(|\boldsymbol{x}|)+7$。

8.2-2. 用 Borel 可测函数的定义证明定理 8.2.1 的属性(iv)。

8.2-3. 说明如何将 Borel 可测函数看作随机向量。

8.2-4. 对于投掷骰子实验，骰子的观察值为集合$\{1,2,3,4,5,6\}$的元素，设计用于建模实验结果的随机向量的定义域与值域。

8.2-5. 对于投掷骰子实验，骰子的观察值是“奇数”或“偶数”，设计用于建模实验结果的随机向量的定义域与值域。

8.2-6. 考虑使用一个二值随机变量 $\tilde{x}$ 建模抛掷加权硬币的结果，其中 $\tilde{x}=1$ 的概率为 p，$\tilde{x}=0$ 的概率为 $1-p$，$0\leqslant p\leqslant 1$。

(a) 定义 $\tilde{x}$ 的概率空间。

(b) $\tilde{x}$ 的支集是什么？

(c) $\tilde{x}$ 的概率测度是什么？

(d) $\tilde{x}$ 的累积分布函数是什么？

(e) $\tilde{x}$ 是否为绝对连续随机变量？

8.2-7. 举出实际机器学习应用中会遇到且文中没有提及的混合随机向量例子。

8.2-8. 用于投掷骰子实验结果建模的随机变量的支集是什么？

8.2-9. 设定身高严格为正，用于对某人的身高测量结果建模的随机变量的支集是什么？

8.2-10. 令 $\tilde{\boldsymbol{x}}=[\tilde{x}_1,\tilde{x}_2,\tilde{x}_3]$，其中 $\tilde{x}_1$ 是离散随机变量，$\tilde{x}_2$ 和 $\tilde{x}_3$ 是绝对连续随机变量。设 $p:\Omega\to[0,\infty)$是 $\tilde{\boldsymbol{x}}$ 的 Radon-Nikodým 密度函数。组合求和运算和黎曼积分运算以计算边缘密度 $p(x_1)$、$p(x_2)$和 $p(x_3)$。说明如何使用 Radon-Nikodým 密度表示边缘密度。

8.2-11. 设 $\tilde{\boldsymbol{x}}=[\tilde{x}_1,\tilde{x}_2,\tilde{x}_3]$是三维随机向量，其第一个元素 $\tilde{x}_1$ 是一个支集为$[0,1\}$的离散随机变量，其余元素 $\tilde{x}_2$ 和 $\tilde{x}_3$ 是支集为$[0,\infty)$的绝对连续随机变量。设 $p:\Omega\to[0,\infty)$是 $\tilde{\boldsymbol{x}}$ 的支集规范测度为 ν 的 Radon-Nikodým 密度函数。定义 $V:\mathcal{R}^3\to\mathcal{R}$，使得对于所有 $\boldsymbol{x}\in\mathcal{R}^3$，有 $V(\boldsymbol{x})=|\boldsymbol{x}|^2$。设 B 是 Ω 的有界闭子集。说明如何仅使用求和运算与黎曼积分运算表示下式：

$$\int_B V(\boldsymbol{x})p(\boldsymbol{x})\mathrm{d}\nu(\boldsymbol{x})$$

8.3　Radon-Nikodým 密度存在性(选读)

8.2 节中引入了 Radon-Nikodým 密度，书中涉及离散随机向量、绝对连续随机向量和混合随机向量的相关定理均广泛使用该密度表示法。然而，这里忽略了一些关键问题。

给定任意概率空间$(\Omega,\mathcal{F},P)$，是否可以构造 Radon-Nikodým 概率密度 $p:\Omega\to[0,\infty)$与支集规范测度 $\nu:\mathcal{F}\to[0,\infty]$，使得对于每个 $F\in\mathcal{F}$，有

$$P(F)=\int_{\boldsymbol{x}\in F}p(\boldsymbol{x})\mathrm{d}\nu(\boldsymbol{x})$$

如果可以构造，那么需要什么条件？

在实际工程应用中，这些问题的答案非常重要，因为工程师通常使用概率密度函数(而不是概率空间)来分析和设计系统！幸运的是，在一般条件下，使用黎曼积分的一般形式 $\int p(x)\mathrm{d}x$(即“勒贝格积分”)即可构造。

8.3.1　勒贝格积分

定义 8.3.1(非负简单函数的勒贝格积分)　设$(\mathcal{R}^d,\mathcal{B}^d)$是可测空间，$\omega_1,\cdots,\omega_m$ 为 $\mathcal{R}^d$ 的有

限划分，$\omega_1,\cdots,\omega_m$ 是 $\mathcal{B}^d$ 的元素。定义 $f:\mathcal{R}^d\to[0,\infty]$，使得对于 $\boldsymbol{x}\in\omega_j$，有 $f(\boldsymbol{x})=f_j$，$j=1,\cdots,m$。函数 f 称为非负简单函数。设 ν 是$(\mathcal{R}^d,\mathcal{B}^d)$上的可数可加测度。定义 f 的勒贝格积分：

$$\int f(\boldsymbol{x})\mathrm{d}\nu(\boldsymbol{x})=\sum_{j=1}^{m}f_j\nu(\omega_j)$$

当 $\nu(\omega_j)=+\infty$时，定义 $0\nu(\omega_j)$为 0。□

定义 8.3.2(非负函数的勒贝格积分)　设$(\mathcal{R}^d,\mathcal{B}^d,\nu)$为测度空间，$([-\infty,+\infty],\mathcal{B}_\infty)$表示广义 Borel σ 域。对于特定的$(\mathcal{B}^d,\mathcal{B}_\infty)$可测函数 $f:\mathcal{R}^d\to[0,\infty]$，令

$$M_f\equiv\{\boldsymbol{\phi}:0\leqslant\boldsymbol{\phi}(\boldsymbol{x})\leqslant f(\boldsymbol{x}),\boldsymbol{x}\in\mathcal{R}^d\}$$

是定义域为 $\mathcal{R}^d$、值域为$[0,\infty]$的所有简单函数的子集。非负函数 f 关于ν 的勒贝格积分是如下广义实数：

$$\int f(\boldsymbol{x})\mathrm{d}\nu(\boldsymbol{x})\equiv\sup\left\{\int\boldsymbol{\phi}(\boldsymbol{x})\mathrm{d}\nu(\boldsymbol{x}):\boldsymbol{\phi}\in M_f\right\}$$ □

定义 8.3.3(可积函数)　设$(\mathcal{R}^d,\mathcal{B}^d,\nu)$为测度空间，$f:\mathcal{R}^d\to\mathcal{R}$ 为 Borel 可测函数。对于所有满足 $f(\boldsymbol{x})>0$ 的 $\boldsymbol{x}$，定义 $f^+=f$；对于所有满足 $f(\boldsymbol{x})<0$ 的 $\boldsymbol{x}$，定义 $f^-=|f|$。定义 f 的勒贝格积分：

$$\int f(\boldsymbol{x})\mathrm{d}\nu(\boldsymbol{x})\equiv\int f^+(\boldsymbol{x})\mathrm{d}\nu(\boldsymbol{x})-\int f^-(\boldsymbol{x})\mathrm{d}\nu(\boldsymbol{x})$$

此外，如果$\int f(\boldsymbol{x})\mathrm{d}\nu(\boldsymbol{x})<\infty$，则称 f 是可积函数。□

设 $\boldsymbol{x}\in B$ 时，$\psi(\boldsymbol{x})=1$；$\boldsymbol{x}\notin B$ 时，$\psi(\boldsymbol{x})=0$，有：

$$\int_B f(\boldsymbol{x})\mathrm{d}\nu(\boldsymbol{x})\equiv\int f(\boldsymbol{x})\psi(\boldsymbol{x})\mathrm{d}\nu(\boldsymbol{x})$$

需要注意的是，断言 $f=g\nu$-a. e. 表明：

$$\int_B f(\boldsymbol{x})\mathrm{d}\nu(x)=\int_B g(\boldsymbol{x})\mathrm{d}\nu(\boldsymbol{x})$$

许多适用于黎曼积分的标准运算也适用于勒贝格积分。

定理 8.3.1(勒贝格积分的属性)　设 ν 是 Borel 可测空间$(\mathcal{R}^d,\mathcal{B}^d)$上的测度，$f:\mathcal{R}^d\to\mathcal{R}$ 和 $g:\mathcal{R}^d\to\mathcal{R}$ 为 Borel 可测函数，那么以下断言成立。

(i) 如果$|f|\leqslant|g|$且g 可积，则 f 可积。

(ii) 如果 f 可积且$C\in\mathcal{R}$，则$\int Cf(\boldsymbol{x})\mathrm{d}\nu(\boldsymbol{x})=C\int f(\boldsymbol{x})\mathrm{d}\nu(\boldsymbol{x})$。

(iii) 如果 f 和 g 可积，则$\int[f(\boldsymbol{x})+g(\boldsymbol{x})]\mathrm{d}\nu(\boldsymbol{x})=\int f(\boldsymbol{x})\mathrm{d}\nu(\boldsymbol{x})+\int g(\boldsymbol{x})\mathrm{d}\nu(\boldsymbol{x})$。

(iv) 假设 $f_1,f_2,\cdots$是可积函数序列，且基于 ν 几乎处处收敛到 f。此外，如果 g 可积，且$|f_k|\leqslant g(k=1,2,\cdots)$，则 f 可积且当 $k\to\infty$时，$\int f_k(\boldsymbol{x})\mathrm{d}\nu(\boldsymbol{x})\to\int f(\boldsymbol{x})\mathrm{d}\nu(\boldsymbol{x})$。

(v) 假设 $f:\mathcal{R}\to\mathcal{R}$ 是$[a,b]$上的非负连续函数，则$\int_{[a,b]}f(x)\mathrm{d}\nu(x)=\int_a^b f(x)\mathrm{d}x$，其中 ν 是 Borel 可测空间$(\mathcal{R},\mathcal{B})$上的勒贝格测度。

证明　(i) 参见文献(Bartle，1966)[43] 的推论 5.4。(ii) 参见文献(Bartle，1966)[43] 的定理 5.5。(iii) 参见文献(Bartle，1966)[43] 的定理 5.5。(iv) 参见文献(Bartle，1966)[44] 的定理 5.6，

即勒贝格控制收敛定理。(v) 参见文献(Bartle, 1966)[38] 的问题 4. L。

关于 ν 的勒贝格积分是经典黎曼积分的自然推广形式[见定理 8.3.1 属性(v)]。本质上，勒贝格积分并不像黎曼积分那样尽量缩小所有矩形的宽度。相反，勒贝格积分尝试选择最能覆盖曲线下方空间的简单形状(可以是不同宽度的矩形)的最佳组合。图 8.1 给出了勒贝格积分与黎曼积分的比较。

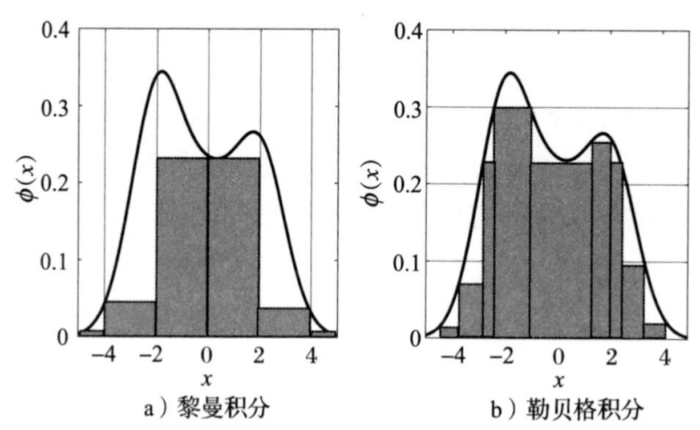

图 8.1 黎曼积分与勒贝格积分的比较。黎曼积分使用固定宽度的矩形覆盖曲线下方区域，而勒贝格积分使用不同宽度的矩形覆盖曲线下方区域

8.3.2 Radon-Nikodým 密度函数

现在使用上一小节介绍的勒贝格积分概念来定义 Radon-Nikodým 密度。

定理 8.3.2(Radon-Nikodým 密度存在性) 设$(\Omega,\mathcal{F})$为可测空间，$P:\mathcal{F}\rightarrow[0,1]$为概率测度，$\nu:\mathcal{F}\rightarrow[0,\infty]$是一个定义在$(\Omega,\mathcal{F})$上的 σ 有限测度。假设对于所有 $F\in\mathcal{F}$，$\nu(F)=0$ 意味着 $P(F)=0$，那么存在一个可测函数 $p:\Omega\rightarrow[0,\infty]$，使得对于所 $F\in\mathcal{F}$，有：

$$P(F)=\int_{x\in F} p(\boldsymbol{x})\mathrm{d}\nu(\boldsymbol{x})$$

此外，p 基于 ν 几乎处处唯一确定。

证明 参见文献(Bartle, 1966)[85] 的定理 8.9。 ■

Radon-Nikodým 密度存在性定理中的函数 p 称为“关于 ν 定义的 Radon-Nikodým 密度函数 p”，其中 ν 是可测空间$(\Omega,\mathcal{F})$上的支集规范测度，它指定了一个概率为零的不可能事件集。

Radon-Nikodým 密度存在性定理非常重要，因为它给出了确保构建 Radon-Nikodým 密度函数 p 的弱条件，依据这种条件，该函数可以根据给定的期望概率空间规范$(\mathcal{R}^d,\mathcal{B}^d,P)$为 $\mathcal{B}^d$ 中元素赋概率值。

8.3.3 向量支集规范测度

对于连续标量随机变量，$(\mathcal{R},\mathcal{B})$上的勒贝格测度被赋给开区间，等于 $\mathcal{B}$ 中该区间的长度。选择 ν 作为勒贝格测度，关于 ν 的 Radon-Nikodým 密度 p 计算事件 B 的概率 $P(B)$：

$$P(B)=\int_{B} p(\boldsymbol{x})\mathrm{d}\nu(\boldsymbol{x})=\int_{B} p(\boldsymbol{x})\mathrm{d}\boldsymbol{x}$$

其中，$B\in\mathcal{B}$。

对于离散标量随机变量，假设离散随机变量的可取值对应于 $\mathcal{R}$ 的可数子集 Ω。令 $\mathcal{P}(\Omega)$

表示 Ω 的幂集。在$(\mathcal{R},\mathcal{B})$上定义一个关于 Ω 的 σ 有限测度 ν，使得 $\nu(B)=\mu(B\cap\Omega)$，其中 μ 是$(\Omega,\mathcal{P}(\Omega))$上的计数测度。选择 ν 作为$(\mathcal{R},\mathcal{B})$上的 σ 有限测度，则关于 ν 的 Radon-Nikodým 密度 p 可用于计算事件 B 的概率 $P(B)$：

$$P(B)=\int_{B} p(\boldsymbol{x})\mathrm{d}\nu(\boldsymbol{x})=\sum_{B\cap\Omega} p(\boldsymbol{x})$$

其中，$B\in\mathcal{B}$。

秘诀框 8.1　应用 Radon-Nikodým 密度存在性定理(定理 8.3.2)

- **步骤 1**　确定每个向量分量的支集。确定关于概率空间$(\mathcal{R}^d,\mathcal{B}^d,P)$定义的随机向量 $\tilde{\boldsymbol{x}}=[\tilde{x}_1,\cdots,\tilde{x}_d]$中第 i 个随机变量 $\tilde{x}_i$ 的支集 S_i。
- **步骤 2**　为每个向量分量定义一个 σ 有限测度。如果 $\tilde{x}_i$ 是离散随机变量，则定义 σ 有限测度 ν_i，使得对于所有 $B\in\mathcal{B}$，$\nu_i(B)$为 $B\cap S_i$ 的元素数量。如果 $\tilde{x}_i$ 是绝对连续随机变量，其支集 S_i 是 $\mathcal{R}$ 的一个凸子集，则定义 σ 有限勒贝格测度，使得对于所有 $B\in\mathcal{B}$，$\nu_i(B)$是线段 $B\cap S_i$ 的长度。
- **步骤 3**　构建随机向量的 σ 有限测度。定义 $\nu:\mathcal{B}^d\to[0,\infty)$，使得对于每个 $B\equiv[B_1,\cdots,B_d]\in\mathcal{B}^d$，有

$$\nu(B)=\prod_{i=1}^{d}\nu_i(B_i)$$

- **步骤 4**　构建完备测度空间。定义 $\bar{\nu}:\mathcal{B}^d\to[0,\infty]$，使得对于每个 $\mathcal{B}\in\mathcal{B}^d$：(i) 当 $\nu(B)>0$ 时，有 $\bar{\nu}(B)=\nu(B)$；(ii) 当 $\nu(B)=0$ 时，对所有 $S\subset B$，有 $\bar{\nu}(S)=0$。
- **步骤 5**　构建 Radon-Nikodým 密度。通过 Radon-Nikodým 密度存在性定理得出关于 $\bar{\nu}$ 的 Radon-Nikodým 密度 $p:\mathcal{R}^d\to[0,\infty]$存在，以确定概率测度 P。

对于混合随机变量，可以直接构建标量随机变量的支集规范测度。设 ν 是$(\mathcal{R},\mathcal{B})$上绝对连续标量随机变量的支集规范测度，$\mu$ 是$(\mathcal{R},\mathcal{B})$上离散标量随机变量的支集规范测度，那么 $\nu+\mu$ 是$(\mathcal{R},\mathcal{B})$上混合随机变量的支集规范测度。

现在讨论一般 d 维随机向量的情况。定理 8.3.3 可用于构造 d 维随机向量的支集规范测度，其中随机向量由 d 个标量随机变量组成。

定理 8.3.3(乘积测度)　设 ν_1 和 ν_2 是分别定义在可测空间$(\Omega_1,\mathcal{F}_1)$和$(\Omega_2,\mathcal{F}_2)$上的 σ 有限测度，那么在可测空间$(\Omega_1\times\Omega_2,\mathcal{F}_1\times\mathcal{F}_2)$上存在唯一测度 ν，使得对于所有 $F_1\in\mathcal{F}_1$ 和所有 $F_2\in\mathcal{F}_2$，有

$$\nu(F)\equiv\nu_1(F_1)\nu_2(F_2)$$

证明　参见文献(Bartle，1966)[114,115]。■

根据乘积测度定理，如果 $\nu_1,\cdots,\nu_d$ 是$(\mathcal{R},\mathcal{B})$上确定标量随机变量 $\tilde{x}_1,\cdots,\tilde{x}_d$ 各自支集的 σ 有限测度，那么在$(\mathcal{R}^d,\mathcal{B}^d)$上存在唯一测度 $\nu\equiv\prod_{i=1}^{d}\nu_i$。因此，乘积测度定理(Bartle，1966)[114] 给出了一个在$(\mathcal{R}^d,\mathcal{B}^d)$上直接构造随机向量测度的方法。

用乘积测度定理构造测度空间$(\mathcal{R}^d,\mathcal{B}^d,\nu)$后，就可以得出完备测度空间$(\mathcal{R}^d,\mathcal{B}^d,\bar{\nu})$(见定义 8.1.9)。完备测度空间的构建非常重要，因为它可以确保如果 $\bar{\nu}$ 是概率测度 P 的支集规范

测度，那么不可能事件$E(P(E)=0)$的每个子集Q也必须是不可能的(即$P(Q)=0$)。该推论可以避免曲解如下说法：特定断言基于ν几乎处处成立。

练习

8.3-1. 解释如何为d维离散随机向量$\tilde{\boldsymbol{x}}$的Radon-Nikodým密度p构建支集规范测度，其中$\tilde{\boldsymbol{x}}$取值$\boldsymbol{x}^k$的概率是p_k，$k=1,\cdots,M$。

8.3-2. 解释如何为绝对连续d维随机向量的Radon-Nikodým密度p构建支集规范测度，该向量由d个均值为0、方差为σ^2的高斯随机变量组成。

8.3-3. 解释如何为二维随机向量$[\tilde{x}_1,\tilde{x}_2]$的Radon-Nikodým密度$p$构建支集规范测度，其中离散随机变量$\tilde{x}_1$具有支集$\{0,1\}$，绝对连续随机变量$\tilde{x}_2$在区间$[-1,+1]$上均匀分布。

8.4　期望运算

对于许多不同类型(如离散的、绝对连续的或混合的)随机向量和函数，式(8.4)给出的勒贝格积分为其期望运算提供了一个统一框架。

定义 8.4.1(期望)　设$p:\mathcal{R}^d\to[0,\infty)$是$d$维随机向量$\tilde{\boldsymbol{x}}$关于$\nu$的Radon-Nikodým密度。设$h:\mathcal{R}^d\to\mathcal{R}$是一个Borel可测函数。当该函数存在时，定义$h(\tilde{\boldsymbol{x}})$关于$\tilde{\boldsymbol{x}}$的期望$E\{h(\tilde{\boldsymbol{x}})\}$：

$$E\{h(\tilde{\boldsymbol{x}})\}=\int h(\boldsymbol{x})p(\boldsymbol{x})\mathrm{d}\nu(\boldsymbol{x}) \tag{8.5}$$

□

例如，d维离散随机向量$\tilde{\boldsymbol{y}}$的期望$E\{\tilde{\boldsymbol{y}}\}$如下：

$$E\{\tilde{\boldsymbol{y}}\}=\int \boldsymbol{y}p_y(\boldsymbol{y})\mathrm{d}\nu(\boldsymbol{y})=\sum_{\boldsymbol{y}\in\Omega_y}\boldsymbol{y}p_y(\boldsymbol{y})$$

其中，Ω_y是$\tilde{\boldsymbol{y}}$的支集，$p_y:\mathcal{R}^d\to[0,\infty)$是Radon-Nikodým密度。

绝对连续d维随机向量$\tilde{\boldsymbol{z}}$的期望$E\{\tilde{\boldsymbol{z}}\}$如下：

$$E\{\tilde{\boldsymbol{z}}\}=\int \boldsymbol{z}p_z(\boldsymbol{z})\mathrm{d}\nu(\boldsymbol{z})=\int_{\boldsymbol{z}\in\Omega_z}\boldsymbol{z}p_z(\boldsymbol{z})\mathrm{d}\boldsymbol{z}$$

其中，Ω_z是$\tilde{\boldsymbol{z}}$的支集，$p_z:\mathcal{R}^d\to[0,\infty)$是Radon-Nikodým密度。

对于混合3维随机向量$\tilde{\boldsymbol{x}}$，假设其第一个元素为离散随机变量且第二、第三个元素为绝对连续随机变量，则$\tilde{\boldsymbol{x}}$的期望如下：

$$E\{\tilde{\boldsymbol{x}}\}=\int \boldsymbol{x}p(\boldsymbol{x})\mathrm{d}\nu(\boldsymbol{x})=\sum_{x_1\in\Omega_1}\int_{x_2\in\Omega_2}\int_{x_3\in\Omega_3}[x_1,x_2,x_3]p(x_1,x_2,x_3)\mathrm{d}x_2\mathrm{d}x_3$$

其中，Ω_k是第k个随机变量$\tilde{x}_k$的支集，其中$k=1,2,3$；$p:\mathcal{R}^3\to[0,\infty)$是关于测度$\nu$定义的Radon-Nikodým密度。

替换式(8.5)，则变换后式

$$E\{h(\tilde{\boldsymbol{x}})\}=\int h(\boldsymbol{x})\mathrm{d}P(\boldsymbol{x}) \tag{8.6}$$

直接依据概率测度P确定期望运算，而不是像式(8.5)那样使用由支集规范测度ν定义的Radon-Nikodým密度p间接表示P。在工程应用中应首选式(8.5)，因为概率分布通常指定为密度函数而不是概率测度。但是，式(8.6)更适合用于数学理论研究。

要获得确保$E\{h(\tilde{\boldsymbol{x}})\}$有限的充分条件，首先证明$|h(\tilde{\boldsymbol{x}})|\leqslant K$的概率为1，这表明：

$$|E\{h(\tilde{x})\}|=\left|\int h(x)p(x)\mathrm{d}\nu(x)\right|\leqslant\int|h(x)|p(x)\mathrm{d}\nu(x)\leqslant K\int p(x)\mathrm{d}\nu(x)=K$$

需要注意的是，如果 h 是有界的，可确定条件 $|h(\tilde{x})|\leqslant K$ 的概率为 1，但如果 h 是分段连续的且 $\tilde{x}$ 为有界随机向量，条件也成立。

例 8.4.1（经验风险期望）　假设观测到的训练数据 $\boldsymbol{x}_1,\cdots,\boldsymbol{x}_n$ 是一个关于支集规范测度 ν 定义的相同 Radon-Nikodým 密度 p_e 独立同分布的 d 维随机向量 $\tilde{x}_1,\cdots,\tilde{x}_n$ 随机序列的实例。考虑一个学习机，观测与训练数据相对应的 n 维向量的集合。学习机的目标是最小化经验风险函数 $\ell:\mathcal{R}^q\to\mathcal{R}$，对于所有 $\boldsymbol{\theta}\in\mathcal{R}^q$，

$$\ell(\boldsymbol{\theta})=E\{c(\tilde{\boldsymbol{x}}_i,\boldsymbol{\theta})\}\tag{8.7}$$

其中，连续函数 $c:\mathcal{R}^d\times\mathcal{R}^q\to\mathcal{R}$ 为损失函数，用于确定经验风险函数：

$$\hat{\ell}_n(\boldsymbol{\theta})=(1/n)\sum_{i=1}^{n}c(\tilde{\boldsymbol{x}}_i,\boldsymbol{\theta})$$

其中，$\hat{\ell}_n(\boldsymbol{\theta})$ 表示连续函数 $\ell_n:\mathcal{R}^{dn}\times\mathcal{R}^q\to\mathcal{R}$ 在 $([\tilde{\boldsymbol{x}}_1,\cdots,\tilde{\boldsymbol{x}}_n],\boldsymbol{\theta})$ 处的值。

计算 $\hat{\ell}_n(\boldsymbol{\theta})$ 的期望 $E\{\hat{\ell}_n(\boldsymbol{\theta})\}$：

$$E\{\hat{\ell}_n(\boldsymbol{\theta})\}=(1/n)\sum_{i=1}^{n}E\{c(\tilde{\boldsymbol{x}}_i,\boldsymbol{\theta})\}=E\{c(\tilde{\boldsymbol{x}}_i,\boldsymbol{\theta})\}=\int c(\boldsymbol{x},\boldsymbol{\theta})p_e(\boldsymbol{x})\mathrm{d}\nu(\boldsymbol{x})\tag{8.8}$$

若 p_e 为概率质量函数且 $\tilde{\boldsymbol{x}}_i$ 是支集为 Ω 的离散随机向量，则式(8.8)变为

$$E\{\hat{\ell}_n(\boldsymbol{\theta})\}=\int c(\boldsymbol{x},\boldsymbol{\theta})p_e(\boldsymbol{x})\mathrm{d}\nu(\boldsymbol{x})=\sum_{x\in\Omega}c(\boldsymbol{x},\boldsymbol{\theta})p_e(\boldsymbol{x})$$

若 p_e 为概率密度函数且 $\tilde{\boldsymbol{x}}_i$ 是支集为 Ω 的绝对连续随机向量，则式(8.8)变为

$$E\{\hat{\ell}_n(\boldsymbol{\theta})\}=\int c(\boldsymbol{x},\boldsymbol{\theta})p_e(\boldsymbol{x})\mathrm{d}\nu(\boldsymbol{x})=\int_{x\in\Omega}c(\boldsymbol{x},\boldsymbol{\theta})p_e(\boldsymbol{x})\mathrm{d}\boldsymbol{x}$$

若 $\tilde{\boldsymbol{x}}_i$ 是一个可划分为 $\tilde{\boldsymbol{x}}_i=[\tilde{\boldsymbol{y}}_i,\tilde{\boldsymbol{z}}_i]$ 的混合随机向量，其中 $\tilde{\boldsymbol{y}}_i$ 是支集为 Ω_y 的 k 维离散随机向量，$\tilde{\boldsymbol{z}}_i$ 是支集为 Ω_z 的 $d-k$ 维绝对连续随机向量，$i=1,2,\cdots$，则式(8.8)变为

$$E\{\hat{\ell}_n(\boldsymbol{\theta})\}=\int c(\boldsymbol{x},\boldsymbol{\theta})p_e(\boldsymbol{x})\mathrm{d}\nu(\boldsymbol{x})=\sum_{y\in\Omega_y}\int_{z\in\Omega_z}c([\boldsymbol{y},\boldsymbol{z}],\boldsymbol{\theta})p_e([\boldsymbol{y},\boldsymbol{z}])\mathrm{d}\boldsymbol{z}$$

△

例 8.4.2（协方差矩阵估计）　设 $\tilde{\boldsymbol{x}}_1,\cdots,\tilde{\boldsymbol{x}}_n$ 是独立同分布的 d 维随机向量序列，它们的 d 维均值向量为 $\boldsymbol{\mu}\equiv E\{\tilde{\boldsymbol{x}}_i\}$，$d$ 维协方差矩阵为

$$\boldsymbol{C}\equiv E\{(\tilde{\boldsymbol{x}}_i-\boldsymbol{\mu})(\tilde{\boldsymbol{x}}_i-\boldsymbol{\mu})^{\mathrm{T}}\}$$

样本均值 $\tilde{\boldsymbol{m}}_n\equiv(1/n)\sum_{i=1}^{n}\tilde{\boldsymbol{x}}_i$，样本均值的期望如下：

$$E\{\tilde{\boldsymbol{m}}_n\}=(1/n)\sum_{i=1}^{n}E\{\tilde{\boldsymbol{x}}_i\}=\boldsymbol{\mu}$$

如果 $\boldsymbol{\mu}$ 已知，鉴于 $E\{\tilde{\boldsymbol{C}}_n\}=\boldsymbol{C}$，则 $\tilde{\boldsymbol{x}}_i$ 的协方差矩阵估计如下：

$$\tilde{\boldsymbol{C}}_n=\frac{1}{n}\sum_{i=1}^{n}(\tilde{\boldsymbol{x}}_i-\boldsymbol{\mu})(\tilde{\boldsymbol{x}}_i-\boldsymbol{\mu})^{\mathrm{T}}$$

然而，在实践中 $\boldsymbol{\mu}$ 是未知的，一般使用样本均值 $\tilde{\boldsymbol{m}}_n$ 估计。证明

$$\hat{\boldsymbol{C}}_n\equiv\frac{1}{n-1}\sum_{i=1}^{n}(\tilde{\boldsymbol{x}}_i-\tilde{\boldsymbol{m}}_n)(\tilde{\boldsymbol{x}}_i-\tilde{\boldsymbol{m}}_n)^{\mathrm{T}}$$

是 $\boldsymbol{C}$ 的无偏估计量（即 $E\{\hat{\boldsymbol{C}}_n\}=\boldsymbol{C}$）。

解　样本均值 $\tilde{\boldsymbol{m}}_n$ 的协方差矩阵定义如下：

$$\mathbf{cov}(\tilde{\boldsymbol{m}}_n) \equiv E\{(\tilde{\boldsymbol{m}}_n - \boldsymbol{\mu})(\tilde{\boldsymbol{m}}_n - \boldsymbol{\mu})^{\mathrm{T}}\} \tag{8.9}$$

另外，根据独立随机向量和的协方差是协方差和的关系：

$$\mathbf{cov}(\tilde{\boldsymbol{m}}_n) = \frac{1}{n^2}\sum_{i=1}^{n}[E\{\tilde{\boldsymbol{x}}_i\tilde{\boldsymbol{x}}_i^{\mathrm{T}}\} - \boldsymbol{\mu}\boldsymbol{\mu}^{\mathrm{T}}] = \boldsymbol{C}/n \tag{8.10}$$

可将 $\hat{\boldsymbol{C}}_n$ 重写为

$$\hat{\boldsymbol{C}}_n = \frac{1}{n-1}\sum_{i=1}^{n}((\tilde{\boldsymbol{x}}_i - \boldsymbol{\mu}) - (\tilde{\boldsymbol{m}}_n - \boldsymbol{\mu}))((\tilde{\boldsymbol{x}}_i - \boldsymbol{\mu}) - (\tilde{\boldsymbol{m}}_n - \boldsymbol{\mu}))^{\mathrm{T}} \tag{8.11}$$

求式(8.11)期望并整理得出

$$E\{\hat{\boldsymbol{C}}_n\} = \frac{1}{n-1}[n\boldsymbol{C} - n\,\mathbf{cov}(\tilde{\boldsymbol{m}}_n)] \tag{8.12}$$

这说明

$$E\{\hat{\boldsymbol{C}}_n\} = \frac{n}{n-1}\boldsymbol{C} - \frac{n}{n-1}\frac{\boldsymbol{C}}{n} = \frac{n-1}{n-1}\boldsymbol{C} = \boldsymbol{C} \tag{8.13}$$

△

8.4.1 随机函数

随机函数的概念经常出现在数理统计和统计机器学习中。例如，学习机的预测误差是参数 $\boldsymbol{\theta}$ 与训练数据(表示为随机向量)的函数。在这种情况下，预测误差是随机函数的一个实例，因为预测误差是确定性参数值与随机向量的函数，其随机性由随机训练数据带来。

定义 8.4.2(随机函数) 设 $\tilde{\boldsymbol{x}}$ 是一个 d 维随机向量，其支集为 $\Omega \subseteq \mathcal{R}^d$。设 $c: \Omega \times \Theta \to \mathcal{R}$。假设 $c(\cdot, \boldsymbol{\theta})$ 对于每个 $\boldsymbol{\theta} \in \Theta$ 都是 Borel 可测函数，那么称函数 $c: \Omega \times \Theta \to \mathcal{R}$ 为关于 $\tilde{\boldsymbol{x}}$ 的随机函数。 □

回想一下，对于任一 $\boldsymbol{\theta} \in \Theta$，$c(\cdot, \boldsymbol{\theta})$ 是 Borel 可测函数的一个充分条件是，对于任一 $\boldsymbol{\theta} \in \Theta$，$c(\cdot, \boldsymbol{\theta})$ 是 Ω 的有限划分上的分段连续函数(见定理 8.2.2)。

符号 $\tilde{c}(\cdot) \equiv c(\tilde{\boldsymbol{x}}, \cdot)$ 或 $\hat{c}(\cdot) \equiv c(\tilde{\boldsymbol{x}}, \cdot)$ 用作随机函数的简写表示。

定义 8.4.3(分段连续随机函数) 定义随机函数 $c: \Omega \times \Theta \to \mathcal{R}$，使得 $c(\boldsymbol{x}, \cdot)$ 在 Θ 的有限划分上对每个 $\boldsymbol{x} \in \Omega$ 分段连续。那么，函数 $c: \Omega \times \Theta \to \mathcal{R}$ 称为分段连续随机函数。 □

定义 8.4.4(连续随机函数) 定义随机函数 $c: \Omega \times \Theta \to \mathcal{R}$，使得对于每个 $\boldsymbol{x} \in \Omega$，$c(\boldsymbol{x}, \cdot)$ 在 Θ 上是连续的。那么，函数 $c: \Omega \times \Theta \to \mathcal{R}$ 称为连续随机函数。 □

定义 8.4.5(连续可微随机函数) 定义函数 $c: \Omega \times \Theta \to \mathcal{R}$，使得 c 关于定义域 Θ 的 k 阶导数是连续随机函数，其中 $k = 1, 2, \cdots, m$。那么，函数 c 称为 m 次连续可微随机函数。 □

例如，如果 $c(\boldsymbol{x}, \boldsymbol{\theta})$ 表示连续随机函数 c 且 $\mathrm{d}c/\mathrm{d}\boldsymbol{\theta}$ 是连续随机函数，则 c 称为连续可微随机函数。此外，如果 $\mathrm{d}^2 c/\mathrm{d}\boldsymbol{\theta}^2$ 是连续的，则 c 称为二次连续可微函数。

8.4.2 随机函数的期望

定义 8.4.6(由可积函数控制) 设 $\tilde{\boldsymbol{x}}$ 是一个 d 维随机向量，其 Radon-Nikodým 密度为 $p: \mathcal{R}^d \to [0, \infty)$。设 $\Theta \subseteq \mathcal{R}^d$，$\boldsymbol{F}: \mathcal{R}^d \times \Theta \to \mathcal{R}^{m \times n}$ 是关于 $\tilde{\boldsymbol{x}}$ 的随机函数。假设存在一个函数 $C: \mathcal{R}^d \to [0, \infty)$，使得对于所有 $\boldsymbol{\theta} \in \Theta$ 和所有 $\tilde{\boldsymbol{x}}$ 支集中的 $\boldsymbol{x}$，$\boldsymbol{F}(\boldsymbol{x}, \boldsymbol{\theta})$ 每个元素的绝对值都小于或等于 $C(\boldsymbol{x})$。另外，假设 $\int C(\boldsymbol{x}) p(\boldsymbol{x}) \mathrm{d}\nu(\boldsymbol{x})$ 是有限的。那么，随机函数 $\boldsymbol{F}$ 由 Θ 上关于 p 的可积函数控制。 □

例 8.4.3(期望存在性)　若随机函数 $f:\mathcal{R}^d\times\mathcal{R}^q\to\mathcal{R}$ 由 $\mathcal{R}^q$ 上关于 p 的可积函数控制，说明期望 $E\{f(\tilde{\boldsymbol{x}},\boldsymbol{\theta})\}$ 是有限的，其中 $\boldsymbol{\theta}\in\mathcal{R}^q$。

解

$$|E\{f(\tilde{\boldsymbol{x}},\boldsymbol{\theta})\}|=\left|\int f(\boldsymbol{x},\boldsymbol{\theta})p(\boldsymbol{x})\mathrm{d}\nu(\boldsymbol{x})\right|\leqslant\int|f(\boldsymbol{x},\boldsymbol{\theta})|p(\boldsymbol{x})\mathrm{d}\nu(\boldsymbol{x})\leqslant\int C(\boldsymbol{x})p(\boldsymbol{x})\mathrm{d}\nu(\boldsymbol{x})<\infty$$

表明存在一个函数 $C:\mathcal{R}^d\to\mathcal{R}$，其对于所有 $\boldsymbol{\theta}\in\mathcal{R}^q$，$|f(\boldsymbol{x},\boldsymbol{\theta})|\leqslant C(\boldsymbol{x})$ 且 $\int C(\boldsymbol{x})p(\boldsymbol{x})\mathrm{d}\nu(\boldsymbol{x})<\infty$。△

定理 8.4.1 说明由可积函数控制的连续随机函数的期望是连续的。

定理 8.4.1(连续随机函数的期望连续)　设 $\tilde{\boldsymbol{x}}$ 是一个 d 维随机向量，关于支集规范测度 ν 定义的 Radon-Nikodým 密度为 $p:\mathcal{R}^d\to[0,\infty)$。设 Θ 是 $\mathcal{R}^q$ 的一个有界闭子集。如果连续随机函数 $c:\mathcal{R}^d\times\Theta\to\mathcal{R}$ 由 Θ 上关于 p 的可积函数控制，则

$$E\{c(\tilde{\boldsymbol{x}},\cdot)\}\equiv\int c(\boldsymbol{x},\cdot)p(\boldsymbol{x})\mathrm{d}\nu(\boldsymbol{x})$$

在 Θ 上是连续的。

证明　参见文献(Bartle，1966)的推论 5.8。■

许多机器学习应用涉及基于有界随机向量生成的训练数据。在这种情况下，定理 8.4.2 给出了随机函数由可积函数控制的充分条件。

定理 8.4.2(由有界函数控制)　设 $\tilde{x}$ 是一个 d 维随机向量，Radon-Nikodým 密度为 $p:\mathcal{R}^d\to[0,\infty)$。设 $\Theta\subseteq\mathcal{R}^q$ 是一个有界闭集，$\boldsymbol{F}:\mathcal{R}^d\times\Theta\to\mathcal{R}^{m\times n}$ 是关于 $\tilde{\boldsymbol{x}}$ 的连续随机函数。假设 $\boldsymbol{F}$ 的每个元素都是有界函数或 $\mathcal{R}^d\times\Theta$ 上的分段连续函数，且 $\tilde{x}$ 是有界随机向量，则 $\boldsymbol{F}$ 由 Θ 上关于 p 的可积函数控制。

证明　如果 $\boldsymbol{F}$ 的每个元素都是有界函数或 $\mathcal{R}^d\times\Theta$ 上的分段连续函数，则存在一个有限常数 K，使得 $\boldsymbol{F}(\boldsymbol{x},\boldsymbol{\theta})$ 的第 ij 个元素 $f_{i,j}(\boldsymbol{x},\boldsymbol{\theta})$ 的绝对值小于或等于 K 的概率为 1。鉴于 p 为概率密度，因此

$$\left|\int f_{ij}(\boldsymbol{x},\boldsymbol{\theta})p(\boldsymbol{x})\mathrm{d}\nu(\boldsymbol{x})\right|\leqslant\int|f_{ij}(\boldsymbol{x},\boldsymbol{\theta})|p(\boldsymbol{x})\mathrm{d}\nu(\boldsymbol{x})\leqslant\int Kp(\boldsymbol{x})\mathrm{d}\nu(\boldsymbol{x})=K<\infty$$ ■

例 8.4.4(保证由可积函数控制的简化条件)　如果 $\boldsymbol{F}:\mathcal{R}^d\times\Theta\to\mathcal{R}^{m\times n}$ 是 $\mathcal{R}^d\times\Theta$ 上的分段连续随机函数，$p:\mathcal{R}^d\to[0,1]$ 是有限样本空间上的概率质量函数，则 $\boldsymbol{F}$ 由 Θ 上关于 p 的可积函数控制。△

定理 8.4.3 给出了保证连续随机函数的全局极小值点是随机向量的条件。

定理 8.4.3(连续随机函数极小值点为随机向量)　设 Θ 是 $\mathcal{R}^q$ 上的一个有界闭子集，$c:\mathcal{R}^d\times\Theta\to\mathcal{R}$ 是一个连续随机函数，存在一个 Borel 可测函数 $\tilde{\boldsymbol{\theta}}:R^d\to\mathcal{R}^q$，使得对于所有 $\boldsymbol{x}\in\mathcal{R}^d$，$\tilde{\boldsymbol{\theta}}(\boldsymbol{x})$ 是 $c(\boldsymbol{x},\cdot)$ 在 Θ 上的全局极小值点。

证明　参见文献(Jennrich，1969)[637] 的引理 2。■

请注意，定理 8.4.3 还表明，当 Θ 为该局部极小值点的足够小的邻域时，Θ 上连续随机函数的局部极小值点为随机向量。

例 8.4.5(经验风险函数的全局极小值点为随机向量)　设 Θ 是 $\mathcal{R}^q$ 的一个有界闭子集，$\tilde{\boldsymbol{x}}_i,\cdots,\tilde{\boldsymbol{x}}_n$ 是一个独立同分布的 d 维随机向量序列。定义经验风险函数 $\hat{\ell}_n$：

$$\hat{\ell}_n(\boldsymbol{\theta})=(1/n)\sum_{i=1}^{n}c(\tilde{\boldsymbol{x}}_i,\boldsymbol{\theta})$$

其中，c 是连续随机函数，$\boldsymbol{\theta}\in\Theta$。证明随机函数 $\hat{\ell}_n$ 在 Θ 上的全局极小值点是一个随机向量。

解　由于 $\hat{\ell}_n$ 是连续随机函数的加权和，因此 $\hat{\ell}_n$ 是一个连续随机函数，根据定理 8.4.3 即可得出结论。△

定理 8.4.4 给出了积分和微分算子交换的条件。

定理 8.4.4(积分算子与微分算子交换)　设 $\tilde{x}$ 是一个 d 维随机向量，其关于支集规范测度 ν 定义的 Radon-Nikodým 密度为 $p:\mathcal{R}^d \to [0,\infty)$。设 Θ 是 $\mathcal{R}^q$ 上的有界闭子集，连续可微随机函数 $c:\mathcal{R}^d \times \Theta \to \mathcal{R}$ 的梯度由 Θ 上关于 p 的可积函数控制，则

$$\nabla \int c(\boldsymbol{x},\cdot)p(\boldsymbol{x})\mathrm{d}\nu(\boldsymbol{x}) = \int \nabla c(\boldsymbol{x},\cdot)p(\boldsymbol{x})\mathrm{d}\nu(\boldsymbol{x})$$

证明　参见文献(Bartle，1966)[46] 的推论 5.9。■

8.4.3　条件期望和独立性

定义 8.4.7(条件期望)　设 $\tilde{\boldsymbol{x}}$ 和 $\tilde{\boldsymbol{y}}$ 是关于联合 Radon-Nikodým 密度 $p:\mathcal{R}^d \to [0,\infty)$ 和支集规范测度 $\nu(\boldsymbol{x})$ 的 $d-k$ 维随机向量和 k 维随机向量。定义 $\tilde{\boldsymbol{y}}$ 的边缘密度 $p_y:\mathcal{R}^k \to [0,\infty)$，使得对于 $\tilde{\boldsymbol{y}}$ 支集中的每个 $\boldsymbol{y}$，有

$$p_y(\boldsymbol{y}) \equiv \int p(\boldsymbol{x},\boldsymbol{y})\mathrm{d}\nu(\boldsymbol{x})$$

定义条件概率密度 $p_{x|y}(\cdot|\boldsymbol{y}):\mathcal{R}^{d-k} \to [0,\infty)$，使得对于 $\tilde{\boldsymbol{x}}$ 支集中每个 $\boldsymbol{x}$ 和 $\tilde{\boldsymbol{y}}$ 支集中每个 $\boldsymbol{y}$，有

$$p_{x|y}(\boldsymbol{x}|\boldsymbol{y}) = \frac{p(\boldsymbol{x},\boldsymbol{y})}{p_y(\boldsymbol{y})} \tag{8.14}$$

□

边缘分布和条件概率分布是指由边缘概率密度函数和条件概率密度函数分别表示的累积分布函数。请注意，条件概率概念的定义允许定义一些量，例如在 $\tilde{\boldsymbol{y}}$ 确定的条件下计算随机向量 $\tilde{\boldsymbol{x}}$ 的概率测度：

$$P(\tilde{\boldsymbol{x}} \in B|\boldsymbol{y}) = \int_B p(\boldsymbol{x}|\boldsymbol{y})\mathrm{d}\nu(\boldsymbol{x})$$

其中，$B \in \mathcal{B}^d$。

从语义上讲，条件概率 $P(\tilde{\boldsymbol{x}} \in B|\tilde{\boldsymbol{y}}=\boldsymbol{y})$ 表示给定 $\tilde{\boldsymbol{y}}=\boldsymbol{y}$ 先验知识的情况下 $\tilde{\boldsymbol{x}} \in B$ 的概率。对于给定的 $\boldsymbol{y}$，$P(\cdot|\boldsymbol{y})$ 表示 $(\mathcal{R}^d,\mathcal{B}^d)$ 上的新概率空间，基于 $\tilde{\boldsymbol{y}}=\boldsymbol{y}$ 的先验知识进行了调整。

请注意，当 $\tilde{\boldsymbol{y}}$ 是绝对连续随机向量时，密度 $p(\boldsymbol{x}|\boldsymbol{y})$ 的语义解释可能看起来令人费解，因为事件 $\tilde{\boldsymbol{y}}=\boldsymbol{y}$ 的概率为零。在这种情况下，有两种可能的解释。首先，可以简单地将 $\boldsymbol{y}$ 视为 $\tilde{\boldsymbol{y}}$ 的实现，因此 $p(\cdot|\boldsymbol{y})$ 表示由 $\boldsymbol{y}$ 索引的一类概率密度函数。其次，可以将 $p(\boldsymbol{x}|\tilde{\boldsymbol{y}})$ 解释为关于随机向量 $\tilde{\boldsymbol{y}}$ 的特殊类型随机函数——称为随机条件密度。

设 $h:\mathcal{R}^d \to \mathcal{R}$ 是 Borel 可测函数。对于 $\tilde{\boldsymbol{y}}$ 支集中的每个 $\boldsymbol{y}$，定义 $E\{h(\tilde{\boldsymbol{x}},\boldsymbol{y})|\boldsymbol{y})\}$(当存在时)：

$$E\{h(\tilde{\boldsymbol{x}},\boldsymbol{y})|\boldsymbol{y})\} = \int h(\boldsymbol{x},\boldsymbol{y})p_{x|y}(\boldsymbol{x}|\boldsymbol{y})\mathrm{d}\nu(\boldsymbol{x})$$

其中，$p_{x|y}(\cdot|\boldsymbol{y})$ 是 $P(\cdot|\boldsymbol{y})$ 的 Radon-Nikodým 密度。$E\{h(\tilde{\boldsymbol{x}},\boldsymbol{y})|\boldsymbol{y})\}$ 称为给定 $\boldsymbol{y}$ 时 $h(\tilde{\boldsymbol{x}},\boldsymbol{y})$ 的条件期望。

此外，

$$E\{h(\boldsymbol{x},\tilde{\boldsymbol{y}})|\tilde{\boldsymbol{y}})\} \equiv \int h(\boldsymbol{x},\tilde{\boldsymbol{y}})p_{x|y}(\boldsymbol{x}|\tilde{\boldsymbol{y}})\mathrm{d}\nu(\boldsymbol{x})$$

可以解释为 $\tilde{\boldsymbol{y}}$(即新的随机变量)的 Borel 可测函数。

假设 $\tilde{\boldsymbol{y}}$ 的实例知识对 $\tilde{\boldsymbol{x}}$ 的概率分布没有影响。也就是说，对于$[\tilde{\boldsymbol{x}},\tilde{\boldsymbol{y}}]$支集中的所有$[\boldsymbol{x},\boldsymbol{y}]$，有

$$p_{x|y}(\boldsymbol{x}\mid\boldsymbol{y})=p_x(\boldsymbol{x}) \tag{8.15}$$

这表明 $\tilde{\boldsymbol{y}}$ 的取值不影响 $\tilde{\boldsymbol{x}}$ 的概率分布。由式(8.15)的条件独立假设知：

$$p_{x|y}(\boldsymbol{x}\mid\boldsymbol{y})=\frac{p_{x,y}(\boldsymbol{x},\boldsymbol{y})}{p_y(\boldsymbol{y})}=p_x(\boldsymbol{x})$$

因此，对于$[\tilde{\boldsymbol{x}},\tilde{\boldsymbol{y}}]$支集中的所有$[\boldsymbol{x},\boldsymbol{y}]$，有

$$p_{x,y}(\boldsymbol{x},\boldsymbol{y})=p_x(\boldsymbol{x})p_y(\boldsymbol{y})$$

这种情况下的随机向量 $\tilde{\boldsymbol{x}}$ 和 $\tilde{\boldsymbol{y}}$ 称为“独立随机向量”。

定义 8.4.8(独立随机向量)　设 $\tilde{\boldsymbol{x}}\equiv[\tilde{\boldsymbol{x}}_1,\cdots,\tilde{\boldsymbol{x}}_n]$是关于支集规范测度 ν 定义的 Radon-Nikodým 密度 $p:\mathcal{R}^{dn}\to[0,\infty)$的 n 维随机向量有限集。$\tilde{\boldsymbol{x}}_i$ 的边缘密度表示为 Radon-Nikodým 密度 $p_i:\mathcal{R}^d\to[0,\infty)$：

$$p_i(\boldsymbol{x}_i)=\int p(\boldsymbol{x}_1,\cdots,\boldsymbol{x}_n)\mathrm{d}\nu(\boldsymbol{x}_1,\cdots,\boldsymbol{x}_{i-1},\boldsymbol{x}_{i+1},\cdots,\boldsymbol{x}_n)$$

$i=1,\cdots,n$。如果

$$p(\boldsymbol{x}_1,\cdots,\boldsymbol{x}_d)=\prod_{i=1}^{d}p_i(\boldsymbol{x}_i)$$

则随机向量 $\tilde{\boldsymbol{x}}_1,\cdots,\tilde{\boldsymbol{x}}_d$ 是独立的。

如果随机向量的可数无限集 S 的每个有限子集都由独立的随机向量组成，则 S 是独立的。

□

例 8.4.6(适应性学习算法分析)　设 $\boldsymbol{x}_1,\boldsymbol{x}_2,\cdots$是一个 d 维特征向量序列，它是关于支集规范测度 ν 定义的 Radon-Nikodým 密度 $p_e:\mathcal{R}^d\to[0,\infty)$的独立同分布 d 维随机向量序列 $\tilde{\boldsymbol{x}}_1$，$\tilde{\boldsymbol{x}}_2,\cdots$的示例。

设 $c:\mathcal{R}^d\times\mathcal{R}^q\to\mathcal{R}$是一个连续可微随机函数，$c(\boldsymbol{x},\boldsymbol{\theta})$是学习机在给定训练向量 $\boldsymbol{x}$ 时的损失函数，其中 q 维参数向量 $\boldsymbol{\theta}$ 是确定的。假设 c 关于其第一个参数分段连续，$\ell(\boldsymbol{\theta})=E\{c(\tilde{\boldsymbol{x}}_t,\boldsymbol{\theta})\}$。

适应性学习算法首先会初始化随机向量 $\tilde{\boldsymbol{\theta}}(0)$。随后，更新其当前随机参数向量 $\tilde{\boldsymbol{\theta}}(t)$，以获得新的随机参数向量，计算公式如下：

$$\tilde{\boldsymbol{\theta}}(t+1)=\tilde{\boldsymbol{\theta}}(t)-\gamma_t\left(\frac{\mathrm{d}c(\tilde{\boldsymbol{x}}_t,\tilde{\boldsymbol{\theta}}(t))}{\mathrm{d}\boldsymbol{\theta}}\right)^{\mathrm{T}} \tag{8.16}$$

其中，$\gamma_1,\gamma_2,\cdots$是正学习率序列。请注意，随机序列 $\tilde{\boldsymbol{\theta}}(0),\tilde{\boldsymbol{\theta}}(1),\cdots$不是独立同分布的随机向量序列。

证明式(8.16)可以重写为“噪声”梯度下降批量学习算法以最小化 $\ell(\boldsymbol{\theta})$，参数更新公式重写为：

$$\tilde{\boldsymbol{\theta}}(t+1)=\tilde{\boldsymbol{\theta}}(t)-\gamma_t\left(\frac{\mathrm{d}\ell(\boldsymbol{\theta}(t))}{\mathrm{d}\boldsymbol{\theta}}\right)^{\mathrm{T}}-\gamma_t\tilde{\boldsymbol{n}}(t) \tag{8.17}$$

其中，$\tilde{\boldsymbol{n}}(t)$是一个随机向量，其时变均值向量 $\boldsymbol{\mu}_t\equiv E\{\tilde{\boldsymbol{n}}(t)\mid\boldsymbol{\theta}\}$是一个零向量，协方差矩阵 $\boldsymbol{C}_t\equiv E\{(\tilde{\boldsymbol{n}}(t)-\boldsymbol{\mu}_t)(\tilde{\boldsymbol{n}}(t)-\boldsymbol{\mu})^{\mathrm{T}}\mid\boldsymbol{\theta}\}$与 γ_t^2 成正比。

解　将

$$\tilde{\boldsymbol{n}}(t)=\left(\frac{\mathrm{d}c(\tilde{\boldsymbol{x}}_t,\tilde{\boldsymbol{\theta}})}{\mathrm{d}\boldsymbol{\theta}}-\frac{\mathrm{d}\ell(\tilde{\boldsymbol{\theta}}(t))}{\mathrm{d}\boldsymbol{\theta}}\right)^{\mathrm{T}}$$

带入式(8.17)得到式(8.16)，则对所有 $\boldsymbol{\theta}$，有

$$\boldsymbol{\mu}(t)=E\{\tilde{\boldsymbol{n}}(t)\mid\boldsymbol{\theta}\}=E\left\{\frac{\mathrm{d}c(\tilde{\boldsymbol{x}}_t,\boldsymbol{\theta})}{\mathrm{d}\boldsymbol{\theta}}\middle|\boldsymbol{\theta}\right\}-\frac{\mathrm{d}\ell(\boldsymbol{\theta})}{\mathrm{d}\boldsymbol{\theta}}=\mathbf{0}_q$$

$$\mu_t=\int E\{\tilde{\boldsymbol{n}}(t)\mid\boldsymbol{\theta}\}p_{\boldsymbol{\theta}(t)}(\boldsymbol{\theta})\mathrm{d}\boldsymbol{\theta}=\mathbf{0}_q$$

其中，$p_{\boldsymbol{\theta}(t)}$是表征 $\tilde{\boldsymbol{\theta}}(t)$在第 t 次迭代的分布密度。应用结果 $\boldsymbol{\mu}_t=\mathbf{0}_q$，协方差矩阵为

$$\boldsymbol{C}_t=E\{(\gamma_t\tilde{\boldsymbol{n}}(t))(\gamma_t\tilde{\boldsymbol{n}}(t))^{\mathrm{T}}\mid\boldsymbol{\theta}\}=\gamma_t^2E\{\tilde{\boldsymbol{n}}(t)\tilde{\boldsymbol{n}}(t)^{\mathrm{T}}\mid\boldsymbol{\theta}\}$$

△

练习

8.4-1. 设 $\tilde{x}$ 是支集为 $\Omega\subseteq\mathcal{R}$ 的随机变量，Θ 是 $\mathcal{R}$ 上的一个有界闭子集。定义 $g:\Omega\times\Theta\to\mathcal{R}$，使得对于所有$(x,\theta)\in\mathcal{R}\times\mathcal{R}$，都有 $g(x,\theta)=x\theta$。证明函数 g 是一个随机函数。g 是二次连续可微的随机函数吗?

8.4-2. 哪些附加假设可以保证练习 8.4-1 中定义的随机函数 g 由可积函数控制？是否需要附加假设来保证 $E\{g(\tilde{x},\cdot)\}$在 Θ 上连续？如果是，请列出这些假设。是否需要附加假设来保证 $\mathrm{d}E\{g(\tilde{x},\cdot)\}/\mathrm{d}\theta=E\{\mathrm{d}g(\tilde{x},\cdot)/\mathrm{d}\theta\}$？如果是，请列出这些假设。

8.5　浓度不等式

浓度不等式在统计机器学习领域具有重要作用。以下“浓度不等式”的例子是马尔可夫不等式。

定理 8.5.1(马尔可夫不等式)　如果 $\tilde{x}$ 是 Radon-Nikodým 密度为 $p:\mathcal{R}\to[0,\infty)$的随机变量，其中

$$E[|\tilde{x}|^r]\equiv\int|x|^rp(x)\mathrm{d}\nu(x)$$

是有限的，那么对于每个正数ϵ和每个正数 r，有

$$p(|\tilde{x}|\geqslant\epsilon)\leqslant\frac{E[|\tilde{x}|^r]}{\epsilon^r}\tag{8.18}$$

证明　定义 $\phi_\epsilon:\mathcal{R}\to\mathcal{R}$，使得如果 $a\geqslant\epsilon$，则 $\phi_\epsilon(a)=1$，如果 $a<\epsilon$，则 $\phi_\epsilon(a)=0$。设 $\tilde{y}=\phi_\epsilon(\tilde{x})$，其中 $\tilde{x}$ 是一个随机变量，$E\{|\tilde{x}|^r\}<C$。同时注意到

$$|\tilde{x}|^r\geqslant|\tilde{x}|^r\tilde{y}\geqslant\epsilon^r\tilde{y}$$

因此 $E\{|\tilde{x}|^r\}\geqslant\epsilon^rE\{\tilde{y}\}$ 且 $E\{\tilde{y}\}=(1)p(|\tilde{x}|\geqslant\epsilon)+(0)p(|\tilde{x}|<\epsilon)$，$p(|\tilde{x}|\geqslant\epsilon)\leqslant\dfrac{E\{|\tilde{x}|^r\}}{\epsilon^r}$。

■

请注意，当式(8.18)中 $r=2$ 时，式(8.18)称为切比雪夫不等式。

例 8.5.1(切比雪夫不等式泛化误差界限)　假设 n 个训练样本的预测误差 $\tilde{c}_1,\cdots,\tilde{c}_n$ 是有界且独立同分布的。关于训练数据的平均预测误差计算如下：

$$\tilde{\ell}_n=(1/n)\sum_{i=1}^{n}\tilde{c}_i$$

$\tilde{\ell}_n$ 的期望值用ℓ^*表示。使用 $r=2$ 的马尔可夫不等式来估计多大的样本大小 n 才足以保证

$|\tilde{\ell}_n-\ell^*|<\epsilon$ 的概率大于$(1-\alpha)\times 100\%$，其中 $0<\alpha<1$。

解　$\tilde{\ell}_n$ 的方差 σ^2 可以使用公式$(1/n)\hat{\sigma}^2$ 计算，其中

$$\hat{\sigma}^2=\frac{1}{n-1}\sum_{i=1}^{n}(\tilde{c}_i-\tilde{\ell}_n)^2 \tag{8.19}$$

应用切比雪夫不等式，注意：

$$p(|\tilde{\ell}_n-\ell^*|<\epsilon)\geqslant 1-\frac{\hat{\sigma}^2}{n\epsilon^2} \tag{8.20}$$

保证式(8.20)左边大于 $1-\alpha$ 的充分条件是要求式(8.20)右边大于 $1-\alpha$。这表明：

$$1-\frac{\hat{\sigma}^2}{n\epsilon^2}>1-\alpha$$

$$n>\frac{\hat{\sigma}^2}{\alpha\epsilon^2}$$

△

定理 8.5.2(霍夫丁不等式)　设 $\tilde{x}_1,\tilde{x}_2,\cdots,\tilde{x}_n$ 是一个由 n 个独立的标量随机变量组成的序列，这些变量有共同的均值 $\mu\equiv E\{\tilde{m}_n\}$。此外，对于有限数 $X_{\min}$ 和 $X_{\max}$，假设 $X_{\min}\leqslant\tilde{x}_i\leqslant X_{\max}$，$i=1,\cdots,n$。设 $\tilde{m}_n\equiv(1/n)\sum_{i=1}^{n}\tilde{x}_i$，则对于每个正数 ϵ，有

$$P(|\tilde{m}_n-\mu|\geqslant\epsilon)\leqslant 2\exp\left(\frac{-2n\epsilon^2}{(X_{\max}-X_{\min})^2}\right)$$

证明　参见文献(Mohri et al.，2018)的定理 D.1。■

例 8.5.2(霍夫丁不等式泛化误差界限)　使用霍夫丁不等式重新求解例 8.5.1，估计多大的样本大小 n 才足以保证 $|\tilde{\ell}_n-\ell^*|<\epsilon$ 的概率大于$(1-\alpha)\times 100\%$，其中 $0<\alpha<1$。假设 $\tilde{c}_i$ 最大值和最小值之间的差值 D 等于 $2\hat{\sigma}$，其中 $\hat{\sigma}$ 由式(8.19)给出。

解　应用霍夫丁不等式，请注意：

$$p(|\tilde{\ell}_n-\ell^*|<\epsilon)\geqslant 1-2\exp\left(\frac{-2n\epsilon^2}{(2\hat{\sigma})^2}\right) \tag{8.21}$$

保证式(8.21)左边大于 $1-\alpha$ 的充分条件是要求式(8.21)右边大于 $1-\alpha$。根据这个条件，有

$$1-2\exp\left(-\frac{2n\epsilon^2}{4\sigma^2}\right)>1-\alpha$$

$$n>\frac{2\log(2/\alpha)\sigma^2}{\epsilon^2}$$

注意，基于例 8.5.1 中的切比雪夫不等式泛化误差界限，样本大小 n 的下界以 $1/\alpha$ 的速率增加，但基于霍夫丁不等式的话，则仅以 $\log(1/\alpha)$的速率增加。例如，$\alpha=10^{-6}$ 时，$1/\alpha=10^6$，$\log(1/\alpha)\approx 6$。也就是说，当适用时，往往霍夫丁不等式能够比切比雪夫不等式给出更严格的界限。△

练习

8.5-1. 在例 8.5.1 和例 8.5.2 中，假设给定 ϵ，目标是使用马尔可夫不等式和霍夫丁不等式计算样本大小 n 的下界。假设样本大小 n 和 α 已知，且目标是使用马尔可夫不等式和霍夫丁不等式搜索 ϵ，重新进行例 8.5.1 和例 8.5.2 的计算。

8.5-2. 在例 8.5.1 和例 8.5.2 中，假设给出了 ϵ 和 α，目标是使用马尔可夫不等式和霍夫丁不等式计算样本大小 n 的下界。假设样本大小 n 和 ϵ 已知，且目标是使用马尔可夫不等式和霍夫丁不等式寻找 α，重新进行例 8.5.1 和例 8.5.2 的计算。

8.6 扩展阅读

测度论

本章涵盖的主要内容包括测度论(Bartle，1966)、概率论(Karr，1993；Davidson，2002；Lehmann & Casella，1998；Lehmann & Roman，2005；Billingsley，2012；Rosenthal，2016)及高等计量经济学(White，1994，2001)。本章的介绍与其他章节不同，因为本章假定读者没有测度论或勒贝格积分方面的背景知识，试图给出随机向量、随机函数、Radon-Nikodým 密度和使用 Radon-Nikodým 密度进行期望运算的简单介绍。本章的目的是给出在概率和统计推理中应用密度函数的相关知识背景。这些主题是相关的，因为本书后面的定理对混合随机向量以及离散随机向量和绝对连续随机向量做出了具体的定义，如果没有这种更一般的形式，这些定义就无法说明。

本章的目标是给出准确理解和使用 Radon-Nikodým 概念的相关技术细节，并鼓励读者进一步阅读该领域相关文献。推荐阅读文献(Bartle，1966；Rosenthal，2016)以获得更全面的知识介绍。

这里引入非标准术语“支集规范测度”是出于教学原因，旨在强调代表 Radon-Nikodým 密度的 σ 有限测度的作用。

Banach-Tarski 悖论说明了 Borel σ 域的重要性

在工程实践中，很少遇到不属于 $\mathcal{B}^d$ 的异常 $\mathcal{R}^d$ 子集。该子集不受欢迎，极大地阻碍 $\mathcal{R}^d$ 子集概率赋值的理论发展。请注意，为 d 维空间中的子集赋概率值本质上等同于对该子集上的函数进行积分。如果假设积分不仅在 Borel σ 域的一个成员上进行，那么由此产生的积分数学理论就不是体积不变性模型。

例如，Banach-Tarski 定理指出，一个实心球体可以分成有限个球体碎片，这些球体碎片可以重新排列成两个具有相同体积和形状的实心球体(Wapner，2005)。如果将物理球体建模为有限数量的电子、中子和质子集合，那么 Banach-Tarski 定理的结论就不成立。如果将物理球体建模为无限数量的点，假设“球体碎片”是从 $\mathcal{R}^3$ 开子集生成的 Borel σ 域元素，则 Banach-Tarski 定理的结论也不成立。

浓度不等式

在计算机科学中，浓度不等式对机器学习行为的讨论有重要作用(Mohri et al.，2012；Shalev-Shwartz & Ben-David，2014)。文献(Boucheron et al.，2016)对浓度不等式进行了全面的讨论。

CHAPTER 9

第 9 章

随机序列

学习目标：

- 将数据生成过程描述为随机序列。
- 描述随机收敛的主要类型。
- 对混合随机向量应用大数定律。
- 对混合随机向量应用中心极限定理。

第 5 章介绍了确定收敛到某一特定向量的向量序列概念，第 6 章和第 7 章分析了确定性系统的动态性。然而，在许多实际应用中，需要讨论随机向量序列可能收敛到特定向量或特定随机向量的情况。例如，考虑一个确定性学习机，它在观察到环境事件时更新参数。尽管学习机是确定性的，但参数更新过程是由学习机环境中基于不同概率发生的事件所驱动的。因此，对学习机参数更新序列的渐近性的研究相当于对随机向量序列收敛性的研究(例如，参见第 12 章)。对实现随机搜索或期望逼近的方法的分析(例如，参见第 11 章)也需要用到随机向量收敛理论。

随机向量收敛的概念在泛化性能研究中也非常重要(参见第 13～16 章)。假设学习机的训练数据是 n 个训练向量组成的集合，可以将其理解为 n 个基于相同概率分布的随机向量的实例。这 n 个随机向量称为“数据生成过程”。如果使用数据生成过程的多个实例来训练学习机，则会得到多个参数估计值。学习机的泛化性能可以通过基于这些数据集的参数估计值的变化来表征。换句话说，依据学习机统计环境，通过表征学习机的参数估计值的概率分布，可对其泛化性能进行研究(参见图 1.1 与 14.1 节)。

9.1 随机序列的类型

定义 9.1.1(随机序列) 设$(\Omega,\mathcal{F},P)$是一个概率空间，$\tilde{\boldsymbol{x}}_1:\Omega\rightarrow\mathcal{R}^d$，$\tilde{\boldsymbol{x}}_2:\Omega\rightarrow\mathcal{R}^d$，…是一个 d 维随机向量序列。随机向量序列 $\tilde{\boldsymbol{x}}_1,\tilde{\boldsymbol{x}}_2,\cdots$称为$(\Omega,\mathcal{F},P)$上的随机序列。如果 $\omega\in\Omega$，那么 $\tilde{\boldsymbol{x}}_1(\omega),\tilde{\boldsymbol{x}}_2(\omega),\cdots$称为 $\tilde{\boldsymbol{x}}_1,\tilde{\boldsymbol{x}}_2,\cdots$的样本路径。 □

随机序列的样本路径也可以称为随机序列的实例。随机序列的实例有时可以解释为确定性离散时间动态系统的轨道。在某些情况下，样本路径也可以称为轨迹。

定义 9.1.2（平稳随机序列）　设 $\tilde{\boldsymbol{x}}_1,\tilde{\boldsymbol{x}}_2,\cdots$是 d 维随机向量的随机序列。如果对于每个正整数 n，$\tilde{\boldsymbol{x}}_1,\cdots,\tilde{\boldsymbol{x}}_n$ 的联合分布与 $\tilde{\boldsymbol{x}}_{k+1},\cdots,\tilde{\boldsymbol{x}}_{k+n}$ 的联合分布相同（其中 $k=1,2,3,\cdots$），那么 $\tilde{\boldsymbol{x}}_1,\tilde{\boldsymbol{x}}_2,\cdots$称为平稳随机序列。 □

随机向量的每个平稳随机序列都由同分布的随机向量组成，但同分布的随机向量序列不一定是平稳的。术语“严格意义上的平稳随机序列”也用于表示平稳随机序列。

某些非平稳随机序列与平稳随机序列的一些关键特征是相同的。下面将讨论这类随机序列的重要示例。

定义 9.1.3（协方差函数）　设 $\tilde{\boldsymbol{x}}_1,\tilde{\boldsymbol{x}}_2,\cdots$是一个 d 维随机向量的随机序列。令 $t,\tau\in\mathbb{N}$，假设均值函数 $\boldsymbol{m}_t\equiv E\{\tilde{\boldsymbol{x}}_t\}$是有限的，如果函数 $\boldsymbol{R}_t:\mathbb{N}^+\to\mathcal{R}^{d\times d}$ 存在，使得对于所有 $\tau\in\mathbb{N}$，

$$\boldsymbol{R}_t(\tau)=E\{(\tilde{\boldsymbol{x}}_{t-\tau}-\boldsymbol{m}_{t-\tau})(\tilde{\boldsymbol{x}}_t-\boldsymbol{m}_t)^{\mathrm{T}}\}$$

中的元素均为有限数，则称函数 $\boldsymbol{R}_t$ 为 t 时刻的互协方差函数（cross-covariance function）。函数 $\boldsymbol{R}_t(0)$称为 t 时刻的协方差矩阵。 □

定义 9.1.4（广义平稳随机序列）　设 $\tilde{\boldsymbol{x}}_1,\tilde{\boldsymbol{x}}_2,\cdots$是一个 d 维随机向量的随机序列。假设对于所有 $t\in\mathbb{N}^+$，$E\{\tilde{\boldsymbol{x}}_t\}$等于有限常数 $\boldsymbol{m}$。假设函数 $\boldsymbol{R}:\mathbb{N}^+\to\mathcal{R}^d$ 存在，使得对于所有 $t,\tau\in\mathbb{N}^+$，有

$$E\{(\tilde{\boldsymbol{x}}_{t-\tau}-\boldsymbol{m}_{t-\tau})(\tilde{\boldsymbol{x}}_t-\boldsymbol{m}_t)^{\mathrm{T}}\}=\boldsymbol{R}(\tau)$$

那么，随机序列 $\tilde{\boldsymbol{x}}_1,\tilde{\boldsymbol{x}}_2,\cdots$称为基于自协方差函数 $\boldsymbol{R}$ 的广义平稳随机序列。此外，$\boldsymbol{R}(0)$称为随机序列的协方差矩阵。 □

术语“弱平稳随机序列”也用于表示广义平稳随机序列。如果随机序列是平稳的，则随机序列是广义平稳的，但反过来不一定成立。对于基于自协方差函数 $\boldsymbol{R}$ 的弱平稳随机序列，其协方差矩阵 $\tilde{\boldsymbol{x}}(t)$由公式 $\boldsymbol{R}(0)$给出。

定义 9.1.5（τ 相关随机序列）　设$(\Omega,\mathcal{F},P)$是一个概率空间，$\tilde{x}_1:\Omega\to\mathrm{R}^d,\tilde{x}_2:\Omega\to\mathrm{R}^d,\cdots$是一个 d 维随机向量序列。假设对于所有非负整数 t 和所有非负整数 s，当$|t-s|>\tau$ 时，$\tilde{x}_t$ 和 $\tilde{x}_s$ 都是独立的，其中 τ 是一个非负整数。 □

需要注意的是，当 $\tau=0$ 时，随机向量的 τ 相关随机序列是独立随机向量的随机序列。

例 9.1.1（非 τ 相关随机序列）　设 $\tilde{x}_1,\tilde{x}_2,\cdots$是一个随机变量的随机序列，$x_0$ 是在区间$[0,1]$上服从均匀概率分布的随机变量。另外，假设 $\tilde{x}_t=(0.5)\tilde{x}_{t-1},t=1,2,3,\cdots$，则该随机序列非 τ 相关。需要注意的是，$\tilde{x}_t=(0.5)^t\tilde{x}_0$ 表示不存在有限整数 τ，使得当 $t>\tau$ 时，$\tilde{x}_t$ 和 $\tilde{x}_0$ 是独立的。另外，从实际的角度来看，如果取 $t=100$，那么 $\tilde{x}_{100}=(0.5)^{100}\tilde{x}_0$ 表明在 $\tau=100$ 时随机变量 $\tilde{x}_{100}$ 和 $\tilde{x}_0$ 是“近似 τ 相关的”，但对于任何正整数 τ，这并非严格 τ 相关。 △

定义 9.1.6（独立同分布随机序列）　独立同分布（i. i. d.）随机向量的随机序列是独立随机向量的随机序列，序列中的每个随机向量服从相同的概率分布。 □

例 9.1.2（通过有放回采样生成独立同分布数据）　设 $S\equiv\{\boldsymbol{x}^1,\cdots,\boldsymbol{x}^M\}$是 M 个特征向量的集合。假设在统计环境中从集合 S 有放回地采样 n 次，生成训练数据集 $\mathcal{D}_n\equiv\{\boldsymbol{x}_1,\cdots,\boldsymbol{x}_n\}$，其中 $\boldsymbol{x}_i$ 是第 i 次采样事件的实例，$i=1,\cdots,n$。第 i 次采样事件的输出是集合 S 的一个元素。定义一个随机序列，使得观察到的数据集 $\mathcal{D}_n$ 为某个随机数据集 $\tilde{D}_n$ 的实例。

解　设 $\tilde{\mathcal{D}}_n\equiv\{\tilde{\boldsymbol{x}}(1),\cdots,\tilde{\boldsymbol{x}}(n)\}$是 n 个独立同分布随机向量的随机序列，这些随机向量具有相同概率质量函数 $P:S\to\{1/M\},P(\boldsymbol{x}^k)=1/M$，其中 $k=1,\cdots,M$。 △

定义 9.1.7(有界随机序列) 如果存在有限正数 C，使得 $|\tilde{\boldsymbol{x}}_k|\leqslant C$ 的概率是 1，其中 $k=1,2,\cdots$，则称随机向量的随机序列 $\tilde{\boldsymbol{x}}_1,\tilde{\boldsymbol{x}}_2,\cdots$有界。 □

需要强调的是，有界随机序列定义中的数字 C 是一个常数。例如，假设二值随机变量 $\tilde{x}_k$ 取值 0 和 1，$k=1,2,\cdots$，则随机序列$\{\tilde{x}_k\}$是有界的，因为存在一个有限数(例如 2)，使得 $|\tilde{x}_k|\leqslant 2$，其中 $k=1,2,\cdots$。然而，设 $\tilde{x}_k$ 是支集为 $\mathcal{R}$ 的绝对连续随机变量，如高斯随机变量，其中 $k=1,2,\cdots$。尽管$|\tilde{x}_k|<\infty$，$k=1,2,\cdots$，但是在这种情况下不存在有限数 C，使得 $|\tilde{x}_k|\leqslant C$。再举一个例子，设 $\tilde{y}_k=k\tilde{x}_k$，其中 $\tilde{x}_k$ 是取值为 0 或 1 的二值随机变量。尽管对于特定的 k，$\tilde{y}_k$ 是有界随机变量，但是随机序列$\{\tilde{y}_k\}$不是有界的。在机器学习中，有限样本空间上的离散随机向量随机序列很常见，这样的序列均为有界随机序列。

在实际应用中，以下弱有界随机序列很有用。

定义 9.1.8(随机序列概率有界) 定义概率空间$(\Omega,\mathcal{F},P)$上的随机向量随机序列 $\tilde{\boldsymbol{x}}_1,\tilde{\boldsymbol{x}}_2,\cdots$，如果对任一小于 1 的正数$\epsilon$，存在有限正数 C_ϵ 和有限正整数 T_ϵ，使得对所有大于 T_ϵ 的正整数 t，有

$$P(|\tilde{\boldsymbol{x}}_t|\leqslant C_\epsilon)\geqslant 1-\epsilon$$

则称该序列概率有界。 □

练习

9.1-1. n 个特征向量组成的确定性序列是通过从有限集 S 有放回采样生成的，S 由 M 个不同的训练样本组成，其中每个特征向量都是$\{0,1\}^d$ 中元素。n 个训练样本的序列可看作 n 个随机特征向量的随机序列实例。该随机序列是否为平稳随机序列？该随机序列是否为 τ 相关随机序列？该随机序列是否独立同分布？该随机序列是否为有界随机序列？

9.1-2. 设 $\tilde{\boldsymbol{s}}(1),\tilde{\boldsymbol{s}}(2),\cdots$是独立同分布随机向量的一个有界随机序列。设 $\gamma_1,\gamma_2,\cdots$是一个正数序列。定义适应性学习算法，使得

$$\tilde{\boldsymbol{\theta}}(t+1)=\tilde{\boldsymbol{\theta}}(t)-\gamma_t\boldsymbol{g}(\tilde{\boldsymbol{\theta}}(t),\tilde{\boldsymbol{s}}(t))$$

其中，$t=1,2,\cdots$。假设 $\boldsymbol{\theta}(1)$是一个零向量，证明随机序列 $\tilde{\boldsymbol{\theta}}(1),\tilde{\boldsymbol{\theta}}(2),\cdots$是一个非平稳随机序列且为非 τ 相关随机序列。

9.2 部分可观测随机序列

在许多机器学习应用中，会遇到部分可观测的数据或潜在(即完全不可观测的)变量。假设 $\boldsymbol{x}_t$ 是一个 4 维向量，它的各个分量并不总是完全可观测的。因此，第一个训练样本可能表示为 $\boldsymbol{x}_1=[12,15,16]$，第二个训练样本可能表示为 $\boldsymbol{x}_2=[?,-16,27]$，第三个训练样本可能表示为 $\boldsymbol{x}_3=[5,?,?]$。因此，只有第一个训练样本观测到了所有特征。我们可用一个实用数学模型来表示这类重要的数据生成过程，该过程生成部分可观测数据的流程是，统计环境首先生成完整数据(如 $\boldsymbol{x}_t=[x_1,x_2,x_3]$)，然后根据某概率分布生成掩码(如 $\boldsymbol{m}_t=[m_1,m_2,m_3]$)，其中观测特定掩码的概率分布依赖于 $\boldsymbol{x}_t$。掩码 $\boldsymbol{m}_t$ 是一个由 0 和 1 组成的向量，其中 $\boldsymbol{m}_t$ 的第 j 个元素为 0 表示 $\boldsymbol{x}_t$ 的第 j 个元素不可观测，$\boldsymbol{m}_t$ 的第 j 个元素为 1 表示 $\boldsymbol{x}_t$ 的第 j 个元素可观测。

以下部分可观测数据生成过程的定义参考了文献(Golden et al.，2019)。

定义 9.2.1(独立同分布部分可观测数据生成过程) 设

$$(\tilde{\boldsymbol{x}}_1,\tilde{\boldsymbol{m}}_1),(\tilde{\boldsymbol{x}}_2,\tilde{\boldsymbol{m}}_2),\cdots \tag{9.1}$$

是由独立同分布的二维随机向量组成的随机序列，基于某支集规范测度 $\nu([\boldsymbol{x},\boldsymbol{m}])$ 定义相同的联合密度

$$p_e:\mathcal{R}^d\times\{0,1\}^d\to[0,\infty)$$

随机序列 $(\tilde{\boldsymbol{x}}_1,\tilde{\boldsymbol{m}}_1),(\tilde{\boldsymbol{x}}_2,\tilde{\boldsymbol{m}}_2),\cdots$ 称为独立同分布部分可观测数据生成过程。$(\tilde{\boldsymbol{x}}_t,\tilde{\boldsymbol{m}}_t)$ 称为部分可观测数据记录。$\tilde{\boldsymbol{x}}_t$ 的实例称为完整数据向量，二进制随机向量 $\tilde{\boldsymbol{m}}_t$ 的实例称为掩码向量，$t=1,2,\cdots$。 □

设 $d_m\equiv\boldsymbol{1}_d^{\mathrm{T}}\boldsymbol{m}$。定义可观测数据选择函数 $\boldsymbol{S}:\{0,1\}^d\to\{0,1\}^{d_m\times d}$，使得当 $\boldsymbol{m}$ 中的第 j 个非零元素是 $\boldsymbol{m}$ 的第 k 个元素时，$\boldsymbol{S}(\boldsymbol{m})$ 第 j 行第 k 列的元素等于 1。定义不可观测数据选择函数 $\overline{\boldsymbol{S}}:\{0,1\}^d\to\{0,1\}^{(d-d_m)\times d}$，使得当 $\boldsymbol{m}$ 的第 j 个零元素是 $\boldsymbol{m}$ 的第 k 个元素时，$\overline{\boldsymbol{S}}(\boldsymbol{m})$ 第 j 行第 k 列的元素等于 1。

分量 $\tilde{\boldsymbol{v}}_t\equiv[\boldsymbol{S}(\tilde{\boldsymbol{m}}_t)]\tilde{\boldsymbol{x}}_t$ 和 $\tilde{\boldsymbol{h}}_t\equiv[\overline{\boldsymbol{S}}(\tilde{\boldsymbol{m}}_t)]\tilde{\boldsymbol{x}}_t$ 分别对应 $(\tilde{\boldsymbol{x}}_t,\tilde{\boldsymbol{m}}_t)$ 的可观测分量和不可观测分量。在部分可观测数据生成过程中不可观测分量与可观测分量的构造方式表明可观测数据随机序列 $(\tilde{\boldsymbol{v}}_1,\tilde{\boldsymbol{m}}_1),(\tilde{\boldsymbol{v}}_2,\tilde{\boldsymbol{m}}_2),\cdots$ 是独立同分布的。

机器学习领域的一些重要的独立同分布部分可观测数据生成过程具有如下特点：完整数据向量 $\tilde{\boldsymbol{x}}_t$ 的某一元素子集是永远不可观测的。在这种情况下，这些元素称为隐随机变量。始终可观测的元素称为可见随机变量或完全可观测随机变量。

部分可观测数据记录的全规范条件密度 $p_e(\boldsymbol{x},\boldsymbol{m})$ 可分解为 $p_e(\boldsymbol{x},\boldsymbol{m})=p_x(\boldsymbol{x})p_{m|x}(\boldsymbol{m}|\boldsymbol{x})$。密度 p_x 称为完整数据密度，密度 $p_{m|x}$ 称为缺失数据机制。

这种分解可从语义上理解为下述部分可观测数据生成算法。首先，基于完整数据密度 p_x 采样完整数据记录 $\boldsymbol{x}$。其次，利用完整数据记录 $\boldsymbol{x}$ 与缺失数据机制 $p_{m|x}$ 通过采样 $p_{m|x}(\cdot|\boldsymbol{x})$ 生成缺失数据掩码 m。最后，如果掩码 $\boldsymbol{m}$ 的第 k 个元素等于 0，则删除 $\boldsymbol{x}$ 的第 k 个元素。

如果缺失数据机制 $p_{m|x}$ 具有如下特点，即对于 $(\tilde{\boldsymbol{x}}_t,\tilde{\boldsymbol{m}}_t)$ 的支集中所有 $(\boldsymbol{x},\boldsymbol{m})$，$p_{m|x}(\boldsymbol{m}|\boldsymbol{x})=p_{m|x}(\boldsymbol{m}|\boldsymbol{v}_m)$，其中 $\boldsymbol{v}_m$ 仅包含 $\boldsymbol{x}$ 中由 $\boldsymbol{m}$ 指定的可观测元素，则缺失数据机制 $p_{m|x}$ 称为 MAR (Missing At Random，随机缺失)。

此外，如果 MAR 缺失数据机制 $p_{m|x}$ 具有如下特点，即 $p_{m|x}(\boldsymbol{m}|\boldsymbol{x})$ 仅依赖于 $\boldsymbol{m}$，那么缺失数据机制 $p_{m|x}$ 称为 MCAR(Missing Completely At Random，完全随机缺失)。

非 MAR 的缺失数据机制 $p_{m|x}$ 称为 MNAR(Missing Not At Random，非随机缺失)。

例 9.2.1(MCAR、MAR 和 MNAR 机制示例) 考虑一个回归模型，该模型根据预测变量血压和年龄的值预测心脏病发作的可能性。假设血压数据存储在计算机上，并且硬盘驱动器故障会破坏 5%的血压读数。这种生成缺失数据的机制是 MCAR 缺失数据机制，因为特定血压测量值缺失的概率不依赖于预测变量血压和年龄值。

假设老年人比年轻人更容易错过血压测量预约，并且血压测量值缺失的可能性可由患者的年龄来确定。若研究中所有成年人的年龄是可观测的，则缺失数据情况对应于 MAR 而非 MCAR 缺失数据机制。如果研究中所有成年人的年龄数据有时也会缺失，则对应于 MNAR 缺失数据机制的缺失数据情况。

涉及 MNAR 缺失数据机制的另一个示例为，血压测量仪器存在缺陷。特别地，如果某人的收缩压测量值高于 140，则表明仪器出现故障且不会得到血压测量值。采集的血压数据由 MNAR 缺失数据机制生成，因为血压测量值缺失的概率取决于该血压读数的原始不可观测值。 △

上面定义的独立同分布部分可观测数据随机序列可用于表示无监督学习算法和强化学习算法的统计环境，其中与“正确响应”相对应的训练样本中的元素并不总是完全可观测的。这也可用于表示反应式学习环境，其中网络需要生成信息请求，但不会给出何时生成如此请求的指令(参见练习 9.2-3)。

例 9.2.2(将不同长度轨迹表示为独立同分布随机向量)　独立同分布部分可观测数据生成过程的概念对基于独立同分布框架的强化学习问题的表示也非常有用(参见第 1 章中关于强化学习的讨论)。强化学习机在学习过程中经历不同长度数据组成的观测序列。这种类型的数据生成过程通过如下理论框架来表示，定义独立同分布部分可观测数据随机序列$\{(\tilde{\boldsymbol{x}}_i,\tilde{\boldsymbol{m}}_i)\}$，使得完全可观测的第 i 条轨迹定义为

$$\tilde{\boldsymbol{x}}_i \equiv [\tilde{\boldsymbol{x}}_i(1),\cdots,\tilde{\boldsymbol{x}}_i(T_{\max})]$$

其中，有限正整数 $T_{\max}$ 为时间序列的最大长度，第 i 条轨迹的掩码向量定义为

$$\tilde{\boldsymbol{m}}_i \equiv [\tilde{\boldsymbol{m}}_i(1),\cdots,\tilde{\boldsymbol{m}}_i(T_{\max})]$$

其中，$\tilde{\boldsymbol{m}}_i(t)$不仅指定了轨迹中不同点处哪个状态变量可观测，还可以用于表示轨迹长度。例如，如果观察到轨迹

$$\tilde{\boldsymbol{y}}_i \equiv [\tilde{\boldsymbol{x}}_i(1),\cdots,\tilde{\boldsymbol{x}}_i(T_i)]$$

其中，$T_i \leqslant T_{\max}$，那么可视为对于所有 $t=T_{i+1},\cdots,T_{\max}$，设置 $\tilde{\boldsymbol{m}}_i(t)=0$。　△

练习

9.2-1. (被动式半监督学习 DGP)在半监督学习问题中，学习机有时会从环境中接收关于给定输入模式 $\boldsymbol{s}(t)$期望响应 $\boldsymbol{y}(t)$的反馈，有时则只是观测输入模式 $\boldsymbol{s}(t)$。证明如何构建一个统计环境，它使用独立同分布部分可观测数据生成过程表示半监督学习问题。

9.2-2. (被动式强化学习 DGP)在强化学习问题中，学习机会观测一个 d 维状态向量$\boldsymbol{s}(t)$，然后生成一个 q 维响应向量 $\boldsymbol{y}(t)$。有时，环境通过提供二值反馈信号 $r(t)\in\{0,1,?\}$来表示响应是否正确，$r(t)=1$ 表示响应正确，$r(t)=0$ 表示响应错误，$r(t)=?$ 表示在第 t 次学习实验中环境没有向学习机提供反馈。假设每次学习实验环境使用的概率律都相同，环境产生的随机事件是独立的。使用文中给出的独立同分布部分可观测数据生成过程的定义，形式化地定义数据生成过程。假设学习机的响应不改变学习机统计环境特征，即统计环境是被动的。

9.2-3. (主动半监督学习 DGP)假设统计环境生成的 d 维输入模式随机序列 $\tilde{\boldsymbol{s}}(1),\tilde{\boldsymbol{s}}(2),\cdots$具有相同的环境密度 $p_e(\boldsymbol{s})$。参数向量为 $\boldsymbol{\theta}$ 的学习机具有确定性决策函数 $\psi:\mathcal{R}^d\times\mathcal{R}^q\rightarrow\{0,1\}$，$\psi(\boldsymbol{s}(t),\boldsymbol{\theta})=1$ 表示对统计环境的请求，请求生成给定 $\boldsymbol{s}(t)$的期望响应 $\boldsymbol{y}(t)$。$\psi(\boldsymbol{s}(t),\boldsymbol{\theta})=0$ 表示学习机告知统计环境无须反馈 $\boldsymbol{s}(t)$的期望响应 $\boldsymbol{y}(t)$。解释如何通过基于固定 $\boldsymbol{\theta}$ 的独立同分布部分可观测 DGP，对该反应式统计环境的独立同分布部分可观测数据生成过程进行建模。也就是说，独立同分布部分可观测 DGP 条件依赖于学习机参数向量 $\boldsymbol{\theta}$。

9.3　随机收敛

考虑一个服从相同概率分布的独立二值随机变量的随机序列 $\tilde{x}_1,\tilde{x}_2,\cdots$，它代表连续抛硬币所得结果的序列。二值随机变量 $\tilde{x}_t$ 模拟了第 t 次抛硬币的实验结果，该实验可以为“正面”(即 $\tilde{x}_t=1$)或“反面”(即 $\tilde{x}_t=0$)，其中 $t=1,2,\cdots$，且两种结果概率相等。对于所有 t，

$|\tilde{x}_t|<1$，随机序列是有界的。序列中每次抛硬币实验的期望值为 1/2。在抛 n 次硬币后，硬币结果为“正面”的次数百分比由随机序列 $\tilde{f}_1,\tilde{f}_2,\cdots$ 得出。对于所有非负整数 n，$\tilde{f}_n$ 定义为

$$\tilde{f}_n=(1/n)\sum_{t=1}^{n}\tilde{x}_t \tag{9.2}$$

尽管使用了公平硬币，但随机序列 $\tilde{f}_1,\tilde{f}_2,\cdots$ 的每个样本路径 $f_1,f_2,\cdots$ 都不会收敛到 1/2。例如，样本路径 $f_k=1(k=1,2,\cdots)$ 就是收敛到 1 的样本路径示例。另一个可能的样本路径是，当 $n=0,3,6,9,\cdots$ 时，$f_n=1$，当 $n=1,2,4,5,7,8,10,11,\cdots$ 时，$f_n=0$，它收敛于 1/3。事实上，随机序列 $\tilde{f}_1,\tilde{f}_2,\cdots$ 有无数条样本路径不收敛到 1/2。因此，当 $k\to\infty$ 时，式(9.2)中的随机序列 $\tilde{f}_1,\tilde{f}_2,\cdots$ 不是确定性收敛的。

另外，如果随机序列 $\tilde{f}_1,\tilde{f}_2,\cdots$ 的所有样本路径均收敛到 $\tilde{f}^*$，那么该情况对应于确定性收敛的情况，即当 $t\to\infty$ 时，$\tilde{f}_t\to\tilde{f}^*$。

一般来说，在实践中很少出现这种随机序列所有样本路径都收敛至同一值的情况。因此，“确定性收敛”标准概念对随机序列的分析而言基本上是无用的。为了便于分析，有必要考虑称为“随机收敛”的替代概念。随机收敛的所有定义大致可以分为四大类：以概率 1 收敛、均方收敛、依概率收敛，以及依分布收敛。

9.3.1　以概率 1 收敛

定义 9.3.1(以概率 1 收敛)　设 $\tilde{\boldsymbol{x}}_1,\tilde{\boldsymbol{x}}_2,\cdots$ 是概率空间$(\Omega,\mathcal{F},P)$上的 d 维随机向量的随机序列。令 $\tilde{\boldsymbol{x}}^*$ 为$(\Omega,\mathcal{F},P)$上的 d 维随机向量。如果

$$P(\{\omega:\tilde{\boldsymbol{x}}_t(\omega)\to\tilde{\boldsymbol{x}}^*(\omega),t\to\infty\})=1$$

则随机序列 $\tilde{\boldsymbol{x}}_1,\tilde{\boldsymbol{x}}_2,\cdots$ 以概率 1(几乎必然或几乎处处)收敛到 $\tilde{\boldsymbol{x}}^*$。　□

图 9.1 展示了以概率 1 收敛的概念。收敛实例的无限集的概率等于 1，不收敛实例的无限集的概率等于 0。

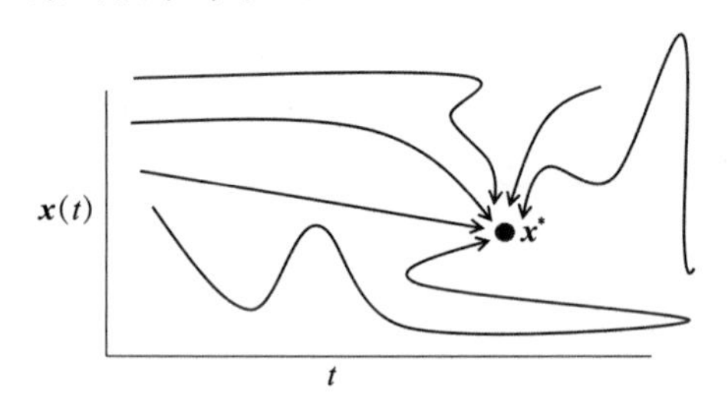

图 9.1　以概率 1 收敛的概念。设 S 是收敛的随机序列的实例集合，S 的补集 $\neg S$ 是不收敛的实例集合。以概率 1 收敛表示实例在集合 S 中的概率恰好等于 1，实例在集合 $\neg S$ 中的概率恰好等于 0

回想一下，$\tilde{\boldsymbol{x}}_1,\tilde{\boldsymbol{x}}_2,\cdots$ 实际上是一个函数序列。如果这个函数序列确定性地收敛到函数 $\tilde{\boldsymbol{x}}^*$，那么，当 $t\to\infty$ 时，$\tilde{\boldsymbol{x}}_t\to\tilde{\boldsymbol{x}}^*$ 的概率为 1。也就是说，确定性收敛意味着以概率 1 收敛。

另请注意，以概率 1 收敛的定义允许随机序列收敛到随机向量而不是收敛到简单常数。例如，定义随机变量序列 $\tilde{x}_1,\tilde{x}_2,\cdots$，使得

$$\tilde{\boldsymbol{x}}_t=(1-(1/t))\tilde{z}$$

其中，$\tilde{z}$ 是一个随机变量。那么，当 $t\to\infty$ 时，$\tilde{\boldsymbol{x}}_t\to\tilde{z}$ 的概率为 1。

以概率 1 收敛的一个典型应用是强大数定律。

定理 9.3.1(强大数定律)　设 $\tilde{\boldsymbol{x}}_1,\tilde{\boldsymbol{x}}_2,\cdots$ 为独立同分布 d 维随机向量的序列，它们基于相同的有限 d 维均值向量 $\boldsymbol{m}\equiv E\{\tilde{\boldsymbol{x}}_t\}$。如果

$$\tilde{\boldsymbol{f}}_n=(1/n)\sum_{t=1}^{n}\tilde{\boldsymbol{x}}_t$$

那么，当 $n\to\infty$ 时，$\tilde{\boldsymbol{f}}_n\to\boldsymbol{m}$ 的概率为1。

证明 参见文献(Lukacs，1975)的定理4.3.3[101-103]。 ■

在抛硬币的例子中，二值独立同分布随机变量的随机序列 $\tilde{x}_1,\tilde{x}_2,\cdots$ 满足强大数定律的条件，因为二值随机变量是绝对值界限为1的随机变量。因此，对于每个非负整数 t，$E\{|\tilde{x}_t|\}<1$。基于强大数定律可得出，当 $n\to\infty$ 时，

$$\tilde{f}_n\equiv(1/n)\sum_{t=1}^{n}\tilde{x}_t\to 1/2$$

的概率为1。

例 9.3.1(重要性采样算法) 在某些应用中，人们希望计算下面这样的多维积分：

$$\int f(\boldsymbol{x})p(\boldsymbol{x})\mathrm{d}\nu(\boldsymbol{x})$$

其中，p 是关于 ν 定义的已知 Radon-Nikodým 密度，但直接积分计算成本很高。假设从另一个 Radon-Nikodým 密度 q 采样，要求其支集为 p 的支集的超集，计算成本很低。那么，可以使用强大数定律来进行估值：

$$\tilde{S}_n\equiv(1/n)\sum_{t=1}^{n}\frac{f(\tilde{\boldsymbol{x}}_t)p(\tilde{\boldsymbol{x}}_t)}{q(\tilde{\boldsymbol{x}}_t)} \tag{9.3}$$

其中，$\tilde{\boldsymbol{x}}_1,\tilde{\boldsymbol{x}}_2,\cdots$ 是关于支集规范测度 ν 定义的相同概率密度 q 的独立同分布随机向量序列。根据强大数定律，当 $n\to\infty$ 时，

$$\tilde{S}_n\to\int\left[\frac{f(\boldsymbol{x})p(\boldsymbol{x})}{q(\boldsymbol{x})}\right]q(\boldsymbol{x})\mathrm{d}\nu(\boldsymbol{x})=\int f(\boldsymbol{x})p(\boldsymbol{x})\mathrm{d}\nu(\boldsymbol{x})$$

的概率为1。因此，$\tilde{S}_n$ 可以作为 $\int f(\boldsymbol{x})p(\boldsymbol{x})\mathrm{d}\nu(\boldsymbol{x})$ 的近似值。说明如何使用该结论估计多维积分 $\int f(\boldsymbol{x})p(\boldsymbol{x})\mathrm{d}\nu(\boldsymbol{x})$。

解 从概率密度函数 q 中采样 n 次以获得 $\boldsymbol{x}_1,\cdots,\boldsymbol{x}_n$，然后得到 $\int f(\boldsymbol{x})p(\boldsymbol{x})\mathrm{d}\nu(\boldsymbol{x})$ 的估计值：

$$(1/n)\sum_{j=1}^{n}\frac{f(\boldsymbol{x}_j)p(\boldsymbol{x}_j)}{q(\boldsymbol{x}_j)}$$ △

定理9.3.2将 Kolmogorov 强大数定律推广到随机函数均值。Kolmogorov 强大数定律可用于确立随机函数序列的逐点收敛，而不是随机函数序列的一致收敛。

定理 9.3.2(统一大数定律) 设 $\tilde{\boldsymbol{x}}_1,\cdots,\tilde{\boldsymbol{x}}_n$ 是一个关于支集规范测度 ν 定义的具有相同 Radon-Nikodým 密度 $p:\mathcal{R}^d\to[0,\infty)$ 的独立同分布 d 维随机向量序列。设 $\Theta\subseteq\mathcal{R}^q$，连续随机函数 $c:\mathcal{R}^d\times\Theta\to\mathcal{R}$ 由 Θ 上关于 p 的可积函数控制。定义连续随机函数 $\ell_n:\mathcal{R}^{d\times n}\times\Theta\to\mathcal{R}$：

$$\tilde{\ell}_n(\boldsymbol{\theta})=(1/n)\sum_{t=1}^{n}c(\tilde{\boldsymbol{x}}_t,\boldsymbol{\theta})$$

那么，当 $n\to\infty$ 时，$\tilde{\ell}_n$ 以概率1一致收敛到 Θ 上连续函数 $\ell:\Theta\to\mathcal{R}$，其中

$$\ell(\boldsymbol{\theta})=\int c(\boldsymbol{x},\boldsymbol{\theta})p(\boldsymbol{x})\mathrm{d}\nu(\boldsymbol{x})$$

证明 参见文献(Jennrich，1969)的定理2以及文献(White，1994)的定理A.2.2。 ■

另一个重要的统一大数定律是 Glivenko-Cantelli 定理，可通过模拟方法(见第 14 章)逼近任意概率分布。

$\boldsymbol{x}<\boldsymbol{y}$ 表示 $x_k<y_k$，其中 $k=1,\cdots,d$。

定义 9.3.2(经验分布)　设$[\boldsymbol{x}_1,\cdots,\boldsymbol{x}_n]$是独立同分布 d 维随机向量序列$[\tilde{\boldsymbol{x}}_1,\cdots,\tilde{\boldsymbol{x}}_n]$的实例，服从相同的累积概率分布 P_e。定义经验分布函数 $F_n:\mathcal{R}^d\times\mathcal{R}^{d\times n}\rightarrow[0,1]$，使得对于 $\tilde{\mathcal{D}}_n\equiv[\tilde{\boldsymbol{x}}_1,\cdots,\tilde{\boldsymbol{x}}_n]$的支集中任一 $\boldsymbol{x}$，$F_n(\boldsymbol{x},\tilde{\mathcal{D}}_n)$是 $\tilde{\mathcal{D}}_n$ 中 $\tilde{\boldsymbol{x}}<\boldsymbol{x}$ 的元素的百分比。其经验分布函数的概率质量函数称为经验质量函数。□

请注意，数据集的经验质量函数 $\mathcal{D}_n\equiv[\boldsymbol{x}_1,\cdots,\boldsymbol{x}_n]$可以由概率质量函数 $p_e:[\boldsymbol{x}_1,\cdots,\boldsymbol{x}_n]\rightarrow[0,1]$确定，对于 $i=1,\cdots,n$，$p_e(\boldsymbol{x}_i)=1/n$。

根据强大数定律，经验分布函数 $\tilde{F}_n$ 以概率 1 逐点收敛到累积概率分布函数 P_e。但是，不能保证这种收敛是一致的。

定理 9.3.3(Glivenko-Cantelli 统一大数定律)　令 $\tilde{\mathcal{D}}_n\equiv[\tilde{\boldsymbol{x}}_1,\cdots,\tilde{\boldsymbol{x}}_n]$是 n 个独立同分布 d 维随机向量的随机序列，这些随机向量服从相同的累积分布 $P_e:\mathcal{R}^d\rightarrow[0,1]$。$\tilde{F}_n$ 是关于 $\tilde{\mathcal{D}}_n$ 定义的经验分布函数。那么当 $n\rightarrow\infty$时，经验分布函数 $\tilde{F}_n(\cdot)\rightarrow P_e(\cdot)$的概率为 1。

证明　参见文献(Lukacs，1975)[105] 的定理 4.3.4。■

定理 9.3.4 在随机适应性学习算法分析中非常有效，并将在第 12 章分析适应性学习算法主收敛定理的证明中发挥关键作用。

定理 9.3.4(几乎超鞅引理)　设 $\tilde{x}_1,\tilde{x}_2,\cdots$是 d 维随机向量序列，$V:\mathcal{R}^d\rightarrow\mathcal{R}$、$Q:\mathcal{R}^d\rightarrow[0,\infty)$及 $R:\mathcal{R}^d\rightarrow[0,\infty)$为分段连续函数。假设 V 有有限下界。令 $\tilde{r}_t\equiv R(\tilde{\boldsymbol{x}}_t)$，$\tilde{v}_t\equiv V(\tilde{\boldsymbol{x}}_t)$，$\tilde{q}_t\equiv Q(\tilde{\boldsymbol{x}}_t)$。假设存在一个有限数 K_r，使得当 $T\rightarrow\infty$时，$\sum_{t=1}^{T}\tilde{r}_t\rightarrow K_r$ 的概率为 1。此外，假设对于 $t=0,1,2,\cdots$，有

$$E\{\tilde{v}_{t+1}\mid\tilde{\boldsymbol{x}}_t\}\leqslant\tilde{v}_t-\tilde{q}_t+\tilde{r}_t \tag{9.4}$$

那么：

(i) 当 $t\rightarrow\infty$时，$\tilde{v}_t$ 以概率 1 收敛到某个随机变量。

(ii) 存在一个有限数 K_q，使得当 $T\rightarrow\infty$时，$\sum_{t=1}^{T}\tilde{q}_t<K_q$ 的概率为 1。

证明　该定理是原始 Robbins-Siegmund 引理(Robbins & Siegmund，1971)的特例。有关证明，请参见文献(Beneviste et al.，1990)的第二部分附录。■

9.3.2　均方收敛

定义 9.3.3(均方收敛)　d 维随机向量的随机序列 $\tilde{x}_1,\tilde{x}_2,\cdots$均方收敛于随机向量 $\tilde{\boldsymbol{x}}^*$ 的条件如下：

(i) 对于某个有限正数 C 以及 $t=1,2,\cdots$，$E\{|\tilde{\boldsymbol{x}}_t-\tilde{\boldsymbol{x}}^*|^2\}<C$。

(ii) 当 $t\rightarrow\infty$时，$E\{|\tilde{\boldsymbol{x}}_t-\tilde{\boldsymbol{x}}^*|^2\}\rightarrow 0$。□

图 9.2 演示了均方收敛概念。

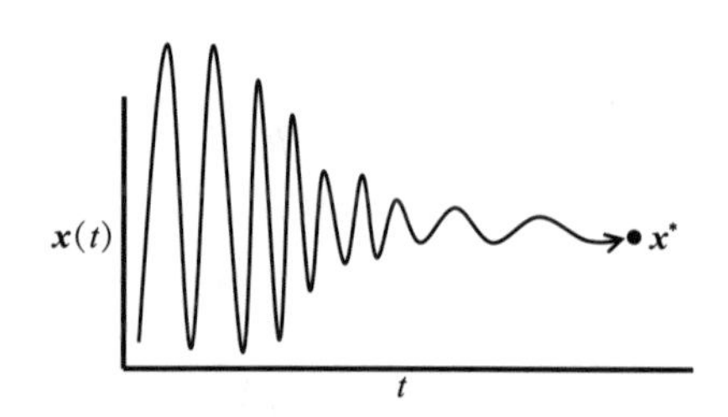

图 9.2　均方收敛概念。均方收敛意味着随时间推移，轨迹的期望变化趋于 0

定理 9.3.5(弱大数定理，也称均方大数定律)　设 $\tilde{\boldsymbol{x}}_1,\tilde{\boldsymbol{x}}_2,\cdots$是基于相同有限均值 $\boldsymbol{\mu}$ 的独立同分布 d 维随

机向量序列。假设$E\{|\tilde{\boldsymbol{x}}_t-\boldsymbol{\mu}|^2\}$小于某个有限数，其中$t=1,2,\cdots$。令

$$\tilde{\boldsymbol{f}}_n=(1/n)\sum_{t=1}^{n}\tilde{\boldsymbol{x}}_t$$

那么，当$n\to\infty$时，$\tilde{\boldsymbol{f}}_n\to\boldsymbol{\mu}$满足均方收敛。

证明

$$E\{|\tilde{\boldsymbol{f}}_n-\boldsymbol{\mu}|^2\}=E\left\{\left|(1/n)\sum_{t=1}^{n}\tilde{\boldsymbol{x}}_t-\boldsymbol{\mu}\right|^2\right\}\leqslant E\left\{\frac{\sum_{t=1}^{n}|\tilde{\boldsymbol{x}}_t-\boldsymbol{\mu}|^2}{n^2}\right\}=\frac{E\{|\tilde{\boldsymbol{x}}_t-\boldsymbol{\mu}|^2\}}{n} \tag{9.5}$$

由于$E\{|\tilde{\boldsymbol{x}}_t-\boldsymbol{\mu}|^2\}$小于某个有限数，因此当$n\to\infty$时，式(9.5)右侧项收敛到0。 ■

9.3.3 依概率收敛

定义 9.3.4(依概率收敛) 设$\tilde{\boldsymbol{x}}_1,\tilde{\boldsymbol{x}}_2,\cdots$是概率空间$(\Omega,\mathcal{F},P)$上的$d$维随机向量的随机序列，$\tilde{\boldsymbol{x}}^*$是$(\Omega,\mathcal{F},P)$上的一个$d$维随机向量。如果对于每个严格正实数$\epsilon$，随机序列$\tilde{\boldsymbol{x}}_1,\tilde{\boldsymbol{x}}_2,\cdots$依概率收敛到随机向量$\tilde{\boldsymbol{x}}^*$，则当$t\to\infty$时，

$$P(\{\omega:|\tilde{\boldsymbol{x}}_t(\omega)-\tilde{\boldsymbol{x}}^*(\omega)|>\epsilon\})\to 0$$ □

依概率收敛的等价定义是，对于每个正数ϵ，当$t\to\infty$时，

$$P(\{\omega:|\tilde{\boldsymbol{x}}_t(\omega)-\tilde{\boldsymbol{x}}^*(\omega)|\leqslant\epsilon\})\to 1$$

图9.3演示了依概率收敛的概念。

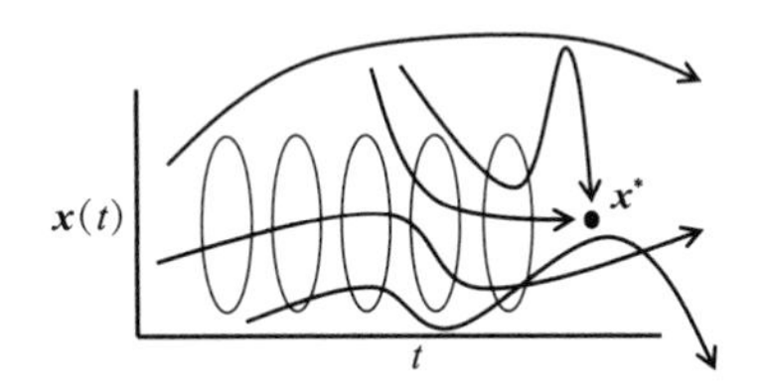

图9.3 依概率收敛的概念。依概率收敛意味着对于给定半径且以轨迹目的为中心的球，轨迹在该球中的概率随着时间的推移趋于1

定理 9.3.6(均方收敛与依概率收敛的等价性) 如果$\tilde{\boldsymbol{x}}_1,\tilde{\boldsymbol{x}}_2,\cdots$均方收敛到随机向量$\tilde{\boldsymbol{x}}^*$，则随机序列依概率收敛到$\tilde{\boldsymbol{x}}^*$。

证明 设ϵ是一个正数。根据马尔可夫不等式，有

$$P(|\tilde{\boldsymbol{x}}_t-\tilde{\boldsymbol{x}}^*|\geqslant\epsilon)\leqslant E[|\tilde{\boldsymbol{x}}_t-\tilde{\boldsymbol{x}}^*|^2]/\epsilon^2$$

因此，如果当$t\to\infty$时，$E[|\tilde{\boldsymbol{x}}_t-\tilde{\boldsymbol{x}}^*|^2]\to 0$，则当$t\to\infty$时，

$$P(|\tilde{\boldsymbol{x}}_t-\tilde{\boldsymbol{x}}^*|\geqslant\epsilon)\to 0$$

因此，均方收敛等价于依概率收敛。 ■

9.3.4 依分布收敛

定义 9.3.5(依分布收敛) 设$\tilde{\boldsymbol{x}}_1,\tilde{\boldsymbol{x}}_2,\cdots$是一个随机序列，序列中第$t$个$d$维随机向量$\tilde{\boldsymbol{x}}_t$具有累积分布函数$F_t:\mathcal{R}^d\to[0,1]$。设$F^*$是随机向量$\tilde{\boldsymbol{x}}^*$的累积分布函数。如果对于所有$\boldsymbol{a}$，当$t\to\infty$时，$F_t(\boldsymbol{a})\to F^*(\boldsymbol{a})$，即$F^*$在$\boldsymbol{a}$处连续，则可以认为，当$t\to\infty$时，随机序列$\tilde{\boldsymbol{x}}_1,\tilde{\boldsymbol{x}}_2,\cdots$依分布收敛到$\tilde{\boldsymbol{x}}^*$。 □

请注意，依分布收敛的定义不要求对于F^*定义域中的所有$\boldsymbol{a}$，都有当$t\to\infty$时，$F_t(\boldsymbol{a})\to F^*(\boldsymbol{a})$，而只要求在连续函数$F^*$定义域中的点处收敛。通过只要求在连续点收敛，允许许多实际应用使用累积分布函数表示。例如，离散随机变量的每个累积分布函数在可数点上是不

连续的。

下面的多元中心极限定理给出了依分布收敛概念的示例。

定义 9.3.6(多元高斯密度)　设 $\tilde{\boldsymbol{x}}$ 是一个支集为 $\mathcal{R}^d$ 的 d 维绝对连续随机向量，定义概率密度函数 $p(\cdot;\boldsymbol{\theta})$，使得

$$p(\boldsymbol{x};\boldsymbol{\theta})=(2\pi)^{-d/2}(\det(\boldsymbol{C}))^{-1/2}\exp[-(\boldsymbol{x}-\boldsymbol{\mu})^{\mathrm{T}}\boldsymbol{C}^{-1}(\boldsymbol{x}-\boldsymbol{\mu})/2] \tag{9.6}$$

其中，$d(d+1/2)$维参数向量 $\boldsymbol{\theta}$ 的前 d 个元素为均值向量 $\boldsymbol{\mu}$ 的 d 个元素，$\boldsymbol{\theta}$ 的剩余 $d(d-1)/2$ 个元素等于协方差参数向量 $\mathbf{vech}(\boldsymbol{C})$，它确定了正定对称协方差矩阵 $\boldsymbol{C}$ 的唯一元素。　□

对于标量高斯随机变量，$\tilde{x}$ 具有均值 μ 和方差 σ^2，则式(9.6)可简写为

$$p(x;\boldsymbol{\theta})=(2\sigma^2\pi)^{-1/2}\exp[-(1/2)(x-\mu)^2/(2\sigma^2)]$$

其中，$\boldsymbol{\theta}=[\mu\sigma^2]$，均值 $\mu\in\mathcal{R}$，方差 $\sigma^2\in(0,\infty)$。

定理 9.3.7(多元中心极限定理)　设 $\tilde{\boldsymbol{x}}_1,\tilde{\boldsymbol{x}}_2,\tilde{\boldsymbol{x}}_3,\cdots$是一个关于支集规范测度 ν 定义的具有相同密度 $p_e:\mathcal{R}^d\to[0,\infty)$的独立同分布 d 维随机向量随机序列。假设 $\boldsymbol{\mu}=E\{\tilde{\boldsymbol{x}}_t\}$是有限的，另假设 $\boldsymbol{C}=E\{(\tilde{\boldsymbol{x}}_t-\boldsymbol{\mu})(\tilde{\boldsymbol{x}}_t-\boldsymbol{\mu})^{\mathrm{T}}\}$是有限且可逆的。对于 $n=1,2,\cdots$，令

$$\tilde{\boldsymbol{f}}_n=(1/n)\sum_{t=1}^{n}\tilde{\boldsymbol{x}}_t$$

那么，当 $n\to\infty$时，$\sqrt{n}(\tilde{\boldsymbol{f}}_n-\boldsymbol{\mu})$依分布收敛到一个均值向量为 $\boldsymbol{0}_d$、协方差矩阵为 $\boldsymbol{C}$ 的高斯随机向量。

证明　有关证明，请参见文献(White，2001)[114,115]，其中分析了 Cramér-Wold 策略(命题 5.1)和 Lindeberg-Lévy 定理(定理 5.2)。另请参阅文献(Billingsley，2012)，了解有关 Lindeberg-Lévy 定理证明的更多详细信息。　■

多元中心极限定理的等价陈述是，当 $n\to\infty$时，具有相同有限均值 $\boldsymbol{\mu}$ 和可逆协方差矩阵 $\boldsymbol{C}$ 的 n 个独立同分布随机向量的均值依分布收敛至均值为 $\boldsymbol{\mu}$、协方差矩阵为 $\boldsymbol{C}/n$ 的高斯随机向量。

例 9.3.2(截断近似高斯随机变量)　如果随机变量 $\tilde{y}$ 的概率分布与高斯随机变量的分布非常相似，但随机变量 $\tilde{y}$ 是有界的，则称 $\tilde{y}$ 为截断近似高斯随机变量。使用多元中心极限定理证明如果在有限区间[0,1]上服从相同均匀分布的 K 个独立同分布随机变量的均值为 $\tilde{y}$，那么当 $K\to\infty$时，$\tilde{y}$ 依分布收敛到一个均值为 1/2、方差为$(12K)^{-1}$ 的高斯随机变量。使用此结果演示如何编写计算机程序来生成均值为 μ、方差为 σ^2 的截断近似高斯随机变量。

解　需要注意的是，在区间[0,1]上服从均匀分布的随机变量的方差为

$$\int_0^1(x-0.5)^2\mathrm{d}x=\frac{(1-0.5)^3}{3}-\frac{(0-0.5)^3}{3}=1/12$$

编写一个计算机程序，生成在区间[0,1]上均匀分布的随机数。调用该程序 K 次，在区间[0,1]上生成 K 个均匀分布的随机变量，记为 $\tilde{u}_1,\cdots,\tilde{u}_k$。令 $\tilde{y}=(1/K)\sum_{k=1}^{K}\tilde{u}_k$，$\tilde{z}=\mu+\sigma\sqrt{12K}(\tilde{y}-(1/2))$，那么 $\tilde{z}$ 是一个均值为 μ、方差为 σ^2 的截断近似高斯随机变量。　△

9.3.5　随机收敛关系

定理 9.3.8 将讨论四种类型随机收敛间的关系。

定理 9.3.8(随机收敛关系)　设 $\tilde{\boldsymbol{x}}_1,\tilde{\boldsymbol{x}}_2,\cdots$是一个 d 维随机向量的随机序列。令 $\tilde{\boldsymbol{x}}^*$ 是一个 d 维随机向量。

(i) 如果 $\tilde{\boldsymbol{x}}_t \to \tilde{\boldsymbol{x}}^*$，则 $\tilde{\boldsymbol{x}}_t$ 以概率 1 收敛到 $\tilde{\boldsymbol{x}}^*$。

(ii) 如果 $\tilde{\boldsymbol{x}}_t$ 以概率 1 收敛到 $\tilde{\boldsymbol{x}}^*$，则 $\tilde{\boldsymbol{x}}_t$ 依概率收敛到 $\tilde{\boldsymbol{x}}^*$。

(iii) 如果 $\tilde{\boldsymbol{x}}_t$ 均方收敛到 $\tilde{\boldsymbol{x}}^*$，则 $\tilde{\boldsymbol{x}}_t$ 依概率收敛到 $\tilde{\boldsymbol{x}}^*$。

(iv) 如果 $\tilde{\boldsymbol{x}}_t$ 依概率收敛到 $\tilde{\boldsymbol{x}}^*$，则 $\tilde{\boldsymbol{x}}_t$ 依分布收敛到 $\tilde{\boldsymbol{x}}^*$。

(v) 如果 $\tilde{\boldsymbol{x}}_1,\tilde{\boldsymbol{x}}_2,\cdots$ 是一个有界随机序列且 $\tilde{\boldsymbol{x}}_t$ 依概率收敛到 $\tilde{\boldsymbol{x}}^*$，则 $\tilde{\boldsymbol{x}}_t$ 均方收敛到 $\tilde{\boldsymbol{x}}^*$。

(vi) 如果 $\tilde{\boldsymbol{x}}_1,\tilde{\boldsymbol{x}}_2,\cdots$ 依分布收敛到一个常数 K，那么 $\tilde{\boldsymbol{x}}_t$ 依概率收敛到 K。

证明 (i)直接依据以概率 1 收敛的定义证明。(ii)参见文献(Lukacs，1975)的定理 2.2.1。(iii)参见文献(Lukacs，1975)的定理 2.2.2 和定理 2.2.4。(iv)参见文献(Lukacs，1975)的定理 2.2.3。(v)参见文献(Serfling，1980)中定理 1.3.6 的结论。(vi)参见文献(Karr，1993)的命题 5.1.4。 ■

图 9.4 总结了各类型随机收敛间的关系。

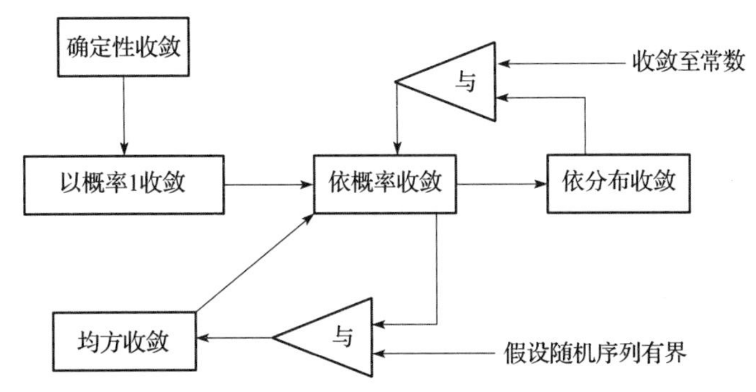

图 9.4 各类型随机收敛间的关系。确定性收敛蕴含以概率 1 收敛，均方收敛或以概率 1 收敛蕴含依概率收敛，依概率收敛蕴含依分布收敛，有界随机序列的依概率收敛蕴含均方收敛

练习

9.3-1. 依分布收敛到目标累积分布函数的定义不需要在目标累积分布的不连续点处收敛。证明模拟投掷骰子的随机变量，其概率质量函数的累积分布有 5 个不连续点。请注意，投掷骰子被建模为以相等概率从{1,2,3,4,5,6}取值的离散随机变量。

9.3-2. 令 $\tilde{\boldsymbol{x}}(1),\tilde{\boldsymbol{x}}(2),\cdots$ 是具有相同概率质量函数 p 的独立同分布 d 维随机向量的随机序列，该函数为 $\boldsymbol{x}_k$ 赋概率质量 $p_k, k=1,\cdots,M(M<\infty)$。对于 $t=1,2,3,\cdots$，定义

$$\tilde{V}_t=(1/t)\sum_{i=1}^{t}V(\tilde{\boldsymbol{x}}(i))$$

其中，$V:\mathcal{R}^d\to\mathcal{R}$ 是一个连续函数。证明标量随机序列 $\tilde{V}_1,\tilde{V}_2,\tilde{V}_3,\cdots$ 以概率 1 收敛到某常数 K。给出常数 K 的公式。提示：使用强大数定律。

9.3-3. 证明练习 9.3-2 中定义的标量随机序列 $\tilde{V}_1,\tilde{V}_2,\tilde{V}_3,\cdots$ 均方收敛到某个常数 K。给出常数 K 的公式。

9.3-4. 基于练习 9.3-2 得出的结果与马尔可夫不等式证明标量随机序列 $\tilde{V}_1,\tilde{V}_2,\tilde{V}_3,\cdots$ 依概率收敛于某个常数 K。给出常数 K 的公式。

9.3-5. 令 $\tilde{\boldsymbol{x}}(1),\tilde{\boldsymbol{x}}(2),\cdots$ 是一个随机序列，它以概率 1 收敛到某个随机变量。随机序列是否依分布收敛？提供一个额外的充分条件，以确保该随机序列均方收敛。

9.3-6. 令 $\tilde{y}_{t+1}=\tilde{y}_t+\tilde{n}, t=1,\cdots,M-1$，其中 $\tilde{n}$ 是均值为 0、方差为 σ^2 的高斯随机变量，$\tilde{y}_1$ 也是均值为 0、方差为 σ^2 的高斯随机变量。给出联合概率密度函数 $p(y_1,\cdots,y_M)$ 的公式。随机序列 $\{\tilde{y}_t\}$ 是否平稳、是否有界、是否 τ 相关？

9.3-7. 考虑一个统计环境，其中训练数据序列 $\boldsymbol{x}(0),\boldsymbol{x}(1),\cdots$ 被建模为有界随机序列 $\tilde{\boldsymbol{x}}(0),\tilde{\boldsymbol{x}}(1),\cdots$ 的一个实例，该有界随机序列由具有相同 Radon-Nikodým 密度 $p:\mathcal{R}^d\rightarrow[0,\infty)$ 的独立同分布随机向量组成。定义学习的目标函数 $c:\mathcal{R}^d\times\mathcal{R}^q\rightarrow\mathcal{R}$，假设它具有如下属性：

(1) 对于所有 $\boldsymbol{w}\in\mathcal{R}^q, c(\cdot,\boldsymbol{w})$ 在 $\mathcal{R}^d$ 上是连续的。

(2) 对于所有 $\boldsymbol{x}\in\mathcal{R}^d, c(\boldsymbol{x},\cdot)$ 在 $\mathcal{R}^q$ 上连续二次可微。

设 $g(\boldsymbol{x},\boldsymbol{w})\equiv(\mathrm{d}c(\boldsymbol{x},\boldsymbol{w})/\mathrm{d}\boldsymbol{w})^{\mathrm{T}}$。证明：当 $n\rightarrow\infty$ 时，

$$(1/n)\sum_{i=1}^{n}g(\boldsymbol{x}(i),\boldsymbol{w}^*)\rightarrow E\{g(\tilde{\boldsymbol{x}}(i),\boldsymbol{w}^*)\}$$

的概率为 1。分别基于均方收敛、依概率收敛和依分布收敛重做该题。若 c 关于其第一个参数可测，讨论如何对解进行修改。若 c 关于其第一个参数分段连续，讨论如何对解进行修改。

9.4 随机序列的组合与变换

可使用定理 9.4.1 将某一特定随机序列（其收敛特性未知）表示为一个或多个收敛属性已知的随机过程的函数。

定理 9.4.1（随机序列函数） 设 $g:\mathcal{R}^d\rightarrow\mathcal{R}$ 是一个连续函数，$\tilde{\boldsymbol{x}}_1,\tilde{\boldsymbol{x}}_2,\cdots$ 是一个 d 维随机向量的随机序列。

(i) 如果当 $t\rightarrow\infty$ 时，$\tilde{\boldsymbol{x}}_t$ 以概率 1 收敛到 $\tilde{\boldsymbol{x}}^*$，则当 $t\rightarrow\infty$ 时，$g(\tilde{\boldsymbol{x}}_t)$ 依概率收敛到 $g(\tilde{\boldsymbol{x}}^*)$。

(ii) 如果当 $t\rightarrow\infty$ 时，$\tilde{\boldsymbol{x}}_t$ 依概率收敛到 $\tilde{\boldsymbol{x}}^*$，则当 $t\rightarrow\infty$ 时，$g(\tilde{\boldsymbol{x}}_t)$ 依概率收敛到 $g(\tilde{\boldsymbol{x}}^*)$。

(iii) 如果当 $t\rightarrow\infty$ 时，$\tilde{\boldsymbol{x}}_t$ 依分布收敛到 $\tilde{\boldsymbol{x}}^*$，则当 $t\rightarrow\infty$ 时，$g(\tilde{\boldsymbol{x}}_t)$ 依分布收敛到 $g(\tilde{\boldsymbol{x}}^*)$。

证明 直接参见文献（Serfling，1980）[24,25]。 ■

例 9.4.1（估计误差测度收敛） 假设观测数据 $\boldsymbol{x}_1,\boldsymbol{x}_2,\cdots$ 是关于支集规范测度 ν 定义的具有相同 Radon-Nikodým 密度 $p_e:\mathcal{R}^d\rightarrow\mathcal{R}$ 的独立同分布随机向量的有界随机序列 $\tilde{\boldsymbol{x}}_1,\tilde{\boldsymbol{x}}_2,\cdots$ 的实例。设 Θ 是 $\mathcal{R}^q$ 的一个有界闭子集。定义损失函数 $c:\mathcal{R}^d\times\Theta\rightarrow\mathcal{R}$，使得：

(i) 对于所有 $\boldsymbol{\theta}\in\Theta$，$c(\cdot,\boldsymbol{\theta})$ 在 $\mathcal{R}^d$ 有限划分上是分段连续的。

(ii) 对于所有 $\boldsymbol{x}\in\mathcal{R}^d$，$c(\boldsymbol{x},\cdot)$ 是在 Θ 上的连续函数。

考虑一个学习机，其期望损失函数 $\ell(\boldsymbol{\theta})=\int c(\boldsymbol{x},\boldsymbol{\theta})p_e(\boldsymbol{x})\mathrm{d}\nu(\boldsymbol{x})$ 由下式表示的经验风险函数近似：

$$\hat{\ell}_n(\boldsymbol{\theta})=(1/n)\sum_{i=1}^{n}c(\tilde{\boldsymbol{x}},\boldsymbol{\theta})$$

此外，假设估计量 $\hat{\boldsymbol{\theta}}_n$ 有如下性质：当 $n\rightarrow\infty$ 时，$\hat{\boldsymbol{\theta}}_n\rightarrow\boldsymbol{\theta}^*$ 的概率为 1。证明：当 $n\rightarrow\infty$ 时，$\hat{\ell}_n(\hat{\boldsymbol{\theta}}_n)\rightarrow\ell(\boldsymbol{\theta}^*)$ 的概率为 1。

解 由于数据生成序列是有界的，c 是一个在有限划分上分段连续的连续随机函数，并且参数空间 Θ 是有闭界集，因此 c 由 Θ 上关于 p_e 的可积函数控制。因此，统一大数定律（定理 9.3.2）可用于证明：

(i) 对于每一个 $\boldsymbol{\theta}\in\Theta$，$\hat{\ell}_n(\boldsymbol{\theta})\to\ell(\boldsymbol{\theta})$ 的概率为1。

(ii) ℓ 是 Θ 上的连续函数。

现在需要注意的是，

$$\hat{\ell}_n(\hat{\boldsymbol{\theta}}_n)-\ell(\boldsymbol{\theta}^*)=(\hat{\ell}_n(\hat{\boldsymbol{\theta}}_n)-\ell(\hat{\boldsymbol{\theta}}_n))+(\ell(\hat{\boldsymbol{\theta}}_n)-\ell(\boldsymbol{\theta}^*)) \tag{9.7}$$

因为在 Θ 上 $\hat{\ell}_n\to\ell$ 的概率为1，所以式(9.7)右侧第一项以概率1收敛到零。由于 ℓ 是一个连续函数且 $\hat{\boldsymbol{\theta}}_n\to\boldsymbol{\theta}^*$ 的概率为1，因此式(9.7)右侧第二项以概率1收敛到零。需要注意的是，$c(\boldsymbol{x},\cdot)$ 为 Θ 上的连续函数，这一条件在收敛证明中起着重要作用。△

定理 9.4.2(高斯随机变量的线性变换)　设 $\tilde{\boldsymbol{x}}$ 是一个 d 维高斯随机向量，其 d 维均值向量为 $\boldsymbol{\mu}\equiv E\{\tilde{\boldsymbol{x}}\}$，$d$ 维正定对称协方差矩阵为 $\boldsymbol{C}\equiv E\{(\tilde{\boldsymbol{x}}-\boldsymbol{\mu})(\tilde{\boldsymbol{x}}-\boldsymbol{\mu})^{\mathrm{T}}\}$。设 $\boldsymbol{A}\in\mathcal{R}^{r\times d}$ 行满秩(秩为 r)，设 $\tilde{\boldsymbol{y}}\equiv\boldsymbol{A}\tilde{\boldsymbol{x}}$。那么，$\tilde{\boldsymbol{y}}$ 是一个 r 维高斯随机向量，具有均值 $\boldsymbol{A\mu}$ 和 r 维正定对称协方差矩阵 $\boldsymbol{ACA}^{\mathrm{T}}$。

证明　有关证明，请参见文献(Larson & Shubert，1979)的定理6.23。■

定义 9.4.1(伽马函数)　定义伽马函数 $\Gamma:[0,\infty)\to[0,\infty)$，使得对于任一 $k\in[0,\infty)$，有

$$\Gamma(k)=\int_0^\infty x^{k-1}\exp(-x)\mathrm{d}x$$ □

注意，当 k 为正整数时，$\Gamma(k)=(k-1)!$。

定义 9.4.2(卡方密度)　设 $\Gamma:[0,\infty)\to[0,\infty)$ 为定义9.4.1中的伽马函数。将自由度为 d 的卡方密度定义为绝对连续密度 $p:[0,\infty)\to[0,\infty)$，使得对于所有 $x\geqslant0$，有

$$p(x)=\frac{x^{(d/2)-1}\exp(-x/2)}{2^{d/2}\Gamma(d/2)}$$

当 $d>1$ 时，p 的支集为 $[0,\infty)$。当 $d=1$ 时，p 的支集为 $(0,\infty)$。□

定理 9.4.3(高斯随机变量的平方和服从卡方分布)　设 $\tilde{z}_1,\cdots,\tilde{z}_d$ 是 d 个均值为0、方差为1的独立同分布高斯随机变量。随机变量 $\tilde{y}=\sum_{k=1}^{d}(\tilde{z}_k)^2$ 服从自由度为 d 的卡方分布。

证明　参见文献(Davidson，2002)[123,124]。■

定理 9.4.4(随机序列的相加与相乘)　设 $\tilde{\boldsymbol{x}}_1,\tilde{\boldsymbol{x}}_2,\cdots$ 和 $\tilde{\boldsymbol{y}}_1,\tilde{\boldsymbol{y}}_2,\cdots$ 是由 d 维随机向量组成的随机序列。

(1)如果当 $t\to\infty$ 时，$\tilde{\boldsymbol{x}}_t$ 依概率收敛到 $\tilde{\boldsymbol{x}}^*$，$\tilde{\boldsymbol{y}}_t$ 依概率收敛到 $\tilde{\boldsymbol{y}}^*$，则当 $t\to\infty$ 时，$\tilde{\boldsymbol{x}}_t+\tilde{\boldsymbol{y}}_t$ 依概率收敛到 $\tilde{\boldsymbol{x}}^*+\tilde{\boldsymbol{y}}^*$，$\tilde{\boldsymbol{x}}_t\odot\tilde{\boldsymbol{y}}_t$ 依概率收敛到 $\tilde{\boldsymbol{x}}^*\odot\tilde{\boldsymbol{y}}^*$。

(2)如果当 $t\to\infty$ 时，$\tilde{\boldsymbol{x}}_t\to\tilde{\boldsymbol{x}}^*$ 的概率为1且 $\tilde{\boldsymbol{y}}_t\to\tilde{\boldsymbol{y}}^*$ 的概率也为1，则当 $t\to\infty$ 时，$\tilde{\boldsymbol{x}}_t+\tilde{\boldsymbol{y}}_t\to\tilde{\boldsymbol{x}}^*+\tilde{\boldsymbol{y}}^*$ 的概率为1且 $\tilde{\boldsymbol{x}}_t\odot\tilde{\boldsymbol{y}}_t\to\tilde{\boldsymbol{x}}^*\odot\tilde{\boldsymbol{y}}^*$ 的概率也为1。

证明　参见文献(Serfling，1980)[26]。■

一般来说，如果当 $t\to\infty$ 时，$\tilde{\boldsymbol{x}}_t$ 依分布收敛到 $\tilde{\boldsymbol{x}}^*$，$\tilde{\boldsymbol{y}}_t$ 依分布收敛到 $\tilde{\boldsymbol{y}}^*$，但是当 $t\to\infty$ 时，$\tilde{\boldsymbol{x}}_t\tilde{\boldsymbol{y}}_t$ 依分布收敛到 $\tilde{\boldsymbol{x}}^*\tilde{\boldsymbol{y}}^*$ 或 $\tilde{\boldsymbol{x}}_t+\tilde{\boldsymbol{y}}_t$ 依分布收敛到 $\tilde{\boldsymbol{x}}^*+\tilde{\boldsymbol{y}}^*$ 不一定正确。

然而，对于依分布收敛至随机变量的随机序列，以及另一个依概率(或分布)收敛到实常数的随机序列，则可应用定理9.4.5处理随机序列的相加与相乘问题。

定理 9.4.5(Slutsky定理)　设 $\tilde{x}_1,\tilde{x}_2,\cdots$ 是一个实值随机变量随机序列，它依分布收敛于随机变量 $\tilde{x}^*$，设 $\tilde{y}_1,\tilde{y}_2,\cdots$ 也是一个实值随机变量的随机序列，依概率收敛到有限实数 K。那么，当 $t\to\infty$ 时，$\tilde{x}_t+\tilde{y}_t$ 依分布收敛到 $\tilde{x}^*+K$，$\tilde{x}_t\tilde{y}_t$ 依分布收敛到 $K\tilde{x}^*$。

证明　参见文献(Serfling，1980)[19]。■

定理 9.4.6 很少被讨论，但非常有效，其含义与 Slutsky 定理相似。

定理 9.4.6(有界概率收敛定理) 设 $\tilde{x}_1, \tilde{x}_2, \cdots$ 是一个概率有界的实值随机变量随机序列。设 $\tilde{y}_1, \tilde{y}_2, \cdots$ 是以概率 1 收敛到 0 的实值随机变量的随机序列。那么，当 $t \to \infty$ 时，$\tilde{x}_t \tilde{y}_t \to 0$ 的概率为 1。

证明 参见文献(Davidson，2002)[287] 的定理 18.12。 ■

随机 O 记号类似于第 5 章中的确定性大 O 记号和小 o 记号，可用于分析随机序列。

定义 9.4.3(随机 O 记号：几乎必然) 设 ρ 是非负数。如果存在有限数 K 和有限数 N，使得对于所有 $n \geqslant N$，都有 $n^{\rho} | \tilde{\boldsymbol{x}}_n | \leqslant K$ 的概率为 1，则随机序列 $\tilde{\boldsymbol{x}}_1, \tilde{\boldsymbol{x}}_2, \cdots$ 以概率 1 为 $O_{\text{a.s.}}(n^{-\rho})$，$n^{-\rho}$ 为收敛阶数。此外，如果当 $n \to \infty$ 时，$n^{\rho} | \tilde{\boldsymbol{x}}_n | \to 0$ 的概率为 1，则随机序列 $\tilde{\boldsymbol{x}}_1, \tilde{\boldsymbol{x}}_2$ 是 $o_{\text{a.s.}}(n^{-\rho})$。 □

定义 9.4.4(随机 O 记号：依概率收敛) 设 ρ 为非负数。设 $\tilde{\boldsymbol{x}}_1, \tilde{\boldsymbol{x}}_2, \cdots$ 是概率分布依次为 $P_1, P_2, \cdots$ 的随机向量的序列。如果对于每个正数 ϵ，存在有限正数 K_{ϵ} 和有限数 N，使得对于所有 $n \geqslant N$，都有 $P_n(n^{\rho} | \tilde{\boldsymbol{x}}_n | \leqslant K_{\epsilon}) > 1 - \epsilon$，则随机序列 $\tilde{\boldsymbol{x}}_1, \tilde{\boldsymbol{x}}_2, \cdots$ 依概率是 $O_p(n^{-\rho})$，收敛阶数为 $n^{-\rho}$。此外，如果当 $n \to \infty$ 时，$n^{\rho} | \tilde{\boldsymbol{x}}_n |$ 依概率收敛到 0，则随机序列 $\tilde{\boldsymbol{x}}_1, \tilde{\boldsymbol{x}}_2, \cdots$ 是 $o_p(n^{-\rho})$。 □

练习

9.4-1. 设 $\tilde{x}_1, \tilde{x}_2, \cdots$ 与 $\tilde{y}_1, \tilde{y}_2, \cdots$ 分别是依分布收敛与依概率收敛的随机序列。基于本节给出的定理，分析需要附加什么条件才能确保随机序列 $\tilde{x}_1 + \tilde{y}_1, \tilde{x}_2 + \tilde{y}_2, \cdots$ 和随机序列 $\tilde{x}_1 \tilde{y}_1, \tilde{x}_2 \tilde{y}_2, \cdots$ 也依分布收敛。

9.4-2. 设 $\tilde{x}_1, \tilde{x}_2, \cdots$ 与 $\tilde{y}_1, \tilde{y}_2, \cdots$ 分别是概率有界随机序列和以概率 1 收敛的随机序列。基于本节给出的定理，分析需要附加什么条件才能确保随机序列 $\tilde{x}_1 \tilde{y}_1, \tilde{x}_2 \tilde{y}_2, \cdots$ 以概率 1 收敛?

9.4-3. 假设 $\boldsymbol{M} \in \mathcal{R}^{m \times n}$ 的秩为 m(其中 $m \leqslant n$)，且 $\tilde{\boldsymbol{x}}$ 是具有均值 $\boldsymbol{\mu}$ 和 n 维正定实对称协方差矩阵 $\boldsymbol{Q}$ 的 n 维高斯随机向量。随机向量 $\tilde{\boldsymbol{y}} \equiv \boldsymbol{M}\tilde{\boldsymbol{x}}$ 的概率密度函数是什么?

9.4-4. 证明 $o_p(n^{-\rho})$ 意味着 $O_p(n^{-\rho})$，其中 ρ 是一个非负数。

9.4-5. 当 ρ 是正数时，证明 $O_p(n^{-\rho})$ 意味着 $o_p(1)$。

9.4-6. 证明概率有界随机序列为 $O_p(1)$。

9.4-7. 证明依分布收敛的随机序列为 $O_p(1)$。也就是说，依分布收敛的随机序列是概率有界的。

9.4-8. 证明如果一个随机序列是 $O_p(1) o_p(1)$，那么它也是 $o_p(1)$。

9.4-9. 证明如果一个随机序列是 $O_p(n^{-1/2}) o_p(1) O_p(n^{-1/2})$，那么它也是 $O_p(1/n)$。

9.4-10. 证明如果一个随机序列是 $O_{\text{a.s.}}(1) o_{\text{a.s.}}(1)$，那么它也是 $o_p(1)$。

9.4-11. 证明如果一个随机序列是 $O_{\text{a.s.}}(n^{-1/2}) O_{\text{a.s.}}(n^{-1/2})$，那么它也是 $O_p(1/n)$。

9.5 扩展阅读

读者需要知道，本章只涵盖了随机序列中一小部分内容。本章讨论的内容是经过精心挑选的，旨在为第 11～16 章要介绍的内容打好基础。

随机过程

如果读者想深入研究本章所涉及的内容，可以参考计量经济学研究生教材(Davidson，

1994；White，1994，2001）、电气工程的研究生教材（Larson & Shubert，1979）、概率论研究生教材（Karr，1993；Rosenthal，2016；Billingsley，2012）和数理统计相关材料（Lukacs，1975；Serfling，1980；van der Vaart，1998；Lehmann & Casella，1998；Lehmann & Roman，2005）。

论文集（White，2004）包含了计量经济学领域的高等理论工具集合，可用于分析统计机器学习应用中常见的随机序列。例如，对于非平稳和 τ 相关的随机序列，已有保证强大数定律与多元中心极限定理成立的条件（Serfling，1980；White & Domowitz，1984；White，1994；White，2001；Davidson，2002）。

随机收敛

关于随机收敛的其他分析，可参见文献（Lukacs，1975；Larson & Shubert，1979；Serfling，1980；Karr，1993；White，2001）。

部分可观测数据生成过程

Golden、Henley、White 和 Kashner(2019)介绍了独立同分布部分可观测数据生成过程的定义。本章论讨这种过程的目的是研究同时存在模型误判与缺失数据时的最大似然估计。

CHAPTER10

第 10 章

数据生成概率模型

学习目标：

- 给出概率模型的可学习性条件。
- 描述概率模型示例。
- 分析和设计贝叶斯网络概率模型。
- 分析和设计马尔可夫随机场概率模型。

环境中事件似然的学习机概率模型由“概率模型”或等效的可能概率规律集合表示。学习过程的目标是确定一个概率规律，以近似表示学习机环境中实际生成环境事件的概率分布（见图 1.1）。因此，学习的目标可以表述为估计一组在学习机概率模型中对应特定概率规律的参数值。本章将给出用于表示、分析和设计概率模型的工具和技术。

10.1 概率模型的可学习性

本节将讨论概率模型“可学习”的必要条件。如果不满足这些可学习性条件，以数据生成过程的概率模型参数估计为目标的学习机将无法完美表征数据生成过程。

10.1.1 正确模型和误判模型

定义 10.1.1（独立同分布数据生成过程） 基于相同数据生成过程（DGP）累积概率分布 P_e 的独立同分布 d 维随机向量的随机序列，称为独立同分布 DGP。独立同分布 DGP 的 n 元素子集 $\tilde{\mathcal{D}}_n \equiv [\tilde{\boldsymbol{x}}_1, \cdots, \tilde{\boldsymbol{x}}_n]$称为基于 P_e 的 n 个观测随机样本。随机样本的实例 $\mathcal{D}_n \equiv [\boldsymbol{x}_1, \cdots, \boldsymbol{x}_n]$称为 n 条数据记录的数据集。 □

DGP 累积分布函数 P_e 生成观测数据，也被称为环境分布。用于表示 P_e 的 Radon-Nikodým 密度 p_e 称为 DGP 密度或环境密度。

从概率分布 P_e 或其相应密度规范中采样 n 次获得 $\boldsymbol{x}_1, \cdots, \boldsymbol{x}_n$，则称 $\boldsymbol{x}_1, \cdots, \boldsymbol{x}_n$ 是基于相同概率分布 P_e 的独立同分布随机向量序列 $\tilde{x}_1, \cdots, \tilde{x}_n$ 的实例。

定义 10.1.2（概率模型） 概率模型 $\mathcal{M}$ 是累积概率分布的集合。 □

在实际工程应用中，人们提出的大多数概率模型无法完美地表征其统计环境。此外，通常可将特征向量表示形式(见 1.2.1 节)和结构约束(见 1.2.4 节)形式的先验知识加入机器学习算法中，以提高学习速度和泛化性能。这种先验知识约束在某些统计环境中可能非常有效，但在其他统计环境中却是不利的。为了解决这些问题，机器学习的一般数学理论应允许学习机对其统计环境的概率表示存在缺陷。

定义 10.1.3(误判模型)　设 $\tilde{x}_1, \tilde{x}_2, \cdots$ 是基于相同累积概率分布 P_e 的独立同分布 DGP，$\mathcal{M}$ 为概率模型。如果 $P_e \notin \mathcal{M}$，则 $\mathcal{M}$ 关于 P_e 误判。如果 $\mathcal{M}$ 没有关于 P_e 误判，那么 $\mathcal{M}$ 关于 P_e 正确。 □

如果关于 P_e 的概率模型 $\mathcal{M}$ 是误判模型，则 $\mathcal{M}$ 永远无法完美表征 P_e，因为 $P_e \notin \mathcal{M}$。虽然误判模型通常表现得预测性能较差，但要强调的是，误判模型并不等同于预测性能不佳。在机器学习的许多重要实例中，当正确模型实现不了时，也完全可以接受具有出色预测性能和泛化性能的误判模型。

在实践中，基于 Radon-Nikodým 密度集合定义的概率模型通常使用起来更方便。这不会带来任何重大概念问题，但有一点必须注意，关于支集规范测度 ν 定义的 Radon-Nikodým 密度是唯一基于 ν 几乎处处。

定义 10.1.4(模型规范)　模型规范是关于相同支集规范测度 ν 定义的 Radon-Nikodým 密度函数集合 $\mathcal{M}$。 □

定义 10.1.5(经典参数模型规范)　设 $\Theta \subseteq \mathcal{R}^q$，定义 $p: \Omega \times \Theta \to [0, \infty)$，使得对于参数空间 Θ 中的每个参数向量 $\boldsymbol{\theta}$，$p(\cdot;\boldsymbol{\theta})$ 都是关于支集规范测度 ν 的 Radon-Nikodým 密度。模型规范 $\mathcal{M} \equiv \{p(\cdot;\boldsymbol{\theta}): \boldsymbol{\theta} \in \Theta\}$ 称为关于 ν 的参数模型规范。 □

通俗地讲，概率模型或参数概率模型通常用于指代经典参数模型规范。请注意，假设参数模型规范中的所有密度都具有相同支集，这是为了符号方便而设定的，且不是其关键特征。

定义 10.1.6(贝叶斯参数模型规范)　设 $\Theta \subseteq \mathcal{R}^q$，定义 $p: \Omega \times \Theta \to [0, \infty)$，使得对于参数空间 Θ 的任一参数向量 $\boldsymbol{\theta}$，$p(\cdot|\boldsymbol{\theta})$ 都是关于支集规范测度 ν 的 Radon-Nikodým 密度。模型规范 $\mathcal{M} \equiv \{p(\cdot|\boldsymbol{\theta}): \boldsymbol{\theta} \in \Theta\}$ 称为关于 ν 的贝叶斯参数模型规范。 □

贝叶斯概率模型的每个元素都是条件概率密度 $p(\boldsymbol{x}|\boldsymbol{\theta})$，而不是概率密度 $p(\boldsymbol{x};\boldsymbol{\theta})$。对于所有 $\boldsymbol{\theta} \in \Theta$，当且仅当 $p(\boldsymbol{x}|\boldsymbol{\theta}) = p(\boldsymbol{x};\boldsymbol{\theta})$ 时，可以使 $\ddot{p}(\boldsymbol{x}|\boldsymbol{\theta}) \in \ddot{\mathcal{M}}$ 定义的贝叶斯概率模型 $\ddot{\mathcal{M}}$ 等价于经典概率模型 $\mathcal{M} \equiv \{p(\boldsymbol{x};\boldsymbol{\theta}): \boldsymbol{\theta} \in \Theta\}$。类似地，任何贝叶斯概率模型都可以重新定义为经典概率模型。因此，在以下讨论中，经典概率模型表达形式也适用于其等效的贝叶斯概率模型，反之亦然。

当概率模型规范指定为 Radon-Nikodým 密度函数集合时，模型误判规范的定义稍微复杂一些。例如，假设数据是基于密度 p_e 生成的，同时研究者的 p_e 模型是模型规范 $\mathcal{M} \equiv \{p_m\}$ 且 p_e 和 p_m 都是基于相同支集规范测度 ν 定义的。假设基于 ν 几乎处处 $p_m = p_e$。那么，p_e 不一定在 $\mathcal{M}$ 中，但 p_e 和 p_m 都指定了数据生成过程的完全相同的累积概率分布函数！定义 10.1.7 通过明确定义误判模型规范的概念来解决此问题。

定义 10.1.7(误判模型规范)　设 d 维随机向量序列 $\tilde{x}_1, \tilde{x}_2, \cdots$ 为关于支集规范测度 ν 定义的相同 Radon-Nikodým 密度 $p_e: \mathcal{R}^d \to [0, \infty)$ 的独立同分布 DGP。如果存在 $p \in \mathcal{M}$，使得基于 ν 几乎处处 $p = p_e$，则模型规范 $\mathcal{M}$ 是关于 p_e 正确指定的。如果关于 p_e 未正确指定 $\mathcal{M}$，则关于 p_e 指定的 $\mathcal{M}$ 是误判模型。 □

请注意，当 p 和 p_e 相同(即 $p=p_e$)时，定义 10.1.7 中的条件基于 ν 几乎处处 $p=p_e$ 自动成立。例如，设 S 是 $\mathcal{R}$ 的一个有限子集，$p_e:\mathcal{R}\to(0,\infty)$是一个关于勒贝格支集规范测度 ν 定义的高斯概率密度函数。此外，定义 p，使得：(i)对于所有 $x\in\mathcal{R}\cap\neg S, p_e(x)=p(x)$；(ii)对于所有 $x\in S$，$p_e(x)\neq p(x)$。即使 $p\neq p_e$，p 和 p_e 各自的累积分布函数也等价。

例 10.1.1 给出了一个正确但无法预测的模型的示例。例 10.1.2 给出了一个误判但可预测的模型的示例。

例 10.1.1(正确模型不一定具有预测性) 为了说明可预测模型和误判模型之间的区别，我们定义以下非线性回归模型：

$$\mathcal{M}\equiv\{p(y|\boldsymbol{s};\boldsymbol{\theta},\sigma^2):\boldsymbol{\theta}\in\mathcal{R}^q,\sigma^2>0\}$$

使得 $p(y|\boldsymbol{s};\boldsymbol{\theta},\sigma^2)$是均值为 $f(\boldsymbol{s},\boldsymbol{\theta})$、方差为 σ^2 的条件高斯密度函数。$(\boldsymbol{\theta},\sigma^2)$指定了条件密度 $p(y|\boldsymbol{s};\boldsymbol{\theta},\sigma^2)\in\mathcal{M}$。

假设观测数据$\{(y_1,\boldsymbol{s}_1),\cdots,(y_n,\boldsymbol{s}_n)\}$由以下数据生成过程生成：

$$\tilde{y}=f(\boldsymbol{s},\boldsymbol{\theta}_e)+\tilde{n}_e \tag{10.1}$$

其中，$\boldsymbol{\theta}_e\in\mathcal{R}^q$，$\tilde{n}_e$ 是方差为 σ_e^2 的零均值随机变量。此外，如果 $\tilde{n}_e$ 是一个高斯随机变量，则 $\mathcal{M}$ 正确指定。然而，如果方差 σ_e^2 非常大，那么尽管 $\mathcal{M}$ 正确指定，$\mathcal{M}$ 的预测拟合会很差。 △

例 10.1.2(可预测模型不一定正确指定) 现在考虑例 10.1.1 中的情况，假设 $\tilde{n}_e$ 是一个方差非常小的零均值随机变量，但并非高斯随机变量。这样，例 10.1.1 中的模型 $\mathcal{M}$ 是误判模型，但具有非常好的预测性能。 △

参数概率模型的关键特征是模型具有有限个在学习过程中不会改变的自由参数。概率模型中自由参数个数随数据点数量的增长而增长时，模型被称为非参数概率模型。例如，考虑一个最初没有基函数(参见第 1 章)的学习机，每次它在环境中观察一个特征向量时，都会创建一个新的基函数，并且该基函数具有一些额外的自由参数。随着学习过程的继续，学习机的自由参数个数就会增加。此为非参数概率模型的例子。

这种非参数概率模型在当前机器学习研究中发挥着重要作用，因为它们给出了一种表示任意概率分布的机制。另外，灵活的参数概率模型可以具有非参数概率模型的许多理想特性(参见例 10.1.4)。更一般地说，如果 $\mathcal{M}$ 是一个包含无限数量概率分布的概率模型，那么 $\mathcal{M}$ 总是可以用一个具有一个自由实值参数的概率模型来表示，该参数为 $\mathcal{M}$ 中每个不同概率分布赋不同值(见例 10.1.5)。

例 10.1.3(概率模型重新参数化) 设 d 维随机向量 $\tilde{\boldsymbol{x}}$ 的概率密度函数 p 由下式给出：

$$p(\boldsymbol{x};\sigma)=\frac{\exp[-|\boldsymbol{x}|^2/(2\sigma^2)]}{(\sigma\sqrt{2\pi})^d}$$

密度 $p(\boldsymbol{x};\sigma)$是参数空间为$(0,\infty)$的模型规范 $\mathcal{M}\equiv\{p(\boldsymbol{x};\sigma):\sigma\in(0,\infty)\}$中的一元素。构造另一个等价于 $\mathcal{M}$ 的概率模型规范 $\ddot{\mathcal{M}}$，使得 $\ddot{\mathcal{M}}=\mathcal{M}$，但是 $\ddot{\mathcal{M}}$ 元素公式不同于 $\mathcal{M}$ 元素公式且 $\ddot{\mathcal{M}}$ 的参数空间不同于 $\mathcal{M}$。

解 定义以下密度：

$$\ddot{p}(\boldsymbol{x};\theta)=\frac{\exp[-|\boldsymbol{x}|^2/(2(\exp(\theta))^2)]}{(\exp(\theta)\sqrt{2\pi})^d}$$

作为概率模型规范 $\ddot{\mathcal{M}}\equiv\{\ddot{p}(\boldsymbol{x};\theta):\theta\in\mathcal{R}\}$的一个元素，其参数空间是 $\mathcal{R}$。 △

例 10.1.4(弹性饱和参数概率模型示例) 设 $\tilde{\boldsymbol{x}}$ 是支集为 $S\equiv\{\boldsymbol{x}^1,\cdots,\boldsymbol{x}^M\}\subset\mathcal{R}^d$ 的离散随

机向量，因此取值个数为 M，具有 M 个正概率。构造一个参数模型规范，使其足够灵活，以表示支集为 S 的任意概率质量函数。

解　设 $\boldsymbol{\theta} \equiv [\theta_1, \cdots, \theta_M]$ 是一个 M 维向量，其元素非负，且元素之和等于 1。参数向量 $\boldsymbol{\theta}$ 指定概率质量函数，且将概率质量 θ_k 赋给 $\boldsymbol{x}_k$。S 上的任意概率质量函数都可以通过适当的 $\boldsymbol{\theta}$ 来表示。然后，可定义参数概率模型 $\mathcal{M} \equiv \{p(\boldsymbol{x};\boldsymbol{\theta}):\boldsymbol{\theta} \in \Theta\}$，当 $\boldsymbol{x}=\boldsymbol{x}^k$ 时，$p(\boldsymbol{x};\boldsymbol{\theta})=\theta_k$，$k=1,\cdots,M$。　△

例 10.1.5(柔性单参数概率模型示例)　定义一个 q 参数概率模型 $\mathcal{M}_\theta$，使得：

$$\mathcal{M}_\theta \equiv \{P_\theta(\cdot;\boldsymbol{\theta}):\boldsymbol{\theta} \in \mathcal{R}^q\}$$

其中，对于给定的 $\boldsymbol{\theta}$，$P_\theta(\cdot;\boldsymbol{\theta})$是随机向量 $\tilde{\boldsymbol{x}}$ 的概率分布。

构造一个单参数概率模型，使得：

$$\mathcal{M}_\eta \equiv \{P_\eta(\cdot;\eta):\eta \in \mathcal{R}\}$$

其中，$\mathcal{M}_\theta = \mathcal{M}_\eta$，即具有 q 维参数空间的模型 $\mathcal{M}_\theta$ 与具有一维参数空间的概率模型 $\mathcal{M}_\eta$ 完全相同。

解　注意，通过将 $\boldsymbol{\psi}$ 的第 k 个元素 ψ_k 定义为 $\psi_k = 1/(1+\exp(\theta_k))$，其中 θ_k 是 $\boldsymbol{\theta}$ 的第 k 个元素，则点 $\boldsymbol{\theta} \in \mathcal{R}^q$ 和点 $\boldsymbol{\psi} \in (0,1)^q$ 之间存在一一对应关系。

现在定义 η，使得 η 的第一位是 ψ_1 小数点后的第一位，η 的第二位是 ψ_2 小数点后第一位，以此类推，直到 η 的第 q 位指定为 ψ_q 小数点后的第一位。现在令 η 的第$(q+1)$位为数 θ_1 小数点后第二位，η 的第$(q+2)$位为数 θ_2 小数点后的第二位，以此类推。通过这种方式，可以发现 η 的值与每个 $\boldsymbol{\theta}$ 值一一对应。通过将 η 索引的 $\mathcal{M}_\eta$ 元素值定义为 $\mathcal{M}_\theta$ 中 $\boldsymbol{\theta}$ 索引的密度，可以构建一个新模型 $\mathcal{M}_\eta$，该模型只有一个自由参数，但包含了原始 q 维概率模型 $\mathcal{M}_\theta$ 中的所有密度。　△

10.1.2　平滑参数概率模型

虽然在例 10.1.5 中，多参数概率模型 $\mathcal{M}_\theta$ 和单参数概率模型 $\mathcal{M}_\eta$ 是等价的(即 $\mathcal{M}_\theta = \mathcal{M}_\eta$)，但是 $\mathcal{M}_\theta$ 和 $\mathcal{M}_\eta$ 有一个重要区别。假设 $\boldsymbol{\theta}^* \in \mathcal{R}^q$ 指定一个特定的概率分布 $P_\theta(\cdot;\boldsymbol{\theta}^*) \in \mathcal{M}_\theta$。此外，定义 $\eta^* \in \mathcal{R}$，使得 $P_\eta(\cdot;\eta^*) = P_\theta(\cdot;\boldsymbol{\theta}^*)$。也就是说，$\boldsymbol{\theta}^*$ 和 η^* 对应同时属于 q 维和一维概率模型的相同概率分布。然而，$\boldsymbol{\theta}^*$ 对应 q 维模型 $\mathcal{M}_\theta$ 的 δ 邻域中概率分布集，不同于 $\boldsymbol{\eta}^*$ 对应一维模型 $\mathcal{M}_\eta$ 的 δ 邻域中概率分布集。换句话说，参数概率模型的一个重要内在特征是它具有“平滑”特性。也就是说，模型中相似的概率分布将具有相似的参数值。当 q 维模型重编码为一维模型时，这种相似关系通常不会保留。

事实上，机器学习算法调整参数值是对其经验的反馈，且参数向量值对应的特定概率密度代表了机器学习算法关于概率环境的置信度。机器学习算法参数值的微小改变不应从根本上改变机器学习算法关于环境事件似然的置信度。

定义 10.1.8(平滑参数模型规范)　设参数空间 $\Theta \subseteq \mathcal{R}^q$，$\mathcal{M} \equiv \{p(\cdot;\boldsymbol{\theta}):\boldsymbol{\theta} \in \Theta\}$是关于 ν 的参数模型规范。此外，如果对于所有 $\boldsymbol{x}$，$p(\boldsymbol{x},\cdot)$在 Θ 上是连续的，则称 $\mathcal{M}$ 为平滑参数模型规范。　□

10.1.3　局部概率模型

经典统计中的一个标准假设是存在一个最优解(参见定义 15.1.1 中的假设 A8)。然而，在现实世界中，往往存在多个最优解。例如，考虑这样一个问题：设置机器人手臂参数值以便使其可以从桌子上拿起杯子。真实情况是没有最优方法，但有很多解决方案。因此，可接受解对应于某目标函数的不同局部极小值，这是正常的。

为了扩展一般化的统计理论以应对这些更复杂的情况，可引入“局部概率模型”概念，它是将定义在整个参数空间 Θ 上的原始概率模型限制到参数空间小区域 Γ 中。通常选择的小区域 Γ 应恰好包含一个最优解。这种构造允许将经典统计理论应用于机器学习应用中经常遇到的复杂多峰概率模型。

定义 10.1.9(局部概率模型) 设 $\mathcal{M}\equiv\{p(\cdot;\boldsymbol{\theta}):\boldsymbol{\theta}\in\Theta\}$是一个平滑参数模型规范，$\mathcal{M}_\Gamma\equiv\{p(\cdot;\boldsymbol{\theta}):\boldsymbol{\theta}\in\Gamma\subset\Theta\}$，其中 Γ 是一个有界闭凸集，则称概率模型 $\mathcal{M}_\Gamma$ 为局部概率模型。 □

10.1.4 缺失数据概率模型

在许多实际的机器学习应用中，数据生成过程生成的一些状态变量只是部分可观测的。这种类型的统计环境称为独立同分布部分可观测的数据生成过程。

定义 10.1.10(缺失数据概率模型) 设 $\widetilde{\mathcal{D}}_n\equiv\{(\tilde{\boldsymbol{x}}_1,\tilde{\boldsymbol{m}}_1),(\tilde{\boldsymbol{x}}_2,\tilde{\boldsymbol{m}}_2),\cdots\}$为关于支集规范测度 ν 定义的相同 Radon-Nikodým 密度 $p_e:\mathcal{R}^d\times\{0,1\}^d\rightarrow[0,\infty)$的独立同分布部分可观测随机向量的随机序列。如 9.2 节所述，符号$(\boldsymbol{x},\boldsymbol{m})$表示，当且仅当 $\boldsymbol{m}$ 的第 i 个元素等于 1 时，$\boldsymbol{x}$ 的第 i 个元素是可观测的。

$\widetilde{\mathcal{D}}_n$ 的缺失数据概率模型为集合

$$\mathcal{M}\equiv\{p(\boldsymbol{x},\boldsymbol{m};\boldsymbol{\theta}):\boldsymbol{\theta}\in\Theta\}$$

其中，$p(\cdot,\cdot;\boldsymbol{\theta}):\mathcal{R}^d\times\{0,1\}^d\rightarrow[0,\infty)$是关于支集规范测度 ν 的 Radon-Nikodým 密度，其中 $\boldsymbol{\theta}$ 属于参数空间 $\Theta\subseteq\mathcal{R}^q$。 □

通过分解 $p(\boldsymbol{x},\boldsymbol{m};\boldsymbol{\theta})$，使得 $p(\boldsymbol{x},\boldsymbol{m};\boldsymbol{\theta})=p(\boldsymbol{m}|\boldsymbol{x};\boldsymbol{\theta})p(\boldsymbol{x};\boldsymbol{\theta})$，缺失数据概率模型 $\mathcal{M}\equiv\{p(\boldsymbol{x},\boldsymbol{m};\boldsymbol{\theta}):\boldsymbol{\theta}\in\Theta\}$可以由两个概率模型$(\mathcal{M}_c,\mathcal{M}_m)$指定。第一个概率模型 $\mathcal{M}_c\equiv\{p(\boldsymbol{x};\boldsymbol{\theta}):\boldsymbol{\theta}\in\Theta\}$称为完整数据概率模型。密度 $p(\boldsymbol{x};\boldsymbol{\theta})$称为完整数据模型密度。第二个概率模型 $\mathcal{M}_m\equiv\{p(\boldsymbol{m}|\boldsymbol{x};\boldsymbol{\theta}):\boldsymbol{\theta}\in\Theta\}$称为缺失数据机制模型。密度 $p(\boldsymbol{m}|\boldsymbol{x};\boldsymbol{\theta})$称为缺失数据机制。

这种分解明确了学习机使用的部分可观测数据生成过程的模型。首先，学习机假设数据记录 $\boldsymbol{x}$ 是通过完整数据模型密度 $p(\boldsymbol{x};\boldsymbol{\theta})$采样生成的，没有缺失数据。其次，学习机假设二进制掩码 $\boldsymbol{m}$ 是通过缺失数据机制 $p(\boldsymbol{m}|\boldsymbol{x};\boldsymbol{\theta})$采样生成的。最后，学习机假设生成的二进制掩码 $\boldsymbol{m}$ 用于有选择地采样原始完整数据记录 $\boldsymbol{x}$ 以得到可观测数据。

对于给定的掩码向量 $\boldsymbol{m}$，完整数据模型密度 $p(\boldsymbol{x};\boldsymbol{\theta})$可以表示为

$$p(\boldsymbol{x};\boldsymbol{\theta})=p_m(\boldsymbol{v}_m,\boldsymbol{h}_m;\boldsymbol{\theta}) \tag{10.2}$$

其中，对于给定的 $\boldsymbol{m}\in\{0,1\}^d$，$\boldsymbol{v}_m$ 由 $\boldsymbol{x}$ 的 $\boldsymbol{m}^{\mathrm{T}}\boldsymbol{1}_d$ 个可观测分量组成，$\boldsymbol{hm}$ 由 $\boldsymbol{x}$ 的 $d-\boldsymbol{m}^{\mathrm{T}}\boldsymbol{1}_d$ 个不可观测分量组成。在完整数据概率模型的这种表示中，不同的掩码向量 $\boldsymbol{m}$ 对应于不同的概率密度 p_m，因为 $\boldsymbol{v}_m$ 和 $\boldsymbol{h}_m$ 的维度随缺失模式 $\boldsymbol{m}$ 的变化而变化。

定义 10.1.11(随机缺失数据机制) 设 $\mathcal{M}\equiv\{p(\boldsymbol{x},\boldsymbol{m};\boldsymbol{\theta}):\boldsymbol{\theta}\in\Theta\}$是一个缺失数据概率模型，具有缺失数据机制 $p(\boldsymbol{m}|\boldsymbol{x};\boldsymbol{\theta})$和完整数据密度 $p(\boldsymbol{x};\boldsymbol{\theta})$。设 $\boldsymbol{v}_m$ 表示给定掩码向量 $\boldsymbol{m}$ 时 $\boldsymbol{x}$ 的可观测分量。假设对于每个 $\boldsymbol{\theta}\equiv[\boldsymbol{\beta},\boldsymbol{\psi}]\in\Theta$ 以及 $p(\boldsymbol{x},\boldsymbol{m};\boldsymbol{\theta})$的支集中所有$(\boldsymbol{x},\boldsymbol{m})$，有

$$p(\boldsymbol{m}|\boldsymbol{x};\boldsymbol{\theta})=p(\boldsymbol{m}|\boldsymbol{v}_m;\boldsymbol{\beta})$$

$$p(\boldsymbol{x};\boldsymbol{\theta})=p(\boldsymbol{x};\boldsymbol{\psi})$$

则称密度 $p(\boldsymbol{m}|\boldsymbol{v}_m;\boldsymbol{\beta})$为随机缺失数据机制密度。 □

通俗地说，随机缺失数据机制密度 $p(\boldsymbol{m} \mid \boldsymbol{v}_m;\boldsymbol{\beta})$表示缺失模式的概率密度仅依赖于可观测完整数据分量$\boldsymbol{v}_m$，且其参数不同于完整数据概率模型。

练习

10.1-1. 假设学习机的数据生成过程由从包含 M 个不同训练样本的盒子中无限次有放回采样组成。数据生成过程生成训练样本随机序列$(\tilde{\boldsymbol{s}}_1,\tilde{y}_1),(\tilde{\boldsymbol{s}}_2,\tilde{y}_2),\cdots$，其中$(\tilde{\boldsymbol{s}}_t,\tilde{y}_t)$是离散随机向量，可以在 t 时刻取M 个可能的值，其中 $t=1,2,\cdots$。明确定义用于指定学习机数据生成过程的概率分布。

10.1-2. 考虑一个生成标量响应 $\ddot{y}(\boldsymbol{s},\boldsymbol{\theta})$的学习机，该响应是 d 维输入模式向量$\boldsymbol{s}$ 和参数向量$\boldsymbol{\theta}$的确定性函数。设

$$\ddot{y}(\boldsymbol{s},\boldsymbol{\theta})=\boldsymbol{w}^{\mathrm{T}}\mathcal{S}(\boldsymbol{V}\boldsymbol{s})$$

其中，$\mathcal{S}$是向量值 sigmoid 函数，$\boldsymbol{w}$ 和$\boldsymbol{V}$ 满足$\boldsymbol{\theta}^{\mathrm{T}}=[\boldsymbol{w}^{\mathrm{T}},\mathbf{vec}(\boldsymbol{V}^{\mathrm{T}})^{\mathrm{T}}]$。此外，对于给定的$\boldsymbol{s}$ 和$\boldsymbol{\theta}$，假设学习机观测响应$\tilde{y}$ 的密度是以$\ddot{y}(\boldsymbol{s},\boldsymbol{\theta})$为中心且方差等于1 的条件单变量高斯密度。设 $p_s:\mathcal{R}^d\to[0,1]$是学习机观测 $\boldsymbol{s}$ 的概率。使用集合论符号、条件单变量高斯密度和 p_s 列出学习机概率模型 $\mathcal{M}$ 的计算公式。学习机的概率模型是否是关于练习 10.1-1 中的数据生成过程的误判模型?

10.1-3. 定义关于支集规范测度ν 的概率模型规范 $\mathcal{M}_1$，使得

$$\mathcal{M}_1\equiv\left\{p(\cdot\mid m,\sigma):m\in\mathcal{R},\sigma\in(0,\infty),p(x\mid m,\sigma)=\frac{\exp(-(x-m)^2/(2\sigma^2))}{\sigma\sqrt{2\pi}}\right\}$$

定义关于ν 的概率模型规范 $\mathcal{M}_2$，使得

$$\mathcal{M}_2\equiv\{p(\cdot\mid a,b):a\in\mathcal{R},b\in\mathcal{R},p(x\mid a,b)=c\ \exp(-ax^2+2b)\}$$

假设选择 c，使得$\int p(x\mid a,b)\mathrm{d}x=1$。概率模型规范 $\mathcal{M}_1$ 和 $\mathcal{M}_2$ 是否等价，即从某种意义上确定了完全相同的概率模型?

10.1-4. 研究者有参数概率模型 $\mathcal{M}_q$ 和 $\mathcal{M}_r$，$\mathcal{M}_q$ 的元素由q 维参数向量索引，$\mathcal{M}_r$ 的元素由r 维参数向量索引，其中 $q\neq r$。说明如何构造一个元素由 k 维参数向量索引的参数概率模型 $\mathcal{M}_k$，使得 $\mathcal{M}_k\equiv\mathcal{M}_q\cup\mathcal{M}_r$。

10.2　吉布斯概率模型

最常用的概率模型可看作一类称为“吉布斯密度函数”的特殊 Radon-Nikodým 概率密度函数集合。

定义 10.2.1(吉布斯 Radon-Nikodým 密度)　设 $\tilde{\boldsymbol{x}}=[\tilde{x}_1,\cdots,\tilde{x}_d]$是一个 d 维随机向量，其支集为 $S\subseteq\mathcal{R}^d$，$\mathcal{V}\equiv\{1,\cdots,d\}$，能量函数为 $V:\mathcal{R}^d\to\mathcal{R}$。定义归一化常数

$$Z\equiv\int_{x\in S}\exp\left(\frac{V(\boldsymbol{x})}{T}\right)\mathrm{d}\nu(\boldsymbol{x})$$

使得 Z 是有限的。称正数 T为温度常数。定义 $\tilde{\boldsymbol{x}}$ 关于支集规范ν 的吉布斯 Radon-Nikodým 密度 $p:\mathcal{R}^d\to(0,\infty)$，使得对于所有 $\boldsymbol{x}\in S$，有

$$p(\boldsymbol{x})=\frac{1}{Z}\exp\left(\frac{V(\boldsymbol{x})}{T}\right)$$

□

定义 10.2.2(吉布斯概率模型)　设 $\Theta\subseteq\mathcal{R}^q$。定义 $p:\mathcal{R}^d\times\Theta\to[0,\infty)$，使得对于参数空间

Θ 中的每个参数向量 $\boldsymbol{\theta}$，$p(\cdot;\boldsymbol{\theta}):\mathcal{R}^d[0,\infty)$ 是关于支集规范测度 ν 的吉布斯 Radon-Nikodým 密度，则称 $\mathcal{M}\equiv\{p(\cdot;\boldsymbol{\theta}):\boldsymbol{\theta}\in\Theta\}$ 为关于 ν 定义的吉布斯模型规范。□

一种重要且广泛使用的吉布斯概率模型为指数族概率模型。

定义 10.2.3(指数族概率模型)　设 $\boldsymbol{\Psi}:\mathcal{R}^q\to\mathcal{R}^k$，$\boldsymbol{\Upsilon}:\mathcal{R}^d\to\mathcal{R}^k$ 是一个 Borel 可测函数，$a:\mathcal{R}^q\to\mathcal{R}$，$b:\mathcal{R}^d\to\mathcal{R}$。指数族模型规范是吉布斯模型规范

$$\mathcal{M}\equiv\{p(\cdot;\boldsymbol{\theta}):\boldsymbol{\theta}\in\Theta\}$$

其中，每个吉布斯密度 $p(\cdot;\boldsymbol{\theta})\in\mathcal{M}$ 由能量函数 $V:\mathcal{R}^d\to\mathcal{R}$ 指定，对于 $p(\cdot;\boldsymbol{\theta})$ 的支集中所有 $\boldsymbol{x}$，

$$V(\boldsymbol{x};\boldsymbol{\theta})=-\boldsymbol{\Psi}(\boldsymbol{\theta})^{\mathrm{T}}\boldsymbol{\Upsilon}(\boldsymbol{x})+a(\boldsymbol{\theta})+b(\boldsymbol{x}) \tag{10.3}$$

对于每个 $\boldsymbol{x}\in S$，$\boldsymbol{\Upsilon}(\boldsymbol{x})$ 称为自然充分统计量。对于指数族概率模型 $\mathcal{M}$，如果定义 $\boldsymbol{\Psi}$ 使得 $\boldsymbol{\Psi}(\boldsymbol{\theta})=\boldsymbol{\theta}$，则称 $\mathcal{M}$ 为典型指数族模型规范，称 $\boldsymbol{\theta}$ 为自然参数向量。□

典型指数族模型规范中元素称为典型指数族密度。所有这些密度的集合称为典型指数族。简称“指数族模型”可用于指代指数族模型规范。

指数族模型规范形式极大地促进了学习算法的设计，原因有两个。首先，指数族模型的每个元素都是吉布斯密度，其能量函数 V 本质上是参数向量重编码与数据重编码的点积。如第 13 章所述(见定理 13.2.2)，当目标是寻找最大化观测数据似然的参数时，具有这种结构的概率模型通常会产生凸目标函数。

其次，指数族模型具有将观测数据 $\boldsymbol{x}$ 投影到低维子空间而不会丢失任何信息的特性。例如，如果 $\tilde{\boldsymbol{x}}$ 是一个 d 维随机向量，那么式(10.3)中的统计量 $\boldsymbol{\Upsilon}(\boldsymbol{x})$ 给出了一个仅使用投影 $\boldsymbol{\Upsilon}(\boldsymbol{x})$ 来计算 $\boldsymbol{x}$ 概率的充分统计量。

每个指数族模型都包含一组吉布斯密度，每个吉布斯密度对于每个 $\boldsymbol{\theta}\in\mathcal{R}^q$，都有能量函数 $V(\cdot;\boldsymbol{\theta})$，其中

$$V(\boldsymbol{x};\boldsymbol{\theta})\equiv\boldsymbol{\Psi}(\boldsymbol{\theta})^{\mathrm{T}}\boldsymbol{\Upsilon}(\boldsymbol{x})$$

可重写为典型指数族模型。典型指数族模型是一组吉布斯密度，每个密度对于每个 $\boldsymbol{\Psi}\in\mathcal{R}^k$，都有能量函数 $V(\cdot;\boldsymbol{\Psi})$，其中

$$V(\boldsymbol{x};\boldsymbol{\Psi})=\boldsymbol{\Psi}^{\mathrm{T}}\boldsymbol{\Upsilon}(\boldsymbol{x})$$

使用典型指数族模型表示形式通常是有利的，因为吉布斯密度的能量函数是关于模型参数的简单线性函数。

多项式逻辑概率模型在机器学习文献中也被称为“softmax”模型，通常在统计学和机器学习中用于指定分类随机变量的概率分布。在多项式逻辑概率模型中，独热编码方案(参见 1.2.1 节)是表示分类随机变量的便捷方法。

定义 10.2.4(多项式逻辑概率模型)　多项式逻辑概率模型规范是吉布斯模型规范 $\mathcal{M}\equiv\{p(\cdot;\boldsymbol{\theta}):\boldsymbol{\theta}\in\Theta\subseteq\mathcal{R}^{d-1}\}$，每个 $p(\cdot|\boldsymbol{\theta})\in\mathcal{M}$ 具有等价于 $\boldsymbol{I}_d$ 列向量集的支集，定义能量函数 $V(\cdot;\boldsymbol{\theta})$，使得 $V(\boldsymbol{x};\boldsymbol{\theta})=-\boldsymbol{x}^{\mathrm{T}}[\boldsymbol{\theta}^{\mathrm{T}},0]^{\mathrm{T}}$，并且归一化常数

$$Z(\boldsymbol{\theta})=\mathbf{1}_q^{\mathrm{T}}\mathbf{exp}([\boldsymbol{\theta}^{\mathrm{T}},0]^{\mathrm{T}})$$

此外，如果 $d=2$，则称 $\mathcal{M}$ 为二值逻辑概率模型规范。□

定义 10.2.5(泊松概率模型)　设 $\Theta\subseteq(0,\infty)$，泊松概率模型规范是吉布斯模型规范 $\mathcal{M}\equiv\{p(\cdot;\theta):\theta\in\Theta\}$，对于每个 $\theta\in\Theta$，$p(\cdot;\theta)$ 具有支集 $\mathbb{N}$，能量函数为 $V(\cdot;\theta)$，对于 $k\in\mathbb{N}$，有

$$V(k;\theta)=-k\log(\theta)+\log(k!)$$

归一化常数为 $Z(\theta)=\exp(\theta)$。参数 θ 称为速率参数。□

泊松随机变量的均值和方差等于泊松随机变量的速率参数。泊松随机变量有时为轨迹长

度的有效概率模型。

定义 10.2.6(多元高斯概率模型)　多元高斯概率模型规范是吉布斯概率模型 $\mathcal{M} \equiv \{p(\cdot;\boldsymbol{\theta}):\boldsymbol{\theta} \in \Theta\}$，对于所有 $\boldsymbol{\theta} \equiv [\boldsymbol{m}^{\mathrm{T}}, \mathbf{vech}(\boldsymbol{C})^{\mathrm{T}}] \in \Theta$，每个密度 $p(\cdot;\boldsymbol{\theta}) \in \mathcal{M}$ 具有支集 $\mathcal{R}^d$，能量函数为 V，其中 $V(\boldsymbol{x};\boldsymbol{\theta}) \equiv (1/2)(\boldsymbol{x}-\boldsymbol{m})^{\mathrm{T}}\boldsymbol{C}^{-1}(\boldsymbol{x}-\boldsymbol{m})$，归一化常数为 $Z(\boldsymbol{\theta}) \equiv (2\pi)^{d/2}(\det(\boldsymbol{C}))^{1/2}$。 □

多元高斯密度(见定义 9.3.6)是多元高斯概率模型的一个元素。

在 d 个可能值的有限样本空间上的概率质量函数可以表示为 d 维向量 $\boldsymbol{x}$，其中 $\boldsymbol{x}$ 的第 i 个元素代表观测离散随机变量第 i 个结果的概率。因此，定义 d 维随机向量 $\tilde{\boldsymbol{x}} \in (0,1)^d$ 的概率分布 p，使其元素之和始终恰好等于 1，此时它可以看作概率质量函数的概率分布。在许多应用中，可使用一种有效方法来指定概率质量函数集合的概率分布。作为指数族成员，狄利克雷(Dirichlet)概率模型是实现该目标的常用模型。可使用 Γ 函数(见定义 9.4.1)来定义狄利克雷概率模型。

定义 10.2.7(狄利克雷概率模型)　设 $\Theta \subset (0,\infty)^d$，狄利克雷概率模型规范是吉布斯概率模型规范

$$\mathcal{M} \equiv \{p(\cdot;\boldsymbol{\theta}):\boldsymbol{\theta} \equiv [\theta_1,\cdots,\theta_d] \in \Theta\}$$

其中，每个密度 $p(\cdot;\boldsymbol{\theta}) \in \mathcal{M}$ 的支集为 $S \equiv \left\{\boldsymbol{x} \equiv [x_1,\cdots,x_d] \in (0,1)^d : \sum_{i=1}^{d} x_i = 1\right\}$，能量函数为 $V(\boldsymbol{x};\boldsymbol{\theta}) = \sum_{i=1}^{d}(1-\theta_i)\log x_i$，归一化常数为

$$Z(\boldsymbol{\theta}) = \frac{\prod_{i=1}^{d}\Gamma(\theta_i)}{\Gamma(\boldsymbol{\theta}^{\mathrm{T}}\mathbf{1}_d)}$$

Γ 是定义 9.4.1 中的伽马函数。 □

定义 10.2.8(伽马概率模型)　伽马概率模型规范是吉布斯概率模型规范 $\mathcal{M} \equiv \{p(\cdot;\boldsymbol{\theta}):\boldsymbol{\theta} \equiv (\alpha,\beta) \in [0,\infty)^2\}$，每个密度 $p(\cdot;\boldsymbol{\theta}) \in \mathcal{M}$ 的支集为 $[0,\infty)$，能量函数为

$$V(x;\boldsymbol{\theta}) = \beta x - (\alpha-1)\log(x)$$

归一化常数为 $Z(\boldsymbol{\theta}) = \beta^{-\alpha}\Gamma(\alpha)$，$\Gamma$ 是定义 9.4.1 中的伽马函数。参数 α 称为形状参数，参数 β 称为速率参数。 □

定义 10.2.9(卡方概率模型)　具有自由度参数 k 的卡方概率模型规范是伽马概率模型规范 $\mathcal{M} \equiv \{p(\cdot;\boldsymbol{\theta}):\boldsymbol{\theta} \equiv (\alpha,\beta) \in [0,\infty)^2\}$，其中 $\alpha = k/2$，$\beta = 2$。 □

卡方概率模型的一个元素是定义 9.4.2 中的卡方密度。图 10.1 展示了不同自由度下卡方密度的形状。

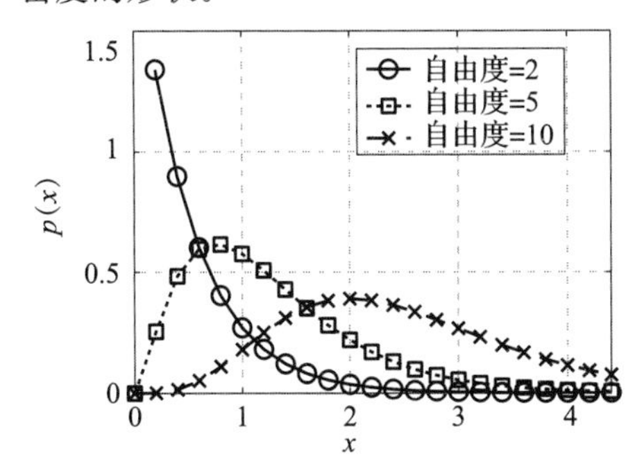

图 10.1　不同自由度下卡方密度的形状。当自由度很大时，卡方概率密度类似于高斯概率密度。当形状参数为卡方密度自由度的二分之一且速率参数等于 2 时，卡方密度是伽马密度函数的特例。定义 9.4.2 给出了绘制图中卡方密度的公式

定义 10.2.10(拉普拉斯概率模型)　拉普拉斯概率模型规范是吉布斯概率模型规范

$$\mathcal{M} \equiv \{p(\cdot;\boldsymbol{\theta}): \boldsymbol{\theta} \equiv (\mu,\sigma) \in \mathcal{R} \times (0,\infty)\}$$

$p(\cdot;\boldsymbol{\theta}) \in \mathcal{M}$ 的每个元素的支集为 $\mathcal{R}$，能量函数为 $V(x;\boldsymbol{\theta}) = |x-\mu|/\sigma$，归一化常数为 $Z=2\sigma$。参数 μ 称为位置参数，正参数 σ 称为尺度参数。□

拉普拉斯概率模型规范的每个元素都是以下形式的拉普拉斯密度：

$$p(x;\boldsymbol{\theta}) = (2\sigma)^{-1}\exp(-|x-\mu|/\sigma)$$

它在 $x=\mu$ 点不可微。在某些应用中，可微拉普拉斯密度很有用。在这种情况下，当 σ 是一个小的正数时，下述拉普拉斯密度可假设近似平滑。

定义 10.2.11(双曲正割概率模型)　双曲正割概率模型是吉布斯概率模型规范 $\mathcal{M} \equiv \{p(\cdot;\boldsymbol{\theta}): \boldsymbol{\theta} \equiv (\mu,\sigma) \in \mathcal{R} \times (0,\infty)\}$，每个 $p(\cdot|\boldsymbol{\theta}) \in \mathcal{M}$ 的支集为 $\mathcal{R}$，能量函数为

$$V(x;\boldsymbol{\theta}) = -\log([\exp((\pi/2)(x-\mu)/\sigma) + \exp(-(\pi/2)(x-\mu)/\sigma)])$$

归一化常数为 $Z=\sigma$。参数 μ 称为位置参数，参数 σ 称为尺度参数。□

图 10.2 展示了双曲正割密度形状随其标准差的变化情况。

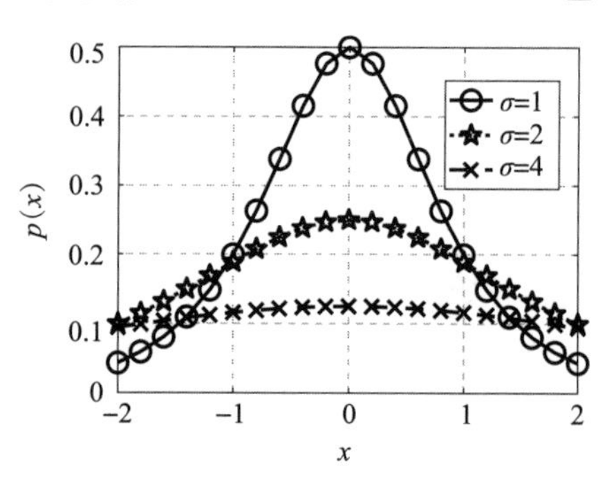

图 10.2　不同标准差下的双曲正割密度。当标准差足够小时，该可微概率密度非常接近不可微的拉普拉斯概率密度

练习

10.2-1. 设 $\Theta \subseteq \mathcal{R}^q$，$\boldsymbol{\Upsilon}: \mathcal{R}^d \to \mathcal{R}^q$。定义 $Z: \Theta \to (0,\infty)$，使得

$$Z(\boldsymbol{\theta}) \equiv \int_{\Theta} \exp(-\boldsymbol{\theta}^{\mathrm{T}}\boldsymbol{\Upsilon}(\boldsymbol{y}))\mathrm{d}\nu(\boldsymbol{y})$$

定义 $p(\cdot;\cdot): \mathcal{R}^d \times \Theta \to [0,\infty)$，使得

$$p(\boldsymbol{x};\boldsymbol{\theta}) = \frac{\exp(-\boldsymbol{\theta}^{\mathrm{T}}\boldsymbol{\Upsilon}(\boldsymbol{y}))}{Z(\boldsymbol{\theta})}$$

是关于支集规范测度 ν 定义的随机向量 $\tilde{\boldsymbol{x}}$ 的 Radon-Nikodým 密度。证明 $\log(Z(\boldsymbol{\theta}))$ 的梯度和黑塞矩阵分别为 $\boldsymbol{\Upsilon}(\tilde{\boldsymbol{x}})$ 的均值和协方差矩阵。

10.2-2. 推导以下函数的均值和方差的公式：

(1) 非参数概率质量函数。
(2) 多项式逻辑概率质量函数。
(3) 二项式概率质量函数。
(4) 均匀概率密度。
(5) 单变量高斯密度。
(6) 多元高斯密度。
(7) 伽马密度。
(8) 指数密度。
(9) 卡方密度。
(10) 拉普拉斯密度。
(11) 双曲正割密度。

10.2-3. (估算非完整伽马函数)MATLAB 中有一个函数 gammainc：

$$\text{gammainc}(x, a)=(1/\Gamma(a))\int_0^x t^{a-1}\exp(-t)\mathrm{d}t$$

其中，a 和 x 是正数，Γ 为定义 9.4.1 中的伽马函数。证明 MATLAB 命令 `y= gammainc(y0/2,df/2)` 计算自由度为 df 的卡方随机变量小于临界值 y0 的概率。

10.3 贝叶斯网络

在统计机器学习问题中，学习机通常用概率密度函数来近似其统计环境，这种概率密度函数可以表示多个随机变量的联合分布。用于分析和设计此类概率密度函数的强大工具为因式分解理论，基于这种分解复杂的全局联合概率密度函数可表示为局部条件概率密度函数集合。例如，构建一个确定特定晴天雨天长序列的全局(联合)概率的概率分布的挑战性太大。在许多情况下，局部条件概率在语义上更容易理解和估计，且可给出全局联合分布的等效规范。

作为联合密度因式分解的第一个示例，考虑 d 维随机向量的序列 $\tilde{\boldsymbol{x}}_1,\cdots,\tilde{\boldsymbol{x}}_n$，其中 $\tilde{\boldsymbol{x}}_j$ 实例为一个 d 维特征向量，表示一年中第 j 天的天气，$j=1,\cdots,n$。假设工程师的目标是设计这 n 个随机向量的序列的概率模型。直接确定候选概率密度 $p(\boldsymbol{x}_1,\cdots,\boldsymbol{x}_n)$很困难，尤其是当 n 很大时。但是，该全局联合密度函数可用如下局部条件密度函数来表示，该局部条件密度函数给出了给定第 $1,\cdots,j-1$ 天数据，第 j 天的天气状态的似然。

例如，当 $n=3$ 时，

$$p(\boldsymbol{x}_1,\boldsymbol{x}_2,\boldsymbol{x}_3)=p(\boldsymbol{x}_1)\left(\frac{p(\boldsymbol{x}_1,\boldsymbol{x}_2)}{p(\boldsymbol{x}_1)}\right)\left(\frac{p(\boldsymbol{x}_1,\boldsymbol{x}_2,\boldsymbol{x}_3)}{p(\boldsymbol{x}_1,\boldsymbol{x}_2)}\right) \tag{10.4}$$

可重写为

$$p(\boldsymbol{x}_1,\boldsymbol{x}_2,\boldsymbol{x}_3)=p(\boldsymbol{x}_1)p(\boldsymbol{x}_2\mid\boldsymbol{x}_1)p(\boldsymbol{x}_3\mid\boldsymbol{x}_2,\boldsymbol{x}_1)$$

需要强调的是，联合密度可具有多种因式分解形式。在实际应用中，可有效利用这个结论。因此，式(10.4)中的联合密度 $p(\boldsymbol{x}_1,\boldsymbol{x}_2,\boldsymbol{x}_3)$可以进行如下完全不同的因式分解：

$$p(\boldsymbol{x}_1,\boldsymbol{x}_2,\boldsymbol{x}_3)=p(\boldsymbol{x}_3)\left(\frac{p(\boldsymbol{x}_2,\boldsymbol{x}_3)}{p(\boldsymbol{x}_3)}\right)\left(\frac{p(\boldsymbol{x}_1,\boldsymbol{x}_2,\boldsymbol{x}_3)}{p(\boldsymbol{x}_2,\boldsymbol{x}_3)}\right) \tag{10.5}$$

它可以改写为

$$p(\boldsymbol{x}_1,\boldsymbol{x}_2,\boldsymbol{x}_3)=p(\boldsymbol{x}_3)p(\boldsymbol{x}_2\mid\boldsymbol{x}_3)p(\boldsymbol{x}_1\mid\boldsymbol{x}_2,\boldsymbol{x}_3)$$

在基于规则的推理系统中，知识通过逻辑约束表示，例如：

$$\text{IF } \tilde{x}_1=1 \text{ AND } \tilde{x}_2=0,\ \text{THEN } \tilde{x}_3=1 \tag{10.6}$$

在使用这种约束条件解决逻辑问题时，可能没有足够数量的逻辑约束来确保给定初始条件集的唯一性(或只有少量结论)。此外，逻辑约束集可能包含矛盾信息。

在概率推理系统中，可能有逻辑约束[例如式(10.6)]的概率版本，因此如果式(10.6)的前提成立，那么式(10.6)的结论成立的概率是 p。这就是“概率逻辑约束”的一个实例。与典型基于规则的推理系统一样，基于概率逻辑约束的系统也存在类似挑战，具体来说，就是是否有足够多的概率逻辑约束来确保推理的唯一性？此外，假设的概率逻辑约束集内信息是否一致？幸运的是，如果首先确定所有随机变量 $\tilde{x}_1,\tilde{x}_2,\cdots,\tilde{x}_d$ 的联合分布，然后将该联合分布因式分解为概率局部约束集，那么这两个问题都可以轻松解决。当然，也可以基于给定的概率局部约束集正确构建对应的联合分布。

10.3.1 链式因式分解

定理 10.3.1(链式因式分解定理) 设 $\tilde{\boldsymbol{x}}=[\tilde{x}_1,\cdots,\tilde{x}_d]$是关于 Radon-Nikodým 密度 $p:\mathcal{R}^d\to[0,\infty)$的 d 维随机向量。证明对于所有使 $p(\boldsymbol{x})>0$ 的 $\boldsymbol{x}$ 和 $d>1$，有

$$p(\boldsymbol{x})=p(x_1)\prod_{i=2}^{d}p(x_i|x_{i-1},\cdots,x_1) \tag{10.7}$$

证明 采用归纳法完成证明。当 $d=2$ 时，有

$$p(x_1,x_2)=p(x_1)p(x_2|x_1)$$

当 $d=3$ 时，有

$$p(x_1,x_2,x_3)=\left[\frac{p(x_1,x_2,x_3)}{p(x_1,x_2)}\right]\left[\frac{p(x_1,x_2)}{p(x_1)}\right]p(x_1)$$

若联合密度 $p(x_1,\cdots,x_{d-1})$已被因式分解，则 $p(x_1,\cdots,x_d)$使用下式分解：

$$p(x_1,\cdots,x_d)=p(x_d|x_{d-1},\cdots,x_1)p(x_1,\cdots,x_{d-1})$$ ■

如前所述，随机变量的“排序”是任意的。例如，可将(10.7)重写为

$$p(\boldsymbol{x})=p(x_d)\prod_{i=1}^{d-1}p(x_i|x_{i+1},\cdots,x_d)$$

事实上，使用链式因式分解定理，有 d! 种不同方式可将 d 个随机变量的联合密度表示为条件概率乘积。

10.3.2 贝叶斯网络因式分解

定义 10.3.1(母函数) 设 $\mathcal{V}\equiv[1,\cdots,d]$，$\mathcal{G}\equiv(\mathcal{V},\mathcal{E})$是有向无环图，$S_i$ 为 $\mathcal{G}$ 中第 i 个节点的 m_i 个父节点的集合。定义 $\mathcal{P}_i:\mathcal{R}^d\to\mathcal{R}^{m_i}$，使得对于所有 $\boldsymbol{x}\in\mathcal{R}^d$，有

$$\mathcal{P}_i(\boldsymbol{x})=\{x_j:(j,i)\in\mathcal{E}\},i=1,\cdots,d$$

函数 $\mathcal{P}_i$ 称为节点 i 的母函数，其中 $i=1,\cdots,d$。集合$\{\mathcal{P}_1,\cdots,\mathcal{P}_d\}$称为 $\mathcal{R}^d$ 上关于 $\mathcal{G}$ 的母函数集。 □

需要注意的是，母函数 $\mathcal{P}_i$ 以向量为输入，并返回该向量的元素子集，这些元素为有向无环图 $\mathcal{G}$ 确定的 v_i 的父节点，$i=1,\cdots,d$。

定义 10.3.2(贝叶斯网络) 设 $\tilde{\boldsymbol{x}}=[\tilde{x}_1,\cdots,\tilde{x}_d]$是关于 Radon-Nikodým 密度 $p:\mathcal{R}^d\to[0,\infty)$的 d 维随机向量，$\mathcal{V}\equiv[1,\cdots,d]$，$\mathcal{G}\equiv(\mathcal{V},\mathcal{E})$是有向无环图，$\{\mathcal{P}_1,\cdots,\mathcal{P}_d\}$是 $\mathcal{R}^d$ 上关于 $\mathcal{G}$ 的母函数集。定义$\{1,\cdots,d\}$上的不同整数序列 $m_1,\cdots,m_d$，使得对所有 $j,k\in\mathcal{V}$，如果$(m_j,m_k)\in\mathcal{E}$，则 $m_j<m_k$，且

$$p(x_{m_i}|x_{m_1},\cdots,x_{m_{i-1}})=p(x_{m_i}|\mathcal{P}_{m_i}(\boldsymbol{x}))$$

其中 $i=1,\cdots,d$。随机向量 $\tilde{\boldsymbol{x}}$ 称为由$(p,\mathcal{G})$基于条件依赖图 $\mathcal{G}$ 确定的贝叶斯网络。 □

根据定义 10.3.2，当 $\mathcal{P}_{m_i}(\boldsymbol{x})=\{\}$时，

$$p(x_{m_i}|x_{m_1},\cdots,x_{m_{i-1}})=p(x_{m_i}|\mathcal{P}_{m_i}(\boldsymbol{x}))$$

仅表明 $p(x_{m_i}|x_{m_1},\cdots,x_{m_{i-1}})=p(x_{m_i})$。

贝叶斯网络定义的一个关键特征是，贝叶斯网络中随机变量 $\tilde{x}_i$ 的概率分布仅依赖于该随机变量的父项。

贝叶斯网络广泛应用于人工智能中与因果知识表示、运用相关的领域。图 10.3 给出了一个用于医学诊断的贝叶斯网络示例。

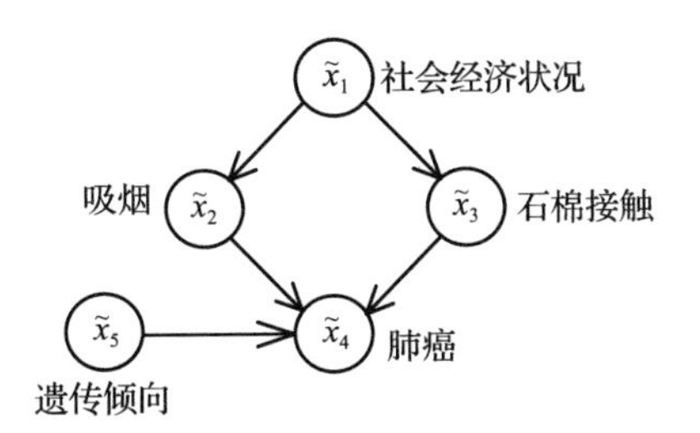

图 10.3　用于表示医学诊断问题知识的贝叶斯网络。该网络由 5 个二值随机变量组成，这些变量可以表示是否存在吸烟、肺癌、遗传倾向、石棉接触以及社会经济状况。贝叶斯网络条件独立图表明吸烟和石棉接触的概率分布仅取决于社会经济状况变量。肺癌的概率分布仅取决于吸烟、石棉接触和遗传倾向对应的变量

例 10.3.1(一阶马尔可夫链：有限长度)　贝叶斯网络的一个重要特例是一阶马尔可夫链，其条件依赖图由节点的线性链确定(见图 10.4)。设 d 维随机向量 $\tilde{\boldsymbol{x}}=[\tilde{x}_1,\cdots,\tilde{x}_d]$是与条件依赖图 $\mathcal{G}=(\{1,\cdots,d\},\mathcal{E})$相关的贝叶斯网络，其中 $\mathcal{E}\equiv\{(1,2),(2,3),(3,4),\cdots,(d-1,d)\}$。那么，称 $\mathcal{G}$为一阶马尔可夫链。　△

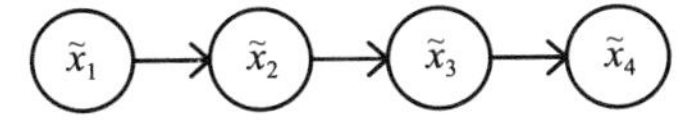

图 10.4　一阶马尔可夫链的贝叶斯网络表示。一阶马尔可夫链中随机变量间的条件独立关系可以表示为一个条件依赖图，其中除端节点之外，每个节点都有一个父节点和一个子节点

定义 10.3.3(马尔可夫毯)　设$(p,\mathcal{G})$是条件依赖图 $\mathcal{G}\equiv\{\mathcal{V},\mathcal{E}\}$的贝叶斯网络，$v\in\mathcal{V}$，$P$ 是 v 关于 $\mathcal{G}$的父节点集，C 是 v 关于 $\mathcal{G}$的子节点集，R 是 C 中除 v 外所有元素父节点的集合。那么，关于 v 的马尔可夫毯定义为 $P\cup C\cup R$。　□

贝叶斯网络中随机变量 $\tilde{x}$ 的马尔可夫毯是所有随机变量集的最小集，这些随机变量必须是可观测的，以便确定 $\tilde{x}$ 行为。例如，学习机可以只通过观察 $\tilde{x}$ 的联合频率分布和 $\tilde{x}$ 马尔可夫毯中的随机变量来学习贝叶斯网络中随机变量 $\tilde{x}$ 行为的概率法则。

一阶马尔可夫链中节点 j 的马尔可夫毯由节点 $j-1$ 和 $j+1$ 组成。

定理 10.3.2(贝叶斯网络因式分解)　设 $\mathcal{V}\equiv[1,\cdots,d]$，其中 $d>1$。设 $\mathcal{G}\equiv(\mathcal{V},\mathcal{E})$是有向无环图，$\tilde{\boldsymbol{x}}$ 是关于 Radon-Nikodým 密度 $p:\mathcal{R}^d\to[0,\infty)$的贝叶斯网络，$\mathcal{G}$是贝叶斯网络的条件依赖图。定义$\{1,\cdots,d\}$中不同整数序 $m_1,\cdots,m_d$，使得对于所有 $j,k\in\{1,\cdots,d\}$，如果$(m_j,m_k)\in\mathcal{E}$，那么 $m_j<m_k$。那么，对于 $\tilde{\boldsymbol{x}}$ 的支集的所有 $\boldsymbol{x}$，有

$$p(\boldsymbol{x})=\prod_{i=1}^{d}p(x_{m_i}\mid\mathcal{P}_{m_i}(\boldsymbol{x}))\tag{10.8}$$

其中，$\{\mathcal{P}_1,\cdots,\mathcal{P}_d\}$是 $\mathcal{R}^d$ 上关于 $\mathcal{G}$的母函数集。

证明　链式因式分解定理给出了如下关系：

$$p(\boldsymbol{x})=p(x_{m_1})\prod_{i=2}^{d}p(x_{m_i}\mid x_{m_{i-1}},\cdots,x_{m_1})\tag{10.9}$$

贝叶斯网络的条件独立假设规定：

$$p(x_{m_i}\mid x_{m_{i-1}},\cdots,x_{m_1})=p(x_{m_i}\mid\mathcal{P}_{m_i}(\boldsymbol{x})),i=1,\cdots,d\tag{10.10}$$

将式(10.10)代入式(10.9)即可得到式(10.8)。　■

贝叶斯网络的一个重要特例是如下回归模型，该模型对应于有向条件依赖图定义的贝叶斯网络，其中有向条件依赖图有 d 个节点对应于组成 d 维输入模式向量的随机变量，有 m 个节点对应于组成 m 维模式向量的随机变量(见图 10.5)。

定义 10.3.4(回归模型)　设 $S\subseteq\mathcal{R}^d$，$\boldsymbol{\theta}\subseteq\Theta\subseteq\mathcal{R}^q$。定义 $p:S\times\Theta\to[0,\infty)$，使得对于任一

输入模式向量 $\boldsymbol{s}$ 和参数空间 Θ 中的参数向量 $\boldsymbol{\theta}$，$p(\cdot;\boldsymbol{s},\boldsymbol{\theta})$ 为关于支集规范 ν 定义的 Radon-Nikodým 密度，那么称

$$\mathcal{M}\equiv\{p(\cdot;\boldsymbol{s},\boldsymbol{\theta}):(\boldsymbol{s},\boldsymbol{\theta})\in S\times\Theta\}$$

为回归概率模型规范。 □

例 10.3.2(线性回归概率模型和逻辑回归概率模型)　例如，当回归概率模型规范中的元素 $p(\cdot|m(\boldsymbol{s}),\sigma^2)$ 是具有均值 $m(\boldsymbol{s})\equiv\boldsymbol{\theta}^{\mathrm{T}}\boldsymbol{s}$ 和方差 σ^2 的单变量高斯密度时，回归概率模型规范称为线性回归概率模型。假设回归概率模型规范 $\mathcal{M}$ 中元素 $p(\cdot|\boldsymbol{s},\boldsymbol{\theta})$ 的支集为 $\{0,1\}$，其中 $p(\tilde{y}=1|\boldsymbol{s},\boldsymbol{\theta})$ 为：

$$p(\tilde{y}=1|\boldsymbol{s},\boldsymbol{\theta})=\mathcal{S}(\boldsymbol{\theta}^{\mathrm{T}}\boldsymbol{s}),\mathcal{S}(\psi)=1/(1+\exp(-\psi))$$

那么，称 $\mathcal{M}$ 为逻辑回归概率模型。线性回归概率模型和逻辑回归概率模型都可以解释为贝叶斯网络(见图 10.5)。 △

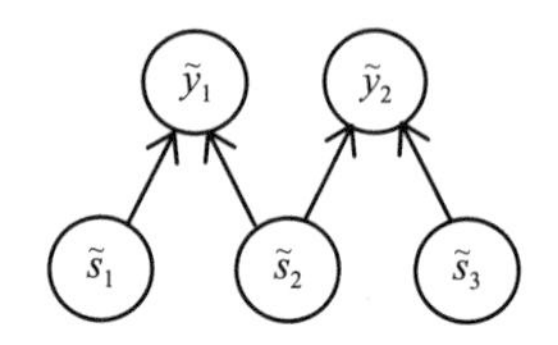

图 10.5　线性或非线性回归概率模型的贝叶斯网络表示。贝叶斯网络可表示线性或非线性回归概率模型，其中 d 维输入模式的预测随机变量 $s_1,\cdots,s_d$ 是响应随机变量 $y_1,\cdots,y_m$ 的前因

例 10.3.3(隐马尔可夫模型)　有限状态空间上的隐马尔可夫模型(Hidden Markov Model, HMM)已被应用于多个领域，包括语音识别、语音合成、词性标注、文本挖掘、DNA 分析和动作序列识别。图 10.6 给出了解决自然语言处理中词性标注问题的隐马尔可夫模型对应的贝叶斯网络条件依赖图。5 维随机向量 $\tilde{\boldsymbol{h}}_k$ 对三单词序列中第 k 个词的句法类别标签进行建模，其中 $k=1,2,3$。5 维随机向量 $\tilde{\boldsymbol{h}}_k$ 的支集是单位矩阵 $\mathbf{I}_5$ 的列向量集，这些向量分别对应于五个类别标签：开始、名词、动词、形容词、限定词。4 维随机向量 $\tilde{\boldsymbol{o}}_k$ 对在三单词句子中遇到的单词进行建模，其中 $\tilde{\boldsymbol{o}}_k$ 的支集是单位矩阵 $\mathbf{I}_4$ 的列向量集，这些向量分别代表可能的词：fly、like、superman、honey。

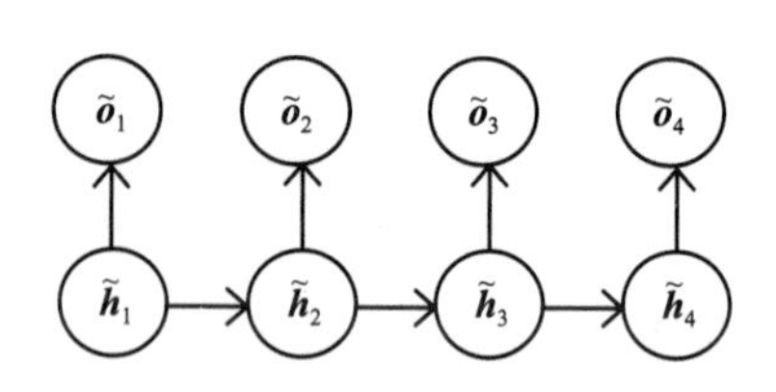

图 10.6　隐马尔可夫模型的贝叶斯网络表示。随机变量 $\tilde{\boldsymbol{h}}_1$、$\tilde{\boldsymbol{h}}_2$ 和 $\tilde{\boldsymbol{h}}_3$ 不是直接可观测的且对应于隐状态。$\tilde{\boldsymbol{h}}_{t+1}$ 的概率分布仅依赖于 $\tilde{\boldsymbol{h}}_t$。可观测随机变量 $\tilde{\boldsymbol{o}}_t$ 的概率分布仅依赖于其对应的隐状态 $\tilde{\boldsymbol{h}}_t$

设局部发射概率 $p(\boldsymbol{o}_k|\boldsymbol{h}_k,\boldsymbol{\eta})$ 表示，给定参数向量 $\boldsymbol{\eta}$ 下给定类别标签 $\boldsymbol{h}_k$ 单词 $\boldsymbol{o}_k$ 的条件概率。局部转移概率 $p(\boldsymbol{h}_{k+1}|\boldsymbol{h}_k,\boldsymbol{\psi})$ 表示，给定参数向量 $\boldsymbol{\psi}$ 下给定类别标签 $\boldsymbol{h}_k$ 后为类别标签 $\boldsymbol{h}_{k+1}$ 的条件概率。学习过程的目标是寻找参数向量 $\boldsymbol{\eta}$ 和 $\boldsymbol{\psi}$，在给定参数 $\boldsymbol{\eta}$ 和 $\boldsymbol{\psi}$ 下最大化单词序列 $\boldsymbol{o}_1,\boldsymbol{o}_2,\boldsymbol{o}_3$ 的概率。

为完成此目标，给出 $p(\boldsymbol{o}_1,\boldsymbol{o}_2,\boldsymbol{o}_3|\boldsymbol{\psi},\boldsymbol{\eta})$ 的计算公式。

解　设 $\boldsymbol{h}_0$ 为“开始”标签值，则

$$p(\boldsymbol{o}_1,\boldsymbol{o}_2,\boldsymbol{o}_3|\boldsymbol{\psi},\boldsymbol{\eta})=\sum_{\boldsymbol{h}_1,\boldsymbol{h}_2,\boldsymbol{h}_3}\left[\prod_{j=1}^{3}p(\boldsymbol{o}_j|\boldsymbol{h}_j;\boldsymbol{\eta})p(\boldsymbol{h}_j|\boldsymbol{h}_{j-1};\boldsymbol{\psi})\right] \tag{10.11}$$

△

例 10.3.4(连续状态隐马尔可夫模型)　考虑一个导航问题，其中卫星在 t 时刻的不可观

测状态由状态向量 $\boldsymbol{x}_t$ 表示，包括状态变量，例如位置、速度、大气密度、重力影响等。这类似于例 10.3.3 中的隐马尔可夫模型问题。

研究人员提出卫星状态随时间变化的模型由状态动态 $\tilde{\boldsymbol{x}}_t=\boldsymbol{A}\boldsymbol{x}_{t-1}+\tilde{\boldsymbol{w}}_{t-1}$ 表示，其中 $\boldsymbol{A}$ 是已知的 d 维状态转移矩阵，高斯随机向量 $\tilde{\boldsymbol{w}}_{t-1}$ 是由影响系统动态的内部和外部干扰所组成的系统噪声。假设高斯随机向量 $\tilde{\boldsymbol{w}}_{t-1}$ 具有均值零和正定对称协方差矩阵 $\boldsymbol{Q}\in\mathcal{R}^{d\times d}$。定义卫星隐状态动态的参数向量 $\boldsymbol{\psi}[\mathbf{vec}(\boldsymbol{A}^{\mathrm{T}}),\mathbf{vech}(\boldsymbol{Q})]$。

卫星不可观测状态对可观测度量的影响模型由度量动态 $\tilde{\boldsymbol{z}}_t=\boldsymbol{H}\boldsymbol{x}_t+\tilde{\boldsymbol{v}}_t$ 表示，其中 $\boldsymbol{H}\in\mathcal{R}^{m\times d}$ 指定系统状态 $\boldsymbol{x}_t$ 如何影响度量，高斯随机向量 $\tilde{\boldsymbol{v}}_t$ 称为度量噪声。假设高斯随机向量 $\tilde{\boldsymbol{v}}_{t-1}$ 具有均值零和正定对称协方差矩阵 $\boldsymbol{R}\in\mathcal{R}^{m\times m}$。定义卫星度量动态的参数向量 $\boldsymbol{\eta}\equiv[\mathbf{vec}(\boldsymbol{H}^{\mathrm{T}}),\mathbf{vech}(\boldsymbol{R})]$。

明确指定局部发射多元高斯密度模型$\{p(\boldsymbol{z}_t\mid\boldsymbol{x}_t;\eta)\}$和局部转移多元高斯密度模型$\{p(\boldsymbol{x}_{t+1}\mid\boldsymbol{x}_t;\boldsymbol{\psi})\}$。然后，给定参数向量 $\boldsymbol{\eta}$ 和 $\boldsymbol{\psi}$，证明如何计算所观测状态序列 $\tilde{\boldsymbol{z}}_1,\tilde{\boldsymbol{z}}_2,\cdots,\tilde{\boldsymbol{z}}_T$ 的似然度。　△

练习

10.3-1. (贝叶斯医学诊断网络概率模型)考虑由图 10.3 给出的 5 个二值随机变量组成的医学诊断贝叶斯网络实例。定义函数 $\mathcal{S}$，使得对于所有 $\psi\in\mathcal{R}$，有 $\mathcal{S}(\psi)=(1+\exp(-\psi))$。假设图 10.3 所示贝叶斯网络中二值随机变量 $\tilde{x}_k$ 值为 1 的概率为：

$$p(\tilde{x}_k=1\mid\boldsymbol{x};\boldsymbol{\theta}_k)=\mathcal{S}(\boldsymbol{\theta}_k^{\mathrm{T}}\boldsymbol{x})$$

其中，$\boldsymbol{x}=[x_1,x_2,x_3,x_4,x_5]^{\mathrm{T}}$，并且概率模型的参数向量为 $\boldsymbol{\theta}=[\boldsymbol{\theta}_1^{\mathrm{T}},\cdots,\boldsymbol{\theta}_5^{\mathrm{T}}]^{\mathrm{T}}$。通过设置 $\boldsymbol{\theta}$ 的特定元素为 0 来限制 $\boldsymbol{\theta}$，从而为图 10.3 中的贝叶斯网络赋概率。证明该贝叶斯网络的联合概率密度是一个典型指数族概率密度。

10.3-2. (节点为随机向量的贝叶斯网络)通过将随机向量贝叶斯网络重写为等价但不同的节点为随机变量的贝叶斯网络，证明可以定义贝叶斯网络使其节点为不同维数的随机向量而非随机变量。

10.3-3. (循环网络的马尔可夫模型解释)将 1.5.3 节中带有门控单元的循环网络解释为指定条件概率密度。接下来，证明如何将循环网络所处理序列的概率密度写为条件密度积。解释循环网络的条件独立假设与一阶马尔可夫模型的条件独立假设有何相似与不同之处。使用该解释来详述门控循环网络比一阶马尔可夫模型更有效的统计环境。随后详述一阶马尔可夫模型与门控循环网络具有相似性能的统计环境。

10.4　马尔可夫随机场

贝叶斯网络的关键思想是一组随机变量 $x_1,x_2,\cdots,x_d$ 的联合密度 $p(x_1,\cdots,x_d)$可以表示为更简单的一组局部条件密度函数，例如 $p(x_i\mid x_{i-1},x_{i-2})$。为了在贝叶斯网络框架内实现这一目标，必须存在随机变量集的索引模式，使得 d 个随机变量的集合中第 i 个随机变量 $\tilde{x}_i$ 的条件概率分布只是条件依赖于$\{\tilde{x}_1,\cdots,\tilde{x}_{i-1}\}$的真子集。

马尔可夫随机场(Markov Random Field，MRF)框架允许使用更一般的索引模式和更一般的联合密度 $p(x_1,\cdots,x_d)$因式分解方法。第 i 个随机变量 $\tilde{x}_i$ 的条件概率分布可以条件依赖于所有剩余随机变量$\{\tilde{x}_1,\tilde{x}_2,\tilde{x}_{i-1},\tilde{x}_{i+1},\cdots,\tilde{x}_d\}$的任意子集。然而，经典 MRF 框架要求密度 $p(x_1,\cdots,x_d)$满足称为“正条件”的特殊条件。但是，这个条件并不是特别严格，因为每个吉布斯密度都满足正条件。因此，如果吉布斯密度可以分解为贝叶斯网络，那么同样的密度也可以分解为马尔可夫随机场。

马尔可夫随机场广泛应用于图像处理概率模型。考虑一个图像处理问题，其中图像中的每个像素都表示为一个随机变量，其值为灰度测量值。假设第 i 个像素随机变量的局部条件概率密度取决于第 i 个像素随机变量周围的像素随机变量值。例如，典型局部约束可能是当第 i 个像素周围像素随机变量值对应于较暗灰度值时，第 i 个像素随机变量值为黑色灰度的概率更大。请注意，这是一个齐次马尔可夫随机场的例子，因为场中第 i 个像素随机变量的局部条件密度参数形式是与图像中所有其他像素随机变量完全相同的。

马尔可夫随机场还广泛用于支持规则系统的概率推理(参见例 1.6.6)。在概率推理问题中，随机场可能由一组二值随机变量组成，当且仅当第 i 个命题成立时，场中的第 i 个随机变量 x_i 取值为 1；反之，则 x_i 取值为 0。那么概率规则的形式是，如果命题 j、k 和 m 成立，那么命题 i 成立的概率由概率质量函数 $p(\tilde{x}_i=1|x_j,x_k,x_m)$ 确定。这个实例说明，排序随机场中随机变量，使得 $\tilde{x}_i$ 的概率分布仅依赖于随机变量 $\tilde{x}_{i-1},\cdots,\tilde{x}_1$ 的贝叶斯网络假设过于严格。进一步来说，在该情况下马尔可夫随机场不是齐次的，而是异构马尔可夫随机场。

选择使用贝叶斯网络还是马尔可夫随机场，应该比较它们产生的局部条件密度集，它们要么在语义上更清晰，要么在计算上更方便。通常，每个贝叶斯网络的联合密度可以表示为马尔可夫随机场的联合密度，反之亦然。贝叶斯网络和马尔可夫随机场简单对应于因式分解相同联合密度的不同方式。

10.4.1　马尔可夫随机场概念

定义 10.4.1(正条件)　设 Radon-Nikodým 密度 $p:\mathcal{R}^d\to[0,\infty)$ 表示 d 维随机向量 $\tilde{\boldsymbol{x}}\equiv[\tilde{x}_1,\cdots,\tilde{x}_d]$ 的概率分布。设 S_i 表示 $\tilde{x}_i$ 的支集，其中 $i=1,\cdots,d$。令 $\Omega\equiv\times_{i=1}^{d}S_i$。如果 $\tilde{\boldsymbol{x}}$ 的支集等于 Ω，则正条件对密度 p 成立。 □

通俗来讲，正条件可以重新表述为以下论断：如果孤立随机变量 $\tilde{x}_i$ 有可能取特定值 x_i，那么无论场中其他随机变量的值如何，$\tilde{x}_i$ 总可能会取值为 x_i。

令 $\Omega\subseteq R^d$。设 $p:\Omega\to[0,\infty)$ 是一个 Radon-Nikodým 密度函数，其中 Ω 是 p 的支集。正条件成立的充分条件很简单，即对于所有 $\boldsymbol{x}\in\Omega$，$p(\boldsymbol{x})>0$。每个吉布斯密度函数都满足这个充分条件。

例 10.4.1(全局约束的正条件矛盾)　考虑一个三维二进制随机向量 $\tilde{\boldsymbol{x}}$，它由三个离散随机变量组成，每个变量的支集均为 $\{0,1\}$，概率质量函数为 $p:\{0,1\}^3\to[0,1]$：

$$p(\tilde{\boldsymbol{x}}=[0,1,1])=0.5,p(\tilde{\boldsymbol{x}}=[0,1,0])=0.2 \tag{10.12}$$

$$p(\tilde{\boldsymbol{x}}=[1,0,0])=0.1,p(\tilde{\boldsymbol{x}}=[0,0,1])=0.2 \tag{10.13}$$

这是一个概率质量函数 p 不满足正条件的例子，因为

$$p(\tilde{\boldsymbol{x}}=[0,0,0])=p(\tilde{\boldsymbol{x}}=[1,0,1])=p(\tilde{\boldsymbol{x}}=[1,1,0])=p(\tilde{\boldsymbol{x}}=[1,1,1])=0$$

然而，$\tilde{\boldsymbol{x}}$ 的四个实现$[0,0,0]$、$[1,0,1]$、$[1,1,0]$和$[1,1,1]$都是三个离散随机变量支集的笛卡儿积元素(即$\{0,1\}\times\{0,1\}\times\{0,1\}$)。 △

例 10.4.2(通过平滑防止正条件矛盾)　尽管例 10.4.1 中的概率质量函数不满足正条件，但我们可以构建一个替代的“平滑概率质量函数”，使其非常接近于式(10.12)和式(10.13)中的原始概率质量函数。

特别地，将式(10.12)和式(10.13)中的约束分别替换为新约束：

$$p(\tilde{\boldsymbol{x}}=[0,1,1])=0.49,p(\tilde{\boldsymbol{x}}=[0,1,0])=0.19 \tag{10.14}$$

$$p(\tilde{\boldsymbol{x}}=[1,0,0])=0.09,p(\tilde{\boldsymbol{x}}=[0,0,1])=0.19 \tag{10.15}$$

$$p(\tilde{\boldsymbol{x}}=[0,0,0])=p(\tilde{\boldsymbol{x}}=[1,0,1])=p(\tilde{\boldsymbol{x}}=[1,1,0])=p(\tilde{\boldsymbol{x}}=[1,1,1])=0.01$$

这样所有状态都明确有严格的正概率。式(10.14)和式(10.15)指定的概率质量函数与式(10.12)和式(10.13)中的概率质量函数非常接近，但满足正条件。　△

例 10.4.3(局部约束的正条件矛盾)　例 10.4.1 明确了与正条件矛盾的 $\tilde{\boldsymbol{x}}$ 联合分布约束。在此例中，正条件矛盾源于 $\tilde{\boldsymbol{x}}$ 的各个元素间关系的局部约束。

假设 $\tilde{x}_1$ 和 $\tilde{x}_2$ 是支集为 $S\equiv\{0,1\}$ 的二值随机变量。此外，假设 $\tilde{x}_2=1-\tilde{x}_1$。证明在该情况下正条件不成立。

解　局部约束 $\tilde{x}_2=1-\tilde{x}_1$ 意味着 $\tilde{x}_1$ 和 $\tilde{x}_2$ 取值相同的情况是不会发生的。例如，$\tilde{x}_1=1$ 和 $\tilde{x}_2=1$ 的情况是不可能存在的。因此，$\tilde{\boldsymbol{x}}$ 的支集是 $\{[0,1],[1,0]\}$。由于 $\Omega\equiv S\times S$ 不等于 $\tilde{\boldsymbol{x}}$ 的支集，因此与正条件矛盾。　△

定义 10.4.2(邻域函数)　设 $\mathcal{V}\equiv\{1,\cdots,d\}$ 是位置集合，$\mathcal{G}=(\mathcal{V},\mathcal{E})$ 为无向图，S_i 是图 $\mathcal{G}$ 中顶点 i 的邻域。

设 m_i 表示 S_i 的元素数量，$\mathcal{N}_i:\mathcal{R}^d\rightarrow\mathcal{R}^{m_i}$ 称为位置 i 的邻域函数，对于所有 $\boldsymbol{x}=[x_1,\cdots,x_d]\in\mathcal{R}^d$，有

$$\mathcal{N}_i(\boldsymbol{x})=\{x_j:(j,i)\in\mathcal{E}\}$$

其中，$i=1,\cdots,d$。集合 $\{\mathcal{N}_1,\cdots,\mathcal{N}_d\}$ 称为邻域系统。　□

请注意，邻域函数 $\mathcal{N}_i$ 以向量为输入，并返回该向量元素的子集，其中这些元素是位置 i 基于无向图 $\mathcal{G}$ 的邻域，其中 $\mathcal{G}$ 定义邻域系统。

马尔可夫随机场的基本思想是，马尔可夫随机场 $\tilde{\boldsymbol{x}}=[\tilde{x}_1,\cdots,\tilde{x}_d]$ 中随机变量 $\tilde{x}_i$ 的条件概率密度仅依赖于其邻域，其中 $i=1,\cdots,d$。场中随机变量的邻域由无向图指定，如图 10.7 所示。也可以说，马尔可夫随机场的条件独立假设由无向图明确。

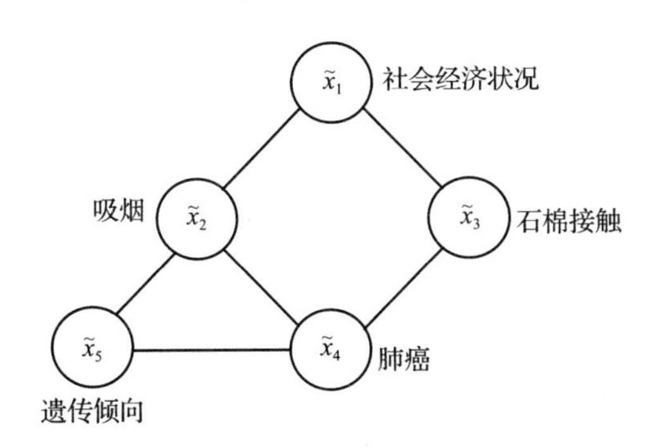

图 10.7　医学知识的马尔可夫随机场表示。该图给出了马尔可夫随机场的邻域图，旨在表示图 10.3 中贝叶斯网络所给出的概率知识表示以及遗传倾向与肺癌可以影响吸烟行为的额外知识。这种额外知识模型要求 $\tilde{x}_2$(吸烟)的概率依赖于随机变量 $\tilde{x}_5$(遗传倾向)和随机变量 $\tilde{x}_4$(肺癌)。鉴于这两个额外概率约束，概率约束集合不能指定为有向无环条件依赖图贝叶斯网络。然而，这种概率约束可表示为马尔可夫随机场的邻域图

定义 10.4.3(马尔可夫随机场)　设 $\tilde{\boldsymbol{x}}=[\tilde{x}_1,\cdots,\tilde{x}_d]$ 是一个 d 维随机向量，其 Radon-Nikodým 密度为 $p:\mathcal{R}^d\rightarrow[0,\infty)$。设 $\mathcal{V}\equiv\{1,\cdots,d\}$，$\{\mathcal{N}_1,\cdots,\mathcal{N}_d\}$ 是由无向图 $\mathcal{G}=(\mathcal{V},\mathcal{E})$ 确定的邻域系统。假设：

(i) p 满足正条件。

(ii) 对于 $\tilde{\boldsymbol{x}}$ 支集中的每个 $\boldsymbol{x}$：

$$p(x_i|x_1,\cdots,x_{i-1},x_{i+1},\cdots,x_d)=p_i(x_i|\mathcal{N}_i(\boldsymbol{x}))$$

则 $\tilde{\boldsymbol{x}}$ 是由 $(p,\mathcal{G})$ 确定的马尔可夫随机场，其中 $\mathcal{G}$ 称为邻域图。　□

当 $\tilde{\boldsymbol{x}}$ 是离散随机向量时，称 $\Omega\equiv\bigtimes_{i=1}^{d}S_i$ 为配置空间。

10.4.2　吉布斯分布的马尔可夫随机场含义

Hammersley-Clifford(HC)定理很重要，原因有以下几个。首先，它给出了一种给定 MRF 全局联合密度推导 MRF 局部条件独立假设的方法。其次，它给出了一种给定一组局部条件独立假设推导 MRF 全局联合密度的建设性方法。前一种方法称为分析过程，后一种方法称为综合过程。

定义 10.4.4(团势函数)　设 $\Omega\subseteq\mathcal{R}^d$，$\mathcal{V}\equiv\{1,\cdots,d\}$，$\mathcal{G}=(\mathcal{V},\mathcal{E})$为无向图。设 $c_1,\cdots,c_C$ 是 $\mathcal{G}$的团。对于每个 $j=1,\cdots,C$，定义 $V_j:\Omega\rightarrow\mathcal{R}$，使得对于所有 $\boldsymbol{x}\in\Omega$ 和所有 $\boldsymbol{y}\in S_j$，有 $V_j(\boldsymbol{x})=V_j(\boldsymbol{y})$，其中 $S_j\equiv\{[y_1,\cdots,y_d]\in\Omega:y_i=x_i,i\in c_j\}$。

函数 $V_1,\cdots,V_C$ 称为团规范图 $\mathcal{G}$ 上关于 Ω 的团势函数。　□

无向团规范图 $\mathcal{G}$的团势函数 V_j 的定义可以简单地重新表述如下：第 j 个团的团势函数 V_j 仅依赖于 $\boldsymbol{x}$ 的元素，其由第 j 个团中节点索引。

例 10.4.4(团势函数示例)　设 $\Omega\subseteq\mathcal{R}^5$，$\mathcal{G}$是一个无向图，其节点为$\{1,\cdots,5\}$，边为$\{1,2\}$、$\{2,4\}$、$\{1,3\}$、$\{4,5\}$和$\{2,5\}$。设图的第一个团表示为 $c_1\equiv\{2,4,5\}$。那么，$V_1(\boldsymbol{x})=x_2x_3x_4x_5$ 不是团 c_1 关于 Ω 的团势函数，因为 V_1 在函数上依赖于 x_3，且 c_1 不包含 3。然而，$V_1(\boldsymbol{x})=(x_2x_4x_5)^2$ 是团 c_1 关于 Ω 的团势函数，因为 V_1 在函数上仅依赖于 x_2、x_4 和 x_5 且 $2,4,5\in c_1$。　△

请注意，无向图可以由单团和双团构成，它们分别代表了无向图的节点和边。因此，只要确定了无向图的最大团，就可以识别出单团和双团，从而找到无向图的边。

例 10.4.5(基于团构造无向图)　设 $\mathcal{G}$是一个节点为$\{1,\cdots,5\}$的无向图。假设已知 $\mathcal{G}$只有一个最大团$\{2,4,5\}$。找出 $\mathcal{G}$的边。

解　由于$\{2,4,5\}$是一个团，因此$\{2,4\}$、$\{4,5\}$和$\{2,5\}$也是团，它们就是 $\mathcal{G}$的边。　△

秘诀框 10.1　从吉布斯密度构造 MRF(定理 10.4.1)

- **步骤 1**　确定团势函数。设吉布斯密度为

$$p(\boldsymbol{x})=\frac{\exp(-V(\boldsymbol{x}))}{\int\exp(-V(\boldsymbol{y}))\mathrm{d}\nu(\boldsymbol{y})}$$

$$V(\boldsymbol{x})=\sum_{j=1}^{C}V_j(\boldsymbol{x})$$

其中，局部团势函数 $V_j:\mathcal{R}^d\rightarrow\mathcal{R}$ 在函数上依赖于 $\boldsymbol{x}$ 元素的某个子集。

- **步骤 2**　使用团规范图构建邻域图。使用局部团势函数 $V_1,\cdots,V_C$ 来构建团规范图。通过定理 10.4.1 得出结论：团规范图为马尔可夫随机场的邻域图。
- **步骤 3**　导出每个随机变量的能量差 $\Delta_i(\boldsymbol{x})$。设 $\boldsymbol{y}$ 是随机场的另一个实例，$V^{(i)}$ 是所有局部团势函数的总和，这些函数依赖于 x_i，$i=1,\cdots,d$。

$$\Delta_i(\boldsymbol{x})=V^{(i)}(\boldsymbol{x})-V^{(i)}(x_1,x_2,\cdots,x_{i-1},y_i,x_{i+1},\cdots,x_d),i=1,\cdots,d$$

- **步骤 4**　构建局部条件密度。计算

$$p(x_i\mid\mathcal{N}_i(\boldsymbol{x}))=\frac{\exp(-\Delta_i(\boldsymbol{x}))}{\int\exp(-\Delta_i(\boldsymbol{y}))\mathrm{d}\nu(y_i)}$$

其中，集合 $\mathcal{N}_i(\boldsymbol{x})$ 是 $\boldsymbol{x}$ 中的一组随机变量，它们是邻域图确定的 x_i 的邻域。例如，如果 $\tilde{x}_i$ 的支集为 $\{0,1\}$，则

$$p(x_i \mid \mathcal{N}_i(\boldsymbol{x}))=\frac{\exp(-\Delta_i(\boldsymbol{x}))}{\exp(-\Delta_i(\boldsymbol{x}^1))+\exp(-\Delta_i(\boldsymbol{x}^0))}$$

其中，$\boldsymbol{x}^1=[x_1,\cdots,x_{i-1},1,x_{i+1},\cdots,x_d]$，$\boldsymbol{x}^0=[x_1,\cdots,x_{i-1},0,x_{i+1},\cdots,x_d]$。

一个适用于由离散、连续和混合随机变量组成的随机场的 Hammersley-Clifford 定理，可表达为两个单独的定理。

第一个定理表明，每一个吉布斯 Radon-Nikodým 密度都可以解释为一个马尔可夫随机场。之所以称其为“分析”定理，是因为它解释了如何将指定随机场中模式似然度的特定全局描述等价地表示为随机场中随机变量间局部概率相互作用的集合。

定理 10.4.1(Hammersley-Clifford 分析定理)　设 $p:\mathcal{R}^d\to(0,\infty)$ 是 d 维随机向量 $\tilde{\boldsymbol{x}}=[\tilde{x}_1,\cdots,\tilde{x}_d]$ 关于某支集规范测度 ν 的 Radon-Nikodým 密度。此外，假设 p 是吉布斯密度，定义能量函数 $V:\mathcal{R}^d\to\mathcal{R}$，使得对于所有 $\boldsymbol{x}\in\mathcal{R}^d$，有

$$V(\boldsymbol{x})=\sum_{j=1}^{C}V_j(\boldsymbol{x})$$

其中，$V_j:\mathcal{R}^d\to\mathcal{R}$ 是某个团规范图 $\mathcal{G}$ 中第 j 个团 c_j 的团势函数，$j=1,\cdots,C$。那么，$\tilde{\boldsymbol{x}}$ 是一个具有由 $\mathcal{G}$ 确定邻域系统 $\{\mathcal{N}_1,\cdots,\mathcal{N}_d\}$ 的 MRF。此外，对于 $\tilde{\boldsymbol{x}}$ 支集中的所有 $\boldsymbol{x}$，

$$p(x_k \mid \mathcal{N}_k(\boldsymbol{x}))=\frac{\exp(-V^{(k)}(\boldsymbol{x}))}{\int_{y_k}\exp(-V^{(k)}([x_1,\cdots,x_{k-1},y_k,x_{k+1},\cdots,x_d]))\mathrm{d}\nu(y_k)} \tag{10.16}$$

其中

$$V^{(k)}(\boldsymbol{x})=\sum_{c\in\mathcal{I}_k}V_c(\boldsymbol{x}),\mathcal{I}_k\equiv\{j:k\in c_j\}$$

证明　根据定义，吉布斯 Radon-Nikodým 密度 p 是一个严格的正函数，这意味着它满足正条件。设 $\boldsymbol{x}=[x_1,\cdots,x_d]$ 是 $\tilde{x}$ 的实例。定义 $\boldsymbol{y}^k\equiv[x_1,\cdots,x_{k-1},y_k,x_{k+1},\cdots,x_d]$，使得 $\boldsymbol{y}^k$ 的第 k 个元素等于变量 y_k，而 y_k 不等于 x_k 并且当 $j\neq k$ 时，$\boldsymbol{y}^k$ 的第 j 个元素等于 x_j。

注意：

$$\frac{p(x_k \mid x_1,\cdots,x_{k-1},x_{k+1},\cdots,x_d)}{p(y_k \mid x_1,\cdots,x_{k-1},x_{k+1},\cdots,x_d)}=\frac{p(\boldsymbol{x})}{p(\boldsymbol{y}^k)}=\exp[V(\boldsymbol{y}^k)-V(\boldsymbol{x})]$$

$$p(x_k \mid x_1,\cdots,x_{k-1},x_{k+1},\cdots,x_d)=Z_k^{-1}\exp[V(\boldsymbol{y}^k)-V(\boldsymbol{x})] \tag{10.17}$$

其中，$Z_k^{-1}=p(y_k \mid x_1,\cdots,x_{k-1},x_{k+1},\cdots,x_d)$。

注意，当 $c\notin\mathcal{I}_k$ 时，$V_c(\boldsymbol{y}^k)-V_c(\boldsymbol{x})=0$，这意味着式(10.17)右侧具有式(10.16)的形式。最后，由于式(10.16)右侧仅依赖于 $\mathcal{G}$ 中位置 k 的邻域，这表明

$$p(x_k \mid x_1,\cdots,x_{k-1},x_{k+1},\cdots,x_d)=p(x_k \mid \mathcal{N}_k(\boldsymbol{x}))$$

■

例 10.4.6(马尔可夫逻辑网局部条件 PMF 推导)　证明例 1.6.6 中由式(1.36)和式(1.37)确定的马尔可夫逻辑网概率质量函数为吉布斯概率质量函数，从而证明其为马尔可夫随机场。随后，推导给定随机场中其他命题成立的情况下命题 i 成立的概率计算公式，即得出局部条件概率质量函数 $p(\tilde{x}_k=1 \mid \mathcal{N}_k(\boldsymbol{x}))$ 的计算公式。

解　注意：

$$\frac{p(\tilde{x}_k=1|\mathcal{N}_k(\boldsymbol{x}))}{p(\tilde{x}_k=0|\mathcal{N}_k(\boldsymbol{x}))}=\frac{p(x_1,\cdots,x_{k-1},x_k=1,x_{k+1},\cdots,x_d)}{p(x_1,\cdots,x_{k-1},x_k=0,x_{k+1},\cdots,x_d)}$$

$$\frac{p(\tilde{x}_k=1|\mathcal{N}_k(\boldsymbol{x}))}{p(\tilde{x}_k=0|\mathcal{N}_k(\boldsymbol{x}))}=\frac{(1/Z)\exp(-V([x_1,\cdots,x_{k-1},x_k=1,x_{k+1},\cdots,x_d]))}{(1/Z)\exp(-V([x_1,\cdots,x_{k-1},x_k=0,x_{k+1},\cdots,x_d]))}=\exp(\psi_k(\boldsymbol{x}))$$

其中，$\psi_k(\boldsymbol{x})=-V([x_1,\cdots,x_{k-1},x_k=1,x_{k+1},\cdots,x_d])+V([x_1,\cdots,x_{k-1},x_k=0,x_{k+1},\cdots,x_d])$。

然后，证明

$$p(\tilde{x}_k=1|\mathcal{N}_k(\boldsymbol{x}))=(1-p(\tilde{x}_k=1|\mathcal{N}_k(\boldsymbol{x})))\exp(\psi_k(\boldsymbol{x}))$$

这意味着

$$p(\tilde{x}_k=1|\mathcal{N}_k(\boldsymbol{x}))=\mathcal{S}(\psi_k(\boldsymbol{x}))$$

其中，$\mathcal{S}(\psi_k)=(1+\exp(-\psi_k))^{-1}$。

最后，证明：

$$\begin{aligned}\psi_k(\boldsymbol{x})&=\sum_{k=1}^{q}\theta_k\boldsymbol{\phi}_k([x_1,\cdots,x_{k-1},x_k=1,x_{k+1},\cdots,x_d])-\\&\quad\sum_{k=1}^{q}\theta_k\,\boldsymbol{\phi}_k([x_1,\cdots,x_{k-1},x_k=0,x_{k+1},\cdots,x_d])\\&=\sum_{k\in S_k}\theta_k(\boldsymbol{\phi}_k([x_1,\cdots,x_{k-1},x_k=1,x_{k+1},\cdots,x_d])-\\&\quad\boldsymbol{\phi}_k([x_1,\cdots,x_{k-1},x_k=0,x_{k+1},\cdots,x_d]))\end{aligned}$$

其中，当且仅当 $\boldsymbol{\phi}_j$ 依赖于 x_k 时，$j\in S_k$。

定理 10.4.2 表明马尔可夫随机场 $\tilde{\boldsymbol{x}}$ 的概率分布可以表示为吉布斯密度。之所以称其为“综合”定理，是因为它解释了场中随机变量间关系的局部描述如何表示特定全局描述。

定理 10.4.2（Hammersley-Clifford 综合定理）　设 $\tilde{\boldsymbol{x}}=[\tilde{x}_1,\cdots,\tilde{x}_d]$是由邻域图 $\mathcal{G}\equiv(\mathcal{V},\mathcal{E})$ 指定的马尔可夫随机场，关于支集规范测度 ν 的 Radon-Nikodým 密度 p 表示其联合分布。然后，p 可表示为基于能量函数 $V(\boldsymbol{x})\equiv\sum_{c=1}^{C}V_c(\boldsymbol{x})$的吉布斯密度，其中 $V_1,\cdots,V_C$ 是根据团规范 $\mathcal{G}$ 定义的团势函数。

证明　该证明基于文献(Besag，1974)中对 Hammersley-Clifford 定理的论述。

步骤 1　证明具有全连通图的吉布斯密度可代表 MRF 密度。定义 $Q:\mathcal{R}^d\to\mathcal{R}$，对于 p 支集中的所有 $\boldsymbol{x},\boldsymbol{y}(\boldsymbol{x}\neq\boldsymbol{y})$，有

$$Q(\boldsymbol{x})=-\log[p(\boldsymbol{x})/p(\boldsymbol{y})]$$

因为，$p(\boldsymbol{x})>0$ 且 $p(\boldsymbol{y})>0$。

设 p 是关于无向图 $\mathcal{G}_G\equiv(\mathcal{V},\mathcal{E})$定义的吉布斯密度，其中 $\mathcal{E}$ 包含所有可能的无向边。设 $\mathcal{C}_i$ 为图 $\mathcal{G}_G$ 的第 i 个团，$i=1,\cdots,(2d-1)$。

设 $G_i:\mathcal{C}_i\to\mathcal{R}$，$G_{i,j}:\mathcal{C}_i\times\mathcal{C}_j\to\mathcal{R}$，$G_{i,j,k}:\mathcal{C}_i\times\mathcal{C}_j\times\mathcal{C}_k\to\mathcal{R}$，以此类推。

现在证明，对于 p 支集中的所有 $\boldsymbol{x}$，函数 Q 可以不失一般性地表示为：

$$\begin{aligned}Q(\boldsymbol{x})=&\sum_{i=1}^{d}(x_i-y_i)G_i(x_i)+\sum_{i=1}^{d}\sum_{j>i}(x_i-y_i)(x_j-y_j)G_{i,j}(x_i,x_j)+\cdots+\\&\sum_{i=1}^{d}\sum_{j>i}\sum_{k>j}(x_i-y_i)(x_j-y_j)(x_k-y_k)G_{i,j,k}(x_i,x_j,x_k)+\end{aligned}$$

$$(x_1-y_1)(x_2-y_2)\cdots(x_d-y_d)G_{1,2,\cdots,d}(x_1,\cdots,x_d) \tag{10.18}$$

设 $\boldsymbol{x}^i=[y_1,\cdots,y_{i-1},x_i,y_{i+1},\cdots,y_d]$(根据正假设，它存在)。将 $\boldsymbol{x}^i$ 代入式(10.18)并求解 G_i，得到：

$$G_i(x_i)=Q(\boldsymbol{x}^i)/(x_i-y_i)$$

注意，所有三阶和高阶项均消失。

依据 Q 定义$\{G_i\}$，然后将以下向量形式(根据正假设，它存在)：

$$\boldsymbol{x}^{i,j}=[y_1,y_2,\cdots,y_{i-1},x_i,y_{i+1},\cdots,y_{j-1},x_j,y_{j+1},\cdots,y_d]$$

代入式(10.18)，求解 $G_{i,j}$，得到：

$$G_{i,j}(x_i,x_j)=\frac{Q(\boldsymbol{x}^{i,j})-(x_i-y_i)G_i(x_i)-(x_j-y_j)C_j(x_j)}{(x_i-y_i)(x_j-y_j)}$$

依据 Q 与$\{G_i\}$定义$\{G_{i,j}\}$，然后将下面的向量形式(根据正假设，它存在)：

$$\boldsymbol{x}^{i,j,k}=[y_1,y_2,\cdots,y_{i-1},x_i,y_{i+1},\cdots,y_{j-1},x_j,y_{j+1},\cdots,y_{k-1},x_k,\cdots,y_d]$$

代入式(10.18)并以类似的方式求解 $G_{i,j,k}$。因此，Q 函数可以用式(10.18)表示。该结论和 Q 函数的定义表明 MRF 密度 p 可以用式(10.18)表示，其为具有全连通邻域图的吉布斯密度。

步骤 2 在全连通图上计算局部条件吉布斯密度。设 $\boldsymbol{x}$ 和 $\boldsymbol{y}^k\equiv[x_1,\cdots,x_{k-1},y_k,x_{k+1},\cdots,x_d]$是 $\tilde{\boldsymbol{x}}$ 支集的不同向量。注意：

$$\frac{p(x_k|x_1,\cdots,x_{k-1},x_{k+1},\cdots,x_d)}{p(y_k|x_1,\cdots,x_{k-1},x_{k+1},\cdots,x_d)}=\frac{p(\boldsymbol{x})}{p(\boldsymbol{y}^k)}=\exp[Q(\boldsymbol{y}^k)-Q(\boldsymbol{x})]$$

$$p(x_k|x_1,\cdots,x_{k-1},x_{k+1},\cdots,x_d)=(1/Z_k)\exp[Q(\boldsymbol{y}^k)-Q(\boldsymbol{x})] \tag{10.19}$$

其中，$(1/Z_k)=p(y_k|x_1,\cdots,x_{k-1},x_{k+1},\cdots,x_d)$。

设 V_c 为第 c 个团的局部团势函数，其函数形式可以为：

$$V_c(\boldsymbol{x})\equiv(x_i-y_i)G_i$$
$$V_c(\boldsymbol{x})\equiv(x_i-y_i)(x_j-y_j)G_{i,j}$$
$$V_c(\boldsymbol{x})\equiv(x_i-y_i)(x_j-y_j)(x_k-y_k)G_{i,j,k}$$

然后，可将 Q 重写为

$$Q(\boldsymbol{x})=\sum_{c=1}^{2^d-1}V_c(\boldsymbol{x})$$

并将之看作基于全连通图 $\mathcal{G}_G$ 表示的吉布斯密度 p 的能量函数。

现在注意：

$$Q(\boldsymbol{y}^k)-Q(\boldsymbol{x})=\sum_{c=1}^{2^d-1}[V_c(\boldsymbol{y}^k)-V_c(\boldsymbol{x})] \tag{10.20}$$

将式(10.20)代入式(10.19)并使用关系

$$p(x_k|x_1,\cdots,x_{k-1},x_{k+1},\cdots,x_d)=p(x_k|\mathcal{N}_k(\boldsymbol{x}))$$

可得：

$$p(x_k|\mathcal{N}_k(\boldsymbol{x}))=p(y_k|\mathcal{N}_k(\boldsymbol{x}))\exp\left(-\sum_{c=1}^{2^d-1}[V_c(\boldsymbol{y}^k)-V_c(\boldsymbol{x})]\right) \tag{10.21}$$

只有当式(10.21)右式不依赖于场中非 $\tilde{x}_k$ 邻域的随机变量时，式(10.21)才能满足。当 k 不是 c 团元素时，只能通过设置 $V_c=0$ 实现，其中 $c=1,\cdots,2^d-1$。 ■

例 10.4.7(由二值随机变量组成的马尔可夫随机场) 设 d 维随机向量 $\tilde{\boldsymbol{x}}=[\tilde{x}_1,\cdots,\tilde{x}_d]$是一个由 d 个二值随机变量组成的马尔可夫随机场，$\tilde{x}_k$ 的支集为$\{0,1\}$，$k=1,\cdots,d$。

根据定理 10.4.2，验证指定吉布斯概率质量函数 $p(\boldsymbol{x};\boldsymbol{\theta})=Z^{-1}\exp(-V(\boldsymbol{x};\boldsymbol{\theta}))$的能量函数

$$V(\boldsymbol{x};\boldsymbol{\theta})=\sum_{i=1}^{d}\theta_i x_i+\sum_{i}\sum_{j}\theta_{ij}x_i x_j+\sum_{i}\sum_{j>i}\sum_{k>j}\theta_{ijk}x_i x_j x_k+\cdots\theta_{1,\cdots,d}\prod_{u=1}^{d}x_u \quad (10.22)$$

是典型指数族函数。

现在给定任意一个概率质量函数 $p_e:\{0,1\}\rightarrow(0,1]$，其定义域为 d 维二进制向量状态，值域为正数集。证明对于 p_e 支集中的所有 $\boldsymbol{x}$，总是可选择参数 θ_i、$\theta_{i,j}$、$\theta_{i,j,k}$，使得 $p(\boldsymbol{x};\boldsymbol{\theta})=p_e(\boldsymbol{x})$。

解 由于式(10.22)中的能量函数 V 可以写成参数向量 $\boldsymbol{\theta}$ 和 $\boldsymbol{x}$ 的非线性变换的点积，因此 V 代表的 MRF 是典型指数族成员。

现在应用 Hammersley-Clifford 综合定理(定理 10.4.2)来说明，式(10.22)中能量函数的形式足够灵活，可以表示满足正条件的 d 维二进制随机向量样本空间上的任意概率质量函数。该分析遵循定理 10.4.2 的证明。

请注意，如果可以任意指定 d 维二进制向量集上的能量函数 V，那么就可以任意指定关于能量函数 V 的吉布斯概率质量函数。需要注意的是，因为 $V(\boldsymbol{0})=0$——表明概率 $p(\boldsymbol{x};\boldsymbol{\theta})$为 $V(\boldsymbol{x})$的可逆函数，所以 $p(\boldsymbol{x};\boldsymbol{\theta})=p(\boldsymbol{0};\boldsymbol{\theta})\exp(-V(\boldsymbol{x}))$。

根据定理 10.4.2，任何满足正条件的概率质量函数都可以用基于团势函数 $V_i(\boldsymbol{x}),V_{ij}(\boldsymbol{x}),V_{ijk}(\boldsymbol{x}),\cdots$的能量函数表示，其中 $i,j,k=1,\cdots,d$。假设局部团势函数选择如式(10.22)所示。若 $\boldsymbol{x}$ 是第 k 个位置恰好非零的 d 维二进制向量，那么可得出 $V(\boldsymbol{x})=\theta_k$(例如 $V([0,1,0,0])=\theta_2$)。因此，d 个恰好具有单非零元素的 d 维二进制向量集的能量函数 V 可以通过选择 $\theta_1,\cdots,\theta_d$ 来确定。

如果 $\boldsymbol{x}$ 是第 j、k 两个位置正好非零的 d 维二进制向量，那么可得出 $V(\boldsymbol{x})=\theta_j+\theta_k+\theta_{jk}$，其中可以选择自由参数 θ_{jk}，以确保由第 j、k 个元素非零的二进制向量计算的 V 具有所需值。

如果 $\boldsymbol{x}$ 是第 j、k、r 三个位置恰好非零的 d 维二进制向量，则式(10.22)中指定的能量函数由下式给出：

$$V(\boldsymbol{x})=\theta_j+\theta_k+\theta_r+\theta_{jk}+\theta_{jr}+\theta_{jkr}$$

其中可以任意选择唯一自由参数 θ_{jkr}，以确保当 $\boldsymbol{x}$ 恰好有 3 个非零元素时 V 取所需值。

类似的结论可用来完成该证明。 △

秘诀框 10.2 基于 MRF 构造吉布斯密度(定理 10.4.2)

- **步骤 1** 指定条件独立假设。使用邻域图确定关于随机变量集合的条件独立假设，如图 10.7 所示。
- **步骤 2** 识别邻域图的团。在图 10.7 中，这些团为$\{\tilde{x}_1\},\{\tilde{x}_2\},\{\tilde{x}_3\},\{\tilde{x}_4\},\{\tilde{x}_5\}$，$\{\tilde{x}_1,\tilde{x}_2\},\{\tilde{x}_1,\tilde{x}_3\},\{\tilde{x}_3,\tilde{x}_4\},\{\tilde{x}_2,\tilde{x}_4\},\{\tilde{x}_2,\tilde{x}_5\},\{\tilde{x}_4,\tilde{x}_5\},\{\tilde{x}_2,\tilde{x}_4,\tilde{x}_5\}$。
- **步骤 3** 为每个团分配一个局部团势函数。为每个团选择一个局部团势函数，该函数仅依赖于团成员，以确保联合密度具有由邻域图指定的条件依赖结构。例如，将局部团势函数 $V_1(x_1),V_2(x_2),V_3(x_3),V_4(x_4),V_5(x_5),V_6(x_1,x_2),V_7(x_1,x_3),V_8(x_3,x_4),V_9(x_2,x_4),V_{10}(x_2,x_5),V_{11}(x_4,x_5),V_{12}(x_2,x_4,x_5)$分配给图 10.7 中的 12 个团。然后将所有局部团势函数加在一起以得到能量函数 V，有

$$V=\sum_{k=1}^{12} V_k$$

- **步骤 4**　构造联合密度并检验归一化常数。根据定理 10.4.2，式(10.23)中的 p 使用随机场的邻域图作为团规范图来确定马尔可夫随机场 $\tilde{x}$ 的概率密度。使用以下公式构建联合密度：

$$p(\boldsymbol{x})=Z^{-1}\exp(-V(\boldsymbol{x}))$$
$$Z=\int \exp(-V(\boldsymbol{x}))\mathrm{d}\nu(\boldsymbol{x}) \tag{10.23}$$

用于计算归一化常数 Z 的积分可能不存在，因此有必要检验 Z 是否有限。归一化常数有限的前提是 V 为分段连续函数并且 $\tilde{x}$ 为有界随机向量，或者 $\tilde{x}$ 为取有限值的离散随机向量。

例 10.4.8(分类随机变量组成的马尔可夫随机场)　设 d 维随机向量 $\tilde{\boldsymbol{x}}=[\tilde{\boldsymbol{x}}_1,\cdots,\tilde{\boldsymbol{x}}_d]$是一个由 d 个分类随机变量组成的马尔可夫随机场，第 j 个分类随机变量表示为 d_j 维随机子向量 $\tilde{\boldsymbol{x}}_j$，其中 $d=\sum_{j=1}^{d} d_j$。MRF 中第 j 个分类随机变量的支集由 d_j 维单位矩阵的 d_j 个列组成，$j=1,\cdots,d$。也就是说，MRF 中的第 j 个分类随机变量可以取 d_j 个可能的值，且支集与分类编码方案相关。

为每个列向量 $\boldsymbol{\theta}\in\mathcal{R}^q$ 定义能量函数 $V(\cdot;\boldsymbol{\theta}):\mathcal{R}^d\rightarrow\mathcal{R}$，使得对于 $\tilde{\boldsymbol{x}}$ 支集中的所有 $\boldsymbol{x}$，有

$$\begin{aligned}V(\boldsymbol{x};\boldsymbol{\theta})=&\sum_{i=1}^{d}\boldsymbol{\theta}_i^{\mathrm{T}}\boldsymbol{x}_i+\sum_{i}\sum_{j>i}\boldsymbol{\theta}_{i,j}^{\mathrm{T}}(\boldsymbol{x}_i\otimes\boldsymbol{x}_j)+\sum_{i}\sum_{j>i}\sum_{k>j}\boldsymbol{\theta}_{i,j,k}^{\mathrm{T}}(\boldsymbol{x}_i\otimes\boldsymbol{x}_j\otimes\boldsymbol{x}_k)+\\&\sum_{i}\sum_{j>i}\sum_{k>j}\sum_{m>k}\boldsymbol{\theta}_{i,j,k,m}^{\mathrm{T}}(\boldsymbol{x}_i\otimes\boldsymbol{x}_j\otimes\boldsymbol{x}_k\otimes\boldsymbol{x}_m)+\cdots+\boldsymbol{\theta}_{1,\cdots,d}^{\mathrm{T}}(\boldsymbol{x}_1\otimes\boldsymbol{x}_2\otimes\cdots\otimes\boldsymbol{x}_d)\end{aligned} \tag{10.24}$$

其中

$$\boldsymbol{\theta}^{\mathrm{T}}=[\boldsymbol{\theta}_1^{\mathrm{T}},\cdots,\boldsymbol{\theta}_d^{\mathrm{T}},\boldsymbol{\theta}_{i,j}^{\mathrm{T}},\cdots,\boldsymbol{\theta}_{i,j,k}^{\mathrm{T}},\cdots,\boldsymbol{\theta}_{i,j,k,m}^{\mathrm{T}},\cdots,\boldsymbol{\theta}_{1,\cdots,d}^{\mathrm{T}}]$$

按照例 10.4.7 的方法，证明基于能量函数如式(10.24)的 $\tilde{\boldsymbol{x}}$ 其 MRF 为典型指数族成员。此外，证明通过适当选择参数向量 $\boldsymbol{\theta}_i,\boldsymbol{\theta}_{i,j},\boldsymbol{\theta}_{i,j,k},\cdots,\boldsymbol{\theta}_{1,\cdots,d}$，具有式(10.24)形式能量函数的 MRF 可用于代表 $\tilde{\boldsymbol{x}}$ 的任意可能概率质量函数。　△

例 10.4.9(马尔可夫链的马尔可夫随机场分析)　设 d 是一个随机变量集合 $\tilde{x}_1,\cdots,\tilde{x}_d$，$\tilde{x}_i$ 支集为Ω_i。假设正条件成立。另外，设一阶马尔可夫链条件独立关系 $p(x_i|x_1,\cdots,x_{i-1})=p(x_i|x_{i-1})$成立。因此，联合密度 $p(x_1,\cdots,x_d)$可以表示为

$$p(x_1,\cdots,x_d)=\prod_{i=1}^{d}p(x_i|x_{i-1})$$

其中，为方便起见，假设 $x_0=0$。通过给出局部条件密度和联合密度公式，说明如何将一阶马尔可夫链分析为马尔可夫随机场。

解　一阶马尔可夫链条件独立假设表明，马尔可夫随机场的 $2d-1$ 个团由 d 个团 $\{x_1\},\cdots,\{x_d\}$ 和 $d-1$ 个团 $\{x_1,x_2\},\cdots,\{x_{d-1},x_d\}$ 组成，所以有 $2d-1$ 个团势函数 $V_1(x_1),\cdots,V_d(x_d),V_{d+1}(x_1,x_2),\cdots,V_{2d-1}(x_{d-1},x_d)$。联合密度是具有如下形式的吉布斯密度：

$$p(x_1,\cdots,x_d)=(1/Z)\exp\left(-\sum_{i=1}^{d}V_i(x_i)-\sum_{i=2}^{d}V_{d+i-1}(x_{i-1},x_i)\right)$$

其中，Z 是归一化常数。局部条件密度为

$$p(x_1|x_2)=\frac{\exp(-V_1(x_1)-V_{d+1}(x_1,x_2))}{Z_1}$$

$$p(x_i|x_{i-1},x_{i+1})=\frac{\exp(-V_i(x_i)-V_{d+i-1}(x_{i-1},x_i)-V_{d+i}(x_i,x_{i+1}))}{Z_i}$$

$$p(x_d|x_{d-1})=\frac{\exp(-V_d(x_d)-V_{2d-1}(x_{d-1},x_d))}{Z_d}$$

其中，$i=2,\cdots,d-1$。 △

例 10.4.10(条件随机场)　考虑一个回归建模问题，在该问题中，我们希望表示给定输入模式向量 $\boldsymbol{s}$ 和参数向量 $\boldsymbol{\theta}$ 由离散随机变量组成的响应向量 $\tilde{\boldsymbol{y}}$ 的条件联合概率密度。基于给定 $\boldsymbol{s}$ 和 $\boldsymbol{\theta}$，可以使用马尔可夫随机场来模拟随机响应向量 $\tilde{\boldsymbol{y}}$ 元素间的条件独立关系。特别地，设

$$p(\boldsymbol{y}|\boldsymbol{s},\boldsymbol{\theta})=\frac{\exp(-V(\boldsymbol{y};\boldsymbol{s},\boldsymbol{\theta}))}{Z(\boldsymbol{s};\boldsymbol{\theta})}$$

其中

$$Z(\boldsymbol{s};\boldsymbol{\theta})=\sum_{y}\exp(-V(\boldsymbol{y};\boldsymbol{s},\boldsymbol{\theta}))$$

以外部模式向量 $\boldsymbol{s}$ 为条件的马尔可夫随机场称为条件随机场。练习 10.4-6 讨论了医学诊断条件条件随机场的分析和设计。 △

例 10.4.11(随机场混合)　设 $\tilde{\boldsymbol{x}}$ 是一个支集为 Ω 的 d 维随机向量。假设在某些情况下，$\tilde{\boldsymbol{x}}$ 行为最佳模型为由吉布斯密度 $p_1(\cdot;\boldsymbol{\theta}_1)$表示的 MRF，其能量函数为 $V_1(\cdot;\boldsymbol{\theta}_1)$，而在其他情况下，$\tilde{\boldsymbol{x}}$ 的行为最佳模型为由吉布斯密度 $p_2(\cdot;\boldsymbol{\theta}_2)$表示的 MRF，其能量函数为 $V_2(\cdot;\boldsymbol{\theta}_2)$，$\boldsymbol{\theta}_1$ 和 $\boldsymbol{\theta}_2$ 分别是 p_1 和 p_2 的参数。为了设计一个包含 p_1 和 p_2 特征的概率模型，定义 $p=\mathcal{S}(\beta)p_1+(1-\mathcal{S}(\beta))p_2$，其中 $\mathcal{S}(\beta)=1/(1+\exp(-\beta))$且 β 是一个额外的自由参数：

$$p(\boldsymbol{x};\boldsymbol{\theta}_1,\boldsymbol{\theta}_2,\beta)=\frac{\mathcal{S}(\beta)\exp(-V_1(\boldsymbol{x};\boldsymbol{\theta}_1))}{Z_1(\boldsymbol{\theta}_1)}+\frac{(1-\mathcal{S}(\beta))\exp(-V_2(\boldsymbol{x};\boldsymbol{\theta}_2))}{Z_2(\boldsymbol{\theta}_2)}$$

其中，$Z_1(\boldsymbol{\theta}_1)$和 $Z_2(\boldsymbol{\theta}_2)$分别为 p_1 和 p_2 的归一化常数。 △

练习

10.4-1. (正条件不成立的例子)假设对于二维随机向量$[\tilde{x}_1,\tilde{x}_2]$，定义概率质量函数 $p:\{0,1\}^2\to[0,1]$，使得

$$p(\tilde{x}_1=0,\tilde{x}_2=0)=0.25$$
$$p(\tilde{x}_1=0,\tilde{x}_2=1)=0.25$$
$$p(\tilde{x}_1=1,\tilde{x}_2=0)=0$$
$$p(\tilde{x}_1=1,\tilde{x}_2=1)=0.50$$

$\tilde{x}_1$ 的边缘概率质量函数的支集是 $\Omega_1=\{0,1\}$，$\tilde{x}_2$ 的边缘概率质量函数的支集是 $\Omega_2=\{0,1\}$。$[\tilde{x}_1,\tilde{x}_2]$的联合概率质量函数的支集是 $\Omega=\{(0,0),(0,1),(1,1)\}$。证明联合概率质量函数不满足正条件。

10.4-2. (正条件成立的例子)考虑练习 10.4-1 中联合概率质量函数的平滑版本。对于二维随机向量$[\tilde{x}_1,\tilde{x}_2]$，定义 $p:\{0,1\}^2\to[0,1]$，使得

$$p(\tilde{x}_1=0,\tilde{x}_2=0)=0.24999$$
$$p(\tilde{x}_1=0,\tilde{x}_2=1)=0.25$$

$$p(\tilde{x}_1=1,\tilde{x}_2=0)=0.00001$$
$$p(\tilde{x}_1=1,\tilde{x}_2=1)=0.50$$

$\tilde{x}_1$ 的边缘概率质量函数的支集是 $\Omega_1=\{0,1\}$，$\tilde{x}_2$ 的边缘概率质量函数的支集是 $\Omega_2=\{0,1\}$。$[\tilde{x}_1,\tilde{x}_2]$的联合概率质量函数的支集是 $\Omega=\{(0,0),(0,1),(1,0),(1,1)\}$。证明此概率质量函数满足正条件。

10.4-3. (建模图像纹理的马尔可夫随机场)马尔可夫随机场广泛应用于“锐化”图像处理，方法是滤除高空间频率噪声。设 $\tilde{\boldsymbol{X}}$ 是一个随机 d 维矩阵，其第 i 行第 j 列元素由随机变量 $\tilde{x}_{i,j}$ 表示。假设矩阵中的每个随机变量取值数量有限。此外，假设有一个局部团势函数 $V_{i,j}$ 与每个随机变量 $\tilde{x}_{i,j}$ 关联，使得对于所有 $i=2,\cdots,d-1$ 和 $j=2,\cdots,d-1$，有：

$$V_{i,j}(x_{i,j})=(x_{i,j}-x_{i,j-1})^2+(x_{i,j}-x_{i,j+1})^2+(x_{i,j}-x_{i-1,j})^2+(x_{i,j}-x_{i+1,j})^2$$

局部团势函数 $V_{i,j}$ 本质上是一个局部约束，旨在给出一种形式化规范，即图像像素随机变量 $\tilde{x}_{i,j}$ 的值应该与其邻域元素 $\tilde{x}_{i-1,j}$、$\tilde{x}_{i+1,j}$、$\tilde{x}_{i,j-1}$ 和 $\tilde{x}_{i,j+1}$ 相似。使用局部团势函数规范 $V_{i,j}$ 导出 MRF 的邻域图。此外，说明如何计算 $p(x_{i,j}|\mathcal{N}_{i,j}(\boldsymbol{x}))$，其中 i，$j=2,\cdots,d-1$。

10.4-4. (隐马尔可夫场和隐马尔可夫模型的等价性)例 10.3.3 中提出了一个隐马尔可夫模型来明确词性标注问题的概率模型。构造一个隐马尔可夫随机场(Hidden Markov Random Field，HMRF)，它与例 10.3.3 中的隐马尔可夫模型(HMM)具有相同的联合分布和条件独立假设，但受正条件的约束。在某些应用中，隐马尔可夫随机场的概率表示可能更有优势，因为它确定当前词性标签 $\boldsymbol{h}_k$ 的概率时，不仅基于前词的词性标签 $\boldsymbol{h}_{k-1}$，也考虑了后词的词性标签 $\boldsymbol{h}_{k+1}$ 以及观察词 $\boldsymbol{w}_k$。然而，在采样方法上 HMRF 可能比 HMM 需要更多的计算量(参见第 11 章和第 12 章)。

10.4-5. (使用二值马尔可夫场表示非因果知识)说明如何给出表示 MRF 的联合概率质量函数的一般形式，其中 MRF 由满足图 10.7 中条件依赖关系的二值随机变量组成。此外，使用例 10.4.7 的结果说明联合概率质量函数可以表示为典型指数族成员。

10.4-6. (用于医学诊断的条件随机场)练习 10.4-5 中的马尔可夫随机场给出了一种用于表示在考虑其他因素(如石棉接触)的前提下患肺癌的概率的机制。设 $p(\boldsymbol{x})$表示练习 10.4-5 中马尔可夫随机场的联合概率质量函数。为了解释个体差异，可以想象，当提供患者特征的 d 维向量(由 $\boldsymbol{s}$ 表示)时，由 $p(\boldsymbol{x})$指定的马尔可夫随机场中随机变量间的概率关系可能会改变。$\boldsymbol{s}$ 的元素可能是二值变量(例如，如果个体是女性，则 $\boldsymbol{s}$ 的元素等于 1，否则为零)，还可能是数值变量(例如，$\boldsymbol{s}$ 的元素可能代表患者年龄)。讨论如何扩展由 $p(\boldsymbol{x})$确定的 MRF，使其成为一个条件 MRF，其联合概率质量函数由 $p(\boldsymbol{x}|\boldsymbol{s})$确定。

10.4-7. (推导高斯马尔可夫随机场的局部条件密度)设 $\boldsymbol{Q}$ 为 d 维正定对称矩阵。定义一个对称矩阵 $\boldsymbol{M}\in\{0,1\}^{d\times d}$，使得当且仅当 $\boldsymbol{Q}$ 的第 ij 个元素 q_{ij} 不为零时 $\boldsymbol{M}$ 的第 ij 个元素 m_{ij} 等于 1。设随机向量 $\tilde{\boldsymbol{x}}$ 由多元高斯概率密度函数表示：

$$p(\boldsymbol{x})=[(2\pi)^d\det(\boldsymbol{Q})]^{-1/2}\exp(-(1/2)\boldsymbol{x}^{\mathrm{T}}\boldsymbol{Q}\boldsymbol{x})$$

其中，$\boldsymbol{x}=[x_1,\cdots,x_d]$在 $\tilde{\boldsymbol{x}}$ 的支集中。给出 $p(x_i|\mathcal{N}_i(\boldsymbol{x}))$的公式，其中 $\mathcal{N}_i$ 是与 MRF 中第 i 个随机变量关联的邻域函数。

10.4-8. (聚类相异性测度 MRF)为例 1.6.4 中给出的聚类算法构造一个马尔可夫随机场，该

场由 n 个分类随机变量组成，它们对应于要映射到簇 $C_1, \cdots, C_K$ 的 n 个特征向量。假设场中的每个随机变量都可以取 K 个可能值之一。将聚类算法解释为寻找特征向量到簇的最可能分配，其聚类分配的概率由随机场的吉布斯概率质量函数确定。

10.4-9. (随机邻域嵌入 MRF)考虑一个如例 1.6.5 中所述的随机邻域嵌入聚类算法，它需将 n 个状态向量 $\boldsymbol{x}_1, \cdots, \boldsymbol{x}_n$ 映射成 n 个二进制特征向量 $\boldsymbol{y}_1, \cdots, \boldsymbol{y}_n$。为马尔可夫随机场 $\tilde{\boldsymbol{y}}_1, \cdots, \tilde{\boldsymbol{y}}_n$ 构造能量函数 $V(\boldsymbol{y}_1, \cdots, \boldsymbol{y}_n)$，使得 V 的极小值点对应于随机邻域嵌入聚类算法的解。将随机邻域嵌入聚类算法解释为寻找基于吉布斯概率质量函数的最可能的重编码向量 $\boldsymbol{y}_1, \cdots, \boldsymbol{y}_n$，该函数可表示马尔可夫随机场。

10.5 扩展阅读

模型误判框架

机器学习研究人员经常面临开发复杂现实世界现象的复杂数学模型问题。在实践中，概率模型的复杂性通常意味着结果模型往往会被误判。遗憾的是，数理统计和机器学习领域的热门研究生教材中并没有强调可能存在模型误判时的模型估计和推理方法。

在本书中，所设计的所有数学理论都是有意设计的，以解释可能存在的模型误判。在文献(White，1982，1994，2001；Golden，1995，2003；Golden et al.，2013，2016，2019)中可以找到关于存在模型误判时的估计和推理方法论述。

常见概率分布

10.2 节中讨论的常见概率分布是众所周知的。在文献(Manoukian，1986；Lehmann & Casella，1998)中可以找到有关常见概率分布的讨论。

贝叶斯推理算法

在某些情况下，确定性高效计算方法可用于计算由贝叶斯网络指定的联合分布的条件概率(Cowell，1996a，1999b)。文献(Bishop，2006)的第 8 章讨论了和积与最大和算法，分别用于对干扰随机变量进行积分并寻找目标随机变量最可能的值。进一步的论述可参阅文献(Koller et al.，2009；Cowell et al.，2006)。

Hammersley-Clifford 定理

不幸的是，Hammersley 和 Clifford 从未发表过 Hammersley-Clifford 定理，因为他们希望放宽正条件。论文(Besag，1974)通常被视为 Hammersley-Clifford 定理的首发和首证。近期，Hammersley-Clifford 定理的正条件放宽方面取得了进展(Kaiser & Cressie，2000；Kopciuszewski，2004)。

本章的一个独到之处是针对由绝对连续随机变量、离散随机变量和混合随机变量组成的随机场的 Hammersley-Clifford 定理进行了新颖陈述与证明，使其更易于阅读。文献(Lauritzen，1996；Kaiser & Cressie，2000；Kopciusewski，2004；Cernuschi-Frias，2007)讨论了使用 Radon-Nikodým 密度框架的相关进展。对由离散随机变量和绝对连续随机变量组成的马尔可夫随机场的研究一直是机器学习与统计学中的一个活跃研究领域(Yang et al.，2014；Lee & Hastie，2015)。

CHAPTER11

第 11 章

蒙特卡罗马尔可夫链算法收敛性

学习目标：

- 设计 Metropolis-Hastings MCMC 采样算法。
- 设计最小化函数的 MCMC 算法。
- 设计满足约束条件的 MCMC 算法。
- 设计计算期望的 MCMC 算法。

蒙特卡罗马尔可夫链采样方法，给出了一个寻找定义域为高维有限状态空间的函数 V 的极小值点的新方法。尽管 $V:\Omega \rightarrow \mathcal{R}$ 的定义域是有限的，但对全局极小值点的详尽搜索在计算上是很难处理的。例如，若 $\Omega \equiv \{0,1\}^d$，$d=100$，那么在 2^d 个可能的解中进行详尽搜索，在计算上是很难实现的。

有限状态空间上的函数最小化问题经常出现在机器学习领域。对于机器学习的算法设计，假设有限集 Ω 中每个元素为机器学习算法设计问题指定一个不同的机器学习框架。此外，假设存在一个函数 $V:\Omega \rightarrow \mathcal{R}$，它可以为 Ω 中的每个网络架构赋值，使得 $V(\boldsymbol{x})<V(\boldsymbol{y})$ 表示架构 $\boldsymbol{x}$ 优于架构 $\boldsymbol{y}$。找到 V 的极小值点对应于选择一个好的机器学习架构。实际上，Ω 中可能有数十亿种不同的架构(见例 11.2.5)。

约束满足问题经常出现在人工智能领域。约束满足问题通常表示为含有 d 个变量的向量，这些向量在集合 Ω 中取值，且 Ω 是 $\mathcal{R}^d$ 的有限子集，其中每个变量取值数量有限。在这种情况下，函数 $V:\Omega \rightarrow \mathcal{R}$ 表示满足约束的程度。确定函数 V 的极小值点也就确定了由 V 表示的约束满足问题的良好解(见例 1.6.6 和例 11.2.4)。

求解此类优化问题的基本方法如下。基于能量函数 $V:\Omega \rightarrow \mathcal{R}$ 定义吉布斯概率质量函数 $p:\Omega \rightarrow [0,1]$，使得 $p(\boldsymbol{x})=(1/Z)\exp(-V(\boldsymbol{x}))$，其中 Z 是归一化常数。然后，随机选择一个初始值 $\boldsymbol{x}(0)$，它对应于随机向量 $\tilde{\boldsymbol{x}}(0)$的实例。接下来，给 $\boldsymbol{x}(0)$施加随机扰动，将 $\tilde{\boldsymbol{x}}(0)$转换为 $\tilde{\boldsymbol{x}}(1)$。重复该过程多次，生成随机向量序列 $\tilde{\boldsymbol{x}}(0),\tilde{\boldsymbol{x}}(1),\tilde{\boldsymbol{x}}(2),\cdots$。如果以适当的方式选择随机扰动，则可以证明，最终生成的随机向量将近似独立同分布，这种分布基于相同(概率)密度 p。因此，这将更快地得到 p 的全局极大值。由于 V 是 p 的单调递减函数，因此 V 的全局

极小值也将更快得到。

蒙特卡罗马尔可夫链采样方法也可用于近似计算复杂期望问题。设 $\phi:\mathcal{R}^M \to \mathcal{R}$。假设目标是计算 $\phi(\tilde{x})$ 的期望值，其中 $\tilde{x}$ 是离散随机向量，其概率质量函数是高维有限状态空间 Ω 上的吉布斯概率质量函数 $p:\Omega \to (0,1]$。期望的准确计算公式为

$$E\{\phi(\tilde{\boldsymbol{x}})\} = \sum_{x \in \Omega} \phi(\boldsymbol{x}) p(\boldsymbol{x})$$

当 Ω 很大(例如，$\Omega \equiv \{0,1\}^d, d=100$)时，它的计算量也非常大。

假设 T 个随机向量 $\tilde{\boldsymbol{x}}(1),\cdots,\tilde{\boldsymbol{x}}(T)$ 基于概率质量函数 p 独立同分布，且 T 足够大，那么可以根据大数定律来近似计算期望 $E\{\phi(\tilde{\boldsymbol{x}})\}$：

$$E\{\phi(\tilde{\boldsymbol{x}})\} = \sum_{x \in \Omega} \phi(\boldsymbol{x}) p(\boldsymbol{x}) \approx (1/T) \sum_{t=1}^{T} \phi(\tilde{\boldsymbol{x}}(t))$$

因此，基于概率质量函数 $p:\Omega \to (0,1]$ 采样的方法，也可用于设计算法来近似计算基于 p 的期望。

这种近似计算期望的方法经常用于机器学习领域，其中典型的机器学习应用包括计算概率逻辑网络中的局部条件概率(例 1.6.6)、模型平均(例 11.2.3)和图像处理(练习 10.4-3)。

11.1 MCMC 算法

11.1.1 有限状态空间上的可数无限一阶链

定义 11.1.1(有限状态空间一阶马尔可夫链)　设 $\Omega \equiv \{\boldsymbol{e}^1,\cdots,\boldsymbol{e}^M\}$ 是 $\mathcal{R}^d$ 的有限子集。一阶马尔可夫链是 d 维随机向量的随机序列 $\tilde{\boldsymbol{x}}(0),\tilde{\boldsymbol{x}}(1),\tilde{\boldsymbol{x}}(2),\cdots$，对所有 $t \in \mathbb{N}$，$\tilde{\boldsymbol{x}}(t)$ 的支集都是 Ω。一阶马尔可夫链的转移矩阵是一个 M 维矩阵，其第 j 行第 k 列的元素 $p_{j,k}$ 定义为

$$p_{j,k} = p(\tilde{\boldsymbol{x}}(t) = \boldsymbol{e}^k \mid \tilde{\boldsymbol{x}}(t-1) = \boldsymbol{e}^j)$$

其中，j，$k \in \{1,\cdots,M\}$。　□

在本章中，术语“马尔可夫链”将用于指代定义 11.1.1 中有限状态空间上的一阶马尔可夫链。请注意，该定义与第 10 章中有限长度马尔可夫链不同，因为它允许可数无限长度的马尔可夫链存在。另外，例 10.3.1 中的马尔可夫链可以由绝对连续随机变量、混合随机变量以及离散随机变量组成，而定义 11.1.1 假设链中的所有随机变量均为离散随机变量，且只能取有限数量的值。

定义 11.1.2(概率向量)　设 $\Omega \equiv \{\boldsymbol{e}^1,\cdots,\boldsymbol{e}^M\}$ 是 $\mathcal{R}^d$ 的有限子集，$p:\Omega \to [0,1]$ 是概率质量函数。定义 $\boldsymbol{p} \in [0,1]^M$，使得对于 $k=1,\cdots,M$，列向量 $\boldsymbol{p}$ 的第 k 个元素等于 $p(\boldsymbol{e}^k)$，那么称 $\boldsymbol{p}$ 为概率向量。　□

定义 11.1.3(一阶马尔可夫链的状态转移图)　设 $\boldsymbol{P}$ 是一阶马尔可夫链的 M 维转移矩阵，其有限状态空间由 M 个状态组成。定义一个有向图 $\mathcal{G} \equiv (\mathcal{V},\mathcal{E})$，当且仅当 $\boldsymbol{P}$ 的第 j 行第 k 列中的元素严格为正时，顶点集为 $\mathcal{V} = \{1,\cdots,M\}$，边集 $\mathcal{E}$ 包含边 (j, k)。称有向图为 $\boldsymbol{P}$ 表示的一阶马尔可夫链的状态转移图。　□

马尔可夫链是随机变量的随机序列。贝叶斯网络有向图表示(见图 10.4)或马尔可夫随机场无向图表示(见例 10.4.9)中的节点数对应于随机序列中随机变量的数量，而边指定了条件独立假设。相比之下，状态转移图中的节点数等于一阶马尔可夫链的状态转移矩阵维数，状态转移图的边指示一阶马尔可夫链中的哪些状态转移是可能的。图 11.1 展示了给定今天天

气，明天天气似然的三态一阶马尔可夫链模型转移矩阵，状态转移图如图 11.2 所示。

	明天晴朗	明天下雨	明天多云
今天晴朗	$P_{1,1}$=0.2	$P_{1,2}$=0.2	$P_{1,3}$=0.6
今天下雨	$P_{2,1}$=0.1	$P_{2,2}$=0.2	$P_{2,3}$=0.7
今天多云	$P_{3,1}$=0.0	$P_{3,2}$=0.8	$P_{3,3}$=0.2

图 11.1　三态一阶马尔可夫链的转移矩阵示例。一阶马尔可夫链中的每个随机变量都有三种状态：晴朗、下雨和多云。本示例中的转移矩阵确定了在已知今天天气晴朗的情况下明天天气晴朗的概率。根据转移矩阵，如果今天晴朗，那么明天晴朗的概率为 0.2，明天多云的概率为 0.6，明天下雨的概率为 0.2。以上信息的图形化表示见状态转移图，即图 11.2

定义 d 维随机向量的随机序列 $\tilde{\boldsymbol{x}}(0), \tilde{\boldsymbol{x}}(1), \cdots$，使得 $\tilde{\boldsymbol{x}}(t)$ 的支集是 M 个 d 维向量组成的有限集 $\Omega \equiv \{\boldsymbol{e}^1, \cdots, \boldsymbol{e}^M\}$。假设 $\tilde{\boldsymbol{x}}(0), \tilde{\boldsymbol{x}}(1), \cdots$ 是基于 M 维转移矩阵 $\boldsymbol{P}$ 的一阶马尔可夫链。

设 $\tilde{\boldsymbol{x}}(t)$ 的概率分布由一个 M 维概率向量 $\boldsymbol{p}(t) \equiv [p_1(t), \cdots, p_M(t)]^{\mathrm{T}}$ 确定，$\boldsymbol{p}(t)$ 的元素非负且总和为 1。$\boldsymbol{P}$ 的第 jk 个元素 $p_{j,k}$ 是从 $t-1$ 时刻状态 $\boldsymbol{e}^j$ 转移到 t 时刻状态 $\boldsymbol{e}^k$ 的概率。因此，

$$p_k(t) = \sum_{j=1}^{M} p_j(t-1) p_{j,k} \tag{11.1}$$

式(11.1)可以用如下矩阵公式等价表示：

$$\boldsymbol{p}(t)^{\mathrm{T}} = \boldsymbol{p}(t-1)^{\mathrm{T}} \boldsymbol{P} \tag{11.2}$$

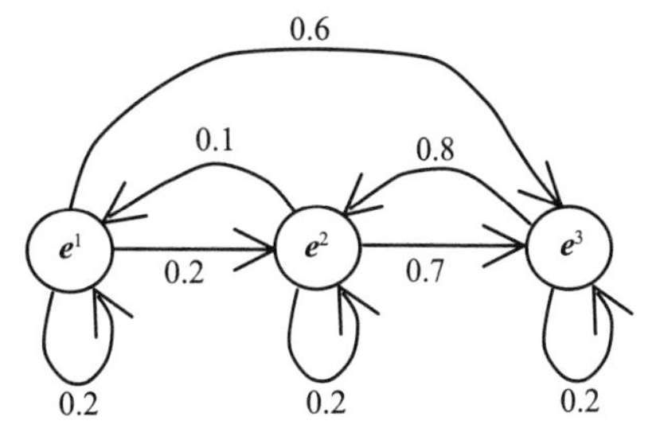

图 11.2　三态一阶马尔可夫链的状态转移图示例。状态转移图以图形方式给出了表示一阶马尔可夫链转移矩阵(见图 11.1)信息的方法

设 $\boldsymbol{p}(0)$ 是一个概率向量，指定 $\tilde{\boldsymbol{x}}(0)$ 的初始概率分布。此外，如果 $\tilde{\boldsymbol{x}}(t)$ 在 t 时刻以概率 1 表现为第 j 个状态 $\boldsymbol{e}^j$，则 $\boldsymbol{p}(t)$ 是 m 维单位矩阵的第 j 个 m 维列向量。因此，使用式(11.2)，行向量 $\boldsymbol{p}(1)^{\mathrm{T}} = \boldsymbol{p}(0)^{\mathrm{T}} \boldsymbol{P}$ 的第 k 个元素是马尔可夫链从初始状态 $\boldsymbol{e}^j$ 转移到状态 $\boldsymbol{e}^k$ 的概率。因此，$\boldsymbol{p}(1)$ 表示马尔可夫链第一步从初始状态 $\boldsymbol{p}(0)$ 到达状态空间中每个可能状态的概率。

根据式(11.2)分两步计算马尔可夫链从初始状态到特定状态 k 的概率。首先，计算

$$\boldsymbol{p}(1)^{\mathrm{T}} = \boldsymbol{p}(0)^{\mathrm{T}} \boldsymbol{P} \tag{11.3}$$

然后计算

$$\boldsymbol{p}(2)^{\mathrm{T}} = \boldsymbol{p}(1)^{\mathrm{T}} \boldsymbol{P} \tag{11.4}$$

将式(11.3)代入式(11.4)即可得到两步转移公式：

$$\boldsymbol{p}(2)^{\mathrm{T}} = \boldsymbol{p}(0)^{\mathrm{T}} \boldsymbol{P}^2$$

以此类推，有

$$\boldsymbol{p}(3)^{\mathrm{T}}=\boldsymbol{p}(0)^{\mathrm{T}}\boldsymbol{P}^3$$

更一般的 m 步转移公式如下：

$$\boldsymbol{p}(m)=\boldsymbol{p}(0)^{\mathrm{T}}\boldsymbol{P}^m$$

其中，$\boldsymbol{p}(m)$指定 $\widetilde{\boldsymbol{x}}(m)$的概率向量。

在实践中，d 维状态向量的一阶马尔可夫随机序列的转移矩阵可以非常大。例如，假设马尔可夫链的特定状态是一个 d 维二进制向量 $\boldsymbol{x}\in\{0,1\}^d$。如果配置空间由 2^d 个状态组成，$d=100$，那么这意味着 Ω 中状态数 M 为 2^{100}。因此，转移矩阵由 $2^{100}\times2^{100}$ 个元素组成。

11.1.2 MCMC 收敛性分析

定义 11.1.4(不可约马尔可夫链) 设 $\Omega\equiv\{\boldsymbol{e}^1,\cdots,\boldsymbol{e}^M\}\subset\mathcal{R}^d$，$\boldsymbol{P}$ 是 Ω 上一阶马尔可夫链 $\widetilde{\boldsymbol{x}}(0),\widetilde{\boldsymbol{x}}(1),\cdots$的 M 维转移矩阵，$\boldsymbol{P}$ 的第 ij 个元素是概率 $p(\widetilde{\boldsymbol{x}}(t+1)=\boldsymbol{e}^j\mid\widetilde{\boldsymbol{x}}(t)=\boldsymbol{e}^i)$，其中 $i,j=1,\cdots,M$。如果 $\boldsymbol{P}^m$ 的所有非对角线元素对于某个正整数 m 都是严格为正的，那么称马尔可夫链不可约。 □

简单地说，对于状态空间 Ω 中的每一对状态 $\boldsymbol{e}^j$ 和 $\boldsymbol{e}^k$，如果从状态 $\boldsymbol{e}^j$ 处起始的马尔可夫链最终到达 $\boldsymbol{e}^k$ 的概率为正，那么马尔可夫链不可约。

如果 $\boldsymbol{P}$ 是马尔可夫链的转移矩阵，并且 $\boldsymbol{P}$ 的所有非对角线元素都严格为正，则此为保证马尔可夫链不可约的充分条件。

请注意，马尔可夫链不可约的性质很重要，因为这样的马尔可夫链最终会搜索状态空间中的所有状态。图 11.3 所示为不可约马尔可夫链。

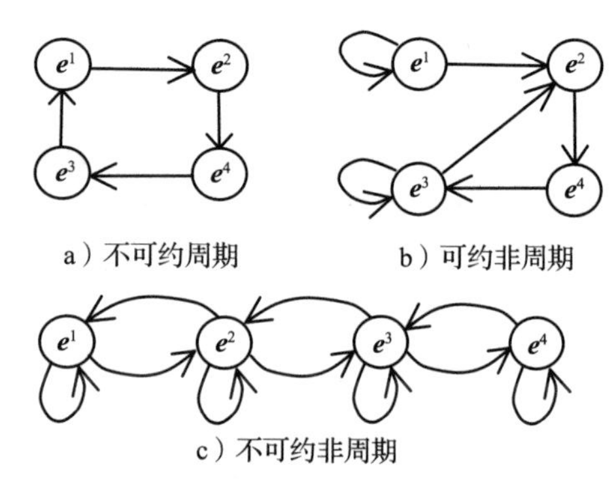

图 11.3 不可约或非周期的一阶马尔可夫链状态转移图示例。如果马尔可夫链不可约且至少有一个自环，那么马尔可夫链也是非周期的

定义 11.1.5(非周期马尔可夫链) 设 $\Omega\equiv\{\boldsymbol{e}^1,\cdots,\boldsymbol{e}^M\}\subset\mathcal{R}^d$，$\boldsymbol{P}$ 为Ω 上一阶马尔可夫链$\widetilde{\boldsymbol{x}}(0)$, $\widetilde{\boldsymbol{x}}(1),\cdots$的 M 维转移矩阵。设

$$S_k\equiv\{n\in\mathbb{N}^+:\boldsymbol{P}^n \text{ 的第 } k \text{ 个对角线元素为正}\}$$

状态 $\boldsymbol{e}^k$ 的周期是当 S_k 不为空时 S_k 元素的最大公约数(或公因数)。如果 S_k 为空，则状态 $\boldsymbol{e}^k$ 的周期定义为零。如果 $\boldsymbol{e}^k$ 的周期等于 1，则状态 $\boldsymbol{e}^k$ 是非周期的。如果马尔可夫链中的所有状态都是非周期的，那么马尔可夫链和转移矩阵 $\boldsymbol{P}$ 也是非周期的。 □

假设从状态 $\boldsymbol{e}^k$ 起始的某马尔可夫链总是在 n 次迭代内返回状态 $\boldsymbol{e}^k$，那么从状态 $\boldsymbol{e}^k$ 起始的马尔可夫链会在 Mn 次迭代内返回状态 $\boldsymbol{e}^k$。状态 $\boldsymbol{e}^k$ 的周期是最大整数 n，马尔可夫链在 n 的倍数次迭代内返回 $\boldsymbol{e}^k$。如果从状态 $\boldsymbol{e}^k$ 起始的马尔可夫链在 6 次迭代内总是返回状态 $\boldsymbol{e}^k$，并且在 21 次迭代内总是返回状态 $\boldsymbol{e}^k$，那么该状态的周期等于 3。对于马尔可夫链状态空间中的状态，如果马尔可夫链以大于 1 的某个周期周期性地返回该状态，则称该状态为马尔可夫链的周期状态。不是周期状态的状态称为非周期状态。总之，当链从 $\boldsymbol{e}^k$ 处起始但并不周期性地返回到状态 $\boldsymbol{e}^k$ 时，有限状态空间上定义的一阶马尔可夫链的状态称为非周期状态。

由转移矩阵 $\boldsymbol{P}$ 表示的马尔可夫链状态 $\boldsymbol{e}^k$ 为非周期状态的一个充分条件是，从状态 $\boldsymbol{e}^k$ 起始的马尔可夫链存在某个保持状态 $\boldsymbol{e}^k$ 的严格正概率。换句话说，如果转移矩阵的第 k 个对角线元素严格为正，则马尔可夫链的第 k 个状态是非周期的。练习 11.1-4 表明，如果不可约马尔可夫链具有非周期状态，则整个马尔可夫链是非周期的。图 11.3 为非周期和不可约马尔可夫链示例。

以下定理给出了一种构建 MCMC 采样算法的方法，以基于计算难度高的概率质量函数 p 采集样本。它的基本思想是构建一个易于计算的马尔可夫链，生成一个随机序列，该序列依分布收敛到一个分布为概率质量函数 p 的随机向量。这个随机序列尾端的观测结果将近似独立且与概率质量函数 p 同分布，因此它给出了一种易于计算的基于 p 采样的方法。

定义 11.1.6(马尔可夫链平稳分布)　设 $\boldsymbol{P}$ 是 Ω 上一阶马尔可夫链的 M 维转移矩阵。如果存在一个 M 维概率向量 $\boldsymbol{p}^*$，使得 $(\boldsymbol{p}^*)^{\mathrm{T}}\boldsymbol{P}=(\boldsymbol{p}^*)^{\mathrm{T}}$，则称 $\boldsymbol{p}^*$ 为 $\boldsymbol{P}$ 的平稳分布。　□

定理 11.1.1(MCMC 收敛定理)　设 Ω 为 $\mathcal{R}^d$ 的有限子集，$\boldsymbol{P}$ 是不可约且非周期的一阶马尔可夫链 $\tilde{\boldsymbol{x}}(0),\tilde{\boldsymbol{x}}(1),\cdots$ 的 M 维转移矩阵，其中随机向量 $\tilde{\boldsymbol{x}}(t)$ 的支集为 Ω。设 λ_2 是 $\boldsymbol{P}$ 的第二大特征值，令 $\boldsymbol{p}(0)$ 表示初始概率向量，用于表示 $\tilde{\boldsymbol{x}}(0)$ 的概率分布。设 $\boldsymbol{p}^*$ 是 $\boldsymbol{P}$ 的平稳分布，那么当 $m\to\infty$ 时，$\tilde{\boldsymbol{x}}(m)$ 依分布收敛到一个唯一的随机向量 $\tilde{\boldsymbol{x}}^*$，其平稳分布是 $\boldsymbol{p}^*$。此外，当 $m\to\infty$ 时，

$$|(\boldsymbol{p}^*)^{\mathrm{T}}-(\boldsymbol{p}(0))^{\mathrm{T}}\boldsymbol{P}^m|=O(|\lambda_2|^m) \tag{11.5}$$

证明　基于 Jordan 矩阵分解定理有

$$\boldsymbol{P}=\boldsymbol{RJR}^{-1} \tag{11.6}$$

其中，$\boldsymbol{R}$ 是一个非奇异矩阵，其元素可以是复数，$\boldsymbol{J}$ 可以是奇异矩阵，也可以是非奇异矩阵。

$\boldsymbol{R}$ 的列由 $\boldsymbol{r}_1,\cdots,\boldsymbol{r}_M$ 表示。$\boldsymbol{R}^{-1}$ 的行称为 $\boldsymbol{P}^{\mathrm{T}}$ 的特征向量，表示为 $\ddot{\boldsymbol{r}}_1^{\mathrm{T}},\cdots,\ddot{\boldsymbol{r}}_M^{\mathrm{T}}$。矩阵 $\boldsymbol{J}$ 由 k 个对角子矩阵组成，这些对角子矩阵称为 Jordan 块(Nobel & Daniel，1977)，第 i 个 m_i 维子矩阵对应于特征值 λ_i。

注意，由于

$$\boldsymbol{P}^2=\boldsymbol{PP}=\boldsymbol{RJR}^{-1}\boldsymbol{RJR}^{-1}=\boldsymbol{RJ}^2\boldsymbol{R}^{-1}$$

对于每个非负整数 m，满足：

$$\boldsymbol{P}^m=\boldsymbol{RJ}^m\boldsymbol{R}^{-1} \tag{11.7}$$

方阵 $\boldsymbol{P}$ 的特征值 λ 的代数重数 m_λ 是指特征方程 $\det(\boldsymbol{P}-\lambda\boldsymbol{I})=0$ 根 λ 的个数，几何重数 k_λ 是指方阵 $\boldsymbol{P}$ 的 Jordan 分解中对应于 λ 的 Jordan 块数量。

由于状态转移矩阵 $\boldsymbol{P}$ 既是不可约的又是非周期的，因此应用 Perron-Frobenius 定理[(Bremaud，1999，2013)的定理 1.1]可证明：(1)$\boldsymbol{P}$ 中具有最大幅值的特征值 λ_1 的几何重数与代数重数为 1；(2)$\boldsymbol{P}$ 中的最大特征值 λ_1 唯一且等于 1；(3)$\boldsymbol{p}^*$ 是唯一满足 $(\boldsymbol{p}^*)^{\mathrm{T}}\boldsymbol{P}=(\boldsymbol{p}^*)^{\mathrm{T}}$ 的向量，且 $\boldsymbol{p}^*$ 有严格正元素，其和为 1。

因此，根据 Jordan 块的定义，将矩阵 $\boldsymbol{J}^m$ 重写为

$$\boldsymbol{J}^m=\boldsymbol{1}_M\ddot{\boldsymbol{r}}_1^{\mathrm{T}}+O(|\lambda_2|^m) \tag{11.8}$$

其中，$1>|\lambda_2|$，$\boldsymbol{1}_M$ 和 $\ddot{\boldsymbol{r}}_1$ 分别是 $\boldsymbol{R}$ 和 $\boldsymbol{R}^{-1}$ 的第一列和第一行。

因此，对于每个元素为非负实数且总和为 1 的初始状态概率向量 $\boldsymbol{p}(0)$：

$$\boldsymbol{p}(m)^{\mathrm{T}}=\boldsymbol{p}(0)^{\mathrm{T}}\boldsymbol{P}^m=\boldsymbol{p}(0)^{\mathrm{T}}\boldsymbol{1}_M(\ddot{\boldsymbol{r}}_1)^{\mathrm{T}}+O(|\lambda_2|^m)=(\ddot{\boldsymbol{r}}_1)^{\mathrm{T}}+O(|\lambda_2|^m) \tag{11.9}$$

式(11.9)表明，对于具有式(11.5)中几何收敛率的每个初始概率向量 $\boldsymbol{p}(0)$，当 $m\to\infty$ 时，$\boldsymbol{p}(m)^{\mathrm{T}}\to(\ddot{\boldsymbol{r}}_1)^{\mathrm{T}}$。由于 $\boldsymbol{p}^*$ 是基于 Perron-Frobenius 定理[参见(Winkler，2003)的定理 4.3.2]链的唯一平稳分布，因此 $\boldsymbol{p}^*$ 和 $\ddot{\boldsymbol{r}}_1$ 必须相等。　■

11.1.3　混合 MCMC 算法

在一些应用中，可能有几种不同的 MCMC 算法收敛到一个相同的平稳分布 $\boldsymbol{p}^*$，并且我

们希望组合所有这些 MCMC 算法来创建一个新的 MCMC 算法，使其具有更好或不同的收敛特性，以收敛到 $\boldsymbol{p}^*$。一种可能的方法是，使用一个马尔可夫链的随机转移步骤 T_1 进行概率转移，然后使用另一个马尔可夫链的随机转移步骤 T_2 进行概率转移。这个例子使用“组合”原理创建了全新的混合 MCMC。如果有两个不同的 MCMC，假设它们的随机转移步骤分别为 T_1 和 T_2，那么这两个链可以组合起来构成一个新的马尔可夫链，其中以概率 α 从第一个马尔可夫链中选择转移步骤 T_1，以概率 $1-\alpha$ 从第二个马尔可夫链选择转移步骤 T_2。这个例子通过两个马尔可夫链的“混合”构建了一个全新的混合马尔可夫链。

混合 MCMC 算法可用于基于其他现有 MCMC 算法定制 MCMC 算法。这种定制 MCMC 算法的一个重要的实际应用是蒙特卡罗马尔可夫链设计，目的是实现大型状态空间探索的定制策略。这种策略可以显著提高 MCMC 算法生成新算法的速度和质量。假设已经预先知道应当以很大概率访问状态空间的一些特定的重要区域，但这些区域在状态空间中非常分散。这种启发式先验知识可以嵌入混合马尔可夫链算法中，首先大步进入状态空间中的某一重要区域，然后利用一系列小步在该理想区域中搜索。之后再进行一个大步，以探索更远但同样重要的状态空间区域。因此，混合 MCMC 算法的动态过程可以形象地看作两个不同马尔可夫链的组合：一个马尔可夫链采取大步，目的是从状态空间的一个大的理想区域移动到另一个较远的大理想区域，而另一个马尔可夫链采取小步，目的是仔细探索位于大理想区域内状态空间的特定局部区域。

混合 MCMC 算法的第二个重要实际应用是，如果可以选择不同方式组合 MCMC 算法，则可以轻松从数学上推导或实现高效解决特定任务的 MCMC 算法。

定义 11.1.7(混合 MCMC)　设 $\boldsymbol{P}_1,\cdots,\boldsymbol{P}_K$ 是 K 个(不一定是唯一的)M 维马尔可夫转移矩阵的集合，它们分别表示 K 个一阶马尔可夫链，这些马尔可夫链在同一有限状态空间 $\Omega\subset\mathcal{R}^d$ 上具有相同平稳分布 $\boldsymbol{u}^*$。设 $\alpha_1,\cdots,\alpha_K$ 是总和为 1 的非负实数。假设 Ω 上的一阶马尔可夫链由如下转移矩阵确定：

$$\boldsymbol{M}\equiv\sum_{k=1}^{K}\alpha_k\boldsymbol{P}_k$$

则称该链为基于 $\boldsymbol{P}_1,\cdots,\boldsymbol{P}_K$ 和 $\alpha_1,\cdots,\alpha_K$ 的混合综合 MCMC。由转移矩阵

$$\boldsymbol{C}\equiv\prod_{k=1}^{K}\boldsymbol{P}_k$$

确定的 Ω 上的一阶马尔可夫链称为基于 $\boldsymbol{P}_1,\cdots,\boldsymbol{P}_K$ 的混合组合 MCMC。　□

定理 11.1.2(混合 MCMC 的收敛性)　设 $\boldsymbol{P}_1,\cdots,\boldsymbol{P}_K$ 是 K 个(不一定是唯一的)M 维马尔可夫转移矩阵的集合，它们分别确定 K 个一阶马尔可夫链，这些马尔可夫链基于由 M 维概率向量 $\boldsymbol{u}^*$ 表示的相同平稳分布。设 $\alpha_1,\cdots,\alpha_K$ 是总和为 1 的非负实数。Ω 上的非周期不可约马尔可夫链如果由转移矩阵

$$\boldsymbol{M}\equiv\sum_{k=1}^{K}\alpha_k\boldsymbol{P}_k$$

或

$$\boldsymbol{C}\equiv\prod_{k=1}^{K}\boldsymbol{P}_k$$

确定，则依分布收敛到一个唯一的随机向量，其平稳分布是概率向量 $\boldsymbol{u}^*$。

证明　根据 MCMC 收敛定理(定理 11.1.1)，由转移矩阵 $\boldsymbol{M}$ 确定的非周期不可约马尔可夫可

夫链收敛到唯一平稳概率分布。由于 $\boldsymbol{p}^*$ 是 $\boldsymbol{P}_1,\cdots,\boldsymbol{P}_K$ 和 $\sum\alpha_k=1$ 的平稳分布，有

$$(\boldsymbol{p}^*)^{\mathrm{T}}\boldsymbol{M}=(\boldsymbol{p}^*)^{\mathrm{T}}\sum_{k=1}^{K}\alpha_k\boldsymbol{P}_k=\sum_{k=1}^{K}\alpha_k(\boldsymbol{p}^*)^{\mathrm{T}}\boldsymbol{P}_k=\sum_{k=1}^{K}\alpha_k(\boldsymbol{p}^*)^{\mathrm{T}}=(\boldsymbol{p}^*)^{\mathrm{T}}$$

因此，由转移矩阵 $\boldsymbol{M}$ 确定的一阶马尔可夫链收敛到唯一平稳分布 $\boldsymbol{p}^*$。

类似地，根据 MCMC 收敛定理(定理 11.1.1)，由转移矩阵 $\boldsymbol{C}$ 确定的非周期不可约马尔可夫链收敛到唯一平稳概率分布。由于 $\boldsymbol{p}^*$ 是 $\boldsymbol{P}_1,\cdots,\boldsymbol{P}_K$ 的平稳分布，有

$$(\boldsymbol{p}^*)^{\mathrm{T}}\boldsymbol{C}=(\boldsymbol{p}^*)^{\mathrm{T}}\prod_{k=1}^{K}\boldsymbol{P}_k=(\boldsymbol{p}^*)^{\mathrm{T}}$$

因此，由转移矩阵 $\boldsymbol{C}$ 确定的一阶马尔可夫链也收敛到唯一平稳分布 $\boldsymbol{p}^*$。

11.1.4　寻找全局极小值点及计算期望

MCMC 收敛定理给出了设计马尔可夫链的过程，即基于期望的吉布斯概率质量函数生成样本。因此，生成最多的那些样本对应吉布斯概率质量函数 $p_{\mathcal{T}}(\boldsymbol{x})$ 的全局极大值点，$p_{\mathcal{T}}(\boldsymbol{x})=(1/Z_{\mathcal{T}})\exp(-V(\boldsymbol{x})/\mathcal{T})$，其中 $V:\Omega\to\mathcal{R}$，$\mathcal{T}$ 为正温度常数。

定理 11.1.3 与图 11.4 表明，当式(11.10)中的温度常数 $\mathcal{T}$ 很大时，$p_{\mathcal{T}}$ 在状态空间上近似均匀分布。当 $\mathcal{T}$ 接近于零时，则 $p_{\mathcal{T}}$ 近似为能量函数 V 的全局极小值点处的均匀分布。这给出了一种有效的搜索全局极小值点的启发式策略。从较大的温度常数 $\mathcal{T}$ 开始，使马尔可夫链收敛到平稳分布，且跟踪与 V 的最小值相关的状态。然后，减小温度常数 $\mathcal{T}$，让从上一步中找到的 V 最小值初始状态起始的多个马尔可夫链收敛到平稳分布，以这种方式继续拓展，直到温度常数 $\mathcal{T}$ 非常接近于零。

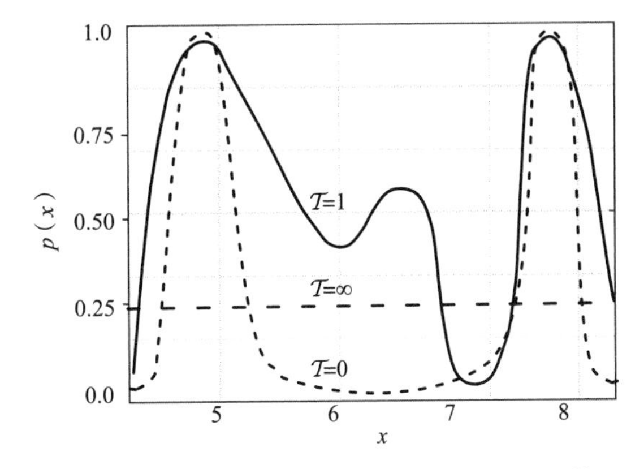

图 11.4　吉布斯密度形状为温度参数 $\mathcal{T}$ 的函数。当温度参数 $\mathcal{T}$ 接近无穷大时，吉布斯密度在整个样本空间中是均匀分布的。当温度参数 $\mathcal{T}$ 接近于零时，吉布斯密度在样本空间中的最可能点集 $\{5,8\}$ 上是均匀的。通常，假设 $\mathcal{T}=1$ 时对应于吉布斯密度的未失真形状

定理 11.1.3(吉布斯分布温度的相关性)　设 $\mathcal{T}\in(0,\infty)$，$\Omega\equiv\{\boldsymbol{x}_1,\cdots,\boldsymbol{x}_M\}$ 是 $\mathcal{R}^d$ 的有限子集，$V:\Omega\to\mathcal{R}$。设 G 是 Ω 的子集，包含 V 的所有 K 个全局极小值点。定义 $p_{\mathcal{T}}:\Omega\to[0,1]$，使得对于所有 $\boldsymbol{x}\in\Omega$，有

$$p_{\mathcal{T}}(\boldsymbol{x})=\frac{\exp(-V(\boldsymbol{x})/\mathcal{T})}{Z_{\mathcal{T}}}\tag{11.10}$$

$$Z_{\mathcal{T}}=\sum_{\boldsymbol{y}\in\Omega}\exp(-V(\boldsymbol{y})/\mathcal{T})$$

若 $\mathcal{T}\to0$ 则：(i)当 $\boldsymbol{x}\in G$ 时，$p_{\mathcal{T}}(\boldsymbol{x})\to1/K$；(ii)当 $\boldsymbol{x}\notin G$ 时，$p_{\mathcal{T}}(\boldsymbol{x})\to0$。

(iii) 若 $\mathcal{T}\to\infty$，则当 $\boldsymbol{x}\in\Omega$ 时，$p_{\mathcal{T}}(\boldsymbol{x})\to1/\mathrm{M}$。

证明　Ω 是有限集，所以 $K\geqslant1$。对于所有 $\boldsymbol{x}\in G$，令 $V^*=V(\boldsymbol{x})$。设

$$\delta_{\mathcal{T}}(\boldsymbol{y})\equiv\exp[-(V(\boldsymbol{y})-V^*)/\mathcal{T}]$$

若 $\mathcal{T}\to0$，则当 $\boldsymbol{y}\notin G$ 时，$\delta_{\mathcal{T}}(\boldsymbol{y})\to0$；当 $\boldsymbol{y}\in G$ 时，$\delta_{\mathcal{T}}(\boldsymbol{y})=1$。

将 $p_{\mathcal{T}}$ 重写为

$$p_{\mathcal{T}}(\boldsymbol{x})=\frac{\delta_{\mathcal{T}}(\boldsymbol{x})}{\sum_{\boldsymbol{y}\in G}\delta_{\mathcal{T}}(\boldsymbol{y})+\sum_{\boldsymbol{y}\notin G}\delta_{\mathcal{T}}(\boldsymbol{y})}=\frac{\delta_{\mathcal{T}}(\boldsymbol{x})}{K+\sum_{\boldsymbol{y}\notin G}\delta_{\mathcal{T}}(\boldsymbol{y})} \tag{11.11}$$

基于式(11.11)，令 $\mathcal{T}\to 0$，便可直接得到结论(i)和(ii)。基于式(11.11)，注意到当 $\mathcal{T}\to\infty$ 时，$\delta_{\mathcal{T}}(\boldsymbol{x})\to 1$，即 $p_{\mathcal{T}}(\boldsymbol{x})\to 1/M$，直接得到结论(iii)。■

MCMC 采样算法的另一个重要应用涉及计算期望及有效边缘概率。MCMC 采样算法生成一个随机序列$\{\tilde{\boldsymbol{x}}(t)\}$，它依分布收敛至基于相同概率质量函数 $p:\Omega\to[0,1]$的独立同分布随机向量序列。

设 Ω 为 $\mathcal{R}^d$ 的有限子集，$\boldsymbol{\phi}:\Omega\to\mathcal{R}^k$。假设 MCMC 采样算法的目标是计算期望

$$E\{\boldsymbol{\phi}(\tilde{\boldsymbol{x}})\}\equiv\sum_{\boldsymbol{x}\in\Omega}\boldsymbol{\phi}(\boldsymbol{x})p(\boldsymbol{x}) \tag{11.12}$$

然而，由于 Ω 中的元素数量非常大，因此式(11.12)很难直接计算。

可以使用以下公式计算式(11.12)的蒙特卡罗近似：

$$\bar{\boldsymbol{\phi}}_L(t)=(1/L)\sum_{s=0}^{L-1}\boldsymbol{\phi}(\tilde{\boldsymbol{x}}(t-s)) \tag{11.13}$$

其中，L 称为块尺寸。块尺寸 L 指定用于估计期望 $E\{\boldsymbol{\phi}(t)\}$的随机序列部分的长度。通常，这是指随机序列中最后 L 个观测值。

不幸的是，一阶 MCMC 中的观测值是同分布的，但只是渐近独立的，因此独立同分布随机向量的强大数定律(见定理 9.3.1)在技术上不可用。

幸运的是，若将定理 11.1.4 看作强大数定律，就能避免这些问题，该定理可应用于有限状态空间上蒙特卡罗马尔可夫链生成的随机向量的随机序列。

定理 11.1.4(MCMC 强大数定律)　设 d 维随机向量的随机序列 $\tilde{\boldsymbol{x}}(0),\tilde{\boldsymbol{x}}(1),\tilde{\boldsymbol{x}}(2),\cdots$是有限状态空间 Ω 上的不可约一阶马尔可夫链，它基于平稳概率质量函数 $p:\Omega\to[0,1]$收敛到某个 d 维随机向量 $\tilde{\boldsymbol{x}}^*$。设 $\boldsymbol{\phi}:\Omega\to\mathcal{R}^k$，

$$E\{\boldsymbol{\phi}(\tilde{\boldsymbol{x}})\}\equiv\sum_{\boldsymbol{x}\in\Omega}\boldsymbol{\phi}(\boldsymbol{x})p(\boldsymbol{x})$$

设

$$\bar{\boldsymbol{\phi}}_L\equiv(1/L)\sum_{t=0}^{L-1}\boldsymbol{\phi}(\tilde{\boldsymbol{x}}(t))$$

那么，当 $L\to\infty$时，$\bar{\boldsymbol{\phi}}_L$ 以概率 1 收敛到 $E\{\boldsymbol{\phi}(\tilde{\boldsymbol{x}})\}$。此外，当 $L\to\infty$时，$\bar{\boldsymbol{\phi}}_L$ 均方收敛到 $E\{\boldsymbol{\phi}(\tilde{\boldsymbol{x}})\}$。

证明　由于 Ω 是有限状态空间，因此 $\boldsymbol{\phi}$ 在 Ω 上有界。根据 MCMC 强大数定律即可得出以概率 1 收敛[参见文献(Bremaud，1999)的定理 4.1 和定理 3.3]。由于状态空间是有限的，基于随机收敛关系定理(即定理 9.3.8)即可得出均方收敛。■

需要注意的是，即使不可约一阶马尔可夫链还没有完全收敛到平稳分布，$\bar{\boldsymbol{\phi}}_L$ 仍可能是定理 11.1.4 中 $E\{\boldsymbol{\phi}(\tilde{\boldsymbol{x}})\}$的一种良好近似。定理 11.1.4 给出了相关随机序列的强大数定律，可处理由不可约一阶马尔可夫链生成的有限状态空间中序列。

11.1.5　MCMC 收敛性能的评估与改进

评估蒙特卡罗马尔可夫链收敛性的有效方法在人们之间尚未达成广泛共识。本小节给出了一种用于评估收敛性的简单示例方法，但其他方法也应加以考虑[参见(Robert & Casella，

2004)的有效论述]。任何收敛评估方法都应始终在不同初始条件下重复多次，才能深入研究与相同蒙特卡罗马尔可夫链多种实例相关的可变性。实际上，这种重复可以通过并行计算方法来实现。

11.1.5.1　期望近似值的收敛评估

设 $\tilde{\boldsymbol{x}}(0),\tilde{\boldsymbol{x}}(1),\tilde{\boldsymbol{x}}(2),\cdots$表示 d 维随机向量的随机序列，为有限状态空间 Ω 上的不可约一阶马尔可夫链，依分布收敛至某一个 d 维随机向量 $\tilde{\boldsymbol{x}}^*$。设 $\phi:\mathcal{R}^d \to \mathcal{R}^k$。

在许多 MCMC 应用中，一个重要的目标是计算期望

$$\bar{\boldsymbol{\phi}}^* \equiv E\{\boldsymbol{\phi}(\tilde{\boldsymbol{x}}^*)\}$$

定理 11.1.4 表明 $\bar{\boldsymbol{\phi}}^*$ 的一个有用的近似值是：

$$\bar{\boldsymbol{\phi}}_L(t) \equiv \frac{1}{L}\sum_{i=0}^{L-1}\boldsymbol{\phi}(\tilde{\boldsymbol{x}}(t-i)) \tag{11.14}$$

由于定理 11.1.4 给出了 $\bar{\boldsymbol{\phi}}_L(t)$均方收敛到 $\bar{\boldsymbol{\phi}}^*$ 或

$$E\{|\bar{\boldsymbol{\phi}}_L(t)-\bar{\boldsymbol{\phi}}^*|^2\}\to 0$$

的条件，因此如果有一种估计$(1/k)E\{|\bar{\boldsymbol{\phi}}_L(t)-\bar{\boldsymbol{\phi}}^*|^2\}$的方法，这将有助于评估将 $\bar{\boldsymbol{\phi}}_L(t)$作为 $\bar{\boldsymbol{\phi}}^*$ 近似值的有效性。请注意，除以维数 k 是为了度量 $\bar{\boldsymbol{\phi}}_L(t)$中单个元素的期望方差幅度。

$(1/k)E\{|\bar{\boldsymbol{\phi}}_L(t)-\bar{\boldsymbol{\phi}}^*|^2\}$的一种可能估计是

$$\hat{\sigma}_L^2(t) \equiv \frac{1}{kL}\sum_{i=0}^{L-1}|\bar{\boldsymbol{\phi}}_L(t-i)-\hat{\boldsymbol{\mu}}_L(t-i)|^2 \tag{11.15}$$

其中，$\hat{\boldsymbol{\mu}}_L(t) \equiv (1/L)\sum_{i=0}^{L-1}\bar{\boldsymbol{\phi}}_L(t-i)$。

统计量 $\hat{\sigma}_L(t)$称为 MCMC 模拟误差。当 MCMC 模拟误差 $\hat{\sigma}_L(t)$小于某正数ϵ，这就表明蒙特卡罗样本均值 $\bar{\boldsymbol{\phi}}_L(t)$非常接近其渐近值 $\bar{\boldsymbol{\phi}}^*$。

在某些情况下，由于计算能力的限制，可能无法选择足够大的 t 和 L 来确保 $\hat{\sigma}_L(t)$接近于零。在这种情况下，应该将 $\hat{\sigma}_L(t)$作为 MCMC 用 $\bar{\boldsymbol{\phi}}_L(t)$逼近 $\bar{\boldsymbol{\phi}}^*$ 的模拟误差。选择足够大的 L 也很重要，这样当对马尔可夫链的 L 个观测值进行采样时，观察到 $\tilde{x}^*$ 低概率值的频率也足够高。

11.1.5.2　MCMC 收敛的挑战与启发

虽然随 MCMC 采样算法的迭代次数变大，就能保证依分布收敛到唯一的随机向量，但系统状态可能会被困在被低概率转移包围的状态空间区域中。这种情况如图 11.5 所示。尽管在这种情况下仍然可以确保依分布收敛，但收敛速度可能会很慢，以至于 MCMC 采样算法变得不切实际。评估这种一般情况的收敛性可能极具挑战性，因为 $\tilde{\boldsymbol{x}}(t)$近似概率分布的

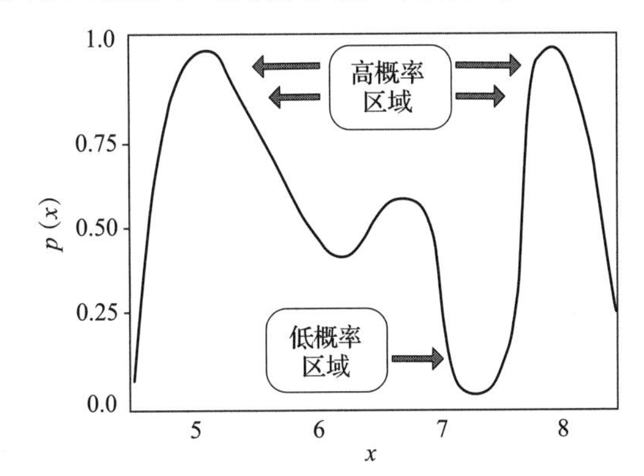

图 11.5　当低概率区域包围高概率区域时，会显著降低随机搜索的速度

不同属性可能具有不同的收敛速度。

为了避免陷入状态空间的低概率区域附近，可以采用的一种启发策略是增大温度常数 T 以提高马尔可夫链越过低概率区域的概率。一旦 MCMC 收敛到平稳分布，就可以减小温度常数，然后再重复此过程。在较小温度常数下，马尔可夫链会非常频繁地到达平稳分布能量函数的全局极小值点。在使用 MCMC 采样解决优化问题的应用中，这种逐渐减小温度常数的方法非常有用。

越过低概率区域的第二种重要启发策略涉及较大与较小步长的组合。较大的步长使得算法可从状态空间的一个区域跳到另一个区域，以避免陷入局部区域；而较小的步长可对解进行放大。也就是说，马尔可夫链以不同的概率访问马尔可夫场的不同区域。然后，在某区域内，可以通过另一个 MCMC 以不同的概率搜索当前区域内随机变量的状态值。此类算法的渐近行为可基于 11.1.3 节中设计的混合 MCMC 收敛理论表征。

第三种重要的启发策略是生成多个随机序列，这些序列用状态空间不同区域的随机粒子基于相同 MCMC 算法采样生成。如果不同链表现出完全不同的渐近性，则意味着一个或多个链已陷入状态空间的低概率区域。应用此策略时，重要的一点是让不同链从状态空间中的不同点起始。如前所述，该技术也可用于收敛评估。

避免陷入低概率区域的第四种重要的启发策略是考虑替代 MCMC 采样算法。可以设计具有不同收敛速度的完全不同的 MCMC 采样算法，使其收敛到相同的平稳分布。因此，有时针对特定应用，可以设计具有更快收敛速度的 MCMC 采样算法。

练习

11.1-1. 参考图 11.3，解释为什么图 11.3a 的状态转移图是不可约周期链，图 11.3b 的状态转移图是可约非周期链，图 11.3c 的状态转移图是不可约非周期链。

11.1-2. (模型空间中的随机搜索)假设有 d 个输入变量组成的集合，这 d 个输入变量的不同子集对应不同的学习机架构。设 $\boldsymbol{x}\equiv[x_1,\cdots,x_d]\in S$，其中 $S\equiv\{0,1\}^d$ 是一个二进制向量，对于特定学习机，如果第 j 个输入变量包含在输入模式中，则该向量第 j 个元素等于 1。因此，$\{0,1\}^d$ 的每个元素对应不同的学习机架构。有限状态空间 S 称为“模型空间”。

考虑如下随机搜索算法，它通过模型空间生成随机序列 $\tilde{\boldsymbol{x}}(0),\tilde{\boldsymbol{x}}(1),\cdots$。基于以下算法生成此随机序列实例。设 $y=\text{RANDOM}(Q)$，Q 表示 y 是来自支集为 Q 的均匀分布的样本。

步骤 1　$t\Leftarrow 0.\ \boldsymbol{x}(0)\Leftarrow\text{RANDOM}(\{0,1\}d)$

步骤 2　$k\Leftarrow\text{RANDOM}(\{1,\cdots,d\})$

步骤 3　$\alpha\Leftarrow\text{RANDOM}([0,1])$

步骤 4　$\boldsymbol{x}(t+1)\Leftarrow\boldsymbol{x}(t)$.

步骤 5　**IF** $\alpha>0.8$ **Then** $x_k(t+1)\Leftarrow 1-x_k(t)$(即“翻转”$\boldsymbol{x}(t)$中的第 k 位)

步骤 6　$t\Leftarrow t+1$，然后转到步骤 2。

说明马尔可夫链 $\tilde{x}(0),\tilde{x}(1),\cdots$是否不可约，是否为非周期链。

11.1-3. 修改练习 11.1-2 中的模型搜索算法如下：

- 首先，将步骤 1 替换为“$t\Leftarrow 0.\ \boldsymbol{x}(0)\Leftarrow\boldsymbol{0}_d$”。

- 然后，将步骤 5 替换为“$x_k(t+1) \Leftarrow 1$”。

说明产生的新马尔可夫链 $\tilde{\boldsymbol{x}}(0), \tilde{\boldsymbol{x}}(1), \cdots$ 是否不可约，是否为非周期链。

11.1-4. (有非周期状态的不可约链是非周期链)证明如果不可约马尔可夫链具有非周期状态，则该链是非周期链。

11.1-5. 考虑图 11.1 中马尔可夫链的转移矩阵 $\boldsymbol{M}$。说明马尔可夫链是否不可约，是否为非周期链。编写一个计算机程序，通过计算 $\boldsymbol{M}^{100}$ 来计算图 11.2 中马尔可夫链的平稳分布 $\boldsymbol{p}^*$ 的近似值。通过证明 $(\boldsymbol{p}^*)^{\mathrm{T}}\boldsymbol{M}=(\boldsymbol{p}^*)^{\mathrm{T}}$ 来验证 $\boldsymbol{p}^*$ 是平稳分布。

11.1-6. 设 $S \equiv \{0, 1\}^d$，$\boldsymbol{W}$ 是一个实对称矩阵，其对角线元素为零。设 $p(\boldsymbol{x})=Z^{-1}\exp(-\boldsymbol{x}^{\mathrm{T}}\boldsymbol{W}\boldsymbol{x}/T)$，其中

$$Z=\sum_{\boldsymbol{y}\in S}\exp(-\boldsymbol{y}^{\mathrm{T}}\boldsymbol{W}\boldsymbol{y}/T)$$

考虑一个 MCMC 算法，它首先随机选择 $\boldsymbol{x}(t)$ 的一个元素(例如第 i 个元素)，然后将该元素值 $x_i(t)$ 设为 1 的概率是

$$p(\tilde{x}_i(t+1)=1 \mid \boldsymbol{x}(t))$$

当 T 接近零或无穷大时，定性解释这将如何改变马尔可夫链的动态行为。

11.1-7. 设 $\boldsymbol{p}^*$ 是一个 M 维概率向量，表示一个 M 态马尔可夫链的平稳分布。假设 M 非常大(例如 $M=2^{10\,000}$)。解释如何基于 MCMC 强大数定律来近似评估期望 $\sum_{k=1}^{M} g_k p_k^*$，其中 p_k^* 是 $\boldsymbol{p}^*$ 的第 k 个元素并且 $g_1, \cdots, g_M$ 为已知常数。

11.2 Metropolis-Hastings MCMC 算法

本节介绍重要的 Metropolis-Hastings(MH)MCMC 算法。

11.2.1 Metropolis-Hastings 算法定义

Metropolis-Hastings 算法的基本思想是，在迭代时刻 t，从当前全局状态 $\boldsymbol{x}(t)$ 以一定概率 $q(\boldsymbol{c} \mid \boldsymbol{x}(t))$ 生成候选全局状态 $\boldsymbol{c}$。然后，候选状态 $\boldsymbol{c}$ 以概率 $\rho(\boldsymbol{x}(t), \boldsymbol{c})$ 被接受，使得 $\boldsymbol{x}(t+1)=\boldsymbol{c}$。如果候选状态 $\boldsymbol{c}$ 被拒绝，则 $\boldsymbol{x}(t+1)=\boldsymbol{x}(t)$。不断重复这个过程会生成一个随机序列 $\tilde{\boldsymbol{x}}(1), \tilde{\boldsymbol{x}}(2), \cdots$，该序列以几何收敛速度依分布收敛到所需的平稳分布 $p: \Omega \rightarrow [0,1]$。称该条件概率质量函数 $q(\boldsymbol{c} \mid \boldsymbol{x})$ 为“MH 建议分布”。MH 建议分布确定了机器学习工程师可以采用的 MH 优化算法。所需的平稳分布 p 是基于能量函数 $V: \Omega \rightarrow \mathcal{R}$ 的吉布斯能量函数。通常，目标是最小化 V 或基于 $p(\boldsymbol{x})=(1/Z)\exp(-V(\boldsymbol{x}))$ 计算期望。

定义 11.2.1(MH 建议分布) 设 Ω 为 $\mathcal{R}^d$ 的有限子集。定义 Ω 上的 MH 建议分布 $q: \Omega \times \Omega \rightarrow [0,1]$：

(i) 对于所有 $\boldsymbol{x} \in \Omega$，$q(\cdot \mid \boldsymbol{x}): \Omega \rightarrow [0,1]$ 是条件概率质量函数。

(ii) 对于所有 $\boldsymbol{x}, \boldsymbol{c} \in \Omega$，当且仅当 $q(\boldsymbol{x} \mid \boldsymbol{c})>0$ 时 $q(\boldsymbol{c} \mid \boldsymbol{x})>0$。 □

建议分布是算法规范，算法在迭代时刻 t 取当前全局状态 $\boldsymbol{x}(t)$，并以概率 $q(\boldsymbol{c} \mid \boldsymbol{x}(t))$ 将其转换为新的候选全局状态 $\boldsymbol{c}$。

定义 11.2.2(Metropolis-Hastings 算法) 设 Ω 为 $\mathcal{R}^d$ 的有限子集，$p: \Omega \rightarrow (0,1]$ 是一个吉布斯概率质量函数，对于所有 $\boldsymbol{x} \in \Omega$，有

$$p(\boldsymbol{x})=(1/Z)\exp[-V(\boldsymbol{x})]$$
$$Z=\sum_{\boldsymbol{y}\in\Omega}\exp[-V(\boldsymbol{y})] \tag{11.16}$$

设 $q:\Omega\times\Omega\rightarrow[0,1]$是定义 11.2.1 中的建议分布。Metropolis-Hastings 马尔可夫链是一阶马尔可夫链，它基于以下 Metropolis-Hastings 算法生成随机向量的随机序列 $\tilde{\boldsymbol{x}}(1),\tilde{\boldsymbol{x}}(2),\cdots$。

步骤 1 选择初始状态 $\boldsymbol{x}(0)\in\Omega$。令 $t=0$。

步骤 2 以建议概率 $q(\boldsymbol{c}|\boldsymbol{x}(t))$选择候选状态 $\boldsymbol{c}$。

步骤 3 以接受概率 $\rho(\boldsymbol{x}(t),\boldsymbol{c})$接受候选状态 $\boldsymbol{c}$，并以拒绝概率 $1-\rho(\boldsymbol{x}(t),\boldsymbol{c})$拒绝候选状态 $\boldsymbol{c}$，其中

$$\rho(\boldsymbol{x},\boldsymbol{c})\equiv\min\left\{1,\left(\frac{q(\boldsymbol{x}|\boldsymbol{c})}{q(\boldsymbol{c}|\boldsymbol{x})}\right)\exp[-(V(\boldsymbol{c})-V(\boldsymbol{x}))]\right\} \tag{11.17}$$

步骤 4 设 $t=t+1$，然后转到步骤 2。 □

算法 11.2.1 可用于设计计算高效算法，以基于建议分布进行采样。

设符号 $y\Leftarrow\text{RANDOM}(0,1)$表示一个函数，该函数在区间(0,1)上按均匀分布随机采样一个数字，并将该数字赋给变量 y。

构造算法 11.2.1 中截止阈值 $L_1,L_2,\cdots,L_M$，使得区间$(0,L_1),(L_1,L_2),\cdots,(L_{M-1},L_M)$的长度非递增。接下来，先检验均匀分布的随机数是否在最大区间取值，然后再检验其是否在最小区间取值。平均而言，这表明相对于不先检验最大区间的算法，该算法终止得更快。另外，当算法 11.2.1 步骤 9 计算 $q(\cdot|\boldsymbol{x})$全局极大值点的计算时间较长，且 M 个区间$(0,L_1),\cdots,(L_{M-1},L_M)$的长度近似相等时，算法 11.2.1 也许不够高效。

算法 11.2.1 建议分布采样策略

1：**procedure** PROPOSALSAMPLING($q(\cdot|\boldsymbol{x})$，$C\equiv\{\boldsymbol{c}^1,\cdots,\boldsymbol{c}^M\}$)
2： $y\Leftarrow\text{RANDOM}(0,1)$.
3： 设 $\boldsymbol{c}^*$ 为 $q(\cdot|\boldsymbol{x})$在 C 上的全局极大值点
4： $L_1\Leftarrow q(\boldsymbol{c}^*|\boldsymbol{x})$
5： **if** $y\leqslant L_1$ **then return** $\boldsymbol{c}^*$
6： **end if**
7： 从集合 C 中移除 $\boldsymbol{c}^*$
8： **for** $k=2$ to M **do**
9：   设 $\boldsymbol{c}^*$ 为 $q(\cdot|\boldsymbol{x})$在 C 上的全局极大值点
10： $L_k\Leftarrow L_{k-1}+q(\boldsymbol{c}^*|\boldsymbol{x})$
11：   **if** $L_{k-1}<y\leqslant L_k$ **then return** $\boldsymbol{c}^*$
12：   **end if**
13：   从 C 中移除 $\boldsymbol{c}^*$
14： **end for**
15：**end procedure**

秘诀框 11.1　基于 Metropolis-Hastings 的期望

- **步骤 1**　设计配置空间 Ω 和能量函数 V。设配置空间 Ω 是 $\mathcal{R}^d$ 的有限子集。设计 MCMC 采样算法，使得它以概率 $p(\boldsymbol{x})$ 渐近访问 $\boldsymbol{x}$，其中

$$p(\boldsymbol{x})=(1/Z)\exp(-V(\boldsymbol{x}))$$
$$Z=\sum_{\boldsymbol{y}=\Omega}\exp(-V(\boldsymbol{y}))$$

$V:\Omega\rightarrow\mathcal{R}$ 为能量函数。

- **步骤 2**　设计 MH 建议分布。MH 建议分布 $q(\boldsymbol{c}|\boldsymbol{x})$ 确定了已知所有 $\boldsymbol{x},\boldsymbol{c}\in\Omega$ 时在当前状态 $\boldsymbol{x}$ 条件下访问候选状态 $\boldsymbol{c}$ 的概率。对于所有 $\boldsymbol{x},\boldsymbol{c}\in\Omega$，当且仅当 $q(\boldsymbol{x}|\boldsymbol{c})>0$ 时 $q(\boldsymbol{c}|\boldsymbol{x})>0$。设计 MH 建议分布 q，使得定义 11.2.2 中的 Metropolis-Hastings 马尔可夫链是非周期不可约链。然后，令 $t=0$。
- **步骤 3**　生成候选状态。给定链 $\boldsymbol{x}(t)$ 的当前状态，以概率 $q(\boldsymbol{c}|\boldsymbol{x}(t))$ 选择候选状态 $\boldsymbol{c}$。
- **步骤 4**　确定是否接受候选状态。令 $\boldsymbol{x}(t+1)$ 等于 $\boldsymbol{c}$，接受概率为 $\rho(\boldsymbol{x}(t),\boldsymbol{c})$；令 $\boldsymbol{x}(t+1)$ 等于 $\boldsymbol{x}(t)$，拒绝概率为 $1-\rho(\boldsymbol{x}(t),\boldsymbol{c})$，其中

$$\rho(\boldsymbol{x},\boldsymbol{c})\equiv\min\left\{1,\left(\frac{q(\boldsymbol{x}|\boldsymbol{c})}{q(\boldsymbol{c}|\boldsymbol{x})}\right)\exp[-(V(\boldsymbol{c})-V(\boldsymbol{x}))]\right\}\tag{11.18}$$

- **步骤 5**　估计期望。设 $\boldsymbol{\phi}:\mathcal{R}^d\rightarrow\mathcal{R}^k$。计算：

$$\bar{\boldsymbol{\phi}}_L(t)\equiv\frac{1}{L}\sum_{i=0}^{L-1}\boldsymbol{\phi}(\tilde{\boldsymbol{x}}(t-i))$$

- **步骤 6**　收敛性检验。设

$$\hat{\sigma}_L^2(t)\equiv\frac{1}{kL}\sum_{i=0}^{L-1}|\bar{\boldsymbol{\phi}}_L(t-i)-\hat{\boldsymbol{\mu}}_L(t-i)|^2$$

其中，$\hat{\boldsymbol{\mu}}_L(t)\equiv(1/L)\sum_{i=0}^{L-1}\bar{\boldsymbol{\phi}}_L(t-i)$。记 ϵ 为小正数，表示估计精度。若 MCMC 模拟误差 $\hat{\sigma}_L(t)$ 小于 ϵ，则用 $\bar{\boldsymbol{\phi}}_L(t)$ 估计

$$E\{\tilde{\boldsymbol{x}}\}=\sum_{\boldsymbol{x}\in\Omega}\boldsymbol{\phi}(\boldsymbol{x})p(\boldsymbol{x})$$

否则，令 $t=t+1$ 并转到步骤 3。

在某些情况下，条件概率质量函数 $q(\cdot|\boldsymbol{x})$ 具有特定函数形式，例如吉布斯概率质量函数，这需要计算给定 $\boldsymbol{x}$ 的归一化常数 Z（计算量较大）。例如，定义一个 MH 建议分布 $q:\Omega\times\Omega\rightarrow(0,1]$，使得对于所有 $\boldsymbol{c}\in\Omega$，有

$$q(\boldsymbol{c}|\boldsymbol{x})=(1/Z)\exp(-U(\boldsymbol{c},\boldsymbol{x}))$$
$$Z=\sum_{\boldsymbol{a}\in\Omega}\exp[-U(\boldsymbol{a},\boldsymbol{x})]$$

在这种情况下，每次调用算法 11.2.1 时，归一化常数 Z 应仅计算一次。此外，使用有限精度或查找表策略来实现幂运算，可以进一步节省计算量。

11.2.2　Metropolis-Hastings 算法的收敛性分析

定理 11.2.1(Metropolis-Hastings 收敛定理)　设 $\Omega\equiv\{\boldsymbol{x}_1,\cdots,\boldsymbol{x}^M\}$ 是 $\mathcal{R}^d$ 的有限子集，$\mathcal{A}$ 是

一个 Metropolis-Hastings 算法，其 MH 建议规范为 $q:\Omega\times\Omega\to[0,1]$，吉布斯概率质量函数为 $p:\Omega\to[0,1]$，能量函数为 $V:\Omega\to\mathcal{R}$。假设 Metropolis-Hastings 算法生成非周期不可约的 d 维随机向量马尔可夫链 $\tilde{\boldsymbol{x}}(1),\tilde{\boldsymbol{x}}(2),\cdots$，使得 M 维概率向量 $\boldsymbol{p}(t)$ 表示 $\tilde{\boldsymbol{x}}(t)$ 的分布。定义 M 维概率向量 $\boldsymbol{p}^*$，$\boldsymbol{p}^*$ 的第 k 个元素是 $p(\boldsymbol{x}^k)$，$k=1,\cdots,M$。

那么，当 $t\to\infty$ 时，$\tilde{\boldsymbol{x}}(t)$ 依分布收敛到随机向量 $\tilde{\boldsymbol{x}}^*$，使得 $|\boldsymbol{p}(t)-\boldsymbol{p}^*|=O(|\lambda_2|^t)$，其中 $|\lambda_2|$ 是马尔可夫链的转移矩阵 $\boldsymbol{M}$ 的第二大特征值的绝对值。

证明　若 MH 马尔可夫链的当前状态是 $\boldsymbol{x}^j$，MH 马尔可夫链访问状态 $\boldsymbol{x}^k$ 的概率记为 m_{jk}，$j,k=1,\cdots,M$。

定义 11.2.2 中的 MH 算法可以等价地定义为

$$m_{jk}=q(\boldsymbol{x}^k|\boldsymbol{x}^j)\min\{1,\rho(\boldsymbol{x}^j,\boldsymbol{x}^k)\}\tag{11.19}$$

其中

$$\rho(\boldsymbol{x}^j,\boldsymbol{x}^k)=\frac{p(\boldsymbol{x}^k)q(\boldsymbol{x}^j|\boldsymbol{x}^k)}{p(\boldsymbol{x}^j)q(\boldsymbol{x}^k|\boldsymbol{x}^j)}$$

根据 m_{jk} 的定义，有

$$p(\boldsymbol{x}^j)m_{jk}=p(\boldsymbol{x}^j)q(\boldsymbol{x}^k|\boldsymbol{x}^j)\min\left\{1,\frac{p(\boldsymbol{x}^k)q(\boldsymbol{x}^j|\boldsymbol{x}^k)}{p(\boldsymbol{x}^j)q(\boldsymbol{x}^k|\boldsymbol{x}^j)}\right\}$$

$$p(\boldsymbol{x}^j)m_{jk}=\min\{p(\boldsymbol{x}^j)q(\boldsymbol{x}^k|\boldsymbol{x}^j),p(\boldsymbol{x}^k)q(\boldsymbol{x}^j|\boldsymbol{x}^k)\}$$

$$p(\boldsymbol{x}^j)m_{jk}=p(\boldsymbol{x}^k)q(\boldsymbol{x}^j|\boldsymbol{x}^k)\min\left\{\frac{p(\boldsymbol{x}^j)q(\boldsymbol{x}^k|\boldsymbol{x}^j)}{p(\boldsymbol{x}^k)q(\boldsymbol{x}^j|\boldsymbol{x}^k)},1\right\}=p(\boldsymbol{x}^k)m_{kj}$$

因此，

$$p(\boldsymbol{x}^j)m_{jk}=p(\boldsymbol{x}^k)m_{kj}\tag{11.20}$$

对式(11.20)两边求和得到：

$$\sum_{j=1}^{M}p(\boldsymbol{x}^j)m_{jk}=\sum_{j=1}^{M}p(\boldsymbol{x}^k)m_{kj}=p(\boldsymbol{x}^k)\sum_{j=1}^{M}m_{kj}=p(\boldsymbol{x}^k)$$

这相当于

$$(\boldsymbol{p}^*)^{\mathrm{T}}\boldsymbol{M}=(\boldsymbol{p}^*)^{\mathrm{T}}\tag{11.21}$$

其中，$\boldsymbol{p}^*$ 的第 k 个元素等于 $p(\boldsymbol{x}^k)$，$k=1,\cdots,M$。

由于马尔可夫链是非周期不可约链，且式(11.21)的 $\boldsymbol{p}^*$ 是链的平稳分布，因此根据 MCMC 收敛定理(定理 11.1.1)，该定理结论成立。■

11.2.3　Metropolis-Hastings 算法的重要特例

本节介绍 Metropolis-Hastings 算法的各种重要特例。请注意，通过各种方式组合这些算法可以产生更多种类的混合 MCMC-MH 算法！

定义 11.2.3(独立采样)　设 $q:\Omega\times\Omega\to[0,1]$ 是 Metropolis-Hastings 算法 $\mathcal{A}$ 的 MH 建议规范。对于所有 $\boldsymbol{x},\boldsymbol{c}\in\Omega$，如果存在概率质量函数 $f:\Omega\to[0,1]$ 使得 $q(\boldsymbol{c}|\boldsymbol{x})=f(\boldsymbol{c})$，则称 $\mathcal{A}$ 为 Metropolis-Hastings 独立采样算法。□

MH 独立采样算法从当前状态 $\boldsymbol{x}$ 开始以概率 $f(\boldsymbol{c})$ 在状态空间 Ω 中随机选择另一个状态 $\boldsymbol{c}$，其中 f 见定义 11.2.3。选择候选状态 $\boldsymbol{c}$ 的概率不依赖于 $\boldsymbol{x}$。可以将 MH 独立采样算法理解为一种随机搜索算法，它不一定以相等概率访问有限状态空间中的每个状态。

定义 11.2.4(Metropolis 算法)　设 $q:\Omega\times\Omega\to[0,1]$ 是 Metropolis-Hastings 算法 $\mathcal{A}$ 的 MH

建议规范。对于所有 $\boldsymbol{x},\boldsymbol{c}\in\Omega$，如果 $q(\boldsymbol{c}|\boldsymbol{x})=q(\boldsymbol{x}|\boldsymbol{c})$，则称 $\mathcal{A}$ 为 Metropolis 算法。 □

Metropolis 算法随机生成候选状态 $\boldsymbol{c}$，其概率取决于当前状态 $\boldsymbol{x}$。Metropolis 算法的一个关键要求是，在给定马尔可夫链当前状态为 $\boldsymbol{x}$ 的情况下，访问候选状态 $\boldsymbol{c}$ 的概率必须严格等于给定当前状态 $\boldsymbol{c}$ 访问候选状态 $\boldsymbol{x}$ 的概率。因为对于 Metropolis 算法来说，$q(\boldsymbol{x}|\boldsymbol{c})=q(\boldsymbol{c}|\boldsymbol{x})$，如果 $V(\boldsymbol{c})\leqslant V(\boldsymbol{x})$，则总是接受候选状态 $\boldsymbol{c}$。如果 $V(\boldsymbol{c})>V(\boldsymbol{x})$，则候选状态 $\boldsymbol{c}$ 以概率 $\exp(-V(\boldsymbol{c})+V(\boldsymbol{x}))$ 被接受，否则被拒绝。

例 11.2.1（位翻转 Metropolis 建议分布）　设有一个有限状态空间 $\Omega\equiv\{0,1\}^d$，$\boldsymbol{x}=[x_1,\cdots,x_d]^{\mathrm{T}}$。令 $0<\alpha<1$，假设修改 $\boldsymbol{x}$ 的第 k 个元素 x_k 使其取值为 $1-x_k$ 的概率等于 α，不修改 x_k 的概率等于 $1-\alpha$。如果 $c=x$，则令 $\delta_{c,x}=1$；如果 $\boldsymbol{c}\neq\boldsymbol{x}$，则令 $\delta_{c,x}=0$。定义一个 Metropolis 建议分布 q，使得

$$q(\boldsymbol{c}|\boldsymbol{x})=\prod_{k=1}^{d}\alpha^{1-\delta_{c_k,x_k}}(1-\alpha)^{\delta_{c_k,x_k}}$$ △

定义 11.2.5（随机扫描吉布斯采样）　设 Ω 为 $\mathcal{R}^d$ 的有限子集，$\tilde{\boldsymbol{x}}\equiv[\tilde{x}_1,\cdots,\tilde{x}_d]^{\mathrm{T}}$ 是 d 维随机向量，其概率分布基于吉布斯概率质量函数 $p:\Omega\to[0,1]$ 确定，能量函数为 $V:\Omega\to\mathcal{R}$。设 $q:\Omega\times\Omega\to[0,1]$ 是 Metropolis-Hastings 算法 $\mathcal{A}$ 的建议分布，基于由 V 确定的平稳分布 p。设 $r:\{1,\cdots,d\}\to(0,1]$ 为正概率质量函数，$\boldsymbol{c}^k=[x_1,\cdots,x_{k-1},c_k,x_{k+1},\cdots,x_d]$。定义建议分布 $q(\boldsymbol{c}^k|\boldsymbol{x})=r(k)p(c_k|\mathcal{N}_k(\boldsymbol{x}))$，其中局部条件概率为：

$$p(c_k|\mathcal{N}_k(\boldsymbol{x}))=\exp(-V(\boldsymbol{c}^k)+V(\boldsymbol{x}))/Z(\mathcal{N}_k(\boldsymbol{x})) \tag{11.22}$$

其中，$\mathcal{N}_k(\boldsymbol{x})$ 是 x_k 邻域实例。算法 $\mathcal{A}$ 称为随机扫描吉布斯采样算法。 □

随机扫描吉布斯采样算法的工作原理如下：选择当前状态向量 $\boldsymbol{x}$ 的第 k 个元素，概率为 $r(k)$，然后将 $\boldsymbol{x}$ 的第 k 个元素的值 x_k 更改为 c_k，概率为 $p(c_k|\mathcal{N}_k(\boldsymbol{x}))$，其中 $p(\boldsymbol{x})$ 是所需的平稳概率分布。

为了证明随机扫描吉布斯采样算法是 Metropolis-Hastings 算法的一个特例，注意由于 $\mathcal{N}_k(\boldsymbol{x})=\mathcal{N}_k(\boldsymbol{c}^k)$，

$$\begin{aligned}\rho(\boldsymbol{x},\boldsymbol{c}^k)&=\left(\frac{q(\boldsymbol{x}|\boldsymbol{c}^k)}{q(\boldsymbol{c}^k|\boldsymbol{x})}\right)\exp[-V(\boldsymbol{c}^k)+V(\boldsymbol{x})]=\left(\frac{r(k)p(x_k|\mathcal{N}_k(\boldsymbol{x}))}{r(k)p(c_k|\mathcal{N}_k(\boldsymbol{c}^k))}\right)\exp[-V(\boldsymbol{c}^k)+V(\boldsymbol{x})]\\&=\frac{p(\boldsymbol{x})/p(\mathcal{N}_k(\boldsymbol{x}))}{p(\boldsymbol{c}^k)/p(\mathcal{N}_k(\boldsymbol{x}))}\exp[-V(\boldsymbol{c}^k)+V(\boldsymbol{x})]\\&=\exp[-V(\boldsymbol{x})+V(\boldsymbol{c}^k)]\exp[-V(\boldsymbol{c}^k)+V(\boldsymbol{x})]=1\end{aligned}$$

因此，$\boldsymbol{x}(t+1)=\boldsymbol{c}^k$ 的概率等于随机扫描吉布斯采样算法的建议概率。

请注意，如秘诀框 10.1 中所述，如果 V 可以表示为局部团势函数总和，那么可以简化 $-V(\boldsymbol{c}^k)+V(\boldsymbol{x})$ 的计算。在这种情况下，不依赖于 x_k 的局部团势函数可以忽略而且不影响计算结果。

定义 11.2.6（确定性扫描吉布斯采样）　设 Ω 为 $\mathcal{R}^d$ 的有限子集，$\tilde{\boldsymbol{x}}\equiv[\tilde{x}_1,\cdots,\tilde{x}_d]^{\mathrm{T}}$ 是一个 d 维随机向量，其概率分布基于吉布斯概率质量函数 $p:\Omega\to[0,1]$，能量函数为 $V:\Omega\to\mathcal{R}$。设 $q:\Omega\times\Omega\to[0,1]$ 是 Metropolis-Hastings 算法 $\mathcal{A}$ 的建议分布，基于由 V 确定的平稳分布 p。如果 $q(\boldsymbol{c}|\boldsymbol{x})=\prod_{k=1}^{d}p(c_k|\mathcal{N}_k(\boldsymbol{x}))$，那么称 $\mathcal{A}$ 为确定性扫描吉布斯采样算法。 □

确定性扫描吉布斯采样算法与随机扫描吉布斯采样算法几乎完全相同。然而，不同于在吉布斯概率质量函数表示的马尔可夫随机场中随机采样 d 个随机变量，它按照某确定性顺序

对 d 个随机变量进行更新，然后重复这个确定性更新序列。确定性扫描吉布斯采样算法在技术上并不算 Metropolis-Hastings 算法，而是混合组合 MCMC，其马尔可夫链成员是基于式(11.22)形式的吉布斯采样变换定义的 Metropolis-Hastings 马尔可夫链。

定义 11.2.7(随机扫描块吉布斯采样)　设有 d 维随机向量 $\tilde{\boldsymbol{x}} \equiv [\tilde{\boldsymbol{x}}_1, \cdots, \tilde{\boldsymbol{x}}_K]^{\mathrm{T}}$，$\tilde{\boldsymbol{x}}_k$ 是 d/K 维随机子向量，$k=1,\cdots,K$。设 $\tilde{x}$ 的概率分布为吉布斯概率质量函数 $p:\Omega \to [0,1]$，能量函数为 $V:\Omega \to \mathcal{R}$。设 $q:\Omega \times \Omega \to [0,1]$ 为 Metropolis-Hastings 算法 $\mathcal{A}$ 的建议分布，具有由 V 指定的平稳分布 p。设 $r:\{1,\cdots,K\} \to (0,1]$ 是一个正概率质量函数。如果 $q(\boldsymbol{c}^k \mid \boldsymbol{x}) = r(k) p(\boldsymbol{c}_k \mid \mathcal{N}_k(\boldsymbol{x}))$，其中局部条件概率为

$$p(\boldsymbol{c}_k \mid \mathcal{N}_k(\boldsymbol{x})) = \exp(-V(\boldsymbol{c}^k) + V(\boldsymbol{x})) / Z(\mathcal{N}_k(\boldsymbol{x})) \tag{11.23}$$

$\boldsymbol{c}^k = [\boldsymbol{x}_1, \cdots, \boldsymbol{x}_{k-1}, \boldsymbol{c}_k, \boldsymbol{x}_{k+1}, \cdots, \boldsymbol{x}_K]$，则称 $\mathcal{A}$ 为随机扫描块吉布斯采样算法。□

块采样中块的大小可以相同也可以不同，这一概念可用于生成多种类型的 Metropolis-Hastings 算法。块采样算法的主要优点是在每次迭代中更新多个状态变量，这有可能会大大提高每次更新的质量。块采样算法的主要缺点是它们每一步的计算量都很大。正确选择块大小可以保证块采样算法非常有效。

11.2.4　Metropolis-Hastings 算法在机器学习中的应用

例 11.2.2(MCMC 模型搜索方法)　通常，学习机最佳泛化性能的实现仅基于输入模式向量 $\boldsymbol{s}$ 中 d 个变量的子集。泛化性能提高的原因通常是 d 维输入模式向量 $\boldsymbol{s}$ 中的一些输入变量要么不相关，要么高度相关。通过消除不相关输入变量和冗余输入变量，通常可以减少模型中的自由参数，从而弱化过拟合的影响并提高泛化性能(参见第 14 章)。

即使 d 仅为中等大小(例如，$d=100$)，输入变量可能的子集数 2^{d-1} 也是天文数字(例如，$2^{100} \approx 10^{30}$)。定义掩码向量 $\boldsymbol{m} \in \{0,1\}^d$，若 $\boldsymbol{s}$ 的第 k 个元素作为输入变量应包含在回归模型中，则 $\boldsymbol{m}$ 的第 k 个元素 m_k 等于 1；如果 $\boldsymbol{s}$ 的第 k 个元素不应作为输入变量包含在该模型中，则将 $\boldsymbol{m}$ 的第 k 个元素 m_k 设置为 0。

设 $\boldsymbol{x}(t) \equiv [\boldsymbol{s}(t), y(t)]$，其中 $y(t)$ 是学习机对输入模式 $\boldsymbol{s}(t)$ 的期望响应，$t=1,\cdots,n$。假设学习机具有知识状态参数向量 $\boldsymbol{\theta}$，c 是损失函数，表示学习机基于 $\boldsymbol{m}$ 表示的输入变量经历环境事件 $\boldsymbol{x}$ 时所受损失 $c(\boldsymbol{x};\boldsymbol{\theta},\boldsymbol{m})$。定义经验风险函数 $\hat{\ell}_n:\mathcal{R}^q \to \mathcal{R}$，对于所有 $\boldsymbol{m}$，有

$$\hat{\ell}_n(\boldsymbol{\theta};\boldsymbol{m}) = (1/n) \sum_{i=1}^{n} c(\tilde{\boldsymbol{x}}(i);\boldsymbol{\theta},\boldsymbol{m})$$

设 $\hat{\boldsymbol{\theta}}_n(\boldsymbol{m})$ 是 $\hat{\ell}_n(\cdot;\boldsymbol{m})$ 在参数空间 Θ 上的全局极小值点，Θ 是 $\mathcal{R}^q$ 的一个有界闭凸子集。

根据 16.1 节的方法，学习机在新测试数据集上的期望预测误差可以使用函数 $V:\{0,1\}^d \to \mathcal{R}$ 估计，V 定义如下：

$$V(\boldsymbol{m}) = \hat{\ell}_n(\hat{\boldsymbol{\theta}}_n(\boldsymbol{m});\boldsymbol{m}) + (1/n)\mathrm{tr}(\hat{\mathbf{A}}_n^{-1}(\boldsymbol{m})\hat{\boldsymbol{B}}_n(\boldsymbol{m})) \tag{11.24}$$

其中，$\hat{\mathbf{A}}_n(\boldsymbol{m})$ 是 $\hat{\ell}_n(\cdot;\boldsymbol{m})$ 在 $\hat{\boldsymbol{\theta}}_n(\boldsymbol{m})$ 处的黑塞矩阵，且

$$\hat{\boldsymbol{B}}_n(\boldsymbol{m}) \equiv (1/n) \sum_{i=1}^{n} \hat{\boldsymbol{g}}(\tilde{\boldsymbol{x}}(i);\boldsymbol{m})[\hat{\boldsymbol{g}}(\tilde{\boldsymbol{x}}(i);\boldsymbol{m})]^{\mathrm{T}}$$

$\hat{\boldsymbol{g}}(\boldsymbol{x};\boldsymbol{m}) \equiv (\mathrm{d}c(\boldsymbol{x};\boldsymbol{\theta},\boldsymbol{m})/\mathrm{d}\boldsymbol{\theta})^{\mathrm{T}}$ 是在 $\hat{\boldsymbol{\theta}}_n(\boldsymbol{m})$ 处的值。

为了更好地选择 $\boldsymbol{m}$，可以构造一个 MCMC，使其平稳分布是由能量函数 V 定义的吉布斯概率质量函数。然后，从 MCMC 中采样以生成状态的随机序列 $\tilde{\boldsymbol{m}}(0), \tilde{\boldsymbol{m}}(1), \cdots$。最常观察到的状态实例具有较小的 V 值，因此该算法仅涉及跟随列表中最小的 $V(\tilde{\boldsymbol{m}}(t))$ 值。△

例 11.2.3(MCMC 模型平均方法)　例 11.2.2 的关键思想是有很大的模型集合，其中每个模型都有某种预测性能测度，由 $V(\boldsymbol{m})$表示，$\boldsymbol{m}\in\{0,1\}^d$ 是二进制向量，当且仅当第 k 个输入变量包含在模型中时，$\boldsymbol{m}$ 的第 k 个元素等于 1。例 11.2.2 的目标是从大量模型中选择一个用于推理和学习的模型。实际上，在由 2^d-1 个模型组成的模型空间(d 中等大小，例如 $d=100$)中，通常会有许多模型(可能成百上千)表现出良好泛化性能。此外，其中一些模型可能适用于某些推理任务，但不适用于其他任务。

为了解决这个难点，可以采用另一个方法来提高预测性能，即不从众多模型中选择一个用于预测，而是使用所有模型进行预测，即计算所有模型的预测加权平均值，让预测能力强的模型比预测能力弱的模型有更大权重。

令 $\ddot{y}(\boldsymbol{s};\boldsymbol{\theta},\boldsymbol{m})$表示给定参数向量 $\boldsymbol{\theta}$ 模型 $\boldsymbol{m}$ 对输入模式向量 $\boldsymbol{s}$ 的预测响应。设 $p_{\mathcal{M}}$ 表示概率质量函数，$\boldsymbol{m}$ 表示的模型的概率为 $p_{\mathcal{M}}(\boldsymbol{m})$。设 $\hat{\boldsymbol{\theta}}_n(\boldsymbol{m})$为模型 $\boldsymbol{m}$ 的参数估计值。贝叶斯模型平均(Bayesian Model Averaging，BMA)方法(参见例 12.2.5 和练习 16.2-6)通过

$$\bar{y}(\boldsymbol{s})=\sum_{\boldsymbol{m}\in\{0,1\}^d}\ddot{y}(\boldsymbol{s};\hat{\boldsymbol{\theta}}_n(\boldsymbol{m}),\boldsymbol{m})p_{\mathcal{M}}(\boldsymbol{m}) \tag{11.25}$$

基于模型空间中所有模型为给定输入模式向量 $\boldsymbol{s}$ 生成总和预测响应 $\bar{y}(\boldsymbol{s})$。

在实践中，式(11.25)的计算难度较大，即使 d 不是特别大时，式(11.25)的总和计算也难以实现。然而，式(11.25)中的期望可以通过构造一个蒙特卡罗马尔可夫链(MCMC)来近似，该链的平稳分布是能量函数 $V(\boldsymbol{m})$表示的吉布斯概率质量函数 $p_{\mathcal{M}}$。例如，对于足够大的 T，

$$\bar{y}(\boldsymbol{s})=\sum_{\boldsymbol{m}\in\{0,1\}^d}\ddot{y}(\boldsymbol{s};\hat{\boldsymbol{\theta}}_n(\boldsymbol{m}),\boldsymbol{m})p_{\mathcal{M}}(\boldsymbol{m})\approx(1/T)\sum_{t=1}^{T}\ddot{y}(\boldsymbol{s};\hat{\boldsymbol{\theta}}_n(\tilde{\boldsymbol{m}}(t)),\tilde{\boldsymbol{m}}(t))$$

其中随机序列 $\tilde{\boldsymbol{m}}(0),\tilde{\boldsymbol{m}}(1),\cdots$由 MCMC 生成，其平稳分布是基于式(11.24)中能量函数 $V(\boldsymbol{m})$的吉布斯概率质量函数 $p_{\mathcal{M}}$。　△

例 11.2.4(马尔可夫随机场的概率推理)　设 $\tilde{\boldsymbol{x}}$ 是 d 维随机向量，其第 k 个元素 x_k 定义如下：$x_k=1$ 表示命题 k 成立，$x_k=0$ 表示命题 k 不成立。假设 $\tilde{\boldsymbol{x}}$ 的概率分布满足正条件，为一个马尔可夫随机场。MCMC 方法的一个重要应用是在马尔可夫随机场中进行近似推理，以在给定其他命题成立或不成立的前提下计算命题成立的概率。此类问题在马尔可夫逻辑网络中有所讨论(参见例 1.6.6)。马尔可夫随机场中这类推理问题的解也与贝叶斯知识网络的推理相关，这是因为满足正条件的贝叶斯知识网络可以等效地表示为马尔可夫随机场。

考虑图 10.7 中的 MRF 知识表示，其中 $p(x_1,x_2,x_3,x_4,x_5,x_6)$为 MRF，因此可以表示为吉布斯概率质量函数。通过构造查询来查询概率知识表示，例如：

在 x_2(即抽烟时)条件下，x_4(即患肺癌)的概率是多少？

这相当于计算条件概率

$$p(x_4=1\mid x_2=1)=\frac{\displaystyle\sum_{x_1,x_3,x_5,x_6}p(x_1,x_2=1,x_3,x_4=1,x_5,x_6)}{\displaystyle\sum_{x_1,x_3,x_4,x_5,x_6}p(x_1,x_2=1,x_3,x_4,x_5,x_6)} \tag{11.26}$$

在这个例子中，求和很容易计算，但在实际应用中，当 MRF 中存在成百上千个随机变量时，通常会考虑基于 MCMC 采样的近似推理方法。式(11.26)中的求和可以通过从 $p(\boldsymbol{x})$中采样并计算合适的期望来计算，其中 $\boldsymbol{x}=[x_1,\cdots,x_6]$。特别地，如果 $x_4=1$ 且 $x_2=1$，则令 $\phi_{4,2}(\boldsymbol{x})=1$，否则令 $\phi_{4,2}(\boldsymbol{x})=0$。可以使用以下公式近似计算式(11.26)分子：

$$p(x_2,x_4)=\sum_{x_1,x_3,x_5,x_6} p(x_1,\cdots,x_6)\approx(1/T)\sum_{t=1}^{T}\boldsymbol{\phi}_{4,2}(\tilde{\boldsymbol{x}}(t))$$

其中，T 是一个足够大的数，$\tilde{\boldsymbol{x}}(0),\tilde{\boldsymbol{x}}(1),\cdots$是来自 MCMC 的样本，其平稳分布为 $p(\boldsymbol{x})$。 △

例 11.2.5(MCMC 算法的遗传算法应用)　对于许多非线性优化问题，选择正确的网络架构涉及许多决策，其中不仅包括输入单元数量的选择(例 11.2.2)，还包括许多其他决策，例如隐单元类型、隐单元层数、非线性优化策略、初始连接选择、学习率调整方案和正则化项的选择。可以开发一种编码方案，将所有决策都编码到二进制向量 $\boldsymbol{\zeta}_k\in\{0,1\}^d$(它是 M 个个体组成的种群中的第 k 个个体)中。二进制向量 $\boldsymbol{\zeta}_k$ 是第 k 个个体的抽象染色体模型，其中 $\boldsymbol{\zeta}_k$ 的每个元素表示基因的抽象模型。种群基因型向量 $\boldsymbol{\zeta}\equiv[\boldsymbol{\zeta}_1,\cdots,\boldsymbol{\zeta}_M]^{\mathrm{T}}\in\{0,1\}^{dM}$。

现在定义群适应度函数 $V:\{0,1\}^{dM}\to\mathcal{R}$，对于给定的 $\boldsymbol{\zeta}$，它表示 M 个学习机的群适应度。例如，对于从统计环境生成的给定训练数据样本 $\boldsymbol{x}_1,\cdots,\boldsymbol{x}_n$，设种群中第 k 个个体的预测误差表示为 $\hat{\ell}_n^k$。那么，对于由 $\boldsymbol{\zeta}$ 指定的 M 个学习机的种群(见例 11.2.2)，定义如下群适应度函数 V，使得

$$V(\boldsymbol{\zeta})=(1/M)\sum_{k=1}^{M}\hat{\ell}_n^k$$

遗传算法设计的目标是逐步转换学习机种群以生成种群基因型向量序列 $\boldsymbol{\zeta}(0),\boldsymbol{\zeta}(1),\cdots$。具体方法是基于当前种群基因型向量 $\boldsymbol{\zeta}(t)$，应用随机位翻转变异算子(参见例 11.2.1)，从而将 $\boldsymbol{\zeta}(t)$转换为 $\boldsymbol{\zeta}(t+1)$。此外，可以根据以下算法定义交叉算子。首先，选择种群中对应于子向量 $\boldsymbol{z}_k$ 和 $\boldsymbol{z}_j$ 的两个个体(父)，其中 $k\neq j$。其次，从$\{2,\cdots,d-1\}$中随机选择一个整数 i 并用新(子)“子向量” $\boldsymbol{z}_u$ 随机替换“父”子向量 $\boldsymbol{z}_k$ 或 $\boldsymbol{z}_j$，$\boldsymbol{z}_u$ 的前 i 个元素对应于 $\boldsymbol{z}_k$ 的前 i 个元素，其余元素对应于 $\boldsymbol{z}_j$ 的第 $i+1$ 至第 d 个元素。

假设大自然有以下某一策略：(i)学习机的整个新种群消亡，这相当于不喜欢新种群基因型，于是放弃 $\boldsymbol{\zeta}(t+1)$ 并保留 $\boldsymbol{\zeta}(t)$；(ii)如果不喜欢旧种群基因型且保留新种群基因型 $\boldsymbol{\zeta}(t+1)$，则整个旧种群消亡，这相当于放弃 $\boldsymbol{\zeta}(t)$。

证明变异算子和交叉算子确定 MCMC 算法的建议分布。为“大自然”设计一个策略来消灭基于建议分布产生的新或旧种群基因型，使得序列 $\boldsymbol{\zeta}(0),\boldsymbol{\zeta}(1),\cdots$可以被看作 Metropolis-Hastings 蒙特卡罗马尔可夫链的实例。然后，应用 Metropolis-Hastings 收敛定理得出如下结论，即遗传算法可生成具有良好群适应度的种群。 △

练习

11.2-1. (确定性扫描吉布斯采样算法收敛性分析)证明确定性扫描吉布斯采样算法是一种混合 MCMC-MH 算法。

11.2-2. (随机块吉布斯采样算法的收敛性分析)证明随机块吉布斯采样算法是一种 MH 算法。

11.2-3. (吉布斯密度归一化常数的 MCMC 近似)说明如何使用 MCMC 算法来近似例 11.2.4 中式(11.26)分母的期望值。

11.2-4. 定义联合概率质量函数 $p:\{0,1\}^d\to(0,1)$，使得对于所有 $x\in\{0,1\}^d$，有

$$p(\boldsymbol{x})=Z^{-1}\exp[-V(\boldsymbol{x})]$$

其中

$$V(\boldsymbol{x})=\sum_{i=1}^{d}x_ib_i+\sum_{i=3}^{d}\sum_{j=2}^{i-1}\sum_{k=1}^{j-1}x_ix_jx_kb_{ijk}$$

Z 是一个归一化常数，$\sum_x p(\boldsymbol{x})=1$。从上述函数 p 采样，考虑使用吉布斯采样算法得到 $p(x_i(t+1)=1 \mid \mathcal{N}_i(\boldsymbol{x}(t)))$ 的公式。

11.2-5. (用于图像纹理生成的 MCMC 算法)设计一个 MCMC 算法，通过从例 1.6.3 定义的 MRF 纹理模型中采样来生成图像纹理样本。

11.2-6. (用于马尔可夫逻辑网络推理的 MCMC 算法)使用练习 10.4-6 的结果推导马尔可夫逻辑网络的 MCMC 采样算法。解释如何使用采样算法来估计在给定场中其他逻辑公式成立的前提下某逻辑公式成立的概率。

11.2-7. (解决聚类问题的 MCMC 算法)设计一个 MCMC 算法，使用练习 10.4-8 中设计的概率解释来解决例 1.6.4 中描述的聚类问题。

11.3　扩展阅读

MCMC 方法的历史渊源

Metropolis-Hastings 算法的基本思想可以追溯到 Hastings(1970)和 Metropolis(1953)等人的开创性工作。20 世纪 80 年代中期，有很多人展示了如何将这些技术应用于各种推理和图像处理问题(S. Geman & D. Geman，1984；Ackley et al.，1985；Besag，1986；Smolensky，1986；Cohen & Cooper，1987)。可参阅(Sharma，2017)中对蒙特卡罗马尔可夫链方法的介绍，其中不仅包括历史渊源，还包括贝叶斯数据分析在天文学中的具体应用。

概率程序设计语言

目前，已经有了“概率程序设计语言”，它们允许用户自定义概率模型，然后使用蒙特卡罗马尔可夫链方法从这些模型中采样并进行推理(Davidson-Pilon，2015；Pfeffer，2016)。

寻找全局最优的模拟退火

T 基于适当对数速率下降的模拟退火方法，能够依分布收敛到 V 全局极小值上的均匀概率质量函数。但是，模拟退火算法的对数收敛速度远慢于 MH 采样算法的几何收敛速度。Winkler(2003)通过一些经验性例子对模拟退火开展了综合性、理论性的探讨。

MCMC 方法的附加介绍

Winkler(2003)从理论和经验的角度对蒙特卡罗马尔可夫链的渐近性进行了一般讨论，并全面讨论了吉布斯采样算法、Metropolis 算法和更一般的 Metropolis-Hastings 算法。Gamerman 和 Lopes(2006)介绍了 MCMC 方法，它更侧重于计算示例。关于 MCMC 理论更全面的介绍，强烈推荐 Robert 和 Casella(2004)的书。

将 MCMC 方法推广到无限状态空间

本章中的 MCMC 采样方法仅限于有限状态空间。然而，MCMC 采样的一个非常重要的应用是支持混合效应线性和非线性回归建模以及贝叶斯模型。对于此类应用，状态空间不是有限的，它的目标是从可能不是概率质量函数的吉布斯密度中采样。尽管将 MCMC 理论扩展到涉及连续随机向量和混合随机向量等更一般的情况会稍微复杂，但它与本章中介绍的有限状态空间的情况有相似之处(Robert & Casella，2004)。

CHAPTER12

第 12 章

适应性学习算法的收敛性

学习目标：

- 设计适应性学习算法。
- 设计自适应强化学习算法。
- 设计自适应期望最大化学习算法。
- 设计马尔可夫场学习算法。

设 $\ell:\mathcal{R}^q\to\mathcal{R}$ 是目标函数。第 7 章分析了用于最小化 ℓ 的确定性批量学习算法，它会更新当前参数向量 $\boldsymbol{\theta}(t)$，使用迭代映射获得修正参数向量 $\boldsymbol{\theta}(t+1)$：

$$\boldsymbol{\theta}(t+1)=\boldsymbol{\theta}(t)+\gamma_t\boldsymbol{d}_t(\boldsymbol{\theta}(t))$$

设定步长 γ_t 和搜索方向函数 $\boldsymbol{d}_t$，使得

$$\ell(\boldsymbol{\theta}(t+1))\leqslant\ell(\boldsymbol{\theta}(t))\tag{12.1}$$

每次更新学习机的参数时，这种批量学习算法都会使用所有的训练数据。

另外，每次从环境中生成新特征向量时，适应性学习算法都会更新参数值。为了开发适应性学习的一般性理论，本章考虑分析如下形式的随机离散时间动态系统

$$\tilde{\boldsymbol{\theta}}(t+1)=\tilde{\boldsymbol{\theta}}(t)+\gamma_t\tilde{\boldsymbol{d}}_t(\tilde{\boldsymbol{\theta}}(t))\tag{12.2}$$

其中，γ_t 称为第 t 次迭代的步长，选择随机搜索方向函数 $\tilde{\boldsymbol{d}}_t$，使得

$$E\{\ell(\tilde{\boldsymbol{\theta}}(t+1))\mid\boldsymbol{\theta}(t)\}\leqslant\ell(\boldsymbol{\theta}(t))$$

后一个条件只要求系统状态 $\tilde{\boldsymbol{\theta}}(t+1)$时目标函数的期望值不增加，这可以理解为式(12.1)中确定性下坡条件的弱化版本。

12.1 随机逼近理论

12.1.1 被动式统计环境与反应式统计环境

12.1.1.1 被动式统计环境

在被动式统计环境中(参见 1.7 节)，推理学习机的环境输入生成概率分布不受学习机行

为或内部状态影响。例如，考虑一个通过观察飞行员如何降落直升机的案例来学习的学习机。在实际控制直升机着陆之前，学习机可以接受许多直升机着陆案例的训练。这种学习过程的一个优点是，学习机可以在学习过程中避免真实（或模拟）直升机坠毁。

在被动式统计环境中，假设观测数据 $\boldsymbol{x}(1),\boldsymbol{x}(2),\cdots$ 是基于相同 Radon-Nikodým 密度 $p_e:\mathrm{R}^d\to[0,\infty)$ 的独立同分布的 d 维随机向量序列 $\tilde{\boldsymbol{x}}(1),\tilde{\boldsymbol{x}}(2)$，…的实例。对于给定参数空间 Θ 中的所有 $\boldsymbol{\theta}$，$\boldsymbol{\theta}$ 为 q 维知识参数向量，设 $c(\boldsymbol{x},\boldsymbol{\theta})$ 表示学习机观测事件 $\boldsymbol{x}$ 所产生的损失。当学习机在被动式统计环境中运行时，随机逼近适应性学习机最小化的风险函数 ℓ 如下：

$$\ell(\boldsymbol{\theta})=\int c(\boldsymbol{x},\boldsymbol{\theta})p_e(\boldsymbol{x})\mathrm{d}\nu(\boldsymbol{x}) \tag{12.3}$$

12.1.1.2　反应式统计环境

相比之下，在反应式统计环境中，学习机不断地与环境交互，环境的统计特征会因为学习机行为而改变。这种情况就像学习机实际降落真实（或模拟）直升机的学习过程。也就是说，与更常规的直升机着陆训练相比，直接操纵直升机会采集到不同的学习经验。

设 $p_e(\cdot|\cdot):\mathcal{R}^d\times\mathcal{R}^q\to[0,\infty)$。将学习机的环境概率模型定义为概率密度集合 $\mathcal{M}\equiv\{p_e(\cdot|\boldsymbol{\theta}):\boldsymbol{\theta}\in\Theta\}$。在反应式统计环境中，当学习机的知识状态为 $\boldsymbol{\theta}$ 时，假设观测数据 $\boldsymbol{x}(1),\boldsymbol{x}(2),\cdots$ 是基于相同 Radon-Nikodým 密度 $p_e(\boldsymbol{x}|\boldsymbol{\theta}):\mathcal{R}^d\to[0,\infty)$ 的独立同分布 d 维随机向量序列 $\tilde{\boldsymbol{x}}(1)$，$\tilde{\boldsymbol{x}}(2)$，…的实例。在这种情况下，可以通过学习机的行为来改变环境生成特定事件 $\boldsymbol{x}$ 的概率密度 $p_e(\boldsymbol{x}|\boldsymbol{\theta})$。鉴于学习机的行为取决于学习机的当前参数值 $\boldsymbol{\theta}$，那么环境密度 p_e 将取决于学习机的参数向量 $\boldsymbol{\theta}$。也就是说，统计环境会对学习机的行为做出“反应”。

在被动式统计环境中，$c(\boldsymbol{x},\boldsymbol{\theta})$ 是学习机在给定知识参数向量 $\boldsymbol{\theta}\in\Theta$ 时观测事件 $\boldsymbol{x}$ 所产生的损失。然而，运行于反应式统计环境中的随机逼近适应性学习机最小化的风险函数 ℓ 如下：

$$\ell(\boldsymbol{\theta})=\int c(\boldsymbol{x},\boldsymbol{\theta})p_e(\boldsymbol{x}|\boldsymbol{\theta})\mathrm{d}\nu(\boldsymbol{x}) \tag{12.4}$$

注意，对于特定事件 $\boldsymbol{x}$（即 $p_e(\boldsymbol{x}|\boldsymbol{\theta})$），最小化式(12.4)中风险函数的学习机，可通过同时减少损失大小（即 $c(\boldsymbol{x},\boldsymbol{\theta})$）与发生损失的似然度来寻找参数向量 $\boldsymbol{\theta}$。

12.1.2　平均下降

分析式(12.2)学习动态的一种方法是将式(12.2)重写为

$$\tilde{\boldsymbol{\theta}}(t+1)=\tilde{\boldsymbol{\theta}}(t)+\gamma_t\bar{\boldsymbol{d}}_t(\tilde{\boldsymbol{\theta}}(t))+\gamma_t\tilde{\boldsymbol{n}}_t \tag{12.5}$$

其中 $\bar{\boldsymbol{d}}_t(\boldsymbol{\theta})\equiv E\{\tilde{\boldsymbol{d}}_t|\boldsymbol{\theta}\}$ 称为平均搜索方向函数，

$$\tilde{\boldsymbol{n}}_t\equiv\tilde{\boldsymbol{d}}_t(\tilde{\boldsymbol{\theta}}(t))-\bar{\boldsymbol{d}}_t(\tilde{\boldsymbol{\theta}}(t))$$

称为加性噪声误差。以这种方式重写式(12.2)，可以将式(12.2)理解为第 7 章中讨论的由噪声误差项 $\tilde{\boldsymbol{n}}_t$ 驱动的确定性下降算法。注意 $E\{\tilde{\boldsymbol{n}}_t|\boldsymbol{\theta}\}=E\{\tilde{\boldsymbol{d}}_t|\boldsymbol{\theta}\}-\bar{\boldsymbol{d}}_t(\boldsymbol{\theta})=\boldsymbol{0}_q$（见例 8.4.6）。

选择平均搜索方向函数 $\bar{\boldsymbol{d}}_t$，使得 $\bar{\boldsymbol{d}}_t$ 指向下坡方向，这与 ℓ 的梯度方向 $\boldsymbol{g}$ 相反（见图 7.1）。也就是说，假定 $\bar{\boldsymbol{d}}_t^{\mathrm{T}}\boldsymbol{g}\leqslant 0$。

对于被动式统计环境，式(12.3)的梯度 $\boldsymbol{g}$（当其存在时）如下：

$$\boldsymbol{g}(\boldsymbol{\theta})=\left[\int\frac{\mathrm{d}c(\boldsymbol{x},\boldsymbol{\theta})}{\mathrm{d}\boldsymbol{\theta}}p_e(\boldsymbol{x})\mathrm{d}\nu(\boldsymbol{x})\right]^{\mathrm{T}}$$

式(12.4)中的黑塞矩阵 $\boldsymbol{H}$（当其存在时）如下：

$$\boldsymbol{H}(\boldsymbol{\theta})=\int\frac{\mathrm{d}^2c(\boldsymbol{x},\boldsymbol{\theta})}{\mathrm{d}\boldsymbol{\theta}^2}p_{\mathrm{e}}(\boldsymbol{x})\mathrm{d}\nu(\boldsymbol{x})$$

对于反应式统计环境，式(12.4)的梯度 $\boldsymbol{g}$(当其存在时)如下：

$$\boldsymbol{g}(\boldsymbol{\theta})=\left[\int\frac{\mathrm{d}c(\boldsymbol{x},\boldsymbol{\theta})}{\mathrm{d}\boldsymbol{\theta}}p_{\mathrm{e}}(\boldsymbol{x}|\boldsymbol{\theta})\mathrm{d}\nu(\boldsymbol{x})+\int c(\boldsymbol{x},\boldsymbol{\theta})\frac{\mathrm{d}p_{\mathrm{e}}(\boldsymbol{x}|\boldsymbol{\theta})}{\mathrm{d}\boldsymbol{\theta}}\mathrm{d}\nu(\boldsymbol{x})\right]^{\mathrm{T}}\tag{12.6}$$

这表明风险函数的梯度与 $p_{\mathrm{e}}(\boldsymbol{x}|\boldsymbol{\theta})$相关。应用

$$\frac{\mathrm{d}\log p_{\mathrm{e}}(\boldsymbol{x}|\boldsymbol{\theta})}{\mathrm{d}\boldsymbol{\theta}}=\frac{1}{p_{\mathrm{e}}(\boldsymbol{x}|\boldsymbol{\theta})}\frac{\mathrm{d}p_{\mathrm{e}}(\boldsymbol{x}|\boldsymbol{\theta})}{\mathrm{d}\boldsymbol{\theta}}$$

将式(12.6)重写为

$$\boldsymbol{g}(\boldsymbol{\theta})=\left[\int\frac{\mathrm{d}c(\boldsymbol{x},\boldsymbol{\theta})}{\mathrm{d}\boldsymbol{\theta}}p_{\mathrm{e}}(\boldsymbol{x}|\boldsymbol{\theta})\mathrm{d}\nu(\boldsymbol{x})+\int c(\boldsymbol{x},\boldsymbol{\theta})\frac{\mathrm{d}\log p_{\mathrm{e}}(\boldsymbol{x}|\boldsymbol{\theta})}{\mathrm{d}\boldsymbol{\theta}}p_{\mathrm{e}}(\boldsymbol{x}|\boldsymbol{\theta})\mathrm{d}\nu(\boldsymbol{x})\right]^{\mathrm{T}}\tag{12.7}$$

令 $\boldsymbol{g}(\boldsymbol{x},\boldsymbol{\theta})\equiv(\mathrm{d}c(\boldsymbol{x},\boldsymbol{\theta})/\mathrm{d}\boldsymbol{\theta})^{\mathrm{T}}$。在反应式统计环境中，式(12.4)中的黑塞矩阵 $\boldsymbol{H}$(当其存在时)如下：

$$\begin{aligned}\boldsymbol{H}(\boldsymbol{\theta})=&\int\frac{\mathrm{d}c^2(\boldsymbol{x},\boldsymbol{\theta})}{\mathrm{d}\boldsymbol{\theta}^2}p_{\mathrm{e}}(\boldsymbol{x}|\boldsymbol{\theta})\mathrm{d}\nu(\boldsymbol{x})+\int\boldsymbol{g}(\boldsymbol{x},\boldsymbol{\theta})\frac{\mathrm{d}\log p_{\mathrm{e}}(\boldsymbol{x}|\boldsymbol{\theta})}{\mathrm{d}\boldsymbol{\theta}}p_{\mathrm{e}}(\boldsymbol{x}|\boldsymbol{\theta})\mathrm{d}\nu(\boldsymbol{x})+\\&\int\left(\frac{\mathrm{d}\log p_{\mathrm{e}}(\boldsymbol{x}|\boldsymbol{\theta})}{\mathrm{d}\boldsymbol{\theta}}\right)^{\mathrm{T}}\boldsymbol{g}(\boldsymbol{x},\boldsymbol{\theta})^{\mathrm{T}}p_{\mathrm{e}}(\boldsymbol{x}|\boldsymbol{\theta})\mathrm{d}\nu(\boldsymbol{x})+\\&\int c(\boldsymbol{x},\boldsymbol{\theta})\frac{\mathrm{d}^2\log p_{\mathrm{e}}(\boldsymbol{x}|\boldsymbol{\theta})}{\mathrm{d}\boldsymbol{\theta}^2}p_{\mathrm{e}}(\boldsymbol{x}|\boldsymbol{\theta})\mathrm{d}\nu(\boldsymbol{x})+\\&\int c(\boldsymbol{x},\boldsymbol{\theta})\left(\frac{\mathrm{d}\log p_{\mathrm{e}}(\boldsymbol{x}|\boldsymbol{\theta})}{\mathrm{d}\boldsymbol{\theta}}\right)^{\mathrm{T}}\frac{\mathrm{d}\log p_{\mathrm{e}}(\boldsymbol{x}|\boldsymbol{\theta})}{\mathrm{d}\boldsymbol{\theta}}p_{\mathrm{e}}(\boldsymbol{x}|\boldsymbol{\theta})\mathrm{d}\nu(\boldsymbol{x})\end{aligned}\tag{12.8}$$

12.1.3　退火策略

式(12.5)中加性噪声误差项 $\gamma_t\tilde{\boldsymbol{n}}_t$ 的方差受步长 γ_t 大小的控制。在与此相关的多个应用中，通常称步长 γ_t 为学习率。因此，$\gamma_1,\gamma_2,\cdots$必须向 0 递减，以保证 $\tilde{\boldsymbol{\theta}}(1),\tilde{\boldsymbol{\theta}}(2),\cdots$以概率 1 收敛到状态空间中的特定点 $\boldsymbol{\theta}^*$。另外，如果 $\gamma_1,\gamma_2,\cdots$过快地接近零，则可能会无法收敛到局部或全局极小值。

保证退火策略 $\gamma_1,\gamma_2,\cdots$向 0 递减的技术条件是：

$$\sum_{t=0}^{\infty}\gamma_t^2<\infty\tag{12.9}$$

保证退火策略 $\gamma_1,\gamma_2,\cdots$不会下降得太快的技术条件是：

$$\sum_{t=0}^{\infty}\gamma_t=\infty\tag{12.10}$$

满足式(12.9)和式(12.10)技术条件的典型退火策略如图 12.1 所示，其中 $t<T_0$ 时，步长 $\gamma_t=\gamma_0$，$t\geqslant T_0$ 时，$\gamma_t=\gamma_0/(1+(t/\tau))$。在时刻 T_0 之前的时间段内，该退火策略假设有一个初始恒定步长 γ_0。步长恒定的时间段称为“搜索阶段”，它允许算法探索噪声方差相对较大的状态空间。在这个阶段，算法有机会对其统计环境进行采样，因此在学习机应用中应当选择足够大的 T_0，以使学习机获得广泛的学习经验。

搜索阶段之后的时间段称为“收敛阶段”，在此阶段，步长序列 $\gamma_{T_0},\gamma_{T_{0+1}},\cdots$逐渐减小。注意，在此阶段，步长“半衰期”$\tau$ 衰减(即在大约一段时间 τ 后，步长减少一半)。在此阶段，目标是收敛到一个最终学习参数值。

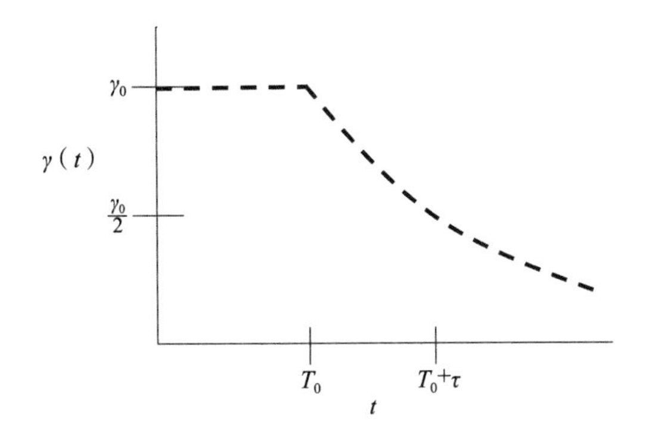

图 12.1　满足式(12.9)和式(12.10)的随机逼近算法的典型步长退火策略。在到达时刻 T_0 之前，步长为常数 γ_0。在 T_0 后，步长随着半衰期 τ 逐渐减小。通过选择不同的 γ_0、T_0 和 τ，可以生成不同的退火策略

在实践中，基于极限比较判别(定理 5.1.3)比较序列 $\gamma_t=1/(1+t)$与实际退火策略，以设计不同适应性退火策略，其中序列 $\gamma_t=1/(1+t)$满足式(12.9)和式(12.10)的条件。例如，选择递增而非递减步长序列 $\gamma_1,\gamma_2,\cdots$也是在“搜索阶段”开展探索行为的有效策略。这背后的直接想法是，初始设置较小的学习率可使系统提取主要统计性规律，然后在学习过程的初始搜索阶段逐渐增加学习率以加速学习过程。然而，最终步长必须逐渐减小，以使本章给出的收敛性分析成立。

练习 12.1-2 给出了一个步长最初恒定，然后逐渐减小的平滑退火策略示例。练习 12.1-3 给出了一个步长最初恒定，然后增加，最后减少的平滑退火策略示例。

12.1.4　主随机逼近定理

下述随机收敛定理有许多重要的应用，包括最小化凸或非凸平滑目标函数的高维非线性系统分析。

定理 12.1.1(随机逼近定理)　设 Θ 是 $\mathcal{R}^q$ 的有界闭凸子集。

- 假设对任一 $\boldsymbol{\theta}\in\Theta$，$\tilde{\boldsymbol{x}}_{\boldsymbol{\theta}}$ 有基于 σ 有限测度 ν 的 Radon-Nikodým 密度 $p_e(\cdot|\boldsymbol{\theta}):\mathcal{R}^d\to[0,\infty)$。
- 假设 $\ell:\mathcal{R}^q\to\mathcal{R}$ 是一个二次连续可微函数，它在 $\mathcal{R}^q$ 上有一个有限下界。设 $\boldsymbol{g}\equiv(\nabla\ell)^{\mathrm{T}}$，$\boldsymbol{H}\equiv\nabla^2\ell$。
- 假设存在一个正数 $x_{\max}$，使得对于所有 $\boldsymbol{\theta}\in\Theta$，基于密度 $p_e(\cdot|\boldsymbol{\theta})$的随机向量 $\tilde{\boldsymbol{x}}_{\boldsymbol{\theta}}$ 满足 $|\tilde{\boldsymbol{x}}_{\boldsymbol{\theta}}|\leqslant x_{\max}$ 的概率为 1。
- 设 $\gamma_0,\gamma_1,\gamma_2,\cdots$是一个正实数序列，它满足：

$$\sum_{t=0}^{\infty}\gamma_t^2<\infty \tag{12.11}$$

$$\sum_{t=0}^{\infty}\gamma_t=\infty \tag{12.12}$$

- 对于所有 $t\in\mathbb{N}$，设 $\boldsymbol{d}_t:\mathcal{R}^d\times\mathcal{R}^q\to\mathcal{R}^q$ 是 $\mathcal{R}^d\times\mathcal{R}^q$ 有限划分上的分段连续函数。当它存在时，令

$$\bar{\boldsymbol{d}}_t(\boldsymbol{\theta})=\int\boldsymbol{d}_t(\boldsymbol{x},\boldsymbol{\theta})p_e(\boldsymbol{x}|\boldsymbol{\theta})\mathrm{d}\nu(\boldsymbol{x})$$

- 设 $\tilde{\boldsymbol{\theta}}(0)$是一个 q 维随机向量。设 $\tilde{\boldsymbol{\theta}}(1),\tilde{\boldsymbol{\theta}}(2),\cdots$是 q 维随机向量序列，对于 $t=0,1,2,\cdots$，有：

$$\tilde{\boldsymbol{\theta}}(t+1)=\tilde{\boldsymbol{\theta}}(t)+\gamma_t\tilde{\boldsymbol{d}}_t \tag{12.13}$$

其中，$\tilde{\boldsymbol{d}}_t \equiv \tilde{\boldsymbol{d}}_t(\tilde{\boldsymbol{x}}_{\boldsymbol{\theta}}(t), \tilde{\boldsymbol{\theta}}(t))$。当$\{\boldsymbol{\theta}(t)\}$是有界随机序列时，$\{\tilde{\boldsymbol{d}}_t\}$是有界随机序列。设$\tilde{\boldsymbol{x}}_{\boldsymbol{\theta}}(t)$的分布由条件密度 $p_e(\cdot|\tilde{\boldsymbol{\theta}}(t))$确定。

- 假设存在一个正数 K，使得对于所有 $\boldsymbol{\theta} \in \Theta$，有

$$\bar{\boldsymbol{d}}_t(\boldsymbol{\theta})^{\mathrm{T}} \boldsymbol{g}(\boldsymbol{\theta}) \leqslant -K|\boldsymbol{g}(\boldsymbol{\theta})|^2 \tag{12.14}$$

如果存在一个正整数 T，使得对于所有 $t \geqslant T$，$\tilde{\boldsymbol{\theta}}(t) \in \Theta$ 的概率为 1，则 $\tilde{\boldsymbol{\theta}}(1)$，$\tilde{\boldsymbol{\theta}}(2)$，…以概率 1 收敛到包含在 Θ 中的 ℓ 临界点集。

证明　该定理的论述与证明是文献(Golden，2018)中定理的翻版，是对 Blum(1954)早期工作的扩展。在整个证明过程中，假设存在一个正整数 T，使得对于所有 $t \geqslant T$，$\tilde{\boldsymbol{\theta}}(t) \in \Theta$ 的概率为 1。

令 $\tilde{\ell}_t \equiv \ell(\tilde{\boldsymbol{\theta}}(t))$，其实例为 $\ell_t \equiv \ell(\boldsymbol{\theta}(t))$。令 $\tilde{\boldsymbol{g}}_t \equiv \boldsymbol{g}(\tilde{\boldsymbol{\theta}}(t))$，其实例为 $\boldsymbol{g}_t \equiv \boldsymbol{g}(\boldsymbol{\theta}(t))$。令 $\tilde{\boldsymbol{H}}_t \equiv \boldsymbol{H}(\tilde{\boldsymbol{\theta}}(t))$，其实例为 $\boldsymbol{H}_t \equiv \boldsymbol{H}(\boldsymbol{\theta}(t))$。

步骤 1　使用二阶均值展开式展开 ℓ。关于 $\tilde{\boldsymbol{\theta}}(t)$展开 ℓ，并使用中值定理求 $\tilde{\boldsymbol{\theta}}(t+1)$处的值，得到：

$$\tilde{\ell}_{t+1} = \tilde{\ell}_t + \tilde{\boldsymbol{g}}_t^{\mathrm{T}}(\tilde{\boldsymbol{\theta}}(t+1) - \tilde{\boldsymbol{\theta}}(t)) + \gamma_t^2 \tilde{R}_t \tag{12.15}$$

其中

$$\tilde{R}_t \equiv (1/2)\tilde{\boldsymbol{d}}_t^{\mathrm{T}} \boldsymbol{H}(\tilde{\boldsymbol{\zeta}}_t)\tilde{\boldsymbol{d}}_t \tag{12.16}$$

随机变量 $\tilde{\boldsymbol{\zeta}}_t$ 可以定义为连接 $\tilde{\boldsymbol{\theta}}(t)$和 $\tilde{\boldsymbol{\theta}}(t+1)$的弦上的一点。将

$$\gamma_t \tilde{\boldsymbol{d}}_t = \tilde{\boldsymbol{\theta}}(t+1) - \tilde{\boldsymbol{\theta}}(t)$$

代入式(12.15)得出：

$$\tilde{\ell}_{t+1} = \tilde{\ell}_t + \gamma_t \tilde{\boldsymbol{g}}_t^{\mathrm{T}} \tilde{\boldsymbol{d}}_t + \gamma_t^2 \tilde{R}_t \tag{12.17}$$

步骤 2　确定展开式余项有界的条件。根据假设，由于$\{\tilde{\boldsymbol{\theta}}(t)\}$是有界随机序列，而 $\boldsymbol{H}$ 是连续的，因此随机序列$\{\boldsymbol{H}(\tilde{\boldsymbol{\zeta}}_t)\}$是有界的。此外，根据假设，$\{\tilde{\boldsymbol{d}}_t\}$是有界随机序列。这表明存在一个有限数 $R_{\max}$，使得对于所有 $t=0,1,2,\cdots$，有

$$|\tilde{R}_t| \leqslant R_{\max} \tag{12.18}$$

概率为 1。

步骤 3　计算目标函数条件期望下降边界。对式(12.17)两边取基于条件密度 p_e 的条件期望并求 $\boldsymbol{\theta}(t)$和 γ_t 处的值，得出：

$$E\{\tilde{\ell}_{t+1} | \boldsymbol{\theta}(t)\} = \ell_t + \gamma_t \boldsymbol{g}_t^{\mathrm{T}} \bar{\boldsymbol{d}}_t + \gamma_t^2 E\{\tilde{R}_t | \boldsymbol{\theta}(t)\} \tag{12.19}$$

将假设 $\bar{\boldsymbol{d}}_t(\boldsymbol{\theta})^{\mathrm{T}} \boldsymbol{g}(\boldsymbol{\theta}) \leqslant -K|\boldsymbol{g}(\boldsymbol{\theta})|^2$，以及步骤 2 的结论——$|\tilde{R}_t(\cdot)| \leqslant R_{\max}$ 概率为 1，代入式(12.19)得出：

$$E\{\tilde{\ell}_{t+1} | \boldsymbol{\theta}(t)\} \leqslant \ell_t - \gamma_t K |\boldsymbol{g}_t|^2 + \gamma_t^2 R_{\max} \tag{12.20}$$

步骤 4　证明$\{|\tilde{\boldsymbol{g}}_t|^2\}$的子序列收敛至零。由于 ℓ 有下界，K 是有限正数，并且式(12.11)成立，那么对$\{\tilde{\boldsymbol{\theta}}(t)\}$和$\{\tilde{\boldsymbol{d}}_t\}$有界概率为 1 的集合可针对式(12.20)应用几乎超鞅引理(定理 9.3.4)，得到：

$$\sum_{t=0}^{\infty} \gamma_t |\tilde{\boldsymbol{g}}_t|^2 < \infty \tag{12.21}$$

的概率为 1。

对于每个正整数 t，设

$$\tilde{a}_t^* \equiv \inf\{|\tilde{\boldsymbol{g}}_t|^2, |\tilde{\boldsymbol{g}}_{t+1}|^2, \cdots\}$$

序列 $\tilde{a}_1^*, \tilde{a}_2^*, \cdots$ 以概率1非递增且以零为下界，这表明该序列以概率1收敛到随机变量 $\tilde{a}^*$[参见定理5.1.1(vii)及文献(Rosenlicht，1968)[50]]。

假设 $\tilde{a}^*$ 为正且不等于0，基于式(12.12)中假设 $\sum_t \gamma_t = \infty$，有

$$\sum_{t=1}^{\infty} \gamma_t \tilde{a}_t \geqslant \tilde{a}^* \sum_{t=1}^{\infty} \gamma_t = \infty \tag{12.22}$$

概率为1。

式(12.21)适用于 $\{|\tilde{\boldsymbol{g}}_t|^2\}$ 的每个子序列。因此，式(12.21)表明：

$$\sum_{t=1}^{\infty} \gamma_t \tilde{a}_t < \infty \tag{12.23}$$

这直接与式(12.22)中结论相矛盾。因此，序列 $\tilde{a}_1^*, \tilde{a}_2^*, \cdots$ 以概率1收敛到0。$\{|\tilde{\boldsymbol{g}}_t|^2\}$ 的子序列以概率1收敛到0。

步骤5 证明随机序列 $\{\tilde{\boldsymbol{\theta}}(t)\}$ 收敛到随机变量。由于 ℓ 有下界，K 是有限正数，并且式(12.20)成立，可以对式(12.20)应用几乎超鞅引理(定理9.3.4)以证明随机序列 $\ell(\tilde{\boldsymbol{\theta}}(1))$，$\ell(\tilde{\boldsymbol{\theta}}(2)), \cdots$ 以概率1收敛到标记为 $\tilde{\ell}^*$ 的未知随机变量。由于 ℓ 是连续的，因此 $\tilde{\boldsymbol{\theta}}(1)$，$\tilde{\boldsymbol{\theta}}(2), \cdots$ 以概率1收敛到标记为 $\tilde{\boldsymbol{\theta}}^*$ 的未知随机变量，$\ell(\tilde{\boldsymbol{\theta}}^*) = \tilde{\ell}^*$。每个序列 $\tilde{\boldsymbol{\theta}}(1), \tilde{\boldsymbol{\theta}}(2), \cdots$ 在有界闭凸集 Θ 中的概率为1，因此 $\tilde{\boldsymbol{\theta}}^* \in \Theta$ 的概率为1。

步骤6 证明随机序列 $\{|\tilde{\boldsymbol{g}}_t|^2\}$ 收敛到零。根据步骤5，随 $t \to \infty$，$\tilde{\boldsymbol{\theta}}(t) \to \tilde{\boldsymbol{\theta}}^*$ 概率为1。由于 $\boldsymbol{g}$ 是连续函数，所以 $|\boldsymbol{g}(\tilde{\boldsymbol{\theta}}(1))|^2, |\boldsymbol{g}(\tilde{\boldsymbol{\theta}}(2))|^2, \cdots$ 以概率1收敛到 $|\boldsymbol{g}(\tilde{\boldsymbol{\theta}}^*)|^2$。这等价于 $\{|\boldsymbol{g}(\tilde{\boldsymbol{\theta}}(t))|^2\}$ 的每个子序列都以概率1收敛到 $|\boldsymbol{g}(\tilde{\boldsymbol{\theta}}^*)|^2$。也就是说，对于每个可能的正整数序列 $t_1, t_2, \cdots$，随机序列 $|\boldsymbol{g}(\tilde{\boldsymbol{\theta}}(t_1))|^2, |\boldsymbol{g}(\tilde{\boldsymbol{\theta}}(t_2))|^2, \cdots$ 均以概率1收敛到 $|\boldsymbol{g}(\tilde{\boldsymbol{\theta}}^*)|^2$。

根据步骤4，存在一个正整数序列 $k_1, k_2, \cdots$，使得随机序列 $|\boldsymbol{g}(\tilde{\boldsymbol{\theta}}(k_1))|^2, |\boldsymbol{g}(\tilde{\boldsymbol{\theta}}(k_2))|^2, \cdots$ 以概率1收敛到零。因此，为了避免矛盾，$\{|\boldsymbol{g}(\tilde{\boldsymbol{\theta}}(t))|^2\}$ 的每个子序列都以概率1收敛到随机变量 $|\boldsymbol{g}(\tilde{\boldsymbol{\theta}}^*)|^2$，另外 $|\boldsymbol{g}(\tilde{\boldsymbol{\theta}}^*)|^2 = 0$ 的概率为1。可以说，$\{|\boldsymbol{g}(\tilde{\boldsymbol{\theta}}(t))|^2\}$ 以概率1收敛到0。

步骤7 证明 $\{\tilde{\boldsymbol{\theta}}(t)\}$ 收敛于临界点集。根据步骤6，$|\boldsymbol{g}(\tilde{\boldsymbol{\theta}}(t))|^2 \to 0$ 的概率为1。基于该结论以及 $|\boldsymbol{g}|^2$ 连续且 $\tilde{\boldsymbol{\theta}}^* \in \Theta$，得到 $\tilde{\boldsymbol{\theta}}(1), \tilde{\boldsymbol{\theta}}(2), \cdots$ 以概率1收敛到 $\{\tilde{\boldsymbol{\theta}}^* \in \Theta : |\boldsymbol{g}(\tilde{\boldsymbol{\theta}}^*)|^2 = 0\}$。也就是说，$\tilde{\boldsymbol{\theta}}(1), \tilde{\boldsymbol{\theta}}(2), \cdots$ 以概率1收敛到 Θ 中 ℓ 的临界点集。 ■

请注意，随机序列 $\{\tilde{\boldsymbol{x}}_{\boldsymbol{\theta}}\}$ 有界的充分条件是，$\tilde{\boldsymbol{x}}_{\boldsymbol{\theta}}$ 值域是 $\mathcal{R}^d$ 的有界子集。例如，若 $\tilde{\boldsymbol{x}}_{\boldsymbol{\theta}}$ 是在有限样本空间中取值的离散随机向量，则该条件自动满足。

假设 $c: \mathcal{R}^d \times \Theta \to \mathcal{R}$ 和 $p_e: \mathcal{R}^d \times \Theta \to [0, \infty)$ 都是二次连续可微随机函数。此外，对于所有 $\boldsymbol{\theta} \in \Theta$，假设 $c(\cdot; \boldsymbol{\theta})$ 和 $p_e(\cdot; \boldsymbol{\theta})$ 在 $\mathcal{R}^d$ 上是分段连续的。然后，根据假设 $\{\tilde{\boldsymbol{x}}_{\boldsymbol{\theta}}\}$ 有界且 $\{\tilde{\boldsymbol{\theta}}(t)\}$ 有界，控制收敛定理表明 ℓ、ℓ 的梯度和 ℓ 的黑塞矩阵在 Θ 上连续。

随机逼近定理的结论本质上表明，若状态的随机序列 $\tilde{\boldsymbol{\theta}}(1), \tilde{\boldsymbol{\theta}}(2), \cdots$ 在状态空间(由 Θ 表示)中有界闭区域的概率为1，那么 $\tilde{\boldsymbol{\theta}}(t)$ 收敛到 Θ 中临界点集的概率为1。除非下降算法的动态轨迹是人为有界的，否则很难证明状态随机序列 $\tilde{\boldsymbol{\theta}}(1), \tilde{\boldsymbol{\theta}}(2), \cdots$ 在状态空间的一个有界闭区域中。在实践中，可将随机逼近定理的结论重新表述为：$\tilde{\boldsymbol{\theta}}(t)$ 收敛到一个有界闭集 Θ 的临

界点集，或者 $\tilde{\boldsymbol{\theta}}(t)$ 最终必须以概率 1 离开集合 Θ。虽然该定理的结论相对较弱，但该定理的有效之处在于适用于大多数最小化非凸平滑目标函数的机器学习算法。例如，许多缺失数据问题和深度学习神经网络问题都是非凸学习问题，其特点是 ℓ 有多个平坦区、鞍点、极小值点和极大值点。

在目标函数为凸函数的特殊情况(例如，线性回归、逻辑回归和多项式逻辑回归)下，可选择 Θ 为半径任意大的球体。另一个重要的特殊情况是选择恰好包含 1 个临界点的 Θ。如果随机逼近定理的条件成立，随机序列 $\{\tilde{\boldsymbol{\theta}}(t)\}$ 以概率 1 收敛到仅包含一个临界点的状态空间区域，那么 $\{\tilde{\boldsymbol{\theta}}(t)\}$ 一定以概率 1 收敛到该临界点。

秘诀框 12.1　适应性学习收敛性分析(定理 12.1.1)

- **步骤 1**　确定统计环境。将反应式统计环境建模为基于相同密度 $p_e(\cdot|\boldsymbol{\theta})$ 的独立同分布 d 维随机向量的有界序列 $\tilde{\boldsymbol{x}}(1), \tilde{\boldsymbol{x}}(2), \cdots$，$\boldsymbol{\theta} \in \mathcal{R}^q$。对于被动式统计环境，密度 p_e 不依赖于 $\boldsymbol{\theta}$。
- **步骤 2**　检验 ℓ 是否为有下界的二次连续可微函数。设 Θ 是 $\mathcal{R}^q$ 的有界闭凸子集。定义一个二次连续可微函数 $\ell: \mathcal{R}^q \to \mathcal{R}$，使得对于所有 $\boldsymbol{\theta} \in \mathcal{R}^q$，有
$$\ell(\boldsymbol{\theta}) = \int c(\boldsymbol{x}, \boldsymbol{\theta}) p_e(\boldsymbol{x}|\boldsymbol{\theta}) \mathrm{d}\nu(\boldsymbol{x})$$
检验 ℓ 在 $\mathcal{R}^q$ 上是否有一个有限下界。
- **步骤 3**　检验退火策略。设计满足式(12.11)和式(12.12)的步长序列 $\gamma_1, \gamma_2, \cdots$，且基于适应性学习的极限比较判别(定理 5.1.3)对比 $\{\gamma_t\}$ 与 $\{1/t\}$。例如，
$$\gamma_t = \gamma_0(1 + (t/\tau_1))/(1 + (t/\tau_2)^2)$$
是一个步长序列，对于 $0 < \tau_1 < \tau_2$ 和 $\gamma_0 > 0$，当 $t \ll \tau_2$ 时，它具有搜索模式行为；当 $t \gg \tau_2$ 时，它具有收敛模式行为。
- **步骤 4**　确定搜索方向函数。对于 $t \in \mathbb{N}$，设 $\boldsymbol{d}_t: \mathcal{R}^d \times \mathcal{R}^q \to \mathcal{R}^q$ 是 $\mathcal{R}^d \times \mathcal{R}^q$ 上的分段连续函数。重写参数估计更新规则：
$$\tilde{\boldsymbol{\theta}}(t+1) = \tilde{\boldsymbol{\theta}}(t) + \gamma_t \tilde{\boldsymbol{d}}_t$$
其中，搜索方向随机向量 $\tilde{\boldsymbol{d}}_t = \boldsymbol{d}_t(\tilde{\boldsymbol{x}}(t), \tilde{\boldsymbol{\theta}}(t))$。当 $\{\tilde{\boldsymbol{\theta}}(t)\}$ 是有界随机序列时，检验 $\{\tilde{\boldsymbol{d}}_t\}$ 是否为有界随机序列。
- **步骤 5**　证明平均搜索方向下降。假设存在函数序列 $\bar{\boldsymbol{d}}_1, \bar{\boldsymbol{d}}_2, \cdots$，使得
$$\bar{\boldsymbol{d}}_t(\boldsymbol{\theta}) \equiv E\{\boldsymbol{d}_t(\tilde{\boldsymbol{x}}(t), \boldsymbol{\theta}) | \boldsymbol{\theta}\} = \int \boldsymbol{d}_t(\boldsymbol{x}, \boldsymbol{\theta}) p_e(\boldsymbol{x}|\boldsymbol{\theta}) \mathrm{d}\nu(\boldsymbol{x})$$
证明存在一个正数 K，使得
$$\bar{\boldsymbol{d}}_t(\boldsymbol{\theta})^{\mathrm{T}} \boldsymbol{g}(\boldsymbol{\theta}) \leqslant -K|\boldsymbol{g}(\boldsymbol{\theta})|^2 \tag{12.24}$$
- **步骤 6**　研究渐近性。证明：(1)对于某正整数 T 与所有 $t > T$，随机序列 $\tilde{\boldsymbol{\theta}}(1), \tilde{\boldsymbol{\theta}}(2), \cdots, \tilde{\boldsymbol{\theta}}(t), \cdots$ 不在 Θ 中的概率为 1；(2)当 $t \to \infty$ 时，$\tilde{\boldsymbol{\theta}}(1), \tilde{\boldsymbol{\theta}}(2), \cdots, \tilde{\boldsymbol{\theta}}(t), \cdots$ 以概率 1 收敛到 Θ 中的临界点集。

例 12.1.1(随机梯度下降的收敛问题)　假设有一个统计环境，从中观测到的训练数据

$\boldsymbol{x}(1),\boldsymbol{x}(2),\cdots$为基于支集规范测度$\nu$定义的相同 Radon-Nikodým 密度$p_e:\mathcal{R}^d\to[0,\infty)$的独立同分布$d$维随机向量的有界随机序列的实例。假设机器学习算法需最小化二次连续可微风险函数$\ell:\mathcal{R}^q\to[0,\infty)$，对于所有$\boldsymbol{\theta}\in\mathcal{R}^q$，有

$$\ell(\boldsymbol{\theta})=\int c(\boldsymbol{x},\boldsymbol{\theta})p_e(\boldsymbol{x})\mathrm{d}\nu(\boldsymbol{x})$$

其中，c是具备有限下界的连续可微函数。

梯度下降适应性学习算法的学习规则如下：

$$\widetilde{\boldsymbol{\theta}}(t+1)=\widetilde{\boldsymbol{\theta}}(t)-\gamma_t\boldsymbol{g}(\widetilde{\boldsymbol{x}}(t),\widetilde{\boldsymbol{\theta}}(t))\tag{12.25}$$

其中对于每个$\boldsymbol{x}\in\mathcal{R}^d$，$\boldsymbol{g}(\boldsymbol{\theta})\equiv[\mathrm{d}c(\boldsymbol{x},\boldsymbol{\theta})/\mathrm{d}\boldsymbol{\theta}]^{\mathrm{T}}$。假设步长序列是一个正数序列$\Upsilon_1,\Upsilon_2,\cdots$，对于某个有限正整数$T$，$t<T$时，$\Upsilon_t=1$，$t\geqslant T$时，$\Upsilon_t=1/t$。证明随机序列$\widetilde{\boldsymbol{\theta}}(0),\widetilde{\boldsymbol{\theta}}(1),\cdots$要么以概率 1 无界，要么以概率 1 收敛到$\ell$的临界点集。

解　基于秘诀框 12.1 步骤分析其渐近性。

步骤 1　根据假设，统计环境是一个有界独立同分布随机向量的随机序列。

步骤 2　目标函数ℓ是$\mathcal{R}^q$上的二次连续可微函数。设$\mathcal{R}^q$的子集Θ是以原点为中心且有限半径为R(例如，选择$R=109$)的闭球。区域Θ是有界闭凸集。由于c有一个有限下界，因此ℓ有一个有限下界。

步骤 3　根据定理 5.1.2，有$\sum_{t=1}^{\infty}\gamma_t=\infty$，$\sum_{t=1}^{\infty}\gamma_t^2<\infty$。

步骤 4　设$\widetilde{\boldsymbol{d}}_t=-\boldsymbol{g}(\widetilde{\boldsymbol{x}}(t),\widetilde{\boldsymbol{\theta}}(t))$。因为$\widetilde{\boldsymbol{x}}(0),\widetilde{\boldsymbol{x}}(1),\cdots$和$\widetilde{\boldsymbol{\theta}}(0),\widetilde{\boldsymbol{\theta}}(1),\cdots$是有界随机序列，且$\boldsymbol{g}$连续，所以$\{|\overline{\boldsymbol{d}}_t|\}$是有界随机序列。

步骤 5　设$\overline{\boldsymbol{g}}(\boldsymbol{\theta})=E\{\boldsymbol{g}(\widetilde{\boldsymbol{x}}(t),\boldsymbol{\theta})$。定义$\overline{\boldsymbol{d}}(\boldsymbol{\theta})=-\boldsymbol{g}(\boldsymbol{\theta})$，对于$K=1$，有$\overline{\boldsymbol{d}}^{\mathrm{T}}\overline{\boldsymbol{g}}\leqslant-|\overline{\boldsymbol{g}}|^2$，满足式(12.14)。

步骤 6　证明：(1) 对于所有$t>T$，由学习算法生成的随机序列$\widetilde{\boldsymbol{\theta}}(1),\widetilde{\boldsymbol{\theta}}(2),\cdots,\widetilde{\boldsymbol{\theta}}(t),\cdots$不在$\Theta$中的概率为 1；(2) 参数向量随机序列$\widetilde{\boldsymbol{\theta}}(1),\widetilde{\boldsymbol{\theta}}(2),\cdots$以概率 1 收敛到$\Theta$中的临界点集。△

例 12.1.2(比例梯度下降适应性学习的收敛问题)　假设有一个统计环境，其观测训练数据$\boldsymbol{x}(1),\boldsymbol{x}(2),\cdots$为基于相同概率质量函数$p_e:\{\boldsymbol{x}^1,\cdots,\boldsymbol{x}^M\}\to[0,1]$的独立同分布$d$维离散随机向量的随机序列实例。假设机器学习算法将最小化二次连续可微风险函数$\ell:\mathcal{R}^q\to[0,\infty)$，对于所有$\boldsymbol{\theta}\in\mathcal{R}^q$，有

$$\ell(\boldsymbol{\theta})=\int c(\boldsymbol{x},\boldsymbol{\theta})p_e(\boldsymbol{x})\mathrm{d}\nu(\boldsymbol{x})$$

其中，c是有有限下界的连续可微函数。适应性学习算法的学习规则如下：

$$\widetilde{\boldsymbol{\theta}}(t+1)=\widetilde{\boldsymbol{\theta}}(t)-\gamma_t\boldsymbol{M}_t\boldsymbol{g}(\widetilde{\boldsymbol{x}}(t),\widetilde{\boldsymbol{\theta}}(t))\tag{12.26}$$

其中，对于每个$\boldsymbol{x}\in\mathcal{R}^d,\boldsymbol{g}(\boldsymbol{\theta})\equiv[\mathrm{d}c(\boldsymbol{x},\boldsymbol{\theta})/\mathrm{d}\boldsymbol{\theta}]^{\mathrm{T}}$。假设$\boldsymbol{M}_1,\boldsymbol{M}_2,\cdots$是正定对称矩阵序列，$\lambda_{\min}$是小于$\boldsymbol{M}_t$最小特征值的正数，$\lambda_{\max}$是大于$\boldsymbol{M}_t$最大特征值的正数，$t\in\mathbb{N}$。对于所有$t\in\mathbb{N}$，假设$\gamma_t=(1+(t/1000))/(1+(t/5000)^2)$。分析该适应性学习算法的渐近性。

解　按照秘诀框 12.1 中的步骤分析其渐近性。

步骤 1　统计环境是离散独立同分布随机向量的随机序列，其中每个随机向量取M个可能值之一。

步骤 2　目标函数ℓ是$\mathcal{R}^q$上二次连续可微函数，Θ为$\mathcal{R}^q$的一个有界闭凸子集。由于c是

有有限下界的连续随机函数，因此 ℓ 有有限下界。

步骤 3　根据定理 5.1.2，当 $\eta_t=1/t$ 时，$\sum_{t=1}^{\infty}\eta_t=\infty$，$\sum_{t=1}^{\infty}\eta_t^2<\infty$。由于当 $t\to\infty$时，

$$\frac{\gamma_t}{\eta_t}=\frac{1/t}{(1+(t/1000))/(1+(t/5000)^2)}\to K$$

其中，K 是一个有限常数。从定理 5.1.3 可以直接推导出 $\sum_{t=1}^{\infty}\gamma_t=\infty$，且 $\sum_{t=1}^{\infty}\gamma_t^2=\infty$。

步骤 4　学习规则为

$$\tilde{\boldsymbol{\theta}}(t+1)=\tilde{\boldsymbol{\theta}}(t)+\gamma_t\tilde{\boldsymbol{d}}_t$$

其中，$\tilde{\boldsymbol{d}}_t=-\boldsymbol{M}_t\boldsymbol{g}(\tilde{\boldsymbol{x}}(t))$。

注意，

$$\begin{aligned}|\tilde{\boldsymbol{d}}_t|&=|\boldsymbol{M}_t\boldsymbol{g}(\tilde{\boldsymbol{x}}(t),\tilde{\boldsymbol{\theta}}(t))|=\sqrt{|\boldsymbol{M}_t\boldsymbol{g}(\tilde{\boldsymbol{x}}(t),\tilde{\boldsymbol{\theta}}(t))|^2}\\&=\sqrt{\boldsymbol{g}(\tilde{\boldsymbol{x}}(t),\tilde{\boldsymbol{\theta}}(t))^{\mathrm{T}}\boldsymbol{M}_t^2\boldsymbol{g}(\tilde{\boldsymbol{x}}(t),\tilde{\boldsymbol{\theta}}(t))}\leqslant\lambda_{\max}|\boldsymbol{g}(\tilde{\boldsymbol{x}}(t),\tilde{\boldsymbol{\theta}}(t))|\end{aligned}$$

当 $\tilde{\boldsymbol{x}}(0),\tilde{\boldsymbol{x}}(1),\cdots$和 $\tilde{\boldsymbol{\theta}}(0),\tilde{\boldsymbol{\theta}}(1),\cdots$是有界随机序列，$\lambda_{\max}|\boldsymbol{g}(\boldsymbol{x},\boldsymbol{\theta})|$为连续函数时，$\tilde{\boldsymbol{d}}_t$ 是有界随机序列。

步骤 5　期望搜索方向为

$$\bar{\boldsymbol{d}}_t(\boldsymbol{\theta})=E\{-\boldsymbol{M}_t\boldsymbol{g}(\tilde{\boldsymbol{x}}(t),\boldsymbol{\theta})\}=-\boldsymbol{M}_t\bar{\boldsymbol{g}}$$

由于 $\bar{\boldsymbol{d}}(\boldsymbol{\theta})=-\boldsymbol{M}_t\bar{\boldsymbol{g}}(\boldsymbol{\theta})$，因此 $\bar{\boldsymbol{d}}^{\mathrm{T}}\bar{\boldsymbol{g}}\leqslant\lambda_{\min}|\bar{\boldsymbol{g}}|^2$ 满足式(12.14)。

步骤 6　证明：(1) 对于所有 $t>T$，由学习算法生成的随机序列 $\tilde{\boldsymbol{\theta}}(1),\tilde{\boldsymbol{\theta}}(2),\cdots,\tilde{\boldsymbol{\theta}}(t)\cdots$不在 Θ 中的概率为 1；(2) 参数向量随机序列 $\tilde{\boldsymbol{\theta}}(1),\tilde{\boldsymbol{\theta}}(2),\cdots$以概率 1 收敛到 Θ 中的临界点集。△

12.1.5　随机逼近算法收敛性评估

例 12.1.3(Polyak-Ruppert 平均)　考虑一个通用的随机逼近算法：

$$\tilde{\boldsymbol{\theta}}(t+1)=\tilde{\boldsymbol{\theta}}(t)+\gamma_t\tilde{\boldsymbol{d}}_t$$

当 $t\to\infty$时，$\tilde{\boldsymbol{\theta}}(t)\to\tilde{\boldsymbol{\theta}}^*$的概率为 1。通用随机逼近算法的目标是确定 $\tilde{\boldsymbol{\theta}}^*$，在某些特殊情况下，$\tilde{\boldsymbol{\theta}}^*$可能为零方差常数向量。然而，一般来说，$\tilde{\boldsymbol{\theta}}^*$是基于某协方差矩阵的随机向量。

实际上，学习过程在某有限时间段 T 后会停止。尽管可以使用 $\tilde{\boldsymbol{\theta}}(T)$作为 $E\{\tilde{\boldsymbol{\theta}}^*\}$的估计量，但可改进估计策略，如对随机序列 $\tilde{\boldsymbol{\theta}}(0),\tilde{\boldsymbol{\theta}}(1),\cdots,\tilde{\boldsymbol{\theta}}(T)$中最后 m 个观测值取平均值，从而得出 Polyak-Ruppert 估计量

$$\bar{\boldsymbol{\theta}}_m(T)=(1/m)\sum_{k=0}^{m-1}\tilde{\boldsymbol{\theta}}(T-k)\tag{12.27}$$

鉴于式(12.27)求和计算中各项都以概率 1 收敛到 $\tilde{\boldsymbol{\theta}}^*$(见定理 9.4.1)，因此当 $T\to\infty$时，估计量 $\bar{\boldsymbol{\theta}}_m(t)$收敛到 $\tilde{\boldsymbol{\theta}}^*$。$\bar{\boldsymbol{\theta}}_m(T)$也可以用来估计 $\tilde{\boldsymbol{\theta}}^*$。当 $m=1$ 时，Polyak-Ruppert 估计量 $\bar{\boldsymbol{\theta}}_m(T)$与 $\tilde{\boldsymbol{\theta}}(t)$估计量是等价的。增加块大小 m 可得出稳健性更好的估计量。关于该估计量的低计算量自适应改进，参阅练习 12.2-1。△

假设随机逼近算法生成的 q 维随机向量的随机序列 $\tilde{\boldsymbol{\theta}}(0),\tilde{\boldsymbol{\theta}}(1),\cdots$以概率 1 收敛到 q 维随机向量 $\tilde{\boldsymbol{\theta}}^*$。如果随机序列 $\tilde{\boldsymbol{\theta}}(0),\tilde{\boldsymbol{\theta}}(1),\cdots$有界，定理 9.4.1 断言，当 $t\to\infty$时，

$(1/q)E\{|\tilde{\boldsymbol{\theta}}(t)-\tilde{\boldsymbol{\theta}}^*|^2\}$收敛于0。因此，对于足够大的$t$和固定正整数$m$，$(1/q)E\{|\tilde{\boldsymbol{\theta}}(t)-\tilde{\boldsymbol{\theta}}^*|^2\}$的估计量如下：

$$\hat{\boldsymbol{\sigma}}_m^2(t)=\frac{1}{mq}\sum_{k=0}^{m-1}|\tilde{\boldsymbol{\theta}}(t-k)-\bar{\boldsymbol{\theta}}_m(t)|^2 \tag{12.28}$$

其中，$\bar{\boldsymbol{\theta}}_m(t)$是 Polyak-Ruppert 估计量。如果$\hat{\boldsymbol{\sigma}}_m(t)$足够小，则可证明其收敛。请注意，式(12.28)基于$\boldsymbol{\theta}$的维数q进行了归一化。

练习

12.1-1. 设$\eta_1,\eta_2,\cdots$是正常数序列。假设$0\leqslant t\leqslant 100$时，$\eta_t=1$，$100<t\leqslant 500$时，$\eta_t=t/1000$，$t>500$时，$\eta_t=1/(200+t)$。验证当$t\to\infty$时，常数序列$\eta_1,\eta_2,\cdots$满足式(12.11)和式(12.12)条件。

12.1-2. (步长先恒定后减少的平滑退火策略)考虑以下步长退火策略[相关讨论，请参见文献(Darken & Moody，1992)]，依据下式生成正步长序列$\eta_1,\eta_2,\cdots$。

$$\eta_t=\frac{\eta_0}{1+(t/\tau)} \tag{12.29}$$

当$\tau=100$，$\eta_0=1$时，将η_t绘制成关于t的函数。证明当$t\ll\tau$时，$\eta_t\approx\eta_0$。证明当$t\approx\tau$时，$\eta_t\approx\eta_0/2$。证明当$t\gg\tau$时，$\eta_t\approx(\eta_0\tau)/t$。随后基于极限比较判别定理(定理5.1.3)证明序列$\eta_1,\eta_2,\cdots$满足式(12.11)和式(12.12)条件。

12.1-3. (步长先恒定后增加最终减少的平滑退火策略)考虑以下步长退火策略，依据下式生成正步长序列$\eta_1,\eta_2,\cdots$。

$$\eta_t=\frac{\eta_0(1+(t/\tau_1))}{1+(t/\tau_2)^2} \tag{12.30}$$

当$\tau_1=100$，$\tau_2=1000$，$\eta_0=1$时，将η_t绘制成关于t的函数。证明当$t\ll\tau_1$时，$\eta_t\approx\eta_0$。证明当$t\gg\tau_1$且$t\ll\tau_2$时，$\eta_t\approx t\eta_0/\tau_1$。证明当$t\approx\tau_2$时，$\eta_t\approx\eta_0/2$。证明当$t\gg\tau_2$时，$\eta_t\approx\eta_0(\tau_2)^2/t$。随后基于极限比较判别定理(定理5.1.3)证明序列$\eta_1,\eta_2,\cdots$满足式(12.11)和式(12.12)条件。

12.1-4. 证明随机序列$|\tilde{\boldsymbol{\theta}}(1)|,|\tilde{\boldsymbol{\theta}}(2)|,\cdots$无界的概率为1等价于$|\tilde{\boldsymbol{\theta}}(1)|,\tilde{\boldsymbol{\theta}}(2)|,\cdots$存在子序列以概率1收敛至$+\infty$。

12.1-5. 基于不同类型随机收敛间关系(见定理9.3.8)，证明随机逼近定理的部分结论，即$\tilde{\boldsymbol{\theta}}(1),\tilde{\boldsymbol{\theta}}(2),\cdots$以概率1收敛蕴含$\tilde{\boldsymbol{\theta}}(1),\tilde{\boldsymbol{\theta}}(2),\cdots$依分布收敛。

12.1-6. 证明随机逼近定理的部分结论，即$\tilde{\boldsymbol{\theta}}(1),\tilde{\boldsymbol{\theta}}(2),\cdots$以概率1收敛蕴含$\tilde{\boldsymbol{\theta}}(1),\tilde{\boldsymbol{\theta}}(2),\cdots$均方收敛。提示：参见定理9.3.8。

12.1-7. 假设$\tilde{x}(0)=0$。考虑如下随机动态系统：

$$\tilde{x}(t+1)=\tilde{x}(t)-\eta_t[2\tilde{x}(t)-10]-\eta_t\lambda\tilde{x}(t)+\eta_t\tilde{n}(t)$$

其中，$t\leqslant 1000$时，$\eta_t=1$，$t>1000$时，$\eta_t=t/(1+10t+t^2)$，λ是一个正数，$\tilde{n}(t)$是一个如同例9.3.2构造的独立同分布零均值截断近似高斯随机变量序列。证明$\tilde{x}(0)$，$\tilde{x}(1),\cdots$无界或$\tilde{x}(0),\tilde{x}(1),\cdots$将以概率1收敛到$10/(2+\lambda)$。提示：假设随机动态系统是一个最小化某函数$f(x)$的随机梯度下降算法，其中$\mathrm{d}f/\mathrm{d}x=2x-10+\lambda x$。

12.2　基于随机逼近的被动式统计环境学习

随机逼近算法为适应性学习机的分析和设计提供了一套方法。假设适应性学习机统计环境生成的训练样本序列 $\boldsymbol{x}(1),\boldsymbol{x}(2),\cdots$ 为基于相同密度 $p_e:\mathcal{R}^d\to[0,\infty)$ 的独立同分布随机向量序列 $\tilde{\boldsymbol{x}}(1),\tilde{\boldsymbol{x}}(2),\cdots$ 的实例。设适应性学习机的目标是最小化风险函数 $\ell:\mathcal{R}^q\to\mathcal{R}$：

$$\ell(\boldsymbol{\theta})=\int c(\boldsymbol{x},\boldsymbol{\theta})p_e(\boldsymbol{x})\mathrm{d}\nu(\boldsymbol{x}) \tag{12.31}$$

其中，$c(\boldsymbol{x},\boldsymbol{\theta})$是学习机经历环境事件 $\boldsymbol{x}$ 时，学习机基于参数向量 $\boldsymbol{\theta}$ 所受惩罚。

12.2.1　不同优化策略应用

例 12.2.1(小批量随机梯度下降学习)　设 $c:\mathcal{R}^d\times\mathcal{R}^q\to\mathcal{R}$ 是式(12.31)中风险函数的损失函数，被动式统计环境生成独立同分布观测值 $\tilde{\boldsymbol{x}}(1),\tilde{\boldsymbol{x}}(2),\cdots$。对任一 $\boldsymbol{x}\in\mathcal{R}^d$，定义 $\boldsymbol{g}:\mathcal{R}^d\times\mathcal{R}^q\to\mathcal{R}^q$，使得 $\boldsymbol{g}(\boldsymbol{x},\cdot)$为 $c(\boldsymbol{x},\cdot)$的梯度。鉴于 p_e 不依赖于学习机的当前状态，故这是被动式统计环境学习。

要定义小批量随机梯度下降算法，首先设置学习机参数初始值 $\tilde{\boldsymbol{\theta}}(0)$，以及小批量环境观测值 $\tilde{\boldsymbol{x}}(1),\cdots,\tilde{\boldsymbol{x}}(m)$，然后基于以下迭代公式更新初始参数值 $\tilde{\boldsymbol{\theta}}(0)$，以获得精调的参数估计值 $\tilde{\boldsymbol{\theta}}(k+1)$：

$$\tilde{\boldsymbol{\theta}}(k+1)=\tilde{\boldsymbol{\theta}}(k)-(\gamma_k/m)\sum_{j=1}^{m}\boldsymbol{g}(\tilde{\boldsymbol{x}}(j+(k-1)m),\boldsymbol{\theta}(k)) \tag{12.32}$$

完成此更新后，选择下一小批量的 m 个观测值 $\tilde{\boldsymbol{x}}(m+1),\cdots,\tilde{\boldsymbol{x}}(2m)$，并再次应用式(12.32)更新参数。在该示例中，选择的小批量样本是不重叠的，以满足本章随机逼近定理所要求的独立同分布假设。　△

正整数 m 称为小批量尺寸。请注意，当 $m=1$ 时，式(12.32)对应于标准随机梯度下降学习情况，其中每次观测到样本 $\tilde{\boldsymbol{x}}(k)$时都会更新参数向量 $\tilde{\boldsymbol{\theta}}(k)$，如例 12.1.1 所示。

基于随机逼近定理给出保证随机序列 $\tilde{\boldsymbol{\theta}}(1),\tilde{\boldsymbol{\theta}}(2),\tilde{\boldsymbol{\theta}}(3),\cdots$以概率 1 收敛到 Θ 中临界点集的充分条件。

例 12.2.2(逻辑回归适应性学习)　设

$$S\equiv\{(\boldsymbol{s}^1,y^1),\cdots,(\boldsymbol{s}^M,y^M)\}$$

其中，$y^k\in\{0,1\}$是对输入模式向量 $\boldsymbol{s}^k\in\mathcal{R}^d$ 的期望二值响应，其中 $k=1,\cdots,M$。设统计环境在集合 S 中有放回地采样，生成随机序列

$$(\tilde{\boldsymbol{s}}(1),\tilde{y}(1)),(\tilde{\boldsymbol{s}}(2),\tilde{y}(2)),\cdots$$

其中，对于所有 $t\in\mathbb{N}$，离散随机向量$(\tilde{\boldsymbol{s}}(t),\tilde{y}(t))$基于相等概率从 S 中 M 个可能的值中随机选取一个。

定义目标函数 $\ell:\mathcal{R}^{d+1}\to\mathcal{R}$，使得对于所有 $\boldsymbol{\theta}\in\mathcal{R}^{d+1}$，有

$$\ell(\boldsymbol{\theta})=\lambda|\boldsymbol{\theta}|^2-(1/M)\sum_{k=1}^{M}[y^k\log(\ddot{y}(\boldsymbol{s}^k,\boldsymbol{\theta}))+(1-y^k)\log(1-\ddot{y}(\boldsymbol{s}^k,\boldsymbol{\theta}))]$$

其中，λ 是一个正数，预测响应为

$$\ddot{y}(\boldsymbol{s}^k,\boldsymbol{\theta})=\mathcal{S}(\psi_k(\boldsymbol{\theta}))$$

$\psi_k(\boldsymbol{\theta})=\boldsymbol{\theta}^{\mathrm{T}}[(\boldsymbol{s}^k)^{\mathrm{T}},\ 1]^{\mathrm{T}}$ 且 $\mathcal{S}(\psi)=(1+\exp(\psi))^{-1}$。

推导一个最小化 ℓ 的自适应小批量梯度下降学习算法。该算法基于从统计环境中随机抽取

的 B 个训练向量的小批量数据进行训练，并在处理完每个小批量数据之后更新参数。这种策略对于学习非常有效，因为小批量数据可以为每个参数更新给出真实梯度(即 $\nabla \ell$)的更优估计。

具体来说，证明所提算法具有以下性质：如果参数估计的随机序列 $\tilde{\boldsymbol{\theta}}(1),\tilde{\boldsymbol{\theta}}(2),\cdots$ 以概率 1 收敛到某个向量 $\boldsymbol{\theta}^*$，则向量 $\boldsymbol{\theta}^*$ 是 ℓ 的全局极小值点。

解　基于秘诀框 12.1 的方法进行求解。

步骤 1　统计环境是被动式的，且由独立同分布的离散随机向量序列组成，随机序列 $\{(\tilde{\boldsymbol{s}}_t,\tilde{y}_t)\}$ 中的每个随机向量 $(\tilde{\boldsymbol{s}}_t,\tilde{y}_t)$ 取值 $(\boldsymbol{s}^k,y^k)$ 的概率为 $1/M$，$k=1,\cdots,M$。

步骤 2　定义损失函数 $c:\{(\boldsymbol{s}^1,y^1),\cdots,(\boldsymbol{s}^M,y^M)\}\times\Theta\to\mathcal{R}$：

$$c((\boldsymbol{s},y),\boldsymbol{\theta})=-y\log(\ddot{y}(\boldsymbol{s},\boldsymbol{\theta}))-(1-y)\log(1-\ddot{y}(\boldsymbol{s},\boldsymbol{\theta}))$$

期望损失函数

$$\ell(\boldsymbol{\theta})=\lambda|\boldsymbol{\theta}|^2+(1/M)\sum_{k=1}^{M}c([\boldsymbol{s}^k,y^k],\boldsymbol{\theta})$$

二次连续可微。鉴于 ℓ 是一个交叉熵函数，且数据生成过程的熵是有限的(见定理 13.2.1)，因此它有一个下界。设 Θ 是半径为 R(例如，$R=10^9$)的闭球。区域 Θ 是有界闭凸集。

步骤 3　当 $t<T_0$ 时，选择 $\gamma_t=1$；当 $t\geqslant T_0$ 时，选择 $\gamma_t=1/t$。该选择满足式(12.11)和式(12.12)条件。

步骤 4　令 $\boldsymbol{x}(t)\equiv[\boldsymbol{s}(t),y(t)]$。设第 t 组小批量观测样本表示为 $\boldsymbol{X}_t\equiv[\boldsymbol{x}(1+(t-1)B),\cdots,\boldsymbol{x}(tB)]$。自适应梯度下降算法对应于选择搜索方向函数 $\boldsymbol{d}$，使得：

$$\boldsymbol{d}(\boldsymbol{X}_t,\boldsymbol{\theta})=-2\lambda\boldsymbol{\theta}-(1/B)\sum_{b=1}^{B}\ddot{\boldsymbol{g}}(\boldsymbol{x}(b+(t-1)B),\boldsymbol{\theta})$$

其中

$$\ddot{\boldsymbol{g}}(\boldsymbol{x}(z),\boldsymbol{\theta})=-(y(z)-\ddot{y}(\boldsymbol{s}(z),\boldsymbol{\theta}))[(\boldsymbol{s}(z))^{\mathrm{T}},1]^{\mathrm{T}}$$

设

$$\tilde{\boldsymbol{X}}_t\equiv[(\tilde{\boldsymbol{s}}(1+(t-1)B),\tilde{y}(1+(t-1)B)),\cdots,(\tilde{\boldsymbol{s}}(tB),\tilde{y}(tB))]$$

鉴于搜索方向函数 $\boldsymbol{d}$ 是连续的，随机序列 $\{|\boldsymbol{d}(\tilde{\boldsymbol{X}}_t,\tilde{\boldsymbol{\theta}})|\}$ 有界，假设 $\{\tilde{\boldsymbol{x}}(t)\}$ 是有界随机序列，另外假设 $\{\tilde{\boldsymbol{\theta}}(t)\}$ 为有界随机序列成立。

步骤 5　设 $\bar{\boldsymbol{g}}$ 表示连续函数 ℓ 的梯度。$\boldsymbol{d}(\tilde{\boldsymbol{X}}_t,\boldsymbol{\theta})$ 的期望值为：

$$\bar{\boldsymbol{d}}(\boldsymbol{\theta})=-2\lambda\boldsymbol{\theta}-(1/M)\sum_{k=1}^{M}\ddot{\boldsymbol{g}}([\boldsymbol{s}^k,y^k],\boldsymbol{\theta})=-\bar{\boldsymbol{g}}(\boldsymbol{\theta})$$

因此，$\bar{\boldsymbol{d}}(\boldsymbol{\theta})^{\mathrm{T}}\bar{\boldsymbol{g}}(\boldsymbol{\theta})\leqslant|\bar{\boldsymbol{g}}(\boldsymbol{\theta})|^2$。

步骤 6　ℓ 的黑塞矩阵处处半正定，因为

$$\nabla^2\ell=2\lambda\boldsymbol{I}_{d+1}+(1/M)\sum_{k=1}^{M}y^k(1-y^k)[(\boldsymbol{s}^k)^{\mathrm{T}},1]^{\mathrm{T}}[(\boldsymbol{s}^k)^{\mathrm{T}},1]$$

因此对于所有 $\boldsymbol{\theta}\in\mathcal{R}^{d+1}$，$\boldsymbol{\theta}^{\mathrm{T}}(\nabla^2\ell)\boldsymbol{\theta}\geqslant 0$。$\ell$ 的每个临界点均为一个全局极小值点。当 ℓ 的黑塞矩阵半正定时，所有临界点都位于平坦区内，且均为 ℓ 的全局极小值点。

基于随机逼近定理，可以得出随机序列 $\tilde{\boldsymbol{\theta}}(1),\tilde{\boldsymbol{\theta}}(2),\cdots$ 不在 Θ 中的概率为 1 或以概率 1 收敛到 Θ 中 ℓ 全局极小值点集中的一个随机向量。　△

例 12.2.3(自适应动量梯度下降深度学习)　非线性回归模型广泛用于各种监督学习。例如，若使用平滑基函数，许多深度监督学习机可以被视为平滑非线性回归模型。假设给定输

入模式向量 $\boldsymbol{s}$，非线性回归模型的标量预测响应 $\ddot{y}(\boldsymbol{s};\boldsymbol{\theta})$是 $\boldsymbol{\theta}$ 的二次连续可微函数。

设

$$S\equiv\{(\boldsymbol{s}^1,y^1),\cdots,(\boldsymbol{s}^M,y^M)\}$$

其中，$y^k\in\{0,1\}$是输入模式向量 $\boldsymbol{s}^k\in\mathcal{R}^d$ 的二值响应，$k=1,\cdots,M$。假定$(\widetilde{\boldsymbol{s}}(1),\widetilde{y}(1))$，$(\widetilde{\boldsymbol{s}}(2),\widetilde{y}(2))$，…是基于相同概率质量函数 $p_e:S\to[0,1)$的独立同分布离散随机向量的随机序列。

定义目标函数 $\ell:\mathcal{R}^q\to\mathcal{R}$ 使得

$$\ell(\boldsymbol{\theta})=\sum_{k=1}^{M}c([\boldsymbol{s}^k,y^k],\boldsymbol{\theta})p_e(\boldsymbol{s}^k,y^k)$$

对于某个正数 λ，

$$c([\boldsymbol{s},y],\boldsymbol{\theta})=\lambda|\boldsymbol{\theta}|^2+(y-\ddot{y}(\boldsymbol{s};\boldsymbol{\theta}))^2 \tag{12.33}$$

设

$$\ddot{\boldsymbol{g}}([\boldsymbol{s},y],\boldsymbol{\theta})\equiv\left(\frac{\mathrm{d}c([\boldsymbol{s},y],\boldsymbol{\theta})}{\mathrm{d}\boldsymbol{\theta}}\right)^{\mathrm{T}}$$

请注意，正则化项 $\lambda|\boldsymbol{\theta}|^2$ 的黑塞矩阵等于单位矩阵乘以 2λ。如果在参数空间 Θ 某区域内，式(12.33)右侧第二项的黑塞矩阵最小特征值大于 2λ，则正则化项将保证 ℓ 在该区域上是正定的。如果 ℓ 的临界点 $\boldsymbol{\theta}^*$ 在 Θ 内，其中 ℓ 是正定的，则该临界点 $\boldsymbol{\theta}^*$ 是严格局部极小值点。

在深度学习网络中，最小化 ℓ 的一种常用算法是动量梯度下降法，其定义如下。假设 $\widetilde{\boldsymbol{\theta}}(0)$是一个零向量。定义随机序列 $\widetilde{\boldsymbol{\theta}}(0),\widetilde{\boldsymbol{\theta}}(1),\cdots$，使得对于所有 $t\in\mathbb{N}$，满足以下条件：

$$\widetilde{\boldsymbol{\theta}}(t+1)=\widetilde{\boldsymbol{\theta}}(t)+\gamma_t\widetilde{\boldsymbol{d}}(t) \tag{12.34}$$

其中

$$\widetilde{\boldsymbol{d}}(t)=-\widetilde{\boldsymbol{g}}(t)+\widetilde{\mu}_t\widetilde{\boldsymbol{d}}(t-1) \tag{12.35}$$

$$\widetilde{\boldsymbol{g}}(t)\equiv\ddot{\boldsymbol{g}}([\boldsymbol{s}(t),y(t)],\widetilde{\boldsymbol{\theta}}(t))$$

当 $t<1000$ 时，$\gamma_t=(t/1000)$；当 $t\geqslant1000$ 时，$\gamma_t=1/t$。当 $\widetilde{\boldsymbol{d}}(t-1)^{\mathrm{T}}\widetilde{\boldsymbol{g}}(t)\leqslant0$ 时，$\widetilde{\mu}_t\in[0,1]$ 等于 0。

$\widetilde{\mu}_t=0$ 的情况称为“梯度下降步骤”，而 $\widetilde{\mu}_t>0$ 的情况称为“动量步骤”。直观地说，动量步骤的作用是激励学习算法在参数空间中沿与上一步移动方向相似的方向移动。

首先，证明如果随机序列 $\widetilde{\boldsymbol{\theta}}(1),\widetilde{\boldsymbol{\theta}}(2),\cdots$在一个足够小的开凸集(包含一个严格局部极小值点 $\widetilde{\boldsymbol{\theta}}^*$)中的概率为 1，那么它以概率 1 收敛到 $\boldsymbol{\theta}^*$。

设 Θ 是 $\mathcal{R}^q$ 的一个有界闭凸子集。现在证明随机序列 $\widetilde{\boldsymbol{\theta}}(1),\widetilde{\boldsymbol{\theta}}(2),\cdots$收敛到 Θ 中临界点集，或它的子序列以概率 1 在 Θ 外。

解　基于秘诀框 12.1 中讨论的方法进行求解。

步骤 1　统计环境是被动式的，且由独立同分布的离散随机向量组成，每个随机向量取值数量有限。

步骤 2　目标函数 $\ell:\mathcal{R}^q$ 二次连续可微。由于 c 是有有限下界的连续随机函数，因此 ℓ 有有限下界。这个问题考虑了 Θ 的两种不同选择。设 Θ_1 是一个内部恰好包含一个严格局部极小值点 $\boldsymbol{\theta}^*$ 的有界闭凸子集，在 $\boldsymbol{\theta}^*$ 处 ℓ 的黑塞矩阵是正定的。设 Θ_2 是 $\mathcal{R}^q$ 的有界闭凸子集。

步骤 3　证明序列 $\eta_1,\eta_2,\cdots$满足式(12.11)和式(12.12)条件。

步骤 4～5　基于 $\widetilde{\boldsymbol{d}}(t-1)^{\mathrm{T}}\widetilde{\boldsymbol{g}}(t)$严格为正的假设，式(12.35)中的搜索方向重写为

$$\widetilde{\boldsymbol{d}}(t)=-\widetilde{\boldsymbol{M}}_t\widetilde{\boldsymbol{g}}(t) \tag{12.36}$$

其中

$$\widetilde{\boldsymbol{M}}_t=\boldsymbol{I}-\widetilde{\mu}_t\widetilde{\boldsymbol{d}}(t-1)\widetilde{\boldsymbol{d}}(t-1)^{\mathrm{T}} \tag{12.37}$$

$$\widetilde{\mu}_t=\frac{\mu}{\widetilde{\boldsymbol{d}}(t-1)^{\mathrm{T}}\widetilde{\boldsymbol{g}}(t)} \tag{12.38}$$

假设随机序列 $\widetilde{\boldsymbol{M}}_1,\widetilde{\boldsymbol{M}}_2,\cdots$ 的每个实例均有如下性质：$\widetilde{\boldsymbol{M}}_t$ 每个实例的最大特征值小于或等于 $\lambda_{\max}$，$\widetilde{\boldsymbol{M}}_t$ 每个实例的最小特征值大于或等于 $\lambda_{\min}$。那么，可以用例 12.1.2 说明这满足必要的下坡条件。

$d-1$ 维线性子空间中各元素与 $\boldsymbol{d}(t-1)$ 正交，它的任意向量 $\boldsymbol{e}$ 均有以下属性：$\boldsymbol{M}_t\boldsymbol{e}=\boldsymbol{e}$，其中 $\boldsymbol{M}_t$ 是式(12.37)定义的 $\widetilde{\boldsymbol{M}}_t$ 的实例。这表明 $\boldsymbol{M}_t$ 中，与张成该 $d-1$ 维子空间的特征向量所关联的 $d-1$ 个特征值为 1。因此，可以通过为这 $d-1$ 个特征值选择 $\lambda_{\max}=1$ 来保证 $\widetilde{\boldsymbol{M}}_t$ 实例的最大特征值小于 $\lambda_{\max}$。

与特征向量 $\widetilde{\boldsymbol{d}}(t-1)$ 实例关联的剩余特征值 $\widetilde{\lambda}_t$ 为 $\widetilde{\lambda}_t=1-\widetilde{\mu}_t|\widetilde{\boldsymbol{d}}(t-1)|^2$。该特征值公式通过证明

$$\boldsymbol{M}_t\boldsymbol{d}(t-1)=(1-\mu_t|\boldsymbol{d}(t-1)|^2)\boldsymbol{d}(t-1)$$

得到，其中 $\boldsymbol{M}_t$ 是式(12.37)中定义的 $\widetilde{\boldsymbol{M}}_t$ 实例。因此，此为唯一需要检查的条件。

如果需要检验对 $\widetilde{\lambda}_t$ 的约束，只需证明 $\lambda_{\min}<\widetilde{\lambda}_t<\lambda_{\max}$，从而得出约束条件：

$$\lambda_{\min}\leqslant 1-\widetilde{\mu}_t|\widetilde{\boldsymbol{d}}(t-1)|^2\leqslant\lambda_{\max} \tag{12.39}$$

确保式(12.39)成立的一种可能方法是简单检查算法的每个步骤，以确定式(12.38)中定义的 $\widetilde{\mu}_t$ 的特定实例是否满足式(12.39)的约束条件。如果不满足式(12.39)的约束条件，则设置 $\widetilde{\mu}_t=0$ 以实现梯度下降步骤。

步骤 6　若 $\widetilde{\boldsymbol{\theta}}(1),\widetilde{\boldsymbol{\theta}}(2),\cdots$ 在 Θ_1 中的概率为 1，论证 $\widetilde{\boldsymbol{\theta}}(1),\widetilde{\boldsymbol{\theta}}(2),\cdots$ 以概率 1 收敛到 $\boldsymbol{\theta}^*$。此外，若 $\widetilde{\boldsymbol{\theta}}(1),\widetilde{\boldsymbol{\theta}}(2),\cdots$ 在 Θ_2 中的概率为 1，论证 $\widetilde{\boldsymbol{\theta}}(1),\widetilde{\boldsymbol{\theta}}(2),\cdots$ 将以概率 1 收敛到 Θ_2 中的临界点集。△

例 12.2.4(随机块梯度坐标下降)　随机块坐标下降是处理非凸优化问题的有效工具。它的基本思想是在算法的每次迭代中只更新随机选择的参数子集。

设 $\gamma_1,\gamma_2,\cdots$ 是满足随机逼近定理条件的正步长序列。设

$$\ell(\boldsymbol{\theta})\equiv\sum_S c(\boldsymbol{x},\boldsymbol{\theta})p_{\mathrm{e}}(\boldsymbol{x})$$

是基于损失函数 $c(\boldsymbol{x},\boldsymbol{\theta})$ 和概率质量函数 $p_{\mathrm{e}}:\{\boldsymbol{x}^1,\cdots,\boldsymbol{x}^M\}\to[0,1]$ 定义的期望损失函数。设 $\boldsymbol{g}(\boldsymbol{x},\boldsymbol{\theta})=(\mathrm{d}c/\mathrm{d}\boldsymbol{\theta})^{\mathrm{T}}$，$\widetilde{\boldsymbol{x}}(1),\widetilde{\boldsymbol{x}}(2),\cdots$ 是基于相同概率质量函数 p_{e} 的独立同分布随机向量的随机序列。

设 $Q\subseteq\{0,1\}^q$ 是 q 维二进制向量的非空集，$\boldsymbol{0}_q\notin Q$。

对于随机块坐标下降，假设数据生成过程由以下两步组成。首先，在第 t 次迭代从 p_{e} 采样以获得 $(\widetilde{s}(t),\widetilde{y}(t))\in S$。其次，在第 t 次迭代对 Q 进行有放回采样，生成随机向量 $\widetilde{\boldsymbol{m}}_t$ 实例。最后，更新参数向量 $\widetilde{\boldsymbol{\theta}}(t)$：

$$\widetilde{\boldsymbol{\theta}}(t+1)=\widetilde{\boldsymbol{\theta}}(t)-\gamma_t\widetilde{\boldsymbol{m}}_t\odot\boldsymbol{g}(\widetilde{\boldsymbol{x}}(t),\widetilde{\boldsymbol{\theta}}(t)) \tag{12.40}$$

证明平均搜索方向 $\bar{\boldsymbol{d}}(\boldsymbol{\theta})$ 如下：

$$\bar{\boldsymbol{d}}(\boldsymbol{\theta})=-E\{\boldsymbol{d}([\tilde{\boldsymbol{s}}_t,\tilde{\boldsymbol{y}}_t],\boldsymbol{\theta})\}=-E\{\tilde{\boldsymbol{m}}(t)\}\odot\boldsymbol{g}$$

该块梯度下降平均搜索方向算式表明，学习机的第 k 个参数基于学习率 $\gamma\delta_k$ 进行更新，其中 δ_k 是观测 $\tilde{\boldsymbol{m}}_t$ 中第 k 个元素等于数字 1 的次数的期望百分比。

基于随机逼近定理可分析随机块坐标下降过程。　△

12.2.2　提高泛化性能

例 12.2.5(Dropout 学习收敛性分析)　在模型搜索问题中，机器学习的目标是在模型空间 $\mathcal{M}$ 找到"最优"概率模型，然后估计该模型的参数，并基于该模型及所估参数进行推理与决策。

另外，相比只使用 $\mathcal{M}$ 中的一个模型，还可以尝试使用模型空间 $\mathcal{M}$ 中所有模型来改进推理与决策性能。可通过频数模型平均(Frequentist Model Averaging，FMA)和贝叶斯模型平均(Bayesian Model Averaging，BMA)方法(Burnham & Anderson，2010；Hjort & Claeskens，2003)对多个模型的推理结果进行平均。

Dropout(Srivastava et al.，2014；Goodfellow et al.，2016)是一种模型平均方法，与 FMA 和 BMA 有很多相似之处，但又与 FMA 和 BMA 方法不同，因为它允许模型空间中模型间共享参数。在这个问题中，将基于本章介绍的随机逼近定理来分析一种 Dropout 学习。

设 $\Theta\subseteq\mathcal{R}^q$ 是一个有界闭凸集。定义 $p:\mathcal{R}^d\times\Theta\to[0,\infty)$，使得对任一 $\boldsymbol{\theta}\in\Theta$，$p(\cdot;\boldsymbol{\theta})$ 是基于支集规范测度 ν 的 Radon-Nikodým 密度。

设模型空间 $\mathcal{M}\equiv\{\mathcal{M}^1,\mathcal{M}^2,\cdots,\mathcal{M}^M\}$ 是 M 个概率模型的有限集，它们基于相同的 q 维参数空间 Θ 定义。此外，假设定义任一 $\mathcal{M}^k\in\mathcal{M}$，使得

$$\mathcal{M}^k\equiv\{p(\boldsymbol{x}\mid\boldsymbol{\zeta}_k\odot\boldsymbol{\theta}):\boldsymbol{\zeta}_k\in\{0,1\}q,\boldsymbol{\theta}\in\Theta\},k=1,\cdots,M$$

定义 q 维参数删除规范掩码向量 $\boldsymbol{\zeta}_k$，使得当且仅当模型 $\mathcal{M}^k$ 中参数向量 $\boldsymbol{\theta}$ 的第 j 个参数限制为零时，$\boldsymbol{\zeta}_k$ 的第 j 个元素等于 0。

需要注意的是，尽管所有 M 个模型共享相同的参数空间 Θ，但该设置仍然允许特定模型对参数空间 Θ 加以限制。例如，$\mathcal{M}_1$ 可能是限制 2 个参数值为零的概率密度集合，而 $\mathcal{M}_2$ 可能是限制 5 个参数值为零的概率密度集合。

接下来，假设存在一个模型先验概率质量函数 $p_{\mathcal{M}}$，它为模型集中的每个模型赋一个概率或偏好值。如果认为所有模型均被等概率选择，那么对于 $k=1,\cdots,M$，可以设置 $p_{\mathcal{M}}(\mathcal{M}^k)=1/M$。Dropout 深度学习方法可以被解释为，具有不同隐单元数的网络架构集合的均匀分布假设。

同时也假设可以从 $p_{\mathcal{M}}$ 生成随机样本并以概率 $p_{\mathcal{M}}(\mathcal{M}^k)$ 随机选择模型 $\mathcal{M}^k$。如果基于 $p_{\mathcal{M}}$ 采样计算难度较高，则可以使用第 11 章的蒙特卡罗马尔可夫链采样方法从 $p_{\mathcal{M}}$ 中近似采样，但此处忽略这种近似的影响。

学习机观测到的数据是向量序列 $\boldsymbol{x}_1,\boldsymbol{x}_2,\cdots$，假设它为独立同分布随机向量的随机序列 $\tilde{\boldsymbol{x}}_1,\tilde{\boldsymbol{x}}_2,\cdots$的实例，这些向量基于关于支集规范测度 ν 定义的相同 Radon-Nikodým 密度 $p_e(\cdot)$。

学习机的目标函数如下：

$$\ell(\boldsymbol{\theta})=\sum_{k=1}^{M}\int c(\boldsymbol{x},\boldsymbol{\theta},\mathcal{M}^k)p_{\mathcal{M}}(\mathcal{M}^k)p_e(\boldsymbol{x})\mathrm{d}\nu(\boldsymbol{x})\tag{12.41}$$

这考虑了模型集中哪一个模型实际生成观测数据的不确定性。需要注意的是，式(12.41)中模型平均损失函数也可以表示为

$$\ell(\boldsymbol{\theta})=\int \ddot{c}(\boldsymbol{x},\boldsymbol{\theta})p_{\mathrm{e}}(\boldsymbol{x})\mathrm{d}\nu(\boldsymbol{x})$$

$$\ddot{c}(\boldsymbol{x},\boldsymbol{\theta})=\sum_{k=1}^{M}c(\boldsymbol{x},\boldsymbol{\theta},\mathcal{M}^k)p_{\mathcal{M}}(\mathcal{M}^k)$$

例如，假设应该使用模型 $\mathcal{M}^k$ 且参数向量是 $\boldsymbol{\theta}$ 时，设 $\ddot{y}(\boldsymbol{s},\boldsymbol{\theta},\mathcal{M}^k)$是基于输入模式向量 $\boldsymbol{s}$ 学习机的预测响应。假设模型先验 $p_{\mathcal{M}}$ 是已知的(例如，$p_{\mathcal{M}}(\mathcal{M}^k)=1/M$)。需要注意的是，该模型生成预测结果时，需要对 $\mathcal{M}^k$ 可能的值进行平均。因此，当 $\mathcal{M}$ 中模型数量 M 相对较小(例如，$M=10^5$)时，对于给定的输入模式向量 $\boldsymbol{s}$ 和参数向量 $\boldsymbol{\theta}$，学习机的预测响应如下：

$$\overline{\ddot{y}}(\boldsymbol{s},\boldsymbol{\theta})=\sum_{k=1}^{M}\ddot{y}(\boldsymbol{s},\boldsymbol{\theta},\mathcal{M}^k)p_{\mathcal{M}}(\mathcal{M}^k)$$

当 M 很大时，基于大数定律和 $p(\mathcal{M}^k)$近似生成 T 个随机样本 $\widetilde{\mathcal{M}}_1,\cdots,\widetilde{\mathcal{M}}_T$，得到：

$$\overline{\ddot{y}}(\boldsymbol{s},\boldsymbol{\theta})\approx(1/T)\sum_{t=1}^{T}\ddot{y}(\boldsymbol{s},\boldsymbol{\theta},\widetilde{\mathcal{M}}_t)$$

设步长序列 $\gamma_1,\gamma_2,\cdots$是满足式(12.11)和式(12.12)条件的正数序列。最小化 ℓ 的随机梯度下降算法如下：

$$\widetilde{\boldsymbol{\theta}}(t+1)=\widetilde{\boldsymbol{\theta}}(t)-\gamma_t\ddot{\boldsymbol{g}}(\widetilde{\boldsymbol{x}}(t),\widetilde{\boldsymbol{\theta}}(t),\widetilde{\mathcal{M}}_t) \tag{12.42}$$

其中，$\widetilde{\mathcal{M}}_t$ 实例是通过从 $p_{\mathcal{M}}$ 随机采样获得的，而 $\widetilde{\boldsymbol{x}}(t)$实例是通过从 p_{e} 随机采样获得的。

明确给出保证随机逼近定理可用于分析式(12.42)渐近性的充分条件集合。　△

例 12.2.6(提高泛化能力的数据增强方法)　数据增强策略广泛用于深度学习处理的计算机视觉问题。在该技术的典型应用中，原始训练数据由数万张真实照片组成。然后，人们用数十万张人工生成的照片来扩充这一庞大的训练数据集。人工生成的照片通常是对原始照片应用各种变换获得的，例如按不同角度旋转图像、放大图像的不同部分以及将原始图像切分成更小的块。由此产生的增强训练数据集旨在训练出更真实的模型，以说明现实世界中图像数据的丰富性和多样性。这种数据增强策略可以看作原始数据生成过程的极其复杂的非线性预处理转换(参见练习 12.2-8)。

前面在非线性去噪自动编码器中讨论过数据增强的概念(参见例 1.6.2)。非线性去噪自动编码器通过将“特征噪声”加入输入模式向量来增强其泛化性能。练习 12.2-8 给出了另一个基于数据正则化策略的数据增强示例。

现在通过向模型中加入特征噪声来证明该观点。考虑一个医学应用，其中每个训练向量都是一个五维随机向量 $\widetilde{\boldsymbol{x}}$，它由 3 个实值随机变量 $\widetilde{x}_1$、$\widetilde{x}_2$ 和 $\widetilde{x}_3$(分别表示患者的体温、心率、年龄)，以及 2 个二值随机变量 $\widetilde{x}_4$ 和 $\widetilde{x}_5$(分别表示患者的性别、患者是否患有高血压)组成。假设可以通过训练数据集观测到 $\widetilde{\boldsymbol{x}}$ 实例，例如 $\boldsymbol{x}=(98.6，60，40，1，0)$，那么基于这一特定实例，也可观测到诸如(98.5，59，41，1，0)、(99，62，39，1，0)或(98.5，60，39，0，0)等实例。这种类型的信息可以在设计学习机时通过加入特征噪声表示。例如，将一些小方差的零均值高斯噪声加入观测训练数据向量的前三个元素，并以接近 1/2 的概率更改训练数据向量的第四位。在这种情况下，训练过程涉及从 n 个训练样本随机选择一个，然后加入特征噪声，再用特征噪声加入后的训练样本进行学习机训练。

更正式地说，本例加入特征噪声的过程由 d 维特征噪声随机向量 $\widetilde{\boldsymbol{n}}\equiv[\widetilde{n}_1,\cdots,\widetilde{n}_5]$定义，$\widetilde{n}_i$ 有均值为零、方差为 σ_n 的高斯密度，$i=1,\cdots,3$；$\widetilde{n}_4$ 以 1/2 的概率取值为 1，以 1/2 的概

率取值为0；$\tilde{n}_5=1$ 的概率为 α，$\tilde{n}_5=0$ 的概率为 $1-\alpha$。此外，数据增强过程由数据增强函数 $\boldsymbol{\phi}:\mathcal{R}^d\times\mathcal{R}^d\rightarrow\mathcal{R}^d$ 表示：

$$\boldsymbol{\phi}(\boldsymbol{x})=[x_1+\tilde{n}_1,x_2+\tilde{n}_2,x_3+\tilde{n}_3,\tilde{n}_4,\tilde{n}_5x_5+(1-\tilde{n}_5)(1-x_5)]^{\mathrm{T}}$$

如果学习机没有加入特征噪声，那么期望损失函数如下：

$$\ell(\boldsymbol{\theta})=\int c(\boldsymbol{x},\boldsymbol{\theta})p_{\mathrm{e}}(\boldsymbol{x})\mathrm{d}\nu(\boldsymbol{x}) \tag{12.43}$$

其中，$c:\mathcal{R}^d\times\mathcal{R}^q\rightarrow\mathcal{R}$ 是损失函数。最小化该期望损失函数的适应性学习算法设计方法如前文所述。

现在考虑加入特征噪声(或等效转换数据生成过程)的情况。设 k 维特征噪声向量 $\tilde{\boldsymbol{n}}$ 基于关于支集规范测度 μ 定义的 Radon-Nikodým 密度 $p_n:\mathcal{R}^k\rightarrow[0,\infty)$。数据增强函数可表示为基于人为 k 维噪声向量 $\tilde{\boldsymbol{n}}(t)$对原始 d 维特征向量$\boldsymbol{x}(t)$进行变换的随机函数 $\boldsymbol{\phi}:\mathcal{R}^d\times\mathcal{R}^k\rightarrow\mathcal{R}^d$。在此示例中，基于 $\tilde{\ddot{\boldsymbol{x}}}(t)=\boldsymbol{\phi}(\tilde{\boldsymbol{x}}(t),\ \tilde{\boldsymbol{n}}(t))$得到增强后的 d 维特征向量 $\tilde{\ddot{\boldsymbol{x}}}(t)$。

相比式(12.43)中的无特征噪声目标函数 ℓ，特征噪声学习的目标是最小化特征噪声目标函数：

$$\ddot{\ell}(\boldsymbol{\theta})=\int c(\boldsymbol{\phi}(\boldsymbol{x},\boldsymbol{n}),\boldsymbol{\theta})p_{\mathrm{e}}(\boldsymbol{x})p_n(\boldsymbol{n})\mathrm{d}\nu(\boldsymbol{x})\mathrm{d}\mu(\boldsymbol{n}) \tag{12.44}$$

可以使用以下迭代公式构造随机梯度下降算法，以最小化特征噪声目标函数 $\ddot{\ell}$：

$$\tilde{\boldsymbol{\theta}}(t+1)=\tilde{\boldsymbol{\theta}}(t)-\gamma_t\boldsymbol{g}(\tilde{\ddot{\boldsymbol{x}}}(t),\tilde{\boldsymbol{\theta}}(t)) \tag{12.45}$$

其中，$\boldsymbol{g}$ 是ℓ 的梯度，$\tilde{\ddot{\boldsymbol{x}}}(t)=\boldsymbol{\phi}(\tilde{\boldsymbol{x}}(t),\tilde{\boldsymbol{n}}(t))$和 $\tilde{\boldsymbol{x}}(t)$由统计环境生成，$\tilde{\boldsymbol{n}}(t)$表示为了增强泛化性能而加入的噪声。

证明如何使用随机逼近定理分析式(12.45)中适应性学习算法的渐近性。 △

练习

12.2-1. (自适应平均随机梯度下降)在平均随机下降中，标准随机逼近算法参数更新公式如下：

$$\tilde{\boldsymbol{\theta}}(t+1)=\tilde{\boldsymbol{\theta}}(t)+\gamma_t\tilde{\boldsymbol{d}}(t)$$

并假设当 $t\rightarrow\infty$时，$\tilde{\boldsymbol{\theta}}(t)\rightarrow\tilde{\boldsymbol{\theta}}^*$ 的概率为1。在平均随机下降中，定义一个额外更新规则：

$$\bar{\boldsymbol{\theta}}(t+1)=\bar{\boldsymbol{\theta}}(t)(1-\delta)+\delta\tilde{\boldsymbol{\theta}}(t+1)$$

其中，$0<\delta<1$。估计量 $\bar{\boldsymbol{\theta}}(t+1)$用于估计 $\tilde{\boldsymbol{\theta}}^*$ 而不是 $\tilde{\boldsymbol{\theta}}(t+1)$。证明当 $t\rightarrow\infty$时，$\bar{\boldsymbol{\theta}}(t+1)\rightarrow\boldsymbol{\theta}^*$ 的概率为1。证明若 $\delta=1/(m+1)$，$\bar{\boldsymbol{\theta}}(t)=(1/m)\sum_{j=1}^{m}\tilde{\boldsymbol{\theta}}(t-j+1)$，则

$$\bar{\boldsymbol{\theta}}(t+1)=\frac{1}{m+1}\sum_{j=1}^{m+1}\tilde{\boldsymbol{\theta}}(t-j+1)$$

12.2-2. (高阶相关性适应性无监督学习)设统计环境由基于关于支集规范测度 ν 定义的相同 Radon-Nikodým 密度 $p_{\mathrm{e}}:\mathcal{R}^d\rightarrow[0,\infty)$的有界独立同分布随机向量序列 $\tilde{\boldsymbol{x}}(1),\tilde{\boldsymbol{x}}(2),\cdots$ 表示。假设适应性无监督学习机的目标是最小化风险函数

$$\ell(\boldsymbol{\theta})=E\{\tilde{\boldsymbol{x}}(t)^{\mathrm{T}}\boldsymbol{A}[\tilde{\boldsymbol{x}}(t)\otimes\tilde{\boldsymbol{x}}(t)]+\tilde{\boldsymbol{x}}(t)^{\mathrm{T}}\boldsymbol{B}\tilde{\boldsymbol{x}}(t)+\boldsymbol{c}^{\mathrm{T}}\tilde{\boldsymbol{x}}(t)\}+\lambda|\boldsymbol{\theta}|^2$$

以从统计环境中学习高阶相关性，其中 $\boldsymbol{\theta}^{\mathrm{T}}\equiv[\mathbf{vec}(\boldsymbol{A})^{\mathrm{T}},\mathbf{vec}(\boldsymbol{B})^{\mathrm{T}},\boldsymbol{c}^{\mathrm{T}}]$，$\lambda>0$。根据 p_{e} 给出 ℓ 和 $\mathrm{d}\ell/\mathrm{d}\boldsymbol{\theta}$ 的公式。设计一个最小化 ℓ 的随机逼近算法，给出退火策略、非自治

时变迭代映射并逐步分析所提算法的渐近性。

12.2-3. (LMS 适应性学习规则的收敛性)考虑如下独立同分布随机向量序列定义的统计环境：

$$(\tilde{\mathbf{s}}(0),\tilde{\mathbf{y}}(0)),(\tilde{\mathbf{s}}(1),\tilde{\mathbf{y}}(1)),\cdots,(\tilde{\mathbf{s}}(t),\tilde{\mathbf{y}}(t)),\cdots$$

其中，第 t 个随机向量的概率分布由概率质量函数定义，该函数为有序对$(\mathbf{s}^k,\mathbf{y}^k)$赋概率 p_k，其中 $k=1,\cdots,M$，M 是有限正数。同样假设$(\mathbf{s}^k,\mathbf{y}^k)$是有限的，$k=1,\cdots,M$。LMS(Least Means Squares，最小均方)适应性学习规则(Widrow & Hoff，1960)的定义如下：

$$\widetilde{\mathbf{W}}(t+1)=\widetilde{\mathbf{W}}(t)+\gamma_t[\tilde{\mathbf{y}}(t)-\ddot{\mathbf{y}}(\tilde{\mathbf{s}}(t),\widetilde{\mathbf{W}}(t))]\tilde{\mathbf{s}}(t)^{\mathrm{T}}$$

其中，$\ddot{\mathbf{y}}(\tilde{\mathbf{s}}(t),\widetilde{\mathbf{W}}(t))=\mathbf{W}(t)\tilde{\mathbf{s}}(t)$。设参数向量 $\boldsymbol{\theta}\equiv\mathbf{vec}(\mathbf{W})$包含 $\mathbf{W}$ 的列。给出保证 LMS 学习规则收敛到目标函数的全局极小值点集的充分条件：

$$\ell(\boldsymbol{\theta})=E\{|\tilde{\mathbf{y}}-\mathbf{W}\tilde{\mathbf{s}}|^2\}=\sum_{k=1}^{M}p_k|\mathbf{y}^k-\mathbf{W}\mathbf{s}^k|^2$$

12.2-4. (正则化 LMS 学习规则的收敛性)定义函数 $\mathcal{J}:\mathcal{R}^q\to\mathcal{R}^q$，使得 $\mathcal{J}([\theta_1,\cdots,\theta_q])$的第 k 个元素等于 $\log(1+\exp(\theta_k))$，$k=1,\cdots,q$。重做练习 12.2-3，使其目标函数为：

$$\ell(\boldsymbol{\theta})=E\{|\tilde{\mathbf{y}}-\mathbf{W}\tilde{\mathbf{s}}|^2\}+\lambda(\mathbf{1}_q)^{\mathrm{T}}(\mathcal{J}(\boldsymbol{\theta})+\mathcal{J}(-\boldsymbol{\theta}))$$

12.2-5. (动量学习的收敛性)重做例 12.2.3，但响应函数 $\ddot{y}$ 选择如下。具体来说，定义 $\ddot{y}$，使得

$$\ddot{y}(\mathbf{s},\boldsymbol{\theta})=\sum_{j=1}^{M}w_j h(\mathbf{s},\boldsymbol{v}_j)$$

其中，$\boldsymbol{\theta}^{\mathrm{T}}\equiv[w_1,\cdots,w_M,\boldsymbol{v}_1^{\mathrm{T}},\cdots,\boldsymbol{v}_M^{\mathrm{T}}]$，$h(\mathbf{s},\boldsymbol{v}_j)=\exp[-|\mathbf{s}-\boldsymbol{v}_j|^2]$。该网络架构为具有一层径向基函数隐单元的多层前馈感知机。

12.2-6. (适应性小批量自然梯度下降算法学习)使用随机逼近定理来分析练习 7.3-2 中自然梯度下降算法适应性版本的渐近性。

12.2-7. (适应性 L-BFGS 算法)设计 L-BFGS 算法的小批量适应性学习版本，如算法 7.3.3 中所述，首先选择一批观测样本，使用算法 7.3.3 计算该批次样本的 L-BFGS 搜索方向，然后检验梯度下降搜索方向与 L-BFGS 搜索方向间的夹角是否小于 88°。如果不小于 88°，则选择梯度下降搜索方向。

12.2-8. (基于数据依赖正则化消除隐单元)根据(Chauvin，1989)，在练习 12.2-5 中添加一个数据依赖正则化项，以最小化活动隐单元数量，该正则化项形式为：

$$\lambda_2 E\left\{\sum_{j=1}^{M}|h(\tilde{\mathbf{s}},\boldsymbol{v}_j)|^2\right\}$$

12.2-9. (基于正交响应的隐单元分析)重做练习 12.2-5，增加一个正则化项以调整隐单元参数，使得隐单元 j 的参数向量 $\boldsymbol{v}_j$ 与隐单元 k 的参数向量 $\boldsymbol{v}_k$ 近似正交。使用练习 12.2-5 的符号，对应正则化项如下：

$$\lambda_3 E\left\{\sum_{j=1}^{M}\sum_{k=(j+1)}^{M}h(\tilde{\mathbf{s}},\boldsymbol{v}_j)h(\tilde{\mathbf{s}},\boldsymbol{v}_k)\right\}$$

将其加入损失函数 ℓ 中，ℓ 期望值基于 p_e。请注意，此正则化项是依赖于数据的。

12.2-10. (计算机视觉中的数据增强分析)证明如何使用例 12.2.6 的方法确定用于转换图像以支持深度学习的数据增强策略的经验风险函数。然后，确定基于所提数据增强策略的随机逼近学习算法。所设计的算法应满足随机逼近定理。

12.2-11. (RMSPROP适应性学习算法)基于随机逼近定理分析练习 7.3-3 中 RMSPROP 算法的适应性小批量版本。

12.2-12. (适应性残差梯度强化学习)假设有一个统计环境，它生成基于关于支集规范测度 ν 定义的相同密度 $p_e:\mathcal{R}^d\to[0,\infty)$ 的独立同分布有界观测值序列 $\tilde{\boldsymbol{x}}(1),\tilde{\boldsymbol{x}}(2),\cdots$。此外，假设 $\tilde{\boldsymbol{x}}(t)=[\boldsymbol{s}_0(t),\boldsymbol{s}_1(t),r_1(t)]$，其中 $\boldsymbol{s}_0(t)$ 是回合 t 的初始状态，$\boldsymbol{s}_1(t)$ 是回合 t 的第二个状态，$r_1(t)$ 是学习机从第一个状态 $\boldsymbol{s}_0(t)$ 转换到第二个状态 $\boldsymbol{s}_1$ 时接收的强化信号。

设强化风险函数为 $\ell(\boldsymbol{\theta})=\int c(\boldsymbol{x},\boldsymbol{\theta})p_e(\boldsymbol{x})\mathrm{d}\nu(\boldsymbol{x})$，其损失函数如下：

$$c(\boldsymbol{x},\boldsymbol{\theta})=(r_1-(\ddot{V}(\boldsymbol{s}_0;\boldsymbol{\theta})-\mu\ddot{V}(\boldsymbol{s}_1;\boldsymbol{\theta})))^2$$

其中，$\boldsymbol{x}=[\boldsymbol{s}_0,\boldsymbol{s}_1,r_1]$，$0<\mu<1$ 且 $\ddot{V}(\boldsymbol{s};\boldsymbol{\theta})=\boldsymbol{\theta}^{\mathrm{T}}[\boldsymbol{s}^{\mathrm{T}}\ 1]^{\mathrm{T}}$。设 Θ 是包含 ℓ 唯一全局极小值点 $\boldsymbol{\theta}^*$ 的有界闭集。设计一个生成随机状态序列 $\tilde{\boldsymbol{\theta}}(1),\tilde{\boldsymbol{\theta}}(2),\cdots$ 的随机梯度下降算法，该序列收敛到 $\boldsymbol{\theta}^*$ 的条件是 $\tilde{\boldsymbol{\theta}}(1),\tilde{\boldsymbol{\theta}}(2),\cdots$ 有界的概率为 1。提示：证明目标函数 ℓ 是参数空间上的凸函数。

12.2-13. (循环神经网络学习算法)证明如何为朴素循环神经网络(例 1.5.7)或 GRU 循环神经网络(例 1.5.8)设计适应性学习算法，其中网络参数在每个回合后更新。设计学习算法，使得若学习算法生成的参数估计值序列以概率 1 收敛到一个大的有界闭凸集 S，那么参数估计值序列以概率 1 收敛到目标函数在 S 中的临界点。

12.3 基于随机逼近的反应式统计环境学习

12.3.1 策略梯度强化学习

策略梯度强化学习不同于非策略强化学习，因为学习机的行为会改变学习机的统计环境。因此，学习机的统计环境是根据不断衍变的学习机参数估计值来确定的。按照 1.7 节的讨论，假设学习机的统计环境可以建模为独立回合序列，其中回合的概率密度

$$\tilde{\boldsymbol{x}}_i=[(\tilde{\boldsymbol{s}}_{i,1},\tilde{\boldsymbol{a}}_{i,2}),\cdots,(\tilde{\boldsymbol{s}}_{i,T_i},\tilde{\boldsymbol{a}}_{i,T_i}),T_i]$$

由以下概率密度函数确定：

$$p(\boldsymbol{x}_i|\beta)=p_e(\boldsymbol{s}_{i,1})\prod_{k=1}^{T_i-1}[p(\boldsymbol{a}_{i,k}|\boldsymbol{s}_{i,k};\beta)p_e(\boldsymbol{s}_{i,k+1}|\boldsymbol{s}_{i,k},\boldsymbol{a}_{i,k})]$$

密度函数 $p_e(\boldsymbol{s}_{i,1})$ 确定了由环境生成第 i 回合第一个状态 $\boldsymbol{s}_{i,1}$ 的概率。在生成第一个状态后，学习机(其知识状态用 $\boldsymbol{\beta}$ 表示)基于环境状态 $\boldsymbol{s}_{i,1}$ 以概率 $p(\boldsymbol{a}_{i,1}|\boldsymbol{s}_{i,1};\boldsymbol{\beta})$ 作出动作 $\boldsymbol{a}_{i,1}$。环境响应学习机的动作，以概率 $p_e(\boldsymbol{s}_{i,2}|\boldsymbol{s}_{i,1},\boldsymbol{a}_{i,1})$ 生成下一个环境状态 $\boldsymbol{s}_{i,2}$。然后继续学习机和环境间的交互循环，直到第 i 回合结束。在回合结束时，学习过程会调整参数向量 $\boldsymbol{\beta}$，这反过来又会影响学习机与其环境交互产生的未来回合。

因此，此为反应式而非被动式统计环境学习问题的示例。策略参数向量 $\boldsymbol{\beta}$ 用于确定回合的似然度以及学习机的行为。本小节将引入一个额外的回合损失参数向量 $\boldsymbol{\eta}$，用于确定当学习机在经历回合 $\boldsymbol{x}$ 时所产生的惩罚 $c(\boldsymbol{x},\boldsymbol{\eta})$，其中 c 是回合损失函数。因此，学习机的整个参数集由参数向量 $\boldsymbol{\theta}$ 确定，我们将它定义为 $\boldsymbol{\theta}^{\mathrm{T}}=[\boldsymbol{\beta}^{\mathrm{T}},\boldsymbol{\eta}^{\mathrm{T}}]$。

定义强化风险函数 ℓ 使得：

$$\ell(\boldsymbol{\theta})=\int c(\boldsymbol{x},\boldsymbol{\eta})p(\boldsymbol{x}|\boldsymbol{\beta})\mathrm{d}\nu(\boldsymbol{x})$$

交换积分算子和微分算子，ℓ 的导数为：

$$\frac{\mathrm{d}\ell}{\mathrm{d}\boldsymbol{\theta}}=\int\frac{\mathrm{d}c}{\mathrm{d}\boldsymbol{\eta}}p(\boldsymbol{x}|\beta)\mathrm{d}\nu(\boldsymbol{x})+\int c(\boldsymbol{x},\eta)\frac{\mathrm{d}p(\boldsymbol{x}|\beta)}{\mathrm{d}\beta}\mathrm{d}\nu(\boldsymbol{x}) \tag{12.46}$$

将

$$\frac{\mathrm{d}\log p(\boldsymbol{x}|\beta)}{\mathrm{d}\beta}=\left(\frac{1}{p(\boldsymbol{x}|\beta)}\right)\frac{\mathrm{d}p(\boldsymbol{x}|\beta)}{\mathrm{d}\beta}$$

代入式(12.46)得到：

$$\frac{\mathrm{d}\ell}{\mathrm{d}\boldsymbol{\theta}}=\int\frac{\mathrm{d}c}{\mathrm{d}\boldsymbol{\eta}}p(\boldsymbol{x}|\beta)\mathrm{d}\nu(\boldsymbol{x})+\int c(\boldsymbol{x},\eta)\frac{\mathrm{d}\log p(\boldsymbol{x}|\beta)}{\mathrm{d}\beta}p(\boldsymbol{x}|\beta)\mathrm{d}\nu(\boldsymbol{x}) \tag{12.47}$$

现在假设强化学习机工作原理如下。首先，统计环境随机生成初始环境状态。其次，环境和学习机交互，基于学习机的当前参数 $\tilde{\boldsymbol{\theta}}_k$ 产生随机样本 $\tilde{\boldsymbol{x}}_k$。然后，使用下式更新学习机的当前参数：

$$\tilde{\boldsymbol{\theta}}_{k+1}=\tilde{\boldsymbol{\theta}}_k-\gamma_k\tilde{\boldsymbol{g}}_k$$

其中

$$\tilde{\boldsymbol{g}}_k=\left[\frac{\mathrm{d}c(\tilde{\boldsymbol{x}}_k,\tilde{\boldsymbol{\eta}}_k)}{\mathrm{d}\boldsymbol{\eta}}+c(\tilde{\boldsymbol{x}},\tilde{\boldsymbol{\eta}}_k)\frac{\mathrm{d}\log p(\tilde{\boldsymbol{x}}_k|\tilde{\beta}_k)}{\mathrm{d}\beta}\right]^{\mathrm{T}} \tag{12.48}$$

$\tilde{\boldsymbol{x}}_k$ 采样于概率 $p(\boldsymbol{x}|\boldsymbol{\beta}_k)$，$\boldsymbol{\beta}_k$ 是 $\tilde{\boldsymbol{\beta}}_k$ 的实例。这确保了基于 $\boldsymbol{\theta}_k$ 的 $\tilde{\boldsymbol{g}}_k$ 条件期望等于式(12.47)在 $\boldsymbol{\theta}_k$ 处的值。换句话说，$\tilde{\boldsymbol{g}}_k$ 是(12.47)中 $\mathrm{d}\ell/\mathrm{d}\boldsymbol{\theta}$ 在 $\tilde{\boldsymbol{\theta}}_k$ 处的估值。

例 12.3.1（机器人控制问题）　机器人在时刻 t 的状态由 d 维二进制环境状态向量 $\boldsymbol{s}(t)\in\{0,1\}^d$ 确定，向量中包括机器人视觉和听觉传感器测量值、机器人手臂和腿当前位置的测量值，以及由 GPS 传感器测量的机器人当前位置测量值。机器人的动作由 k 维动作向量 $\boldsymbol{a}(t)$ 确定，$\boldsymbol{a}(t)\in\mathcal{A}$，$\mathcal{A}\equiv\{\boldsymbol{e}^1,\cdots,\boldsymbol{e}^M\}$，$\boldsymbol{e}^k$ 是 M 维单位矩阵的第 k 列。当机器人在初始环境状态向量 $\boldsymbol{s}_{\mathrm{I}}(t)$ 下产生动作 $\boldsymbol{a}(t)$ 时，会生成新的环境状态向量 $\boldsymbol{s}_{\mathrm{F}}(t)$。假设回合向量 $\boldsymbol{x}(t)\equiv[\boldsymbol{s}_{\mathrm{I}}(t),\boldsymbol{a}(t),\boldsymbol{s}_{\mathrm{F}}(t)]$ 为随机向量 $\tilde{\boldsymbol{x}}(t)$ 的实例。

设机器人在给定当前环境状态向量 $\boldsymbol{s}$ 和参数向量 $\boldsymbol{\theta}$ 下选择动作 $\boldsymbol{a}\in\mathcal{A}$ 的概率如下：

$$p(\boldsymbol{a}|\boldsymbol{s},\boldsymbol{\theta})=\boldsymbol{a}^{\mathrm{T}}\boldsymbol{p}(\boldsymbol{s},\boldsymbol{\theta})$$

其中，列向量 $\boldsymbol{p}(\boldsymbol{s},\boldsymbol{\theta})$ 的第 k 个元素是机器人选择第 k 个动作 $\boldsymbol{e}^k$ 的概率，$k=1,\cdots,M$。假设 $\log(\boldsymbol{p}(\boldsymbol{s},\boldsymbol{\theta}))$ 是 $\boldsymbol{\theta}$ 的连续可微函数。

设 $p_{\mathrm{e}}(\boldsymbol{s}_{\mathrm{I}})$ 确定环境生成 $\boldsymbol{s}_{\mathrm{I}}$ 的概率，$p_{\mathrm{e}}(\boldsymbol{s}_{\mathrm{F}}|\boldsymbol{s}_{\mathrm{I}},\boldsymbol{a})$ 确定基于 $\boldsymbol{s}_{\mathrm{I}}$ 和 $\boldsymbol{a}$ 环境生成 $\boldsymbol{s}_{\mathrm{F}}$ 的概率。概率质量函数 $p_{\mathrm{e}}(\boldsymbol{s}_{\mathrm{I}})$ 和 $p_{\mathrm{e}}(\boldsymbol{s}_{\mathrm{F}}|\boldsymbol{s}_{\mathrm{I}},\boldsymbol{a})$ 不依赖于 $\boldsymbol{\theta}$。

定义环境产生回合 $\boldsymbol{x}$ 的概率：

$$p_{\mathrm{e}}(\boldsymbol{x}|\boldsymbol{\theta})=p_{\mathrm{e}}(\boldsymbol{s}_{\mathrm{I}})p(\boldsymbol{a}|\boldsymbol{s}_{\mathrm{I}},\boldsymbol{\theta})p_{\mathrm{e}}(\boldsymbol{s}_{\mathrm{F}}|\boldsymbol{s}_{\mathrm{I}},\boldsymbol{a})$$

那么，对于 $\boldsymbol{x}=[\boldsymbol{s}_{\mathrm{I}},\boldsymbol{a},\boldsymbol{s}_{\mathrm{F}}]$，有：

$$\frac{\mathrm{d}p_{\mathrm{e}}(\boldsymbol{x}|\boldsymbol{\theta})}{\mathrm{d}\boldsymbol{\theta}}=\frac{\mathrm{d}\log p_{\mathrm{e}}(\boldsymbol{x}|\boldsymbol{\theta})}{\mathrm{d}\boldsymbol{\theta}}p_{\mathrm{e}}(\boldsymbol{x}|\boldsymbol{\theta})=\frac{\mathrm{d}\log(\boldsymbol{a}^{\mathrm{T}}\boldsymbol{p}(\boldsymbol{s}_{\mathrm{I}},\boldsymbol{\theta}))}{\mathrm{d}\boldsymbol{\theta}}p_{\mathrm{e}}(\boldsymbol{x}|\boldsymbol{\theta})$$

因此，机器人学习机的反应式统计环境是给定知识状态参数向量 $\boldsymbol{\theta}$ 基于相同概率质量函数 $p_{\mathrm{e}}(\boldsymbol{x}|\boldsymbol{\theta})$ 的独立回合向量序列 $\tilde{\boldsymbol{x}}_1,\tilde{\boldsymbol{x}}_2,\tilde{\boldsymbol{x}}_3,\cdots$。

设值函数 $V(\boldsymbol{s}(t),\boldsymbol{\theta})=\boldsymbol{\theta}[\boldsymbol{s}(t)^{\mathrm{T}},1]$ 为机器人期望在未来回合 $\boldsymbol{x}(t+1),\boldsymbol{x}(t+2),\cdots$ 中接收

的估计强化值。预测增量强化值$\ddot{r}(\boldsymbol{s}_{\mathrm{I}}(t),\boldsymbol{s}_{\mathrm{F}}(t))$如下：

$$\ddot{r}(\boldsymbol{s}_{\mathrm{I}}(t),\boldsymbol{s}_{\mathrm{F}}(t),\boldsymbol{\theta})=V(\boldsymbol{s}_{\mathrm{I}}(t),\boldsymbol{\theta})-\lambda V(\boldsymbol{s}_{\mathrm{F}}(t),\boldsymbol{\theta})$$

其中，$0\leqslant\lambda\leqslant 1$(参见1.7节)。

对于所有$\boldsymbol{x}\equiv[\boldsymbol{s}_{\mathrm{I}},\boldsymbol{a},\boldsymbol{s}_{\mathrm{F}}]$，期望损失$\ell$如下：

$$\ell(\boldsymbol{\theta})=\sum_{\boldsymbol{x}}(r(\boldsymbol{s}_{\mathrm{I}},\boldsymbol{s}_{\mathrm{F}})-\ddot{r}(\boldsymbol{s}_{\mathrm{I}},\boldsymbol{s}_{\mathrm{F}},\boldsymbol{\theta}))^2 p_{\mathrm{e}}(\boldsymbol{x}\mid\boldsymbol{\theta})$$

ℓ的梯度是

$$\mathrm{d}\ell/\mathrm{d}\boldsymbol{\theta}=\sum_{\boldsymbol{x}}-2(r(\boldsymbol{s}_{\mathrm{I}},\boldsymbol{s}_{\mathrm{F}})-\ddot{r}(\boldsymbol{s}_{\mathrm{I}},\boldsymbol{s}_{\mathrm{F}},\boldsymbol{\theta}))\frac{\mathrm{d}\ddot{r}(\boldsymbol{s}_{\mathrm{I}},\boldsymbol{s}_{\mathrm{F}},\boldsymbol{\theta})}{\mathrm{d}\boldsymbol{\theta}}p_{\mathrm{e}}(\boldsymbol{x}\mid\boldsymbol{\theta})+\sum_{\boldsymbol{x}}(r(\boldsymbol{s}_{\mathrm{I}},\boldsymbol{s}_{\mathrm{F}})-\ddot{r}(\boldsymbol{s}_{\mathrm{I}},\boldsymbol{s}_{\mathrm{F}},\boldsymbol{\theta}))^2\frac{\mathrm{d}\log(p_{\mathrm{e}}(\boldsymbol{x}\mid\boldsymbol{\theta}))}{\mathrm{d}\boldsymbol{\theta}}p_{\mathrm{e}}(\boldsymbol{x}\mid\boldsymbol{\theta})$$

基于随机逼近定理证明迭代算法

$$\tilde{\boldsymbol{\theta}}(t+1)=\tilde{\boldsymbol{\theta}}(t)+\gamma_t 2(r(\boldsymbol{s}_{\mathrm{I}},\boldsymbol{s}_{\mathrm{F}})-\ddot{r}(\boldsymbol{s}_{\mathrm{I}}(t),\boldsymbol{s}_{\mathrm{F}}(t),\tilde{\boldsymbol{\theta}}(t)))\frac{\mathrm{d}\ddot{r}(\boldsymbol{s}_{\mathrm{I}}(t),\boldsymbol{s}_{\mathrm{F}}(t),\tilde{\boldsymbol{\theta}}(t))}{\mathrm{d}\boldsymbol{\theta}}-\gamma_t(r(\boldsymbol{s}_{\mathrm{I}},\boldsymbol{s}_{\mathrm{F}})-\ddot{r}(\boldsymbol{s}_{\mathrm{I}}(t),\boldsymbol{s}_{\mathrm{F}}(t),\tilde{\boldsymbol{\theta}}(t)))^2\frac{\mathrm{d}\log(p_{\mathrm{e}}(\tilde{\boldsymbol{x}}(t)\mid\tilde{\boldsymbol{\theta}}(t)))}{\mathrm{d}\boldsymbol{\theta}}$$

是一个最小化ℓ的随机梯度下降算法。　△

例 12.3.2(主动学习)　基于该问题，我们讨论一种运行于无监督学习模式下但当观测陌生模式时可请求帮助的学习机。

设$\boldsymbol{\theta}\in\Theta\subseteq\mathcal{R}^q$。假设数据生成过程是一个独立同分布有界随机向量序列

$$(\tilde{\boldsymbol{s}}_1,\tilde{\boldsymbol{y}}_1,\tilde{m}_1),(\tilde{\boldsymbol{s}}_2,\tilde{\boldsymbol{y}}_2,\tilde{m}_2),\cdots$$

对于任一$\boldsymbol{\theta}\in\Theta$，这些向量基于相同Radon-Nikodým密度$p(\boldsymbol{s},\boldsymbol{y},m\mid\boldsymbol{\theta})$。此外，假设$p(\boldsymbol{s},\boldsymbol{y},m\mid\boldsymbol{\theta})$可因式分解：

$$p(\boldsymbol{s},\boldsymbol{y},m\mid\boldsymbol{\theta})=p_{\mathrm{e}}(\boldsymbol{s},\boldsymbol{y})p_m(m\mid\boldsymbol{s},\boldsymbol{\theta})$$

密度$p_{\mathrm{e}}(\boldsymbol{s},\boldsymbol{y})$确定了由统计环境生成输入模式$\boldsymbol{s}$与期望响应$\boldsymbol{y}$的概率。

条件概率质量函数p_m表示学习机请求帮助的概率。为每个输入模式$\boldsymbol{s}_i$定义一个“帮助指示”二值随机变量$\tilde{m}_i$，当学习机请求为$\boldsymbol{s}_i$提供期望响应$\boldsymbol{y}_i$时，该变量取值为1。当$\tilde{m}_i=0$时，学习机将忽略期望响应，无论其是否可用。特别地，对于给定的输入模式$\boldsymbol{s}_i$，学习机请求期望响应$\boldsymbol{y}_i$的概率等于$p_m(\tilde{m}_i=1\mid\boldsymbol{s}_i,\boldsymbol{\theta})$，学习机不请求帮助的概率等于$p_m(\tilde{m}_i=0\mid\boldsymbol{s}_i,\boldsymbol{\theta})$。

给定参数向量$\boldsymbol{\theta}$，其中$\boldsymbol{\theta}\in\Theta\subseteq\mathcal{R}^q$，设$p_s(\boldsymbol{s}\mid\boldsymbol{\theta})$表示在环境中观测到$\boldsymbol{s}$的学习机模型概率。给定参数向量$\boldsymbol{\theta}$与输入模式$\boldsymbol{s}_i$，设密度$p(\boldsymbol{y}_i\mid\boldsymbol{s}_i,\boldsymbol{\theta})$表示观测到$\boldsymbol{y}_i$的学习机概率模型。

当期望响应$\boldsymbol{y}_i$可观测时，定义监督学习预测误差$c^{\mathrm{s}}([\boldsymbol{s}_i,\boldsymbol{y}_i],\boldsymbol{\theta})$：

$$c^{\mathrm{s}}([\boldsymbol{s}_i,\boldsymbol{y}_i],\boldsymbol{\theta})=-\log p(\boldsymbol{y}_i\mid\boldsymbol{s}_i,\boldsymbol{\theta})-\log p_s(\boldsymbol{s}_i\mid\boldsymbol{\theta})$$

当期望响应$\boldsymbol{y}_i$不可观测时，定义无监督学习预测误差$c^{\mathrm{u}}(\boldsymbol{s}_i,\boldsymbol{\theta})$：

$$c^{\mathrm{u}}(\boldsymbol{s}_i,\boldsymbol{\theta})=-\log p_s(\boldsymbol{s}_i\mid\boldsymbol{\theta})$$

对于给定输入模式$\boldsymbol{s}_i$、$\boldsymbol{s}_i$的期望响应向量$\boldsymbol{y}_i$和帮助指示$\tilde{m}_i$，学习机产生的损失定义为：

$$c([\boldsymbol{s}_i,m_i,\boldsymbol{y}_i],\boldsymbol{\theta})=m_i c^{\mathrm{s}}([\boldsymbol{s}_i,\boldsymbol{y}_i],\boldsymbol{\theta})+(1-m_i)c^{\mathrm{u}}(\boldsymbol{s}_i,\boldsymbol{\theta})$$

请注意，当帮助指示$\tilde{m}_i=1$时，鉴于期望响应分量$\tilde{\boldsymbol{y}}_i$是可观测的，学习机产生的损失为监督学习预测误差$c^{\mathrm{s}}([\boldsymbol{s}_i,\boldsymbol{y}_i],\boldsymbol{\theta})$；而当$\tilde{m}_i=0$时，鉴于$\tilde{\boldsymbol{y}}_i$是不可观测的，损失为$c^{\mathrm{u}}(\boldsymbol{s}_i,\boldsymbol{\theta})$。

风险函数如下：

$$\ell(\boldsymbol{\theta})=\int c([\boldsymbol{s},\boldsymbol{y},m],\boldsymbol{\theta})p_m(m|\boldsymbol{s},\boldsymbol{\theta})p_e(\boldsymbol{s},\boldsymbol{y})\mathrm{d}\nu([\boldsymbol{s},\boldsymbol{y},m])$$

推导一个使学习机不仅学习数据生成过程，还可学习请求帮助的随机梯度下降算法。　△

12.3.2　随机逼近期望最大化

许多关于“部分可观测”数据集或“隐变量”的重要问题可以建模为缺失数据过程(参见 9.2 节、10.1.4 节和 13.2.5 节)。在下面的讨论中，假设独立同分布部分可观测数据生成过程由独立同分布观测序列

$$(\widetilde{\boldsymbol{x}}_1,\widetilde{\boldsymbol{m}}_1),(\widetilde{\boldsymbol{x}}_2,\widetilde{\boldsymbol{m}}_2),\cdots \tag{12.49}$$

确定，其中，当且仅当二进制掩码随机向量 $\widetilde{\boldsymbol{m}}_t$ 的第 k 个元素取值为 1 时，学习机可观测到完整数据记录随机向量 $\widetilde{\boldsymbol{x}}_t$ 的第 k 个元素。

设 $\widetilde{\boldsymbol{v}}_t$ 表示由 $\widetilde{\boldsymbol{m}}_t$ 确定的 $\widetilde{\boldsymbol{x}}_t$ 可观测元素，$\widetilde{\boldsymbol{h}}_t$ 表示 $\widetilde{\boldsymbol{x}}_t$ 的不可观测元素。设 $\widetilde{\boldsymbol{S}}_t$ 为 9.2 节所述 $\widetilde{\boldsymbol{m}}_t$ 生成的随机可观测数据选择矩阵，$(\widetilde{\boldsymbol{x}}_t,\widetilde{\boldsymbol{m}}_t)$的可观测分量由$(\widetilde{\boldsymbol{v}}_t,\widetilde{\boldsymbol{m}}_t)$给出，其中 $\widetilde{\boldsymbol{v}}_t\equiv\widetilde{\boldsymbol{S}}_t\widetilde{\boldsymbol{x}}_t$。基于给定 $\widetilde{\boldsymbol{m}}_t$，没有被 $\widetilde{\boldsymbol{S}}_t$ 选择的 $\widetilde{\boldsymbol{x}}_t$ 不可观测元素的集合称为随机向量 $\widetilde{\boldsymbol{h}}_t$。

定义完整数据概率模型 $\mathcal{M}\equiv\{p(\boldsymbol{v}_m,\boldsymbol{h}_m|\boldsymbol{\theta}):\boldsymbol{\theta}\in\Theta\}$，将缺失数据机制模型定义为 10.1.4 节中的随机缺失类型。可观测数据密度为：

$$p(\boldsymbol{v}_m|\boldsymbol{\theta})=\int p(\boldsymbol{v}_m,\boldsymbol{h}_m|\boldsymbol{\theta})\mathrm{d}\nu(\boldsymbol{h}_m)$$

其中，$\boldsymbol{v}_m$ 是由 $\boldsymbol{m}$ 确定的 $\boldsymbol{x}$ 中可观测元素集合，而 $\boldsymbol{h}_m$ 是由 $\boldsymbol{m}$ 确定的 $\boldsymbol{x}$ 中不可观测元素集合。

现在定义期望损失函数

$$\ell(\boldsymbol{\theta})=-\int(\log p(\boldsymbol{v}_m|\boldsymbol{\theta}))p_e(\boldsymbol{v}_m)\mathrm{d}\nu(\boldsymbol{v}_m) \tag{12.50}$$

式(12.50)度量了观测数据分量的学习机模型 $p(\boldsymbol{v}_m|\boldsymbol{\theta})$与基于环境的数据可观测分量分布 $p_e(\boldsymbol{v}_m)$的相似性，后者实际上生成了可观测数据分量(有关进一步讨论，参见 13.2 节)。

假设可交换微分算子与积分算子，现在取式(12.50)关于 $\boldsymbol{\theta}$ 的导数：

$$\frac{\mathrm{d}\ell}{\mathrm{d}\boldsymbol{\theta}}=-\int\frac{\mathrm{d}\log p(\boldsymbol{v}_m|\boldsymbol{\theta})}{\mathrm{d}\boldsymbol{\theta}}p_e(\boldsymbol{v}_m)\mathrm{d}\nu(\boldsymbol{v}_m) \tag{12.51}$$

其中

$$\frac{\mathrm{d}\log p(\boldsymbol{v}_m|\boldsymbol{\theta})}{\mathrm{d}\boldsymbol{\theta}}=\frac{1}{p(\boldsymbol{v}_m|\boldsymbol{\theta})}\int\frac{\mathrm{d}p(\boldsymbol{v}_m,\boldsymbol{h}_m|\boldsymbol{\theta})}{\mathrm{d}\boldsymbol{\theta}}\mathrm{d}\nu(\boldsymbol{h}_m) \tag{12.52}$$

使用恒等式重写式(12.52)被积函数中的导数(Louis，1982；McLachlan & Krishnan，2008)：

$$\frac{\mathrm{d}p(\boldsymbol{v}_m,\boldsymbol{h}_m|\boldsymbol{\theta})}{\mathrm{d}\boldsymbol{\theta}}=\frac{\mathrm{d}\log p(\boldsymbol{v}_m,\boldsymbol{h}_m|\boldsymbol{\theta})}{\mathrm{d}\boldsymbol{\theta}}p(\boldsymbol{v}_m,\boldsymbol{h}_m|\boldsymbol{\theta}) \tag{12.53}$$

将式(12.53)代入式(12.52)，然后将结果代入式(12.51)，得到：

$$\frac{\mathrm{d}\ell}{\mathrm{d}\boldsymbol{\theta}}=-\iint\frac{\mathrm{d}\log p(\boldsymbol{v}_m,\boldsymbol{h}_m|\boldsymbol{\theta})}{\mathrm{d}\boldsymbol{\theta}}p(\boldsymbol{h}_m\mid\boldsymbol{v}_m,\boldsymbol{\theta})p_e(\boldsymbol{v}_m)\mathrm{d}\nu(\boldsymbol{h}_m)\mathrm{d}\nu(\boldsymbol{v}_m) \tag{12.54}$$

其中，密度 $p(\boldsymbol{h}_m\mid\boldsymbol{v}_m,\boldsymbol{\theta})$称为随机插补密度。

现在定义一个小批量随机梯度下降算法，选择期望搜索方向为负梯度，得到：

$$\widetilde{\boldsymbol{\theta}}(k+1)=\widetilde{\boldsymbol{\theta}}(k)+(\gamma_k/M)\sum_{j=1}^{M}\frac{\mathrm{d}\log p(\widetilde{\boldsymbol{v}}_k,\widetilde{\boldsymbol{h}}^{jk}\mid\widetilde{\boldsymbol{\theta}}(k))}{\mathrm{d}\boldsymbol{\theta}} \tag{12.55}$$

首先从环境中采样一个 $\boldsymbol{v}_k$ 实例，然后使用第 k 个学习试验中采样值 $\boldsymbol{v}_k$ 和当前参数估计 $\boldsymbol{\theta}(k)$ 从随机插补密度 $p(\boldsymbol{h} \mid \boldsymbol{v}_k, \boldsymbol{\theta}(k))$ 中采样 M 次，以生成第 k 个学习试验中的小批量数据 $\widetilde{\boldsymbol{h}}^{1k}, \cdots, \widetilde{\boldsymbol{h}}^{Mk}$。请注意，尽管式(12.49)确定了被动 DGP，鉴于随机插补密度基于当前参数估计来估计缺失数据，所以此为反应式学习问题。

该类型的随机逼近算法称为随机逼近期望最大化(Stochastic Approximation Expectation Maximization，SAEM)算法。注意，对于 SAEM 算法，M 可以等于 1 或任何正整数。当批量尺寸 M 适中时，SAEM 算法可称为 MCEM(Monte Carlo Expectation Maximization，蒙特卡罗期望最大化)算法。当批量尺寸 M 非常大(即 M 接近无穷大)时，SAEM 算法非常接近确定性广义期望最大化(Generalized Expectation Maximization，GEM)算法(McLachlan & Krishnan，2008)，其中学习机使用当前的概率模型计算期望下坡搜索方向，并沿该方向下坡，更新当前概率模型，然后迭代地重复此过程。可以将标准期望最大化(EM)算法解释为 GEM 算法的一个特例(McLachlan & Krishnan，2008)。

例 12.3.3(缺失数据的逻辑回归) 该例将扩展例 12.2.2 中的适应性学习算法，以处理逻辑回归的预测变量并不总是可观测的情况。

在逻辑回归模型中，条件响应完整数据密度为

$$p(y \mid \boldsymbol{s}, \boldsymbol{\theta}) = y p_y(\boldsymbol{s}; \boldsymbol{\theta}) + (1-y)(1-p_y(\boldsymbol{s}; \boldsymbol{\theta}))$$

其中，$p_y(\boldsymbol{s}; \boldsymbol{\theta}) \equiv \mathcal{S}(\psi(\boldsymbol{s}; \boldsymbol{\theta}))$，$\mathcal{S}(\psi) = 1/(1+\exp(-\psi))$，$\psi(\boldsymbol{s}; \boldsymbol{\theta}) = \boldsymbol{\theta}^{\mathrm{T}}[\boldsymbol{s}^{\mathrm{T}}\ 1]^{\mathrm{T}}$。由于存在缺失数据，因此还需要明确定义预测变量联合分布的模型。为了简单起见，假设预测变量和响应变量的联合密度可因式分解，使得

$$p(y, \boldsymbol{s} \mid \boldsymbol{\theta}) = p(y \mid \boldsymbol{s}, \boldsymbol{\theta}) p_s(\boldsymbol{s})$$

在这个例子中，假设 DGP 是 MAR 类型(见 9.2 节)。

将输入模式向量 $\boldsymbol{s}$ 划分为可观测分量 $\boldsymbol{s}^{\mathrm{v}}$ 和不可观测分量 $\boldsymbol{s}^{\mathrm{h}}$，将 $p_s(\boldsymbol{s})$ 重写为 $p_s([\boldsymbol{s}^{\mathrm{v}}, \boldsymbol{s}^{\mathrm{h}}])$。现在定义缺失数据风险函数：

$$\ell(\boldsymbol{\theta}) = -\int \left(\log \sum_{\boldsymbol{s}^{\mathrm{h}}} p(y, \boldsymbol{s}^{\mathrm{v}}, \boldsymbol{s}^{\mathrm{h}} \mid \boldsymbol{\theta})\right) p_{\mathrm{e}}(\boldsymbol{s}^{\mathrm{v}}) \mathrm{d}\nu(\boldsymbol{s}^{\mathrm{v}})$$

其中，符号 $\sum_{\boldsymbol{s}^{\mathrm{h}}}$ 表示对 $\boldsymbol{s}^{\mathrm{h}}$ 可能值求和。

$-\log p(y \mid \boldsymbol{s}, \boldsymbol{\theta})$ 的导数如下：

$$-\frac{\mathrm{d}\log p(y \mid \boldsymbol{s}, \boldsymbol{\theta})}{\mathrm{d}\boldsymbol{\theta}} = -(y - p_y(\boldsymbol{s}; \boldsymbol{\theta}))\boldsymbol{s}^{\mathrm{T}}$$

基于 p_s 计算随机插补密度：

$$p_s(\boldsymbol{s}^{\mathrm{h}} \mid \boldsymbol{s}^{\mathrm{v}}) = \frac{p_s([\boldsymbol{s}^{\mathrm{v}}, \boldsymbol{s}^{\mathrm{h}}])}{\sum_{\boldsymbol{s}^{\mathrm{h}}} p_s([\boldsymbol{s}^{\mathrm{v}}, \boldsymbol{s}^{\mathrm{h}}])}$$

然后使用式(12.55)定义的 MCEM 缺失数据随机梯度下降算法得出最终算法。该算法首先从缺失数据生成过程中采样获得 $(y_t, \boldsymbol{s}_t^{\mathrm{v}})$，其次通过给定 $\boldsymbol{s}_t^{\mathrm{v}}$ 随机生成 $\boldsymbol{s}_t^{\mathrm{h}}$ 来“填充”(也称为“输入”)输入模式的缺失部分。随后将采样随机插补密度生成的可观测分量 $\boldsymbol{s}_t^{\mathrm{v}}$ 和插补分量 $\boldsymbol{s}_t^{\mathrm{h}}$ 串联起来，以得到无缺失信息的输入模式向量 $\boldsymbol{s}_t$。

然后使用期望响应 $\widetilde{y}_t$ 和 $\ddot{\boldsymbol{s}}_t$ 更新参数向量：

$$\widetilde{\boldsymbol{\theta}}_{t+1} = \widetilde{\boldsymbol{\theta}}_t + \gamma_t(\widetilde{y}_t - \ddot{p}_y(\ddot{\boldsymbol{s}}_t; \widetilde{\boldsymbol{\theta}}_t))\ddot{\boldsymbol{s}}_t^{\mathrm{T}}$$

其中

$$\ddot{p}_y(\ddot{\mathbf{s}}_t;\boldsymbol{\theta})\equiv\mathcal{S}(\boldsymbol{\theta}^{\mathrm{T}}[\ddot{\mathbf{s}}_t^{\mathrm{T}}\ 1]^{\mathrm{T}})$$

基于随机逼近定理证明：如果 $\widetilde{\boldsymbol{\theta}}_1,\widetilde{\boldsymbol{\theta}}_2,\cdots$ 在参数空间有界闭凸区域中的概率为 1，则 $\widetilde{\boldsymbol{\theta}}_1,\widetilde{\boldsymbol{\theta}}_2,\cdots$ 以概率 1 收敛到该区域中的临界点集。　△

12.3.3　马尔可夫随机场学习(对比散度)

如果正条件成立，马尔可夫随机场可以表示为吉布斯密度。设 $V:\mathcal{R}^d\times\mathcal{R}^q\to\mathcal{R}$，$\Theta$ 是 $\mathcal{R}^q$ 的一个有界闭子集。假设对于每个 $\boldsymbol{\theta}\in\Theta$，$d$ 维随机向量 $\widetilde{\boldsymbol{x}}$ 的概率分布由吉布斯密度 $p(\cdot|\boldsymbol{\theta}):\mathcal{R}^d\to(0,\infty)$ 确定：

$$p(\boldsymbol{x}|\boldsymbol{\theta})=[Z(\boldsymbol{\theta})]^{-1}\exp(-V(\boldsymbol{x};\boldsymbol{\theta}))\tag{12.56}$$

其中归一化常数 $Z(\boldsymbol{\theta})$ 定义为

$$Z(\boldsymbol{\theta})=\int\exp(-V(\boldsymbol{y};\boldsymbol{\theta}))\mathrm{d}\nu(\boldsymbol{y})\tag{12.57}$$

估计吉布斯密度参数的一种常用方法为最小化最大似然经验风险函数(更多详细信息，请参见 13.2 节)。最大似然经验风险函数 ℓ_n 在 Θ 上的定义为：

$$\hat{\ell}_n(\boldsymbol{\theta})\equiv-(1/n)\sum_{i=1}^{n}\log p(\boldsymbol{x}_i|\boldsymbol{\theta})\tag{12.58}$$

最大似然经验风险函数 $\hat{\ell}_n$ 是风险函数

$$\ell(\boldsymbol{\theta})=-\int(\log p(\boldsymbol{x}|\boldsymbol{\theta}))p_{\mathrm{e}}(\boldsymbol{x})\mathrm{d}\nu(\boldsymbol{x})\tag{12.59}$$

的估计量。式(12.59)的导数为

$$\frac{\mathrm{d}\ell}{\mathrm{d}\boldsymbol{\theta}}=-\int\left(\frac{\mathrm{d}\log p(\boldsymbol{x}|\boldsymbol{\theta})}{\mathrm{d}\boldsymbol{\theta}}\right)p_{\mathrm{e}}(\boldsymbol{x})\mathrm{d}\nu(\boldsymbol{x})\tag{12.60}$$

使用式(12.56)对 $\log p(\boldsymbol{x}|\boldsymbol{\theta})$ 求导：

$$\frac{\mathrm{d}\log p(\boldsymbol{x}|\boldsymbol{\theta})}{\mathrm{d}\boldsymbol{\theta}}=-\frac{\mathrm{d}V(\boldsymbol{x};\boldsymbol{\theta})}{\mathrm{d}\boldsymbol{\theta}}+\int\frac{\mathrm{d}V(\boldsymbol{y};\boldsymbol{\theta})}{\boldsymbol{\theta}}p(\boldsymbol{y}|\boldsymbol{\theta})\mathrm{d}\nu(\boldsymbol{y})\tag{12.61}$$

将式(12.61)代入式(12.60)，得到：

$$\frac{\mathrm{d}\ell}{\mathrm{d}\boldsymbol{\theta}}=\int\left(\frac{\mathrm{d}V(\boldsymbol{x};\boldsymbol{\theta})}{\mathrm{d}\boldsymbol{\theta}}-\frac{\mathrm{d}V(\boldsymbol{y};\boldsymbol{\theta})}{\mathrm{d}\boldsymbol{\theta}}\right)p_{\mathrm{e}}(\boldsymbol{x})p(\boldsymbol{y}|\boldsymbol{\theta})\mathrm{d}\nu(\boldsymbol{x})\mathrm{d}\nu(\boldsymbol{y})\tag{12.62}$$

基于随机逼近定理设计最小化 ℓ 的自适应梯度下降学习算法，如下所示。令

$$\widetilde{\boldsymbol{\theta}}(t+1)=\widetilde{\boldsymbol{\theta}}(t)-\gamma_t\left(\frac{\mathrm{d}V(\widetilde{\boldsymbol{x}}(t);\widetilde{\boldsymbol{\theta}}(t))}{\mathrm{d}\boldsymbol{\theta}}-\frac{\mathrm{d}V(\widetilde{\boldsymbol{y}}(t);\widetilde{\boldsymbol{\theta}}(t))}{\mathrm{d}\boldsymbol{\theta}}\right)\tag{12.63}$$

其中，在第 t 次迭代时，$\widetilde{\boldsymbol{x}}(t)$采样自实际统计环境的密度 $p_{\mathrm{e}}(\boldsymbol{x})$，$\widetilde{\boldsymbol{y}}(t)$采样自基于当前估计参数 $\widetilde{\boldsymbol{\theta}}(t)$的统计环境模型 $p(\boldsymbol{y}|\widetilde{\boldsymbol{\theta}}(t))$。请注意，尽管 p_{e} 是被动式 DGP 密度，但 $p(\boldsymbol{y}|\boldsymbol{\theta}(t))$是反应式 DGP 密度。

为了得到梯度的改进样本平均估计值，通常会从 $p(\boldsymbol{y}|\widetilde{\boldsymbol{\theta}}(t))$生成多个样本 $\widetilde{\boldsymbol{y}}(t,1),\cdots,\widetilde{\boldsymbol{y}}(t,M)$，针对 M 个样本中的每一个计算估计的梯度，然后对 M 个梯度估计值求均值，从而得到改进的期望梯度。该策略对学习规则的修改如下：

$$\widetilde{\boldsymbol{\theta}}(t+1)=\widetilde{\boldsymbol{\theta}}(t)-\gamma_t\left(\frac{\mathrm{d}V(\widetilde{\boldsymbol{x}}(t);\widetilde{\boldsymbol{\theta}}(t))}{\mathrm{d}\boldsymbol{\theta}}-(1/M)\sum_{j=1}^{M}\frac{\mathrm{d}V(\widetilde{\boldsymbol{y}}(t,j);\widetilde{\boldsymbol{\theta}}(t))}{\mathrm{d}\boldsymbol{\theta}}\right)\tag{12.64}$$

需要注意的是，对于任何一个 M(包括 $M=1$)，该随机逼近算法均收敛，因为式(12.64)中搜索方向的期望值正好等于 $-\mathrm{d}\ell/\mathrm{d}\boldsymbol{\theta}$，其中 $\mathrm{d}\ell/\mathrm{d}\boldsymbol{\theta}$ 定义如式(12.62)。

在实践中，$p(\boldsymbol{y}\mid\widetilde{\boldsymbol{\theta}}(t))$采样很难计算，因此可使用第 11 章的蒙特卡罗马尔可夫链方法来设计近似采样方案。当使用这些方法时，只需要 MCMC 算法近似收敛到其渐近平稳分布，前提是 MCMC 算法可有效近似期望梯度。当使用 MCMC 算法从 $p(\boldsymbol{y}\mid\widetilde{\boldsymbol{\theta}}(t))$采样时，式(12.64)中的随机逼近算法对应于对比散度学习算法(Yuille，2005；Jiang et al.，2018)。批量尺寸 m 可以为固定整数(例如，$m=3$ 或 $m=100$)，也可以变化(例如，最初 m 很小，然后在学习过程中逐渐增加到某个有限正整数)。

12.3.4　生成式对抗网络学习

假设环境数据生成过程(DGP)生成的 d 维特征向量序列 $\boldsymbol{x}_1,\boldsymbol{x}_2,\cdots$ 对应于基于相同概率质量函数 $p_e:S\to[0,1]$的独立同分布 d 维离散随机向量随机序列 $\widetilde{\boldsymbol{x}}_1,\widetilde{\boldsymbol{x}}_2,\cdots$ 的实例，其中 S 是 $\mathcal{R}^d$ 的有限子集。

判别式无监督学习机期望特定 d 维训练向量在其统计环境中出现的概率，由给定参数向量 $\boldsymbol{\eta}$ 的条件概率质量函数 $p_D(\cdot\mid\boldsymbol{\eta}):S\to[0,1]$给出。生成式学习机使用条件概率质量函数 $p_G(\cdot\mid\boldsymbol{\psi}):S\to[0,1]$为判别式学习机生成特定 d 维训练向量。后一种质量函数是反应式 DGP 密度。

定义生成式对抗网络(Generative Adversarial Network，GAN)的目标函数 $\ell(\boldsymbol{\eta},\boldsymbol{\psi})$(Goodfellow et al.，2014)，使得

$$\ell(\boldsymbol{\eta},\boldsymbol{\psi})=\sum_{x\in S}\sum_{z\in S}c([\boldsymbol{x},\boldsymbol{z}];\boldsymbol{\eta})p_e(\boldsymbol{x})p_G(\boldsymbol{z}\mid\boldsymbol{\psi}) \tag{12.65}$$

其中

$$c([\boldsymbol{x},\boldsymbol{z}];\boldsymbol{\eta})=-(\log p_D(\boldsymbol{x}\mid\boldsymbol{\eta})+\log[1-p_D(\boldsymbol{z}\mid\boldsymbol{\eta})])$$

一方面，判别式无监督学习机的目标是寻找一个概率质量函数 $p_D(\cdot\mid\boldsymbol{\eta}^*)$，为环境 DGP 产生的观测值 $\boldsymbol{x}_1,\boldsymbol{x}_2,\cdots$赋高概率质量并且为生成式学习机 $p_G(\cdot\mid\boldsymbol{\psi})$产生的观测值 $\boldsymbol{z}_1,\boldsymbol{z}_2,\cdots$赋低概率质量，其中学习机 $\boldsymbol{\psi}$ 给定。

另一方面，生成式学习机的目标是寻找一个概率质量函数 $p_G(\cdot\mid\boldsymbol{\psi}^*)$，产生判别式学习机会赋高概率质量的训练样本 $\boldsymbol{z}_1,\boldsymbol{z}_2,\cdots$，从而增加判别式学习机的错误率。

GAN 由判别式无监督学习机和以对抗方式运行的生成式学习机组成。判别式学习机尝试在固定 $\boldsymbol{\psi}$ 值下“最小化”$\ell(\cdot,\boldsymbol{\psi})$；而生成式学习机尝试在固定 $\boldsymbol{\eta}$ 值下“最大化”$\ell(\boldsymbol{\eta},\cdot)$。因此，GAN 的目标是寻找一个“鞍点”$(\boldsymbol{\eta}^*,\boldsymbol{\psi}^*)$，使得$|\mathrm{d}\ell(\boldsymbol{\eta}^*,\boldsymbol{\psi}^*)/\mathrm{d}\boldsymbol{\eta}|=0$，$|\mathrm{d}\ell(\boldsymbol{\eta}^*,\boldsymbol{\psi}^*)/\mathrm{d}\boldsymbol{\psi}|=0$。可使用如下策略通过随机梯度下降方法寻找这样的鞍点。

步骤 1　判别式机器学习阶段。在判别式机器学习阶段，随机梯度下降算法的每次迭代都是一个小批量算法，旨在通过调整判别式学习机的参数向量 $\boldsymbol{\eta}$ 并固定生成式学习机的参数向量 $\boldsymbol{\psi}$ 来最小化 ℓ。在算法的每次迭代中，以概率 $p_e(\boldsymbol{x})$从环境中生成训练向量 $\boldsymbol{x}$，以概率 $p_G(\boldsymbol{z}\mid\boldsymbol{\psi})$由生成式学习机生成训练向量 $\boldsymbol{z}$。最终，学习过程的阶段 1 终止。随机逼近定理可用于分析和设计阶段 1 学习过程的渐近性，因为阶段 1 可以看作固定 $\boldsymbol{\psi}$ 值最小化$\ell(\cdot,\boldsymbol{\psi})$。请注意，阶段 1 的学习过程对应于被动式统计环境中的学习。

步骤 2　生成式机器学习阶段。在生成式机器学习阶段，随机梯度下降算法的每次迭代也都是一个小批量算法，旨在通过调整生成式学习机的参数向量 $\boldsymbol{\psi}$ 并固定判别式学习机的参数向量 $\boldsymbol{\eta}$ 来最大化 ℓ。在算法的每次迭代中，以概率 $p_G(\boldsymbol{z}\mid\boldsymbol{\psi})$由生成式学习机生成训练向量 $\boldsymbol{z}$。

最终，学习过程的阶段 2 终止。随机逼近定理可用于分析和设计阶段 2 学习过程的渐近性，因为阶段 2 可以看作固定 $\boldsymbol{\eta}$ 值最小化 $-\ell(\boldsymbol{\eta},\cdot)$。请注意，阶段 2 的学习过程对应于反应式统计环境中的学习。

步骤 3　转到步骤 1，直到收敛到鞍点。学习过程继续紧接阶段 2(生成式机器学习)和阶段 1(判别式机器学习)继续进行，彼此交替更新参数，直至收敛到鞍点。

练习

12.3-1. (基于多项式逻辑回归的机器人控制)推导例 12.3.1 中机器人控制的学习算法，定义四维列向量 $\boldsymbol{p}(\boldsymbol{s};\boldsymbol{\theta})$，它的第 k 个元素 $p_k(\boldsymbol{s};\boldsymbol{\theta})$ 定义如下：

$$p_k(\boldsymbol{s};\boldsymbol{\theta})=\frac{\exp(\boldsymbol{w}_k^{\mathrm{T}}\boldsymbol{s})}{\mathbf{1}_4^{\mathrm{T}}\mathbf{exp}(\boldsymbol{W}\boldsymbol{s})}$$

其中，$k=1$，2，3 且 $p_4(\boldsymbol{s};\boldsymbol{\theta})=1/(\mathbf{1}_4^{\mathrm{T}}\mathbf{exp}(\boldsymbol{W}\boldsymbol{s}))$。按照例 12.3.1 的方法推导学习规则以控制该机器人。

12.3-2. (月球着陆器线性控制法则设计)例 1.7.4 的式(1.60)中提出了一种梯度下降算法，用于估计月球着陆器控制法则参数。首先，推导梯度下降学习算法公式，然后使用随机逼近定理研究学习规则的渐近性。

12.3-3. (月球着陆器非线性控制法则设计)使用 1.5.2 节中描述的函数逼近方法，用自适应非线性控制法则改进例 1.7.1 中的月球着陆器。然后，使用随机逼近定理证明，如果自适应非线性控制法则生成的参数估计值序列收敛到严格局部极小值点邻域，则参数估计值以概率 1 收敛到该严格局部极小值点。

12.3-4. (马尔可夫逻辑网络学习算法)使用 12.3.3 节的方法推导例 11.2.4 中描述的马尔可夫逻辑网络的学习算法。

12.3-5. (反应式环境中期望损失的黑塞矩阵)式(12.8)是反应式环境中期望损失的黑塞矩阵公式。通过对式(12.7)求导来推导该式。

12.4　扩展阅读

第 12 章的部分内容最初发表于文献(Golden，2018)，由 MIT 出版社重印。

史话

术语“随机逼近”最有可能源于如下想法，即随机观测值可用于近似函数或其梯度，以达到优化目的。通常认为文献(Robbins & Monro，1951)是该算法在本领域的首次发表。Blum(1954)首次给出了多维状态空间上定义的目标函数随机逼近算法分析。这里提出的随机收敛定理主要基于文献(Blum，1954；White，1989a，1989b；Golden，1996a；Benveniste et al.，1990；Sunehag et al.，2009；Golden，2018)。

随机逼近定理

在机器学习文献中，许多研究人员给出了被动式学习环境的随机逼近定理(White，1989a，1989b；Golden，1996a；Bottou，1998，2004；Sunehag et al.，2009；Mohri et al.，2012；Toulis et al.，2014)。反应式学习环境的随机逼近定理也已发表(Blum，1954；Benveniste et al. ，1990；Gu & Kong，1998；Delyon et al. ，1999；Golden，2018)。同样，随机逼近相关文献的综述可参阅文献(Benveniste et al. ，1990；Bertsekas & Tsitsiklis，1996；Borkar，2008；Kushner & Yin，2003；Kushner，2010)。

本章介绍的定理的一个独特之处在于，该定理的假设相对容易验证，并且该定理适用于在被动式和反应式统计环境中运行的各种重要机器学习算法。关于随机逼近的严格数学推导可以参考文献(Wasan，1969，2004；Benveniste et al. ，1990；Bertsekas & Tsitsiklis，1996；Borkar，2008；Douc et al. ，2014)。

期望最大化方法

本章只是简单地讨论了期望最大化方法，但是该方法已广泛应用于机器学习领域。文献(Little & Rubin，2002)的第 8 章对 EM 算法及其衍变给出了详尽数学分析。文献(McLachlan & Krishnan，2008)给出了 EM 算法全面且易于理解的介绍。文献(Bishop，2006)的第 9 章中介绍了着重强调机器学习混合模型应用的 EM 算法。

策略梯度强化

与本章一致的强化学习策略梯度方法分析可参阅文献(Sugiyama，2015)的第 7 章。Williams(1992)首次在文献中将此方法引入机器学习领域。

P A R T 4

第四部分

泛化性能

- 第 13 章　统计学习目标函数设计
- 第 14 章　泛化评估模拟方法
- 第 15 章　评估泛化的解析公式
- 第 16 章　模型选择与评估

CHAPTER13

第 13 章

统计学习目标函数设计

学习目标：

- 设计经验风险函数。
- 设计最大似然函数。
- 设计映射评估函数。

设归纳学习机在一个包含 n 个环境事件 $\boldsymbol{x}_1,\cdots,\boldsymbol{x}_n$ 的环境中。例如，在监督学习模式中，环境事件 $\boldsymbol{x}_i$ 为$(\boldsymbol{s}_i,y_i)$，其中 y_i 是输入模式 $\boldsymbol{s}_i$ 的期望响应。在“测试阶段”，新的环境事件被输入学习机，学习机对该事件“偏好”做出预测。

例如，考虑一个线性预测机，给定输入模式 $\boldsymbol{s}_i$ 的响应为 $\ddot{y}:\mathcal{R}^d\times\mathcal{R}^q\rightarrow\mathcal{R}$：

$$\ddot{y}(\boldsymbol{s}_i,\boldsymbol{\theta})=\boldsymbol{\theta}^{\mathrm{T}}\boldsymbol{s}_i$$

学习机响应 $\ddot{y}(\boldsymbol{s}_i,\boldsymbol{\theta})$不仅取决于输入 $\boldsymbol{s}_i$，也受机器参数值 $\boldsymbol{\theta}$ 影响。在学习过程中，学习机学习的是 n 个环境事件$\{(\boldsymbol{s}_1,y_1),\cdots,(\boldsymbol{s}_n,y_n)\}$。

特别地，对于每个训练样本输入模式 $\boldsymbol{s}_i$，通过度量预测响应和期望响应间的“预测误差”，将学习机的预测响应 $\ddot{y}(\boldsymbol{s}_i,\boldsymbol{\theta})$与期望响应 y_i 进行比较。例如，误差测度可为预测响应和期望响应间差的平方$[y_i-\ddot{y}(\boldsymbol{s}_i,\boldsymbol{\theta})]^2$。参数估计值 $\hat{\boldsymbol{\theta}}_n$ 对应于通过最小化平均预测误差

$$\hat{\ell}_n(\boldsymbol{\theta})\equiv(1/n)\sum_{i=1}^{n}(y_i-\ddot{y}(\boldsymbol{s}_i,\boldsymbol{\theta}))^2$$

而获得的经验风险函数全局极小值点

$$\hat{\boldsymbol{\theta}}_n\equiv\arg\min\hat{\ell}_n(\boldsymbol{\theta})$$

那么，关于学习机泛化性能就会有两个非常重要的问题。首先，如果采集了更多的数据，函数序列 $\hat{\ell}_n$，$\hat{\ell}_{n+1}$，$\hat{\ell}_{n+2}$，…会有什么表现？也就是说，对于不同数量的训练数据，目标函数 $\hat{\ell}_n$ 会如何变化？第二个问题涉及全局极小值点 $\hat{\boldsymbol{\theta}}_n$。随着采集更多的数据，全局极小值点序列 $\hat{\boldsymbol{\theta}}_n,\cdots,\hat{\boldsymbol{\theta}}_{n+1}$ 会如何变化？这些问题对于明确表示和分析学习机学习目标非常重要。

图 13.1 给出了训练样本数量 n 变化时目标函数 $\hat{\ell}_n$ 的形状。特别的是，图 13.1 绘制了 $n=30$、$n=1000$、$n=1500$ 和 $n=\infty$时 $\hat{\ell}_n$ 的形状。随着训练样本数量 n 的变化，由于训练样本不

同，目标函数形状发生了不规则变化。同样，由于训练样本的差异，五个不同目标函数的全局极小值点也会不规则地变化。

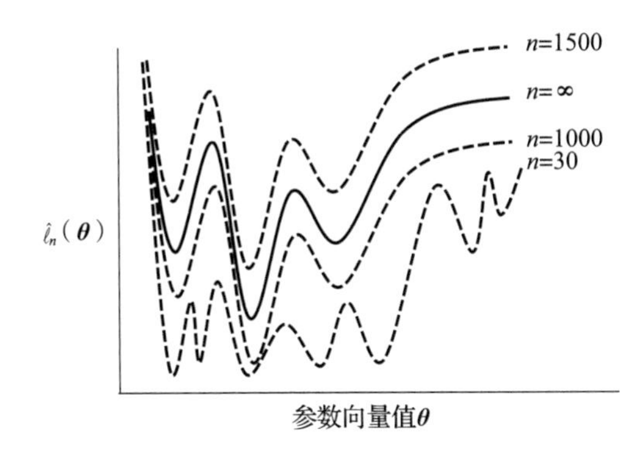

图 13.1 不同数量的训练数据下预测误差关于学习机自由参数的函数。随着采集更多的训练数据，最小化预测误差的参数值往往会收敛到特定渐近值

但是，在理想情况下，当 n 足够大时，目标函数 $\hat{\ell}_n, \hat{\ell}_{n+1}, \hat{\ell}_{n+2}, \cdots$ 应当相似，同时各自的全局极小值点 $\hat{\boldsymbol{\theta}}_n, \hat{\boldsymbol{\theta}}_{n+1}, \hat{\boldsymbol{\theta}}_{n+2}, \cdots$ 也会接近。但不幸的是，如果没有关于数据生成过程的额外先验知识，该假设很难成立。

设 n 个环境事件 $\{(\boldsymbol{s}_1, y_1), \cdots, (\boldsymbol{s}_n, y_n)\}$ 是基于相同 DGP 密度 $p_e(\boldsymbol{s}, y)$ 的 n 个独立同分布随机向量序列 $\{(\tilde{\boldsymbol{s}}_1, \tilde{y}_1), \cdots, (\tilde{\boldsymbol{s}}_n, \tilde{y}_n)\}$ 的实例。因此，ℓ_n 可作为随机全局极小值点为

$$\hat{\boldsymbol{\theta}}_n \equiv \arg\min \hat{\ell}_n(\boldsymbol{\theta})$$

的随机函数

$$\hat{\ell}_n(\boldsymbol{\theta}) \equiv (1/n) \sum_{i=1}^{n} (\tilde{y}_i - \ddot{y}(\tilde{\boldsymbol{s}}_i, \boldsymbol{\theta}))^2$$

的实例。

需要注意的是，$\hat{\ell}_n$ 的“随机性”来自数据集 $\{(\tilde{\boldsymbol{s}}_1, \tilde{y}_1), \cdots, (\tilde{\boldsymbol{s}}_n, \tilde{y}_n)\}$ 的“随机性”。

13.1 经验风险函数

下述经验风险函数的定义是对第 1 章通俗论述的正式表述。

定义 13.1.1(经验风险函数) 设 $\tilde{\mathcal{D}}_n \equiv [\tilde{\boldsymbol{x}}_1, \cdots, \tilde{\boldsymbol{x}}_n]$ 是基于相同 Radon-Nikodým 密度 $p_e: \mathcal{R}^d \rightarrow [0, \infty)$ 的独立同分布 d 维随机向量序列，$\Theta \subseteq \mathcal{R}^q$。每个惩罚项函数 $k_n: \mathcal{R}^{d \times n} \times \Theta \rightarrow \mathcal{R}$ 是连续随机函数，$n = 1, 2, 3$。损失函数 $c: \mathcal{R}^d \times \Theta \rightarrow \mathcal{R}$ 是续随机函数。$\ell(\cdot) \equiv E\{c(\tilde{\boldsymbol{x}}_i, \cdot)\}$ 称为风险函数。定义惩罚经验风险函数 $\ell_n: \mathcal{R}^{dn} \times \Theta \rightarrow \mathcal{R}$，对于所有 $\boldsymbol{\theta} \in \Theta$，有

$$\hat{\ell}_n(\boldsymbol{\theta}) = k_n(\tilde{\boldsymbol{X}}, \boldsymbol{\theta}) + (1/n) \sum_{i=1}^{n} c(\tilde{\boldsymbol{x}}_i, \boldsymbol{\theta})$$

随机函数 $\hat{\ell}_n$ 称为经验风险函数，其中 $k_n = 0$，$n = 1, 2, \cdots$。 □

该损失函数的定义不仅涵盖了监督学习的情况，而且也包括了无监督学习与强化学习的情况。对于无监督学习，通常定义损失函数 $c: \mathcal{R}^d \times \Theta \rightarrow \mathcal{R}$，使得 $c(\boldsymbol{x}, \boldsymbol{\theta})$ 为学习机在统计环境中经历事件 $\boldsymbol{x}$ 时的损失。对于监督学习，d 维 $\boldsymbol{x}$ 通常由输入模式子向量 $\boldsymbol{s}$ 和期望响应子向量 $\boldsymbol{y}$ 组成。对于强化学习，事件 $\boldsymbol{x}$ 是一个 d 维回合向量，通常定义为 $\boldsymbol{x} \equiv [\boldsymbol{\xi}, \boldsymbol{m}]$，其中 $d/2$ 维向量 $\boldsymbol{\xi}$ 称为完全可观测回合向量，$d/2$ 维不可观测数据索引向量 $\boldsymbol{m}$ 是一个由 1 和 0 组成的向量。$d/2$ 维完全可观测回合向量 $\boldsymbol{\xi}$ 的定义为

$$\boldsymbol{\xi}=[(\boldsymbol{s}_1,\boldsymbol{a}_1,r_1),\cdots,(\boldsymbol{s}_T,\boldsymbol{a}_T,r_T)]$$

其中，T 是回合 $\boldsymbol{\xi}$ 的最大长度，s 维状态向量 $\boldsymbol{s}_k$ 是环境在回合 $\boldsymbol{\xi}$ 中第 k 个状态，a 维状态向量 $\boldsymbol{a}_k$ 是学习机在回合 $\boldsymbol{\xi}$ 中第 k 个动作，r_k 是环境状态从 $\boldsymbol{s}_k$ 变成 $\boldsymbol{s}_{k+1}$ 时学习机收到的标量强化信号，因此$(s+a+1)T=d/2$。

不可观测数据索引向量 $\boldsymbol{m}$ 的定义如下：当且仅当 $\boldsymbol{\xi}$ 的第 k 个元素可观测时，$\boldsymbol{m}$ 的第 k 个元素非零，$k=1,\cdots,T$。对于不同长度的回合，可以恰当地选择表示 $\boldsymbol{m}$ 元素的方式。例如，若除了最后 $s+a+1$ 个元素外，$\boldsymbol{m}$ 所有元素都等于 1，则表示一个仅由 $T-1$ 个动作组成的回合。

不可观测数据索引向量 $\boldsymbol{m}$ 也可用于表示只在部分时刻观察到强化信号 r_k 的学习环境。例如，若不可观测数据索引向量 $\boldsymbol{m}$ 的元素$(s+a+1)$和 $2(s+a+1)$等于零，则表明学习机不能观察回合 1 和 2 的强化信号 r_1 和 r_2。

定理 13.1.1(经验风险函数收敛定理)

- 设$\widetilde{\mathcal{D}}_n\equiv[\widetilde{\boldsymbol{x}}_1,\cdots,\widetilde{\boldsymbol{x}}_n]$为基于关于支集规范测度 ν 定义的相同 Radon-Nikodým 密度 p_e：$\mathcal{R}^d\to[0,\infty)$的独立同分布 d 维随机向量序列。
- 设 Θ 为 $\mathcal{R}^q$ 的有界闭凸子集。连续随机函数 $c:\mathcal{R}^d\times\Theta\to\mathcal{R}$ 由 Θ 上关于 p 的可积函数控制。
- 假设 $k_n:\mathcal{R}^{d\times n}\times\Theta\to\mathcal{R}$ 为 Θ 上的连续随机函数，当 $n\to\infty$时，$k_n(\widetilde{\mathcal{D}}_n,\cdot)\to 0$ 在 Θ 上以概率 1 一致收敛。
- 对于 $n=1,2,3,\cdots$，定义连续随机函数 $\ell_n:\mathcal{R}^{d\times n}\times\Theta\to\mathcal{R}$：

$$\ell_n(\widetilde{\mathcal{D}}_n,\boldsymbol{\theta})=k_n(\widetilde{\mathcal{D}}_n,\boldsymbol{\theta})+(1/n)\sum^n c(\widetilde{\boldsymbol{x}}_i,\boldsymbol{\theta})$$

设 $\hat{\ell}_n(\boldsymbol{\theta})\equiv\ell(\widetilde{\mathcal{D}}_n;\boldsymbol{\theta})$。

- 设

$$\ell(\cdot)=\int c(\boldsymbol{x},\cdot)p_e(\boldsymbol{x})\mathrm{d}\nu(\boldsymbol{x})$$

那么，当 $n\to\infty$时，$\hat{\ell}_n(\cdot)\to\ell(\cdot)$在 Θ 上以概率 1 一致收敛。其中 ℓ 在 Θ 上连续。

证明 基于统一大数定律(定理 9.3.2)，当 $n\to\infty$时，

$$\hat{\ell}_n'(\cdot)\equiv(1/n)\sum_{i=1}^n c(\widetilde{\boldsymbol{x}}_i,\cdot)$$

在 Θ 上以概率 1 一致收敛于连续函数 $\ell(\cdot)$。同样，基于假设，当 $n\to\infty$时，$k_n(\widetilde{\mathcal{D}}_n,\cdot)\to 0$ 在 Θ 上以概率 1 一致收敛。因此，当 $n\to\infty$时，$\hat{\ell}_n'+k_n(\widetilde{\mathcal{D}}_n,\cdot)\to\ell$ 在 Θ 上以概率 1 一致收敛。 ■

例 13.1.1(线性回归经验风险) 考虑一个无惩罚项的目标函数

$$\hat{\ell}_n(\boldsymbol{\theta})=(1/n)\sum_{i=1}^n(\widetilde{y}_i-\ddot{y}(\widetilde{\boldsymbol{s}}_i,\boldsymbol{\theta}))^2 \tag{13.1}$$

其中响应函数 $\ddot{y}$ 定义为

$$\ddot{y}(\boldsymbol{s},\boldsymbol{\theta})=\boldsymbol{\theta}^{\mathrm{T}}\boldsymbol{s}$$

$(\widetilde{\boldsymbol{s}}_1,\widetilde{y}_1),\cdots,(\widetilde{\boldsymbol{s}}_n,\widetilde{y}_n)$是基于相同密度 $p_e:\mathcal{R}^d\to[0,\infty)$的 n 个独立同分布有界 d 维随机向量序列，该密度基于支集规范测度 ν 定义。例如，若每个随机向量$(\widetilde{\boldsymbol{s}}_t,\widetilde{y}_t)$取值数量有限，则随机向量序列是有界的这一假设成立。

目标函数是一个经验风险函数，定义为

$$\hat{\ell}'_n(\boldsymbol{\theta})=(1/n)\sum_{i=1}^{n}c([y_i,s_i],\boldsymbol{\theta})$$

其损失函数为：

$$c([y,\boldsymbol{s}],\boldsymbol{\theta})=(y-\ddot{y}(\boldsymbol{s},\boldsymbol{\theta}))^2$$

假设参数空间 Θ 是一个有界闭凸集。上述假设满足经验风险函数收敛定理(定理 13.1.1)中的条件。因此，当 $n\to\infty$ 时，

$$\hat{\ell}_n(\boldsymbol{\theta})\to\int(y-\ddot{y}(\boldsymbol{s},\boldsymbol{\theta}))^2 p_e([y,\boldsymbol{s}])\mathrm{d}\nu([y,\boldsymbol{s}]) \tag{13.2}$$

在 Θ 上以概率 1 一致收敛。　△

例 13.1.2(正则化线性回归)　最小化网络复杂度的正则化项(例如，岭回归项)可用于修改例 13.1.1 的式(13.1)中的经验风险函数，从而得到新的惩罚经验风险函数 ℓ'：

$$\hat{\ell}'_n(\boldsymbol{\theta})=(1/n)|\boldsymbol{\theta}|^2+(1/n)\sum_{i=1}^{n}(y-\ddot{y}(\boldsymbol{s},\boldsymbol{\theta}))^2 \tag{13.3}$$

在该例中，损失函数为

$$c([y,\boldsymbol{s}],\boldsymbol{\theta})=(y-\ddot{y}(\boldsymbol{s},\boldsymbol{\theta}))^2$$

惩罚函数 $k_n(\boldsymbol{\theta})=(1/n)|\boldsymbol{\theta}|^2$。由于存在一个有限数 K，使得在有界闭凸参数空间 Θ 上有 $|\boldsymbol{\theta}|^2\leqslant K$，则 K/n 一致收敛为 0，因此 k_n 收敛于 0。$\{k_n\}$是一个可接受的惩罚函数序列。

基于经验风险函数收敛定理(定理 13.1.1)，当 $n\to\infty$ 时，

$$\hat{\ell}'_n(\boldsymbol{\theta})=\int(y-\ddot{y}(\boldsymbol{s},\cdot))^2 p_e([y,\boldsymbol{s}]\mathrm{d}\nu([y,\boldsymbol{s}]) \tag{13.4}$$

在 Θ 上以概率 1 一致收敛。

需要注意的是，对于那些不随样本量 n 收敛至 0 的正则化项，应以不同的方式处理。例如，考虑以下目标函数：

$$\hat{\ell}''_n(\boldsymbol{\theta})=\lambda|\boldsymbol{\theta}|^2+(1/n)\sum_{i=1}^{n}(\tilde{y}_i-\ddot{y}(\tilde{\boldsymbol{s}}_i,\boldsymbol{\theta}))^2 \tag{13.5}$$

其中，λ 为正数。为了在该情况下应用经验风险函数收敛定理，选择

$$c([y,\boldsymbol{s}],\boldsymbol{\theta})=\lambda|\boldsymbol{\theta}|^2+(y-\ddot{y}(\boldsymbol{s},\boldsymbol{\theta}))^2$$

且设 $k_n=0$，其中 $n=1,2,3,\cdots$。

假设参数空间 Θ 是有界闭凸集。基于经验风险函数收敛定理，当 $n\to\infty$ 时，

$$\hat{\ell}''_n(\boldsymbol{\theta})\to\lambda|\boldsymbol{\theta}|^2+\int(y-\ddot{y}(\boldsymbol{s},\boldsymbol{\theta}))^2 p_e([y,\boldsymbol{s}])\mathrm{d}\nu([y,\boldsymbol{s}]) \tag{13.6}$$

在 Θ 上以概率 1 一致收敛。

因此，式(13.3)经验风险函数与式(13.5)经验风险函数表现出完全不同的收敛性。在式(13.3)中，对于较大的样本量，正则化项$|\boldsymbol{\theta}|^2$ 的影响可以忽略不计。在式(13.5)中，对于较大样本量，正则化项$|\boldsymbol{\theta}|^2$ 的影响不可忽略。式(13.3)中经验风险函数使用的正则化方法，不适用于小样本但适用于大样本。式(13.5)中经验风险函数使用的正则化方法，同时适用于小样本和大样本。　△

设 $\boldsymbol{\theta}^*$ 为多峰(非凸)平滑函数 $\ell:\mathcal{R}^q\to\mathcal{R}$ 的严格局部极小值点。定义 $\mathcal{R}$ 的有界闭凸子集 Θ，使得 $\boldsymbol{\theta}^*$ 为 ℓ 在 Θ 上的唯一全局极小值点。设 $\hat{\ell}_n$ 为经验风险函数，它以概率 1 一致收敛到 ℓ。定理 13.1.2 给出了确保对于每个 $n=1,2,\cdots$，经验风险函数 $\hat{\ell}_n$ 在 Θ 上存在一个(不一定是唯一的)全局极小值点(用 $\hat{\boldsymbol{\theta}}_n$ 表示)的条件。此外，随机序列 $\hat{\boldsymbol{\theta}}_1,\hat{\boldsymbol{\theta}}_2,\cdots$以概率 1 收敛到 $\boldsymbol{\theta}^*$。

定理 13.1.2(经验风险极小值点收敛定理)

- 设 $\widetilde{\mathcal{D}}_n \equiv [\widetilde{\boldsymbol{x}}_1,\cdots,\widetilde{\boldsymbol{x}}_n]$ 为基于关于支集规范测度 ν 定义的相同 Radon-Nikodým 密度 p_e: $\mathcal{R}^d \to [0,\infty)$ 的独立同分布 d 维随机向量序列。
- 假设连续随机函数 $c:\mathcal{R}^d \times \mathcal{R}^q \to \mathcal{R}$ 由 $\mathcal{R}^q$ 上关于 p 的可积函数控制。
- 设 $k_n:\mathcal{R}^{d\times n} \times \mathcal{R}^q \to \mathcal{R}$ 为连续随机函数，$\hat{k}_n \equiv k_n(\widetilde{\mathcal{D}}_n,\cdot)$。假设当 $n\to\infty$ 时，$\hat{k}_n(\boldsymbol{\theta}) \to 0$ 在 $\mathcal{R}^q$ 以概率 1 一致收敛。
- 定义随机函数 $\ell_n:\mathcal{R}^{d\times n} \times \mathcal{R}^q \to \mathcal{R}$，使得对于所有 $\boldsymbol{\theta} \in \mathcal{R}^q$，有

$$\ell_n(\widetilde{\mathcal{D}}_n,\boldsymbol{\theta}) \equiv \hat{k}_n(\boldsymbol{\theta}) + (1/n)\sum_{i=1}^{n} c(\widetilde{\boldsymbol{x}}_i,\boldsymbol{\theta})$$

设 $\hat{\ell}_n(\boldsymbol{\theta}) \equiv \ell(\widetilde{\mathcal{D}}_n,\boldsymbol{\theta})$

- 设 Θ 为 $\mathcal{R}^q$ 的有界闭凸子集，其内部包含 $\ell(\boldsymbol{\theta}) = \int c(\boldsymbol{x};\boldsymbol{\theta}) p_e(\boldsymbol{x}) \mathrm{d}\nu(\boldsymbol{x})$ 的局部极小值点 $\boldsymbol{\theta}^*$，而 $\boldsymbol{\theta}^*$ 也为 ℓ 在 Θ 上唯一全局极小值点。

(i) $\hat{\boldsymbol{\theta}}_n \equiv \arg\min_{\boldsymbol{\theta}\in\Theta} \hat{\ell}_n(\boldsymbol{\theta})$ 为随机向量，其中 $n=1,2,\cdots$。

(ii) 随机序列 $\hat{\boldsymbol{\theta}}_1,\hat{\boldsymbol{\theta}}_2,\cdots$ 以概率 1 收敛至 $\boldsymbol{\theta}^*$。

证明 该定理的证明基于文献(Amemiya，1973)的引理 3。

第(i)部分的证明 根据定理 8.4.3，结合 $\hat{k}_n$ 和 c 是连续随机函数的假设，证明 $\hat{\ell}_n$ 在 Θ 上的全局极小值点 $\hat{\boldsymbol{\theta}}_n$ 为可测函数，因此对于每个 $n=1,2,\cdots$，$\hat{\boldsymbol{\theta}}_n$ 均为随机向量。

第(ii)部分的证明 设 $\mathcal{N}_{\boldsymbol{\theta}^*}$ 是 Θ 中一个以 $\boldsymbol{\theta}^*$ 为中心且半径任意的开球。例如，开球 $\mathcal{N}_{\boldsymbol{\theta}^*}$ 的半径可以任意小。可通过证明对于任意给定开球 $\mathcal{N}_{\boldsymbol{\theta}^*}$ 半径，只要 n 足够大，$\hat{\boldsymbol{\theta}}_n \in \mathcal{N}_{\boldsymbol{\theta}^*}$ 概率为 1，使定理第(ii)部分结论得证。

设 $\neg\mathcal{N}_{\boldsymbol{\theta}^*} \equiv \{\boldsymbol{\theta}\in\Theta:\boldsymbol{\theta}\notin\mathcal{N}_{\boldsymbol{\theta}^*}\}$。因为 $\mathcal{N}_{\boldsymbol{\theta}^*}$ 是开集，Θ 是有界闭集，所以 $\mathcal{N}_{\boldsymbol{\theta}^*}$ 是一个有界闭集。由于 ℓ 是有界闭集 $\neg\mathcal{N}_{\boldsymbol{\theta}^*}$ 上的连续函数，因此在 Θ 上存在 ℓ 的全局极小值点 $\ddot{\boldsymbol{\theta}}^*$ 为 $\neg\mathcal{N}_{\boldsymbol{\theta}^*}$ 的一个元素。令 $\epsilon = \ell(\ddot{\boldsymbol{\theta}}^*) - \ell(\boldsymbol{\theta}^*)$。因此，如果

$$\ell(\hat{\boldsymbol{\theta}}_n) - \ell(\boldsymbol{\theta}^*) < \epsilon \tag{13.7}$$

则表示 $\hat{\boldsymbol{\theta}}_n \in \mathcal{N}_{\boldsymbol{\theta}^*}$，可得出该定理第(ii)部分结论。

为了证明这一点，请注意，可以选择足够大的 n，使得下式概率为 1：

$$\ell(\hat{\boldsymbol{\theta}}_n) - \hat{\ell}_n(\hat{\boldsymbol{\theta}}_n) < \epsilon/2 \tag{13.8}$$

$$\hat{\ell}_n(\boldsymbol{\theta}^*) - \ell(\boldsymbol{\theta}^*) < \epsilon/2 \tag{13.9}$$

因为基于经验风险函数收敛定理(定理 13.1.1)，当 $n\to\infty$ 时，$\hat{\ell}_n(\boldsymbol{\theta}) \to \ell(\boldsymbol{\theta})$ 以概率 1 一致收敛。

将假设 $\hat{\ell}_n(\hat{\boldsymbol{\theta}}_n) \leqslant \hat{\ell}_n(\boldsymbol{\theta}^*)$ 代入

$$\ell(\hat{\boldsymbol{\theta}}_n) - \ell(\boldsymbol{\theta}^*) = \ell(\hat{\boldsymbol{\theta}}_n) - \hat{\ell}_n(\hat{\boldsymbol{\theta}}_n) + \hat{\ell}_n(\hat{\boldsymbol{\theta}}_n) - \ell(\boldsymbol{\theta}^*)$$

得到：

$$\ell(\hat{\boldsymbol{\theta}}_n) - \ell(\boldsymbol{\theta}^*) \leqslant \left(\ell(\hat{\boldsymbol{\theta}}_n) - \hat{\ell}_n(\hat{\boldsymbol{\theta}}_n)\right) + \left(\hat{\ell}_n(\boldsymbol{\theta}^*) - \ell(\boldsymbol{\theta}^*)\right) \tag{13.10}$$

式(13.8)给出了式(13.10)右侧第 1 项差值的上界，式(13.9)给出了式(13.10)右侧第 2 项差值的上界，因此可得：

$$\ell(\hat{\boldsymbol{\theta}}_n) - \ell(\boldsymbol{\theta}^*) \leqslant \left(\ell(\hat{\boldsymbol{\theta}}_n) - \hat{\ell}_n(\hat{\boldsymbol{\theta}}_n)\right) + \left(\hat{\ell}_n(\boldsymbol{\theta}^*) - \ell(\boldsymbol{\theta}^*)\right) < \epsilon/2 + \epsilon/2 = \epsilon$$

进而得到式(13.7)。 ■

需要注意的是，定理 13.1.2 的假设得到满足的条件是，$\widetilde{\boldsymbol{x}}_1,\cdots,\widetilde{\boldsymbol{x}}_n$ 是有界随机序列且连续

随机函数 c 关于其第一个参数分段连续，因为这表明 c 由可积函数控制。

秘诀框 13.1 经验风险极小值点的收敛性(定理 13.1.1 和定理 13.1.2)

- **步骤 1** 假设训练数据是有界独立同分布的。假设训练数据 $\mathcal{D}_n \equiv [\boldsymbol{x}_1, \cdots, \boldsymbol{x}_n]$ 是一个基于关于支集规范测度 ν 定义的相同 Radon-Nikodým 密度 $p_e: \mathcal{R}^d \to \mathcal{R}$ 的独立同分布 d 维随机向量序列的实例。
- **步骤 2** 明确定义经验风险函数。定义连续损失函数 $c(\boldsymbol{x};\boldsymbol{\theta})$ 和连续惩罚函数 $k_n(\mathcal{D}_n, \boldsymbol{\theta})$。设 $\hat{k}_n(\cdot) \equiv k_n(\hat{\mathcal{D}}_n, \cdot)$，使得当 $n \to \infty$ 时，$\hat{k}_n \to 0$ 的概率为 1。定义经验风险函数
$$\hat{\ell}_n(\boldsymbol{\theta}) = \hat{k}_n(\boldsymbol{\theta}) + (1/n)\sum_{i=1}^{n} c(\boldsymbol{x}_i;\boldsymbol{\theta})$$
- **步骤 3** 定义包含一个极小值点的受限参数空间。定义 $\ell: \mathcal{R}^q \to \mathcal{R}$，使得对于 $\boldsymbol{\theta}$，有
$$\ell(\boldsymbol{\theta}) = \int c(\boldsymbol{x};\boldsymbol{\theta}) p_e(\boldsymbol{x}) \mathrm{d}\nu(\boldsymbol{x})$$
设 $\boldsymbol{\theta}^*$ 为 ℓ 在 $\mathcal{R}^q$ 上的局部极小值点。设 Θ 是 $\mathcal{R}^q$ 的一个有界闭凸子集，则 $\boldsymbol{\theta}^*$ 是 ℓ 受限于 Θ 的唯一全局极小值点。
- **步骤 4** 推导估计值收敛性。随 $n \to \infty$，$\hat{\ell}_n \to \ell$ 在 Θ 上以概率 1 一致收敛。此外，对于每个 $n = 1, 2, \cdots$，存在 $\hat{\ell}_n$ 受限于 Θ 的一个全局极小值点 $\hat{\boldsymbol{\theta}}_n$，这定义了极小值点的随机序列 $\hat{\boldsymbol{\theta}}_1, \hat{\boldsymbol{\theta}}_2, \cdots$，而且该极小值点随机序列 $\hat{\boldsymbol{\theta}}_1, \hat{\boldsymbol{\theta}}_2$，…以概率 1 收敛到 $\boldsymbol{\theta}^*$。

例 13.1.3(多峰非凸风险函数的估计值收敛性) 经验风险极小值点收敛定理(定理 13.1.2)为具有多个极小值点、极大值点和鞍点的平滑目标函数提供了一个有效的弱收敛保证。设 $\tilde{\boldsymbol{x}}_1, \tilde{\boldsymbol{x}}_2, \cdots, \tilde{\boldsymbol{x}}_n$ 是独立同分布随机向量的有界随机序列。定义 $\hat{\ell}_n: \mathcal{R}^q \to \mathcal{R}$，使得对于所有 $\boldsymbol{\theta} \in \mathcal{R}^q$，有
$$\hat{\ell}_n(\boldsymbol{\theta}) \equiv (1/n)\sum_{i=1}^{n} c(\tilde{\boldsymbol{x}}_i;\boldsymbol{\theta})$$
其中，c 为连续随机函数。假设 $\hat{\ell}_n$ 的期望值 $\ell: \mathcal{R}^q \to \mathcal{R}$ 有多个局部极小值点。此外，假设 $\boldsymbol{\theta}^*$ 是 ℓ 的严格局部极小值点，这表明存在一个包含 $\boldsymbol{\theta}^*$ 的有界闭凸集 Θ，且 $\hat{\boldsymbol{\theta}}^*$ 是 ℓ 在 Θ 上的唯一极小值点。

经验风险函数收敛定理(定理 13.1.1)保证了当 $n \to \infty$ 时，$\hat{\ell}_n \to \ell$ 的概率为 1。对于 $n = 1, 2, \cdots$，令 $\hat{\boldsymbol{\theta}}_n$ 是 Θ 上 $\hat{\ell}_n$ 的极小值点。经验风险极小值点收敛定理(定理 13.1.2)保证了当 $n \to \infty$ 时，经验风险极小值点的随机序列 $\hat{\boldsymbol{\theta}}_1, \hat{\boldsymbol{\theta}}_2, \cdots$ 以概率 1 收敛到风险函数 ℓ 的极小值点 $\boldsymbol{\theta}^*$。例 9.4.1 给出了保证当 $n \to \infty$ 时，$\hat{\ell}_n(\hat{\boldsymbol{\theta}}_n) \to \ell(\boldsymbol{\theta}^*)$ 的条件。 △

练习

13.1-1. (正则化线性回归风险函数)设 $\boldsymbol{s}_i$ 为给定输入模式 i 的 d 维列向量，实数 y_i 为 $\boldsymbol{s}_i$ 的期望响应，其中 $i = 1, \cdots, n$。假设 $(\boldsymbol{s}_1, y_1), \cdots, (\boldsymbol{s}_n, y_n)$ 是独立同分布有界随机向量的序列实例。考虑线性回归的惩罚最小二乘法经验风险函数：
$$\hat{\ell}_n(\boldsymbol{\theta}) = \lambda |\boldsymbol{\theta}|^2 + (1/n)\sum_{i=1}^{n} (\tilde{y}_i - \ddot{y}(\tilde{\boldsymbol{s}}_i, \boldsymbol{\theta}))^2$$
其中，$\ddot{y}(\boldsymbol{s}, \boldsymbol{\theta}) = [\boldsymbol{s}^{\mathrm{T}} \quad 1]\boldsymbol{\theta}$。根据经验风险函数收敛定理，需要哪些额外假设(如果有

的话)来证明随 $n \to \infty$，$\hat{\ell}_n \to \ell$ 在参数空间 Θ 上以概率 1 一致收敛？基于勒贝格积分和 Radon-Nikodým 密度给出 ℓ 表达式。设 $\hat{\boldsymbol{\theta}}_n$ 是 $\hat{\ell}_n$ 在 Θ 上的局部极小值点。设 $\boldsymbol{\theta}^*$ 是 ℓ 在 Θ 上的一个严格局部极小值点。基于经验风险极小值点收敛定理，需要哪些额外假设(如果有的话)来证明，当 $n \to \infty$ 时，$\hat{\boldsymbol{\theta}}_n \to \boldsymbol{\theta}^*$ 的概率为 1？

13.1-2. (正则化逻辑回归风险函数)设 $\boldsymbol{s}_i$ 是给定输入模式 i 的 d 维列向量，实数 y_i 是 $\boldsymbol{s}_i$ 的期望响应，其中 $i=1,\cdots,n$。假设 $(\boldsymbol{s}_1, y_1),\cdots,(\boldsymbol{s}_n, y_n)$ 是独立同分布随机向量的序列实例。假设对于 $i=1,2,\cdots$，$(\boldsymbol{s}_i, y_i) \in \{0,1\}^d \times \{0,1\}$。考虑逻辑回归的惩罚经验风险函数：

$$\hat{\ell}_n(\boldsymbol{\theta}) = (\lambda/n)\phi(\boldsymbol{\theta}) - (1/n)\sum_{i=1}^{n}[y_i \log \ddot{p}(\tilde{\boldsymbol{s}}_i, \boldsymbol{\theta}) + (1-y_i)\log[1-\ddot{p}(\tilde{\boldsymbol{s}}_i, \boldsymbol{\theta})]$$

其中，$\ddot{p}(\boldsymbol{s}, \boldsymbol{\theta}) = (1+\exp(-[\boldsymbol{s}^{\mathrm{T}} \quad 1]\boldsymbol{\theta}))^{-1}$，平滑 L_1 正则化项为

$$\phi(\boldsymbol{\theta}) = \sum_{k=1}^{d+1}(\log(1+\exp(-\theta_k)) + \log(1+\exp(\theta_k)))$$

基于该风险函数重做练习 13.1-1。

13.1-3. (多项式逻辑回归风险函数)设 $\boldsymbol{s}_i$ 是输入模式 i 的 d 维列向量，m 维列向量 $\boldsymbol{y}_i$ 是 $\boldsymbol{s}_i$ 的期望响应，$i=1,\cdots,n$。假设 $(\boldsymbol{s}_1, \boldsymbol{y}_1),\cdots,(\boldsymbol{s}_n, \boldsymbol{y}_n)$ 是独立同分布随机向量的序列实例，$\boldsymbol{e}_1,\cdots,\boldsymbol{e}_m$ 是一个 m 维单位矩阵的列向量，$(\boldsymbol{s}_i, \boldsymbol{y}_i) \in \{0,1\}^d \times \{\boldsymbol{e}_1,\cdots,\boldsymbol{e}_m\}, i=1,2,\cdots$。此外，定义 $\log:(0,\infty)^m \to \mathcal{R}^m$，使得 $\log(\boldsymbol{x})$ 为与 $\boldsymbol{x}$ 相同维度的向量，其中 $\log(\boldsymbol{x})$ 的第 k 个元素是 $\boldsymbol{x}$ 第 k 个元素的自然对数。同样定义 $\mathbf{exp}(\boldsymbol{x})$ 为与 $\boldsymbol{x}$ 相同维度的向量，其中 $\mathbf{exp}(\boldsymbol{x})$ 的第 k 个元素是 $\exp(x_k)$，x_k 是 $\boldsymbol{x}$ 的第 k 个元素。考虑多项式逻辑回归经验风险函数：

$$\hat{\ell}_n(\boldsymbol{\theta}) = -(1/n)\sum_{i=1}^{n}\boldsymbol{y}_i^{\mathrm{T}}\log(\ddot{\boldsymbol{p}}(\boldsymbol{s}_i, \boldsymbol{\theta}))$$

其中

$$\ddot{\boldsymbol{p}}(\boldsymbol{s}_i, \boldsymbol{\theta}) = \frac{\mathbf{exp}(\boldsymbol{\phi}_i)}{\mathbf{1}_m^{\mathrm{T}}\mathbf{exp}(\boldsymbol{\phi}_i)}$$

$$\boldsymbol{\phi}_i = \boldsymbol{W}[s_i^{\mathrm{T}} \quad 1]^{\mathrm{T}}$$

矩阵 $\boldsymbol{W} \in \mathcal{R}^{m\times(d+1)}$ 的最后一行是 0 向量。列向量 $\boldsymbol{\theta} \equiv \mathbf{vec}([\boldsymbol{w}_1,\cdots,\boldsymbol{w}_{m-1}])$，其中 $\boldsymbol{w}_k^{\mathrm{T}}$ 是 $\boldsymbol{W}$ 的第 k 行。基于该风险函数重做练习 13.1-1。

13.1-4. (大样本正则化非线性回归风险函数)设输入模式 $\boldsymbol{s}_i$ 是一个 d 维列向量，标量 y_i 是 $\boldsymbol{s}_i$ 的期望响应，$i=1,\cdots,n$。假设 $(\boldsymbol{s}_1, y_1, z_1),\cdots,(\boldsymbol{s}_n, y_n, z_n)$ 是支集为 $\{0,1\}^d \times \{0,1\} \times \{0\}$ 的独立同分布随机向量的序列实例。需要注意的是，$\tilde{z}_i = 0$，$i=1,\cdots,n$。定义非线性回归的经验风险函数：

$$\hat{\ell}_n(\boldsymbol{\theta}) = \frac{1}{n}\sum_{i=1}^{n}(\tilde{z}_i - \lambda|\boldsymbol{\theta}_z|^2)^2 - [\tilde{y}_i \log\ddot{p}(\tilde{\boldsymbol{s}}_i, \boldsymbol{\theta}_y) + (1-\tilde{y}_i)\log[1-\ddot{p}(\tilde{\boldsymbol{s}}_i, \boldsymbol{\theta}_y)]] \tag{13.11}$$

其中，λ 为正数，$\ddot{p}(\boldsymbol{s}, \boldsymbol{\theta}_y) = (1+\exp(-[\boldsymbol{s}^{\mathrm{T}} \quad 1]\boldsymbol{\theta}_y))^{-1}$，且 $\boldsymbol{\theta} \equiv [\boldsymbol{\theta}_y \quad \boldsymbol{\theta}_z]$。给出式(13.11)右侧第一项的释义，并基于该风险函数重做练习 13.1-1。

13.1-5. (高斯模型风险函数)设 $\boldsymbol{x}_i$ 为指定模式 i 的 d 维列向量，$i=1,\cdots,n$，其中 d 是大于 4 的正整数。假设 $\boldsymbol{x}_1,\cdots,\boldsymbol{x}_n$ 是独立同分布的 d 维有界随机向量序列 $\tilde{\boldsymbol{x}}_1,\cdots,\tilde{\boldsymbol{x}}_n$ 的实例，

其中 $i=1,\cdots,n$，$\tilde{\boldsymbol{x}}_i \equiv [\tilde{x}_{i,1},\cdots,\tilde{x}_{i,d}]$。考虑无监督学习高斯模型的经验风险函数：

$$\hat{\ell}_n(\boldsymbol{\theta}) = -(1/n)\sum_{i=1}^{n} \log \ddot{p}(\boldsymbol{x}_i,\boldsymbol{\theta})$$

定义 $\ddot{p}_i(\boldsymbol{\theta})$，使得

$$\ddot{p}(\boldsymbol{x}_i,\boldsymbol{\theta}) = (2\pi)^{-d/2}(\det(\boldsymbol{C}))^{-1/2} \exp[-(1/2)(\boldsymbol{x}-\boldsymbol{m})^{\mathrm{T}}\boldsymbol{C}^{-1}(\boldsymbol{x}-\boldsymbol{m})]$$

其中，$\boldsymbol{\theta}=[\boldsymbol{m}^{\mathrm{T}},\mathbf{vech}(\boldsymbol{C})^{\mathrm{T}}]^{\mathrm{T}}$。基于该风险函数重做练习 13.1-1。

13.1-6. (高斯混合模型风险函数)设 $\boldsymbol{x}_i$ 是代表模式 i 的 d 维列向量，$i=1,\cdots,n$。假设 $\boldsymbol{x}_1,\cdots,\boldsymbol{x}_n$ 是独立同分布的 d 维有界随机向量的序列实例。考虑无监督学习高斯混合模型的经验风险函数：

$$\hat{\ell}_n(\boldsymbol{\theta}) = -(1/n)\sum_{i=1}^{n} \log\ddot{p}(\boldsymbol{x}_i,\boldsymbol{\theta})$$

定义 $\ddot{p}_i(\boldsymbol{\theta})$，使得

$$\ddot{p}(\boldsymbol{x}_i,\boldsymbol{\theta}) = \sum_{k=1}^{m} \frac{\exp(\eta_k)}{\mathbf{1}_m^{\mathrm{T}}\exp(\eta)}(\pi)^{-1/2}\exp[-|\boldsymbol{x}_i-\boldsymbol{m}_k|^2)$$

其中，$\boldsymbol{\theta}=[\boldsymbol{\eta}^{\mathrm{T}},\boldsymbol{m}_1^{\mathrm{T}},\cdots,\boldsymbol{m}_m^{\mathrm{T}}]^{\mathrm{T}}$，$\boldsymbol{\eta}=[\eta_1,\cdots,\eta_m]^{\mathrm{T}}$。基于该风险函数重做练习 13.1-1。

13.1-7. (感知机学习经验风险函数)设 $\hat{\ell}_n$ 为练习 5.3-5 中定义的经验风险函数，但包含一个 L_2 正则化项。基于该风险函数重做习题 13.1-1。

13.2 最大似然估计法

13.2.1 最大似然估计：概率论解释

假设观测数据 $\mathcal{D}_n=[\boldsymbol{x}_1,\cdots,\boldsymbol{x}_n]$是基于关于支集规范测度 ν 定义的相同 Radon-Nikodým 密度 $p_e:\mathcal{R}^d\to[0,\infty)$的独立同分布的随机向量序列实例。此外，假设学习机贝叶斯概率模型 $\mathcal{M}\equiv\{p(\boldsymbol{x}|\boldsymbol{\theta}):\boldsymbol{\theta}\in\Theta\}$，$\mathcal{M}$ 中任一密度都是基于支集规范测度 ν 定义的。设 $p(\boldsymbol{x}|\boldsymbol{\theta})$的语义解释为当学习机的知识状态为 $\boldsymbol{\theta}$ 时，学习机在其统计环境中观察到 $\boldsymbol{x}$ 的期望值。

给定该概率模型 $\mathcal{M}$，观察到第一个观测值 $\boldsymbol{x}_1$ 的似然度由 $p(\boldsymbol{x}_1|\boldsymbol{\theta})$给出，因此选择 $\boldsymbol{\theta}^*$ 以最大化参数空间上的 $p(\boldsymbol{x}|\boldsymbol{\theta})$，从而得出使观测值 $\boldsymbol{x}_1$ 似然度最大的参数向量 $\boldsymbol{\theta}^*$。观察到前两个观测值 $\boldsymbol{x}_1$ 和 $\boldsymbol{x}_2$ 的似然度由 $p(\boldsymbol{x}_1|\boldsymbol{\theta})p(\boldsymbol{x}_2|\boldsymbol{\theta})$给出，因为假设 $\boldsymbol{x}_1$ 和 $\boldsymbol{x}_2$ 是两个统计上独立的随机向量 $\tilde{\boldsymbol{x}}_1$ 和 $\tilde{\boldsymbol{x}}_2$ 的实例。

观测数据 $\boldsymbol{x}_1,\cdots,\boldsymbol{x}_n$ 的似然度如下：

$$L_n(\mathcal{D}_n;\boldsymbol{\theta}) = p(\mathcal{D}_n|\boldsymbol{\theta}) = \prod_{i=1}^{n} p(\boldsymbol{x}_i|\boldsymbol{\theta})$$

其中，$\boldsymbol{x}_1,\cdots,\boldsymbol{x}_n$ 是独立同分布随机向量的随机序列实例。似然函数 $L_n:\mathcal{D}_n\times\Theta\to[0,\infty)$本质上是 $\boldsymbol{\theta}$ 基于 DGP 密度 p_e 定义的一个随机函数。随机函数 L_n 由条件密度 $p(D_n|\boldsymbol{\theta})$定义。

因此，对于给定的 $\boldsymbol{\theta}$，$L_n(\cdot;\boldsymbol{\theta})$是一个特殊概率，其中 $\mathcal{M}$ 是概率质量函数集合。对于更一般的情况，若数据生成过程不是离散随机向量的随机序列，则 $L(\cdot;\boldsymbol{\theta})$度量基于 $\boldsymbol{\theta}$ 数据集 $\mathcal{D}_n$ 的似然度。最后，为了便于讨论，可计算基于贝叶斯概率模型 $\mathcal{M}\equiv\{p(\boldsymbol{x}|\boldsymbol{\theta}):\boldsymbol{\theta}\in\Theta\}$的似然函数。然而，似然函数通常也是关于经典概率模型 $\mathcal{M}\equiv\{p(\boldsymbol{x};\boldsymbol{\theta}):\boldsymbol{\theta}\in\Theta\}$定义的。

最大似然估计的目标是寻找最大化观测数据 $\hat{L}_n(\boldsymbol{\theta})$似然度的参数向量 $\hat{\boldsymbol{\theta}}_n$。如果概率模型误判，则最大化 $\hat{L}_n(\boldsymbol{\theta})$的目标保持不变，但该过程称为拟最大似然估计。由于大多数机器学

习算法使用其环境的复杂概率模型，这些模型可能存在误判，因此在大多数机器学习分析和设计问题中，拟最大似然估计是基准而不是例外。

定义 13.2.1(最大似然估计)　设 $\widetilde{\mathcal{D}}_n \equiv [\widetilde{\boldsymbol{x}}_1, \cdots, \widetilde{\boldsymbol{x}}_n]$ 是基于关于支集规范测度 ν 定义的相同 Radon-Nikodým 密度 $p_e: \mathcal{R}^d \rightarrow [0, \infty)$ 的独立同分布 d 维随机向量序列。令

$$\mathcal{M} = \{p(\cdot \mid \boldsymbol{\theta}): \boldsymbol{\theta} \in \Theta \subseteq \mathcal{R}^q\}$$

是一个概率模型，其中 $\mathcal{M}$ 的每个元素均包含在 p_e 支集中。

定义随机函数 $L_n: \mathcal{R}^{d \times n} \times \Theta \rightarrow [0, \infty)$，使得对于所有 $\boldsymbol{\theta} \in \Theta$，有

$$L_n(\mathcal{D}_n, \boldsymbol{\theta}) = \prod_{i=1}^{n} p(\boldsymbol{x}_i \mid \boldsymbol{\theta})$$

它被称为似然函数。定义随机函数 $\ell_n: \mathcal{R}^{d \times n} \times \Theta \rightarrow [0, \infty)$，使得对于所有 $\boldsymbol{\theta} \in \Theta$，有

$$\ell_n(\widetilde{\mathcal{D}}_n, \boldsymbol{\theta}) \equiv -(1/n) \log L_n(\widetilde{\mathcal{D}}_n, \boldsymbol{\theta}) \tag{13.12}$$

它被称为负归一化对数似然函数。Θ 上 $\ell_n(\widetilde{\mathcal{D}}_n, \cdot)$ 的全局极小值点(当其存在时)称为拟最大似然估计。此外，若 $p_e \in \mathcal{M}$，则 Θ 上 $\ell_n(\widetilde{\mathcal{D}}_n, \cdot)$ 的全局极小值点(当其存在时)称为最大似然估计。

□

常用符号 $\hat{\ell}_n \equiv \ell_n(\widetilde{\mathcal{D}}_n, \cdot)$。需要注意，负归一化对数似然函数

$$\hat{\ell}_n(\boldsymbol{\theta}) = -(1/n) \sum_{i=1}^{n} \log p(\widetilde{\boldsymbol{x}}_i \mid \boldsymbol{\theta}) \tag{13.13}$$

为经验风险函数。因此，基于经验风险函数收敛定理(定理 13.1.1)可得出 $\hat{\ell}_n$ 以概率 1 一致收敛至

$$\ell(\boldsymbol{\theta}) = -\int p_e(\boldsymbol{x}) \log p(\boldsymbol{x} \mid \boldsymbol{\theta}) \mathrm{d}\nu(\boldsymbol{x}) \tag{13.14}$$

定义 13.2.1 适用于多峰目标函数。为了在该情况下应用定义 13.2.1，选择 $\hat{\ell}_n$ 的一个特定严格局部极小值点 $\hat{\boldsymbol{\theta}}_n$，然后将定义 13.2.1 中 $\hat{\ell}_n$ 限制在有界闭凸区域 Θ 中，且随 n 变大 Θ 以概率 1 包含 $\hat{\boldsymbol{\theta}}_n$，因此 $\hat{\ell}_n$ 在 Θ 上是凸的。在这种情况下，局部概率模型限制参数向量在 Θ 中取值。

例 13.2.1(抛硬币实验的似然函数)　如果一系列抛硬币中第 i 次抛硬币为“正面”，则设 $\widetilde{x}_i = 1$；如果第 i 次抛硬币的结果为“反面”，则设 $\widetilde{x}_i = 0$。假设 $\widetilde{x}_1$，$\widetilde{x}_2, \cdots, \widetilde{x}_n$ 是 n 个独立同分布随机变量形成的序列。自由参数 θ 表示硬币抛出“正面”的概率。

(i) 定义该模型的概率模型 $\mathcal{M}$。

(ii) 构造一个目标函数 $L_n: \mathcal{R}^n \times [0,1] \rightarrow \mathcal{R}$，使得随机函数 $\hat{L}_n(\theta)$ 的全局极大值为 $\widetilde{x}_1, \cdots, \widetilde{x}_n$ 基于 $\mathcal{M}$ 的特定实例的似然度最大。

解　(i) 硬币概率模型为

$$\mathcal{M} \equiv \{p(x \mid \theta) \equiv \theta^x (1-\theta)^{1-x}: 0 \leqslant \theta \leqslant 1\}$$

(ii) 选择：

$$\hat{L}_n(\theta) = \prod_{i=1}^{n} \theta^{x_i} (1-\theta)^{(1-x_i)}$$

△

例 13.2.2(似然函数：离散随机向量)　令 $\Omega \equiv \{\boldsymbol{x}^1, \cdots, \boldsymbol{x}^M\}$，其中 $\boldsymbol{x}^k$ 为 d 维向量，$k = 1, \cdots, M$。假设数据生成过程基于集合 Ω 有放回采样，生成独立同分布 d 维随机向量的随机序列 $\widetilde{\boldsymbol{x}}_1, \widetilde{\boldsymbol{x}}_2, \cdots$，其概率质量函数 $p_e(\boldsymbol{x}) = 1/M$。研究人员观察了该数据生成过程的输出，并错误地假设独立同分布观测随机序列 $\widetilde{x}_1, \widetilde{x}_2, \cdots$ 由基于自由参数为均值 $\boldsymbol{\mu}$ 和协方差矩阵 $\boldsymbol{C}$ 的相同 d

维多元高斯密度函数的变量组成。令 $\boldsymbol{\theta}$ 为 q 维参数向量，其中包含 $\boldsymbol{\mu}$ 的元素和矩阵 $\boldsymbol{C}$ 的唯一元素。

(i) 定义该模型的概率模型 $\mathcal{M}$。

(ii) 构造一个目标函数 $L_n:\mathcal{R}^{dn}\times\Theta\rightarrow\mathcal{R}$，使得 L_n 的全局极大值表示 $\tilde{x}_1,\cdots,\tilde{x}_n$ 基于 $\mathcal{M}$ 的特定实例的似然度最大。

解　(i) 设 Q 为 d 维正定对称矩阵集。概率模型 $\mathcal{M}\equiv\{p(\cdot|\boldsymbol{\mu},\boldsymbol{C}):\boldsymbol{\mu}\in\mathcal{R}^d,\boldsymbol{C}\in Q\}$，其中

$$p(\boldsymbol{x}|\boldsymbol{m},\boldsymbol{C})=(2\pi)^{-d/2}(\det(\boldsymbol{C}))^{-1/2}\exp[-(1/2)(\boldsymbol{x}-\boldsymbol{m})^{\mathrm{T}}\boldsymbol{C}^{-1}(\boldsymbol{x}-\boldsymbol{m})] \tag{13.15}$$

(ii) 构建目标函数 $\hat{L}_n$，使得

$$\hat{L}_n(\boldsymbol{\theta})=\prod_{i=1}^{n}p(\boldsymbol{x}_i|\boldsymbol{m},\boldsymbol{C})$$

其中，$p(\boldsymbol{x}|\boldsymbol{m},\boldsymbol{C})$的定义见式(13.15)。△

例 13.2.3(期望响应影响风险函数设计)　监督学习机的期望响应影响监督学习机差异函数的设计。如 1.5.1 节所述，对于给定输入模式 $\boldsymbol{s}$，生成预测响应 $\ddot{\boldsymbol{y}}(\boldsymbol{s},\boldsymbol{\theta})$的监督学习机通常可用差异函数 $D(\boldsymbol{y},\ddot{\boldsymbol{y}}(\boldsymbol{s},\boldsymbol{\theta}))$定义损失函数 $c([\boldsymbol{s},\boldsymbol{y}],\boldsymbol{\theta})$，该函数度量预测响应 $\ddot{\boldsymbol{y}}(\boldsymbol{s},\boldsymbol{\theta})$与期望响应 $\boldsymbol{y}$ 的差异。最大似然差异函数由下式定义：

$$c([\boldsymbol{s},\boldsymbol{y}],\boldsymbol{\theta})=D(\boldsymbol{y},\ddot{\boldsymbol{y}}(\boldsymbol{s},\boldsymbol{\theta}))=-\log p(\boldsymbol{y}|\boldsymbol{s},\boldsymbol{\theta}) \tag{13.16}$$

其中，$p(\boldsymbol{y}|\boldsymbol{s},\boldsymbol{\theta})$代表了基于输入模式 $\boldsymbol{s}$ 和参数向量 $\boldsymbol{\theta}$ 学习机期望响应 $\boldsymbol{y}$ 的置信度。基于条件概率密度 $p(\boldsymbol{y}|\boldsymbol{s},\boldsymbol{\theta})$的 $\tilde{\boldsymbol{y}}$ 的支集应与期望响应 $\boldsymbol{y}$ 的观测值域一致。因此，若期望响应是 $\boldsymbol{y}\in\{0,1\}^m$ 的二进制向量，则将 $\tilde{\boldsymbol{y}}$ 作为均值为 $\ddot{\boldsymbol{y}}(\boldsymbol{s},\boldsymbol{\theta})$的条件多元高斯分布，那么该最大似然差异函数假设在本质上是错误的。△

例 13.2.4(实值目标的最大似然模型)　当期望响应 $\boldsymbol{y}$ 是一个 m 维实向量时，那么在统计学和机器学习文献中最大似然差异函数的常见选择是假设学习机概率模型为多元高斯密度函数：

$$p(\boldsymbol{y}|\boldsymbol{s},\boldsymbol{\theta})=\pi^{-m/2}\exp(-|\boldsymbol{y}-\ddot{\boldsymbol{y}}(\boldsymbol{s},\boldsymbol{\theta})|^2)$$

这相当于假设学习机基于输入模式 $\boldsymbol{s}$ 的期望响应 $\boldsymbol{y}$ 等于学习机的预测响应 $\ddot{\boldsymbol{y}}(\boldsymbol{s},\boldsymbol{\theta})$加上协方差矩阵为$(1/2)\boldsymbol{I}_m$ 的零均值高斯噪声。将该条件多元高斯密度代入式(13.16)，可得最小二乘损失函数：

$$c([\boldsymbol{s},\boldsymbol{y}],\boldsymbol{\theta})=|\boldsymbol{y}-\ddot{\boldsymbol{y}}(\boldsymbol{s},\boldsymbol{\theta})|^2+(m/2)\log\pi$$

△

例 13.2.5(二进制目标向量的最大似然模型)　当期望响应 $\boldsymbol{y}$ 是一个 m 维的二进制向量(即 $\boldsymbol{y}\in\{0,1\}^m$)时，那么在统计学和机器学习文献中最大似然差异函数的常见选择是假设学习机概率模型为伯努利条件概率质量函数：

$$p(\boldsymbol{y}|\boldsymbol{s},\boldsymbol{\theta})=\prod_{j=1}^{m}\ddot{p}_j(\boldsymbol{s},\boldsymbol{\theta})^{y_j}(1-\ddot{p}_j(\boldsymbol{s},\boldsymbol{\theta}))^{1-y_j}$$

其中，$\ddot{p}_j(\boldsymbol{s},\boldsymbol{\theta})=(1+\exp(-\phi_j(\boldsymbol{s},\boldsymbol{\theta})))^{-1}$。函数 $\phi_1,\cdots,\phi_m$ 可以是输入模式向量 $\boldsymbol{s}$ 和学习机参数向量 $\boldsymbol{\theta}$ 的线性或非线性平滑函数。

将该伯努利条件概率质量函数代入式(13.16)，得到以下损失函数：

$$c([\boldsymbol{s},\boldsymbol{y}],\boldsymbol{\theta})=-\sum_{j=1}^{m}(y_j\log\ddot{p}_j(\boldsymbol{s},\boldsymbol{\theta})+(1-y_j)\log\ddot{p}_j(\boldsymbol{s},\boldsymbol{\theta})) \tag{13.17}$$

函数 $\ddot{p}_j(\boldsymbol{s},\boldsymbol{\theta})$的语义解释为基于特定输入模式 $\boldsymbol{s}$ 和参数向量$\boldsymbol{\theta}$，随机期望响应向量 $\tilde{\boldsymbol{y}}$ 中第 j 个元素等于 1 的概率。△

例 13.2.6(分类目标向量的最大似然模型)　当期望响应 $\mathbf{y}$ 是有 m 个可能值的分类变量时，分类变量的特定值可表示为 m 维单位矩阵的一个列向量。在统计学和机器学习文献中最大似然差异函数的常见选择是假设学习机的概率模型为多项式逻辑(或 softmax)条件概率质量函数：

$$p(\mathbf{y}|\mathbf{s},\boldsymbol{\theta})=\mathbf{y}^{\mathrm{T}}\mathbf{p}_{y}(\mathbf{s},\boldsymbol{\theta})$$

其中

$$\mathbf{p}_{y}(\mathbf{s},\boldsymbol{\theta})=\frac{\mathbf{exp}(\boldsymbol{\phi}(\mathbf{s},\boldsymbol{\theta}))}{\mathbf{1}_{m}^{\mathrm{T}}\mathbf{exp}(\boldsymbol{\phi}(\mathbf{s},\boldsymbol{\theta}))}$$

exp 是一个向量值函数，$\mathbf{exp}(\boldsymbol{\psi})$的第 j 个元素等于 $\exp(-\boldsymbol{\psi}_j)$，其中 $\boldsymbol{\psi}_j$ 是 $\boldsymbol{\psi}$ 中第 j 个元素。

函数 $p(\mathbf{y}|\mathbf{s},\boldsymbol{\theta})$的语义解释为基于输入模式 $\mathbf{s}$ 和模型参数向量 $\boldsymbol{\theta}$ 模型预测为 $\mathbf{y}$ 的概率。m 维向量值函数 $\boldsymbol{\phi}:\mathcal{R}^{d}\times\mathcal{R}^{q}=\mathcal{R}^{m}$ 可以是输入模式向量 $\mathbf{s}$ 和学习机参数向量 $\boldsymbol{\theta}$ 的线性或非线性平滑函数。将该多项式逻辑条件概率质量函数代入式(13.16)即可获得损失函数。　△

例 13.2.7(非线性最小二乘法的最大似然模型)　考虑一个监督学习机，其目标是基于特定 d 维输入向量 $\mathbf{s}_i$ 输出预测数值 y_i，其中 $i=1,\cdots,n$。假设学习机函数形式为 $\ddot{y}:\mathcal{R}^{d}\times\mathcal{R}^{q}\rightarrow\mathcal{R}$，对于参数空间 Θ 中特定参数向量 $\boldsymbol{\theta}$ 和输入模式向量 $\mathbf{s}$，输出预测是 $\ddot{y}(\mathbf{s},\boldsymbol{\theta})$。选择学习机的参数，使其最小化以下平方和误差函数：

$$\hat{\ell}_{n}(\boldsymbol{\theta})=(1/n)\sum_{i=1}^{n}(\widetilde{y}_{i}-\ddot{y}(\widetilde{\mathbf{s}}_{i},\boldsymbol{\theta}))^{2} \tag{13.18}$$

假设学习机解决的是最大似然估计问题，给出明确的概率模型以代表学习机对其概率环境表示。该概率模型十分有用，因为它给出了表征哪些类型的统计环境可以被学习机“学习”，以及哪些类型的统计环境不能被完全学习的方法。

解　第一步是通过表征学习机的统计环境，针对如何产生数据做出一般性假设。假设输入向量 $\mathbf{s}_1,\mathbf{s}_2,\cdots$是基于相同密度 $p_{\mathrm{e}}(\mathbf{s})$的独立同分布随机向量序列实例，期望响应 $y_1,y_2,\cdots$是随机变量序列实例，这些随机变量的条件密度分别是 $p_{\mathrm{e}}(y|\mathbf{s}_1;\boldsymbol{\theta}),p_{\mathrm{e}}(y|\mathbf{s}_2;\boldsymbol{\theta}),\cdots$。

第二步是为学习机假设一个特定概率模型。设 $\mathcal{M}$ 是一个概率模型规范，定义如下：

$$\mathcal{M}\equiv\{p_{m}(\cdot|\boldsymbol{\theta}):\boldsymbol{\theta}\in\Theta\}$$

其中 p_m 定义如下：

$$p_{m}(y,\mathbf{s}|\boldsymbol{\theta})=p(y|\mathbf{s},\boldsymbol{\theta})p(\mathbf{s})$$

$p(\mathbf{s})$表示在统计环境中观察到 $\mathbf{s}$ 的模型期望，且

$$p(y|\mathbf{s},\boldsymbol{\theta})=\sigma^{-1}(2\pi)^{-1/2}\exp\left(-\frac{(y-\ddot{y}(\mathbf{s};\boldsymbol{\theta}))^{2}}{2\sigma^{2}}\right)$$

表示基于特定值 $\mathbf{s}$ 和 $\boldsymbol{\theta}$ 在统计环境中观察到 y 的模型期望。假设 σ 是学习机常数。学习目标是计算基于数据生成过程学习机概率模型的参数 $\boldsymbol{\theta}$ 最大似然估计。

负归一化似然函数：

$$\widetilde{\ell}_{n}(\boldsymbol{\theta})=-(1/n)\log\prod_{i=1}^{n}p_{m}(\widetilde{y}_{i},\widetilde{\mathbf{s}}_{i}|\boldsymbol{\theta})$$

经运算后可重写为

$$\widetilde{\ell}_{n}(\boldsymbol{\theta})=(2n)^{-1}\log(2\pi\sigma^{2})-(1/n)\sum_{i=1}^{n}\log p(\widetilde{\mathbf{s}}_{i})+(2n\sigma^{2})^{-1}\sum_{i=1}^{n}(\widetilde{y}_{i}-\ddot{y}(\widetilde{\mathbf{s}}_{i};\boldsymbol{\theta}))^{2}$$

或

$$\widetilde{\ell}_{n}(\boldsymbol{\theta})=K_{1}+K_{2}\hat{\ell}_{n}(\boldsymbol{\theta})$$

其中，K_1 与 K_2 为常数，$\hat{\ell}_n$ 定义见式(13.18)。　△

例 13.2.8(大样本正则化最小二乘最大似然估计)　考虑一般非线性回归建模问题，其中 $\ddot{y}(\boldsymbol{s};\boldsymbol{\theta})$表示基于参数向量 $\boldsymbol{\theta}$ 学习机对输入模式向量 $\boldsymbol{s}$ 的预测响应。考虑经验风险函数：

$$\hat{\ell}_n(\boldsymbol{\theta})=\lambda|\boldsymbol{\theta}|^2+(1/n)\sum_{i=1}^{n}|\widetilde{y}_i-\ddot{y}(\widetilde{\boldsymbol{s}}_i;\boldsymbol{\theta})|^2 \tag{13.19}$$

其中，当 $n\to\infty$时，$\lambda|\boldsymbol{\theta}|^2$ 不收敛至 0。式(13.19)中目标函数可看作基于下述参数的最大似然估计框架。

假设输入向量 $\boldsymbol{s}_1,\boldsymbol{s}_2,\cdots$是基于相同密度 $p_e(\boldsymbol{s})$的独立同分布随机向量序列的实例。使用数据增强方法(Theil & Goldberger，1961；Montgomery & Peck，1982)将原来的期望响应 y_1，$y_2,\cdots$重编码为$(y_1,0),(y_2,0),\cdots$，假定重编码的期望响应$(y_1,0),(y_2,0),\cdots$是基于条件密度分别为 $p_e(y,\zeta|\boldsymbol{s}_1;\boldsymbol{\theta}),p_e(y,\zeta|\boldsymbol{s}_2;\boldsymbol{\theta}),\cdots$的随机变量序列实例。

然后，为学习机假设一个特定概率模型。设 $\mathcal{M}$ 是一个概率模型规范，定义如下：

$$\mathcal{M}\equiv\{p_m(\cdot|\boldsymbol{\theta}):\boldsymbol{\theta}\in\Theta\}$$

其中，p_m 的定义如下：

$$p_m(y,\zeta,\boldsymbol{s}|\boldsymbol{\theta})=p(y,\zeta|\boldsymbol{s},\boldsymbol{\theta})p(\boldsymbol{s})$$

$p(\boldsymbol{s})$表示在统计环境中观察到 $\boldsymbol{s}$ 的模型期望。密度 $p(y,\zeta|\boldsymbol{s},\boldsymbol{\theta})\equiv p(y|\boldsymbol{s},\boldsymbol{\theta})p(\zeta|\boldsymbol{\theta})$。密度

$$p(y|\boldsymbol{s},\boldsymbol{\theta})=\sigma^{-1}(2\pi)^{-1/2}\exp\left(-\frac{(y-\ddot{y}(\boldsymbol{s};\boldsymbol{\theta}))^2}{2\sigma^2}\right)$$

表示基于 $\boldsymbol{s}$ 和 $\boldsymbol{\theta}$ 以及正常数 σ 在统计环境中观察到 y 的模型期望。密度

$$p(\zeta|\boldsymbol{\theta})=(\sigma_\theta\sqrt{2\pi})^{-1}\exp\left(\frac{-(\zeta-|\boldsymbol{\theta}|)^2}{2\sigma_\theta^2}\right)$$

是均值为 $\boldsymbol{\theta}$、常方差为 σ_θ^2 的高斯密度。

学习目标是计算基于数据生成过程学习机概率模型的参数 $\boldsymbol{\theta}$ 最大似然估计。

负归一化似然函数：

$$\widetilde{\ell}_n(\boldsymbol{\theta})=-(1/n)\log\prod_{i=1}^{n}p_m(\widetilde{y}_i,\zeta_i,\widetilde{\boldsymbol{s}}_i|\boldsymbol{\theta})$$

在经过若干运算并将 ζ 的所有值代入 0，可重写为

$$\widetilde{\ell}_n(\boldsymbol{\theta})=K_1+K_2\left(\lambda|\boldsymbol{\theta}|^2+(1/n)\sum_{i=1}^{n}|\widetilde{y}_i-\ddot{y}(\widetilde{\boldsymbol{s}}_i;\boldsymbol{\theta})|^2\right)=K_1+K_2\hat{\ell}_n(\boldsymbol{\theta})$$

其中，K_1 是一个常数，K_2 是一个正常数。因此，可认为正则化常量 λ 等价于 $1/(2\sigma_\theta^2)$　△

例 13.2.9(吉布斯密度的对数似然)　定义概率模型规范 $\mathcal{M}\equiv\{p(\boldsymbol{x}|\boldsymbol{\theta}):\boldsymbol{\theta}\in\Theta\}$，使得

$$p(\boldsymbol{x}|\boldsymbol{\theta})=\frac{\exp(-V(\boldsymbol{x};\boldsymbol{\theta}))}{Z(\boldsymbol{\theta})}$$

为吉布斯密度。定义 $\boldsymbol{M}$ 和 $\mathcal{D}_n$ 的负归一化对数似然函数：

$$\hat{\ell}_n(\boldsymbol{\theta})=-(1/n)\sum_{i=1}^{n}\log\left[\frac{\exp(-V(\widetilde{\boldsymbol{x}}_i;\boldsymbol{\theta}))}{Z(\boldsymbol{\theta})}\right]=(1/n)\sum_{i=1}^{n}V(\widetilde{\boldsymbol{x}}_i;\boldsymbol{\theta})+\log Z(\boldsymbol{\theta}) \tag{13.20}$$

其中归一化常数 $Z(\boldsymbol{\theta})$定义为

$$Z(\boldsymbol{\theta})=\int\exp(-V(\boldsymbol{y};\boldsymbol{\theta}))\mathrm{d}\nu(\boldsymbol{y})$$

通常情况下，函数 $V(\boldsymbol{x};\boldsymbol{\theta})$可直接估计。但是，归一化常数 $Z(\boldsymbol{\theta})$是 $\boldsymbol{\theta}$ 的函数，需要计算高维积分。例如，当吉布斯密度 $p(\cdot|\boldsymbol{\theta}):\{0,1\}^d\to[0,1]$是一个概率质量函数时，归一化常数 $Z(\boldsymbol{\theta})$

的计算公式为

$$Z(\boldsymbol{\theta})=\sum_{\boldsymbol{y}\in\{0,1\}^d}\exp(-V(\boldsymbol{y};\boldsymbol{\theta}))$$

是 2^d 个项的总和。△

13.2.2　最大似然估计：信息论解释

设 S 是一个对象有限集。基于概率质量函数 $p:S\to[0,1]$的离散随机变量 $\tilde{x}$ 观察 x 的自信息(以比特为单位)定义为 $\log_2 p(x)$。因此，概率更大的结果传达的信息更少。在使用自然对数(即 $\log(\exp(x))=x$)的情况下，$-\log p(x)$为以 nats 为单位的自信息量。

例 13.2.10(“是否问题”游戏中的自信息)　思考如下游戏。第一位玩家以相等概率随机从 M 个数字中选出一个。第二位玩家的目标是通过提问来猜测数字，问题的答案只能为“是”或“否”，要求是问题数量应当最少。

玩家一：我想的是 1～16 的一个数字。

玩家二：数字是否比 8 大?

玩家一：否。

玩家二：数字是否比 4 大?

玩家一：否。

玩家二：数字是否比 2 大?

玩家一：否。

玩家二：数字是否为 1?

玩家一：是。

可以使用自信息公式计算所需是否问题的最少数量。特别是，最多 $\log_2 M$ 个是否问题就能够确定出该数字。例如，在 $M=1$ 的情况下，仅需要 $\log_2 1=0$ 个是否问题就可以确定数字。在 $M=2$ 的情况下，仅需要 $\log_2 2=1$ 个是否问题就可以确定数字。在上面的例子中，是否问题游戏的目标是确定 1 到 16 之间的未知数，$M=16$，因此最多 $\log_2 16=4$ 个是否问题就能够确定未知数。

假设现在有第三个人——称为“告密者”，参与了该游戏。告密者的工作是监视玩家一，以确定玩家一所选择的数字。随后，告密者在玩家二提问之前，偷偷告诉玩家二关于玩家一选择的数字。如果 $M=1$，告密者向玩家二传递了 0 比特(因为 $0=\log_2 1$)信息。如果 $M=2$，告密者向玩家二传递了 1 比特(因为 $1=\log_2 2$)信息。如果 $M=8$，告密者向玩家二传递了 3 比特信息(因为 $3=\log_2 8$)。告密者传达的信息量相当于玩家二在没有提示的情况下确定数字所需的最大是否问题数。△

13.2.2.1　熵

对于离散随机变量，基于概率密度函数 $p:\Omega\to[0,1]$的随机向量的自信息期望值为：

$$\mathcal{H}(\tilde{\boldsymbol{x}})=E\{-\log p(\tilde{\boldsymbol{x}})\}=-\sum_{\boldsymbol{x}\in\Omega}p(\boldsymbol{x})\log p(\boldsymbol{x})$$

是离散随机向量 $\tilde{\boldsymbol{x}}$ 在样本空间上的总和。$\mathcal{H}(\tilde{\boldsymbol{x}})$称为离散随机向量 $\tilde{\boldsymbol{x}}$ 的离散熵。

离散熵是每个观测样本的自信息期望。等价地，$\tilde{\boldsymbol{x}}$ 的离散熵是确定 $\tilde{\boldsymbol{x}}$ 所需是否问题的平均数(见例 13.2.10)。由于 $0<p(\boldsymbol{x})\leqslant 1$，$\tilde{\boldsymbol{x}}$ 每个实例的自信息 $-\log p(\boldsymbol{x})$是严格非负值，即$\mathcal{H}(\tilde{\boldsymbol{x}})\geqslant 0$。

离散熵可解释为，基于给定样本量 n “典型”数据集的自信息量。假设离散随机向量 $\tilde{\boldsymbol{x}}$ 取值 $\boldsymbol{x}^k$ 的概率为 $p(\boldsymbol{x}^k)$，其中 $k=1,\cdots,M$。对于样本量为 n 的“典型”数据集 $\bar{\mathcal{D}}_n$ 来说，预计实例 $\boldsymbol{x}^k$ 出现的次数大约为 $np(\boldsymbol{x}^k)$，$k=1,\cdots,M$。

数据集 $\bar{\mathcal{D}}_n$ 恰好包含 $np(\boldsymbol{x}^k)$ 个 $\boldsymbol{x}^k(k=1,\cdots,M)$ 的概率为：

$$p(\bar{\mathcal{D}}_n)=\prod_{k=1}^{M}p(\boldsymbol{x}^k)^{np(\boldsymbol{x}^k)} \tag{13.21}$$

其中“典型”数据集 $\bar{\mathcal{D}}_n$ 的自信息如下：

$$n\mathcal{H}(\tilde{\boldsymbol{x}})=-\log p(\bar{\mathcal{D}}_n)=-n\sum_{k=1}^{M}p(\boldsymbol{x}^k)\log p(\boldsymbol{x}^k)$$

鉴于离散熵是 $-\log p(\tilde{\boldsymbol{x}})$ 的期望值，其中 p 为表示 $\tilde{\boldsymbol{x}}$ 分布的概率质量函数，在更一般的情况下，若 p 为表示 $\tilde{\boldsymbol{x}}$ 分布的 Radon-Nikodým 密度函数，仍将熵定义为 $-\log p(\tilde{\boldsymbol{x}})$ 的期望值。

定义 13.2.2（熵） 设 $\tilde{\boldsymbol{x}}$ 是一个基于关于支集规范测度 ν 定义的 Radon-Nikodým 密度 p：$\mathcal{R}^d\to[0,\infty)$ 的随机向量。假设

$$\mathcal{H}(\tilde{\boldsymbol{x}})=-\int p(\boldsymbol{x})\log p(\boldsymbol{x})\mathrm{d}\nu(\boldsymbol{x})$$

为有限数。$\mathcal{H}(\tilde{\boldsymbol{x}})$ 或 $\mathcal{H}(p)$ 表示密度为 p 的 $\tilde{\boldsymbol{x}}$ 的熵。如果 $\tilde{\boldsymbol{x}}$ 是离散随机向量，则称 $\mathcal{H}(\tilde{\boldsymbol{x}})$ 为 $\tilde{\boldsymbol{x}}$ 的离散熵。如果 $\tilde{\boldsymbol{x}}$ 是绝对连续随机向量，则称 $\mathcal{H}(\tilde{\boldsymbol{x}})$ 为 $\tilde{\boldsymbol{x}}$ 的微分熵。□

定义 13.2.3（经验熵） 设 $\tilde{\mathcal{D}}_n\equiv[\tilde{\boldsymbol{x}}_1,\cdots,\tilde{\boldsymbol{x}}_n]$ 是基于关于支集规范测度 ν 定义的相同 Radon-Nikodým 密度 $p_e:\mathcal{R}^d\to[0,\infty)$ 的独立同分布 d 维随机向量序列。经验熵为

$$\hat{\mathcal{H}}_n(\tilde{\mathcal{D}}_n)\equiv-(1/n)\sum_{i=1}^{n}\log p_e(\tilde{\boldsymbol{x}}_i)$$

□

需要注意的是，当 $\mathcal{H}(\tilde{\boldsymbol{x}})$ 有限时，$\{\hat{\mathcal{H}}_n(\tilde{\mathcal{D}}_n)\}=\mathcal{H}(\tilde{\boldsymbol{x}})$。

但是，对于绝对连续随机向量和混合随机向量的情况，熵的含义不像离散熵那么直接。例如，假设 $\tilde{\boldsymbol{x}}$ 是绝对连续随机向量，其实例由 $\boldsymbol{x}$ 表示。首先，因为 $p(\boldsymbol{x})=0$，所以 $-\log p(\boldsymbol{x})=\infty$。也就是说，绝对连续随机向量实例的自信息为无穷比特。其次，$\mathcal{H}(\tilde{\boldsymbol{x}})$ 可能是一个负数（见例 13.2.11）。也就是说，在某些情况下，例 13.2.10 中的“告密者”传达的平均信息量是负的，这是毫无意义的。

例 13.2.11（负熵示例） 区间 $[a,b]$ 上均匀分布的随机变量 $\tilde{x}$ 的熵（比特）如下：

$$\mathcal{H}(\tilde{x})=-\int_a^b(1/(b-a))\log_2(1/(b-a))\mathrm{d}x=\log_2(b-a)$$

选择 $b=1$ 与 $a=0.5$，则 $\mathcal{H}(\tilde{x})=\log_2(b-a)=-1$。△

定义 13.2.4 为离散、绝对连续或混合随机向量构建了熵的一般语义解释。定义 13.2.4 基于文献（Cover & Thomas，2006）[59] 论述。

定义 13.2.4（典型数据集） 设 $\tilde{\mathcal{D}}_n\equiv[\tilde{\boldsymbol{x}}_1,\cdots,\tilde{\boldsymbol{x}}_n]$ 是基于关于支集规范测度 ν 定义的相同 Radon-Nikodým 密度 $p_e:\mathcal{R}^d\to[0,\infty)$ 的独立同分布 d 维随机向量序列。对于给定正实数 ϵ 和正整数 n，将

$$\left|-(1/n)\sum_{i=1}^{n}\log p_e(x_i)-\mathcal{H}(p_e)\right|\leqslant\epsilon \tag{13.22}$$

称为基于 p_e 的 (ϵ,n) 典型数据集集合。(ϵ,n) 典型数据集集合中元素称为基于正数 ϵ 和正整数 n 的 (ϵ,n) 典型数据集。□

在 $\widetilde{\mathcal{D}}_n$ 支集中，对于所有 $\mathcal{D}_n \equiv [\boldsymbol{x}_1, \cdots, \boldsymbol{x}_n]$，设 $p_e^n(\mathcal{D}_n) \equiv \prod_{i=1}^{n} p_e(\boldsymbol{x}_i)$。调整式(13.22)后，$(\epsilon, n)$典型数据集也可定义为：

$$\{\mathcal{D}_n \in \mathcal{R}^{d \times n} : 2^{-(n/\log 2)(\mathcal{H}(p_e)+\epsilon)} \leqslant p_e^n(\mathcal{D}_n) \leqslant 2^{-(n/\log 2)(\mathcal{H}(p_e)-\epsilon)}\} \tag{13.23}$$

如果熵 $\mathcal{H}(\widetilde{\boldsymbol{x}})$是有限的，那么根据强大数定律(定理 9.3.1)，当 $n \to \infty$时，$\hat{\mathcal{H}}_n(\widetilde{\mathcal{D}}_n)$以概率 1 收敛到 $\mathcal{H}(p_e)$。由于以概率 1 收敛蕴含依概率收敛，因此对于给定的正数ϵ，总是可以选择足够大的样本量 n，使得：

$$\left| -(1/n) \sum_{i=1}^{n} \log p_e(\widetilde{\boldsymbol{x}}_i) + \int p_e(\boldsymbol{x}) \log p_e(\boldsymbol{x}) \mathrm{d}\nu(\boldsymbol{x}) \right| = \left| \hat{\mathcal{H}}_n(\widetilde{\mathcal{D}}_n) - \mathcal{H}(p_e) \right| \leqslant \epsilon \tag{13.24}$$

概率很高。

也就是说，典型数据集集合中每个数据集的经验熵近似等于 DGP 熵。熵的这种语义解释不仅适用于离散熵的情况，而且适用于更一般的情况，其中包括由绝对连续随机向量和混合随机向量组成的数据生成过程。

最终，设 $\mathcal{M} \equiv \{p(\boldsymbol{x} | \boldsymbol{\theta}) : \boldsymbol{\theta} \in \Theta\}$。需要注意的是，如果 $\hat{\ell}_n(\boldsymbol{\theta}^*) \equiv -(1/n) \log p(\boldsymbol{x} | \boldsymbol{\theta}^*)$，则式(13.24)中 $\hat{\mathcal{H}}_n(\widetilde{\mathcal{D}}_n)$可看作 $\boldsymbol{\theta}^*$ 处的负归一化对数似然函数，前提是选择的 $\boldsymbol{\theta}^*$ 使 $p(\boldsymbol{x}; \boldsymbol{\theta}^*) = p_e(\boldsymbol{x})$。

例 13.2.12(高概率数据集非典型数据集) 高概率(或最有可能)的数据集与典型数据集集合元素的概率分布可能不一致。假设有一枚硬币，它 60%抛出正面，40%抛出反面。经过 100 次抛硬币，我们期望得出一个观测值序列，其中大约 60 次结果是正面，大约 40 次结果是反面。这样的序列是一个典型数据集。观察到该序列的概率是$(0.6)^{60} \times (0.4)^{40}$。现在假设抛硬币 100 次，100 次的结果都是正面，则观察到的该序列不是典型数据集，而是一个高概率数据集，其概率为$(0.6)^{100}$。 △

13.2.2.2 交叉熵最小化：最大似然估计

假设数据集 $\mathcal{D}_n \equiv \{\boldsymbol{x}_1, \cdots, \boldsymbol{x}_n\}$是基于相同概率密度函数 $p_e : \Omega \to [0,1]$的独立同分布离散随机向量序列 $\widetilde{\mathcal{D}}_n \equiv [\widetilde{\boldsymbol{x}}_1, \cdots, \widetilde{\boldsymbol{x}}_n]$的实例。

设

$$\mathcal{M} \equiv \{p(\boldsymbol{x} | \boldsymbol{\theta}) : \boldsymbol{\theta} \in \Theta\}$$

为概率模型，其中 $p(\cdot | \boldsymbol{\theta}) : \Omega \to [0,1]$为样本空间 Ω 上的概率质量函数，其中 $\boldsymbol{\theta} \in \Theta$。

基于 $\mathcal{M}$ 与 $\widetilde{\mathcal{D}}_n$ 定义负归一化对数似然函数$\hat{\ell}_n$：

$$\hat{\ell}_n(\boldsymbol{\theta}) = -(1/n) \sum_{i=1}^{n} \log p(\widetilde{\boldsymbol{x}}_i | \boldsymbol{\theta}) \tag{13.25}$$

其中 $p(\cdot | \boldsymbol{\theta})$为固定常数 $\boldsymbol{\theta}$ 下的概率质量函数，则

$$\hat{\ell}_n(\boldsymbol{\theta}) = -(1/n) \sum_{i=1}^{n} \log p(\widetilde{\boldsymbol{x}}_i | \boldsymbol{\theta}) = -(1/n) \log \prod_{i=1}^{n} p(\widetilde{\boldsymbol{x}}_i | \boldsymbol{\theta})$$

也就是说，$\hat{\ell}_n$ 是基于 $\boldsymbol{\theta}$ 的每个观测数据 $\widetilde{\boldsymbol{x}}_i$ 的样本平均自信息。

基于 $\boldsymbol{\theta}$，每个观测数据 $\widetilde{\boldsymbol{x}}_i$ 的期望自信息如下：

$$\ell(\boldsymbol{\theta}) = E\{\hat{\ell}_n(\boldsymbol{\theta})\} = E\{-\log p(\widetilde{\boldsymbol{x}}_i | \boldsymbol{\theta})\} \tag{13.26}$$

式(13.26)是基于 n 条记录的典型数据集中每个观测值的期望自信息，其中数据集似然度计算使用的是近似密度 $p(\cdot | \boldsymbol{\theta})$而不是 DGP 密度 p_e。

假设离散随机向量 $\tilde{\boldsymbol{x}}$ 取值 $\boldsymbol{x}^k$ 的概率为 $p_e(\boldsymbol{x}^k)$，其中 $k=1,\cdots,M$。设观测值 $\boldsymbol{x}$ 的似然度基于特定 $\boldsymbol{\theta}$ 的 $p(\boldsymbol{x};\boldsymbol{\theta})$计算，也就是说，观测值似然度基于概率模型 $\mathcal{M}$ 计算。对于实例 $\boldsymbol{x}^k$，基于概率模型 $\mathcal{M}$ 的似然度为 $p(\boldsymbol{x}^k;\boldsymbol{\theta})$，典型数据集 $\bar{\mathcal{D}}_n$ 期望 $\boldsymbol{x}^k$ 出现约 $np_e(\boldsymbol{x}^k)$次，$k=1,\cdots,M$。

模型 $\mathcal{M}$ 给出了典型数据集 $\bar{\mathcal{D}}_n$ 恰好包含 $np_e(\boldsymbol{x}^k)$个 $\boldsymbol{x}^k$ 的概率，因此 $\mathcal{D}_n$ 的概率如下：

$$p(\bar{\mathcal{D}}_n|\boldsymbol{\theta})=\prod_{k=1}^{M}p(\boldsymbol{x}^k|\boldsymbol{\theta})^{np_e(\boldsymbol{x}^k)} \tag{13.27}$$

$\bar{\mathcal{D}}_n$ 中每个观测数据的自信息如下：

$$-(1/n)\log p(\bar{\mathcal{D}}_n|\boldsymbol{\theta})=-(1/n)n\sum_{k=1}^{M}p_e(\boldsymbol{x}^k)\log p(\boldsymbol{x}^k|\boldsymbol{\theta})=\ell(\boldsymbol{\theta})$$

因此，对于离散随机向量，期望负归一化对数似然可解释为典型数据集中每个观测实例的自信息，其中观测实例似然度基于模型近似密度计算。对于由离散随机向量组成的数据生成过程来说，典型数据集的期望负归一化对数似然归一化自信息称为"交叉熵"。

之前提出的交叉熵语义解释只适用于由离散随机向量组成的数据生成过程。以下交叉熵定义适用于更一般的情况，即适用于基于绝对连续随机向量和混合随机向量以及离散随机向量定义的数据生成过程。

定义 13.2.5(交叉熵)　设 $p_e:\mathcal{R}^d\to[0,\infty)$和 $p:\mathcal{R}^d\to[0,\infty)$是两个关于相同支集规范测度 ν 定义的 Radon-Nikodým 密度函数。假设

$$\mathcal{H}(p_e,p)=-\int p_e(\boldsymbol{x})\log p(\boldsymbol{x})\mathrm{d}\nu(\boldsymbol{x}) \tag{13.28}$$

是有限数，则称 $\mathcal{H}(p_e,p)$为 p 基于 p_e 的交叉熵。 □

设 $\mathcal{M}\equiv\{p(\cdot|\boldsymbol{\theta}):\boldsymbol{\theta}\in\Theta\}$是一个参数概率模型。在特定 $\boldsymbol{\theta}^*\in\Theta$ 处的负归一化对数似然的期望值是 $p(\cdot;\boldsymbol{\theta}^*)$基于 DGP 密度 p_e 的交叉熵。

定义 13.2.6(Kullback-Leibler 信息准则)　设 $p:\mathcal{R}^d\to[0,\infty)$和 $p_e:\mathcal{R}^d\to[0,\infty)$是两个基于相同支集规范测度 ν 定义的 Radon-Nikodým 密度函数，假设

$$D(p_e\|p)\equiv-\int p_e(\boldsymbol{x})\log\left[\frac{p(\boldsymbol{x})}{p_e(\boldsymbol{x})}\right]\mathrm{d}\nu(\boldsymbol{x}) \tag{13.29}$$

为有限数，则称 $D(p_e\|p)$为 Kullback-Leibler 信息准则。 □

Kullback-Leibler 信息准则也称为相对熵或 p 与 p_e 的 KL 散度。

从 Kullback-Leibler 信息准则定义来看，

$$D(p_e\|p)=\mathcal{H}(p_e,p)-\mathcal{H}(p_e) \tag{13.30}$$

需要注意的是，式(13.30)表示只要 $\mathcal{H}(p_e)$是有限的，$D(p_e\|p)$的全局极小值点密度 p 也是 $\mathcal{H}(p_e,p)$的全局极小值点。此外，式(13.30)表明，$D(p_e\|p)$可以解释为当 p 用于表示 p_e 时的信息损失期望值。在特殊情况下，如果 p 是 p_e 的完全表示，则基于 ν 几乎处处 $p=p_e$，因此就没有信息损失，信息损失期望值为零比特。

定义 13.2.7 可在概率模型存在误判的情况下，对负归一化对数似然的信息论解释进行语义解释。该定义可作为定义 13.2.4 的扩展。

定义 13.2.7(交叉熵典型数据集)　设 $\tilde{\mathcal{D}}_n\equiv[\tilde{\boldsymbol{x}}_1,\cdots,\tilde{\boldsymbol{x}}_n]$是基于关于支集规范测度 ν 定义的相同 Radon-Nikodým 密度 $p_e:\mathcal{R}^d\to[0,\infty)$的独立同分布维随机向量序列。设 $p:\mathcal{R}^d\to[0,\infty)$为基于 ν 定义的 Radon-Nikodým 密度。对于给定正实数 ϵ 与正整数 n，将集合

$$\left\{[\boldsymbol{x}_1,\cdots,\boldsymbol{x}_n]\in\mathcal{R}^{d\times n}:\left|-(1/n)\sum_{i=1}^{n}\log p(\boldsymbol{x}_i)-\mathcal{H}(p_e,p)\right|\leqslant\epsilon\right\} \tag{13.31}$$

称为基于 p 相对于 p_e 的(ϵ,n)交叉熵典型数据集集合。基于 p 相对于 p_e 的(ϵ,n)交叉熵典型数据集集合中元素称为基于 p 相对于 p_e 的(ϵ,n)交叉熵典型数据集。 □

设 $\widetilde{\mathcal{D}}_n$ 是基于关于支集规范测度 ν 定义的相同密度 p_e 的 n 个独立同分布随机向量的序列。假设近似模型密度 p 是学习机用于近似表示 p_e 的概率分布。那么，观测数据 $\mathcal{D}_n\equiv[\boldsymbol{x}_1,\cdots,\boldsymbol{x}_n]$基于模型的似然度计算公式为 $p^n(\mathcal{D}_n)\equiv\prod_{i=1}^{n}p(\boldsymbol{x}_i)$，其中 p 为近似模型密度。

整理式(13.31)，(ϵ,n)交叉熵典型数据集集合也可以定义为

$$\{\mathcal{D}_n\in\mathcal{R}^{d\times n}:2^{-(n/\log 2)(\mathcal{H}(p_e,p)+\epsilon)}\leqslant p^n(\mathcal{D}_n)\leqslant 2^{-(n/\log 2)(\mathcal{H}(p_e,p)-\epsilon)}\} \tag{13.32}$$

如果交叉熵 $\mathcal{H}(p_e,p)$是有限的，那么强大数定律(定理9.3.1)成立，所以当 $n\to\infty$时，

$$-(1/n)\sum_{i=1}^{n}\log p(\boldsymbol{x}_i)\to\mathcal{H}(p_e,p) \tag{13.33}$$

的概率为1。

因此，式(13.31)和式(13.32)表明，当 n 足够大时，由 DGP 密度 p_e 生成的数据集集合似然度近似为 $p^n(\mathcal{D}_n)=\prod_{i=1}^{n}p(\boldsymbol{x}_i)$，其中 DGP 密度 p_e 生成的数据集似然度由近似密度 p 计算。当 DGP 密度 p_e 和近似密度 p 表示离散、绝对连续和混合随机向量时，交叉熵和相对熵的语义解释成立。

13.2.3　交叉熵全局极小值点性质

定理13.2.1给出了保证期望负归一化对数似然函数

$$\ell(\boldsymbol{\theta})=-\int p_e(\boldsymbol{x})\log p(\boldsymbol{x}|\boldsymbol{\theta})\mathrm{d}\nu(\boldsymbol{x})$$

的全局极小值点 $\boldsymbol{\theta}^*$ 存在条件，其性质为：当概率模型

$$\mathcal{M}\equiv\{p(\boldsymbol{x}|\boldsymbol{\theta}):\boldsymbol{\theta}\in\Theta\}$$

正确时，基于 ν 几乎处处 $p(\boldsymbol{x}|\boldsymbol{\theta}^*)=p_e(\boldsymbol{x})$。

定理 13.2.1(交叉熵风险函数下界)　设有基于支集规范测度 ν 定义的 DGP Radon-Nikodým 密度 $p_e:\mathcal{R}^d\to[0,\infty)$。假设 $\mathcal{H}(p_e)$是一个有限数，Θ 为 $\mathcal{R}^q$ 的一个子集。定义模型

$$\mathcal{M}\equiv\{p(\cdot|\boldsymbol{\theta}):\boldsymbol{\theta}\in\Theta\}$$

其中对每一个 $\boldsymbol{\theta}\in\Theta$，基于 ν 定义 Radon-Nikodým 密度 $p(\cdot|\boldsymbol{\theta}):\mathcal{R}^d\to[0,\infty)$。假设对所有 $\boldsymbol{\theta}\in\Theta$，

$$\ell(\boldsymbol{\theta})\equiv-\int p_e(\boldsymbol{x})\log p(\boldsymbol{x}|\boldsymbol{\theta})\mathrm{d}\nu(\boldsymbol{x})$$

有限，则 $\ell(\boldsymbol{\theta})\geqslant\mathcal{H}(p_e)$。此外，若存在 $\boldsymbol{\theta}^*$，使得基于 ν 几乎处处 $p(\boldsymbol{x}|\boldsymbol{\theta}^*)=p_e(\boldsymbol{x})$，那么 $\ell(\boldsymbol{\theta}^*)=\mathcal{H}(p_e)$。

证明　该证明基于文献(van der Vaart，1998)中引理5.35的方法。设

$$D(p_e\|p(\cdot;\boldsymbol{\theta}))\equiv\ell(\boldsymbol{\theta})+\int p_e(\boldsymbol{x})\log p_e(\boldsymbol{x})\mathrm{d}\nu(\boldsymbol{x})$$

$$D(p_e\|p(\cdot;\boldsymbol{\theta}))=-\int\left[\log\frac{p(\boldsymbol{x}|\boldsymbol{\theta})}{p_e(\boldsymbol{x})}\right]p_e(\boldsymbol{x})\mathrm{d}\nu(\boldsymbol{x})$$

基于不等式$-\log R \geqslant -2(\sqrt{R}-1)$，有：

$$D(p_e \| p(\cdot;\boldsymbol{\theta})) \geqslant -\int 2\left(\sqrt{\frac{p(\boldsymbol{x}|\boldsymbol{\theta})}{p_e(\boldsymbol{x})}}-1\right)p_e(\boldsymbol{x})\mathrm{d}\nu(\boldsymbol{x}) = -2\int\left[\sqrt{p(\boldsymbol{x}|\boldsymbol{\theta})p_e(\boldsymbol{x})}-p_e(\boldsymbol{x})\right]\mathrm{d}\nu(\boldsymbol{x})$$

鉴于对所有$\boldsymbol{\theta}\in\Theta$，$\int p_e(\boldsymbol{x})\mathrm{d}\nu(\boldsymbol{x})=\int p(\boldsymbol{x}|\boldsymbol{\theta})\mathrm{d}\nu(\boldsymbol{x})=1$，都有

$$D(p_e \| p(\cdot;\boldsymbol{\theta})) \geqslant \int\left[p_e(\boldsymbol{x})-2\sqrt{p(\boldsymbol{x}|\boldsymbol{\theta})p_e(\boldsymbol{x})}+p(\boldsymbol{x}|\boldsymbol{\theta})\right]\mathrm{d}\nu(\boldsymbol{x})$$

整理被积函数各项，可得

$$D(p_e \| p(\cdot;\boldsymbol{\theta})) = \ell(\boldsymbol{\theta})-\mathcal{H}(p_e) \geqslant \int\left(\sqrt{p_e(\boldsymbol{x})}-\sqrt{p(\boldsymbol{x}|\boldsymbol{\theta})}\right)^2\mathrm{d}\nu(\boldsymbol{x}) \geqslant 0 \tag{13.34}$$

式(13.34)表明，$\ell(\boldsymbol{\theta})\geqslant\mathcal{H}(p_e)$。此外，当且仅当$\ell(\boldsymbol{\theta})=\mathcal{H}(p_e)$时，基于$\nu$几乎处处$p_e(\boldsymbol{x})=p(\boldsymbol{x}|\boldsymbol{\theta})$。■

定理 13.2.2 表明，如果参数概率模型是典型指数族概率模型，则负对数似然函数$-\log p(\mathcal{D}_n|\cdot)$在参数空间$\Theta$上是凸的。因此，严格局部极小值点均为参数空间上唯一全局极小值点(见定理 5.3.7)。

定理 13.2.2(典型指数族似然函数凸定理)　设Θ为$\mathcal{R}^q$的子集，$p(\cdot|\boldsymbol{\theta})$为基于支集规范测度$\nu$定义的 Radon-Nikodým 密度$\boldsymbol{\Upsilon}:\mathcal{R}^d\to\mathcal{R}^q$为 Borel 可测函数，$\mathcal{M}\equiv\{p(\cdot|\boldsymbol{\theta}):\boldsymbol{\theta}\in\Theta\}$为基于支集规范测度$\nu$定义的概率模型规范且对于所有$\boldsymbol{\theta}\in\Theta$，$p(\cdot|\boldsymbol{\theta})$为基于能量函数$V:\mathcal{R}^d\times\Theta\to\mathcal{R}$定义的吉布斯密度，其中

$$V(\boldsymbol{x};\boldsymbol{\theta})=-\boldsymbol{\theta}^{\mathrm{T}}\boldsymbol{\Upsilon}(\boldsymbol{x})$$

归一化常数为$Z:\Theta\to\mathcal{R}$。此外，假设，Z在Θ上有界，则

(i) Θ是凸集。

(ii) $\log Z$在Θ上是凸的。

(iii) 对于所有$\boldsymbol{x}\in\mathcal{R}^d$，$-\log p(\boldsymbol{x}|\cdot)$在$\Theta$上是凸的。

证明　设$f(\cdot)\equiv(\exp[-\boldsymbol{\theta}_1^{\mathrm{T}}\boldsymbol{\Upsilon}(\cdot)])^{\alpha}$，$g(\cdot)\equiv(\exp[-\boldsymbol{\theta}_2^{\mathrm{T}}\boldsymbol{\Upsilon}(\cdot)])^{(1-\alpha)}$，其中$\alpha\in(0,1)$。鉴于在$\Theta$上

$$Z(\boldsymbol{\theta})=\int\exp[-\boldsymbol{\theta}_1^{\mathrm{T}}\boldsymbol{\Upsilon}(\boldsymbol{s})]\mathrm{d}\nu(\boldsymbol{s})<\infty$$

且$\alpha\in(0,1)$，因此有：

$$\left|\int|f(\boldsymbol{s})|^{\frac{1}{\alpha}}\mathrm{d}\mu(\boldsymbol{s})\right|^{\alpha}=Z(\boldsymbol{\theta})^{\alpha}<\infty \tag{13.35}$$

$$\left|\int|g(\boldsymbol{s})|^{\frac{1}{1-\alpha}}\mathrm{d}\nu(\boldsymbol{s})\right|^{1-\alpha}=Z(\boldsymbol{\theta})^{1-\alpha}<\infty \tag{13.36}$$

由于对于所有$\alpha\in(0,1)$，式(13.35)、式(13.36)成立。Hölder 不等式(Bartle，1966)[56]表明

$$\int f(\boldsymbol{s})g(\boldsymbol{s})\mathrm{d}\nu(\boldsymbol{s})\leqslant\left|\int|f(\boldsymbol{s})|^{\frac{1}{\alpha}}\mathrm{d}\nu(\boldsymbol{s})\right|^{\alpha}\left|\int|g(\boldsymbol{s})|^{\frac{1}{1-\alpha}}\mathrm{d}\nu(\boldsymbol{s})\right|^{(1-\alpha)} \tag{13.37}$$

将$f(\cdot)$和$g(\cdot)$代入式(13.37)并整理，得到对于所有$\boldsymbol{\theta}_1,\boldsymbol{\theta}_2\in\Theta$，有：

$$Z(\alpha\boldsymbol{\theta}_1+(1-\alpha)\boldsymbol{\theta}_2)=\int\exp[[\alpha\boldsymbol{\theta}_1+(1-\alpha)\boldsymbol{\theta}_2]^{\mathrm{T}}\boldsymbol{\Upsilon}(\boldsymbol{s})]\mathrm{d}\nu(\boldsymbol{s})<\infty \tag{13.38}$$

这表明$\alpha\boldsymbol{\theta}_1+(1-\alpha)\boldsymbol{\theta}_2\in\Theta$。因此，$\Theta$是凸集。类似地，将$f$和$g$代入式(13.37)并取自然对数，可以得到：

$$\log Z(\alpha\boldsymbol{\theta}_1+(1-\alpha)\boldsymbol{\theta}_2)\leqslant\alpha\log Z(\boldsymbol{\theta}_1)+(1-\alpha)\log Z(\boldsymbol{\theta}_2) \tag{13.39}$$

这表明 $\log Z(\cdot)$在 Θ 上是凸的。由于对所有 $\boldsymbol{x}\in\mathcal{R}^d$，$V(\boldsymbol{x},\cdot)$的黑塞矩阵消失，即 $V(\boldsymbol{x},\cdot)$是 Θ 上的凸函数。由于$-\log p(\boldsymbol{x}|\cdot)$是凸函数 $\log Z(\cdot)$和 $V(\boldsymbol{x},\cdot)$之和，其中 $\boldsymbol{x}\in\mathcal{R}^d$ 在 Θ 上，因此对于所有 $\boldsymbol{x}\in\mathcal{R}^d$，$-\log p(\boldsymbol{x}|\cdot)$在 Θ 上是凸的。 ■

例 13.2.13(非线性回归模型的凸结果)　典型指数族似然函数凸定理适用于机器学习中许多重要的非线性回归建模问题。考虑一个非线性回归概率模型，给定 d 维输入向量 $\boldsymbol{s}$ 和 q 维参数向量 $\boldsymbol{\theta}$，学习机期望观察到一个 m 维向量 $\boldsymbol{y}$，其似然度由密度 $p(\boldsymbol{y}|\boldsymbol{s},\boldsymbol{\theta})$确定。对于许多非线性回归建模问题，期望构建一个概率模型规范

$$\mathcal{M}\equiv\{p(\boldsymbol{y},\boldsymbol{s}|\boldsymbol{\theta}):\boldsymbol{\theta}\in\Theta\}$$

它为指数族成员。为实现这一目标，假设 $p(\boldsymbol{y},\boldsymbol{s}|\boldsymbol{\theta})$可重写为

$$p(\boldsymbol{y},\boldsymbol{s}|\boldsymbol{\theta})=p(\boldsymbol{y}|\boldsymbol{s},\boldsymbol{\theta})p_s(\boldsymbol{s})$$

大多数标准非线性回归模型，包括多层平滑感知机，均假设 $p(\boldsymbol{y}|\boldsymbol{s},\boldsymbol{\theta})$为指数族成员。$p_s(\boldsymbol{s})$独立于 $\boldsymbol{\theta}$ 的假设保证了联合分布 $p(\boldsymbol{y},\boldsymbol{s}|\boldsymbol{\theta})$也是指数族成员。直观地说，该假设仅表示，非线性回归模型不对输入模式 $\tilde{\boldsymbol{s}}$ 的分布进行建模，而是对给定输入模式 $\boldsymbol{s}$ 的响应模式 $\tilde{\boldsymbol{y}}$ 的条件密度建模。 △

13.2.4　伪似然经验风险函数

对于马尔可夫随机场的参数估计，下述目标函数非常有效。

定义 13.2.8(伪似然函数)　设 $\tilde{\mathcal{D}}_n\equiv[\tilde{\boldsymbol{x}}_1,\cdots,\tilde{\boldsymbol{x}}_n]$是基于相同支集 S 的 n 个独立同分布的 d 维随机向量的序列。设

$$\mathcal{M}=\{p(\cdot|\boldsymbol{\theta}):\boldsymbol{\theta}\in\Theta\subseteq\mathcal{R}^q\}$$

是一个概率模型，其中 $\mathcal{M}$ 的每个密度都是一个基于支集 S 的某邻域系统$\{\mathcal{N}_1,\cdots,\mathcal{N}_d\}$的齐次马尔可夫随机场。定义随机函数 $\ell_n:\mathcal{R}^{dn}\times\Theta\to[0,\infty)$，使得对于所有 $\boldsymbol{\theta}\in\Theta$ 和 $\tilde{\mathcal{D}}_n$ 支集中所有 $\mathcal{D}_n$，有

$$\hat{\ell}_n(\boldsymbol{\theta})=-(1/n)\log\left[\prod_{i=1}^{n}\prod_{j=1}^{d}p(\tilde{x}_i(j)|\mathcal{N}_j(\tilde{\boldsymbol{x}}_i),\boldsymbol{\theta})\right] \tag{13.40}$$

其中，$\tilde{x}_i(j)$表示 $\tilde{\boldsymbol{x}}_i$ 的第 j 个元素，$i=1,\cdots,n$ 且 $j=1,\cdots,d$。式(13.40)中的函数 $\hat{\ell}_n$ 不是真似然函数，因为对于任意 $i\in\{1,\cdots,n\}$，

$$(\tilde{x}_i(1),\mathcal{N}_1(\tilde{\boldsymbol{x}}_i)),\cdots,(\tilde{x}_i(d),\mathcal{N}_d(\tilde{\boldsymbol{x}}_i)) \tag{13.41}$$

不是独立同分布的，即使 $\tilde{\boldsymbol{x}}_1,\cdots,\tilde{\boldsymbol{x}}_n$ 独立同分布。鉴于此原因，称随机函数 $\hat{\ell}_n$ 为伪似然函数。式(13.40)中 $\hat{\ell}_n$ 极小值点称为伪最大似然估计值。 □

如果定义如下损失函数：

$$c(\boldsymbol{x}_i,\boldsymbol{\theta})\equiv-\sum_{j=1}^{d}\log p(x_i(j)|\mathcal{N}_j(\boldsymbol{x}_i),\boldsymbol{\theta}) \tag{13.42}$$

则式(13.40)中的目标函数 $\hat{\ell}_n$ 是一个经验风险函数。因为 $\tilde{\boldsymbol{x}}_1,\tilde{\boldsymbol{x}}_2,\cdots$独立同分布，$\hat{\ell}_n(\boldsymbol{\theta})=(1/n)\sum_{i=1}^{n}c(\tilde{\boldsymbol{x}}_i,\boldsymbol{\theta})$。

通过有策略地减少训练数据，使其符合统计独立假设，就可以得出真似然函数。该方法称为 Besag 编码假设(Besag，1974，1975)。设若 $\tilde{x}_i(j)$的邻域不与包含在式(13.40)中其他随机变量邻域重叠时，第 i 个观测值 $\tilde{\boldsymbol{x}}_i$ 的第 j 个元素仅含在式(13.40)似然构造中。该不重叠条

件可以用MRF邻域图 $\mathcal{G}=(\mathcal{V},\mathcal{E})$ 表示，其中 $\mathcal{V}\equiv\{1,\cdots,d\}$。设 S_j 表示包括 j 及其邻域的 $\mathcal{V}$ 子集。不重叠条件的强条件可以表示为

$$S_j\cap(\cup_{k\neq j}S_k)=\varnothing,\quad j=1,\cdots,d \tag{13.43}$$

因此式(13.40)变为

$$\hat{\ell}_n(\boldsymbol{\theta})=-(1/n)\log\left[\prod_{i=1}^{n}\prod_{j\in\Omega_i}p(\tilde{x}_i(j)\mid\mathcal{N}_j(\tilde{\boldsymbol{x}}_i),\boldsymbol{\theta})\right] \tag{13.44}$$

其中 Ω_i 满足，对于所有 j，$k\in\Omega_i$，有 $S_j\cap S_k=\varnothing$。

式(13.44)为一个真似然函数，因为它从式(13.41)的 d 个随机向量中选择了一个独立子集。Besag编码假设如图13.2所示。然而，该方法的困难之处在于，对似然函数的限制减少了训练数据的数量。

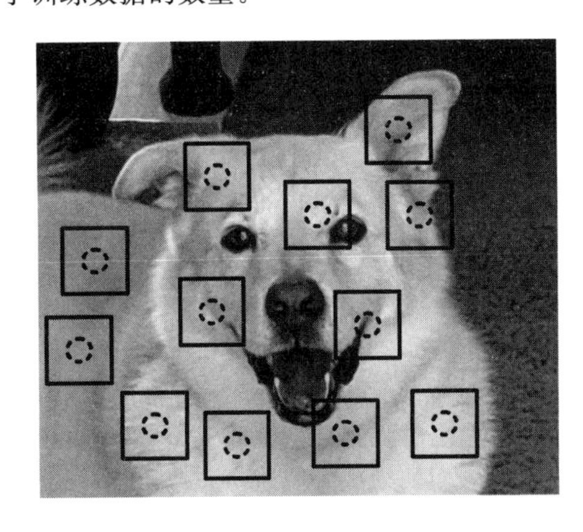

图13.2 Besag编码假设示例。该图中每个像素值都可作为随机变量的一个实例。虚线圈中的随机像素集合的条件密度与虚线圈外包含虚线圈的正方形中像素值相关。若两个正方形重叠，则表明两个虚线圈中的两组随机像素在统计上不独立。在这种情况下，由于随机像素组的邻域都没有重叠，与这些邻域相关的圈内像素组的似然度可以通过简单地将基于虚线圈外包含虚线圈的正方形中的像素组条件密度相乘来计算

最后，伪似然函数和拟似然函数这两个术语有不同的含义。一方面，每个伪似然函数都是一个拟似然函数，因为伪似然函数可能会误判。另一方面，每个拟似然函数不一定是伪似然函数，因为在不违反条件独立假设的情况下也可能会误判拟似然函数。

13.2.5 缺失数据似然经验风险函数

继第9章讨论完部分可观测独立同分布随机序列之后，定义一个由 n 个观测值组成的部分可观测数据集，作为部分可观测独立同分布随机序列 $(\tilde{\boldsymbol{v}}_1,\tilde{\boldsymbol{h}}_1,\tilde{\boldsymbol{m}}_1),\cdots,(\tilde{\boldsymbol{v}}_n,\tilde{\boldsymbol{h}}_n,\tilde{\boldsymbol{m}}_n)$ 的实例，其中 $\tilde{\boldsymbol{v}}_i$ 代表第 i 条数据记录的可见或可观测分量，$\tilde{\boldsymbol{h}}_i$ 代表第 i 条数据记录中隐藏或不可观测分量，二进制随机掩码向量 $\tilde{\boldsymbol{m}}_i$ 指定原始数据可观测部分，$i=1,\cdots,n$。

基于随机缺失数据机制(见第10章)的假设，对于可观测数据序列 $(\tilde{\boldsymbol{v}}_1,\tilde{\boldsymbol{m}}_1),(\tilde{\boldsymbol{v}}_2,\boldsymbol{m}_2),\cdots$，可观测数据似然函数 $\hat{\ell}_n$ 定义为负归一化似然函数：

$$\hat{\ell}_n(\boldsymbol{\theta})=-(1/n)\sum_{i=1}^{n}\log p(\tilde{\boldsymbol{v}}_i\mid\boldsymbol{\theta}) \tag{13.45}$$

其中

$$p(\boldsymbol{v}\mid\boldsymbol{\theta})=\int p(\boldsymbol{v},\boldsymbol{h}\mid\boldsymbol{\theta})\mathrm{d}\nu(\boldsymbol{h})$$

为部分可观测完整数据密度 $p(\boldsymbol{v},\boldsymbol{h}\mid\boldsymbol{\theta})$ 基于可观测数据记录 $(\boldsymbol{v},\boldsymbol{m})$ 与缺失模式 $\boldsymbol{m}$ 的可观测边缘密度。

例 13.2.14(可观测数据似然的表示与计算)　假设一条数据记录有 3 个二值随机变量 x_1、x_2、x_3，且第三个变量的值不可观测。该数据记录的完整数据记录为$(\boldsymbol{x},\boldsymbol{m})$，其中 $\boldsymbol{x}=(x_1, x_2, x_3)$，掩码向量 $\boldsymbol{m}=(m_1, m_2, m_3)$。

假设完整数据概率模型的每个元素均为一个概率质量函数

$$p(\boldsymbol{x}|\boldsymbol{\theta})\equiv\prod_{j=1}^{3}\theta_j^{x_j}(1-\theta_j)^{1-x_j}$$

其中，$\boldsymbol{x}=[x_1, x_2, x_3]$，$\boldsymbol{\theta}=(\theta_1,\theta_2,\theta_3)$，$0<\theta_1,\theta_2,\theta_3<1$。

假设缺失数据概率模型具有随机缺失数据机制，则基于掩码 $\boldsymbol{m}=[1,1,0]$的可观测数据记录$\boldsymbol{v}=[x_1, x_2]$的似然度为

$$p(x_1,x_2,x_3=0|\boldsymbol{\theta})=\theta_1^{x_1}(1-\theta_1)^{1-x_1}\theta_2^{x_2}(1-\theta_2)^{1-x_2}(1-\theta_3)$$

与

$$p(x_1,x_2,x_3=1|\boldsymbol{\theta})=\theta_1^{x_1}(1-\theta_1)^{1-x_1}\theta_2^{x_2}(1-\theta_2)^{1-x_2}\theta_3$$

相加得到的边缘概率

$$p(x_1,x_2|\boldsymbol{\theta})=p(x_1,x_2,x_3=0|\boldsymbol{\theta})+p(x_1,x_2,x_3=1|\boldsymbol{\theta})=\theta_1^{x_1}(1-\theta_1)^{1-x_1}\theta_2^{x_2}(1-\theta_2)^{1-x_2}$$

以类似方式可计算每个可观测数据记录的边缘概率。边缘概率的乘积定义为缺失数据的似然函数。

△

例 13.2.15(缺失信息准则)　当基于随机缺失数据机制假设缺失数据概率模型时，可观测数据似然函数通常可用完整数据概率模型表示。可观测数据似然函数由式(13.45)给出。缺失信息准则说明了如何使用由密度 $p(\boldsymbol{v}_i,\boldsymbol{h}_i|\boldsymbol{\theta})$确定的完整数据概率模型来表示可观测数据似然函数的一阶导数和二阶导数，其中$\boldsymbol{v}_i$ 是第 i 条数据记录$\boldsymbol{x}_i$ 的可观测分量，$\boldsymbol{h}_i$ 是$\boldsymbol{x}_i$ 的不可观测分量。需要注意的是，$\boldsymbol{v}_i$ 和$\boldsymbol{h}_i$ 的维数随与第 i 条数据记录相关的缺失模式$\boldsymbol{m}_i\in\{0,1\}^d$ 变化。

可观测数据似然函数的一阶导数为

$$\frac{\mathrm{d}\hat{\ell}_n(\boldsymbol{\theta})}{\mathrm{d}\boldsymbol{\theta}}=-(1/n)\sum_{i=1}^{n}\frac{\mathrm{d}\log p(\boldsymbol{v}_i|\boldsymbol{\theta})}{\mathrm{d}\boldsymbol{\theta}}\tag{13.46}$$

需要注意的是，

$$\frac{\mathrm{d}\log p(\boldsymbol{v}|\boldsymbol{\theta})}{\mathrm{d}\boldsymbol{\theta}}=\frac{\mathrm{d}p(\boldsymbol{v}|\boldsymbol{\theta})}{\mathrm{d}\boldsymbol{\theta}}\left(\frac{1}{p(\boldsymbol{v}|\boldsymbol{\theta})}\right)\tag{13.47}$$

假设微分算子和积分算子可互换，则 $p(\boldsymbol{v}|\boldsymbol{\theta})=\int p(\boldsymbol{v},\boldsymbol{h}|\boldsymbol{\theta})\mathrm{d}\nu(\boldsymbol{h})$ 关于 $\boldsymbol{\theta}$ 的导数为

$$\frac{\mathrm{d}p(\boldsymbol{v}|\boldsymbol{\theta})}{\mathrm{d}\boldsymbol{\theta}}=\int\frac{\mathrm{d}p(\boldsymbol{v},\boldsymbol{h}|\boldsymbol{\theta})}{\mathrm{d}\boldsymbol{\theta}}\mathrm{d}\nu(\boldsymbol{h})\tag{13.48}$$

将 $\mathrm{d}p/\mathrm{d}\boldsymbol{\theta}=(\mathrm{d}\log p/\mathrm{d}\boldsymbol{\theta})p$ 代入式(13.48)并除以 $p(\boldsymbol{v}|\boldsymbol{\theta})$，得出：

$$\frac{1}{p(\boldsymbol{v}|\boldsymbol{\theta})}\frac{\mathrm{d}p(\boldsymbol{v}|\boldsymbol{\theta})}{\mathrm{d}\boldsymbol{\theta}}=\int\frac{\mathrm{d}\log p(\boldsymbol{v},\boldsymbol{h}|\boldsymbol{\theta})}{\mathrm{d}\boldsymbol{\theta}}\frac{p(\boldsymbol{v},\boldsymbol{h}|\boldsymbol{\theta})}{p(\boldsymbol{v}|\boldsymbol{\theta})}\mathrm{d}\nu(\boldsymbol{h})\tag{13.49}$$

它等价于

$$\frac{1}{p(\boldsymbol{v}|\boldsymbol{\theta})}\frac{\mathrm{d}p(\boldsymbol{v}|\boldsymbol{\theta})}{\mathrm{d}\boldsymbol{\theta}}=\int\frac{\mathrm{d}\log p(\boldsymbol{v},\boldsymbol{h}|\boldsymbol{\theta})}{\mathrm{d}\boldsymbol{\theta}}p(\boldsymbol{h}|\boldsymbol{v},\boldsymbol{\theta})\mathrm{d}\nu(\boldsymbol{h})\tag{13.50}$$

将式(13.50)与式(13.47)合并并代入式(13.46)可以得出：

$$\frac{\mathrm{d}\hat{\ell}_n(\boldsymbol{\theta})}{\mathrm{d}\boldsymbol{\theta}}=-(1/n)\sum_{i=1}^{n}\int\frac{\mathrm{d}\log p(\tilde{\boldsymbol{v}}_i,\boldsymbol{h}|\boldsymbol{\theta})}{\mathrm{d}\boldsymbol{\theta}}p(\boldsymbol{h}|\tilde{\boldsymbol{v}}_i,\boldsymbol{\theta})\mathrm{d}\nu(\boldsymbol{h})\tag{13.51}$$

式(13.51)有一个重要的语义解释。第 i 条部分可观测数据记录的负对数似然梯度等于第 i 条完整数据梯度基于可观测分量的负对数似然条件期望。在没有缺失数据的情况下，式(13.51)可简化为 $\hat{\ell}_n$ 的完整数据梯度。

可观测数据负归一化对数似然函数 $\hat{\ell}_n$ 的黑塞矩阵 $\overline{\boldsymbol{H}}_n(\boldsymbol{\theta})$ 可通过对式(13.51)求导得出(Golden et al.，2019；Louis，1982；Little & Rubin 2002；以及练习 5.2-19)。特别地，定义列向量 $\overline{\boldsymbol{\delta}(\boldsymbol{v},\boldsymbol{h})}$，使得

$$\boldsymbol{\delta}(\boldsymbol{v},\boldsymbol{h};\boldsymbol{\theta})^{\mathrm{T}}=\frac{\mathrm{d}\log p(\boldsymbol{v},\boldsymbol{h}\mid\boldsymbol{\theta})}{\mathrm{d}\boldsymbol{\theta}}-\int\frac{\mathrm{d}\log p(\boldsymbol{v},\boldsymbol{h}\mid\boldsymbol{\theta})}{\mathrm{d}\boldsymbol{\theta}}p(\boldsymbol{h}\mid\boldsymbol{v},\boldsymbol{\theta})\mathrm{d}\nu(\boldsymbol{h}) \tag{13.52}$$

设

$$\boldsymbol{H}(\boldsymbol{v};\boldsymbol{\theta})=\int\left(\frac{-\mathrm{d}^2\log p(\boldsymbol{v},\boldsymbol{h}\mid\boldsymbol{\theta})}{\mathrm{d}\boldsymbol{\theta}^2}-\boldsymbol{\delta}(\boldsymbol{v},\boldsymbol{h};\boldsymbol{\theta})\boldsymbol{\delta}(\boldsymbol{v},\boldsymbol{h};\boldsymbol{\theta})^{\mathrm{T}}\right)p(\boldsymbol{h}\mid\boldsymbol{v},\boldsymbol{\theta})\mathrm{d}\nu(\boldsymbol{h}) \tag{13.53}$$

可观测数据负归一化似然的黑塞矩阵如下：

$$\overline{\boldsymbol{H}}_n(\boldsymbol{\theta})=(1/n)\sum_{i=1}^{n}\boldsymbol{H}(\tilde{\boldsymbol{v}}_i;\boldsymbol{\theta}) \tag{13.54}$$

需要注意的是，列向量 $\boldsymbol{\delta}(\boldsymbol{v},\boldsymbol{h};\boldsymbol{\theta})$ 在没有缺失数据的情况下等于零(即与可观测数据记录 $\boldsymbol{v}$ 相关的掩码向量 $\boldsymbol{m}$ 是一个全 1 向量)。在无缺失数据的情况下，式(13.53)右边的第二项消失，使得可观测数据负归一化对数似然黑塞矩阵简化为完整数据负归一化对数似然黑塞矩阵公式。

式(13.53)可以对可观测数据似然函数的黑塞矩阵半正定条件给出重要启示。假设完整数据似然函数的黑塞矩阵在参数空间上是半正定的。也就是说，式(13.53)右边的第一项是半正定的。即使在该情况下，式(13.53)也表明可观测数据似然的黑塞矩阵在参数空间上不是半正定的，因为它是两个半正定矩阵的差。然而，假设参数空间存在一个凸区域 Ω，在其上完整数据似然的黑塞矩阵是正定的，而且缺失量足够小，因此式(13.53)右边第二项在 Ω 上足够小。在这种情况下，可观测数据的负归一化对数似然黑塞矩阵在 Ω 上是正定的，这表明可观测数据的负归一化对数似然函数在 Ω 上是凸的。 △

练习

13.2-1. (在最大似然假设下基于经验风险函数构建概率模型)将练习 13.1-1、练习 13.1-2、练习 13.1-3、练习 13.1-4、练习 13.1-5、练习 13.1-6 和练习 13.1-7 中的经验风险函数解释为负归一化对数似然函数。讨论这些经验风险函数中必须具备什么假设，才能使经验风险函数的拟最大似然估计值以概率 1 收敛到严格局部极小值点。

13.3 最大后验估计方法

最大似然估计方法参数估计的目标是选择一个参数值 $\boldsymbol{\theta}$，通过最大化基于 $\boldsymbol{\theta}$ 的 $p(\mathcal{D}_n\mid\boldsymbol{\theta})$，使观测数据 $\mathcal{D}_n$ 最有可能出现。该目标在概念上与真实目标不太相符。更好的计算目标是，对于给定的数据集 $\mathcal{D}_n$，寻找最大化 $p(\boldsymbol{\theta}\mid\mathcal{D}_n)$ 的参数值 $\boldsymbol{\theta}$。也就是说，找到基于观测数据 $\mathcal{D}_n$ 最可能的参数值 $\boldsymbol{\theta}$。这种估计参数向量 $\boldsymbol{\theta}$ 的策略称为最大后验(Maximum A Posteriori，MAP)估计。

特别地，后验密度为

$$p(\boldsymbol{\theta} \mid \mathcal{D}_n)=\frac{p(\mathcal{D}_n \mid \boldsymbol{\theta}) p_\theta(\boldsymbol{\theta})}{p(\mathcal{D}_n)} \tag{13.55}$$

其中，p_θ 称为参数先验。为了正确定义 $\widetilde{\boldsymbol{\theta}}$ 和 $\widetilde{\mathcal{D}}_n$ 的联合分布，参数先验密度 p_θ 是必需的。参数先验密度 p_θ 明确了基于 $\widetilde{\boldsymbol{\theta}}$ 概率分布的先验置信度(进一步讨论见 13.3.1 节)。

式(13.55)右边的分母称为边缘似然。由于边缘似然 $p(\mathcal{D}_n)$独立于参数向量 $\boldsymbol{\theta}$，因此，通过简单最大化式(13.55)右侧分子即可实现式(13.55)左侧的最大化。

13.3.1　参数先验与超参数

参数先验 p_θ 给出了选择不同参数值的似然信息表示的简便方法，从而加速了学习过程并提高了泛化性能。可以将参数先验 p_θ 看作学习机的暗示。如果该暗示有效，则加速学习，提高泛化性能。如果该暗示无效，则影响学习，学习机的泛化性能可能会下降。不建议将 p_θ 看作 $\boldsymbol{\theta}$ 是“真实参数值”的似然度，因为在模型误判的情况下，该说法是毫无意义的。

与在贝叶斯参数估计框架内选择参数先验 p_θ 相关的一个重要问题是，随机变量 $\widetilde{\boldsymbol{\theta}}$ 是不可观测的，而且独立于观测数据。因此，p_θ 是学习机对参数向量 $\boldsymbol{\theta}$ 的先验置信度。也就是说，$p_\theta(\boldsymbol{\theta})$表示 $\boldsymbol{\theta}$ 为学习机参数值良好选择的置信度。现在考虑构建 p_θ 的两个重要策略。

首先，可以选择一个模糊参数先验，例如对不可能的参数值取零的均匀分布。其基本想法是对 θ 的可能值域设置弱约束。例如，对于$|\theta|<500$，可指定 $p_\theta(\theta)=1/1000$，对于$|\theta|\geqslant 500$，$p_\theta(\theta)=0$。也可选择高斯分布。均匀分布的参数值值域或与高斯分布相关的方差可通过学习机环境的先验知识获得，也可根据先前实际度量的统计环境属性来确定。尽管对于建模者来说，弱先验知识约束可能相对明显(例如，不想使用一个 θ 为某个极小或极大数字的模型，即使这是估计值)，但这种约束对于估计算法而言并不显著。“先验”概念是建模者传递的基于预期参数值范围的模糊先验知识，随着采集更多数据，这种先验知识的影响将(通常)变得可以忽略不计，这会在下一小节解释。

选择参数先验的第二个策略是使用一些数据估计先验。理想情况下，用于估计先验的数据集应该与用于估计模型参数的训练数据集不同。基于某些数据估计的参数先验称为经验参数先验。假设参数先验 p_θ 用来计算后验密度 $p(\boldsymbol{\theta} \mid \mathcal{D}_n)$。表征参数先验的参数称为“超参数”。

定义 13.3.1(超参数)　设 $\mathcal{M} \equiv \{p(\boldsymbol{x} \mid \boldsymbol{\theta}): \boldsymbol{\theta} \in \Theta\}$ 为概率模型。参数先验模型 $\mathcal{M}_\theta \equiv \{p_\theta(\boldsymbol{\theta} \mid \boldsymbol{\eta}): \boldsymbol{\eta} \in \zeta\}$是 $\mathcal{M}$ 的参数先验密度集，则 $\boldsymbol{\eta} \in \zeta$ 称为 $\mathcal{M}_\theta$ 的超参数。□

在一些特殊情况下，给定数据集 $\mathcal{D}_n$ 后验密度 $p(\boldsymbol{\theta} \mid \mathcal{D}_n)$的参数与 p_θ 参数形式相同。因此，如果得到新的数据集 $\ddot{\mathcal{D}}_n$，那么密度 $p(\boldsymbol{\theta} \mid \mathcal{D}_n)$可以作为计算后验密度 $p(\boldsymbol{\theta} \mid \ddot{\mathcal{D}}_n)$的参数先验，前提是 $\mathcal{D}_n$ 为一个已知常数。在这种特殊情况下，参数先验称为后验密度的“共轭密度”。

定义 13.3.2(共轭先验密度)　假设 $\mathcal{M}$ 是基于某支集规范测度 ν 定义的概率密度函数集合。设 $p_\theta \in \mathcal{M}_\theta$。对于每个 $p(\cdot \mid \boldsymbol{\theta}) \in \mathcal{M}$，若

$$p(\boldsymbol{\theta} \mid \mathcal{D}_n) \equiv \frac{p(\mathcal{D}_n \mid \boldsymbol{\theta}) p_\theta(\boldsymbol{\theta})}{\int p(\mathcal{D}_n \mid \boldsymbol{\theta}) p_\theta(\boldsymbol{\theta}) \mathrm{d}\boldsymbol{\theta}}$$

在 $\mathcal{M}_\theta$ 中，则称密度 $p_\theta: \Theta \rightarrow [0,\infty)$为 $p(\cdot \mid \boldsymbol{\theta})$基于 $\mathcal{M}_\theta$ 的共轭先验密度。□

例 13.3.1(高斯共轭先验)　设 $\sigma_e \in (0,\infty)$，$\boldsymbol{\theta}^{\mathrm{T}} \equiv [\boldsymbol{m}^{\mathrm{T}},\ \mathbf{vech}(\boldsymbol{C})] \in \mathcal{R}^d \times \mathcal{R}^{d(d-1)/2}$。在该例中，参数先验

$$p_\theta(\boldsymbol{m})=(\sigma_o\sqrt{2\pi})^{-1}\exp\left(-\frac{|\boldsymbol{m}|^2}{2\sigma_o^2}\right)$$

是基于超参数 σ_o 的如下概率模型共轭先验：

$$\mathcal{M}\equiv\{p(\cdot|\boldsymbol{\theta}):\boldsymbol{\theta}\in\Theta\}$$

其中对于 $p(\cdot|\boldsymbol{\theta})$ 支集中所有 $\boldsymbol{x}$，有

$$p(\boldsymbol{x}|\boldsymbol{\theta})=(2\pi)^{-d/2}(\det(\boldsymbol{C}))^{-1/2}\exp[-(1/2)(\boldsymbol{x}-\boldsymbol{m})^{\mathrm{T}}\boldsymbol{C}^{-1}(\boldsymbol{x}-\boldsymbol{m})]$$

设 $p(\mathcal{D}_n|\boldsymbol{\theta})=\prod_{i=1}^{n}p(\boldsymbol{x}_i|\boldsymbol{\theta})$，这表明：

$$p(\boldsymbol{\theta}|\mathcal{D}_n)=(1/Z)\exp\left(-\frac{1}{2}\sum_{i=1}^{n}(\boldsymbol{x}_i-\boldsymbol{m}^{\mathrm{T}})\boldsymbol{C}^{-1}(\boldsymbol{x}_i-\boldsymbol{m})-\frac{|\boldsymbol{m}|^2}{2\sigma_o^2}\right)$$

它是 $\mathcal{D}_n$ 条件下的多元高斯密度，其函数形式与 p_θ 相同。　△

13.3.2　最大后验风险函数

定义 13.3.3（MAP 风险函数）　设 $\Theta\subseteq\mathcal{R}^q$ 是一个非空的有界闭集，$\tilde{\boldsymbol{\theta}}$ 是一个基于 Radon-Nikodým 密度参数先验 $p_\theta:\mathcal{R}^q\to[0,\infty)$ 的 q 维随机向量。$\tilde{\mathcal{D}}_n\equiv[\tilde{\boldsymbol{x}}_1,\cdots,\tilde{\boldsymbol{x}}_n]$ 是基于相同 Radon-Nikodým 密度 $p_e(\cdot|\boldsymbol{\theta}):\mathcal{R}^d\to[0,\infty)$ 的独立同分布 d 维随机向量序列，$\boldsymbol{\theta}\in\Theta$。设

$$\mathcal{M}=\{p(\cdot|\boldsymbol{\theta}):\boldsymbol{\theta}\in\Theta\}$$

是一个概率模型，$\mathcal{M}$ 的每个元素均在 p_e 支集中。MAP 风险函数定义为函数 $p:\Theta\times\mathcal{R}^{d\times n}\to[0,\infty)$，对于所有 $\boldsymbol{\theta}\in\Theta$，有

$$p(\boldsymbol{\theta}|\mathcal{D}_n)=\frac{p(\mathcal{D}_n|\boldsymbol{\theta})p_\theta(\boldsymbol{\theta})}{p(\mathcal{D}_n)}\tag{13.56}$$

其中，$p(\mathcal{D}_n|\boldsymbol{\theta})\equiv\prod_{i=1}^{n}p(\boldsymbol{x}_i|\boldsymbol{\theta})$。

MAP 估计值

$$\bar{\boldsymbol{\theta}}_n\equiv\arg\max_{\boldsymbol{\theta}\in\Theta}p(\boldsymbol{\theta}|\mathcal{D}_n)$$

为参数空间 Θ 上 MAP 风险函数的全局极大值点。密度 $p(\cdot|\mathcal{D}_n)$ 称为贝叶斯后验密度。　□

由于式(13.56)的分母 $p(\mathcal{D}_n)$ 在参数空间 Θ 上是常数，所以简单地将式(13.56)的分子 $p(\mathcal{D}_n|\boldsymbol{\theta})p_\theta(\boldsymbol{\theta})$ 最大化即可获得 MAP 估计值，无须直接将式(13.56)最大化。考虑到这一点，MAP 风险函数通常的定义方法是，选择

$$c(\boldsymbol{x},\boldsymbol{\theta})\equiv-\log(p(\mathcal{D}_n|\boldsymbol{\theta})p_\theta(\boldsymbol{\theta}))=-\log\left(p_\theta(\boldsymbol{\theta})\prod_{i=1}^{n}p(\boldsymbol{x}_i|\boldsymbol{\theta})\right)$$

得到 MAP 惩罚经验风险函数

$$\bar{\ell}_n(\boldsymbol{\theta})=-(1/n)\log p_\theta(\boldsymbol{\theta})-(1/n)\sum_{i=1}^{n}\log p(\tilde{\boldsymbol{x}}_i|\boldsymbol{\theta})\tag{13.57}$$

假设 p_θ 严格为正，并且在有界闭参数空间 Θ 上连续，且 $\hat{\boldsymbol{\theta}}_1,\hat{\boldsymbol{\theta}}_2,\cdots$ 以概率 1 在 Θ 中，那么马上可以得出随 $n\to\infty$，$-(1/n)\log p_\theta(\boldsymbol{\theta})\to0$ 概率为 1。因此，给定适当正则条件，MAP 经验风险函数 $\bar{\ell}_n$ 和最大似然经验风险函数 $\hat{\ell}_n$ 均以概率 1 一致收敛到 Kullback-Leibler 信息准则加某个常数(见定理 13.1.1)。

秘诀框 13.2 基于模型的风险函数设计

- **步骤 1** 明确定义概率模型。设
$$\mathcal{M} \equiv \{p(\boldsymbol{x}|\boldsymbol{\theta}):\boldsymbol{\theta} \in \Theta\}$$
为概率模型。需要注意的是，$\mathcal{M}$ 中每个元素为某环境事件 $\boldsymbol{x}$ 基于学习机知识状态 $\boldsymbol{\theta}$ 的似然度。
- **步骤 2** 明确定义模型的参数先验。设 $p_\theta(\boldsymbol{\theta})$
为模型 $\mathcal{M}$ 的参数先验。注意，p_θ 只与 $\boldsymbol{\theta}$ 相关，与数据 $\boldsymbol{x}$ 无关。
- **步骤 3** 构建 MAP 风险函数。设
$$\hat{\ell}_n(\boldsymbol{\theta}) = (1/n)k(\boldsymbol{\theta}) + (1/n)\sum_{i=1}^{n} c(\boldsymbol{x}_i;\boldsymbol{\theta})$$
其中，$k(\boldsymbol{\theta}) \equiv -\log p_\theta(\boldsymbol{\theta})$ 且 $c(\boldsymbol{x}_i;\boldsymbol{\theta}) = -\log p(\boldsymbol{x}|\boldsymbol{\theta})$。

需要注意的是，式(13.57)中的 MAP 风险函数有一个重要语义解释。在学习初始阶段(当 n 较小时)，由 p_θ 表示的先验知识对学习机的影响较大，而负归一化对数似然项
$$-(1/n)\sum_{i=1}^{n} \log p(\boldsymbol{x}_i|\boldsymbol{\theta})$$
(代表“经验影响”)影响较小。当 $n \to \infty$ 时，先验知识的影响(即先验 p_θ 的影响)可忽略不计，MAP 估计逐渐等同于最大似然估计。

给定概率模型和参数先验，可轻松为学习机构建一个 MAP 经验风险函数(见秘诀框 13.2)。另外，在许多机器学习应用中，经验风险函数通常作为学习机的目标函数，但不会提供概率模型。Golden(1988a，1988c)建议，如果假设学习机是一种 MAP 估计算法，那么在某些情况下，可以根据经验风险函数推导出学习机概率模型。秘诀框 13.2 给出了这种构造方法，这很简单，但需要假设学习机的经验风险函数可解释为 MAP 经验风险函数。

秘诀框 13.3 基于经验风险函数的模型设计

- **步骤 1** 明确定义惩罚经验风险函数。设 Θ 为 $\mathcal{R}^q$ 的有界闭凸子集。设 $k:\mathcal{R}^q \to \mathcal{R}$ 和 $c:\mathcal{R}^d \times \mathcal{R}^q \to \mathcal{R}$ 为连续随机函数。给出惩罚经验风险函数：
$$\hat{\ell}_n(\boldsymbol{\theta}) = (1/n)k(\boldsymbol{\theta}) + (1/n)\sum_{i=1}^{n} c(\boldsymbol{x}_i;\boldsymbol{\theta})$$
其中，$\boldsymbol{\theta}$ 为 q 维参数向量，且 n 个 d 维向量 $\boldsymbol{x}_1,\cdots,\boldsymbol{x}_n$ 表示训练数据。
- **步骤 2** 明确定义统计环境。假设 $\boldsymbol{x}_1,\cdots,\boldsymbol{x}_n$ 是基于关于支集规范测度 ν 定义的相同 Radon-Nikodým 密度 $p_e:\mathcal{R}^d \to [0,\infty)$ 的 n 个独立同分布 d 维随机向量的随机序列实例。
- **步骤 3** 尝试将损失转化为似然度。确定 $\tilde{\boldsymbol{x}}$ 的支集 S，定义关于支集 S 的概率密度 $p(\boldsymbol{x}|\boldsymbol{\theta})$，使得损失函数 $c(\boldsymbol{x};\boldsymbol{\theta}) = -\log p(\boldsymbol{x}|\boldsymbol{\theta})$。
- **步骤 4** 尝试将惩罚函数转为先验知识。确定 $\tilde{\boldsymbol{\theta}}$ 的支集 S_θ，定义关于支集 S 的概率密度 p_θ，使得惩罚项 $k(\boldsymbol{\theta}) = \log p_\theta(\boldsymbol{\theta})$。此外，选择 p_θ，使得 p_θ 在 Θ 上连续且为正。
- **步骤 5** 将估计转为 MAP 估计。基于所构建的概率模型，学习机的参数估计算法可转为 MAP 估计算法。

例 13.3.2(基于惩罚最小二乘估计的 MAP 估计)　考虑一个监督学习机，目标是给定 $d-1$ 维的输入模式向量 $\boldsymbol{s}_i(i=1,\cdots,n)$，学习生成期望标量响应 y_i。假设该学习机需要找到惩罚经验风险函数

$$\hat{\ell}_n(\boldsymbol{\theta})=(1/n)k(\boldsymbol{\theta})+(1/n)\sum_{i=1}^{n}c([y_i,\boldsymbol{s}_i],\boldsymbol{\theta}) \tag{13.58}$$

的最小值，其中 c 和 k 是连续可微随机函数。鉴于假设学习机的目标是给定观测数据最大化参数似然度，构建一个与此目标和式(13.58)一致的概率模型(见秘诀框 13.3)。

解　首先，假设$(\boldsymbol{s}_1,y_1),\cdots,(\boldsymbol{s}_n,y_n)$是 n 个独立同分布 d 维随机向量的随机序列$(\widetilde{\boldsymbol{s}}_1,\widetilde{y}_1),\cdots,(\widetilde{\boldsymbol{s}}_n,\widetilde{y}_n)$的实例。这些随机向量均基于关于支集规范测度 ν 定义的相同密度 $p_e:\mathcal{R}^d\to[0,\infty)$。

其次，假设存在一个概率密度函数 $p(y_i|\boldsymbol{s}_i;\boldsymbol{\theta})$，使得

$$c([y_i,\boldsymbol{s}_i],\boldsymbol{\theta})=-\log(p(y_i|\boldsymbol{s}_i;\boldsymbol{\theta})p_s(\boldsymbol{s}_i))$$

其中，$p_s(\boldsymbol{s})$是输入模式向量 $\boldsymbol{s}$ 输入至学习机的概率。因此，

$$p(y|\boldsymbol{s};\boldsymbol{\theta})=\exp(-c([y,\boldsymbol{s}];\boldsymbol{\theta}))/Z(\boldsymbol{\theta},\boldsymbol{s})$$

其中

$$Z(\boldsymbol{\theta},\boldsymbol{s})=\int\exp(-c([y,\boldsymbol{s}];\boldsymbol{\theta}))\mathrm{d}\nu(y)$$

假设 $Z(\boldsymbol{\theta},\boldsymbol{s})$是有限的。

最后，将惩罚函数转为参数先验 p_θ 定义的先验知识，使得$-\log p_\theta(\boldsymbol{\theta})=k(\boldsymbol{\theta})$或 $p_\theta(\boldsymbol{\theta})=\exp(-k(\boldsymbol{\theta}))/Z(\boldsymbol{\theta})$，其中归一化常数 $Z(\boldsymbol{\theta})\equiv\int\exp(-k(\boldsymbol{\theta}))\mathrm{d}\boldsymbol{\theta}$ 有限。　△

13.3.3　最大后验估计的贝叶斯风险解释

为了说明问题，假设参数空间 Θ 是离散的，随机参数向量只能取有限数量的值。这相当于参数向量的每个元素由一个有限精度的数字而不是无限精度的数字表示。参数估计值 $\hat{\boldsymbol{\theta}}_n$ 的每个可能的有限选择都有概率

$$p(\boldsymbol{\theta}|\mathcal{D}_n)=\frac{p(\mathcal{D}_n|\boldsymbol{\theta})p_\theta(\boldsymbol{\theta})}{p(\mathcal{D}_n)}$$

它是给定观测数据 $\mathcal{D}_n$ 下 $\boldsymbol{\theta}$ 的概率。设 $\boldsymbol{\theta}^*$ 为参数向量，确定了概率模型中的概率分布，在某种意义上最接近数据生成过程。然后，MAP 估计的逻辑是选择似然度最高的参数向量 $\hat{\boldsymbol{\theta}}_n$ 作为 $\boldsymbol{\theta}^*$ 估计值，使得对于参数空间 Θ 中所有 $\boldsymbol{\theta}$，有 $p(\hat{\boldsymbol{\theta}}_n|\mathcal{D}_n)\geqslant p(\boldsymbol{\theta}|\mathcal{D}_n)$。需要注意的是，当参数空间是一个有限集时，MAP 估计相当于最小化错误决策准则概率。

设 $u:\Theta\to\mathcal{R}$ 为一个损失函数，$u(\boldsymbol{\theta},\boldsymbol{\eta})$为学习机参数向量为 $\boldsymbol{\theta}$ 而非 $\boldsymbol{\eta}$ 的惩罚。当参数空间离散时，贝叶斯估计值(离散情况)对应于下式的全局极小值点：

$$\ell_n(\boldsymbol{\theta})=\sum_{\boldsymbol{\eta}\in\Theta}u(\boldsymbol{\theta},\boldsymbol{\eta})p(\boldsymbol{\eta}|\mathcal{D}_n) \tag{13.59}$$

对于 MAP 估计(即最小化错误决策准则概率)，有

$$u(\boldsymbol{\theta},\boldsymbol{\eta})=1\quad\boldsymbol{\theta}\neq\boldsymbol{\eta}$$
$$u(\boldsymbol{\theta},\boldsymbol{\eta})=0\quad\boldsymbol{\theta}=\boldsymbol{\eta}$$

这种最小化错误选择概率策略是存在潜在问题的，因为该选择策略假设选择与最优参数向量非常相似的参向量所受惩罚损失不会经过适当的调整。例如，假设正确参数向量是 $\boldsymbol{\eta}=$

$[0,0,0]$。如果选择参数向量 $\hat{\boldsymbol{\theta}}_n^1=[10^{-5},0,10^{-1}]$MAP 风险函数的惩罚损失 $u(\boldsymbol{\eta},\boldsymbol{\theta}_n^1)=1$，该参数向量在数值上类似于 $\boldsymbol{\theta}=\mathbf{0}$，但如果选择参数向量 $\hat{\boldsymbol{\theta}}_n^2=[100,1000,-500]$，惩罚损失也是 $u(\boldsymbol{\eta},\boldsymbol{\theta}_n^2)=1$，但这个参数向量与 $\boldsymbol{\theta}=\mathbf{0}$ 在数值上差异较大。

理想情况下，若惩罚损失 $u(\boldsymbol{\theta}_n^1,\boldsymbol{\eta})$少于 $u(\boldsymbol{\theta}_n^2,\boldsymbol{\eta})$，从 $\boldsymbol{\theta}_n^1$ 接近于 $\mathbf{0}$ 的角度出发，则认为损失函数定性反映了估计值 $\boldsymbol{\theta}_n^1$ 优于估计值 $\boldsymbol{\theta}_n^2$。

一般来讲，贝叶斯估计值(一般形式)对应于最小化期望损失函数

$$\ell_n(\boldsymbol{\eta})=\int_{\boldsymbol{\theta}\in\Theta}u(\boldsymbol{\eta},\boldsymbol{\theta})p(\boldsymbol{\theta}\mid\mathcal{D}_n)\mathrm{d}\boldsymbol{\theta} \tag{13.60}$$

的参数估计。

MAP 估计值与式(13.60)中一般形式的贝叶斯估计值的关系可以从几个方面进行探讨。将 MAP 估计值作为贝叶斯估计值的第一种语义解释是假设定义损失函数 u：如果 $|\boldsymbol{\eta}-\boldsymbol{\theta}|<\delta$，则 $u(\boldsymbol{\eta},\boldsymbol{\theta})=0$，否则 $u(\boldsymbol{\eta},\boldsymbol{\theta})=1$。在这种情况下，当 δ 为一个非常小的正数时，它类似于之前 MAP 估计的离散分析。由此产生的贝叶斯估计值本质上并非 MAP 估计值，但在许多情况下，若 δ 足够小且密度 $p(\boldsymbol{\theta}\mid\mathcal{D}_n)$足够平滑，则可作为一个合理的近似值。

将 MAP 估计值作为贝叶斯估计值的第二种语义解释是假设平方误差损失 $u(\boldsymbol{\eta},\boldsymbol{\theta})=|\boldsymbol{\eta}-\boldsymbol{\theta}|^2$。与最小误差损失函数概率不同，对于 $\boldsymbol{\eta}$ 和 $\boldsymbol{\theta}$ 是实向量的情况，平方误差损失函数比较有吸引力，因为损失值大小会随着 $\boldsymbol{\eta}$ 和 $\boldsymbol{\theta}$ 间欧氏距离相异性的增加而增加。基于平方误差损失函数的贝叶斯估计最小值称为最小均方估计。

把平方误差损失函数代入式(13.60)，可以得到：

$$\ell_n(\boldsymbol{\theta})=\int_{\boldsymbol{\eta}\in\Theta}|\boldsymbol{\theta}-\boldsymbol{\eta}|^2p(\boldsymbol{\eta}\mid\mathcal{D}_n)\mathrm{d}\boldsymbol{\eta} \tag{13.61}$$

现设

$$\frac{\mathrm{d}\ell_n}{\mathrm{d}\boldsymbol{\theta}}=\int_{\boldsymbol{\eta}\in\Theta}2(\boldsymbol{\theta}-\boldsymbol{\eta})p(\boldsymbol{\eta}\mid\mathcal{D}_n)\mathrm{d}\boldsymbol{\eta}=2\boldsymbol{\eta}-2\int_{\boldsymbol{\eta}\in\Theta}\boldsymbol{\eta}p(\boldsymbol{\eta}\mid\mathcal{D}_n)\mathrm{d}\boldsymbol{\eta}$$

等于一个零向量，当 $\boldsymbol{\theta}$ 等于后验密度 $p(\boldsymbol{\eta}\mid\mathcal{D}_n)$的均值 $\overline{\boldsymbol{\eta}}$ 时，$\mathrm{d}\ell_n/\mathrm{d}\boldsymbol{\theta}$ 消失。

$$\overline{\boldsymbol{\eta}}\equiv\int_{\boldsymbol{\eta}\in\Theta}\boldsymbol{\eta}p(\boldsymbol{\eta}\mid\mathcal{D}_n)\mathrm{d}\boldsymbol{\eta}$$

因此，$\boldsymbol{\theta}=\overline{\boldsymbol{\eta}}$ 为 $\ell_n(\boldsymbol{\theta})$的临界点。鉴于

$$\frac{\mathrm{d}^2\ell_n}{\mathrm{d}\boldsymbol{\theta}^2}=2\boldsymbol{I}$$

为整个参数空间上的正定矩阵，根据严格全局极小值点判别定理(定理 5.3.7)，$\overline{\boldsymbol{\eta}}$ 是参数空间上 ℓ_n 的唯一严格全局极小值点。

因此，通过分析发现，后验密度 $p(\boldsymbol{\theta}\mid\mathcal{D}_n)$的均值 $\overline{\boldsymbol{\eta}}$ 是基于平方误差损失函数的贝叶斯风险函数的极小值点。如果后验密度的 MAP 估计值(即后验密度模式)和后验平均估计值 $\overline{\boldsymbol{\eta}}$ 相同，则 MAP 估计和最小化基于平方误差损失函数的贝叶斯风险函数相同。

定理 15.2.1 给出了确保后验密度 $p(\boldsymbol{\theta}\mid\mathcal{D}_n)$近似为高斯密度的充分条件。因此，在定理 15.2.1 条件成立的情况下，如果样本量 n 足够大，MAP 估计值和后验平均估计值近似相等。

练习

13.3-1. (基于 MAP 假设根据风险函数构建概率模型)用练习 13.1-1、练习 13.1-2、练习 13.1-3、练习 13.1-4、练习 13.1-5、练习 13.1-6 和练习 13.1-7 中的每个经验风险函

数，结合高斯先验、伽马先验、均匀先验和双曲正割先验构造 MAP 估计的目标函数。

13.3-2. （确定估计值收敛条件）基于经验风险极小值点收敛定理，给出保证练习 13.3-1 中所构建目标函数的 MAP 估计值收敛条件。

13.4 扩展阅读

模型误判框架

需要强调的是，本章（以及随后的第 14、15 和 16 章）中提出的理论框架并不要求学习机假设的环境概率模型正确。本章所提框架基于（White，1982，1994；Golden，1995，2003）的框架。

非凸函数局部极小值点的一致估计

在许多机器学习应用中，风险函数可能是具有许多严格局部极小值的多峰函数。任何综合估计和推理理论都必须能够处理这种情况。例如，在机器学习文献中，bootstrap 和交叉验证方法被广泛应用于估计采样误差。bootstrap 方法（见第 14 章）假设收敛到严格局部极小值点并且不要求收敛到经验风险函数在参数空间上的全局极小值点。与 bootstrap 方法一样，本章以及第 15 章和第 16 章提出的数学理论也适用于局部概率模型（见定义 10.1.9），其参数空间为经验风险函数严格局部极小值点的邻域。

在数理统计文献中，人们经常仅使用基于局部而非全局唯一性假设的估计和推理。基本上，m 估计或最大似然估计的每一步均只要求局部唯一性假设（Serfling，1980）[144~145,248~250]，但在机器学习文献中，只要求局部唯一性假设的优势是没有体现的。仅要求局部唯一性对于机器学习文献非常重要，因为在许多涉及非凸经验风险函数的机器学习应用中，经常无法满足严格全局唯一性要求。

经验风险函数收敛定理

经验风险函数收敛定理基本上是统一大数定律的直接结论（Jennrich，1969；White，1994，2001；van der Vaart，1998）。文献（White，1994，2001；Davidson，2002）对适用于相关随机序列和非平稳随机序列的一般统一大数定律进行了深度回顾。最后，需要强调的是，经验风险极小值点收敛定理中给出的条件要更强[见文献（White，1994）的定理 3.4]，但这里提出的条件在许多重要工程应用中是相对容易验证的。

Golden（2003）讨论了有界 τ 依赖随机序列的经验风险函数收敛定理。经验风险极小值点收敛定理是出于实际和教学考虑而构建的。大多数已发表的经验风险极小值点收敛定理假定条件较弱，适用于更广泛的统计环境（Serfling，1980；White，1982，1994；Winkler，2003；van der Vaart，1998）。经验风险极小值点收敛定理所定义的估计值在统计学文献中称为 M 估计值（Huber，1964，1967；Serfling，1980；van der Vaart，1998）。在统计学文献中，“增强数据策略”称为“混合估计”（Theil & Goldberger，1961；Montgomery & Peck，1982）。

最大似然估计

最大似然估计是数理统计学（Serfling，1980；van der Vaart，1998；White，1994，2001；

Davidson，2002)以及机器学习(Hastie et al.，2001)中的标准内容。拟最大似然估计在数理统计文献中经常基于 M 估计分析(Huber，1967；Serfling，1980；van der Vaart，1998；Davidson，2002)，但模型误判的理论源于计量经济学文献(White，1982，1994)。

关于伪最大似然估计的分析可参见文献(Winkler，2003；Besag，1974)。伪最大似然估计是由 Besag(1975)引入马尔可夫随机场文献的。Varin 等人(2011)对伪最大似然估计进行了最新回顾。信息论介绍可参阅文献(Cover & Thomas，2006；MacKay，2003)。

缺失数据时的最大似然估计

关于缺失数据时的最大似然估计的讨论可参阅文献(Little & Rubin，2002；McLachlan & Krishnan，2008；Golden et al.，2019)。

MAP 估计和贝叶斯估计

MAP 估计和贝叶斯估计是数理统计(Berger，2006；Lehman & Casella，1998)与机器学习(Hastie et al.，2001；Murphy，2012；Duda et al.，2001)的常见主题。Golden(1988a，1988c)给出了为机器学习算法构建概率模型的思路，即假设机器学习算法的分类算法是一种 MAP 估计算法。

CHAPTER14

第 14 章

泛化评估模拟方法

学习目标：

- 交叉验证泛化误差估计。
- bootstrap 收敛定理应用。
- 非参数 bootstrap 泛化误差估计。
- 参数 bootstrap 决策误差估计。

统计量是随机样本的简单函数，它明确了随机样本的特定特征。在实际操作中，统计推理是建立在统计量行为基础上的。

基于随机样本的特定实例(即一个特定的数据集)计算出来的统计数据估计和推理几乎均有偏。图 14.1 显示了用一个正确线性回归模型拟合基于同一随机样本的两组不同的 n 个观测值实例的结果。尽管模型正确，但得到的是两个不同的参数。参数估计值的差异是由采样误差导致的。

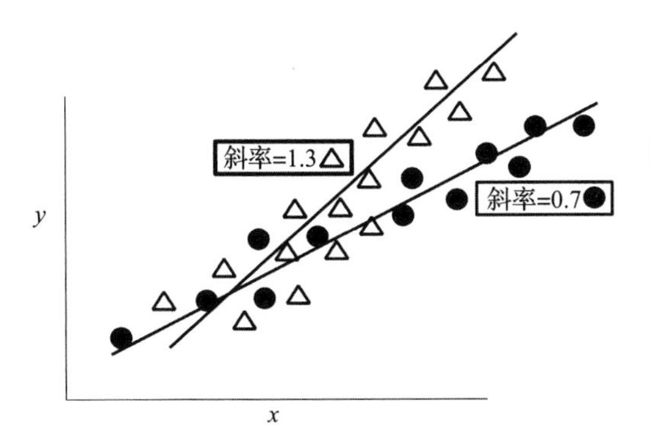

图 14.1 基于同一 DGP 生成的两个数据集的线性回归模型拟合。即使两个数据集是从完全相同的统计环境生成的，两个模型的参数也不同。参数估计值的差异是由数据集的有限样本量导致的。同一环境生成的数据集间的统计特征的变化引起的误差称为采样误差

将回归模型拟合到同一随机样本的多个实例具有以下几个优点。首先，可以更好地表征给定样本量 n 时参数估计值的变化或采样误差。其次，通过平均不同样本量 n 下的参数估计值，可得到一个新的估计值，该新值一般优于单独样本的参数估计值。反过来说，存在的不足是，在实际操作中对同一随机样本进行多次采样会增加计算成本。

一种能够降低额外数据采集成本但仍可实现同一样本多次采样的方法是，将现有数据集一分为二。一部分数据集称为“训练数据集”，用于估计模型参数。模型对训练数据集的拟合称为“训练数据模型拟合”。剩余部分数据集称为“测试数据集”，用于评估基于训练数据集估计参数的模型性能。模型对测试数据集的拟合只使用基于训练数据估计的参数，称为“测试数据模型拟合”。这种方法的目的是评估模型对于在学习过程中未使用过的新数据集的泛化性能。

图 14.2 展示了训练数据集和测试数据集的性能学习曲线。在该情况下，模型没有过拟合数据，表现出了良好的泛化性能。随着训练实例数量的增加，训练数据模型拟合度系统性地下降，这不仅表明优化算法正常，而且还说明学习机能够表征训练数据集的相关统计性规律。此外，随着训练实例数量的增加，测试数据模型拟合度也趋于下降，这表明训练数据集的统计性规律对测试数据集来说也适用。需要注意的是，模型在测试数据集上的平均性能通常比在训练数据集上的平均性能略差，这是因为测试数据集包含了学习机在训练过程中未观察过的测试样本。

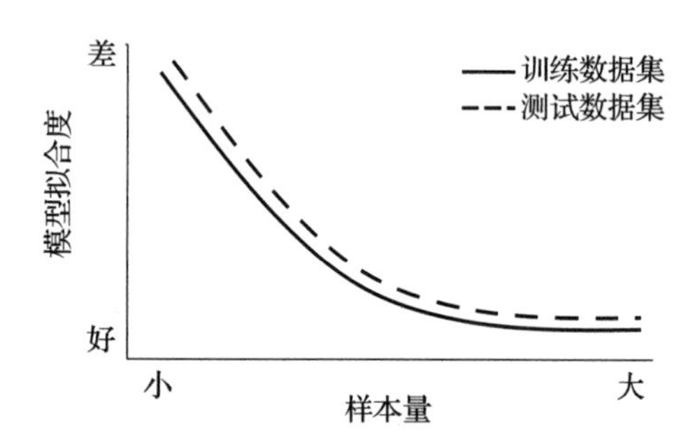

图 14.2　具有良好泛化性能的模型。随着样本量的增加，在不存在过拟合的情况下，模型对训练数据集和测试数据集的拟合度都将趋于下降。需要注意的是，模型对测试数据集的拟合度通常比对训练数据集的拟合度略差

图 14.3 给出了训练数据过拟合模型示例。与图 14.2 中展示的示例类似，随着更多的训练实例输入至学习机，模型对训练数据的拟合度提高。然而，在输入了一定数量训练实例后，模型对测试数据集的拟合度不断增加，但模型对训练数据集的拟合度继续下降。这种过拟合现象的一种解释为，在学习的初始阶段，学习机一直提取重要的统计性规律，这些规律对训练数据集和测试数据集都通用。在学习的后期阶段，当模型对训练数据集和测试数据集的拟合出现差异时，学习机提取存在于训练数据中但测试数据中没有的统计性规律。当学习机表示和学习数据生成过程的能力过于灵活、强大时，就会出现这种情况。

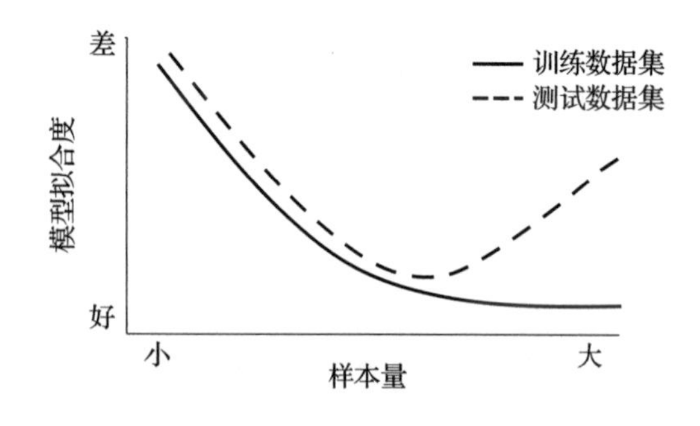

图 14.3　训练数据过拟合模型示例。随着样本量的增加，模型在训练数据集和测试数据集上的性能最初趋于下降，然而到了一定程度，模型在训练数据集上的拟合度将继续下降，而在测试数据集上的拟合度将开始上升

因此，图 14.2 和图 14.3 所示的训练-测试方法给出了是否存在采样误差(即基于固定样本量 n 数据集的统计特征变化)的重要启示。但是，虽然训练-测试方法(见算法 14.0.1)因其简单性而很有吸引力，但它也有一些问题。首先，只有一部分的数据样本用于估计，剩余部分的数据样本用于评估。因此，由训练数据和测试数据组成的完整数据集中可用信息量没有得

到充分利用。其次，如果关键统计性规律在训练数据集或测试数据集中恰巧不存在，但在另一个数据集中存在，那么使用训练-测试方法评估的模型的性能会不同于在训练数据集和测试数据集中同时存在(或同时不存在)这些关键统计性规律时的性能。

算法 14.0.1　训练-测试方法

1：**procedure** TRAINTEST(ℓ_n, $\{\mathcal{D}_n^1, \mathcal{D}_n^2\}$)
2：　$\boldsymbol{\theta}_n^1 \Leftarrow \arg\min_{\boldsymbol{\theta}} \ell_n(\mathcal{D}_n^1, \boldsymbol{\theta})$
3：　**return** $\boldsymbol{\theta}_n^1$　▷训练数据参数估计
4：　**return** $\ell_n(\mathcal{D}_n^1, \boldsymbol{\theta}_n^1)$　▷训练数据模型拟合度
5：　**return** $\ell_n(\mathcal{D}_n^2, \boldsymbol{\theta}_n^1)$　▷测试数据模型拟合度
6：**end procedure**

14.1　采样分布概念

14.1.1　K 折交叉验证

K 折交叉验证法是对训练-测试方法的改进。为了介绍该方法，请思考之前的训练-测试方法(见算法 14.0.1)。将数据集分成两部分，前一半用于估计参数，后一半用于评估基于前一半数据估计的参数的样本外预测误差。接下来，将后一半用于估计模型参数，前一半用于评估基于后一半数据估计的参数的样本外预测误差。最终的样本外预测误差是这两个样本外预测误差的均值。此为一个 2 折交叉验证的例子。

算法 14.1.1　K 折交叉验证

1：**procedure** KFOLDCROSSVALID(ℓ_n, $\mathcal{D}_n$)
2：　设$\{\mathcal{D}_m^1, \cdots, \mathcal{D}_m^K\}$是含 n 条记录的数据集的 $\mathcal{D}_n$ 的一个有限划分，$m=n/K$。
3：　**for** $j=1$ to K **do**
4：　　$\neg\,\mathcal{D}_{n-m}^j \equiv \{\mathcal{D}_m^1, \cdots, \mathcal{D}_m^{j-1}, \mathcal{D}_m^{j+1}, \cdots, \mathcal{D}_m^K\}$.
5：　　$\hat{\boldsymbol{\theta}}_{n-m}^j \equiv \arg\min \ell_{n-m}(\neg\,\mathcal{D}_{n-m}^j, \boldsymbol{\theta})$　▷$\neg\,\mathcal{D}_{n-m}^j$ 的参数估计值
6：　**end for**
7：　$\bar{\ell}_{n-m} \Leftarrow (1/K)\sum_{j=1}^{K} \ell_{n-m}(\neg\,\mathcal{D}_{n-m}^j, \hat{\boldsymbol{\theta}}_{n-m}^j)$　▷平均样本内模型拟合度
8：　$\bar{\ell}_m \Leftarrow (1/K)\sum_{j=1}^{K} \ell_m(\mathcal{D}_m^j, \hat{\boldsymbol{\theta}}_{n-m}^j)$　▷平均样本外模型拟合度
9：　$\hat{\sigma}_{n-m} \Leftarrow \sqrt{\frac{1}{K-1}\sum_{j=1}^{K}(\ell_{n-m}(\neg\,\mathcal{D}_{n-m}^j, \hat{\boldsymbol{\theta}}_{n-m}^j) - \bar{\ell}_{n-m})^2}$　▷样本内采样误差
10：　$\hat{\sigma}_m \Leftarrow \sqrt{\frac{1}{K-1}\sum_{j=1}^{K}(\ell_m(\mathcal{D}_m^j, \hat{\boldsymbol{\theta}}_{n-m}^j) - \bar{\ell}_m)^2}$　▷样本外采样误差
11：**end procedure**

算法 14.1.1 给出了基于 K 折交叉验证估计平均样本内模型拟合度、平均样本外模型拟合度、样本内采样误差和样本外采样误差的方法。含 n 个观测值的数据集首先被分成 K 组，每组由 $m=(n/K)$ 个观测值组成。选择 K 组中的一组作为第 j 个样本外组，基于其余的 $K-1$ 组估计参数，$j=1,\cdots,K$。使用 K 个样本外组的平均模型拟合度估计平均样本外模型拟合度，K 个样本外模型拟合度估计值的样本标准差是样本外拟合度采样误差的估计值。平均样本内模型拟合度和样本内采样误差也通过类似的方式计算。如果数据样本由 n 条记录组成，那么 n 折交叉验证(即 $K=n$)特别有效，但它也是计算要求最高的，因为它涉及 n 次参数估计和 $n-1$ 个观测值组成的数据集。n 折交叉验证法也被称为“留一”交叉验证法。

14.1.2 无穷数据的采样分布估计

定义 14.1.1(统计量) 设 $\tilde{\mathcal{D}}_n \equiv [\tilde{\boldsymbol{x}}_1,\cdots,\tilde{\boldsymbol{x}}_n]$ 是 n 个独立同分布的 d 维随机向量序列，这些随机向量基于关于支集规范测度 ν 定义的 Radon-Nikodým 密度 p_e。$\boldsymbol{\Upsilon}:\mathcal{R}^{d\times n}\rightarrow\mathcal{R}^r$ 是一个 Borel 可测函数。定义 $\hat{\boldsymbol{\Upsilon}}_n$ 的 DGP 采样密度为如下概率密度：

$$\hat{p}_e^n(\mathcal{D}_n)=\prod_{i=1}^{n}\hat{p}_e(\boldsymbol{x}_i)$$

□

定义 14.1.2(采样误差) 设 $\hat{\boldsymbol{\Upsilon}}_n$ 是一个统计量。$\hat{\boldsymbol{\Upsilon}}_n$ 的协方差矩阵迹的平方根称为 $\hat{\boldsymbol{\Upsilon}}_n$ 的采样误差。 □

K 折交叉验证算法(算法 14.1.1)中的样本内模型拟合度、样本内采样误差、样本外模型拟合度和样本外采样误差均为统计量。统计量的概率分布称为采样分布。采样分布的标准差称为采样误差。

不幸的是，在实践中，$\hat{\boldsymbol{\Upsilon}}_n$ 的 DGP 采样密度 p_e^n 不可直接观测，但是，它的频率直方图可以通过基于数据生成过程中产生的 m 个 n 条数据记录的数据集来模拟。针对这 m 个数据集计算统计量 $\hat{\boldsymbol{\Upsilon}}_n$。然后，记录统计量 $\hat{\boldsymbol{\Upsilon}}_n$ 落入有限个直方的次数百分比。可将该结果绘制为频率直方图，如图 14.4 所示。

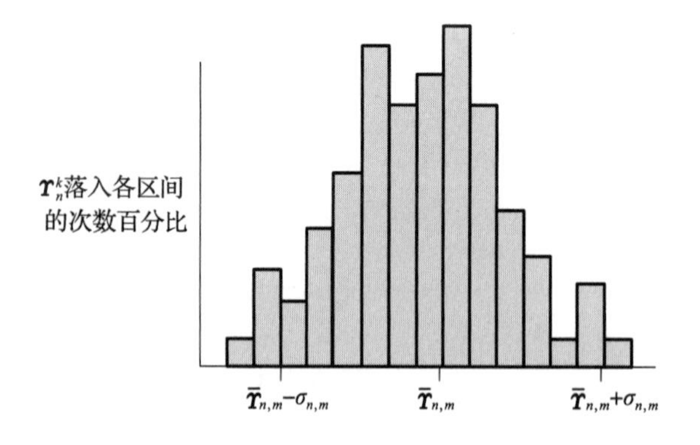

图 14.4 基于固定样本量 n 的统计量 $\tilde{\boldsymbol{\Upsilon}}_n^k$ 的 m 个观测值集合 $\{\boldsymbol{\Upsilon}_n^1,\cdots,\boldsymbol{\Upsilon}_n^k,\cdots,\boldsymbol{\Upsilon}_n^m\}$ 的频率直方图。频率直方图近似等于统计量 $\hat{\boldsymbol{\Upsilon}}_n^m$ 的概率密度。随着 m 的增加，直方图的近似质量趋于提高。此外，固定样本量为 n 时的统计量 $\hat{\boldsymbol{\Upsilon}}_n^m$ 的 m 个观测值的均值 $\bar{\boldsymbol{\Upsilon}}_{n,m}$ 和标准差 $\sigma_{n,m}$ 分别对应于优化后的 $\hat{\boldsymbol{\Upsilon}}_n^m$ 期望估计值和采样误差

当数据集的数量 m 很大时，频率直方图更接近固定样本量 n 的 $\hat{\boldsymbol{\Upsilon}}_n$ 概率密度函数。为了表征与 n 个数据样本相关的采样误差，数据集的数量 m 应设置得非常大。增加数据集的数量 m 可以提高频率直方图的似然度。该平均采样误差可以看作 13.3.3 节中讨论的最小均方估计值。增加样本量 n 将减少 $\hat{\boldsymbol{\Upsilon}}_n^k$ 的采样误差。$\hat{\boldsymbol{\Upsilon}}_n^k$ 的采样误差对应于图 14.4 中频率直方图的标准差。

算法 14.1.2 显示了如何使用该概念来估计统计量 $\hat{\boldsymbol{\Upsilon}}_n^k$ 的最小均方估计值和 $\hat{\boldsymbol{\Upsilon}}_n^k$ 的采样误差。

算法 14.1.2　估计无穷数据的采样分布

1: **procedure** UNLIMITEDDATASAMPLING($\boldsymbol{\Upsilon}_n, \{\mathcal{D}_n^1, \mathcal{D}_n^2, \cdots\}$)
2: 　$\epsilon = 0.0001$ 　　▷ϵ为一个很小的正数
3: 　$m \Leftarrow 0$
4: 　$\mathrm{SE}(\overline{\boldsymbol{\Upsilon}}_{n,m}) \Leftarrow \infty$
5: 　**repeat**
6: 　　$m \Leftarrow m+1$
7: 　　$\boldsymbol{\Upsilon}_n^m \Leftarrow \boldsymbol{\Upsilon}_n(\mathcal{D}_n^m)$ 　　▷ $\boldsymbol{\Upsilon}_n^m$ 为 r 维
8: 　　$\overline{\boldsymbol{\Upsilon}}_{n,m} \Leftarrow (1/m)\sum_{k=1}^{m} \boldsymbol{\Upsilon}_n^k$
9: 　　$\sigma(\overline{\boldsymbol{\Upsilon}}_{n,m}) \Leftarrow \sqrt{\frac{1}{m-1}\sum_{k=1}^{m} |\boldsymbol{\Upsilon}_n^k - \overline{\boldsymbol{\Upsilon}}_{n,m}|^2}$
10: 　　$\mathrm{SE}(\overline{\boldsymbol{\Upsilon}}_{n,m}) \Leftarrow \sigma(\overline{\boldsymbol{\Upsilon}}_{n,m})/\sqrt{m}$
11: 　**until** $\mathrm{SE}(\overline{\boldsymbol{\Upsilon}}_{n,m}) < \epsilon$
12: 　**return** $\overline{\boldsymbol{\Upsilon}}_{n,m}$ 　　▷返回估计值
13: 　**return** $\sigma(\overline{\boldsymbol{\Upsilon}}_{n,m})$ 　　▷返回近似采样误差
14: 　**return** $\mathrm{SE}(\overline{\boldsymbol{\Upsilon}}_{n,m})$ 　　▷返回近似误差大小
15: **end procedure**

实际上，无穷数据采样算法(算法 14.1.2)并不常用，因为它需要采集 m 个由 n 个观测值组成的数据集。通常情况下，数据采集的时间成本和物质投入都会非常高。此外，如果确实采集了 n 个观测值组成的 m 个数据集，那么基于所有 mn 个观测样本来估计模型参数更理想。尽管如此，算法 14.1.2 可有效表明很多关键采样分布概念，稍微改进算法 14.1.2 可得到广泛使用的实用参数估计模拟方法。

14.2　采样分布模拟的 bootstrap 方法

本节将介绍用于采样误差估计的 bootstrap 方法。这些方法可以看作算法 14.1.2 无穷数据采样算法的扩展。假设观测数据 $\boldsymbol{x}_1, \boldsymbol{x}_2, \cdots$ 是基于相同密度 p_e 的独立同分布观测序列 $\tilde{\boldsymbol{x}}_1, \tilde{\boldsymbol{x}}_2, \cdots$ 的实例。DGP 采样分布的密度函数如下

$$p_e^n(\mathcal{D}_n) = \prod_{i=1}^{n} p_e(\boldsymbol{x}_i)$$

基于算法 14.1.2 和图 14.5 的无穷数据采样方法从 p_e^n 中采样，生成 m 个随机数据集 $\tilde{\mathcal{D}}_n^1, \cdots, \tilde{\mathcal{D}}_n^m$，每个随机数据集由 n 条数据记录组成。

bootstrap 方法的关键思想是用 p_e^n 的估计值替代 p_e^n，将其表示为 $\hat{p}^n$。密度 $\hat{p}^n$ 确定了 bootstrap 概率分布，当样本量 n 足够大时，bootstrap 概率分布近似于实际数据样本分布 p_e^n。一旦构建了 bootstrap 分布，就可以估计相应的统计数据采样分布。但是，与基于真实数据生

成密度 p_e^n 的无穷数据采样方法不同的是，bootstrap 方法基于一个近似密度 $\hat{p}^n$ 来生成 m 个随机数据集。与无穷数据采样方法一样的是，当 $m \to \infty$ 时，从 $\hat{\boldsymbol{\Upsilon}}_n^k$ 实例中构建的频率直方图(见图 14.4)更接近于 $\hat{\boldsymbol{\Upsilon}}_n^k$ 的采样分布，其中 $k=1,\cdots,m$。

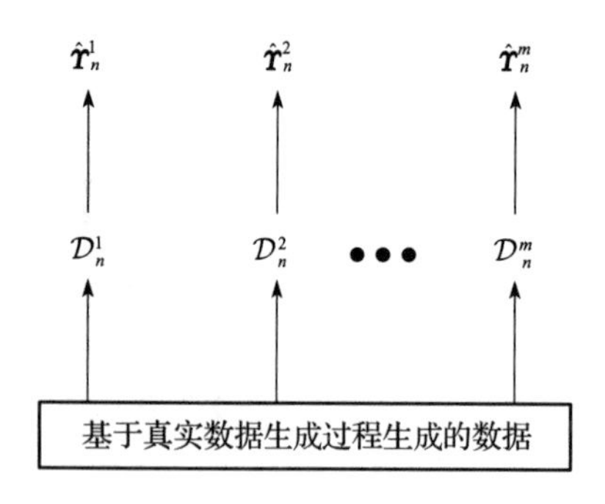

图 14.5 通过采集额外数据来估计统计量的采样误差。此图展示了一种估计样本量为 n 的统计量采样误差的方法。它首先采集 m 个包含 n 条数据记录的数据集 $\mathcal{D}_n^1,\cdots,\mathcal{D}_n^m$。然后，计算数据集 $\mathcal{D}_n^k$ 的统计量 $\hat{\boldsymbol{\Upsilon}}_n^k$ 实例，$k=1,\cdots,m$。m 个统计量 $\hat{\boldsymbol{\Upsilon}}_n^1,\cdots,\boldsymbol{\Upsilon}_n^m$ 的均值和标准差作为 $\hat{\boldsymbol{\Upsilon}}_n^k$ 的均值及其标准差的估计值

14.2.1 采样分布的 bootstrap 近似

定义 14.2.1(参数 bootstrap 采样密度) 令 $\widetilde{\mathcal{D}}_n \equiv [\widetilde{\boldsymbol{x}}_1, \widetilde{\boldsymbol{x}}_2, \cdots, \widetilde{\boldsymbol{x}}_n]$ 是基于关于支集规范测度 ν 定义的相同 Radon-Nikodým 密度 $p_e : \mathcal{R}^d \to [0,\infty)$ 的 n 个独立同分布的 d 维随机向量序列。令 $\Theta \subseteq \mathcal{R}^q$，定义 $p : \mathcal{R}^d \times \Theta \to [0,\infty)$，使得对于任一 $\boldsymbol{x} \in \mathcal{R}^d$，$p(\boldsymbol{x};\cdot)$ 在 Θ 上连续。定义概率模型

$$\mathcal{M} \equiv \{p(\cdot;\boldsymbol{\theta}) : \boldsymbol{\theta} \in \Theta\}$$

设 $\boldsymbol{\theta}_n : \mathcal{R}^{d\times n} \to \mathcal{R}^q$ 是 Borel 可测函数，$\hat{\boldsymbol{\theta}}_n \equiv \boldsymbol{\theta}_n(\widetilde{\mathcal{D}}_n)$，$n=1,2,\cdots$。假设当 $n\to\infty$ 时，$\hat{\boldsymbol{\theta}}_n \to \boldsymbol{\theta}^*$ 概率为 1。定义关于概率模型 $\mathcal{M}$ 的参数 bootstrap 采样密度 $\hat{p}_{\mathcal{M}}^n(\cdot;\hat{\boldsymbol{\theta}}_n)$，使得

$$\hat{p}_{\mathcal{M}}^n(\mathcal{D}_n;\hat{\boldsymbol{\theta}}_n) = \prod_{i=1}^n p(\boldsymbol{x}_i;\hat{\boldsymbol{\theta}}_n)$$

□

假设存在一个真实参数向量 $\boldsymbol{\theta}^*$，使得数据生成过程可表示为基于密度 $p(\cdot;\boldsymbol{\theta}^*)$采样。如果 $\widetilde{\boldsymbol{\theta}}_n \to \boldsymbol{\theta}^*$ 概率为 1，鉴于 $p(\boldsymbol{x};\cdot)$在 Θ 上是连续的，那么 $p(\cdot;\widetilde{\boldsymbol{\theta}}_n) \to p(\cdot;\boldsymbol{\theta}^*)$概率为 1。该方法的缺陷是，如果模型误判，参数 bootstrap 模型会近似收敛到一个最佳近似分布，而不是实际产生观测数据的分布。

与参数 bootstrap 模型近似不同的是，非参数 bootstrap 模型近似对生成数据的概率分布进行了最少假设。此外，在一般条件下，非参数 bootstrap 采样分布会收敛至 DGP 采样分布。其基本思想是，将数据集中一条数据记录的相对频率作为 DGP 密度产生该数据记录的概率估计值。该非参数 bootstrap 密度估计值的采样过程可简单通过对给定数据集有放回采样来直接实现。

定义 14.2.2(非参数 bootstrap 密度) 设 $\widetilde{\mathcal{D}}_n \equiv [\widetilde{\boldsymbol{x}}_1, \cdots, \widetilde{\boldsymbol{x}}_n]$是基于关于支集规范测度 ν 定义的相同 Radon-Nikodým 密度 p_e 的 n 个独立同分布 d 维随机向量序列。令 $\mathcal{D}_n$ 表示 $\widetilde{\mathcal{D}}_n \equiv [\widetilde{\boldsymbol{x}}_1, \cdots, \widetilde{\boldsymbol{x}}_n] \in \mathcal{R}^{d\times n}$ 的实例。定义 $\hat{p}_e : \mathcal{R}^d \to [0,\infty)$，当 $\boldsymbol{x} \in \mathcal{D}_n$ 时，$\hat{p}_e(\boldsymbol{x}) = 1/n$；当 $\boldsymbol{x} \notin \mathcal{D}_n$ 时，$\hat{p}_e(\boldsymbol{x}) = 0$。定义 Radon-Nikodým 密度 $\hat{p}_e^n : \mathcal{R}^{d\times n} \to [0,\infty)$，使得 $\hat{p}_e^n(\mathcal{D}_n) = \prod_{i=1}^n \hat{p}_e(\boldsymbol{x}_i)$。密度 $\hat{p}_e^n$ 称为非参数 bootstrap 密度。 □

设 $\hat{P}_n$ 和 P_e 分别为由密度 $\hat{p}_e$ 和 p_e 确定的累积分布函数。根据 Glivenko-Cantelli 统一大数定律(见定理 9.3.3)，当 $n \to \infty$ 时，$\hat{P}_n$ 一致收敛于 P_e。

14.2.2 蒙特卡罗 bootstrap 采样分布估计

定义 14.2.3(bootstrap 估计值) 令 $\tilde{\mathcal{D}}_n \equiv [\tilde{\boldsymbol{x}}_1, \cdots, \tilde{\boldsymbol{x}}_n]$是基于关于支集规范测度 ν 定义的相同 Radon-Nikodým 密度 $p_e: \mathcal{R}^d \to [0, \infty)$ 的 n 个独立同分布的 d 维随机向量有界序列。令 $p: \mathcal{R}^d \to [0, \infty)$ 和 $\hat{p}: \mathcal{R}^d \to [0, \infty)$ 是关于 ν 定义的 Radon-Nikodým 密度。假设对任一 $n \in \mathbb{N}$，$\boldsymbol{\Upsilon}_n: \mathcal{R}^{d \times n} \to \mathcal{R}^r$ 是一个分段连续函数。对任一 $n \in \mathbb{N}$，定义 r 维向量

$$\overline{\boldsymbol{\Upsilon}}_{n,\infty} = \int \boldsymbol{\Upsilon}_n(\mathcal{D}_n) \hat{p}^n(\mathcal{D}_n) \mathrm{d}\nu^n(\mathcal{D}_n), \hat{p}^n(\mathcal{D}_n) = \prod_{i=1}^{n} \hat{p}(\boldsymbol{x}_i) \tag{14.1}$$

定义 r 维向量

$$\boldsymbol{\Upsilon}^* = \int \boldsymbol{\Upsilon}_n(\mathcal{D}_n) p^n(\mathcal{D}_n) \mathrm{d}\nu^n(\mathcal{D}_n), p^n(\mathcal{D}_n) = \prod_{i=1}^{n} p(\boldsymbol{x}_i) \tag{14.2}$$

则称$\overline{\boldsymbol{\Upsilon}}_{n,\infty}$为 bootstrap 被估量$\boldsymbol{\Upsilon}^*$的 bootstrap 估计值。如果 $\hat{p}^n$ 是一个参数 bootstrap 采样密度，那么称$\overline{\boldsymbol{\Upsilon}}_{n,\infty}$为$\boldsymbol{\Upsilon}^*$的参数 bootstrap 估计值，其中$\boldsymbol{\Upsilon}^*$是基于模型采样密度 p^n 定义的。如果 $\hat{p}^n$ 是一个非参数 bootstrap 采样密度，那么称$\overline{\boldsymbol{\Upsilon}}_{n,\infty}$为$\boldsymbol{\Upsilon}^*$的非参数 bootstrap 估计值，其中$\boldsymbol{\Upsilon}^*$是基于真实采样密度 p^n 定义的。 □

通俗地说，式(14.2)中$\boldsymbol{\Upsilon}^*$的 bootstrap 估计值是基于参数 bootstrap 采样分布 $\hat{p}^n_{\mathcal{M}}(\mathcal{D}_n)$或非参数 bootstrap 采样分布 $\hat{p}^n_e(\mathcal{D}_n)$代替式(14.2)中采样分布 $p^n(\mathcal{D}_n)$得到的。

例 14.2.1(平滑函数的 bootstrap 样本平均估计值) 设 $\tilde{\boldsymbol{x}}_1, \cdots, \tilde{\boldsymbol{x}}_n$ 是独立同分布的 d 维随机向量的有界随机序列，$\boldsymbol{x}_1, \cdots, \boldsymbol{x}_n$ 是 $\tilde{\boldsymbol{x}}_1, \cdots, \boldsymbol{x}_n$ 的实例。假设

$$\boldsymbol{\Upsilon}_n(\mathcal{D}_n) = (1/n) \sum_{i=1}^{n} \boldsymbol{\phi}(\boldsymbol{x}_i) \tag{14.3}$$

其中，$\boldsymbol{\phi}: \mathcal{R}^d \to \mathcal{R}^r$ 是分段连续函数。设计 bootstrap 近似方法以估计如下多维积分：

$$E\{\boldsymbol{\phi}(\tilde{\boldsymbol{x}})\} = \int \boldsymbol{\phi}(\boldsymbol{x}) p_e(\boldsymbol{x}) \mathrm{d}\nu(\boldsymbol{x}) \tag{14.4}$$

解 将式(14.3)代入式(14.1)以得出 bootstrap 估计值：

$$\overline{\boldsymbol{\Upsilon}}_{n,\infty} = \int \left((1/n) \sum_{i=1}^{n} \boldsymbol{\phi}(\boldsymbol{x}_i) \right) \prod_{i=1}^{n} \hat{p}(\boldsymbol{x}_i) \mathrm{d}\nu^n(\mathcal{D}_n) = \int \boldsymbol{\phi}(\boldsymbol{x}) \hat{p}(\boldsymbol{x}) \mathrm{d}\nu(\boldsymbol{x}) \tag{14.5}$$

△

可惜的是，对于大多数机器学习应用来说，式(14.1)bootstrap 估计值的多维积分往往难以计算。但是，在无穷数据采样算法(算法 14.1.2)的基础上，有一个简单的近似方法可以得到简化计算的 bootstrap 估计值——称为蒙特卡罗 bootstrap 估计值。

定义 14.2.4(蒙特卡罗 bootstrap 估计值) 设 $\tilde{\mathcal{D}}_n \equiv [\tilde{\boldsymbol{x}}_1, \cdots, \tilde{\boldsymbol{x}}_n]$是基于关于支集规范测度 ν 定义的相同 DGP Radon-Nikodým 密度 $p_e: \mathcal{R}^d \to [0, \infty)$ 的独立同分布 d 维随机向量序列，$\boldsymbol{\Upsilon}_n: \mathcal{R}^{d \times n} \to \mathcal{R}^r$ 是一个 Borel 可测函数。定义大小为 n 的样本的 r 维蒙特卡罗 bootstrap 估计值$\overline{\boldsymbol{\Upsilon}}_{n,m}$：

$$\overline{\boldsymbol{\Upsilon}}_{n,m} \equiv (1/m) \sum_{j=1}^{m} \boldsymbol{\Upsilon}_n(\tilde{\mathcal{D}}_n^{*j}) \tag{14.6}$$

其中，随机序列 $\tilde{\mathcal{D}}_n^{*1}, \cdots, \tilde{\mathcal{D}}_n^{*m}$ 的元素是基于关于支集规范测度 ν^n 定义的相同 Radon-Nikodým

密度 $\hat{p}^n:\mathcal{R}^{d\times n}\to[0,\infty)$独立同分布的。称

$$\hat{\sigma}(\boldsymbol{\Upsilon}_{n,m})\equiv\sqrt{\frac{1}{m-1}\sum_{j=1}^{m}|\boldsymbol{\Upsilon}_n(\widetilde{\mathcal{D}}_n^{*j})-\overline{\boldsymbol{\Upsilon}}_{n,m}|^2}$$

为$\overline{\boldsymbol{\Upsilon}}_{n,m}$ 的采样误差估计，$\hat{\sigma}(\boldsymbol{\Upsilon}_{n,m})/\sqrt{m}$为$\overline{\boldsymbol{\Upsilon}}_{n,m}$ 的模拟误差估计值。 □

例 14.2.2(蒙特卡罗 bootstrap 样本平均估计值) 该例提出了一个蒙特卡罗估计值，用来近似例 14.2.1 中平滑函数的 bootstrap 样本平均估计值。将式(14.3)代入式(14.6)，得到：

$$\overline{\boldsymbol{\Upsilon}}_{n,m}\equiv(1/m)\sum_{j=1}^{m}\boldsymbol{\Upsilon}_n(\widetilde{\mathcal{D}}_n^{*j})=(1/m)\sum_{j=1}^{m}\left((1/n)\sum_{i=1}^{n}\boldsymbol{\phi}(\widetilde{\boldsymbol{x}}_i^{*j})\right)$$

其中，$\widetilde{\boldsymbol{x}}_i^{*j}$ 是基于第j 个 bootstrap 数据集采样出的第 i 个观测值，其中 $j=1,\cdots,m$，$i=1,\cdots,n$。根据强大数定律可得，对于固定样本量 n，当 $m\to\infty$时，$\overline{\boldsymbol{\Upsilon}}_{n,m}\to\overline{\boldsymbol{\Upsilon}}_{n,\infty}$。也就是说，随 bootstrap 样本量的增大，蒙特卡罗 bootstrap 估计值以概率 1 收敛于 bootstrap 估计值。

此外，对于$\boldsymbol{\Upsilon}_n$ 的选择，从强大数定律中也可以看出，对于固定数量的 m 个 bootstrap 样本，当 $n\to\infty$时，$\overline{\boldsymbol{\Upsilon}}_{n,m}\to E\{\boldsymbol{\phi}(\widetilde{\boldsymbol{x}})\}$。 △

蒙特卡罗 bootstrap 估计方法同样适用于参数和非参数 bootstrap 估计值。算法 14.2.1 是蒙特卡罗 bootstrap 估计方法的应用实例。

算法 14.2.1 蒙特卡罗 bootstrap 估计

1: **procedure** BootstrapEstimation($\boldsymbol{\Upsilon}_n,\hat{P}(\cdot)$)
2: $\epsilon=0.0001$ ▷ϵ是一个很小的正数
3: $m\Leftarrow 0$
4: $\hat{\sigma}(\overline{\boldsymbol{\Upsilon}}_{n,m})\Leftarrow\infty$
5: **repeat**
6: $m\Leftarrow m+1$
7: 从 $\hat{P}(\cdot)$有放回地采样 n 次，以生成 $\mathcal{D}_n^m$
8: $\boldsymbol{\Upsilon}_n^m\Leftarrow\boldsymbol{\Upsilon}_n(\mathcal{D}_n^m)$
9: $\overline{\boldsymbol{\Upsilon}}_{n,m}\Leftarrow(1/m)\sum_{k=1}^{m}\boldsymbol{\Upsilon}_n^k$
10: $\hat{\sigma}(\overline{\boldsymbol{\Upsilon}}_{n,m})\Leftarrow\sqrt{\frac{1}{m-1}\sum_{k=1}^{m}|\boldsymbol{\Upsilon}_n^k-\overline{\boldsymbol{\Upsilon}}_{n,m}|^2}$
11: **until** $\hat{\sigma}(\overline{\boldsymbol{\Upsilon}}_{n,m})/\sqrt{m}<\epsilon$
12: **return** $\overline{\boldsymbol{\Upsilon}}_{n,m}$ ▷bootstrap 估计
13: **return** $\hat{\sigma}(\overline{\boldsymbol{\Upsilon}}_{n,m})$ ▷bootstrap 估计采样误差
14: **return** $\hat{\sigma}(\overline{\boldsymbol{\Upsilon}}_{n,m})/\sqrt{m}$ ▷bootstrap 估计模拟误差
15: **end procedure**

将算法 14.2.1 中的 $\hat{P}$ 定义为一个定义域为 $\mathcal{D}_n$、值域为$\{1/n\}$的函数，算法 14.2.1 可用于确定基于数据集 $\mathcal{D}_n\equiv\{\boldsymbol{x}_1,\cdots,\boldsymbol{x}_n\}$的非参数 bootstrap 算法。在算法 14.2.1 的步骤 7 中，通过对$\{\boldsymbol{x}_1,\cdots,\boldsymbol{x}_n\}$进行 n 次有放回采样实现对 $\hat{P}$ 进行的 n 次有放回采样。

算法 14.2.1 也可用于确定参数 bootstrap 算法。设

$$\mathcal{M}\equiv\{p(\cdot;\boldsymbol{\theta}):\boldsymbol{\theta}\in\Theta\}$$

是一个拟合某数据集 $\mathcal{D}_n$ 以获得参数估计 $\hat{\boldsymbol{\theta}}_n$ 的概率模型。拟合的概率模型是 $\mathcal{M}$ 中基于 $p(\cdot;\hat{\boldsymbol{\theta}}_n)$表示的密度。为了实现参数 bootstrap 算法，在算法 14.2.1 中定义 $\hat{P}$，使得 $\hat{P}$ 由 $p(\cdot;\hat{\boldsymbol{\theta}}_n)$确定。在算法 14.2.1 的步骤 7 中，通过对 $p(\cdot;\hat{\boldsymbol{\theta}}_n)$进行 n 次有放回采样以实现有放回采样 n 次 $\hat{P}$。

需要强调的是，这种方法并没有产生更多的数据，而仅是给出了一种估计大小为 n 的样本特征的机制。每个“bootstrap”数据样本中的观测值数量 n 永远不允许超过原始数据样本 $\boldsymbol{x}_1,\cdots,\boldsymbol{x}_n$ 的观测值数量。另外，大小为 n 的 bootstrap 数据样本数量等于 m，m 的大小应该根据需要选择。对于固定样本量 n，当 $m\to\infty$时，相关 bootstrap 统计量的采样误差通常会收敛到一个正数，而模拟误差通常会收敛到零。在这一点上，图 14.5 展示的无穷数据采样算法(算法 14.1.2)与图 14.6 展示的 bootstrap 方法是相似的。

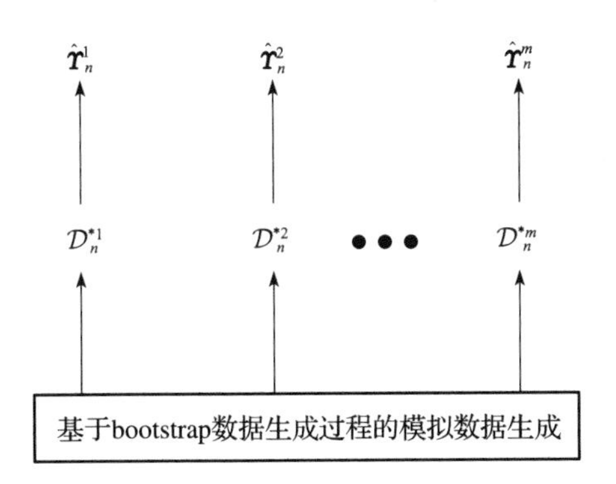

图 14.6 基于 bootstrap 方法的统计量采样误差估计。该图展示了一种计算大小为 n 的样本的统计量采样误差的方法。它依据 m 个基于 bootstrap 密度的数据集 $\mathcal{D}_n^{*1},\cdots,\mathcal{D}_n^{*m}$，且每个数据集包含 n 条数据记录。基于 m 个数据集计算出的 m 个统计量 $\hat{\boldsymbol{\Upsilon}}_n^1,\cdots,\hat{\boldsymbol{\Upsilon}}_n^m$ 的均值和标准差分别对应于 bootstrap 估计值和 bootstrap 估计采样误差。可将该图与图 14.5 对比

一个重要的问题是关于选择 bootstrap 数据样本数量 m，如果有足够的计算资源，应该选择足够大的 m，这样 bootstrap 估计模拟误差才会足够小。如果无法做到这一点，那么会存在 bootstrap 估计模拟误差。

例 14.2.3(最小均方误差参数估计值) 与其使用 MAP 估计方法估计参数值，不如使用 13.3.3 节中讨论的后验平均估计值。后验平均估计值是健壮性更好的最小均方误差贝叶斯估计值，该估计值由 $\boldsymbol{\Upsilon}_n:\mathcal{R}^{d\times n}\to\mathcal{R}^r$ 定义，对于所有 $\mathcal{D}_n\in\mathcal{R}^{d\times n}$，有

$$\boldsymbol{\Upsilon}_n(\mathcal{D}_n)\equiv\boldsymbol{\theta}_n(\mathcal{D}_n)$$

基于该 $\boldsymbol{\Upsilon}_n$，当 $m\to\infty$时，蒙特卡罗 bootstrap 估计值

$$\overline{\boldsymbol{\Upsilon}}_{n,m}=(1/m)\sum_{j=1}^{m}\boldsymbol{\theta}_n(\widetilde{\mathcal{D}}_n^j)$$

以概率 1 收敛到最小均方误差贝叶斯估计值

$$\overline{\boldsymbol{\theta}}_{n,\infty}=\int\boldsymbol{\theta}_n(\mathcal{D}_n)p_e^n(\mathcal{D}_n)\mathrm{d}\nu^n(\mathcal{D}_n)$$

使得最小均方误差风险函数

$$\Psi(\boldsymbol{\theta})=\int|\boldsymbol{\theta}_n(\mathcal{D}_n)-\overline{\boldsymbol{\theta}}_{n,\infty}|^2p_e^n(\mathcal{D}_n)\mathrm{d}\nu^n(\mathcal{D}_n)$$

最小。

在实践中，$\overline{\boldsymbol{\Upsilon}}_{n,m}$ 的估计流程如下，可直接应用蒙特卡罗 bootstrap 估计算法(算法 14.2.1)实现。给定一个由 n 条记录组成的数据样本，有放回地采样 n 次以创建第一个非参数 bootstrap 数据集。然后，使用第一个非参数 bootstrap 数据集估计模型参数，并将这些参数估计值表示为 $\hat{\boldsymbol{\theta}}_n^{*1}$。以类似的方式，构建 m 个由 n 条记录组成的 bootstrap 数据集，用模型拟合这 m 个 bootstrap 数据集，生成 m 个参数估计值 $\hat{\boldsymbol{\theta}}_n^{*1},\cdots,\hat{\boldsymbol{\theta}}_n^{*m}$。最小均方误差贝叶斯估计 $\overline{\boldsymbol{\theta}}_{n,\infty}$(参见 13.3.3 节)的估计值由下述后验平均估计值得出：

$$\overline{\boldsymbol{\theta}}_{n,m}=(1/m)\sum_{j=1}^{m}\hat{\boldsymbol{\theta}}_n^{*j}$$

$\hat{\boldsymbol{\theta}}_n$ 的采样误差 $\hat{\sigma}_{n,m}$ 如下：

$$\hat{\sigma}_{n,m}^2=(1/m)\left[\frac{1}{m-1}\sum_{j=1}^{m}|\hat{\boldsymbol{\theta}}_n^{*j}-\overline{\boldsymbol{\theta}}_{n,m}|^2\right]$$

bootstrap 样本的数量 m 应足够大，以便使 bootstrap 模拟误差 $\hat{\sigma}_{n,m}/\sqrt{m}$ 足够小。　△

例 14.2.4(多峰目标函数的 bootstrap 方法)　考虑如例 14.2.3 中计算参数估计值及其采样误差的最小均方估计问题。然而，由于参数估计是基于最小化经验风险函数获得的，而经验风险函数有多个严格局部极小值，因此问题就变得复杂了。假设原始数据集由 n 条数据记录组成。此外，设基于非参数 bootstrap 方法从有 n 条记录的原始数据集进行有放回采样，生成 m 个由 n 条记录组成的 bootstrap 数据集。

然后，基于优化算法最小化前 99 个 bootstrap 数据集的经验风险函数，得到基于前 99 个 bootstrap 数据集的参数估计值，这些参数估计值对应 99 个不同经验风险函数的严格局部极小值点。此外，这 99 个不同的严格局部极小点彼此间非常相似。事实上，这 99 个 bootstrap 参数估计值的均值为 $\overline{\boldsymbol{\theta}}_{n,99}=[1,2,-4,7,8,-2]$，采样误差为 $\hat{\sigma}_{n,99}=0.9$。根据经验发现，正如渐近统计理论所预测的，99 个严格局部极小值点在参数空间中是聚集成簇的，且簇半径为 $\hat{\sigma}_{n,99}$。

但是，第 100 个 bootstrap 数据集的参数估计值等于

$$\hat{\boldsymbol{\theta}}_n^{100}=[100,-1000,1400,12,0.1,0.2]$$

这也是经验风险函数的一个合理严格局部极小值点。该 bootstrap 参数估计值是否应该与其他 99 个 bootstrap 参数估计值进行平均，从而得到如例 14.2.3 定义的后验平均估计值和采样误差?

解　该问题是无直接答案的。然而，假设 bootstrap 采样过程的目标是表征基于经验风险函数严格局部极小值点的参数估计值的采样误差。此外，假设基于前 99 个 bootstrap 数据集的 99 个参数估计值收敛于某个特定严格局部极小值点，第 100 个 bootstrap 数据集的参数估计值收敛于另一个严格局部极小值点。鉴于该假设，在例 14.2.3 的 bootstrap 计算中，将第 100 个 bootstrap 数据集相关的参数估计值与前 99 个参数估计值相结合是不合适的。

如果真的把 100 个参数估计值结合起来，那么这就相当于一种 bootstrap 估计，在此不做考虑。由此产生的 bootstrap 估计值不仅可以表征不同经验风险函数极小值因样本大小产生的变化，还可以表征参数估计值因优化算法特性差异而产生的变化。

当目标是表征基于经验风险函数期望值估计的特定严格局部极小值点 $\boldsymbol{\theta}^*$ 相关的采样误差时，那么若基于 bootstrap 数据集的经验风险函数极小值点不收敛至 $\boldsymbol{\theta}^*$，就不应该包括在 bootstrap 计算中。　△

例 14.2.5(提高预测准确率的 bagging 法)　给定输入模式 $\boldsymbol{s}$，标准经验风险最小化方法生成

预测响应 $\ddot{y}(\boldsymbol{s};\hat{\boldsymbol{\theta}}_n)$，其中 $\hat{\boldsymbol{\theta}}_n$ 为经验风险函数的严格全局极小值点。这相当于 $\Upsilon_n(\widetilde{\mathcal{D}}_n)=\ddot{y}(\boldsymbol{s};\hat{\boldsymbol{\theta}}_n)$ 的情况，其中 $\mathcal{D}_n$ 是由 n 个观测值组成的数据集。

给定 $\mathcal{D}_n$，有放回地采样 n 次，创建第一个非参数 bootstrap 数据集。然后，使用第一个非参数 bootstrap 数据集估计模型参数，将之表示为 $\hat{\boldsymbol{\theta}}_n^{*1}$。以类似的方式构建 m 个由 n 条记录组成的 bootstrap 数据集，用模型拟合这 m 个 bootstrap 数据集，产生 m 个参数估计值 $\hat{\boldsymbol{\theta}}_n^{*1},\cdots,\hat{\boldsymbol{\theta}}_n^{*m}$。基于 m 个不同分类器响应的加权平均来计算分类器的预测响应：

$$\overline{y}_n(\boldsymbol{s})=(1/m)\sum_{j=1}^{m}\ddot{y}(\boldsymbol{s},\hat{\boldsymbol{\theta}}_n^{*j})$$

在机器学习文献中，基于重采样数据估计回归模型或分类器集合并取均值的方法称为 bagging(bootstrap aggregation)法。

bootstrap 数据集的数量 m 应当合理，以使 bootstrap 估计模拟误差协方差矩阵的迹或行列式足够小。给定输入模式 $\boldsymbol{s}$，给出基于非参数 bootstrap 估计方法估计 $\ddot{y}(\boldsymbol{s},\hat{\boldsymbol{\theta}}_n^{*j})$ 采样误差的计算公式。

解　基于 $\overline{y}_n(\boldsymbol{s})$ 估计 $\ddot{y}(\boldsymbol{s},\hat{\boldsymbol{\theta}}_n^{*j})$ 均值。对每个 $\boldsymbol{s}$，$\ddot{y}(\boldsymbol{s},\hat{\boldsymbol{\theta}}_n^{*j})$ 的采样误差估计如下：

$$\sigma(\hat{y}_n(\boldsymbol{s},\hat{\boldsymbol{\theta}}_n))\equiv\sqrt{\frac{1}{m-1}\sum_{j=1}^{m}(\ddot{y}(\boldsymbol{s},\hat{\boldsymbol{\theta}}_n^{*j})-\overline{y}_n(\boldsymbol{s}))^2}$$

每个 $\boldsymbol{s}$ 的模拟误差为 $\sigma(\hat{y}_n(\boldsymbol{s},\hat{\boldsymbol{\theta}}_n))/\sqrt{m}$。理想情况下，$m$ 应足够大以使模拟误差接近于零，如果不能，便会存在模拟误差。△

例 14.2.6(模型选择统计量采样误差)　模型选择问题是关于决定两个模型中哪一个可等效拟合数据生成过程的问题。由于模型拟合只使用数据生成过程的有限样本，所以模型拟合度的估计需要考虑到采样误差的影响。

设 $\boldsymbol{x}_1,\cdots,\boldsymbol{x}_n$ 表示观测数据，假设它是基于相同密度 $p_e:\mathcal{R}^d\to[0,\infty)$ 的独立同分布 d 维随机向量序列 $\widetilde{\boldsymbol{x}}_1,\cdots,\widetilde{\boldsymbol{x}}_n$ 的实例。

设模型 $\mathcal{M}_A$ 对 $\widetilde{\boldsymbol{x}}_1,\cdots,\widetilde{\boldsymbol{x}}_n$ 的拟合度由以下经验风险函数指定：

$$\hat{\ell}_n^A(\hat{\boldsymbol{\theta}}_n^A)=(1/n)\sum_{i=1}^{n}c^A(\widetilde{\boldsymbol{x}}_i,\hat{\boldsymbol{\theta}}_n^A)$$

其中，$\hat{\boldsymbol{\theta}}_n^A$ 是 $\hat{\ell}_n^A\equiv(1/n)\sum_{i=1}^{n}c^A(\widetilde{\boldsymbol{x}}_i,\cdot)$ 的严格局部极小值点。

设模型 $\mathcal{M}_B$ 对 $\widetilde{\boldsymbol{x}}_1,\cdots,\widetilde{\boldsymbol{x}}_n$ 的拟合度由以下经验风险函数指定：

$$\hat{\ell}_n^B(\hat{\boldsymbol{\theta}}_n^B)=(1/n)\sum_{i=1}^{n}c^B(\widetilde{\boldsymbol{x}}_i,\hat{\boldsymbol{\theta}}_n^B)$$

其中，$\hat{\boldsymbol{\theta}}_n^B$ 是 $\hat{\ell}_n^B\equiv(1/n)\sum_{i=1}^{n}c^B(\widetilde{\boldsymbol{x}}_i,\cdot)$ 的严格局部极小值点。

说明如何使用非参数 bootstrap 方法来估计基于相同数据生成过程的两个模型拟合度差的标准误差。也就是说，解释如何估计以下模型选择统计量的标准误差：

$$\Upsilon_n(\widetilde{\boldsymbol{x}}_1,\cdots,\widetilde{\boldsymbol{x}}_n)\equiv\hat{\ell}_n^A(\hat{\boldsymbol{\theta}}_n^A)-\hat{\ell}_n^B(\hat{\boldsymbol{\theta}}_n^B)$$

解　以下非参数 bootstrap 方法可用于估计模型统计量的标准误差。

步骤 1　初始化。令 $k=0$。

步骤 2　有放回采样。令 $k=k+1$。从 $\boldsymbol{x}_1,\cdots,\boldsymbol{x}_n$ 中有放回采样 n 次，生成第 k 个非参数 bootstrap 样本 $\boldsymbol{x}_1^{*k},\cdots,\boldsymbol{x}_n^{*k}$。

步骤 3 估计 m 个 bootstrap 样本的模型选择统计量期望值。令 $\hat{\boldsymbol{\theta}}_n^{A,*k}$ 和 $\hat{\boldsymbol{\theta}}_n^{B,*k}$ 是 $\hat{\ell}_n^{A,*k}(\cdot)\equiv(1/n)\sum_{i=1}^{n}c^A(\boldsymbol{x}_i^{*k},\cdot)$ 和 $\hat{\ell}_n^{B,*k}(\cdot)\equiv(1/n)\sum_{i=1}^{n}c^B(\boldsymbol{x}_i^{*k},\cdot)$ 在各自参数空间上的严格局部极小值点。令

$$\delta_n^{*k}\equiv\ell_n^{A,*k}(\hat{\boldsymbol{\theta}}_n^{A,*k})-\ell_n^{B,*k}(\hat{\boldsymbol{\theta}}_n^{B,*k})$$

$$\bar{\delta}_{n,m}\equiv\frac{1}{m}\sum_{k=1}^{m}\delta_n^{*k}$$

步骤 4 估计 m 个 bootstrap 样本的采样误差。

$$\hat{\sigma}_{n,m}\equiv\sqrt{\frac{1}{m-1}\sum_{k=1}^{m}(\delta_n^{*k}-\bar{\delta}_{n,m})^2}$$

步骤 5 评估 bootstrap 数据集的数量 m 是否足够大。$\bar{\delta}_{n,m}$ 的蒙特卡罗非参数 bootstrap 模拟标准误差估计为 $\hat{\sigma}_{n,m}/\sqrt{m}$。如果 $\hat{\sigma}_{n,m}/\sqrt{m}$ 足够小，那么 bootstrap 数据集的数量 m 已足够大并可终止算法；否则转到步骤 2。 △

练习

14.2-1. (误判模型检测)研究人员开发了一个用于检测模型误判的程序。该程序针对特定参数概率模型 $\mathcal{M}\equiv\{p(\boldsymbol{x}|\boldsymbol{\theta}):\boldsymbol{\theta}\in\Theta\}$ 和特定数据集 $\mathcal{D}_n\equiv\{x_1,\cdots,x_n\}$ 进行评估。说明如何使用参数 bootstrap 方法基于 $\mathcal{M}$ 与 $\mathcal{D}_n$ 估计：

(1) 错误地将误判模型识别为正确模型的概率。

(2) 错误地将正确模型识别为误判模型的概率。

14.2-2. (相关输入特征检测)基于输入特征的所有连接的集合 S 定义向量值输入特征统计量 $\hat{\boldsymbol{\Upsilon}}_n$，该统计量是 $\hat{\boldsymbol{\theta}}_n$ 元素的子集。使用 $\hat{\boldsymbol{\Upsilon}}_n$ 的均值和标准差来估计输入特征的连接强度大小及其采样误差。如果相对于连接强度的大小，采样误差较大，则表明在给定当前训练数据量的情况下，由输入特征提供的信息对学习机的预测性能无效。说明如何使用非参数 bootstrap 方法通过 $\hat{\boldsymbol{\Upsilon}}_n$ 的采样分布计算 $\hat{\boldsymbol{\Upsilon}}_n$ 的最小均方估计值和采样误差。

14.2-3. (基于模型的统计环境比较)学习机的某些参数值可能对不同的统计环境都有效，而其他参数值可能与环境有关，必须针对不同的统计环境进行重新估计。设 $\hat{\boldsymbol{\theta}}_1$ 是学习机 $\mathcal{M}$ 的参数估计值，它从环境 E_1 提取统计性规律；$\hat{\boldsymbol{\theta}}_2$ 是学习机 $\mathcal{M}$ 的另一个参数估计值，它从环境 E_2 提取统计性规律。环境间统计量为 $\hat{\boldsymbol{\Upsilon}}_n\equiv\hat{\boldsymbol{\theta}}_1-\hat{\boldsymbol{\theta}}_2$。说明如何使用非参数 bootstrap 方法估计 $\hat{\boldsymbol{\Upsilon}}_n$ 的最小均方估计值和采样误差。

14.2-4. (分类错误性能统计量)准确率定义为分类器对输入模式正确分类的次数除以输入模式的总数。如果数据集 $\mathcal{D}_n^j$ 的准确率表示为 a_n^j，那么分类准确率的最小均方估计值及其采样误差可以通过计算 bootstrap 估计值 $a_n^1,\cdots,a_n^m$(或对应对数估计值 $-\log(a_n^1),\cdots,-\log(a_n^m)$)的样本均值和样本标准差得到。

此外，为了计算准确率，还可以考虑：分类器的召回率(R)，即分类器正确分类数除以目标类别输入样本总数；分类器的精度(P)，即分类器正确分类数除以分类器判别目标类别的样本数。说明如何使用非参数 bootstrap 方法计算分类器的准确率(A)、精度(P)和召回率(R)的最小均方估计值和采样误差。

14.2-5. (bootstrap 估计的实证研究)使用 bootstrap 方法估计回归模型参数估计的协方差矩阵。

改变数据集的数量(m)和样本量(n)，证明蒙特卡罗 bootstrap 估计一致性定理的大样本结论在实际建模问题中的有效性。

14.3 扩展阅读

bootstrap 方法的一般讨论

关于 bootstrap 应用的论述可参见文献(Efron，1982；Efron & Tibshirani，1993；Davison & Hinkley，1997)。关于 bootstrap 更全面的数学基础的论述可参见文献(Bickel & Freedman，1981；Singh，1981)、文献(Manoukian，1986)[50~54] 以及文献(van der Vaart，1998)的第 23 章和文献(Shao & Tu，1995；Horowitz，2001；Romano & Shaikh，2012)。Davison 等人(2003)回顾了本章未涉及的重要 bootstrap 理论内容。

时间序列数据的 bootstrap 方法

时间序列数据的 bootstrap 方法可参见文献(Politis & Romano，1994；Politis & White，2004；Patton et al.，2009；Shao，2010)。

子采样 bootstrap 方法

标准 bootstrap 方法基于生成 bootstrap 数据集，其中每个数据集样本量与原始样本量相同。本章介绍的是这种标准方法。文献(Politis & Romano，1994；Politis et al.，2001；Bickel et al.，1997；Davison et al.，2003)讨论了在原始数据样本中使用少于原始数据记录数量的 bootstrap 方法——称为子采样 bootstrap 方法。

无放回 bootstrap 采样

本章介绍的 bootstrap 方法默认采用有放回 bootstrap 采样。文献(Chao & Lo，1985；Bickel et al.，1997；Davison et al.，2003)论述了无放回 bootstrap 采样方法。

CHAPTER15

第 15 章

评估泛化的解析公式

学习目标：

- 估计解析公式泛化误差。
- 推导模型预测的置信区间。
- 推导模型比较决策的统计检验。

对应于相同随机样本实例的不同数据集会基于相同经验风险函数产生不同的经验风险估计。经验风险估计 $\hat{\boldsymbol{\theta}}_n$ 对应于经验风险函数 $\hat{\ell}_n$ 的严格局部极小值点，而经验风险函数 $\hat{\ell}_n$ 又依赖于数据样本 $\widetilde{\mathcal{D}}_n$ 实例 $\mathcal{D}_n$。因此，$\hat{\boldsymbol{\theta}}_n$ 是依赖于数据 $\widetilde{\mathcal{D}}_n$ 的统计量。可以使用第 14 章中描述的非参数 bootstrap 方法对大样本量下 $\hat{\boldsymbol{\theta}}_n$ 的概率分布进行表征。第 14 章介绍的模拟方法给出了通过表征 $\hat{\boldsymbol{\theta}}_n$ 采样分布来评估模型泛化性能的实用方法。

本章将介绍用于表征 $\hat{\boldsymbol{\theta}}_n$ 采样分布以评价模型泛化性能的方法。关键理论结果表明，$\hat{\boldsymbol{\theta}}_n$ 服从均值为 $\boldsymbol{\theta}^*$、协方差矩阵为 $(1/n)\boldsymbol{C}^*$ 的大样本多元高斯分布，其中正定矩阵 $\boldsymbol{C}^*$ 由经验风险函数的一阶导数、二阶导数近似。需要注意的是，由于 $\boldsymbol{C}^*$ 除以样本量 n，因此随着样本量 n 的增加，$(1/n)\boldsymbol{C}^*$ 的大小所代表的采样误差会变小并接近于零。正如前几章所讨论的，采样误差描述了在固定样本量 n 下，数据集内容变化是如何反映在 $\hat{\boldsymbol{\theta}}_n$ 的变化中的。

15.1 渐近分析假设

本章和下一章将经常使用以下经验风险正则化假设。

定义 15.1.1（经验风险正则化假设）

- **A1：独立同分布数据产生过程。** 设数据样本 $\widetilde{\mathcal{D}}_n \equiv [\tilde{\boldsymbol{x}}_1, \cdots, \tilde{\boldsymbol{x}}_n]$ 是基于关于支集规范测度 ν 定义的相同 Radon-Nikodým 密度 $p_e: \mathcal{R}^d \rightarrow [0, \infty)$ 的独立同分布 d 维随机向量序列。
- **A2：平滑损失函数。** 设 $c: \mathcal{R}^d \times \mathcal{R}^q \rightarrow \mathcal{R}$ 为 $\mathcal{R}^q$ 上二次连续可微函数。
- **A3：有限期望。** 设 $\boldsymbol{g}(\boldsymbol{x}, \boldsymbol{\theta}) = [\mathrm{d}c(\boldsymbol{x}, \boldsymbol{\theta})/\mathrm{d}\boldsymbol{\theta}]^{\mathrm{T}}$，函数 c、$\boldsymbol{g}\boldsymbol{g}^{\mathrm{T}}$ 与 $\mathrm{d}^2 c/\mathrm{d}\boldsymbol{\theta}^2$ 由 $\mathcal{R}^q$ 上关于 p_e 的可积函数控制。

- **A4：收敛至 0 的平滑惩罚函数。**设 $k_n:\mathcal{R}^{d\times n}\times\mathcal{R}^q\to\mathcal{R}$ 为对于所有 $n\in\mathbb{N}$ 都成立的连续可微随机函数，$\hat{k}_n(\boldsymbol{\theta})\equiv k_n(\widetilde{\mathcal{D}}_n,\boldsymbol{\theta})$。假设当 $n\to\infty$ 时，

$$\hat{k}_n\to 0$$

$$\sqrt{n}\left|\frac{\mathrm{d}\hat{k}_n}{\mathrm{d}\boldsymbol{\theta}}\right|\to 0$$

在 $\mathcal{R}^q$ 上以概率 1 一致收敛。

- **A5：围绕局部极小值点构建局部参数空间 $\boldsymbol{\Theta}$。**

设 $\boldsymbol{\theta}^*$ 为

$$\ell(\boldsymbol{\theta})=\int c(\boldsymbol{x},\boldsymbol{\theta})p_{\mathrm{e}}(\boldsymbol{x})\mathrm{d}\nu(\boldsymbol{x})$$

在 $\mathcal{R}^q$ 上局部极小值点。假设 Θ 为 $\mathcal{R}^q$ 的有界闭凸子集，$\boldsymbol{\theta}^*$ 是受限于 Θ 的 ℓ 的唯一全局极小值点，此外 $\boldsymbol{\theta}^*$ 在 Θ 内部。

- **A6：参数估计步骤。**

假设在 Θ 上，$\hat{\boldsymbol{\theta}}_n\equiv\arg\min\hat{\ell}(\boldsymbol{\theta})$，其中对于所有 $n\in\mathbb{N}$，

$$\hat{\ell}_n(\boldsymbol{\theta})=\hat{k}_n(\boldsymbol{\theta})+(1/n)\sum_{i=1}^{n}c(\widetilde{\boldsymbol{x}}_i,\boldsymbol{\theta})$$

概率为 1。

- **A7：极小值点处的黑塞正定矩阵。**

令 $\boldsymbol{A}$ 为 ℓ 的黑塞矩阵，假设 $\boldsymbol{A}^*\equiv\boldsymbol{A}(\boldsymbol{\theta}^*)$正定。

- **A8：极小值点处的外积梯度正定矩阵。**

定义矩阵值函数 $\boldsymbol{B}:\mathcal{R}^q\to\mathcal{R}^{q\times q}$，对于所有 $\boldsymbol{\theta}\in\Theta$，有

$$\boldsymbol{B}(\boldsymbol{\theta})=\int\boldsymbol{g}(\boldsymbol{x},\boldsymbol{\theta})\boldsymbol{g}(\boldsymbol{x},\boldsymbol{\theta})^{\mathrm{T}}p_{\mathrm{e}}(\boldsymbol{x})\mathrm{d}\nu(\boldsymbol{x})$$

假设 $\boldsymbol{B}^*\equiv\boldsymbol{B}(\boldsymbol{\theta}^*)$正定。 □

设 $\widetilde{\boldsymbol{g}}_i^{\mathrm{T}}\equiv\boldsymbol{g}(\widetilde{\boldsymbol{x}}_i,\hat{\boldsymbol{\theta}}_n)$，令

$$\hat{\boldsymbol{A}}_n\equiv(1/n)\sum_{i=1}^{n}\nabla_{\theta}^2c(\widetilde{\boldsymbol{x}}_i,\hat{\boldsymbol{\theta}}_n)\tag{15.1}$$

$$\hat{\boldsymbol{B}}_n\equiv(1/n)\sum_{i=1}^{n}\widetilde{\boldsymbol{g}}_i\widetilde{\boldsymbol{g}}_i^{\mathrm{T}}\tag{15.2}$$

$$\hat{\boldsymbol{C}}_n\equiv\hat{\boldsymbol{A}}_n^{-1}\hat{\boldsymbol{B}}_n\hat{\boldsymbol{A}}_n^{-1}\tag{15.3}$$

假设 A1 指出，训练数据集 $\mathcal{D}_n\equiv[\boldsymbol{x}_1,\cdots,\boldsymbol{x}_n]$为基于相同 Radon-Nikodým 密度 $p_{\mathrm{e}}:\mathcal{R}^d\to[0,\infty)$ 的独立同分布 d 维随机向量序列 $\widetilde{\boldsymbol{x}}_1,\cdots,\widetilde{\boldsymbol{x}}_{t-1},\widetilde{\boldsymbol{x}}_{t+1},\cdots,\widetilde{\boldsymbol{x}}_n$ 的特定实例。

该假设必须通过数据生成过程知识进行检验或验证。考虑验证连续抛出一个公平硬币的结果序列是否独立同分布的问题。从哲学上讲，一般认为，既然是同一枚硬币以相同方式抛出，一次抛硬币的结果并不影响后续抛硬币结果，说明抛硬币的结果序列是独立同分布的。然而，硬币有可能不是每次都以完全相同的方式抛出，这就相当于违背了同分布条件。而且，如果硬币的变化取决于硬币先前的抛出方式，则相当于违背了统计独立假设。在实践中，平稳假设的检验方法是，将数据集分为多个部分，检验对部分数据集估计的参数值是否与对另一部分数据集估计的参数值相同。独立假设可以通过检验 $\widetilde{\boldsymbol{x}}_t$ 的概率分布是否不依赖于 $\widetilde{\boldsymbol{x}}_1,\cdots,\widetilde{\boldsymbol{x}}_{t-1},\widetilde{\boldsymbol{x}}_{t+1},\cdots,\widetilde{\boldsymbol{x}}_n$ 来检验。

假设 A2 设损失函数 $c:\mathcal{R}^d\times\Theta\to\mathcal{R}$ 在参数空间 Θ 上二次连续可微。当所需函数 c 不满足

此条件时，通常可能(在实践中)进行“平滑近似”。例如，定义函数$\phi:\mathcal{R}\to\{0,1\}$，如果$x>0$，$\phi(x)=1$，否则$\phi(x)=0$，该函数不是一个连续函数。然而，可对$\phi$进行平滑，即定义$\ddot{\phi}_\tau$，使得$\ddot{\phi}_\tau(x)=1/(1+\exp(x/\tau))$，其中$\tau$是一个正数。随$\tau\to 0$，$\ddot{\phi}_\tau\to\phi$。平滑近似的其他例子包括使用softplus转换函数。

假设A3保证所有相关期望均为有限的。A3成立的充分条件是：对所有$\boldsymbol{\theta}\in\mathcal{R}^q$，$c(\cdot,\boldsymbol{\theta})$分段连续，对所有$\boldsymbol{x}\in\mathcal{R}^d$，$c(\boldsymbol{x},\cdot)$二次连续可微，且数据生成过程$\tilde{\boldsymbol{x}}_1,\tilde{\boldsymbol{x}}_2,\cdots$是有界随机序列。例如，若$\tilde{\boldsymbol{x}}_t$是一个取值有限的离散随机向量，则满足有限随机序列假设。

假设A4保证当样本量足够大时，可以忽略惩罚项影响。如果没有惩罚项(即$\hat{k}_n(\boldsymbol{\theta})=0$)，则自动满足这一假设。$\hat{k}_n(\boldsymbol{\theta})=1/n$和$\hat{k}_n(\boldsymbol{\theta})=(1/n)\log n$之类的惩罚项满足A4条件，因为$\hat{k}_n\to 0$，$\nabla_{\boldsymbol{\theta}}\hat{k}_n=\boldsymbol{0}^{\mathrm{T}}$。如果参数空间为有界闭区域，那么如$\hat{k}_n(\boldsymbol{\theta})=(1/n)|\boldsymbol{\theta}|^2$的$L_2$正则化项也满足A4条件。像$\hat{k}_n(\boldsymbol{\theta})=n^{-1}|\boldsymbol{\theta}|_1$这样的惩罚项就不满足A4条件，因为它不是连续可微的。然而，当参数空间是有界闭区域时，如$\hat{k}_n(\boldsymbol{\theta})=n^{-1}\sqrt{|\boldsymbol{\theta}|^2+\epsilon}$的平滑$L_1$惩罚项满足假设A4。

假设A5允许该理论可应用于具有多个严格局部极小值点的多峰非凸风险函数。在实践中，可以得到ℓ的一个特定严格局部极小值点$\boldsymbol{\theta}^*$。通过构造一个$\mathcal{R}^q$的有界闭凸子集Θ来满足A5条件，这样$\boldsymbol{\theta}^*$是Θ中唯一局部极小值点且$\boldsymbol{\theta}^*$在Θ内部。

假设A6指出，参数估计值$\hat{\boldsymbol{\theta}}_n$是惩罚经验风险函数在参数空间受限区域内的极小值点。需要注意的是，在实践中，参数估计是无约束的，且可以得到一个严格局部极小值点$\hat{\boldsymbol{\theta}}_n$。

假设A7指出，风险函数ℓ在$\boldsymbol{\theta}^*$处的黑塞矩阵$\boldsymbol{A}^*$是正定的。在实践中，因为$\boldsymbol{\theta}^*$和p_{e}无法直接观测，所以该假设无法直接得到验证。

例5.3.6的方法可以用来研究$\hat{\boldsymbol{A}}_n$是否收敛到正定矩阵。通常，条件数(即$\hat{\boldsymbol{A}}_n$的最大特征值与最小特征值之比)可有效用于大体衡量是否满足A7(见图15.1)。接近于1的条件数最佳，条件数非常大表明与A7冲突。在实际应用中，合理条件数在不同应用领域会有所不同。质量好、采样误差小的数据集可接受的条件数可能低至100，而质量差、采样误差大的数据集可接受的条件数可能非常大(如10^{12})

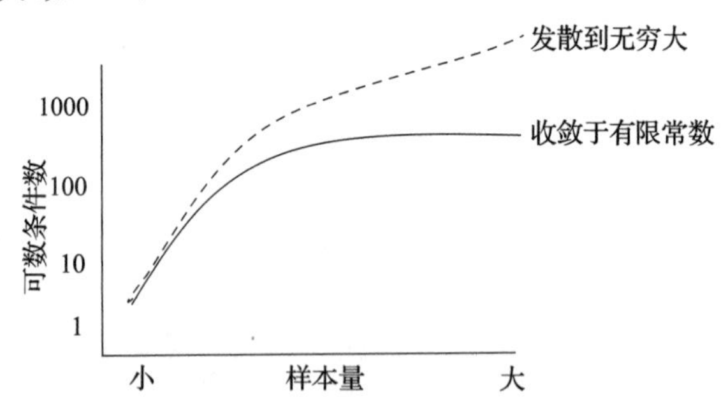

图15.1　两个关于条件数随样本量变化的例子。如果条件数收敛于有限数，则与假设A7一致。如果条件数发散到无穷大，则表示与假设A7冲突。然而，$\boldsymbol{A}^*$可以由$\hat{\boldsymbol{A}}_n$来估计，$\hat{\boldsymbol{A}}_n$是经验风险函数在参数估计值$\hat{\boldsymbol{\theta}}_n$处的黑塞矩阵。需要注意的是，如果$\ell$在$\boldsymbol{\theta}^*$处的梯度大小为零且A7成立，那么此为$\boldsymbol{\theta}^*$是严格局部极小值点的必要条件(见定理5.3.3)。

假设A8要求矩阵$\boldsymbol{B}^*$是正定的。矩阵$\boldsymbol{B}^*$是$\boldsymbol{\theta}^*$处随机损失函数梯度外积的期望值。例5.3.6中讨论的方法(主要用来验证A7是否成立)也用来研究A8是否成立。

假设 A8 是多元中心极限定理成立的必要条件。$\hat{\boldsymbol{B}}_n$ 是 $\boldsymbol{B}^*$ 的近似值。$\hat{\boldsymbol{B}}_n$ 正定的一个必要不充分条件是，训练样本量大于或等于自由参数的数量。

例 15.1.1(线性回归正则化假设)　设训练数据 $\boldsymbol{x}_1,\cdots,\boldsymbol{x}_n$ 是基于关于支集规范测度 ν 定义的相同 Radon-Nikodým 密度的独立同分布观测向量的有界随机序列实例。此外，假设训练样本 $\boldsymbol{x}_i\equiv(\boldsymbol{s}_i,y_i)$ 表示给定输入模式向量 $\boldsymbol{s}_i$ 的期望响应为 y_i，其中 $i=1,\cdots,n$。假设参数估计过程的目标是计算一个概率模型的拟最大似然估计。

概率模型假设

$$p(y\,|\,\boldsymbol{s};\boldsymbol{\theta})=(\sqrt{2\pi})^{-1}\exp(-(0.5)\,|\,y-\ddot{y}(\boldsymbol{s},\boldsymbol{\theta})\,|^2)$$

其中，$\ddot{y}(\boldsymbol{s},\boldsymbol{\theta})=\boldsymbol{\theta}^{\mathrm{T}}\mathbf{s}$。假设 $\tilde{s}$ 的密度不依赖参数向量 $\boldsymbol{\theta}$，因此 $\tilde{s}$ 的密度由概率密度函数 p_s 确定。构建该经验风险函数，然后讨论该概率模型的经验风险正则化条件成立的条件。

解　假设 A1 成立。由于目标是计算拟最大似然估计，损失函数为

$$c(\boldsymbol{x};\boldsymbol{\theta})=-\log p(y,s\,|\,\boldsymbol{\theta})=-\log p_s(\mathbf{s})-\log p(y\,|\,\boldsymbol{s};\boldsymbol{\theta})$$

注意，

$$\boldsymbol{g}(\boldsymbol{x};\boldsymbol{\theta})=-(y-\ddot{y}(\boldsymbol{s},\boldsymbol{\theta}))\boldsymbol{s}^{\mathrm{T}}$$

定义 c 的黑塞矩阵 $\boldsymbol{H}(\boldsymbol{x};\boldsymbol{\theta})$：

$$\boldsymbol{H}(\boldsymbol{x};\boldsymbol{\theta})=\boldsymbol{s}\boldsymbol{s}^{\mathrm{T}}$$

由于 $\boldsymbol{g}$ 与 $\boldsymbol{H}$ 为连续函数，因此假设 A2 成立。

由于 c 关于其第一个参数连续函，且 $\{\tilde{\boldsymbol{x}}_t\}$ 是有界随机序列，因此，A3 成立。

假设 A4 成立，因为 $\tilde{k}_n(\boldsymbol{\theta})=0$。由于黑塞矩阵

$$\boldsymbol{A}(\boldsymbol{\theta})=\int\boldsymbol{H}(\boldsymbol{x};\boldsymbol{\theta})p_{\mathrm{e}}(\boldsymbol{x})\mathrm{d}\nu(\boldsymbol{x})=\int\boldsymbol{s}\boldsymbol{s}^{\mathrm{T}}p_{\mathrm{e}}(\boldsymbol{s})\mathrm{d}\nu(\boldsymbol{s})$$

这表示对于所有向量 $\boldsymbol{\theta}\in\Theta$，有：

$$\boldsymbol{\theta}^{\mathrm{T}}\boldsymbol{A}(\boldsymbol{\theta})\boldsymbol{\theta}=\int|\,\boldsymbol{s}^{\mathrm{T}}\boldsymbol{\theta}\,|^2p_{\mathrm{e}}(\boldsymbol{s})\mathrm{d}\nu(\boldsymbol{s})\geqslant 0$$

因此，黑塞矩阵 $\boldsymbol{A}(\boldsymbol{\theta})$ 在 $\mathcal{R}^q$ 上是半正定的。根据定理 5.3.5，这表明期望风险函数 ℓ 在整个参数空间 $\mathcal{R}^q$ 上是凸的。因此，ℓ 的严格局部极小值点是 ℓ 的唯一全局极小值点(参见定理 5.3.3 和定理 5.3.7)。因此，如果 ℓ 的严格局部极小值点存在，则 A5 成立。

为了验证 A5，通常需要检查 $\hat{\boldsymbol{\theta}}_n$ 是否为经验风险函数的临界点。如果 $\hat{\boldsymbol{\theta}}_n$ 处 $\hat{\ell}_n(\boldsymbol{\theta})=(1/n)\sum_{i=1}^{n}c(\tilde{\boldsymbol{x}}_i,\boldsymbol{\theta})$ 的梯度无穷范数足够小，则证明了 $\hat{\boldsymbol{\theta}}_n$ 是 $\hat{\ell}_n$ 的临界点，且 ℓ 临界点存在。

假设 A7 可以通过验证 $\hat{\boldsymbol{A}}_n$ 在 $\hat{\boldsymbol{\theta}}_n$ 处是否正定来验证。假设 A8 可以通过验证 $\hat{\boldsymbol{B}}_n$ 在 $\hat{\boldsymbol{\theta}}_n$ 处是否正定来验证。正如例 5.3.6 所讨论的，当 $\hat{\boldsymbol{A}}_n$ 和 $\hat{\boldsymbol{B}}_n$ 分别是 $\boldsymbol{A}^*$ 和 $\boldsymbol{B}^*$ 的估计值，且目标为检验 $\boldsymbol{A}^*$ 和 $\boldsymbol{B}^*$ 可逆时，需要重点检验 $\hat{\boldsymbol{A}}_n$ 和 $\hat{\boldsymbol{B}}_n$ 是否收敛于可逆矩阵。　△

例 15.1.2(非线性回归正则化假设)　假设训练数据 $\boldsymbol{x}_1,\cdots,\boldsymbol{x}_n$ 是基于关于支集规范测度 ν 定义的相同 Radon-Nikodým 密度的独立同分布观测向量的有界随机序列实例。此外，假设训练样本 $\boldsymbol{x}_i\equiv(\boldsymbol{s}_i,y_i,z_i)$ 表示给定输入模式向量 $\boldsymbol{s}_i$ 的期望响应为 y_i，$i=1,\cdots,n$。设对于 $i=1,\cdots,n$ 时，$z_i=0$。加入辅助变量 $\tilde{z}_i$ 是一种数据扩张方式或重编码策略，用于强化一个不随样本量增大而消失的正则化项。假设有一个概率模型

$$p(y\,|\,\boldsymbol{s};\boldsymbol{\theta})=(\sqrt{2\pi})^{-1}\exp(-(0.5)\,|\,y-\ddot{y}(\boldsymbol{s},\boldsymbol{\theta})\,|^2)$$

其中，$\ddot{y}(\boldsymbol{s},\boldsymbol{\theta})$ 是 $\boldsymbol{\theta}$ 的非线性可微函数和 $\boldsymbol{s}$ 的分段连续函数。例如，$\ddot{y}(\boldsymbol{s},\boldsymbol{\theta})$ 可以是多层前馈感

知机网络的输出单元状态。假设$\tilde{s}$的密度不依赖参数向量$\boldsymbol{\theta}$，因此，$\tilde{s}$的密度由概率密度函数p_s确定。假设

$$p(z|\boldsymbol{\theta})=\frac{\exp(-(z-|\boldsymbol{\theta}|)^2/(2\sigma_z^2))}{\sigma_z\sqrt{2\pi}}$$

其中，$2\sigma_z^2$的倒数称为正则化常数λ。鉴于该概率模型假设，构建一个可作为负归一化对数似然函数的经验风险函数。然后，讨论该概率模型的经验风险正则化条件成立的条件，并具体解释哪些条件是通过定义满足的，哪些条件可以通过经验检验。

解 假设A1成立。由于目标是计算拟最大似然估计，损失函数为

$$c(\boldsymbol{x};\boldsymbol{\theta})=-\log p(y,\boldsymbol{s},z|\boldsymbol{\theta})=-\log p(\boldsymbol{s})-\log p(y|\boldsymbol{s};\boldsymbol{\theta})-\log p(z|\boldsymbol{\theta})$$

令$\boldsymbol{g}_y$与$\boldsymbol{H}_y$分别表示$-\log p(y|\boldsymbol{s};\boldsymbol{\theta})$的梯度和黑塞矩阵。$c$的梯度为

$$\boldsymbol{g}(\boldsymbol{x};\boldsymbol{\theta})=\boldsymbol{g}_y+2\lambda\boldsymbol{\theta}$$

c的黑塞矩阵为

$$\boldsymbol{H}(\boldsymbol{x};\boldsymbol{\theta})=\boldsymbol{H}_y+2\lambda\boldsymbol{I}_q \tag{15.4}$$

鉴于$\boldsymbol{g}$与$\boldsymbol{H}$是连续的，A2成立。

由于c关于其第一个参数连续，并且$\{\tilde{\boldsymbol{x}}_t\}$是有界随机序列，因此A3成立。

因为$\widetilde{k}_n(\boldsymbol{\theta})=0$，所以假设A4成立。

在非线性机器学习应用(如多层前馈感知机和混合模型)中，因为目标函数在参数空间上非凸，所以黑塞矩阵$\mathbf{A}(\boldsymbol{\theta})$在整个参数空间上不是半正定的。然而，如果参数空间$\Theta$为严格局部极小值点$\hat{\boldsymbol{\theta}}_n$的邻域，则假设A5成立。还要注意的是，如果$\lambda$为一个较大正数，则可能会使黑塞矩阵$\mathbf{A}$在$\Theta$上正定，导致A7成立。但是，过度增加$\lambda$值可能会牺牲对应局部唯一解的模型质量。假设A7和A8均可通过检验$\hat{\mathbf{A}}_n$和$\hat{\boldsymbol{B}}_n$的条件数进行验证。 △

练习

15.1-1. 讨论逻辑回归概率模型经验风险正则化假设成立的条件，该模型的参数基于拟最大似然估计法估计。请具体解释哪些条件是通过定义满足的，哪些条件可以通过经验检验。

15.1-2. 考虑一个前馈感知机，其中预测响应$\ddot{y}$是输入模式向量$\boldsymbol{s}$和参数向量$\boldsymbol{\theta}$的函数：

$$\ddot{y}(\boldsymbol{s},\boldsymbol{\theta})=\sum_{h=1}^{H}w_h\phi(\boldsymbol{v}_h^{\mathrm{T}}\boldsymbol{s})$$

其中，$\boldsymbol{\theta}\equiv[w_1,\cdots,w_h,\boldsymbol{v}_1^{\mathrm{T}},\cdots,\boldsymbol{v}_h^{\mathrm{T}}]^{\mathrm{T}}$，$\phi(u)=1/(1+\exp(-u))$。定义期望损失函数$\ell:\mathcal{R}^q\to\mathcal{R}$，使得

$$\ell(\boldsymbol{\theta})=\lambda|\boldsymbol{\theta}|^2+\sum_{k=1}^{M}p_k(y^k-\ddot{y}(\boldsymbol{s}^k,\boldsymbol{\theta}))^2 \tag{15.5}$$

假定统计环境以概率p_k出现模式向量$(\boldsymbol{s}_k,y_k)$。

需要注意的是，如果$[w_1^*,\cdots,w_H^*,(\boldsymbol{v}_1^*)^{\mathrm{T}},\cdots,(\boldsymbol{v}_H^*)^{\mathrm{T}}]$是$\ell$的全局极小值点，那么可以立即看出这不是唯一全局极小值点，因为$[w_2^*,w_1^*,\cdots,w_H^*,(\boldsymbol{v}_2^*)^{\mathrm{T}},(\boldsymbol{v}_1^*)^{\mathrm{T}},\cdots,(\boldsymbol{v}_H^*)^{\mathrm{T}}]$也是一个全局极小值点。事实上，可以找到H!个这样的全局极小值点。解释为什么适当选择参数空间时，该假设不违反任何经验风险正则化假设。

现在考虑一个更重要的问题，即寻找一个对于$\{1,\cdots,H\}$中某些k，$w_k^*=0$的全局极小值点。通过研究该情况下$\boldsymbol{v}_k^*$的不同选择，表明这种全局极小值点不可能是无L_2正则化项(即$\lambda=0$)的严格局部极小值点。现在证明，对于每一个正λ，当$w_k^*=0$时，$\boldsymbol{v}_k^*$的选择是唯一的。

证明 ℓ 的黑塞矩阵等于 $2\lambda \boldsymbol{I}_q$ 与式(15.5)右边第二项黑塞矩阵之和。因此，存在足够大的正 λ 和 L_2 正则化项，可以保证临界点是严格局部极小值点，因此假设 A7 成立。若 λ 过大，则会伴随哪些相关问题？

15.2 理论采样分布分析

设 $\boldsymbol{\theta}:\mathcal{R}^{d\times n}\rightarrow\mathcal{R}^q$ 表示一个将数据集 $\mathcal{D}_n$ 映射到 q 维的参数估计程序。第 14 章说明了如何使用非参数模拟方法来表征蒙特卡罗 bootstrap 估计值 $\boldsymbol{\Upsilon}_n\equiv\boldsymbol{\theta}(\widetilde{\mathcal{D}}_n)$ 的渐近采样分布特征。定理 15.2.1 给出了使用简单公式获得类似结果的方法(见图 15.2)。特别地，定理 15.2.1 给出了确保 $\boldsymbol{\theta}(\widetilde{\mathcal{D}}_n)$ 具有以经验风险函数期望值严格局部极小值点 $\boldsymbol{\theta}^*$ 为中心的渐近多元高斯密度的条件。此外，还给出了一个估计该高斯密度的协方差矩阵的公式。

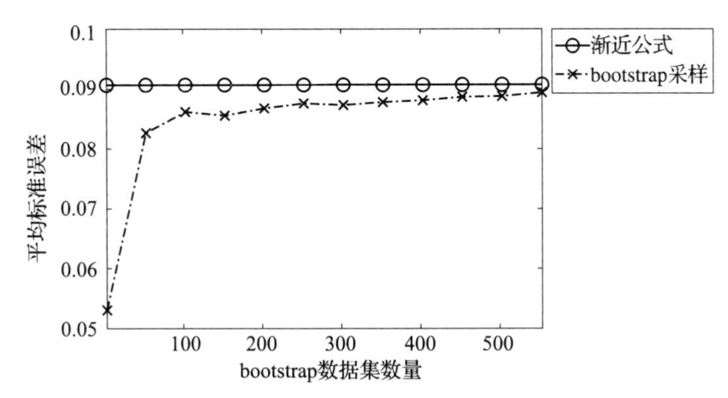

图 15.2　参数估计的标准误差渐近公式与非参数 bootstrap 估计的比较。使用例 14.2.3 中给出的非参数 bootstrap 估计算法，对不同数量的 bootstrap 数据集计算固定样本量 n 下的逻辑回归模型参数估计采样误差。每个 bootstrap 数据集由 n 条数据记录组成。使用秘诀框 15.1 的低计算量渐近公式估计原始训练数据的采样误差。如该图所示，随着 bootstrap 数据集数量变大，非参数 bootstrap 采样误差收敛于渐近公式的采样误差(秘诀框 15.1)

定理 15.2.1(经验风险极小值点的渐近分布)　假设定义 15.1.1 中的经验风险正则化假设对具有共同 DGP Radon-Nikodým 密度 $p_e:\mathcal{R}^d\rightarrow[0,\infty)$ 的独立同分布随机向量的随机序列 $\widetilde{\boldsymbol{x}}_1,\cdots,\widetilde{\boldsymbol{x}}_n$ 成立。该密度基于支集规范测度 ν 定义。
假设损失函数为 $c:\mathcal{R}^d\times\mathcal{R}^q\rightarrow\mathcal{R}$，惩罚函数为 $k_n:\mathcal{R}^{d\times n}\times\Theta\rightarrow\mathcal{R}$，受限参数空间 $\Theta\subseteq\mathcal{R}^q$，经验风险函数

$$\hat{\ell}_n(\boldsymbol{\theta})\equiv\hat{k}_n(\boldsymbol{\theta})+(1/n)\sum_{i=1}^{n}c(\widetilde{\boldsymbol{x}}_i,\boldsymbol{\theta})$$

在 Θ 上的极小值点为 $\hat{\boldsymbol{\theta}}_n$，且风险函数

$$\ell(\boldsymbol{\theta})=\int c(\boldsymbol{x},\boldsymbol{\theta})p_e(\boldsymbol{x})\mathrm{d}\nu(\boldsymbol{x})$$

在 Θ 上的极小值点为 $\boldsymbol{\theta}^*$。设 $\boldsymbol{A}^*$ 与 $\boldsymbol{B}^*$ 分别为定义 15.1.1 中的 A7 和 A8 中的 $\boldsymbol{A}^*$ 和 $\boldsymbol{B}^*$。$\hat{\boldsymbol{A}}_n$、$\hat{\boldsymbol{B}}_n$ 与 $\hat{\boldsymbol{C}}_n$ 的定义分别见式(15.1)、式(15.2)与式(15.3)。

当 $n\rightarrow\infty$时，$\sqrt{n}(\hat{\boldsymbol{\theta}}_n-\boldsymbol{\theta}^*)$依分布收敛至均值为 $\boldsymbol{0}_q$、协方差为 $\boldsymbol{C}^*=[\boldsymbol{A}^*]^{-1}\boldsymbol{B}^*[\boldsymbol{A}^*]^{-1}$ 的高斯随机向量。此外，当 $n\rightarrow\infty$时，$\sqrt{n}[\hat{\boldsymbol{C}}_n]^{-1/2}(\hat{\boldsymbol{\theta}}_n-\boldsymbol{\theta}^*)$依分布收敛至均值为 $\boldsymbol{0}_q$、协方差为

$\boldsymbol{I}_q$ 的高斯随机向量。

证明 根据假设 A1、A2、A3、A4、A5、A6 和定理 13.1.2，当 $n\to\infty$ 时，$\hat{\boldsymbol{\theta}}_n\to\boldsymbol{\theta}^*$ 的概率为 1。设 $\tilde{c}_i(\boldsymbol{\theta})\equiv c(\tilde{\boldsymbol{x}}_i,\boldsymbol{\theta})$，$\hat{\ell}_n\equiv(1/n)\sum_{i=1}^{n}\tilde{c}_i$，$\hat{k}_n\equiv k_n(\mathcal{D}_n,\cdot)$，$\nabla\hat{k}_n\equiv[\mathrm{d}k_n(\hat{\boldsymbol{x}}_i,\boldsymbol{\theta})/\mathrm{d}\boldsymbol{\theta}]^{\mathrm{T}}$。通过中值定理基于 $\boldsymbol{\theta}^*$ 展开 $\nabla\tilde{c}_i(\boldsymbol{\theta})$ 并在 $\hat{\boldsymbol{\theta}}_n$ 处求值，可得：

$$\nabla\hat{\ell}_n(\hat{\boldsymbol{\theta}}_n)=(1/n)\sum_{i=1}^{n}\nabla\tilde{c}_i(\boldsymbol{\theta}^*)+\left[(1/n)\sum_{i=1}^{n}\nabla^2\tilde{c}_{i,n}^*\right](\hat{\boldsymbol{\theta}}_n-\boldsymbol{\theta}^*)+\nabla\tilde{k}_n \tag{15.6}$$

其中，$\nabla^2\tilde{c}_{i,n}^*$ 的第 j 行等于在 $\hat{\boldsymbol{\theta}}_n$ 与 $\boldsymbol{\theta}^*$ 弦上某点处 $\nabla^2\tilde{c}_i$ 的第 j 行，$j=1,\cdots,d$。

设 $\tilde{\boldsymbol{A}}_{i,n}^*\equiv(1/n)\sum_{i=1}^{n}\nabla^2\tilde{c}_{i,n}^*$。基于 $\hat{\boldsymbol{\theta}}_n$ 的定义，$\nabla\hat{\ell}_n(\hat{\boldsymbol{\theta}}_n)=\boldsymbol{0}_q$ 概率为 1。因此，当 n 足够大时，式(15.6)以概率变为

$$\boldsymbol{0}_q=(1/n)\sum_{i=1}^{n}\nabla\tilde{c}_i(\boldsymbol{\theta}^*)+\boldsymbol{A}_{i,n}^*(\hat{\boldsymbol{\theta}}_n-\boldsymbol{\theta}^*)+\nabla\tilde{k}_n \tag{15.7}$$

根据定理 8.4.1 和 $\mathrm{d}^2c/\mathrm{d}\boldsymbol{\theta}^2$ 由可积函数控制的假设，$\boldsymbol{A}$ 在 Θ 上连续表明 $\boldsymbol{A}$ 在包含 $\boldsymbol{\theta}^*$ 的开集上连续。因为根据假设 A7，$\boldsymbol{A}$ 在 $\boldsymbol{\theta}^*$ 处是正定的，而且根据 A2，$\boldsymbol{A}$ 是连续的，因此 $\boldsymbol{A}$ 在包含 $\boldsymbol{\theta}^*$ 的开集上是正定的。这反过来又表明存在一个包含 $\boldsymbol{\theta}^*$ 的开集，使得 $\boldsymbol{A}^{-1}$ 在该开集上是连续的。

当 $n\to\infty$ 时，$\hat{\boldsymbol{\theta}}_n\to\boldsymbol{\theta}^*$ 表示鉴于 $\boldsymbol{A}^{-1}$ 在包含 $\boldsymbol{\theta}^*$ 的开集上是连续的，故存在足够大的 n，使得式(15.6)以概率 1 重写为：

$$\sqrt{n}(\hat{\boldsymbol{\theta}}_n-\boldsymbol{\theta}^*)=-\sqrt{n}(\tilde{\boldsymbol{A}}_{i,n}^*)^{-1}(1/n)\sum_{i=1}^{n}\nabla\tilde{c}_i(\boldsymbol{\theta}^*)+\sqrt{n}(\tilde{\boldsymbol{A}}_{i,n}^*)^{-1}\nabla\tilde{k}_n \tag{15.8}$$

由于 $\boldsymbol{\theta}^*$ 是 $\ell(\cdot)$ 的唯一全局极小值点，因此 $\ell(\cdot)$ 的梯度 $\nabla\ell(\cdot)$ 的在 $\boldsymbol{\theta}^*$ 处是一个零向量。由于 $\mathrm{d}c/\mathrm{d}\boldsymbol{\theta}$ 由一个可积函数控制，因此可以互换积分算子和微分算子，$\nabla\ell(\boldsymbol{\theta})=E\{\nabla\tilde{c}_i(\boldsymbol{\theta})\}$。注意，$\nabla\tilde{c}_1(\boldsymbol{\theta}^*)$，$\nabla\tilde{c}_2(\boldsymbol{\theta}^*)$，…是基于相同均值 $\nabla\ell(\boldsymbol{\theta}^*)$ 和协方差矩阵

$$\boldsymbol{B}^*\equiv E\left\{(1/n)\sum_{i=1}^{n}\nabla\tilde{c}_i(\boldsymbol{\theta}^*)\left[\sum_{j=1}^{n}\nabla\tilde{c}_j(\boldsymbol{\theta}^*)\right]^{\mathrm{T}}\right\} \tag{15.9}$$

的独立同分布 q 维随机向量序列。协方差矩阵可重写为

$$\boldsymbol{B}^*\equiv E\left\{(1/n)\sum_{i=1}^{n}\nabla\tilde{c}_i(\boldsymbol{\theta}^*)[\nabla\tilde{c}_i(\boldsymbol{\theta}^*)]^{\mathrm{T}}\right\}+E\left\{(1/n)\sum_{i=1}\sum_{j\neq i}\nabla\tilde{c}_i(\boldsymbol{\theta}^*)[\nabla\tilde{c}_j(\boldsymbol{\theta}^*)]^{\mathrm{T}}\right\} \tag{15.10}$$

由于 $\nabla\tilde{c}_1(\boldsymbol{\theta}^*)$，$\nabla\tilde{c}_2(\boldsymbol{\theta}^*)$，…是基于相同 $\boldsymbol{0}$ 均值独立同分布的，因此式(15.10)右侧第二项等于零矩阵。根据假设 A8，$\boldsymbol{B}^*$ 正定。

接着可基于多元中心极限定理(第 9 章)得出：

$$\sqrt{n}(1/n)\sum_{i=1}^{n}\nabla\tilde{c}_i(\boldsymbol{\theta}^*)$$

依分布收敛于 q 维高斯随机向量(零均值、协方差矩阵 $\boldsymbol{B}^*$)。由于 $[\tilde{\boldsymbol{A}}_{i,n}^*]^{-1}$ 以概率 1 收敛到 $[\boldsymbol{A}^*]^{-1}$，根据 Slutsky 定理(见定理 9.4.5)，式(15.8)右侧变为

$$[\boldsymbol{A}_{i,n}^*]^{-1}\sqrt{n}(1/n)\sum_{i=1}^{n}\nabla\tilde{c}_i(\boldsymbol{\theta}^*)$$

它依分布收敛于 $[\boldsymbol{A}^*]^{-1}\tilde{\boldsymbol{n}}$，其中 $\tilde{\boldsymbol{n}}$ 是基于零均值和协方差矩阵 $\boldsymbol{B}^*$ 的高斯随机向量。根据高斯随机变量线性变换定理(见定理 9.4.2)，可得 $[\boldsymbol{A}^*]^{-1}\tilde{\boldsymbol{n}}$ 是均值为 $\boldsymbol{0}_i$、协方差矩阵为 $[\boldsymbol{A}^*]^{-1}\boldsymbol{B}^*[\boldsymbol{A}^*]^{-1}$ 的高斯随机向量。

因此，$\sqrt{n}(\hat{\boldsymbol{\theta}}_n-\boldsymbol{\theta}^*)$依分布收敛于均值为$\mathbf{0}_q$、协方差为$[\boldsymbol{A}^*]^{-1}\boldsymbol{B}^*[\boldsymbol{A}^*]^{-1}$的高斯随机向量。此外，鉴于当$n\to\infty$时，$[\hat{\boldsymbol{A}}_n]^{-1}\to[\boldsymbol{A}^*]^{-1}$且$\hat{\boldsymbol{B}}_n\to\boldsymbol{B}^*$概率为 1，依据 Slutsky 定理，$\sqrt{n}[\hat{\boldsymbol{C}}_n]^{-1/2}(\hat{\boldsymbol{\theta}}_n-\boldsymbol{\theta}^*)$依分布收敛于均值为$\mathbf{0}_q$、协方差矩阵为$\boldsymbol{I}_q$的高斯随机向量。 ■

例 15.2.1(逻辑回归参数估计标准误差) 该例的目的是验证经验风险函数正则化条件假设，然后给出参数估计标准误差的简单公式。假设训练数据$\{(\boldsymbol{s}_1,y_1),\cdots,(\boldsymbol{s}_n,y_n)\}$是基于相同密度$p_e$的$n$个独立同分布有界随机向量的序列实例。假设 A1 成立。逻辑回归模型的经验风险函数$\hat{\ell}_n$如下：

$$\hat{\ell}_n(\boldsymbol{\theta})=(1/n)\sum_{i=1}^{n}c([\boldsymbol{s}_i,y_i],\boldsymbol{\theta})$$

其中

$$c([\boldsymbol{s}_i,y_i],\boldsymbol{\theta})=-(1/n)(y_i\log p_i+(1-y_i)\log(1-p_i))$$
$$p_i\equiv\mathcal{S}(\boldsymbol{\theta}^{\mathrm{T}}\boldsymbol{u}_i)$$
$$\boldsymbol{u}_i=[\boldsymbol{s}_i^{\mathrm{T}},1]^{\mathrm{T}}$$

$\mathcal{S}$定义为$\mathcal{S}(\phi)=1/(1+\exp(-\phi))$

定义参数空间Θ为包含逻辑回归目标函数严格局部极小值点$\hat{\boldsymbol{\theta}}_n$的有界闭凸集。为验证$\hat{\boldsymbol{\theta}}_n$是否为严格局部极小值点，检验$\hat{\ell}_n(\hat{\boldsymbol{\theta}}_n)$梯度$\hat{\boldsymbol{g}}_n$的无穷范数是否足够小，同时判断$\hat{\ell}_n(\hat{\boldsymbol{\theta}}_n)$的黑塞矩阵$\hat{\mathbf{A}}_n$的条件数是否过大。还需要注意的是，由于$\hat{\ell}_n$和$\ell$在凸参数空间上是半正定的，这表明根据定理 5.3.7，任何严格局部极小值点均为参数空间中唯一全局极小值点。

证明$\hat{\boldsymbol{g}}_n$和$\hat{\mathbf{A}}_n$的公式分别由下式给出：

$$\hat{\boldsymbol{g}}_n=-(1/n)\sum_{i=1}^{n}(y_i-p_i)\boldsymbol{u}_i$$

$$\hat{\mathbf{A}}_n=(1/n)\sum_{i=1}^{n}p_i(1-p_i)\boldsymbol{u}_i\boldsymbol{u}_i^{\mathrm{T}}$$

由于$\hat{\mathbf{A}}_n$在$\hat{\boldsymbol{\theta}}_n$处为正定的，依据定理 13.1.2，当$n\to\infty$时，$\hat{\boldsymbol{\theta}}_n\to\boldsymbol{\theta}^*$概率为 1，因此可认为 A7 成立。

现在$\hat{\boldsymbol{B}}_n$计算公式如下：

$$\hat{\boldsymbol{B}}_n=(1/n)\sum_{i=1}^{n}(y_i-p_i)^2\boldsymbol{u}_i\boldsymbol{u}_i^{\mathrm{T}}$$

设如下矩阵第k个对角线元素的平方根定义为$\hat{\sigma}_k$：

$$\hat{\boldsymbol{C}}_n=[\hat{\boldsymbol{A}}_n]^{-1}\hat{\boldsymbol{B}}_n\hat{\boldsymbol{A}}_n^{-1}$$

称$\hat{\sigma}_k/\sqrt{n}$为$\hat{\boldsymbol{\theta}}_n(k)$的标准误差。标准误差是基于$\hat{\boldsymbol{\theta}}_n$第$k$个元素估计的采样误差估计值。 △

秘诀框 15.1 采样误差公式推导(定理 15.2.1)

- 假设有损失函数$c:\mathcal{R}^d\times\mathcal{R}^q\to\mathcal{R}$，经验风险函数

$$\hat{\ell}_n(\boldsymbol{\theta})=(1/n)\sum_{i=1}^{n}c(\tilde{\boldsymbol{x}}_i,\boldsymbol{\theta})$$

受限于参数空间Θ，经验风险函数$\hat{\ell}_n$在Θ上极小值点为$\hat{\boldsymbol{\theta}}_n$，风险函数$\ell$在$\Theta$上极小值点为$\boldsymbol{\theta}^*$，且矩阵$\boldsymbol{A}^*$和$\boldsymbol{B}^*$定义见经验风险正则化假设(参见定义 15.1.1)，惩罚项$\hat{k}_n(\boldsymbol{\theta})=0$。随机函数$\hat{\boldsymbol{g}}_i$表示$c(\tilde{\boldsymbol{x}}_i,\cdot)$关于$\boldsymbol{\theta}$的梯度，$\hat{\ell}_n$的黑塞矩阵为$\hat{\mathbf{A}}_n:\mathcal{R}^q\to\mathcal{R}^{q\times q}$。

- 将函数 $\hat{\boldsymbol{g}}_n$ 在 $\boldsymbol{\theta}^*$ 处进行一阶泰勒展开，代入 $\hat{\boldsymbol{g}}_n$ 临界点 $\hat{\boldsymbol{\theta}}_n$ 得到：

$$\hat{\boldsymbol{g}}_n(\hat{\boldsymbol{\theta}}_n)\approx\hat{\boldsymbol{g}}_n(\boldsymbol{\theta}^*)+\hat{\boldsymbol{A}}_n(\boldsymbol{\theta}^*)(\hat{\boldsymbol{\theta}}_n-\boldsymbol{\theta}^*)\tag{15.11}$$

- 鉴于 $\hat{\boldsymbol{\theta}}_n$ 为 $\hat{\ell}_n$ 临界点，式(15.11)左侧为零向量，因此有：

$$\mathbf{0}_q\approx\hat{\boldsymbol{g}}_n(\boldsymbol{\theta}^*)+\hat{\boldsymbol{A}}_n(\boldsymbol{\theta}^*)(\hat{\boldsymbol{\theta}}_n-\boldsymbol{\theta}^*)\tag{15.12}$$

- 基于 $\hat{\boldsymbol{A}}_n(\boldsymbol{\theta}^*)\approx\boldsymbol{A}^*$，整理式(15.12)得到：

$$\hat{\boldsymbol{\theta}}_n\approx\boldsymbol{\theta}^*-[\boldsymbol{A}^*]^{-1}\hat{\boldsymbol{g}}_n(\boldsymbol{\theta}^*)\tag{15.13}$$

- 基于多元中心极限定理(定理 9.3.7)，$\hat{\boldsymbol{g}}_n(\boldsymbol{\theta}^*)$服从基于均值零、协方差矩阵$(1/n)\boldsymbol{B}^*$的渐近高斯分布。
- 基于高斯随机变量线性变换定理(定理 9.4.2)，由于 $\hat{\boldsymbol{g}}_n(\boldsymbol{\theta}^*)$是协方差矩阵为$(1/n)\boldsymbol{B}^*$的渐近高斯分布，因此$[\boldsymbol{A}^*]^{-1}\hat{\boldsymbol{g}}_n(\boldsymbol{\theta}^*)$是一个基于均值零、协方差矩阵

$$(1/n)\boldsymbol{C}^*\equiv(1/n)(\boldsymbol{A}^*)^{-1}\boldsymbol{B}^*(\boldsymbol{A}^*)^{-1}$$

的渐近高斯随机向量。
- 因此，当 $n\to\infty$时，$\hat{\boldsymbol{\theta}}_n$ 依分布收敛至均值为 $\boldsymbol{\theta}^*$、协方差矩阵为$(1/n)\boldsymbol{C}^*$的高斯随机向量。

尽管经验风险估计的渐近分布表征非常关键，但在许多实际应用中，人们更多关注的是经验风险估计的不同类函数的渐近分布表征。例如，若经验风险估计为 q 维 $\hat{\boldsymbol{\theta}}_n$，$\boldsymbol{s}^{\mathrm{T}}$ 是 q 维单位矩阵的第 k 行，则 $\boldsymbol{s}^{\mathrm{T}}\hat{\boldsymbol{\theta}}_n$ 是 $\hat{\boldsymbol{\theta}}_n$ 的第 k 个元素。因此，可通过经验风险估计的线性函数选择出单个参数估计值。再举一个例子，设 $\bar{y}:\mathcal{R}^u\times\Theta\to\mathcal{R}$ 是一个非线性(或线性)回归模型的回归函数。对于给定输入模式 $\boldsymbol{s}$ 和经验风险估计 $\hat{\boldsymbol{\theta}}_n$，非线性回归模型的预测响应为 $\bar{y}(\boldsymbol{s},\hat{\boldsymbol{\theta}}_n)$。$\hat{\boldsymbol{\theta}}_n$ 的采样误差产生预测输出 $\bar{y}(\boldsymbol{s},\hat{\boldsymbol{\theta}}_n)$的采样误差。

定理 15.2.2 给出了一种表征采样误差的非参数 bootstrap 替代方法，可用于仅给定训练数据集的经验风险估计 $\hat{\boldsymbol{\theta}}_n$ 函数 ϕ。

定理 15.2.2(经验风险极小值点渐近分布函数)　假设基于关于支集规范测度 ν 定义的相同 DGP Radon-Nikodým 密度 $p_e:\mathcal{R}^d\to[0,\infty)$的独立同分布随机向量序列 $\tilde{\boldsymbol{x}}_1,\cdots,\tilde{\boldsymbol{x}}_n$，定义 15.1.1 中的经验风险正则化假设成立。损失函数为 $c:\mathcal{R}^d\times\mathcal{R}^q\to\mathcal{R}$，惩罚函数为 $k_n:\mathcal{R}^{d\times n}\times\Theta\to\mathcal{R}$，受限参数空间 $\Theta\subseteq\mathcal{R}^q$，经验风险函数

$$\hat{\ell}_n(\boldsymbol{\theta})\equiv\hat{k}_n(\boldsymbol{\theta})+(1/n)\sum_{i=1}^{n}c(\tilde{\boldsymbol{x}}_i,\boldsymbol{\theta})$$

在 Θ 上极小值点为 $\hat{\boldsymbol{\theta}}_n$，风险函数

$$\ell(\boldsymbol{\theta})=\int c(\boldsymbol{x},\boldsymbol{\theta})p_e(\boldsymbol{x})\mathrm{d}\nu(\boldsymbol{x})$$

在 Θ 上极小值点为 $\boldsymbol{\theta}^*$。$\boldsymbol{A}^*$ 与 $\boldsymbol{B}^*$ 分别见定义 15.1.1 中的 A7 与 A8。$\hat{\boldsymbol{A}}_n$、$\hat{\boldsymbol{B}}_n$ 与 $\hat{\boldsymbol{C}}_n$ 的定义分别见式(15.1)、式(15.2)与式(15.3)。

设 $\phi:\mathcal{R}^q\to\mathcal{R}^r$ 为 Θ 上连续可微函数。假设 $\boldsymbol{J}\equiv\nabla\phi$ 是 Θ 上连续函数，因此 $\boldsymbol{J}(\boldsymbol{\theta}^*)$行满秩(秩为 r)。$\sqrt{n}(\phi(\hat{\boldsymbol{\theta}}_n)-\phi(\boldsymbol{\theta}^*))$依分布收敛至均值为 $\mathbf{0}_r$ 和 r 维协方差矩阵为

$$\boldsymbol{Q}^*=\boldsymbol{J}(\boldsymbol{\theta}^*)\boldsymbol{C}^*[\boldsymbol{J}(\boldsymbol{\theta}^*)]^{\mathrm{T}}\tag{15.14}$$

的 r 维高斯随机向量。此外，

$$\boldsymbol{Q}^*=\boldsymbol{J}(\hat{\boldsymbol{\theta}}_n)\hat{\boldsymbol{C}}_n[\boldsymbol{J}(\hat{\boldsymbol{\theta}}_n)]^{\mathrm{T}}+o_{\mathrm{a.s.}}(1)\tag{15.15}$$

证明　基于中值定理有

$$\phi(\hat{\boldsymbol{\theta}})=\phi(\boldsymbol{\theta}^*)+\boldsymbol{J}(\ddot{\boldsymbol{\theta}})(\hat{\boldsymbol{\theta}}_n-\boldsymbol{\theta}^*) \tag{15.16}$$

其中，$\ddot{\boldsymbol{\theta}}$ 中每个元素是连接 $\boldsymbol{\theta}^*$ 与 $\hat{\boldsymbol{\theta}}_n$ 的弦上的不同点。整理式(15.16)各项并乘以$\sqrt{n}$，得出：

$$\sqrt{n}[\phi(\hat{\boldsymbol{\theta}})-\phi(\boldsymbol{\theta}^*)]=\boldsymbol{J}(\ddot{\boldsymbol{\theta}})\sqrt{n}(\hat{\boldsymbol{\theta}}_n-\boldsymbol{\theta}^*) \tag{15.17}$$

当 $n\to\infty$时，$\hat{\boldsymbol{\theta}}_n\to\boldsymbol{\theta}^*$ 概率为 1，这表明当 $n\to\infty$时，式(15.17)右侧项 $\boldsymbol{J}(\ddot{\boldsymbol{\theta}})$以概率 1 收敛至$\boldsymbol{J}(\boldsymbol{\theta}^*)$。基于定理 15.2.1，该项乘以$\sqrt{n}(\hat{\boldsymbol{\theta}}_n-\boldsymbol{\theta}^*)$依分布收敛至均值为 $\mathbf{0}_q$、协方差矩阵为 $\boldsymbol{C}^*$ 的多元高斯随机向量。基于 Slutsky 定理(定理 9.4.5)和多元高斯随机变量线性变换定理(定理 9.4.2)，这两个矩阵之积收敛于一个均值为 $\mathbf{0}_r$、协方差矩阵为 $\boldsymbol{J}(\boldsymbol{\theta}^*)\boldsymbol{C}^*[\boldsymbol{J}(\boldsymbol{\theta}^*)]^{\mathrm{T}}$ 的多元高斯随机向量。

由于当 $n\to\infty$时，$\hat{\boldsymbol{C}}_n\to\boldsymbol{C}^*$ 和 $\hat{\boldsymbol{\theta}}_n\to\boldsymbol{\theta}^*$ 概率为 1，且 $\boldsymbol{C}$ 和 $\boldsymbol{J}$ 是连续函数，因此基于随机序列函数定理(定理 9.4.1)可得式(15.15)。 ■

秘诀框 15.2　估计采样误差的公式(定理 15.2.2)

- **步骤 1**　检验数据生成过程。
  检验数据样本 $\boldsymbol{x}_1,\cdots,\boldsymbol{x}_n$ 是否为 n 个独立同分布随机向量的有界序列实例。
- **步骤 2**　检查损失函数是否足够平滑。
  设 $c:\mathcal{R}^d\times\Theta\to\mathcal{R}$ 是一个二次连续可微随机函数。此外，对任一 $\boldsymbol{\theta}\in\Theta$，假设 $c(\cdot;\boldsymbol{\theta})$ 为分段连续函数。
- **步骤 3**　基于经验风险函数最小化的参数估计。
  使用梯度下降等优化算法来寻找经验风险函数
  $$\hat{\ell}_n(\boldsymbol{\theta})\equiv(1/n)\sum_{i=1}^{n}c(\boldsymbol{x}_i,\boldsymbol{\theta})$$
  的严格局部极小值点 $\hat{\boldsymbol{\theta}}_n$。验证当 n 很大时，$\nabla\hat{\ell}_n(\hat{\boldsymbol{\theta}}_n)$的无穷范数足够小，从而确定 $\hat{\boldsymbol{\theta}}_n$ 为临界点。
- **步骤 4**　检验 OPG 和黑塞矩阵条件数。检验
  $$\hat{\boldsymbol{B}}_n=(1/n)\sum_{i=1}^{n}\nabla c(\boldsymbol{x}_i,\boldsymbol{\theta})[\nabla c(\boldsymbol{x}_i,\boldsymbol{\theta})]^{\mathrm{T}}$$
  的条件数收敛至有限正数(参见例 5.3.6)。还可以通过检验 $\hat{\mathbf{A}}_n\equiv\nabla^2\hat{\ell}_n(\hat{\boldsymbol{\theta}}_n)$条件数是否为有限正数来验证 $\hat{\boldsymbol{\theta}}_n$ 收敛至严格局部极小值点。
- **步骤 5**　计算估计值的渐近分布。
  计算渐近高斯参数估计值的渐近协方差矩阵：
  $$\hat{\boldsymbol{C}}_n=[\hat{\mathbf{A}}_n]^{-1}\hat{\boldsymbol{B}}_n[\hat{\mathbf{A}}_n]^{-1}$$
  $\hat{\boldsymbol{\theta}}_n$ 第 k 个元素的采样误差等于$(1/n)\hat{\boldsymbol{C}}_n$ 第 k 个对角线元素的平方根。
- **步骤 6**　计算统计量的渐近分布。设 $\phi:\mathcal{R}^q\to\mathcal{R}^r$ 为连续可微函数，$\boldsymbol{J}$ 代表 ϕ 导数，$\phi(\hat{\boldsymbol{\theta}}_n)$服从均值为 $\phi(\boldsymbol{\theta}^*)$的渐近高斯分布，其协方差矩阵$(1/n)\boldsymbol{Q}^*$ 估计如下：
  $$\hat{\boldsymbol{Q}}_n=\boldsymbol{J}(\hat{\boldsymbol{\theta}}_n)\hat{\boldsymbol{C}}_n\boldsymbol{J}(\hat{\boldsymbol{\theta}}_n)^{\mathrm{T}}$$
  如果协方差矩阵 $\hat{\boldsymbol{Q}}_n$ 不可逆或者收敛于不可逆矩阵，则与渐近理论的关键假设相矛盾。如果 $\boldsymbol{J}$ 矩阵选择不当，协方差矩阵 $\hat{\boldsymbol{Q}}_n$ 也可能是不可逆的，这是由于参数估计值处矩阵必须行满秩。

为了使经验风险极小值点渐近分布定理的条件成立，需经验风险正则化假设(定义 15.1.1)成立，此外，ϕ 的导数 $\boldsymbol{J}:\mathcal{R}^q \to \mathcal{R}^r$ 是连续的，并且 $\boldsymbol{J}^* \equiv \boldsymbol{J}(\boldsymbol{\theta}^*)$行满秩。可验证条件 $\boldsymbol{J}$ 连续。若

$$\hat{\boldsymbol{Q}}_n \equiv \boldsymbol{J}(\hat{\boldsymbol{\theta}}_n)\hat{\boldsymbol{C}}_n[\boldsymbol{J}(\hat{\boldsymbol{\theta}}_n)]^{\mathrm{T}}$$

的条件数过大或最大特征值接近数字零，则表明假设 A7、A8 或 $\boldsymbol{J}^*$ 行满秩可能不成立。

例 15.2.2(无监督学习的高斯混合模型)　对一个简化的高斯混合模型进行分析。用于无监督学习的高斯混合模型定义为每个元素均为高斯密度函数加权和，且非负权重之和为 1 的模型规范。假定训练数据为基于关于支集规范测度 ν 定义的相同 Radon-Nikodým 密度的独立同分布 d 维随机向量的有界随机序列实例 $\boldsymbol{x}_1,\cdots,\boldsymbol{x}_n,\hat{\boldsymbol{x}}_i$ 的支集为 $\mathcal{R}^d$。

设

$$p(\boldsymbol{x}|\boldsymbol{m}^k)=(\sqrt{2\pi})^{-d}\exp(-(1/2)|\boldsymbol{x}-\boldsymbol{m}^k|^2)$$

为训练样本 $\boldsymbol{x}$ 属于第 k 类的概率。设

$$q_k(\beta)=\exp(\beta_k)/\sum_{j=1}^{K}\exp(\beta_j),\quad \beta\equiv[\beta_1,\cdots,\beta_K]$$

为训练样本从第 k 类采样的似然度。设高斯混合模型为 Radon-Nikodým 密度集合

$$\mathcal{M}\equiv\{p(\cdot|\boldsymbol{\theta}):\boldsymbol{\theta}\in\Theta\}$$

其中，对于每个 $\boldsymbol{\theta}\in\Theta$，

$$p(\boldsymbol{x}|\boldsymbol{\theta})=\sum_{k=1}^{K}q_k(\beta)p(\boldsymbol{x}|\boldsymbol{m}^k)$$

是当学习机参数向量为 $\boldsymbol{\theta}\equiv[\boldsymbol{\beta}^{\mathrm{T}},(\boldsymbol{m}^1)^{\mathrm{T}},\cdots,(\boldsymbol{m}^K)^{\mathrm{T}}]^{\mathrm{T}}$ 时，学习机观察到训练样本 $\boldsymbol{x}$ 的概率。

推导最大似然估计值 $\hat{\beta}_n(k)$和 $\hat{\boldsymbol{m}}^k$ 的标准误差公式。讨论这些公式有效的所有假设。

解　定义该问题的负归一化对数似然函数：

$$\hat{\ell}_n(\boldsymbol{\theta})=(1/n)\sum_{i=1}^{n}c(\boldsymbol{x}_i,\boldsymbol{\theta})$$

其中，$c(\boldsymbol{x}_i,\boldsymbol{\theta})=-\log p(\boldsymbol{x}_i|\boldsymbol{\theta})$。最大似然估计值 $\hat{\beta}_n(k)$与 $\hat{\boldsymbol{m}}^k$ 通过计算 $\hat{\ell}_n$ 严格局部极小值点得出。

$c(\boldsymbol{x},\boldsymbol{\theta})$的梯度如下：

$$\boldsymbol{g}(\boldsymbol{x},\boldsymbol{\theta})\equiv\left[\frac{\mathrm{d}c(\boldsymbol{x}_i,\boldsymbol{\theta})}{\mathrm{d}\beta},\frac{\mathrm{d}c(\boldsymbol{x}_i,\boldsymbol{\theta})}{\mathrm{d}\boldsymbol{m}^1},\cdots,\frac{\mathrm{d}c(\boldsymbol{x}_i,\boldsymbol{\theta})}{\mathrm{d}\boldsymbol{m}^k}\right]^{\mathrm{T}}$$

其中

$$\frac{\mathrm{d}c(\boldsymbol{x}_i,\boldsymbol{\theta})}{\mathrm{d}\beta}=-[p(\boldsymbol{x}_i|\boldsymbol{\theta})]^{-1}\sum_{k=1}^{K}\left(\frac{\mathrm{d}q_k}{\mathrm{d}\beta}\right)^{\mathrm{T}}p(\boldsymbol{x}|\boldsymbol{m}^k)$$

$$\frac{\mathrm{d}c(\boldsymbol{x}_i,\boldsymbol{\theta})}{\mathrm{d}\boldsymbol{m}^k}=-[p(\boldsymbol{x}_i|\boldsymbol{\theta})]^{-1}\sum_{k=1}^{K}q_k(\beta)p(\boldsymbol{x}|\boldsymbol{m}^k)(\boldsymbol{x}-\boldsymbol{m}^k)$$

基于 $c(\boldsymbol{x},\boldsymbol{\theta})$梯度和最大似然估计 $\hat{\boldsymbol{\theta}}_n$ 计算式(15.2)的 $\hat{\boldsymbol{B}}_n$。随后，通过求 $\boldsymbol{g}(\boldsymbol{x},\boldsymbol{\theta})$关于 $\boldsymbol{\theta}$ 的导数计算 $c(\boldsymbol{x},\boldsymbol{\theta})$的黑塞矩阵并将其表示为 $\boldsymbol{A}(\boldsymbol{x};\boldsymbol{\theta})$。基于 $\boldsymbol{A}(\boldsymbol{x};\boldsymbol{\theta})$计算式(15.1)中的$\hat{\boldsymbol{A}}_n$。

假设 A1 成立。此外，c 是一个二次连续可微随机函数，因此 A2 成立。由于 DGP 是有界的，且 A2 成立，因此 A3 成立。鉴于惩罚项 $\hat{k}_n(\boldsymbol{\theta})=0$，因此假设 A4 成立。

在 ℓ 的严格局部极小值点足够小的邻域中，假设 A5 成立。然而，需要注意的是，高斯混合模型通常包含复杂的鞍点表面和平坦区以及多个严格局部极小值点。这种参数估计问题可

通过减少或合并类别、引入正则化项以及限制参数空间来改善。

假设 A5、A7 和 A8 的验证如下。验证 $\hat{\boldsymbol{\theta}}_n$ 是否收敛到临界点，方法是判断 $\hat{\boldsymbol{\theta}}_n$ 处的梯度无穷范数是否足够小。通过检验矩阵大小是否太小与条件数是否过大，判断 $\hat{\boldsymbol{A}}_n$ 和 $\hat{\boldsymbol{B}}_n$ 是否收敛至正定矩阵。

接下来，计算 $\hat{C}_n=\hat{\boldsymbol{A}}_n^{-1}\hat{\boldsymbol{B}}_n[\hat{\boldsymbol{A}}_n]^{-1}$。$\hat{\boldsymbol{\beta}}_n$ 第 k 个元素的标准误差是 $\hat{\boldsymbol{C}}_n$ 的第 k 个对角线元素的平方根除以 n 的平方根。第 k 个均值向量 $\hat{\boldsymbol{m}}_k$ 的第 j 个元素的标准误差是 $\hat{\boldsymbol{C}}_n$ 第 z 个对角线元素的平方根除以 n 的平方根，其中 $z=kK+j$。 △

练习

15.2-1. (线性回归)设 $\{(\tilde{\boldsymbol{s}}_1,\tilde{y}_1),\cdots,(\tilde{\boldsymbol{s}}_n,\tilde{y}_n)\}$ 为 n 个独立同分布向量的序列实例。假设对于给定输入模式向量 $\boldsymbol{s}_i$，响应标量变量 $\tilde{y}_i$ 的概率密度是一个均值为 $\boldsymbol{\theta}^{\mathrm{T}}\boldsymbol{s}_i$、方差为 1 的高斯随机变量，$i=1,\cdots,n$。推导 $\boldsymbol{\theta}$ 的最大似然估计的协方差矩阵公式，并讨论保证该分析有效的所有假设。

15.2-2. (平滑 L_1 正则化线性回归)设 $\{(\tilde{\boldsymbol{s}}_1,\tilde{y}_1),\cdots,(\tilde{\boldsymbol{s}}_n,\tilde{y}_n)\}$ 为 n 个独立同分布向量的序列实例。假设对于给定 d 维输入模式向量 $\boldsymbol{s}_i$，响应标量变量 $\tilde{y}_i$ 的概率密度是一个均值为 $\boldsymbol{\theta}^{\mathrm{T}}\boldsymbol{s}_i$、方差为 1 的高斯随机变量，$i=1,\cdots,n$。假设 $\boldsymbol{\theta}$ 上双曲正切先验概率定义如下：

$$p_{\boldsymbol{\theta}}(\boldsymbol{\theta})=\prod_{j=1}^{d+1}[\exp((\pi/2)\theta_j)+\exp(-(\pi/2)\theta_j)]^{-1}$$

推导 $\boldsymbol{\theta}$ 的 MAP 估计的协方差矩阵公式，并讨论保证该分析有效的所有假设。

15.2-3. (L_2 正则化 sigmoid 感知机模型)设 $\{(\tilde{\boldsymbol{s}}_1,\tilde{y}_1),\cdots,(\tilde{\boldsymbol{s}}_n,\tilde{y}_n)\}$ 是 n 个独立同分布的随机向量序列，给定输入模式向量 $\boldsymbol{s}_i$ 的响应随机变量 $\tilde{y}_i\in\{0,1\}$，其中 $i=1,2,\cdots$。假设预测响应 $\ddot{y}(\boldsymbol{s},\boldsymbol{\theta})$ 定义如下：

$$\ddot{y}(\boldsymbol{s},\boldsymbol{\theta})=\boldsymbol{w}^{\mathrm{T}}\boldsymbol{h}(\boldsymbol{s},\boldsymbol{\theta})$$

其中，$\boldsymbol{h}(\boldsymbol{s},\boldsymbol{\theta})$ 的第 k 个元素 h_k 函数定义如下：

$$h_k(\boldsymbol{s},\boldsymbol{\theta})=\mathcal{S}(v_k^{\mathrm{T}}[\boldsymbol{s}^{\mathrm{T}},1]^{\mathrm{T}})$$

$\mathcal{S}(\phi)\equiv1/(1+\exp(-\phi))$。设 $\hat{\boldsymbol{\theta}}_n$ 为惩罚经验风险函数

$$\hat{\ell}_n(\boldsymbol{\theta})=\lambda|\boldsymbol{\theta}|^2+\sum_{i=1}^{n}(\tilde{y}_i-\ddot{y}(\tilde{\boldsymbol{s}}_i,\boldsymbol{\theta}))^2$$

的严格局部极小值点。推导 $\hat{\boldsymbol{\theta}}$ 渐近协方差矩阵公式，并讨论保证该分析有效的所有假设。

15.2-4. (非参数 bootstrap 和解析公式对比)通过模拟研究，比较第 14 章介绍的非参数 bootstrap 估计和本节介绍的渐近协方差矩阵解析公式。

15.3 置信区间

假设数据 $x_1,\cdots,x_n$ 是基于相同概率密度 $p_e:\mathcal{R}\to[0,\infty)$ 的独立同分布一维标量随机变量的随机序列 $\tilde{\boldsymbol{x}}_1,\cdots,\tilde{\boldsymbol{x}}_n$ 的实例。$c:\mathcal{R}\times\mathcal{R}\to\mathcal{R}$ 是经验风险函数

$$\hat{\ell}_n(\theta)=(1/n)\sum_{i=1}^{n}c(\tilde{\boldsymbol{x}}_i,\theta)$$

的损失函数 $\hat{\ell}_n$ 的定义域是一维参数空间 $\Theta\subseteq\mathcal{R}$。$\theta^*$ 的标量估计值 $\hat{\theta}_n$ 是 $\hat{\ell}_n$ 的严格局部极小值点。θ^* 是 $E\{\hat{\ell}_n\}$ 的严格局部极小值点。假设当 $n\to\infty$ 时，$\hat{\theta}_n\to\theta^*$ 概率为 1。

假设经验风险极小值点渐近分布定理(定理 15.2.1)的条件成立，则 $\hat{\theta}_n-\theta^*$ 服从均值为 θ^*、方差为 $\hat{\sigma}_n/\sqrt{n}$ 的渐近高斯分布。设 $\widetilde{Z}_n$ 表示均值为零、方差为 1 的高斯随机变量。定义 Z_α，使得 $|\widetilde{Z}_n|\leqslant Z_\alpha$ 的概率等于 $1-\alpha$。例如，若 $\alpha=0.05$，则 $Z_\alpha=1.96$。那么，可以得出 θ^* 在随机区间

$$\widetilde{\Omega}_n(\alpha)\equiv\left\{\theta\in\mathcal{R}:\hat{\theta}_n-Z_\alpha\frac{\hat{\sigma}_n}{\sqrt{n}}\leqslant\theta\leqslant\hat{\theta}_n+Z_\alpha\frac{\hat{\sigma}_n}{\sqrt{n}}\right\}$$

的概率等于 $1-\alpha$。区间 $\widetilde{\Omega}_n(\alpha)$ 称为 θ^* 的 $(1-\alpha)100\%$ 置信区间。

定理 15.3.1 将该思路推广到了 $\hat{\boldsymbol{\theta}}_n$ 为向量的情况。

定理 15.3.1(模型统计量置信区间)　基于 DGP Radon-Nikodým 密度 $p_e:\mathcal{R}^d\rightarrow[0,\infty)$、受限参数空间 Θ、损失函数 $c:\mathcal{R}^d\times\Theta\rightarrow\mathcal{R}$、惩罚函数 $k_n:\mathcal{R}^{d\times n}\times\Theta\rightarrow\mathcal{R}$ 和连续可微函数 $\boldsymbol{\phi}:\mathcal{R}^q\rightarrow\mathcal{R}^r$，假设定理 15.2.2 条件成立，设 $\boldsymbol{J}\equiv\mathrm{d}\boldsymbol{\phi}/\mathrm{d}\boldsymbol{\theta}$，$\boldsymbol{J}(\boldsymbol{\theta}^*)$ 行满秩(秩为 r)。$\hat{\boldsymbol{Q}}_n$ 的定义见式(15.14)：

$$\hat{\boldsymbol{Q}}_n\equiv\boldsymbol{J}(\hat{\boldsymbol{\theta}}_n)\hat{\boldsymbol{C}}_n[\boldsymbol{J}(\hat{\boldsymbol{\theta}}_n)]^{\mathrm{T}}$$

其中，$\hat{\boldsymbol{C}}_n\equiv\hat{\boldsymbol{A}}_n^{-1}\hat{\boldsymbol{B}}_n\hat{\boldsymbol{A}}_n^{-1}$，见式(15.3)。令

$$\hat{\mathcal{W}}_n\equiv n(\boldsymbol{\phi}(\hat{\boldsymbol{\theta}}_n)-\boldsymbol{\phi}(\boldsymbol{\theta}^*))^{\mathrm{T}}[\hat{\boldsymbol{Q}}_n]^{-1}(\boldsymbol{\phi}(\hat{\boldsymbol{\theta}}_n)-\boldsymbol{\phi}(\boldsymbol{\theta}^*))\tag{15.18}$$

定义 K_α，使得基于 r 自由度的卡方随机变量 $\widetilde{\chi}^2(r)$ 小于 K_α 的概率等于 $1-\alpha$。当 $n\rightarrow\infty$ 时，$\hat{\mathcal{W}}_n\rightarrow\widetilde{\chi}^2(r)$ 依分布收敛。此外，$\boldsymbol{\phi}(\boldsymbol{\theta}^*)$ 在区间

$$\widetilde{\Omega}_n(\alpha)\equiv\{\zeta\in\mathcal{R}^r:n(\zeta-\boldsymbol{\phi}(\hat{\boldsymbol{\theta}}_n))^{\mathrm{T}}[\hat{\boldsymbol{Q}}_n]^{-1}(\zeta-\boldsymbol{\phi}(\hat{\boldsymbol{\theta}}_n))\leqslant K_\alpha\}$$

的概率当 $n\rightarrow\infty$ 时收敛至 $1-\alpha$。

证明　设 $\boldsymbol{Q}^*\equiv\nabla\boldsymbol{\phi}(\boldsymbol{\theta}^*)\boldsymbol{C}^*[\nabla\boldsymbol{\phi}(\boldsymbol{\theta}^*)]^{\mathrm{T}}$。第一，注意 $\nabla\boldsymbol{\phi}(\boldsymbol{\theta}^*)$ 行满秩(秩为 r)且 $\boldsymbol{C}^*$ 正定，因此 $\boldsymbol{Q}^*$ 正定。因此

$$\widetilde{\boldsymbol{z}}_n\equiv\sqrt{n}[\boldsymbol{Q}^*]^{-1/2}(\hat{\boldsymbol{\phi}}_n-\boldsymbol{\phi}^*)$$

依分布收敛至基于均值 0、协方差单位矩阵的 r 维多元高斯随机向量。

第二，设

$$\hat{\mathcal{W}}_n^*\equiv n(\hat{\boldsymbol{\phi}}_n-\boldsymbol{\phi}^*)[\boldsymbol{Q}^*]^{-1}(\hat{\boldsymbol{\phi}}_n-\boldsymbol{\phi}^*)^{\mathrm{T}}\tag{15.19}$$

第三，由于 r 渐近分布归一化高斯随机变量的平方和 $|\widetilde{\boldsymbol{z}}_n|^2$ 为基于 r 自由度的渐近卡方随机分布，且 $\boldsymbol{Q}^*$ 是正定的，因此

$$\hat{\mathcal{W}}_n^*\equiv n|[\boldsymbol{Q}^*]^{-1/2}(\hat{\boldsymbol{\phi}}_n-\boldsymbol{\phi}^*)|^2=n|\widetilde{\boldsymbol{z}}_n|^2\tag{15.20}$$

依分布收敛于 r 自由度的卡方随机变量。

第四，由于当 $n\rightarrow\infty$ 时，$\hat{\boldsymbol{Q}}_n\rightarrow\boldsymbol{Q}^*$ 以概率 1 收敛，且 $\sqrt{n}(\hat{\boldsymbol{\phi}}_n-\boldsymbol{\phi}^*)=O_p(1)$，因此用式(15.18)减去式(15.20)就可以得到：

$$\hat{\mathcal{W}}_n-\hat{\mathcal{W}}_n^*=O_p(1)O_p(1)O_p(1)=o_p(1)$$

因此，根据 Slutsky 定理，

$$\hat{\mathcal{W}}_n=\hat{\mathcal{W}}_n^*+(\hat{\mathcal{W}}_n-\hat{\mathcal{W}}_n^*)=\hat{\mathcal{W}}_n^*+o_p(1)$$

服从 r 自由度的卡方分布。

由于 $\hat{\mathcal{W}}_n$ 服从自由度为 r 的渐近卡方概率分布，因此根据 $\widetilde{\Omega}_n(\alpha)$ 的定义，$\boldsymbol{\phi}(\boldsymbol{\theta}^*)\in\widetilde{\Omega}_n(\alpha)$ 的概率等于 $1-\alpha$。

■

定义 15.3.1(置信区间)　假定基于 $\widetilde{\Omega}_n(\alpha)$ 和 $\boldsymbol{\theta}^*$，定理 15.3.1 假设成立，则 $\widetilde{\Omega}_n(\alpha)$ 称为

$\boldsymbol{\theta}^*$ 的置信区间。 □

关于 $\boldsymbol{\theta}^*$ 的$(1-\alpha)100\%$随机置信区间 $\widetilde{\Omega}_n(\alpha)$是指样本量 n 足够大时，随机置信区间 $\widetilde{\Omega}_n(\alpha)$包含严格局部极小值点 $\boldsymbol{\theta}^*$ 的概率近似等于 $1-\alpha$。

需要强调的是，置信区间 $\widetilde{\Omega}_n(\alpha)$是随机的，但定理 15.3.1 中的严格局部极小值点 $\boldsymbol{\theta}^*$ 为常数。因此，除了在特殊的可信区间(见例 15.3.3)外，类似于 $\boldsymbol{\theta}^*$ 在某一区间内取值的概率近似为 $1-\alpha$ 等陈述均错误。但是，鉴于 $\boldsymbol{\theta}^*$ 为常数，$\widetilde{\Omega}_n(\alpha)$是随机区间，事件 $\boldsymbol{\theta}^* \in \widetilde{\Omega}_n(\alpha)$概率近似为 $1-\alpha$ 的设定在理论上是成立的。

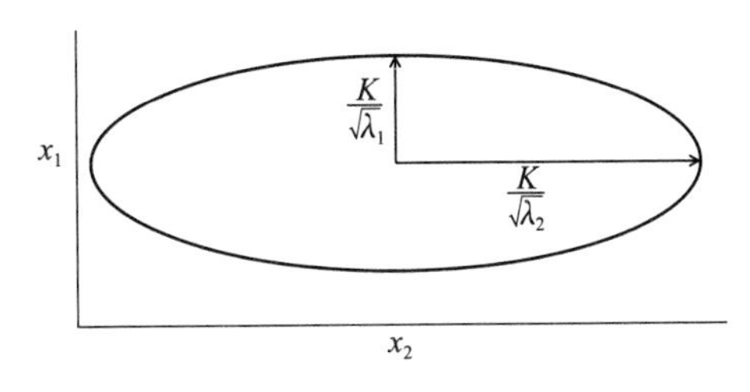

图 15.3　椭球置信区间。图为椭球置信区间$\{\boldsymbol{x} \in \mathcal{R}^2 : \boldsymbol{x}^{\mathrm{T}}\boldsymbol{C}^{-1}\boldsymbol{x} \leqslant K^2\}$，其中 $\boldsymbol{C}$ 为正定对角矩阵，其特征值为 λ_1 与 λ_2

形状为超椭球体的置信区间 $\widetilde{\Omega}_n(\alpha)$，其主轴长度与矩阵 $\hat{\boldsymbol{C}}_n$ 特征值的平方根倒数成正比，主轴方向由 $\hat{\boldsymbol{C}}_n$ 的特征向量确定(见图 15.3)。

例 15.3.1(最大似然估计的典型置信区间)　假设经验风险函数是最大似然经验风险函数且 $\hat{\boldsymbol{\theta}}_n$ 是最大似然估计值(见 13.2.1 节)。此外，假设 $\hat{\boldsymbol{\theta}}_n$ 以概率 1 收敛于真实参数 $\boldsymbol{\theta}^*$，$\boldsymbol{\theta}^*$ 为 $p(\mathcal{D}_n|\boldsymbol{\theta})$的严格局部极大值点。在该情况下，如果样本量足够大，$\boldsymbol{\theta}^*$ 的$(1-\alpha)100\%$置信区间 $\widetilde{\Omega}_n(\alpha)$包含真参数向量 $\boldsymbol{\theta}^*$ 的概率近似为 $1-\alpha$。该方法的一个主要难点是，假定真实参数值是存在的。在许多实际情况下，即使这些参数值并不是真实参数值，也需要给出最小化期望负对数似然函数的参数值置信区间。如果真实参数值不存在，那么这个置信区间的概念就毫无意义。 △

例 15.3.2(拟最大似然估计的置信区间)　假设经验风险函数是最大似然经验风险函数，$\hat{\boldsymbol{\theta}}_n$ 是拟最大似然估计值(见 13.2.1 节)。不同于例 15.3.1 要求真实参数值存在，这里只假设拟最大似然估计值 $\hat{\boldsymbol{\theta}}_n$ 以概率 1 收敛到严格局部极小值点 $\boldsymbol{\theta}^*$。严格局部极小值点 $\boldsymbol{\theta}^*$ 最小化了近似密度 $p(\cdot;\boldsymbol{\theta})$与 DGP 密度 p_e 间的交叉熵。在该情况下，$\boldsymbol{\theta}^*$ 的$(1-\alpha)100\%$随机置信区间 $\widetilde{\Omega}_n(\alpha)$包含似然函数 $p(\mathcal{D}_n|\boldsymbol{\theta})$的局部极大值点 $\boldsymbol{\theta}^*$ 的概率近似等于 $1-\alpha$(当样本量 n 足够大时)。 △

例 15.3.3(MAP 估计的可信区间)　假设经验风险函数是 MAP 经验风险函数，$\hat{\boldsymbol{\theta}}_n$ 是 MAP 估计值(见 13.3 节)。在该情况下，称 $\boldsymbol{\theta}^*$ 的$(1-\alpha)100\%$置信区间为近似高后验密度可信区间，$\boldsymbol{\theta}^*$ 为近似高后验密度 $p(\boldsymbol{\theta}|\mathcal{D}_n)$的众数。对于特殊 MAP 经验风险函数，$\boldsymbol{\theta}^*$ 置信区间的另一种语义解释为，当样本量 n 足够大时，密度为 $p(\boldsymbol{\theta}|\mathcal{D}_n)$的随机向量 $\widetilde{\boldsymbol{\theta}}$ 是 $\widetilde{\Omega}_n(\alpha)$中元素的概率为 $1-\alpha$。 △

例 15.3.4(卡方分布函数的数值计算)　大多数统计和算法开发软件均提供了计算卡方随机变量的累积分布函数的程序。设 df 为卡方随机变量的自由度，p_α 表示自由度为 df 的卡方随机变量取值大于 $\chi^2_\alpha(\mathrm{df})$的概率。MATLAB 软件提供了函数 GAMMAINC:$(0,\infty)\times[0,\infty)\rightarrow[0,1]$，它被定义为 $p_\alpha=1-\mathrm{GAMMAINC}(\chi^2_\alpha/2,\ \mathrm{df}/2)$，其中 p_α 是自由度为 df 的卡方随机变量大于 $\chi^2_\alpha(\mathrm{df})$的概率。 △

例 15.3.5(逻辑回归参数的置信区间)　设 $\boldsymbol{x}_1,\cdots,\boldsymbol{x}_n$ 是 n 个独立同分布的随机向量序列 $\widetilde{\boldsymbol{x}}_1,\cdots,\widetilde{\boldsymbol{x}}_n$ 的实例。假设 $\widetilde{\boldsymbol{x}}_i\equiv(\widetilde{\boldsymbol{s}}_i,\widetilde{y}_i)$，其中 $\widetilde{y}_i\in\{0,1\}$是二值期望响应变量，$\widetilde{\boldsymbol{s}}_i$ 是输入模式向量。设逻辑回归模型的期望损失函数为

$$\hat{\ell}_n(\boldsymbol{\theta}) \equiv (1/n)\sum_{i=1}^{n} c(\boldsymbol{x}_i, \boldsymbol{\theta})$$

其中损失函数 c 为

$$c(\widetilde{\boldsymbol{x}}_i, \boldsymbol{\theta}) = \lambda|\boldsymbol{\theta}|^2 - \widetilde{y}_i \log p(\widetilde{\boldsymbol{s}}_i, \boldsymbol{\theta}) - (1-\widetilde{y}_i)\log(1-p(\widetilde{\boldsymbol{s}}_i, \boldsymbol{\theta}))$$

且 $p(\boldsymbol{s},\boldsymbol{\theta}) \equiv \mathcal{S}(\boldsymbol{\theta}^{\mathrm{T}}[\boldsymbol{s}^{\mathrm{T}},1]^{\mathrm{T}})$为学习机参数为 $\boldsymbol{\theta}$ 时，给定输入模式向量 $\boldsymbol{s}$，预测 $\widetilde{y}_i=1$ 的概率。$\hat{\boldsymbol{\theta}}_n$ 为 $\hat{\ell}_n$ 的严格全局极小值点。假设 $\boldsymbol{\theta}^*$ 是 $\hat{\ell}_n$ 期望值的严格全局极小值点，当 $n\to\infty$时，$\hat{\boldsymbol{\theta}}_n \to \boldsymbol{\theta}^*$ 概率为 1。令 $\widetilde{\boldsymbol{g}}_i \equiv (\mathrm{d}c(\widetilde{\boldsymbol{x}}_i, \hat{\boldsymbol{\theta}}_n)/\mathrm{d}\boldsymbol{\theta})^{\mathrm{T}}$。$\hat{\boldsymbol{A}}_n$ 是 $\hat{\ell}_n$ 在 $\hat{\boldsymbol{\theta}}_n$ 处的黑塞矩阵。给出参数值的$(1-\alpha)100\%$置信区间公式。

解　需要检验的关键假设为 $\hat{\boldsymbol{g}}_n = (1/n)\sum_{i=1}^{n}\widetilde{\boldsymbol{g}}_i$ 的无穷范数收敛到零，并且 $\hat{\boldsymbol{B}}_n$ 和 $\hat{\boldsymbol{A}}_n$ 的条件数没有发散到无穷大。参数估计值 $\hat{\boldsymbol{\theta}}_n$ 中第 k 个元素 $\hat{\theta}_n(k)$的 95%置信区间由以下两步计算得出。首先估算参数估计值的渐近协方差矩阵 $\hat{\boldsymbol{C}}_n = [\hat{\boldsymbol{A}}_n]^{-1}\hat{\boldsymbol{B}}_n[\hat{\boldsymbol{A}}_n]^{-1}$，然后基于$(1-\alpha)100\%$置信区间的定义计算 $\hat{\theta}_n(k)$的 95%置信区间，公式为 $\hat{\theta}_n(k) \pm 1.96\sqrt{\hat{c}_n(k,k)/n}$，其中 $\hat{c}_n(k,k)$ 是 $\hat{\boldsymbol{C}}_n$ 的第 k 个对角线元素。数值 $Z_\alpha = 1.96$ 的含义为，自由度为 1 的卡方随机变量大于 Z_α^2 的概率等于α。说明如何用不完全伽马函数的反函数来计算任何指定$(1-\alpha)100\%$置信区间的数值 Z_α。 △

例 15.3.6(逻辑回归预测值的置信区间)　对于例 15.3.5 中的逻辑回归建模问题，针对给定输入模式 $\boldsymbol{s}$ 的$|p(\boldsymbol{s},\hat{\boldsymbol{\theta}}_n) - p(\boldsymbol{s};\boldsymbol{\theta}^*) \leqslant \epsilon$ 概率给出一个大样本近似值，并分析其公式的有效性。

解　设 $\hat{p}_n(\boldsymbol{s}) \equiv p(\boldsymbol{s},\hat{\boldsymbol{\theta}}_n)$，$p^*(\boldsymbol{s}) \equiv p(\boldsymbol{s},\boldsymbol{\theta}^*)$。$\hat{p}_n(\boldsymbol{s})$方差如下：

$$\hat{\sigma}_p^2(\boldsymbol{s}) = (1/n)\left[\frac{\mathrm{d}p(\boldsymbol{s},\hat{\boldsymbol{\theta}}_n)}{\mathrm{d}\boldsymbol{\theta}}\right]\widetilde{\boldsymbol{C}}_n\left[\frac{\mathrm{d}p(\boldsymbol{s},\hat{\boldsymbol{\theta}}_n)}{\mathrm{d}\boldsymbol{\theta}}\right]^{\mathrm{T}}$$

其中，$\hat{\sigma}_p(\boldsymbol{s})$估计的是 $\hat{p}_n(\boldsymbol{s})$的采样误差。需要注意的是，如果 $\hat{\boldsymbol{C}}_n$ 收敛至一个可逆矩阵，且 $\mathrm{d}p(\boldsymbol{s},\ \boldsymbol{\theta}^*)/\mathrm{d}\boldsymbol{\theta}$ 秩等于 1，则 $\hat{\sigma}_p^2(\boldsymbol{s})$必收敛到一个有限正数。因此，应该保证 $\hat{\sigma}_p^2(\boldsymbol{s})$不收敛于零。

由于 $\hat{p}_n(\boldsymbol{s})$服从均值为 $p^*(\boldsymbol{s})$、方差为 $\hat{\sigma}_p^2(\boldsymbol{s})$的渐近高斯分布。$|\hat{p}_n(\boldsymbol{s}) - p^*(\boldsymbol{s})| < \epsilon$ 的概率与

$$\widetilde{Z}_n \equiv \frac{|\hat{p}_n(\boldsymbol{s}) - p^*(\boldsymbol{s})|}{\hat{\sigma}_p(\boldsymbol{s})} < \frac{\epsilon}{\hat{\sigma}_p(\boldsymbol{s})}$$

的概率相同。概率 $p_\alpha = 1 - \mathrm{GAMMAINC}(Z_\alpha^2/2,\ 1/2)$，其中 GAMMAINC 的定义见例 15.3.4，它计算 $Z_\alpha = \epsilon/\hat{\sigma}_p(\boldsymbol{s})$时$|\widetilde{Z}_n| > Z_\alpha$ 的概率 p_α。 △

练习

15.3-1. (线性回归的预测误差)设$(\widetilde{\boldsymbol{s}}_1, \widetilde{y}_1), \cdots, (\widetilde{\boldsymbol{s}}_n,\ \widetilde{y}_n)$是 n 个独立同分布观测值的序列。对于给定输入模式向量 $\boldsymbol{s}_i$，假设标量响应变量 $\widetilde{y}_i$ 是均值为 $\overline{y}(\boldsymbol{s},\boldsymbol{\theta}) = \boldsymbol{\theta}^{\mathrm{T}}\boldsymbol{s}_i$、方差为 1 的高斯随机变量，$i=1,\cdots,n$。设 $\hat{\boldsymbol{\theta}}_n$ 是最大似然估计值。给定输入模式向量 $\boldsymbol{s}$，推导随机变量 $\overline{y}(\boldsymbol{s},\hat{\boldsymbol{\theta}}_n)$的 95%置信区间的公式，并讨论使分析有效的假设。

15.3-2. (平滑 L_1 正则化线性回归预测置信区间)设$\{(\widetilde{\boldsymbol{s}}_1, \widetilde{y}_1), \cdots, (\widetilde{\boldsymbol{s}}_n, \widetilde{y}_n)\}$是 n 个独立同分布随机向量的序列。对于给定 d 维输入模式向量 $\boldsymbol{s}_i$，假设标量响应变量 $\widetilde{y}_i$ 是均值为

$\bar{y}(\boldsymbol{s},\boldsymbol{\theta})=\boldsymbol{\theta}^{\mathrm{T}}\boldsymbol{s}_i$、方差为 1 的高斯随机变量，$i=1,\cdots,n$。定义 $\boldsymbol{\theta}$ 上双曲正割先验概率

$$p_\theta(\boldsymbol{\theta})=\prod_{j=1}^{d+1}[\exp((\pi/2)\theta_j)+\exp(-(\pi/2)\theta_j)]^{-1}$$

设 $\hat{\boldsymbol{\theta}}_n$ 是 MAP 估计值。给定输入模式向量 $\boldsymbol{s}$，推导随机变量 $\bar{y}(\boldsymbol{s},\hat{\boldsymbol{\theta}}_n)$的 95%置信区间的公式，并讨论使分析有效的假设。

15.3-3. (L_2 正则化 sigmoid 感知机模型置信区间)设$\{(\tilde{\boldsymbol{s}}_1,\tilde{y}_1),\cdots,(\tilde{\boldsymbol{s}}_n,\tilde{y}_n)\}$是 n 个独立同分布随机向量的序列，对于给定的输入模式向量 $\boldsymbol{s}_i$，响应随机变量 $\tilde{y}_i\in\{0,1\}$，$i=1,2,\cdots$。定义预测响应 $\ddot{y}(\boldsymbol{s},\boldsymbol{\theta})$：

$$\ddot{y}(\boldsymbol{s},\boldsymbol{\theta})=\boldsymbol{w}^{\mathrm{T}}\boldsymbol{h}(\boldsymbol{s},\boldsymbol{\theta})$$

$\boldsymbol{h}(\boldsymbol{s},\boldsymbol{\theta})$中第 k 个元素 h_k 定义为：

$$h_k(\boldsymbol{s},\boldsymbol{\theta})=\mathcal{S}(\boldsymbol{v}_k^{\mathrm{T}}[\boldsymbol{s}^{\mathrm{T}},1]^{\mathrm{T}})$$

其中，$\mathcal{S}(\phi)\equiv1/(1+\exp(-\phi))$。设 $\hat{\boldsymbol{\theta}}_n$ 为惩罚经验风险函数

$$\hat{\ell}_n(\boldsymbol{\theta})=\lambda|\boldsymbol{\theta}|^2+\sum_{i=1}^{n}(\tilde{y}_i-\ddot{y}(\tilde{\boldsymbol{s}}_i,\boldsymbol{\theta}))^2$$

的严格局部极小值点。给定输入模式向量 $\boldsymbol{s}$，推导随机变量 $\bar{y}(\boldsymbol{s},\hat{\boldsymbol{\theta}}_n)$的 95%置信区间的公式，并讨论使分析有效的假设。

15.4　模型比较决策的假设检验

置信区间对于表征特定统计量的采样误差具有重要意义。然而，在许多情况下，为了作出具体决定，需要进行统计检验。例如，假设特定输入单元的连接值非常小，则可认为该输入单元对学习机的预测没有贡献，但随着更多数据的采集，该输入单元的连接值有可能会收敛于非零值。统计检验用于判断输入单元连接是否对学习机的预测有贡献。

15.4.1　经典假设检验

定义 15.4.1(经典统计检验)　统计检验的零假设 H_o 是一个为真或假的断言。设随机数据集 $\tilde{\mathcal{D}}_n$ 是 $d\times n$ 的随机矩阵，当且仅当 H_o 成立时，其概率分布为 P_e。

- 统计检验为 Borel 可测函数 $\Upsilon_n:\mathcal{R}^{d\times n}\to\{0,1\}$，对于所有 $\mathcal{D}_n\in\mathcal{R}^{d\times n}$，$\Upsilon_n(\mathcal{D}_n)=1$ 表示决策 H_o 为假，$\Upsilon_n(\mathcal{D}_n)=0$ 表示决策 H_o 为真。
- 检验统计量定义为 $\tilde{\Upsilon}_n\equiv\Upsilon_n(\tilde{\mathcal{D}}_n)$。
- 当 $\tilde{\Upsilon}_n=1$ 且 H_o 为真时，发生第 1 类错误。
- 当 $\tilde{\Upsilon}_n=0$ 且 H_o 为假时，发生第 2 类错误。
- 统计检验的第 1 类错误的概率或 p 值为$E\{\tilde{\Upsilon}_n|H_o\}$。
- 统计检验的幂为 $E\{\tilde{\Upsilon}_n|\neg H_o\}$。
- 统计检验的第 2 类错误的概率定义为 $1-E\{\tilde{\Upsilon}_n|\neg H_o\}$。□

通俗地说，统计检验是一个输入为统计量，其二值输出表示是否拒绝零假设的函数。错误地拒绝零假设称为第 1 类错误，错误地接受零假设称为第 2 类错误。统计检验的幂是正确拒绝零假设的概率。第 1 类错误的概率称为 p 值。需要强调的是，p 值是第 1 类错误的概率，不是零假设为假的概率。

在实际操作中，一般检验 p 估计值是否小于某个临界值α(称为显著性水平)。这可控制第

1 类错误的大小。为了控制第 2 类错误差的大小，通常应设计统计检验，使得第 2 类错误的概率随样本量增大而收敛到零。如果在 α 显著性水平上拒绝了零假设，则称统计检验在 α 显著性水平上是显著的。显著性水平的典型选择是 $\alpha=0.05$。

定理 15.4.1(模型统计量 Wald 检验)　假设基于 DGP Radon-Nikodým 密度 $p_e:\mathcal{R}^d\to[0,\infty)$、受限参数空间 $\Theta\subseteq\mathcal{R}^q$、损失函数 $c:\mathcal{R}^d\times\Theta\to\mathcal{R}$、惩罚函数 $k_n:\mathcal{R}^{d\times n}\times\Theta\to\mathcal{R}$，以及连续可微函数 $\phi:\mathcal{R}^q\to\mathcal{R}^r$，定理 15.2.2 条件成立，设 $\boldsymbol{J}\equiv\mathrm{d}\phi/\mathrm{d}\boldsymbol{\theta}$，$\boldsymbol{J}(\boldsymbol{\theta}^*)$行满秩(秩为 r)。设 $\hat{\boldsymbol{Q}}_n$ 的定义见式(15.14)：

$$\hat{\boldsymbol{Q}}_n\equiv\boldsymbol{J}(\hat{\boldsymbol{\theta}}_n)\hat{\boldsymbol{C}}_n[\boldsymbol{J}(\hat{\boldsymbol{\theta}}_n)]^{\mathrm{T}}$$

其中，$\hat{\boldsymbol{C}}_n\equiv\hat{\boldsymbol{A}}_n^{-1}\hat{\boldsymbol{B}}_n\hat{\boldsymbol{A}}_n^{-1}$。设

$$\hat{\mathcal{W}}_n\equiv n\phi(\hat{\boldsymbol{\theta}}_n)^{\mathrm{T}}[\hat{\boldsymbol{Q}}_n]^{-1}\phi(\hat{\boldsymbol{\theta}}_n)$$

若零假设 $H_o:\phi(\boldsymbol{\theta}^*)=\boldsymbol{0}_r$ 为真，则当 $n\to\infty$时，$\hat{\mathcal{W}}_n$ 依分布收敛至 r 自由度的卡方随机变量。若零假设 $H_o:\phi(\boldsymbol{\theta}^*)=\boldsymbol{0}_r$ 为假，则当 $n\to\infty$时，$\hat{\mathcal{W}}_n\to\infty$概率为 1。

证明　若零假设 $H_o:\phi(\boldsymbol{\theta}^*)=\boldsymbol{0}_r$ 为真，则依据定理 15.3.1，当 $n\to\infty$时，$\hat{\mathcal{W}}_n$ 依分布收敛至 r 自由度的卡方随机变量。若零假设 $H_o:\phi(\boldsymbol{\theta}^*)=\boldsymbol{0}_r$ 为假，则当 $n\to\infty$时，$\phi(\hat{\boldsymbol{\theta}}_n)\to\phi(\boldsymbol{\theta}^*)$概率为 1，其中 $\phi(\boldsymbol{\theta}^*)$为非零 r 维向量。因此，当 $n\to\infty$时，

$$\hat{\mathcal{W}}_n=n(\phi(\hat{\boldsymbol{\theta}}_n))^{\mathrm{T}}[\hat{\boldsymbol{Q}}_n]^{-1}(\phi(\hat{\boldsymbol{\theta}}_n))$$

以概率 1 收敛至 n 乘以某常数。也就是说，当 $n\to\infty$时，$\hat{\mathcal{W}}_n\to\infty$概率为 1。■

Wald 检验定理用法如下。计算 Wald 检验统计量 $\hat{\mathcal{W}}_n$，然后使用现成软件(见例 15.3.4)计算 r 自由度的卡方随机变量大于 $\hat{\mathcal{W}}_n$ 的概率 p_α。如果 p_α 小于规定的显著性水平 α(例如 $\alpha=0.05$)，则拒绝 $H_o:\phi(\boldsymbol{\theta}^*)=\boldsymbol{0}_r$；否则认为没有足够的证据拒绝 H_o。

秘诀框 15.3　Wald 检验用法(定理 15.4.1)

- **步骤 1**　确定零假设。确定一个经验风险函数

$$\hat{\ell}_n(\boldsymbol{\theta})=(1/n)\sum_{i=1}^{n}c(\tilde{\boldsymbol{x}}_i,\boldsymbol{\theta})$$

　其中，$c:\mathcal{R}^d\times\mathcal{R}^q\to\mathcal{R}$ 是一个二次连续可微随机函数。设 $\ell(\boldsymbol{\theta})\equiv E\{c(\tilde{\boldsymbol{x}}_i,\boldsymbol{\theta})\}$，$\boldsymbol{\theta}^*$ 为 ℓ 的严格局部极小值点。定义连续可微函数 $\phi:\mathcal{R}^q\to\mathcal{R}^r$ 以确定零假设

$$H_o:\phi(\boldsymbol{\theta}^*)=\boldsymbol{0}_r$$

　ϕ 导数 $\boldsymbol{J}:\mathcal{R}^q\to\mathcal{R}^r$ 在 $\boldsymbol{\theta}^*$ 处应该行满秩(秩为 r)。

- **步骤 2**　计算采样误差协方差矩阵。按照秘诀框 15.2 中的流程基于 c、ϕ 和 $\boldsymbol{J}$ 计算 $\hat{\boldsymbol{Q}}_n$。
- **步骤 3**　计算 Wald 统计量。计算

$$\hat{\mathcal{W}}_n=n\phi(\hat{\boldsymbol{\theta}}_n)^{\mathrm{T}}[\hat{\boldsymbol{Q}}_n]^{-1}\phi(\hat{\boldsymbol{\theta}}_n)$$

　Wald 统计量 $\hat{\mathcal{W}}_n$ 近似为 r 自由度的卡方随机变量。

- **步骤 4**　估计第 2 类错误的概率。计算第 2 类错误的概率

$$\hat{p}_n=1-\mathtt{GAMMAINC}(\hat{\mathcal{W}}_n/2,r/2)$$

如例 15.3.4 中所定义，GAMMAINC 是一个计算 r 自由度的卡方随机变量超过 $\hat{\mathcal{W}}_n$ 的概率的软件函数。

- **步骤 5**　使用 Wald 检验验证零假设。定义 Wald 检验的显著性水平 α（例如 $\alpha=0.05$），若 $\hat{p}_n<\alpha$，则拒绝 H_o；否则，接受 H_o。

显著性水平 α 表示统计检验的第 1 类错误概率以 α 为上界。换句话说，这表示平均在 $(1-\alpha)100\%$ 时间内，统计检验将是偶然的，对于 $\alpha=0.05$，二十分之一的统计检验是显著的。因此，如果在固定显著性水平 α 下进行足够数量的统计检验，几乎肯定会获得显著性结果！这就是所谓的多重比较问题。因此，为了避免从统计检验中获得误判，必须仔细区分计划比较和事后比较。计划比较是在数据集被分析之前对选择的数据集进行统计检验。在数据集分析中应报告所有计划比较。计划比较可看作基于特定概率模型的观测统计性规律的证据。

事后比较是在数据集分析后对数据集进行统计检验。可以报告部分或所有事后比较，且不必调整事后比较的显著性水平。事后比较用于说明基于计划比较的结论。在涉及多个计划比较的情况下，为了控制多重比较问题的实验误差，可以使用 Bonferroni 不等式方法。

设 α 为零假设（K 次计划比较为真）统计检验的显著性水平，α_k 表示零假设（第 k 次计划比较为真）统计检验的显著性水平。Bonferroni 不等式（Manoukian，1986）[49] 指出，α 小于某期望显著性水平 α_{critical} 的充分非必要条件是选择 $\alpha_k=\alpha_{\text{critical}}/K$。

例 15.4.1（逻辑回归预测变量相关性）　对于例 15.3.5 中的逻辑回归模型，设计一个统计检验，以检验第 k 个参数值等于零的零假设。

解　计算 $\hat{\mathcal{W}}_n$：

$$\hat{\mathcal{W}}_n=(Z_n(\alpha))^2$$

其中，$Z_n(k)=\hat{\theta}_n(k)/\sqrt{\hat{c}_n(k,k)/n}$ 且 $\hat{c}_n(k,k)$ 是第 k 个参数值的渐近协方差矩阵估计的第 k 个对角线元素。基于不完全伽马函数计算 $\hat{p}_n$：

$$\hat{p}_n=1-\text{GAMMAINC}(|Z_n(\alpha)|^2/2,1/2)$$

若 $\hat{p}_n<\alpha$，则在 α 显著性水平下拒绝第 k 个参数值等于零的零假设。△

例 15.4.2（回归检验显著性：逻辑回归）　回归检验显著性旨在证明回归模型中的预测变量是可预测的。为例 15.3.5 中的逻辑回归模型设计一个统计检验，检验除截距参数外所有预测变量均等于零的零假设。

解　设 $\boldsymbol{S}$ 为 $q-1$ 行的矩阵，它的第 k 行是 q 维单位矩阵第 k 行。需要注意的是，$\boldsymbol{S}$ 行满秩（秩为 $q-1$）。为验证零假设 $H_o:\boldsymbol{S\theta}^*=\boldsymbol{0}_{q-1}$，计算 $\hat{\mathcal{W}}_n$：

$$\hat{\mathcal{W}}_n=n\hat{\boldsymbol{\theta}}_n^{\mathrm{T}}\boldsymbol{S}^{\mathrm{T}}(\boldsymbol{S}\hat{\boldsymbol{C}}_n\boldsymbol{S}^{\mathrm{T}})^{-1}\boldsymbol{S}\hat{\boldsymbol{\theta}}_n$$

其中，$\hat{\boldsymbol{C}}_n=\hat{\boldsymbol{A}}_n^{-1}\hat{\boldsymbol{B}}_n\hat{\boldsymbol{A}}_n^{-1}$ 且 $\hat{\boldsymbol{A}}_n$、$\hat{\boldsymbol{B}}_n$ 的定义分别见假设 A7 和 A8。然后，使用不完全伽马函数，计算 $\hat{p}_n$：

$$\hat{p}_n=1-\text{GAMMAINC}(0.5|Z_n(\alpha)|^2,(q-1)/2)$$

若 $\hat{p}_n<\alpha$，则在 α 显著性水平下拒绝除截距参数外所有预测变量均等于零的零假设。△

例 15.4.3（检验参数不变性的组间 Wald 检验）　模型开发中一个重要的实际问题是确定哪些参数值在不同的统计环境中保持不变，哪些参数值随统计环境变化。假设开发了一个语音识别的概率模型。人们可能会认为，最佳参数值的某子集在不同语言之间保持不变，其他最佳参数值在同一语言不同说话人之间保持不变，而其他参数值可能与说话人有关。设 $\hat{\ell}_n:\mathcal{R}^q\rightarrow$

$[0,\infty)$为经验风险函数，q 维随机向量 $\hat{\boldsymbol{\theta}}_j$ 为 $\boldsymbol{\theta}^*$ 的参数估计值，其基于数据集 $\mathcal{D}_n^j$通过寻找$\hat{\ell}_n$的严格局部极小值点获得，其中 $j=1,2,3$。设 $\hat{\boldsymbol{C}}_j$ 为 $\hat{\boldsymbol{\theta}}_j$ 的渐近协方差矩阵估计，$j=1,2,3$。假设数据集 $\mathcal{D}_n^1$、$\mathcal{D}_n^2$和$\mathcal{D}_n^3$分别是三个随机数据集 $\tilde{\mathcal{D}}_n^1$、$\tilde{\mathcal{D}}_n^2$和$\tilde{\mathcal{D}}_n^3$的实例。设$\boldsymbol{S}\in\mathcal{R}^{r\times q}$ 是一个行为 q 维单位矩阵行向量的选择矩阵。说明如何构造 Wald 检验以检验组间零假设 $H_o:\boldsymbol{\theta}_1^*=\boldsymbol{\theta}_2^*=\boldsymbol{\theta}_3^*$。

解 鉴于$\tilde{\mathcal{D}}_n^1$、$\tilde{\mathcal{D}}_n^2$与$\tilde{\mathcal{D}}_n^3$为独立数据集，

$$\hat{\boldsymbol{\theta}}^{\mathrm{T}}\equiv[(\hat{\boldsymbol{\theta}}_1)^{\mathrm{T}},(\hat{\boldsymbol{\theta}}_2)^{\mathrm{T}},(\hat{\boldsymbol{\theta}}_3)^{\mathrm{T}}]$$

的协方差矩阵如下：

$$\hat{\boldsymbol{C}}=\begin{bmatrix}\hat{\boldsymbol{C}}_1 & \mathbf{0} & \mathbf{0}\\ \mathbf{0} & \hat{\boldsymbol{C}}_2 & \mathbf{0}\\ \mathbf{0} & \mathbf{0} & \hat{\boldsymbol{C}}_3\end{bmatrix} \tag{15.21}$$

其中，$\mathbf{0}$ 为 q 维零矩阵。

定义选择矩阵 $\boldsymbol{S}$：

$$\boldsymbol{S}=\begin{bmatrix}\boldsymbol{I}_q & -\boldsymbol{I}_q & \mathbf{0}\\ \mathbf{0} & \boldsymbol{I}_q & -\boldsymbol{I}_q\end{bmatrix} \tag{15.22}$$

其中，$\mathbf{0}$ 为 q 维零矩阵。需要注意的是，$\boldsymbol{S}$ 行满秩(秩为 $2q$)。

基于与例 15.4.2 相同的方法，由式(15.22)中定义的选择矩阵 $\boldsymbol{S}$ 和式(15.21)中定义的协方差矩阵 $\hat{\boldsymbol{C}}$ 计算 Wald 统计量。然后，基于 $2q$ 自由度的 Wald 统计量进行 Wald 检验。 △

15.4.2 贝叶斯假设检验

前几节回顾的经典假设检验方法(见定义 15.4.1)的思路均是将第 1 类错误的概率保持在显著性水平阈值以下并证明第 2 类错误的概率会收敛到零，以减少决策误差。

所述经典假设检验的替代方法是贝叶斯假设检验。在贝叶斯假设检验中，将零假设成立的概率直接与备择假设成立的概率进行比较。设 H_o 为对应于模型 $\mathcal{M}_o$ 的零假设，H_a 为对应于模型 $\mathcal{M}_a$ 的备择假设。

设观测数据 $\boldsymbol{x}_1,\cdots,\boldsymbol{x}_n$ 为基于关于支集规范测度 ν 定义的相同密度 $p_e:\mathcal{R}^d\rightarrow[0,\infty)$的独立同分布随机向量的随机序列实例。如 13.2 节所述，观测数据的似然度为

$$p(\mathcal{D}_n|\boldsymbol{\theta},\mathcal{M})=\prod_{i=1}^{n}p(\boldsymbol{x}_i|\boldsymbol{\theta},\mathcal{M})$$

模型 $\mathcal{M}$ 的参数先验由 13.3.1 节描述的 $p_\theta(\boldsymbol{\theta}|\mathcal{M})$指定。结合似然函数 $p(\mathcal{D}_n|\boldsymbol{\theta},\mathcal{M})$与模型参数先验 $p_\theta(\boldsymbol{\theta}|\mathcal{M})$，计算边缘似然

$$p(\mathcal{D}_n|\mathcal{M})=\int p(\mathcal{D}_n|\boldsymbol{\theta},\mathcal{M})p_\theta(\boldsymbol{\theta}|\mathcal{M})\mathrm{d}\theta \tag{15.23}$$

给定数据集 $\mathcal{D}_n$，模型 $\mathcal{M}$ 的概率如下：

$$p(\mathcal{M}|\mathcal{D}_n)=\frac{p(\mathcal{D}_n|\mathcal{M})p(\mathcal{M})}{p(\mathcal{D}_n)}$$

其中，模型先验概率 $p(\mathcal{M})$表示在采集数据集 $\mathcal{D}_n$ 前模型 $\mathcal{M}$ 的偏好。

在贝叶斯假设检验中，给定数据集 $\mathcal{D}_n$，计算零假设 H_o 相关模型 $\mathcal{M}_o$ 的概率，以得出 $p(\mathcal{M}_o|\mathcal{D}_n)$。接下来，给定数据集 $\mathcal{D}_n$，计算备择假设 H_a 相关模型的概率，以得出 $p(\mathcal{M}_a|\mathcal{D}_n)$。

然后，计算两量之比：

$$\frac{p(\mathcal{M}_a \mid \mathcal{D}_n)}{p(\mathcal{M}_o \mid \mathcal{D}_n)}=\left(\frac{p(\mathcal{D}_n \mid \mathcal{M}_a)}{p(\mathcal{D}_n \mid \mathcal{M}_o)}\right)\frac{p(\mathcal{M}_a)}{p(\mathcal{M}_o)}$$

其中，$p(\mathcal{M}_a)$与$p(\mathcal{M}_o)$为模型先验概率。比值

$$K=\frac{p(\mathcal{D}_n \mid \mathcal{M}_a)}{p(\mathcal{D}_n \mid \mathcal{M}_o)}$$

称为贝叶斯因子。注意，依赖数据的贝叶斯因子会影响两个竞争模型 $\mathcal{M}_o$ 和 $\mathcal{M}_a$ 的相对概率计算，但不依赖于确定模型先验的独立于数据的先验置信度。如果贝叶斯因子大于 5，则认为数据支持备择假设 H_a 而非零假设 H_o(Kass & Raftery，1995)。

为了实现贝叶斯假设检验，有必要计算式(15.23)中计算难度大的边缘似然的近似值。这可以通过两种不同的方式实现。首先，可以使用模拟方法(如第 11 章中的蒙特卡罗马尔可夫链方法)、第 12 章中的随机逼近方法或第 14 章中的 bootstrap 方法。其次，可以使用第 16 章中描述的拉普拉斯逼近方法(见例 16.2.1)实现基于拉普拉斯近似的简单计算公式。

练习

15.4-1. (预测变量相关性：多项式逻辑模型)设 $\mathcal{I}_m \equiv \{\boldsymbol{e}_1,\cdots,\boldsymbol{e}_m\}$表示对应 m 个不同响应类别的m 维单位矩阵中m 维列向量集。设$\{(\boldsymbol{s}_1,\boldsymbol{y}_1),\cdots,(\boldsymbol{s}_n,\boldsymbol{y}_n)\}$是 n 个独立同分布随机向量的序列实例，$(\boldsymbol{s}_i,\boldsymbol{y}_i)\in\{0,1\}^d\times\mathcal{I}_m$，$i=1,\cdots,n$。对于给定二进制输入模式 $\boldsymbol{s}_i$，期望类别响应为 $\boldsymbol{y}_i$，其中 $i=1,2,\cdots$。定义 $\boldsymbol{Q}\in\mathcal{R}^{m\times d}$，使得 $\boldsymbol{Q}=[\boldsymbol{W}^{\mathrm{T}},\boldsymbol{0}_d]^{\mathrm{T}}$，其中 $\boldsymbol{W}\in\mathcal{R}^{(m-1)\times d}$。定义多项式逻辑(softmax)回归模型，使得类别 k 的预测概率如下：

$$p(\tilde{\boldsymbol{y}}_k=\boldsymbol{e}_k \mid \boldsymbol{s}_k,\boldsymbol{\theta})=\boldsymbol{e}_k^{\mathrm{T}}\boldsymbol{p}_k(\boldsymbol{s},\boldsymbol{\theta})$$

其中

$$\boldsymbol{p}_k(\boldsymbol{s},\boldsymbol{\theta})=\frac{\exp(\boldsymbol{Q}\boldsymbol{s}_k)}{\boldsymbol{1}_m^{\mathrm{T}}\exp(\boldsymbol{Q}\boldsymbol{s}_k)}$$

且 $\boldsymbol{\theta}\equiv\mathbf{vec}(\boldsymbol{W}^{\mathrm{T}})$。使用最大似然估计得到基于数据生成过程的 softmax 概率模型参数。推导统计检验公式，以检验零假设：第 k 个特征不影响预测。也就是说，检验零假设：$H_o:\bar{\boldsymbol{w}}_k=\boldsymbol{0}_{m-1}$，其中$\bar{\boldsymbol{w}}_k$ 是$\boldsymbol{W}$ 的第 k 列，$k\in\{1,\cdots,d\}$。讨论基于 softmax 回归建模假设和数据生成过程建模假设，分析哪些假设自动成立。分析哪些假设需要验证。

15.4-2. 重复练习 15.4-1，推导统计检验公式，以检验零假设：第 j 个输出概率单元可从 softmax 网络中删除，且不会降低预测性能。也就是说，检验零假设：$H_o:\boldsymbol{y}_j=\boldsymbol{0}_d$，其中 $\boldsymbol{y}_j$ 是 $\boldsymbol{W}$ 的第j 行，$j\in\{1,\cdots,(m-1)\}$。

15.4-3. (softmax 误判检测方法)证明通过选择适当 $\boldsymbol{W}$，练习 15.4-1 中的 softmax 模型可以表示给定输入模式向量 $\boldsymbol{s}_k$ 的类别响应模式 $\boldsymbol{y}_k$ 的任意条件概率分布，其中 $\boldsymbol{s}_k$ 是单位矩阵中的一列。将允许任意选择 $\boldsymbol{W}$ 的概率模型称为“完整”或“包含”模型。定义概率模型，将 $\boldsymbol{W}$ 的元素限制为特定常量，例如“简化”模型将其连接权重限制为零以断开某些输入单元。

说明为何检验如练习 15.4-1 中的零假设($\boldsymbol{W}$ 连接权重子集为零)等价于检验受限连接模式正确指定简化模型的零假设。因此，练习 15.4-1 中描述的统计检验可看作模型误判检验(进一步讨论见 16.3 节)。

15.4-4. (统计环境参数不变性)考虑两个统计环境，它们基于相同密度 p_e^1 和相同密度 p_e^2 分布生成独立同分布观测数据 $\tilde{\boldsymbol{x}}_1^1,\cdots,\tilde{\boldsymbol{x}}_n^1$ 与 $\tilde{\boldsymbol{x}}_1^2,\cdots,\tilde{\boldsymbol{x}}_n^2$。设

$$\mathcal{M}\equiv\{p(\boldsymbol{x};\boldsymbol{\theta}):\boldsymbol{\theta}\in\Theta\subseteq\mathcal{R}^q\}$$

为概率模型。设 $\hat{\boldsymbol{\theta}}_n^j$ 表示基于模型 $\mathcal{M}$ 与密度 p_e^j 采样的数据的拟最大似然估计值，$j=1,2$。假设当 $n\to\infty$ 时，$\hat{\boldsymbol{\theta}}_n^j\to\boldsymbol{\theta}^{*j}$ 的概率为 1。设计统计检验来检验零假设 $H_o:\boldsymbol{\theta}^1=\boldsymbol{\theta}^2$。然后，推导第二个统计检验来检验零假设：$\boldsymbol{\theta}^1$ 的第一个和最后一个元素等于 $\boldsymbol{\theta}^2$ 的第一个和最后一个元素。

15.5　扩展阅读

可能误判模型的最大似然估计

Huber(1964，1967)最早分析了可能存在模型误判时的最大似然估计概念。White(1982)扩展了该理论框架，以支持基于可能误判模型的最大似然估计和推理。本章结论可扩展于放宽独立同分布观测假设的情况。具体而言，在弱假设(即观测值渐近独立、平稳、有界)下，该扩展结论成立(White & Domowitz，1984；White，1994；Golden，2003)。Golden 等人(2019)分析了基于部分可观测数据可能误判模型的估计和推理。Henley 等人(2020)和 Kashner 等人(2020)针对可能误判模型进行了实践评估和推理方法综述。

参数估计的渐近分布

描述经验风险函数严格局部极小值点的渐近一致性和渐近分布的一般方法在统计学文献中称为 M 估计(Huber，1964；Huber，1967；Serfling，1980；White，1982；van der Vaart，1998；White，1994)。M 估计方法通常被认为起源于 Huber(1964)。White(1989a，1989b)基于最小化经验风险函数训练多层神经网络，对该方法进行了讨论。White 和 Domowitz(1984)基于非线性回归模型的参数估计对该方法进行了讨论。

误判模型和非嵌套模型的模型选择检验

Wilks(1938)的广义似然比检验(Generalized Likelihood Ratio Test，GLRT)在实践中应用较多。GLRT 假设：(i) 模型 $\mathcal{M}_\theta$ 完全嵌套在另一个模型 $\mathcal{M}_\psi$(即 $\mathcal{M}_\theta\subseteq\mathcal{M}_\psi$)；(ii) 关于 DGP 密度 p_e 正确定义了完整模型 $\mathcal{M}_\psi$(即 $p_e\in\mathcal{M}_\psi$)。设 $\hat{\ell}_n(\hat{\boldsymbol{\theta}}_n)$ 和 $\hat{\ell}_n(\hat{\boldsymbol{\psi}}_n)$ 分别表示基于 p_e 生成的观测数据的模型 $\mathcal{M}_\theta$ 和 $\mathcal{M}_\psi$ 的拟合度。假设 $\hat{\boldsymbol{\psi}}_n$ 的维数为 r，$\hat{\boldsymbol{\theta}}_n$ 的维数为 q。此外，假设经验风险正则化假设(见定义 15.1.1)对两个模型都成立。鉴于这些假设，似然比检验统计量

$$\hat{\delta}_n\equiv-2n(\hat{\ell}_n(\hat{\boldsymbol{\psi}}_n)-\hat{\ell}_n(\hat{\boldsymbol{\theta}}_n))$$

服从 $r-q$ 自由度的渐近卡方分布。

文献(Vuong，1989)表明，在不考虑上述两个假设的情况下，也可计算检验统计量 $\hat{\delta}_n$ 的渐近分布。文献(Vuong，1989)还表明，若推广 Wilks(1938)的结论，检验统计量 $\hat{\delta}_n$ 的渐近分布可以是加权卡方分布。Golden(2003)证明了如何修改 Vuong(1989)的结果，以得到两个经验风险函数等价地拟合平稳、有界、τ 相关数据生成过程的零假设检验。

深度学习网络预测值的置信区间

本章给出的方法通常用于估计给定输入模式下线性回归和逻辑回归模型预期响应的置信

区间。此外，文献(White，1989a，1989b；Lee et al.，1993；Golden，1996)中也曾讨论过渐近统计理论(如 M 估计)在人工神经网络中标准误差的估计。Tibshirani(1996b)比较了估计深度学习网络预测值置信区间的不同方法。

深度神经网络的剪枝与解释

线性回归、逻辑回归和多项式逻辑回归中的标准方法为，使用本章中给出的 Wald 检验确定哪些连接权重可安全修剪。此外，在假设深度神经网络前端连接权重均固定的情况下，可以应用本章方法来分析和解释神经网络的最后几层。

此外，类似于本章中提出的 Wald 检验方法已作为策略应用于深度学习网络的修剪(Mozer & Smolensky，1989；White，1989a，1989b；Hassibi & Stork，1993；Hassibi et al.，1993；Lee et al.，1993；Hassibi et al.，1994；Golden，1996)。然而，黑塞方法最近才被应用于修剪大规模深度学习网络(Molchanov et al.，2017；Molchanov et al.，2019)。尽管如此，本章中用于设计和解释深度神经网络的技术仍然是机器学习领域研究的一个热点。

C H A P T E R 1 6

第 16 章

模型选择与评估

学习目标：

- 定义并使用模型选择准则(Model Selection Criterion，MSC)。
- 推导交叉验证风险 MSC。
- 推导贝叶斯风险 MSC。
- 推导误判检测 MSC。

假设观测数据 $\widetilde{\mathcal{D}}_n \equiv [\widetilde{\boldsymbol{x}}_1, \cdots, \widetilde{\boldsymbol{x}}_n]$ 由基于关于支集规范测度 ν 定义的相同概率密度 p_e 的独立同分布观测值组成。假设有 M 个概率模型 $\mathcal{M}_1, \cdots, \mathcal{M}_M$，其中第 k 个概率模型

$$\mathcal{M}_k \equiv \{p_k(\boldsymbol{x} | \boldsymbol{\theta}_k) : \boldsymbol{\theta}_k \in \Theta_k\}$$

由关于相同支集规范测度 ν 定义的概率密度组成。

模型选择问题旨在确定哪些模型为最适合的数据生成过程模型。为解决这一问题，通常将特定统计环境下模型的性能映射为数值——称为模型选择准则(MSC)。一旦计算出每个模型的 MSC，就可以对模型集进行排序或直接选择 MSC 最小的模型。本章将讨论三种模型选择准则：交叉验证风险 MSC、贝叶斯风险 MSC 和误判检测 MSC。

交叉验证风险 MSC 描述的是拟合概率模型的泛化性能。具体来说，鉴于拟合概率模型是在一个数据样本上训练出来的，当用它处理新数据样本时，预测误差(或经验风险)将如何变化？参照图 16.1，交叉验证风险 MSC 可解释为概率模型 $\mathcal{M}$ 中“最佳拟合”的概率密度，其由基于训练数据估计的参数向量 $\hat{\boldsymbol{\theta}}_n$ 确定。然后，将 $\mathcal{M}$ 中估计密度与估计的数据生成密度 p_e 的相似度作为随机变量 $\hat{\ell}_n(\hat{\boldsymbol{\theta}}_n)$，将 $\hat{\ell}_n(\hat{\boldsymbol{\theta}}_n)$ 的期望值作为交叉验证风险。

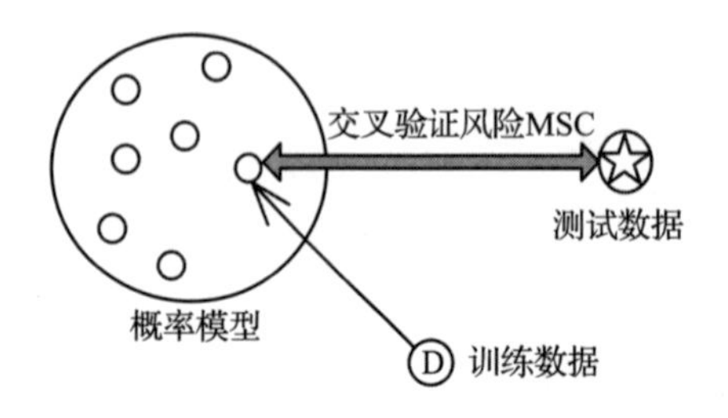

图 16.1 交叉验证风险 MSC 概念。交叉验证风险 MSC 使用基于训练数据集估计的参数值计算测试数据集的期望经验风险。交叉验证风险 MSC 使用“最佳拟合”训练数据的模型密度评估在测试数据上的性能

贝叶斯风险 MSC 基于给定数据 $\mathcal{D}_n$ 估计模型 $\mathcal{M}_k$ 的概率，将之表示为 $p(\mathcal{M}_k \mid \mathcal{D}_n)$，其中 $k=1,\cdots,M$。该概率可用于选择模型，误选模型 $\mathcal{M}_k$ 的模型选择损失等于 1，正确选择模型 $\mathcal{M}_k$ 的模型选择损失等于 0。对于更一般的模型选择损失函数，可用贝叶斯风险 MSC 来确定最小化模型选择损失期望的模型(见练习 16.2-1)。不同于交叉验证风险 MSC 基于模型中“最佳拟合”训练数据的概率密度，贝叶斯风险 MSC 涵盖了模型中每个概率密度的信息(见图 16.2)。

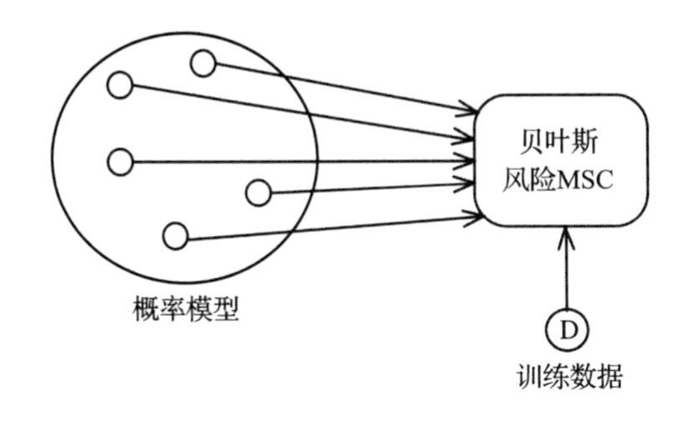

图 16.2 贝叶斯风险 MSC 概念。贝叶斯风险 MSC 的计算方法是基于给定观测数据对概率模型的每个密度的似然度进行加权平均。鉴于计算中包括了整个概率模型信息，贝叶斯风险 MSC 使用了模型中所有密度

误判检测 MSC 用于评估给定概率模型是否能够正确表征数据生成过程，方法为检查模型是否存在误判(见定义 10.1.7)。误判检测 MSC 的语义解释为，验证“某一特定概率模型关于特定统计环境误判”假设成立的证据。如图 16.3 所示，特定概率模型误判的假设可以为真或假。

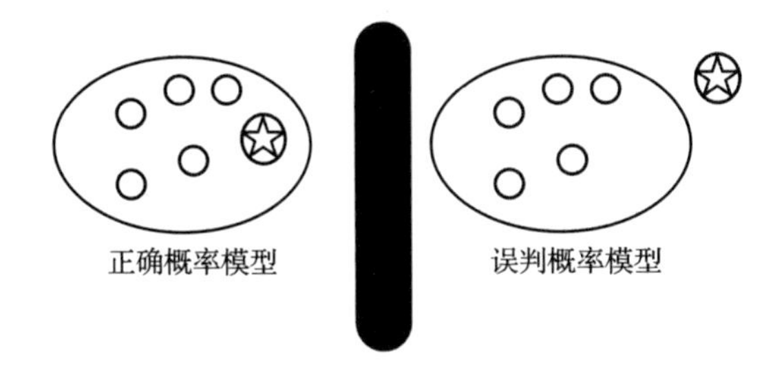

图 16.3 误判检测 MSC 概念。误判检测 MSC 衡量的是模型误判证据是否存在。概率模型由一组概率分布表示，它们在图中用小圆圈代表。如果数据生成过程的密度(用圆圈中的星星表示)不在概率模型内，就相当于存在模型误判

16.1 交叉验证风险 MSC

假设模型预测误差是样本量 n 的函数。设 $\tilde{\boldsymbol{x}}_1, \tilde{\boldsymbol{x}}_2, \cdots$ 是独立同分布 d 维随机向量的随机序列。随机序列中的前 n 个随机向量表示为 $\widetilde{\mathcal{D}}_n^1$，随机序列中接下来的 n 个随机向量表示为 $\widetilde{\mathcal{D}}_n^2$，以此类推。

设 $\hat{\boldsymbol{\theta}}_n^1$ 为风险经验函数

$$\ell_n(\widetilde{\mathcal{D}}_n^1, \cdot) = (1/n)\sum_{i=1}^{n} c(\tilde{\boldsymbol{x}}_i, \cdot)$$

的严格全局极小值点，其中 $c: \mathcal{R}^d \times \Theta \to \mathcal{R}$ 为损失函数。随机变量 $\ell_n(\widetilde{\mathcal{D}}_n^1, \hat{\boldsymbol{\theta}}_n^1)$ 为训练数据模型拟合度。训练数据模型拟合度为模型拟合数据样本 $\widetilde{\mathcal{D}}_n^1$ 程度的度量。训练数据模型拟合度 $\ell_n(\widetilde{\mathcal{D}}_n^1, \hat{\boldsymbol{\theta}}_n^1)$ 是有限样本量的有偏估计，这是因为使用相同数据集进行参数估计和模型数据拟合会产生“过拟合现象”。

现假设有额外随机样本 $\widetilde{\mathcal{D}}_n^2$。随机变量 $\ell_n(\widetilde{\mathcal{D}}_n^2, \hat{\boldsymbol{\theta}}_n^1)$ 称为测试数据模型拟合度，因为模型参

数由 $\widetilde{\mathcal{D}}_n^1$ 估计，但模型拟合度由样本外数据 $\widetilde{\mathcal{D}}_n^2$ 评估得到。进一步来说，测试数据模型拟合度期望给出了模型拟合度的无偏估计。该方法的进一步扩展是使用 K 折交叉验证或非参数 bootstrap 模拟方法确定 $\ell_n(\widetilde{\mathcal{D}}_n^2,\hat{\boldsymbol{\theta}}_n^1)$期望值。这些方法在第 14 章进行了讨论(也可参见练习 16.1-3)。

图 14.2 分别用实线和虚线绘制了基于样本量的函数 $\ell_n(\widetilde{\mathcal{D}}_n^1,\hat{\boldsymbol{\theta}}_n^1)$ 和 $\ell_n(\widetilde{\mathcal{D}}_n^2,\hat{\boldsymbol{\theta}}_n^1)$ 的期望值。随着样本量的增加，两种预测误差都趋于减少，但测试数据模型拟合度 $\ell_n(\widetilde{\mathcal{D}}_n^2,\hat{\boldsymbol{\theta}}_n^1)$ 的期望值似乎总大于训练数据模型拟合度 $\ell_n(\widetilde{\mathcal{D}}_n^1,\hat{\boldsymbol{\theta}}_n^1)$ 的期望值。图 14.3 展示了当概率模型学习到仅训练数据特有的统计性规律时出现的过拟合现象。

定理 16.1.2 从理论上分析了图 14.2 和图 14.3。由于 $\widetilde{\mathcal{D}}_n^1$ 和 $\widetilde{\mathcal{D}}_n^2$ 在统计上相互独立，且 $\hat{\boldsymbol{\theta}}_n^1=\boldsymbol{\theta}(\widetilde{\mathcal{D}}_n^1)$，因此可得：

$$E\{\ell_n(\widetilde{\mathcal{D}}_n^2,\hat{\boldsymbol{\theta}}_n^1)\}=\int \ell_n(\mathcal{D}_n^2,\boldsymbol{\theta}(\mathcal{D}_n^1))p_e^n(\mathcal{D}_n^1)p_e^n(\mathcal{D}_n^2)\mathrm{d}\nu(\mathcal{D}_n^1,\mathcal{D}_n^2)$$

它可重写为

$$E\{\ell_n(\widetilde{\mathcal{D}}_n^2,\hat{\boldsymbol{\theta}}_n^1)\}=\int \ell(\boldsymbol{\theta}(\mathcal{D}_n^1))p_e^n(\mathcal{D}_n^1)\mathrm{d}\nu(\mathcal{D}_n^1)=E\{\ell(\hat{\boldsymbol{\theta}}_n^1)\} \tag{16.1}$$

其中，损失期望为

$$\ell(\boldsymbol{\theta})=\int \ell_n(\mathcal{D}_n^2,\boldsymbol{\theta})p_e^n(\mathcal{D}_n^2)\mathrm{d}\nu(\mathcal{D}_n^2)$$

式(16.1)给出了基于训练数据的参数估计值 $\hat{\boldsymbol{\theta}}_n$ 的新测试数据拟合度期望 $E\{\ell(\hat{\boldsymbol{\theta}}_n)\}$。定理 16.1.2 说明了如何基于训练数据拟合度期望 $E\{\hat{\ell}_n(\hat{\boldsymbol{\theta}}_n)\}$计算新测试数据拟合度期望。然而，在介绍定理 16.1.2 之前，需要先引入一个证明该定理的关键引理。

引理 16.1.1(GAIC 引理) 假设定义 15.1.1 中的经验风险正则化假设对基于关于支集规范测度 ν 定义的相同 DGP Radon-Nikodým 密度 $p_e:\mathcal{R}^d\to[0,\infty)$的独立同分布随机向量的随机序列成立，其中损失函数为 $c:\mathcal{R}^d\times\mathcal{R}^q\to\mathcal{R}$，受限参数空间 $\Theta\subseteq\mathcal{R}^q$，经验风险函数

$$\hat{\ell}_n(\boldsymbol{\theta})\equiv\hat{k}_n(\boldsymbol{\theta})+(1/n)\sum_{i=1}^{n}c(\widetilde{\boldsymbol{x}}_i,\boldsymbol{\theta})$$

在 Θ 上的极小值点为 $\hat{\boldsymbol{\theta}}_n$，风险函数

$$\ell(\boldsymbol{\theta})=\int c(\boldsymbol{x},\boldsymbol{\theta})p_e(\boldsymbol{x})\mathrm{d}\nu(\boldsymbol{x})$$

在 Θ 上的极小值点为 $\boldsymbol{\theta}^*$。$\boldsymbol{A}^*$ 与 $\boldsymbol{B}^*$ 的定义分别见定义 15.1.1 中假设 A7 和 A8。

则

$$E\{(\hat{\boldsymbol{\theta}}_n-\boldsymbol{\theta}^*)^{\mathrm{T}}\boldsymbol{A}^*(\hat{\boldsymbol{\theta}}_n-\boldsymbol{\theta}^*)\}=(1/n)\mathrm{tr}([\boldsymbol{A}^*]^{-1}\boldsymbol{B}^*) \tag{16.2}$$

证明

$$\begin{aligned}E\{(\hat{\boldsymbol{\theta}}_n-\boldsymbol{\theta}^*)^{\mathrm{T}}\boldsymbol{A}^*(\hat{\boldsymbol{\theta}}_n-\boldsymbol{\theta}^*)\}&=\mathrm{tr}(E\{[\boldsymbol{A}^*]^{1/2}(\hat{\boldsymbol{\theta}}_n-\boldsymbol{\theta}^*)([\boldsymbol{A}^*]^{1/2}(\hat{\boldsymbol{\theta}}_n-\boldsymbol{\theta}^*))^{\mathrm{T}}\})\\&=\mathrm{tr}([\boldsymbol{A}^*]^{1/2}E\{(\hat{\boldsymbol{\theta}}_n-\boldsymbol{\theta}^*)(\hat{\boldsymbol{\theta}}_n-\boldsymbol{\theta}^*)^{\mathrm{T}}\}[\boldsymbol{A}^*]^{1/2})\end{aligned} \tag{16.3}$$

依据渐近分布定理(定理 15.2.1)，得出：

$$E\{(\hat{\boldsymbol{\theta}}_n-\boldsymbol{\theta}^*)(\hat{\boldsymbol{\theta}}_n-\boldsymbol{\theta}^*)^{\mathrm{T}}\}=(1/n)[\boldsymbol{A}^*]^{-1}\boldsymbol{B}^*[\boldsymbol{A}^*]^{-1}$$

将其代入式(16.3)，得出：

$$E\{(\hat{\boldsymbol{\theta}}_n-\boldsymbol{\theta}^*)^{\mathrm{T}}\boldsymbol{A}^*(\hat{\boldsymbol{\theta}}_n-\boldsymbol{\theta}^*)\}=(1/n)\mathrm{tr}([\boldsymbol{A}^*]^{1/2}[\boldsymbol{A}^*]^{-1}\boldsymbol{B}^*[\boldsymbol{A}^*]^{-1}[\boldsymbol{A}^*]^{1/2}) \tag{16.4}$$

基于迹的循环性(定理 4.1.1)得出关系：

$$\mathrm{tr}([\boldsymbol{A}^*]^{1/2}[\boldsymbol{A}^*]^{-1}\boldsymbol{B}^*[\boldsymbol{A}^*]^{-1}[\boldsymbol{A}^*]^{1/2})=\mathrm{tr}([\boldsymbol{A}^*]^{-1}\boldsymbol{B}^*) \tag{16.5}$$

将式(16.5)代入式(16.4)右侧即可完成证明。 ■

定理 16.1.2(经验风险过拟合偏置) 假设定义15.1.1中的经验风险正则化假设对独立同分布随机向量的随机序列$\tilde{\boldsymbol{x}}_1,\cdots,\tilde{\boldsymbol{x}}_n$成立，其中随机向量基于关于支集规范测度$\nu$定义的相同DGP Radon-Nikodým 密度$p_e:\mathcal{R}^d\to[0,\infty)$。损失函数为$c:\mathcal{R}^d\times\mathcal{R}^q\to\mathcal{R}$，受限参数空间$\Theta\subseteq\mathcal{R}^q$，经验风险函数

$$\hat{\ell}_n(\boldsymbol{\theta})\equiv(1/n)\sum_{i=1}^{n}c(\tilde{\boldsymbol{x}}_i,\boldsymbol{\theta})$$

在Θ上极小值点为$\hat{\boldsymbol{\theta}}_n$。经验风险函数

$$\ell(\boldsymbol{\theta})=\int c(\boldsymbol{x},\boldsymbol{\theta})p_e(\boldsymbol{x})\mathrm{d}\nu(\boldsymbol{x})$$

在Θ上的极小值点为$\boldsymbol{\theta}^*$。设$\boldsymbol{A}^*$与$\boldsymbol{B}^*$分别见定义15.1.1中假设A7和A8。设$\hat{\boldsymbol{A}}_n$、$\hat{\boldsymbol{B}}_n$和$\hat{\boldsymbol{C}}_n$的定义分别见式(15.1)、式(15.2)与式(15.3)。

当$n\to\infty$时，

$$E\{\ell(\hat{\boldsymbol{\theta}}_n)\}=E\{\hat{\ell}_n(\hat{\boldsymbol{\theta}}_n)\}+(1/n)\mathrm{tr}([\boldsymbol{A}^*]^{-1}\boldsymbol{B}^*)+o_p(1/n)$$

此外，当$n\to\infty$时，

$$E\{\ell(\hat{\boldsymbol{\theta}}_n)\}=E\{\hat{\ell}_n(\hat{\boldsymbol{\theta}}_n)\}+(1/n)\mathrm{tr}([\hat{\boldsymbol{A}}_n]^{-1}\hat{\boldsymbol{B}}_n)+o_p(1/n)$$

证明 证明方法参见文献(Konishi & Kitagawa，2008)[55~58]、文献(Linhart & Zucchini，1986)的附录A以及文献(Linhart & Volkers，1984)的命题2。

$$\ell(\hat{\boldsymbol{\theta}}_n)=\hat{\ell}_n(\hat{\boldsymbol{\theta}}_n)+(\ell(\hat{\boldsymbol{\theta}}_n)-\ell(\boldsymbol{\theta}^*))+(\ell(\boldsymbol{\theta}^*)-\hat{\ell}_n(\boldsymbol{\theta}^*))+(\hat{\ell}_n(\boldsymbol{\theta}^*)-\hat{\ell}_n(\hat{\boldsymbol{\theta}}_n))\quad(16.6)$$

步骤1 使用真全局极小值点计算估计误差。

设$\delta_A(\lambda_n)\equiv\boldsymbol{A}(\ddot{\boldsymbol{\theta}}_n(\lambda_n))-\boldsymbol{A}(\boldsymbol{\theta}^*)$。式(16.6)右侧第二项$\ell(\hat{\boldsymbol{\theta}}_n)-\ell(\boldsymbol{\theta}^*)$对应于基于真实风险函数参数的估计误差。为估计$\ell(\hat{\boldsymbol{\theta}}_n)-\ell(\boldsymbol{\theta}^*)$的值，在$\boldsymbol{\theta}^*$处展开$\ell$并在$\hat{\boldsymbol{\theta}}_n$处求值，得到：

$$\ell(\hat{\boldsymbol{\theta}}_n)=\ell(\boldsymbol{\theta}^*)+(\hat{\boldsymbol{\theta}}_n-\boldsymbol{\theta}^*)^{\mathrm{T}}\nabla\ell(\boldsymbol{\theta}^*)+(1/2)(\hat{\boldsymbol{\theta}}_n-\boldsymbol{\theta}^*)\boldsymbol{A}^*(\hat{\boldsymbol{\theta}}_n-\boldsymbol{\theta}^*)+\tilde{R}_n\quad(16.7)$$

其中

$$\tilde{R}_n\equiv(1/2)(\hat{\boldsymbol{\theta}}_n-\boldsymbol{\theta}^*)\delta_A(\lambda_n)(\hat{\boldsymbol{\theta}}_n-\boldsymbol{\theta}^*)$$

且$\ddot{\boldsymbol{\theta}}_n(\lambda_n)\equiv\boldsymbol{\theta}^*+\lambda_n(\hat{\boldsymbol{\theta}}_n-\boldsymbol{\theta}^*)$，$\lambda_n\in[0,1]$。基于经验风险极小值点的渐近分布定理(定理15.2.2)，$\sqrt{n}(\hat{\boldsymbol{\theta}}_n-\boldsymbol{\theta}^*)$依分布收敛至一个随机向量，$\sqrt{n}(\hat{\boldsymbol{\theta}}_n-\boldsymbol{\theta}^*)=O_p(1)$。由于$\boldsymbol{A}$连续且基于定理13.1.2，$\hat{\boldsymbol{\theta}}_n\to\boldsymbol{\theta}^*$以概率1收敛，定理9.4.1表示，当$n\to\infty$时，$\boldsymbol{A}(\hat{\boldsymbol{\theta}}_n)\to\boldsymbol{A}^*$以概率1收敛，因此对于足够大的$n$，$\delta_A(\tilde{\lambda}_n)=o_p(1)$。因此

$$\tilde{R}_n=O_p(n^{-1/2})o_p(1)O_p(n^{-1/2})=o_p(1/n)$$

现在对式(16.7)取期望且基于GAIC引理等式(16.2)消掉$\nabla\ell(\boldsymbol{\theta}^*)$，得出：

$$E\{\ell(\hat{\boldsymbol{\theta}}_n)\}=\ell(\boldsymbol{\theta}^*)+(1/2)(1/n)\mathrm{tr}([\boldsymbol{A}^*]^{-1}\boldsymbol{B}^*)+o_p(1/n)\quad(16.8)$$

步骤2 计算经验风险函数的近似误差。

式(16.6)右侧第三项$\ell(\boldsymbol{\theta}^*)-\hat{\ell}_n(\boldsymbol{\theta}^*)$表示基于经验风险函数$\hat{\ell}_n$估计真实风险函数$\ell$且在真实局部风险极小值点$\boldsymbol{\theta}^*$处评估的误差。由于$\hat{\ell}_n$由可积函数控制，因此

$$E\{\hat{\ell}_n(\boldsymbol{\theta}^*)\}=\ell(\boldsymbol{\theta}^*)\quad(16.9)$$

步骤3 使用真全局极小值点计算估计误差。

式(16.6)右侧第四项$\hat{\ell}_n(\boldsymbol{\theta}^*)-\hat{\ell}_n(\hat{\boldsymbol{\theta}}_n)$对应于基于经验风险函数的参数估计误差影响。

为了估计 $\hat{\ell}_n(\boldsymbol{\theta}^*)-\hat{\ell}_n(\hat{\boldsymbol{\theta}}_n)$ 的值，对 $\hat{\ell}_n$ 进行关于 $\boldsymbol{\theta}^*$ 的二阶泰勒级数展开且在 $\hat{\boldsymbol{\theta}}_n$ 处求值，得出：

$$\hat{\ell}_n(\hat{\boldsymbol{\theta}}_n)=\hat{\ell}_n(\boldsymbol{\theta}^*)+(\hat{\boldsymbol{\theta}}_n-\boldsymbol{\theta}^*)^{\mathrm{T}}\nabla\hat{l}_n(\boldsymbol{\theta}^*)+\frac{1}{2}(\hat{\boldsymbol{\theta}}_n-\boldsymbol{\theta}^*)^{\mathrm{T}}\nabla^2\hat{\ell}_n(\ddot{\boldsymbol{\theta}}_n^{\lambda})(\hat{\boldsymbol{\theta}}_n-\boldsymbol{\theta}^*)\tag{16.10}$$

其中对于某 $\lambda\in[0,1]$，有：

$$\ddot{\boldsymbol{\theta}}_n^{\lambda}\equiv\hat{\boldsymbol{\theta}}_n+(\boldsymbol{\theta}^*-\hat{\boldsymbol{\theta}}_n)\lambda$$

对$\nabla\hat{\ell}_n$ 进行关于 $\boldsymbol{\theta}^*$ 的一阶泰勒展开，得出：

$$\nabla\hat{\ell}_n(\hat{\boldsymbol{\theta}}_n)=\nabla\hat{\ell}_n(\boldsymbol{\theta}^*)+\nabla^2\hat{\ell}_n(\ddot{\boldsymbol{\theta}}_n^{\eta})(\hat{\boldsymbol{\theta}}_n-\boldsymbol{\theta}^*)\tag{16.11}$$

向量$\ddot{\boldsymbol{\theta}}_n^{\eta}$ 的第 k 个元素为：

$$\ddot{\theta}_{n,k}^{\eta_k}\equiv\hat{\theta}_{n,k}+(\theta_k^*-\hat{\theta}_{n,k})\eta_k$$

其中 $\eta_k\in[0,1]$，θ_k^* 为 $\boldsymbol{\theta}^*$ 的第 k 个元素，$\hat{\theta}_{n,k}$ 是$\hat{\boldsymbol{\theta}}_n$ 的第 k 个元素。

根据定义，$\nabla\hat{\ell}_n(\hat{\boldsymbol{\theta}}_n)$为零向量，式(16.11)变为

$$\nabla\hat{\ell}_n(\boldsymbol{\theta}^*)=-\nabla^2\hat{\ell}_n(\ddot{\boldsymbol{\theta}}_n^{\eta})(\hat{\boldsymbol{\theta}}_n-\boldsymbol{\theta}^*)\tag{16.12}$$

将式(16.12)代入式(16.10)，得出：

$$\begin{aligned}\hat{\ell}_n(\hat{\boldsymbol{\theta}}_n)=&\hat{\ell}_n(\boldsymbol{\theta}^*)-(\hat{\boldsymbol{\theta}}_n-\boldsymbol{\theta}^*)^{\mathrm{T}}\nabla^2\hat{l}_n(\ddot{\boldsymbol{\theta}}_n^{\eta})(\hat{\boldsymbol{\theta}}_n-\boldsymbol{\theta}^*)+\\&(1/2)(\hat{\boldsymbol{\theta}}_n-\boldsymbol{\theta}^*)^{\mathrm{T}}\nabla^2\hat{\ell}_n(\ddot{\boldsymbol{\theta}}_n^{\lambda})(\hat{\boldsymbol{\theta}}_n-\boldsymbol{\theta}^*)\end{aligned}\tag{16.13}$$

根据定理 15.2.1 与定理 9.3.8，$\sqrt{n}(\hat{\boldsymbol{\theta}}_n-\boldsymbol{\theta}^*)=O_p(1)$，而且由于$\nabla^2\hat{\ell}_n(\ddot{\boldsymbol{\theta}}_n^{\lambda})=\mathbf{A}^*+o_{\text{a.s.}}(1)$，将这些关系用于式(16.13)，得出：

$$\hat{\ell}_n(\boldsymbol{\theta}^*)-\hat{\ell}_n(\hat{\boldsymbol{\theta}}_n)=(1/2)(\hat{\boldsymbol{\theta}}_n-\boldsymbol{\theta}^*)^{\mathrm{T}}\mathbf{A}^*(\hat{\boldsymbol{\theta}}_n-\boldsymbol{\theta}^*)+o_p(1/n)\tag{16.14}$$

现基于 GAIC 引理等式(16.2)，对式(16.14)取期望，得出：

$$E\{\hat{\ell}_n(\boldsymbol{\theta}^*)\}-E\{\hat{\ell}_n(\hat{\boldsymbol{\theta}}_n)\}=(1/2)(1/n)\mathrm{tr}([\mathbf{A}^*]^{-1}\boldsymbol{B}^*)+o_p(1/n)\tag{16.15}$$

步骤 4 计算经验风险偏置。

现对式(16.6)两侧取期望，得出：

$$\begin{aligned}E\{\ell(\hat{\boldsymbol{\theta}}_n)\}=&E\{\hat{\ell}_n(\hat{\boldsymbol{\theta}}_n)\}+E\{(\ell(\hat{\boldsymbol{\theta}}_n))-\ell(\boldsymbol{\theta}^*)\}+\\&E\{(\ell(\boldsymbol{\theta}^*)-\hat{\ell}_n(\boldsymbol{\theta}^*))\}+E\{(\hat{\ell}_n(\boldsymbol{\theta}^*)-\hat{\ell}_n(\hat{\boldsymbol{\theta}}_n))\}\end{aligned}\tag{16.16}$$

将式(16.8)、式(16.9)与式(16.15)代入式(16.16)得出：

$$E\{\ell(\hat{\boldsymbol{\theta}}_n)\}=E\{\hat{\ell}_n(\hat{\boldsymbol{\theta}}_n)\}+\frac{\mathrm{tr}([\mathbf{A}^*]^{-1}\boldsymbol{B}^*)}{2n}+0+\frac{\mathrm{tr}([\mathbf{A}^*]^{-1}\boldsymbol{B}^*)}{2n}+o_p(1/n)$$

■

定义 16.1.1(交叉验证风险准则) 设 $\hat{\ell}_n$、$\hat{\boldsymbol{\theta}}_n$、$\hat{\mathbf{A}}_n$ 和 $\hat{\boldsymbol{B}}_n$ 定义见定理 16.1.2。定义交叉验证风险准则(Cross-Validation Risk Criterion，CVRC)：

$$\mathrm{CVRC}=\hat{\ell}_n(\hat{\boldsymbol{\theta}}_n)+(1/n)\mathrm{tr}([\hat{\mathbf{A}}_n]^{-1}\hat{\boldsymbol{B}}_n)\tag{16.17}$$

□

总之，交叉验证风险准则使用基于不同训练数据集估计的参数来估计模型对测试数据集的拟合度期望值。若构建交叉验证风险准则的经验风险函数是负归一化对数似然函数时，CVRC 可简化为广义 Akaike 信息准则——也被称为 Takeuchi 信息准则的特例(Takeuchi，1976；Bozdogan，2000)。图 16.4 说明了如何使用 CVRC 解析式或第 14 章介绍的非参数 bootstrap 方法来估计过拟合偏置。

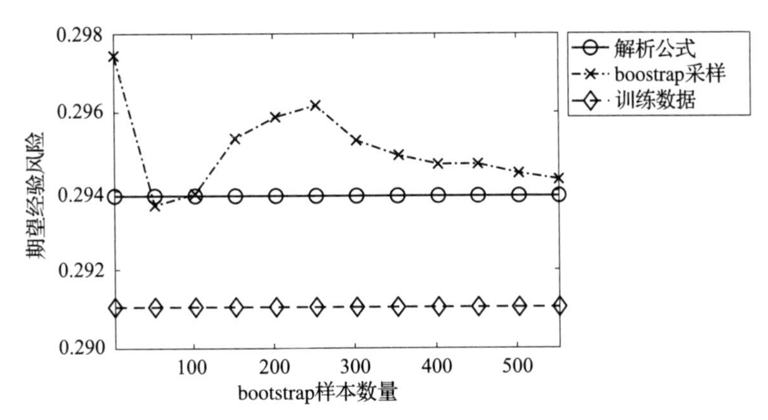

图 16.4　检验估计过拟合偏置的渐近公式。该图用×标记了基于不同数量 bootstrap 样本训练数据集的逻辑回归模型估计参数在测试数据集上的经验风险非参数 bootstrap 估计值。此外，训练数据集的模型拟合度使用◇标记。训练数据用于计算交叉验证风险准则，也用于估计模型对新测试数据的期望拟合度(解析式)。该值基于秘诀框 16.1 公式计算，用○标记。此外，关于模拟的其他细节，请参见文献 Golden et al.，2019)

定义 16.1.2(广义 Akaike 信息准则)　按照定理 16.1.2 定义 $\hat{\ell}_n$、$\hat{\boldsymbol{\theta}}_n$、$\hat{\mathbf{A}}_n$ 和 $\hat{\boldsymbol{B}}_n$。此外，假设 $\hat{\ell}_n$ 是一个基于某概率模型 $\mathcal{M}$ 和数据生成密度 p_e 的负归一化对数似然函数。定义广义 Akaike 信息准则(Generalized Akaike Information Criterion，GAIC)：

$$\mathrm{GAIC}=2n\hat{\ell}_n(\hat{\boldsymbol{\theta}}_n)+2\mathrm{tr}([\hat{\mathbf{A}}_n]^{-1}\hat{\boldsymbol{B}}_n) \tag{16.18}$$

□

当概率模型 $\mathcal{M}$ 关于数据生成密度 p_e 正确时，GAIC 可简化为 Akaike 信息准则(AIC)的特例(见练习 16.1-4)。

定义 16.1.3(AIC)　设 $\hat{\ell}_n$、$\hat{\boldsymbol{\theta}}_n$ 和 q 的定义见定理 16.1.2。此外，设 $\hat{\ell}_n$ 为关于某概率模型 $\mathcal{M}$ 和数据生成密度 p_e 的负归一化对数似然函数。假设 $\mathcal{M}$ 关于 p_e 正确，则 Akaike 信息准则(AIC)定义为

$$\mathrm{AIC}=2n\hat{\ell}_n(\hat{\boldsymbol{\theta}}_n)+2q \tag{16.19}$$

□

秘诀框 16.1　交叉验证风险 MSC(定理 16.1.2)

- **步骤 1**　检验数据生成过程。

  验证数据样本 $\boldsymbol{x}_1,\cdots,\boldsymbol{x}_n$ 为 n 个独立同分布随机向量的有界序列实例。

- **步骤 2**　检验损失函数是否足够平滑。

  检验损失函数 $c:\mathcal{R}^d\times\Theta\to\mathcal{R}$ 是否为一个二次连续可微随机函数。

- **步骤 3**　通过最小化经验风险估计参数。

  使用梯度下降等优化算法，搜索经验风险函数

$$\hat{\ell}_n(\boldsymbol{\theta})\equiv(1/n)\sum_{i=1}^{n}c(\boldsymbol{x}_i,\boldsymbol{\theta})$$

  的严格局部极小值点 $\hat{\boldsymbol{\theta}}_n$。通过验证 $\nabla\hat{\ell}_n(\hat{\boldsymbol{\theta}}_n)$ 的无穷范数是否足够小来检验 $\hat{\boldsymbol{\theta}}_n$ 是否为临界点。定义参数空间为始终包含 $\hat{\boldsymbol{\theta}}_n$ 的 $E\{\hat{\ell}_n\}$ 严格局部极小值点邻域。

- **步骤 4** 实证检验 OPG 和黑塞矩阵条件数。

  计算$\hat{\mathbf{A}}_n \equiv \nabla^2 \hat{\ell}_n(\hat{\boldsymbol{\theta}}_n)$与

  $$\hat{\boldsymbol{B}}_n = (1/n) \sum_{i=1}^{n} \nabla c(\boldsymbol{x}_i, \boldsymbol{\theta})[\nabla c(\boldsymbol{x}_i, \boldsymbol{\theta})]^{\mathrm{T}}$$

  通过检验$\hat{\mathbf{A}}_n$ 和$\hat{\boldsymbol{B}}_n$ 的条件数及其大小来判断它们是否收敛于正定矩阵。

- **步骤 5** 计算 CVRC

  $$\mathrm{CVRC} = \hat{\ell}_n(\hat{\boldsymbol{\theta}}_n) + (1/n)\mathrm{tr}(\hat{\mathbf{A}}_n^{-1}\hat{\boldsymbol{B}}_n)$$

  当参数向量 $\hat{\boldsymbol{\theta}}_n$ 是基于训练数据估计的时，CVRC 为学习机在新测试数据集上期望性能的无偏估计。

练习

16.1-1. 研究者使用 Akaike 信息准则(AIC)对两个模型进行比较。假设存在以下情况之一。

(i) 一个或两个模型误判。

(ii) 基于最大似然估计的负对数似然黑塞矩阵收敛到一个奇异矩阵。

证明在该假设下，AIC 不能作为样本外预测误差的估计值。

16.1-2. 推导 13.1 节末尾每个模型的 CVRC。然后，讨论定理 16.1.2 条件成立所需假设。

16.1-3. 说明如何使用第 14 章内容设计非参数 boostrap 模拟研究，从而评估 CVRC 性能。

16.1-4. 说明如何利用定理 16.3.1 结果，基于广义 Akaike 信息准则(GAIC)推导出正确概率模型的特殊情况下的 Akaike 信息准则(AIC)。

16.1-5. 使用第 14 章的方法设计一种非参数 boostrap 方法来估计交叉验证风险 MSC 的采样误差以及与该采样误差相关的模拟误差。

16.2 贝叶斯风险 MSC

16.2.1 贝叶斯模型选择问题

设 $\mathcal{D}_n \equiv [\boldsymbol{x}_1, \cdots, \boldsymbol{x}_n]$为数据集。假设数据集 $\mathcal{D}_n$ 是基于关于支集规范测度 ν 定义的相同 DGP 密度 $p_{\mathrm{e}}: \mathcal{R}^d \rightarrow [0, \infty)$的独立同分布 d 维随机向量的随机序列实例。

设 $\Omega_M \equiv \{\mathcal{M}_1, \cdots, \mathcal{M}_M\}$为概率模型集，对于 $j = 1, \cdots, M$，有

$$\mathcal{M}_j \equiv \{p_j(\boldsymbol{x} | \boldsymbol{\theta}) : \boldsymbol{\theta} \in \Theta_j\}$$

概率质量函数 $p_{\mathcal{M}}: \Omega_M \rightarrow [0,1]$是模型 $\mathcal{M}_j$ 为恰当概率模型概率 $p_{\mathcal{M}}(\mathcal{M}_j)$的先验概率。需要注意的是，选择 $p_{\mathcal{M}}$ 是基于问题的先验知识，而不是来源于 $\mathcal{D}_n$ 估计。当决策者在观察训练数据之前认为所有 M 个概率模型等概率时，通常为 $p_{\mathcal{M}}$ 选择 $p_{\mathcal{M}}(\mathcal{M}_j) = 1/M$。

在这里提出的贝叶斯框架中，$p_{\mathcal{M}}(\mathcal{M}_j)$的语义解释并不表示为模型 $\mathcal{M}_j$ 产生观测数据的概率，因为该假设要求 M 个模型中至少有一个是正确的。相反，$p_{\mathcal{M}}(\mathcal{M}_j)$可看作度量决策者对模型 $\mathcal{M}_j$ 的偏好。

设 $p(\mathcal{D}_n | \boldsymbol{\theta}, \mathcal{M}) \equiv \prod_{i=1}^{n} p(\boldsymbol{x}_i | \boldsymbol{\theta})$。设负归一化对数似然函数为

$$\hat{\ell}_n(\boldsymbol{\theta}) \equiv -(1/n)\log p(\mathcal{D}_n | \boldsymbol{\theta}, \mathcal{M}) = -(1/n)\log \prod_{i=1}^{n} p(\boldsymbol{x}_i | \boldsymbol{\theta})$$

则 $p(\mathcal{D}_n|\boldsymbol{\theta},\mathcal{M})=\exp(-n\hat{\ell}_n(\mathcal{D}_n,\boldsymbol{\theta}))$。

计算边缘似然 $p(\mathcal{D}_n|\mathcal{M}_j)$：

$$p(\mathcal{D}_n|\mathcal{M}_j)\equiv\int_{\Theta}p(\mathcal{D}_n|\boldsymbol{\theta},\mathcal{M}_j)p_{\theta}(\boldsymbol{\theta}|\mathcal{M}_j)\mathrm{d}\boldsymbol{\theta} \tag{16.20}$$

其中，密度 $p_{\theta}(\cdot|\mathcal{M}_j)$为模型 $\mathcal{M}_j$ 的参数先验。通常，式(16.20)中积分难以计算，一般使用数值方法近似，如使用第 14 章讨论的蒙特卡罗方法或本章后面讨论的拉普拉斯逼近方法。

$w_{j,k}$ 表示决策者选择模型 $\mathcal{M}_j$ 而非 $\mathcal{M}_k$ 所受的惩罚。例如，若 $j=k$，则 $w_{j,k}=0$；若 $j\neq k$，则 $w_{j,k}=1$，那么这就相当于模型误判时所受惩罚为 1，否则为 0(即所有决策误判的代价相同)。

决策者选择模型 $\mathcal{M}_j$ 的贝叶斯风险由贝叶斯模型风险函数$R:\Omega_M\to\mathcal{R}$ 给出：

$$R(\mathcal{M}_j)=\sum_{k=1}^{M}w_{j,k}p(\mathcal{M}_k|\mathcal{D}_n)$$

其中

$$p(\mathcal{M}_k|\mathcal{D}_n)=\frac{p(\mathcal{D}_n|\mathcal{M}_k)p_{\mathcal{M}}(\mathcal{M}_k)}{p(\mathcal{D}_n)} \tag{16.21}$$

需要注意的是，鉴于

$$p(\mathcal{D}_n)=\sum_{z=1}^{M}p(\mathcal{D}_n|\mathcal{M}_z)p_{\mathcal{M}}(\mathcal{M}_z)$$

为非 $\mathcal{M}_k$ 函数的常数，只需确定选择模型 $\mathcal{M}_j$ 的风险$R(\mathcal{M}_j)$少于选择模型 $\mathcal{M}_w$ 的风险$R(\mathcal{M}_w)$即可，无须准确计算 $p(\mathcal{D}_n)$。

给定上述贝叶斯决策框架，决策者可以选择使贝叶斯模型风险函数 R 最小的模型 $\mathcal{M}^*$。

16.2.2　多维积分的拉普拉斯逼近法

应用式(16.21)中贝叶斯风险 MSC 的一个主要问题是计算式(16.20)中观测数据的边缘似然。例如，由于

$$p(\mathcal{D}_n|\boldsymbol{\theta},\mathcal{M})=\exp(-n\hat{\ell}_n(\boldsymbol{\theta})) \tag{16.22}$$

$$p(\mathcal{D}_n|\mathcal{M})=\int_{\Theta_M}\exp(-n\hat{\ell}_n(\boldsymbol{\theta}))p_{\Theta}(\boldsymbol{\theta}|\mathcal{M})\mathrm{d}\boldsymbol{\theta} \tag{16.23}$$

因此通常使用第 14 章中的 bootstrap 模拟方法等蒙特卡罗模拟方法来对式(16.20)进行数值估计。

定理 16.2.1 针对式(16.23)形式的多维积分计算给出了另一个重要工具。

定理 16.2.1(拉普拉斯逼近定理)　设 $\Theta\subseteq\mathcal{R}_q$ 为开集，$\ell:\Theta\to\mathcal{R}$ 为二次连续可微函数，其中在 Θ 中有严格全局极小值点 $\boldsymbol{\theta}^*$。假设$\nabla^2\ell(\boldsymbol{\theta}^*)$正定，$\phi:\Theta\to[0,\infty)$在 $\boldsymbol{\theta}^*$ 邻域连续，$\phi(\boldsymbol{\theta}^*)\neq0$。假设存在 n_0，使得对于所有 $n\geqslant n_0$，有

$$\int_{\Theta}|\phi(\boldsymbol{\theta})|\exp(-n\ell(\boldsymbol{\theta}))\mathrm{d}\boldsymbol{\theta}<\infty \tag{16.24}$$

则

$$-(1/n)\log\left[\int_{\Theta}\phi(\boldsymbol{\theta})\exp(-n\ell(\boldsymbol{\theta}))\mathrm{d}\boldsymbol{\theta}\right]=\ell(\boldsymbol{\theta}^*)-\frac{\log[\phi(\boldsymbol{\theta}^*)]}{n}+\frac{q}{2n}\log\left(\frac{n}{2\pi}\right)+\frac{\log(\det(\nabla^2\ell(\boldsymbol{\theta}^*)))}{2n}+o(1/n) \tag{16.25}$$

证明　参见文献(Evans & Swartz，2005)[86~88] 的定理 4.14 和文献(Hsu，1948)。　■

需要强调的是，该拉普拉斯逼近定理假定 $\ell:\Theta\to\mathcal{R}$ 不依赖于 n。

尽管有关证明细节已超出了本书范围，但大家可以从下面的启发式证明中获得对定理 16.2.1 推导过程更深入的理解。

设

$$Q_n(\boldsymbol{\theta})\equiv-(1/n)\log\phi(\boldsymbol{\theta})+\ell(\boldsymbol{\theta})$$

则

$$\exp[-nQ_n(\boldsymbol{\theta})]=\phi(\boldsymbol{\theta})\exp[-n\ell(\boldsymbol{\theta})] \tag{16.26}$$

设 $\boldsymbol{\theta}^*\equiv\operatorname{argmin}\ell(\boldsymbol{\theta})$。如果 n 足够大，则

$$\boldsymbol{\theta}^*\approx\operatorname{argmin}\ell(\boldsymbol{\theta})-(1/n)\log\phi(\boldsymbol{\theta})=\operatorname{argmin}Q_n(\boldsymbol{\theta}) \tag{16.27}$$

如果 n 足够大，则

$$\nabla^2\ell(\boldsymbol{\theta})\approx\nabla^2[\ell(\boldsymbol{\theta})-(1/n)\log\phi(\boldsymbol{\theta})]=\nabla^2Q_n(\boldsymbol{\theta}) \tag{16.28}$$

现在将 Q_n 在 ℓ 的严格全局极小值点 $\boldsymbol{\theta}^*$ 处进行二阶泰勒级数展开，得到

$$Q_n(\boldsymbol{\theta})\approx Q_n(\boldsymbol{\theta}^*)+\nabla Q_n(\boldsymbol{\theta}^*)^{\mathrm{T}}(\boldsymbol{\theta}-\boldsymbol{\theta}^*)+(1/2)(\boldsymbol{\theta}-\boldsymbol{\theta}^*)^{\mathrm{T}}\nabla^2Q_n(\boldsymbol{\theta}^*)(\boldsymbol{\theta}-\boldsymbol{\theta}^*) \tag{16.29}$$

根据式(16.27)，$\boldsymbol{\theta}^*$ 近似为 Q_n 的严格局部极小值点，因此可消去式(16.29)中项 $\nabla Q_n(\boldsymbol{\theta}^*)$。将关系式(16.28)代入式(16.29)，得出：

$$Q_n(\boldsymbol{\theta})\approx Q_n(\boldsymbol{\theta}^*)+(1/2)(\boldsymbol{\theta}-\boldsymbol{\theta}^*)^{\mathrm{T}}\nabla^2\ell(\boldsymbol{\theta}^*)(\boldsymbol{\theta}-\boldsymbol{\theta}^*) \tag{16.30}$$

设 $\boldsymbol{C}^*\equiv[\nabla^2\ell(\boldsymbol{\theta}^*)]^{-1}$。然后，将式(16.30)的两边都乘以 $-n$ 并使用式(16.26)，得到：

$$\phi(\boldsymbol{\theta})\exp[-n\ell(\boldsymbol{\theta})]\approx\phi(\boldsymbol{\theta}^*)\exp[-n\ell(\boldsymbol{\theta}^*)]\exp[-(n/2)(\boldsymbol{\theta}-\boldsymbol{\theta}^*)^{\mathrm{T}}[\boldsymbol{C}^*]^{-1}(\boldsymbol{\theta}-\boldsymbol{\theta}^*)] \tag{16.31}$$

现在对式(16.31)两侧积分，得出

$$\int\phi(\boldsymbol{\theta})\exp[-n\ell(\boldsymbol{\theta})]\mathrm{d}\boldsymbol{\theta}\approx\phi(\boldsymbol{\theta}^*)\exp[-n\ell(\boldsymbol{\theta}^*)]\int\exp[-(1/2)(\boldsymbol{\theta}-\boldsymbol{\theta}^*)^{\mathrm{T}}[(1/n)\boldsymbol{C}^*]^{-1}(\boldsymbol{\theta}-\boldsymbol{\theta}^*)]\mathrm{d}\boldsymbol{\theta} \tag{16.32}$$

基于均值为 $\boldsymbol{\theta}^*$、协方差矩阵为 $(1/n)\boldsymbol{C}^*$ 的多元高斯密度定义(见定义 9.3.6)与概率密度积分为 1 的特点，将式(16.32)改写为

$$\int\phi(\boldsymbol{\theta})\exp[-n\ell(\boldsymbol{\theta})]\mathrm{d}\boldsymbol{\theta}\approx\phi(\boldsymbol{\theta}^*)\exp[-n\ell(\boldsymbol{\theta}^*)](2\pi)^{q/2}\det((n^{-1}\boldsymbol{I}_q)\boldsymbol{C}^*)^{1/2} \tag{16.33}$$

现在对式(16.33)两侧取负对数并除以 n，得到

$$-(1/n)\log\left[\int\phi(\boldsymbol{\theta})\exp[-n\ell(\boldsymbol{\theta})]\mathrm{d}\boldsymbol{\theta}\right]\approx\ell(\boldsymbol{\theta}^*)-\frac{\log\phi(\boldsymbol{\theta}^*)}{n}+\frac{q}{2n}\log\left(\frac{n}{2\pi}\right)+\frac{\log(\det(\nabla^2\ell(\boldsymbol{\theta}^*)))}{2n}$$

16.2.3　贝叶斯信息准则

应用拉普拉斯逼近定理(定理 16.2.1)推导 (ϵ,n) 交叉熵典型数据集 $\mathcal{D}_n\equiv[\boldsymbol{x}_1,\cdots,\boldsymbol{x}_n]$ 的近似边缘似然。

在经典贝叶斯风险 MSC 中，实际观测数据集的负归一化对数似然是基于概率模型 $\mathcal{M}$ 计算的。给定 $\mathcal{M}$ 实际观测数据集 $\mathcal{D}_n$ 的似然如下：

$$p(\mathcal{D}_n|\boldsymbol{\theta},\mathcal{M})=\exp(-n\ell_n(\boldsymbol{\theta})) \tag{16.34}$$

其中，$\ell_n(\boldsymbol{\theta})$是负归一化对数似然

$$\hat{\ell}_n(\boldsymbol{\theta})=-(1/n)\sum_{i=1}^{n}\log p(\widetilde{\boldsymbol{x}}_i|\boldsymbol{\theta})$$

的实例。

然而，为了得到良好泛化性能的概率模型，最好能够考虑经典贝叶斯风险 MSC 的信息论版本，其中将使用典型数据集似然而非观测数据集似然。

参照定义 13.2.7，定义(ϵ,n)交叉熵典型数据集 $\mathcal{D}_n$ 的似然：

$$\ddot{p}(\mathcal{D}_n|\boldsymbol{\theta},\mathcal{M})=\exp(-n\ell(\boldsymbol{\theta}))\tag{16.35}$$

其中，$\ell(\boldsymbol{\theta})\equiv E\{\hat{\ell}_n(\boldsymbol{\theta})\}$。符号 $\ddot{p}(\mathcal{D}_n|\boldsymbol{\theta})$表示 $\ddot{p}(\mathcal{D}_n|\boldsymbol{\theta})$是一个基于密度 $p(\boldsymbol{x}|\boldsymbol{\theta})$和 DGP 密度 p_e 定义的(ϵ,n)交叉熵典型数据集的边缘似然大样本近似值。

定理 16.2.2(边缘似然逼近定理)　假设基于关于支集规范测度 ν 定义的相同 DGP Radon-Nikodým 密度 p_e 的独立同分布 d 维随机向量的随机序列 $\widetilde{\boldsymbol{x}}_1,\cdots,\widetilde{\boldsymbol{x}}_n$，定义 15.1.1 中经验风险正则化假设成立。损失函数为 $c:\mathcal{R}^d\times\mathcal{R}^q\to\mathcal{R}$，$c(\boldsymbol{x},\boldsymbol{\theta})=-\log p(\boldsymbol{x}|\boldsymbol{\theta})$，受限参数空间 $\Theta\subseteq\mathcal{R}^q$，经验风险函数

$$\hat{\ell}_n(\boldsymbol{\theta})\equiv-(1/n)\sum_{i=1}^{n}\log p(\widetilde{\boldsymbol{x}}_i|\boldsymbol{\theta})$$

在 Θ 上极小值点为$\hat{\boldsymbol{\theta}}_n$，风险函数

$$\ell(\boldsymbol{\theta})\equiv-\int p_e(\boldsymbol{x})\log p(\boldsymbol{x}|\boldsymbol{\theta})\mathrm{d}\nu(\boldsymbol{x})$$

在 Θ 上极小值点为$\boldsymbol{\theta}^*$。设$\hat{\boldsymbol{A}}_n$ 与$\hat{\boldsymbol{B}}_n$ 的定义分别见式(15.1)和式(15.2)。

设 $\mathcal{M}\equiv\{p(\cdot|\boldsymbol{\theta}):\boldsymbol{\theta}\in\Theta\}$为概率模型，假设模型参数先验 $p_\theta(\cdot|\mathcal{M})$在 Θ 上连续。

假设对于所有 $\boldsymbol{\theta}\in\Theta$，$\ell(\boldsymbol{\theta})\geqslant0$。设 $\ddot{p}(\overline{\mathcal{D}}_n|\boldsymbol{\theta},\mathcal{M})\equiv\exp(-n\ell(\boldsymbol{\theta}))$且

$$\ddot{p}(\mathcal{D}_n|\mathcal{M})\equiv\int_{\Theta_M}p_\theta(\boldsymbol{\theta})\ddot{p}(\mathcal{D}_n|\boldsymbol{\theta},\mathcal{M})\mathrm{d}\boldsymbol{\theta}\tag{16.36}$$

则对于足够大的 n，有

$$-(1/n)\log[\ddot{p}(\mathcal{D}_n|\mathcal{M})]=E\{\hat{\ell}_n(\hat{\boldsymbol{\theta}}_n)\}+\frac{q}{2n}\log n+\widetilde{R}_n\tag{16.37}$$

其中

$$\widetilde{R}_n=\frac{\mathrm{tr}(\hat{\boldsymbol{A}}_n^{-1}\hat{\boldsymbol{B}}_n)}{2n}-\frac{\log[p_\theta(\hat{\boldsymbol{\theta}}_n|\mathcal{M})]}{n}-\frac{q\log(2\pi)}{n}+\frac{\log(\det(\hat{\boldsymbol{A}}_n))}{2n}+o_p\left(\frac{1}{n}\right)\tag{16.38}$$

证明　因为 ℓ 是非负函数，$p(\mathcal{D}_n|\boldsymbol{\theta},\mathcal{M})\leqslant1$，所以

$$p(\mathcal{D}_n|\mathcal{M})\equiv\int_{\Theta_M}p_\theta(\boldsymbol{\theta})p(\mathcal{D}_n|\boldsymbol{\theta},\mathcal{M})\mathrm{d}\boldsymbol{\theta}\leqslant\int_{\Theta_M}p_\theta(\boldsymbol{\theta})\mathrm{d}\boldsymbol{\theta}=1<\infty\tag{16.39}$$

这保证了式(16.36)中积分是有限的，所以拉普拉斯逼近定理的式(16.24)成立。

设 $\boldsymbol{A}^*$ 为 $\boldsymbol{\theta}^*$ 处 ℓ 的黑塞矩阵。直接应用拉普拉斯逼近定理得出：

$$\begin{aligned}-(1/n)\log p(\mathcal{D}_n|\mathcal{M})&=-(1/n)\log\left[\int_\Theta p_\theta(\boldsymbol{\theta})\exp(-n\ell(\boldsymbol{\theta}))\mathrm{d}\boldsymbol{\theta}\right]\\&=\ell(\boldsymbol{\theta}^*)-\frac{\log[p_\theta(\boldsymbol{\theta}^*)]}{n}+\frac{q}{2n}\log\left(\frac{n}{2\pi}\right)+\frac{\log(\det(\boldsymbol{A}^*))}{2n}+o\left(\frac{1}{n}\right)\end{aligned}\tag{16.40}$$

由于$\hat{\boldsymbol{A}}_n=\boldsymbol{A}^*+o_p(1)$，$\log(\det(\cdot))$是正定矩阵集的连续函数，而 ℓ 的黑塞矩阵在 $\boldsymbol{\theta}^*$ 邻域

内是正定的，因此，可以看出：

$$\log(\det(\hat{\boldsymbol{A}}_n))=\log(\det(\boldsymbol{A}^*))+o_p(1) \tag{16.41}$$

此外，由于 $\log p_\theta$ 在 Θ 上是一个连续函数且在 Θ 上 $p_\theta(\cdot)>0$，当 n 足够大时，

$$\log p_\theta(\hat{\boldsymbol{\theta}}_n)=\log p_\theta(\boldsymbol{\theta}^*)+o_p(1) \tag{16.42}$$

将式(16.41)和式(16.42)代入式(16.40)得到：

$$-(1/n)\log\left[\int_\Theta p_\theta(\boldsymbol{\theta})\exp(-n\ell(\boldsymbol{\theta}))\mathrm{d}\boldsymbol{\theta}\right]=\ell(\boldsymbol{\theta}^*)-\frac{\log[p_\theta(\hat{\boldsymbol{\theta}}_n)]}{n}+\frac{q}{2n}\log\left(\frac{n}{2\pi}\right)+\frac{\log(\det(\hat{\boldsymbol{A}}_n))}{2n}+o_p\left(\frac{1}{n}\right) \tag{16.43}$$

将式(16.9)代入式(16.15)，得出：

$$\ell(\boldsymbol{\theta}^*)=E\{\hat{\ell}_n(\hat{\boldsymbol{\theta}}_n)\}+\frac{\mathrm{tr}([\boldsymbol{A}^*]^{-1}\boldsymbol{B}^*)}{2n}+o_p(1/n) \tag{16.44}$$

为了得到式(16.37)和式(16.38)，将式(16.44)代入式(16.43)从而完成证明。■

对于 DGP 是离散随机向量的随机序列情况，ℓ 非负的这一假设自动成立。对于 DGP 是绝对连续随机向量或混合随机向量的随机序列这一类更一般的情况，在某些情况下可明确计算并检验 ℓ 是否非负。如果 ℓ 不是非负函数或者无法通过数学分析确定 ℓ 是否为非负函数，那么可通过计算并检验 $\hat{\ell}_n(\hat{\boldsymbol{\theta}}_n)$ 来确定这个估计值是否收敛到一个大于或等于零的数字。

定义 16.2.1(贝叶斯信息准则)　像边缘似然逼近定理一样定义 $\hat{\ell}_n$、$\hat{\boldsymbol{\theta}}_n$、$n$ 和 q。定义贝叶斯信息准则(Bayesian Information Criterion，BIC)：

$$\mathrm{BIC}=2n\hat{\ell}_n(\hat{\boldsymbol{\theta}}_n)+q\log(n)$$

□

贝叶斯信息准则(BIC)也称为 Schwarz 信息准则(Schwarz Information Criterion，SIC)(Schwarz，1978)，给出了基于特定概率模型计算训练数据集边缘似然的方法。

边缘似然逼近定理(定理 16.2.2)给出了 BIC 的第二个语义解释，表明 BIC 也可以解释为基于特定概率模型的交叉熵典型数据集(见定义 13.2.7)的边缘似然。具体来说，可使用：

$$p(\mathcal{D}_n\mid\mathcal{M}_k)=\exp\left(-\frac{1}{2}\mathrm{BIC}\right)+O_p(1/n)$$

计算边缘似然。

定义 16.2.2(交叉熵贝叶斯信息准则)　像边缘似然逼近定理一样定义 $\hat{\ell}_n$、$\hat{\boldsymbol{A}}^{-1}$、$\hat{\boldsymbol{B}}^{-1}$ 和 p_θ。定义交叉熵贝叶斯信息准则(Cross-Entropy BIC，XBIC)：

$$\mathrm{XBIC}=\mathrm{BIC}+\mathrm{tr}(\hat{\boldsymbol{A}}_n^{-1}\hat{\boldsymbol{B}}_n)-2\log[p_\theta(\hat{\boldsymbol{\theta}}_n)]-q\log(2\pi)+\log(\det(\hat{\boldsymbol{A}}_n)) \tag{16.45}$$

□

XBIC 是对交叉熵典型数据集边缘似然更准确的近似，因为它明确包含了式(16.37)和式(16.38)中 $o_p(1/n)$ 阶项。因此，当样本量 n 足够大时，

$$p(\mathcal{D}_n\mid\mathcal{M})\approx\exp\left(-\frac{1}{2}\mathrm{XBIC}\right)$$

可用于逼近交叉熵典型数据集的边缘似然。

秘诀框 16.2　BIC/XBIC(定理 16.2.2)

- **步骤 1**　指定参数先验和模型先验。
  定义局部概率模型 $\mathcal{M}\equiv\{p(\cdot\mid\boldsymbol{\theta}):\boldsymbol{\theta}\in\Theta\}$，其中 Θ 为有界闭参数空间。选择参数先验 $p_\theta(\boldsymbol{\theta}\mid\mathcal{M})$，使得 p_θ 在 Θ 上连续且 $p_\theta>0$。设 $p_{\mathcal{M}}(\mathcal{M})$ 表示 $\mathcal{M}$ 的模型先验概率。

- **步骤 2**　检验数据生成过程。

  验证数据样本 $\boldsymbol{x}_1,\cdots,\boldsymbol{x}_n$ 为 n 个独立同分布随机向量的有界序列实例。

- **步骤 3**　检验损失函数是否足够平滑。

  设 $c:\mathcal{R}^d\times\Theta\to\mathcal{R}$ 为二次连续可微函数，$c(\boldsymbol{x};\boldsymbol{\theta})=-\log p(\boldsymbol{x}|\boldsymbol{\theta})$。

- **步骤 4**　计算最大似然估计。

  通过梯度下降等优化算法寻找经验风险函数

  $$\hat{\ell}_n(\boldsymbol{\theta})\equiv-(1/n)\sum_{i=1}^{n}\log p(\boldsymbol{x}|\boldsymbol{\theta})$$

  的严格局部极小值点 $\hat{\boldsymbol{\theta}}_n$。

- **步骤 5**　检验 OPG 与黑塞矩阵条件数。

  验证 $|\nabla\hat{\ell}_n(\hat{\boldsymbol{\theta}}_n)|_\infty$ 足够小。验证

  $$\hat{\boldsymbol{B}}_n=(1/n)\sum_{i=1}^{n}\nabla\log p(\boldsymbol{x}_i|\boldsymbol{\theta})[\nabla\log p(\boldsymbol{x}_i|\boldsymbol{\theta})]^{\mathrm{T}}$$

  与 $\hat{\boldsymbol{A}}_n\equiv\nabla^2\hat{\ell}_n(\hat{\boldsymbol{\theta}}_n)$ 条件数收敛至有限正数。

- **步骤 6**　估计交叉熵典型数据集边缘似然。

  交叉熵典型数据集 $\mathcal{D}_n$ 的边缘似然 $\ddot{p}(\mathcal{D}_n|\mathcal{M})$ 估计如下：

  $$\ddot{p}(\mathcal{D}_n|\mathcal{M})\approx\exp\left(-\frac{1}{2}\mathrm{BIC}\right)\tag{16.46}$$

  其中，$\mathrm{BIC}\equiv-2n\hat{\ell}_n(\hat{\boldsymbol{\theta}}_n)+q\log n$。$\ddot{p}(\mathcal{D}_n|\mathcal{M})$ 的优化估计值可通过用式(16.45)中的 XBIC 替换式(16.46)中的 BIC 得到。

- **步骤 7**　估计典型数据集模型的概率。

  计算给定数据集 $\mathcal{D}_n$ 模型 $\mathcal{M}_k$ 的概率：

  $$p(\mathcal{M}_k|\mathcal{D}_n)\approx\frac{\exp\left(-\frac{1}{2}\mathrm{BIC}_k\right)p(\mathcal{M}_k)}{\sum_{j=1}^{M}\exp\left(-\frac{1}{2}\mathrm{BIC}_j\right)p(\mathcal{M}_j)}$$

  其中，BIC_k 是模型 $\mathcal{M}_k$ 的 BIC，$k=1,\cdots,M$。用 XBIC 代替 BIC，以提高小样本量时的概率逼近精度。

例 16.2.1(使用拉普拉斯逼近法的贝叶斯假设检验)　设 $\hat{\ell}_n^a$ 表示模型 $\mathcal{M}_a$ 和数据集 $\mathcal{D}_n$ 在 d_a 维严格局部极小值点 $\hat{\boldsymbol{\theta}}_n^a$ 处的负归一化对数似然，$\hat{\ell}_n^o$ 表示模型 $\mathcal{M}_o$ 和数据集 $\mathcal{D}_n$ 在 d_o 维严格局部极小值点 $\hat{\boldsymbol{\theta}}_n^o$ 处的负归一化对数似然。假定对关于 $\mathcal{D}_n$ 的模型 $\mathcal{M}_a$ 和 $\mathcal{M}_o$，定理 16.2.2 条件是成立的。使用 BIC 算式作为近似边缘似然，说明 15.4.2 节中描述的贝叶斯因子 K 近似为

$$K\approx\exp(n\hat{\ell}_n^o-n\hat{\ell}_n^a+(1/2)(d_o-d_a)\log n)$$

△

练习

16.2-1. (设计用于模型选择的贝叶斯风险决策规则)设计人员需要从三种可能的概率模型 $\mathcal{M}_1$、$\mathcal{M}_2$ 和 $\mathcal{M}_3$ 中选择一种以尽可能低的成本有效解决机器学习问题。对于给定数

据集 $\mathcal{D}_n$，三种概率模型均具有良好性能，但它们的实现成本不同。设计人员决定估计 $p(\mathcal{M}_1|\mathcal{D}_n)$、$p(\mathcal{M}_2|\mathcal{D}_n)$和 $p(\mathcal{M}_3|\mathcal{D}_n)$。此外，设计将模型映射为数值的函数 V，用于计算实现三个模型的成本(以美元为单位)，例如，实现模型 $\mathcal{M}_2$ 的成本等于 $V(\mathcal{M}_2)$。由于这三个模型均性能较好，因此假设偏好模型先验概率 $p(\mathcal{M}_1)$、$p(\mathcal{M}_2)$ 和 $p(\mathcal{M}_3)$彼此相等。

使用条件概率 $p(\mathcal{M}_1|\mathcal{D}_n)$、$p(\mathcal{M}_2|\mathcal{D}_n)$和 $p(\mathcal{M}_3|\mathcal{D}_n)$以及相关的实现成本 $V(\mathcal{M}_1)$、$V(\mathcal{M}_2)$和 $V(\mathcal{M}_3)$，说明如何设计一个决策规则来选择期望成本最低的模型。使用边缘似然 $p(\mathcal{D}_n|\mathcal{M})$的 BIC 近似值给出评估决策规则的近似公式

16.2-2. (基于 BIC 和 XBIC 论证贝叶斯假设检验)使用 BIC 或 XBIC 得出支持贝叶斯假设检验的 15.4.2 节中贝叶斯因子的有效近似值。

16.2-3. (基于模拟方法验证渐近拉普拉斯逼近定理)基于第 14 章的方法设计一种参数 bootstrap 模拟方法，以评估 BIC 和 XBIC 性能。编写计算机程序实现这种方法，并用其评估逻辑回归模型的 BIC 和 XBIC 性能。

16.2-4. (基于模拟方法估计模型选择准则的采样误差)基于第 14 章的方法设计一种非参数 bootstrap 模拟方法，以估计逻辑回归模型统计量 BIC 和 XBIC 的采样误差与模拟误差。

16.2-5. (基于 BIC 与 XBIC 进行贝叶斯模型搜索)设 $\mathcal{M}_1,\cdots,\mathcal{M}_m$ 是数量适中但不太多(如 $m=100$ 或 $m=1000$)的模型集合。设数据集 $\mathcal{D}_n\equiv\{(\boldsymbol{s}_1,y_1),\cdots,(\boldsymbol{s}_n,y_n)\}$是独立同分布随机向量的随机序列的实例，说明如何使用 BIC 选择“给定交叉熵典型数据集的最可能模型”。设 $\ddot{y}(\boldsymbol{s},\mathcal{M}_k,\mathcal{D}_n)$为给定输入模式向量 $\boldsymbol{s}$、最可能模型 $\mathcal{M}_k$ 与数据集 $\mathcal{D}_n$ 学习机的预测响应。相关讨论请参见例 11.2.2。

16.2-6. (基于 BIC 和 XBIC 的贝叶斯模型平均)设 $\mathcal{M}_1,\cdots,\mathcal{M}_m$ 为数量适中但不太多(如 $m=100$ 或 $m=1000$)的模型集合。设数据集 $\mathcal{D}_n\equiv\{(\boldsymbol{s}_1,y_1),\cdots,(\boldsymbol{s}_n,y_n)\}$是独立同分布随机向量的随机序列的实例。设 $\ddot{y}(\boldsymbol{s},\mathcal{M}_k,\mathcal{D}_n)$为给定输入模式向量 $\boldsymbol{s}$、模型 $\mathcal{M}_k$ 与数据集 $\mathcal{D}_n$ 学习机的预测响应。不要像练习 16.2-5 那样只选择单个模型来生成预测结果，而是由全部模型的集合生成平均预测结果：

$$E\{\ddot{y}(\boldsymbol{s},\widetilde{\mathcal{M}},\mathcal{D}_n)|\mathcal{D}_n\}=\sum_{k=1}^{m}\ddot{y}(\boldsymbol{s},\mathcal{M}_k,\mathcal{D}_n)p(\mathcal{M}_k|\mathcal{D}_n)$$

讨论如何使用 BIC 或 XBIC 近似获得 $p(\mathcal{M}_k|\mathcal{D}_n)$公式。相关讨论请参见例 11.2.3。

16.3 误判检测 MSC

如前所述，误判检测 MSC 是为了评估特定概率模型对其统计环境的表征程度。交叉验证风险准则(CVRC)评估概率模型对新测试数据集的预测性能。贝叶斯风险 MSC 评估模型基于特定数据集的概率。但是，一个概率模型有可能既有用 CVRC 评估的良好泛化性能，又具有通过贝叶斯风险 MSC 基于给定数据的高概率特性，却错误地表征了统计环境。

16.3.1 评估模型误判的嵌套模型方法

误判检测 MSC 的一个有效且经典的构建方法为“嵌套模型”方法。假设目标是评估经验风险模型拟合度为 $\hat{\ell}_n(\hat{\boldsymbol{\theta}}_n)$的模型 $\mathcal{M}$ 是否误判。要应用嵌套模型方法，需要构造一个新的正确模型 $\mathcal{M}_e$，使得 $\mathcal{M}_e\supseteq\mathcal{M}$。该正确表示通常是通过在 $\mathcal{M}_e$ 中包含许多附加参数实现的。将 $\mathcal{M}_e$

的经验风险模型拟合度表示为 $\hat{\ell}_n^e(\hat{\boldsymbol{\theta}}_n^e)$。现在，使用第 14 章的模拟方法或第 15 章的解析方法构造一个检验统计量 $\mathcal{W}_n$，其中 $\mathcal{W}_n$ 值较大表示 $\hat{\ell}_n(\hat{\boldsymbol{\theta}}_n)$ 与 $\hat{\ell}_n^e(\hat{\boldsymbol{\theta}}_n^e)$ 差别较大，这就意味着模型 $\mathcal{M}$ 中存在误判。文献(Vuong，1989；Golden，2003)展示了如何放宽模型比较的标准假设，这通常要求：(i) 正确指定完整模型；(ii) 模型完全嵌套。

16.3.2　信息矩阵差异 MSC

本小节将介绍近期设计的一种基于信息矩阵等式的检测模型误判的方法。利用信息矩阵等式检测模型误判最初由 White(1982，1994)提出，并在 Golden 等人(2016，2019)最近的研究中得到了进一步发展。

定理 16.3.1(信息矩阵等式)　假设数据样本是基于关于支集规范测度 ν 定义的相同 Radon-Nikodým 密度 $p_e:\mathcal{R}^d\to[0,\infty)$的独立同分布 d 维随机向量序列。设 $\Theta\subseteq\mathcal{R}^q$。设有概率模型

$$\mathcal{M}\equiv\{p(\cdot;\boldsymbol{\theta}):\boldsymbol{\theta}\in\Theta\}$$

其中，$p(\cdot|\boldsymbol{\theta}):\mathcal{R}^d\to[0,\infty)$为关于支集规范测度 ν 定义的 Radon-Nikodým 密度 $\boldsymbol{\theta}\in\Theta$。定义 $\ell:\Theta\to\mathcal{R}$，使得对于所有 $\boldsymbol{\theta}\in\Theta$，

$$\ell(\boldsymbol{\theta})=-\int p_e(\boldsymbol{x})\log p(\boldsymbol{x};\boldsymbol{\theta})\mathrm{d}\nu(\boldsymbol{x})$$

是有限的。假设 $\log p$ 为二次连续可微随机函数。假设梯度

$$\nabla\log p(\boldsymbol{x};\boldsymbol{\theta})\equiv\left[\frac{\mathrm{d}\log p(\boldsymbol{x};\boldsymbol{\theta})}{\mathrm{d}\boldsymbol{\theta}}\right]^{\mathrm{T}}\tag{16.47}$$

外积梯度矩阵

$$\nabla\log p(\boldsymbol{x};\boldsymbol{\theta})\nabla\log p(\boldsymbol{x};\boldsymbol{\theta})^{\mathrm{T}}\tag{16.48}$$

与黑塞矩阵

$$\frac{\mathrm{d}^2\log p(\boldsymbol{x};\boldsymbol{\theta})}{\mathrm{d}\boldsymbol{\theta}^2}\tag{16.49}$$

由基于 p_e 的可积函数控制。此外，假设存在一个有限数 K，使得对于 $\tilde{\boldsymbol{x}}$ 支集中所有 $\boldsymbol{x}$，在 Θ 上：

$$p(\boldsymbol{x};\boldsymbol{\theta})<Kp_e(\boldsymbol{x})\tag{16.50}$$

设 $\boldsymbol{\theta}^*$ 是 ℓ 在 Θ 上的唯一全局极小值点。设

$$\boldsymbol{A}(\boldsymbol{\theta})=\int\nabla^2\log p(\boldsymbol{x};\boldsymbol{\theta})p_e(\boldsymbol{x})\mathrm{d}\nu(\boldsymbol{x})$$

$$\boldsymbol{B}(\boldsymbol{\theta})=\int\nabla\log p(\boldsymbol{x};\boldsymbol{\theta})[\nabla\log p(\boldsymbol{x};\boldsymbol{\theta})]^{\mathrm{T}}p_e(\boldsymbol{x})\mathrm{d}\nu(\boldsymbol{x})$$

设 $\boldsymbol{A}^*=\boldsymbol{A}(\boldsymbol{\theta}^*)$，$\boldsymbol{B}^*=\boldsymbol{B}(\boldsymbol{\theta}^*)$。

- 若 $\mathcal{M}$ 关于 p_e 正确，则 $\boldsymbol{A}^*=\boldsymbol{B}^*$。
- 若 $\boldsymbol{A}^*\neq\boldsymbol{B}^*$，则 $\mathcal{M}$ 基于 p_e 误判。

证明　需要注意：

$$\frac{\mathrm{d}\log p(\boldsymbol{x};\boldsymbol{\theta})}{\mathrm{d}\boldsymbol{\theta}}=(1/p(\boldsymbol{x};\boldsymbol{\theta}))\frac{\mathrm{d}p(\boldsymbol{x};\boldsymbol{\theta})}{\mathrm{d}\boldsymbol{\theta}}\tag{16.51}$$

对

$$\int p(\boldsymbol{x};\boldsymbol{\theta})\mathrm{d}\nu(\boldsymbol{x})=1\tag{16.52}$$

求导并基于式(16.51)、式(16.47)假设与定理 8.4.4 中式(16.50)假设，交换微分算子和积分

算子，得出：

$$\int \frac{\mathrm{d}p(\boldsymbol{x};\boldsymbol{\theta})}{\mathrm{d}\boldsymbol{\theta}}\mathrm{d}\nu(\boldsymbol{x})=\boldsymbol{0}_q^{\mathrm{T}} \tag{16.53}$$

可将它重写为

$$\int p(\boldsymbol{x};\boldsymbol{\theta})\left[\frac{\mathrm{d}\log p(\boldsymbol{x};\boldsymbol{\theta})}{\mathrm{d}\boldsymbol{\theta}}\right]\mathrm{d}\nu(\boldsymbol{x})=\boldsymbol{0}_q^{\mathrm{T}} \tag{16.54}$$

现在对式(16.54)求导，根据定理 8.4.4 交换微分算子和积分算子，结合式(16.51)和式(16.48)中假设以及式(16.49)和式(16.50)中假设，得出：

$$\int\left[\left(\frac{\mathrm{d}\log p(\boldsymbol{x};\boldsymbol{\theta})}{\mathrm{d}\boldsymbol{\theta}}\right)^{\mathrm{T}}\frac{\mathrm{d}\log p(\boldsymbol{x};\boldsymbol{\theta})}{\mathrm{d}\boldsymbol{\theta}}+\frac{\mathrm{d}^2\log p(\boldsymbol{x};\boldsymbol{\theta})}{\mathrm{d}^2\boldsymbol{\theta}}\right]p(\boldsymbol{x};\boldsymbol{\theta})\mathrm{d}\nu(\boldsymbol{x})=\boldsymbol{0}_{q\times q} \tag{16.55}$$

现在在 ℓ 的唯一全局极小值点 $\boldsymbol{\theta}^*$ 处计算式(16.55)且假设 $p_e=p(\cdot;\boldsymbol{\theta}^*)$ 基于 ν 几乎处处成立(即模型指定正确)，得出下式：

$$\boldsymbol{B}^*-\boldsymbol{A}^*=\boldsymbol{0}_{q\times q}$$

这证明了定理的第一部分。第二部分就是第一部分的逆否命题(contrapositive statement)。

■

信息矩阵等式定理为检测模型误判的存在提供了一种有效方法。假设当 $n\to\infty$ 时，式(15.1)和式(15.2)中定义的 $\hat{\boldsymbol{A}}_n$ 和 $\hat{\boldsymbol{B}}_n$ 分别以概率 1 收敛到 $\boldsymbol{A}^*$ 与 $\boldsymbol{B}^*$。信息矩阵差异测度是一个连续函数 $\mathcal{I}:\mathcal{R}^{q\times q}\times\mathcal{R}^{q\times q}\to[0,\infty)$，$\mathcal{I}(\boldsymbol{A}^*,\boldsymbol{B}^*)$ 度量 $\boldsymbol{A}^*$ 与 $\boldsymbol{B}^*$ 间的差异。$\mathcal{I}(\hat{\boldsymbol{A}}_n,\hat{\boldsymbol{B}}_n)$ 称为信息矩阵差异测度 MSC。信息矩阵差异 MSC 越大表明模型误判的证据越多。

下面两个定理针对在二维空间中检验 $\hat{\boldsymbol{A}}_n$ 和 $\hat{\boldsymbol{B}}_n$ 间相似性和差异性给出了重要启示。

定理 16.3.2(迹信息矩阵等式) 设 $\boldsymbol{A}$ 与 $\boldsymbol{B}$ 为实正定对称 q 维矩阵。当且仅当

$$\mathrm{tr}(\boldsymbol{A}^{-1}\boldsymbol{B})=q \tag{16.56}$$

且

$$\mathrm{tr}(\boldsymbol{B}^{-1}\boldsymbol{A})=q \tag{16.57}$$

$\boldsymbol{A}=\boldsymbol{B}$。

证明 证明遵循文献(Cho & Phillips, 2018)的引理 1(i)。如果 $\boldsymbol{A}=\boldsymbol{B}$，则式(16.56)与式(16.57)均成立。现在证明式(16.56)与式(16.57)表明 $\boldsymbol{A}=\boldsymbol{B}$。设 $\boldsymbol{S}=\boldsymbol{A}^{-1/2}\boldsymbol{B}^{1/2}$，则

$$\boldsymbol{S}\boldsymbol{S}^{\mathrm{T}}=\boldsymbol{A}^{-1/2}\boldsymbol{B}\boldsymbol{A}^{-1/2}$$

为实对称矩阵。因此，矩阵 $\boldsymbol{E}$ 的 q 个正交 q 维特征向量存在，使得

$$\boldsymbol{E}^{\mathrm{T}}\boldsymbol{A}^{-1/2}\boldsymbol{B}\boldsymbol{A}^{-1/2}\boldsymbol{E}=\boldsymbol{D} \tag{16.58}$$

其中，$\boldsymbol{D}$ 为 q 维对角矩阵，它的第 k 个对角线元素 λ_k 是与 $\boldsymbol{E}$ 第 k 列对应的特征值。

式(16.56)表明，$\boldsymbol{D}$ 对角线元素的算术平均值 $(1/q)\sum_{k=1}^{q}\lambda_k$ 等于 1，因为根据定理 4.1.1 和式(16.58)，有

$$\mathrm{tr}(\boldsymbol{A}^{-1/2}\boldsymbol{B}\boldsymbol{A}^{-1/2})=\mathrm{tr}(\boldsymbol{A}^{-1}\boldsymbol{B})=\mathrm{tr}(\boldsymbol{D})=q \tag{16.59}$$

式(16.57)表明，$\boldsymbol{D}$ 对角线元素倒数的算术平均值 $(1/q)\sum_{k=1}^{q}(\lambda_k)^{-1}$ 等于 1，因为根据定理 4.1.1，有

$$\mathrm{tr}(\boldsymbol{B}^{-1}\boldsymbol{A})=\mathrm{tr}(\boldsymbol{A}^{1/2}\boldsymbol{B}^{-1}\boldsymbol{A}^{1/2})=\mathrm{tr}(\boldsymbol{D}^{-1})=q \tag{16.60}$$

通过几何算术平均值不等式(Uchida, 2008)可以得出，在该情况下，几何平均值和算术平均值相等表示 $\boldsymbol{D}$ 的所有特征值都等于相同的值 λ。

式(16.59)与式(16.60)表明：

$$(1/q)\sum_{k=1}^{q}\lambda=1 \tag{16.61}$$

这说明$\lambda=1$，即$\boldsymbol{D}=\boldsymbol{I}_q$。

基于$\boldsymbol{D}$为单位矩阵且$\boldsymbol{E}\boldsymbol{E}^{\mathrm{T}}=\boldsymbol{I}_q$，式(16.58)表明：

$$\boldsymbol{A}^{-1/2}\boldsymbol{B}\boldsymbol{A}^{-1/2}=\boldsymbol{E}\boldsymbol{D}\boldsymbol{E}^{\mathrm{T}}=\boldsymbol{I} \tag{16.62}$$

这表明$\boldsymbol{A}=\boldsymbol{B}$。 ■

定理 16.3.3(迹行列式信息矩阵等式) 设$\boldsymbol{A}$与$\boldsymbol{B}$是实正定对称q维矩阵。当且仅当

$$\log\det(\boldsymbol{A}^{-1}\boldsymbol{B})=0 \tag{16.63}$$

且

$$\mathrm{tr}(\boldsymbol{A}^{-1}\boldsymbol{B})=q \tag{16.64}$$

$\boldsymbol{A}=\boldsymbol{B}$。

证明 遵循文献(Cho & White，2014)引理1的证明。若$\boldsymbol{A}=\boldsymbol{B}$，则式(16.63)与式(16.64)均成立。现在证明式(16.63)与式(16.64)表明$\boldsymbol{A}=\boldsymbol{B}$。

正如定理16.3.2的证明一样，构建矩阵$\boldsymbol{D}$与特征值$\lambda_1,\cdots,\lambda_q$。式(16.63)表明，$\boldsymbol{D}$的对角线元素的几何平均值$\left(\prod_{k=1}^{q}\lambda_k\right)^{1/k}$等于1，因为

$$\det(\boldsymbol{A}^{-1}\boldsymbol{B})=\det(\boldsymbol{A}^{-1/2}\boldsymbol{B}\boldsymbol{A}^{-1/2})=\det(\boldsymbol{D})$$

然后，根据与定理16.3.2中证明类似的论点得出结果(见练习16.3-5)。 ■

秘诀框 16.3 信息矩阵差异测度(定理 16.3.1)

- **步骤1** 检查经验风险正则化假设。检查关于数据生成密度p_e和概率模型规范

  $$\mathcal{M}\equiv\{p(\boldsymbol{x};\boldsymbol{\theta}):\boldsymbol{\theta}\in\Theta\subseteq\mathcal{R}^q\}$$

  的信息矩阵等式定理(定理16.3.1)的假设是否成立。

  参数空间可以是期望负对数似然函数的严格局部极小值点的邻域，该似然函数确定了局部概率模型。

- **步骤2** 计算最大似然估计。设$c(\boldsymbol{x};\boldsymbol{\theta})\equiv-\log p(\boldsymbol{x};\boldsymbol{\theta})$。使用诸如梯度下降之类的优化算法来寻找经验风险函数

  $$\hat{\ell}_n(\boldsymbol{\theta})\equiv(1/n)\sum_{i=1}^{n}c(\boldsymbol{x}_i,\boldsymbol{\theta})$$

  在局部概率模型的参数空间中的严格局部极小值点$\hat{\boldsymbol{\theta}}_n$。依据$\nabla\hat{\ell}_n(\hat{\boldsymbol{\theta}}_n)$无穷范数是否足够小来检验$\hat{\boldsymbol{\theta}}_n$是否为严格局部极小值点。验证$\hat{\boldsymbol{A}}_n\equiv\nabla^2\hat{\ell}_n(\hat{\boldsymbol{\theta}}_n)$和

  $$\hat{\boldsymbol{B}}_n=(1/n)\sum_{i=1}^{n}\nabla_{\boldsymbol{\theta}}c(\boldsymbol{x}_i,\hat{\boldsymbol{\theta}}_n)[\nabla_{\boldsymbol{\theta}}c(\boldsymbol{x}_i,\hat{\boldsymbol{\theta}}_n)]^{\mathrm{T}}$$

  条件数收敛至有限正数。

- **步骤3** 计算信息矩阵差异测度。

  以下三个信息矩阵差异测度中任何一个值越大，越表明存在模型误判。

  (i) $\mathcal{I}_{\mathrm{tr}}\equiv|\log((1/q)\mathrm{tr}(\hat{\boldsymbol{A}}_n^{-1}\hat{\boldsymbol{B}}_n))|$

  (ii) $\ddot{\mathcal{I}}_{\mathrm{tr}}\equiv|\log((1/q)\mathrm{tr}(\hat{\boldsymbol{B}}_n^{-1}\hat{\boldsymbol{A}}_n))|$

  (iii) $\mathcal{I}_{\mathrm{det}}\equiv|(1/q)\log\det(\hat{\boldsymbol{A}}_n^{-1}\hat{\boldsymbol{B}}_n)|$

定义 16.3.1(信息矩阵差异测度)　假定定理 16.3.1 中假设基于概率模型 $\mathcal{M}$ 和 DGP 密度 p_e 成立。设 $\hat{\boldsymbol{A}}_n$ 与 $\hat{\boldsymbol{B}}_n$ 分别为如式(15.1)与式(15.2)定义的关于 $\mathcal{M}$ 和 p_e 的 q 维正定矩阵。定义对数迹差异测度 $\mathcal{I}_{\text{tr}}$：

$$\mathcal{I}_{\text{tr}}=|\log((1/q)\text{tr}(\hat{\boldsymbol{A}}_n^{-1}\hat{\boldsymbol{B}}_n))|$$

定义转置对数迹差异测度 $\ddot{\mathcal{I}}_{\text{tr}}$：

$$\ddot{\mathcal{I}}_{\text{tr}}=|\log((1/q)\text{tr}(\hat{\boldsymbol{B}}_n^{-1}\hat{\boldsymbol{A}}_n))|$$

定义对数行列式信息矩阵差异测度 $\mathcal{I}_{\text{det}}$：

$$\mathcal{I}_{\text{det}}=|(1/q)\log\det(\hat{\boldsymbol{A}}_n^{-1}\hat{\boldsymbol{B}}_n)|$$

□

练习

16.3-1. 推导出 13.1 节末尾每个模型的信息矩阵差异 MSC。讨论如何评估得出的每个信息矩阵差异 MSC 的假设，以确保信息矩阵等式定理(定理 16.3.1)的假设成立。

16.3-2. 假定关于 q 维矩阵 $\boldsymbol{A}^*$、$\boldsymbol{B}^*$ 的信息矩阵等式定理(定理 16.3.1)假设成立。按照式(15.1)、式(15.2)定义 $\hat{\boldsymbol{A}}_n$ 和 $\hat{\boldsymbol{B}}_n$。设 $\mathcal{I}:\mathcal{R}^{q\times q}\times\mathcal{R}^{q\times q}\rightarrow[0,\infty)$ 为连续函数。证明当 $n\rightarrow\infty$ 时，$\mathcal{I}(\hat{\boldsymbol{A}}_n,\hat{\boldsymbol{B}}_n)\rightarrow\mathcal{I}(\boldsymbol{A}^*,\boldsymbol{B}^*)$ 的概率为 1。

16.3-3. 基于第 14 章的方法设计一种非参数 bootstrap 模拟方法，以估计 $\mathcal{I}(\hat{\boldsymbol{A}}_n,\hat{\boldsymbol{B}}_n)$ 的采样误差以及与估计该采样误差相关的模拟误差。

16.3-4. 基于第 14 章的方法设计一种参数 bootstrap 模拟方法，以研究信息矩阵差异 MSC 如何有效检测模型误判。通过计算从一组模型中以信息矩阵差异 MSC 选择正确模型的次数百分比，评估信息矩阵差异 MSC 的有效性。

16.3-5. 使用式(16.59)的结果完成迹行列式信息矩阵等式定理(定理 16.3.3)的证明，随后证明式(16.61)与式(16.62)成立。

16.4　扩展阅读

Henley 等人(2020)全面回顾了与复杂统计模型开发和评估相关的模型选择、模型误判和模型平均方法。

模型选择简介

Journal of Mathematical Psychology 关于模型选择的特刊(Myung et al.，2000)对模型选择文献进行了介绍。文献(Konishi & Kitagawa，2008；Claeskens & Hjort，2008；Linhart & Zucchini，1986)给出了更详细的讨论。

交叉验证风险 MSC

Akaike(1973，1974)最初提出了现在称为 Akaike 信息标准(AIC)的方法[另见(Bozdogan，1987)]，作为正确指定模型假设下对观测数据似然度的优化无偏估计。Stone(1977)证明了 AIC 估计渐近等价于第 14 章讨论的留一交叉验证模拟方法。广义 Akaike 信息准则(GAIC)也被称为 Takeuchi 信息准则(TIC)，是 Akaike(1973，1974)原始 AIC 方法的推广，但不要求正确指定概率模型(Takeuchi，1976；Bozdogan，2000；Konishi & Kitagawa，2008)。文献(Claeskens & Hjort，2008)的 2.9 节提供了类似于 Stone(1977)的分析，表明 GAIC 估计渐近等价于留一交叉验证估计。CVRC 最初由 Linhard 和 Volkers(1984)推导，之后由 Linhart 和 Zucchini(1986)进一步讨论。

Golden 等人(2019)对逻辑回归模型的 CVRC 模型选择准则进行了研究。本书 16.1 节中的部分内容最初是在文献(Golden et al.，2019)中提出的。

贝叶斯风险 MSC

虽然 AIC 和 BIC 类型的模型选择准则从算法角度来看非常相似，但这些准则是根据完全不同的目标推导出来的。虽然 AIC 模型选择准则的目标是基于模型拟合的似然函数测度给出概率模型中“最佳拟合”数据分布的无偏估计，但 BIC(贝叶斯信息准则)——也被称为 SIC(Schwarz 信息准则)(Schwarz，1978)主要用于提供边缘似然的大样本近似值，对应于数据概率模型中所有可能分布的加权平均值。文献(Claeskens & Hjort，2008)的第 3 章、文献(Djuria，1998)、文献(Poskitt，1987)的推论 2.2 以及文献(Konishi & Kitagawa，2008)的第 9 章对使用标准拉普拉斯逼近定理推导贝叶斯信息准则的过程进行了经典讨论。Lv 和 Liu(2014)最近给出了经典贝叶斯信息准则广义的新推导。

新 XBIC 模型选择准则最初由 Golden 等人(2015)在 NeurIPS 2015 近似贝叶斯推理进展研讨会上提出。XBIC 模型选择准则与信息论驱动的模型选择准则密切相关，如 CAIC(一致 Akaike 信息准则)(Bozdogan，2000)、MDL(Minimum Discription Length，最小描述长度)模型选择准则(Barron et al.，1998；Grunwald，2007；Hansen & Yu，2001)和 MML(Minimum Message Length，最小消息长度)模型选择准则(Wallace，2005)。

Kass 和 Raftery(1995)回顾了 BIC 在贝叶斯假设检验(见 15.4.2 节)、模型选择(见本章及 15.4 节)和模型平均(见例 11.2.3)问题上的许多应用。Burnham 和 Anderson(2010)以及 Wasserman(2000)对贝叶斯模型平均进行了介绍。

误判检测 MSC

广义似然比检验(Wilks，1938)提供了一种检验零假设的机制，该零假设即所提模型给出与观测数据的拟合度，这相当于能够表示任意数据生成过程的更灵活模型拟合。经典广义似然比检验的一个局限性是，它假设更灵活的模型被正确指定且包含所提模型。文献(Vuong，1989；Golden，2003；Rivers & Vuong，2002)展示了如何放宽正确指定模型和完全嵌套模型的假设，以获得更稳健的误判检验。

Golden 等人(2013，2016)设计了广义信息矩阵检验(Generalized Information Matrix Test，GIMT)，目的是检验零假设——按照 White(1982)方法信息矩阵差异测度为零[关于时间序列案例的讨论，请见文献(White，1994)]。拒绝该零假设表明存在模型误判。此外，在一系列模拟研究中，Golden 等人(2013，2016)评估了对数行列式信息矩阵差异测度。在一系列相关的模拟研究中，Golden 等人(2016)也评估了对数迹信息矩阵差异测度。

文献(Henley et al.，2020；Kashner et al.，2020)对评估模型误判的各种方法进行了实际验证。

参考文献

Abadir, K. and J. Magnus 2002. Notation in econometrics: A proposal for a standard. *The Econometrics Journal 5*(1), 76–90.

Ackley, D. H., G. E. Hinton, and T. J. Sejnowski 1985. A learning algorithm for Boltzmann machines. *Cognitive Science 9*, 147–169.

Akaike, H. 1973. Information theory and an extension of the maximum likelihood principle. In *2nd International Symposium on Information Theory*, 267–281. Akadémiai Kiadó.

Akaike, H. 1974, December. A new look at the statistical model identification. *IEEE Transactions on Automatic Control 19*(6), 716–723.

Amari, S. 1967. A theory of adaptive pattern classifiers. *IEEE Transactions on Electronic Computers EC-16*(3), 299–307.

Amari, S.-I. 1998. Natural gradient works efficiently in learning. *Neural Computation 10*(2), 251–276.

Amemiya, T. 1973, November. Regression analysis when the dependent variable is truncated normal. *Econometrica 41*(6), 997–1016.

Anderson, J. A. and E. Rosenfeld 1998a. *Neurocomputing: Foundations of Research*. Bradford. Cambridge, MA: MIT Press.

Anderson, J. A. and E. Rosenfeld 1998b. *Neurocomputing 2: Directions for Research*. Bradford. Cambridge, MA: MIT Press.

Anderson, J. A. and E. Rosenfeld 2000. *Talking Nets: An Oral History of Neural Networks*. Bradford Book. Cambridge, MA: MIT Press.

Anderson, J. A., J. W. Silverstein, S. A. Ritz, and R. S. Jones 1977. Distinctive features, categorical perception, and probability learning: Some applications of a neural model. *Psychological Review 84*, 413–451.

Andrews, H. C. 1972. *Introduction to Mathematical Techniques in Pattern Recognition*. New York: Wiley-Interscience.

Bagul, Y. J. 2017. A smooth transcendental approximation to $|x|$. *International Journal of Mathematical Sciences and Engineering Applications 11*, 213–217.

Bahl, J. M. and C. Guyeux 2013. *Discrete Dynamical Systems and Chaotic Machines: Theory and Applications*. Numerical Analysis and Scientific Computing Series. Boca Raton, FL: CRC Press.

Baird, L. and A. Moore 1999. Gradient descent for general reinforcement learning. In M. Kearns, S. A. Solla, and D. A. Cohn (Eds.), *Advances in Neural Information Processing Systems*, Volume 11, Cambridge, MA: MIT Press.

Banerjee, S. and A. Roy 2014. *Linear Algebra and Matrix Analysis for Statistics*. Texts in Statistical Science. Boca Raton, FL: Chapman-Hall/CRC Press.

Barron, A., J. Rissanen, and B. Yu 1998, September. The minimum description length principle in coding and modeling. *IEEE Transactions on Information Theory 44*(6), 2743–2760.

Bartle, R. G. 1966. *The Elements of Integration*. New York: Wiley.

Bartlett, M. S. 1951, 03. An inverse matrix adjustment arising in discriminant analysis. *The Annals of Mathematical Statistics 22*(1), 107–111.

Bates, D. M. and D. G. Watts 2007. *Nonlinear Regression Analysis and Its Applications.*

Baydin, A. G., B. A. Pearlmutter, A. A. Radul, and J. M. Siskind 2017, January. Automatic differentiation in machine learning: A survey. *Journal of Machine Learning Research 18*(1), 5595–5637.

Beale, E., M. Kendall, and D. Mann 1967. The discarding of variables in multivariate analysis. *Biometrika 54*(3-4), 357–366.

Bearden, A. F. 1997. Utility representation of continuous preferences. *Economic Theory 10*, 369–372.

Bellman, R. 1961. *Adaptive Control Processes: A Guided Tour.* Princeton, NJ: Princeton University Press.

Bengio, Y., J. Louradour, R. Collobert, and J. Weston 2009. Curriculum learning. In *Proceedings of the 26th Annual International Conference on Machine Learning*, ICML '09, New York, NY, USA, 41–48. ACM.

Benveniste, A., M. Métivier, and P. Priouret 1990. *Adaptive Algorithms and Stochastic Approximations.* Applications of Mathematics Series. New York: Springer-Verlag.

Berger, J. O. 2006. *Statistical Decision Theory and Bayesian Analysis* (Second ed.). New York: Springer-Science.

Bertsekas, D. P. 1996. *Constrained Optimization and Lagrange Multiplier Methods.* Belmont, MA: Athena Scientific.

Bertsekas, D. P. and S. Shreve 2004. *Stochastic Optimal Control: The Discrete-time Case.* Athena Scientific.

Bertsekas, D. P. and J. N. Tsitsiklis 1996. *Neuro-dynamic Programming.* Belmont, MA: Athena Scientific.

Besag, J. 1974. Spatial interaction and the statistical analysis of lattice systems. *Journal of the Royal Statistical Society. Series B (Methodological) 36*, 192–236.

Besag, J. 1975. Statistical analysis of non-lattice data. *Journal of the Royal Statistical Society. Series D (The Statistician). 24*, 179–195.

Besag, J. 1986. On the statistical analysis of dirty pictures. *Journal of the Royal Statistical Society B48*, 259–302.

Bickel, P. J. and D. A. Freedman 1981. Some asymptotic theory for the bootstrap. *The Annals of Statistics 9*, 1196–1217.

Bickel, P. J., F. Gotze, and W. R. van Zwet 1997. Resampling fewer than n observations: Gains, losses, and remedies for losses. *Statistica Sinica 7*, 1–31.

Billingsley, P. 2012. *Probability and Measure.* Wiley Series in Probability and Statistics. Hoboken, NJ: Wiley.

Bishop, C. M. 2006. *Pattern Recognition and Machine Learning.* Information Science. New York: Springer Verlag.

Blum, J. R. 1954, 12. Multidimensional stochastic approximation methods. *The Annals of Mathematical Statistics 25*(4), 737–744.

Borkar, V. S. 2008. *Stochastic Approximation: A Dynamical Systems Viewpoint.* India: Hindustan Book Agency.

Bottou, L. 1998. Online algorithms and stochastic approximations. In D. Saad (Ed.), *Online Learning and Neural Networks*, 146–168. Cambridge, UK: Cambridge University Press. revised, Oct 2012.

Bottou, L. 2004. Stochastic learning. In O. Bousquet and U. von Luxburg (Eds.), *Advanced Lectures on Machine Learning*, Lecture Notes in Artificial Intelligence, LNAI 3176, 146–168. Berlin: Springer Verlag.

Boucheron, S., G. Lugosi, and P. Massart 2016. *Concentration Inequalities: A Nonasymptotic Theory of Independence.* Oxford: Oxford University Press.

Bozdogan, H. 1987. Model selection and Akaike's information criterion (AIC): The general theory and its analytical extensions. *Psychometrika 52*, 345–370.

Bozdogan, H. 2000, March. Akaike's information criterion and recent developments in information complexity. *Journal of Mathematical Psychology 44*(1), 62–91.

Bremaud, P. 1999. *Markov Chains: Gibbs Fields, Monte Carlo Simulation, and Queues.* Texts in Applied Mathematics. Springer New York.

Burnham, K. P. and D. R. Anderson 2010. *Model Selection and Inference: A Practical Information-theoretic Approach.* New York: Springer.

Cabessa, J. and H. T. Siegelmann 2012. The computational power of interactive recurrent neural networks. *Neural Computation 24*(4), 996–1019.

Campolucci, P., A. Uncini, and F. Piazza 2000, August. A signal-flow-graph approach to on-line gradient calculation. *Neural Computation 12*(8), 1901–1927.

Cernuschi-Frias, B. 2007, 7. Mixed states Markov random fields with symbolic labels and multidimensional real values. Techreport arXiv:0707.3986, Institut National de Recherche en Enformatique et en Automatique (INRIA), France.

Chao, M.-T. and S.-H. Lo 1985. A bootstrap method for finite population. *Sankhya: The Indian Journal of Statistics 47*, 399–405.

Chauvin, Y. 1989. A back-propagation algorithm with optimal use of hidden units. In D. S. Touretzky (Ed.), *Advances in Neural Information Processing Systems 1*, 519–526. Morgan-Kaufmann.

Cho, J. S. and P. C. Phillips 2018. Pythagorean generalization of testing the equality of two symmetric positive definite matrices. *Journal of Econometrics 202*(2), 45–56.

Cho, J. S. and H. White 2014. Testing the equality of two positive-definite matrices with application to information matrix testing. In T. B. Fombay, Y. Chang, and J. Park (Eds.), *Essays in Honor of Peter C. B. Phillips*, Volume 33 of *Advances in Econometrics*, Bingley UK, 491–556. Emerald Group.

Cho, K., B. van Merrienboer, Ç. Gülçehre, F. Bougares, H. Schwenk, and Y. Bengio 2014. Learning phrase representations using RNN encoder-decoder for statistical machine translation. *CoRR abs/1406.1078.*

Claeskens, G. and N. L. Hjort 2008. *Model Selection and Model Averaging.* Cambridge Series in Statistics and Probabilistic Mathematics. New York: Cambridge University Press.

Cohen, F. S. and D. B. Cooper 1987. Simple parallel hierarchical and relaxation algorithms for segmenting noncausal Markovian random fields. *IEEE Transactions on Pattern Analysis and Machine Intelligence 9*(2), 195–219.

Cover, T. M. and J. A. Thomas 2006. *Elements of Information Theory.* New Jersey: Wiley.

Cowell, R. 1999a. Advanced inference in Bayesian networks. In M. I. Jordan (Ed.), *Learning in Graphical Models*, Cambridge, MA: MIT Press.

Cowell, R. 1999b. Introduction to inference for Bayesian networks. In M. I. Jordan (Ed.), *Learning in Graphical Models*, Cambridge, MA: MIT Press.

Cowell, R., P. Dawid, S. Lauritzen, and D. Spiegelhalter 2006. *Probabilistic Networks and Expert Systems: Exact Computational Methods for Bayesian Networks.* Information Science and Statistics. Springer Science & Business Media.

Cox, R. T. 1946. Probability, frequency and reasonable expectation. *American Journal of Physics 14*(1), 1–13.

Cristianini, N. and J. Shawe-Taylor 2000. *An Introduction to Support Vector Machines and Other Kernel-based Learning Methods.* Cambridge: Cambridge University Press.

Cross, G. R. and A. K. Jain 1983, January. Markov random field texture models. *IEEE Transactions on Pattern Analysis and Machine Intelligence 5*(1), 25–39.

Cybenko, G. 1989. Approximation by superpositions of a sigmoidal function. *Mathematics of Control, Signals, and Systems 2*, 303–314.

Darken, C. and J. Moody 1992. Towards faster stochastic gradient search. In J. E. Moody, S. J. Hanson, and R. P. Lippmann (Eds.), *Advances in Neural Information Processing Systems 4*, 1009–1016. Morgan-Kaufmann.

Davidson, J. 2002. *Stochastic Limit Theory: An Introduction for Econometricians.* Advanced Texts in Econometrics. Oxford: OUP Oxford.

Davidson-Pilon, C. 2015. *Bayesian Methods for Hackers: Probabilistic Programming and Bayesian Inference.* Addison Wesley Data and Analytics. New York: Addison Wesley Professional.

Davis, M. 2006. Why there is no such discipline as hypercomputation. *Applied Mathematics and Computation 178*(1), 4–7. Special Issue on Hypercomputation.

Davison, A. C. and D. V. Hinkley 1997. *Bootstrap Methods and Their Application.* Cambridge Series in Statistical and Probabilistic Mathematics. New York: Cambridge University Press.

Davison, A. C., D. V. Hinkley, and G. A. Young 2003. Recent developments in bootstrap methodology. *Statistical Science 18*, 141–157.

Delyon, B., M. Lavielle, and E. Moulines 1999, 03. Convergence of a stochastic approximation version of the EM algorithm. *The Annals of Statistics 27*(1), 94–128.

Dennis, J. E. and R. B. Schabel 1996. *Numerical Methods for Unconstrained Optimization and Nonlinear Equations.* Classics in Applied Mathematics. Englewoods, NJ: Society for Industrial and Applied Mathematics.

Djuric, P. M. 1998. Asymptotic MAP criteria for model selection. *IEEE Transactions on Signal Processing 46*, 2726–2735.

Domingos, P. and D. Lowd 2009. *Markov Logic: An Interface Layer for Artificial Intelligence*, Volume 3 of *Synthesis Lectures on Artificial Intelligence and Machine Learning.* Morgan & Claypool Publishers.

Dong, G. and H. Liu 2018. *Feature Engineering for Machine Learning and Data Analytics*, Volume First edition of *Chapman & Hall/CRC Data Mining and Knowledge Discovery Series.* Boca Raton, FL: CRC Press.

Doria, F. A. and J. F. Costa 2006. Introduction to the special issue on hypercomputation. *Applied Mathematics and Computation 178*(1), 1 – 3. Special Issue on Hypercomputation.

Douc, R., E. Moulines, and D. S. Stoffer 2014. *Nonlinear Time Series: Theory, Methods, and Applications with R Examples.* Texts in Statistical Science. Boca Raton, Florida: CRC Press.

Duchi, J., E. Hazan, and Y. Singer 2011. Adaptive subgradient methods for online learning and stochastic optimization. *Journal of Machine Learning Research 12*, 2121–2159.

Duda, R. O. and P. A. Hart 1973. *Pattern Classification and Scene Analysis.* New York: John Wiley and Sons.

Duda, R. O., P. E. Hart, and D. G. Stork 2001. *Pattern Classification* (Second ed.). New York: John Wiley & Sons.

Efron, B. 1982. *The Jackknife, the Bootstrap and Other Resampling Plans.* CA: Society for Industrial and Applied Mathematics.

Efron, B. and R. Tibshirani 1993. *An Introduction to the Bootstrap.* Number 57 in Monographs on Statistics and Applied Probability. 93004489 GB93-60388 Bradley Efron and Robert J. Tibshirani. Includes bibliographical references (p. [413]–425) and indexes.

Elman, J. L. 1990. Finding structure in time. *Cognitive Science 14*, 179–211.

Elman, J. L. 1991. Distributed representations, simple recurrent networks, and grammatical structure. *Machine Learning 7*, 195–225.

Evans, M. and T. Swartz 2005. *Approximating Integrals via Monte Carlo and Deterministic Methods.* Oxford Statistical Science Series. New York: Oxford.

Fourier, J. B. 1822. *Theorie Analytique de la Chaleur.* Paris: Chez Firmin Didot, Pere et Fils.

Franklin, J. N. 1968. *Matrix Theory.* Englewood Cliffs, NJ: Prentice-Hall.

Fukushima, K. 1980. Neocognitron: A self-organizing neural network model for a mechanism of pattern recognition unaffected by shift in position. *Biological Cybernetics 36*, 193–202.

Fukushima, K. and S. Miyake 1982. Neocognitron: A new algorithm for pattern recognition tolerant of deformations and shifts in position. *Pattern Recognition 15*(6), 455–469.

Gamerman, D. and H. F. Lopes 2006. *Markov Chain Monte Carlo: Stochastic Simulation for Bayesian Inference.* Texts in Statistical Science. Boca Raton, Florida: CRC Press.

Geman, S. and D. Geman 1984. Stochastic relaxation, Gibbs distributions, and the Bayesian restoration of images. *IEEE Transactions on Pattern Analysis and Machine Intelligence 6*, 721–741.

Géron, A. 2019. *Hands-on Machine Learning with Scikit-Learn and TensorFlow: Concepts, Tools, and Techniques to Build Intelligent Systems.* Sebastapol, CA: O'Reilly Media, Inc.

Getoor, L. and B. Taskar 2007. *Introduction to Statistical Relational Learning*, Volume 1. Cambridge, MA: MIT Press.

Goldberg, R. R. 1964. *Methods of Real Analysis.* MA: Xerox College Publishing.

Golden, R. M. 1986. The "brain-state-in-a-box" neural model is a gradient descent algorithm. *Journal of Mathematical Psychology 30*(1), 73–80.

Golden, R. M. 1988a. A unified framework for connectionist systems. *Biological Cybernetics 59*, 109–120.

Golden, R. M. 1988b. Relating neural networks to traditional engineering approaches. In *The Proceedings of the Artificial Intelligence Conference West.* Tower Conference Management Company.

Golden, R. M. 1988c. Probabilistic characterization of neural model computations. In D. Z. Anderson (Ed.), *Neural Networks and Information Processing.* AIP.

Golden, R. M. 1993. Stability and optimization analyses of the generalized brain-state-in-a-box neural network model. *Journal of Mathematical Psychology 37*, 282–298.

Golden, R. M. 1995. Making correct statistical inferences using a wrong probability model. *Journal of Mathematical Psychology 39*(1), 3–20.

Golden, R. M. 1996a. *Mathematical Methods for Neural Network Analysis and Design.* Cambridge, MA: MIT Press.

Golden, R. M. 1996b. Using Marr's framework to select appropriate mathematical methods for neural network analysis and design. In *Proceedings of the 1996 World Congress on Neural Networks*, NJ, 1007–1010. INNS Press, Erlbaum.

Golden, R. M. 1996c. Interpreting objective function minimization as intelligent inference. In *Intelligent Systems: A Semiotic Perspective, Proceedings of An International Multidisciplinary Conference. Volume 1: Theoretical Semiotics.* US Government Printing Office.

Golden, R. M. 2003. Discrepancy risk model selection test theory for comparing possibly misspecified or nonnested models. *Psychometrika 68*(2), 229–249.

Golden, R. M. 2018. Adaptive learning algorithm convergence in passive and reactive environments. *Neural Computation 30*, 2805–2832.

Golden, R. M., S. S. Henley, H. White, and T. M. Kashner 2013. New directions in information matrix testing: Eigenspectrum tests. In X. Chen and N. Swanson (Eds.), *Recent Advances and Future Directions in Causality, Prediction, and Specification Analysis*, 145–177. Springer.

Golden, R. M., S. S. Henley, H. White, and T. M. Kashner 2016. Generalized information matrix tests for detecting model misspecification. *Econometrics 4*(4), 1–24.

Golden, R. M., S. S. Henley, H. White, and T. M. Kashner 2019. Consequences of model misspecification for maximum likelihood estimation with missing data. *Econometrics 7*, 1–27.

Golden, R. M., S. Nandy, and V. Patel 2019. Cross-validation nonparametric bootstrap study of the Linhart-Volkers-Zucchini out-of-sample prediction error formula for logistic regression modeling. In *2019 Joint Statistical Meeting Proceedings*. Alexandria, VA: American Statistical Association.

Golden, R. M., S. Nandy, V. Patel, and P. Viraktamath 2015. *A Laplace approximation for approximate Bayesian model selection*. NIPS 2015 Workshop on Advances in Approximate Bayesian Inference, Palais des Congrès de Montréal, Montréal, Canada.

Goodfellow, I., Y. Bengio, and A. Courville 2016. *Deep Learning*. Cambridge, MA: MIT Press.

Goodfellow, I., J. Pouget-Abadie, M. Mirza, B. Xu, D. Warde-Farley, S. Ozair, A. Courville, and Y. Bengio 2014. Generative adversarial nets. In Z. Ghahramani, M. Welling, C. Cortes, N. D. Lawrence, and K. Q. Weinberger (Eds.), *Advances in Neural Information Processing Systems 27*, 2672–2680. Curran Associates, Inc.

Grandmont, J.-M. 1972. Continuity properties of a von Neumann-Morgenstern utility. *Journal of economic theory 4*(1), 45–57.

Grunwald, P. D. 2007. *The Minimum Description Length Principle*. Adaptive Computation and Machine Learning. Cambridge, MA: MIT Press.

Gu, M. G. and F. H. Kong 1998. A stochastic approximation algorithm with Markov chain Monte-Carlo method for incomplete data estimation problems. *Proceedings of the National Academy of Sciences of the United States of America*, 7270–7274.

Guliyev, N. J. and V. E. Ismailov 2018. Approximation capability of two hidden layer feedforward neural networks with fixed weights. *Neurocomputing 316*, 262–269.

Hansen, M. H. and B. Yu 2001. Model selection and the principle of minimum description length. *Journal of the American Statistical Association 96*(454), 746–774.

Hartigan, J. A. 1975. *Clustering Algorithms*. New York, NY, USA: John Wiley & Sons, Inc.

Harville, D. A. 2018. *Linear Models and the Relevant Distributions and Matrix Algebra*. Texts in Statistical Science. Boca Raton, FL: Chapman and Hall/CRC.

Hassibi, B. and D. G. Stork 1993. Second order derivatives for network pruning: Optimal brain surgeon. In S. J. Hanson, J. D. Cowan, and C. L. Giles (Eds.), *Advances in Neural Information Processing Systems 5*, San Mateo, CA, 164–171. Morgan Kaufmann.

Hassibi, B., D. G. Stork, and G. Wolff 1993. Optimal brain surgeon and general network pruning. In *IEEE International Conference on Neural Networks*, Volume 1, 239–299.

Hassibi, B., D. G. Stork, G. Wolff, and T. Watanabe 1994. Optimal brain surgeon: Extensions and performance comparisons. In J. D. Cowan, G. Tesauro, and J. Alspector (Eds.), *Advances in Neural Information Processing Systems 6*, 263–270. Morgan-Kaufmann.

Hastie, T., R. Tibshirani, and J. H. Friedman 2001. *The Elements of Statistical Learning: Data Mining, Inference, and Prediction.* Springer Series in Statistics. New York: Springer Science+Business Media.

Hastings, W. K. 1970, 04. Monte Carlo sampling methods using Markov chains and their application. *Biometrika 57*, 97–109.

Henley, S. S., R. M. Golden, and T. M. Kashner 2020. Statistical modeling methods: Challenges and strategies. *Biostatistics and Epidemiology*, *4*(1), 105–139.

Hinton, G. and S. Roweis 2002. Stochastic neighbor embedding. In *Proceedings of the 15th International Conference on Neural Information Processing Systems*, Volume C. Cortes and N.D. Lawrence and D.D. Lee and M. Sugiyama and R. Garnett. of *Neural Information Processing Systems 28*, Cambridge, MA, USA, 857–864. MIT Press.

Hiriart-Urruty, J. B. and C. Lemarechal 1993. *Convex Analysis and Minimization Algorithms 1: Fundamentals.* A Series of Comprehensive Studies in Mathematics. New York: Springer-Verlag.

Hirsch, M. W., S. Smale, and R. L. Devaney 2004. *Differential Equations, Dynamical Systems, and an Introduction to Chaos* (2nd ed.). Waltham, MA: Academic Press.

Hjort, N. L. and G. Claeskens 2003. Frequentist model average estimators. *Journal of the American Statistical Association 98*(464), 879–899.

Hoerl, A. E. and R. W. Kennard 1970. Ridge regression: Biased estimation for nonorthogonal problems. *Technometrics 12*(1), 55–67.

Hoffmann, P. H. W. 2016, Jul. A hitchhiker's guide to automatic differentiation. *Numerical Algorithms 72*(3), 775–811.

Hopcroft, J. E., R. Motwani, and J. D. Ullman 2001. *Introduction to Automata Theory, Languages, and Computation.* Boston: Addison-Wesley.

Hopfield, J. J. 1982. Neural networks and physical systems with emergent collective computational abilities. *Proceedings of the National Academy of Sciences 79*(8), 2554–2558.

Hornik, K. 1991. Approximation capabilities of multilayer feedforward networks. *Neural Networks 4*, 251–257.

Hornik, K., M. Stinchcombe, and H. White 1989. Multilayer feedforward networks are universal approximators. *Neural Networks 2*(5), 359–366.

Horowitz, J. L. 2001. The bootstrap. In J. J. Heckman and E. Leamer (Eds.), *Handbook of Econometrics*, The Netherlands. Elsevier Science B. V.

Hsu, L. C. 1948, 09. A theorem on the asymptotic behavior of a multiple integral. *Duke Mathematical Journal 15*(3), 623–632.

Huber, P. J. 1964, 03. Robust estimation of a location parameter. *The Annals of Mathematical Statistics 35*(1), 73–101.

Huber, P. J. 1967. The behavior of maximum likelihood estimates under nonstandard conditions. In *Proceedings of the Fifth Berkeley Symposium on Mathematical Statistics and Probability, Volume 1: Statistics*, Berkeley, Calif., 221–233. University of California Press.

Imaizumi, M. and K. Fukumizu 2019, 16–18 Apr. Deep neural networks learn non-smooth functions effectively. In *Proceedings of Machine Learning Research*, Volume 89, 869–878. PMLR.

Jaffray, J.-Y. 1975. Existence of a continuous utility function: An elementary proof. *Econometrica 43*, 981–983.

James, G., D. Witten, T. Hastie, and R. Tibshirani 2013. *An Introduction to Statistical Learning*, Volume 112 of *Springer Texts in Statistics*. New York: Springer.

Jennrich, R. I. 1969, 04. Asymptotic properties of non-linear least squares estimators. *The Annals of Mathematical Statistics 40*(2), 633–643.

Jiang, B., Tung-Yu, Y. Jin, and W. H. Wong 2018. Convergence of contrastive divergence algorithm in exponential family. *The Annals of Statistics 46*, 3067–3098.

Kaiser, M. S. and N. Cressie 2000. The construction of multivariate distributions from Markov random fields. *Journal of Multivariate Analysis 73*(2), 199–220.

Kalman, R. E. 1963. Mathematical description of linear dynamical systems. *Journal of the Society for Industrial and Applied Mathematics, Series A: Control 1*(2), 152–192.

Kalman, R. E., P. L. Falb, and M. A. Arbib 1969. *Topics in Mathematical Systems Theory*. International Series in Pure and Applied Mathematics. New York: McGraw-Hill.

Karr, A. F. 1993. *Probability*. Springer Texts in Statistics. New York: Springer Science Business Media.

Kashner, T. M., S. S. Henley, R. M. Golden, and X.-H. Zhou 2020. Making causal inferences about treatment effect sizes from observational datasets. *Biostatistics and Epidemiology 4*(1), 48–83.

Kass, R. E. and A. E. Raftery 1995. Bayes factors. *Journal of the American Statistical Association 90*(430), 773–795. Times Cited: 2571.

Klir, G. and B. Yuan 1995. *Fuzzy Sets and Fuzzy Logic*, Volume 4. New Jersey: Prentice Hall.

Klir, G. J. and T. A. Folger 1988. *Fuzzy Sets, Uncertainty and Information*. Englewood Cliffs, NJ: Prentice-Hall.

Knopp, K. 1956. *Infinite Sequences and Series*. New York: Dover.

Koller, D., N. Friedman, and F. Bach 2009. *Probabilistic Graphical Models: Principles and Techniques*. Cambridge, MA: MIT Press.

Kolmogorov, A. N. and S. V. Fomin 1970. *Introductory Real Analysis*. New York: Dover.

Konidaris, G. and A. Barto 2006. Autonomous shaping: Knowledge transfer in reinforcement learning. In *Proceedings of the 23rd International Conference on Machine Learning*, ICML '06, New York, NY, USA, 489–496. ACM.

Konishi, S. and G. Kitagawa 2008. *Information Criteria and Statistical Modeling*. Springer Series in Statistics. New York: Springer-Verlag.

Kopciuszewski, P. 2004. An extension of the factorization theorem to the non-positive case. *Journal of Multivariate Analysis 88*, 118–130.

Kushner, H. 2010. Stochastic approximation: A survey. *Computational Statistics 2*(1), 87–96.

Kushner, H. and G. Yin 2003. *Stochastic Approximation and Recursive Algorithms and Applications.* Stochastic Modelling and Applied Probability. New York: Springer-Verlag.

Landauer, T. K., D. S. McNamara, S. Dennis, and W. Kintsch 2014. *Handbook of Latent Semantic Analysis.* New York: Routledge.

Larson, H. J. and B. O. Shubert 1979. *Probabilistic Models in Engineering Sciences. Volume 1: Random Variables and Stochastic Processes.* New York: Wiley.

LaSalle, J. 1960, December. Some extensions of Liapunov's second method. *IRE Transactions on Circuit Theory 7*(4), 520–527.

LaSalle, J. P. 1976. *The Stability of Dynamical Systems.* Regional Conference Series in Applied Mathematics. Philadelphia: SIAM.

Lauritzen, S. L. 1996. *Graphical Models*, Volume 17 of *Oxford Statistical Science Series.* Oxford: Oxford University Press.

Le Cun, Y. 1985. Une procedure d'apprentissage ponr reseau a seuil asymetrique. In *Proceedings of Cognitiva*, Volume 85, 599–604.

Le Roux, N., P.-A. Manzagol, and Y. Bengio 2008. Topmoumoute online natural gradient algorithm. In J. C. Platt, D. Koller, Y. Singer, and S. T. Roweis (Eds.), *Advances in Neural Information Processing Systems 20*, 849–856, Curran Associates, Inc.

Lee, J. D. and T. J. Hastie 2015. Learning the structure of mixed graphical models. *Journal of Computational and Graphical Statistics 24*, 230–253.

Lee, T., H. White, and C. Granger 1993. Testing for neglected nonlinearity in time series models: A comparison of neural network methods and alternative tests. *Journal of Econometrics*.

Lehmann, E. L. and G. Casella 1998. *Theory of Point Estimation.* Springer Texts in Statistics. New York: Springer-Verlag.

Lehmann, E. L. and J. P. Roman 2005. *Testing Statistical Hypotheses.* Springer Texts in Statistics. New York: Springer.

Leshno, M., V. Lin, A. Pinkus, and S. Schocken 1993. Multilayer feedforward networks with a nonpolynomial activation function can approximate any function. *Neural Networks 6*, 861–867.

Lewis, F. L., D. Vrabie, and K. G. Vamvoudakis 2012, Dec. Reinforcement learning and feedback control: Using natural decision methods to design optimal adaptive controllers. *IEEE Control Systems Magazine 32*(6), 76–105.

Linhart, H. and P. Volkers 1984. Asymptotic criteria for model selection. *OR Spektrum 6*, 161–165.

Linhart, H. and W. Zucchini 1986. *Model Selection.* Wiley Series in Probability and Statistics. Hoboken, NJ: Wiley.

Little, R. J. A. and D. B. Rubin 2002. *Statistical Analysis with Missing Data.* Wiley Series in Probability and Statistics. Hoboken, NJ: Wiley.

Louis, T. A. 1982. Finding the observed information matrix when using the EM algorithm. *Journal of the Royal Statistical Society, Series B (Methodological) 44*, 226–233.

Luenberger, D. G. 1979. *Introduction to Dynamic Systems: Theory, Models, and Applications.* New York: Wiley.

Luenberger, D. G. 1984. *Linear and Nonlinear Programming*, Volume 67. Reading, MA: Addison-Wesley.

Lukacs, E. 1975. *Stochastic Convergence.* Probability and Mathematical Statistics Series. New York: Academic Press.

Lv, J. and J. S. Liu 2014. Model selection principles in misspecified models. *Journal of the Royal Statistical Society: Series B (Statistical Methodology) 76*(1), 141–167.

Mackay, D. 2003. *Information Theory, Inference, and Learning Algorithms.* Cambridge, UK: Cambridge University Press.

Maclennan, B. J. 2003. Transcending Turing computability. *Minds and Machines 13*, 3–22.

Magnus, J. R. 2010. On the concept of matrix derivative. *Journal of Multivariate Analysis 10*, 2200–2206.

Magnus, J. R. and H. Neudecker 2001. *Matrix Differential Calculus with Applications in Statistics and Econometrics* (Revised ed.). New York: Wiley.

Manoukian, E. B. 1986. *Modern Concepts and Theorems of Mathematical Statistics.* New York: Springer-Verlag.

Marlow, W. H. 2012. *Mathematics for Operations Research.* New York: Dover.

Marr, D. 1982. *Vision: A Computational Investigation into the Human Representation and Processing of Visual Information.* Cambridge, MA: MIT Press.

McCulloch, W. S. and W. Pitts 1943. A logical calculus of the ideas immanent in nervous activity. *The Bulletin of Mathematical Biophysics 5*(4), 115–133.

McLachlan, G. J. and T. Krishnan 2008. *The EM Algorithm and Extensions.* Wiley Series in Probability and Statistics. New York: Wiley.

McNeil, D. and P. Freiberger 1994. *Fuzzy Logic: The Revolutionary Computer Technology that Is Changing Our World.* New York: Touchstone.

Mehta, G. 1985. Continuous utility functions. *Economics Letters 18*, 113–115.

Metropolis, A. Rosenbluth, M. Rosenbluth, A. Teller, and E. J. Teller 1953, 01. Equation of state calculations by fast computing machines. *Journal of Chemical Physics 21*, 1087–1092.

Miller, A. J. 2002. *Subset Selection in Regression.* Monographs on Statistics and Applied Probability. Boca Raton, FL: Chapman Hall/CRC.

Minsky, M. and S. Papert 1969. *Perceptrons.* Cambridge, MA: MIT Press.

Mohri, M., A. Rostamizadeh, and A. Talwalkar 2012. *Foundations of Machine Learning.* Adaptive Computation and Machine Learning Series. Cambridge, MA: MIT Press.

Molchanov, P., A. Mallya, S. Tyreen, L. Frosio, and J. Kautz 2019, June. Importance estimation for neural network pruning. In *The IEEE Conference on Computer Vision and Pattern Recognition (CVPR).*

Molchanov, P., S. Tyreen, T. Karras, T. Aila, and J. Kautz 2017. Pruning convolutional neural networks for resource efficient transfer learning. In *The IEEE Conference on Computer Vision and Pattern Recognition (CVPR).*

Montgomery, D. C. and E. A. Peck 1982. *Introduction to Linear Regression Analysis.* Wiley Series in Probability and Mathematical Statistics. New York: Wiley.

Mozer, M. C. and P. Smolensky 1989. Skeletonization: A technique for trimming the fat from a network via relevance assessment. In D. S. Touretzky (Ed.), *Advances in Neural Information Processing Systems 1*, 107–115. Morgan-Kaufmann.

Muller, A. C. and S. Guido 2017. *Introduction to Machine Learning with Python: A Guide for Data Scientists.* Sebastopol, CA: O'Reilly Media.

Murphy, K. P. 2012. *Machine Learning: A Probabilistic Perspective.* Adaptive Computation and Machine Learning Series. Cambridge, MA: MIT Press.

Myung, I. J., M. R. Forster, and M. W. Browne 2000. Guest editors introduction: Special issue on model selection. *Journal of Mathematical Psychology 44*, 1–2.

Neudecker, H. 1969. Some theorems on matrix differentiation with special reference to Kronecker matrix products. *Journal of the American Statistical Association 64*, 953–963.

Nilsson, N. J. 1965. *Learning Machines: Foundations of Trainable Pattern-classifying Systems.* New York: McGraw-Hill.

Noble, B. and J. W. Daniel 1977. *Applied Linear Algebra* (Second ed.). NJ: Prentice-Hall.

Nocedal, J. and S. Wright 1999. *Numerical Optimization.* Springer Series in Operations Research and Financial Engineering. New York: Springer Science + Business Media.

Orhan, A. E. and Z. Pitkow 2018. Skip connections eliminate singularities. In *ICLR (International Conference on Learning Representations)*, Volume 6, https://iclr.cc/Conferences/2018.

Osowski, S. 1994, Feb. Signal flow graphs and neural networks. *Biological Cybernetics 70*(4), 387–395.

Pan, S. J. and Q. Yang 2010. A survey on transfer learning. *IEEE Transactions on Knowledge and Data Engineering 22*(10), 1345–1359.

Parker, D. B. 1985. *Learning Logic Report 47*, Volume TR-47. MIT Sloan School of Management, Cambridge, MA.

Patton, A., D. N. Politis, and H. White 2009. Correction to "automatic block-length selection for the dependent bootstrap". *Econometric Reviews 28*, 372–375.

Petzold, C. 2008. *The Annotated Turing: A Guided Tour through Turing's Historic Paper on Computability and the Turing Machine.* Indianapolis, IN: Wiley.

Pfeffer, A. 2016. *Practical Probabilistic Programming.* Manning Publications.

Pinkus, A. 1999. Approximation theory of the MLP model in neural networks. *Acta Numerica 8*, 143–195.

Politis, D. N. and J. P. Romano 1994. The stationary bootstrap. *Journal of the American Statistical Association 89*, 1303–1313.

Politis, D. N., J. P. Romano, and M. Wolf 2001. On the asymptotic theory of subsampling. *Statistica Sinica 11*, 1105–1124.

Politis, D. N. and H. White 2004. Automatic block-length selection for the dependent bootstrap. *Econometric Reviews 23*, 53–70.

Polyak, B. 1964, 12. Some methods of speeding up the convergence of iteration methods. *USSR Computational Mathematics and Mathematical Physics 4*, 1 –17.

Poskitt, D. S. 1987. Precision, complexity, and Bayesian model determination. *Journal of the Royal Statistical Society, Series B 49*, 199–208.

Ramirez, C., R. Sanchez, V. Kreinovich, and M. Argaez 2014. $\sqrt{x^2+\mu}$ is the most computationally efficient smooth approximation to $|x|$: A proof. *Journal of Uncertain Systems 8*, 205–210.

Raschka, S. and V. Mirjalili 2019. *Python Machine Learning: Machine Learning and Deep Learning with Python, scikit-learn, and TensorFlow 2.* Packt Publishing.

Robbins, H. and S. Monro 1951, 09. A stochastic approximation method. *The Annals of Mathematical Statistics 22*(3), 400–407.

Robbins, H. and D. Siegmund 1971. A convergence theorem for nonnegative almost supermartingales and some applications. In J. S. Rustagi (Ed.), *Optimizing Methods in Statistics*, New York, 233–257. Academic Press.

Robert, C. P. and G. Casella 2004. *Monte Carlo Statistical Methods.* Springer Texts in Statistics. New York: Springer Science and Business Media.

Romano, J. P. and A. M. Shaikh 2012. On the uniform asymptotic validity of subsampling and the bootstrap. *The Annals of Statistics 40*, 2798–2822.

Rosenblatt, F. 1962. *Principles of Neurodynamics: Perceptrons and the Theory of Brain Mechanisms.* New York: Spartan Book.

Rosenlicht, M. 1968. *Introduction to Analysis.* Dover Books on Mathematics. Dover.

Rosenthal, J. S. 2016. *A First Look at Rigorous Probability Theory.* Singapore: World Scientific Publishing Company.

Rumelhart, D. E., R. Durbin, R. M. Golden, and Y. Chauvin 1996. Backpropagation: The basic theory. In Y. Chauvin and D. E. Rumelhart (Eds.), *Backpropagation: Theory, Architectures, and Applications*, Hillsdale, NJ, 1–34. Erlbaum.

Rumelhart, D. E., G. Hinton, and J. L. McClelland 1986. A general framework for parallel distributed processing. In D. E. Rumelhart and J. L. McClelland (Eds.), *Parallel Distributed Processing: Explorations in the Microstructure of Cognition. Foundations. 1*, Volume 1, Cambridge, MA, 45–76. MIT Press.

Rumelhart, D. E., G. E. Hinton, and R. J. Williams 1986. Learning representations by back-propagating errors. *Nature: International Journal of Science 323*(6088), 533–536.

Savage, L. J. (1954) 1972. *The Foundations of Statistics.* Wiley [Reprinted by Dover in 1972].

Schmidhuber, J. 2015. Deep learning in neural networks: An overview. *Neural Networks 61*, 85–117.

Schmidt, M., G. Fung, and R. Rosales 2007. Fast optimization methods for L_1 regularization: A comparative study and two new approaches. In J. N. Kok, J. Koronacki, R. L. d. Mantaras, S. Matwin, D. Mladenič, and A. Skowron (Eds.), *Machine Learning: ECML 2007*, Berlin, Heidelberg, 286–297. Springer Berlin Heidelberg.

Scholkopf, B. and A. J. Smola 2002. *Learning with Kernels: Support Vector Machines, Regularization, Optimization, and Beyond.* Adaptive Computation and Machine Learning. Cambridge, MA: MIT Press.

Schott, J. R. 2005. *Matrix Analysis for Statistics* (Second ed.). Wiley Series in Probability and Statistics. New Jersey: Wiley.

Schwarz, G. 1978, 03. Estimating the dimension of a model. *The Annals of Statistics 6*(2), 461–464.

Serfling, R. J. 1980. *Approximation Theorems of Mathematical Statistics.* Wiley Series in Probability and Statistics. New York: John Wiley & Sons.

Shalev-Shwartz, S. and S. Ben-David 2014. *Understanding Machine Learning: From Theory to Algorithms.* New York: Cambridge University Press.

Shao, J. and D. Tu 1995. *The Jackknife and the Bootstrap.* Springer Series in Statistics. New York: Springer-Verlag.

Shao, X. 2010. The dependent wild bootstrap. *Journal of the American Statistical Association 105*, 218–235.

Sharma, S. 2017. Markov chain Monte Carlo methods for Bayesian data analysis in astronomy. *Annual Review of Astronomy and Astrophysics 55*, 213–259.

Simon, H. A. 1969. *The Sciences of the Artificial.* Cambridge, MA: MIT Press.

Singh, K. 1981. On the asymptotic accuracy of Efron's bootstrap. *The Annals of Statistics 9*, 1187–1195.

Smolensky, P. 1986. Information processing in dynamical systems: Foundations of harmony theory. In *Parallel Distributed Processing: Explorations in the Microstructure of Cognition*, 194–281. Cambridge, MA: MIT Press.

Srivastava, N., G. Hinton, A. Krizhevsky, I. Sutskever, and R. Salakhutdinov 2014. Dropout: A simple way to prevent neural networks from overfitting. *Journal of Machine Learning Research 15*, 1929–1958.

Stone, M. 1977. An asymptotic equivalence of choice of model by cross-validation and Akaike's criterion. *Journal of the Royal Statistical Society. Series B (Methodological) 39*(1), 44–47.

Strang, G. 2016. *Introduction to Linear Algebra.* Wellesley, MA: Wellesley-Cambridge Press.

Sugiyama, M. 2015. *Statistical Reinforcement Learning: Modern Machine Learning Approaches*. Machine Learning and Pattern Recognition. Boca Raton, FL: Chapman & Hall/CRC.

Sunehag, P., J. Trumpf, S. Vishwanathan, and N. N. Schraudolph 2009. Variable metric stochastic approximation theory. In D. V. Dyk and M. Welling (Eds.), *Proceedings of the Twelfth International Conference on Artificial Intelligence and Statistics (AISTATS-09)*, Volume 5, 560–566. Journal of Machine Learning Research - Proceedings Track.

Sutskever, I., J. Marten, G. Dahl, and G. Hinton 2013. On the importance of initialization and momentum in deep learning. In S. Dasgupta and D. McAllester (Eds.), *Proceedings of the 30th International Conference on Machine Learning*, Volume 28 of *Proceedings of the 30th International Conference on Machine Learning*, 1139–1147. JMLR: Workshop and Conference Proceedings.

Sutton, R. S. and A. G. Barto 2018. *Reinforcement Learning: An Introduction* (second ed.). Adaptive Computation and Machine Learning Series. Cambridge, MA: MIT Press.

Takeuchi, K. 1976. Distribution of information statistics and a criterion of model fitting for adequacy of models. *Mathematical Sciences 153*, 12–18.

Taylor, M. E. and P. Stone 2009. Transfer learning for reinforcement learning domains: A survey. *Journal of Machine Learning Research 10*(Jul), 1633–1685.

Theil, H. and A. S. Goldberger 1961. On pure and mixed statistical estimation in economics. *Journal of Economic Review 2*, 65–78.

Tibshirani, R. 1996a. Regression shrinkage and selection via the lasso. *Journal of the Royal Statistical Society. Series B (Methodological) 58*(1), 267–288.

Tibshirani, R. 1996b. A comparison of some error estimates for neural network models. *Neural Computation 8*, 152–163.

Toulis, P., E. Airoldi, and J. Rennie 2014, 22–24 Jun. Statistical analysis of stochastic gradient methods for generalized linear models. In E. P. Xing and T. Jebara (Eds.), *Proceedings of the 31st International Conference on Machine Learning*, Volume 32 of *Proceedings of Machine Learning Research*, Beijing, China, 667–675. PMLR.

Uchida, Y. 2008. A simple proof of the geometric-arithmetic mean inequality. *Journal of Inequalities in Pure and Applied Mathematics 9*, 1–2.

van der Maaten, L. and G. Hinton 2008. Visualizing data using t-SNE. *Journal of Machine Learning Research 9*, 2579–2605.

van der Vaart, A. W. 1998. *Asymptotic Statistics*. Cambridge Series in Statistical and Probabilistic Mathematics. Cambridge: Cambridge University Press.

Vapnik, V. 2000. *The Nature of Statistical Learning Theory*. New York: Springer Science & Business Media.

Varin, C., N. Reid, and D. Firth 2011. An overview of composite likelihood methods. *Statistica Sinica 21*(1), 5–42.

Vidyasagar, M. 1993. *Nonlinear Systems Analysis* (2nd ed.). NJ: Prentice-Hall.

Vincent, P., H. Larochelle, Y. Bengio, and P.-A. Manzagol 2008. Extracting and composing robust features with denoising autoencoders. In *Proceedings of the 25th International Conference on Machine Learning*, ICML '08, New York, NY, USA, 1096–1103. ACM.

Von Neumann, J. and O. Morgenstern (1947) 1953. *Theory of Games and Economic Behavior.* Princeton University Press.

Vuong, Q. H. 1989. Likelihood ratio tests for model selection and non-nested hypotheses. *Econometrica 57*(307-333), 307–333.

Wade, W. R. 1995. *An Introduction to Analysis.* NJ: Prentice-Hall.

Wallace, C. 2005. *Statistical and Inductive Inference by Minimum Message Length (Information Science and Statistics).* Berlin, Heidelberg: Springer-Verlag.

Wapner, L. 2005. *The Pea and the Sun: A Mathematical Paradox.* Taylor & Francis.

Wasan, M. T. (1969) 2004. *Stochastic Approximation.* Cambridge Tracts in Mathematics and Mathematical Physics. New York: Cambridge University Press.

Wasserman, L. 2000. Bayesian model selection and model averaging. *Journal of Mathematical Psychology 44*, 92–107.

Watanabe, S. 2010. *Algebraic Geometry and Statistical Learning Theory.* Cambridge Monographs on Applied and Computational Mathematics. Cambridge: Cambridge University Press.

Werbos, P. 1974. *New Tools for Prediction and Analysis in the Behavioral Sciences.* Ph. D. dissertation. Harvard University.

Werbos, P. J. 1994. *The Roots of Backpropagation: From Ordered Derivatives to Neural Networks and Political Forecasting.* Adaptive and Learning Systems for Signal Processing, Communications, and Control. New York: Wiley.

White, H. 1982. Maximum likelihood estimation of misspecified models. *Econometrica 51*, 1–25.

White, H. 1989a. Learning in artificial neural networks: A statistical perspective. *Neural Computation 1*, 425–464.

White, H. 1989b. Some asymptotic results for learning in single hidden-layer feedforward network models. *Journal of the American Statistical Association 84*(408), 1003–1013.

White, H. 1994. *Estimation, Inference and Specification Analysis.* Number 22 in Econometric Society Monographs. New York: Cambridge university press.

White, H. 2001. *Asymptotic Theory for Econometricians.* UK: Emerald Publishing.

White, H. and I. Domowitz 1984. Nonlinear regression with dependent observations. *Econometrica 52*, 143–161.

White, H. L. 2004. *New Perspectives in Econometric Theory.* Economists of the Twentieth Century Series. Cheltenham, UK: Edward Elgar.

Widrow, B. and M. Hoff 1960. Adaptive switching circuits. In *IRE Wescon Convention Record*, Volume 54, 96–104. IRE Wescon Convention.

Wiering, M. and M. Van Otterlo 2012. *Reinforcement Learning*, Volume 12 of *Adaptation, Learning, and Optimization Series.* New York: Springer.

Wiggins, S. 2003. *Introduction to Applied Dynamical Systems and Chaos.* Texts in Applied Mathematics. New York: Springer-Verlag.

Wilks, S. S. 1938, 03. The large-sample distribution of the likelihood ratio for testing composite hypotheses. *The Annals of Mathematical Statistics 9*(1), 60–62.

Williams, R. J. 1992. Simple statistical gradient-following algorithms for connectionist reinforcement learning. *Machine Learning 8*, 229–256.

Winkler, G. 2003. *Image Analysis, Random Fields, and Dynamic Monte Carlo Methods: A Mathematical Introduction.* Stochastic Modeling and Applied Probability. New York: Springer.

Wolfe, P. 1969. Convergence conditions for ascent methods. *SIAM Review 11*(2), 226–235.

Wolfe, P. 1971. Convergence conditions for ascent methods. ii: Some corrections. *SIAM Review 13*(2), 185–188.

Yang, E., Y. Baker, P. Ravikumar, G. Allen, and Z. Liu 2014, 22–25 Apr. Mixed graphical models via exponential families. In S. Kaski and J. Corander (Eds.), *Proceedings of the Seventeenth International Conference on Artificial Intelligence and Statistics*, Volume 33 of *Proceedings of Machine Learning Research*, Reykjavik, Iceland, 1042–1050. PMLR.

Yuille, A. L. 2005. The convergence of contrastive divergences. In L. K. Saul, Y. Weiss, and L. Bottou (Eds.), *Advances in Neural Information Processing Systems 17*, 1593–1600. MIT Press.

Zheng, A. and A. Casari 2018. *Feature Engineering for Machine Learning.* Sebastopol, California: O'Reilly Media, Inc.

Zou, H. and T. Hastie 2005. Regularization and variable selection via the elastic net. *Journal of the Royal Statistical Society: Series B (Statistical Methodology) 67*(2), 301–320.

Zoutendijk, G. 1970. Nonlinear programming, computational methods. In J. Abadie (Ed.), *Integer and Nonlinear Programming*, Amsterdam, The Netherlands, 37–86. North Holland.